DIE GRUNDLEHREN DER

MATHEMATISCHEN WISSENSCHAFTEN

IN EINZELDARSTELLUNGEN MIT BESONDERER BERÜCKSICHTIGUNG DER ANWENDUNGSGEBIETE

BAND 69

MATHEMATISCHE GESETZE DER LOGIK I

VON

H. ARNOLD SCHMIDT

SPRINGER-VERLAG
BERLIN · GÖTTINGEN · HEIDELBERG
1960

MATHEMATISCHE GESETZE DER LOGIK
I

VON

H. ARNOLD SCHMIDT
DR. PHIL., ORD. PROFESSOR DER MATHEMATIK UND DER MATH. LOGIK
AN DER UNIVERSITÄT MARBURG

VORLESUNGEN ÜBER AUSSAGENLOGIK

MIT 24 ABBILDUNGEN

SPRINGER-VERLAG
BERLIN · GÖTTINGEN · HEIDELBERG
1960

Softcover reprint of the hardcover 1st edition 1959

ISBN-13: 978-3-642-94781-0 e-ISBN-13: 978-3-642-94780-3
DOI: 10.1007/ 978-3-642-94780-3

DRUCK DER UNIVERSITÄTSDRUCKEREI H. STÜRTZ AG., WÜRZBURG

Vorwort.

A. Die Zielsetzung des Buches.

Die mathematische Logik, die hinsichtlich ihrer Methode als Mathematik, hinsichtlich ihres Gegenstandes als Logik anzusprechen ist, stellt sich als eines jener Wissensgebiete dar, auf denen sich gegenwärtig die ursprünglichen Interessen der Mathematiker und der nicht originär mathematisch orientierten Geisteswissenschaftler überschneiden. Die Gesetzmäßigkeit des Denkens hat sich in weitem Maße als eine solche von der Art mathematischer Gesetzmäßigkeiten enthüllt, und keine Logik kann an diesem Tatbestand mehr vorbeigehen, so wie heute etwa keine Physik mehr den analogen Tatbestand ignoriert.

Das vorliegende Buch will sich demgemäß — wie die ihm zugrunde liegenden mehrfach gehaltenen Vorlesungen es wollten — zunächst an Mathematiker, zugleich aber auch an mathematisch interessierte Nichtmathematiker — hier vor allem eben: an geisteswissenschaftlich orientierte Logiker — wenden. Diesem Ausgangsimpuls entspringt eine doppelte Zielsetzung. Einerseits will das Buch — im Gegensatz zu bloßen Anfängerbüchern — in jedem angeschnittenen Problemkreis bis zu seinen zentralen Fragestellungen vordringen und sie in exakter mathematischer Behandlungsweise beantworten. Andererseits soll es jedoch gleichzeitig den nebenfachlich mathematisch ausgebildeten Lesern das Instrumentarium, das zum vollen Erfassen des mathematischen Gehaltes des Stoffes nötig ist, in die Hand geben. Mit der primären Absicht, die mathematischen Leser in die wichtigen Züge des Wissensgebietes einzuführen, läßt sich diese Rücksichtnahme wohl gerade auf Grund der oben gekennzeichneten Eigenart der mathematischen Logik zwanglos vereinigen, und zwar in der Weise, daß die einzelnen Kapitel mit einer ausführlichen Erläuterung der Grundbegriffe und der methodischen Grundgedanken beginnen und sodann in den Kern der Fragestellungen eindringen, wobei diese Fragen jeweils ihre Lösung finden. Bei solchen Problemen, die sich an spezielle Kodifikationen anschließen, wird auch das methodische Prinzip, nach dem das betreffende Kodifikat zunächst ein Stück weit konkret verfolgt wird, ehe in die syntaktische Untersuchung eingetreten wird, der anschaulichen Profilierung des Gegenstandes förderlich sein.

Es wird hier nicht der Versuch gemacht, die Logik voraussetzungslos aufzubauen; — wenn auch der grundsätzliche Zweifel an der Möglichkeit des Aufbaus eines logischen Kodifikats ohne jede logische Voraussetzung in das Gebiet erkenntnistheoretischer Vorüberlegungen gehört, die in diesem Buche vermieden werden sollen, so darf doch die Absicht bekundet werden, einem solchen Ziele in diesem Buche nicht nachzujagen. Ein gewisser Teil der Logik wird hier schon — in den syntaktischen Erörterungen und Nachweisen — vorausgesetzt; es handelt sich dabei um einen mehr oder weniger primitiven Bereich des Schließens von kombinatorisch-konstruktiver Art.

Zur Vermeidung von Zweigleisigkeiten ist bei der nachfolgenden Einführung in die Aussagenlogik auf die gleichzeitige Analyse dieses Bereiches verzichtet worden. Ebenso wurden auch Überlegungen aus der sogenannten formalen Semantik vorerst beiseite gelassen, damit ein möglichst klares Bild der deduktiven Logik hervortrete (vgl. hierzu später S. 140). Bei der Behandlung der Prädikatenlogik, der der II. Band gewidmet sein wird, gibt es Überlegungen, in denen formalsemantische Argumentationen eine fundamentale Rolle spielen; dort werden sie zu ihrem Recht kommen.

Auch ein zweites Ziel hat sich die Vorlesung nicht gesetzt: sie will nicht die mathematische Logik als ein Werkzeug zum Denkenlernen hinstellen. Der aufmerksame Leser wird auf Schritt und Tritt solchen Überlegungen, Beispielen und Ausblicken begegnen, die in hervorragender Weise geeignet sind, das exakte Denken zu trainieren und den Umgang mit Begriffen, Schlüssen und Begründungen präziser zu gestalten. Diese Wirkung der mathematischen Logik liegt so sichtbarlich auf der Hand, daß ein pathetischer Hinweis darauf den Effekt nur abschwächen würde. Die Struktur des Denkens ist eben mathematischer Art, und wer dieser mathematischen Struktur nachspürt, schult gleichzeitig sein Denken und klärt es ab. Andererseits jedoch ist diese Analyse des Denkens weit davon entfernt, sich als ein bloßes Organon, ein Werkzeug mißbrauchen zu lassen, mittels dessen man in einer mechanischen Weise Denken erlernen könnte.

Mit der Absicht, die Vorlesung in allen Teilen so einzurichten, daß sie auf den logischen Gehalt ausgeht, hängt es zusammen, daß überall eine möglichst einfache symbolische Einkleidung gewählt wurde, ohne auf schmückendes Nebenwerk einzugehen. Demgegenüber sei der (bereits weiter oben gestreifte) Verzicht auf jegliche erkenntnistheoretische oder philosophische Diskussion hervorgehoben. Es wird zwar an mehreren Stellen die Härte, der die alternäre Implikation in ihrer Interpretation unterliegt, beleuchtet, und bei der Behandlung der Hauptansätze für nichtalternäre Logik — d.h. der derivativen, der intuitionistischen und der strikten Logik — ist jeweils zunächst einführend auf die leitenden Konzeptionen eingegangen worden. Hierüber hinaus jedoch wird jede philosophische Erörterung streng vermieden. Die Probleme und ihre Behandlung sollen in allen Phasen der Überlegungen nach Möglichkeit für sich selber sprechen und dem Leser das Material zu eigener erkenntnistheoretischer Bearbeitung erstellen. [Betreffs einer solchen philosophischen Untermauerung ist überdies in einigen Fällen zu empfehlen, die jeweiligen prädikatenlogischen Aufstockungen der Probleme — die im II. Bande folgen sollen — abzuwarten; so schließt z.B. die überzeugende Systematik, die den — im 6. und 7. Abschnitt des vorliegenden Buches vorgeführten — Aufbau der intuitionistischen Aussagenlogik aus den fundamentalen derivativen Postulaten (mit Heranziehung der implikativen Form zu einer eliminierbaren Schlußregel) in aussagenlogischer Sicht auszeichnet, nicht aus, daß sich bei der Erweiterung zur intuitionistischen Prädikatenlogik weitere nicht unerhebliche Gesichtspunkte für die Analyse des erkenntnistheoretischen Standortes des mathematischen Intuitionismus herausschälen werden.]

Nicht in die Darstellung einbezogen wurden unter anderem solche Zweige der Aussagenlogik, bei denen das mathematisch-methodische Interesse weit über dasjenige der rein logischen Interpretation hinauszugehen schien, sowie solche logischen Teilgebiete, die zwar mit der Aussagenlogik in Berührung stehen, die jedoch in einer strengen Systematik primär nicht so sehr der Aussagenlogik als vielmehr einer verwandten Disziplin — etwa der Wahrscheinlichkeitstheorie (so die sogenannten „mehrwertigen Logiken") oder auch einer eigenständigen Klassenlogik zuzurechnen sind (so die Syllogistik, die zwar ihr aussagenlogisches Entsprechen hat, deren originäre Interpretation jedoch in der klassen- und prädikatenlogischen Sphäre liegt).

In keiner Weise wird Vollständigkeit in einem enzyklopädischen Sinne angestrebt, die jedem Lösungsversuch und jeder Variante eines Problems Raum gäbe. Vielmehr wird umgekehrt der Versuch gemacht, von parallel verlaufenden oder sich verästelnden Teilzügen eines Problems jeweils einen Zug herauszuheben und konsequent zu verfolgen. Der Leser soll hierdurch in einen solchen Stand der Vertrautheit mit der Materie versetzt werden, der ihm erlaubt, andere Teilzüge, soweit sie ihm begegnen werden, zu überschauen und insbesondere sie als Teilzüge von hier mitgeteilten Problemen zu würdigen. Den Ausführungen aller verschiedenen Kapitel liegt eine einheitliche Betrachtungs- und Darstellungsweise zugrunde; in vielen Fällen werden die Problemstellung und die Lösungsmethode durch Einblendung in den gemeinsamen Betrachtungswinkel erheblich gegenüber den literarischen Ursprüngen modifiziert (so wird, — um schon hier ein Beispiel zu nennen, auf das weiter unten noch einzugehen sein wird — die strikte Logik aus einem rein aussagenlogischen Kodifikat entwickelt).

B. Einige Hinweise zum Lesen des Buches.

Zum Lesen des Buches seien noch einige Hinweise gegeben.

Die benutzten *logischen Zeichen* sind am Ende des Buches zusammengestellt.

Um dem Leser ein möglichst plastisches Bild der einzelnen Gebiete zu vermitteln, wurde in fast allen Abschnitten eine Reihe *stichwortartiger Übersichten* und *tabellarischer Zusammenfassungen* bzw. *Gegenüberstellungen* eingestreut, deren ausgiebiger Gebrauch hiermit empfohlen sei.

An mehreren Stellen wird ein eiliger Leser, m.a.W. ein solcher, der sich zunächst im großen informieren möchte, ohne auf die mathematische Durchführung eingehen zu wollen, darauf aufmerksam gemacht, daß er einen Paragraphen oder eine ganze Gruppe von Paragraphen überschlagen könne. Hierdurch ist, wie ich zuversichtlich hoffe, auch ein mehr oberflächlich interessierter Leser der Furcht vor zu großem Umfang der Lektüre enthoben; überdies ist jeweils die Einteilung des Stoffes nach Möglichkeit so sichtbar angelegt, daß jeder Leser unschwer das ihn Interessierende herauszuholen vermag, ohne sich mit den übrigen Teilen zu belasten. Zur Erleichterung einer solchen teilweisen oder ungeordneten Lektüre habe ich allenthalben möglichst viele *Verweisungen* eingefügt; insbesondere dienen diesem Zwecke auch *Verweisungen auf später folgendes*, die die jeweiligen Querverbindungen deutlich profilieren sollen. Den Verweisungen der letzteren Art ist stets das Wort „später" beigegeben. Demjenigen Leser, der das Buch in der ordnungsgemäßen Reihenfolge liest, soll hierdurch signalisiert werden, daß er die betreffende Verweisung nicht zur Kenntnis zu nehmen braucht; es möge sich also niemand durch die Verweisungen auf später folgendes in seiner normalen Lektüre unterbrechen lassen!

Es ist vielleicht gut, schon hier bezüglich der Verwendung von *Anführungszeichen im Text* auf S. 147 zu verweisen, auf der erläutert wird, warum ihre Verwendungsweise sich im folgenden nicht einer in der mathematischen Logik in weitem Maße eingebürgerten und an sich wohlfundierten Gebrauchsweise anschließt; bei Einbeziehung semantischer Überlegungen in den II. Band wird sich übrigens das Bedürfnis nach teilweisem Anschluß an diese Gebrauchsweise stärker geltend machen.

Die *kodifikativen Beweise*, durch die, wie bereits in Abteilung A erwähnt wurde, die meisten vorgeführten Kodifikate ein Stück weit ausgeleuchtet werden, wurden so ausführlich gestaltet, daß der Leser sie bequem ohne Ausführung von Nebenrechnungen durchführen kann. Das am Ende des Buches angefügte ‚*Verzeichnis der wichtigsten numerierten Formen*' soll das Lesen dieser Beweise erleichtern. Dem fortgeschrittenen Leser kann übrigens zur Lektüre solcher kodifikativen Beweise unbedenklich geraten werden, sie jeweils gerade so weit auszudehnen, wie dies zur Erlangung einer hinreichenden Vertrautheit im Umgang mit dem betreffenden Kodifikat wünschenswert erscheint, und sich von da an mit der Aneignung der bewiesenen Form selbst zu begnügen, da dies zum Verständnis der anschließenden syntaktischen Fragen ausreichen wird.

Wichtig ist noch der Hinweis auf die allenthalben beigegebenen Aufgaben. Sie teilen sich in *Textaufgaben* und andere Aufgaben. Eine Textaufgabe ist dort eingeschaltet, wo eine Passage der Deduktion so trivial erscheint oder bereits vorher so oft vorgeführt wurde oder wo sie in so deutlichem Mißverhältnis zur Tiefe des Ergebnisses steht, daß eine genauere Durchführung eher eine störende Verzögerung der Lektüre als eine Hilfe für den Leser bedeuten könnte. Um darauf aufmerksam zu machen, daß die betreffende Passage verkürzt oder überschlagen wurde, wird der Leser durch den Terminus „Textaufgabe" zum kurzen Überdenken der Deduktion aufgefordert. Bis auf die Textaufgaben soll eben der gesamte Text ohne Zuhilfenahme eines Bleistiftes zügig lesbar sein. (Der Terminus „Textaufgabe" ersetzt an einigen Stellen auch die früher übliche Wendung „wie man leicht erkennt" und soll in diesem Falle dem Leser die Garantie bieten, daß — leider im Gegensatz zu manchem Gebrauch der genannten Wendung — die Sache trivial, d.h. wirklich leicht vollständig zu erkennen ist.) Auch die Aufgaben, die nicht als Textaufgaben gekennzeichnet sind, sind in der Regel keineswegs schwere Erprobungsaufgaben, sondern lediglich Aufforderungen zum bloßen Trainieren der im Text gegebenen methodischen Grundzüge (es gibt nur vereinzelte Ausnahmen).

Gemäß dem in Abteilung A umrissenen Charakter des Buches ist zur Unterstreichung des einheitlichen Standes der aussagenlogischen Problemstellung im Text selbst auf die Angabe von Autoren und Publikationen grundsätzlich verzichtet worden. Eine Ausnahme bilden hier neben den Initiatoren solcher Problemkreise, denen je ein ganzer Abschnitt des Buches gewidmet ist (z.B. Gentzen, Lewis u.a.) lediglich solche Autoren, deren Name als Bestandteile gewisser Fachausdrücke auftreten, und zwar entweder von allgemein eingebürgerten Fachausdrücken (wie z.B., „Peircesche Wahrform") oder von Fachausdrücken, deren Attribute der Unterscheidung dienen (wie z.B. die Autorennamen verschiedener Axiomensysteme).

Ein an der Angabe der Autoren interessierter Leser findet demgegenüber bei der im nächsten Absatz folgenden Inhaltsübersicht zu jedem vorgebrachten Problem die *Quellenangabe*. Auf diese bezieht sich auch das später folgende Literaturverzeichnis.

C. Inhaltsübersicht.

An den Anfang der Vorlesungen ist ein Abschnitt über die *Algebra der Logik*, die sogenannte BOOLEsche Algebra [3] gestellt. Da diese von Gleichungen zwischen Aussagenformen handelt, erscheint sie durch ihre Affinität zur elementaren Algebra den meisten Anfängern der Logik recht eingängig und erleichtert ihnen somit das Eindringen in mathematische Gesetze der Logik. Von dem Standort, den die moderne mathematische Logik erreicht hat, stellt sich allerdings ein solcher Gleichheitskalkül nicht als die angemessenste Erfassung solcher Gesetzmäßigkeiten dar, und unter diesem Aspekt ist man versucht, der Algebra der Logik eine ähnliche Rolle zuzuweisen, wie sie die Segelschiffe in der Handelsmarine spielten: wenn sich auch mit geraumer Zeit das Gros der Handelsschiffe aus neueren Schiffstypen zusammensetzen wird, so vermittelt doch ihre Benutzung nach wie vor eine fachgerechte Grundausbildung. Unter einem anderen Aspekt nimmt jedoch die Algebra der Logik gerade heute wieder einen hervorragenden Platz in der logischen Kodifikation ein; sie ordnet die Gesetzmäßigkeiten des Denkens einer zentralen Teilstruktur der heutigen Algebra unter, derjenigen der distributiven Verbände. Auch unter diesem Aspekt wird die logische Algebra hier vorgeführt.

Darüber hinaus dient der Nachweis der Vollständigkeit der Booleschen Algebra (Kap. III) zugleich der Vorbereitung auf den Vollständigkeitsnachweis für ein später folgendes normaldeduktives „WR-Kodifikat" (entsprechend bildet ein in sich abgeschlossenes Kapitel, das sich im Anschluß an eine Arbeit von H. Hermes und H. Scholz [11] mit der Vollständigkeit einer bloßen Implikations-Negations-Logik befaßt — Kap. V — die Vorbereitung auf den Vollständigkeitsnachweis für ein später folgendes normaldeduktives „FL-Kodifikat").

Der Verfasser hat in den 1. Abschnitt eine Reihe anschaulicher *Interpretationsbeispiele* eingestreut, die den Einführungszweck erleichtern sollen und die in den weiteren Abschnitten naturgemäß zurücktreten. — Einige Paragraphen (insbesondere § 24) deuten kurz die Zusammenhänge mit der Klassen- und Begriffslogik an.

Die im 2. Abschnitt gebrachte Einführung in die *wertende Logik* legt den Grund für die *alternäre Aussagenlogik*, die sich als diejenige Theorie beschreiben läßt, welche aus der Aristotelischen Kennzeichnung der Aussage als dessen, was entweder ‚wahr' oder ‚falsch' ist, entspringt. Die Auffassung der logischen Verknüpfungen als Wahrheitsfunktionen bildet das Fundament dieser Überlegungen, in deren Verlauf unter anderem die binären Verknüpfungen zueinander in Beziehung gesetzt und die wichtigsten binären Verknüpfungsbasen vorgeführt werden (Kap. VI).

Der Begriff der *Wahrform*, der in diesem Zusammenhang erörtert wird (Kap. VII), wird alle weiteren Überlegungen zur alternären Aussagenlogik (I. Teil des Buches) durchziehen. Es werden zunächst die wichtigsten Typen von Wahrformen zusammengestellt — §§ 43 f. (diese Übersicht ist zugleich zur Einübung des Lesens aussagenlogischer Formeln geeignet).

Der Darstellung der Wahrheitswertung schließt sich eine solche der Methode der *Quasiwahrheitswertungen* an (Kap. VIII), die vornehmlich wohl von BERNAYS [2], ŁUKASIEWICZ und TARSKI [19] entwickelt wurde und die in erster Linie dem Nachweis von Unabhängigkeiten bei deduktiver Kodifikation der Logik dient.

Im Zusammenhang mit den Quasiwahrheitswertungen wird in § 49 auch auf die Bedenklichkeiten eingegangen, die einer rein aussagenlogischen Interpretation der sogenannten „*mehrwertigen Logiken*" (genauer: der „mehr-als-zweiwertigen Logiken") entgegenstehen.

Der ausführlicheren Beschäftigung mit der bei der Behandlung der Quasiwahrheitswertungen bereits kurz in vorläufiger Weise herangezogenen deduktiven Behandlungsweise ist im 3. Abschnitt zunächst eine allgemein gehaltene Erklärung des Begriffs des kodifizierten Wissensgebietes bzw. des *Kodifikates* [24] vorangestellt. Die Kodifikation eines exakten Wissensgebietes geht über die — insbesondere seit dem Erscheinen von Hilberts „Grundlagen der Geometrie" um die Jahrhundertwende in der Mathematik und in Teilen z. B. der Physik heimisch gewordene — Axiomatisierung gerade durch die Einbeziehung des Logischen in die exakte Fixierung hinaus; auch ein solcher Axiomatiker, der noch nicht das Systematisch-zwingende dieser Entwicklung eigenständig nachempfunden haben sollte, wird einen solchen Übergang jedenfalls als eine durch die bekannten Paradoxien der Mengenlehre und Logik aufgedeckte Notwendigkeit anerkennen, und tatsächlich ist, wie ich glaube, durch den Begriff der Kodifikation die Grundkonzeption umrissen, deren sich künftige exakte Forschung bedienen wird. (Es gibt mannigfache Abwandlungen dieser Konzeption; am nächsten steht der hier geprägten Fixierung neben der alten CARNAPschen [5] Bestimmung der „formalen Sprache" wohl die jetzt vielfach benutzte, ebenfalls ein wenig allgemeinere CURRYsche [6] Begriffsbildung des „formal systems"). In §53 wird die logische Fundierung einer Theorie in einem ‚logischen Kernkodifikat' skizziert.

Die wichtigsten Züge der allgemeinen *Syntax* der Kodifikate werden in Kap. X umrissen, wobei für die HILBERTschen Grundanforderungen an Axiomensysteme, nämlich Widerspruchsfreiheit und Vollständigkeit (sowie gegenseitige Unabhängigkeit der Axiome) jeweils die verschiedenen angemessenen Fassungen einander gegenübergestellt werden. Grundlegende syntaktische Unterscheidungen — wie diejenigen von Einschlägigkeit und Beweisbarkeit von Ausdrücken (bzw. Formen), Vollständigkeit und Entscheidungsdefinitheit von Kodifikaten, Äquivalenz und Deduktionsgleichheit von Satzgebilden (d. h. einschlägigen Ausdrücken), explizite und implizite Abhängigkeit von Schlußregeln, Separation, Elimination und Inversion von Schlußregeln, Elimination und Reduktion von Begriffen (nebst Restriktion von Kodifikaten) — werden ausführlich auseinandergesetzt.

Die allgemeinen begrifflichen Analysen dieses Kapitels dürften noch über den eingangs (in Abteilung A) umrissenen Leserkreis hinaus auch solche Erkenntnistheoretiker interessieren, die sich nicht speziell mit mathematischer Aussagenlogik zu beschäftigen wünschen.

Auf die Syntax *aussagenlogischer* Kodifikate wird in technisch detaillierter Weise eingegangen (Kap. XI und XII). Hierbei zeigen sich vor allem die *normaldeduktiven* Kodifikate — deren elementare Schlußregeln die Grundschlußregel und die Einsetzungsregel sind — und die *aufschichtenden Kodifikate* — deren elementare Schlußregeln der begrifflichen Aufschichtung gewisser Teilformen der einschlägigen Ausdrücke folgen — als belangvoll; die im späteren Verlauf vorgeführten Kodifikate gehören einer dieser beiden Arten an.

Als *Beispiele normaldeduktiver Kodifikate* der alternären Aussagenlogik werden im 4. Abschnitt das WHITEHEAD-RUSSELLsche System [36] (mit der seinerzeit von BERNAYS [2] vorgeschlagenen Axiomenkürzung) und das FREGE-ŁUKASIEWICZsche System [7, 19] behandelt. Die ausführliche Herleitung ihrer wichtigsten beweisbaren Formen soll dem Leser vor allem eine konkrete Vertrautheit mit dem normaldeduktiven Schließen vermitteln. Gleichzeitig dient auch sie der Vorbereitung auf die (bereits weiter oben vorausgreifend erwähnten) Vollständigkeitsnachweise für diese Systeme, denen jeweils der Nachweis für die gegenseitige normaldeduktive Unabhängigkeit ihrer Axiome angeschlossen ist. In einem Paragraphen, der dieses Kapitel abschließt (§ 86), wird noch das SCHÜTTEsche System der bloß implikativen normaldeduktiven Aussagenlogik [31] vorgeführt.

Sodann wendet sich die Vorlesung im 5. Abschnitt der *aufschichtenden alternären Aussagenlogik* zu. Das hierzu in Kap. XV vorgeführte Kodifikat stellt sich als eine Fortentwicklung der von GENTZEN [8] entwickelten Sequenzenlogik dar; die bei Gentzen zugrunde liegende Unterscheidung der konjunktiven, disjunktiven bzw. implikativen Verknüpfung der Sequenzglieder — bei Gentzen: Kommata bzw. Pfeile — von den aussagenlogischen Verknüpfungen innerhalb der als Glieder auftretenden Aussagenformen — bei Gentzen: &, v, $\subset$ — ist beseitigt worden, wobei in der alternären Logik eine Zufügung von disjunktiven Nebengliedern in Kauf genommen werden muß. Der Gedanke dieser Vereinfachung wurde vom Verfasser bereits in früheren Vorlesungen entwickelt und kodifikativ durchgeführt (mehrere Jahre, bevor auch von anderer Seite eine derartige Kodifikation publiziert wurde). Aufschichtende Schlußregeln erfreuen sich wegen ihrer technischen und interpretativen Vorteile wachsender Beliebtheit; die hier vorgeführte Kodifikationsweise macht deutlich, daß diese Vorteile nicht von der Konzeption der Sequenz abhängen, sondern vielmehr gerade beim Schließen an den Aussagenformen selbst in den Vordergrund treten. Die interpretative Angemessenheit der hier vorgeführten aufschichtenden Kodifikation wird in dem der Prädikatenlogik zu widmenden II. Bande — im Zusammenhang mit dort heranzuziehenden semantischen Überlegungen, vgl. S. VI, Abs. 2 dieses Vorwortes — vollends ins Auge springen.

Für das oben erwähnte vereinfachte aufschichtende aussagenlogische Kodifikat wird die Gentzensche Schnittelimination vorgeführt (Kap. XVI f.). Zwar ist sie für den Nachweis, daß das Kodifikat die alternäre Logik widergibt, nicht erforderlich; sie bildet jedoch den aussagenlogischen Kern derjenigen Schnittelimination, die bei der prädikatenlogischen Erweiterung des Kodifikats zum Nachweis seiner Vollständigkeit benötigt wird; die hierauf bezüglichen Darlegungen — die übrigens auch vom Standpunkt der syntaktischen Aesthetik besonderes Interesse verdienen — stellen mithin die Vorbereitung auf wichtige, im II. Bande zu bringende Untersuchungen dar. (In § 102 wird an einem Beispiel konkret vorgeführt, wie die in einer Beweisfigur auftretenden ‚Umwegstellen' durch das Eliminationsverfahren schrittweise beseitigt werden.)

Den Abschluß dieses Abschnittes bilden einige Paragraphen, in denen kurz auf die aufschichtende bloße $\vee\neg$-Logik von Schütte [32] eingegangen wird, deren Vollständigkeitsnachweis sich besonders einfach gestaltet.

Bereits in diesem ersten Teile des Buches war Gelegenheit, auf die Härten hinzuweisen, denen die Interpretation der alternären Implikation im üblichen deduzierenden Denken unterliegt (s. insbes. S. 78 u. § 42, auch S. 268 f.). Der zweite Teil beschäftigt sich mit einer Reihe *nichtalternärer Kodifikationen der Aussagenlogik*, in denen die Ausprägung der Implikation den interpretativen Anforderungen, die man an das Implizieren im Sinne eines Erschließens stellen möchte, weitgehend angepaßt ist. Hier werden vor allem zwei Ansätze stufenweise entwickelt.

Der ersten dieser Entwicklungen ist der 6. Abschnitt gewidmet. Sie geht von der *derivativen Implikationslogik* (Kap. IX) aus, einer Kodifikation, die der positiven Logik von Bernays [14] entspricht, und erweitert diese im Anschluß an das Bernayssche Vorgehen schrittweise auf die übrigen natürlichen Verknüpfungen, wobei allerdings jeweils von der nichtaxiomatischen Abgrenzung durch gewisse Postulate gleich zu einer normaldeduktiven Kodifikation übergegangen wird. Diese schrittweise Erweiterung führt zur *natürlichen derivativen Aussagenlogik* (Kap. XXII), deren Formelnbestand mit demjenigen des Johanssonschen Minimalkalküls [15] übereinstimmt und die die Implikationsverknüpfung natürlicher Formen weitgreifend auf das wirkliche Deduzieren zurückführt.

Für die Zwischenstufe der derivativen $\rightarrow\wedge\neg$-Logik (m.a.W. der von „oder" freien derivativen Aussagenlogik) wird eine andere, ebenfalls systematisch anregende Kodifikation vorgebracht, die auf Wajsberg [35] zurückgeht und die hier als *entwickelnde derivative Logik* bezeichnet wird (Kap. XXI). Das Wajsbergsche Entscheidungsverfahren (dem gewisse Härten anhafteten) wird auf diese entwickelnde Logik hin vereinfacht.

Im Anschluß an die normaldeduktive Kodifikation der natürlichen derivativen Aussagenlogik wird in § 130 auf die KOLMOGOROFFsche [16] *Deutung von Aussagenformen als Formen für Aufgaben*, der gerade die derivative Logik angemessen ist, eingegangen. — Der Vergleich der derivativen mit der alternären Aussagenlogik wird durch einen letzten Paragraphen dieses Abschnitts (§ 131) abgerundet. In gewisser Umkehrung des Umstandes, daß die Gesamtheit der derivativen Formen einen echten Teil derjenigen der Wahrformen darstellt, wird hier — ebenfalls auf Grund eines (über die Aussagenlogik hinausgehenden) Ansatzes von KOLMOGOROFF [17] — für eine interpretativ naheliegende Zuordnung natürlicher Formen, die als „*Derivanten*"-Zuordnung bezeichnet ist, ausgeführt, daß sich die Gesamtheit der Derivanten derivativer Formen als ein echter Teil derjenigen der Wahrformen darstellt.

Von der natürlichen derivativen Logik gelangt man (wie vom Minimalkalkül her bekannt) durch Zufügung der implikativen Form zum Schluß „ex falso quodlibet" — bzw. eines Spezialfalls dieser Form — zur *intuitionistischen Aussagenlogik*. Die normaldeduktive Kodifikation dieser Logik ist im 7. Abschnitt ein wenig anders durchgeführt als die historische Formalisierung, durch die HEYTING [12] die von BROUWER [4] initiierte intuitionistische Logik erstmals axiomatisch untermauerte. Das hierzu angeführte *abgestufte Axiomensystem* der normaldeduktiven alternären Aussagenlogik, bei dem Teile des Axiomensystems die derivativen Logiken bzw. die intuitionistische Aussagenlogik aufspannen, schließt sich eng an die insbesondere von HILBERT [13a], BERNAYS [14] und GLIVENKO [9] vorgeschlagenen Axiomensysteme an. Die zum Nachweise der gegenseitigen Unabhängigkeit seiner Axiome geeigneten Quasiwahrheitswertungen (die sich übrigens zum Teil schon in der Literatur verstreut vorfinden) ergeben sich aus der jeweiligen Aufgabe in fast zwangsläufiger Weise. In § 138 wird die scheinbare Erweiterung, der die oben erwähnte „Aufgaben"-Interpretation beim Übergang von der derivativen zur intuitionistischen Aussagenlogik unterliegt, kurz erörtert.

Die in § 139 gegebene ausführliche *Gegenüberstellung derivativer, intuitionistischer* (nicht jedoch derivativer) *und nichtintuitionistischer Wahrformen* soll die systematische Mittelstellung, die die intuitionistische Aussagenlogik zwischen der derivativen und der alternären Aussagenlogik einnimmt, verdeutlichen. Zur erkenntnistheoretischen Bedeutsamkeit der intuitionistischen Logik vergleiche man auch die Bemerkung von S. VII, Abs. 1.

Der GÖDELsche Nachweis [10] dafür, daß (im Gegensatz zu früheren Vermutungen) *die intuitionistische Aussagenlogik keine sog. „mehrwertige*

Logik" darstellt, m.a.W. daß ihr keine (endliche) adäquate Quasiwahrheitswertung zukommt (§ 141), verdient besonders hervorgehoben zu werden. Das am Ende des Abschnitts auftretende intuitionistische Hilfskodifikat, in dem das Prinzip „ex falso quodlibet" unter Heranziehung des „falsum" als Grundbegriff ausgedrückt ist, dient der Vorbereitung auf später folgende Überlegungen.

Im Anschluß an die oben erwähnte normaldeduktive Kodifikation werden im 8. Abschnitt *aufschichtende Kodifikate der derivativen und der intuitionistischen Aussagenlogik* gegeben. Hierbei hat der Verfasser an der ursprünglichen GENTZENschen Sequenzenlogik [8] — von derselben Leitidee ausgehend, die bezüglich der alternären Sequenzenlogik bereits erwähnt wurde — die entsprechende Umwandlung vorgenommen, die hier auf eine in einem engeren Sinne aufschichtende Aussagenlogik führt als im alternären Falle. (Auch für diese Umwandlung gilt hinsichtlich ihrer Entstehungszeit das schon bei der Erwähnung der alternären aufschichtenden Logik Gesagte). Eine im Ausgang von den aufgestellten Kodifikaten vorgenommene *Schnittelimination* (vgl. hierzu oben S. XIII, Abs. 2) bestätigt die betreffenden Kodifikate als angemessene Kodifikationen der derivativen bzw. intuitionistischen Aussagenlogik (Kap. XXVI).

Der 9. Abschnitt ist der *Entscheidung* bezüglich der Eigenschaft natürlicher Formen, derivativ bzw. intuitionistisch zu sein, gewidmet. Hier wird für die derivative und für die intuitionistische Aussagenlogik (deren Entscheidbarkeit bei Gentzen durch ein überschlägiges Verfahren von lediglich abstrakter Relevanz gezeigt wurde) ein *solches Entscheidungsverfahren* entwickelt, das sich durch einen *möglichst hohen Grad praktischer Handlichkeit und Kürze* auszeichnen soll (der Verfasser hat dieses Verfahren gelegentlich eines Kolloquiums 1955 in Paris vorgetragen [28]). Das Verfahren stützt sich auf eine gewisse Modifikation der aufschichtenden Kodifikate, die insbesondere die „→-vorne"-Schlußregel betrifft, und bedient sich unter anderem einer an Beweisen aus dem modifizierten Kodifikat vorgenommenen ‚Simplikation' (Kap. XXVII). Eine tabellarische Übersicht über die Vorschriften des Verfahrens findet man in § 159. Die erstrebten praktischen Vorzüge des Verfahrens werden an einer Reihe von Beispielen bestätigt; es sind hier vor allem solche Beispiele herangezogen, bei denen sich das Bedürfnis nach Entscheidung bereits an früherer Stelle bemerkbar machte.

Die beiden letzten Abschnitte sind einem anderen nichtalternären Ansatz gewidmet, der insbesondere in der amerikanischen Literatur eine erhebliche Rolle spielt, nämlich der Logik der strict implication, die von LEWIS [18] in Gestalt einer Modalitätenlogik erstmalig entwickelt und inzwischen von einer Reihe von Autoren ausgebaut wurde. Der Verfasser hat sich hier von der Lewisschen Fundamentierung seiner Logik, die von den Grundverknüpfungen „Möglichkeit", „Konjunktion",

„Äquivalenz“ und „Negation“ ausgeht, radikal gelöst und im Rahmen der Thematik des vorliegenden aussagenlogischen Buches eine *reine nichtalternäre Aussagenlogik* — über den aussagenlogischen Verknüpfungen „Konjunktion“, „Implikation“, „Negation“ — eingeführt (10. Abschnitt).

In dieser Logik, die übrigens einen speziellen Booleschen Verband bildet (§ 166), zeigt unt. and. die Relation der Verträglichkeit (§ 168) ein charakteristisches Verhalten. Eines der Axiome dieser aussagenlogischen Kodifikation wird übrigens zunächst — bis zu Kap. XXX — aufgespart, um deutlich hervortreten zu lassen, wieviel in der strikten Logik bereits ohne seine Benutzung beweisbar wird.

Im Begriffsnetz der bloßen strikten Aussagenlogik werden eine „strikte Möglichkeit“ und eine „strikte Notwendigkeit“ definiert (möglich ist, was nicht sein Gegenteil impliziert; notwendig ist, was von seinem Gegenteil impliziert wird); die durch diese Definitionen bereicherte Kodifikation (11. Abschnitt) stellt dann eine *strikte Aussagen- und Modalitätenlogik auf rein aussagenlogischer Grundlage* dar [26]. Das betreffende Kodifikat wird durch zwei Zusatzaxiome — deren eines die Idempotenz der beiden Grundmodalitäten betrifft, während das andere eine leichte Modifikation des sogenannten BECKERschen Modalitätenaxioms [1] darstellt — stufenweise zu der „verschärften strikten Logik“ des Kapitels XXX erweitert. (Die drei in dieser Weise aufeinander aufbauenden aussagenlogischen Kodifikate erweisen sich bei Einbeziehung aller Definitionen als deduktiv-äquivalent den Lewisschen Systemen $S2$ bzw. $S4$, $S5$.)

Es versteht sich von selbst, daß die oben angegebenen Definitionen der Möglichkeit und der Notwendigkeit nur eine spezielle Konzeption dieser Modalitäten treffen. Diese Konzeption erscheint jedoch insbesondere im Rahmen logischer Untersuchungen als bedeutsam genug, um ein genaueres Umsehen in der betreffenden aussagenlogischen Kodifikation, die — insbesondere nach ihrer Verschärfung — ein überraschend in sich geschlossenes Bild bietet — anzuregen.

Bereits in dem durch das erste zusätzliche Modalitätenaxiom — das Idempotenzaxiom — erweiterten Kodifikat lassen sich (§ 179) *alle Modalitätenkombinationen auf 14 einfache, ihrerseits irreduzible Kombinationen reduzieren* [25, 27, 29, 30]; es handelt sich dabei außer dem Zutreffen, der Möglichkeit und der Notwendigkeit selbst um eine „Stringenzfähigkeit“ und eine „Widerspruchsfreiheit“ sowie um notwendige Stringenzfähigkeit und mögliche Widerspruchsfreiheit samt ihren Negaten. (Die betreffende Reduktion ist übrigens auch bereits in einem sehr allgemeinen modalitätenlogischen Rahmen durchführbar.)

Die nach Zufügung auch des zweiten oben erwähnten Zusatzaxioms hervorgehende formal recht abgerundete *„verschärfte strikte Logik* ist *keine „mehrwertige Logik“* (§ 182). Der Nachweis hierfür ist demjenigen für die entsprechende Eigenschaft der intuitionistischen Aussagenlogik (s. oben S. XIV, letzter Abs.) analog.

Die verschärfte strikte Aussagen- und Modalitätenlogik ist entscheidungsdefinit; auf sie wird (wegen ihrer deduktiven Äquivalenz mit $S5$) bei Heranziehung einer von WAJSBERG [34] an einer verwandten Teilstruktur durchgeführten Reduktion (§ 181) das PARRYsche [21] Entscheidungsverfahren anwendbar (Kap. XXXIII). Bei Verwendung dieses Entscheidungsverfahrens gelangt man unter anderem zur Aufdeckung gewisser grundsätzlicher Beziehungen zwischen der Notwendigkeit und ihrer Beweisbarkeit (§ 186).

Im letzten Kapitel (XXXIV) wird die Rolle von zwei komplexen Modalitäten, der *Offenheit* (offen ist, was weder notwendig noch unmöglich ist) und der *Zufälligkeit* (zufällig ist, was ist, ohne notwendig zu sein) untersucht. Diese beiden komplexen Modalitäten unterliegen gewissen einleuchtenden und radikalen Reduktionsgesetzen [26]. Den Abschluß (§ 192) bildet die Skizze einer *aussagenlogisch fundierten Theorie*; dieses elementare Beispiel besitzt vor allem im Hinblick auf die im II. Bande zu besprechenden prädikatenlogisch fundierten Theorien ein theoretisch-systematisches Interesse.

D. Abschluß des Vorwortes.

Zum Abschluß dieses Vorwortes möchte ich dem Springer-Verlag und dem geschäftsführenden Herausgeber der ‚Grundlehren‘-Sammlung, Herrn Kollegen F. K. SCHMIDT, meinen herzlichen Dank aussprechen für das aktive Verständnis, das sie für die speziellen drucktechnischen Bedürfnisse einer Einführung in die mathematische Logik zeigten. Dem Springer-Verlag fühle ich mich in diesem Zusammenhang besonders für die Bereitschaft, die gewünschten logischen Typen eigens nach meinen detaillierten Entwürfen anfertigen zu lassen und in Satz zu geben, und für die Geduld, die er bei der Überwindung der hierbei entstandenen zeitraubenden technischen Schwierigkeiten an den Tag legte, zu Dank verpflichtet. — Für das Mitlesen der Korrekturen danke ich den Herren Professoren W. ACKERMANN und K. SCHÜTTE sowie Herrn Dr. G. EMDE und Herrn stud. math. E. RATH.

Marburg (Lahn), Herbst 1959 H. ARNOLD SCHMIDT

Inhaltsverzeichnis.

4. Abschnitt.

Normaldeduktive alternäre Aussagenlogik.

5. Abschnitt.

Aufschichtende alternäre Aussagenlogik.

Zweiter Teil.

Nichtalternäre Aussagenlogik.

6. Abschnitt.

Die derivative Aussagenlogik und ihre normaldeduktive Kodifikation.

7. Abschnitt.

Normaldeduktive intuitionistische Aussagenlogik.

8. Abschnitt.

Aufschichtende derivative und intuitionistische Aussagenlogik.

11. Abschnitt.

Strikte Aussagen- und Modalitätenlogik.

Erster Teil.

Alternäre Aussagenlogik.

§ 1. Vorläufige Abgrenzung der Aussagenlogik.

Wieso hat die Logik es mit mathematischen Gesetzen zu tun, mit anderen Worten: wieso genügt das Denken mathematischen Gesetzen? Um auf diese Frage eine allererste Antwort umreißen zu können, wird man sich zweckmäßigerweise zunächst an Hand eines einfachen und vertrauten Beispiels daran erinnern, wie etwa die elementare Arithmetik und Algebra ihre Gesetze vorzuführen pflegen. Die bekannte Formel $(a+b)\cdot(a-b)=a\cdot a-b\cdot b$ drückt ein Gesetz aus, dem die ganzen Zahlen (es genügt hier, sich auf diese zu beschränken) bezüglich der Verknüpfungen $+$, $\cdot$ und $-$ unterliegen. Dabei stehen a und b für unspezifiziert gelassene, mit anderen Worten ‚beliebige' ganze Zahlen; sie bezeichnen (in einer ein wenig modifizierten Auffassung) ‚variable' ganze Zahlen. Demgemäß stellt die Formel nicht eine spezielle Gleichung zwischen irgendwelchen ganzen Zahlen dar, wie etwa $(5+3)\cdot(5-3)=5\cdot 5-3\cdot 3$ (nämlich $8\cdot 2=25-9$), sondern eine *Form* für solche Gleichungen; sie drückt eben eine gültige Beziehung zwischen gewissen Summen, Produkten und Differenzen aus, bei deren Beschreibung sich davon *absehen* läßt, welche speziellen Zahlen im jeweiligen Einzelfalle diesen Summen-, Produkten- und Differenzenbildungen zugrunde gelegt werden mögen.

Diese vorerst nur roh umrissenen Bestimmungen eines mathematischen Gesetzes lassen sich nun unschwer auf logische Gesetzmäßigkeiten übertragen.

Ein Ferienreisender möge an einem Tage zwei Wettervorhersagen gelesen haben, von denen die eine besagte, falls es warm werde, so werde es morgen regnen, während die andere besagte, falls es nicht warm werde, werde es morgen regnen. Dieser Mann wird, sofern er beiden Vorhersagen Glauben schenken will, die folgende primitive Überlegung anstellen: (1) „Wenn es, falls es warm wird, morgen regnen wird und auch, falls es nicht warm wird, morgen regnen wird, so wird es eben morgen regnen." In dieser Überlegung drückt sich das gleiche logische Gesetz aus, das einem Ausspruch des Sokrates zugrunde zu liegen scheint. Sokrates antwortete bekanntlich einem Schüler, der sich zweifelnd einen

Rat darüber holen wollte, ob er heiraten solle: „Heirate oder heirate nicht, du wirst es bereuen.“ Faßt man diese Antwort — wie es ihr wohl gerecht werden dürfte — als eine speziell auf den zweifelnden Frager bezogene Prognose auf, so stellt sie das Ergebnis der folgenden einfachen Argumentation dar: (2) „Wenn du, falls du heiratest, bereuen wirst und auch, falls du nicht heiratest, bereuen wirst, so wirst du eben bereuen.“ In dieser Argumentation kommt nun dasselbe Gesetz zum Ausdruck wie in der oben angedeuteten Überlegung zum Wetter:

„Wenn, falls a, so b und auch, falls nicht a, so b, so eben b.“

Hier treten einige ‚logische Verknüpfungen‘ zwischen den ‚variablen Aussagen‘ a, b auf: erstens die implikative Verknüpfung „falls —, so —“ — die auch (übergeordnet) im sprachlichen Gewande „Wenn —, so eben —“ wiederkehrt —, zweitens die Negation „nicht“ und drittens die Verknüpfung „und auch“. Die genannten Verknüpfungen setzen sich zu einer gültigen Gesamtbeziehung zusammen, bei der sich davon absehen läßt, welche speziellen Aussagen diesen logischen Verknüpfungen zugrunde liegen; sie ist eben in ‚variablen Aussagen‘ mitteilbar. Es handelt sich also bei „Wenn, falls a, so b und auch, falls nicht a, so b, so eben b“ nicht — wie bei den Interpretationsbeispielen (1) vom Wetter und (2) vom zweifelnden Heiratskandidaten — um eine spezielle zusammengesetzte Aussage, sondern um eine Aussagen*form*, nämlich um die logische Form der Aussagen (1) und (2) und weiterer in derselben Art zusammengesetzter Aussagen. — Dieses primitive Beispiel mag als Grundlage für die erste Orientierung genügen. Es wird die Aufgabe dieses Buches sein, im einzelnen darzutun, wie bei genauer Formulierung solcher Gesetze das auf sie gegründete Schließen in der exakten Weise eines Rechenprozesses abzulaufen vermag.

Die Aussagenlogik beschäftigt sich mit Gesetzen der geschilderten Art; sie behandelt also Aussagenformen. Die in diesen Aussagenformen logisch verknüpften Variablen stehen für variable *Aussagen*. Hierdurch unterscheidet sich die sog. Aussagenlogik von der sog. Prädikatenlogik, in der die einzelnen Grundaussagen noch strukturell analysiert werden. Um ein prädikatenlogisches Gesetz auszudrücken, werden unter anderem Dingvariablen, Prädikatenvariablen und Relationenvariablen herangezogen, und zu den logischen Verknüpfungen für Variablen ganzer Aussagen treten weitere logische Verknüpfungen hinzu. Von der Prädikatenlogik wird der 2. Band der „mathematischen Gesetze der Logik“ handeln.

Diese kurzen unterscheidenden Andeutungen mögen genügen, um den Gebrauch der eingebürgerten Termini „Aussagenlogik“ und „Prädikatenlogik“ zu umreißen. Insbesondere die Geisteswissenschaftler, denen die Termini „Aussage“ und „Prädikat“ unter anderen Aspekten vertraut sind, müssen davor gewarnt werden, in der bereits eingebürgerten Gegenüberstellung von Aussagenlogik und Prädikatenlogik etwas anderes erblicken zu wollen, als oben skizziert wurde.

Zum Terminus „Aussagenlogik" insbesondere sind mit Nachdruck einige naheliegende Mißverständnisse auszuräumen, die manchem geisteswissenschaftlich orientierten Leser das Eindringen in die mathematische Logik erschweren. Ein Teil der großen Fragestellungen der Erkenntnislehre entspringt dem fundamentalen Unterschied zwischen den Sachverhalten bzw. Tatbeständen einerseits und den Urteilen und Aussagen andererseits. Ohne Eingehen auf diese Problematik sei nur erwähnt, daß dem Bolzanoschen Begriff des ‚Satzes an sich' in ihr eine besondere Stellung zukommt. Die Begriffe ‚Urteil' und ‚Aussage' ihrerseits lassen Interpretationen zu, in denen sie recht deutlich voneinander getrennt sind. Man kann weiter fragen, welcher Art das Verhältnis des Urteils zum Urteilsgehalt, der Aussage zum Aussageinhalt sei. Schließlich verdient in psychologisch gerichteten Untersuchungen das ‚Urteil schlechthin' dem ‚Urteil dieses Menschen jetzt' gegenübergestellt zu werden. Alle diese und weitere Unterscheidungen, die für die Erhellung der Erkenntnis wichtig sein mögen, dürfen in der mathematischen Logik außer acht gelassen werden. Zwar ist die eingebürgerte Bezeichnung „Aussage" für das, worauf sich die Variablen der Aussagenlogik beziehen, wohl im Grunde nicht die treffendste — eher noch würde vielleicht die Bezeichnung „Urteil" bzw. „Urteilsgehalt" dem Intendierten gerecht werden —, jedoch besteht kein zwingender Anlaß, dem einmal eingebürgerten Terminus „Aussage" hier einen konkurrierenden Terminus entgegenzustellen, denn es gehört zur mathematischen Artung des Gebietes, daß es in dem Bestand seiner Ergebnisse und Methoden von der oben angedeuteten vielschichtigen Problematik unberührt bleibt. So wenig Arithmetik und Algebra nach dem Wesen der Zahl zu fragen brauchen oder die Sicherheit ihrer Ergebnisse von einer expliziten Definition der Zahl abhängig ist, so wenig hängt im Prinzip die mathematische Logik von der Einstellung zu den oben angedeuteten noëtischen Fragen ab. Dem Leser, der das oben gegebene Beispiel eines logischen Gesetzes in sich aufgenommen hat, wird diese Unabhängigkeit ohne weiteres einleuchten. (Schwache Spuren einer Abhängigkeit werden an einigen Stellen des Buches zu erwähnen sein.)

Die mathematische Aussagenlogik hat sich zunächst ganz aus der Analogie zur Algebra heraus entwickelt. Dies war möglich, weil die Gesetze der Aussagenlogik zu denen der Algebra in einer ganz besonders augenfälligen Beziehung stehen, die im nächsten Paragraphen an einem Beispiel ausgeführt werden soll, wobei anschließend der strukturelle Rahmen, der der Aussagenlogik, der elementaren Algebra, der Punktmengenlehre und weiteren Wissensgebieten gemein ist, umrissen werden wird. Es darf aber nicht übersehen werden, daß diese Analogie ihre Grenzen hat, daß nämlich bei *autonomer* Präzisierung die logischen Gesetze sich nicht ohne weiteres den bekannten Gesetzesschematen der Algebra unterordnen. Die Algebra der Logik wird im ersten Abschnitt behandelt, weil sie in ihrer Anlehnung an elementar-arithmetisch Bekanntes das Eindringen in den Gegenstand erleichtert und weil ihre Ergebnisse für die knappe Formulierung später benutzter Hilfsätze von Vorteil sind; jedoch sei der Leser ausdrücklich davor gewarnt, in ihr so etwas wie den eigentlichen Kern der Aussagenlogik zu erblicken, nach dessen Lektüre man die Sache bereits in ihren wesentlichen Zügen erfaßt habe.

1. Abschnitt.
Algebra der Logik.

Kapitel I.
Grundlegende Gesetze des BOOLEschen Verbandes.

§ 2. Einführung.

Die mathematischen Gesetze der Logik werden in der „Algebra der Logik" ganz nach dem Vorbilde der gewöhnlichen Algebra behandelt. Die Aussagenlogik besitzt in der Tat eine weitgehende strukturelle Gemeinsamkeit mit einer Reihe rein mathematischer Gebiete.

Was hiermit gemeint ist, möge vorab an einem willkürlich herausgegriffenen Gesetz, dem „distributiven Gesetz", veranschaulicht werden.

Für beliebige reelle Zahlen gilt bezüglich der Multiplikation und der Addition das distributive Gesetz

$$a \cdot (b + c) = a \cdot b + a \cdot c,$$

z.B. $3 \cdot (7 + 5)$, d.i. $3 \cdot 12$, $= 3 \cdot 7 + 3 \cdot 5$, d.i. $21 + 15$.

Um zu erkennen, warum dieses Gesetz „distributives Gesetz" heißt, sprechen wir es etwa so aus: Das Produkt einer Zahl a mit einer Summe $b + c$ zweier Zahlen b und c läßt sich in die Summe zweier Produkte, $a \cdot b$ und $a \cdot c$, aufspalten (‚distribuieren').

Dieses selbe distributive Gesetz gilt nun für die natürlichen Zahlen 1, 2, 3, ... auch bezüglich *anderer* Verknüpfungen. Es sei etwa „das kleinste gemeinsame Vielfache" zweier natürlicher Zahlen a, b betrachtet, d.i. die kleinste Zahl, in der sie beide aufgehen. Zum Beispiel: das kleinste gemeinsame Vielfache von 15 und 25 ist 75; das kleinste gemeinsame Vielfache von 28 und 70 ist 140. In Zeichen läßt sich das etwa so mitteilen: $15 \smile 25 = 75$, ebenso $28 \smile 70 = 140$. Entsprechend sei „der größte gemeinsame Teiler" zweier natürlicher Zahlen a, b betrachtet, d.i. die größte Zahl, die in beiden enthalten ist. Zum Beispiel:

der größte gemeinsame Teiler von 15 und 25 ist 5; der größte gemeinsame Teiler von 28 und 70 ist 14; in Zeichen etwa (Haken unten offen): $15 \frown 25 = 5$ und $28 \frown 70 = 14$. Die natürlichen Zahlen erfüllen nun auch bezüglich *dieser* beiden Verknüpfungen das distributive Gesetz, d.h. es ist allgemein

$$a \smile (b \frown c) = (a \smile b) \frown (a \smile c)$$

(in Worten: das kleinste gemeinsame Vielfache von a und dem größten gemeinsamen Teiler von b und c ist gleich dem größten gemeinsamen Teiler der kleinsten gemeinsamen Vielfachen von a und b und von a und c).

Beispiel: $15 \smile (70 \frown 50) = (15 \smile 70) \frown (15 \smile 50)$

in der Tat: $70 \frown 50 = 10 \mid 15 \smile 70 = 210 \mid 15 \smile 50 = 150$

$15 \smile 10 = 30 \qquad 210 \frown 150 = 30$

$30 = 30$

Als drittes Beispiel seien die ebenen „Punktmengen“, d.s. irgendwelche Zusammenfassungen von Punkten einer Ebene, herangezogen (es genügt hier, sich solche Punktmengen durch „Bereiche“ zu veranschaulichen). Zu zwei ebenen Punktmengen a, b läßt sich die „Vereinigungs“-Menge $a \smile b$ betrachten, d.i. die Menge aller derjenigen Punkte, die *mindestens einer* der beiden Mengen a, b angehören. Für zwei Kreisbereiche z.B., die wie in Fig. 1α liegen, ist diese Menge wieder ein zusammenhängender Bereich, der dort gefärbt ist; für zwei Bereiche, die wie in Fig. 1β getrennt liegen, besteht die Vereinigung aus zwei Stücken.

Fig. 1α. Fig. 1β.

Entsprechend wird zu zwei ebenen Punktmengen a, b die „Durchschnitts“-Menge $a \frown b$ betrachtet, d. i. die Menge aller derjenigen Punkte, die *beiden* Mengen a, b zugleich angehören. Für zwei Kreisbereiche z. B., die wie in Fig. 2α liegen, ist diese Menge der dort gefärbte Bereich; für zwei Bereiche, die wie in Fig. 2β getrennt liegen, ist sie die „leere“ Menge, die keinen Punkt enthält.

Fig. 2α. Fig. 2β.

Für diese Verknüpfungen von Punktmengen gilt nun wiederum das distributive Gesetz

$$a \cup (b \cap c) = (a \cup b) \cap (a \cup c)$$

(in Worten: Die Vereinigung von a mit dem Durchschnitt von b und c ist gleich dem Durchschnitt der Vereinigungen von a und b und von a und c).

Beispiel Fig. 3: Von den Kreisbereichen a, b, c gelangt man durch die in den ersten beiden Teilfiguren illustrierten Mengenverknüpfungen zum *selben* (in der letzten Teilfigur gefärbten) Bereich.

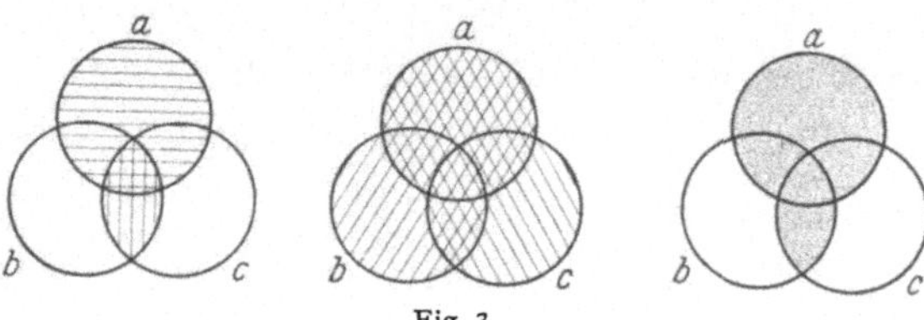

Fig. 3.

Das distributive Gesetz ist, wie schon an Hand dieser wenigen einfachen Beispiele plausibel wird, den verschiedensten mathematischen Bereichen gemein. *Es gilt nun ebenso auch für die elementaren logischen Verknüpfungen von Aussagen.* Um dies einzusehen, braucht man ebensowenig eine Erörterung des ‚Wesens der Aussage' voranzuschicken wie oben beim Zahlenbeispiel eine solche über das Wesen der Zahl. Vielmehr ist klar: Wenn man zwei Aussagen a, b hat, etwa: „Es wird regnen", „Es wird hageln", so ist auch die „Und"-Verknüpfung oder „Konjunktion" „Es wird regnen und es wird hageln" eine gleichermaßen verständliche und sinnklare Aussage; man schreibt in Zeichen $a \wedge b$: „a und b". Ebenso ist die „Oder"-Verknüpfung oder „Disjunktion" „Es wird regnen oder es wird hageln" eine sinnklare Aussage; man schreibt in Zeichen $a \vee b$: „a oder b". (Es sei schon hier bemerkt: das „oder" $\vee$ soll stets nicht im Sinne eines gegenseitigen Ausschließens „entweder oder" — aut —, sondern im schwächeren Sinne des lateinischen vel genommen werden; d.h. die Aussage „Jener junge Mann studiert Mathematik, oder er studiert Physik" soll den Fall nicht ausschließen, daß er beides studiere; vgl. hierzu später die letzte Anmerkung des § 7.)

Merkregel für die Symbolik: „**o**der" $\vee$: Haken **o**ben offen; „**u**nd" $\wedge$: Haken **u**nten offen.

Es gilt das distributive Gesetz:

$$a \vee (b \wedge c) = (a \vee b) \wedge (a \vee c),$$

gelesen: „a, oder: b und c" ist gleichbedeutend mit „a oder b, und: a oder c". Beispiel: Auf die Frage: Warum schreit diese Katze? kann jemand antworten: „Sie ist krank, oder sie ist hungrig und durstig" (also: $a =$ sie ist krank, $b =$ sie ist hungrig, $c =$ sie ist durstig). Er könnte ebenso gut antworten: „Sie ist krank oder hungrig, und sie ist krank oder durstig." Er hätte dann genau dasselbe ausgedrückt; die beiden Aussagenverknüpfungen haben denselben Sinn, obwohl die erste die Gestalt einer Disjunktion, die zweite die Gestalt einer Konjunktion hat.

Sehen wir vom trivialen Beispiel der Addition und Multiplikation ab, so haben wir bislang drei „*Modelle*" für das distributive Gesetz:

I. Modell. Bereich der natürlichen Zahlen; Verknüpfungszuordnungen: 1. kleinstes gemeinsames Vielfaches, 2. größter gemeinsamer Teiler.

II. Modell. Bereich der ebenen Punktmengen; Verknüpfungszuordnungen: 1. Vereinigung, 2. Durchschnitt.

III. Modell. Bereich der Aussagen; Verknüpfungszuordnungen: 1. Disjunktion („oder") $\vee$, 2. Konjunktion („und") $\wedge$.

Die drei angeführten Modelle haben nun eine strukturelle Gemeinsamkeit, die weit über das bloße distributive Gesetz hinausreicht. Dieser gemeinsame strukturelle Rahmen heißt ein „*distributiver Verband*"; er sei im folgenden Paragraphen gleich am letzten Beispiel, dem der Aussagen und ihrer Verknüpfungen, vorgeführt.

§ 3. Der distributive Verband.

Ein „distributiver Verband" ist [bei den üblichen Übergängen von Gleichem zu Gleichem, die erst später (in § 10) genauer betrachtet werden sollen] ein Bereich von Elementen, für die zwei Verknüpfungen erklärt sind, die den folgenden zehn Gesetzen $V1\alpha$ bis $V5\beta$ genügen. Die drei Modelle I, II, III vom Ende des § 2 sind distributive Verbände; jedes der zehn Gesetze ist leicht als in ihnen gültig zu erkennen (wobei jetzt gleich die „logischen" Zeichen $\vee$, $\wedge$ des III. Modells zugrunde gelegt sind).

1. Verknüpfung.

$V1\alpha$. Zwei Elementen a, b ist genau ein Element $a \vee b$ zugeordnet.	$V1\beta$. Zwei Elementen a, b ist genau ein Element $a \wedge b$ zugeordnet.

Anmerkung. Die Elemente a, b brauchen nicht notwendig verschieden zu sein; vgl. später Gesetz $V8$, S. 16

Zur Mitteilungsweise der Gesetze $V1\alpha, \beta$ vgl. auch später den enggedruckten Absatz auf S. 30.

In Modell I: kleinstes gemeinsames Vielfaches ($\smile$).
In Modell II: Vereinigungsmenge ($\smile$).
In Modell III: Disjunktion „oder“ $\vee$.

In Modell I: größter gemeinsamer Teiler ($\frown$).
In Modell II: Durchschnittsmenge ($\frown$).
In Modell III: Konjunktion „und“ $\wedge$.

Anmerkung. Das Modell II läßt sich übrigens definitorisch auf Modell III zurückführen. Man hat lediglich zu beachten: „Der Punkt P gehört zu $a \smile b$“ besagt: „P gehört zu a, oder (nicht ausschließend, vgl. S. 6) P gehört zu b“; entsprechend: „der Punkt P gehört zu $a \frown b$ besagt: „P gehört zu a, und P gehört zu b“.

Der Mathematiker wird ebenso leicht Modell I an Hand der folgenden Feststellungen auf Modell III zurückführen: „Die Primzahlpotenz p^ν teilt $a \smile b$“ besagt: „p^ν teilt a, oder p^ν teilt b“; entsprechend: „die Primzahlpotenz p^ν teilt $a \frown b$“ besagt: „p^ν teilt a, und p^ν teilt b“.

2. Kommutative Gesetze.

Es kommt bei der Verknüpfung nicht auf die Reihenfolge der Elemente an:

$V 2\alpha.\quad a \vee b = b \vee a$	$V 2\beta.\quad a \wedge b = b \wedge a$

z. B.

In Modell I:

$$25 \smile 35 = 35 \smile 25 = 175$$

In Modell II: ebenfalls klar (vgl. S. 5, Fig. 1 α, β)

entsprechend (vgl. Fig. 2 α, β)

In Modell III: Es regnet oder es hagelt = Es hagelt oder es regnet.

3. Assoziative Gesetze.

Bei mehrfacher gleichartiger Verknüpfung kommt es nicht auf die Reihenfolge der Zusammenfassung an:

$V 3\alpha.\quad a \vee (b \vee c) = (a \vee b) \vee c$	$V 3\beta.\quad a \wedge (b \wedge c) = (a \wedge b) \wedge c$

In Modell I:

$$30 \smile (18 \smile 27) = (30 \smile 18) \smile 27$$

nämlich:

$$30 \smile 54 = 90 \smile 27$$

in der Tat:

$$270 = 270$$

In Modell I:

$$30 \frown (18 \frown 27) = (30 \frown 18) \frown 27$$

nämlich:

$$30 \frown 9 = 6 \frown 27$$

in der Tat:

$$3 = 3$$

In Modell II:

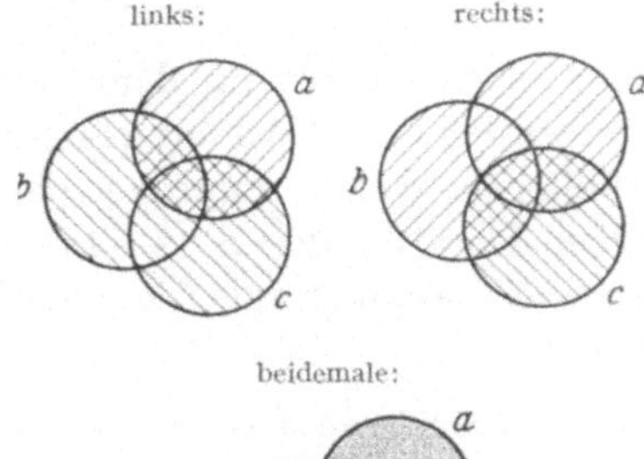

beidemale:

Fig. 4.

In Modell III: Emil hat recht, oder Kurt oder Paul hat recht $=$ Emil oder Kurt hat recht, oder Paul hat recht.

In Modell II:

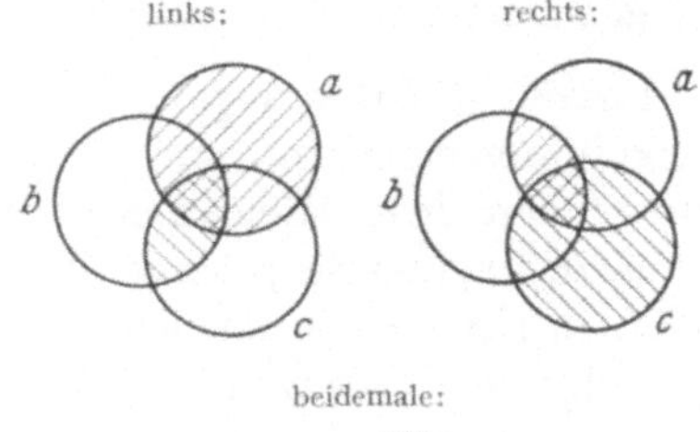

beidemale:

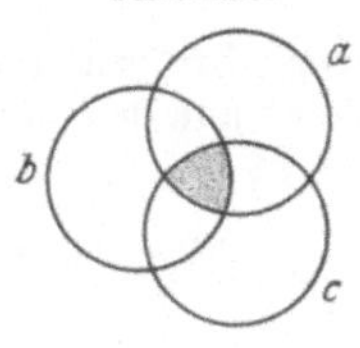

Fig. 5.

In Modell III: Emil bleibt, und Kurt und Paul bleiben $=$ Emil und Kurt bleiben, und Paul bleibt.

4. Absorptionsgesetze.

$V\,4\alpha.\quad a \vee (a \wedge b) = a$

In Modell I:

$$27 \cup (27 \cap 18) = 27$$

nämlich:

$$27 \cup 9 = 27$$

In Modell II:

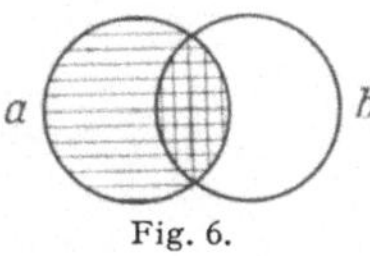

Fig. 6.

In Modell III: „Es regnet, oder es regnet und hagelt"; die Aussage teilt nicht mehr und nicht weniger mit als eben: „Es regnet."

$V\,4\beta.\quad a \wedge (a \vee b) = a$

In Modell I:

$$27 \cap (27 \cup 18) = 27$$

nämlich:

$$27 \cap 54 = 27$$

In Modell II:

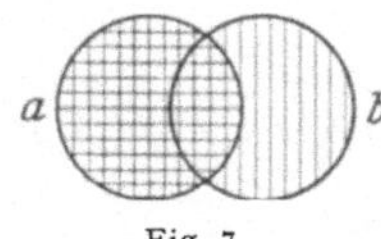

Fig. 7.

In Modell III: „Es regnet, und es regnet oder hagelt"; die Aussage teilt nicht mehr und nicht weniger mit als eben: „Es regnet."

Anmerkung. Bei den strukturellen Betrachtungen über die Zusammenhänge zwischen Aussagen kommt es nicht darauf an, ob eine Aussagenverknüpfung einen *situationsgemäß naheliegenden* Ausdruck von irgendetwas Gemeintem darstellt, sondern darauf, wie er sich *überhaupt* bei genauem Hinsehen verstehen läßt.

Vorläufige Erklärung. Jeder Bereich von Elementen, in dem zwei Verknüpfungen erklärt sind, die den Gesetzen $V\,1\,\alpha$ bis $V\,4\,\beta$ unterliegen, und in dem man Gleichungen in der üblichen Weise umformen darf — hierzu s. später die präzisen Festsetzungen des § 10 (sowie S. 13—15) — heißt ein *Verband*. Ein solcher heißt *distributiv*, wenn er außerdem auch den folgenden Gesetzen $V\,5\,\alpha$ und β genügt.

Anmerkung. Übrigens ergibt sich jedes der beiden folgenden Gesetze $V\,5\,\alpha$, β aus dem anderen und den Gesetzen $V\,1$—4; vgl. hierzu später die Zusatzbemerkung am Ende des § 5.

5. Distributive Gesetze.

Vgl. hierzu den vorigen Paragraphen:

$V\,5\,\alpha.\quad a \vee (b \wedge c) = (a \vee b) \wedge (a \vee c)$

In Modell I:

$$30 \cup (18 \cap 27) = (30 \cup 18) \cap (30 \cup 27)$$

nämlich:

$$30 \cup 9 = 90 \cap 270$$

nämlich:

$$90 = 90$$

vgl. auch das Beispiel S. 5.

In Modell II:

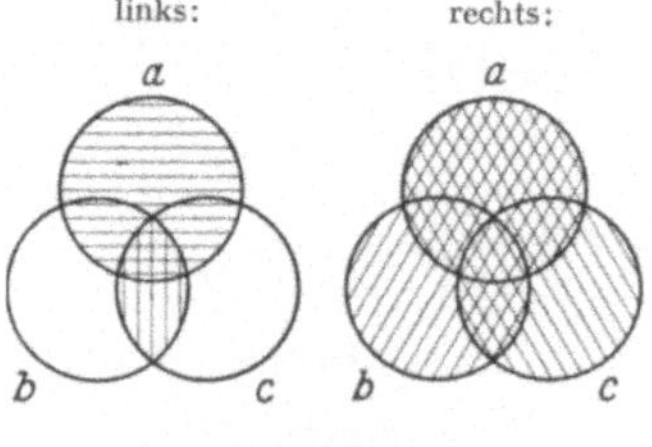

beidemale:

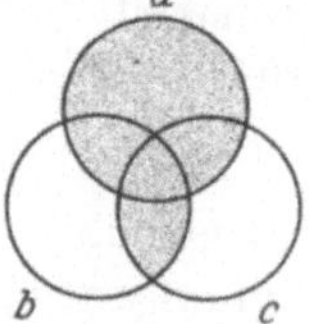

Fig. 8.

$V\,5\,\beta.\quad a \wedge (b \vee c) = (a \wedge b) \vee (a \wedge c)$

In Modell I:

$$30 \cap (18 \cup 27) = (30 \cap 18) \cup (30 \cap 27)$$

nämlich:

$$30 \cap 54 = 6 \cup 3$$

nämlich:

$$6 = 6$$

In Modell II:

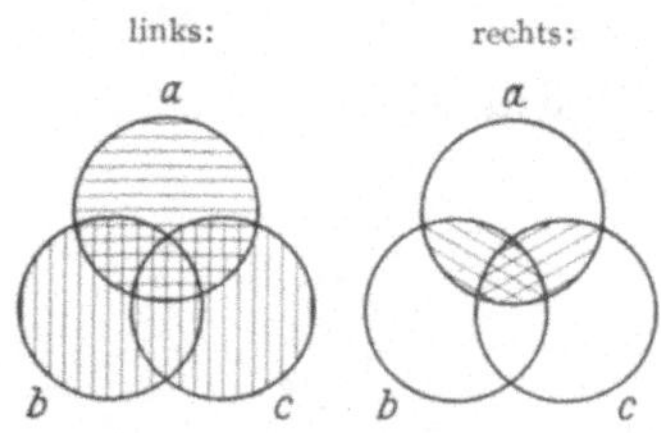

beidemale:

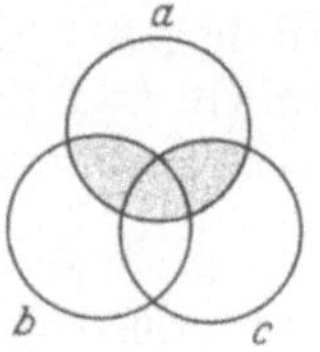

Fig. 9.

In Modell III: Sie (diese Katze) ist krank, oder sie ist hungrig und durstig = sie ist krank oder hungrig, und sie ist krank oder durstig.

In Modell III: Sie (diese Rose) ist duftend, und sie ist rot oder weiß = sie ist duftend und rot, oder sie ist duftend und weiß.

Die drei angegebenen Modelle sind keineswegs die einzigen wichtigen distributiven Verbände. Ein weiteres Modell werden wir bereits auf S. 12f. kurz kennenlernen. Ein distributiver Verband besitzt offenbar eine große innere Geschlossenheit, die z.B. die reellen Zahlen bezüglich der Verknüpfungen „mal" und „plus" *nicht* besitzen. Diese genügen in der Tat zwar den Gesetzen $V1$, sowie $V2$ [$a+b = b+a$; $a \cdot b = b \cdot a$], $V3$ und dem einen der beiden distributiven Gesetze $V5\alpha$ [$a \cdot (b+c) = a \cdot b + a \cdot c$, vgl. S. 4], dagegen *nicht* den Absorptionsgesetzen $V4$ [es ist i. allg. nicht $a + a \cdot b = a$; $a \cdot (a+b) = a$] und *nicht* dem anderen distributiven Gesetz $V5\beta$ [es ist i. allg. nicht $a + (b \cdot c) = (a+b) \cdot (a+c)$].

§ 4. Der BOOLEsche Verband.

Es gibt distributive Verbände, in denen zu jedem Element ein „komplementäres" Element erklärt ist, das den unten folgenden Gesetzen $V7\alpha, \beta$ genügt. Solche distributiven Verbände heißen — nach einem der Väter der mathematischen Logik — „BOOLEsche Verbände". Das Modell I des § 2 ist kein BOOLEscher Verband[1], wohl aber lassen sich Modell II (Punktmengen hinsichtlich der Bildung von Vereinigung und Durchschnitt) und Modell III (Aussagen hinsichtlich disjunktiver und konjunktiver Verknüpfung) als BOOLEsche Verbände auffassen.

6. Komplementäres Element.

Zu den Verknüpfungszeichen $\vee$, $\wedge$ wird ein drittes Zeichen $\neg$ hinzugenommen.

$V6$. Jedem Element a ist genau ein Element $\neg a$ zugeordnet.

$\neg a$ heißt das zu a „komplementäre" Element.

Zur Mitteilungsweise des Gesetzes $V6$ vgl. auch später den enggedruckten Absatz auf S. 30.

In Modell II wird $\neg a$ erklärt als die sog. „Restmenge" zu a, d.i. die Menge aller derjenigen betrachteten Punkte, die *nicht* zu a gehören. Zur deutlicheren Übersicht beschränkt man sich hierbei zweckmäßigerweise auf ein Modell von Punkten in einem Gesamtrechteck.

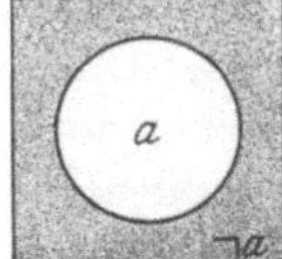

Fig. 10.

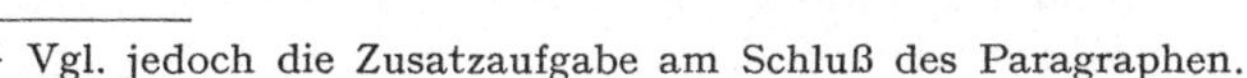

[1] Vgl. jedoch die Zusatzaufgabe am Schluß des Paragraphen.

In Modell III wird $\neg a$ erklärt als das Gegenteil „non *a*" (deutsch: „*a* nicht"); die Zuordnung $\neg$ ist also die Negation. Beispiel: *a* sei: „Es regnet morgen"; $\neg a$ ist dann: „Es regnet morgen nicht".

Anmerkung. Die in der Anmerkung von S. 8 angedeutete definitorische Zurückführung des Modells II auf das Modell III wird durch die obigen Erklärungen offenbar unmittelbar auf das Komplementärelement ausgedehnt.

7. Gesetze des überflüssigen Gliedes.

V 7α. $a \vee (b \wedge \neg b) == a$

In Modell II: Der Durchschnitt einer Punktmenge mit ihrer Restmenge ist stets die „leere" Punktmenge; ihre Vereinigung mit jeder beliebigen Menge *a* ist wieder *a* selbst.

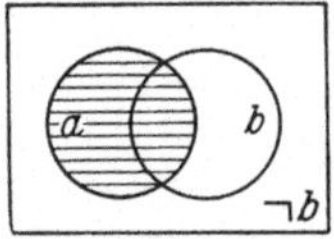

Fig. 11.

In Modell III: Beispiel. Die Aussage: „Es regnet, oder der Mond ist bewohnt und unbewohnt" teilt — mit einer allerdings unnötigen, weil logisch widerspruchsvollen Beifügung — nichts mit als „Es regnet". Man kann in vorläufiger Weise etwa so formulieren: Der „Aussagegehalt" ist in beiden Fällen derselbe. (Zum „Aussagegehalt" vgl. später S. 19.)

V 7β. $a \wedge (b \vee \neg b) == a$

Modell II: Die Vereinigung einer Punktmenge mit ihrer Restmenge ist stets die Gesamtmenge; ihr Durchschnitt mit jeder beliebigen Menge *a* ist *a*.

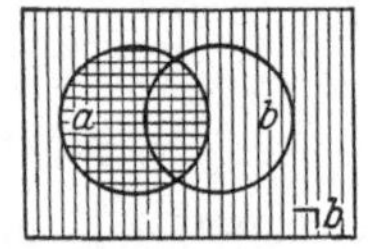

Fig. 12.

In Modell III: Beispiel. Die Aussage: „Es ist stürmisch, und es schneit oder schneit nicht" teilt — mit einer allerdings unnötigen, weil logisch trivialen Beifügung — nichts mit als „Es ist stürmisch". Man kann in vorläufiger Weise etwa so formulieren: Der „Aussagegehalt" ist in beiden Fällen derselbe.

Zu den Beispielen vgl. auch die Anmerkung von S. 9 unten.

Die §§ 3—4 liefern unter anderem — vorbehaltlich der Frage, ob man Gleichungen in ausreichender Weise umformen darf (diese Frage wird im nächsten Paragraphen zu behandeln sein) — die vorläufigen Ergebnisse: Die Aussagen bilden bezüglich der Verknüpfungen „oder", „und" und „non" („nicht") einen BOOLEschen Verband. — Die (ebenen) Punktmengen bilden bezüglich Vereinigung, Durchschnitt und Restmenge einen BOOLEschen Verband.

Zusatzaufgabe für Mathematiker: Sei *n* das Produkt endlich vieler verschiedener Primzahlen. Die Teiler von *n* bilden einen BOOLEschen

Verband bezüglich des kleinsten gemeinsamen Vielfachen, des größten gemeinsamen Teilers sowie des Quotienten $\mathfrak{n}:a$ als Komplement von a.

Die in der Anmerkung von S. 8 angedeutete Zurückführung des Modells I auf Modell III läßt sich hier für Primzahlen statt für Primzahlpotenzen aussprechen, und sie setzt sich wie folgt fort: „Die (das Produkt $\mathfrak{n}$ teilende) Primzahl p teilt die Zahl $\neg a$ des Bereiches" besagt: „p teilt nicht die Zahl a des Bereiches".

Zusammenstellung der Grundgesetze des BOOLE*schen Verbandes.*

1. Verknüpfung:	$V1\alpha$. Zwei Elementen a, b ist genau ein Element $a\vee b$ zugeordnet.	$V1\beta$. Zwei Elementen a, b ist genau ein Element $a\wedge b$ zugeordnet.
2. Kommutative Gesetze:	$V2\alpha$. $a\vee b = b\vee a$	$V2\beta$. $a\wedge b = b\wedge a$
3. Assoziative Gesetze:	$V3\alpha$. $a\vee(b\vee c) = (a\vee b)\vee c$	$V3\beta$. $a\wedge(b\wedge c) = (a\wedge b)\wedge c$
4. Absorptionsgesetze:	$V4\alpha$. $a\vee(a\wedge b) = a$	$V4\beta$. $a\wedge(a\vee b) = a$
5. Distributive Gesetze:	$V5\alpha$. $a\vee(b\wedge c) = (a\vee b)\wedge(a\vee c)$	$V5\beta$. $a\wedge(b\vee c) = (a\wedge b)\vee(a\wedge c)$
6. Komplementäres Element:	$V6$. Jedem Element a ist genau ein Element $\neg a$ zugeordnet.	
7. Gesetze des überflüssigen Gliedes:	$V7\alpha$. $a\vee(b\wedge\neg b) = a$	$V7\beta$. $a\wedge(b\vee\neg b) = a$

§ 5. Erste Umformungen. Kürzungsgesetze.

Den BOOLEschen Verbänden sind außer den oben aufgeführten Gesetzen $V1-7$ noch viele weitere grundlegende Gesetzmäßigkeiten gemein, die sich aus den Gesetzen $V1-7$ durch „algebraische Umformung" *herleiten* lassen. Die „algebraische Umformung" beruht auf jenen primitiven *Umformungsregeln*, die beim elementaren Ausrechnen von Gleichungen benutzt werden. Diese Regeln sollen erst im nächsten Kapitel in voller Präzision angegeben und genauer betrachtet werden.

In dem vorliegenden Kapitel, das einen raschen, anschaulichen Einblick in die wichtigsten Gesetze des BOOLEschen Verbandes vermitteln soll, wollen wir, um von der Hauptbetrachtung vorerst möglichst wenig abzulenken, die Umformungsgesetze zunächst nur so weit umreißen, wie es zur Durchführung einiger einfacher Umformungen erforderlich ist.

Dazu sei eine *vorläufige Erklärung* vorausgeschickt (die sich teilweise bereits an die Interpretation durch das aussagenlogische Modell III anschließt; vgl. hierzu auch den ersten Absatz von § 3). Die rechts und links vom Gleichheitszeichen einer Gleichung stehenden Ausdrücke bezeichnet man als *Aussagenformen*, die lateinischen Buchstaben darin als *Variablen*-Zeichen — genaueres hierzu später in § 9.

Umformungsregel U 1 (Grundeigenschaften der Gleichheit).

α. Die Gleichheit ist *reflexiv*, d.h. jede Aussagenform ist sich selbst gleich.

Beispiel: $(a \wedge b) \vee \neg a == (a \wedge b) \vee \neg a$.

Anmerkung. Wegen ihrer grundsätzlichen Bedeutung wird diese Regel, obwohl sie sich an Hand der übrigen Umformungsregeln unmittelbar aus einem Axiom ergibt — s. hierzu später § 10 —, hier mitaufgeführt.

β. Die Gleichheit ist *symmetrisch*, d.h. jede Gleichung ist in beiden Richtungen lesbar.

Beispiel: mit $a \vee (a \wedge b) == a$ ist $a == a \vee (a \wedge b)$.

γ. Die Gleichheit ist *transitiv* (sie gestattet den Übergang von Gleichem zu Gleichem).

Beispiel: mit $a \wedge (a \vee b) == a$ und $a == a \vee (a \wedge b)$ ist auch $a \wedge (a \vee b) == a \vee (a \wedge b)$.

Anmerkung. Die Mitteilung der Regeln $U 1 \alpha - \gamma$ in allgemeinen Zeichen wird man später in § 10 finden. Dort wird auch die Rolle der drei genannten Gleichheitseigenschaften zu betrachten sein.

Umformungsregel U 2: „Einsetzungs"-Regel.

Von einer Gleichung gelangt man wieder zu einer Gleichung, wenn man in ihr eine Variable *überall, wo sie auftritt*, durch dieselbe Aussagenform ersetzt; genauer: wenn man eine Variable *samt allen gleichgestalteten* durch dieselbe Aussagenform ersetzt.

Man wird dabei, falls erforderlich, die eingesetzte Aussagenform zwecks deutlicher Abhebung „einklammern"; auch hierauf wird noch näher eingegangen werden.

Beispiele.

1. Mit $a \vee b == b \vee a$ $(V 2\alpha)$ ist auch $a \vee (b \wedge c) == (b \wedge c) \vee a$ } Einsetzung von $b \wedge c$ für b.
2. Mit $a \vee b == b \vee a$ $(V 2\alpha)$ ist auch $a \vee c == c \vee a$ } Einsetzung von c für b.
3. Mit $a \wedge b == b \wedge a$ $(V 2\beta)$ ist auch $a \wedge (a \wedge a) == (a \wedge a) \wedge a$ } Einsetzung von $a \wedge a$ für b.
4. Mit $a \wedge (b \wedge c) == (a \wedge b) \wedge c$ $(V 3\beta)$ ist auch $a \wedge (a \wedge a) == (a \wedge a) \wedge a$ } zwei Einsetzungen: a für b und a für c.

Die letzte Gleichung läßt sich also auf zwei verschiedene einfache Weisen (3. und 4.) erhalten.

Umformungsregel U 3: „*Umsetzungs*“-*Regel*.

Von einer Gleichung gelangt man wieder zu einer Gleichung, wenn man in einer der beiden Aussagenformen eine *Teil*form durch eine ihr gleiche Aussagenform ersetzt. — Dies ist (in Einklang mit den obigen programmatischen Ausführungen) lediglich eine vorläufige Umreißung, da der Begriff der Teilform erst später genau definiert werden soll. Einige Beispiele werden den Umgang mit der Umsetzungsregel so weit klären, wie er zunächst benötigt wird.

Beispiele.

1. Wegen $a \vee b == b \vee a$ $(V 2\alpha)$
ist mit $a \wedge (a \vee b) == a$ $(V 4\beta)$
auch $a \wedge (b \vee a) == a$.
(In der zweiten Zeile ist linkerhand die „Teilform“ $a \vee b$ in $b \vee a$ umgesetzt.)

2. Wegen $a \vee b == b \vee a$ $(V 2\alpha)$ und $a \vee c == c \vee a$ (2. Beispiel für Einsetzung)
ist mit $a \vee (b \wedge c) == (a \vee b) \wedge (a \vee c)$ $(V 5\alpha)$
auch $a \vee (b \wedge c) == (b \vee a) \wedge (c \vee a)$
(zwei Umsetzungen rechterhand).

Zusatz zum letzten Beispiel.

$a \vee (b \wedge c) == (b \wedge c) \vee a$ nach dem 1. Beispiel für Einsetzung
$a \vee (b \wedge c) == (b \vee a) \wedge (c \vee a)$ nach dem 2. Beispiel für Umsetzung.

Diese beiden Gleichungen führen durch Umsetzung gemäß $U 3$ — oder auch mit den Gleichheitsregeln $U 1\beta$ (Symmetrie) und $U 1\gamma$ (Transitivität) — auf das „kommutierte distributive Gesetz“:

$V 5\alpha^{\times}$ $(b \wedge c) \vee a == (b \vee a) \wedge (c \vee a)$.

Aufgabe. Man beweise entsprechend:

$V 5\beta^{\times}$ $(b \vee c) \wedge a == (b \wedge a) \vee (c \wedge a)$.

Anmerkung. Man mag die Umformungsregeln zunächst bloß als Präzisierung des naiven Schließens an Bereichen (deren Elemente durch Variablenzeichen mitgeteilt sind) auffassen; sie sind demgemäß in jedem der früher betrachteten Modelle I. (Zahlen), II. (Punktmengen), III. (Aussagen) erlaubte Regeln. Zur Aufzeigung dieses evidenten Sachverhaltes mögen hier einige Andeutungen hinreichen.

Die Gleichheit besagt im I. Modell: man rechnet dieselbe Zahl heraus, im II. Modell: man bekommt dieselbe Punktmenge heraus, im III. Modell: man hat „Aussagen vom gleichen Aussagegehalt“ (zu diesem in § 4 eingeführten, bloß vorläufigen Begriff vgl. später die Bemerkungen von § 6, insbesondere S. 19). Daher sind die Gleichheitseigenschaften $U1\alpha-\gamma$ selbstverständlich erfüllt. Ebenso ist klar: In den angegebenen Modellinterpretationen wird eine vorgegebene Gleichung zwischen variablen Zahlen bzw. Punktmengen bzw. Aussagen nicht verdorben, wenn man den Einsetzungsprozeß gemäß $U2$ oder den Umsetzungsprozeß gemäß $U3$ auf sie ausübt.

Die vorläufige, mehr oder weniger exemplarische Beschreibung der algebraischen Umformungsregeln mag genügen, um einige weitere Verbandsgesetze aus den bisherigen durch algebraische Umformungen herzuleiten. — Zunächst erkennen wir: in jedem Verband gelten die

Kürzungsgesetze.

$V8\alpha$. $a \vee a = a$	$V8\beta$. $a \wedge a = a$
In Modell I: Die kleinste Zahl, die von einer Zahl und derselben Zahl geteilt wird, ist diese Zahl, z.B. $65 \cup 65 = 65$	In Modell I: Der größte Teiler, den eine Zahl mit sich selbst gemein hat, ist sie selbst, z.B. $65 \cap 65 = 65$
In Modell II: Die Vereinigungsmenge einer Punktmenge mit sich selbst ist gemäß der Definition der „Vereinigung" diese Punktmenge selbst.	In Modell II: Der Durchschnitt einer Punktmenge mit sich selbst ist gemäß der Definition des „Durchschnitts" diese Punktmenge selbst.
In Modell III: Beispiel: Die Aussage: „Es regnet oder es regnet" teilt (in allerdings unnötig verklausulierter Form, vgl. Anm. S. 9) nichts mit als „Es regnet" (vgl. das auf S. 6 zum nichtausschließenden „oder" Angemerkte!).	In Modell III: Beispiel: Die Aussage: „Es regnet und es regnet" teilt (in allerdings unnötig verklausulierter Form) nichts mit als „Es regnet".

Herleitung von $V8\alpha$, zunächst einmal in aller Ausführlichkeit.

$a \wedge (a \vee b) = a$ nach dem Absorptionsgesetz $V4\beta$;
$a \vee (a \wedge (a \vee b)) = a$ nach dem Absorptionsgesetz $V4\alpha$ bei Einsetzung (gemäß $U2$) von $a \vee b$ für b.

Die Umsetzung der letzten Gleichung mit der vorangegangenen (gemäß $U3$) führt auf die Behauptung:

$a \vee a = a$.

Anmerkung. Dieser erste, einfache Beweis benutzt von den V-Gesetzen nur die Absorptionsgesetze.

Herleitung von $V\,8\beta$ genau entsprechend (wir werden später präziser sagen: dual).

$a \vee (a \wedge b) \;=\!=\; a$ nach $V\,4\alpha$

$a \wedge (a \vee (a \wedge b)) \;=\!=\; a$ aus $V\,4\beta$ mit $U\,2$.

Nun Umsetzung gemäß $U\,3$.

Für eine spätere Betrachtung wird es nützlich sein zu wissen:

Satz 1. Bei der Festlegung des Booleschen Verbandes lassen sich die Absorptionsgesetze $V\,4\alpha, \beta$ durch die formal etwas einfacheren (und offenbar ebenso evidenten) Kürzungsgesetze $V\,8\alpha, \beta$ ersetzen.

Herleitung von $V\,4\alpha$ aus $V\,8\alpha$ und $V\,1$—3, 5—7 (Mit Ausnahme von $U\,1\alpha$ sind die benutzten Umformungsregeln hier nicht mit aufgeführt.)

$$\begin{aligned}
a \vee (a \wedge b) &= (a \wedge (b \vee \neg b)) \vee (a \wedge b) && \text{(nach } U\,1\alpha \text{ und } V\,7\beta)\\
&= a \wedge ((b \vee \neg b) \vee b) && \text{(nach } V\,5\beta)\\
&= a \wedge (b \vee (b \vee \neg b)) && \text{(nach } V\,2\alpha)\\
&= a \wedge ((b \vee b) \vee \neg b) && \text{(nach } V\,3\alpha)\\
&= a \wedge (b \vee \neg b) && \text{(nach } V\,8\alpha)\\
&= a && \text{(nach } V\,7\beta).
\end{aligned}$$

Herleitung von $V\,4\beta$ entsprechend („dual"); Textaufgabe.

Zusatzbemerkung zum distributiven Verband (vgl. die kleingedruckte Anmerkung aus § 3; auf diese Zusatzbemerkung wird später kein Bezug mehr genommen):

Bei der Festlegung des distributiven Verbandes durch die Axiome $V\,1$—5 genügt es, *eines* der distributiven Gesetze $V\,5\alpha, \beta$ heranzuziehen; das andere wird dann beweisbar.

Herleitung von $V\,5\beta$ aus $V\,1$—4 und $V\,5\alpha$.

$$\begin{aligned}
a \wedge (b \vee c) &= [a \wedge (a \vee c)] \wedge (b \vee c) && \text{(nach } V\,4\beta)\\
&= a \wedge [(a \vee c) \wedge (b \vee c)] && \text{(nach } V\,3\beta)\\
&= a \wedge [(c \vee a) \wedge (c \vee b)] && \text{(nach } V\,2\alpha)\\
&= a \wedge [c \vee (a \wedge b)] && \text{(nach } V\,5\alpha)\\
&= [a \vee (a \wedge b)] \wedge [c \vee (a \wedge b)] && \text{(nach } V\,4\alpha)\\
&= [(a \wedge b) \vee a] \wedge [(a \wedge b) \vee c] && \text{(nach } V\,2\alpha)\\
&= (a \wedge b) \vee (a \wedge c) && \text{(nach } V\,5\alpha).
\end{aligned}$$

Herleitung von $V\,5\alpha$ aus $V\,1$—4 und $V\,5\beta$ entsprechend („dual"); Textaufgabe.

§ 6. Die Elemente $\curlyvee$ und $\curlywedge$.

In einem Booleschen Verband gelten die weiteren Gesetze:

$V\,9\alpha.\ a \vee \neg a \;=\!=\; b \vee \neg b$	$V\,9\beta.\ a \wedge \neg a \;=\!=\; b \wedge \neg b$

d.h. die disjunktive Verknüpfung einer beliebigen Variablen (S. 14) mit ihrem Negat führt auf eine Aussagenform, die dem $a \vee \neg a$ gleich ist. Wir führen nun das Kurzzeichen ein:

$$\curlyvee =\!\!=: a \vee \neg a,$$

(gelesen zunächst als „Trivialität", weiterhin allgemein als „Wahr"-Element).

Merkregel. $\curlyvee$ für „Verum".

entsprechend.

Wir führen das Kurzzeichen ein:

$$\curlywedge =\!\!=: a \wedge \neg a,$$

(gelesen zunächst als „Widerspruch", weiterhin allgemein auch als „Falsch"-Element).

Anmerkung zur Schreibweise. In einer Gleichung, die zum Zwecke der Definition des auf der linken Seite stehenden Ausdrucks festgesetzt wird, möge die Gleichheit durch $=\!\!=:$ mitgeteilt werden.

Auf die beiden vorstehenden Definitionen (bei denen Variable nur rechterhand auftreten) soll die Einsetzungsregel nicht angewandt werden.

Wir erhalten nun aus $V9\alpha$ mit der Symmetrieregel $U1\beta$ unmittelbar:

$V9\alpha^\circ$. $\quad b \vee \neg b =\!\!= \curlyvee$

In Modell II: Die Vereinigung einer Punktmenge mit ihrer Restmenge ist stets die „Gesamt"-Menge $\curlyvee$.

Wir erhalten nun aus $V9\beta$ mit $U1\beta$ unmittelbar:

$V9\beta^\circ$. $\quad b \wedge \neg b =\!\!= \curlywedge$

In Modell II: Die Durchschnittsmenge einer Punktmenge und ihrer Restmenge ist stets die „leere" Menge $\curlywedge$.

Ehe an Hand des Modells III das logisch Merkwürdige der Gesetze $V9$ weiter erörtert wird, möge ihre Herleitung angegeben werden.

Herleitung von 9α:

$a \vee \neg a =\!\!= (a \vee \neg a) \wedge (b \vee \neg b)$ (nach $V7\beta$)

$=\!\!= (b \vee \neg b) \wedge (a \vee \neg a)$ (nach $V2\beta$)

$=\!\!= b \vee \neg b$ (nach $V7\beta$, bei Einsetzung von $b \vee \neg b$ für a und von a für b).

Herleitung von $V9\beta$ entsprechend („dual"): Textaufgabe.

Aus der plausiblen Interpretation der Gesetze $V7$ in unserem logischen Modell III ergibt sich eine Interpretation der mittels $V7$ bewiesenen Gesetze $V9$, die zu Anfang ein wenig künstlich erscheinen mag. Es ist darum ratsam, sich die folgende Auffassung vom „logischen Aussagegehalt" oder Mitteilungswert gewisser Aussagen als *bloße Folge der vorher zugrunde gelegten Auffassungen* klarzumachen.

In Modell III: Eine Aussage der Form „*a* oder non-*a*" teilt nichts als „*die logische Trivalität*" Y mit.

Ob jemand mitteilt: „Der Jupiter ist bewohnt, oder er ist unbewohnt" oder ob er mitteilt: „Der Mensch stammt vom Affen ab, oder er stammt nicht vom Affen ab" ist logisch gleichwertig; denn beide Mitteilungen besagen das logisch Triviale. In diesem Sinne ist der logische Aussagegehalt nicht unterschieden (mag auch der materiale „Inhalt" verschieden sein).

In Modell III: Eine Aussage der Form „*a* und non-*a*" teilt nichts als „*den logischen Widerspruch in sich*" λ mit.

Ob jemand mitteilt: „Der Jupiter ist bewohnt, und er ist unbewohnt" oder ob er mitteilt: „Der Mensch stammt vom Affen ab, und er stammt nicht vom Affen ab" ist logisch gleichwertig; denn beide Mitteilungen besagen den logischen Widerspruch in sich. In diesem Sinne ist der logische Aussagegehalt nicht unterschieden (mag auch der materiale „Inhalt" verschieden sein).

Zur Beachtung. Wir werden, wie bereits angedeutet wurde, später den *bloß vorläufigen, heuristischen* Begriff des „Aussagegehaltes" durch den präzisen Begriff des „Wahrheitswertes" ersetzen. Es mag für den Leser lehrreich sein, wenn ein Begriff, der hier bezüglich der Klarheit seiner Deutung vielleicht noch Unbehagen bereitet, später von anderen Gesichtspunkten her seine Aufhellung erfährt. Die reine „Algebra" der Logik ist eben noch nicht die angeschmiegteste Art, logische Gesetzmäßigkeiten präzise zu fassen. Rein formal ist die Algebra der Logik völlig exakt — „gleich" ist eben, was sich aus $V1$—7 mit $U1$—3 als gleich beweisen läßt —; dieser Gleichheitsbegriff wird nachträglich von außerhalb auch deutungsmäßig völlig gerechtfertigt werden.

Zu den Zeichen Y, λ. Die Zeichen Y und λ sind hier bereits in Übereinstimmung mit den (in §§ 33, 35) anzugebenden Zeichen Y für „stets wahr" und λ für „stets falsch" gewählt, obwohl in diesem Kapitel die Algebra der Logik ohne Rückgang auf die Theorie der Wahrheitswerte entwickelt wird. In diesem Kapitel sind Y und λ eben Zeichen für zwei bestimmte Elemente des Verbandes.

Für die in den Gesetzen $V9$ eingeführten speziellen Elemente Y, λ gilt:

$V10\alpha$.	$a \vee \curlyvee = \curlyvee$
	$a \vee \curlywedge = a$

Die letzte Gleichung ist nichts anderes als das Gesetz $V7\alpha$, mit dem neuen Symbol — unter Heranziehung von $V9\beta^\circ$ — ausgedrückt.

$V10\beta$.	$a \wedge \curlywedge = \curlywedge$
	$a \wedge \curlyvee = a$

Die letzte Gleichung ist nichts anderes als das Gesetz $V7\beta$, mit dem neuen Symbol — unter Heranziehung von $V9\alpha^\circ$ — ausgedrückt.

Daher steht die Interpretation und die Herleitung nur für die *oberen* Gleichungen aus.

In Modell II: $\curlyvee$ ist ja die „Gesamtmenge".

In Modell III: „Es wird schneien, *oder* es wird hageln oder nicht hageln" teilt (bei nicht ausschließendem „oder", vgl. S. 6) gar nichts mit als die logische Trivialität.

Vgl. Bemerkung rechterhand.

Herleitung.

$$\begin{aligned} a\vee\curlyvee &= a\vee(a\vee\neg a) && (\text{nach } V9\alpha^\circ)\\ &= (a\vee a)\vee\neg a && (\text{nach } V3\alpha)\\ &= a\vee\neg a && (\text{nach } V8\alpha)\\ &= \curlyvee && (\text{nach } V9\alpha^\circ). \end{aligned}$$

In Modell II: $\curlywedge$ ist ja die „leere" Punktmenge.

In Modell III: „Es wird schneien, *und* es wird hageln und nicht hageln" teilt nichts mit als den logischen Widerspruch in sich.

Diese Auffassung wird später vom Wahrheitsbegriff her noch präzisiert werden; vgl. die einschlägigen Bemerkungen von S. 18f.

Herleitung entsprechend („dual"), Textaufgabe.

Offenbar gilt in Umkehrung der Gesetze $V10$ die folgende „*Einzigkeits*"-Eigenschaft für $\curlyvee$ und $\curlywedge$:

Satz 2. — 1. $\curlyvee$ ist das *einzige* Element x, des Booleschen Verbandes, das für alle Elemente a der Bedingung $a\vee x = x$ genügt; 2. $\curlyvee$ ist das einzige Element x, das für alle a der Bedingung $a\wedge x = a$ genügt; 3. $\curlywedge$ ist das einzige Element x, das für alle Elemente a der Bedingung $a\wedge x = x$ genügt; 4. $\curlywedge$ ist das einzige Element x, das für alle Elemente a der Bedingung $a\vee x = a$ genügt.

Diese Einzigkeitseigenschaften sind für Modell II evident, im aussagenlogischen Modell entsprechen sie der auf S. 18f. angedeuteten Auffassung der logischen Trivialität und des logischen Widerspruchs.

Beweis für 1. Für alle a gelte $a\vee x = x$, $a\vee y = y$. Man hat $x = y\vee x = x\vee y = y$.

2, 3, 4 entsprechend (Textaufgabe).

§ 7. Die Verneinungsgesetze.

Im aussagenlogischen Modell geben die Gesetze $V9\alpha^\circ$ und β° eine *Charakterisierung der Negation*: das Gegenteil einer Aussage ist die Aussage, deren Disjunktion zur gegebenen Aussage die Trivialität und deren Konjunktion zur gegebenen Aussage der Widerspruch ist. Dieses Gegenteil muß eindeutig bestimmt sein. — Ganz das Entsprechende gilt für die „Restmenge" im Modell II (die entsprechende Formulierung sei als Textaufgabe gestellt).

Satz 3 (Einzigkeit des Komplementärelements). Zu gegebenem Element a ist das (durch $V6$ eingeführte) Element $\neg a$ das *einzige* Element x, für das $a\vee x = \curlyvee$, $a\wedge x = \curlywedge$ gilt.

Interpretationsbeispiel. Wir wollen uns zunächst darüber einigen, daß wir die Bezeichnung „Fleischesser“ einem Menschen zulegen wollen, der neben anderem *auch* Fleisch ißt. Es sei nun a: „Dieser Herr Müller ist Vegetarier.“ Zu a gibt es viele Aussagen x, für die $a \wedge x = \curlywedge$ ist, z.B. „Herr Müller ißt auch Pferdefleisch“; jedoch trifft z.B. für dieses x *nicht* zu, daß $a \vee x = \curlyvee$ wäre. Andererseits gibt es viele y, für die $a \vee y = \curlyvee$ ist, z.B. „Herr Müller ist Fleischesser oder Rohköstler“ (hier ist bei $a \vee y = \curlyvee$ das Disjunktionsglied „er ist Rohköstler“ sogar überflüssig im Sinne von S. 9). Für dieses y trifft jedoch $a \wedge y = \curlywedge$ *nicht* zu (er kann ja Rohköstler sein). Demgegenüber gibt es *nur ein* x, das *beiden* Bedingungen $a \wedge x = \curlywedge$, $a \vee x = \curlyvee$ genügt, eben das Negat $\neg a$: „Herr Müller ist Fleischesser (d.h. er ißt auch Fleisch).“

Beweis des Satzes 3.

1. Für $\neg a$ gelten die genannten Beziehungen nach $V 9°$.
2. Es gelte für ein Element a:

$$a \vee x = \curlyvee, \quad a \wedge x = \curlywedge, \quad a \vee y = \curlyvee, \quad a \wedge y = \curlywedge.$$

$$\begin{aligned} x &= x \vee \curlywedge && \text{(nach } V10\alpha) \\ &= x \vee (a \wedge y) && \text{(Voraussetzung)} \\ &= (x \vee a) \wedge (x \vee y) && \text{(nach } V5\alpha) \\ &= (x \vee y) \wedge (a \vee x) && \text{(nach } V2\alpha, \beta) \\ &= (x \vee y) \wedge \curlyvee && \text{(Voraussetzung)} \\ &= x \vee y && \text{(nach } V10\beta). \end{aligned}$$

Ganz entsprechend wie $x = x \vee y$ beweist man mit Vertauschung der Bezeichnungen x, y (unter Heranziehung der beiden noch nicht benutzten Voraussetzungen):

$$y = y \vee x.$$

Daher ist nach $V 2\alpha$ (und wegen der Transitivität $U 1\gamma$): $x = y$.

$V 11\alpha.$ $\quad \neg \curlyvee = \curlywedge$	$V 11\beta.$ $\quad \neg \curlywedge = \curlyvee$

Zum Beweise etwa von $V 11\alpha$ genügt es nach Satz 3, zu zeigen:

$\curlyvee \vee \curlywedge = \curlyvee \qquad \curlyvee \wedge \curlywedge = \curlywedge$; das gilt aber nach $V 10$.

— Beweis für $V 11\beta$ entsprechend („dual“), Textaufgabe.

Erstes und zweites Verneinungsgesetz („Morgansche Sätze“).

$V 12\alpha.$ $\quad \neg(a \vee b) = \neg a \wedge \neg b$	$V 12\beta.$ $\quad \neg(a \wedge b) = \neg a \vee \neg b$

Die anschauliche Erfassung dieser Gesetze ist wichtig.

In Modell II: Restmenge der Vereinigung = Durchschnitt der Restmengen.	In Modell II: Restmenge des Durchschnitts = Vereinigung der Restmengen.

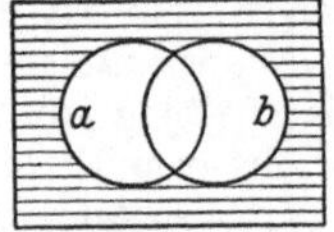

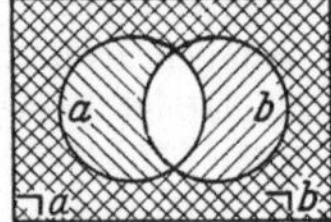

Resultat: der karierte Teil

Fig. 13.

In Modell III: „Er gehört nicht zu den Auto- oder Motorradfahrern (er ist nicht: Autofahrer oder Motorradfahrer)" $==$ „er ist weder Autofahrer noch Motorradfahrer".

„Dieser Mann hat sich keines Mordes oder Totschlages schuldig gemacht" $==$ „er hat sich weder eines Mordes noch eines Totschlages schuldig gemacht".

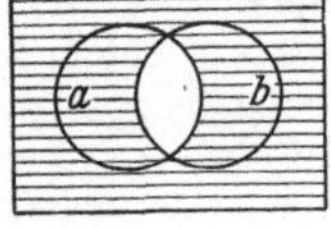

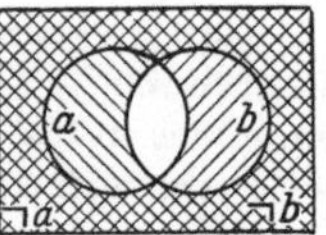

Resultat: der überstrichene Teil

Fig. 14.

In Modell III: „Er gehört nicht zu den edlen und weisen Menschen (er ist nicht: edel und weise)" $==$ „er ist nicht edel oder nicht weise" (oder beides nicht, vgl. die Bemerkung zum nichtausschließenden „oder" S. 6).

„x ist keine ungerade Primzahl" $==$ „x ist nicht ungerade oder nicht Primzahl (oder beides nicht)".

Beweis für $V\,12\alpha$. Nach Satz 3 genügt es, zu zeigen:

1. $(a \vee b) \vee (\neg a \wedge \neg b) == \curlyvee$, 2. $(a \vee b) \wedge (\neg a \wedge \neg b) == \curlywedge$.

Herleitung von 1.

$$
\begin{aligned}
(a \vee b) \vee (\neg a \wedge \neg b) &== ((a \vee b) \vee \neg a) \wedge ((a \vee b) \vee \neg b) && \text{(nach } V\,5\alpha) \\
&== ((b \vee a) \vee \neg a) \wedge ((a \vee b) \vee \neg b) && \text{(nach } V\,2\alpha) \\
&== (b \vee (a \vee \neg a)) \wedge (a \vee (b \vee \neg b)) && \text{(nach } V\,3\alpha) \\
&== (b \vee \curlyvee) \wedge (a \vee \curlyvee) && \text{(nach } V\,9\alpha^\circ) \\
&== \curlyvee \wedge \curlyvee == \curlyvee && \text{(nach } V\,10\alpha, \beta).
\end{aligned}
$$

Herleitung von 2.

$$
\begin{aligned}
(a \vee b) \wedge (\neg a \wedge \neg b) &== (\neg a \wedge \neg b) \wedge (a \vee b) && \text{(nach } V\,2\beta) \\
&== ((\neg a \wedge \neg b) \wedge a) \vee ((\neg a \wedge \neg b) \wedge b) && \text{(nach } V\,5\beta) \\
&== ((\neg b \wedge \neg a) \wedge a) \vee ((\neg a \wedge \neg b) \wedge b) && \text{(nach } V\,2\beta) \\
&== (\neg b \wedge (\neg a \wedge a)) \vee (\neg a \wedge (\neg b \wedge b)) && \text{(nach } V\,3\beta) \\
&== (\neg b \wedge (a \wedge \neg a)) \vee (\neg a \wedge (b \wedge \neg b)) && \text{(nach } V\,2\beta) \\
&== (\neg b \wedge \curlywedge) \vee (\neg a \wedge \curlywedge) && \text{(nach } V\,9\beta^\circ) \\
&== \curlywedge \vee \curlywedge == \curlywedge && \text{(nach } V\,10\alpha, \beta).
\end{aligned}
$$

Beweis für $V\,12\beta$ entsprechend („dual"): Textaufgabe.

Drittes Verneinungsgesetz („Reductio inabsurdi").

$V\,13.$ $\quad \neg\neg a == a$

In Modell II: Die Restmenge der Restmenge von a ist a.

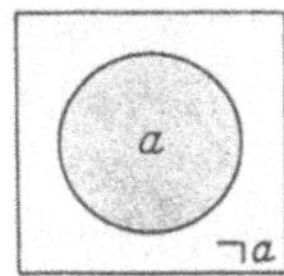

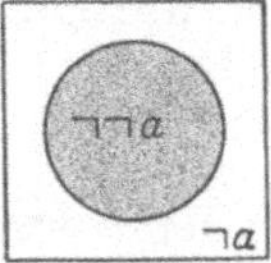

Fig. 15.

In Modell III: Doppelte Verneinung ergibt Bejahung.

„Dieses Geldstück ist nicht unecht" $=$ „dieses Geldstück ist echt."

Herleitung von $V\,13$:

$\neg a \vee a = \curlyvee$ (nach $V\,9\alpha°$ und $V\,2\alpha$)
$\neg a \wedge a = \curlywedge$ (nach $V\,9\beta°$ und $V\,2\beta$).

Nun Satz 3 (angewandt auf $\neg a$).

Unmittelbare Folgerungen:

1. Mit $\neg a = b$ ist $\neg b = a$. Zur Mitteilung vgl. später S. 30.

2. $\neg\neg\neg\cdots\neg a = a$ bei gerader Anzahl von $\neg$-Zeichen
$= \neg a$ bei ungerader Anzahl von $\neg$-Zeichen.

Ein Beispiel in stark gelockerter Form der Negation:

„Ich habe mich stets gegen die Absicht gewandt, die Gegner der Bekämpfung der Antialkoholbewegung zu unterdrücken." Wer dies ausspricht, gibt sich als Alkohol*gegner* zu erkennen. (Der Ausspruch enthält nämlich *fünf negierende* sprachliche Wendungen hintereinander: gegen, Gegner, Bekämpfung, Anti-, unterdrücken.)

Textaufgaben. 1. Man zeige: Mit $\neg a \vee b = \curlyvee$ ist $a \wedge \neg b = \curlywedge$, und umgekehrt.

2. Man beweise:

$V\,14\alpha$. $(a \wedge b) \vee (\neg a \wedge \neg b) = (a \vee \neg b) \wedge (\neg a \vee b)$.

In Modell II:

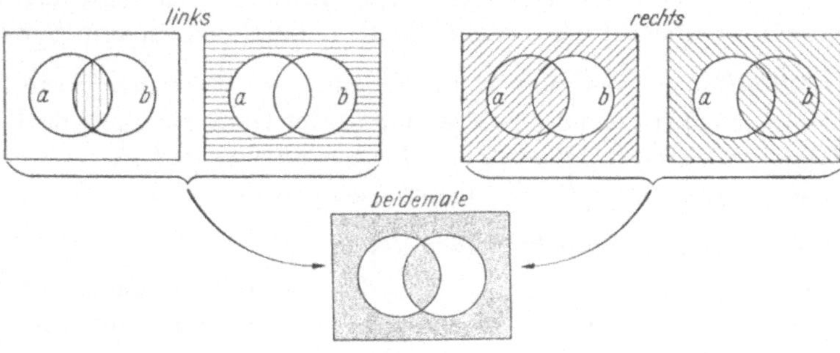

Fig. 16.

In Modell III: „Ich werde heute abend essen und trinken, oder ich werde weder essen noch trinken“ $=$ „ich werde essen oder mich auch des Trinkens enthalten, und ich werde trinken oder mich auch des Essens enthalten.“

Anmerkung. Die derart auf zwei Weisen ausgedrückte Verknüpfung werden wir später als „a äquivalent b“ („zugleich-bestehend“), $a \leftrightarrow b$, lesen, s. S. 80. (Im Beispiel etwa so: Die Aussicht, daß ich heute abend essen werde, ist der, daß ich trinken werde, äquivalent, denn das eine trifft ja gemäß der kundgetanen Absicht nur zusammen mit dem anderen ein.)

Textaufgabe. Man beweise (analog wie $V\,14\alpha$ oder aber aus $V\,14\alpha$ durch Anwendung von $V\,13$ mit den Umformungsregeln):

$V\,14\beta$. $(a \vee b) \wedge (\neg a \vee \neg b) = (a \wedge \neg b) \vee (\neg a \wedge b)$.

Man verifiziere diese Gleichung im Modell II an der nachfolgenden Figur und bilde ein Beispiel im aussagenlogischen Modell III.

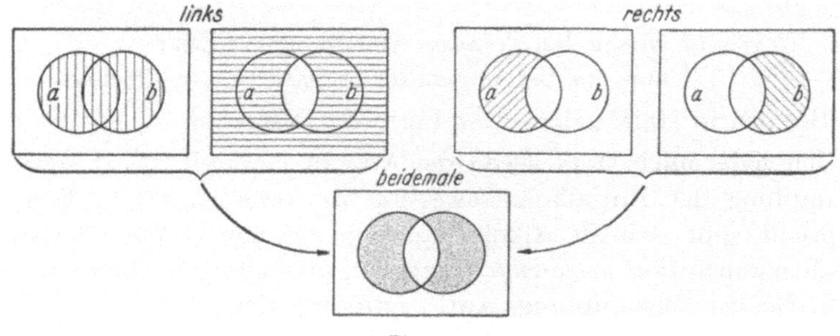

Fig. 17.

Anmerkung. Die derart auf zwei Weisen ausgedrückte Verknüpfung gibt das „*ausschließende* oder“, „entweder a oder b“, $a \sqcup b$, wieder (vgl. S. 6). Man erkennt das besonders deutlich, wenn man im linken Ausdruck das Verneinungsgesetz $V\,12\beta$ anwendet; er geht dann in $(a \vee b) \wedge \neg (a \wedge b)$ über. Zum ausschließenden ‚oder‘ vgl. später S. 89.

Zusatzaufgabe. Aus den Definitionen $a \leftrightarrow b =: (a \wedge b) \vee (\neg a \wedge \neg b)$, $a \sqcup b =: (a \vee b) \wedge (\neg a \vee \neg b)$ beweise man (unter Heranziehung von $V\,13$): $a \leftrightarrow b = \neg a \leftrightarrow \neg b$, $a \sqcup b = \neg a \sqcup \neg b$, $a \leftrightarrow \neg b = a \sqcup b$, $a \sqcup \neg b = a \leftrightarrow b$, $a \leftrightarrow \neg b = \neg a \leftrightarrow b$, $a \sqcup \neg b = \neg a \sqcup b$.

Anmerkung zum Sprachgebrauch des „oder“.

Die Sprache benutzt das Wort „oder“ sowohl für das nicht ausschließende $\vee$ als auch für das ausschließende $\sqcup$ [im Sinne von $a \sqcup b = (a \vee b) \wedge \neg (a \wedge b)$].

I. Beispiel für den *ausschließenden* Gebrauch:

1. „Der Hauptgewinner der Tombola erhält ein Fahrrad oder einen Staubsauger.“ Dieses Versprechen berechtigt niemanden zu der Erwartung, mit einem Gewinnlos eventuell ein Fahrrad *und* einen Staubsauger zu erhalten.

II. Beispiele für den *nichtausschließenden* Gebrauch:

2. Auf die Frage: „Wo ist Ihr Bruder heute abend“ erhält jemand die Antwort: „Mein Bruder ist heute abend ins Theater oder ins Café gegangen.“ Wenn der Bruder an jenem Abend sowohl im Theater als auch im Café war, war die Auskunft *nicht* falsch.

3. „Dieser Forscher war früher in Afrika oder Australien“ (entsprechend wie 2.).

4. Ein Karussellbesitzer kündigt an: „Wer weniger als 18 Jahre alt oder arbeitslos ist, zahlt die Hälfte.“ Man wird hiernach erwarten dürfen, daß auch ein 17jähriger Arbeitsloser nur die Hälfte zu zahlen hat.

III. In den Fällen, in denen sich a und b ihrerseits selbst ausschließen (z.B. wenn $b = \neg a$ ist), braucht der Gebrauch des „oder“ nicht mehr unterschieden zu werden. Beispiel:

5. „Dieses Blatt ist fünf- oder siebenzähnig.“ Da nur eines von beiden der Fall sein kann, braucht über den Wahrheitsgehalt, der der betrachteten Aussage bei „Zutreffen beider Teilaussagen“ zukommt, nicht eigens entschieden zu werden. —

Die deduktiven Wissenschaften bedienen sich gewöhnlich des nichtausschließenden $\vee$:

6. — Beispiel aus der Mathematik:

Man habe von einer irgendwie definierten Funktion $f(x)$ gezeigt, daß sie (in einem vorgegebenen abgeschlossenen Intervall) monoton oder stetig ist; man möge daraus weiter geschlossen haben: $f(x)$ läßt sich im betrachteten Intervall integrieren. Diese Schlußweise schließt in keiner Weise den Fall aus, daß $f(x)$ im betrachteten Intervall monoton und stetig ist.

§ 8. Dualität.

Alle bisher betrachteten Gesetze stehen einander paarweise „dual“ gegenüber, d.h. die eine Gleichung geht in die andere über, sobald nur die Undverknüpfung $\wedge$ mit der Oderverknüpfung $\vee$ vertauscht wird. — (Gesetze, die kein $\wedge$- und kein $\vee$-Zeichen enthalten, heißen in diesem Sinne zu sich selbst dual. Beispiel: das letzte Verneinungsgesetz $V13$.)

Erklärung. Eine Aussagenform (S. 14) geht in die *duale* über, sobald $\wedge$ und $\vee$ vertauscht werden; zwei Gleichungen heißen dual zueinander, wenn die links und ebenso die rechts vom Gleichheitszeichen stehenden Aussagenformen zueinander dual sind.

Da die zugrunde gelegten Gesetze $V1-7$ des BOOLEschen Verbandes in dieser Weise paarweise dual sind, müssen alle aus ihnen beweisbaren

Gesetze ebenfalls paarweise dual zueinander sein; denn jede Herleitung eines Gesetzes aus $V1$—7 verwandelt sich wieder in eine richtige Herleitung, wenn man überall $\wedge$ und $\vee$ vertauscht. Beispiel: Die Herleitungen von $V8\alpha$ und $V8\beta$ (S. 16f.). Man hat also:

Satz 4. In einem BOOLEschen Verband gilt mit jedem Gesetz auch das duale.

Dieser Satz kann noch auf eine andere instruktive Weise bewiesen werden; denn es gilt:

Satz 5. An Hand der Verneinungsgesetze ($V12\alpha, \beta$ und $V13$) allein läßt sich jede Gleichung in die duale umformen.

Vorab ein *Beispiel. Herleitung* von $V4\beta$ aus $V4\alpha$:

Gegeben: $a\vee(a\wedge b) == a$

$\neg(a\vee(a\wedge b)) == \neg a$ [Negation beider Seiten; diese ist als Umsetzung (Regel $U3$, S. 15) in $\neg a = \neg a$ (Reflexivität, Regel $U1\alpha$, S. 14) erlaubt].

$\neg a\wedge\neg(a\wedge b) == \neg a$ (nach dem Verneinungsgesetz $V12\alpha$)

$\neg a\wedge(\neg a\vee\neg b) == \neg a$ (nach dem Verneinungsgesetz $V12\beta$)

$\neg\neg a\wedge(\neg\neg a\vee\neg\neg b) == \neg\neg a$ (durch Einsetzung gemäß Regel $U2$)

$a\wedge(a\vee b) == a$ (nach dem Verneinungsgesetz $V13$).

Die letzte Gleichung ist zur ersten dual. —

Satz 5 bestätigt man nun, indem man sich vergegenwärtigt, daß stets eine in den folgenden vier Schritten bestehende Umformung das Gewünschte leistet.

1. Schritt. Beide Aussagenformen der gegebenen Gleichung werden negiert (gemäß den Regeln $U3, 1\alpha$, vgl. die Bemerkung im voraufgegangenen Beispiel).

2. Schritt. Jedes $\neg$-Zeichen vor einer Klammer wird an Hand der MORGANschen Verneinungssätze $V12\alpha$ und β in die Klammer hineingedrückt, bis alle $\neg$-Zeichen vor einem $\neg$-Zeichen oder einem bloßen Variablenzeichen (d.h. Buchstaben) stehen.

3. Schritt. Für jedes Variablenzeichen wird das Negat eingesetzt (d.h. es wird ein $\neg$ vorausgesetzt).

4. Schritt. Die durch den 1.—3. Schritt entstandenen doppelten Negationen $\neg\neg$ werden nach dem Verneinungsgesetz $V13$ entfernt.

Zweites Beispiel für dieses Schema. *Herleitung* von $V5\beta$ aus $V5\alpha$:

$a\vee(b\wedge c)$	$==$	$(a\vee b)\wedge(a\vee c)$	gegebene Gleichung
$\neg(a\vee(b\wedge c))$	$==$	$\neg((a\vee b)\wedge(a\vee c))$	1. Schritt
$\neg a\wedge\neg(b\wedge c)$	$==$	$\neg(a\vee b)\vee\neg(a\vee c)$	2. Schritt
$\neg a\wedge(\neg b\vee\neg c)$	$==$	$(\neg a\wedge\neg b)\vee(\neg a\wedge\neg c)$	
$\neg\neg a\wedge(\neg\neg b\vee\neg\neg c)$	$==$	$(\neg\neg a\wedge\neg\neg b)\vee(\neg\neg a\wedge\neg\neg c)$	3. Schritt
$a\wedge(b\vee c)$	$==$	$(a\wedge b)\vee(a\wedge c)$	4. Schritt.

Der Hauptteil der beschriebenen Umformung läßt sich kurz auch so charakterisieren:

Satz 6. Das *Negat* einer aus irgendwelchen Variablen aufgebauten Aussagenform ist gleich der Aussagenform, die sich *dual* aus den *Negaten* der Variablen aufbaut.

Anmerkung. Wir werden später in § 9 präziser von „Aufschichtung" statt von Aufbau reden. —

In den angeführten Beispielen ergab sich (auf den linken Seiten):

$$1.\ \neg(a\vee(a\wedge b)) = \neg a\wedge(\neg a\vee\neg b)$$
$$2.\ \neg(a\vee(b\wedge c)) = \neg a\wedge(\neg b\vee\neg c).$$

In jedem Falle genügt der „2. Schritt" der beschriebenen Umformung — d.i. das Hereindrücken der $\neg$-Zeichen in die Klammer an Hand der Verneinungssätze — zum Nachweis der Gleichheit.

Anmerkung. Die Beschreibung des 2. Schrittes durch Beispiele genügt natürlich nicht den Anforderungen, die der Mathematiker an einen exakten Beweis zu stellen pflegt; die exakte Formulierung („Netzinduktion") folgt in § 11; vgl. die einleitenden Bemerkungen zum nächsten Kapitel.

Textaufgabe. Die „Äquivalenz" von S. 23f. ist zum „ausschließenden oder" (S. 24) dual. Man beweise gemäß Satz 6: Das Negat der Äquivalenz von a und b ist gleich der ausschließenden Oderverknüpfung für die Negate $\neg a, \neg b$ und mithin gleich der ausschließenden Oderverknüpfung für a, b selbst (vgl. die Zusatzaufgabe von S. 24 und die Figuren von S. 23f.).

Wenn wir den Gesetzen $V1$—3, 5—8 des Booleschen Verbandes, die nach Satz 1 zu seiner Festlegung ausreichen, die drei Verneinungsgesetze anfügen und die bloßen Existenzregeln $V1$ und $V6$ ohne besondere Benennung voranstellen, so gelangen wir zur folgenden

Zusammenstellung von *Gesetzen des* Boole*schen Verbandes:*

Zu jedem Element a gibt es ein Element $\neg a$; zu jedem Elementenpaar a, b gibt es die Elemente $a\vee b$ und $a\wedge b$ mit folgenden Eigenschaften:

$V8\alpha$.	$a\vee a = a$	$V8\beta$.	$a\wedge a = a$	Kürzung
$V2\alpha$.	$a\vee b = b\vee a$	$V2\beta$.	$a\wedge b = b\wedge a$	kommut.
$V3\alpha$.	$a\vee(b\vee c) = (a\vee b)\vee c$	$V3\beta$.	$a\wedge(b\wedge c) = (a\wedge b)\wedge c$	assoz.
$V5\alpha$.	$a\vee(b\wedge c) = (a\vee b)\wedge(a\vee c)$	$V5\beta$.	$a\wedge(b\vee c) = (a\wedge b)\vee(a\wedge c)$	distrib.
$V7\alpha$.	$a\vee(b\wedge\neg b) = a$	$V7\beta$.	$a\wedge(b\vee\neg b) = a$	überfl. Gl.
$V12\alpha$.	$\neg(a\vee b) = \neg a\wedge\neg b$	$V12\beta$.	$\neg(a\wedge b) = \neg a\vee\neg b$	Verneinung
$V13\alpha$ und β.	$\neg\neg a = a$			

Es gilt nun:

Satz 7. In der obigen Zusammenstellung von Gesetzen folgen alle β-Gesetze aus den α-Gesetzen und ebenso umgekehrt. Es genügt also, dem BOOLEschen Verband entweder nur diese α-Gesetze oder nur diese β-Gesetze zugrunde zu legen.

Beweis der β-Gesetze aus den α-Gesetzen. Zunächst folgt das Verneinungsgesetz $V\,12\beta$.

$$\begin{aligned} \neg a \vee \neg b &= \neg\neg(\neg a \vee \neg b) && \text{(nach } V\,13)\\ &= \neg(\neg\neg a \wedge \neg\neg b) && \text{(nach } V\,12\alpha)\\ &= \neg(a \wedge b) && \text{(nach } V\,13). \end{aligned}$$

Nun ist Satz 5 anwendbar und liefert zu jedem Gesetz das duale.

Der Beweis der α-Gesetze aus den β-Gesetzen verläuft dual.

Textaufgabe. Man führe die Herleitung der β-Gesetze aus den α-Gesetzen durch, indem man außer den schon bewiesenen Gesetzen $V\,12\beta$ und $V\,5\beta$ (S. 26) auch $V\,2\beta$ aus $V\,2\alpha$, weiter $V\,3\beta$ aus $V\,3\alpha$, $V\,7\beta$ aus $V\,7\alpha$ und $V\,8\beta$ aus $V\,8\alpha$ beweist.

Zusatz für Mathematiker. Begriff des „*Dualitätskorrelators*".

In der ebenen projektiven Geometrie stehen sich bekanntlich die Axiome solcherart paarweise *dual* gegenüber, daß sie bei Vertauschung der Elementenklassen „Punkt" und „Gerade" und der Verknüpfungen „Verbinden (zweier Punkte durch eine Gerade)" und „Schneiden (zweier Geraden in einem Punkt)" ineinander übergehen. Aus dieser Dualität der projektiven Axiome folgt, daß zu jedem sog. „Inzidenzsatz" der duale beweisbar ist (nämlich durch die duale Herleitung); dies ist analog zu Satz 4. — Die geometrische Dualität wird nun vermittelt durch die *Polarbeziehung* bezüglich eines (nichtausgearteten) Kegelschnitts. Zu jeder Konfiguration erhält man durch Übergang zu den *polaren* Elementen eine duale Konfiguration an Hand der drei Polaritätssätze: „Der Pol der Verbindungslinie zweier Punkte P, Q ist der Schnittpunkt der Polaren von P und Q", „Die Polare des Schnittpunkts zweier Geraden h, k ist die Verbindungslinie der Pole von h und k", „Der Pol der Polaren von P ist P (die Polare des Pols von g ist g)". Dieser Übergang ist genauer so zu umreißen:

Satz. Die *Polare* des „letzten Schnittpunkts" einer aus irgendwelchen Elementen (Punkten und Geraden) aufgebauten Konfiguration ist die „letzte Verbindungsgerade" derjenigen Konfiguration, die sich *dual* aus den *polaren* Elementen aufbaut.

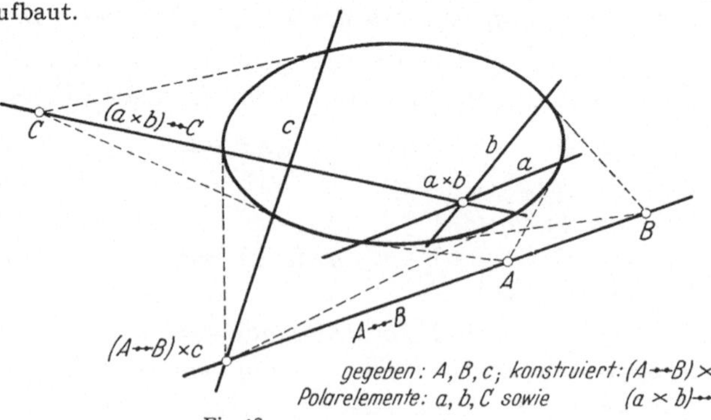

Fig. 18.

Man drückt diese Rolle der Polarität so aus: Die *Polarbeziehung* ist der *Dualitätskorrelator der Geometrie*; die drei genannten Polaritätssätze sind die zugehörigen „Korrelationssätze".

Genau im selben Sinne ist nach den Ergebnissen dieses Paragraphen die *Negation* der *Dualitätskorrelator der Aussagenlogik* (und übrigens auch der Prädikatenlogik); die drei Verneinungssätze sind die zugehörigen Korrelationssätze; und dem oben genannten Satze für die Geometrie entspricht der Satz 6.

Anmerkung. Mitunter läßt sich zu einer Dualität ein Dualitätskorrelator nur unter einschränkenden Bedingungen angeben; vgl. hierzu auch die Zusatzaufgabe aus § 4, in der ein Korrelator zu der Dualität, die zwischen der Herstellung des kleinsten gemeinsamen Vielfachen und derjenigen des größten gemeinsamen Teilers besteht, angegeben wurde.

Kapitel II.

Strukturelle Einblicke in die logische Algebra.

§ 9. Aussagenform. Vorläufiges zur Mitteilung in Fraktur.

Nachdem uns das I. Kapitel in die Vorstellungen der Algebra der Logik eingeführt und die wichtigsten Gesetze vorgeführt hat, sind wir in der Lage, eine präzisere Grundlage für die weiteren Überlegungen zu würdigen.

Um Nachweise wie diejenigen für die Sätze 4 und 5 in mathematischer Strenge führen zu können, ist es notwendig, zunächst zu definieren, was wir unter einer *Aussagenform* verstehen wollen. Diese Definition ist für alle Kapitel des Buches grundlegend.

Wir definieren für die Zwecke der Algebra der Logik (Kap. I) zunächst speziell die *„aus* $\vee$, $\wedge$, $\neg$ *aufgeschichtete Aussagenform"* oder kurz die „$\vee\wedge\neg$-Aussagenform", und zwar definieren wir sie rekursiv. Der Grundgedanke dieser rekursiven Definition ist: Die Aussagenvariablen $a, b, \ldots$ sind selbst schon Aussagenformen; bei Vorsetzung eines $\neg$ erhält man aus einer Aussagenform wieder eine Aussagenform; bei Verbindung zweier Aussagenformen durch $\vee$ bzw. $\wedge$ erhält man wieder eine Aussagenform. Aber hierbei sind noch die Klammern zu berücksichtigen, die die Reihenfolge solcher Verbindungen deutlich machen; $a\wedge(b\vee c)$ ist ja eine andere Aussagenform als $(a\wedge b)\vee c$, und $a\wedge b\vee c$ ist zunächst nicht als eine der beiden erkennbar. Daher definieren wir genauer:

Erklärung der *„*$\vee\wedge\neg$*-Aussagenform"*.

1. Die Aussagenvariablen — wir wählen für sie kleine lateinische Buchstaben $a, b, c, \ldots$ — sind selbst schon Aussagenformen.

2. Ist $\mathfrak{a}$ eine Aussagenform, so ist auch $\neg(\mathfrak{a})$ eine Aussagenform, das „Negat" von $\mathfrak{a}$. (Wenn $\mathfrak{a}$ eine bloße Aussagenvariable oder das Negat einer Aussagenform ist, so wird die umschließende Klammer weggelassen.)

3. Sind $\mathfrak{a}$ und $\mathfrak{b}$ Aussagenformen, so ist auch $(\mathfrak{a})\vee(\mathfrak{b})$ eine Aussagenform, die „Disjunktion" von $\mathfrak{a}, \mathfrak{b}$; ebenso ist dann $(\mathfrak{a})\wedge(\mathfrak{b})$ eine

Aussagenform, die „Konjunktion" von $\mathfrak{a}$, $\mathfrak{b}$. (Wenn $\mathfrak{a}$ eine bloße Aussagenvariable oder das Negat einer Aussagenform ist, so wird die Klammer um $\mathfrak{a}$ weggelassen; entsprechend bei $\mathfrak{b}$.)

(In späteren Kapiteln werden neben $\vee$, $\wedge$, $\neg$ noch weitere Verknüpfungszeichen berücksichtigt werden. Den allgemeinen Begriff der Aussagenform wird man später — in § 62 — erklärt finden.)

Textaufgabe. Man verfolge die Aufschichtung der $\vee\wedge\neg$-Aussagenformen

$$(a\wedge\neg b)\vee\neg(a\wedge c),\quad \neg((\neg a\vee\neg b)\wedge\neg a)$$

an Hand der Aufschichtungsvorschriften 1. bis 3.

Anmerkung zum Gebrauch der *Fraktur*buchstaben. Die obige einfache Aufgabe wird jedem Leser klargemacht haben, warum in der Aufschichtungsvorschrift 1. lateinische, in 2. und 3. aber Frakturbuchstaben verwendet werden:

In 1. sind die Aussagenvariablen *selbst* aufgeführt; wir wollen für diese Grundbestandteile aller Aussagenformen eben kleine lateinische Buchstaben schreiben;

in 2. und 3. ist von beliebigen Aussagenformen die Rede, die jeweils irgendwie gegeben sein sollen; der Frakturbuchstabe dient nur zur kurzen, nicht von vorneherein fixierenden *Mitteilung*. So wird z.B. in der Textaufgabe die Vorschrift 2, d.i. der Übergang von $\mathfrak{a}$ zu $\neg\mathfrak{a}$, unter anderem angewandt auf den Übergang von $a\wedge c$ zu $\neg(a\wedge c)$; an dieser Stelle ist also die Aussagenform $a\wedge c$ kurz mitgeteilt durch $\mathfrak{a}$.

Der soeben umrissene Unterschied zwischen den Aussagenformen selbst (die in lateinischen Buchstaben und in den Zeichen $\vee$, $\wedge$, $\neg$ geschrieben werden) und den bloßen nichtkonkreten *Mitteilungen* durch Frakturbuchstaben ist für die gesamte mathematische Behandlung der Logik wesentlich und wohl zu beachten. Vgl. später hierzu die Ausführungen des § 57.

An einigen wenigen vorangegangenen Stellen wären gemäß dieser Unterscheidung bereits Frakturbuchstaben an Stelle der lateinischen Buchstaben zu verwenden gewesen; diese (in der üblichen Algebra übrigens im allgemeinen noch nicht notwendige) Schreibweise wurde dort noch unterdrückt, um nicht vom ersten Eindringen in die Materie abzulenken. Es handelt sich insbesondere um die (‚existenzpostulierenden') Gesetze $V1\alpha$, $V1\beta$ und $V6$ des BOOLEschen Verbandes, die in der hier eingeführten Mitteilungsweise nunmehr in Frakturbuchstaben anzugeben wären; vg. aber z.B. auch die Folgerung auf S. 23.

Verabredung zur Mitteilung. Daß ein Frakturbuchstabe eine bestimmte Aussagenform — oder eine Aussagenform bestimmter Gestalt — m i t t e i l t, wird vielfach durch das Zeichen $\equiv$ ausgedrückt werden. (Im Falle der abkürzenden Mitteilung einer bereits bestimmten Aussagenform ist dem Zeichen $\equiv$ mitunter ein Doppelpunkt angefügt.)

Beispiele. 1. $\mathfrak{a} \equiv\colon a \wedge \neg b$ besagt: im nachfolgenden Zusammenhange wird die Aussagenform $a \wedge \neg b$ durch das Mitteilungszeichen $\mathfrak{a}$ abgekürzt. — 2. $\mathfrak{a} \equiv \mathfrak{b} \wedge \neg \mathfrak{c}$ (wo $\mathfrak{b}$ und $\mathfrak{c}$ in dem betreffenden Zusammenhange noch nicht festgelegt wurden) besagt: $\mathfrak{a}$ soll irgendeine zweigliedrige Konjunktion mitteilen, deren zweites Konjunktionsglied ein Negat ist; $\mathfrak{b}$ und $\mathfrak{c}$ dienen hierbei lediglich zur Mitteilung nicht näher bestimmter Aussagenformen (der jeweils betrachteten Art).

Als weiteres Beispiel für die Verwendung von Frakturbuchstaben als Mitteilungszeichen diene die

Textaufgabe. Auf Grund der Absorptionsgesetze $V4$ (und des kommutativen Gesetzes $V2\beta$) gilt mit $\mathfrak{a} \vee \mathfrak{b} \equiv \mathfrak{b}$ stets $\mathfrak{a} \wedge \mathfrak{b} \equiv \mathfrak{a}$ und umgekehrt.

In dieser Aufgabe darf es nicht etwa heißen: „mit $a \vee b \equiv b$ auch $a \wedge b \equiv a$ und umgekehrt"; denn eine solche Behauptung wäre inhaltsleer (und somit trivial), da weder die Aussagenform $a \vee b$ der Aussagenform b noch die Aussagenform $a \wedge b$ der Aussagenform a gleich ist. Hingegen gibt es Aussagenformen $\mathfrak{a}$, $\mathfrak{b}$ für die die beiden in der Aufgabe genannten Beziehungen gelten, z.B. $\mathfrak{a} \equiv\colon a \wedge b$, $\mathfrak{b} \equiv\colon b$.

Anmerkung zum Gebrauch der *Klammern in der Mitteilung.* Es führt wohl kaum zu Verwirrungen, wenn wir *in den bloßen Mitteilungen* (Fraktur) kräftig Klammern unterdrücken, sofern dadurch die Mitteilung nicht mehrdeutig wird; wenn wir also z.B. in der Mitteilung einfach $\mathfrak{a} \wedge \mathfrak{b}$ statt $(\mathfrak{a}) \wedge (\mathfrak{b})$ schreiben usw. — Eigene Regeln für diese Unterdrückungen anzuführen, ist wohl überflüssig. (Sie sind einerseits fast selbstverständlich, formulieren sich andererseits jedoch unnötig umständlich.)

Vorläufige Anmerkungen zu den *Aussagenvariablen.* — 1. Die Bezeichnung der Aussagenvariablen durch Buchstaben soll natürlich nicht bedeuten, daß man sich auf 26 Variablen zu beschränken habe; vgl. hierzu später die ‚Anmerkung zu den Variablenzeichen' in § 62. — 2. Statt von einer Aussagenvariablen, die in einer gegebenen Aussagenform mehrmals auftritt, werden wir mitunter auch von ‚gestaltlich übereinstimmenden Aussagenvariablen' der betreffenden Aussagenform sprechen. Diese beiden konkurrierenden Redeweisen werden jeweils so verwendet werden, daß sie nicht kollidieren. In § 63 wird grundsätzlich auf sie einzugehen sein.

Die Erklärung der Aussagenform (S. 29) läßt sich durch Zusätze erweitern zu einer

Erklärung der Aufschichtungsordnung (kurz: der Ordnung) und der Teilform.

Zu Abs. 1 jener Erklärung. Die Aussagenvariablen $a, b, c, \ldots$ heißen Aussagenformen der Aufschichtungsordnung (kurz: der Ordnung) 1.

Zu Abs. 2 jener Erklärung. Ist $\mathfrak{a}$ von der Ordnung n, so soll $\neg \mathfrak{a}$ die Ordnung $n+1$ haben. — $\mathfrak{a}$ heißt die oberste Teilform der Aussagenform $\neg \mathfrak{a}$; das $\neg$-Zeichen heißt das in ihr herrschende Verknüpfungszeichen.

Zu Abs. 3 jener Erklärung. Wenn eine der beiden Aussagenformen $\mathfrak{a}$, $\mathfrak{b}$ die Ordnung n und die andere höchstens dieselbe Ordnung hat, so soll $\mathfrak{a} \vee \mathfrak{b}$ — und ebenso auch $\mathfrak{a} \wedge \mathfrak{b}$ — die Ordnung $n+1$ haben. — $\mathfrak{a}$ und $\mathfrak{b}$ heißen die obersten Teilformen der Aussagenform $\mathfrak{a} \vee \mathfrak{b}$ bzw. $\mathfrak{a} \wedge \mathfrak{b}$; das $\vee$- bzw. $\wedge$-Zeichen heißt das in ihr herrschende Verknüpfungszeichen.

4. Eine Teilform einer Teilform von $\mathfrak{a}$ heißt wieder eine Teilform von $\mathfrak{a}$.

5. Das in einer Aussagenform herrschende Verknüpfungszeichen heißt allen anderen Verknüpfungszeichen dieser Aussagenform *übergeordnet.*

Beispiel. Die Aussagenform $(a \wedge b) \vee \neg(a \wedge c)$ hat die Ordnung 4. In ihr herrscht das $\vee$-Zeichen. Weiter ist das $\neg$-Zeichen dem letzten $\wedge$ übergeordnet [weil es in der Teilform $\neg(a \wedge c)$ herrscht].

Natürlich werden mitunter zwei Teilformen einer Aussagenform gestaltlich übereinstimmen; so tritt ja z.B. in der obigen Aussagenform das a zweimal auf.

Anmerkung zur Schreibweise. Wie in der obigen Erklärung der Ordnung sollen auch weiterhin *Zahlen* — und insbesondere Zahlenindizes — im allgemeinen lateinisch geschrieben werden.

§ 10. Die Umformungsregeln. Äquivalenzrelationen.

In § 51f. werden wir die allgemeine Erklärung des „Begriffsnetzes" und des „Deduktionsgerüstes" einer kodifizierten Theorie kennenlernen. Hier sei vorweg nur folgendes kurz angedeutet. Das „Begriffsnetz" der Algebra der Logik gipfelt in der Festsetzung: Die Verbindung zweier — gemäß den obigen Festsetzungen definierten — $\vee\wedge\neg$-Aussagenformen durch die Gleichheitsrelation $=\!=$ heißt ein „einschlägiges Satzgebilde".

Das „Deduktionsgerüst" der Algebra der Logik — es handelt sich hier genauer um ein „Umformungsgerüst" — legt fest, wann ein solches einschlägiges Satzgebilde eine *gültige Gleichung* ist: dann nämlich, wenn es sich aus den Axiomen $V1\alpha$ bis 7β (S. 13) mittels der Umformungsregeln $U1$—3 (S. 14f.) herleiten (*beweisen*) läßt.

Nachdem wir die Mitteilungsschreibweise (durch Frakturbuchstaben) kennengelernt haben und wissen, was eine Teilform ist, wollen wir eine präzise und kurze Zusammenfassung der Umformungsregeln $U1$—3 (die in § 5 nur vorläufig eingeführt wurden) nebst einigen Erörterungen anschließen.

$U1$. Die *Gleichheitsregeln:*

$U1\alpha$. Reflexivität: $\mathfrak{a} =\!= \mathfrak{a}$.

$U1\beta$. Symmetrie: Mit $\mathfrak{a} =\!= \mathfrak{b}$ ist $\mathfrak{b} =\!= \mathfrak{a}$.

$U1\gamma$. Transitivität: Mit $\mathfrak{a} =\!= \mathfrak{b}$ und $\mathfrak{b} =\!= \mathfrak{c}$ ist $\mathfrak{a} =\!= \mathfrak{c}$.

U 2. Die *Einsetzungsregel* (sie ist bereits in § 5 präzise angegeben worden). Von einer beweisbaren Gleichung gelangt man wieder zu einer beweisbaren Gleichung, wenn man in ihr eine Variable überall, wo sie auftritt, durch dieselbe Aussagenform ersetzt (Beispiele auf S. 14).

U 3. Die *Umsetzungsregel.* Von einer beweisbaren Gleichung $\mathfrak{a} = \mathfrak{b}$ gelangt man wieder zu einer beweisbaren Gleichung, wenn man in ihr eine beliebige Teilform $\mathfrak{s}$ von $\mathfrak{a}$ (oder auch eine solche von $\mathfrak{b}$), sofern $\mathfrak{s} = \mathfrak{t}$ bewiesen ist, durch $\mathfrak{t}$ ersetzt (Beispiele auf S. 15).

Anmerkungen. 1. Mit Ausnahme der Regel *U* 1 α sind die vorstehenden Regeln sämtlich „Schlußregeln" (genaueres später in § 52), d.h. hier: sie gestatten von gegebenen Gleichungen auf weitere Gleichungen zu schließen.

Die Regel *U* 1 α, die hiervon die Ausnahme bildet, braucht nun aber gar nicht eigens eingeführt zu werden, da sie sich ableiten läßt:

Es sei eine beliebige $\wedge\vee\neg$-Aussagenform $\mathfrak{a}$ vorgelegt.

$\mathfrak{a}\wedge(\mathfrak{a}\vee\mathfrak{b}) = \mathfrak{a}$ nach *V* 4β (mit Einsetzung *U* 2). — Daraus:
$\mathfrak{a} = \mathfrak{a}\wedge(\mathfrak{a}\vee\mathfrak{b})$ gemäß der Symmetrie *U* 1β. — Daraus:
$\mathfrak{a} = \mathfrak{a}$ gemäß der Transitivität *U* 1γ.

2. Als erlaubte Umformungsprozesse für Gleichungen werden hier stets *Ein*setzung (für gleichgestaltete Variablen) und *Um*setzung (einer einzelnen Teilform in eine gleiche) terminologisch unterschieden. — Demgegenüber möge „*Er*setzung" als allgemeiner, übergeordneter Terminus überall dort gebraucht werden, wo an die Stelle von etwas etwas anderes hingesetzt werden soll.

Zusatz. Die Umsetzungsregel *U* 3 läßt sich in elementare Anweisungen zerlegen:

U 3°. Andere Fassung der *Umsetzungsregel:*
Mit $\mathfrak{a} = \mathfrak{b}$ ist stets auch $\neg\mathfrak{a} = \neg\mathfrak{b}$, $\mathfrak{a}\vee\mathfrak{c} = \mathfrak{b}\vee\mathfrak{c}$, $\mathfrak{a}\wedge\mathfrak{c} = \mathfrak{b}\wedge\mathfrak{c}$.

Die Fassung *U* 3° ist mit *U* 3 gleichgeltend. Zum Nachweis:

1. — *Textaufgabe.* Man zeige mit Benutzung der Gleichheitsregel *U* 1α, daß sich *U* 3° als Spezialfall von *U* 3 auffassen läßt.

2. — Um nachzuweisen, daß umgekehrt *U* 3 aus *U* 3° folgt, genügt es offenbar, mit *U* 3° zu zeigen:

Hilfsatz. Es sei $\mathfrak{s} = \mathfrak{t}$ bewiesen. Wenn dann $\mathfrak{s}$ Teilform der Aussagenform $\mathfrak{a}$ ist und wenn $\mathfrak{a}$ bei Ersetzung der Teilform $\mathfrak{s}$ durch $\mathfrak{t}$ in $\mathfrak{c}$ übergeht, so ist $\mathfrak{a} = \mathfrak{c}$.

Sobald nämlich dieser Hilfsatz nachgewiesen ist, kann man so weiterschließen: Die Gleichung $\mathfrak{a} = \mathfrak{b}$ sei vorgelegt. Nach dem Hilfsatz ist $\mathfrak{a} = \mathfrak{c}$. Die Gleichheitsregeln *U* 1β und *U* 1γ führen unmittelbar auf $\mathfrak{c} = \mathfrak{b}$. Hiermit ist die Fassung *U* 3 der Umsetzungsregel, soweit sie sich auf die Umsetzung in $\mathfrak{a}$ bezieht, erwiesen (die Umsetzung in $\mathfrak{b}$ ergibt sich entsprechend).

Der Nachweis des Hilfsatzes soll erst in § 11 als Aufgabe gestellt werden, da er eine „Netzinduktion" erfordert.

Die Eigenschaften $U1\alpha$—γ kennzeichnen die Gleichheit als eine sog. „*Äquivalenzrelation*"; wir werden solchen Äquivalenzrelationen noch verschiedentlich begegnen.

Hinweise betreffs Begriff und Rolle der *Äquivalenzrelation* (nur für relationstheoretisch Interessierte).

I. Es sei irgendein Bereich gegeben, in dem eine zweigliedrige Relation $\cong$ „definit" ist (d.h. für irgendwelche Elemente a, b des Bereiches sei entweder $a \cong b$ oder nicht $a \cong b$).

Die Relation $\cong$ heißt eine „Äquivalenzrelation", wenn sie den folgenden Bedingungen genügt:

Ä 1. Reflexivität: Für jedes Element a ist $a \cong a$.
Ä 2. Symmetrie: Wenn $a \cong b$, so auch $b \cong a$.
Ä 3. Transitivität: Wenn $a \cong b$ und $b \cong c$, so auch $a \cong c$.

Die Mathematik kennt mannigfache Äquivalenzrelationen; es seien einige grundlegende Beispiele herausgegriffen.

Beispiel α: Zahlenkongruenz.

Bereich: die ganzen Zahlen.

In ihm sei eine natürliche Zahl $z \neq 1$ ausgezeichnet. $a \cong b$, wenn $a - b$ ein ganzes Vielfaches von z ist; zu lesen: a kongruent b modulo z.

Beispiel β: Geometrische Streckenkongruenz.

Bereich: Die Strecken im Raume.

$a \cong b$, wenn a mit b zur Deckung gebracht werden kann (diese Operation soll hier nicht weiter analysiert werden); zu lesen: a kongruent b.

Beispiel γ: Parallelität.

Bereich: Die Geraden einer euklidischen Ebene.

$a \cong b$, 1. wenn a mit b übereinstimmt,
2. wenn a mit b keinen Punkt gemein hat;
zu lesen: a gleich oder parallel b.

Textaufgaben. — 1. In jedem der drei Modelle sind die drei Äquivalenzbedingungen Ä 1—3 zu bestätigen. — Kann im Modell γ bei der Definition des $\cong$ der erste Fall (Übereinstimmung) auch fortgelassen werden?

Ist die Relation „a ist Bruder von b" symmetrisch? (nein), transitiv? (nein). Ist die Relation „a ist Geschwister von b" transitiv? (nein). Wie läßt sie sich am einfachsten zu einer transitiven Relation erweitern? (Vgl. hierzu die letzte Frage der 1. Textaufgabe.)

Zusatzaufgabe im Anschluß an Anmerkung 1. von S. 33. $U1\alpha$ ergibt sich aus $U1\beta$ und γ unter der Nebenvoraussetzung, daß es zu jedem Element des gegebenen Bereiches ein Element gebe, das zu ihm in der betrachteten Relation steht.

II. Die Elemente eines Bereiches, in dem eine Äquivalenzrelation $\cong$ definit ist, lassen sich in der Weise zu *Äquivalenzklassen* (bezüglich $\cong$) zusammenfassen, daß zwei Elemente a, b des Bereiches dann und nur dann zur selben Äquivalenzklasse gehören, wenn $a \cong b$ ist. Jedes Element des Bereiches gehört dann zu einer und auch zu nur einer Äquivalenzklasse.

Zusatz. Man kann weiter jede der Äquivalenzklassen durch ein aus ihr herausgegriffenes Element „repräsentieren". Man spricht dann von einem „Repräsentantenbereich" bezüglich der gegebenen Äquivalenzrelation.

Die Möglichkeit dieser Klassenbildung verleiht den Äquivalenzrelationen ihre große Bedeutsamkeit. Überall nämlich, wo Äquivalenzrelationen auftreten, kann man von der Betrachtung des gegebenen Elementenbereiches zur Betrachtung des Bereiches der Äquivalenzklassen übergehen, die sich meist ebenso ergiebig, aber weit übersichtlicher gestaltet.

In den Beispielen:

Beispiel α. Die Äquivalenzklassen nennt man hier „Restklassen" (modulo z). Man hat z Restklassen; als ihre Repräsentanten dürfen die Zahlen $0, 1, 2, \ldots, z-1$ dienen. Mit den Restklassen läßt sich rechnen wie mit den Zahlen selbst.

Beispiel β. Kongruente Strecken haben gleiche Länge, und umgekehrt. Man darf daher die *Längen* als die Äquivalenzklassen auffassen. (Einen Repräsentantenbereich bilden die Strecken einer von einem festen Punkt 0 ausgehenden Halbgeraden, die 0 als einen ihrer Endpunkte haben.)

Beispiel γ. Übereinstimmende oder nichtschneidende Geraden haben gleiche Richtung (das Wort „Richtung" hier verstanden *ohne* eine Richtungsauszeichnung *auf* der Geraden selbst). Man darf daher die *Richtungen* als die Äquivalenzklassen ansehen und ihre Beziehungen ohne Bezugnahme auf einzelne Geraden untersuchen. (Einen Repräsentantenbereich bilden die durch einen festen Punkt gehenden Geraden.)

III. Zu S. 32. Für die Gleichheit werden in der Algebra der Logik die drei Äquivalenzbedingungen ausdrücklich *festgelegt* (in den Gleichheitsregeln $U\,1\,\alpha$—γ). — Spricht man statt von *gleichen* Aussagenformen von „*derselben*" Aussagenform, so ist der Übergang zu den Äquivalenzklassen bereits vollzogen — vgl. die Anmerkung in § 5, S. 15. In diesem Sinne braucht man dann in § 6 (auf S. 18) nicht eine spezielle Form (d.i. einen Repräsentanten) $a \vee \neg a$ mit Y zu bezeichnen und dann die Gleichheit dieser Form mit $b \vee \neg b$, $c \vee \neg c$ usw. zu zeigen; man kann vielmehr das Zeichen Y von vornherein ohne willkürlichen Rückgang auf eine spezielle Variable als Zeichen für die Äquivalenzklasse ansehen. Die Booleschen Algebra erweist sich bei dieser Auffassung strenggenommen nicht als ein Rechnen mit Aussagenformen, sondern mit „Gleichheitsklassen" von Aussagenformen, die im vorangegangenen mehrfach in vorläufiger Weise als „Aussagegehalte" angesprochen wurden. § 19 wird eine Systematik dieser Gleichheitsklassen liefern. Betreffs des deutungsmäßigen Zusammenhangs mit den „Wahrheitswerten" s. später § 33.

§ 11. Erste Nachweise durch Netzinduktion.

Nachdem wir die „Ordnung" einer Aussagenform erklärt haben, steht uns ein Beweismittel zur Verfügung, das sehr oft angewandt werden wird, die „Netzinduktion".

Der mathematisch uninteressierte Leser, dem es nicht auf das Verständnis aller folgenden Nachweise ankommt, mag die folgenden Ausführungen überschlagen. Es wird anderseits manchem Nichtmathematiker erwünscht sein, wenn der Darstellung der Netzinduktion eine allgemeine Erklärung der „vollständigen Induktion" vorausgeschickt wird.

Erläuterung für den Nichtmathematiker.

I. Ein *Beispiel* für „*vollständige Induktion*".

Es soll bewiesen werden:

$$1 + 2 + \cdots + n = \frac{n \cdot (n + 1)}{2};$$

(genauere Formulierung der Aufgabe: es ist nachzuweisen, daß die obige Gleichung für alle natürlichen Zahlen, d.h. für 1, 2, 3, ... gilt).

Nachweis in zwei Schritten:

Erster Schritt. Die Gleichung gilt für $n = 1$; denn sie lautet für diesen Fall:

$$1 = \frac{1 \cdot 2}{2}.$$

Zweiter Schritt. Wenn die Behauptung für irgendeine feste Zahl $\mathfrak{n}$ gilt, dann gilt sie auch für die darauffolgende Zahl $\mathfrak{n} + 1$. — In der Tat:

Annahme:

$$1 + 2 + \cdots + \mathfrak{n} = \frac{\mathfrak{n} \cdot (\mathfrak{n} + 1)}{2}$$

sei (für das betrachtete feste $\mathfrak{n}$) gültig. Daraus soll bewiesen werden: Es gilt auch noch

$$1 + 2 + \cdots + \mathfrak{n} + (\mathfrak{n} + 1) = \frac{(\mathfrak{n} + 1) \cdot ((\mathfrak{n} + 1) + 1)}{2}.$$

Nachweis:

$$1 + 2 + \cdots + \mathfrak{n} + (\mathfrak{n} + 1) = \frac{\mathfrak{n} \cdot (\mathfrak{n} + 1)}{2} + (\mathfrak{n} + 1) = \frac{\mathfrak{n} \cdot (\mathfrak{n} + 1) + 2 \cdot (\mathfrak{n} + 1)}{2}$$

$$= \frac{(\mathfrak{n} + 1) \cdot (\mathfrak{n} + 2)}{2} = \frac{(\mathfrak{n} + 1) \cdot ((\mathfrak{n} + 1) + 1)}{2}.$$

Drittens. Folgerung: Die Gleichung trifft auf *alle* natürlichen Zahlen zu. Denn nach dem 1. Schritt gilt sie für $n = 1$, also nach dem 2. Schritt auch für $n = 2$, also nach dem 2. Schritt auch für $n = 3$, also nach dem 2. Schritt auch für $n = 4$ usw. ...: Wir gelangen zu jeder beliebigen natürlichen Zahl.

II. — a) *Allgemeine Formulierung der vollständigen Induktion.* Ein Gesetz $\mathfrak{G}(n)$ für natürliche Zahlen läßt sich in den folgenden beiden Schritten nachweisen:

1. Schritt. Man zeigt: Das Gesetz trifft auf 1 zu; d.h. $\mathfrak{G}(1)$.

2. Schritt. Unter der Annahme, es treffe auf n zu[1], zeigt man, daß es auf $n + 1$ zutrifft; d.h. aus $\mathfrak{G}(n)$ folgt $\mathfrak{G}(n + 1)$.

Anmerkung. Beim 2. Schritt heißt $\mathfrak{G}(n)$ die Induktionsannahme oder Induktionsvoraussetzung.

b) In der Aussagenlogik wird meist eine auch sonst vielfach gebrauchte *abgeänderte Fassung* benutzt: Ein Gesetz $\mathfrak{G}(n)$ für natürliche Zahlen läßt sich in folgenden beiden Schritten nachweisen:

1. Schritt. Man zeigt: Das Gesetz trifft auf 1 zu: $\mathfrak{G}(1)$.

2. Schritt. Unter der Annahme, es treffe auf alle natürlichen Zahlen bis zu n einschließlich zu, zeigt man, daß es auf $n + 1$ zutrifft; d.h. wenn $\mathfrak{G}(m)$ für alle $m <$ oder $= n$, so auch $\mathfrak{G}(n + 1)$.

Ein Beispiel hierfür folgt sogleich.

Beide Fassungen sind evidentermaßen gültig. [Übrigens ersieht man unmittelbar aus dem Wortlaut, daß eine Anwendung der Fassung a) zugleich eine Anwendung der Fassung b) ist. Wenn man nämlich im 2. Schritt die Implikation

---

[1] Von nun ab möge, wie in der Mathematik üblich, stets n statt $\mathfrak{n}$ geschrieben werden.

der Fassung a) gezeigt hat — „Wenn $\mathfrak{G}(n)$, so $\mathfrak{G}(n+1)$“ —, so ist damit erst recht die Implikation der Fassung b) gezeigt: „Wenn $\mathfrak{G}(m)$ für alle $m <$ oder $= n$, so $\mathfrak{G}(n+1)$.“]

c) Zusatzbemerkung (darf überschlagen werden). In der Mathematik wird die unter b) angeführte Fassung vielfach in einer noch ein wenig modifizierten Form gebraucht:

2. Schritt. Wenn $\mathfrak{G}(m)$ für alle $m < n$, so $\mathfrak{G}(m)$. Man führt diese Fassung leicht auf die Fassung b) zurück und umgekehrt (Zusatzaufgabe). — Im folgenden wird im allgemeinen eine der Fassungen a), b) benutzt.

Die *Netzinduktion* ist die Induktion nach der „Ordnung“ der Aussagenformen (zum Namen „Netz“ vgl. die vorläufige Andeutung von S. 32). Diese Methode besteht in der folgenden Schlußkette zum Nachweis, daß eine vorgegebene Behauptung auf beliebige Aussagenformen zutrifft.

1. Man beweist, daß die Behauptung auf jede Aussagenform der Ordnung 1, d.h. auf jede Aussagenvariable zutrifft. 2. Man beweist: Es sei irgendeine beliebige Zahl n betrachtet; wenn die Behauptung auf alle Aussagenformen zutrifft, die höchstens die Ordnung n haben, dann trifft sie auch auf alle Aussagenformen der Ordnung $n+1$ zu. — Diese beiden Beweisschritte reichen aus. Denn: Nach dem ersten Schritt trifft die Behauptung auf alle Aussagenformen der Ordnung 1 zu, also nach dem zweiten Schritt auch auf alle Aussagenformen der Ordnung 2, also — wiederum nach dem zweiten Schritt — auch auf alle Aussagenformen der Ordnung 3, usw. Sie trifft also auf alle Aussagenformen zu.

Der erste der genannten Beweisschritte benutzt offenbar die Aufschichtungsvorschrift 1 (S. 29). — Der zweite Beweisschritt, d.i. der Übergang von der Ordnung n zur Ordnung $n+1$, wird — wie ebenso einleuchtet — im allgemeinen von einer *Fallunterscheidung* gemäß den Aufschichtungsvorschriften 2. bis 3. ausgehen müssen.

Als erstes Beispiel einer Netzinduktion kann der *Nachweis des Satzes 6* (§ 8) exakt durchgeführt werden. (Die Netzinduktion ist eben deshalb an so früher Stelle erklärt worden, um diesen exakten Nachweis hier zu ermöglichen.)

1. Auf eine Aussagenvariable (Ordnung 1) trifft die Behauptung zu, da hier noch kein $\vee$- oder $\wedge$-Zeichen ins Spiel kommt.

2. Die Behauptung sei bereits für alle Aussagenformen von höchstens n-ter Ordnung bewiesen. $\mathfrak{a}$ sei von $n+1$-ter Ordnung; wir unterscheiden die Fälle:

α) $\mathfrak{a}$ sei eine Disjunktion $\mathfrak{b} \vee \mathfrak{c}$.

$\neg\mathfrak{a} \equiv \neg(\mathfrak{b} \vee \mathfrak{c})$, also $\equiv \neg\mathfrak{b} \wedge \neg\mathfrak{c}$ (nach *V* 12α). Da $\mathfrak{b}$ und $\mathfrak{c}$ höchstens die Ordnung n haben, trifft auf sie nach Induktionsannahme die Behauptung zu. Ersetzt man nun in $\neg\mathfrak{b} \wedge \neg\mathfrak{c}$ die Teilformen $\neg\mathfrak{b}$ und $\neg\mathfrak{c}$

gemäß der Umformungsregel $U3$ durch die ihnen nach der Induktionsannahme gleichen Aussagenformen, so erhält man eine zu $\neg\mathfrak{a}$ gleiche Aussagenform der gewünschten Gestalt, d.h. die Behauptung trifft auf $\mathfrak{a}$ zu.

β) $\mathfrak{a}$ sei eine Konjunktion $\mathfrak{b}\wedge\mathfrak{c}$.

$\neg\mathfrak{a} \equiv \neg(\mathfrak{b}\wedge\mathfrak{c})$, also $= \neg\mathfrak{b}\vee\neg\mathfrak{c}$ (nach $V12\beta$). Man schließt weiter wie im Falle α).

γ) $\mathfrak{a}$ sei ein Negat $\neg\mathfrak{b}$.

$\neg\mathfrak{a} \equiv \neg\neg\mathfrak{b}$. Da $\mathfrak{b}$ die Ordnung n hat, trifft auf $\mathfrak{b}$ nach Induktionsannahme die Behauptung zu. Ersetzt man nun in $\neg\neg\mathfrak{b}$ die Teilform $\neg\mathfrak{b}$ gemäß der Umformungsregel $U3$ durch die ihr nach der Induktionsannahme gleiche Aussagenform, so erhält man eine zu $\neg\mathfrak{a}$ gleiche Aussagenform der gewünschten Gestalt, d.h. die Behauptung trifft auf $\mathfrak{a}$ zu.

Beispiel zu Abs. γ. $\mathfrak{a}$ sei $\neg(a\wedge b)$. $\mathfrak{b}$ ist also $a\wedge b$. $\neg\mathfrak{b}$, d.i. $\neg(a\wedge b)$, formt sich nach Induktionsannahme zu $\neg a\vee\neg b$ um; daher formt sich $\neg\mathfrak{a}$, d.i. $\neg\neg\mathfrak{b}$, zu $\neg(\neg a\vee\neg b)$ um.

Zusatzaufgabe. Man hole den Nachweis des Hilfsatzes von S. 33 nach, der zum Nachweis des Gleichgeltens der Umformungsregeln $U3$, $U3^\circ$ noch aussteht. Anleitung: $\mathfrak{s}$ habe die Ordnung m. Jede Aussagenform $\mathfrak{a}$, die die Teilform $\mathfrak{s}$ besitzt, hat eine Ordnung, die größer als m ist, die sich also als $m+n$ mitteilen läßt. Man führt eine Netzinduktion nach n durch. — Vgl. hierzu später S. 153 und S. 169.

Der Satz 6 und der in § 8 auf ihn zurückgeführte Satz 5 sind hiermit exakt nachgewiesen.

§ 12. Assoziate Aussagenform. Weitere Induktionsbeweise.

Erklärung der *assoziaten Schreibweise:*

Sofern wir die assoziativen Gesetze $V3\alpha, \beta$ (S. 8) voraussetzen, sind zwei Aussagenformen $\mathfrak{a}\vee(\mathfrak{b}\vee\mathfrak{c})$ und $(\mathfrak{a}\vee\mathfrak{b})\vee\mathfrak{c}$ immer gleich; wir brauchen sie nicht mehr zu unterscheiden, können die Klammern weglassen und bloß schreiben: $\mathfrak{a}\vee\mathfrak{b}\vee\mathfrak{c}$. Das gilt dann auch noch für eine Disjunktion mit beliebig endlich vielen Gliedern: $\mathfrak{a}\vee\mathfrak{b}\vee\cdot\cdot\vee\mathfrak{c}$ (Zusatzaufgabe: Präziser mathematischer Induktionsbeweis für n Glieder). Die Aufschichtungsvorschrift 3 (S. 29, 32) ist dabei offenbar zu modifizieren; die Aussagenform $\mathfrak{a}\vee\mathfrak{b}\vee\cdot\cdot\vee\mathfrak{c}$ hat $\mathfrak{a}, \mathfrak{b}, .., \mathfrak{c}$ als oberste Teilformen, und alle angegebenen $\vee$-Zeichen herrschen in ihr (allerdings keines über eines der anderen). Die „Ordnung“ modifiziert sich ebenfalls in evidenter Weise (Textaufgabe).

Das Entsprechende gilt für $\wedge$: auch $\mathfrak{a}\wedge\mathfrak{b}\wedge\cdot\cdot\wedge\mathfrak{c}$ ist Aussagenform.

Diese, Klammern ersparende Schreibweise wollen wir „*assoziat*“ nennen.

1. Beispiel. Das Verneinungsgesetz $V\,12\alpha$ (S. 21) erweitert sich (wenn wir einmal Variablen mit Index zulassen) zu

$$V\,12\alpha^\circ.\quad \neg(a_1 \vee a_2 \vee \cdots \vee a_n) \;=\!=\; \neg a_1 \wedge \neg a_2 \wedge \cdots \wedge \neg a_n .$$

Nachweis durch Induktion nach der Anzahl der Glieder. (Dieser Nachweis sei als erstes Beispiel eines zahlentheoretischen Induktionsbeweises ausführlich durchgeführt.)

1. Man beweist die Behauptung für $n=1$; — 2. man schließt von der Gültigkeit für eine bestimmte Anzahl auf die Gültigkeit für die nächste Anzahl:

1. Für $n=1$ steht links und rechts dieselbe Aussagenform. (Für $n=2$ hat man übrigens das Gesetz $V\,12\alpha$.)

2. Das Gesetz $V\,12\alpha^\circ$ treffe bereits für eine bestimmte Anzahl n von Gliedern zu, d.h. es sei für dieses betreffende n ($\geqq 2$) schon $\neg(a_1 \vee a_2 \vee \cdots \vee a_n) \;=\!=\; \neg a_1 \wedge \neg a_2 \wedge \cdots \wedge \neg a_n$ erkannt. Wir beweisen es unter dieser Annahme für $n+1$ Glieder:

$$\neg(a_1 \vee a_2 \vee \cdots \vee a_n \vee a_{n+1}) \;=\!=\; \neg\big((a_1 \vee a_2 \vee \cdots \vee a_n) \vee a_{n+1}\big) \;=\!=$$
$$=\!=\; \neg(a_1 \vee a_2 \vee \cdots a_n) \wedge \neg a_{n+1} \qquad \text{(nach } V\,12\alpha \text{ selbst)}$$
$$=\!=\; (\neg a_1 \wedge \neg a_2 \wedge \cdots \wedge \neg a_n) \wedge \neg a_{n+1} \qquad \text{(nach Induktionsannahme)}$$
$$=\!=\; \neg a_1 \wedge \neg a_2 \wedge \cdots \wedge \neg a_n \wedge \neg a_{n+1} .$$

Der zweite Beweisschritt führt von der Gültigkeit für 2 Glieder auf die Gültigkeit für 3 Glieder, weiter von da auf die Gültigkeit für 4 Glieder usw. — Daher gilt das Gesetz für alle n ($\geqq 2$).

Anmerkung. Die Verallgemeinerung von 12β ist dual.

2. Beispiel. Verallgemeinerung der distributiven Gesetze.

In einigen Textaufgaben des § 7 wurde bereits eine Erweiterung des distributiven Gesetzes $V\,5\alpha$ auf zwei zweigliedrige Disjunktionen benutzt. Wie in der gewöhnlichen Algebra der Zahlen rechnet man auch in der Algebra der Logik stets allgemein-distributiv; z.B. ist in der Algebra:

$$(2+5+1)\cdot 4\cdot(3+6) = 2\cdot 4\cdot 3 + 5\cdot 4\cdot 3 + 1\cdot 4\cdot 3 + 2\cdot 4\cdot 6 +$$
$$+\, 5\cdot 4\cdot 6 + 1\cdot 4\cdot 6,$$

entsprechend hier:

$$(a \wedge b \wedge c) \vee d \vee (e \wedge f) \;=\!=\; (a \vee d \vee e) \wedge (b \vee d \vee e) \wedge (c \vee d \vee e) \wedge$$
$$\wedge\, (a \vee d \vee f) \wedge (b \vee d \vee f) \wedge (c \vee d \vee f) .$$

Textaufgabe. Beweis aus dem gewöhnlichen distributiven Gesetz $V\,5\alpha$ (im Anschluß an die 2. Textaufgabe von S. 23).

Das „allgemeine distributive Gesetz“ drückt sich bei Zulassung von Variablen mit Indizes so aus:

$$V5\alpha^\circ.\ (a_1 \wedge a_2 \wedge \cdots \wedge a_l) \vee (b_1 \wedge b_2 \wedge \cdots \wedge b_m) \vee \cdots \vee (d_1 \wedge d_2 \wedge \cdots \wedge d_n) ==$$
$$== (a_1 \vee b_1 \vee \cdots \vee d_1) \wedge (a_2 \vee b_1 \vee \cdots \vee d_1) \wedge \cdots \wedge (a_l \vee b_m \vee \cdots \vee d_n).$$

(Die Anzahl der rechts stehenden Konjunktionsglieder ist $l \cdot m \cdots n$; und wenn links z Disjunktionsglieder stehen, so hat rechts jedes Konjunktionsglied z Disjunktionsglieder.)

Die Verallgemeinerung $V5\beta^\circ$ ist dual.

Zusatzaufgaben. — 1. Man beweise diese Gleichungen aus $V5\alpha$ bzw. $V5\beta$ durch doppelte Induktion nach z und n.

2. Man führe den Nachweis des Satzes 6 (§ 11, erstes Beispiel) auch für *assoziate* Aussagenformen durch.

§ 13. Normalform.

Zur Erleichterung der systematischen Überlegungen bringt man die Aussagenformen auf gewisse „normale“ Gestalten, die sich leicht überschauen lassen.

In der elementaren Algebra pflegt man bekanntlich eine aus $+$ und $\cdot$ gebaute Funktion irgendwelcher Variablen im allgemeinen in einer normierten Gestalt, nämlich nach Potenzen der Variablen geordnet, als *Polynom*, vorzuführen. (Beispiel: $x \cdot y + y \cdot z + x + y + z$.) In einem Polynom sind (ganz im Sinne der Erklärung von S. 32) alle $+$- den $\cdot$-Zeichen „übergeordnet“; dabei wird die assoziate Schreibweise (S. 38) verwandt. Dem Polynom entspricht in der Algebra der Logik die Normalform.

Erklärung der *konjunktiven Normalform.*

Eine assoziat geschriebene Aussagenform heißt eine *konjunktive Normalform,* wenn 1. jedes vorkommende $\wedge$ allen vorkommenden $\vee$ und $\neg$ (gemäß der assoziaten Aufschichtung) übergeordnet ist, 2. jedes vorkommende $\vee$ allen vorkommenden $\neg$ übergeordnet ist, 3. keine doppelte Negation $\neg\neg$ auftritt.

Mit anderen Worten: Eine konjunktive Normalform ist eine Konjunktion von lauter Disjunktionen, deren Glieder Variablen oder Variablennegate sind. Jedes dieser disjunktiv gestalteten Konjunktionsglieder heißt eine (disjunktive) *Konstituente* der Normalform. Eine konjunktive Normalform ist also eine Aussagenform der Gestalt: $(\mathfrak{a}_1 \vee \cdots \vee \mathfrak{a}_m) \wedge \cdots \wedge (\mathfrak{c}_1 \vee \cdots \vee \mathfrak{c}_n)$, wo die $\mathfrak{a}_1$ bis $\mathfrak{c}_n$ Variablen oder Variablennegate sind. Die Teilformen $\mathfrak{a}_1 \vee \cdots \vee \mathfrak{a}_m, \ldots, \mathfrak{c}_1 \vee \cdots \vee \mathfrak{c}_n$ sind die Konstituenten. [Bei dieser Darstellung ist allerdings zu beachten: Es ist auch zuzulassen, daß die Konjunktion nur *ein* Glied hat (kein $\wedge$ tritt auf) oder daß eine der Konstituenten nur ein Glied hat ($m = 1$ bzw. .. bzw. $n = 1$).]

Beispiele konjunktiver Normalformen:

$(\neg d \vee a \vee a) \wedge (a \vee \neg b \vee b) \wedge d \wedge (a \vee d \vee \neg a \vee b)$, $a \wedge b \wedge \neg b$, $a \vee c$, $a \vee \neg a$, a.

Textaufgabe. Duale Erklärung der „disjunktiven Normalform": $(\mathfrak{a}_1 \wedge \cdot\cdot \wedge \mathfrak{a}_m) \vee \cdot\cdot \vee (\mathfrak{c}_1 \wedge \cdot\cdot \wedge \mathfrak{c}_n)$, wo $\mathfrak{a}_1$ bis $\mathfrak{c}_n$ Variablen oder Variablennegate sind; Angabe von Beispielen. Die obigen speziellen Beispiele 2 bis 5 konjunktiver Normalformen lassen sich ebenso gut als spezielle disjunktive Normalformen auffassen; warum?

Satz 8. Jede Aussagenform ist einer konjunktiven Normalform gleich.

Vorab ein *Beispiel* für die Umformung: Die Aussagenform

$\neg((a \vee b) \wedge (\neg a \vee \neg b)) \wedge c$ sei betrachtet.

$$\neg((a \vee b) \wedge (\neg a \vee \neg b)) \wedge c \equiv$$

$$\left.\begin{aligned} &\equiv (\neg(a \vee b) \vee \neg(\neg a \vee \neg b)) \wedge c \\ &\equiv ((\neg a \wedge \neg b) \vee (\neg\neg a \wedge \neg\neg b)) \wedge c \\ &\equiv ((\neg a \wedge \neg b) \vee (a \wedge b)) \wedge c \end{aligned}\right\} \text{nach den Verneinungsgesetzen } V12,\ V13$$

$$\equiv (\neg a \vee a) \wedge (\neg b \vee a) \wedge (\neg a \vee b) \wedge (\neg b \vee b) \wedge c$$ (nach dem distributiven Gesetz $V5^\circ$, vgl. Textaufgabe S. 39).

Allgemeiner *Nachweis* des Satzes 8 durch Netzinduktion (§ 11):

1. Eine Aussagenform der Ordnung 1 — und auch noch eine solche der Ordnung 2 — ist konjunktive Normalform.

2. Der Satz sei bewiesen für Aussagenformen bis zur Ordnung n, wo n nun mindestens 2 sein soll. Es sei eine (assoziate) Aussagenform $\mathfrak{f}$ der Ordnung $n+1$ betrachtet.

α) $\mathfrak{f}$ sei Konjunktion: $\mathfrak{f} \equiv \mathfrak{a} \wedge \cdot\cdot \wedge \mathfrak{c}$.
Dann sind nur die $\mathfrak{a}, .., \mathfrak{c}$, die ja kleinere Ordnung haben, gemäß der Induktionsannahme in konjunktive Normalformen umzuformen.

β) $\mathfrak{f}$ sei Disjunktion: $\mathfrak{f} \equiv \mathfrak{a} \vee \cdot\cdot \vee \mathfrak{c}$.
Nach Induktionsannahme können wir jedes der $\mathfrak{a}$ bis $\mathfrak{c}$ auf konjunktive Normalform bringen: $\mathfrak{a} \equiv \mathfrak{b}_1 \wedge \cdot\cdot \wedge \mathfrak{b}_m, \ldots, \mathfrak{c} \equiv \mathfrak{d}_1 \wedge \cdot\cdot \wedge \mathfrak{d}_n$, wo die $\mathfrak{b}_1, .., \mathfrak{d}_n$ disjunktive Konstituenten sind. Dann ist
$\mathfrak{f} \equiv (\mathfrak{b}_1 \wedge \cdot\cdot \wedge \mathfrak{b}_m) \vee \cdot\cdot\cdot\cdot \vee (\mathfrak{d}_1 \wedge \cdot\cdot \wedge \mathfrak{d}_n)$. Die Umformung nach dem „allgemeinen distributiven Gesetz" $V5\alpha^\circ$ (für die assoziate Schreibweise, § 12) ergibt eine konjunktive Normalform.

γ) $\mathfrak{f}$ sei doppelte Negation: $\mathfrak{f} \equiv \neg\neg\mathfrak{a}$.
Man hat nach $V13$: $\mathfrak{f} \equiv \mathfrak{a}$, wo $\mathfrak{a}$ kleinere Ordnung hat als $\mathfrak{f}$; $\mathfrak{f}$ ist also nach Induktionsannahme in eine konjunktive Normalform umformbar.

δ) $\mathfrak{f}$ sei Negation einer Disjunktion: $\mathfrak{f} \equiv \neg(\mathfrak{a} \vee \cdot\cdot \vee \mathfrak{c})$. Nach $V 12\alpha°$ ist $\mathfrak{f} \equiv \neg\mathfrak{a} \wedge \cdot\cdot \wedge \neg\mathfrak{c}$, das ist Fall α).

ε) $\mathfrak{f}$ sei Negation einer Konjunktion: $\mathfrak{f} \equiv \neg(\mathfrak{a} \wedge \cdot\cdot \wedge \mathfrak{c})$. Dies führt dual mit $V 12\beta°$ auf Fall β).

§ 14. Ausgezeichnete Normalform.

Erklärung der *ausgezeichneten konjunktiven Normalform.*

α) Eine Disjunktion aus lauter Variablen und Variablennegaten, bei der jede Variable nur einmal auftritt und die Variablenzeichen alphabetisch geordnet sind (vgl. hierzu die Anmerkung 1. von S. 31), heiße „alphabetisch geordnet". Beispiel: $b \vee \neg d \vee e \vee g \vee \neg h$.

Es seien nun zwei alphabetisch geordnete derartige Disjunktionen $\mathfrak{d}_1$ und $\mathfrak{d}_2$ betrachtet, die aus dem gleichen Variablenvorrat bestehen. Dann soll $\mathfrak{d}_1$ *„lexikographisch vor"* $\mathfrak{d}_2$ kommen, wenn die erste Variable, die nicht in *beiden* Disjunktionen unnegiert oder in *beiden* negiert auftritt, in $\mathfrak{d}_1$ unnegiert, aber in $\mathfrak{d}_2$ negiert ist.

Beispiele:

$b \vee \neg d \vee e \vee \neg g$ lexikographisch vor $b \vee \neg d \vee \neg e \vee g$;

$a \vee \neg b \vee \neg c \vee \neg e \vee \neg f$ lexikographisch vor $\neg a \vee b \vee c \vee e \vee \neg f$.

β) Die konjunktive Normalform $\mathfrak{k}_1 \wedge \cdot\cdot \wedge \mathfrak{k}_n$ (in der ja jedes der Konjunktionsglieder $\mathfrak{k}_1, \ldots, \mathfrak{k}_n$, m.a.W. jede der Konstituenten, eine Disjunktion von Variablen und Variablennegaten ist) heißt *ausgezeichnet*, wenn

1. jede in der Normalform auftretende Variable in jeder Konstituente $\mathfrak{k}_i$ *genau einmal* vorkommt[1] (alle $\mathfrak{k}_i$ haben dann denselben Variablenvorrat),

2. jede Konstituente $\mathfrak{k}_i$ alphabetisch geordnet ist,

3. die Konstituenten $\mathfrak{k}_1, \ldots, \mathfrak{k}_n$ voneinander verschieden sind und in lexikographischer Anordnung stehen.

γ) Auch die konjunktive Normalform $\curlyvee$ (d.i. $a \vee \neg a$, § 6) soll ausgezeichnet heißen.

Beispiele ausgezeichneter konjunktiver Normalformen:

1. $(a \vee \neg b \vee c) \wedge (a \vee \neg b \vee \neg c) \wedge (\neg a \vee b \vee \neg c)$; 2. $a \vee \neg b$; 3. $b \wedge \neg b$; 4. a; 5. $\curlyvee$.

Dagegen: $(a \vee \neg b \vee c) \wedge (a \vee b \vee \neg c)$ ist *nicht* ausgezeichnet, ebensowenig wie $(a \vee b) \wedge (a \vee c)$.

Textaufgabe. Duale Definition der ausgezeichneten disjunktiven Normalform, Beispiele.

---

[1] Für Nichtmathematiker: In der Mathematik ist es üblich, statt jedesmal $\mathfrak{k}_1, \ldots, \mathfrak{k}_n$ aufzuführen, kurz von $\mathfrak{k}_i$ zu reden, wo i eine „beliebige" der Zahlen $1, \ldots, n$ sein darf.

Satz 9. Jede Aussagenform ist einer ausgezeichneten konjunktiven Normalform gleich.

Nach Satz 8 bleibt offenbar (wegen der Transitivität der Gleichheit) nur zu beweisen:

Jede konjunktive Normalform läßt sich in eine ihr gleiche *ausgezeichnete* umformen.

Vorab einige *Beispiele*. 1. Wir hatten gemäß Satz 8 die Aussagenform $\neg((a \vee b) \wedge (\neg a \vee \neg b)) \wedge c$ umgeformt in die ihr gleiche konjunktive Normalform

$(\neg a \vee a) \wedge (\neg b \vee a) \wedge (\neg a \vee b) \wedge (\neg b \vee b) \wedge c$. Diese ist

$$\equiv \curlyvee \wedge (\neg a \vee b) \wedge (\neg b \vee a) \wedge \curlyvee \wedge c \quad \text{(nach } V9\alpha^\circ \text{ mit } V2\alpha,\ \beta)$$

$$\equiv (\neg a \vee b) \wedge (\neg b \vee a) \wedge c \quad \text{(nach } V10\beta \text{ mit } V2\beta).$$

(Die Konjunktionsglieder müssen nun auf gleichen Variablenvorrat gebracht werden)

$$\equiv (\neg a \vee b \vee \curlywedge) \wedge (\neg b \vee a \vee \curlywedge) \wedge (c \vee \curlywedge \vee \curlywedge) \quad \text{(nach } V10\alpha)$$

$$\equiv (\neg a \vee b \vee (c \wedge \neg c)) \wedge (\neg b \vee a \vee (c \wedge \neg c)) \wedge (c \vee (a \wedge \neg a) \vee (b \wedge \neg b)) \quad \text{(nach } V9\beta^\circ)$$

$$\equiv (\neg a \vee b \vee c) \wedge (\neg a \vee b \vee \neg c) \wedge (\neg b \vee a \vee c) \wedge (\neg b \vee a \vee \neg c) \wedge$$
$$\wedge (c \vee a \vee b) \wedge (c \vee a \vee \neg b) \wedge (c \vee \neg a \vee b) \wedge (c \vee \neg a \vee \neg b) \quad \text{(nach dem allgemeinen distributiven Gesetz } V5\alpha^\circ)$$

$$\equiv (a \vee b \vee c) \wedge (a \vee \neg b \vee c) \wedge (a \vee \neg b \vee \neg c) \wedge (\neg a \vee b \vee c) \wedge (\neg a \vee b \vee \neg c) \wedge (\neg a \vee \neg b \vee c)$$
$$\text{(nach } V2,\ 3 \text{ und } 8\beta).$$

2. *Beispiel* einer Umformung, die auf $\curlyvee$ führt:

$\neg((a \wedge \neg a) \vee (b \wedge \neg b))$ [gegebene Aussagenform]

$$\equiv \neg(a \wedge \neg a) \wedge \neg(b \wedge \neg b)$$

$$\equiv (\neg a \vee a) \wedge (\neg b \vee b) \quad \text{[konjunktive Normalform]}$$

$$\equiv \curlyvee \wedge \curlyvee \equiv \curlyvee \quad \text{[ausgezeichnete konjunktive Normalform].}$$

Allgemeiner *Nachweis* des Satzes 9. Gegeben sei die Normalform $\mathfrak{k}_1 \wedge \cdots \wedge \mathfrak{k}_n$, in der ja jedes $\mathfrak{k}_i$ eine Disjunktion aus Variablen und Variablennegaten ist. Es sei eine der disjunktiven Konstituenten $\mathfrak{k}_i$ betrachtet.

1. Schritt. Falls in diesem $\mathfrak{k}_i$ eine Variable $\mathfrak{v}$ mehrmals unnegiert oder mehrmals negiert auftritt (d.h. $\mathfrak{k}_i \equiv \cdots \vee \mathfrak{v} \vee \cdots \vee \mathfrak{v} \vee \cdots$ bzw. $\mathfrak{k}_i \equiv \cdots \vee \neg \mathfrak{v} \vee \cdots \vee \neg \mathfrak{v} \vee \cdots$), so kann sie nach den Gesetzen $V2\alpha$, $V3\alpha$ und $V8\alpha$ bis auf einmal gestrichen werden. — Falls $\mathfrak{v}$ sowohl unnegiert als auch negiert auftritt (d.h. $\mathfrak{k}_i \equiv \cdots \vee \mathfrak{v} \vee \cdots \vee \neg \mathfrak{v} \vee \cdots$ bzw. $\mathfrak{k}_i \equiv \cdots \vee \neg \mathfrak{v} \vee \cdots \vee \mathfrak{v} \vee \cdots$), so können diese beiden Glieder nach den Gesetzen $V3\alpha$, $V2\alpha$ und $V9\alpha^\circ$ zu $\curlyvee$ zusammengefaßt werden; dann aber ist nach $V\,10\alpha$ das ganze Disjunktionsglied $\mathfrak{k}_i = \curlyvee$. Nach diesen Umformungen hat man nur noch solche $\mathfrak{k}_i$, in denen keine Variable mehr als einmal auftritt.

2. Schritt. Diejenigen Konstituenten $\mathfrak{k}_i$, die die Gestalt $\curlyvee$ haben, können nach $V\,10\beta$ in der Gesamtkonjunktion weggelassen werden; es sei denn, daß *alle* $\mathfrak{k}_i = \curlyvee$ geworden sind; dann wird die ganze Konjunktion $= \curlyvee$. Das hatten wir zusätzlich in der Definition der ausgezeichneten Normalform zugelassen. — Sonst aber haben wir eine konjunktive Normalform aus lauter solchen Konjunktionsgliedern $\mathfrak{k}_i$, die kein $\curlyvee$ enthalten und in denen keine Variable mehr als einmal auftritt.

3. Schritt. Die Konstituenten $\mathfrak{k}_i$ sind nun auf gleichen Variablenvorrat zu bringen. In einem $\mathfrak{k}_i$ trete die Variable $\mathfrak{v}$ nicht auf, obwohl sie an anderer Stelle der Gesamtkonjunktion vorkommt.

$$\mathfrak{k}_i = \mathfrak{k}_i \vee (\mathfrak{v} \wedge \neg \mathfrak{v}) \qquad \text{(nach } V\,7\alpha)$$
$$= (\mathfrak{k}_i \vee \mathfrak{v}) \wedge (\mathfrak{k}_i \vee \neg \mathfrak{v}) \qquad \text{(nach } V\,5\alpha).$$

Man hat somit die Konstituente $\mathfrak{k}_i$ durch die Konjunktion zweier Konstituenten ersetzt, die beide die Variable $\mathfrak{v}$ (je einmal) enthalten. Die im 1. Schritt hergestellte Eigenschaft von $\mathfrak{k}_i$ ist dabei nicht gestört worden; sie überträgt sich auf die beiden neuen Konstituenten.

Indem man diese Umformung so oft wie erforderlich durchführt, erhält man eine konjunktive Normalform $\mathfrak{k}_1^\circ \wedge \cdots \wedge \mathfrak{k}_m^\circ$, die bereits der Forderung 1 aus der „Erklärung der ausgezeichneten Normalform" genügt.

4. Schritt. Von mehreren *übereinstimmenden* $\mathfrak{k}_i^\circ$ können nach den Gesetzen $V\,2\beta$, 3β und 8β alle bis auf eines gestrichen werden. Die alphabetische Anordnung der Variablen in jedem $\mathfrak{k}_i^\circ$ und die lexikographische Anordnung der $\mathfrak{k}_i^\circ$ (gemäß $V\,2$ und 3) liefert die ausgezeichnete Normalform. —

Wir werden später noch einen Zusatz zu dem hiermit nachgewiesenen Satz gebrauchen:

Zusatz zu Satz 9. Gegeben seien eine Aussagenform $\mathfrak{a}$ und irgendwelche nicht in $\mathfrak{a}$ auftretenden Variablen $\mathfrak{v}_1, \ldots, \mathfrak{v}_m$. Die Aussagenform $\mathfrak{a}$ ist entweder der Aussagenform $\curlyvee$ oder einer solchen ausgezeichneten konjunktiven Normalform gleich, die alle Variablen von $\mathfrak{a}$ sowie die Variablen $\mathfrak{v}_1, \ldots, \mathfrak{v}_m$ und keine weiteren Variablen enthält.

Nachweis. Nach Satz 9 gibt es zur Aussagenform $\mathfrak{a}$ eine ihr gleiche, ausgezeichnete konjunktive Normalform $\mathfrak{n}_\mathfrak{a}^\circ$. Der Nachweis für Satz 9 lehrt, daß $\mathfrak{n}_\mathfrak{a}^\circ$ keine anderen Variablen enthält wie $\mathfrak{a}$. $\mathfrak{n}_\mathfrak{a}^\circ$ möge nun nicht die Gestalt $\curlyvee$ haben. $\mathfrak{v}$ sei entweder eine Variable aus $\mathfrak{a}$, die nicht in $\mathfrak{n}_\mathfrak{a}$ auftritt, oder $\mathfrak{v}$ sei eine der gegebenen Variablen $\mathfrak{v}_1, \ldots, \mathfrak{v}_m$. Die

Anwendung des 3. und 4. Schrittes aus dem vorangegangenen Nachweis auf die Konstituenten $\mathfrak{k}_i$ von $\mathfrak{n}_{\mathfrak{a}}^{\circ}$ führt — so oft wie erforderlich wiederholt — auf eine ausgezeichnete konjunktive Normalform $\mathfrak{n}_{\mathfrak{a}}$ der verlangten Art.

Textaufgabe. Man gebe zu den Aussagenformen $\neg(a \wedge (\neg a \vee b)) \wedge \neg a$ bzw. $\neg(a \vee \neg c) \vee (\neg a \wedge \neg c)$ je eine gleiche ausgezeichnete konjunktive Normalform an.

Zusatzaufgaben:

1. Die Aussagenform $(a \wedge \neg c) \vee \neg(b \wedge c) \vee \neg a$ in eine ihr gleiche ausgezeichnete konjunktive Normalform umzuformen.

2. Man erkläre dual die ausgezeichnete disjunktive Normalform, und man beweise den zu Satz 9 dualen Satz: Jede Aussagenform ist einer ausgezeichneten disjunktiven Normalform gleich.

3. Die in den beiden Beispielen (S. 43) gegebenen Aussagenformen in ausgezeichnete disjunktive Normalformen umzuformen.

Kapitel III.

Widerspruchsfreiheit, Vollständigkeit und Entscheidungsdefinitheit der logischen Algebra.

§ 15. Kanonische Widerspruchsfreiheit.

Nach $V 1 1\alpha$ ist $\neg\curlyvee = \curlywedge$. Wäre nun auch $\curlyvee = \curlywedge$ beweisbar, so hätte man (mit $U 1$) unmittelbar $\curlyvee = \neg\curlyvee$; dies würde offenbar einen krassen Widerspruch zu den Deutungen darstellen (im II. Modell: $\neg$ als Restmenge; im III. Modell: $\neg$ als Negat). Indem wir diesen Widerspruch als „kanonischen Widerspruch“ herausheben, wollen wir die folgende abkürzende Redeweise gebrauchen:

Erklärung. Falls aus den Gesetzen des BOOLEschen Verbandes, $V 1\alpha$ bis $V 7\beta$, mittels der Umformungsregeln $U 1$—3 *nicht* $\curlyvee = \curlywedge$ herleitbar ist, soll die Algebra der Logik *„kanonisch widerspruchsfrei“* heißen.

Um nun einzusehen, *daß* $\curlyvee = \curlywedge$ nicht herleitbar ist, genügt es, *einen* BOOLEschen Verband — anders ausgedrückt: ein *„Modell M* für die Algebra der Logik“ — anzugeben, in dem $\curlyvee = \curlywedge$ *nicht zutrifft.* — Denn: daß M ein Modell für unsere Algebra der Logik (ein BOOLEscher Verband) ist, soll ja besagen: M ist ein Bereich von Elementen und für sie erklärten Verknüpfungen, in dem die Gesetze $V 1\alpha$ bis $V 7\beta$ und die Umformungsregeln $U 1$—3 gelten. In einem solchen Modell müssen dann offensichtlich alle herleitbaren Gesetze erfüllt sein. Würde also aus den Gesetzen $V 1\alpha$ bis $V 7\beta$ mit den Umformungsregeln die

Beziehung $\curlyvee = \curlywedge$ herleitbar sein, so müßte sie auch in dem Modell M gelten.

Allgemeiner *Hinweis*. Die Methode, eine Nichtbeweisbarkeit durch Aufweisung eines Modells zu zeigen, ist bekanntlich zuerst in der Geometrie angewandt worden. Die Unbeweisbarkeit des sog. „Parallelenaxioms" aus den übrigen EUKLIDischen (bzw. HILBERTschen) Grundsätzen der Geometrie zeigt man, indem man die letzteren in dem sog. „KLEINschen Modell der nichteuklidischen Geometrie" interpretiert (das seinerseits der euklidischen Geometrie entnommen ist).

Durch eine solche Modell-Aufweisung zeigen wir nun in der Tat:

Satz 10. Die Algebra der Logik ist kanonisch widerspruchsfrei, d.h. in ihr ist $\curlyvee = \curlywedge$ nicht herleitbar.

Vorbemerkung zum Nachweis. Wir werden uns selbstverständlich zum Nachweis ein möglichst einfaches Modell heraussuchen; so braucht es z.B. nicht mehr als zwei Elemente zu umfassen. Wir könnten ein Punktmengen-Modell (Modell II des § 2) aus zwei Mengen wählen; angenehmer noch ist es jedoch, mit einem zahlentheoretischen Modell (Modell I des § 2) zu rechnen, das sich gemäß der Zusatzaufgabe von S. 12f. auf die BOOLEsche Algebra erstrecken läßt. (Es wird ein wenig anders formuliert werden.)

Das zahlentheoretische Modell M.

Der gegebene Bereich soll lediglich aus den Zahlen 1 und 2 bestehen.

$a \vee b$ sei das Maximum von a und b (also: $1 \vee 1 = 1$, dagegen: $2 \vee 2$, ebenso $1 \vee 2$, ebenso $2 \vee 1 = 2$);

$a \wedge b$ sei das Minimum von a und b (also: $2 \wedge 2 = 2$, dagegen: $1 \wedge 1$, ebenso $1 \wedge 2$, ebenso $2 \wedge 1 = 1$);

$\neg a$ sei $2/a$ (also: $\neg 1 = 2$, $\neg 2 = 1$).

Eine Gleichung $\mathfrak{a} = \mathfrak{b}$ soll dann und nur dann bestehen, wenn sie bei jeder Ersetzung der Variablen durch Elemente des Bereichs (unter Berücksichtigung der gestaltlichen Übereinstimmungen) — einerlei, in welcher Verteilung die Elemente 1, 2 dabei zugrunde gelegt werden — stets in eine *richtige* Zahlengleichung (also in $1 = 1$ oder in $2 = 2$) übergeht. [Beispiele werden sogleich folgen.]

Nachweis des Satzes 10. — I. Wir wollen den oben eingeführten Bereich M als BOOLEschen Verband erkennen.

Zunächst sind in dem Bereich M die Umformungsregeln $U1$—3 gültig; s. die Anmerkung auf S. 15f. — Sodann ist den Gesetzen $V1\alpha, \beta$ und $V6$ (die die Verknüpfungen $\vee, \wedge, \neg$ garantieren) offensichtlich Genüge geleistet. Es bleibt nachzuweisen:

Hilfsatz. Die übrigen zehn Gesetze des BOOLEschen Verbandes, also $V2\alpha, \beta$ bis $V5\alpha, \beta$ und $V7\alpha, \beta$, gehen bei jeder (die gestaltlichen Übereinstimmungen berücksichtigenden) Ersetzung der Variablen durch

Elemente des Bereichs — einerlei, in welcher Verteilung man die Elemente 1, 2 des gegebenen Bereichs dabei zugrunde legen mag — stets in eine richtige Zahlengleichung über, nämlich entweder in $1 = 1$ oder in $2 = 2$.

Dies möge am Beispiel des Gesetzes $V4\alpha$: $a \vee (a \wedge b) = a$ vorgeführt werden. Ausrechnung der linken Seite:

$1 \vee (1 \wedge 1) = 1 \vee 1 = 1, \quad 1 \vee (1 \wedge 2) = 1 \vee 1 = 1$

(bei $a = 1$ hat man also die Gleichung $1 = 1$),

$2 \vee (2 \wedge 1) = 2 \vee 1 = 2, \quad 2 \vee (2 \wedge 2) = 2 \vee 2 = 2$

(bei $a = 2$ hat man also die Gleichung $2 = 2$).

Textaufgabe. Bestätigung des Hilfsatzes für die übrigen Gesetze (bei $V5\alpha, \beta$ sind offenbar acht Fälle heranzuziehen).

II. Der Bereich M ist also ein BOOLEscher Verband. In ihm ist das Element $\curlyvee =: a \vee \neg a$ (Def. S. 18) entweder $= 1 \vee \neg 1 = 1 \vee 2 = 2$ oder $= 2 \vee \neg 2 = 2 \vee 1 = 2$, also $\curlyvee = 2$. Entsprechend ist das Element $\curlywedge =: a \wedge \neg a$ (Def. S. 18) entweder $= 1 \wedge \neg 1 = 1 \wedge 2 = 1$ oder $= 2 \wedge \neg 2 = 2 \wedge 1 = 1$, also $\curlywedge = 1$.

Da nun $2 = 1$ keine richtige Zahlengleichung ist, trifft $\curlyvee = \curlywedge$ im Modell M *nicht* zu.

III. Gemäß den Vorüberlegungen zur Methode der Modellaufweisung ist also $\curlyvee = \curlywedge$ *nicht* aus den Gesetzen des BOOLEschen Verbandes mit den Umformungsregeln herleitbar.

Anmerkung. 1. Die Belegungsmethode des Kap. VI wird uns später einen einfachen systematischen Nachweis für Satz 10 liefern, der übrigens mit dem hier gegebenen verwandt ist.

2. Über die Beziehungen der „kanonischen Widerspruchsfreiheit" zur allgemeinen Widerspruchsfreiheit wird man sich später in § 67 orientieren können.

§ 16. Gleichheit und Übereinstimmung ausgezeichneter Normalformen.

Satz 11 — (1). Zwei ausgezeichnete konjunktive Normalformen vom selben Variablenvorrat, die gemäß den Regeln der logischen Algebra gleich sind, stimmen gestaltlich überein. — (2). Eine ausgezeichnete konjunktive Normalform, die gemäß den Regeln der logischen Algebra $= \curlyvee$ ist, hat selbst die Gestalt $\curlyvee$.

Wir wollen diesen Satz zunächst *indirekt* formulieren, und zwar gleich mit einer kleinen methodischen Verschärfung:

Satz 11° — (1). Für irgend zwei gestaltlich verschiedene, ausgezeichnete konjunktive Normalformen $\mathfrak{a}$, $\mathfrak{b}$ vom selben Variablenvorrat geht aus der Gleichung $\mathfrak{a} = \mathfrak{b}$ durch *bloße Einsetzung* und nachfolgende Umsetzung mit den Gesetzen $V$10 eine der Gleichungen $\curlyvee = \curlywedge$, $\curlywedge = \curlyvee$ hervor. — (2). Dasselbe gilt für zwei gestaltlich verschiedene, ausgezeichnete konjunktive Normalformen, deren eine die Gestalt $\curlyvee$ hat.

Anmerkung. In jedem Falle ergibt sich also aus $\mathfrak{a} = \mathfrak{b}$ die Gleichung $\curlyvee = \curlywedge$ (im zweiten Fall mit Benutzung der Symmetrieregel $U1\beta$); und da diese Gleichung nach Satz 10 unbeweisbar ist, erweist sich Satz 11° als eine indirekte Verschärfung des Satzes 11.

Vorab ein *Beispiel.* Annahme: Es sei herleitbar

$(a\vee b)\wedge(a\vee\neg b)\wedge(\neg a\vee\neg b) = (a\vee b)\wedge(a\vee\neg b)\wedge(\neg a\vee b).$

Einsetzung von $\curlyvee$ für a und von $\curlywedge$ für b ergibt

$$(\curlyvee\vee\curlywedge)\wedge(\curlyvee\vee\curlyvee)\wedge(\curlywedge\vee\curlyvee) = (\curlyvee\vee\curlywedge)\wedge(\curlyvee\vee\curlyvee)\wedge(\curlywedge\vee\curlywedge)$$

also nach $V10\alpha$: $\curlyvee\wedge\curlyvee\wedge\curlyvee = \curlyvee\wedge\curlyvee\wedge\curlywedge$

d.i. nach $V10\beta$: $\curlyvee = \curlywedge$.

Allgemeiner *Nachweis* des Satzes 11°. — Zu (1). Gegeben seien zwei nicht gestaltlich übereinstimmende, aber als gleich erwiesene, ausgezeichnete konjunktive Normalformen vom selben Variablenvorrat: $\mathfrak{k}_1\wedge\cdot\cdot\wedge\mathfrak{k}_m = \mathfrak{l}_1\wedge\cdot\cdot\wedge\mathfrak{l}_n$. Jede der Konstituenten $\mathfrak{k}_1, .., \mathfrak{k}_m, \mathfrak{l}_1, .., \mathfrak{l}_n$ ist eine Disjunktion aus Variablen und Variablennegaten. Der Variablenvorrat ist in allen derselbe, und jede Variable tritt *genau* einmal — unnegiert oder negiert — in einer Konstituente auf.

In einer von beiden Normalformen (wir dürfen annehmen: in der rechten) muß eine Konstituente $\mathfrak{l}_j$ auftreten, die mit keinem der $\mathfrak{k}_1, .., \mathfrak{k}_m$ gestaltlich übereinstimmt. In diese Disjunktion $\mathfrak{l}_j$ setzen wir für jede unnegierte Variable nun $\curlywedge$, für jede negierte Variable hingegen $\curlyvee$ (für das Negat also $\neg\curlyvee$) ein und dehnen diese Einsetzung (gemäß der Einsetzungsregel $U2$ S. 14) auf die ganze Gleichung aus. [Im Beispiel ist $\neg a\vee b$ für $\mathfrak{l}_j$ gewählt.] Wir erhalten eine Gleichung: $\mathfrak{k}_1^*\wedge\cdot\cdot\wedge\mathfrak{k}_m^* = \mathfrak{l}_1^*\wedge\cdot\cdot\wedge\mathfrak{l}_n^*$, in der statt der Variablen bloß noch die Zeichen $\curlywedge$ und $\curlyvee$ stehen. Dabei gilt:

1. Die *betrachtete* Disjunktion $\mathfrak{l}_j^*$ wird $= \curlywedge$. Denn für jede unnegierte Variable steht $\curlywedge$, für jedes Variablennegat steht $\neg\curlyvee$, d.i. $= \curlywedge$; also $\mathfrak{l}_j^* = \curlywedge\vee\curlywedge\vee\cdot\cdot\vee\curlywedge = \curlywedge$ (nach $V10\alpha$).

2. Jede linksstehende Konstituente $\mathfrak{k}_i^*$ wird $= \curlyvee$. Denn jedes $\mathfrak{k}_i$ ist eine Disjunktion von der oben beschriebenen Bauart und muß entweder eine Variable negiert enthalten, die in $\mathfrak{l}_j$ unnegiert auftrat, oder umgekehrt (sonst würde sie ja mit $\mathfrak{l}_j$ übereinstimmen). Sei $\mathfrak{v}$ eine

solche Variable. Wenn $\mathfrak{v}$ in $\mathfrak{l}_j$ unnegiert auftrat, war dafür $\curlywedge$ zu setzen. In $\mathfrak{k}_i$ tritt nun $\mathfrak{v}$ negiert auf; d.h. es kommt in $\mathfrak{k}_i^*$ das Disjunktionsglied $\neg\curlywedge$, d.h. $\curlyvee$ vor. Wenn $\mathfrak{v}$ dagegen in $\mathfrak{l}_j$ negiert auftrat, so war $\curlyvee$ für $\mathfrak{v}$ zu setzen. In $\mathfrak{k}_i$ tritt nun $\mathfrak{v}$ unnegiert auf; es kommt also in $\mathfrak{k}_i^*$ das Disjunktionsglied $\curlyvee$ vor. Man hat mithin in beiden Fällen (nach $V10\alpha$):

$\mathfrak{k}_i^* \equiv \cdots\vee\curlyvee\vee\cdots = \curlyvee$.

3. Nach 1. hat die rechte Aussagenform $\mathfrak{l}_1^*\wedge\cdot\cdot\wedge\mathfrak{l}_n^*$ ein Konjunktionsglied $\curlywedge$; nach $V10\beta$ ist sie also $\equiv \curlywedge$. — Nach 2. besteht die linke Aussagenform $\mathfrak{k}_1^*\wedge\cdot\cdot\wedge\mathfrak{k}_m^*$ aus lauter Konjunktionsgliedern $\curlyvee$; nach $V10\beta$ ist sie also $\equiv \curlyvee$. Hiermit ist die Gleichung $\curlyvee \equiv \curlywedge$ auf die verlangte Weise hergeleitet. —

Der Spezialfall von (1), in dem eine der beiden gegebenen ausgezeichneten Normalformen die Gestalt $\curlyvee$ hat — die andere besitzt dann ebenfalls nur Variablen der Gestalt a —, ist zugleich in (2) mitenthalten.

Zu (2). Gegeben seien zwei nicht gestaltlich übereinstimmende, aber als gleich bewiesene ausgezeichnete konjunktive Normalformen, deren eine die Gestalt $\curlyvee$ hat. Dann greifen wir aus der anderen gegebenen Normalform eine Konstituente $\mathfrak{l}_j$ heraus und verfahren wie im Nachweis zu (1). Wir gelangen so zu einer Einsetzung, bei der die behandelte Normalform — gemäß den Absätzen 1 und 3 jenes Nachweises — in $\curlywedge$ übergeht. Die gegebene Normalform $\curlyvee$ bleibt dabei offenbar unberührt.

§ 17. Vollständigkeit.

Man wird sich von der in Kap. I und II entwickelten Algebra der Logik wünschen, daß sie möglichst weit trage, d.h. — zunächst einmal unpräzise ausgedrückt — daß sie möglichst viele Gleichungen, die man erwartet, herzuleiten gestattet.

Anmerkung. Diese „Erwartung" kann man in folgender Weise zu interpretieren versuchen. Ein Bereich von Elementen mit in ihm erklärten Verknüpfungen ist nach S. 45, letzter Absatz, ein „*Modell*" der logischen Algebra, wenn in ihm alle aus den Gesetzen $V1\alpha$ bis $V7\beta$ mittels der Regeln $U1-3$ herleitbaren Gleichungen erfüllt sind. Wir lernten insbesondere ein Punktmengen-Modell (II), ein aussagenlogisches Modell (III) und einige spezielle zahlentheoretische Modelle (§ 15 und § 4 Zusatzaufgabe) kennen; weitere werden in § 47 anzugeben sein. Man kann sich andererseits fragen: Ist umgekehrt jede Gleichung zwischen $\vee\wedge\neg$-Formen, die in all diesen Modellen gilt, aus den genannten Gesetzen mit den Umformungsregeln herleitbar? — Die gemäß dieser Frage „erwarteten" Gleichungen haben nun allerdings einen recht willkürlichen Bezug auf die Auswahl der gerade betrachteten Modelle. Wollte man statt dessen von „allen Modellen" reden, so würde man sich auf einen ganz unüberblickbaren und schwer präzisierbaren Bereich stützen.

Den Unbestimmtheiten der „möglichst vielen erwarteten" Gleichungen kann man nun durch eine ganz radikale, rein strukturelle Forderung entgehen:

Es sollen so viele Gleichungen herleitbar sein, wie überhaupt für eine kanonisch widerspruchsfreie Rechnung (S. 45) verlangt werden kann, genauer:

Erklärung. Die Algebra der Logik (allgemein ausgedrückt: die BOOLEsche Verbands-Rechnung) soll *vollständig* heißen, falls für irgend zwei *beliebige* $\vee\wedge\neg$-Aussagenformen $\mathfrak{a}, \mathfrak{b}$ stets *entweder* $\mathfrak{a} == \mathfrak{b}$ herleitbar ist *oder aber* bei Zufügung der Gleichung $\mathfrak{a} == \mathfrak{b}$ zu den Gesetzen der „kanonische Widerspruch" $\curlyvee == \curlywedge$ herleitbar wird.

Diese Forderung ist offenbar die radikalste Vollständigkeitsanforderung, die man bei Vermeidung der kanonischen Widerspruchhaftigkeit stellen kann. Sie umfaßt daher offensichtlich jede mögliche Präzisierung der aus der Modell-Interpretation fließenden Vorstellung von Vollständigkeit. Wenn sie erfüllt ist, ist jeder denkbaren Vollständigkeit Genüge geleistet.

Grundsätzliches zur „Vollständigkeits"-Anforderung findet man später in § 55. Dort sind insbesondere auch primitivere Fassungen dieser Forderung angegeben.

Satz 12. Die Algebra der Logik ist vollständig, d.h. die Zufügung irgendeiner nicht in ihr herleitbaren Gleichheit $\mathfrak{a} == \mathfrak{b}$ (wo $\mathfrak{a}, \mathfrak{b}$ zwei $\vee\wedge\neg$-Aussagenformen sind) zu den Axiomen macht die so erweiterte Algebra kanonisch widerspruchsvoll ($\curlyvee == \curlywedge$ wird beweisbar).

Nachweis. $\mathfrak{a}, \mathfrak{b}$ seien zwei $\vee\wedge\neg$-Aussagenformen, die nicht als gleich bewiesen werden können. Nach Satz 9 gibt es zu jeder der beiden Aussagenformen $\mathfrak{a}, \mathfrak{b}$ eine ihr gleiche, ausgezeichnete konjunktive Normalform $\mathfrak{n}_\mathfrak{a}$ bzw. $\mathfrak{n}_\mathfrak{b}$. Gemäß dem Zusatz zu Satz 9 (S. 44) darf angenommen werden, daß die Aussagenformen $\mathfrak{n}_\mathfrak{a}$ und $\mathfrak{n}_\mathfrak{b}$, wenn nicht eine von ihnen die Gestalt $\curlyvee$ hat, denselben Variablenvorrat (nämlich den aller in $\mathfrak{a}$ oder $\mathfrak{b}$ auftretenden Variablen) besitzen. — Hier kann $\mathfrak{n}_\mathfrak{a}$ nicht mit $\mathfrak{n}_\mathfrak{b}$ gestaltlich übereinstimmen, weil sonst mit $\mathfrak{a} == \mathfrak{n}_\mathfrak{a}$, $\mathfrak{b} == \mathfrak{n}_\mathfrak{b}$ (gemäß den Regeln $U1\beta, \gamma$ von S. 32) $\mathfrak{a} == \mathfrak{b}$ folgen würde.

Fügen wir nun die Gleichung $\mathfrak{a} == \mathfrak{b}$ zu den Axiomen hinzu! In der so erweiterten Algebra folgt (an Hand der Regeln $U1\beta, \gamma$): $\mathfrak{n}_\mathfrak{a} == \mathfrak{n}_\mathfrak{b}$. Satz 11° (die zweite Fassung des Satzes 11) führt nun unmittelbar auf $\curlyvee == \curlywedge$.

§ 18. Entscheidungsdefinitheit.

Satz 13. Die Algebra der Logik ist *entscheidungsdefinit*, d.h. es gibt ein allgemeines „*Entscheidungsverfahren*", das für irgend zwei beliebige gegebene Aussagenformen zu entscheiden gestattet, ob sich ihre Gleichheit herleiten läßt oder nicht.

Betreffs der „Entscheidungsdefinitheit" vgl. später die allgemeinen Angaben des § 55.

Zum Nachweise des Satzes 13 soll das Entscheidungsverfahren angegeben werden.

Vorab ein *Beispiel.*

Frage: Ist $\neg(a \wedge (\neg a \vee b)) \wedge \neg a == \neg(a \vee \neg c) \vee (\neg a \wedge \neg c)$?

1. Die linke Aussagenform formt sich in die ihr gleiche ausgezeichnete konjunktive Normalform $(\neg a \vee b) \wedge (\neg a \vee \neg b)$ um (s. die Textaufgabe von S. 45). Die rechte Aussagenform formt sich in die ihr gleiche ausgezeichnete konjunktive Normalform $(\neg a \vee c) \wedge (\neg a \vee \neg c)$ um (Textaufgabe von S. 45).

2. Die beiden ausgezeichneten konjunktiven Normalformen werden (gemäß S. 44) auf gleichen Variablenvorrat gebracht:

die erste wird zu $((\neg a \vee b) \wedge (\neg a \vee \neg b)) \vee (c \wedge \neg c)$,
die zweite wird zu $((\neg a \vee c) \wedge (\neg a \vee \neg c)) \vee (b \wedge \neg b)$.

Die Behandlung nach den distributiven und kommutativen Gesetzen ergibt (wie man unmittelbar abliest) in beiden Fällen dieselbe ausgezeichnete konjunktive Normalform

$$(\neg a \vee b \vee c) \wedge (\neg a \vee b \vee \neg c) \wedge (\neg a \vee \neg b \vee c) \wedge (\neg a \vee \neg b \vee \neg c).$$

Die beiden gegebenen Aussagenformen sind also nach den Regeln der logischen Algebra einander gleich.

Das allgemeine *Entscheidungsverfahren.*

Gegeben seien irgend zwei $\vee \wedge \neg$-Aussagenformen $\mathfrak{a}$ und $\mathfrak{b}$. Ist $\mathfrak{a} == \mathfrak{b}$ herleitbar?

1. Wie im Nachweis des Satzes 12 geht man von $\mathfrak{a}$ und $\mathfrak{b}$ zu den zugehörigen ausgezeichneten konjunktiven Normalformen $\mathfrak{n}_{\mathfrak{a}}$ bzw. $\mathfrak{n}_{\mathfrak{b}}$ mit $\mathfrak{a} == \mathfrak{n}_{\mathfrak{a}}$, $\mathfrak{b} == \mathfrak{n}_{\mathfrak{b}}$ über, wobei man gemäß dem Zusatz zu Satz 9 annehmen darf, daß $\mathfrak{n}_{\mathfrak{a}}$ und $\mathfrak{n}_{\mathfrak{b}}$ denselben Variablenvorrat besitzen, wenn nicht $\mathfrak{n}_{\mathfrak{a}}$ oder $\mathfrak{n}_{\mathfrak{b}}$ die Gestalt $\curlyvee$ hat.

Diese Umformung geht auf die früher beschriebene Weise völlig zwangsläufig vonstatten.

2. Offenbar übersieht man nun, ob $\mathfrak{n}_{\mathfrak{a}}$ mit $\mathfrak{n}_{\mathfrak{b}}$ gestaltlich übereinstimmt oder nicht.

3. Falls $\mathfrak{n}_{\mathfrak{a}}$ mit $\mathfrak{n}_{\mathfrak{b}}$ gestaltlich übereinstimmt, so erhält man wegen $\mathfrak{a} == \mathfrak{n}_{\mathfrak{a}}$ und $\mathfrak{b} == \mathfrak{n}_{\mathfrak{b}}$, mit den Gleichheitsregeln $U1\beta, \gamma$: $\mathfrak{a} == \mathfrak{b}$.

Falls $\mathfrak{n}_{\mathfrak{a}}$ nicht mit $\mathfrak{n}_{\mathfrak{b}}$ übereinstimmt, so kann nach Satz 11 *nicht* $\mathfrak{n}_{\mathfrak{a}} == \mathfrak{n}_{\mathfrak{b}}$ sein. Wäre nun $\mathfrak{a} == \mathfrak{b}$ herleitbar, so würde mit den Gleichungen des Abs. 1 mit den Gleichheitsregeln folgen: $\mathfrak{n}_{\mathfrak{a}} == \mathfrak{n}_{\mathfrak{b}}$. Also ist $\mathfrak{a} == \mathfrak{b}$ *nicht* herleitbar.

Anmerkungen. 1. Mit der Benutzung des Satzes 11 ist in diesem Nachweis die kanonische Widerspruchsfreiheit herangezogen. 2. Wir werden später in § 33 (‚2. Folgerung') ein einfaches Entscheidungsverfahren kennenlernen, das den Umweg über die meist unbequeme Herstellung der Normalformen nicht benötigt. Es kam hier darauf an, die Entscheidungsdefinitheit der Algebra der Logik in ihrem eigenen Rahmen zu erkennen.

Zusatzaufgaben:

1. Man beweise die Gleichung $a \wedge (a \vee b) \equiv a \vee (a \wedge c)$ an Hand des Entscheidungsverfahrens. (Wie beweist sie sich übrigens kürzer?)

2. Ist $\big((a\vee b)\wedge(\neg a\vee\neg b)\wedge(a\vee c)\wedge(\neg a\vee\neg c)\big)\vee$

$$\vee\big((a\vee\neg b)\wedge(\neg a\vee b)\wedge(a\vee\neg c)\wedge(\neg a\vee c)\big) \equiv (b\wedge c)\vee(\neg b\wedge\neg c)\ ?$$

§ 19. Gleichheitsklassen.

Die Gleichheitsbeziehung der Algebra der Logik ist gemäß den Umformungsregeln $U1$ reflexiv, symmetrisch und transitiv, d.h. sie ist eine Äquivalenzrelation (§ 10). Sie teilt also den Bereich der $\vee\wedge\neg$-Aussagen in Äquivalenzklassen derart ein, daß zwei solche Aussagen dann und nur dann zur gleichen Klasse gehören, wenn sie in der Algebra der Logik einander gleich sind. Wir nennen diese Äquivalenzklassen „Gleichheitsklassen" (vgl. hierzu den II. Hinweis am Ende des § 10)

Satz 14. Die (unendlich vielen) Aussagenformen, die sich aus n verschiedenen gegebenen Variablen aufschichten lassen (§ 9), teilen sich in $2^{(2^n)}$ Gleichheitsklassen ein.

Vorab ein *Beispiel.* $n=2$: Jede Aussagenform der beiden Variablen a, b läßt sich nach Satz 9 in eine ihr gleiche, ausgezeichnete konjunktive Normalform umformen. Die ausgezeichneten konjunktiven Normalformen in den Variablen a, b sind:

$\curlyvee$; $a\vee b$, $a\vee\neg b$, $\neg a\vee b$, $\neg a\vee\neg b$;

$(a\vee b)\wedge(a\vee\neg b)$, $(a\vee b)\wedge(\neg a\vee b)$, $(a\vee b)\wedge(\neg a\vee\neg b)$,

$(a\vee\neg b)\wedge(\neg a\vee b)$, $(a\vee\neg b)\wedge(\neg a\vee\neg b)$, $(\neg a\vee b)\wedge(\neg a\vee\neg b)$;

$(a\vee b)\wedge(a\vee\neg b)\wedge(\neg a\vee b)$, $(a\vee b)\wedge(a\vee\neg b)\wedge(\neg a\vee\neg b)$,

$(a\vee b)\wedge(\neg a\vee b)\wedge(\neg a\vee\neg b)$, $(a\vee\neg b)\wedge(\neg a\vee b)\wedge(\neg a\vee\neg b)$;

$(a\vee b)\wedge(a\vee\neg b)\wedge(\neg a\vee b)\wedge(\neg a\vee\neg b)$.

Dies sind $16=2^4=2^{(2^2)}$ ausgezeichnete Normalformen, deren jede eine Gleichheitsklasse repräsentiert.

Allgemeiner *Nachweis* des Satzes 14. Gegeben seien (in alphabetischer Reihenfolge) n Variablen $\mathfrak{v}_1, \ldots, \mathfrak{v}_n$.

1. Jede aus diesen Variablen aufgeschichtete $\vee\wedge\neg$-Aussagenform ist einer ausgezeichneten konjunktiven Normalform aus diesen Variablen

gleich (Satz 9). Verschieden gebaute ausgezeichnete konjunktive Normalformen mit gleichem Variablenvorrat sind nicht gleich (Satz 11). — Die ausgezeichneten konjunktiven Normalformen aus den Variablen $\mathfrak{v}_1, .., \mathfrak{v}_n$ bilden also einen „*Repräsentanten*bereich" der Gleichheitsklassen (vgl. den I. Hinweis am Ende des § 10); ihre Anzahl ist zugleich die Anzahl der Gleichheitsklassen.

2. (Abzählung der aus den Variablen $\mathfrak{v}_1, .., \mathfrak{v}_n$ aufgeschichteten ausgezeichneten konjunktiven Normalformen.) Wieviele Disjunktionen gibt es, in denen jede Variable genau einmal (unnegiert oder negiert) auftritt, wobei die Variablen alphabetisch geordnet sind? Offenbar 2^n, denn das ¬-Zeichen kann vor jedem Variablenzeichen fehlen oder vorhanden sein (vgl. hierzu die unten folgende Erläuterung). Wieviele Konjunktionen solcher Disjunktionen gibt es, in denen jede Disjunktion höchstens einmal als Konjunktionsglied (Konstituente) auftritt, wobei die Konstituenten lexikographisch geordnet sind (S. 42)? Offenbar $2^{(2^n)}$, denn jedes Konjunktionsglied darf in der Konjunktion an der Stelle, die ihm in der lexikographischen Anordnung zukommt, fehlen oder vorhanden sein (vgl. wiederum die unten folgende Erläuterung). Dabei ist die Konjunktion, die gar kein Glied hat, mitgezählt. Ordnen wir dieser im Anschluß an *V* 7α die ausgezeichnete Normalform Y (S. 42 Abs. γ) zu, so haben wir gerade die ausgezeichneten konjunktiven Normalformen der *n* Variablen gezählt.

Erläuterung für Nichtmathematiker. Auf wie viele Weisen lassen sich die Zeichen +, — auf *n* Stellen verteilen? Antwort: auf 2^n Weisen. Nachweis durch vollständige Induktion (vgl. S. 36).

1. Für $n = 1$ ist klar, daß es 2, d.h. 2^1 Möglichkeiten gibt; man kann eben ein + oder ein — schreiben.

2. Die Behauptung sei schon für $\mathfrak{n}$ Stellen erkannt: Es gebe für $\mathfrak{n}$ Stellen $2^{\mathfrak{n}}$ Möglichkeiten. Fügen wir noch eine Stelle an, so bleibt für jeden der $2^{\mathfrak{n}}$ Fälle noch die Möglichkeit, hinterher an letzter Stelle ein + oder ein — zu schreiben. Man hat also für $\mathfrak{n}+1$ Stellen $2^{\mathfrak{n}} \cdot 2 = 2^{\mathfrak{n}+1}$ Möglichkeiten. —

Dieser Satz wird im obigen Nachweis zweimal angewandt. Beim erstenmal ist +: „unnegiert", —: „negiert"; beim zweitenmal ist +: „vorhanden", —: „fehlend".

Kapitel IV.

Zusätze zum Ausbau und zur Interpretation der logischen Algebra.

§ 20. Vorläufige Einführung der alternären Implikation.

Wir wollen nun eine wichtige neue Verknüpfung kennenlernen, die sich explizite aus ∨, ∧ und ¬ definieren läßt.

Anmerkung. Bisher wurden die Verknüpfungen ↔ („äquivalent") und ⊔ (ausschließendes „oder") explizite aus ∨, ∧, ¬ definiert (s. Zusatzaufgabe § 7). Das unten definierte → („bedingt") ist ebenso prägnant.

Definition. $\mathfrak{a} \rightarrow \mathfrak{b} =: \neg\mathfrak{a} \vee \mathfrak{b}$.

$\mathfrak{a} \rightarrow \mathfrak{b}$ wird als „alternäre Implikation" bezeichnet und gelesen: „$\mathfrak{a}$ *bedingt* $\mathfrak{b}$" [bzw. „mit $\mathfrak{a}$ auch $\mathfrak{b}$", „$\mathfrak{a}$ nicht ohne $\mathfrak{b}$", „wenn $\mathfrak{a}$, so $\mathfrak{b}$", „$\mathfrak{a}$ impliziert (alternär) $\mathfrak{b}$"].

Wir interpretieren in den früher betrachteten Modellen:

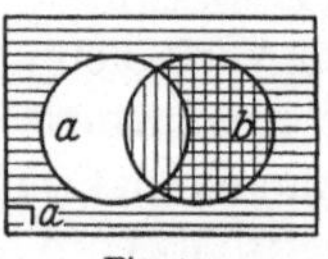

Fig. 19.

In Modell II: $\neg\mathfrak{a} \vee \mathfrak{b}$ ist die Vereinigung der Restmenge von $\mathfrak{a}$ mit der Menge $\mathfrak{b}$.

In Modell III. Beispiel: „Du gehst jetzt nicht weg, oder ich werde ärgerlich sein", d.i. soviel wie „Wenn du jetzt weggehst, werde ich ärgerlich sein."

Das Verhältnis dieser *alternären Implikation* zu dem, was man sich gewöhnlich unter „Implikation" vorstellt, wird ausführlich (in § 42 und an weiteren Stellen) betrachtet werden. Die sehr engen Beziehungen zur implikativen Deutung werden an der nachfolgenden Textaufgabe deutlich werden.

Anmerkung. Für die auf S. 24 (erste Anmerkung) eingeführte Äquivalenz ergibt sich mit der obigen Definition:

$a \leftrightarrow b = (a \rightarrow b) \wedge (b \rightarrow a)$.

Textaufgaben. Man *interpretiere* und *beweise* (aus der Definition und den Axiomen) die grundlegenden Gleichungen:

1. $a \rightarrow (b \rightarrow c) = (a \wedge b) \rightarrow c$
   $a \rightarrow (b \rightarrow c) = b \rightarrow (a \rightarrow c)$
   $a \rightarrow a = \text{Y}, \quad a \rightarrow a = b \rightarrow b$
2. $a \rightarrow (b \wedge c) = (a \rightarrow b) \wedge (a \rightarrow c)$
   $a \rightarrow (b \vee c) = (a \rightarrow b) \vee (a \rightarrow c)$
   $(a \vee b) \rightarrow c = (a \rightarrow c) \wedge (b \rightarrow c)$
   $(a \wedge b) \rightarrow c = (a \rightarrow c) \vee (b \rightarrow c)$
3. $a \rightarrow b = \neg b \rightarrow \neg a$
   $\neg(a \rightarrow b) = a \wedge \neg b$
   $\neg a \rightarrow (a \rightarrow b) = \text{Y}$
4. $\text{Y} \rightarrow a = a \qquad a \rightarrow \text{⅄} = \neg a$
   $\text{⅄} \rightarrow a = \text{Y} \qquad a \rightarrow \text{Y} = \text{Y}$
5. $a \rightarrow (a \vee b) = \text{Y} \qquad b \rightarrow (a \vee b) = \text{Y}$
   $(a \wedge b) \rightarrow a = \text{Y} \qquad (a \wedge b) \rightarrow b = \text{Y}$.

Zusatzaufgabe. Man beweise $\neg(a \rightarrow b) \rightarrow c = a \rightarrow (\neg b \rightarrow c)$.

§ 21. Das Enthaltensein.

Satz 15. Die vier Beziehungen

1. $\mathfrak{a} \to \mathfrak{b} == \curlyvee$, d.h. $\neg \mathfrak{a} \vee \mathfrak{b} == \curlyvee$, 2. $\mathfrak{a} \wedge \neg \mathfrak{b} == \curlywedge$,
3. $\mathfrak{a} \vee \mathfrak{b} == \mathfrak{b}$, 4. $\mathfrak{a} \wedge \mathfrak{b} == \mathfrak{a}$

sind einander „deduktionsgleich", d.h. wenn (für zwei Aussagenformen $\mathfrak{a}$, $\mathfrak{b}$) eine von ihnen herleitbar ist, so auch die anderen drei.

Vorab einige *Beispiele.* (Die zugehörigen einfachen Beweise seien sämtlich als Textaufgabe gestellt.)

Erstes Beispiel. — Es gilt: 1. $a \to (a \vee b) == \curlyvee$, d.i. $\neg a \vee (a \vee b) == \curlyvee$. Mithin gilt nach Satz 15 auch:

2. $a \wedge \neg (a \vee b) == \curlywedge$, 3. $a \vee (a \vee b) == a \vee b$, 4. $a \wedge (a \vee b) == a$.

Zweites Beispiel. — Es gilt: 1. $(a \wedge b) \to a == \curlyvee$, d.i. $\neg (a \wedge b) \vee a == \curlyvee$. Mithin gilt nach Satz 15 auch:

2. $(a \wedge b) \wedge \neg a == \curlywedge$, 3. $(a \wedge b) \vee a == a$, 4. $(a \wedge b) \wedge a == a \wedge b$.

Bevor nun Satz 15 nachgewiesen wird, möge er noch wie früher in unseren Modellen interpretiert werden.

In *Modell II* [vgl. hierzu die Figur 19 auf S. 54 (für $\mathfrak{a} \to \mathfrak{b}$)]: die Punktmenge $\neg \mathfrak{a} \vee \mathfrak{b}$ ist dann und nur dann die Gesamtmenge $\curlyvee$, wenn $\mathfrak{a}$ ganz in $\mathfrak{b}$ enthalten ist.

Textaufgabe. Man bestätige an Hand der Figuren 19 und 20, daß Satz 15 im Modell II gültig ist.

Im *Modell III* besagt die Gleichung $\mathfrak{a} \to \mathfrak{b} == \curlyvee$: die Aussage ‚$\mathfrak{a}$ bedingt $\mathfrak{b}$' hat denselben Aussagegehalt wie die „Trivialität" (hierzu § 6). — Der „Aussagegehalt" soll jedoch erst in einem später zu bringenden Zusammenhange präzise untermauert werden — s. den Absatz „Zur Beachtung" von S. 19. Wir wollen uns darum hier mit der vorläufigen Andeutung eines Beispiels begnügen.

$\mathfrak{a}$ sei exemplifiziert durch: „Pegasus war ein geflügeltes Pferd"; $\mathfrak{b}$ sei exemplifiziert durch: „Pegasus war ein Pferd." — Die Aussage „$\mathfrak{a}$ bedingt $\mathfrak{b}$" wird hierbei eben die logische „Trivialität". Man bestätige, daß auf dieses Beispiel auch die übrigen in Satz 15 aufgeführten Gleichungen zutreffen.

Nachweis des Satzes 15.

I. — *Herleitung von* 2. *aus* 1.

$\neg(\neg \mathfrak{a} \vee \mathfrak{b})$	$== \neg \curlyvee$	aus der vorausgesetzten Gleichung 1. durch Umsetzung gemäß $U3$. Daraus:
$\neg\neg \mathfrak{a} \wedge \neg \mathfrak{b}$	$== \neg \curlyvee$	nach $V12\alpha$. Also
$\mathfrak{a} \wedge \neg \mathfrak{b}$	$== \curlywedge$	nach $V13$ und $V11\alpha$.

II. — *Herleitung von* 3. *aus* 2.

$\mathfrak{a}\vee\mathfrak{b} = \mathfrak{b}\vee\mathfrak{a}$	nach $V2\alpha$
$= (\mathfrak{b}\vee\mathfrak{a})\wedge\Upsilon$	nach $V10\beta$
$= (\mathfrak{b}\vee\mathfrak{a})\wedge(\mathfrak{b}\vee\neg\mathfrak{b})$	nach $V9\alpha^{\circ}$
$= \mathfrak{b}\vee(\mathfrak{a}\wedge\neg\mathfrak{b})$	nach $V5\alpha$
$= \mathfrak{b}\vee\lambda$	nach der vorausgesetzten Gleichung 2.
$= \mathfrak{b}$	nach $V10\alpha$.

III. — *Herleitung von* 4. *aus* 3.

$\mathfrak{b} = \mathfrak{a}\vee\mathfrak{b}$	aus der vorausgesetzten Gleichung 3. mit $U1\beta$. Daraus:
$\mathfrak{a}\wedge\mathfrak{b} = \mathfrak{a}\wedge(\mathfrak{a}\vee\mathfrak{b})$	durch Umsetzung gemäß Regel $U3^{\circ}$ von S. 33.
$= \mathfrak{a}$	nach dem Absorptionsgesetz $V4\beta$.

Wir merken für später an, daß 3. sich aus 4. ganz analog herleiten läßt (Textaufgabe).

IV. — *Herleitung von* 1. *aus* 4.

$\neg\mathfrak{a}\vee\mathfrak{b} = \neg(\mathfrak{a}\wedge\mathfrak{b})\vee\mathfrak{b}$	aus $U1$ durch Umsetzung mit der vorausgesetzten Gleichung 4.
$= (\neg\mathfrak{a}\vee\neg\mathfrak{b})\vee\mathfrak{b}$	nach $V12\beta$
$= \neg\mathfrak{a}\vee(\mathfrak{b}\vee\neg\mathfrak{b})$	nach $V3\alpha$ und $V2\alpha$
$= \neg\mathfrak{a}\vee\Upsilon$	nach $V9\alpha^{\circ}$
$= \Upsilon$	nach $V10\alpha$.

Da die Herleitbarkeit transitiv ist, ist mit Abs. I—IV der Satz 15 nachgewiesen.

Wir wollen uns im folgenden Paragraphen einer abkürzenden Mitteilungsweise bedienen:

Definition: $\mathfrak{a} < \mathfrak{b}$ heiße $\mathfrak{a}\rightarrow\mathfrak{b} = \Upsilon$, d.i. $\neg\mathfrak{a}\vee\mathfrak{b} = \Upsilon$

gelesen „$\mathfrak{a}$ ist enthalten in $\mathfrak{b}$“.

Zusatz. Die bemerkenswerten Deduktionsgleichheiten des Satzes 15 setzen uns unmittelbar in den Stand, $\mathfrak{a} < \mathfrak{b}$ als Mitteilung für *irgendeine* der Gleichungen

1. $\mathfrak{a}\rightarrow\mathfrak{b} = \Upsilon$, d.i. $\neg\mathfrak{a}\vee\mathfrak{b} = \Upsilon$, 2. $\mathfrak{a}\wedge\neg\mathfrak{b} = \lambda$,
3. $\mathfrak{a}\vee\mathfrak{b} = \mathfrak{b}$, 4. $\mathfrak{a}\wedge\mathfrak{b} = \mathfrak{a}$

anzusprechen.

Zur Beachtung. $\mathfrak{a}<\mathfrak{b}$ („$\mathfrak{a}$ enthalten in $\mathfrak{b}$“) ist gemäß der Definition nicht Abkürzung für eine *Aussagenform,* sondern Mitteilung für eine *Gleichung!* — Eine derartige Abkürzung wird an dieser Stelle zum ersten Male eingeführt.

Einfache *Beispiele:*

$a < a \vee b$ gemäß dem ersten Beispiel von S. 55.

$a \wedge b < a$ gemäß dem zweiten Beispiel von S. 55.

Textaufgaben (im Anschluß an die Textaufgaben 3 und 4 des § 20).

Man zeige: $\neg\mathfrak{a} < \mathfrak{a} \to \mathfrak{b}$, $\mathfrak{a} < \Upsilon$, $\lambda < \mathfrak{a}$.

Für welche vier Gleichungen steht jede dieser Abkürzungen? —

Zur Interpretation des $<$ in unseren *Modellen:*

Im Anschluß an Satz 15 wurde die — nunmehr durch $\mathfrak{a} < \mathfrak{b}$ abgekürzte — Gleichung $\mathfrak{a} \to \mathfrak{b} == \Upsilon$ in den Modellen II und III interpretiert.

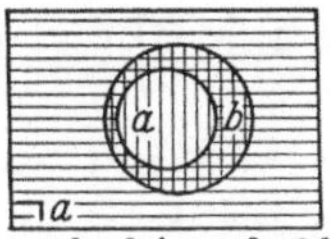

$a < b$, d.i. $a \to b = \Upsilon$

Fig. 20.

Die Interpretationen beziehen sich also gerade auf das *Enthaltensein.* Es empfiehlt sich, sie unter diesem Gesichtspunkt nochmals durchzugehen.

Indem man mit der $<$-Beziehung als selbständiger Relation operiert, kommt man vom Wege der bloßen Umformung von Gleichungen ab. Es eröffnen sich andrerseits beachtenswerte algebraische Perspektiven, insbesondere bezüglich *beliebiger* Verbände (denen nur die Gesetze $V$1—4 zugrunde liegen, S. 10).

Der mathematisch nicht Interessierte mag die folgenden beiden Paragraphen überschlagen und in seiner Lektüre bei § 24 fortfahren.

§ 22. Die Grundgesetze des Enthaltenseins.

In diesem Paragraphen legen wir zunächst einen *beliebigen* Verband — der nicht notwendig distributiv oder gar Booleesch zu sein braucht — zugrunde, d.h. wir gehen lediglich von den Gesetzen $V1\alpha, \beta$ bis $V4\alpha, \beta$ (S. 13) aus. (Demgemäß wird nur mit den Verknüpfungen $\vee$ und $\wedge$ gerechnet, nicht mit $\neg$.)

Wollen wir die Relation $<$ einbeziehen, so müssen wir uns einer Abänderung der Definition von S. 56 bedienen, die kein $\neg$-Zeichen benutzt. Als eine solche bietet sich nach Satz 15 unter anderem an:

Definition D: $\mathfrak{a} < \mathfrak{b}$ heiße $\mathfrak{b} == \mathfrak{a} \vee \mathfrak{b}$.

Anmerkung. Die Deduktionsgleichheit der Gleichungen $\mathfrak{b} == \mathfrak{a} \vee \mathfrak{b}$ und $\mathfrak{a} == \mathfrak{a} \wedge \mathfrak{b}$ läßt sich gemäß Abs. III des Nachweises für Satz 15, S. 56, und der zugehörigen Anmerkung allein aus den Absorptionsgesetzen $V4$ beweisen. Wir dürfen auf Grund der Definition D also in jedem Verband behaupten:

$D°$: $\mathfrak{a} < \mathfrak{b}$ gilt dann und nur dann, wenn $\mathfrak{a} = \mathfrak{a} \wedge \mathfrak{b}$.

Satz 16. In *jedem* Verband gelten für die durch $\mathfrak{b} = \mathfrak{a} \vee \mathfrak{b}$ definierte Beziehung $\mathfrak{a} < \mathfrak{b}$ die folgenden fünf grundlegenden Gesetze:

> $E1$. $\mathfrak{a} < \mathfrak{a}$ (Reflexivität)
>
> $E2$. Mit $\mathfrak{a} < \mathfrak{b}$ und $\mathfrak{b} < \mathfrak{c}$ ist $\mathfrak{a} < \mathfrak{c}$ (Transitivität)
>
> $E3$. Mit $\mathfrak{a} < \mathfrak{b}$ und $\mathfrak{b} < \mathfrak{a}$ ist $\mathfrak{a} = \mathfrak{b}$ (schwache Antisymmetrie)
>
> $E4$. Zu beliebigen $\mathfrak{a}, \mathfrak{b}$ gibt es $\mathfrak{c}$ mit $\mathfrak{a} < \mathfrak{c}$, $\mathfrak{b} < \mathfrak{c}$ derart, daß für jedes $\mathfrak{d}$ mit $\mathfrak{a} < \mathfrak{d}$, $\mathfrak{b} < \mathfrak{d}$ stets auch $\mathfrak{c} < \mathfrak{d}$ ist (kurz ausgedrückt: zu $\mathfrak{a}, \mathfrak{b}$ gibt es ein „innerstes gemeinsames $<$-Hinterglied")
>
> $E5$. Zu beliebigen $\mathfrak{a}, \mathfrak{b}$ gibt es $\mathfrak{c}'$ mit $\mathfrak{c}' < \mathfrak{a}$, $\mathfrak{c}' < \mathfrak{b}$ derart, daß für jedes $\mathfrak{d}$ mit $\mathfrak{d} < \mathfrak{a}$, $\mathfrak{d} < \mathfrak{b}$ stets auch $\mathfrak{d} < \mathfrak{c}'$ ist (kurz ausgedrückt: zu $\mathfrak{a}, \mathfrak{b}$ gibt es ein „innerstes gemeinsames $<$-Vorderglied").

Nachweis des Satzes 16, d.h. Beweis von $E1$—5 aus $V1$—4 (den in *jedem* Verband geltenden Gesetzen) mittels der Umformungsregeln $U1$—3 und der Definition D.

Beweis von E1: $\mathfrak{a} < \mathfrak{a}$. —

$\mathfrak{a} = \mathfrak{a} \vee \mathfrak{a}$ nach $V8\alpha$ (das aus $V4$ allein bewiesen wurde, S. 16)

$\therefore$ $\mathfrak{a} < \mathfrak{a}$ nach Definition D (S. 57 unten)[1].

Beweis von E2: Mit $\mathfrak{a} < \mathfrak{b}$ und $\mathfrak{b} < \mathfrak{c}$ ist $\mathfrak{a} < \mathfrak{c}$. —

$\mathfrak{b} = \mathfrak{a} \vee \mathfrak{b}$ aus $\mathfrak{a} < \mathfrak{b}$ nach Definition D

(*) $\mathfrak{c} = \mathfrak{b} \vee \mathfrak{c}$ aus $\mathfrak{b} < \mathfrak{c}$ nach Definition D

$\mathfrak{c} = (\mathfrak{a} \vee \mathfrak{b}) \vee \mathfrak{c}$ durch Umsetzung des in der Gleichung (*) auftretenden $\mathfrak{b}$ gemäß der ersten Gleichung

$= \mathfrak{a} \vee (\mathfrak{b} \vee \mathfrak{c})$ nach $V3\alpha$

$= \mathfrak{a} \vee \mathfrak{c}$ durch Umsetzung mit Gleichung (*)

$\therefore$ $\mathfrak{a} < \mathfrak{c}$ nach Definition D.

Beweis von E3: Mit $\mathfrak{a} < \mathfrak{b}$ und $\mathfrak{b} < \mathfrak{a}$ ist $\mathfrak{a} = \mathfrak{b}$. —

$\mathfrak{b} = \mathfrak{a} \vee \mathfrak{b}$ aus $\mathfrak{a} < \mathfrak{b}$ nach Definition D

$\mathfrak{a} = \mathfrak{b} \vee \mathfrak{a}$ aus $\mathfrak{b} < \mathfrak{a}$ nach Definition D

$\mathfrak{a} = \mathfrak{b}$ nach $V2\alpha$ und $U1$.

Beweis von E4:

Gegeben $\mathfrak{a}$ und $\mathfrak{b}$. Behauptung: das Element $\mathfrak{c} =: \mathfrak{a} \vee \mathfrak{b}$ erfüllt die Bedingungen von $E4$.

[1] Das Zeichen $\therefore$ wird bei Beweisen für „also" bzw. „folglich" verwendet; vgl. auch später S. 190.

Erstens $\mathfrak{a} < \mathfrak{c}$, denn:

$\mathfrak{a} \vee \mathfrak{b} = (\mathfrak{a} \vee \mathfrak{a}) \vee \mathfrak{b}$ nach $V8\alpha$ (das allein aus $V4$ folgte, S. 16)

$= \mathfrak{a} \vee (\mathfrak{a} \vee \mathfrak{b})$ nach $V3\alpha$

$\therefore\ \mathfrak{c} = \mathfrak{a} \vee \mathfrak{c}$ nach Definition des $\mathfrak{c}$.

Nun Definition D.

Zweitens $\mathfrak{b} < \mathfrak{c}$ genau so (mit Tausch von $\mathfrak{a}$ und $\mathfrak{b}$ gemäß $V2\alpha$; Textaufgabe).

Drittens: Wenn $\mathfrak{a} < \mathfrak{d}$ und $\mathfrak{b} < \mathfrak{d}$, so $\mathfrak{c} < \mathfrak{d}$.

(*) $\mathfrak{d} = \mathfrak{a} \vee \mathfrak{d}$ aus $\mathfrak{a} < \mathfrak{d}$ nach Definition D

(**) $\mathfrak{d} = \mathfrak{b} \vee \mathfrak{d}$ aus $\mathfrak{b} < \mathfrak{d}$ nach Definition D

$(\mathfrak{a} \vee \mathfrak{b}) \vee \mathfrak{d} = \mathfrak{a} \vee (\mathfrak{b} \vee \mathfrak{d})$ nach $V3\alpha$

$= \mathfrak{a} \vee \mathfrak{d}$ nach (**)

$= \mathfrak{d}$ nach (*)

$\therefore\ \mathfrak{c} \vee \mathfrak{d} = \mathfrak{d}$ nach Definition des $\mathfrak{c}$.

$\therefore\ \mathfrak{c} < \mathfrak{d}$ nach Definition D (und $U1\beta$).

Das ist die behauptete $<$-Beziehung.

Der Beweis von $E5$

verläuft *genau dual* zu demjenigen von $E4$.

Man wählt $\mathfrak{c}' =: \mathfrak{a} \wedge \mathfrak{b}$ und benutzt die zu D duale Bestimmung D° (S. 58). Durchführung als Textaufgabe.

Hiermit ist Satz 16 bewiesen.

Zusatz zu Satz 16. Bei vorgegebenen Elementen $\mathfrak{a}$, $\mathfrak{b}$ wird die Bedingung von $E4$ *genau* durch $\mathfrak{a} \vee \mathfrak{b}$ und entsprechend die Bedingung von $E5$ *genau* durch $\mathfrak{a} \wedge \mathfrak{b}$ erfüllt.

1. — *Nachweis* betreffs $E4$. Daß $E4$ durch $\mathfrak{a} \vee \mathfrak{b}$ erfüllt wird, lehrt der letzte Teil des vorangegangenen Beweises. Es bleibt zu zeigen:

Für vorgegebene $\mathfrak{a}$, $\mathfrak{b}$ werden die Bedingungen von $E4$ durch *nicht mehr als ein* Element des Verbandes erfüllt. — Dies ergibt sich *allein aus* $E3$ und 4:

Es gebe zu $\mathfrak{a}$, $\mathfrak{b}$ die Elemente c_1, und c_2, die den Bedingungen von $E4$ genügen. Dann hat man zunächst: $\mathfrak{a} < \mathfrak{c}_1$, $\mathfrak{b} < \mathfrak{c}_1$, $\mathfrak{a} < \mathfrak{c}_2$, $\mathfrak{b} < \mathfrak{c}_2$. Daher ist nach $E4$ einerseits $\mathfrak{c}_2 < \mathfrak{c}_1$, andererseits $\mathfrak{c}_1 < \mathfrak{c}_2$. Nach $E3$ ist also $\mathfrak{c}_1 = \mathfrak{c}_2$.

2. — Der Nachweis betreffs $E5$ verläuft dual (Textaufgabe).

§ 23. Das Enthaltensein als Grundrelation des Verbandes.

Bemerkenswerterweise läßt sich Satz 16 umkehren, d.h. der Verband läßt sich bei Zugrundelegung der Beziehung $<$ aus den E-Gesetzen als Axiomen konstituieren. Man hat dazu zunächst offensichtlich (umgekehrt wie vorhin) die Verknüpfungen $\vee$ und $\wedge$ aus $<$ zu definieren. Hierbei geht man zweckmäßigerweise von dem am Ende des vorigen

Paragraphen erhaltenen Ergebnis aus: Auf Grund der Gesetze $E\,3-5$ gibt es zu vorgegebenen Elementen $\mathfrak{a}$, $\mathfrak{b}$ *genau ein* Element $\mathfrak{c}$, das den Bedingungen von $E\,4$ genügt, und *genau ein* Element $\mathfrak{c}'$, das den Bedingungen von $E\,5$ genügt. Dieses Ergebnis ermöglicht die folgende

Definition D^*.
α. Zu vorgegebenen Elementen $\mathfrak{a}$, $\mathfrak{b}$ bezeichnen wir das eindeutig bestimmte Element $\mathfrak{c}$, das den Bedingungen von $E\,4$ genügt, mit $\mathfrak{a} \vee \mathfrak{b}$.
β. Zu vorgegebenen Elementen $\mathfrak{a}$, $\mathfrak{b}$ bezeichnen wir das eindeutig bestimmte Element $\mathfrak{c}'$, das den Bedingungen von $E\,5$ genügt, mit $\mathfrak{a} \wedge \mathfrak{b}$.

Satz 17. In einem Bereich von Elementen sei die zweigliedrige Beziehung $<$ definit (d.h. für irgend zwei Elemente $\mathfrak{p}$, $\mathfrak{q}$ liege entweder „$\mathfrak{p} < \mathfrak{q}$" oder „nicht $\mathfrak{p} < \mathfrak{q}$" fest), und es mögen *die Gesetze $E\,1$ bis $E\,5$ gelten.* Der Bereich ist dann ein *Verband* bezüglich der gemäß D^* definierten Verknüpfungen $\vee$, $\wedge$;
d.h.: aus $E\,1$ bis $E\,5$ ergeben sich mit der Definition $D^*\alpha, \beta$ die Gesetze $V\,1\alpha, \beta$ bis $V\,4\alpha, \beta$.

Terminologische Zusatzbemerkung. Einen Bereich von Elementen, in dem die zweigliedrige Beziehung $<$ definit (im angegebenen Sinne) ist, nennt man ein *Halbordnungssystem*, wenn in ihm die Gesetze $E\,1-3$ gelten; ein solches möge „*totalbegrenzt*" heißen, wenn in ihm auch die Gesetze $E\,4, 5$ gültig sind. Satz 17 läßt sich dann auch so formulieren: Jedes totalbegrenzte Halbordnungssystem bildet einen Verband bezüglich der aus $<$ gemäß D^* definierten Verknüpfungen $\vee$, $\wedge$.

Anmerkungen zum Nachweis. 1. Zur Herleitung der V-Gesetze wird nicht etwa die zur Definition D^* inverse, alte Interpretation des $\mathfrak{a} < \mathfrak{b}$ zur Abkürzung für $\mathfrak{b} \equiv \mathfrak{a} \vee \mathfrak{b}$ — Def. D, S. 57 — herangezogen. Diese Beziehung ergibt sich vielmehr nachträglich.

2. Die Verbandsgesetze werden hier wie früher in Variablen-Schreibweise mitgeteilt. Dies erfordert die Heranziehung der Umformungsregeln $U\,1-3$, die dabei gemäß der Anmerkung aus § 5 als bloße evidente Präzisierungen des Umgehens mit Gleichungen angesehen werden mögen. Würde man sich lediglich der Mitteilungszeichen für einzelne Elemente (Frakturbuchstaben) bedienen, so könnte man die Anwendung von $U\,1-3$ ganz vermeiden.

Dem Nachweis des Satzes 17 mögen zwei einfache Hilfregeln vorangestellt werden.

Hilfregel 1. $p < p \vee q$ und $q < p \vee q$
(aus dem ersten Teil von $E\,4$ mit $D^*\alpha$).

Hilfregel 2. Wenn $\mathfrak{p} < \mathfrak{r}$ und $\mathfrak{q} < \mathfrak{r}$, so auch $\mathfrak{p} \vee \mathfrak{q} < \mathfrak{r}$
(aus dem zweiten Teil von $E\,4$ mit $D^*\alpha$).

Nachweis des Satzes 17, d.h. Beweis der Gesetze $V\,1\alpha, \beta$ bis $V\,4\alpha, \beta$ aus $E\,1$ bis $E\,5$ und D^* allein.

Der *Nachweis für* $V1$ wurde bereits in der Vorüberlegung zur Definition D^* geliefert.

Beweis für $V2\alpha$.

Die Definition $D^*\alpha$ macht zwischen $a \vee b$ und $b \vee a$ keinen Unterschied.

Beweis für $V3\alpha$.

		$b \subset a \vee b$	nach Hilfregel 1.
		$a \vee b \subset (a \vee b) \vee c$	nach Hilfregel 1.
$\therefore$		$b \subset (a \vee b) \vee c$	nach $E2$ (Transitivität).
		$c \subset (a \vee b) \vee c$	nach Hilfregel 1.
$\therefore$	$(*)$	$b \vee c \subset (a \vee b) \vee c$	nach Hilfregel 2.
		$a \subset a \vee b$	nach Hilfregel 1.
		$a \vee b \subset (a \vee b) \vee c$	nach Hilfregel 1.
$\therefore$		$a \subset (a \vee b) \vee c$	nach $E2$.
$\therefore$	$(**)$	$a \vee (b \vee c) \subset (a \vee b) \vee c$	aus der letzten Zeile und aus $(*)$ nach Hilfregel 2.

Indem man diese Herleitung mit Bezeichnungstausch (c statt a, a statt c) wiederholt, erhält man

$c \vee (b \vee a) \subset (c \vee b) \vee a$.

	$(a \vee b) \vee c \subset a \vee (b \vee c)$	nach $V2\alpha$ (das oben bewiesen wurde).
$\therefore$	$a \vee (b \vee c) = (a \vee b) \vee c$	aus der letzten Gleichung und aus $(**)$ nach $E3$.

Beweis für $V4\alpha$.

	$a \subset a$	nach $E1$.
	$a \wedge b \subset a$	aus dem ersten Teil von $E5$ mit $D^*\beta$. (dual zur Hilfregel 1).
$\therefore$	$a \vee (a \wedge b) \subset a$	nach Hilfregel 2 (S. 60).
	$a \subset a \vee (a \wedge b)$	nach Hilfregel 1.
$\therefore$	$a \vee (a \wedge b) = a$	nach $E3$.

Die Beweise von $V2\beta$ bis $V4\beta$ verlaufen *genau dual* (man zieht nunmehr $D^*\beta$ anstelle von $D^*\alpha$ und entsprechend $E5$ anstelle von $E4$ heran und benutzt die zu den Hilfregeln von S. 60 dualen Hilfregeln). Textaufgabe.

Hiermit ist Satz 17 bewiesen.

Satz 18. Jeder Verband ist „halbdistributiv", d.h. es gelten in ihm die Gesetze

$V5^h\alpha$. $a \vee (b \wedge c) \subset (a \vee b) \wedge (a \vee c)$

$V5^h\beta$. $(a \wedge b) \vee (a \wedge c) \subset a \wedge (b \vee c)$.

Anmerkung. Erst, wenn auch die rechten Glieder die linken enthalten ($\subset$) würden, würden diese Gesetze sich nach $E3$ zu den distributiven Gesetzen $V5\alpha$ bzw. $V5\beta$ vervollständigen. —

Zum Nachweis des Satzes 18 genügt es nach Satz 16 und nach dem (am Ende von § 22 gebrachten) Zusatz zu Satz 16, die beiden Gesetze $V5^h\alpha, \beta$ aus $E1$ bis $E5$ herzuleiten.

Beweis für $V5^h\alpha$.

$b \wedge c \subset b$ aus dem ersten Teil von $E5$ mit $D^*\beta$ (dual zur Hilfregel 1).

$b \subset a \vee b$ nach Hilfregel 1.

$\because\ b \wedge c \subset a \vee b$ nach $E2$ (Transitivität).

$a \subset a \vee b$ nach Hilfregel 1.

$\therefore\ a \vee (b \wedge c) \subset a \vee b$ nach Hilfregel 2.

Ganz entsprechend leitet man her (Textaufgabe):

$a \vee (b \wedge c) \subset a \vee c$

$\therefore\ a \vee (b \wedge c) \subset (a \vee b) \wedge (a \vee c)$ nach der zur Hilfregel 2 dualen Hilfregel (d.h. aus dem zweiten Teil von $E5$ mit $D^*\beta$).

Beweis für $V5^h\beta$ dual (Textaufgabe).

Zusatzaufgaben.

1. In jedem totalbegrenzten Halbordnungssystem (vgl. die terminologische Zusatzbemerkung von S. 60) sind für die gegebene Beziehung $\subset$ und die daraus mittels D^* definierten Verknüpfungen $\vee$, $\wedge$ die in D und D° (§ 22) angegebenen Äquivalenzen herleitbar.

2. In jedem Verband gelten die sog. „Monotonie"-Gesetze:

Mit $\mathfrak{a} \subset \mathfrak{b}$ ist $\mathfrak{a} \vee \mathfrak{c} \subset \mathfrak{b} \vee \mathfrak{c}$.
Mit $\mathfrak{a} \subset \mathfrak{b}$ ist $\mathfrak{a} \wedge \mathfrak{c} \subset \mathfrak{b} \wedge \mathfrak{c}$.

Man leite die Monotoniegesetze an Hand der Definition D^* (des $\vee$ und $\wedge$ aus $\subset$) unmittelbar aus den E-Gesetzen allein her. (Man bedient sich dabei vorteilhafterweise der Hilfregeln 1, 2 von S. 60.) Die Behauptung ergibt sich dann mit Satz 16 und seinem Zusatz.

3. Man schließe weiter — in der Algebra der bloßen $\vee\wedge$-Aussagenformen — von den obigen Monotoniegesetzen auf die folgende „Umformungsregel für das Enthalten":

„Wenn $\mathfrak{s}$ Teilform von $\mathfrak{a}$ ist und $\mathfrak{a}$ bei Ersetzung des $\mathfrak{s}$ durch $\mathfrak{t}$ in $\mathfrak{b}$ übergeht, so ist mit $\mathfrak{s} \subset \mathfrak{t}$ auch $\mathfrak{a} \subset \mathfrak{b}$ herleitbar."

Der Nachweis erfordert eine vollständige Induktion, die der in der Zusatzaufgabe von S. 38 angedeuteten Induktion analog ist. —

Zum Abschluß der verbandstheoretischen Überlegungen mag noch zur Festigung der Vorstellungen das figürliche

Schema eines einfachen endlichen BOOLE*schen Verbandes*

angegeben werden.

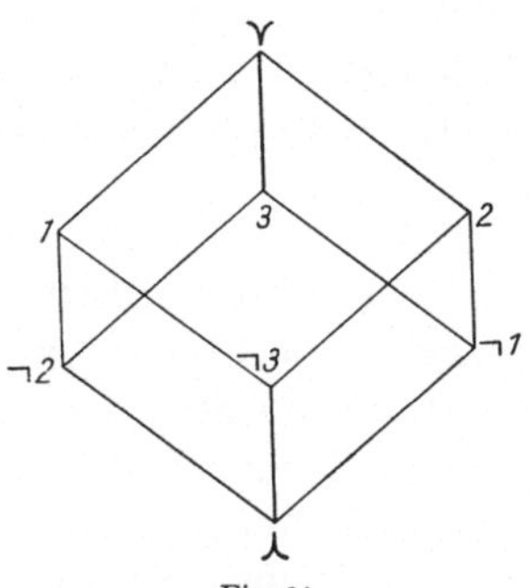

Fig. 21.

Es ist so zu lesen:

1. $\mathfrak{a} < \mathfrak{b}$, wenn ein ständig *aufwärts* laufender Faden $\mathfrak{a}$ mit $\mathfrak{b}$ verbindet, kurz: wenn $\mathfrak{b}$ „über" $\mathfrak{a}$ liegt. — Beispiel: $\curlywedge < 3$.

Daraus folgt dann mit $E\,4$ bzw. $E\,5$:

2. Dasjenige Element, das am nächsten über $\mathfrak{a}$ und $\mathfrak{b}$ liegt, ist $\mathfrak{a} \vee \mathfrak{b}$. — Beispiel: $3 = \neg 1 \vee \neg 2$.

3. Dasjenige Element, das am nächsten unter $\mathfrak{a}$ und $\mathfrak{b}$ liegt, ist $\mathfrak{a} \wedge \mathfrak{b}$. — Beispiel: $\neg 2 = 1 \wedge 3$; $\curlywedge = 1 \wedge \neg 1$.

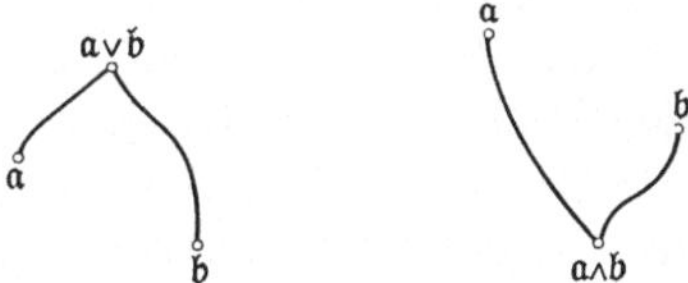

Fig. 22.

4. Ganz oben steht $\curlyvee$; ganz unten steht $\curlywedge$.

5. $\neg\mathfrak{a}$ liegt stets „diametral" zu $\mathfrak{a}$.

Aufgabe. Es ist von größtem Nutzen, in diesem Modell die V-Gesetze einschließlich der Gesetze $V\,10$ und der Verneinungsgesetze $V\,11$—13 sowie auch die Gesetze $E\,1$—5 zu bestätigen. Neben den Gesetzen $E\,4$ und $E\,5$ sind es vor allem die *Einzigkeits*-Sätze für $\curlyvee$, $\curlywedge$ und $\neg$ — Satz 2 (§ 6) und Satz 3 (§ 7) —, deren Verfolgung im Schema äußerst reizvoll ist.

Frage. Welche Bedingungen für die Gestalt des figürlichen Schemas ergeben sich aus den Gesetzen $E\,4$ und $E\,5$?

§ 24. Begriffslogik.

Für Verbände wurden im vorangegangenen zwar mehrere Modelle angegeben; unter ihnen befand sich jedoch nur *ein* logisches, eben das aussagenlogische. Es gibt aber noch andere logische Modelle wie z.B. die Begriffslogik. Dieses Modell ist bisher absichtlich nicht berücksichtigt worden, um die Einführung in die weit wichtigere und allgemeinere aussagenlogische Interpretation nicht zu verwirren. Die aussagenlogischen Vorstellungen des Lesers dürften an dieser Stelle nun hinreichend untermauert sein, um einen Hinweis auf die Begriffslogik zu gestatten.

In der traditionellen Logik unterscheidet man Inhalt und Umfang eines Begriffs. Der „Inhalt" eines Begriffs pflegt dabei — kurz ausgedrückt — als die Menge (schlechter: „Summe") der ihn konstituierenden Merkmale definiert zu werden; der „Umfang" wird entweder als die Menge der unter ihn fallenden Individuen (Zurückführung auf Reales) oder — besser — als die Menge der unter ihn fallenden Unterbegriffe (Arten) definiert (Zurückführung im Idealen). Es ist hier nicht der Ort, auf die ins Auge springenden und prinzipiell wohl kaum zu überwindenden Schwierigkeiten einer strengen Fundierung solcher Definitionen näher einzugehen, die zugehörige Terminologie zu entwickeln oder Varianten der Definitionen vorzuführen. — Soweit sich die zugrunde liegenden Vorstellungen fassen lassen, leuchtet der folgende *duale* Zusammenhang ein: Wenn der Begriff $\mathfrak{a}$ größeren Umfang hat als $\mathfrak{b}$, so hat der Begriff $\mathfrak{b}$ größeren Inhalt als $\mathfrak{a}$ und auch (bei der Definition im Idealen) umgekehrt.

Ohne uns auf eingehendere Analysen einzulassen, wollen wir — mit allen Vorbehalten für die Haltbarkeit der grundlegenden Vorstellungen — die folgenden Festsetzungen treffen:

α) Unter der *Disjunktion* zweier Begriffe verstehen wir den Begriff, der die *Vereinigung* (S. 5) ihrer Umfänge zum Umfang hat und somit merkmalsmäßig durch den *Durchschnitt* (S. 5) der sie konstituierenden Merkmale festgelegt ist.

Beispiele. 1. — $\mathfrak{a}$: belgischer Flame, $\mathfrak{b}$: Wallone; $\mathfrak{a} \vee \mathfrak{b}$: Belgier. 2. — $\mathfrak{a}$: Rotweintrinker, $\mathfrak{b}$: Weißweintrinker; $\mathfrak{a} \vee \mathfrak{b}$: Weintrinker.

β) Unter der *Konjunktion* zweier Begriffe verstehen wir den Begriff, der den *Durchschnitt* ihrer Umfänge zum Umfang hat und somit merkmalsmäßig durch die *Vereinigung* der sie konstituierenden Merkmale festgelegt ist.

Beispiele. 1. — $\mathfrak{a}$: Schimmel, $\mathfrak{b}$: Stute; $\mathfrak{a} \wedge \mathfrak{b}$: Schimmelstute.
2. — $\mathfrak{a}$: Tauber, $\mathfrak{b}$: Stummer; $\mathfrak{a} \wedge \mathfrak{b}$: Taubstummer.

γ) Bei Zugrundelegung eines „Gesamtumfangs" — der dem Begriff $\mathfrak{g}$ zukommen möge — läßt sich für die Begriffe, deren Umfang in demjenigen von $\mathfrak{g}$ enthalten sind, festsetzen: Der zu $\mathfrak{a}$ gehörige Negatbegriff $\neg\mathfrak{a}$ ist derjenige Begriff, dessen Umfang die *Rest*menge (S. 11) des Umfangs von $\mathfrak{a}$ bezüglich des (zu $\mathfrak{g}$ gehörigen) Gesamtumfangs ist. Merkmalsmäßig läßt sich — indem der Begriff $\mathfrak{g}$ als „Allgemeinbegriff" aufgefaßt wird — der Negatbegriff so festlegen: Der Begriff $\mathfrak{a}$ möge sich konstituieren, indem zu den Merkmalen von $\mathfrak{g}$ ein weiteres (eventuell aus verschiedenen Merkmalen zusammengesetztes) Merkmal hinzutritt;

als *Negat*begriff $\neg\mathfrak{a}$ bezeichnen wir den Begriff, der sich konstituiert, indem zu den Merkmalen von $\mathfrak{g}$ das *Negat* des bei $\mathfrak{a}$ hinzugetretenen Merkmals hinzugenommen wird.

Beispiele. 1. — $\mathfrak{g}$: Mensch, $\mathfrak{a}$: Schwimmer, $\neg\mathfrak{a}$: Nichtschwimmer. 2. — $\mathfrak{g}$: Lebewesen, $\mathfrak{a}$: Tier (d.i. sich freibewegendes Lebewesen). $\neg\mathfrak{a}$: Pflanze (d.i. sich nicht freibewegendes Lebewesen).

Diese begriffslogischen Festsetzungen lassen sich sowohl rein *umfangslogisch* als auch rein *inhaltslogisch* (merkmalslogisch) interpretieren. Die beiden Interpretationen sind, wie man den Wortlauten unmittelbar entnimmt, zueinander *dual*.

Im Sinne der früher benutzten Analogie der Modelle II (Punktmengen) und III (Logik) folgen die oben festgelegten Termini offenbar der umfangslogischen Deutung (Begriffsdisjunktion: Vereinigung der Umfänge; Begriffskonjunktion: Durchschnitt der Umfänge).

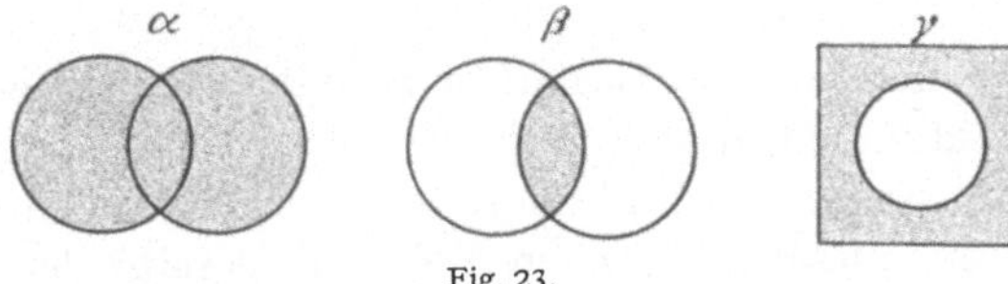

Fig. 23.

Besonders wichtig wird für die Begriffslogik die Relation des Enthaltenseins: Der Begriff $\mathfrak{a}$ ist im Begriff $\mathfrak{b}$ „enthalten", d.h. $\mathfrak{a} \subset \mathfrak{b}$, wenn der Umfang von $\mathfrak{a}$ im Umfang von $\mathfrak{b}$ enthalten ist. Man wird dies sprachlich so ausdrücken können: $\mathfrak{a} \subset \mathfrak{b}$ besagt „alle $\mathfrak{a}$ sind $\mathfrak{b}$" (vgl. hierzu auch die Unterscheidung des realen und des idealen Umfangsbegriffs, S. 64). — Merkmalslogisch bedeutet $\mathfrak{a} \subset \mathfrak{b}$: alle Merkmale von $\mathfrak{b}$ sind auch solche von $\mathfrak{a}$.

Beispiel. Der Begriff „Walfisch" ist umfangslogisch im Begriff „Säugetier" enthalten, denn „alle Walfische sind Säugetiere". (Merkmalslogisch enthält der Begriff „Walfisch" den Begriff „Säugetier".) Im Einklang mit Satz 15 ist hiermit zugleich ausgesagt: „Walfisch oder Säugetier" besagt „Säugetier"; „Walfisch und Säugetier" besagt „Walfisch".

Die *Deutung der Elemente* $\curlyvee$ *und* $\curlywedge$ endlich erfordert, da diese mit Benutzung von $\neg$ definiert sind (S. 18), den Bezug auf den Allgemeinbegriff $\mathfrak{g}$ von S. 64, dem der „Gesamtumfang" zukommt. Der Begriff $\curlyvee =: \mathfrak{a} \vee \neg\mathfrak{a}$ bekommt nach den Festlegungen für $\vee$ und $\neg$ (S. 64) den Gesamtumfang, d.h. er ist der Begriff $\mathfrak{g}$. Der Begriff $\curlywedge =: \mathfrak{a} \wedge \neg\mathfrak{a}$ bekommt den „leeren" Umfang, d.h. unter ihn fällt nichts.

Merkmalslogisch ist $\curlywedge$ der Begriff, dem alle betrachteten Merkmale (mithin mit einem Merkmal auch das negierende Merkmal) zukommen.

Beispiel. $\mathfrak{g}$: Mensch, $\mathfrak{a}$: Fleischesser (d.h. der Mensch, der *unter anderem* Fleisch ißt), $\neg\mathfrak{a}$: Vegetarier.

$\curlyvee =: \mathfrak{a} \vee \neg\mathfrak{a}$: die Begriffe Fleischesser und Vegetarier vereinigen sich umfangslogisch zum Begriff Mensch; dieser hat den dabei vorausgesetzten Gesamtumfang. (Merkmalslogisch: Mensch, der Fleisch ißt oder vegetarisch lebt.)

$\curlywedge =: \mathfrak{a} \wedge \neg\mathfrak{a}$: fleischessender Vegetarier: ein widerspruchsvoller, also umfangsleerer Begriff.

Im Zusammenhang des vorliegenden Kapitels mögen die kurzen Andeutungen zur reinen Begriffslogik genügen. Man erkennt, daß sie — solange man von den Schwierigkeiten ihrer exakten terminologischen Fundierung absieht — ebenso ein Modell des BOOLE*schen Verbandes* zu liefern vermag wie die Aussagenlogik.

Textaufgabe. Man interpretiere alle Gesetze $V1$—13 und $E1$—5 begriffslogisch.

Anmerkung hierzu. Die Begriffslogik läßt sich auf einen Teil der Aussagenlogik abbilden, indem man etwa für irgendein Subjekt x dem Begriff $\mathfrak{a}$ die Aussage „x ist $\mathfrak{a}$" zuordnet. In diesem Sinne sind einige unserer früheren aussagenlogischen Beispiele bereits der Begriffslogik entnommen worden, so z.B. S. 22: „nicht: edel und weise" = „nicht edel oder nicht weise" (vgl. weiter S. 11 und S. 21). —

Durch die angegebene Abbildung klärt sich nun auch die Beziehung der Verknüpfung $\to$ zur Relation $<$ auf.

$\mathfrak{a} < \mathfrak{b}$ war definiert durch $\mathfrak{a} \to \mathfrak{b} = \curlyvee$. In der logischen Interpretation hieß $\mathfrak{a} \to \mathfrak{b} = \curlyvee$: „daß die Aussage $\mathfrak{a}$ die Aussage $\mathfrak{b}$ (alternär) impliziert, ist wahr (dem Wahren im Aussagegehalt gleich)". Bei der soeben beschriebenen Zuordnung gehört dies zu: „es ist wahr, daß ‚x ist $\mathfrak{a}$' impliziert ‚x ist $\mathfrak{b}$'". Dies aber drückt sich in der Tat umfangslogisch so aus: „$\mathfrak{a}$ ist enthalten in $\mathfrak{b}$". — In etwas grober Vereinfachung der Sprechweise läßt sich das am Beispiel so fixieren: „alle Wale sind Säugetiere" heißt: „das Walsein impliziert das Säugetiersein".

Anmerkungen. 1. Die Umfangslogik wird wohl auch als *Klassenlogik* (oder als „Subsumtionslogik") bezeichnet, indem eben die Umfänge als „Klassen" und das Enthaltensein als „Subsumtion" ausgesprochen werden.

2. Die Syllogismen — auf die in diesem Bande nicht eingegangen werden soll — werden im allgemeinen klassenlogisch gedeutet. (Gewisse, sich anbietende aussagenlogische Analoga sind für die Interpretation von geringerer Bedeutung.)

3. Die Begriffslogik — m. a.W. (bei umfangslogischer Ausdeutung) die Klassenlogik — erfährt eine grundlegende Erweiterung bei Einbeziehung der Relationsbegriffe.

Dabei wird der strukturelle Rahmen der Verbände durchaus überschritten. Wir wollen uns auch hier mit der Angabe einiger *Interpretations*-Beispiele begnügen (man wird ja nicht deshalb dem Irrtum verfallen, die Logik der Relationsbegriffe — die, ähnlich wie die Aussagenlogik, mit *Variablen*verknüpfungen rechnet — sei keine formale Logik).

Schwager ═ Bruder des Mannes oder Bruder der Frau oder Mann der Schwester; was ist also: Schwager des Schwagers?

(Man vgl. auch die alte Scherzfrage: „Dieses Mannes Mutter ist meiner Mutter Schwiegermutter"; in welchem Verhältnis steht der Gekennzeichnete zur sprechenden Person?)

Kapitel V.

Algebra der →¬-Logik.

Dieses Kapitel kann beim ersten Lesen überschlagen werden und ist etwas kürzer gefaßt. Es wird in ihm eine reizvolle zweite logische Algebra vorgeführt, die sich lediglich auf die aussagenlogischen Verknüpfungen → und ¬ (und eine eingeschränkte, durch bloße Kommata mitgeteilte konjunktive Verknüpfung) bezieht und an der man erkennt, wie die gleichen beweistheoretischen Grundideen sich mutatis mutandis auch in anderem Gewande bewähren.

§ 25. Begriffsnetz und Umformungsgerüst für die Algebra der →¬-Logik.

Zu den beiden Termini s. später §§ 51, 52 sowie §§ 62, 64 (vgl. auch den Anfang des § 10).

I. Das Begriffsnetz.

Erklärung der *→¬-Aussagenform:*

1. Die Aussagenvariablen — wir wählen wieder für sie kleine lateinische Buchstaben — heißen Aussagenformen.

2. Mit $\mathfrak{a}$ heißt auch ¬($\mathfrak{a}$), das „Negat" von $\mathfrak{a}$, eine Aussagenform.

3. Mit $\mathfrak{a}$ und $\mathfrak{b}$ heißt auch ($\mathfrak{a}$)→($\mathfrak{b}$), die „(alternäre) Implikation" mit dem „Vorderglied" $\mathfrak{a}$ und dem „Hinterglied" $\mathfrak{b}$, eine Aussagenform.

Klammern, die nur eine Variable oder ein Negat umschließen, können weggelassen werden. Weiter wollen wir bei einer Implikation der Gestalt $\mathfrak{a}$→($\mathfrak{b}$→$\mathfrak{c}$) [bei der also das *Hinter*glied wieder eine Implikation ist] *die Klammern weglassen,* also einfach $\mathfrak{a}$→$\mathfrak{b}$→$\mathfrak{c}$ schreiben. [Dagegen bleiben die Klammern bei ($\mathfrak{a}$→$\mathfrak{b}$)→$\mathfrak{c}$.]

Erklärung der *„Vorderordnung" einer →¬-Aussagenform:*

1. Eine Aussagenvariable soll die Vorderordnung 1 haben.

2. Wenn $\mathfrak{a}$ die Vorderordnung m und $\mathfrak{b}$ die Vorderordnung n hat, so soll $\mathfrak{a}\to\mathfrak{b}$ die Vorderordnung $2m+n$ haben (das Vorderglied wird also bevorzugt; darauf deute der Name „Vorderordnung“ hin).

3. Die Vorderordnung von $\neg\mathfrak{a}$ soll um 1 größer sein als diejenige von $\mathfrak{a}$.

Beispiel. $\neg(\neg a\to\neg b)$ hat die Vorderordnung $(2\cdot 2+2)+1=7$.

Erklärung der $\to\neg$-*Aussagenreihe.* Eine endliche Reihe von Aussagenformen, die durch Kommata verbunden sind, heiße eine „$\to\neg$-Aussagenreihe“. Die einzelnen Aussagenformen heißen ihre Glieder. (Die Verbindung durch das Komma ist genau so zu interpretieren wie bisher die durch $\wedge$, nämlich als Konjunktion. Das Konjunktionszeichen wird hier nicht benötigt, da die Konjunktion nur in „assoziat herrschender“ Weise vorkommt, für die das Komma leserlicher ist.) Zwei durch die Gleichheitsrelation $==$ verbundene Aussagenreihen bilden (ohne Rücksicht auf Beweisbarkeit) ein „einschlägiges Satzgebilde“.

Beispiel: $(a\to b)\to c,\ a\to c\to b == \neg a,\ b\to\neg a,\ \neg(c\to a)$.

II. Das Umformungsgerüst.

Axiome:

$C1.\quad a\to b\to c == b\to a\to c$

$C2.\quad a == (a\to a)\to a$

$C3.\quad a\to a == b\to b$

$C4.\quad a\to b == \neg b\to\neg a$

$C5.\quad \neg\neg a == a$

$C6.\quad \neg(a\to b) == a,\ \neg b.$

Auf Grund des Axioms $C3$ und der unten folgenden Einsetzungsregel $U2$ dürfen die *Abkürzungen* eingeführt werden:

$\curlyvee =: \mathfrak{a}\to\mathfrak{a}$ (für eine beliebige $\to\neg$-Aussagenform $\mathfrak{a}$)

$\curlywedge =: \neg\curlyvee$.

(*Anmerkung* betreffs des Zusammenhanges mit der BOOLEschen Algebra. Die Definition von $\curlyvee$ stimmt auf Grund der Definition des $\mathfrak{a}\to\mathfrak{b}$ durch $\neg\mathfrak{a}\vee\mathfrak{b}$ mit der früheren (S. 18) überein. Axiom $C5$ ist $V13$ (S. 22). Die Axiome $C1$, $C3$, $C4$ waren in der Textaufgabe von S. 54 herzuleiten. $C2$ folgt aus $a == \curlyvee\to a$ durch Umsetzung mit $a\to a == \curlyvee$; beide Gleichungen waren a. a. O. herzuleiten. $C6$ folgt aus der dort herzuleitenden Gleichung $\neg(a\to b) == a\wedge\neg b$ durch Übergang vom $\wedge$ zum Komma. Im folgenden hat man natürlich von diesen Zusammenhängen ganz abzusehen.)

An *Umformungsregeln* werden erstens dieselben Regeln wie früher (§ 10) eingeführt (wobei nun allerdings $U1$ und $U2$ auf Aussagen*reihen* bezogen sind und $U3$ eine entsprechende Zusatzvorschrift erfährt):

U 1. Die Gleichheit (von Aussagenreihen) ist reflexiv, symmetrisch und transitiv.

U 2. Einsetzungsregel (wie auf S. 14 und S. 33, aber nun auf Gleichungen zwischen Aussagenreihen bezogen).

U 3°°. Umsetzungsregel (vgl. S. 33 unter *U* 3°). Sie läßt sich kurz wie folgt mitteilen (wobei ein Querstrich den Übergang von der darüberstehenden zur darunterstehenden Gleichung mitteilt):

$$\alpha)\ \frac{\mathfrak{a} = \mathfrak{b}}{\neg\mathfrak{a} = \neg\mathfrak{b}} \qquad \beta)\ \frac{\mathfrak{a} = \mathfrak{b}}{\mathfrak{a}\to\mathfrak{d} = \mathfrak{b}\to\mathfrak{d}}$$

dazu die auf Reihen bezügliche Verallgemeinerung des dritten hergehörigen Überganges, nämlich:

$$\gamma)\ \frac{\mathfrak{a} = \mathfrak{b},\ldots,\mathfrak{c}}{\mathfrak{d}\to\mathfrak{a} = \mathfrak{d}\to\mathfrak{b},\ldots,\mathfrak{d}\to\mathfrak{c}}.$$

(*Anmerkung*. Der letztgenannte verallgemeinerte Übergang $U3^{\circ\circ}\gamma$ ist *vom Standpunkt der* BOOLE*schen Algebra* aus — bei Ersetzung der Reihen durch Konjunktionen — aus seinem auf eine eingliedrige Reihe bezüglichen Spezialfall mit $V5\alpha$ und mit der Definition des $\to$ herleitbar; vgl. hierzu die erste Formel der 2. Textaufgabe von S. 54. Doch ist von diesen Zusammenhängen hier ganz abzusehen.)

Den Regeln *U* 1 bis *U* 3°° treten einige triviale *Umformungsregeln für Reihen* zur Seite, nämlich:

U 4. Die Glieder einer Reihe dürfen beliebig umgestellt werden. (Hierfür reicht das folgende Schema aus:)

$\ldots,\mathfrak{a},\mathfrak{b},\ldots = \ldots,\mathfrak{b},\mathfrak{a},\ldots$

U 5. Aus einer Reihe darf ein mehrfach vorkommendes Glied einmal gestrichen werden:

$\mathfrak{a},\ldots,\mathfrak{b},\mathfrak{c},\mathfrak{c} = \mathfrak{a},\ldots,\mathfrak{b},\mathfrak{c}.$

U 6. Aus einer Reihe darf ein Glied der Gestalt $\curlyvee$ weggestrichen werden (wenn es nicht das einzige Glied der Reihe ist):

$\mathfrak{a},\ldots,\mathfrak{b},\curlyvee = \mathfrak{a},\ldots,\mathfrak{b}.$

U 7. Aus einer Reihe, die ein Glied der Gestalt $\curlywedge$ enthält, dürfen alle übrigen Glieder weggestrichen werden:

$\mathfrak{a},\ldots,\mathfrak{b},\curlywedge = \curlywedge.$

U 8. Gleichungen dürfen reihenweise wie folgt zusammengestellt werden:

$$\frac{\mathfrak{a},\ldots,\mathfrak{b} = \mathfrak{c},\ldots,\mathfrak{d} \qquad \mathfrak{e},\ldots,\mathfrak{f} = \mathfrak{g},\ldots,\mathfrak{h}}{\mathfrak{a},\ldots,\mathfrak{b},\mathfrak{e},\ldots,\mathfrak{f} = \mathfrak{c},\ldots,\mathfrak{d},\mathfrak{g},\ldots,\mathfrak{h}}.$$

§ 26. Einige Herleitungen.

Als Beispiele mögen die Herleitungen einiger einfacher Gleichungen dienen, die wir noch brauchen werden (vgl. dazu die am Ende des Paragraphen gestellte Textaufgabe).

$C7.\quad \neg(a\to b)\to c == a\to\neg b\to c.$

Nachweis: $\neg(a\to b)\to c == \neg c\to\neg\neg(a\to b)$ (nach $C4$)
$== \neg c\to a\to b$ (nach $C5$)
$== a\to\neg c\to b$ (nach $C1$)
$== a\to\neg b\to\neg\neg c$ (nach $C4$)
$== a\to\neg b\to c$ (nach $C5$).

$C8.\quad (a\to b)\to c == \neg a\to c,\ b\to c.$

Nachweis: $(a\to b)\to c == \neg c\to\neg(a\to b)$ (nach $C4$)
$== \neg c\to a,\ \neg c\to\neg b$ (nach $C6$ und $U3^{\circ\circ}\gamma$)
$== \neg a\to\neg\neg c,\ b\to c$ (nach $C4$)
$== \neg a\to c,\ b\to c$ (nach $C5$).

$C9.\quad \neg a\to a == a.$

Nachweis: $a == (a\to a)\to a$ (nach $C2$)
$== \neg a\to a,\ a\to a$ (nach $C8$)
$== \neg a\to a,\ \curlyvee$ (nach Definition des $\curlyvee$)
$== \neg a\to a$ (nach $U6$).

$C10.\quad a\to\neg a == \neg a.$

Nachweis: $a\to\neg a == \neg\neg a\to\neg a$ (nach $C5$)
$== \neg a$ (nach $C9$).

$C11.\quad a\to\curlyvee == \curlyvee.$

Nachweis: $a\to\curlyvee == a\to\neg a\to\neg a$ (nach Definition des $\curlyvee$)
$== \neg a\to a\to\neg a$ (nach $C1$)
$== \neg a\to\neg a$ (nach $C10$)
$== \curlyvee$ (nach Definition des $\curlyvee$).

$C12.\quad a\to a\to b == a\to b.$

Nachweis: $a\to a\to b == a\to\neg b\to\neg a$ (nach $C4$)
$== \neg b\to a\to\neg a$ (nach $C1$)
$== \neg b\to\neg a$ (nach $C10$)
$== a\to b$ (nach $C4$).

$C13.\quad a\to\neg a\to b == \curlyvee.$

Nachweis: $a\to\neg a\to b == a\to\neg b\to\neg\neg a$ (nach $C4$)
$== a\to\neg b\to a$ (nach $C5$)
$== \neg b\to a\to a$ (nach $C1$)
$== \neg b\to\curlyvee$ (nach Definition des $\curlyvee$)
$== \curlyvee$ (nach $C11$).

$C14.\quad a \equiv b \to a,\ \neg b \to a.$

Nachweis: $a \equiv (a \to a) \to a$ (nach $C2$)

$\equiv (b \to b) \to a$ (nach $C3$)

$\equiv \neg b \to a,\ b \to a$ (nach $C8$)

$\equiv b \to a,\ \neg b \to a$ (nach $U4$).

$C15.\quad \curlyvee \to \curlywedge \equiv \curlywedge$ (nach Definition des $\curlywedge$ Spezialfall von $C10$).

Textaufgabe. Welche der Umformungsregeln U sind (außer den besonders hervorgehobenen) in diesen Herleitungen jeweils herangezogen?

§ 27. Normalform und ausgezeichnete Normalreihe.

Erklärung der *Normalform:*

Eine $\to\neg$-Aussagenform heißt „normal", wenn sie die Gestalt $\mathfrak{a}_1 \to \mathfrak{a}_2 \to \cdots \to \mathfrak{a}_n \to \mathfrak{b}$ hat, wo die $\mathfrak{a}_1$ bis $\mathfrak{a}_n$ und $\mathfrak{b}$ sämtlich Variablen oder Variablennegate sind. Auch eine einzelne Variable oder ein einzelnes Variablennegat heißt normal.

Satz 19. Eine Aussagenreihe läßt sich stets in eine ihr gleiche Reihe aus lauter normalen Aussagenformen (kurz: „*Normalreihe*") verwandeln.

Nachweis durch vollständige Induktion nach der Vorderordnung.

1. Schritt. Für eine Reihe, deren Glieder alle die Vorderordnung 1 haben, d.h. Variablen sind, ist die Behauptung erfüllt.

2. Schritt. Die Behauptung sei bereits gezeigt für alle Reihen, deren Glieder höchstens die Vorderordnung n haben. Es sei nun eine Reihe betrachtet, deren Glieder höchstens die Vorderordnung $n+1$ haben und in der genau z nichtnormale Glieder von der Vorderordnung $n+1$ vorkommen.

Das erste nichtnormale Glied der Vorderordnung $n+1$ heiße $\mathfrak{a}$. In $\mathfrak{a}$ herrscht entweder ein $\to$ — dann hat $\mathfrak{a}$ die Gestalt $\mathfrak{b} \to \mathfrak{c}$ — oder ein $\neg$ — dann hat $\mathfrak{a}$ die Gestalt $\neg\mathfrak{b}$.

Zunächst wird der Fall $\mathfrak{a} \equiv \mathfrak{b} \to \mathfrak{c}$ betrachtet.

(Das Zeichen $\equiv$ drückt die Mitteilung von Aussageformen einer bestimmten Gestalt aus, s. die „Verabredung zur Mitteilung" von § 9.)

Unterfälle:

1.— $\mathfrak{b}$ ist Variable oder Variablennegat. Nach Induktionsannahme läßt sich $\mathfrak{c}$ in eine Normalreihe $\mathfrak{n}_1, .., \mathfrak{n}_u$ verwandeln, und nach der Regel $U3^{\circ\circ}\gamma$ ist $\mathfrak{a} \equiv \mathfrak{b} \to \mathfrak{c} = \mathfrak{b} \to \mathfrak{n}_1, .., \mathfrak{b} \to \mathfrak{n}_u$. Hier steht rechts eine Normalreihe.

2. — $\mathfrak{b}$ ist eine Implikation $\mathfrak{e}\to\mathfrak{f}$. Dann ist $\mathfrak{a} \equiv \mathfrak{b}\to\mathfrak{c} \equiv (\mathfrak{e}\to\mathfrak{f})\to\mathfrak{c} = \neg\mathfrak{e}\to\mathfrak{c},\ \mathfrak{f}\to\mathfrak{c}$ (nach $C8$). Die rechtsstehenden Aussagenformen haben kleinere Vorderordnungen als $\mathfrak{a}$.

3. — $\mathfrak{b}$ ist Negat, ohne Negat einer Variablen zu sein (denn letzteres war bereits Fall 1). Hier sind noch zwei Möglichkeiten zu unterscheiden:

Falls $\mathfrak{b}$ doppeltes Negat ist: $\mathfrak{b} \equiv \neg\neg\mathfrak{g}$, so ist $\mathfrak{a} \equiv \mathfrak{b}\to\mathfrak{c} \equiv \neg\neg\mathfrak{g}\to\mathfrak{c} = \mathfrak{g}\to\mathfrak{c}$. Hier steht rechts eine Aussagenform, die eine kleinere Vorderordnung hat als $\mathfrak{a}$.

Im anderen Falle ist $\mathfrak{b}$ Negat einer Implikation: $\mathfrak{b} \equiv \neg(\mathfrak{h}\to\mathfrak{k})$. Dann ist $\mathfrak{a} \equiv \neg(\mathfrak{h}\to\mathfrak{k})\to\mathfrak{c} = \mathfrak{h}\to\neg\mathfrak{k}\to\mathfrak{c}$ (nach $C7$). Hier steht rechts eine Aussagenform, die eine kleinere Vorderordnung hat als $\mathfrak{a}$.

Nun sei der Fall $\mathfrak{a} \equiv \neg\mathfrak{d}$ betrachtet.

Unterfälle:

4. — $\mathfrak{d}$ ist ein Negat: $\mathfrak{d} \equiv \neg\mathfrak{l}$, also $\mathfrak{a} \equiv \neg\mathfrak{d} \equiv \neg\neg\mathfrak{l} = \mathfrak{l}$ (nach $C5$). Hier steht rechts eine Aussagenform, die kleinere Vorderordnung hat als $\mathfrak{a}$.

5. — $\mathfrak{d}$ ist eine Implikation: $\mathfrak{d} \equiv \mathfrak{m}\to\mathfrak{n}$. Dann ist $\mathfrak{a} \equiv \neg(\mathfrak{m}\to\mathfrak{n}) = \mathfrak{m},\ \neg\mathfrak{n}$ (nach $C6$). Hier stehen rechts Aussagenformen, die kleinere Vorderordnungen haben als $\mathfrak{a}$.

Die Fälle 1. bis 5. stellen eine vollständige Fallunterscheidung dar. Jedesmal ist $\mathfrak{a}$ entweder durch eine Normalreihe oder durch Aussagenformen von kleinerer Vorderordnung ersetzt.

Daher ist in der im 2. Schritt vorgegebenen Reihe die Anzahl z der nichtnormalen Glieder von der Vorderordnung $n+1$ herabgesetzt; es bleiben nur $z-1$ solcher Glieder. Man kann diese Glieder also alle wegbringen; auf die übrigbleibende Reihe ist wiederum die Induktionsannahme anwendbar.

Anmerkung. Bei leichter Modifikation des Beweises würde übrigens auch eine einfachere Vorderordnung ausreichen, für die $\neg\mathfrak{a}$ stets *dieselbe* Vorderordnung bekommt wie $\mathfrak{a}$ (Zusatzaufgabe).

Erklärung der *ausgezeichneten Normalreihe.*

1. Eine Normalform $\mathfrak{a}_1\to\mathfrak{a}_2\to\cdots\to\mathfrak{a}_n\to\mathfrak{b}$ — bei der gemäß der Definition der Normalform die $\mathfrak{a}_1, .., \mathfrak{a}_n, \mathfrak{b}$ Variablen oder Variablennegate sind (die $\mathfrak{a}_i$ dürfen auch ganz fehlen) — heißt *ausgezeichnet,* wenn in ihr jede Variable *nur einmal,* unnegiert oder negiert, auftritt; dabei sollen die Variablen alphabetisch geordnet sein.

2. Die Aussagenform Y wird ebenfalls zu den ausgezeichneten Normalformen gerechnet werden.

3. Eine Reihe aus lauter ausgezeichneten Normalformen, die nicht die Gestalt $\curlyvee$ haben, heißt eine ausgezeichnete Normalreihe, wenn

α. in ihr kein Glied mehrfach vorkommt,

β. alle Glieder denselben Variablenvorrat haben,

γ. die Glieder lexikographisch (S. 42) angeordnet sind.

4. Die ausgezeichnete Normalform $\curlyvee$ heißt ebenfalls eine ausgezeichnete Normalreihe.

Satz 20. Eine Aussagenreihe läßt sich stets in eine ihr gleiche ausgezeichnete Normalreihe verwandeln.

Nachweis. Nach Satz 19 bleibt nur noch zu zeigen: Jede aus lauter Normalformen bestehende Reihe läßt sich in eine ihr gleiche ausgezeichnete Normalreihe verwandeln.

Vorbemerkung. Bei den folgenden Verwandlungen werden stets die Umformungsregeln $U3^{\circ\circ}$, $U4$ und $U8$ verwendet, ohne daß sie jedesmal besonders angeführt sind; lediglich die *übrigen* benutzten U-Regeln und die Axiome werden jeweils genannt.

1. Sei $\mathfrak{g} \equiv \mathfrak{a}_1 \rightarrow \mathfrak{a}_2 \rightarrow \cdots \rightarrow \mathfrak{a}_n \rightarrow \mathfrak{b}$ eines der normalen Glieder der gegebenen Aussagenreihe; $\mathfrak{a}_1$ bis $\mathfrak{a}_n$ sind also Variablen oder Variablennegate. Stimmen zwei $\mathfrak{a}_i$ überein, so läßt sich nach $C12$ eines von ihnen streichen. Ist eines der $\mathfrak{a}_i$ das Negat eines anderen, etwa $\mathfrak{a}_i \equiv \neg \mathfrak{a}_j$, so wird nach $C13$ und $C1$: $\mathfrak{g} \equiv \curlyvee$. Stimmt ein $\mathfrak{a}_i$ mit $\mathfrak{b}$ überein, so ist nach Definition des $\curlyvee$ und nach $C11$: $\mathfrak{g} \equiv \curlyvee$. Wenn für ein $\mathfrak{a}_i$ aber $\mathfrak{b} \equiv \neg \mathfrak{a}_i$ ist — wir dürfen annehmen, daß es an die letzte Stelle gerückt sei, d.h. daß es sich um $\mathfrak{a}_n$ handele —, so ist nach $C10$: $\mathfrak{g} \equiv \mathfrak{a}_1 \rightarrow \mathfrak{a}_2 \rightarrow \cdots \rightarrow \mathfrak{a}_{n-1} \rightarrow \mathfrak{b}$. Dasselbe gilt nach $C9$, wenn ein $\mathfrak{a}_i \equiv \neg \mathfrak{b}$ ist. Nach diesen Umformungen tritt in der neu erhaltenen Normalform $\mathfrak{g}^{\circ}$ (die $\equiv \mathfrak{g}$ ist) keine Variable mehr doppelt auf.

Wenn in $\mathfrak{g}^{\circ}$ die Variable $\mathfrak{v}$, die in der Gesamtreihe vorkommt, überhaupt nicht auftritt, so geht man gemäß $C14$ zu $\mathfrak{v} \rightarrow \mathfrak{g}^{\circ}$, $\neg \mathfrak{v} \rightarrow \mathfrak{g}^{\circ}$ über. — Die so auf den gesamten Variablenvorrat gebrachten Normalformen sind noch alphabetisch zu ordnen. Nach $C4$ und $C5$ kann ich die alphabetisch letzte Variable mit dem Hinterglied vertauschen (falls sie nicht schon Hinterglied ist), und abschließend kann ich gemäß $C1$ die sämtlichen Vorderglieder alphabetisch ordnen.

2. In einer Reihe aus lauter ausgezeichneten Normalformen läßt sich ein mehrfach vorkommendes Glied nach $U5$ bis auf ein Vorkommen streichen. Ein $\curlyvee$ läßt sich nach $U6$ streichen, solange nicht die ganze Reihe aus einem $\curlyvee$ besteht. Nach lexikographischer Anordnung der Glieder hat man eine ausgezeichnete Normalreihe.

§ 28. Kanonische Widerspruchsfreiheit. Gleichheit und Übereinstimmung ausgezeichneter Normalreihen.

Satz 21. Die Algebra der →¬-Aussagenreihen ist „kanonisch widerspruchsfrei“ (S. 45), d.h. sie führt nicht auf $\curlyvee = \curlywedge$.

Zum *Nachweis* läßt sich dasselbe zahlentheoretische Modell (aus zwei Elementen 1, 2) benutzen wie im Nachweis des analogen Satzes 10 (§ 15). Die Negation wird wie früher interpretiert: $\neg 1 = 2$, $\neg 2 = 1$. Die alternäre Implikation → wird (im Anschluß an die frühere Definition $\mathfrak{a} \to \mathfrak{b} =: \neg\mathfrak{a} \vee \mathfrak{b}$) wie folgt festzulegen sein:

$$2 \to 1 = 1, \text{ dagegen: } 1 \to 1, \text{ ebenso } 1 \to 2, \text{ ebenso } 2 \to 2 \quad = 2.$$

(Hiermit erhält z.B. $\curlyvee$ den Wert 2, $\curlywedge$ den Wert 1.)

Eine Aussagenreihe erhält den Minimalwert ihrer Glieder. Sie wird also den Wert 2 *nur dann* bekommen, wenn alle ihre Glieder den Wert 2 haben; sonst bekommt sie den Wert 1.

Textaufgabe. Man bestätige (entsprechend wie im Nachweis für Satz 10): 1. Jedes der Axiome $C1$ bis $C6$ geht für jede Verteilung der Modell-Elemente 1, 2 auf die Variablen (unter Berücksichtigung der gestaltlichen Übereinstimmungen, vgl. die 2. „vorläufige Anmerkung“ von S. 31) in eine richtige Zahlengleichung, d.h. in $1 = 1$ oder in $2 = 2$ über. — 2. Die Umformungsregeln $U1$ bis $U8$ führen von richtigen Zahlengleichungen stets nur auf richtige Zahlengleichungen. — 3. Die auf S. 45 (letzter Absatz) durchgeführte Schlußweise lehrt nun unmittelbar: $\curlyvee = \curlywedge$ ist nicht herleitbar.

Satz 22. — (1). Zwei ausgezeichnete Normalreihen vom selben Variablenvorrat, die gemäß den Regeln der logischen →¬-Algebra einander gleich sind, stimmen gestaltlich überein. — (2). Eine ausgezeichnete Normalreihe, die gemäß den Regeln der logischen →¬-Algebra $= \curlyvee$ ist, hat die Gestalt $\curlyvee$.

Nachweis (indirekt). Zu (1). Gegeben seien zwei gleiche ausgezeichnete Normalreihen vom selben Variablenvorrat, die nicht gestaltlich übereinstimmen: $\mathfrak{g}_1, .., \mathfrak{g}_m = \mathfrak{h}_1, .., \mathfrak{h}_n$. Jedes der Glieder $\mathfrak{g}_1, .., \mathfrak{g}_m$, $\mathfrak{h}_1, .., \mathfrak{h}_n$ ist eine klammerlose Implikation aus Variablen und Variablennegaten. Der Variablenvorrat ist in allen derselbe, und jede Variable tritt in einem Glied genau einmal — unnegiert oder negiert — in ihr auf.

In einer der beiden Normalreihen (wir dürfen annehmen: in der rechten) muß eine Normalform $\mathfrak{h}_j$ auftreten, die mit keinem der $\mathfrak{g}_1, .., \mathfrak{g}_m$ gestaltlich übereinstimmt. In diese Normalform $\mathfrak{h}_j = \mathfrak{a}_1 \to \mathfrak{a}_2 \to \cdots \to \mathfrak{a}_k \to \mathfrak{b}$ setzen wir für die Variablen in der Weise $\curlyvee$ bzw. $\curlywedge$ ein, daß (nach Umsetzung von $\neg\curlyvee$ in $\curlywedge$ und von $\neg\curlywedge$ in $\curlyvee$ gemäß der Definition des $\curlywedge$ und $C5$) für alle $\mathfrak{a}_i$ stets $\curlyvee$, für $\mathfrak{b}$ hingegen $\curlywedge$ eingesetzt ist; und diese Einsetzung dehnen wir auf die ganze

Gleichung aus. Wir erhalten eine Gleichung $\mathfrak{g}_1^*, .., \mathfrak{g}_m^* = \mathfrak{h}_1^*, .., \mathfrak{h}_n^*$, in der statt der Variablen bloß noch die Zeichen $\curlywedge$ und $\curlyvee$ stehen. Dabei gilt:

1. Die *betrachtete* Normalform $\mathfrak{h}_j^*$ wird $= \curlywedge$. Denn

$$\mathfrak{h}_j^* = \curlyvee \to \curlyvee \to \cdots \to \curlyvee \to \curlywedge = \curlyvee \to \curlywedge \quad \text{(nach } C\,12)$$
$$= \curlywedge \quad \text{(nach } C\,15).$$

2. Jedes $\mathfrak{g}_i^*$ wird $= \curlyvee$. Für $\mathfrak{g}_i \equiv \mathfrak{c}_1 \to \mathfrak{c}_2 \to \cdots \to \mathfrak{c}_l \to \mathfrak{d}$ ist nämlich wegen des gleichen Variablenvorrats und der alphabetischen Anordnung: entweder $\mathfrak{b} = \mathfrak{d}$ oder $\mathfrak{b} = \neg\mathfrak{d}$ oder $\neg\mathfrak{b} = \mathfrak{d}$. In den beiden letzteren Fällen ist für das Hinterglied $\mathfrak{d}$ in $\mathfrak{g}_i^*$ eingesetzt: $\neg\curlywedge$; dieses wird in das ihm gleiche $\curlyvee$ umgesetzt. Dann wird nach $C\,11$: $\mathfrak{g}_i^* = \curlyvee$. Wenn aber $\mathfrak{b} = \mathfrak{d}$ ist, so muß mindestens eine der Vorderglied-Variablen in $\mathfrak{g}_i$ negiert auftreten, während sie in $\mathfrak{h}_j$ unnegiert auftrat, oder umgekehrt (sonst würde ja $\mathfrak{g}_i$ mit $\mathfrak{h}_j$ gestaltlich übereinstimmen). Daher tritt in $\mathfrak{g}_i^*$ in mindestens einem Vorderglied ein $\curlywedge$ auf. Da wegen $\mathfrak{b} = \mathfrak{d}$ im Hinterglied nun $\curlywedge$ steht, wird $\mathfrak{g}_i^* = \cdots \to \curlywedge \to \cdots \to \curlywedge = \curlyvee$ (nach Definition des $\curlyvee$ und $C\,11$).

3. Nach Absatz 1 hat die rechte Reihe $\mathfrak{h}_1^*, .., \mathfrak{h}_n^*$ ein Glied $\curlywedge$; sie ist also $= \curlywedge$ gemäß $U\,7$. — Nach Absatz 2 besteht die linke Reihe $\mathfrak{g}_1^*, .., \mathfrak{g}_m^*$ aus lauter Gliedern $\curlyvee$; sie ist also $= \curlyvee$ gemäß $U\,6$. Somit ist aus der zugrunde gelegten Annahme die Gleichung $\curlyvee = \curlywedge$ hergeleitet, im Widerspruch zu Satz 21. Die Annahme, mit der der vorliegende Nachweis begann, ist somit zu verwerfen.

Zu (2). Sei $\curlyvee = \mathfrak{h}_1, .., \mathfrak{h}_n$, wo $\mathfrak{h}_1, .., \mathfrak{h}_n$ eine ausgezeichnete Normalreihe ist, die nicht selbst die Gestalt $\curlyvee$ hat. Indem wir diese Normalreihe wie in Abs. „zu (1)" behandeln, gelangen wir gemäß Abs. I 1 zu einer durch Einsetzung entstehenden Reihe, die $= \curlywedge$ ist. Hiermit haben wir wiederum einen Widerspruch zu Satz 21 erhalten.

§ 29. Vollständigkeit und Entscheidungsdefinitheit.

Satz 23. Die Algebra der $\to\neg$-Aussagenreihen ist *vollständig*, d.h. die Zufügung irgendeiner nicht in ihr herleitbaren Gleichheit $\mathfrak{s} = \mathfrak{t}$ zu den Axiomen (wo $\mathfrak{s}, \mathfrak{t}$ zwei $\to\neg$-Aussagen*reihen* sind!) macht die so erweiterte Algebra kanonisch widerspruchsvoll ($\curlyvee = \curlywedge$ wird beweisbar).

Nachweis. $\mathfrak{s}, \mathfrak{t}$ seien zwei $\to\neg$-Aussagenreihen, die nicht als gleich bewiesen werden können. Gemäß Satz 20 gibt es zu jeder der beiden Reihen eine ihr gleiche ausgezeichnete Normalreihe $\mathfrak{n}_\mathfrak{s}^\circ$ bzw. $\mathfrak{n}_\mathfrak{t}^\circ$.

Wir nehmen zunächst an, daß keine der Reihen $\mathfrak{n}_\mathfrak{s}^\circ$, $\mathfrak{n}_\mathfrak{t}^\circ$ die Gestalt $\curlyvee$ habe. Sei $\mathfrak{v}$ eine Variable, die zwar in $\mathfrak{n}_\mathfrak{s}^\circ$, nicht aber in $\mathfrak{n}_\mathfrak{t}^\circ$ auftritt. Indem wir dann jedes Glied $\mathfrak{g}$ der Normalreihe $\mathfrak{n}_\mathfrak{t}^\circ$ durch $\mathfrak{v} \to \mathfrak{g}$, $\neg\mathfrak{v} \to \mathfrak{g}$ ersetzen erhalten wir (ggf. nach Umordnung gemäß $U4$) wiederum eine ausgezeichnete Normalreihe, die nach $C14$ und $U8$ der Reihe $\mathfrak{n}_\mathfrak{t}^\circ$ gleich ist. Nachdem jede Variable, die in nur einer der beiden Reihen $\mathfrak{n}_\mathfrak{s}^\circ$, $\mathfrak{n}_\mathfrak{t}^\circ$ auftrat, in dieser Weise in die andere Reihe eingefügt worden ist, hat man zwei ausgezeichnete Normalreihen vom selben Variablenvorrat.

Unter Verzicht auf die dem letzten Absatz zugrunde gelegte Annahme läßt sich allgemein sagen: Es gibt in jedem Falle zwei ausgezeichnete Normalreihen $\mathfrak{n}_\mathfrak{s}$, $\mathfrak{n}_\mathfrak{t}$ mit $\mathfrak{s} = \mathfrak{n}_\mathfrak{s}$, $\mathfrak{t} = \mathfrak{n}_\mathfrak{t}$, wobei $\mathfrak{n}_\mathfrak{s}$, $\mathfrak{n}_\mathfrak{t}$ denselben Variablenvorrat aufweisen, sofern nicht eine von ihnen die Gestalt $\curlyvee$ hat. Auf Grund der Voraussetzung, daß $\mathfrak{s}$ nicht gleich $\mathfrak{t}$ ist, handelt es sich (wegen $U1\beta, \gamma$) bei $\mathfrak{n}_\mathfrak{s}$ und $\mathfrak{n}_\mathfrak{t}$ nicht um dieselbe Reihe.

Fügen wir nun die Gleichung $\mathfrak{s} = \mathfrak{t}$ zu den Axiomen hinzu! In der so *erweiterten* Algebra folgt $\mathfrak{n}_\mathfrak{s} = \mathfrak{n}_\mathfrak{t}$. Die Einsetzung, die im Nachweise des Satzes 22 gemacht wurde, führt sodann genau wie dort auf die Gleichung $\curlyvee = \curlywedge$.

Genau wie in § 18 läßt sich nun auch hier unmittelbar das resultierende *Entscheidungsverfahren* angeben.

Beispiel. Ist $a \to b = \neg(a \to c) \to b, \neg(c \to \neg a) \to b$?

Entscheidung. Wir verwandeln auf beiden Seiten in ausgezeichnete Normalformen, bringen alle Glieder auf den gesamten Variablenvorrat und ordnen.

Links: $a \to b = c \to a \to b, \neg c \to a \to b$
$= a \to \neg b \to \neg c, a \to \neg b \to c$
$= a \to \neg b \to c, a \to \neg b \to \neg c.$

Rechts: $\neg(a \to c) \to b = a \to \neg c \to b = a \to \neg b \to c$
$\neg(c \to \neg a) \to b = c \to \neg\neg a \to b = c \to a \to b = a \to \neg b \to \neg c.$

Die erfragte Gleichung ist also gültig.

Textaufgabe. Das allgemeine Entscheidungsverfahren zu beschreiben und zu beweisen. (Es ist nicht das einfachste; vgl. S. 52, Anm. 2.)

Zusatzaufgabe. Ist $a \to b, c \to d = a \to \neg b \to d, a \to c \to d$?

2. Abschnitt.

Wertende Logik.

Kapitel VI.

Wahrheitswertung, Verknüpfungsbasen.

§ 30. Einführendes zum ‚Wahrheitswert'.

Zur Einführung in die ‚Algebra der Logik' war der § 1 von einer Analogie der Arithmetik bzw. Algebra zur Logik ausgegangen. Wie $(a+b)^2 = a^2 + 2ab + b^2$ die ‚Gleichheit' zweier algebraischer Formen feststellte, so gibt $\neg(a \wedge b) \Longleftrightarrow \neg a \vee \neg b$ die ,Gleichheit' zweier Aussagenformen an. Aber unter ,Gleichheit' ist in diesen beiden Fällen nicht dasselbe zu verstehen. Wenn in die algebraische Gleichung irgendwelche Zahlen für die Variablen eingesetzt werden, so erhält man nach Ausrechnen *dieselbe* Zahl, z.B.: es ist $(3+5)^2 = 3^2 + 2 \cdot 3 \cdot 5 + 5^2$, weil links und rechts nach Ausrechnen dieselbe Zahl 64 steht. Setzt man in die logische Gleichung irgendwelche Aussagen für die Variablen ein, so erhält man nur ,gleichbedeutende' Aussagen im Sinne von S. 6f. oder, wie es auf S. 12 ausgedrückt wurde: Aussagen vom ,selben Aussagegehalt'. So haben z.B. die beiden Aussagen ,,es ist nicht so, daß Kant 90 Jahre oder Leibniz 60 Jahre alt wurde" und ,,weder wurde Kant 90 Jahre alt, noch wurde Leibniz 60 Jahre alt" denselben Aussagegehalt. Wie ist dieses, was beiden gemeinsam ist, allein aus der Art der Zusammensetzungen der Einzelaussagen ohne Eingehen auf deren spezielle Bedeutung präzise zu fassen? Nun, wie es auch mit Kant und Leibniz bestellt sein möge, eines steht fest: entweder sind beide Aussagen wahr (richtig, zutreffend), oder beide sind falsch (unzutreffend). Das ,Wahr- oder Falschsein', kurz der ,*Wahrheitswert*' ist also bei beiden derselbe! Und so wie man bei den beiden algebraischen Ausdrücken $(3+5)^2$ und $3^2+2 \cdot 3 \cdot 5+5^2$ aus den darin auftretenden Werten 3, 5 den Wert 64 errechnet, so läßt sich der Wahrheitswert der betrachteten Aussagen errechnen: Sobald die Wahrheitswerte der für die Variablen eingesetzten Einzelaussagen bekannt sind — ,,Kant wurde 90 Jahre alt" ist falsch, ,,Leibniz wurde 60 Jahre alt" ist wahr —, erkennt man: die Aussage ,,es ist nicht so, daß Kant 90 Jahre alt oder Leibniz 60 Jahre alt wurde" ist falsch; die Aussage ,,weder wurde Kant 90 Jahre alt noch Leibniz 60 Jahre alt" ist ebenfalls falsch. (Wer diese Wahrheitswerte nicht unmittelbar übersieht, wird sich an Hand des im folgenden gegebenen allgemeinen Ausrechnungsverfahrens auch für diesen Fall überzeugen können.)

Anmerkung. Es bleibe dahingestellt, welcher der Prädikativausdrücke ,,wahr" oder ,,richtig" für die Übereinstimmung der Aussage ,,Leibniz wurde 60 Jahre alt" mit dem wirklichen Sachverhalt der angemessenere ist; wir folgen hier dem in der mathematischen Logik eingebürgerten Sprachgebrauch: ,wahr', obgleich er wohl nicht der stichhaltigste ist. Ja, die mathematische Logik braucht sich auf das Gemeinte im einzelnen nicht einmal zu berufen (es bedürfte sonst natürlich der Diskussion, was es denn mit der Übereinstimmung von Aussage und Sachverhalt auf sich habe); das, was sie hier allein angeht, ist, daß eine Aussage genau zweier Wahrheitswerte fähig ist, die wir mit ,wahr' und ,falsch' bezeichnen. In diesem Sinne ist, wie sich zeigen wird, die alte Aristotelische alternative Erklärung ,,eine Aussage ist, was entweder wahr oder falsch ist" gerade die angemessene Gebrauchsdefinition für die Betrachtung der logischen Verknüpfungen, so fragwürdig auch ihr Ausreichen als Wesensdefinition sein mag. Jede logische Untersuchung oder These, die mit dieser Feststellung in Einklang ist, rechnen wir der ‚*alternären Logik*' zu. —

Die ‚*wertende Logik*' beschäftigt sich nur *mit denjenigen Eigenschaften von Aussagenformen, die bloß die Wahrheitswerte betreffen*. — Das ‚Gleichbedeuten' bzw. die ‚Gemeinsamkeit des Aussagegehaltes' in der Algebra der Logik scheint zunächst etwas anderes zu meinen als durch Wahrheitswerte allein definiert werden kann; wir werden jedoch sehr bald (S. 85) erkennen, daß dieser Schein bezüglich der Aussagen*formen* trügt. Nur an wenigen Stellen bewirkt die Interpretation durch die Wahrheitswerte eine wohl zu enge Festlegung. Gewisse Härten der Interpretation traten uns bereits bei den Begriffen der ‚logischen Trivialität' $\curlyvee$, des ‚logischen Widerspruchs' $\curlywedge$ (§ 6) und der ‚alternären Implikation' (§ 20) entgegen; wir werden uns darüber noch im Zusammenhang mit den Wahrheitswertbetrachtungen genauere Rechenschaft ablegen (§ 42 und S. 269).

§ 31. Die grundlegenden Wahrheitstafeln.

Bei der zusammengesetzten Aussage „Homer hat gelebt, oder Bacon war Shakespeare" steht der Wahrheitswert nicht fest, solange die Wahrheitswerte der Einzelaussagen nicht bekannt sind. Man kann sich aber eine Tabelle der möglichen Fälle anlegen, die in evidenter Technik wie etwa ein Wochen-Stundenplan oder eine Fahrpreistabelle für verschiedene Fahrklassen zu lesen ist. — Für das nicht-ausschließende ‚oder' von S. 6 (vgl. auch S. 25) darf nur dann die Gesamtaussage falsch sein, wenn beide Einzelaussagen falsch sind:

Tafel für „Homer hat gelebt oder Bacon war Shakespeare".

		Bacon war Shakespeare	
		wahr	falsch
Homer hat gelebt	wahr	wahr	wahr
	falsch	wahr	falsch

Diese Tafel gilt nun für die nichtausschließende Oder-Verknüpfung allgemein; sie läßt sich also für die Aussagen*form* $a \vee b$ (mit Variablen a, b) aufstellen; ebenso läßt sich für die übrigen in § 2 bzw. § 4 betrachteten logischen Verknüpfungen $\wedge$ und $\neg$ je eine Wahrheitstafel aufstellen.

Im folgenden steht w für den Wahrheitswert ‚w̲ahr', f für den Wahrheitswert ‚f̲alsch'.

(Zu beachten: die beiden ‚Wahrheitswerte' w, f sind keine Aussagen oder Aussagenvariablen!)

Disjunktion
a oder *b*
(nicht ausschließend)

$a \vee b$

		b	
		w	f
a	w	w	w
	f	w	f

Konjunktion
a und *b*

$a \wedge b$

		b	
		w	f
a	w	w	f
	f	f	f

Negation
(*a* nicht), non *a*

$\neg a$

a	w	f
	f	w

Lesevorschrift (sofern nicht unmittelbar klar). Die linksstehende senkrechte Spalte $\begin{smallmatrix}\mathrm{w}\\ \mathrm{f}\end{smallmatrix}$ heißt der ‚*a*-Eingang', die obenstehende waagerechte Zeile wf heißt der ‚*b*-Eingang'. Die Tafel für $a \vee b$ etwa ist so zu lesen: wenn wir für *a* einen Wahrheitswert, etwa w, voraussetzen (dem *a* einen Wahrheitswert ‚erteilen') und ebenso dem *b* einen Wahrheitswert, etwa f, erteilen, so finden wir an der Stelle, wo die (vom [linken] *a*-Eingang her aufgesuchte) w-Zeile und die (vom [oberen] *b*-Eingang her aufgesuchte) f-Spalte sich treffen, also rechts oben, den Wahrheitswert w, d.h. eben $\mathrm{w} \vee \mathrm{f} = \mathrm{w}$.

Die Wahrheitstafel für $a \vee b$ ist nichts als eine übersichtliche Mitteilung der vier Wertungen:

$$\mathrm{w} \vee \mathrm{w} = \mathrm{w}, \qquad \mathrm{w} \vee \mathrm{f} = \mathrm{w}, \qquad \mathrm{f} \vee \mathrm{w} = \mathrm{w}, \qquad \mathrm{f} \vee \mathrm{f} = \mathrm{f}$$

(‚*a* oder *b*' ist nur dann falsch, wenn *a* falsch und *b* falsch ist); entsprechend teilt die Wahrheitstafel für $a \wedge b$ die vier Wertungen

$$\mathrm{w} \wedge \mathrm{w} = \mathrm{w}, \qquad \mathrm{w} \wedge \mathrm{f} = \mathrm{f}, \qquad \mathrm{f} \wedge \mathrm{w} = \mathrm{f}, \qquad \mathrm{f} \wedge \mathrm{f} = \mathrm{f}$$

mit (‚*a* und *b*' ist nur dann wahr, wenn *a* wahr und *b* wahr ist). Endlich teilt die Wahrheitstafel für $\neg a$ die beiden Wertungen

$$\neg \mathrm{w} = \mathrm{f}, \qquad \neg \mathrm{f} = \mathrm{w} \qquad \text{mit.}$$

Zu beachten: „=" steht hier zunächst für die Ausrechnungsgleichheit von Wahrheitsfunktionen.

Anmerkung. Die Wahrheitstafeln lassen sich auch in linearer Anordnung schreiben, wobei links alle vier w-f-Fälle für *a b* in einem ‚Doppeleingang' untereinanderstehen:

a	*b*	$a \vee b$
w	w	w
w	f	w
f	w	w
f	f	f

a	*b*	$a \wedge b$
w	w	w
w	f	f
f	w	f
f	f	f

§ 32. Wahrheitsfunktionen. Wahrheitswertung.

In der zuletzt angegebenen linearen Schreibweise lassen sich die Wahrheitstafeln bequemer benutzen, um weitere Wahrheitstafeln für kompliziertere Aussagenformen in evidenter Weise *zusammenzusetzen*.

Beispiel. In einer Zusatzaufgabe des § 7 wurde die Verknüpfung ‚Äquivalenz' definiert:

$a \leftrightarrow b \; =: \; (a \wedge b) \vee (\neg a \wedge \neg b)$.

Anmerkung. Definitionen von Verknüpfungen werden mitunter in Variablen-Schreibweise angegeben, wobei dann für die — sowohl links als auch rechts stehenden — Variablen Einsetzungen gemacht werden dürfen.

Die Wahrheitstafel der Äquivalenz baut sich wie folgt auf:

1. a	2. b	3. $a \wedge b$	4. $\neg a$	5. $\neg b$	6. $\neg a \wedge \neg b$	7. $(a \wedge b) \vee (\neg a \wedge \neg b)$
w	w	w	f	f	f	w
w	f	f	f	w	f	f
f	w	f	w	f	f	f
f	f	f	w	w	w	w
		aus 1., 2. gemäß $\wedge$	aus 1. gemäß $\neg$	aus 2. gemäß $\neg$	aus 4., 5. gemäß $\wedge$	aus 3. und 6. gemäß $\vee$

d.i. in die ursprüngliche Gestalt der Wahrheitstafel übersetzt:

Äquivalenz: $a \leftrightarrow b$

$a \leftrightarrow b$		b: w	b: f
a	w	w	f
	f	f	w

(d.h.: w nur bei gleichen Wahrheitswerten der Variablen).

Eine solche Zusammensetzung ist offenbar allgemein möglich; dies führt zu den folgenden allgemeinen Begriffsbildungen.

Erklärung. Gegeben seien n verschiedene Aussagenvariablen — wir sagen auch: ein „n-Tupel" verschiedener Aussagenvariablen. Wird nun jeder dieser Variablen einer der beiden Wahrheitswerte w, f erteilt, so spricht man von einer *Wahrheitsbelegung* des gegebenen Variablen-n-Tupels.

Anmerkung. Gemäß der Erläuterung von S. 53 (angewandt mit $+$: w, $-$: f) gibt es zu einem n-Tupel 2^n Wahrheitsbelegungen.

Beispiel für das Tripel a, b, c: Man hat 8 Wahrheitsbelegungen: www, wwf, wfw, wff, fww, fwf, ffw, fff.

Fortsetzung der *Erklärung*. Es sei weiter jeder Wahrheitsbelegung des n-Tupels einer der beiden Wahrheitswerte w, f zugeordnet. Eine solche Zuordnung heißt eine n-äre *Wahrheitsfunktion* der n gegebenen Aussagenvariablen.

Anmerkungen. 1. Da es 2^n Wahrheitsbelegungen des n-Tupels gibt, gibt es nach der Erläuterung von S. 53 $2^{(2^n)}$ n-äre Wahrheitsfunktionen.

2. Eine Wahrheitsfunktion läßt sich offenbar stets in der weiter oben angegebenen Weise durch eine *lineare* Wahrheitstafel schematisch darstellen, — eine binäre Wahrheitsfunktion (d.i. eine solche von zwe Variablen) auch durch eine Wahrheitstafel der oben ursprünglich angegebenen Gestalt.

Beispiele. 1. — Die weiter oben angegebenen Wahrheitstafeln für $\vee$, $\wedge$, $\leftrightarrow$ geben schematische Darstellungen von *binären* Wahrheitsfunktionen; die Wahrheitstafel für $\neg$ hingegen stellt eine *unäre* Wahrheitsfunktion dar.

2. — Beispiel einer ternären Wahrheitsfunktion (die Funktionswerte sind in diesem Beispiel willkürlich herausgegriffen):

Belegung:	Funktionswert:
w w w	f
w w f	w
w f w	f
w f f	f
f w w	f
f w f	w
f f w	f
f f f	w

Anmerkung. Im Beispiel sind die Belegungen *lexikographisch* angeordnet, s. hierzu S. 42. Mitunter ist es bequem, neben dem Terminus „Wahrheitsfunktion“ auch den eng damit zusammenhängenden Terminus „Wertverlauf“ zu benutzen, der wie folgt erklärt ist:

Erklärung. Das 2^n-Tupel der Funktionswerte einer n-ären Wahrheitsfunktion — in der Anordnung, die sich bei lexikographischer w-f-Anordnung der Belegungen ergibt — wird mitunter auch als der *Wertverlauf* der Wahrheitsfunktion bezeichnet.

Im obigen Beispiel ist der Wertverlauf: f, w, f, f, f, w, f, w.

Weiteres *Beispiel.* Die zu den Verknüpfungen $\vee$, $\wedge$, $\neg$ gehörigen Wahrheitsfunktionen haben die Wertverläufe:

$\vee$: w, w, w, f. — $\wedge$: w, f, f, f. — $\neg$: f, w.

Folgerung aus den vorangegangenen Erklärungen. — Aus den drei angegebenen Wahrheitsfunktionen für $\vee$, $\wedge$ und $\neg$ setzt sich bei vorgegebener $\vee\wedge\neg$-Aussagenform in eindeutiger Weise die „zugehörige Wahrheitsfunktion“ zusammen. Der ausführliche Nachweis hierfür ist in trivialer Weise durch Netzinduktion (S. 37) zu führen: Textaufgabe.

(Später wird in Satz 25 zugleich auch eine Umkehrung der Behauptung formuliert werden.)

Erklärung. Die induktive Berechnung der zu einer Aussagenform gehörigen Wahrheitsfunktion heißt *Wahrheitswertung.*

Als ein erstes *Beispiel* für die Zusammensetzung einer Wahrheitsfunktion wurde bereits die Wahrheitswertung für $\leftrightarrow$ durchgeführt.

2. *Beispiel (Textaufgabe).* Man leite an Hand der Definition $a \rightarrow b \;=:\; \neg a \vee b$ (§ 20 sowie Anm. S. 80) die folgende Wahrheitstafel her:

alternäre Implikation

$a \rightarrow b$

		b: w	b: f
a	w	w	f
	f	w	w

In § 20 wurde bereits verdeutlicht, inwiefern diese Wahrheitsfunktion als Implikation gedeutet werden darf. Auf die *Problematik dieser Interpretation* wird in § 42 und später ausführlich in § 107 eingegangen werden.

Als weitere *Beispiele* von Wahrheitswertungen mögen abschließend die zugehörigen Wahrheitsfunktionen der beiden Aussagenformen berechnet werden, die gemäß dem Verneinungsgesetz $V12\alpha$ (§ 7) in der Algebra der Logik einander ‚gleich‘ sind:

a	b	$a \vee b$	$\neg(a \vee b)$	$\neg a$	$\neg b$	$\neg a \wedge \neg b$
w	w	w	f	f	f	f
w	f	w	f	f	w	f
f	w	w	f	w	f	f
f	f	f	w	w	w	w

also beidemale:

$\neg(a \vee b)$ und $\neg a \wedge \neg b$

		b: w	b: f
a	w	f	f
	f	f	w

Man ersieht: die beiden in der Algebra der Logik ‚gleichen' Aussagenformen bekommen ‚denselben Wertverlauf' f, f, f, w; m. a. W. zu ihnen gehört *dieselbe* Wahrheitsfunktion.

Zur Abkürzung des geschilderten Verfahrens der Wahrheitswertung vgl. später § 41.

Anmerkung für den Mathematiker. Eine Funktion, welcher *irgendein* zweiwertiger Bereich als Variabilitätsbereich der unabhängigen und der abhängigen Variablen zugrunde liegt, kann stets als Wahrheitsfunktion aufgefaßt werden. Die wertende Logik ist hinsichtlich ihrer Methode nichts als die Kombinatorik zweier Elemente.

Hiermit hängt es zusammen, daß manche Ergebnisse der alternären Aussagenlogik für die Theorie der Rechenmaschinen wichtig werden.

§ 33. Die Beziehung der Wahrheitswertung zur Algebra der Logik.

Das letzte, im vorigen Paragraphen gegebene Beispiel einer Wahrheitswertung beleuchtet schlagartig die in § 6 und § 10 gestellte Frage nach einer präzisen *Deutung* der algebraischen „Gleichheit" von Aussagenformen.

Um eine exakte Antwort formulieren zu können, wollen wir eine Modifikation des Wertverlauf-Begriffs vorausstellen.

Erklärung. Es kommt vor, daß eine vorgegebene n-äre Wahrheitsfunktion $\mathfrak{f}$ von einigen der Variablen — sagen wir: von m Variablen — des n-Tupels (s. die Erklärung von S. 80f.) *gar nicht abhängt* (genauer: daß die Werte der Belegungen gar nicht davon abhängen, ob eine von diesen m Variablen mit w oder mit f belegt ist). Wir beschränken uns in diesem Falle auf das $n-m$-Tupel der Variablen, von denen die Wahrheitsfunktion $\mathfrak{f}$ wirklich abhängt, und nennen die hierfür hervorgehende Wahrheitsfunktion die zu $\mathfrak{f}$ gehörige „*reduzierte* Wahrheitsfunktion" über den betreffenden Variablen (entsprechend: den hervorgehenden Wertverlauf den zum ursprünglichen gehörigen „reduzierten Wertverlauf" über den betreffenden Variablen).

Einfaches *Beispiel* (hier ist gleich eine Aussagenform an Stelle eines bloßen Variablen-n-Tupels zugrunde gelegt, s. die Folgerung von S. 81 f.). Die zu der Aussagenform $\neg(a \wedge b) \wedge \neg a$ gehörige Wahrheitsfunktion *hängt nicht von b ab*, wie die Ausrechnung zeigt:

a	b	$a \wedge b$	$\neg(a \wedge b)$	$\neg a$	$\neg(a \wedge b) \wedge \neg a$	
w	w	w	f	f	f	beidemale: f
w	f	f	w	f	f	
f	w	f	w	w	w	beidemale: w
f	f	f	w	w	w	

Wertverlauf: f, f, w, w (lauter Paare f, f bzw. w, w).

Also reduzierte Wahrheitsfunktion:

a	$\neg(a \wedge b) \wedge \neg a$
w	f
f	w

Reduzierter Wertverlauf: f, w (allein auf a bezüglich).

(Aufgabe: in der Algebra der Logik ist $\neg(a \wedge b) \wedge \neg a = \neg a$.)

Textaufgabe. Die zu $a \wedge (b \vee c) \wedge c \wedge (a \vee d)$ gehörige Wahrheitsfunktion hängt nicht von b und nicht von d ab. Der reduzierte Wertverlauf bezieht sich allein auf a und c; er ist w, f, f, f.

Satz 24. Das Gleichheitszeichen „$=$“ der Algebra der $\vee \wedge \neg$-Logik (Kap. I und II) drückt gerade die Übereinstimmung der reduzierten Wahrheitsfunktionen (m. a. W. der reduzierten Wertverläufe) aus, genauer: zwei $\vee \wedge \neg$-Aussagenformen sind dann und nur dann in der Algebra der Logik als „gleich“ beweisbar, wenn sie dieselbe zugehörige reduzierte Wahrheitsfunktion darstellen, m. a. W. gleichen reduzierten Wertverlauf über denselben Variablen besitzen.

Nachweis. — 1. Zu zwei als „gleich“ beweisbaren $\vee \wedge \neg$-Aussagenformen der logischen Algebra gehört dieselbe reduzierte Wahrheitsfunktion über denselben Variablen. Der Nachweis hierfür sei als Textaufgabe gestellt; diese zerfällt in die folgenden beiden Teile:

a. Man bestätige wie im letzten Beispiel des vorigen Paragraphen: Jedes der Grundgesetze $V2$ bis $V5$ und $V7$ (α und β) der logischen Algebra (S. 13) gibt zwei Aussagenformen vom gleichen reduzierten Wertverlauf über denselben Variablen an (Anmerkung: bei den Gesetzen $V4$ und $V7$ ist der Rückgang auf die *reduzierten* Wertverläufe wichtig).

b. Man zeige: Die Umformungsregeln $U1$—3 (§ 10) bleiben in Kraft, wenn man die Relation „$=$“ durch „vom gleichen reduzierten Wert verlauf über denselben Variablen“ interpretiert.

2. Zwei $\vee \wedge \neg$-Aussagenformen $\mathfrak{a}$, $\mathfrak{b}$, die nicht in der Algebra der Logik „gleich“ sind, bekommen — nachdem sie gemäß S. 44 auf gleichen Variablenvorrat gebracht sind — für mindestens eine Wahrheitsbelegung verschiedene Werte. (Hieraus folgt dann unmittelbar, daß sie nicht denselben reduzierten Wertverlauf haben, Textaufgabe.) Um diese Behauptung 2 zu beweisen, genügt es nach Abs. 1 des Nachweises offenbar, die zu $\mathfrak{a}$ bzw. $\mathfrak{b}$ gehörigen, auf gleichen Variablenvorrat gebrachten, ausgezeichneten Normalformen $\mathfrak{n}_\mathfrak{a}$, $\mathfrak{n}_\mathfrak{b}$ zu betrachten, da ja $\mathfrak{a} = \mathfrak{n}_\mathfrak{a}$, $\mathfrak{b} = \mathfrak{n}_\mathfrak{b}$ ist. Das heißt: es genügt, eine Wahrheitsbelegung für die in $\mathfrak{n}_\mathfrak{a}$, $\mathfrak{n}_\mathfrak{b}$ auftretenden Variablen zu finden, für die $\mathfrak{n}_\mathfrak{a}$ und $\mathfrak{n}_\mathfrak{b}$ *verschiedene* Wahrheitswerte erhalten. (Die Normalformen $\mathfrak{n}_\mathfrak{a}$ und $\mathfrak{n}_\mathfrak{b}$

stimmen ja gestaltlich nicht überein, da sonst unmittelbar $\mathfrak{a} = \mathfrak{b}$ folgen würde.) Man gehe nun den Beweis des Satzes 11° (§ 16) in der Weise durch, daß man überall, statt $\curlyvee$ einzusetzen, den Wert w erteilt und, statt $\curlywedge$ einzusetzen, den Wert f erteilt; eine der Formen $\mathfrak{n}_{\mathfrak{a}}$, $\mathfrak{n}_{\mathfrak{b}}$ erhält bei der betreffenden Wahrheitsbelegung den Wert w, die andere den Wert f. (Es handelt sich in § 16 in umschriebener Weise um nichts anderes als eine Wahrheitsbelegung, wobei die Wahrheitstafeln für $\wedge$, $\vee$, $\neg$ durch die Gesetze *V* 10, *V* 11 vertreten sind; vgl. hierzu später die Textaufgabe in § 40.)

Anmerkung. Auch der Nachweis für 1. läßt sich in einfacher Weise mit einer solchen modifizierten Wahrheitsbelegung führen (Textaufgabe).

Zur Frage der *Interpretation.* An Hand dieses Satzes läßt sich der in der Algebra der Logik gelegentlich benutzte Begriff des ‚gleichen Aussagegehaltes' (z. B. § 6 und § 10) etwas genauer diskutieren. Daß zwei Aussagen den gleichen ‚Aussagegehalt' haben, soll ursprünglich offenbar etwas anderes und reicheres aussagen, als daß sie gleichen Wahrheitswert hätten. „Die Sonne ist achteckig" und „Es gibt nur endlich viele Primzahlen" haben denselben Wahrheitswert, nämlich ‚falsch'; aber sind sie deshalb ‚gleichbedeutend', m. a. W. haben sie denselben Aussagegehalt? Offenbar nicht; jedoch schwindet diese Diskrepanz zugleich mit den Unbestimmtheiten des Terminus ‚Gehalt', sobald man von den Aussagen zu den Aussagen*formen* übergeht. Die zusammengesetzte Aussage „Es ist nicht so, daß Homer gelebt hat oder daß Bacon Shakespeare war" ist mit der zusammengesetzten Aussage „Weder hat Homer gelebt, noch war Bacon Shakespeare" *schon kraft der Art der Zusammensetzungen aus den Einzelaussagen* gleichbedeutend; die beiden müssen denselben Aussagegehalt haben, was auch immer die Bedeutung der Einzelaussagen und was ihr Wahrheitswert sei. ‚Gleichbedeutend' meint hier präziser ‚gleichbedeutend (vom gleichen Aussagegehalt), was auch immer die Bedeutung (der Gehalt) der Einzelaussagen sein möge'. Die Möglichkeit, die Art der Zusammensetzung unabhängig von den Einzelbedeutungen auszudrücken, eröffnet sich gerade durch den Übergang von den Aussagen zu den Aussagen*formen* (vgl. S. 78). Für sie fallen nun nach Satz 24 die Prädikativausdrücke „gleichbedeutend" bzw. „vom gleichen Aussagegehalt" mit „vom gleichen reduzierten Wertverlauf" zusammen. (Dies wird insbesondere noch bei der Interpretation der alternären Implikation wichtig werden.)

Verabredung zur Mitteilung. Das Zeichen = soll im vorliegenden Kapitel von nun an im allgemeinen, wenn es zwischen Aussagenformen steht, die „Gleichheit der reduzierten Wertverläufe" und nur, wenn es zwischen Wahrheitswerten steht, die bloße „Ausrechnungsgleichheit gemäß den Wahrheitstafeln" (wie schon auf S. 79) ausdücken. — **Mit** dem (langen) Zeichen $=\!=\!=$ aus der logischen Algebra oder mit der Vorschrift von S. 18 kann dieser Gebrauch nach Satz 24 nicht kollidieren.

Folgerungen aus Satz 24 für die Algebra der Logik.

1. Folgerung. In § 15 wurde die kanonische Widerspruchsfreiheit der logischen $\vee\wedge\neg$-Algebra unter Heranziehung eines zahlentheoretischen *Modells* nachgewiesen. Die Methode der Wahrheitswertung liefert nunmehr einen *unmittelbaren* Nachweis jener Behauptung:

$\curlyvee =: a \vee \neg a$ (S. 18) bekommt für beide möglichen Wahrheitsbelegungen den Wert w (da ja $\mathrm{w} \vee \mathrm{f} = \mathrm{w}$, $\mathrm{f} \vee \mathrm{w} = \mathrm{w}$). Daher ist der Aussagenform $\curlyvee$ die „nulläre" reduzierte Wahrheitsfunktion zugeordnet, die nur w als Funktionswert hat. Entsprechend (Textaufgabe) ist der Aussagenform $\curlywedge =: a \wedge \neg a$ die „nulläre" reduzierte Wahrheitsfunktion zugeordnet, die nur f als Funktionswert hat. Nach Satz 24 kann daher nicht die Gleichung $\curlyvee =\!=\!= \curlywedge$ beweisbar sein.

[Methodische Nebenbemerkung. In der Algebra der Logik wurde ein Satz über nicht übereinstimmende ausgezeichnete Normalformen — Satz 11° — auf die kanonische Widerspruchsfreiheit — Satz 10 — (die ihrerseits durch Modellaufweisung erwiesen wurde) zurückgeführt. Hier beim Wertungsverfahren geht ein Satz über nicht übereinstimmende ausgezeichnete Normalformen — Abs. 2 des Nachweises für Satz 24 — dem Nachweis der kanonischen Widerspruchsfreiheit voran.]

2. Folgerung. Nach Satz 24 haben wir in der Wahrheitswertung ein *Entscheidungsverfahren für die Algebra der Logik* gefunden, das sich im allgemeinen wesentlich kürzer handhabt als das in § 18 angegebene, da es den meist beschwerlichen Umweg über die ausgezeichneten Normalformen vermeidet.

Als ein *Beispiel* für dieses Entscheidungsverfahren mag das letzte Wahrheitswertungs-Beispiel des § 32 dienen.

Anmerkung. Die vorstehenden Überlegungen gelten ebenso für die Algebra der $\rightarrow\neg$-Logik von Kap. V.

Die Durchführung sei als Zusatzaufgabe gestellt. Es ist jedoch zur Lösung dieser Aufgabe zweckmäßig, vorher die Eigenart der alternären Implikation in der wertenden Logik (§ 42) kennengelernt zu haben.

Der Vergleich der wertenden Logik mit der logischen Algebra setzt uns auch in den Stand, die in § 32 erklärte Zuordnung einer Wahrheitsfunktion zu einer gegebenen $\vee\wedge\neg$-Aussagenform umzukehren:

Satz 25. Zu jeder n-ären $\vee\wedge\neg$-Aussagenform gibt es eine zugehörige n-äre Wahrheitsfunktion, und *umgekehrt:* Zu jeder n-ären Wahrheitsfunktion gibt es eine n-äre $\vee\wedge\neg$-Aussagenform, zu der sie gehört (m. a.W. die den zugehörigen Wertverlauf hat).

Anmerkung. Dieser Satz wird sich weiter unten — in § 37 — in einen größeren Zusammenhang einordnen.

Der *Nachweis des 1. Teiles* besteht in der induktiven Berechnung der Wahrheitsfunktion, die zu der gegebenen Aussagenform gehört; diese Berechnung wurde bereits in § 32 angedeutet, als Textaufgabe gestellt und an Beispielen vorgeführt.

Nachweis des 2. Teiles. Gemäß einer Anmerkung von S. 81 gibt es genau $2^{(2^n)}$ n-äre Wahrheitsfunktionen. (Dies folgt übrigens auch an Hand des Begriffs der Gleichheitsklassen der logischen Algebra aus den Sätzen 14 und 24.) Andererseits gibt es $2^{(2^n)}$ verschiedene n-äre ausgezeichnete konjunktive Normalformen (S. 53). Zu jeder Normalform gehört genau eine Wahrheitsfunktion. Es bleibt somit zu zeigen, daß die Zuordnung der Wahrheitsfunktionen zu den Normalformen auch *umkehrbar* eindeutig ist, d.h. daß *verschiedene* n-äre, ausgezeichnete konjunktive Normalformen nicht dieselbe Wahrheitsfunktion besitzen. Das ist aber im 2. Teil des Nachweises zu Satz 24 geschehen.

Zusatzaufgabe. Welche ternäre $\vee\wedge\neg$-Aussagenform hat den Wertverlauf, bei dem die Belegungen w w f, w f f und f f w den Wert w, die übrigen Belegungen den Wert f erhalten?

§ 34. Binäre Verknüpfungen. Vorläufiges zur allgemeinen Aussagenform.

Aus den binären Aussagenverknüpfungen $\vee$, $\wedge$, $\neg$ ließen sich, wie wir früher sahen, weitere binäre Verknüpfungen *definieren*, so die Äquivalenz $\mathfrak{a}\leftrightarrow\mathfrak{b} =: (\mathfrak{a}\wedge\mathfrak{b})\vee(\neg\mathfrak{a}\wedge\neg\mathfrak{b})$, die alternäre Implikation $\mathfrak{a}\rightarrow\mathfrak{b} =: \neg\mathfrak{a}\vee\mathfrak{b}$ und das ausschließende Oder $\mathfrak{a}\sqcup\mathfrak{b} =: (\mathfrak{a}\vee\mathfrak{b})\wedge(\neg\mathfrak{a}\wedge\neg\mathfrak{b})$. Man kann geradezu jede binäre Wahrheitstafel als Definition einer neuen ‚binären Verknüpfung' ansprechen und hat in diesem allgemeinen Sinne des Wortes dann 16 binäre Verknüpfungen. Es wird gut sein, sich die Bedeutung all dieser Verknüpfungen vor Augen zu stellen, wobei einige als irrelevant entfallen werden.

Die in § 9 gegebene Erklärung der $\vee\wedge\neg$-Aussagenform ist hierzu in evidenter Weise auf eine Aussagenform aus *beliebigen* betrachteten binären Verknüpfungen und aus $\neg$ zu erweitern (Textaufgabe). Aufschichtungsordnung, Teilform und herrschende Verknüpfung sind dabei entsprechend wie in § 9 erklärt (vgl. hierzu später auch § 62).

Im folgenden werden wir uns gelegentlich der Mitteilung von irgendwelchen binären Verknüpfungen, die in der Mitteilung nicht des näheren festgelegt werden sollen, der Mitteilungszeichen $\times$ bzw. $\underset{1}{\times}, \ldots, \underset{n}{\times}$ bedienen.

Beispiel. $(\neg a \underset{1}{\times} \neg b) \underset{2}{\times} \neg(a \underset{3}{\times} b)$ *kann* etwa als Mitteilung für $(\neg a\wedge\neg b)\leftrightarrow\neg(a\vee b)$ stehen; man kann jedoch auch manche *andere* Aussagenform unterstellen.

Anmerkung. Wer bezüglich der verallgemeinerten Erklärung der „Aussagenform“ noch Fragen sieht, sei im voraus auf § 62 verwiesen, in dem die „allgemeine Aussagenform“ systematisch in aller Ausführlichkeit erklärt wird. —

Den bisherigen Verabredungen zur *Klammerersparnis* sei hier noch eine weitere beigesellt:

In einer Aussagenform der Gestalt $(\mathfrak{a})\rightarrow(\mathfrak{b})$ — und ebenso in einer Aussagenform der Gestalt $(\mathfrak{a})\leftrightarrow(\mathfrak{b})$ —, in der $\mathfrak{a}$ eine Disjunktion $\mathfrak{c}\vee\mathfrak{d}$ oder eine Konjunktion $\mathfrak{c}\wedge\mathfrak{d}$ ist, dürfen die angegebenen Klammern um $\mathfrak{a}$ weggelassen werden; dasselbe gilt für $\mathfrak{b}$.

Beispiel: $a\wedge b\rightarrow c\vee d$ meint $(a\wedge b)\rightarrow(c\vee d)$.

Man sagt: $\vee$ und $\wedge$ sollen ‚stärker binden‘ als $\rightarrow$ und $\leftrightarrow$.

Übersicht über alle bislang eingeführten Verabredungen zur Klammerersparnis:

1. $\neg$ bindet stärker als alle anderen Zeichen (Beispiel: $\neg a\wedge b$ für $(\neg a)\wedge b$).

2. $\neg$, $\vee$, $\wedge$ binden stärker als $\rightarrow$, $\leftrightarrow$ (Beispiel oben).

3. $\rightarrow$ bindet ‚stärker nach rechts‘ (Verabredung von S. 67) (Beispiel: $a\rightarrow b\rightarrow c$ für $a\rightarrow(b\rightarrow c)$, während $(a\rightarrow b)\rightarrow c$ *nicht* abgekürzt wird).

Darüber hinaus werden wir verlängerte Zeichen benutzen. Eine durch ein verlängertes Zeichen symbolisierte Verknüpfung soll stets jeder nicht verlängert symbolisierten Verknüpfung *übergeordnet* sein.

Beispiele: $a\rightarrow b \longrightarrow a\rightarrow c\rightarrow b$ für $(a\rightarrow b)\rightarrow(a\rightarrow(c\rightarrow b))$

$a\rightarrow b \longleftrightarrow \neg b\rightarrow\neg a$ für $(a\rightarrow b)\leftrightarrow(\neg b\rightarrow\neg a)$.

§ 35. Übersicht über die binären Verknüpfungen.

Bei der folgenden Übersicht werden einige abkürzende Bezeichnungen verwandt:

1. Für $b\rightarrow a$ schreiben wir auch $a\leftarrow b$ (die Verknüpfung $\leftarrow$ heißt die Konverse‘ der alternären Implikation, vgl. später S. 90).

2. Das Negat $\neg(a\times b)$ einer Aussagenform $a\times b$ (mit beliebiger binärer Verknüpfung $\times$) wird durch $a\overline{\times}b$ abgekürzt (also $a\overline{\vee}b$ für $\neg(a\vee b)$, d.h. für $\neg a\wedge\neg b$, usw.).

3. Die Wahrheitstafeln werden wir von nun an ohne Eingänge schreiben. Die Eingänge sind hinzuzudenken, d.h. jede Tafel ist mit der Umrandung zu lesen:

		b: w	b: f
a	w	.	.
	f	.	.

In der folgenden Übersicht geht jeweils die rechte Tafel aus der linken durch Tausch der Werte w, f hervor.

Tafel der binären Verknüpfungen.

	Die Tafel ist spiegelbildlich:	Verknüpfung und Wertetafel		Werte-verhältnis
α	zu beiden Achsen und zu beiden Diagonalen	Y w w w w	⅄ f f f f	4:0
β	nur zur senkrechten Achse	a w w f f	$\neg a$ (d.h. $\bar{a}$) ‚nicht a‘ f f w w	2 : 2
γ	nur zur waagerechten Achse	b w f w f	$\neg b$ (d.h. $\bar{b}$) ‚nicht b‘ f w f w	
δ	nur zu beiden Diagonalen	$a \leftrightarrow b$ ‚a äquivalent b (alternär)‘ w f f w	$a \sqcup b$ (d.h. $a \overline{\leftrightarrow} b$) ‚entweder a oder b‘ (ausschließend) f w w f	
ε	nur zur Hauptdiagonale ● ○ ○ ●	$a \vee b$ ‚a oder b‘ (nicht ausschließend) w w w f	$a \overline{\vee} b$ ‚weder a noch b‘ f f f w	3 : 1
		$a \wedge b$ ‚a und b‘ w f f f	$a \overline{\wedge} b$ ‚a nicht zugleich mit b‘ f w w w	
ζ	nur zur Nebendiagonale ○ ● ● ○	$a \rightarrow b$ ‚a bedingt b (alternär)‘ w f w w	$a \overline{\rightarrow} b$ ‚a ohne b‘ f w f f	
		$a \leftarrow b$ ‚b bedingt a (alternär)‘ w w f w	$a \overline{\leftarrow} b$ ‚b ohne a‘ f f w f	

Die Wahrheitstafeln der Gruppe α führen auf die ‚Verknüpfungen‘ Y, ⅄, die wir als ‚unechte Verknüpfungen‘ beiseite lassen können. Die Wahrheitstafeln der Gruppe β und γ sind nichts als (binär geschriebene) *unäre* Wertetafeln: für a, für b, für $\neg a$ und für $\neg b$ (s. die dritte Tafel von S. 79).

Textaufgabe. Von den beiden folgenden *distributiven* Gleichheitsbehauptungen für ‚und' und ‚entweder oder' ist nur eine gültig: Welche?

$a \wedge (b \sqcup c) = (a \wedge b) \sqcup (a \wedge c)$?
$a \sqcup (b \wedge c) = (a \sqcup b) \wedge (a \sqcup c)$?

Wir wollen nun einige Prozesse betrachten, die von einer binären Wahrheitstafel wieder auf binäre Wahrheitstafeln führen. Die gegebene Wertetafel sei durch $\begin{matrix} \text{I} & \text{II} \\ \text{III} & \text{IV} \end{matrix}$ mitgeteilt (wobei I, II, III, IV nicht näher bezeichnete Wahrheitswerte w, f angeben).

1. Prozeß: Vertauschung von w und f, d.i. Übergang von $a \times b$ zu $\neg(a \times b)$: ‚*Negation*'

sowie einige spezielle Permutationen, nämlich

2. Prozeß: Spiegelung an der senkrechten Achse: $\begin{matrix} \text{II} & \text{I} \\ \text{IV} & \text{III} \end{matrix}$, d.i. Übergang von $a \times b$ zu $a \times \neg b$.

3. Prozeß: Spiegelung an der waagerechten Achse: $\begin{matrix} \text{III} & \text{IV} \\ \text{I} & \text{II} \end{matrix}$, d.i. Übergang von $a \times b$ zu $\neg a \times b$.

4. Prozeß: Spiegelung an der Hauptdiagonale: $\begin{matrix} \text{I} & \text{III} \\ \text{II} & \text{IV} \end{matrix}$, d.i. Übergang von $a \times b$ zu $b \times a$: ‚*Konversion*'.

Dazu sei noch der aus diesen Prozessen zusammensetzbare Prozeß betrachtet:

5. Prozeß: Spiegelung an der Nebendiagonale: $\begin{matrix} \text{IV} & \text{II} \\ \text{III} & \text{I} \end{matrix}$, d.i. Übergang von $a \times b$ zu $\neg b \times \neg a$;

Der 5. Prozeß entsteht, indem nacheinander der 2., der 4. und wieder der 2. Prozeß ausgeführt werden:

$$\begin{matrix} \text{I} & \text{II} \\ \text{III} & \text{IV} \end{matrix}, \quad \begin{matrix} \text{II} & \text{I} \\ \text{IV} & \text{III} \end{matrix}, \quad \begin{matrix} \text{II} & \text{IV} \\ \text{I} & \text{III} \end{matrix}, \quad \begin{matrix} \text{IV} & \text{II} \\ \text{III} & \text{I} \end{matrix}.$$

Man erkennt (Textaufgabe): Aus jeder binären Wahrheitstafel der Gruppe α bzw. (β oder γ) bzw. δ bzw. (ε oder ζ) lassen sich die anderen Wahrheitstafeln der Gruppe α bzw. (β und γ) bzw. δ bzw. (ε und ζ) durch die angegebenen Prozesse gewinnen.

Diese Prozesse lassen darüber hinaus unmittelbar die wichtigsten *Gleichheiten* erkennen, die zwischen binären Aussagenformen bestehen:

Beispiele.

1. Durch Spiegelung an der Hauptdiagonale liest man in trivialer Weise wieder die Kommutativitäten ab:

$b \vee a = a \vee b, \quad b \wedge a = a \wedge b, \quad b \leftrightarrow a = a \leftrightarrow b, \quad b \sqcup a = a \sqcup b$
sowie weiter die konverse Beziehung (vgl. S. 88): $b \rightarrow a = a \leftarrow b$.

2. Durch Spiegelung an der Nebendiagonale erkennt man:

$\neg b \vee \neg a \;= a \overline{\wedge} b = \neg(a \wedge b)$ (nicht zugleich)
$\neg b \wedge \neg a \;= a \overline{\vee} b = \neg(a \vee b)$ (weder-noch)
$\neg b \rightarrow \neg a = a \rightarrow b$ (das Gesetz der Kontraposition, vgl. später S. 107)
$\neg b \leftrightarrow \neg a = a \leftrightarrow b$
$\neg b \sqcup \neg a \;= a \sqcup b$.

3. Durch Spiegelung an einer der Achsen erkennt man:

$\neg a \vee b \;= a \rightarrow b$	$a \wedge \neg b \;= a \overline{\rightarrow} b = \neg(a \rightarrow b)$	(ohne)
$\neg a \rightarrow b = a \vee b$	$a \rightarrow \neg b = a \overline{\wedge} b \;= \neg a \vee \neg b$	(nicht zugleich)
$\neg a \leftrightarrow b = a \sqcup b$	$a \leftrightarrow \neg b = a \sqcup b \;= \neg(a \leftrightarrow b)$	(entweder-oder).

§ 36. Die Dualität.

In § 8 wurde die Dualität von $\vee \wedge \neg$-Aussagenformen eingeführt. Gemäß Satz 5 und 6 aus § 8 gelangt man von einer gegebenen Aussagenform zur dualen, indem man sie negiert, die Variablen durch ihre Negate ersetzt und die Verneinungsgesetze anwendet. (Die Negation wurde deshalb auch als der ‚Korrelator' der Dualität bezeichnet.)

Nun lassen sich ja aus $\vee, \wedge, \neg$ alle binären Verknüpfungen definieren: $\mathfrak{a} \rightarrow \mathfrak{b} \;=:\; \neg \mathfrak{a} \vee \mathfrak{b}$, $\mathfrak{a} \leftrightarrow \mathfrak{b} \;=:\; (\mathfrak{a} \wedge \mathfrak{b}) \vee (\neg \mathfrak{a} \wedge \neg \mathfrak{b})$, dazu die Negate. Daher ist durch die genannte Vorschrift auch für sie eine paarweise duale Zuordnung festgelegt:

Zur Aussagenform $a \times b$ *ist* $\neg(\neg a \times \neg b)$ *dual.*

In der Übersichtstabelle des vorigen Paragraphen gelangt man mithin von einer Verknüpfung zur dualen, indem man nacheinander die Prozesse 2., 3. und 1. von S. 90 ausführt:

Beispiel: Gegeben $a \vee b$:	2. Prozeß:	3. Prozeß:	1. Prozeß:	
w w	w w	f w	w f	d.i.
w f	f w	w w	f f	$a \wedge b$

Man kann die angegebene Zuordnung offenbar aber auch so definieren:

1. Die Wahrheitswerte w, f heißen zueinander dual,

2. eine Wahrheitsfunktion geht in die duale über, wenn man sowohl ihre Belegungen als auch ihre Funktionswerte dualisiert.

Im *Beispiel* etwa so:

	w w	w		f f	f	
$\underline{a \vee b}$:	w f	w	dualisiert:	f w	f	d.i. $\underline{a \wedge b}$
	f w	w		w f	f	
	f f	f		w w	w	

So gelangt man zu der folgenden Liste:

Duale Verknüpfungen:

a		a	
$\neg a$	,nicht'	$\neg a$	,nicht'
$a \leftrightarrow b$	,äquivalent (alternär)'	$a \sqcup b$	$(= a \overline{\leftrightarrow} b)$,entweder-oder'
$a \vee b$	,oder'	$a \wedge b$	,und'
$a \overline{\vee} b$	,weder-noch'	$a \overline{\wedge} b$	,nicht zugleich'
$a \rightarrow b$	,a bedingt b (alternär)'	$b \overline{\rightarrow} a$	,b ohne a'

Beispiele.

1. Zu dem Distributivgesetz $a \wedge (b \sqcup c) = (a \wedge b) \sqcup (a \wedge c)$ (Textaufgabe S. 90) ist das Distributivgesetz $a \vee (b \leftrightarrow c) = (a \vee b) \leftrightarrow (a \vee c)$ dual.

2. Dagegen: da *nicht* $a \sqcup (b \wedge c) = (a \sqcup b) \wedge (a \sqcup c)$ ist (Textaufgabe S. 90), ist auch *nicht* $a \leftrightarrow (b \vee c) = (a \leftrightarrow b) \vee (a \leftrightarrow c)$.

3. Zum Gesetz $(a \vee b) \rightarrow c = (a \rightarrow c) \wedge (b \rightarrow c)$ (Textaufgabe 2, S. 54) ist das Gesetz $c \overline{\rightarrow} (a \wedge b) = (c \overline{\rightarrow} a) \vee (c \overline{\rightarrow} b)$
— ,c ohne $a \wedge b$ $=$ c ohne a, oder c ohne b' — dual.

Anmerkung. Es sei schon hier bemerkt, daß sich die unter 1. und 3. aufgeführten Gesetze auch mit $\leftrightarrow$ statt mit $=$ ausdrücken lassen werden.

Zusatzaufgaben. Man beweise und dualisiere

1. das Assoziativgesetz $a \sqcup (b \sqcup c) = (a \sqcup b) \sqcup c$ (Interpretation als Textaufgabe),

2. die in der Textaufgabe von S. 54 aufgeführten Gleichheiten für die Implikation, insbesondere das folgende implikative Gesetz (das uns noch verschiedentlich beschäftigen wird):

$a \wedge b \rightarrow c = a \rightarrow b \rightarrow c$.

§ 37. Begriffsabhängigkeit der Verknüpfungen. Verknüpfungsbasis.

In § 35 wurde jede binäre Wahrheitsfunktion als das Definiens einer binären logischen Verknüpfung angesehen, die mit einem eigenen Zeichen belegt wurde. Entsprechend kann man sich auch durch eine beliebige n-äre Wahrheitsfunktion eine *,n-äre logische Verknüpfung'* definiert denken. Nach Satz 25 gibt es zu jeder n-ären Wahrheitsfunktion eine zugehörige $\vee\wedge\neg$-Aussagenform, deren Bau nun eben angibt, wie sich die neue logische Verknüpfung aus den Verknüpfungen $\vee$, $\wedge$, $\neg$ aufschichtet. Es bleibt dem Logiker unbenommen, in einer Überlegung irgendeine solche Verknüpfung mit einem eigenen Zeichen mitzuteilen (z. B. etwa $\mathfrak{a} \wedge \mathfrak{b} \rightarrow \mathfrak{c} \vee \mathfrak{d}$ durch $\mathfrak{a}, \mathfrak{b} \Rightarrow \mathfrak{c}, \mathfrak{d}$ abzukürzen oder ähnliches). — Wer diesen allgemeinen Gebrauch des Terminus ,n-äre logische Verknüpfung' nicht liebt, braucht sich in den folgenden Ausführungen für ein $n \neq 2$ nur der gleichbedeutenden Interpretation durch den Terminus ,Wahrheitsfunktion' zu bedienen.

Erklärung. Eine Verknüpfung heißt von irgendwelchen gegebenen Verknüpfungen *begriffsabhängig*, wenn ihre Wahrheitsfunktion sich aus den Wahrheitsfunktionen der letzteren zusammensetzt (m.a.W.: wenn ihre Wertetafel sich aus den Wertetafeln der letzteren zusammenstellen läßt, oder noch anders ausgedrückt:) wenn sie sich als ‚Aussagenform in den gegebenen Verknüpfungen' darstellen läßt. (Hier ist die Definition der Aussagenform von S. 87 in evidenter Weise auf eventuell nichtbinäre Verknüpfungen zu erweitern, s. später S. 159.)

Beispiel. Es ist nicht nur $\to$ begriffsabhängig von $\neg$, $\vee$ (weil ja $a \to b = \neg a \vee b$), sondern umgekehrt auch $\vee$ begriffsabhängig von $\to$, $\neg$ (weil ja $a \vee b = \neg a \to b$, hier steht rechts eine $\to\neg$-Aussagenform).

Erklärung. Ein System von Verknüpfungen, von denen alle Verknüpfungen abhängen, genauer: begriffsabhängig sind — d.h. aus deren Wahrheitsfunktionen (Wahrheitstafeln) sich *alle* Wahrheitsfunktionen (-tafeln) zusammensetzen lassen — soll eine *Verknüpfungsbasis* heißen.

Anmerkung. Die Zusammensetzung einer Verknüpfung aus den Basisverknüpfungen wird gelegentlich als *Definition* aufgefaßt werden, so z.B. bereits auf S. 91 Mitte.

Satz 26. Ein System von Verknüpfungen, von denen alle *binären* Verknüpfungen abhängen, ist eine Verknüpfungsbasis.

Nachweis. Eine n-äre Verknüpfung ist durch eine n-äre Wertetafel festgelegt. Nach Satz 25 gehört jede n-äre Wertetafel zu einer n-ären $\vee\wedge\neg$-Aussagenform. Wenn sich $\vee$, $\wedge$ und $\neg$ durch das System der gegebenen Verknüpfungen ausdrücken lassen, so auch die betrachtete $\vee\wedge\neg$-Aussagenform.

§ 38. Binäre Verknüpfungsbasen.

Da sich alle binären Verknüpfungen durch $\vee$, $\wedge$ und $\neg$ ausdrücken lassen ($a \to b = \neg a \vee b$; $a \leftrightarrow b = (a \wedge b) \vee (\neg a \wedge \neg b)$, dazu die Negate) und da sich weiter $\wedge$ durch $\vee$ und $\neg$ ausdrücken läßt $\big(a \wedge b = \neg(\neg a \vee \neg b)\big)$, bilden $\vee$ und $\neg$ eine Verknüpfungsbasis. Es gibt aber weitere gleichberechtigte Basen.

Satz 27. Jede der acht binären Verknüpfungen mit dem Werteverhältnis 3:1 (Gruppen ε und ζ in der Tabelle von S. 89) bildet zusammen mit der Negation eine Verknüpfungsbasis.

Nachweis. Gegeben sei — gemäß Satz 26 — eine binäre Verknüpfung $\times$ vom Werteverhältnis 3:1.

1. Bei Hinzunahme der Negation läßt sich $a \times \neg b$ und $\neg a \times b$ zusammensetzen, d.h. der 2. — und ebenso der 3. — Prozeß von S. 90 läßt sich ausführen. Die Prozesse 2., 3. und (2, 3). — d.h. die Spiegelungen an einer oder beiden Achsen — führen die zur Verknüpfung $\times$ gehörige Wahr-

heitstafel $\begin{matrix}\text{I} & \text{II}\\ \text{III} & \text{IV}\end{matrix}$ über in $\begin{matrix}\text{II} & \text{I}\\ \text{IV} & \text{III}\end{matrix}$, $\begin{matrix}\text{III} & \text{IV}\\ \text{I} & \text{II}\end{matrix}$, $\begin{matrix}\text{IV} & \text{III}\\ \text{II} & \text{I}\end{matrix}$. Man überzeugt sich, daß hierbei *jeder* der Wahrheitswerte I, II, III, IV in alle vier Ecken geschickt wird. Beim Werteverhältnis 3:1 ist *einer* dieser Werte von den drei übrigen verschieden, die drei übrigen gleich.

Da nun der 1. Prozeß, d.i. die bloße Vertauschung von w und f, als Negation $\neg(a \times b)$ ebenfalls erlaubt ist, hat man *alle* Wertetafeln vom Werteverhältnis 3:1 aus $\times$ und $\neg$ zusammengesetzt.

2. Die Wertetafeln der Gruppe β und γ (in der Tabelle S. 89) entsprechen der Negation $\neg$, sind also einbezogen. Da $\vee$ und $\wedge$ (als Angehörige der Gruppe ε) bereits als begriffsabhängig von $\times, \neg$ erkannt sind, hat man auch die Verknüpfungen der Gruppe α, nämlich $\curlyvee = a \vee \neg a$, $\curlywedge = a \wedge \neg a$, sowie diejenigen der Gruppe δ, nämlich $a \leftrightarrow b = (a \wedge b) \vee (\neg a \wedge \neg b)$, $a \sqcup b = \neg(a \leftrightarrow b)$.

Satz 28. — (1) Jede der Verknüpfungen $\overline{\wedge}$ (‚nicht zugleich‘), $\overline{\vee}$ (‚weder-noch‘) bildet bereits für sich allein eine Verknüpfungsbasis;

(2) keine der übrigen binären Verknüpfungen tut dies für sich allein.

Anmerkung. In zweien der acht Basen, die der vorige Satz angibt, ist also die Negation $\neg$ überflüssig (‚abundant‘).

Nachweis. (1) Nach dem vorigen Satz genügt es zu beweisen, daß die Negation $\neg$ von $\overline{\wedge}$ und von $\overline{\vee}$ begriffsabhängig ist. Einfache Wahrheitswertung ergibt $\neg a = a \overline{\wedge} a$, $\neg a = a \overline{\vee} a$.

(2) Daß keine der ‚Verknüpfungen‘ $\curlyvee$, $\curlywedge$ von S. 89 eine Basis bildet, ist trivial. Für die Negation gilt $\neg\neg a = a$; sie vermag daher die übrigen Verknüpfungen nicht zu definieren. — Die übrigen binären Verknüpfungen sind: $\leftrightarrow$, $\sqcup$, $\vee$, $\wedge$, $\rightarrow$, $\overline{\rightarrow}$, $\leftarrow$, $\overline{\leftarrow}$.

Für jede der Verknüpfungen $\leftrightarrow$, $\vee$, $\wedge$, $\rightarrow$, $\leftarrow$ gilt: der aus zwei w bestehenden Wahrheitsbelegung kommt der Wert w zu. Daher erhält jede allein aus diesen Verknüpfungen aufschichtbare Aussagenform für die aus lauter w bestehende Belegung den Wert w. Die Negation ist also nicht von ihnen begriffsabhängig.

Für jede der Verknüpfungen $\sqcup$, $\overline{\rightarrow}$, $\overline{\leftarrow}$ gilt: der aus zwei f bestehenden Wahrheitsbelegung kommt der Wert f zu. Die Negation ist also nicht von ihnen begriffsabhängig.

Aus der großen Anzahl der in den obigen Sätzen enthaltenen Verknüpfungsbasen seien drei herausgehoben, die wohl am meisten Verwendung finden.

Liste der drei gebräuchlichsten Verknüpfungsbasen.

I. Die aus $\overline{\wedge}$ („nicht zugleich“) allein bestehende sog. „SHEFFERsche“ $\boxed{\overline{\wedge}\text{-Basis}}$ (s. Satz 28 (1)).

Für sie gelten die folgenden Definitionen (im Sinne der Anmerkung von S. 93), deren einsichtiges Lesen empfehlenswert ist:

$\neg\mathfrak{a} \quad =: \mathfrak{a}\overline{\wedge}\mathfrak{a}$

$\mathfrak{a}\wedge\mathfrak{b} \quad =: (\mathfrak{a}\overline{\wedge}\mathfrak{b})\overline{\wedge}(\mathfrak{a}\overline{\wedge}\mathfrak{b})$ (nämlich $\neg(\mathfrak{a}\overline{\wedge}\mathfrak{b})$)

$\mathfrak{a}\vee\mathfrak{b} \quad =: (\mathfrak{a}\overline{\wedge}\mathfrak{a})\overline{\wedge}(\mathfrak{b}\overline{\wedge}\mathfrak{b})$ (nämlich $\neg\mathfrak{a}\overline{\wedge}\neg\mathfrak{b}$)

$\mathfrak{a}\rightarrow\mathfrak{b} =: \mathfrak{a}\overline{\wedge}(\mathfrak{b}\overline{\wedge}\mathfrak{b})$ (nämlich $\neg\mathfrak{a}\vee\mathfrak{b} = \mathfrak{a}\overline{\wedge}\neg\mathfrak{b}$).

Textaufgabe. Man bestätige durch Wahrheitswertung, daß diese Definitionen sich mit der alternären Logik in Einklang befinden.

Anmerkung. Diese Basis I hat ihre grundsätzliche Bedeutung eben darin, daß sie sich bloß einer *einzigen* undefinierten Verknüpfung bedient. Die Verknüpfung $a\overline{\wedge}b$, die hier „a nicht zugleich mit b" gelesen wird, findet man sonst als a/b, gelesen „a unverträglich mit b". Die Interpretation als „Unverträglichkeit" ist indessen nicht genau; es kann sein, daß zwei Tatbestände „nicht zugleich" gelten, ohne doch „unverträglich" zu sein (z.B. „heute ist Vollmond" und „heute ist beständiges Wetter").

Wir werden in § 168 eine „Unverträglichkeits"-Verknüpfung kennenlernen, die weit schärfer als die bloße „Nichtzugleichheit" ist; es wird nämlich „unverträglich" soviel wie „*notwendigerweise* nicht zugleich", m.a.W. „unmöglich zugleich" sein. (Die Einführung der Notwendigkeitsmodalität übersteigt jedoch den Rahmen der *alternären* Logik.)

II. Die $\boxed{\vee\neg\text{-Basis}}$ (s. Satz 27) führt sich unmittelbar auf die bereits im 1. Abschnitt (Algebra der Logik) benutzte $\vee\wedge\neg$-Basis an Hand der aus den Verneinungsgesetzen $V\,12\alpha$, 13 entfließenden Definition $\mathfrak{a}\wedge\mathfrak{b} =: \neg(\neg\mathfrak{a}\vee\neg\mathfrak{b})$ zurück. (Betreffs der Definition — s. Anm. S. 93 — der übrigen Verknüpfungen in dieser Basis vgl. etwa den ersten Absatz dieses Paragraphen.)

III. Die $\boxed{\rightarrow\neg\text{-Basis}}$ wird trotz der Nichtkommutativität der $\rightarrow$-Verknüpfung — und ungeachtet der noch zu besprechenden unleugnebaren Härten ihrer Interpretation — mitunter in der deduktiven Logik zugrunde gelegt (s. später Kap. XIV); dies hängt mit der Rolle zusammen, die die alternäre Implikation bei der exakten Deduktion zu spielen vermag (vgl. hierzu später § 66). Für die $\rightarrow\neg$-Basis gelten die folgenden Definitionen, zu deren einsichtigem Lesen noch an späterer Stelle (§ 42) einiges zu bemerken sein wird: $\mathfrak{a}\vee\mathfrak{b} =: \neg\mathfrak{a}\rightarrow\mathfrak{b}$, $\mathfrak{a}\wedge\mathfrak{b} =: \neg(\mathfrak{a}\rightarrow\neg\mathfrak{b})$ (vgl. auch S. 91).

Zusatzaufgaben. 1. Die Äquivalenz in der $\rightarrow\neg$-Basis zu definieren, 2. das distributive Gesetz für $\wedge$, $\vee$ in dieser Basis auszudrücken. —

Vorausschauende *Bemerkung.* Es wird gut sein, bereits an dieser Stelle darauf hinzuweisen, daß manche aussagenlogischen Systeme (bzw., wie wir später sagen werden: Kodifikate) sich nicht auf eine Basis von gegenseitig begriffsunabhängigen Verknüpfungen stützen, sondern die vier interpretativ wichtigsten Verknüpfungen $\boxed{\rightarrow, \wedge, \vee, \neg}$ in gleichberechtigter Weise zugrunde legen. Solche Systeme werden wir „*natürlich*“ nennen (s. später die „Erklärung“ von S. 160). — Demgemäß wird dann jede Aussagenform, in der keine anderen als die genannten Verknüpfungen $\rightarrow$, $\wedge$, $\vee$, $\neg$ auftreten, natürlich zu nennen sein.

Ein gewisses Gegenstück zu Satz 27 bildet der

Satz 29. Die Verknüpfungen, die *nicht* das Werteverhältnis 3:1 haben (also: Y, ⅄, a, b, $\neg a$, $\neg b$, $a \leftrightarrow b$, $a \sqcup b$; Gruppen α bis δ von S. 89), bilden zusammen noch *keine* Verknüpfungsbasis.

Zum *Nachweis* genügt es zu zeigen: Eine Aussagenform aus zwei Variablen a, b, die sich aus den oben zugrunde gelegten Verknüpfungen zusammensetzen läßt, hat nicht das Werteverhältnis 3:1, d.h. jeden Wert, den ihre Wertetafel annimmt, nimmt sie mindestens noch einmal an.

Nachweis dieses Hilfsatzes durch Induktion nach der (Aufschichtungs-) Ordnung, s. S. 87 unten.

Auf Aussagenformen der Ordnung 2, m.a.W. auf die zugrunde gelegten Verknüpfungen, trifft die Behauptung zu.

Sie sei nun bereits für alle Aussagenformen der Ordnung n bewiesen (Induktionsvoraussetzung). Es sei eine Aussagenform der Ordnung $n+1$ vorgelegt. Sie läßt sich in der Gestalt mitteilen: $(a \times_1 b) \times_2 (a \times_3 b)$, wo *keine* der Verknüpfungen $\times_1$, $\times_2$, $\times_3$ das Werteverhältnis 3:1 hat und wobei $a \times_1 b$ und $a \times_3 b$ höchstens von der Ordnung n sind. (Zur Rechtfertigung der vollen Reichweite dieser Schreibweise ist zu berücksichtigen, daß ja auch a selbst als ein $a \times b$, ebenso b als ein $a \times b$ geschrieben werden darf; diese Verknüpfungen kommen in der Tabelle von S. 89 vor.)

Es ist zu zeigen: In der zu $(a \times_1 b) \times_2 (a \times_3 b)$ gehörigen Wahrheitstafel tritt jeder der Wahrheitswerte (w bzw. f), wenn überhaupt, so mindestens zweimal auf.

Um dies nachzuweisen, stellen wir zunächst die Wahrheitstafeln für $\times_1$ und $\times_3$ nebeneinander und setzen sie zu der verlangten Wahrheitstafel zusammen (hierbei bezeichnen die Punkte der Tabelle die nicht näher bekannten Wahrheitswerte w bzw. f).

1.	2.	3.	4.	5.
a	b	$a \times_1 b$	$a \times_3 b$	$(a \times_1 b) \times_2 (a \times_3 b)$
w	w	•	•	•
w	f	•	•	•
f	w	•	•	•
f	f	•	•	•

(Die arabischen Ziffern sollen lediglich die Spalten numerieren.)

Wir betrachten eine der vier Zeilen; wir wollen sie als die m-te Zeile bezeichnen. Sie enthalte in der 3., 4. bzw. 5. Spalte die Wahrheitswerte III, IV, bzw. V. (III, IV und V teilen also w bzw. f mit.) $\overline{\mathrm{III}}$, $\overline{\mathrm{IV}}$, $\overline{\mathrm{V}}$ sollen nun jeweils den *anderen* Wahrheitswert (f bzw. w) mitteilen. Der Wahrheitswert V tritt also in der 5. Spalte jedenfalls einmal auf; unser Ziel ist, zu zeigen, daß er dort noch einmal auftritt.

Falls in den Spalten 3. und 4. die Wertekombination III, IV noch einmal (d.h. in einer von der m-ten verschiedenen Zeile) auftritt, ergibt sich rechterhand in der 5. Spalte wiederum V. In diesem Falle ist unser Ziel erreicht.

Im anderen Falle steht (in den Spalten 3. und 4.) in keiner von der m-ten verschiedenen Zeile mehr die Wertekombination III, IV. Nun tritt aber in der 3. Spalte nach Voraussetzung der Wert III noch einmal auf; die betreffende Kombination lautet also (da III, IV verboten ist): III, $\overline{\mathrm{IV}}$. Entsprechend tritt in der 4. Spalte nach Voraussetzung der Wert IV noch einmal auf; die betreffende Kombination lautet also (da III, IV verboten ist): $\overline{\mathrm{III}}$, IV. — Man weiß bis jetzt: drei der Zeilen haben (in der 3. und 4. Spalte) die Wertekombinationen III, IV; III, $\overline{\mathrm{IV}}$; $\overline{\mathrm{III}}$, IV.

Da man in der Spalte 3. einmal $\overline{\mathrm{III}}$ hat, muß dieser Wert dort noch einmal auftreten; ebenso: da man in der Spalte 4. einmal $\overline{\mathrm{IV}}$ hat, muß dieser Wert dort noch einmal auftreten. Das ist aber (gemäß der Gestalt der drei bekannten Zeilen) nur möglich, wenn die noch ausstehende Zeile lautet: $\overline{\mathrm{III}}$, $\overline{\mathrm{IV}}$. Die vier Zeilen bilden jetzt also das *volle* Belegungsquadrupel für eine binäre Aussagenform. Die Voraussetzung über das Werteverhältnis von $\times_2$ lehrt in diesem Falle unmittelbar, daß die betrachtete (in der 5. Spalte stehende) Gesamtaussagenform nicht das Werteverhältnis 3:1 hat. (Insbesondere: da V einmal auftritt, tritt es noch einmal auf.)

Anmerkung. Man darf sich nicht im Anschluß an die Sätze 28 (2) und 29 die Meinung bilden, es gebe keine anderen „Verknüpfungsbasen aus zwei binären Verknüpfungen" als die in den Sätzen 27 und 28 (1) angegebenen. Vielmehr gilt z.B. auch:

Satz 30. Jedes der Verknüpfungspaare (1) $\rightarrow$, $\sqcup$; (2) $\overline{\rightarrow}$, $\leftrightarrow$; (3) $\leftarrow$, $\sqcup$; (4) $\overline{\leftarrow}$, $\leftrightarrow$ bildet eine Verknüpfungsbasis.

Zum *Nachweis* genügt es nach Satz 27, aus jedem der genannten Verknüpfungspaare die Verknüpfung $\neg$ in Übereinstimmung mit den Wahrheitstafeln zusammenzusetzen.

(1) $\neg a = a \rightarrow (a \sqcup a)$; dual dazu: (2) $\neg a = (a \leftrightarrow a) \overline{\rightarrow} a$;

(3) und (4) durch Übergang zu den konversen Verknüpfungen. (Bestätigung der vier Wahrheitsgleichungen als Textaufgabe.)

Zusatzaufgabe. Alle Verknüpfungsbasen anzugeben, die aus höchstens zwei binären Verknüpfungen bestehen.

Schlußbemerkung. Von nun ab werden wir uns im allgemeinen wieder auf Aussagenformen aus $\vee$, $\wedge$, $\neg$, $\rightarrow$ und $\leftrightarrow$ beschränken können.

Kapitel VII.

Wahrformen.

§ 39. Überleitung von der logischen Algebra zu den Wahrformen.

Nach Satz 24 sind zwei Aussagenformen $\mathfrak{a}$, $\mathfrak{b}$ in der logischen Algebra dann und nur dann gleich: $\mathfrak{a} = \mathfrak{b}$, wenn ihre reduzierten Wertverläufe (über denselben Variablen) übereinstimmen. Anderseits ersieht man aus der Wahrheitstafel der Äquivalenz $\leftrightarrow$ (S. 80) unmittelbar:

Hilfsatz. Dann und nur dann, wenn die reduzierten Wertverläufe von $\mathfrak{a}$ und $\mathfrak{b}$ übereinstimmen, erhält $\mathfrak{a} \leftrightarrow \mathfrak{b}$ für alle Wahrheitsbelegungen den Wert w.

Statt also *zwei* Aussagenformen auf ihre Gleichheit zu untersuchen, genügt es, die *eine* Aussagenform $\mathfrak{a} \leftrightarrow \mathfrak{b}$ daraufhin zu betrachten, ob sie stets den Wahrheitswert w ergibt. Diese Überlegung führt zu der allgemeinen Begriffsbildung der Wahrform.

Erklärung. Eine Aussagenform, die bei allen Wahrheitsbelegungen den Wert w bekommt — man sagt wohl auch: deren Wahrheitsfunktion „identisch gleich w" ist — heißt eine „identisch wahre" Aussagenform oder kurz eine *Wahrform.* (Beispiele folgen zu Eingang des nächsten Paragraphen.)

Auf Grund dieser Erklärung können wir die oben angestellte Überlegung (unter Zufügung einer unmittelbaren Folgerung) so ausdrücken:

Satz 31. — (1) Eine $\vee\wedge\neg$-Aussagenform der Gestalt $\mathfrak{a} \leftrightarrow \mathfrak{b}$ — kurz eine Äquivalenz — ist eine Wahrform dann und nur dann, wenn in der Algebra der Logik (1. Abschnitt) $\mathfrak{a} = \mathfrak{b}$ ist. — (2) Eine $\vee\wedge\neg$-Aussagenform $\mathfrak{a}$ ist Wahrform dann und nur dann, wenn in der Algebra der Logik $\mathfrak{a} = \curlyvee$ ist.

Anmerkungen. 1. Die Definition des $\mathfrak{a} \subset \mathfrak{b}$ durch $\mathfrak{a} \rightarrow \mathfrak{b} = \curlyvee$ (§ 21) gewinnt hiermit ihre eigentliche Bedeutung. — 2. Die Theorie der Wahrformen ließe sich nach Satz 31 (2) unmittelbar zurückführen auf die Theorie der dem $\curlyvee$ gleichen Aussagenformen der logischen Algebra. Sie gewinnt jedoch ihre volle Einfachheit erst, wenn sie von der Gleichungs-Algebra gelöst wird.

§ 40. Wahrformen.

Eine Wahrform wurde oben definiert als eine solche Aussagenform, die bei allen Wahrheitsbelegungen den Wert w bekommt, d.h. deren Wertverlauf nur w enthält, m.a.W.: deren Wahrheitsfunktion nur den Wert w annimmt.

Zur Interpretation. Eine Aussagenform ist also gerade dann Wahrform, wenn bei der Interpretation der in ihr auftretenden Variablen stets eine wahre Gesamtaussage entsteht, was auch die Bedeutung der betreffenden Einzelaussagen sein mag.

Die Wahrformen stellen somit die (aussagenlogisch ausdrückbaren) *logisch allgemeinen Gesetze* dar.

Allererste Beispiele für Wahrformen:

$a \vee b \leftrightarrow b \vee a, \quad a \leftrightarrow a \vee (a \wedge b), \quad a \wedge b \rightarrow a, \quad a \vee \neg a, \quad \neg(a \wedge \neg a).$

Textaufgabe: zu zeigen, daß es sich um Wahrformen handelt. —

Mitunter werden wir neben den Wahrformen auch *Falschformen* gebrauchen. Eine Falschform ist eine solche Aussagenform, die bei allen Belegungen den Wert f bekommt, m.a.W.: deren Wahrheitsfunktion nur den Wert f annimmt.

Das Negat einer Wahrform ist offenbar eine Falschform, und umgekehrt.

Zusatz. Nach S. 86 (1. Folgerung) sind die Wahrformen und die Falschformen diejenigen Aussagenformen, deren reduzierter Wertverlauf (S. 83) über keiner Variablen mehr steht. —

Die in § 32 geschilderte Wahrheitswertung gibt offenbar ein *Entscheidungsverfahren* (§ 18, vgl. 2. Folgerung S. 86) für das *Wahrformsein* — und ebenso auch für das Falschformsein — einer gegebenen Aussagenform ab.

Anmerkung. Diese so einfache Entscheidung des Wahrformseins — m.a.W.: der logischen Allgemeinheit — durch Wahrheitswertung bildet in gewisser Weise das Kernstück der alternären Aussagenlogik. In ihm hat man es mit einer Untersuchung logischer Gesetzlichkeit zu tun, die sich völlig von der bloßen Gleichungsalgebra der Aussagengehalte abgewandt hat (vgl. die 2. Anmerkung des vorigen Paragraphen). —

Die in § 10 beschriebenen, auf Gleichungen bezogenen Prozesse der Einsetzung und der Umsetzung hätten sich bereits dort auf Prozesse für einzelne *Aussagenformen* zurückführen lassen. Diese letzteren Prozesse sind offenbar wie folgt zu erklären.

Erklärungen. Ersetzen wir in einer vorgegebenen Aussagenform $\mathfrak{a}$ eine Variable $\mathfrak{v}$ *überall, wo sie darin auftritt* (m.a.W.: eine Variable samt allen gestaltlich mit ihr übereinstimmenden) durch ein und dieselbe Aussagenform $\mathfrak{t}$, so sagen wir: wir haben in der Aussagenform $\mathfrak{a}$ die Form $\mathfrak{t}$ für $\mathfrak{v}$ *eingesetzt.*

Eine Aussagenform $\mathfrak{a}^*$, die aus $\mathfrak{a}$ durch eine oder mehrere Einsetzungen hervorgeht, heiße eine *Beiform* zu $\mathfrak{a}$.

(Beispiel folgt hinter Satz 32.)

Zur Schreibweise. Der Stern * soll im folgenden meist auf ein *Beiform*-Verhältnis (d.h. auf eine Einsetzung) hinweisen.

Die Einsetzung ist auch in der Theorie der Wahrformen eine erlaubte „Umformung", wie der Teil (1) des unten folgenden Satzes 32 ausweist.

Erklärung. Wenn wir die Aussagenform $\mathfrak{b}$ erhalten, indem wir in einer vorgegebenen Aussagenform $\mathfrak{a}$ eine Teilform $\mathfrak{s}$ durch die Form $\mathfrak{t}$ ersetzen, *wo* $\mathfrak{s} \leftrightarrow \mathfrak{t}$ *Wahrform ist,* so sagen wir: wir haben $\mathfrak{a}$ in $\mathfrak{b}$ an Hand der Äquivalenz von $\mathfrak{s}$ und $\mathfrak{t}$ *umgesetzt.* (Beispiel folgt hinter Satz 33.)

I. Für die Einsetzung gilt

Satz 32. — (1) Jede Beiform einer Wahrform ist Wahrform; (2) eine Aussagenform, die *nicht* Wahrform ist, besitzt eine Beiform, die *Falschform* ist.

Zusatz zu (2). Wenn die Verknüpfungen, die in der gegebenen Aussagenform auftreten, überhaupt Wahr- und Falschformen zu bilden gestatten, braucht man zur Bildung der gewünschten Beiform-Falschform keine weiteren Verknüpfungen.

Ein Beispiel zu (1) wird im Nachweis folgen.

Beispiel zu (2). $\mathfrak{a} \equiv\!: a \vee \neg b \rightarrow \neg(a \wedge \neg b)$ ist nicht Wahrform.

(Das Zeichen $\equiv\!:$ drückt die Abkürzung einer Aussagenform durch ein Mitteilungszeichen aus, s. die „Verabredung zur Mitteilung" von § 9.)

Die Einsetzung von $a \rightarrow a$ für a und von $\neg(a \rightarrow a)$ für b ergibt die Beiform $\mathfrak{a}^* \equiv\!: (a \rightarrow a) \vee \neg\neg(a \rightarrow a) \rightarrow \neg\big((a \rightarrow a) \wedge \neg\neg(a \rightarrow a)\big)$; diese ist Falschform. (Bestätigung als Textaufgabe, vgl. hierzu später auch das Beispiel auf S. 101.) —

Nachweis zu (1). Sei $\mathfrak{a}^*$ Beiform zu $\mathfrak{a}$. Jede Belegung von $\mathfrak{a}^*$ verkürzt sich, indem die Wahrheitswerte der eingesetzten Teilformen errechnet werden, zunächst zu einer Belegung von $\mathfrak{a}$.

Beispiel. $\mathfrak{a}^* \equiv\!: (a \vee b) \wedge (c \wedge \neg a) \rightarrow c \wedge \neg a$; $\mathfrak{a} \equiv\!: a \wedge b \rightarrow b$. Die Belegung $(\mathrm{w} \vee \mathrm{f}) \wedge (\mathrm{f} \wedge \neg \mathrm{w}) \rightarrow \mathrm{f} \wedge \neg \mathrm{w}$ der Form $\mathfrak{a}^*$ verkürzt sich zunächst zu $\mathrm{w} \wedge \mathrm{f} \rightarrow \mathrm{f}$, dies ist eine Belegung der Form $\mathfrak{a}$.

Wenn nun $\mathfrak{a}^*$ eine Belegung gestatten würde, die f ergibt, so würde man auch eine Belegung von $\mathfrak{a}$ haben, die f ergibt, entgegen der Voraussetzung, daß $\mathfrak{a}$ Wahrform ist.

Nachweis zu (2). Es gebe eine Belegung von $\mathfrak{a}$, die den Wert f ergibt. Für jede Variable von $\mathfrak{a}$, die in dieser Belegung den Wert w erhielt.

setzen wir eine Wahrform $\mathfrak{w}$ ein (etwa $a \rightarrow a$ oder $a \vee \neg a$), für jede Variable, die den Wert f erhielt, setzen wir eine Falschform (etwa das Negat $\neg \mathfrak{w}$) ein.

Bei *jeder beliebigen* Belegung der so entstandenen Beiform $\mathfrak{a}^*$ berechnet sich der Wert jeder Teilform der Gestalt $\mathfrak{w}$ zu w und der Wert jeder Teilform der Gestalt $\neg \mathfrak{w}$ zu f; daher verkürzt sich die betrachtete Belegung des $\mathfrak{a}^*$ zu der vorgegebenen Belegung des $\mathfrak{a}$; sie ergibt also insgesamt den Wert f. — *Alle* Belegungen von $\mathfrak{a}^*$ ergeben also den Wert f.

Wichtige *Textaufgabe*. Der Kern des Nachweises für Satz 11° aus Kap. III ist nichts als eine Vorwegnahme dieses Nachweises; das Wertungsverfahren ist dort durch Ein- und Umsetzungen mit $\curlyvee$ und $\curlywedge$ ausgedrückt. Man verfolge diese Analogie an Hand der beiden in Rede stehenden Nachweise in ihren Einzelheiten. Vgl. hierzu die Schlußbemerkung zum Nachweis auf S. 85.

II. Für die Umsetzung gilt

Satz 33. — (1) Zwei Aussagenformen, deren eine durch eine Umsetzung aus der anderen hervorgeht, haben den gleichen reduzierten Wertverlauf (über denselben Variablen). — Insbesondere also: (2) Eine Wahrform geht durch Umsetzung in eine Wahrform über.

Beispiel. Im Beispiel für den Einsetzungssatz 32 (2) war als Textaufgabe gestellt, die Aussagenform
$\mathfrak{a}^* \equiv: (a \rightarrow a) \vee \neg\neg(a \rightarrow a) \rightarrow \neg\big((a \rightarrow a) \wedge \neg\neg(a \rightarrow a)\big)$ als Falschform zu erweisen. Durch Umsetzung von $\neg\neg(a \rightarrow a)$ in $a \rightarrow a$ geht $\mathfrak{a}^*$ über in: $(a \rightarrow a) \vee (a \rightarrow a) \rightarrow \neg\big((a \rightarrow a) \wedge (a \rightarrow a)\big)$. Dies geht durch evidente Umsetzungen weiter über in $a \rightarrow a \;\rightarrow\; \neg(a \rightarrow a)$. Diese Form wird rasch als Falschform erkannt. Mit ihr ist nach Satz 33 (1) auch $\mathfrak{a}^*$ Falschform.

Nachweis des Satzes 33. — (2) wird mit (1) nachgewiesen sein. Nachweis für (1) durch Netzinduktion (S. 37). Die Form $\mathfrak{b}$ gehe aus $\mathfrak{a}$ bei Ersetzung der Teilform $\mathfrak{s}$ durch $\mathfrak{t}$ hervor, wobei $\mathfrak{s} \leftrightarrow \mathfrak{t}$ Wahrform ist. $\mathfrak{s}$ habe die Aufschichtungsordnung n (S. 31), $\mathfrak{a}$ die Ordnung $n+m$.

1. $m=0$ bedeutet: $\mathfrak{s}$ ist $\mathfrak{a}$ (d.h. $\mathfrak{s}$ ist die „unechte" Teilform von $\mathfrak{a}$) und somit: $\mathfrak{t}$ ist $\mathfrak{b}$. Die Behauptung ist dann mit dem Hilfsatz des § 39 erfüllt.

2. Der Nachweis sei geführt für alle $\mathfrak{a}$, deren Ordnung kleiner als $n+m$ ist (Induktionsvoraussetzung). Man habe nun ein $\mathfrak{a}$ der Ordnung $n+m$ vor sich. Dann sind die Fälle zu unterscheiden: $\mathfrak{a} \equiv \mathfrak{p} \vee \mathfrak{q}$, $\mathfrak{a} \equiv \mathfrak{p} \wedge \mathfrak{q}$, $\mathfrak{a} \equiv \neg \mathfrak{p}$. In den ersten beiden Fällen kann die Umsetzung in $\mathfrak{p}$ oder in $\mathfrak{q}$ erfolgt sein, im letzten Fall nur in $\mathfrak{p}$. — In allen Fällen ergibt sich die Behauptung (da ja $\vee$, $\wedge$ und $\neg$ durch Wahrheitstafeln festgelegt sind) unmittelbar aus der Induktionsvoraussetzung.

(Zusatz. Dieselbe Überlegung läßt sich offenbar für jede andere binäre Verknüpfung, die noch in $\mathfrak{a}$ auftreten könnte, anstellen.)

Aufgabe. Man zeige durch Netzinduktion (S. 37): Eine rein implikative Aussagenform (d.h. eine $\rightarrow$-Aussagenform) ist nicht Falschform.

§ 41. Abgekürzte Wahrheitswertung.

Es ist dringend zu empfehlen, die Entscheidung durch Wahrheitswertung an möglichst vielen Aussagenformen durchzuführen und einzuüben. Dabei kürzt man zweckmäßigerweise die Anzahl der zu untersuchenden Belegungen nach Möglichkeit ab, indem man sich den Wertverlauf einiger auftretender Verknüpfungen zunutze macht. Es wird hier genügen, eine solche Abkürzung an zwei Beispielen in aller Ausführlichkeit zu demonstrieren.

Erstes Beispiel. $a \rightarrow b \longrightarrow a \rightarrow c \rightarrow b$ (d.h. $(a \rightarrow b) \rightarrow (a \rightarrow (c \rightarrow b))$ S. 88) ist Wahrform.

Beweisverfahren. Eine Implikation $\mathfrak{a} \rightarrow \mathfrak{b}$ bekommt den Wert w für jede Wahrheitsbelegung, bei der $\mathfrak{b}$ den Wert w hat, und ebenso für jede Belegung, bei der $\mathfrak{a}$ den Wert f hat.

1. Fall. In einer gegebenen Belegung der betrachteten Aussagenform sei b mit dem Wahrheitswert w belegt. Dann hat auch $c \rightarrow b$, weiter $a \rightarrow c \rightarrow b$ und $a \rightarrow b \longrightarrow a \rightarrow c \rightarrow b$ den Wert w.

2. Fall. a sei mit f belegt. Dann bekommt $a \rightarrow c \rightarrow b$ den Wert w, also $a \rightarrow b \longrightarrow a \rightarrow c \rightarrow b$ den Wert w.

3. Fall. a sei mit w, b dagegen sei mit f belegt. Dann bekommt $a \rightarrow b$ den Wert f, also $a \rightarrow b \longrightarrow a \rightarrow c \rightarrow b$ den Wert w.

Die drei Fälle umfassen alle möglichen Wahrheitsbelegungen, obwohl die Variable c überhaupt nicht berücksichtigt ist. — Abgekürzte Mitteilung (in der linearen Gestalt der Wahrheitstafel von S. 79 unten; an Stelle von acht Fällen sind nur drei unterschieden):

a	b	c	$a \rightarrow b$	$a \rightarrow c \rightarrow b$	$a \rightarrow b \longrightarrow a \rightarrow c \rightarrow b$
—	w	—	—	w	w
f	—	—	—	w	w
w	f	—	f	—	w

Zweites Beispiel. $a \wedge b \rightarrow c \longleftrightarrow a \rightarrow c \vee \neg b$ ist Wahrform.

Nachweis, in der beschriebenen Weise abgekürzt; statt der acht Fälle werden nur vier unterschieden:

a	b	c	linke Seite	rechte Seite	Äquivalenz
—	—	w	w	w	w
f	—	—	w	w	w
—	f	—	w	w	w
w	w	f	f	f	w

Drittes Beispiel als Textaufgabe. $a \rightarrow b \vee c \longrightarrow a \wedge \neg b \rightarrow c$ und $a \wedge \neg b \rightarrow c \longrightarrow a \rightarrow b \vee c$ sind Wahrformen.

Neben der geschilderten Möglichkeit, das Entscheidungsverfahren für „Wahrformsein" abzukürzen, bietet sich die Möglichkeit weiterer Vereinfachungen, deren trivialste und gleichzeitig wichtigste wir in den folgenden Regeln zusammenfassen:

Satz 34. — (1) Wenn $\mathfrak{a} \leftrightarrow \mathfrak{b}$ Wahrform ist, so ist mit $\mathfrak{a}$ auch $\mathfrak{b}$ und ebenso mit $\mathfrak{b}$ auch $\mathfrak{a}$ Wahrform. — (2) Wenn $\mathfrak{a} \rightarrow \mathfrak{b}$ Wahrform ist, so ist mit $\mathfrak{a}$ auch $\mathfrak{b}$ Wahrform. — (3) Wenn $\mathfrak{a} \leftrightarrow \mathfrak{b}$ Wahrform ist, so sind $\mathfrak{a} \rightarrow \mathfrak{b}$ und $\mathfrak{b} \rightarrow \mathfrak{a}$ Wahrformen.

Als *Beispiel* für die Anwendung möge (3) aus (2) entwickelt werden. Mittels (abgekürzter) Wahrheitswertung zeigt man: $a \leftrightarrow b \longrightarrow a \rightarrow b$ und $a \leftrightarrow b \longrightarrow b \rightarrow a$ sind Wahrformen. Daraus folgt (3) unmittelbar mit Satz 34 (2) und Satz 32 (1).

Zum *Nachweis* des Satzes 34 (1) und (2) braucht man lediglich zu berücksichtigen: (1) ist ein trivialer Spezialfall des Satzes 33 (2); — zu (2): Die Wertetafel für $\rightarrow$ (S. 82) weist bei w$\rightarrow$f den Wert f auf.

§ 42. Zur Deutung der binären Verknüpfungen, insbesondere der alternären Implikation.

Dem einsichtigen Lesen von Wahrformen stellen sich erfahrungsgemäß gewisse Anfangsschwierigkeiten entgegen. Die erste soll nur kurz gestreift werden. Wie man leicht errechnet, sind die assoziativen Aussagenformen

$$a \vee (b \vee c) \leftrightarrow (a \vee b) \vee c, \qquad a \leftrightarrow (b \leftrightarrow c) \longleftrightarrow (a \leftrightarrow b) \leftrightarrow c$$

Wahrformen. Während sich die erste spielend leicht einsichtig liest, liegt der Sinn der anderen zunächst nicht ebenso auf der Hand (von der Einsicht der Gültigkeit zu schweigen). Das hängt damit zusammen, daß die Verknüpfung ‚oder' von vornherein nur *operativ* — eben als eine Verknüpfung von Einzelaussagen — angesprochen wird, während bei $\leftrightarrow$ die Bezeichnung ‚äquivalent' eine relationale Deutung nahelegt. In Wahrheit ist aussagenlogisch kein Unterschied; zwei Aussagen $\mathfrak{a}$, $\mathfrak{b}$ setzen sich auch durch $\mathfrak{a} \leftrightarrow \mathfrak{b}$ zu einer Aussagenform zusammen, deren Wahrheitswert von denen des $\mathfrak{a}$ und des $\mathfrak{b}$ abhängt. $\mathfrak{a} \leftrightarrow \mathfrak{b}$ hat einen *Wahrheitswertverlauf*; auf diesen kommt es tatsächlich in der Aussagenlogik an, nicht nur darauf, ob die *Relation* $\mathfrak{a} \leftrightarrow \mathfrak{b}$ erfüllt sei oder nicht.

Daß die Bezeichnungen ‚bedingt' (‚impliziert'), ‚äquivalent', ‚nicht zugleich mit' ein stärkeres relationales Moment anklingen lassen als ‚und', ‚oder', ‚nicht', ‚entweder-oder', ‚weder-noch', ist nur eine sprachliche Zufälligkeit, von der in der Aussagenlogik ganz abzusehen ist. In der Tat fließen bei eingehenderem Umgang das operative und das relationale Moment ständig ineinander über. Die rein *‚relationale‘* Auffassung des $\mathfrak{a} \leftrightarrow \mathfrak{b}$ denkt nicht an einen ganzen Verlauf, sondern fragt lediglich: Wahrform oder nicht? Auf diese Frage kann man sich ebenso gut z. B. bei $\mathfrak{a} \vee \mathfrak{b}$ beschränken und hat dann den Blick auf die *Relation* „$\mathfrak{a}$, $\mathfrak{b}$ geben eine vollständige Disjunktion“ eingestellt. Bei allen aussagenlogischen Verknüpfungen spielen *beide* Momente, das relationale und das operative, hinein; und dies berechtigt vielleicht den mathematischen Logiker, seine (teilweise ein wenig rohen) sprachlichen Bezeichnungen unterschiedslos beizubehalten.

Eine auffälligere Schwierigkeit stellt sich bei der Deutung der alternären Implikation $\rightarrow$ ein. Da die Verknüpfung $\mathfrak{a} \rightarrow \mathfrak{b}$ durch $\neg \mathfrak{a} \vee \mathfrak{b}$ definiert ist, bekommt sie die Wahrheitstafel $\begin{matrix} \mathrm{w} & \mathrm{f} \\ \mathrm{w} & \mathrm{w} \end{matrix}$ (S. 82); d. h. es ist

$$\mathrm{w} \rightarrow \mathrm{w} = \mathrm{w}, \quad \mathrm{f} \rightarrow \mathrm{w} = \mathrm{w}, \quad \mathrm{f} \rightarrow \mathrm{f} = \mathrm{w} \quad (\text{nur } \mathrm{w} \rightarrow \mathrm{f} = \mathrm{f}).$$

Man hat oft eingewandt, daß dies gekünstelt sei und hat Interpretationsgegenbeispiele angegeben. In der Tat wird man eine Implikation wie „Wenn alle Affen Flügel haben, so hat es vorgestern hier geregnet“ wohl kaum als eine ‚wahre‘ Implikation anerkennen. — Eine genauere Analyse dieses und anderer Einwände wird später in § 107 gegeben werden. Hier sei nur soviel angedeutet: In der Aussagenlogik hat man es stets mit Aussagen*formen* zu tun; und Wahr*formen* werden *im allgemeinen* so gebaut sein, daß der Bedeutungszusammenhang, den man im obigen Beispiel vermißt, durch die Gestalt (die Aufschichtung) der Form gewährleistet ist — jedenfalls für die *herrschende* Verknüpfung. [Man vgl. hierzu auch die Bemerkung im Vorwort, die den Vergleich mit der Aristotelischen Syllogistik zieht.] — Dessen ungeachtet verbleiben bei der Deutung des ‚$\rightarrow$‘ als ‚logischer Folgerung‘ auch für die Interpretation von Wahrformen mitunter unleugnebare Härten, die im zweiten Hauptteil den ersten Anstoß zur Entwicklung der nichtalternären Aussagenlogiken geben werden.

Wir wollen uns hier zunächst mit der folgenden vorläufigen Feststellung begnügen (ausführliches hierzu wird man später z. B. in der Einleitung zum 2. Teil des Buches finden): einerseits läßt sich die ‚alternäre Implikation‘ zwar ganz *weitgehend* als Implikation ausdeuten, wie die implikativen Wahrformen der beiden nächsten Paragraphen ausweisen werden, und sie wird sich einer ausreichenden Präzisierung des Deduktionsbegriffs zugrunde legen lassen; — andererseits jedoch sind einer implikativen Ausdeutung (im Sinne üblicher Vorstellungen) deutliche Schranken gesetzt:

Schon bei der Wahrform $a \rightarrow (b \rightarrow a \wedge b)$ ist die zweite $\rightarrow$-Verknüpfung höchstens noch als ein ‚Implizieren unter Annahme‘ anzusprechen.

Die Wahrform $a \to b \to a$ (verum ex quolibet: ein wahrer Satz ,folgt' aus jedem anderen) unterliegt in ihrer implikativen Deutung ebenfalls gewissen Schwierigkeiten, auf die in § 107 einzugehen sein wird.

Diese Schwierigkeiten stellen jedoch nicht die eigentliche Härte der implikativen Deutung vor. Es seien hier gleich noch einige der allerwichtigsten Wahrformen angeführt, bei denen die naive Deutung des $\to$ als ,logische Folgerung' (die später gelegentlich auch als „Erschließungs-Deutung" bezeichnet werden wird) offensichtlich versagt. Interpretationsgegenbeispiele zu diesen Formen wird man später in § 107 finden.

$(a \to b) \vee (\neg a \to b)$; nicht: jede Behauptung ,folgt' aus einer beliebigen Aussage oder aus ihrem Gegenteil.

$a \to b \vee c \longrightarrow (a \to b) \vee (a \to c)$. Die ,kurzen' $\to$ lassen sich hier nicht durch „folgt" interpretieren. (Man ersieht dies deutlich bei Einsetzung von $b \vee c$ für a.)

$\neg (a \to b) \to a \wedge \neg b$; nicht: wenn von a nicht auf b geschlossen werden kann, so gelten a und das Gegenteil von b.

$(a \to b) \vee (b \to a)$; nicht: es kann von a auf b geschlossen werden, oder es kann von b auf a geschlossen werden.

$\neg a \vee (b \to a)$; nicht: non-a, oder es kann von b auf a geschlossen werden.

Bei der Interpretation derartiger Wahrformen in der alternären Logik muß man zur Deutung der ,alternären Implikation' auf die bloße Wahrheitsfunktion „a nicht oder b" zurückgreifen.

Anmerkung. Es sei nur kurz als Selbstverständlichkeit betont, daß die Ursache—Wirkung—Interpretation des $\to$ auch dort abwegig ist, wo die Folgerungs-Interpretation noch ihren guten Sinn hat.

§ 43. Die wichtigsten Äquivalenz-Wahrformen (als Leseübung).

Die Zusammenstellung dieses und des nächsten Paragraphen geht nicht auf eine kombinatorische Systematik aus, sondern will mit denjenigen Wahrformen vertraut machen, die ein besonders *prägnantes logisches Gesetz* wiedergeben. Es kann nicht eindringlich genug empfohlen werden, an ihnen das *einsichtige Lesen* zu üben und sie sich alle einzuprägen. Soweit sie nicht [etwa als Verbandsgesetze mit $=\!=$ statt $\leftrightarrow$ unter Benutzung des Satzes 31 (1)] als Wahrformen nachgewiesen sind, seien die Nachweise dem Leser als Textaufgaben überlassen; nur in einigen Fällen ist die Abkürzung des Wertungsverfahrens angedeutet.

Man beachte, daß mit einer Äquivalenz $\mathfrak{a} \leftrightarrow \mathfrak{b}$ stets auch die Implikationen $\mathfrak{a} \to \mathfrak{b}$ und $\mathfrak{b} \to \mathfrak{a}$ Wahrformen sind [Satz 34 (3)]. Zur Schreibweise vgl. insbesondere die Klammerersparnisregeln von S. 88.

1. *Reflexivgesetz:* $a \leftrightarrow a$.

2. *Kommutativgesetze:*

$a \vee b \leftrightarrow b \vee a, \quad a \wedge b \leftrightarrow b \wedge a$

$a \leftrightarrow b \longleftrightarrow b \leftrightarrow a$

Ein verwandtes Gesetz ist

$a \to b \to c \leftrightarrow b \to a \to c$ Wahrform des Tausches der Vorderglieder.

3. *Assoziativgesetze:*

$a \vee (b \vee c) \leftrightarrow (a \vee b) \vee c, \quad a \wedge (b \wedge c) \leftrightarrow (a \wedge b) \wedge c,$

$a \leftrightarrow (b \leftrightarrow c) \leftrightarrow (a \leftrightarrow b) \leftrightarrow c$

(Man vgl. hierzu die 2. Zusatzaufgabe zur Dualität auf S. 92).

Abgekürzter Nachweis:

	linke und rechte Seite
alle 3 Variablen w	w
2 Variablen w, 1 f	f
1 Variable w, 2 f	w
alle 3 Variablen f	f

4. *Distributivgesetze* und verwandte Gesetze:

$a \wedge (b \vee c) \leftrightarrow (a \wedge b) \vee (a \wedge c), \quad a \vee (b \wedge c) \leftrightarrow (a \vee b) \wedge (a \vee c)$

$a \to b \wedge c \leftrightarrow (a \to b) \wedge (a \to c), \quad a \to b \vee c \leftrightarrow (a \to b) \vee (a \to c).$

Interpretationsbeispiele für die ersten beiden Wahrformen in § 3; Beispiel einer problematischen Interpretation der letzten Wahrform in § 42. Abgekürzter Nachweis der letzten Wahrform:

a	b	c	links und rechts
—	w	—	w
—	—	w	w
f	—	—	w
w	f	f	f

$(a \vee b) \wedge c \leftrightarrow (a \wedge c) \vee (b \wedge c), \quad (a \wedge b) \vee c \leftrightarrow (a \vee c) \wedge (b \vee c)$

$a \underline{\vee} b \to c \leftrightarrow (a \to c) \underline{\wedge} (b \to c), \quad a \underline{\wedge} b \to c \leftrightarrow (a \to c) \underline{\vee} (b \to c).$

Nachweis der letzten Wahrform:

$a \wedge b$	c	links und rechts
—	w	w
f	—	w
w	f	f

Zur Beachtung: In jedem der beiden letzten Gesetze wird beim Übergang von der linken zur rechten Seite die $\vee$- bzw. $\wedge$-Verknüpfung dualisiert. (Dies wird hier und im folgenden durch Unterstreichungen hervorgehoben.)

Interpretationsbeispiel für die vorletzte Wahrform: „Wenn es regnet oder schneit, werde ich (heute) zuhause bleiben“ ist gleichbedeutend mit: „Wenn es regnet, werde ich zuhause bleiben, und wenn es schneit, werde ich zuhause bleiben.“

(Textaufgabe: Interpretationsbeispiel für die letzte Wahrform, vgl. hierzu § 42.)

Anmerkung. Zu den Distributivgesetzen soll nicht nur jedes Gesetz der Gestalt $a \underset{1}{\times} (b \underset{2}{\times} c) \longleftrightarrow (a \underset{1}{\times} b) \underset{2}{\times} (a \underset{1}{\times} c)$ [mit binären Verknüpfungen $\underset{1}{\times}$ und $\underset{2}{\times}$, vgl. S. 87], sondern auch jedes Gesetz der Gestalt $\ast(b \times c) \longleftrightarrow (\ast b) \times (\ast c)$ [mit unärer Verknüpfung $\ast$ und binärer Verknüpfung $\times$] gerechnet werden.

In diesem Sinne sind z.B. auch die folgenden Gesetze (in denen außerdem die Verknüpfung $\times$ beim Übergang von der einen Seite zur anderen dualisiert wird) den Distributivgesetzen verwandt:

$\neg(a \underline{\vee} b) \leftrightarrow \neg a \underline{\wedge} \neg b, \quad \neg(a \underline{\wedge} b) \leftrightarrow \neg a \underline{\vee} \neg b$ Verneinungsgesetze.

Interpretationsbeispiele in § 7.

$\neg(a \rightarrow b) \leftrightarrow a \wedge \neg b, \quad a \wedge b \leftrightarrow \neg(a \rightarrow \neg b)$

(Textaufgabe: Interpretationsbeispiele; vgl. hierzu § 42.)

Zusatzaufgaben. Man zeige, daß $a \wedge (b \leftrightarrow c)$, $a \leftrightarrow b \vee c$, $a \leftrightarrow b \wedge c$ sich nicht distributieren lassen, wohl aber $a \vee (b \leftrightarrow c)$. Welches Gesetz tritt an die Stelle des Distributivgesetzes für $\neg(a \leftrightarrow b)$? — Vgl. auch die Beispiele von S. 92.

5. *Zurückführung von Implikation und Äquivalenz:*

$a \rightarrow b \longleftrightarrow \neg a \vee b$

$a \vee b \leftrightarrow \neg a \rightarrow b$

$a \leftrightarrow b \longleftrightarrow (a \rightarrow b) \wedge (b \rightarrow a)$

$a \leftrightarrow b \longleftrightarrow (a \wedge b) \vee (\neg a \wedge \neg b)$

$a \leftrightarrow b \longleftrightarrow (a \vee \neg b) \wedge (\neg a \vee b).$

Besonders wichtig für das Schließen wird die folgende Wahrform sein:

$a \rightarrow b \rightarrow c \longleftrightarrow a \wedge b \rightarrow c$

(Die erste zugehörige implikative Wahrform

$a \rightarrow b \rightarrow c \longrightarrow a \wedge b \rightarrow c$ gibt die sog. *Importation* wieder; die zweite:
$a \wedge b \rightarrow c \longrightarrow a \rightarrow b \rightarrow c$ gibt die sog. *Exportation* wieder.)

Betreffs der Redeweise, daß eine Wahrform einen Schluß „wiedergebe", vgl. später den Beginn der nächsten Paragraphen. — Dort wird auch die Exportation noch genauer betrachtet werden.

6. *Kontrapositionsgesetze und Überstellungsgesetze* (diese sind den Kommutativgesetzen verwandt):

$$\left.\begin{array}{l} a \rightarrow b \longleftrightarrow \neg b \rightarrow \neg a \\ a \rightarrow \neg b \longleftrightarrow b \rightarrow \neg a \\ \neg a \rightarrow b \longleftrightarrow \neg b \rightarrow a \end{array}\right\} \text{Kontrapositionsgesetze.}$$

Die Kontrapositionsgesetze liegen den indirekten Beweisen zugrunde. Interpretationsbeispiel für das erste Kontrapositionsgesetz: Goethes

„Wär' nicht das Auge sonnenhaft, die Sonne könnt' es nie erblicken" ist gleichbedeutend mit „Daß das Auge die Sonne erblickt, zeigt, daß es sonnenhaft ist".

Jedes Kontrapositionsgesetz läßt zwei Erweiterungen zu; diese mögen für das erste Kontrapositionsgesetz angeführt werden:

$$\left.\begin{array}{l} c \wedge a \rightarrow b \;\longleftrightarrow\; c \wedge \neg b \rightarrow \neg a \\ a \rightarrow b \vee c \;\longleftrightarrow\; \neg b \rightarrow \neg a \vee c \end{array}\right\} \text{erweiterte Kontrapositionsgesetze.}$$

Den erweiterten Kontrapositionsgesetzen stehen zwei Gesetze gegenüber, deren jedes beim Übergang von der einen zur anderen Seite die $\vee$- bzw. $\wedge$-Verknüpfung dualisiert (vgl. das zweite und dritte Beispiel aus § 41):

$$\left.\begin{array}{l} a \underline{\wedge} b \rightarrow c \;\longleftrightarrow\; a \rightarrow c \underline{\vee} \neg b \\ a \rightarrow b \underline{\vee} c \;\longleftrightarrow\; a \underline{\wedge} \neg b \rightarrow c \end{array}\right\} \textit{Überstellungs}\text{-Gesetze.}$$

Interpretationsbeispiel für die letzte Überstellung: „Wenn es heiß ist, so schläft der Eisbär oder er ist gereizt" ist gleichbedeutend mit: „Wenn es heiß ist und der Eisbär nicht schläft, so ist er gereizt".

Zusatzaufgabe. Die folgenden Aussagenformen sind Wahrformen:

$\neg(a \rightarrow b) \rightarrow c \;\longleftrightarrow\; a \rightarrow \neg b \rightarrow c$ (vgl. $C7$ von § 26)
$(a \rightarrow b) \rightarrow c \;\longleftrightarrow\; (\neg a \rightarrow c) \wedge (b \rightarrow c)$ (vgl. $C8$ von § 26).

7. *Kürzungsgesetze* und verwandte Gesetze (zu den letzteren sollen insbesondere alle Äquivalenz-Wahrformen gerechnet werden, bei denen rechterhand nur eine bloße Variable oder ein Variablennegat, linkerhand ein komplizierterer Ausdruck steht).

$a \rightarrow a \rightarrow b \;\longleftrightarrow\; a \rightarrow b$

(Die zugehörige implikative Wahrform $a \rightarrow a \rightarrow b \;\longrightarrow\; a \rightarrow b$ gibt die Vordergliedkürzung wieder.)

$a \vee a \leftrightarrow a, \quad a \wedge a \leftrightarrow a.$

Interpretationsbeispiele in § 5.

$\neg\neg a \leftrightarrow a.$

Interpretationsbeispiel in § 7. (Die zugehörige implikative Wahrform $\neg\neg a \rightarrow a$ gibt die *reductio inabsurdi* wieder.)

$a \vee (a \wedge b) \leftrightarrow a, \quad a \wedge (a \vee b) \leftrightarrow a$ Absorptionsgesetze.

Interpretationsbeispiele hierzu in § 3.

$$\left.\begin{array}{l} a \wedge (b \vee \neg b) \leftrightarrow a \\ a \vee (b \wedge \neg b) \leftrightarrow a \end{array}\right\} \text{Gesetze des überflüssigen Gliedes.}$$

Interpretationsbeispiele in § 4.

$b \vee \neg b \rightarrow a \;\longleftrightarrow\; a.$

Was aus der „Trivialität“ (vgl. § 4) folgt, gilt, und umgekehrt. (Zur implikativen Wahrform $b \vee \neg b \rightarrow a \longrightarrow a$ vgl. später den nächsten Paragraphen.)

$a \rightarrow b \wedge \neg b \longleftrightarrow \neg a.$

(Die zugehörige implikative Wahrform $a \rightarrow b \wedge \neg b \longrightarrow \neg a$ gibt die *reductio ad absurdum* wieder: Was auf einen Widerspruch führt, gilt nicht; — Interpretationsbeispiel als Textaufgabe.)

$\neg a \rightarrow a \longleftrightarrow a, \qquad a \rightarrow \neg a \longleftrightarrow \neg a.$

(Die zugehörigen implikativen Wahrformen $\neg a \rightarrow a \longrightarrow a$ bzw. $a \rightarrow \neg a \longrightarrow \neg a$ geben den Schluß *ex contrario* bzw. den Schluß *in contrarium* wieder. Diese Schlüsse werden z.B. in der Mathematik des öfteren angewandt. Interpretationsbeispiele als Textaufgabe.)

Die Wahrform $a \rightarrow \neg a \longrightarrow \neg a$ hängt offenbar mit der weiter oben angeführten Wahrform $a \rightarrow b \wedge \neg b \longrightarrow \neg a$ eng zusammen, da ja auch $a \rightarrow \neg a \longleftrightarrow a \rightarrow b \wedge \neg b$ Wahrform ist.

Die exakte Überführung der beiden implikativen Aussagenformen ineinander wird später an Hand einer deduktiv gefaßten Umformungsregel gelingen.

$(a \rightarrow b) \wedge (\neg a \rightarrow b) \leftrightarrow b$ (vgl. C 14 von § 26).

Die zugehörige implikative Wahrform $(a \rightarrow b) \wedge (\neg a \rightarrow b) \rightarrow b$ gibt den *Alternativschluß* (Dilemma) wieder [einfacher Nachweis der Wahrformeigenschaft etwa aus der weiter oben angegebenen Wahrform $a \vee \neg a \rightarrow b \longleftrightarrow b$ durch Umsetzung mit dem vorletzten Distributivgesetz der Implikation (Nr. 4)].

Bei Einsetzung von a für b erkennt man den engen Zusammenhang der implikativen Form zum Alternativschluß mit der weiter oben betrachteten implikativen Form zum Schluß ex contrario.

Der Alternativschluß spielt in den exakten Wissenschaften eine so große Rolle, daß sich Beispiele wohl erübrigen, vgl. auch S. 2.

$(a \rightarrow a) \rightarrow b \longleftrightarrow b$

(vgl. hierzu die Bemerkung zu der weiter oben angeführten Wahrform $b \vee \neg b \rightarrow a \longleftrightarrow a$).

Das einsichtige Erfassen der folgenden Wahrform ist besonders wichtig:

$(a \rightarrow b) \rightarrow a \longleftrightarrow a.$

Setzt man in einer der beiden letzten Wahrformen a für b ein, so ergibt sich:

$(a \rightarrow a) \rightarrow a \longleftrightarrow a.$

Anmerkung. Wir werden später verschiedentlich der folgenden Verallgemeinerung der ersten zugehörigen implikativen Wahrform begegnen:

$(a \rightarrow b) \rightarrow a \longrightarrow a$ „PEIRCEsche Wahrform“. —

$(a \rightarrow b) \rightarrow a \rightarrow c \longleftrightarrow a \rightarrow b \rightarrow c$ „FREGEsche Wahrform“.

Abgekürzter Nachweis:

a	b	c	links und rechts
f	—	—	w
—	—	w	w
w	f	—	w
w	w	f	f

Die zugehörige implikative Wahrform

$a \to b \to c \longrightarrow a \to b \longrightarrow a \to c$

gibt den sog. „Dreierschluß“ wieder, der uns noch verschiedentlich — insbesondere in der derivativen Logik (6. Abschnitt), aber auch schon in § 79 und § 81 — beschäftigen wird.

§ 44. Die wichtigsten implikativen Wahrformen (Fortsetzung der Leseübung).

Im vorigen Paragraphen wurden bereits einige implikative Wahrformen [die gemäß Satz 34 (3) Abschwächungen von Äquivalenz-Wahrformen sind] aufgeführt und als Wahrformen irgendeines Schlusses bezeichnet. Dieser Bezeichnung liegt Satz 34 (2) zugrunde, der besagte: Wenn $\mathfrak{a} \to \mathfrak{b}$ Wahrform ist, so ist mit $\mathfrak{a}$ auch $\mathfrak{b}$ Wahrform. — Nach diesem Satz läßt sich jede implikative Wahrform als *zugehörig zu einer Schlußregel* (s. hierzu später § 66) betrachten, mittels deren man von einer (oder mehreren) Wahrform(en) bestimmter Gestalt zu einer weiteren Wahrform übergehen kann.

Beispiele. 1. Die implikative Wahrform $a \wedge b \to c \longrightarrow a \to b \to c$ (Nr. 5 von § 43) lehrt insbesondere: Wenn $\mathfrak{a} \wedge \mathfrak{b} \to \mathfrak{c}$ Wahrform ist, so auch $\mathfrak{a} \to \mathfrak{b} \to \mathfrak{c}$. Diese Schlußweise nennt man *Exportation*, z.B.: Da $a \wedge b \to a$ Wahrform ist, so auch $a \to b \to a$.

2. Die implikative Wahrform $a \to b \longrightarrow b \to c \longrightarrow a \to c$ (s. unten Nr. 10) lehrt insbesondere: Wenn $\mathfrak{a} \to \mathfrak{b}$ und $\mathfrak{b} \to \mathfrak{c}$ Wahrformen sind, so auch $\mathfrak{a} \to \mathfrak{c}$ (Kettenschluß). — Zum Beispiel: Da $a \wedge b \to a$ und $a \to a \vee c$ Wahrformen sind, so auch $a \wedge b \to a \vee c$.

Textaufgabe. Was ist unter den folgenden Schlußregeln zu verstehen: Importation (s. Nr. 5 des § 43), Tausch der Vorderglieder (s. Nr. 2 des § 43), Verneinung des $\vee$ bzw. $\wedge$ (s. Nr. 4), reductio inabsurdi (s. Nr. 7), reductio ad absurdum (s. Nr. 7), Kontraposition (s. Nr. 6), Überstellung (s. Nr. 6), Schluß ex contrario und in contrarium (s. Nr. 7), Vordergliedkürzung (s. Nr. 7). —

Die im vorigen Paragraphen eingeführten implikativen Wahrformen sind, wie oben bemerkt, sämtlich Abschwächungen von Äquivalenz-Wahrformen. Die Leseübung möge nun mit solchen implikativen Wahrformen fortgesetzt werden, die sich nicht zu Äquivalenz-Wahrformen ergänzen lassen, m.a.W.: deren konverse Implikationen (§ 35) nicht Wahrformen sind. Die Schlußregeln, zu denen sie gehören, werden fast durchweg genannt werden. — Das zu Anfang der Leseübung (§ 43) Gesagte gilt auch für die Fortsetzung.

8. *Verdünnungsgesetze* und verwandte Gesetze:

$\left.\begin{array}{ll} a\wedge b\rightarrow a, & a\wedge b\rightarrow b \\ a\rightarrow a\vee b, & b\rightarrow a\vee b \end{array}\right\}$ Verdünnungsgesetze für $\wedge$ bzw. $\vee$.

Anmerkung. Aus $a\wedge b\rightarrow a$ ergibt sich durch Exportation: $a\rightarrow b\rightarrow a$, Wahrform zur Vorschaltung eines Vordergliedes, die auch als Schluß „*verum ex quolibet*" bezeichnet wird (vgl. hierzu das erste obige Beispiel). —

$a\vee b\rightarrow c \longrightarrow a\rightarrow c, \quad a\rightarrow c \longrightarrow a\wedge b\rightarrow c.$

$a\rightarrow c \longrightarrow a\rightarrow b\rightarrow c$ (aus der vorigen Wahrform durch Umsetzung mittels Exportation; vgl. auch das erste Beispiel aus § 41).

Zusatzaufgabe. Zu zeigen, daß sich diese implikative Wahrform nicht zu einer Äquivalenz-Wahrform ergänzen läßt. —

$\left.\begin{array}{l} a\leftrightarrow b \longrightarrow a\rightarrow b \\ a\leftrightarrow b \longrightarrow b\rightarrow a \end{array}\right\}$ Verdünnungsgesetze für $\leftrightarrow$.

Vgl. hierzu Satz 34 (3).

9. *Wahrformen des modus ponens und des modus tollens.*

$a\wedge(a\rightarrow b)\rightarrow b$, exportiert: $a \longrightarrow a\rightarrow b \longrightarrow b$,
$a\wedge(\neg a\vee b)\rightarrow b$ (Wahrformen des *modus ponens*).

Die letzte Wahrform steht in einer interessanten Analogie zum Absorptionsgesetz $a\wedge(a\vee b)\rightarrow a$ (Nr. 7, § 43).

$a\wedge(b\rightarrow\neg a)\rightarrow\neg b$, exportiert: $a \longrightarrow b\rightarrow\neg a \longrightarrow \neg b$,
$a\wedge\neg(a\wedge b)\rightarrow\neg b$ (Wahrformen des *modus tollens*).

Anmerkungen. 1. Die Wahrformen zum modus tollens gehen aus Beiformen der Wahrformen des modus ponens durch Umsetzung mit einem Kontrapositionsgesetz (Nr. 6, § 43) bzw. mit einem Verneinungsgesetz (Nr. 4, § 43) hervor.

2. Es handelt sich oben genauer um die Wahrformen zum sogenannten modus *ponendo* ponens bzw. zum modus *ponendo* tollens. Die sog. modus *tollendo* ponens bzw. *tollendo* tollens brauchen kaum besonders abgehoben zu werden, da sie sich von den obigen modus durch bloßen Tausch einer Variablen mit ihrem Negat unterscheiden:

$\neg a\wedge(b\rightarrow a)\rightarrow\neg b$ (Wahrform des modus tollendo tollens); diese Form geht übrigens z.B. auch aus einer oben angegebenen durch bloße „konjunktive Kontraposition" (Nr. 6, § 43) hervor.

$\neg a\wedge(a\vee b)\rightarrow b$ (Wahrform des modus tollendo ponens).

10. Transitivgesetze:

$(a \leftrightarrow b) \wedge (b \leftrightarrow c) \longrightarrow a \leftrightarrow c$

$\left.\begin{array}{l}(a \rightarrow b) \wedge (b \rightarrow c) \rightarrow a \rightarrow c \\ (b \rightarrow c) \wedge (a \rightarrow b) \rightarrow a \rightarrow c\end{array}\right\}$ Wahrformen des modus barbara

exportiert:

$\left.\begin{array}{l}a \rightarrow b \longrightarrow b \rightarrow c \longrightarrow a \rightarrow c \\ b \rightarrow c \longrightarrow a \rightarrow b \longrightarrow a \rightarrow c\end{array}\right\}$ Wahrformen des Kettenschlusses.

Textaufgabe. Bleibt eine der Wahrformen des Kettenschlusses noch Wahrform, wenn die herrschende Implikation zur Äquivalenz verstärkt wird? —

$(a \vee b) \wedge (\neg b \vee c) \rightarrow a \vee c$
(Textaufgabe: Interpretationsbeispiel).

11. Implikationen mit einer Teil-Falschform.

Zur Vorbereitung seien zwei nichtimplikative Wahrformen eingeschaltet:

$a \vee \neg a$ Wahrform des Satzes vom ausgeschlossenen Dritten (Tertium non datur).

$\neg(a \wedge \neg a)$ Wahrform des Satzes vom Widerspruch.

$a \wedge \neg a \rightarrow b$, $\neg a \wedge a \rightarrow b$,

exportiert:

$\neg a \rightarrow a \rightarrow b$ Wahrform zum Schluß „*ex falso quodlibet*“, vgl. hierzu später S. 270.

Zusatzaufgaben.

1. An Hand der exportierten Gestalt der Wahrform des Alternativschlusses (Nr. 7 von § 43) den Alternativschluß (Dilemma) selbst zu formulieren.

2. $(a \rightarrow b) \vee (\neg a \rightarrow b)$ einsichtig zu lesen und als Wahrform nachzuweisen (z.B. aus der Wahrform $a \wedge \neg a \rightarrow b$ durch Umsetzung); zur Deutung vgl. § 42.

3. Die Wahrform des Schlusses ex contrario (Nr. 7) aus der implikativen Wahrform zur $\vee$-Kürzung, $a \vee a \rightarrow a$, an Hand der definierenden Wahrform $a \rightarrow b \longleftrightarrow \neg a \vee b$ durch Umsetzung als Wahrform zu erweisen. — Die Wahrform der reductio ad absurdum durch eine entsprechende Umsetzung als Wahrform zu erweisen (aus welcher Wahrform?). —

Wir wollen uns hier zunächst mit dieser Auslese wichtiger implikativer Wahrformen, die noch beliebig ergänzt werden könnte, begnügen.

Kapitel VIII.
Verallgemeinerte Wahrheitswertung (Quasiwahrheitswertung).

§ 45. Vorläufiger Ausblick auf die normaldeduktive Aussagenlogik.

An die wertende Logik schließt sich das Verfahren der „verallgemeinerten Wahrheitswertung“ an, das in der deduktiven Logik (im folgenden 3. Abschnitt) zur Anwendung gelangen wird. Um den Zweck dieses Verfahrens bereits hier hervortreten zu lassen, wird ein kurzer Vorgriff auf eine Begriffsbildung der deduktiven Logik, nämlich auf die normaldeduktive „*Unabhängigkeit*“ angebracht sein.

In der normaldeduktiven Aussagenlogik werden zwei Prozesse betrachtet, die von gegebenen Aussagenformen auf weitere zu „schließen“ gestatten (wobei man von vorneherein die Verknüpfungen zugrunde legt, aus denen die Aussagenformen sollen gebildet sein dürfen, z.B. nur $\wedge, \vee, \rightarrow$ und $\neg$; vgl. hierzu S. 87 sowie die späteren Ausführungen zum Terminus „Begriffsnetz“ auf S. 131f.). Die beiden „Schluß“-Prozesse sind:

1. *Die Einsetzung.* Man setzt in einer Aussagenform für eine Variable überall, wo sie auftritt, dieselbe Aussagenform ein. (Die so entstehende Aussagenform heißt eine *Beiform* zur ersten, s. S. 100.)

Beispiel. Übergang von $a \wedge (b \vee a)$ zu $(b \wedge c) \wedge (b \vee (b \wedge c))$: für a ist überall $b \wedge c$ eingesetzt.

2. *Der Grundschluß.* Man geht von zwei Aussagenformen $\mathfrak{a}$ und $\mathfrak{a} \rightarrow \mathfrak{b}$ zu $\mathfrak{b}$ über.

Anmerkung. Von der „definitorischen Umsetzung“, die später (S. 166) als weitere normaldeduktive Schlußart zugelassen werden wird, möge in der vorliegenden vorläufigen Umreißung abgesehen werden.

Beispiel. Übergang von $a \rightarrow a$ und $a \rightarrow a \;\longrightarrow\; \neg a$ zu $\neg a$. (Anmerkung: In den Beispielen ist absichtlich die Frage der Wahrformeigenschaft für die Beschreibung des formalen Übergangs außer acht gelassen). —

Erklärung. Es seien irgendwelche n Aussagenformen $\mathfrak{a}_1, \ldots, \mathfrak{a}_n$ und eine weitere Aussagenform $\mathfrak{s}$ vorgelegt. $\mathfrak{s}$ heißt „normaldeduktiv *abhängig*“ von $\mathfrak{a}_1, \ldots, \mathfrak{a}_n$, wenn $\mathfrak{s}$ aus $\mathfrak{a}_1, \ldots, \mathfrak{a}_n$ durch endlich viele Schlußprozesse der geschilderten Art gewonnen werden kann; im anderen Falle heißt $\mathfrak{s}$ „normaldeduktiv unabhängig“ oder kurz „*unabhängig*“ von $\mathfrak{a}_1, \ldots, \mathfrak{a}_n$.

Ein erstes *Beispiel.* Von den Aussagenformen $a \rightarrow a$, $a \rightarrow b \rightarrow a$ ist $b \wedge c \rightarrow a \rightarrow a$ abhängig. Beweis:

$$\begin{array}{ccl} & a \rightarrow b \rightarrow a & \text{daraus:} \\ a \rightarrow a & a \rightarrow a \;\longrightarrow\; b \rightarrow a \rightarrow a & \text{durch Einsetzung} \\ \hline & b \rightarrow a \rightarrow a & \text{durch Grundschluß} \\ & b \wedge c \rightarrow a \rightarrow a & \text{durch Einsetzung.} \end{array}$$

Auf die Bedeutung dieser Begriffsbildungen soll im nächsten Abschnitt in § 64 und § 66 im größeren Zusammenhange eingegangen werden. Dort werden auch tiefergehende Beispiele folgen. Hier wollen wir uns mit den gegebenen Andeutungen begnügen.

In der deduktiven Logik wird man vielfach vor die Frage gestellt, ob von irgendwelchen vorgegebenen Aussagenformen $\mathfrak{a}_1, \ldots, \mathfrak{a}_n$ irgendeine weitere gegebene Aussagenform $\mathfrak{s}$ abhängig oder unabhängig sei. Zwar gibt es kein allgemeines Verfahren, das diese Frage stets zwangsläufig zu entscheiden gestatten würde. In den meisten Fällen, die bei einer normaldeduktiven Aussagenlogik interessieren, wird man jedoch Erfolg haben mit dem Versuch, entweder $\mathfrak{s}$ als *abhängig* von $\mathfrak{a}_1, \ldots, \mathfrak{a}_n$ zu erweisen — dazu wird man eine Schlußkette anzugeben haben, die von $\mathfrak{a}_1, \ldots, \mathfrak{a}_n$ auf $\mathfrak{s}$ führt — oder $\mathfrak{s}$ als *unabhängig* von $\mathfrak{a}_1, \ldots, \mathfrak{a}_n$ zu erweisen. Für solche aussagenlogischen *Unabhängigkeits*nachweise bedient man sich einer formalen Verallgemeinerung des Wertungsverfahrens. Die Nachweise der Sätze 32 (1) und 34 (2) werden bei diesem Verfahren auf eine im folgenden näher zu beschreibende Weise extrapoliert.

§ 46. Quasiwahrheitswertung.

Man gibt sich eine (endliche) Anzahl von „*Quasiwahrheitswerten*" 0, 1, 2, ..., n. Einige von ihnen, etwa die $m+1$ ersten, also 0, 1, ..., m, sollen „*ausgezeichnete*" Werte oder „Quasiwahr-Werte" heißen. Für jede der Grundverknüpfungen, von denen ausgegangen werden soll (S. 113, zweiter Absatz), stellt man nun willkürlich (genauer: bis auf einige noch anzugebende Einschränkungen willkürlich) eine Quasiwahrheitstafel zusammen, also z. B. für eine binäre Verknüpfung $\succ\!\!\prec$ eine Wertetafel der nebenstehenden Gestalt, wobei an jeder Stelle des durch Punktierung umrandeten Feldes eine der Ziffern 0 bis n steht.

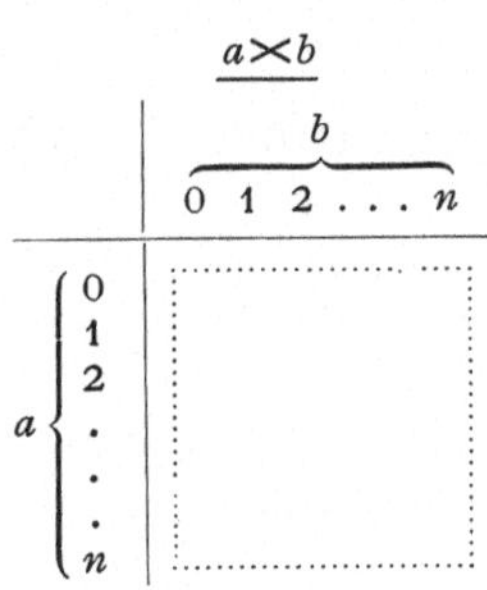

(Bei einer *unären* Verknüpfung wie z. B. bei $\neg$ wird die Quasiwahrheitstafel aus nur einer Spalte bestehen; vgl. das nachfolgende Beispiel.)

Eine Aussagenform des Begriffsnetzes (S. 113, später S. 131), die auf Grund dieser Festsetzungen für *jede* Belegung ihrer Variablen mit den Werten 0, 1, 2, ..., n stets einen ausgezeichneten Wert (m. a. W.: einen Quasiwahr-Wert) erhält, wollen wir eine „*Quasi-Wahrform*" nennen.

Die Willkür der festzusetzenden Wertetafeln wird nun durch die folgenden drei Bedingungen eingeengt:

1. Die gegebenen Aussagenformen $\mathfrak{a}_1, \ldots, \mathfrak{a}_n$ (s. letzter Absatz des vorigen Paragraphen) sollen sämtlich Quasiwahrformen sein.

2. Die (dort) gegebene Aussagenform $\mathfrak{s}$ soll *nicht* Quasiwahrform sein, d.h. sie soll für mindestens eine Belegung einen *nicht* ausgezeichneten Wert bekommen.

3. Die Wertetafel für $a \rightarrow b$ soll für *ausgezeichnet* belegtes a und *nicht ausgezeichnet* belegtes b stets einen *nicht ausgezeichneten* Wert aufweisen; d.h. in der Wertetafel für $a \rightarrow b$ soll das „FeldII" (s. Fig. 24) keinen ausgezeichneten Wert enthalten (*„Erblichkeitsbedingung"*).

Anmerkung. Die Bezeichnung der 3. Bedingung als hinreichende „Erblichkeitsbedingung" wird bei der Lektüre des Absatzes 1 zum Nachweis des Satzes 35 einleuchten; vgl. hierzu später S. 372 Abs. „zur Beachtung".

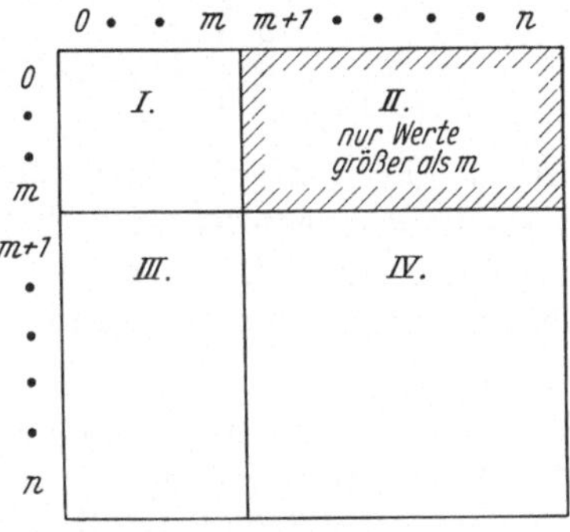

Fig. 24.

Satz 35. Wenn die Angabe einer solchen Quasiwahrheitswertung (zum vorgegebenen Begriffsnetz) gelingt, so ist $\mathfrak{s}$ von $\mathfrak{a}_1, \ldots, \mathfrak{a}_n$ normaldeduktiv unabhängig.

Nachweis.

1. Die Eigenschaft, Quasiwahrform zu sein, vererbt sich gegenüber dem Grundschluß; das soll heißen: Wenn $\mathfrak{a}$ und $\mathfrak{a} \rightarrow \mathfrak{b}$ Quasiwahrformen (d.h. bloß ausgezeichneter Werte fähig) sind, so auch $\mathfrak{b}$.

Zum Nachweis dieser Behauptung sei eine Belegung der Aussagenform $\mathfrak{b}$ mit irgendwelchen Quasiwahrheitswerten betrachtet. Diese läßt sich (durch Belegung derjenigen Variablen, die in $\mathfrak{a}$, nicht aber in $\mathfrak{b}$ auftreten) zu einer Belegung der Aussagenform $\mathfrak{a} \rightarrow \mathfrak{b}$ erweitern; hiermit hat man dann zugleich eine Belegung für die Aussagenform $\mathfrak{a}$. Dabei erhält nach Voraussetzung $\mathfrak{a}$ einen ausgezeichneten Wert. Dieser Wert fällt also in der Tafel in eine der $m+1$ ersten (zu 0, ... oder m gehörigen) Zeilen. (Anmerkung: Man spricht von waagerechten „Zeilen" und senkrechten „Spalten".) — Auch $\mathfrak{a} \rightarrow \mathfrak{b}$ erhält nach Voraussetzung einen ausgezeichneten Wert. Nach der 3. Festsetzung für die Quasiwahrheitswertung stehen nun aber in Feld II keine ausgezeichneten Werte. Daher bleibt nur, daß man bei der Ausrechnung des Wertes der Belegung für $\mathfrak{a} \rightarrow \mathfrak{b}$ in Feld I gelangt ist. Das besagt aber, daß die Ausrechnung der Belegung für die Teilform $\mathfrak{b}$ in eine der $m+1$ ersten Spalten geführt hat; d.h. auch $\mathfrak{b}$ ist *ausgezeichnet* belegt. Da die betrachtete Belegung von $\mathfrak{b}$ beliebig war, ist $\mathfrak{b}$ also Quasiwahrform.

2. Die Eigenschaft, Quasiwahrform zu sein, vererbt sich auch gegenüber der Einsetzung. — Man vgl. hierzu den Satz 32 (1) in § 40. Der Nachweis ist völlig analog; er besteht lediglich in der einfachen Überlegung: jede Belegung der durch Einsetzung erhaltenen Aussagenform

verkürzt sich bei teilweiser Ausrechnung an Hand der Quasiwahrheitstafeln zunächst zu einer Belegung der ursprünglichen Aussagenform.

Beispiel: Die Quasiwahrheitstafel für $\rightarrow$ sei:

$a \rightarrow b$		b: 0	1	2
a	0	0	1	2
	1	0	0	0
	2	0	1	0

ausgezeichnet: 0

Aus der Form $a \rightarrow b \rightarrow a$ geht die Form $b \rightarrow c \longrightarrow b \rightarrow b \rightarrow c$ hervor, indem $b \rightarrow c$ für a eingesetzt wird. Es sei nun für die Form $b \rightarrow c \longrightarrow b \rightarrow b \rightarrow c$ die Belegung $1 \rightarrow 2 \longrightarrow 1 \rightarrow 1 \rightarrow 2$ betrachtet. Sie verkürzt sich an Hand der obenstehenden Tafel zunächst zu $0 \rightarrow 1 \rightarrow 0$; dies ist eine Belegung für $a \rightarrow b \rightarrow a$. —

3. Satz 35 wird nun unmittelbar als gültig erkannt: da erstens die Aussagenformen $\mathfrak{a}_1, \ldots, \mathfrak{a}_n$ Quasiwahrformen sind (gemäß der Bedingung 1 von S. 114) und zweitens die Quasiwahrform-Eigenschaft sich bei beiden Schlußprozessen vererbt (dies wurde oben aus der Erblichkeitsbedingung 3 von S. 115 hergeleitet), muß jede von $\mathfrak{a}_1, \ldots, \mathfrak{a}_n$ *abhängige* Aussagenform Quasiwahrform sein. Wir hatten aber (gemäß der Bedingung 2 von S. 115) von der Aussagenform $\mathfrak{s}$ vorausgesetzt, daß sie *nicht* Quasiwahrform sei. Also ist $\mathfrak{s}$ von $\mathfrak{a}_1, \ldots, \mathfrak{a}_n$ unabhängig.

Anmerkung. Wie sich die in der ersten Anmerkung von S. 113 erwähnten definitorischen Umsetzungen' dem Verfahren der Quasiwahrheitswertung einordnen, wird an einem späteren Beispiel (§ 78) deutlich werden.

Beispiel eines Unabhängigkeitsnachweises.

Behauptung. Von den Wahrformen $\neg a \rightarrow a \rightarrow b$ und $a \rightarrow \neg b \longrightarrow b \rightarrow \neg a$ ist die Wahrform $(a \rightarrow \neg a) \rightarrow a \longrightarrow a$ normaldeduktiv unabhängig.

Nachweis durch verallgemeinerte Wahrheitswertung, genauer hier: durch eine *dreiwertige* Quasiwahrheitswertung. Für die Verknüpfung $\rightarrow$ wählen wir die bereits oben benutzte Tafel, für $\neg$ ordnen wir den Ziffern 0, 1, 2 die Ziffern 1, 0, 1 zu. Man schreibt die Quasiwahrheitstafeln gewöhnlich eng aneinander:

		$a \rightarrow b$, b: 0	1	2	$\neg a$
a	0	0	1	2	1
	1	0	0	0	0
	2	0	1	0	1

Ausgezeichneter Wert sei 0 (dies genügt der Erblichkeitsbedingung 3 von S. 115; Nachweis folgt unten).

Nachweis der Bedingung 1 von S. 114:

Erstens: $\neg a \to a \to b$ wird Quasiwahrform (die Wertung ist wie in § 41 abgekürzt):

a	$\neg a$	$a \to b$	$\neg a \to a \to b$
1	—	0	0
$\neq 1$	1	—	0

Zweitens: $a \to \neg b \longrightarrow b \to \neg a$ wird Quasiwahrform (die Wertung ist wiederum abgekürzt):

a	b	$\neg b$	$a \to \neg b$	$\neg a$	$b \to \neg a$	$a \to \neg b \longrightarrow b \to \neg a$
—	1	—	—	—	0	0
1	—	—	—	0	0	0
$\neq 1$	$\neq 1$	1	1	—	—	0

Nachweis der Bedingung 2 von S. 115:

$(a \to \neg a) \to a \longrightarrow a$ ist nicht Quasiwahrform. — Es genügt, *eine* Belegung anzugeben, die einen nicht ausgezeichneten Wert liefert.

a	$\neg a$	$a \to \neg a$	$(a \to \neg a) \to a$	$(a \to \neg a) \to a \longrightarrow a$
2	1	1	0	2

Nachweis der (Erblichkeits-) Bedingung 3 von S. 115 (welche sicherstellte, daß die Quasiwahrform-Eigenschaft sich gegenüber dem Grundschluß vererbt):

Die erste Zeile der Tafel für $\to$ hat den ausgezeichneten Wert 0 nur in der ersten Spalte.

Eingehendere Beispiele folgen.

Zusatzaufgabe. Die im Beispiel gegebene Quasiwahrheitswertung dient ebenso noch dem Nachweis, daß die betrachtete Wahrform $(a \to \neg a) \to a \longrightarrow a$ von den *fünf* Wahrformen $a \to b \to a$, $a \to a \to b \longrightarrow a \to b$, $a \to b \longrightarrow b \to c \longrightarrow a \to c$, $a \to \neg b \longrightarrow b \to \neg a$, $\neg a \to a \to b$ unabhängig ist.

1. Man ergänze den Nachweis hinsichtlich der drei hinzugenommenen Formen.

2. Läßt sich die *engere*, oben gezeigte Unabhängigkeit bereits an Hand einer *zweiwertigen* Wertung zeigen?

Erklärung. Es sei ein Axiomensystem $\mathfrak{a}_1, \ldots, \mathfrak{a}_n$ vorgelegt. Jede Quasiwahrheitswertung, die die Unabhängigkeit irgendeines $\mathfrak{s}$ von diesen Axiomen erweisen soll, macht, wie gezeigt wurde, *alle* normaldeduktiv (s. § 45) aus $\mathfrak{a}_1, \ldots, \mathfrak{a}_n$ beweisbaren Aussagenformen (die sich aus den zugrunde liegenden Verknüpfungen zusammensetzen) zu Quasiwahrformen. Es ist jedoch nichts darüber ausgemacht, ob sie auch *nur* die normaldeduktiv beweisbaren Formen zu Quasiwahrformen macht. In diesem letzteren Falle möge die Quasiwahrheitswertung dem Axiomensystem normaldeduktiv *adäquat* heißen (vgl. hierzu später § 61).

Anmerkung. Bei der obigen Einführung der Quasiwahrheitswertung wurde das normaldeduktive Schließen zugrunde gelegt, das sich auf Einsetzungen und Grundschlüsse beschränkt. Wir werden im zweiten Teil des Buches auch allgemeinere Deduktionsmethoden kennenlernen, bei der noch andere Schließprozesse zugrunde liegen. Die zugehörige Fixierung der „Unabhängigkeit" ist dann in evidenter Weise auf diese Schließprozesse zu erweitern. Daher muß eine Quasiwahrheitswertung, die eine solche Unabhängigkeit erweisen soll, offenbar die Eigenschaft, Quasiwahrform zu sein, auch gegenüber diesen hinzugetretenen Schließprozessen vererben. — Die Erklärung der „adäquaten" Quasiwahrheitswertung wird sich hierbei in entsprechender Weise modifizieren, was in § 61 näher ausgeführt wird.

Verabredung zur *Schreibweise der Quasiwahrheitswerte.* Der Wert, der (in irgendeinem Zusammenhange) einer Variablen a zuerteilt wird, wird im folgenden vielfach mit einem nichtkursiven a bezeichnet, und diese Bezeichnung wird auf die Verknüpfungen übertragen. — (Beispiel: Der Wert, der in irgendeinem Zusammenhange der Aussagenform $a \rightarrow b$ zuerteilt wird, läßt sich durch $\mathrm{a} \rightarrow \mathrm{b}$ mitteilen.)

Zur Abkürzung der Wertung. Die Entscheidung über die Quasiwahrform-Eigenschaft erfordert prinzipiell eine Durchmusterung aller Belegungen. Diese Durchmusterung läßt sich auf mehrere Weisen abkürzen, insbesondere: (1) durch Übertragung der abgekürzten Wahrheitswertung des § 41 auf die Quasiwahrheitswerte (dies wurde bereits in dem vorangehenden Beispiel benutzt), (2) durch Benutzung von *Gesetzmäßigkeiten der Wertetabellen.*

Ein *Beispiel* mag verdeutlichen, was mit (2) gemeint ist.

Die $\rightarrow$-Tabelle von S. 116 läßt sich auch so angeben:

$0 \rightarrow \mathrm{b} = \mathrm{b}, \quad 1 \rightarrow \mathrm{b} = 0, \quad 2 \rightarrow 1 = 1, \quad 2 \rightarrow \mathrm{b} = 0$ für $\mathrm{b} \neq 1$.

Man kann aus der Tabelle noch weitere Gesetzmäßigkeiten herauslesen, so unter anderem: $\mathrm{a} \rightarrow \mathrm{a} = 0, \quad \mathrm{a} \rightarrow 0 = 0$.

Beide Methoden werden in späteren Anwendungen ausgebaut werden.

Man vgl. hierzu später insbesondere die Quasiwahrheitswertungen in § 78, § 83 und § 135.

§ 47. Die „spezifische" 2^n-wertige Quasiwahrheitswertung $\mathfrak{M}_n$.

§§ 47, 48 können von Nichtmathematikern ausgelassen werden. Sie beschäftigen sich mit einer speziellen Art von Quasiwahrheitswertungen, die den Kombinatoriker interessieren mag und die in Kap. XXXIII zur Durchführung eines wichtigen Unabhängigkeitsnachweises herangezogen werden wird.

Wir geben uns die natürlichen Zahlen von 1 bis zu einem n vor und betrachten alle diese Zahlen sowie die aus ihnen (ohne Wiederholungen) bildbaren Paare, Tripel, Quadrupel, ..., n-Tupel als Elemente eines Modells $\mathfrak{M}_n$ (wobei es nicht auf die Anordnung der Zahlen in einem Tupel ankommen soll); außerdem rechnen wir das „leere Nulltupel" 0 zu $\mathfrak{M}_n$. $\mathfrak{M}_n$ enthält 2^n Elemente. Das Nulltupel 0 und das n-Tupel $\mathfrak{m}$ werden als Elemente von $\mathfrak{M}_n$ eine besondere Rolle spielen.

Beispiel. $\mathfrak{M}_3$ besteht aus den 8 Elementen: 0, {1}, {2}, {3}, {1, 2}, {1, 3}, {2, 3}, {1, 2, 3}.

Für das System $\mathfrak{M}_n$ werden Durchschnitts-, Vereinigungs- und Komplementärelemente entsprechend erklärt wie auf S. 5 und S. 11. Am raschesten werden diese trivialen Bildungen konzipiert an einigen *Beispielen:* In $\mathfrak{M}_3$ (s. oben) haben die Elemente {1, 2} und {2, 3} als Durchschnitt {2}, als Vereinigung $\mathfrak{m}$; die Elemente {1} und {2} haben als Durchschnitt 0, als Vereinigung {1, 2}; die Elemente 0 und {1, 2} haben als Durchschnitt 0, als Vereinigung {1, 2}. Das Element {1} hat als Komplement {2, 3}, und umgekehrt; das Element 0 hat das Komplement $\mathfrak{m}$, und umgekehrt.

Wir betrachten nun die folgende *Quasiwahrheitswertung*, deren Quasi-Wahrheitswerte die Elemente von $\mathfrak{M}_n$ sind; wir nennen sie kurz die *spezifische 2^n-wertige Quasiwahrheitswertung* $\mathfrak{M}_n$.

Wert für $\mathfrak{a} \wedge \mathfrak{b}$: Durchschnitt $\cap$ der Werte für $\mathfrak{a}$, $\mathfrak{b}$
Wert für $\mathfrak{a} \vee \mathfrak{b}$: Vereinigung $\cup$ der Werte für $\mathfrak{a}$, $\mathfrak{b}$
Wert für $\neg \mathfrak{a}$: Komplement des Wertes für $\mathfrak{a}$.

Quasiwahr-Wert (d.h. einziger ausgezeichneter Wert) ist $\mathfrak{m}$.

Anmerkungen. 1. Diese Festsetzungen genügen der Erblichkeitsbedingung für Quasiwahrheitswertungen (Bedingung 3 von S. 115), da $\neg \mathfrak{m} \vee b = b$ ist. 2. Die gewöhnliche alternäre Wahrheitswertung des § 31 ist nichts anderes als die „spezifische" zweiwertige Wertung $\mathfrak{M}_1$. Man hat dabei die Bezeichnungen: $0 = \mathrm{f}$, $\mathfrak{m} = \{1\} = \mathrm{w}$. (Bestätigung der Verknüpfungsvorschriften als Textaufgabe.)

Satz 36. Eine $\wedge\vee\neg$-Form ist dann und nur dann Wahrform, wenn sie bei *jeder* spezifischen Quasiwahrheitswertung $\mathfrak{M}_n$ (mit beliebigem n) Quasiwahrform wird.

Nachweis. Wenn eine $\wedge\vee\neg$-Aussagenform in *jeder* spezifischen Wertung Quasiwahrform wird, so unter anderem auch in $\mathfrak{M}_1$, d.h. nach der letzten Anmerkung: sie ist Wahrform.

Es bleibt umgekehrt zu zeigen: Eine Wahrform wird in jeder spezifischen Wertung Quasiwahrform.

Nachweis hierfür indirekt. Gegeben eine $\wedge\vee\neg$-Aussagenform $\mathfrak{a}$, eine spezifische Wertung $\mathfrak{M}_n$ und eine Belegung für $\mathfrak{a}$ in $\mathfrak{M}_n$, die *nicht* den Quasiwahr-Wert $\mathfrak{m}$ von $\mathfrak{M}_n$ ergibt. Es ist zu zeigen: $\mathfrak{a}$ ist nicht Wahrform.

Der Wert der vorgegebenen Belegung des $\mathfrak{a}$ in $\mathfrak{M}_n$ ist die 0 oder ein Zifferntupel aus irgendwelchen der Ziffern 1 bis n, das jedoch nicht *alle* Ziffern 1 bis n enthält (denn sonst wäre es ja der Quasiwahr-Wert $\mathfrak{w}$). Sei q eine der Ziffern, die in diesem Zifferntupel *nicht* enthalten ist. Man braucht nun nur die folgende Einteilung der Werte von $\mathfrak{M}_n$ (d.h. der 0 und der Zifferntupel aus Zahlen von 1 bis n) in zwei Klassen vorzunehmen: Ein solcher Wert von $\mathfrak{M}_n$ gehöre zur „Klasse w", wenn er (d.h. das betreffende Zifferntupel) die Zahl q enthält, dagegen zur „Klasse f", wenn er q nicht enthält. — Die Vorschriften der spezifischen Quasiwahrheitswertung verjüngen sich dann zu den folgenden Vorschriften für die Klassen:

$$\begin{array}{ll} \mathrm{w} \wedge \mathrm{w} = \mathrm{w}, & \mathrm{a} \wedge \mathrm{b} = \mathrm{f} \ \text{ sonst}, \\ \mathrm{f} \vee \mathrm{f} = \mathrm{f}, & \mathrm{a} \vee \mathrm{b} = \mathrm{w} \ \text{ sonst}, \\ \neg \mathrm{w} = \mathrm{f}, & \neg \mathrm{f} = \mathrm{w}. \end{array}$$

Dies entspricht nun aber genau der gewöhnlichen alternären Wertung. — Die Belegung, von der der indirekte Nachweis ausging, verjüngt sich somit zu einer gewöhnlichen alternären Wahrheitsbelegung, die den Wert f bekommt (da ja q nicht im ursprünglichen Wert-Zifferntupel der Belegung auftrat).

§ 48. Einige Eigenschaften der spezifischen Quasiwahrheitswertung.

In der strikten Logik (in Kap. XXXIII) werden wir die folgenden drei Sätze über die „spezifische" Quasiwahrheitswertung brauchen (dieser Paragraph kann bis zur Lektüre jenes Kapitels überschlagen werden).

Satz 37. Für zwei gegebene $\wedge\vee\neg$-Formen $\mathfrak{a}$, $\mathfrak{b}$ sei die Äquivalenz $\mathfrak{a} \leftrightarrow \mathfrak{b}$ Wahrform. Dann erteilt in jeder spezifischen Wertung jede Belegung den Formen $\mathfrak{a}$ und $\mathfrak{b}$ gleiche Werte.

Nachweis. Die Voraussetzung des Satzes läßt sich auch so formulieren: $\neg\mathfrak{a} \vee \mathfrak{b}$ und $\neg\mathfrak{b} \vee \mathfrak{a}$ seien Wahrformen. Nach Satz 36 sind sie für jede spezifische Wertung Quasiwahrformen.

Es sei nun eine spezifische Wertung $\mathfrak{M}_n$ und in ihr eine Belegung vorgelegt, die den Formen $\mathfrak{a}$, $\mathfrak{b}$ verschiedene Werte erteilt. Es genügt, aus dieser Annahme einen Widerspruch zur Voraussetzung herzuleiten.

Es gibt zu der betrachteten Belegung entweder eine Ziffer (1 bis n), die zum Wert von $\mathfrak{a}$, nicht aber zum Wert von $\mathfrak{b}$ gehört, oder umgekehrt eine solche, die zum Wert von $\mathfrak{b}$, nicht aber zum Wert von $\mathfrak{a}$ gehört (oder beides). Im ersten Falle gibt es eine Ziffer, die weder zum Wert von $\neg\mathfrak{a}$ noch zum Wert von $\mathfrak{b}$ gehört; sie gehört dann auch nicht zum Wert von $\neg\mathfrak{a} \vee \mathfrak{b}$. Also ist $\neg\mathfrak{a} \vee \mathfrak{b}$ nicht Quasiwahrform. Der zweite Fall lehrt entsprechend, daß $\neg\mathfrak{b} \vee \mathfrak{a}$ nicht Quasiwahrform ist.

Satz 38. Keine der Formen $\mathfrak{a}_1, \mathfrak{a}_2, \ldots, \mathfrak{a}_p$ sei Wahrform. Dann gibt es eine spezifische Quasiwahrheitswertung $\mathfrak{M}_n$, in der sich eine Belegung vorfindet, die keine der Formen $\mathfrak{a}_1, \ldots, \mathfrak{a}_p$ quasiwahr macht, d.h. bei keiner von ihnen den Quasiwahr-Wert $\mathfrak{m}$ ergibt.

(Zur Erläuterung. Die gewöhnliche alternäre Wahrheitswertung leistet dies nicht immer; Gegenbeispiel: $\mathfrak{a}_1 = a$, $\mathfrak{a}_2 = \neg a$. Obwohl weder $\mathfrak{a}_1$ noch $\mathfrak{a}_2$ Wahrform ist, macht sowohl die Belegung $\mathrm{a} = \mathrm{w}$, $\neg \mathrm{a} = \mathrm{f}$ als auch die Belegung $\mathrm{a} = \mathrm{f}$, $\neg \mathrm{a} = \mathrm{w}$ eine der Formen wahr (d.h.: liefert bei einer von ihnen den Wert w). Zur Vermeidung falscher Vorstellungen sei hervorgehoben, daß *nicht* behauptet wird, die Disjunktion $\mathfrak{a}_1 \vee \cdots \vee \mathfrak{a}_p$ sei in $\mathfrak{M}_n$ nicht Quasiwahrform. Diese Behauptung wäre falsch, wie das Gegenbeispiel unter Heranziehung des Satzes 36 zeigt.)

Dem *Nachweis* des Satzes seien einige Erinnerungen an die Bildung von Normalformen vorangestellt.

Der Vorrat der in mindestens einer der Formen $\mathfrak{a}_1, \ldots, \mathfrak{a}_p$ auftretenden Aussagenvariablen sei $\mathfrak{v}_1, \ldots, \mathfrak{v}_q$. Wir entwickeln nun jede der Formen $\mathfrak{a}_1, \ldots, \mathfrak{a}_p$ nach diesem gemeinsamen Variablenvorrat in eine ausgezeichnete disjunktive Normalform $\tilde{\mathfrak{a}}_1, \ldots, \tilde{\mathfrak{a}}_p$ (Zusatzaufgabe 2 von S. 45). Es genügt, die Behauptung für $\tilde{\mathfrak{a}}_1, \ldots, \tilde{\mathfrak{a}}_p$ zu beweisen.

Wir ziehen zum Vergleich die vollständige ausgezeichnete disjunktive Normalform $\mathfrak{d}$ für $(\mathfrak{v}_1 \vee \neg \mathfrak{v}_1) \wedge (\mathfrak{v}_2 \vee \neg \mathfrak{v}_2) \wedge \cdots \wedge (\mathfrak{v}_q \vee \neg \mathfrak{v}_q)$ heran. Diese besteht aus 2^q Disjunktionsgliedern — „Konstituenten" —, deren jede eine Konjunktion der $\mathfrak{v}_1$ bis $\mathfrak{v}_q$, eventuell mit vorgesetzten $\neg$, darstellt. (Die Erklärung der Konstituente einer disjunktiven Normalform ist dual zu der Erklärung bei der konjunktiven Normalform, S. 40.) Die Zahl 2^q sei durch r abgekürzt. — Jede der disjunktiven Normalformen $\tilde{\mathfrak{a}}_1, \ldots, \tilde{\mathfrak{a}}_p$ ist nun Disjunktion von einigen der oben genannten Konstituenten, keine von ihnen enthält jedoch alle r Konstituenten, da sie ja sonst der Wahrform $\mathfrak{d}$ äquivalent und mithin selbst Wahrform wäre. (Daß $\tilde{\mathfrak{a}}_1 \vee \cdots \vee \tilde{\mathfrak{a}}_p$ dieser Wahrform äquivalent wird, ist nicht ausgeschlossen.)

Wir betrachten nun die spezifische Quasiwahrheitswertung $\mathfrak{M}_r$, die 2^r (aus $1, \ldots, r$ gebildete) Werte besitzt (ausführlicher S. 119) und deren einziger Quasiwahrwert der Wert $\mathfrak{m} = \{1, \ldots, r\}$ ist.

Wir wollen versuchen, in dieser Quasiwahrheitswertung eine solche Belegung der Variablen $\mathfrak{v}_1$ bis $\mathfrak{v}_q$ zu finden, die *jeder Konstituente* eines der „1-tupel" $\{1\}$ bis $\{r\}$ — wir wollen im folgenden statt dessen kurz sagen: eine der *Ziffern* 1 bis r — als Wert erteilt, wobei verschiedene Konstituenten verschiedene Werte erhalten. (Die zu findenden Quasiwahrheitswerte, mit denen die $\mathfrak{v}_i$ belegt werden, wollen wir im voraus mit $\mathfrak{z}_i$ bezeichnen.) In einer solchen Belegung nämlich erhält zwar die vollständige Disjunktion $\mathfrak{d}$ als Disjunktion aller Konstituenten den Quasiwahr-Wert $\mathfrak{m} = \{1, 2, \ldots, r\}$, dagegen enthält jede Form $\tilde{\mathfrak{a}}_i$, da sie nicht alle Konstituenten umfaßt, nicht diesen Quasiwahr-Wert. Hiermit wird dann Satz 38 bewiesen sein, sobald wir mit Satz 37 zu den $\mathfrak{a}_i$ selbst übergehen ($\mathfrak{a}_i \leftrightarrow \tilde{\mathfrak{a}}_i$ ist ja Wahrform). — Nun ist aber jede Konstituente eine Konjunktion der teils negierten, teils unnegierten Variablen $\mathfrak{v}_1, \ldots, \mathfrak{v}_q$. Daher wird die erfragte Belegung gefunden sein mit dem

Hilfsatz. Aus den 2^r Werten unserer Wertung (d.h. aus den 2^r Zifferntupeln, die keine anderen Ziffern als 1 bis r enthalten, einschließlich des 0-Tupels), lassen sich q Werte (Zifferntupel) $\mathfrak{z}_1$ bis $\mathfrak{z}_q$ von folgender Art auswählen: Wenn die Komplementärtupel von $\mathfrak{z}_1$ bis $\mathfrak{z}_q$ mit $\bar{\mathfrak{z}}_1$ bis $\bar{\mathfrak{z}}_q$ bezeichnet werden, so hat ein System aus q Werten, das zu jedem der vorher ausgewählten Tupel entweder dieses selbst oder sein Komplementärtupel enthält, m.a.W. ein System der Gestalt: $\mathfrak{z}_1$ oder $\bar{\mathfrak{z}}_1$, $\mathfrak{z}_2$ oder $\bar{\mathfrak{z}}_2, \ldots, \mathfrak{z}_q$ oder $\bar{\mathfrak{z}}_q$, als Durchschnitt stets genau eine Ziffer, wobei verschiedenen Durchschnittsbildungen verschiedene Ziffern zukommen.

Dem allgemeinen Nachweise seien die ersten Beispiele vorausgeschickt (wir wollen hierbei wie schon oben zur bequemeren Lesbarkeit die geschweiften Klammern bei „1-tupeln" weglassen):

Beispiel für $q = 2$ (also $r = 4$).

$$\mathfrak{z}_1 = \{1, 3\}, \quad \bar{\mathfrak{z}}_1 = \{2, 4\},$$
$$\mathfrak{z}_2 = \{1, 2\}, \quad \bar{\mathfrak{z}}_2 = \{3, 4\}.$$

Man hat 1. $\bar{\mathfrak{z}}_1$ komplementär zu $\mathfrak{z}_1$
$\bar{\mathfrak{z}}_2$ komplementär zu $\mathfrak{z}_2$;

2. $\mathfrak{z}_1 \frown \mathfrak{z}_2 = 1$, $\mathfrak{z}_1 \frown \bar{\mathfrak{z}}_2 = 3$, $\bar{\mathfrak{z}}_1 \frown \mathfrak{z}_2 = 2$, $\bar{\mathfrak{z}}_1 \frown \bar{\mathfrak{z}}_2 = 4$.

Beispiel für $q = 3$ (also $r = 8$).

$$\mathfrak{z}_1 = \{1\ 3\ 5\ 8\}, \quad \bar{\mathfrak{z}}_1 = \{2\ 4\ 6\ 7\},$$
$$\mathfrak{z}_2 = \{1\ 3\ 6\ 7\}, \quad \bar{\mathfrak{z}}_2 = \{2\ 4\ 5\ 8\},$$
$$\mathfrak{z}_3 = \{1\ 4\ 5\ 7\}, \quad \bar{\mathfrak{z}}_3 = \{2\ 3\ 6\ 8\}.$$

Man hat 1. $\bar{\mathfrak{z}}_i$ komplementär zu $\mathfrak{z}_i$ für $i = 1, 2, 3$;

2. $\mathfrak{z}_1 \frown \mathfrak{z}_2 \frown \mathfrak{z}_3 = 1$, $\mathfrak{z}_1 \frown \mathfrak{z}_2 \frown \bar{\mathfrak{z}}_3 = 3$,
$\mathfrak{z}_1 \frown \bar{\mathfrak{z}}_2 \frown \mathfrak{z}_3 = 5$, $\bar{\mathfrak{z}}_1 \frown \mathfrak{z}_2 \frown \mathfrak{z}_3 = 7$,
$\mathfrak{z}_1 \frown \bar{\mathfrak{z}}_2 \frown \bar{\mathfrak{z}}_3 = 8$, $\bar{\mathfrak{z}}_1 \frown \mathfrak{z}_2 \frown \bar{\mathfrak{z}}_3 = 6$,
$\bar{\mathfrak{z}}_1 \frown \bar{\mathfrak{z}}_2 \frown \mathfrak{z}_3 = 4$, $\bar{\mathfrak{z}}_1 \frown \bar{\mathfrak{z}}_2 \frown \bar{\mathfrak{z}}_3 = 2$.

Allgemeiner Nachweis des Hilfsatzes.

Im Nachweis mögen statt der Ziffern 1 bis $r =: 2^q$ die Ziffern ± 1 bis $\pm 2^{q-1}$ zugrunde gelegt werden. —

Es seien die beiden Felder aus je q Zeilen und 2^{q-1} Spalten nebeneinandergeschrieben, deren jede Zeile die Gestalt $1\ 2\ 3 \ldots 2^{q-1}$ hat. Auf die q Glieder einer (senkrechten) Spalte lassen sich die Vorzeichen + und — in 2^q Weisen verteilen; d.h. die Vorzeichenverteilungen reichen gerade für die Spalten beider Felder. Wenn wir zwei Vorzeichenverteilungen, die gliedweise verschiedene Vorzeichen aufweisen, komplementär nennen, so läßt es sich einrichten, daß komplementäre Vorzeichenverteilungen im linken und im rechten Feld in *entsprechenden* Spalten stehen. (Wir brauchen dazu ja nur bei der Eintragung der Vorzeichenverteilungen in die Spalten etwa darauf zu achten, daß wir an jede Eintragung in eine Spalte des linken Feldes sogleich die komplementäre Eintragung in die entsprechende Spalte des rechten Feldes anschließen.)

Beispiel für $q=3$, also $2^{q-1}=4$:

$$\begin{array}{lllllllll} \mathfrak{z}_1: & +1 & +2 & +3 & -4 & -1 & -2 & -3 & +4 : \bar{\mathfrak{z}}_1 \\ \mathfrak{z}_2: & +1 & +2 & -3 & +4 & -1 & -2 & +3 & -4 : \bar{\mathfrak{z}}_2 \\ \mathfrak{z}_3: & +1 & -2 & +3 & +4 & -1 & +2 & -3 & -4 : \bar{\mathfrak{z}}_3 \end{array}$$

Wir wollen die Zeilen des linken Feldes mit $\mathfrak{z}_i$ (i von 1 bis q) und diejenigen des rechten Feldes mit $\bar{\mathfrak{z}}_i$ (i von 1 bis q) bezeichnen.

Es sei nun ein System $\mathfrak{S}$ von q Halbzeilen $\mathfrak{z}_1$ oder $\bar{\mathfrak{z}}_1$, $\mathfrak{z}_2$ oder $\bar{\mathfrak{z}}_2 \ldots$ bis $\mathfrak{z}_q$ oder $\bar{\mathfrak{z}}_q$ vorgegeben. Wir betrachten dazu die Vorzeichenverteilung, die gerade bei denjenigen Indizes das $+$ hat, welche zu den $\mathfrak{z}_i$ gehören, also bei denjenigen Indizes das $-$, welche zu den $\bar{\mathfrak{z}}_i$ gehören. Diese Vorzeichenverteilung und die zu ihr komplementäre mögen im linken und rechten Feld die k-te Spalte besetzen. Dann hat das gegebene System $\mathfrak{S}$ von Halbzeilen als Durchschnitt offenbar genau die Zahl $+k$ oder die Zahl $-k$ (nämlich $+k$, wenn die erstgenannte Vorzeichenverteilung links steht, sonst $-k$).

Auch der vorstehende Hauptteil des Nachweises möge kurz beispielhaft veranschaulicht werden. Beim obigen Beispiel ($q=3$) möge das folgende System $\mathfrak{S}$ betrachtet werden:

Betrachtetes System $\mathfrak{S}$: $\begin{pmatrix} \mathfrak{z}_1 \\ \bar{\mathfrak{z}}_2 \\ \mathfrak{z}_3 \end{pmatrix}$ Zugehörige Vorzeichenverteilung: $\begin{pmatrix} + \\ - \\ + \end{pmatrix}$ Komplementäre Vorzeichenverteilung: $\begin{pmatrix} - \\ + \\ - \end{pmatrix}$

Die „zugehörige Vorzeichenverteilung“ besetzt im obigen linken Feld die dritte Spalte (die komplementäre Vorzeichenverteilung besetzt im rechten Feld die dritte Spalte). Daher ist $+3$ die einzige Ziffer, die in $\mathfrak{z}_1$, $\bar{\mathfrak{z}}_2$, $\mathfrak{z}_3$ gemeinsam enthalten ist.

Satz 39. Keine der Formen $\mathfrak{f}\rightarrow\mathfrak{d}_1$, $\mathfrak{f}\rightarrow\mathfrak{d}_2, \ldots, \mathfrak{f}\rightarrow\mathfrak{d}_p$ (wo $\mathfrak{f}$ und die $\mathfrak{d}$t $\wedge\vee\neg$-Formen sind) sei Wahrform. Dann gibt es eine spezifische Quasir wahrheitswertung $\mathfrak{M}_n$, in der sich eine Belegung vorfindet, die zwas die Form $\mathfrak{f}$, jedoch keine der Formen $\mathfrak{d}_1, \ldots, \mathfrak{d}_p$ quasiwahr macht. (E- liegt hier die alternäre Implikation zugrunde, m.a.W.: $\mathfrak{f}\rightarrow\mathfrak{d}_i$ steh hier als Mitteilung für $\neg\mathfrak{f}\vee\mathfrak{d}_i$.)

Zum *Nachweis* dieses Satzes ist lediglich der Nachweis des vorangegangenen Satzes zu modifizieren.

Der gesamte Variablenvorrat der gegebenen Formen sei $\mathfrak{v}_1, \ldots, \mathfrak{v}_q$. Wir entwickeln die Form $\mathfrak{f}$ und die Formen $\mathfrak{d}_1, \ldots, \mathfrak{d}_p$ in ausgezeichnete disjunktive Normalformen nach diesem Variablenvorrat, die wir mit $\tilde{\mathfrak{f}}$ bzw. $\tilde{\mathfrak{d}}_1, \ldots, \tilde{\mathfrak{d}}_p$ bezeichnen wollen.

Die Normalform für $\mathfrak{f} \vee \neg \mathfrak{f}$ umfaßt alle Konstituenten. Jede Konstituente also, die in der Normalform für $\neg \mathfrak{f}$ fehlt, tritt in der Normalform $\tilde{\mathfrak{f}}$ für $\mathfrak{f}$ auf. Da $\neg \mathfrak{f}$ nicht Wahrform ist — sonst würde ja $\mathfrak{f} \to \mathfrak{d}_1$ Wahrform sein —, treten in $\tilde{\mathfrak{f}}$ Konstituenten auf ($\tilde{\mathfrak{f}}$ ist nicht leer). Wir betrachten nun ein $\mathfrak{d}_i$. Würde jede Konstituente, die in $\tilde{\mathfrak{f}}$ auftritt, auch in $\tilde{\mathfrak{d}}_i$ auftreten, so würde die Normalform für $\neg \mathfrak{f} \vee \mathfrak{d}_i$ *alle* Konstituenten umfassen. Dann aber wäre $\neg \mathfrak{f} \vee \mathfrak{d}_i$ und mithin $\mathfrak{f} \to \mathfrak{d}_i$ Wahrform, entgegen der Voraussetzung. Es gibt also zu jedem $\tilde{\mathfrak{d}}_i$ eine Konstituente $\mathfrak{k}_i$, die zwar in $\tilde{\mathfrak{f}}$, nicht aber in $\tilde{\mathfrak{d}}_i$ auftritt.

Wir ziehen nun die im Nachweis zum letzten Hilfsatz (S. 122) betrachtete spezifische Wertung $\mathfrak{M}_r$ heran. Wir hatten eine Belegung β gefunden, in der jede Konstituente einen der Werte $\{1\}$ bis $\{r\}$ bekam. Die p oben eingeführten Konstituenten $\mathfrak{k}_1, \ldots, \mathfrak{k}_p$ (die übrigens nicht alle voneinander verschieden zu sein brauchen) erhalten also als Werte gewisse Ziffern zwischen 1 und r (einschließlich); wir wollen sie mit $w_1, \ldots, w_{p^\bullet}$ bezeichnen (wobei $p^\bullet$ höchstens $= p$ ist). Wir behalten nun *nur diese* Ziffern bei, d.h. wir *streichen* in $\mathfrak{M}_r$ jede Ziffer, die von den $w_1, \ldots, w_{p^\bullet}$ verschieden ist. Dadurch entsteht eine neue Wertung $\mathfrak{M}$, die in der Bildung von Durchschnitt, Vereinigung und Komplement, also in den Wertetafeln für $a \wedge b$, $a \vee b$ und $\neg a$ mit $\mathfrak{M}_r$ übereinstimmt. Die neue Wertung $\mathfrak{M}$ ist wiederum spezifisch (zunächst liegen ihr zwar nicht notwendig *aufeinanderfolgende* Ziffern zugrunde, dieser Umstand ist jedoch unwesentlich; er läßt sich, wenn man will, durch einfache Umbenennung der Ziffern beheben). Ihr Quasiwahr-Wert ist $\{w_1, \ldots, w_{p^\bullet}\}$. In der Wertung $\mathfrak{M}$ entspricht der oben betrachteten Belegung β eine Belegung β°. Bei dieser Belegung bekommen die Konstituenten $\mathfrak{k}_1, \ldots, \mathfrak{k}_p$ die Werte $w_1, \ldots, w_{p^\bullet}$ (d.s. Ziffern); alle übrigen Konstituenten der vollständigen disjunktiven Normalform erhalten den Wert 0. Da $\tilde{\mathfrak{f}}$ alle $\mathfrak{k}_i$ umfaßt, erhält $\tilde{\mathfrak{f}}$ bei der Belegung β° den Quasiwahr-Wert $\{w_1, \ldots, w_{p^\bullet}\}$. Demgegenüber umfaßt keine der Formen $\tilde{\mathfrak{d}}_i$ alle $\mathfrak{k}$ (denn $\mathfrak{k}_i$ gehörte nicht zu $\tilde{\mathfrak{d}}_i$); daher erhält keines der $\tilde{\mathfrak{d}}_i$ den vollen Quasiwahr-Wert. — Man braucht nun nur mit Satz 37 von $\tilde{\mathfrak{f}}$ und $\tilde{\mathfrak{d}}_i$ zu $\mathfrak{f}$ und $\mathfrak{d}_i$ selbst überzugehen.

§ 49. Mehrwertige Quasiwahrheitswertungen als sogenannte „mehrwertige Logiken".

Es gibt eine Reihe von Ansätzen für sogenannte „mehrwertige Logiken", d.h. für mehr-als-zweiwertige Quasiwahrheitswertungen, deren Werte sich in irgendeinem übertragenen bzw. abstrakt modifizierten Sinne als logische Wahrheitsmodi deuten lassen sollen. Solche Deutungen müssen sich jedoch zwangsläufig an fundamentaler Stelle von den Anforderungen entfernen, die man an logische Wahrheitsmodi (im eigentlichen Sinne) zu stellen hat. Die uns vertrauten aussagenlogischen Verknüpfungen lassen sich nämlich bei mehr als zwei Wahrheitswerten nicht mehr als Wahrheitsfunktionen interpretieren, ohne daß man ihnen Gewalt antut.

Bezüglich der Implikation stießen wir bereits in der zweiwertigen Wahrheitswertung auf gewisse Härten; die Wertungen $w \to w = w$, $f \to w = w$, $f \to f = w$ wecken das Bedürfnis nach einer Einengung der implikativen Interpretation (§ 42), das uns schließlich im zweiten Teil zu den nichtalternären Logiken hinführen wird (diese „nichtalternären" Logiken sind jedoch *keine* „mehrwertigen" Logiken, vgl. später § 141 und § 182; das Prädikat „alternär" grenzt sich also primär nicht etwa gegen „mehrwertig" ab; s. später den Schlußabsatz dieses Paragraphen). Immerhin läßt sich die als Wahrheitsfunktion eingeführte, mit $\neg a \vee b$ äquivalente „alternäre Implikation" $a \to b$ als eine logisch relevante und der formalen Deduktion weitgehend angemessene implikative Verknüpfung erkennen. Zu diesem Fragenkomplex vgl. später z. B. S. 174, 269, 271).

Bei Einführung von mehr als zwei Wahrheitswerten hingegen gelangt man, sofern man sie wirklich als *Wahrheitsmodi* auffassen will, zu offenbaren Aporien der Interpretation, die sich auf keine zwanglose Weise überbrücken lassen. Da die Frage nach den mehrwertigen Logiken vielfachem Interesse begegnet, möge hierauf kurz hingewiesen werden. Die Verknüpfungen sollen sich in einer „n-wertigen Aussagenlogik" als Wahrheitsfunktionen darstellen lassen. Das besagt für die Interpretation: sobald sich zu einer vorgegebenen Verknüpfung irgend zwei die Wahrheitsmodi k bzw. l besitzende Aussagen angeben lassen, für die die Verknüpfungsaussage dem Wahrheitsmodus m unterliegt, so muß dasselbe für jedes Paar von Aussagen, denen die Wahrheitsmodalitäten k bzw. l zukommen, gelten. Dieser „Grundbedingung einer mehrwertigen Logik" kann nun in einer mehr-als-zweiwertigen Aussagenlogik bereits bezüglich der Verknüpfungen $\wedge$ und $\vee$ bei angemessener, rein logischer Interpretation nicht mehr entsprochen werden; m.a.W.: in einer mehr-als-zweiwertigen Quasiwahrheitswertung lassen sich die elementaren aussagenlogischen Verknüpfungen keiner wirklich angemessenen Deutung als Wahrheitsfunktionen unterwerfen. Es sei dies zunächst am Beispiel *dreier* Wahrheitswerte angedeutet. Den Wahrheitswert (t), der hier zu „wahr" (w) und „falsch" (f) hinzutritt, hat man zu deuten versucht als „offen", als „unbestimmt", als „möglich", als „wahrscheinlich" oder auch als „sinnlos". Die letzte Deutung werden wir noch am Schluß dieses Paragraphen berücksichtigen; wir wenden uns zunächst den übrigen zu.

Daß eine Aussage sich gegenüber „wahr" und „falsch" *unbestimmt* (indifferent) verhalten könne, werden wir später andeutungsweise ins

Auge fassen (s. z.B. S. 369) und im II. Bande ausführlicher behandeln. Die Modi der *Offenheit* und der *Möglichkeit* werden uns (in spezieller Ausprägung) im 11. Abschnitt und später ebenfalls im II. Bande beschäftigen (vgl. z.B. § 182). Die *Wahrscheinlichkeit* übersteigt an sich den Rahmen einer rein aussagenlogischen Betrachtung. Im gegenwärtigen Zusammenhang interessiert uns, ob eines der drei genannten modalen Prädikate als *Wahrheitswert* aufgefaßt werden kann.

Die Konjunktion zweier unbestimmter Aussagen wird mitunter unbestimmt sein (z.B. wenn sie übereinstimmen), mitunter jedoch falsch (z.B. wenn sie sich widersprechen). Die Konjunktion zweier Aussagen, deren jede für sich möglich ist, wird mitunter möglich sein (z.B. wenn die Aussagen übereinstimmen), mitunter nicht (z.B. wenn sie sich widersprechen). — Die konjunktive Aussagenverknüpfung $\wedge$ ist also für keine der beiden genannten Deutungen des dritten Wahrheitswertes als Wahrheitsfunktion darstellbar ($\mathrm{t} \wedge \mathrm{t}$ hat keinen festen Wert).

Entsprechend lassen sich Aussagen denken, deren Disjunktion wahr ist, deren jede aber unbestimmt bzw. bloß möglich ist; — demgegenüber ist mitunter die Disjunktion unbestimmter — bzw. möglicher — Aussagen selbst unbestimmt — bzw. bloß möglich (z.B. wenn die Aussagen übereinstimmen). Auch $\mathrm{t} \vee \mathrm{t}$ hat also keinen festen Wert, d.h. auch die disjunktive Aussagenverknüpfung $\vee$ läßt sich bei den genannten Deutungen des dritten Wahrheitswertes nicht als Wahrheitsfunktion darstellen.

Die Interpretation des dritten Wahrheitswertes als „wahrscheinlich" führt zum gleichen Ergebnis. Seien $\mathfrak{b}$ und $\mathfrak{c}$ wahrscheinliche, logisch unzusammenhängende Aussagen. Die Aussagen $\mathfrak{b} \vee \mathfrak{c}$ und $\mathfrak{b} \vee \neg \mathfrak{c}$ sind ebenfalls wahrscheinlich. Ihre Disjunktion ist wahr; demgegenüber ist z.B. die Disjunktion von $\mathfrak{b}$ mit sich selbst bloß wahrscheinlich.

Die hiermit angedeuteten Schwierigkeiten sind keineswegs auf die dreiwertige Logik oder auf die besprochenen speziellen Deutungen beschränkt. In einer beliebigen n-wertigen Quasiwahrheitswertung, in der die Quasiwahrheitswerte als Wahrheitsmodi gedeutet werden sollen, werden für jeden Quasiwahrheitswert c die Wertzuordnungen $\mathrm{c} \wedge \mathrm{c} = \mathrm{c}$, $\mathrm{c} \vee \mathrm{c} = \mathrm{c}$ getroffen werden müssen; andererseits wird man, wenn man außer „wahr" und „falsch" noch weitere Wahrheitsmodi heranzieht, für einen solchen weiteren Wahrheitsmodus c die Konjunktion und die Disjunktion irgendwelcher Aussagen vom Wahrheitsmodus c nicht stets auf den Wahrheitsmodus c festlegen können. (Entsprechendes gilt hinsichtlich Implikation und Äquivalenz, bei denen zunächst in der Hauptdiagonale überall ein ausgezeichneter Wert zu stehen hat.)

Textaufgabe. Die oben genannte „Grundbedingung einer mehrwertigen Logik" legt ja jedenfalls die folgenden fundamentalen Wertzuordnungen (für beliebige Wahrheitsmodi a, b) nahe:

1) für $\wedge$: $w \wedge a = a$, $f \wedge a = f$, $a \wedge a = a$, $a \wedge b = b \wedge a$,
2) für $\vee$: $w \vee a = w$, $f \vee a = a$, $a \vee a = a$, $a \vee b = b \vee a$,
3) für $\rightarrow$: $w \rightarrow a = a$, $f \rightarrow a = w$, $a \rightarrow a = w$, $a \rightarrow w = w$,
4) für $\neg$: $a \wedge \neg a = f$, $\neg(a \wedge \neg a) = w$, $a \rightarrow f = \neg a$.

Man zeige: Auf eine Logik dreier Werte w, f, t bezogen, legen die Bedingungen 1) die Wahrheitstafel für $\wedge$, ebenso die Bedingungen 2) die Wahrheitstafel für $\vee$ fest. Die Bedingungen 3) fixieren in entsprechender Weise die Wahrheitstafel für $\rightarrow$ bis auf den Wert für $t \rightarrow f$. Aus den ersten beiden Bedingungen 4) erschließt man die Wahrheitstafel für $\neg$ und sodann mit der letzten Bedingung 4) den fehlenden Wahrheitswert für $t \rightarrow f$.

Zusatz zur Textaufgabe. Die hiermit konstruierte dreiwertige Logik ist, obwohl sie sich zwangsläufig aus den fundamentalen Bedingungen ergab, nicht mit den üblichen rein logischen Interpretationen in Einklang zu bringen. Der Leser mag sich dies insbesondere etwa an Hand der sich ergebenden Zuordnung $\neg t = f$ vor Augen führen.

Eine gewisse Sonderstellung bei der Interpretation nimmt die „*Sinnlosigkeit*" ein. Es wird zunächst einleuchten, daß sich die drei Prädikate „wahr", „falsch" und „sinnlos" zu einer vollständigen Disjunktion aneinanderreihen derart, daß eine Aussage entweder wahr („dieser Schimmel ist weiß") oder falsch („dieser Schimmel ist rot") oder sinnlos („dieser Schimmel ist verklungen"; „dieser Schimmel ist kommutativ") ist. Es erhebt sich die Frage, welches der drei Prädikate etwa der zusammengesetzten Aussage „dieser Schimmel ist weiß oder (dieser Schimmel ist) verklungen" zukommt. Sobald die Sinnlosigkeit als ein dritter *Wahrheits*modus aufgefaßt wird, der sich auf das Ausgesagte bezieht, wird die genannte Aussage wahr, da ja ihr erstes Disjunktionsglied wahr ist. Man hat dann genau dieselbe Sachlage wie bei „unbestimmt", „möglich" und „wahrscheinlich".

Man kann unter der Sinnlosigkeit aber auch ein spezielles *syntaktisches* Prädikat verstehen, also ein Prädikat, das einer Aussage zukommt, sobald sie nur eine sinnlose Teilaussage enthält, einerlei, ob diese nun bejaht, verneint, disjugiert oder konjugiert oder in anderer Weise auftritt. Als Wahrheitsmodus im eigentlichen Sinne wird man *diese* Sinnlosigkeit kaum ansprechen wollen. Bei Zugrundelegung dieser „syntaktischen Sinnlosigkeit" ergibt sich: Für jede zweistellige aussagenlogische Verknüpfung — insbesondere also für $\wedge$, $\vee$, $\rightarrow$ — ergänzt sich die zugehörige gewöhnliche zweiwertige Wahrheitstafel

	w	f
w	I	II
f	III	IV

zu der dreiwertigen Wahrheitstafel

	w	t	f
w	I	t	II
t	t	t	t
f	III	t	IV

Das entsprechende gilt für die einstelligen aussagenlogischen Verknüpfungen; insbesondere erhält man für $\neg$ die Wahrheitstafel

w	f
t	t
f	w

Diese dreiwertige Quasiwahrheitswertung ist trivial. Sie reduziert sich ohne weitere Verwendung der angegebenen Wahrheitstafeln *unmittelbar auf die zweiwertige (alternäre) Logik* eben an Hand der Vorschrift: „Eine Aussagenform ist sinnlos, wenn und nur wenn eine ihrer Teilformen sinnlos ist." In jedes Begriffsnetz läßt sich eine solche triviale Erweiterungsvorschrift ohne weiteres einbauen. Sie ist jedoch syntaktisch überflüssig, da die aus ihr entfließenden Zeilen und Spalten der Wahrheitstafeln sich als ein bloßer kombinatorischer Überhang ebensogut streichen lassen. Ungereimtheiten, die nicht ohnehin von vorneherein offenbar wären, wird diese dreiwertige Wertung schwerlich vermeiden helfen. Insbesondere wird sie keinem der ernsthaften problematischen Tatbestände gerecht, die ein Hinausgehen über die alternäre Aussagenlogik anzuregen vermögen. Es mag demgegenüber eingeräumt werden, daß sie immerhin in dem speziellen Rahmen, den ihre oben durchgeführte Erörterung abgesteckt hat, ein gewisses systematisches Interesse besitzt.

Bei Rückkehr zu der Deutung des dritten Quasiwahrheitswertes als *Wahrheitsmodus* im eigentlichen Sinne läßt sich das Ergebnis der angestellten Überlegungen abschließend dahin zusammenfassen, daß die Konzeption einer mehrwertigen Logik, der mehr als zwei Wahrheitsmodi zugrunde liegen, bei angemessener, m.a.W. zwangloser rein logischer Interpretation einigen fundamentalen Aporien unterliegt.

Auf das recht reizvolle Problem solcher Interpretationen, die über einen rein logischen Rahmen hinausgehen, soll hier nicht eingegangen werden. (Sowohl mathematisch-wahrscheinlichkeitstheoretische Interpretationen wird man hierzu rechnen dürfen als auch solche Interpretationsversuche, die sich auf Begriffe beziehen, deren Zusammenhänge auf spezielle physikalische Theorien eingeblendet sind.)

Zur Beachtung. In Übereinstimmung mit dem obigen Résumé wird sich, wie bereits verschiedentlich angedeutet wurde, zeigen, daß diejenigen „nichtalternären" (d.h. nicht zweiwertigen) Aussagenlogiken, zu denen man von der Problematik der alternären Logik aus hingeführt wird — nämlich die „derivative", die „intuitionistische" und auch die scharfe „strikte" Aussagenlogik —, *keine adäquate* endliche Quasiwahrheitswertung besitzen, d.h. daß sie keine mehrwertigen Logiken sind; vgl. später § 141 und § 182.

3. Abschnitt.

Grundlegende Begriffe zur deduktiven Logik.

Kapitel IX.

Kodifikation.

Es wird gut sein, dem Aufbau der deduktiven Logik einen kurzen allgemeinen Überblick über die wichtigsten Begriffsbildungen voranzustellen, die heute für den Aufbau exakter Wissensgebiete maßgebend sind. Das folgende Kap. IX soll in einer vorläufigen Weise über die allgemeinen Konzeptionen, die einem solchen Aufbau zugrunde zu legen sind, orientieren. Den ‚Erklärungen' der nachfolgenden Paragraphen wird im Rahmen einer solchen umfassenden Orientierung der Charakter recht allgemeiner Umreißungen anhaften; erst im übernächsten Kapitel werden sich die allgemeinen Konzeptionen zu solchen Begriffsbildungen verdichten, deren Erklärungen sich von vorneherein in ihren Einzelheiten leicht übersehen und handhaben lassen.

§ 50. Grundsätzliches zur Kodifikation.

Das Bedürfnis, die Sätze eines exakten Wissensgebietes zu beweisen, muß, da ein unendlicher Rückgang sinnlos ist, naturgemäß an irgendeiner Stelle seine Grenze finden. Man geht daher von einer Basis endlich vieler (nach Möglichkeit evidenter) Grundsätze oder „Axiome" aus, aus denen sich die übrigen gültigen Sätze des Gebietes logisch herleiten lassen; die in den Axiomen auftretenden Grundbegriffe des Wissensgebietes werden dabei gleichzeitig gestatten, alle „einschlägigen Begriffe" aus ihnen logisch zu definieren.

Die in den Axiomen auftretenden Grundbegriffe des Gebietes werden selbst nicht definiert, und die Axiome werden nicht bewiesen. Falls das Axiomensystem „widerspruchsfrei" und „vollständig" ist — d.h. falls von irgend zwei zueinander kontradiktorischen „einschlägigen" variablenfreien Satzgebilden (genauere Erklärung später in § 55) stets *genau eines* aus den Axiomen folgt —, so spricht man wohl auch davon, daß das Axiomensystem die Grundbegriffe des betreffenden Wissensgebietes — wir werden später genauer sagen: seine Eigen-Grundbegriffe — „implizit definiere"; in der Tat sind ja dann alle Eigenschaften dieser Grundbegriffe ebenso fixiert, wie bei einer expliziten Definition. („Einschlägig" heißt hier ein Satzgebilde, dessen Begriffe sich aus den Grundbegriffen definieren lassen.)

In der geschilderten Weise liegen heute die meisten mathematischen und manche physikalischen Theorien „axiomatisiert" vor. Das bekannteste *Beispiel*, an dem die moderne axiomatische Methode entwickelt wurde, ist HILBERTS Axiomatisierung der Geometrie. Die Axiome enthalten drei undefinierte Ding-Grundbegriffe: „Punkt", „Gerade", „Ebene" und einige undefinierte Relations-Grundbegriffe: „inzident", „zwischenliegend", „kongruent"; diese Begriffe sind m.a.W. in der HILBERTschen Axiomatisierung die Eigen-Grundbegriffe der Geometrie. Das Axiomensystem umfaßt eine Reihe von Axiomen („Zwei verschiedene Punkte inzidieren stets mit genau einer Geraden", usw.).

Man bezweckt mit einer solchen Axiomatisierung, die Behandlung des betreffenden Wissensgebietes von allen unausgesprochenen Nebenvoraussetzungen, die sich einschleichen könnten, und von allen Unklarheiten und Angriffsflächen zu befreien, d.h. das Wissensgebiet im folgenden Sinne *exakt* zu gestalten: Ein aus den Axiomen bewiesener Satz wird von jedem anerkannt werden müssen, der die Axiomenbasis anerkennt, und entsprechendes gilt für den Gebrauch irgendeines aus den Grundbegriffen definierten Begriffs.

Dieser Auffassung liegt die Vorstellung zugrunde, daß das Schließen und das Definieren selbst — m. a. W. der „rein logische Teil" der betreffenden Wissenschaft — eindeutig und über jede Meinungsverschiedenheit erhaben sei. In der Tat ist diese Vorstellung bereits nötig, wenn man überhaupt die „Einschlägigkeit", die „Widerspruchsfreiheit" und die „Vollständigkeit" eines betrachteten Axiomensystems als exakt gegebene Eigenschaften ansehen will. — Gerade diese Vorstellung, der logische Bereich des Definierens, Satzbildens und Schließens liege von vorneherein unanfechtbar eindeutig fest, ist nun aber bei der neueren Entwicklung der exakten Wissenschaften (insbesondere in der höheren Mathematik) ins Wanken geraten, ja, man kann sagen: zusammengebrochen. Die derivative und die intuitionistische Logik z. B., deren aussagenlogischer Teil im vorliegenden Bande entwickelt wird, vermögen bereits in ihrer Abweichung von der alternären Logik die prinzipielle Unbestimmtheit dessen zu vermitteln, was an logischen Schlüssen und was an logischen Definitionen jeweils als zulässig anzusprechen ist.

Die volle Exaktheit beim Aufbau eines Wissensgebietes im oben gekennzeichneten Sinne wird daher erst dann erreicht sein, wenn auch der Gebrauch des „Logischen" von der Rechenschaftsablegung erfaßt ist, d. h. wenn auch die zu benutzenden *logischen* Grundbegriffe festgelegt sind, wenn die Axiome auch bezüglich dieser logischen Begriffe exakt formuliert sind und wenn endlich die Regeln exakt angegeben sind, nach denen geschlossen und nach denen definiert werden darf. Ein Wissensgebiet, das in dieser Weise dargestellt ist, wollen wir nicht bloß „axiomatisiert", sondern „kodifiziert" nennen; die betreffende Darstellung heiße ein „*Kodifikat*" des betreffenden Wissensgebietes.

Anmerkung. Man wird nach dieser Einführung nicht dem Irrtum verfallen, in der Bezeichnung „Kodifikat" den Ausdruck einer willkürlichen Setzung zu sehen; vielmehr wird man in ihr den Anspruch der allgemeinverbindlichen Fixierung ausgedrückt wissen.

§ 51. Kodifikate; I. Teil: das Begriffsnetz.

Die Kodifikation geht über die bloße Axiomatisierung durch die Einbeziehung des Logischen in die exakte Behandlung weit hinaus.

Ein Kodifikat besteht aus zwei Hauptteilen, dem „*Begriffsnetz*" und dem „*Deduktionsgerüst*".

Die genaue Beschreibung der *aussagenlogischen* Kodifikate wird man im übernächsten Kapitel finden. Es soll jedoch hier zur Fixierung der Konzeption umrissen werden, was unter dem Begriffsnetz und dem

Deduktionsgerüst eines *beliebigen* Kodifikats zu verstehen ist. Hierzu sei an das im einleitenden Absatz dieses Kapitels Gesagte erinnert.

I. *Das Begriffsnetz* wird konstituiert, indem man

1. die Grundbegriffe — einschließlich der logischen — anführt und

2. die Regeln angibt, mittels deren sich aus diesen Grundbegriffen die „einschlägigen Ausdrücke", insbesondere die „einschlägigen Satzgebilde", zusammenstellen lassen sollen.

Zusatzerklärung zu 1. Die nichtlogischen Grundbegriffe werden als die „*Eigen*-Grundbegriffe" des Kodifikates (bzw. der kodifizierten Theorie) bezeichnet.

Anmerkung. In den *aussagenlogisch* fundierten Kodifikaten (dieser Terminus wird später präzise erklärt werden) fungieren als „einschlägige Ausdrücke" *nur* die „einschlägigen Satzgebilde", und zwar sind diese dort die Aussagenformen. Dagegen kennen z.B. die prädikatenlogisch fundierten Kodifikate, die erst im II. Bande behandelt werden, außer den „einschlägigen Satzgebilden" — die übrigens dort nicht durchweg Aussagenformen sind — noch „einschlägige Termausdrücke" zur Bezeichnung von *Ding*formen usw.

Zur Terminologie. Im Begriffsnetz ist noch nicht von Beweisbarkeit die Rede; das bloß ‚sinnvolle' einschlägige Satzgebilde ist terminologisch vom gültigen bzw. vom ‚beweisbaren' Satz, von dem erst im Deduktionsgerüst die Rede sein wird, zu unterscheiden. —

Die Zusammensetzungsregeln, von denen oben die Rede war, werden gewöhnlich in Einzelschritte aufgeteilt sein; genauer: sie werden formuliert sein als

induktive *Erklärung* des „*einschlägigen Ausdrucks*" und des „*einschlägigen Satzgebildes*" zugleich mit induktiver Erklärung der „*Ordnung*" (genauer: der „*Aufschichtungsordnung*"). Eine solche Erklärung wird also so aussehen:

2α). ‚Die und die' Grundbegriffe (genauer: gewisse anzugebende Grundbegriffe, die wir auch als die „*selbständigen*" Grundbegriffe bezeichnen wollen) sind selbst schon einschlägige Ausdrücke [mit der Ordnung 1];

2β). aus vorgegebenen einschlägigen Ausdrücken von bestimmter Art, z.B. Satzgebilden [deren höchste Ordnung eine Zahl n sei], läßt sich auf die und die Weise unter Heranziehung der unselbständigen Grundbegriffe ein neuer einschlägiger Ausdruck — bzw. ein einschlägiges Satzgebilde — zusammensetzen [das dann die Ordnung $n+1$ bekommt].

Solche Vorschriften 2α, β eines Kodifikats sollen seine *Aufschichtungsvorschriften* oder *elementaren Aufschichtungsregeln* heißen. Sie sind als Erklärung des „einschlägigen Ausdrucks“ natürlich so gemeint, daß ihre Anwendung zu *jedem* einschlägigen Ausdruck führt.

Man drückt dies wohl auch so aus: Die Menge der „einschlägigen Ausdrücke“ geht aus der Menge der in 2α aufgeführten selbständigen Grundbegriffe durch *Abschluß* gegenüber den Aufschichtungsvorschriften 2β hervor.

Nur im Sinne dieser Erklärung werden wir gelegentlich den Terminus „Abschluß“ (bzw. „Abgeschlossenheit“) gebrauchen. Eine Ausweitung dieser Terminologie, wie sie z.B. in der Sprechweise von „der *kleinsten*, die Begriffe von 2α enthaltenden und gegen 2β abgeschlossenen Menge“ liegt (wobei die betrachtete Menge mit einer recht unübersehbaren Menge von Mengen in Beziehung tritt), würde die Erörterungen in die Nähe mengentheoretischer Paradoxien rücken, mit denen sie nicht belastet zu werden brauchen.

Andere Einteilung bei der Erklärung des Begriffsnetzes. — Beim Aufbau eines Kodifikates werden mitunter die Vorschriften, die das Begriffsnetz konstituieren, ein wenig anders zusammengefaßt; man teilt sie ein in

A). Angabe der Grundbegriffe, zugleich mit Heraushebung derjenigen von ihnen, die selbständig heißen sollen [diese Angaben fassen 1 und 2α zusammen],

B). Angabe der aufschichtenden Vorschriften gemäß 2β.

Auch auf diese Einteilung wird gelegentlich zurückzukommen sein.

Durch die Ordnungs-Festsetzung, die der Erklärung des „einschlägigen Ausdrucks“ beigesellt wurde, bekommt jeder einschlägige Ausdruck eine bestimmte Ordnung.

Die in vielen Nachweisen benutzte Induktion nach der Ordnung (vgl. auch § 11) heißt „*Netzinduktion*“.

Erklärung. Man wird irgendeine für einschlägige Ausdrücke bzw. Satzgebilde erklärte Eigenschaft $\mathfrak{E}$ *aufschichtungserblich* nennen, wenn sie sich gegenüber Aufschichtung (gemäß den Vorschriften 2β) vererbt, m.a.W.: wenn die Menge derjenigen einschlägigen Ausdrücke bzw. Satzgebilde, denen die Eigenschaft $\mathfrak{E}$ zukommt, abgeschlossen gegenüber Aufschichtung ist.

Mit Heranziehung dieser Begriffsbildung läßt sich die Netzinduktion wie folgt beschreiben:

Um zu zeigen, daß eine Eigenschaft $\mathfrak{E}$ für einschlägige Ausdrücke auf alle einschlägigen Ausdrücke zutreffe, genügt es nachzuweisen, daß $\mathfrak{E}$ allen selbständigen Grundbegriffen (s. Abs. 2α) zukommt und daß $\mathfrak{E}$ aufschichtungserblich ist.

Anmerkung. Die Netzinduktion kann, wo es angezeigt erscheint, durch eine einfache Abwandlung auf die einschlägigen Satzgebilde beschränkt werden. Im vorliegenden Buche wird diese Unterscheidung übrigens keine Rolle spielen, da die einschlägigen Ausdrücke in der Aussagenlogik zugleich Satzgebilde sind.

§ 52. Kodifikate; II. Teil: das Deduktionsgerüst.

II. *Das Deduktionsgerüst* wird konstituiert, indem man

1. die *Axiome* (d.s. die Ausgangssätze der Deduktion) — einschließlich der rein logischen — aufführt und

2. die Regeln angibt, mittels deren sich aus diesen Axiomen Sätze „beweisen" („herleiten") lassen sollen.

Anmerkung. Die Axiome und alle beweisbaren Sätze sollen dabei einschlägige Satzgebilde sein. —

Die Beweisregeln werden gewöhnlich in Einzelschritte aufgeteilt sein, genauer: sie werden formuliert sein als

induktive *Erklärung* des „*beweisbaren Satzes*" [zugleich mit induktiver Erklärung des „*Beweisranges*"]. Eine solche Erklärung wird etwa so aussehen:

2α). Ein Axiom heißt selbst schon „beweisbar", genauer: ein „beweisbarer Satz" [mit dem „Beweisrang" 1]. (Wenn auch die Axiome ohne Beweis an die Spitze gestellt sind, so ist doch diese Redeweise offenbar zum Ingangsetzen der Deduktion angemessen.)

2β). Es werden gewisse „*elementare Schlußregeln*" vorgegeben sein; dabei ist ein *elementarer Schluß* ein in Anwendung einer solchen Regel vorgenommener Übergang von — im allgemeinen endlich vielen — „beweisbaren Sätzen" [deren höchster Beweisrang eine Zahl n sei] zu einem weiteren einschlägigen Satzgebilde, das damit ebenfalls ein „beweisbarer Satz" heißen soll [und den Beweisrang $n+1$ bekommt].

Zusatzerklärungen. Das System der Axiome heißt auch *Axiomenbasis*. Die beweisbaren Sätze, die man unter Ausgang von irgendwelchen Axiomen in Anwendung der elementaren Schlußregeln aneinanderzureihen hat, um zu einem beweisbaren Satz $\mathfrak{e}$ zu gelangen, bilden einen *Beweis* für den Endsatz $\mathfrak{e}$.

Die Zuordnung des Beweisranges zu den beweisbaren Sätzen ist nicht notwendig eindeutig. Einem beweisbaren Satze kommt nach der obigen Erklärung des Beweisranges ein Beweisrang *hinsichtlich eines Beweises*, als dessen Endsatz er gerade auftritt, zu. Man sagt dann wohl auch, der betreffende Beweis selbst habe diesen Beweisrang. — Der *kleinste* Beweisrang, den ein beweisbarer Satz hat, werde kurz als sein *Rang* bezeichnet. Diese letztere Zuordnung ist evidentermaßen eindeutig. —

Daß die Schlußregeln zusammen mit den Axiomen eine „Erklärung" des beweisbaren Satzes geben, ist natürlich so gemeint: ihre Anwendung führt zu *jedem* beweisbaren Satz.

Man drückt dies wohl auch so aus: Die Menge der beweisbaren Sätze geht aus der Menge der Axiome durch *Abschluß* gegenüber den elementaren Schlußregeln hervor.

Vgl. hierzu auch den ersten auf S. 132 in Kleindruck angegebenen Absatz.

Anmerkung. Einen „beweisbaren“ Satz werden wir mitunter auch „bewiesen“ nennen, wenn sein Beweis tatsächlich vorliegt.

Andere Einteilung bei der Erklärung des Deduktionsgerüstes. — Beim Aufbau eines Kodifikates wird man die Vorschriften, die das Deduktionsgerüst konstituieren, vielfach ein wenig anders zusammenfassen; man teilt sie kurzerhand ein in

A). Angabe der Axiome; diese sollen selbst schon als ‚beweisbare‘ Sätze gelten [hier sind die Vorschriften 1 und 2α zusammengefaßt],

B). Angabe der elementaren Schlußregeln [gemäß 2β].

Auch auf diese Einteilung wird mehrmals zurückzukommen sein. —

Erklärung. Die in vielen Nachweisen benutzte Induktion nach dem Rang heißt „*Gerüstinduktion*“. Sie besteht offenbar in dem folgenden Verfahren: Um zu zeigen, daß eine Eigenschaft $\mathfrak{E}$ für einschlägige Satzgebilde auf alle beweisbaren Sätze zutreffe, genügt es nachzuweisen, daß $\mathfrak{E}$ allen Axiomen (s. 1 und 2α) zukommt und daß $\mathfrak{E}$ „*deduktionserblich*“ (d.h. erblich gegenüber den „elementaren Schlüssen nach 2β“) ist.

Anmerkung. Während im allgemeinen die geschilderte Induktion nach dem *Rang* ausreicht, möchte man mitunter auch eine Eigenschaft für *Beweise* als auf alle Beweise zutreffend erkennen. Dann führt man die Gerüstinduktion nach dem bloßen *Beweis*rang. —

Beim *Vergleich* von Begriffsnetz und Deduktionsgerüst stellt man eine weitgehende Analogie fest, die jedoch ihre Schranke bereits in dem Unterschied zwischen eindeutiger „Ordnung“ und möglicherweise mehrdeutigem „Beweisrang“ findet. Während sich von einem vorgelegten, irgendwie gearteten Ausdruck zwangsläufig entscheiden läßt, ob er „einschlägig“ ist, trifft dies im allgemeinen nicht für die „Beweisbarkeit“ eines einschlägigen Satzgebildes zu (vgl. hierzu später § 55 und S. 135).

Ein besonders enger Zusammenhang zwischen Begriffsnetz und Deduktionsgerüst besteht bei den „aufschichtenden“ Kodifikaten. — Es seien einige Erklärungen vorausgeschickt:

I. Zum Begriffsnetz. Eine Aufschichtungsvorschrift gemäß 2β setzt aus gewissen Satzgebilden $\mathfrak{s}_1, \ldots, \mathfrak{s}_n$ ein neues Satzgebilde $\mathfrak{s}$ zusammen. Die $\mathfrak{s}_i$ (mit $i=1, \ldots, n$) sollen nun „Teilgebilde“ von $\mathfrak{s}$ heißen; und ein Teilgebilde eines Teilgebildes von $\mathfrak{s}$ soll wiederum ein Teilgebilde von $\mathfrak{s}$ heißen.

II. Zum Deduktionsgerüst. Eine Schlußregel möge (im strengen Sinne) „aufschichtend“ genannt werden, wenn jeder zu ihr gehörige Schluß von irgendwelchen beweisbaren Sätzen $\mathfrak{s}_1, \ldots, \mathfrak{s}_n$ auf einen solchen Satz $\mathfrak{s}$ führt, der die $\mathfrak{s}_1, \ldots, \mathfrak{s}_n$ als Teilgebilde enthält. — Neben den im strengen Sinne aufschichtenden Schlußregeln werden solche

Schlußregeln eine Rolle spielen, die etwa von einer Disjunktion oder von einer Implikation auf eine solche Disjunktion bzw. Implikation schließen lassen, bei der ein Glied aufgeschichtet ist, während das andere Glied unverändert bleibt (es werden auch andere Modifikationen zugelassen werden). Derartige Schlußregeln dürfen vielfach noch als in einem — jeweils zu präzisierenden — abgeschwächten Sinne aufschichtend angesprochen werden. Weit einschneidendere Abschwächungen treten bei Kodifikaten auf, die neben den einschlägigen Satzgebilden auch andere einschlägige Ausdrücke (§ 51) kennen; in der Aussagenlogik werden derartige Kodifikate keine Rolle spielen.

Erklärung. Ein Kodifikat, dessen Deduktionsgerüst nur aufschichtende elementare Schlußregeln (im strengen bzw. in einem abgeschwächten Sinne) aufstellt, heißt selbst *aufschichtend* (im strengen bzw. im abgeschwächten Sinne).

Anmerkung. In einem *streng* aufschichtenden Kodifikat folgt jeder Beweis eines Satzgebildes seiner Aufschichtung (genau oder in vergröberten Schritten). In einem solchen Kodifikat wird sich (sofern es endlich viele Aufschichtungsmöglichkeiten umfaßt) die „Beweisbarkeit" eines Satzgebildes so gut wie die „Einschlägigkeit" eines Ausdrucks entscheiden lassen; es ist, wie wir sagen werden (§ 55), ein „entscheidungsdefinites" Kodifikat. — Unter den in einem abgeschwächten Sinne aufschichtenden Kodifikaten gibt es, wie wir sehen werden, solche, die ebenfalls noch entscheidungsdefinit sind — hierher gehören die wichtigen *aussagenlogischen* aufschichtenden Kodifikate — und andere, die diesen Vorzug nicht genießen.

Als ein sehr spezieller Typ von Kodifikaten stellen sich die *umformenden* Kodifikate heraus. In einem solchen gibt es eine Äquivalenzrelation (d.h. eine zweistellige reflexive, symmetrische und transitive Relation, die gewöhnlich als Gleichheit bezeichnet und durch $=$ mitgeteilt wird) derart, daß jedes einschlägige Satzgebilde die Gestalt $\mathfrak{a} = \mathfrak{b}$ hat, wo $\mathfrak{a}$ und $\mathfrak{b}$ einschlägige Ausdrücke (bestimmter Art) sind, aus denen die Gleichung $\mathfrak{a} = \mathfrak{b}$ durch eine Vorschrift gemäß 2β aufgeschichtet wird. Die Schlußregeln des Kodifikats führen demgemäß sämtlich von Gleichungen auf Gleichungen; sie dienen der bloßen Umformung von Gleichungen („Umformungsregeln").

Bei einem reichhaltigen kodifizierten Wissensgebiet paßt sich eine rein umformende Kodifikation nicht in natürlicher Weise der Gegliedertheit des logischen Schließens an und wird ihr nicht — oder jedenfalls nicht auf wirklich angemessene Weise — gerecht; man wird bei der Kodifikation eines solchen Wissensgebietes nicht auf Schlüsse, die über die bloße Umformung von Gleichungen bzw. Äquivalenzen hinausgehen, verzichten wollen. Bei der Behandlung aussagenlogischer Kodifikate werden später — zu Beginn des § 60 — den umformenden Kodifikaten des 1. Abschnitts die *deduktiven* Kodifikate gegenübergestellt werden (vgl. auch die Bemerkungen auf S. 4 oben und in der Einleitung).

Bemerkung zu den „*Definitionen*". — Im Deduktionsgerüst eines Kodifikats werden vielfach auch die „Definitionen" des Wissensgebietes mitzukodifizieren sein. Da die Kopula „... wird definiert durch ...“ dabei zweckmäßigerweise *nicht* in das Begriffsnetz einbezogen wird, ordnen sich die kodifizierten Definitionen im allgemeinen nicht den Axiomen (bzw. den Axiomenanweisungen, vgl. die nächste Anmerkung) unter, sondern den Schlußregeln, und zwar als spezielle Umsetzungsregeln; genaueres hierzu s. später in § 64. —

In § 62 und § 64 werden später das Begriffsnetz und das Deduktionsgerüst einer deduktiven Aussagenlogik ausführlich konstituiert werden; die im vorstehenden umrissenen Begriffsbildungen werden dort eine genaue Ausprägung erfahren und ausführlich erläutert werden.

Anmerkung zur Axiomenbasis. Die Axiome werden mitunter nicht einzeln aufgeführt, sondern es wird ein *Schema* — eine *Anweisung* — angegeben, derart, daß jedes einschlägige Satzgebilde, das strukturell unter dieses Schema fällt, als Ausgangssatz dienen soll. In diesem Falle kann es sein, daß man unendlich viele Ausgangssätze zur Verfügung hat. (Genauere Ausführung und Beispiele erst später.)

Anmerkung zum „Kodifikat“. Die Konzeption des „Kodifikates“ unterscheidet sich

1. von derjenigen der „Axiomatisierung“ durch die Einbeziehung des Logischen in die exakten Formulierungen, insbesondere durch die Angabe der Aufschichtungs- und der Deduktionsregeln;

2. von derjenigen des „Formalismus“ und der „formalen Sprache“ dadurch, daß von einem Wissensgebiet ausgegangen wird (vgl. die Anmerkung am Ende des § 50). Ein Kodifikat ist eben Kodifikat „von etwas“ — zur Hervorhebung dieses Umstandes ist bei der Erklärung des Begriffsnetzes nicht von Zeichen, sondern von Begriffen die Rede gewesen (hierzu s. später § 57) —; übrigens ist der übliche Gebrauch des Wortes „Formalismus“ ja keineswegs auf deduktive Bereiche beschränkt;

3. von der des Kalküls *außerdem* wohl dadurch, daß ein „Kalkül“ sich im allgemeinen auf eine streng einheitliche, m.a.W. „monoforme“ Klasse von Umformungsregeln beschränkt, deren Tragweite es methodisch auszuschöpfen gilt.

Die kurzen Andeutungen dieser Anmerkung sind naturgemäß nicht als Angaben scharfer Unterscheidungen zu verstehen; vielmehr sollen sie lediglich einer ersten Einordnung des Terminus „Kodifikat“ dienen.

§ 53. Logische Kodifikate. Logische Fundierung einer Theorie.

Es wurde bereits hervorgehoben, daß der logische Bereich des Definierens, Satzbildens und Schließens in keiner Weise als eindeutig vorgegeben zu betrachten sei. Manche Theorien erfordern eine logisch tiefer aufgegliederte Konstituierung „einschlägiger Satzgebilde“ als andere, und manche Theorien erfordern bei gleicher Konstituierung der einschlägigen rein logischen Satzgebilde weitergehende Deduktionsmittel als andere. Auch läßt sich bei einem gegebenen Wissensgebiet über die Zulässigkeit gewisser Schlußprozesse streiten (vgl. S. 130). Somit wird man der Aufgabe, spezielle Wissensgebiete zu kodifizieren, zweckmäßigerweise die Aufgabe voranstellen, rein logische Bereiche für sich zu kodifizieren.

Unter einem *logischen* Kodifikat wird man ein solches Kodifikat verstehen, in dessen Begriffsnetz lediglich rein logische Grundbegriffe auftreten (im vorliegenden, allgemein umreißenden Kapitel soll diese Eigenschaft noch nicht genauer abgegrenzt werden). Die rein logischen Kodifikate teilen sich vor allem in aussagenlogische und prädikatenlogische ein, deren Begriffsnetze sich grundlegend unterscheiden, wie bereits in § 51 angedeutet wurde. Im vorliegenden Bande werden nur aussagenlogische Kodifikate zu behandeln sein, d.h. (in kurzer, vorläufiger Umreißung:) solche, in deren Begriffsnetz lediglich Aussagenvariablen verknüpft werden.

Aus irgendeiner beliebigen kodifizierten Theorie wird sich ihr rein logisches Teilkodifikat herausschälen lassen; man kann dieses logische Teilkodifikat als den „logischen Kern" oder auch als den „logischen Rahmen" bezeichnen, je nachdem man sich der umfänglichen oder der inhaltlichen Sprechweise (vgl. § 24) bedienen möchte. Das Verhältnis der vorgelegten kodifizierten Theorie zu ihrem logischen Kern läßt sich kurz so umreißen:

Gegeben seien irgendein *logisches* Kodifikat $\mathfrak{L}$ und eine kodifizierte Theorie $\mathfrak{T}$; die beiden Kodifikate mögen in der folgenden Beziehung stehen:

I. Das Begriffsnetz des $\mathfrak{T}$ unterscheidet sich von demjenigen des $\mathfrak{L}$ dadurch, daß irgendwelche *Eigenbegriffe* der Theorie $\mathfrak{T}$ (S. 131) als Grundbegriffe hinzutreten.

Ein Beispiel für das System der Eigen-Grundbegriffe einer Theorie wurde in § 50 — schon vor dem Übergang von der Axiomatisierung zur Kodifizierung — gegeben.

II. Das Deduktionsgerüst des $\mathfrak{T}$ unterscheidet sich von demjenigen des $\mathfrak{L}$ dadurch, daß irgendwelche einschlägigen Satzgebilde des erweiterten Begriffsnetzes, die Eigenbegriffe enthalten (m.a.W.: die noch nicht zum Begriffsnetz des $\mathfrak{L}$ gehörten), als „*Eigenaxiome*" hinzutreten. — Wir wollen dann das Kodifikat $\mathfrak{T}$ eine „*logisch in* $\mathfrak{L}$ *fundierte Theorie*" nennen; andererseits soll $\mathfrak{L}$ das „*logische Kernkodifikat*" von $\mathfrak{T}$ heißen.

Anmerkung. Wie die Beziehung eines Kodifikates zu seinem logischen Kernkodifikat im einzelnen aussehen wird, wird noch zur Sprache kommen. Es sei bereits hier angedeutet, daß z.B. die aussagenlogische

Einsetzungsregel (S. 113) bei nicht rein logischen Theorien scharf unterscheidet zwischen den logischen Aussagenvariablen, für die anderes eingesetzt werden darf, und den *Eigen*grundaussagen, für die Einsetzungen verboten sind.

Der logische Kern aller (nicht rein logischen) Wissensgebiete, die diesen Namen verdienen, geht über den aussagenlogischen Rahmen hinaus, d.h. die Kodifikate aller wahrhaften Theorien sind „*prädikatenlogisch fundiert*" — durch irgendein ein- oder mehrstufiges (s. hierzu den II. Band) prädikatenlogisches Kodifikat.

Aussagenlogisch fundierte Theorien zeichnen sich, soweit sie über den logischen Kern hinausgehen, in der Interpretation durch äußerste Inhaltsarmut aus, so daß sie die Bezeichnung „Theorie" im Grunde kaum verdienen. Um jedoch dem Leser die Konzeption der „logischen Fundierung" näherzubringen, wird bei Gelegenheit eine einfache „*aussagenlogisch fundierte Theorie*" ansatzweise vorgeführt werden (§ 192).

Zu den §§ 51—53 s. die nebenstehende schematische Übersicht.

Kapitel X.

Grundlegende syntaktische Begriffsbildungen.

§ 54. Die Syntax eines Kodifikats.

Wir wollen in diesem Buche nicht dem Versuche nachjagen, die Logik aufzubauen, ohne irgendeine logische Voraussetzung zu benutzen; wir wollen diese Frage nicht einmal anschneiden (vgl. die Einleitung). Das Ziel dieses Buches ist, über die logischen Gesetzmäßigkeiten Klarheit zu gewinnen und Rechenschaft abzulegen. Es soll hier für uns selbstverständlich bleiben, daß wir mit den Kodifikaten umgehen, d.h. *an* ihnen Überlegungen anstellen. Diese Überlegungen gehören ihrerseits alle einem *ganz elementaren Bereich kombinatorischen Schließens* an, der hier nicht seinerseits als Objekt untersucht zu werden braucht. Man nennt solche Überlegungen, die man an einem Kodifikat anstellt, um seinen Bau kennenzulernen, „syntaktische" Überlegungen und faßt sie als „die *Syntax*" des Kodifikats zusammen.

Die in §§ 51 und 52 gegebenen Erläuterungen zur Netz- und zur Gerüstinduktion (wie auch manche frühere Betrachtung) waren bereits syntaktischer Art. Wir wollen uns nun einen allgemeinen Überblick über eine Reihe fundamentaler syntaktischer Begriffsbildungen verschaffen, wobei wir nach Möglichkeit zunächst vermeiden, uns durch viele Nachweise dazugehöriger Sätze ablenken zu lassen (die Nachweise werden später im jeweiligen Anwendungsfalle zu geben sein).

Zu Kap. IX: *Schematische Übersicht*
über die Struktur eines Kodifikats einer Theorie $\mathfrak{T}$.

Begriffsnetz, induktive Festlegung des Terminus „einschlägig".	*Deduktionsgerüst,* induktive Festlegung des Terminus „beweisbar".
I. Angabe der Grundbegriffe (Grund-Satzgebilde, Grundverknüpfungen; bei Hinausgehen über die deduktive Aussagenlogik auch: Grunddinge, Grundrelationen, Grundfunktoren usw.)	I. Angabe der Axiome (mitunter auch bloß: Anweisungen für Axiome). Anmerkung. Alle Axiome sind einschlägige Satzgebilde.
a. rein logische Grundbegriffe.	a. rein logische Axiome (diese enthalten lediglich rein logische Grundbegriffe).
b. Eigen-Grundbegriffe der speziellen Theorie $\mathfrak{T}$.	b. Eigen-Axiome der speziellen Theorie $\mathfrak{T}$ (diese enthalten auch Eigen-Grundbegriffe der Theorie $\mathfrak{T}$).
II. Aufschichtungsvorschriften, d. s. induktive Vorschriften zur Gewinnung der einschlägigen Ausdrücke, insbesondere der einschlägigen Satzgebilde (bei Hinausgehen über die deduktive Aussagenlogik auch: der Dingterme usw.), aus den Grundbegriffen.	II. Elementare Schlußregeln, d. s. induktive Vorschriften zur Gewinnung der beweisbaren Sätze aus den Axiomen. Anmerkung. Die Schlußregeln sind so gebaut, daß sie von einschlägigen Satzgebilden stets wieder auf ein einschlägiges Satzgebilde führen.
Zusatzbemerkung. Einige der Grundbegriffe — die selbständigen — sind selbst bereits einschlägige Ausdrücke bestimmter Art, und im allgemeinen werden einige der Grundbegriffe auch bereits einschlägige Satzgebilde sein.	Zusatzbemerkung. Alle Axiome gelten ihrerseits bereits als „beweisbare Sätze".
Die Zahl sich überlagernder Schritte (vgl. hierzu S. 131), die zur Aufschichtung eines Ausdrucks (insbesondere: Satzgebildes) nötig sind, legt seine Aufschichtungs*ordnung* fest. (Hierzu später: „Aufschichtungsfigur".)	Die Zahl sich überlagernder Schritte (vgl. hierzu S. 133), die zum Beweise eines beweisbaren Satzes nötig sind, legt seinen *Rang* (d. h. seinen minimalen Beweisrang) fest. (Hierzu später: „Beweisfigur".)

Anmerkung zur Syntax. Man wird sich sicherlich gerne irgendwann auch darüber genaue Rechenschaft ablegen wollen, was für ein Bereich des Schließens es denn sei, den man zur syntaktischen und zur interpretativen Analyse des Logischen in Anspruch nimmt. Man wird jedoch dem Prinzip, die Untersuchung der *Sache* der Untersuchung der dazu benutzten Untersuchungsmittel vorangehen zu lassen, seine Anerkennung nicht versagen, zumal der Versuch, die Syntax der Aussagenlogik *mit* oder *vor* der Aussagenlogik selbst zu kodifizieren, offensichtlich die Gefahr einer unangemessenen Doppelgleisigkeit, eines künstlichen Zirkels oder eines Regressus ad infinitum heraufzubeschwören vermag. Der Leser, der sich in die mathematische Logik einarbeiten will, möchte sich — so ist anzunehmen — zunächst mit ihren primären Gesetzmäßigkeiten nach allen bedeutsamen Richtungen hin vollkommen vertraut machen, bevor er sich der Kodifikation der Syntax oder auch der sog. „formalen Semantik“ zuwendet oder gar das ursprüngliche Kodifikat mit solchen Kodifikaten höherer Betrachtungsstufe in Beziehung zu setzen versucht. — Der vorliegende aussagenlogische Band beschränkt sich bewußt auf das erstere. Im II. Bande werden die Mittel bereitstehen, die unter anderem auch eine kodifikative Rechenschaftsablegung über die Syntax bzw. Semantik gestatten.

Zur Terminologie. Wir werden von nun ab — wie übrigens auch schon vorher — die Termini „*beweisen*“ und „*herleiten*“ der Deduktion nach den Regeln des Deduktionsgerüstes, d.h. einem kodifikativen Operieren, vorbehalten. Die Ausdrücke „beweisen“ und „herleiten“ sollen dasselbe besagen. — Bei denjenigen Überlegungen, die nicht selbst in dieser Weise kodifiziert sind, sondern *an* den Kodifikaten angestellt werden, — kurz: bei den syntaktischen Überlegungen — wollen wir demgegenüber von „*nachweisen*“ sprechen. Ebenso wollen wir terminologisch die „Definitionen“ eines Kodifikates von den „Erklärungen“, die wir unseren syntaktischen Überlegungen zugrunde legen, unterscheiden.

§ 55. Widerspruchsfreie, vollständige und entscheidungsdefinite Kodifikate.

Es sollen nun drei grundlegende Eigenschaften für Kodifikate betrachtet werden. Die erste ist als eine unerläßliche Forderung an die Kodifikation eines Wissensgebietes anzusehen, die beiden übrigen stellen Wünsche dar, die nicht immer erfüllbar sind.

1. Ein Kodifikat heißt *widerspruchsfrei*, wenn in ihm nicht alle (laut Begriffsnetz) einschlägigen Satzgebilde beweisbar sind.

Anmerkung. Diese recht allgemeine Fassung mag nicht von vorneherein als eine Formulierung der Widerspruchsfreiheit eingesehen werden. Die interpretativ angemessene Formulierung ist offenbar:

1a. Ein Kodifikat heißt widerspruchsfrei, wenn es kein einschlägiges Satzgebilde $\mathfrak{a}$ gibt, das samt seinem Negat $\neg\mathfrak{a}$ beweisbar ist.

Diese letztere Formulierung setzt voraus, daß im Begriffsnetz des Kodifikats die Negation ($\neg$) als unäre Verknüpfung für einschlägige Satzgebilde erklärt ist.

Wie in § 67 gezeigt werden wird (Satz 42), sind für ein solches Kodifikat — unter ganz elementaren Nebenbedingungen — die Forderungen 1 und 1a gleichgeltend. Die abstraktere Fassung ist hier vorgezogen, weil sie nichts über das Begriffsnetz voraussetzt. (Am angegebenen Orte wird auch noch eine dritte Fassung, die „kanonische" Widerspruchsfreiheit, in Betracht gezogen werden.)

Die Widerspruchsfreiheit ist für ein Kodifikat offenbar eine unabdingbare Forderung.

2. Ein widerspruchsfreies Kodifikat heißt *vollständig*, wenn es bei Hinzufügung eines beliebigen einschlägigen, nicht beweisbaren Satzgebildes zu den Axiomen seine Widerspruchsfreiheit verliert (genauer: wenn kein Kodifikat, das durch eine solche Erweiterung der Axiomenbasis entsteht, noch widerspruchsfrei ist; — die Voraussetzung, daß das gegebene Kodifikat selbst noch widerspruchsfrei sei, kann man hier übrigens auch fallen lassen).

Anmerkung. Auch diese Fassung (wie die erste Fassung der Widerspruchsfreiheit) sieht recht radikal aus. Für ein Kodifikat der Aussagenlogik ist sie, wie in § 67 nachgewiesen wird (unter trivialen Nebenbedingungen), gleichgeltend mit:

2a. Ein aussagenlogisches Kodifikat heißt vollständig, wenn in ihm *alle* einschlägigen Wahrformen beweisbar sind.

Eine weitere *Anmerkung.* Wenn man vom Spezialfall der Aussagenlogik absieht, so liegt zunächst wohl die Vermutung nahe, daß sich die Vollständigkeit so formulieren lasse: Ein Kodifikat heiße vollständig, wenn von irgend zwei einschlägigen Satzgebilden $\mathfrak{a}$ und $\neg\mathfrak{a}$, von denen das eine das Negat des anderen ist, eines beweisbar ist. Es sei bereits hier kurz umrissen, warum diese Formulierung z. B. gerade für aussagenlogische Kodifikate untauglich ist. Sie setzt voraus, daß das Kodifikat keine einschlägigen Variablen kenne. Bei den im folgenden zu betrachtenden aussagenlogischen Kodifikaten zählen nun aber Aussagenvariablen zu den einschlägigen Satzgebilden (und sie treten sogar als Bestandteile in *jedem* seiner einschlägigen Satzgebilde auf). Man darf nun vernünftigerweise nicht verlangen, daß in einem solchen Kodifikat a oder $\neg a$ beweisbar sein solle. Keine dieser beiden primitiven Aussagenformen ist Wahrform, beide besitzen also Falschformen als Beiformen (S. 100).

Vorläufige Andeutungen bezüglich *nicht aussagenlogischer* Kodifikate.

Im II. Bande werden wir Kodifikate kennenlernen, deren Variablen sich nicht auf Aussagen- sondern auf *Ding*formen beziehen; solche Variablen werden sich in bestimmter Weise „binden" lassen, wobei eine gebundene Variable keine Einsetzung mehr gestattet. (Falls in einem solchen Kodifikat noch Aussagenvariablen auftreten — diese stellen dann eine andere „Gattung" von Variablen dar als die Dingvariablen —, so kann es sein, daß auch für sie derartige „Bindungen" erklärt sind.)

Für solche Kodifikate läßt sich die Vollständigkeitsforderung auch so formulieren:

2b. Ein Kodifikat, dessen Variablen (aller Gattungen) sich binden lassen, heißt vollständig, wenn von irgendzwei einschlägigen Satzgebilden $\mathfrak{a}$, $\neg\mathfrak{a}$, die keine freie (d.h. nicht gebundene) Variable enthalten, stets eines beweisbar ist.

Diese Fassung stützt sich zwar nicht mehr wie 2. auf eine *Erweiterung* des Kodifikats; sie fußt jedoch auf der Einschränkung, die in der Gebundenheit der Variablen liegt. Man kann die Vollständigkeit jedoch auch allgemein formulieren. Dazu ist eine kleine Erklärung voranzuschicken. Ein einschlägiges Satzgebilde $\mathfrak{a}$ eines Kodifikates heißt *„falsifizierbar"*, wenn ein Konjunktionsnegat von „Beiformen" $\neg(\mathfrak{a}_1^* \wedge \mathfrak{a}_2^* \wedge \cdots \wedge \mathfrak{a}_n^*)$ *beweisbar* ist. — Diese Erklärung setzt voraus, daß sich die einschlägigen Satzgebilde konjunktiv zusammenfassen und negieren lassen, und die „Beiform" (S. 100) ist hier allgemeiner so zu verstehen, daß Einsetzungen für die Variablen *jeder Gattung* erlaubt sind (was hier nicht weiter ausgeführt werden soll).

Man kann dann die Vollständigkeitsforderung auch so fassen:

2c. Ein Kodifikat (das zu seinen einschlägigen Satzgebilden die Bildung von Konjunktionsnegaten aus Beiformen gestattet) heißt vollständig, wenn jedes unbeweisbare einschlägige Satzgebilde falsifizierbar ist.

Der Nachweis, daß die letzten beiden Fassungen 2b, 2c unter gewissen Nebenbedingungen gleichgeltend mit der Fassung 2 sind, beruht wesentlich auf dem allgemeinen „Deduktionstheorem", jener Erweiterung des „aussagenlogischen Deduktionstheorems" (später § 69), das im II. Bande eine Rolle spielen wird. Für die *Aussagenlogik* sind beide Fassungen nicht relevant, 2b setzte nämlich Variablenbindungen voraus; 2c dagegen reduziert sich in der Aussagenlogik, wie in § 67 gezeigt werden wird, in trivialer Weise.

Die Vollständigkeit ist für ein Kodifikat offenbar grundsätzlich erstrebenswert; man vgl. hierzu die Bemerkung von S. 129 über die „implizite Definition". Man weiß allerdings seit geraumer Zeit, daß sie bei Kodifikaten, die einen gewissen Grad von logischer und arithmetischer Ausdrucksfähigkeit aufweisen, gar nicht erfüllbar ist; sie fordert also jedenfalls der exakten Darstellung von Wissensgebieten, in die die Prädikatenlogik und die elementare Arithmetik in üblicher Weise einbezogen sind, Unmögliches ab. Nichtsdestoweniger ist für eine Reihe schwächerer und trotzdem relevanter Kodifikate die Forderung der Vollständigkeit sehr wohl erfüllt; wir werden dies an einigen aussagenlogischen Kodifikaten bestätigen.

3. Man nennt eine Eigenschaft, die sich auf eine Menge M von Gegenständen bezieht, *entscheidbar*, sofern man ein Verfahren kennt, das allgemein für jedes beliebige Element von M auf zwangsläufige Weise zu entscheiden gestattet, ob die Eigenschaft zutreffe oder nicht.

Ein Kodifikat heißt nun *entscheidungsdefinit*, wenn für seine einschlägigen Satzgebilde die in ihm festgesetzte „Beweisbarkeit" eine entscheidbare Eigenschaft ist, m.a.W.: wenn es zu ihm ein *Entscheidungsverfahren* gibt, d.i. ein Verfahren, das allgemein für jedes einschlägige Satzgebilde auf zwangsläufige Weise zu entscheiden gestattet, ob es beweisbar ist oder nicht.

Anmerkung. Das Verfahren braucht nicht im Kodifikat selbst kodifiziert zu sein; dies wird sogar im allgemeinen nicht der Fall sein. Die Leitgedanken, die zu einem Kodifikat geführt haben, sind gewöhnlich dem Wissensgebiet, von dem man ausging, methodisch besonders eng angepaßt; die Beweisbarkeit ist dabei im allgemeinen nicht als eine Entscheidbarkeit formuliert. Bei nachträglicher Auffindung eines Entscheidungsverfahrens wird dann einerseits zwar vom praktischen Standpunkt aus das Kodifikat überflüssig (wenigstens sofern das Entscheidungsverfahren nicht in praxi allzu umständlich ist), andererseits werden jedoch durch es gerade auch die Leitgedanken des Kodifikats gewöhnlich erst völlig durchsichtig.

Die Forderung der Entscheidungsdefinitheit geht einerseits weit über die der Vollständigkeit hinaus. Die Vollständigkeit einer kodifizierten Theorie, die die Variablenbindung kennt (s. S. 142), besagt ja, daß von zwei einschlägigen variablenfreien und zueinander kontradiktorischen Satzgebilden $\mathfrak{a}, \neg\mathfrak{a}$ stets eines beweisbar sein müsse. Man sieht sich bei manchen Kodifikaten durchaus in der Lage, einen Nachweis hierfür zu führen, der *nicht* die allgemeine Entscheidung mitliefert, *welcher* der beiden Sätze $\mathfrak{a}, \neg\mathfrak{a}$ jeweils beweisbar ist. — Andererseits braucht ein entscheidungsdefinites Kodifikat offenbar keineswegs auch vollständig zu sein.

Die meisten exakten Wissensdisziplinen sind nachweislich nicht entscheidungsdefinit. Demgegenüber sieht man sich z.B. bei allen wichtigen *aussagenlogischen* deduktiven Kodifikaten (S. 131) in der glücklichen Lage, ein brauchbares Entscheidungsverfahren angeben zu können.

Als *Beispiele* entscheidungsdefiniter Kodifikate wurden bereits in § 52 die „streng aufschichtenden" Kodifikate erwähnt.

Zum Abschluß sei noch eine syntaktische Relation für Kodifikate angegeben:

Erklärung. Zwei Kodifikate heißen einander *deduktiv-äquivalent*, wenn jedes beweisbare Satzgebilde eines der beiden Kodifikate auch ein beweisbares Satzgebilde des anderen ist.

§ 56. Unabhängige, einfache und anzahlminimale Axiomensysteme

Die Reihe der Grundforderungen an ein Kodifikat wird hier mit einigen Forderungen fortgesetzt, deren jede zwar für sich allein grund sätzlich erfüllbar sein wird, die jedoch miteinander im allgemeinen kollidieren.

4. Die Axiome eines Kodifikats heißen *gegenseitig unabhängig*, wenn für jedes beliebige der Axiome gilt: sobald es aus der Liste der Axiome des Deduktionsgerüstes gestrichen wird, ist es in dem verbleibenden Restkodifikat nicht beweisbar (m.a.W. es folgt nicht aus den übrigen Axiomen mittels der elementaren Schlußregeln).

Diese Forderung besitzt nicht denselben Grad von Dringlichkeit wie die vorausgegangenen.

In der Basis der Ausgangssätze, m.a.W. der Axiome einer kodifizierten Theorie wird man nicht gerne einen Satz mitschleppen, der aus den übrigen Axiomen beweisbar ist; rein strukturell wird er dann ja nicht mehr als Ausgangssatz zu fungieren brauchen.

Bei Axiomatisierungen und Kodifikaten, die sich stufenweise aufbauen — so bereits beim HILBERTschen axiomatischen Aufbau der Geometrie — zerstört diese Forderung allerdings vielfach die Systematik einer angemessenen Stufung, etwa — wie in der HILBERTschen Geometrie — der Stufung nach den Eigen-Grundrelationen. Ein Axiom kann nämlich innerhalb der Axiome bis zu einer Stufe unentbehrlich sein, bei Hinzutreten der nächsten Stufe dagegen nachträglich entbehrlich werden (vgl. hierzu auch den folgenden Abs. 5). Auch andere wichtige Gesichtspunkte stehen meist der Forderung, daß die Axiome voneinander unabhängig sein sollen, entgegen, so etwa — um nur einige zu nennen — mitunter der Gesichtspunkt der Evidenz, mitunter der einer Dualität oder einer anderen formalen Symmetrie.

Wie z.B. eine in sich duale, aber um dieser Eigenschaft willen nicht in sich unabhängig gestaltete Axiomenbasis zu kürzen sei, ist eine Frage der reinen Willkür; eine Kürzung verstümmelt hier in jedem Falle die Geschlossenheit der betreffenden kodifikativen Darstellung und erschwert den systematischen Vergleich mit verwandten Kodifikaten.

Wo im folgenden ein solcher konkurrierender Gesichtspunkt *nicht* berücksichtigt zu werden braucht, wird um der systematischen Ökonomie der betrachteten Kodifikate willen darauf zu achten sein, daß kein überflüssiges Axiom mitgeschleppt wird.

Anmerkung. Für die umformenden Kodifikate des Kap. I wurden „kanonische" Widerspruchsfreiheit (vgl. später S. 176), Vollständigkeit und Entscheidungsdefinitheit nachgewiesen. Die gegenseitige Unabhängigkeit der Verbandsaxiome α von S. 27 — und ebenso diejenige der Axiome von S. 58 und von S. 68 — läßt sich ebenfalls zeigen. Auf die Angabe jener Unabhängigkeitsbeweise wurde verzichtet, da die umformende Logik nur zur Einführung gebracht wurde und nicht zu den im eigentlichen Sinne „deduktiven" aussagenlogischen Kodifikaten (später S. 156) gerechnet werden soll — aus Gründen, die zu Beginn des § 60 erörtert werden.

5. Eine weitere wichtige Forderung, die man — bei vorgegebenem Bereiche 𝔅 von Sätzen, die „beweisbar" werden sollen — sinngemäß an das Axiomensystem für 𝔅 stellen wird, ist die *Forderung der strukturellen Einfachheit,* die sich etwa dahin formulieren läßt: Die höchste bei Axiomen auftretende Aufschichtungsordnung (§ 51) solle möglichst klein sein. Diese Forderung, die dem bedeutsamen Wunsche nach möglichst prägnanten, durchsichtigen und elementaren Axiomen gerecht wird, ist — wie die vier vorangegangenen Forderungen — eine syntaktisch formulierte, daher präzise (und nur von 𝔅 abhängige) Forderung an das Kodifikat.

Anmerkung. An Stelle dieser Einfachheitsforderung wird in der Literatur die *Forderung minimaler Axiomenanzahl* erhoben: Bei gegebenem Bereiche 𝔅 von Sätzen, die „beweisbar" sein sollen, fordert man, daß das Axiomensystem aus möglichst wenigen Axiomen bestehen solle. Dabei ist allerdings offenbar noch eine Zusatzbedingung an die Axiome zu stellen, da ja sonst (falls nur von $\mathfrak{a} \wedge \mathfrak{b}$ auf $\mathfrak{a}$ und $\mathfrak{b}$ geschlossen werden darf und umgekehrt) *jedes* Axiomensystem durch ein einziges Axiom, nämlich durch die Konjunktion seiner Axiome, ersetzt werden könnte. Man formuliert die Zusatzbedingung mitunter so: kein Axiom solle eine beweisbare Teilform enthalten (ob diese Zusatzbedingung ausreicht, soll hier nicht erörtert werden).

Es leuchtet ein, daß die beiden genannten Forderungen im allgemeinen in Widerstreit miteinander geraten werden. Während jedoch die Forderung der minimalen Anzahl bei den relevanteren Kodifikaten meist zu eigenartig verschachtelten Axiomen führt, entspricht die Forderung der Einfachheit einer angemessenen Direktive. Sie läßt bei reicheren kodifizierten Theorien auch Spielraum für die Erfüllung der bereits in Abs. 4 kurz umrissenen „*Forderung einer Stufung* der Axiome nach Eigen-Grundrelationen", d. h. für eine stufenweise Anordnung und Einteilung der Axiome nach den auftretenden Eigen-Grundbegriffen, die sich für die systematischen Untersuchungen einer Theorie als grundlegend wichtig erweisen kann, was hier nur angedeutet sein mag.

§ 57. Zum Gebrauch der Buchstabenzeichen.

Es wird für das folgende von Nutzen sein, an dieser Stelle zunächst noch einmal allgemein auf den Unterschied zwischen dem Gebrauch der Antiqua- und der Fraktur-Buchstaben hinzuweisen.

Kleine Antiqualettern sind Zeichen des Begriffsnetzes eines aussagenlogischen Kodifikats; sie stehen für Aussagenvariablen. Eine Aussagenform, die sich aus Variablen aufschichtet — wie etwa $\neg(a \wedge \neg a)$ —, gestattet eine *Interpretation* durch konkrete Aussagen — wie etwa: „es ist nicht zugleich kalt und nicht kalt“ oder „nicht zugleich $2 \cdot 2 = 4$ und $2 \cdot 2 \neq 4$“. In einer kodifizierten Theorie kommt den Aussagenvariablen die Rolle zu, die Einsetzung beliebiger Aussagen*formen* zuzulassen. Sie treten ihrerseits als wirkliche Bestandteile der behandelten Aussagenform auf.

Kleine Frakturlettern dienen demgegenüber der syntaktischen Mitteilung einschlägiger Satzgebilde, in der Aussagenlogik ganzer Aussagenformen oder Teilformen, für die ein bestimmter gestaltlicher Zusammenhang vorausgesetzt werden soll; sie dienen der Fixierung dieses gestaltlichen Zusammenhanges in den *syntaktischen* Überlegungen (S. 138), die *an* einem Kodifikat angestellt werden. Eine Mitteilung, die sich der Frakturlettern bedient, gestattet eine *kodifikative Anwendung* auf einschlägige Satzgebilde, in der Aussagenlogik also auf Aussagenformen; so gestattet etwa die Grundschlußregel „Mit $\mathfrak{a}$ und $\mathfrak{a} \to \mathfrak{b}$ sei $\mathfrak{b}$ beweisbar“ z.B. die kodifikative Anwendung „Mit $a \to a$ und $a \to a \longrightarrow c \to a \to a$ ist $c \to a \to a$ beweisbar“.

Betreffs des hier beschriebenen Unterschiedes zwischen hinweisender Mitteilung und konkreter Angabe von Aussagenformen vgl. man vor allem auch das instruktive Beispiel der Textaufgabe von S. 31.

In diesem Zusammenhange sei auch auf die „Verabredung zur Mitteilung“ aus § 9 hingewiesen, die die Verwendung des Zeichens $\equiv$ regelte. —

Bereits die Buchstabenzeichen eines Kodifikats wären grundsätzlich vermeidbar. Die Aussagenform $a \wedge b \to a$ z.B. ließe sich auch so angeben: „eine Konjunktion zweier Aussagen impliziert ihr erstes Konjunktionsglied“. Die Buchstabenreihe ist lediglich ein stenographisches Symbol, das den Ablauf der Überlegungen beschleunigt und erleichtert.

Immerhin ist die mathematische Formelnsprache wie für die traditionellen Teile der Mathematik, so auch für die mathematische Logik praktisch unentbehrlich, wenn man die Tiefe und die Menge ihrer Erkenntnisse in menschlichen Zeiträumen bewältigen will. Eine Kodifikation wird praktisch auf die eingeführten Kurzzeichen angewiesen sein. Auch dann wären noch die syntaktischen Mitteilungszeichen (in diesem Buche: die Frakturbuchstaben) grundsätzlich vermeidbar. Die oben erwähnte Grundschlußregel „Mit $\mathfrak{a}$ und $\mathfrak{a} \to \mathfrak{b}$ sei $\mathfrak{b}$ beweisbar“ z.B. ließe sich ohne die syntaktischen Mitteilungszeichen $\mathfrak{a}$, $\mathfrak{b}$ so mitteilen: „Wenn eine implikative Aussagenform samt ihrem Vorderglied beweisbar ist, so sei auch ihr Hinterglied beweisbar.“ Jedoch bietet auch für die syntaktischen Überlegungen der Gebrauch der Zeichen, die Aussagenformen vertreten, eine ganz erhebliche Stütze für die Erfassung und Mitteilung der Zusammenhänge.

Zur Beachtung. Nach der vorangegangenen Klarstellung dürfen wir uns gelegentlich eine Sprechweise gestatten, die den herausgestellten Unterschied verwischt; so werden wir z.B. im gleichen Gebrauche mitunter von „der konjunktiven Aussagenverknüpfung" bzw. von „der $\wedge$-Verknüpfung" und manchmal vom „Verknüpfungszeichen $\wedge$" sprechen, je nachdem das eine oder das andere jeweils bequemer erscheint. Auf den für die erkenntnistheoretische Analyse so wichtigen Unterschied wird es in den meisten syntaktischen Überlegungen des vorliegenden Bandes nicht ankommen. — Zur Vermeidung unnötiger Maniriertheiten erscheint es geradezu ratsam, mitunter in der Wahl des Ausdrucks den geschilderten Unterschied zu übergehen, wo von jedem verständnisvollen Leser erwartet werden kann, daß er den Unterschied als eine Selbstverständlichkeit zwischen den Zeilen liest.

Im Zusammenhang mit der Übergehung des geschilderten Unterschiedes ist übrigens darauf verzichtet worden, einen *Gebrauch der Anführungszeichen* zu übernehmen, der in der Literatur zur mathematischen Logik heimisch geworden ist. Wenn ein Zeichen in der schriftlichen Mitteilung sich selbst vertritt, so ist es nach dieser Konvention in Anführungszeichen zu setzen. So naheliegend diese Kennzeichnung ist und so wichtig eine derartige Unterscheidung des syntaktischen Bezuges bzw. der Supposition insbesondere dort wird, wo die Struktur der Syntax ihrerseits wiederum Objekt einer systematischen Untersuchung (gewissermaßen einer Syntax zweiten Grades) wird, so sehr erscheint es andererseits den elementaren Zielen des vorliegenden Buches angemessen, von diesem syntaktischen Gebrauch der Anführungszeichen abzusehen. Wie man sich leicht überlegt, würden sonst fast alle in den sprachlichen Text eingefügten Formeln und logischen Zeichen in Anführungszeichen (im ganzen rund in 20000) gesetzt werden müssen; dies würde wohl der Lesbarkeit einigen Abbruch tun. Gemäß dem althergebrachten, anspruchsloseren Brauche sollen die Anführungszeichen in der Regel lediglich auf eine eingebürgerte Sprechweise oder auf die fixierte Bedeutung eines neu eingeführten Terminus hinweisen.

Anmerkung. Zum Gebrauch des Terminus „Zeichen" vgl. später auch die „zusätzliche Bemerkung" von S. 164.

§ 58. Äquivalente und deduktionsgleiche Satzgebilde; ableitbare und implizit abhängige Schlußregeln; Einsetzung und Umsetzung.

Die beiden folgenden Paragraphen geben eine erste Einführung in einige wichtige syntaktische Begriffsbildungen; die eingehendere Analyse der zwischen diesen Begriffsbildungen bestehenden Zusammenhänge wird späteren Betrachtungen vorbehalten bleiben.

In den folgenden Erklärungen ist vielfach vorausgesetzt, daß Begriffsnetz bzw. Deduktionsgerüst des betrachteten Kodifikats aussagenlogische Bestandteile enthalten, jedoch sind die Begriffsbildungen selbst keineswegs auf Aussagenlogik oder aussagenlogisch fundierte Theorien beschränkt. Sie werden im Gegenteil auch bei prädikatenlogischen Untersuchungen (im II. Band) eine besondere Rolle spielen. (Die Prädikatenlogik wird ja die Aussagenlogik umfassen.) — Die im folgenden mehrfach herangezogenen „normaldeduktiven“ Schlüsse — Grundschluß und Einsetzung — sind bereits in § 45 kurz erwähnt worden; in den §§ 64, 66 werden sie ausführlich behandelt werden.

I. In einem Kodifikat (in dem die normaldeduktiven Schlüsse erlaubt sind) ist wohl zu unterscheiden zwischen „Äquivalenz“ und „Deduktionsgleichheit“ einschlägiger Satzgebilde.

Erklärungen. 1. In einem Kodifikat (in dem die Verknüpfungen $\rightarrow$ und $\wedge$ gegeben sind) heißen zwei einschlägige Satzgebilde $\mathfrak{a}$, $\mathfrak{b}$ einander *äquivalent*, wenn die aussagenlogische Äquivalenz $\mathfrak{a} \leftrightarrow \mathfrak{b}$ (die sich durch $(\mathfrak{a} \rightarrow \mathfrak{b}) \wedge (\mathfrak{b} \rightarrow \mathfrak{a})$ charakterisieren ließ — s. z.B. S. 107) beweisbar ist.

2. Für Kodifikate, in deren Begriffsnetz zwar die Verknüpfung $\rightarrow$, nicht jedoch die Verknüpfung $\wedge$ (von vorneherein) gegeben ist, wird eine etwas schwächer gefaßte Begriffsbildung wichtig: In einem Kodifikat heißen zwei einschlägige Satzgebilde $\mathfrak{a}$, $\mathfrak{b}$ einander *faktisch äquivalent* — Mitteilung: $\mathfrak{a} \sim \mathfrak{b}$ —, wenn die Implikationen $\mathfrak{a} \rightarrow \mathfrak{b}$ und $\mathfrak{b} \rightarrow \mathfrak{a}$ beweisbar werden. (Zu beachten: Das Zeichen $\sim$ ist hier bloßes Mitteilungszeichen; es gehört nicht zum Kodifikat. $\mathfrak{a} \sim \mathfrak{b}$ ist also nicht etwa ein einschlägiges Satzgebilde, d.h. in aussagenlogischen Kodifikaten: keine Aussagenform.)

3. In einem Kodifikat heißen zwei einschlägige Satzgebilde einander *deduktionsgleich*, wenn jedes von ihnen nach (eventueller) Zufügung des anderen zu den Axiomen beweisbar wird.

Die Deduktionsgleichheit wird mitunter durch $\approx$ mitgeteilt werden ($\approx$ ist also Mitteilungszeichen).

Folgerungen. 1. Äquivalente Sätze sind auch faktisch äquivalent — in jedem Kodifikat, in dem von $\mathfrak{c} \wedge \mathfrak{d}$ auf $\mathfrak{c}$ und $\mathfrak{d}$ geschlossen werden kann; die Umkehrung gilt in jedem Kodifikat, in dem von $\mathfrak{c}$ und $\mathfrak{d}$ auf $\mathfrak{c} \wedge \mathfrak{d}$ geschlossen werden kann.

2. Faktisch äquivalente — erst recht also (wenn von $\mathfrak{c} \wedge \mathfrak{d}$ auf $\mathfrak{c}$ und $\mathfrak{d}$ geschlossen werden kann) *äquivalente* — Sätze sind, sofern nur der Grundschluß $\dfrac{\mathfrak{a} \quad \mathfrak{a} \rightarrow \mathfrak{b}}{\mathfrak{b}}$ erlaubt ist, *deduktionsgleich.*

Dagegen brauchen deduktionsgleiche Sätze nicht äquivalent zu sein!

Einfaches Gegenbeispiel. In einer deduktiven Aussagenlogik, in der Einsetzungen (S. 113) erlaubt sind, ist jede Aussagenvariable mit jeder anderen deduktionsgleich — aus a folgt durch Einsetzung b und umgekehrt. Hingegen werden in einem vernünftigen Kodifikat nicht die Implikationen $a \rightarrow b$, $b \rightarrow a$, erst recht also nicht $a \leftrightarrow b$ beweisbar sein (es handelt sich offenbar nicht um Wahrformen). Aussagenvariablen sind also einander deduktionsgleich, jedoch nicht äquivalent.

Man tut gut daran, sich diesen Unterschied — der in Kap. XII eine Rolle spielen wird — beim Deduzieren stets vor Augen zu halten. In Kap. XII wird auf die Zusammenhänge näher einzugehen sein.

Ein weiteres *Beispiel* als *Aufgabe*. Betrachtet sei ein Kodifikat $\mathfrak{K}$ mit folgenden Eigenschaften (wir werden später — in Kap. XIX — ein solches Kodifikat kennenlernen): 1. In $\mathfrak{K}$ sind alle beweisbaren Aussagenformen — diese fungieren dort als die „beweisbaren Sätze" — Wahrformen; 2. die normaldeduktiven Schlüsse sind in $\mathfrak{K}$ erlaubt; 3. die „Form zum Vordergliedtausch" (S. 106): $a \to b \to c \longrightarrow b \to a \to c$ und die „Form zur Vorschaltung eines Vordergliedes": $a \to b \to a$ (S. 111) sind in $\mathfrak{K}$ beweisbar; 4. eine Aussagenform der Gestalt $\neg\neg\mathfrak{a} \to \neg\mathfrak{a} \to \mathfrak{a}$ ist — obwohl ja stets Wahrform — nicht für jedes einschlägige $\mathfrak{a}$ in $\mathfrak{K}$ beweisbar. — Man zeige: die beiden (einschlägigen) Aussagenformen $\neg\neg a \to \neg a \to a$ und $\neg b \to \neg\neg b \to b$ sind in $\mathfrak{K}$ zwar deduktionsgleich, nicht jedoch faktisch äquivalent.

II. In einer Reihe zu behandelnder aussagenlogischer Kodifikate, die nicht vollständig und von denen einige auch nicht normaldeduktiv sind, wird eine auf Schlußregeln bezügliche begriffliche Unterscheidung eine Rolle spielen, die hier vorab in allgemeiner Weise angedeutet sei.

Die Anwendung einer Schlußregel führt von einem oder mehreren einschlägigen Satzgebilden (mit einem bestimmten gestaltlichen Zusammenhang) — den „Oberformeln" — auf ein einschlägiges Satzgebilde (das mit den Oberformeln in einem bestimmten gestaltlichen Zusammenhang steht) — kurz: auf die „Unterformel", vgl. S. 170.

Ein *Beispiel* gibt die Grundschlußregel $\frac{\mathfrak{a} \quad \mathfrak{a} \to \mathfrak{b}}{\mathfrak{b}}$ oder auch die Einsetzungsregel (S. 113); letztere besitzt nur eine Oberformel.

Erklärung. Von den elementaren Schlußregeln und den Axiomen eines Kodifikats (§ 52) heißt eine vorgelegte weitere Schlußregel $\mathfrak{S}$ *abhängig*, wenn mit irgendwelchen Oberformeln von $\mathfrak{S}$ stets auch die Unterformel beweisbar ist.

Bei Heranziehung einer bereits in § 51 benutzten Begriffsbildung läßt sich auch so formulieren:

Die Schlußregel $\mathfrak{S}$ heißt *abhängig*, wenn die Menge der beweisbaren Sätze gegenüber den unter $\mathfrak{S}$ fallenden Schlüssen abgeschlossen ist.

Andeutung eines Beispiels. In einem Kodifikat sei die Grundschlußregel $\frac{\mathfrak{a} \quad \mathfrak{a} \to \mathfrak{b}}{\mathfrak{b}}$ *nicht* als elementare Schlußregel im Deduktionsgerüst aufgeführt. Nichtsdestoweniger kann es sein, daß in diesem Kodifikat mit zwei Sätzen des gestaltlichen Zusammenhangs $\mathfrak{a}$, $\mathfrak{a} \to \mathfrak{b}$ stets auch $\mathfrak{b}$ beweisbar ist. In diesem Falle heißt die Grundschlußregel von den Axiomen und Schlußregeln des Kodifikats abhängig.

Unmittelbare *Folgerung*. Ein einschlägiges Satzgebilde $\mathfrak{e}$, das sich mit den Mitteln des Deduktionsgerüstes unter Hinzufügung einer abhängigen Schlußregel $\mathfrak{S}$ herleiten läßt, ist auch ohne Anwendung der Regel $\mathfrak{S}$ beweisbar.

Nachweis. Man sucht in der Herleitung (mit der Endform $\mathfrak{e}$) einen „obersten Schluß gemäß $\mathfrak{S}$“ auf, d.h. einen solchen der Schlußregel $\mathfrak{S}$ zugehörigen Schluß, dessen Oberformeln ohne Benutzung von $\mathfrak{S}$ bewiesen wurden. Die Unterformel $\mathfrak{u}$ dieses Schlusses läßt sich gemäß der Erklärung der Abhängigkeit im Kodifikat herleiten, d.h. es gibt einen Beweis für $\mathfrak{u}$, der nicht auf die Schlußregel $\mathfrak{S}$ zurückgreift. Dieser Beweis wird in der gegebenen Herleitung für $\mathfrak{e}$ an die Stelle desjenigen ursprünglichen Beweisteiles, der $\mathfrak{u}$ als Endformel hatte (kurz: des „Beweisastes für $\mathfrak{u}$“) gesetzt. Die so entstehende Herleitung für $\mathfrak{e}$ besitzt einen „Schluß gemäß $\mathfrak{S}$“ weniger als die ursprüngliche. — Man setzt dieses Verfahren so lange fort, bis alle „Schlüsse gemäß $\mathfrak{S}$“ eliminiert sind. (Die präzise Durchführung der im letzten Satz umschriebenen Induktion sei dem Leser als Textaufgabe überlassen.)

Zusatz zur Erklärung der abhängigen Schlußregel.

Im Sinne der obigen Folgerung werden abhängige Schlußregeln wohl auch als *eliminierbar* bezeichnet.

Erklärung. Aus irgendwelchen vorgegebenen Axiomen und Schlußregeln heißt eine weitere Schlußregel *ableitbar* oder von ihnen *explizit abhängig*, wenn sie sich auf ein endliches „Beweisstück“ zurückführen läßt, das sich nur der vorgegebenen Axiome und Schlußregeln bedient.

Beispiel. Aus der als Axiom eingeführten Aussagenform $a \to b \to a \wedge b$ ist mit der Grundschluß- und der Einsetzungsregel (S. 113) die Schlußregel $\dfrac{\mathfrak{a} \quad \mathfrak{b}}{\mathfrak{a} \wedge \mathfrak{b}}$ ableitbar. Zum Nachweis braucht man nur das folgende einfache „Beweisstück“ heranzuziehen:

$$\dfrac{\mathfrak{b} \text{ (vorausgesetzt)} \qquad \dfrac{\mathfrak{a} \text{ (vorausgesetzt)} \qquad \begin{matrix} a \to b \to a \wedge b \text{ (Axiom)} \\ \mathfrak{a} \to \mathfrak{b} \to \mathfrak{a} \wedge \mathfrak{b} \text{ (durch Einsetzung)} \end{matrix}}{\mathfrak{b} \to \mathfrak{a} \wedge \mathfrak{b} \text{ (durch Grundschluß)}}}{\mathfrak{a} \wedge \mathfrak{b} \text{ (durch Grundschluß)}}$$

Anmerkung. „Beweisstücke“ werden später in § 65 genauer behandelt werden.

Es soll nun hier bereits erwähnt werden, daß sich später gewisse Schlußregeln als abhängig und zugleich als nicht ableitbar in einem Kodifikat erweisen werden! In diesem Falle werden wir sagen, die betreffende Schlußregel sei *implizit abhängig* von den Axiomen und Schlußregeln des Kodifikats. Sie ist in dem Kodifikat gültig, ohne durch ein Schema für ein Beweisstück allgemein darstellbar zu sein.

Ein wichtiger Unterschied zwischen der impliziten Abhängigkeit und der Ableitbarkeit besteht in folgendem. Eine explizite Abhängigkeit bleibt offenbar bei jeder Erweiterung des betrachteten Kodifikats bestehen, insbesondere gilt:

Satz 40. Eine Schlußregel, die in einem logischen Kodifikat $\mathfrak{L}$ explizit abhängig (d.i. ableitbar) ist, bleibt dies in *jeder Theorie*, die logisch in $\mathfrak{L}$ fundiert ist (S. 137).

Für eine implizite Ableitbarkeit gilt dies *nicht*; dadurch, daß eine solche in einem logischen Kodifikat $\mathfrak{L}$ erkannt ist, ist nichts entsprechendes über die in $\mathfrak{L}$ fundierten Theorien ausgemacht. Allgemein überträgt sich eine implizite Abhängigkeit nicht notwendig bei irgendeiner Erweiterung des Kodifikats.

III. Als eine *Ersetzung* wollen wir *jeden* Prozeß bezeichnen, bei dem ein Teilgebilde (oder mehrere Teilgebilde) eines Satzgebildes oder eines sonstigen (einschlägigen) Ausdrucks oder einer aus solchen Ausdrücken bestehenden Figur durch anderes — unter Aufrechterhaltung des jeweils vorgegebenen Aufschichtungscharakters — ersetzt wird (bzw. werden). Wir werden mannigfache — sowohl kodifikative als auch syntaktische — Ersetzungsprozesse zu betrachten haben. (Die obige, recht allgemeine Umreißung einer Erklärung des Terminus „Ersetzung" soll sie alle umfassen.) Als wichtigste kodifikative — gewöhnlich durch Schlußregeln eingeführte — Ersetzungsprozesse heben sich die Einsetzung und die Umsetzung heraus. Diese beiden Ersetzungsprozesse unterscheiden sich wie folgt (man vgl. hierzu auch die spezialisierten Angaben von S. 33):

a) Bei einer *Einsetzung* in ein Satzgebilde unterliegen 1. der Ersetzung lediglich *Variablen*, d.s. *Grund*begriffe spezieller (später noch genauer zu kennzeichnender) Art, und 2. werden bei ihr mit einer Variablen des betroffenen Satzgebildes gleichzeitig alle gestaltlich mit ihr übereinstimmenden Variablen dieses Satzgebildes durch *denselben* Ausdruck ersetzt;

b) bei einer *Umsetzung* in einem Satzgebilde darf 1. ein *beliebiges* Teilgebilde der Ersetzung unterworfen werden — es braucht sich hier nicht um eine Variable oder einen sonstigen Grundbegriff zu handeln —, und 2. wird bei einer solchen Umsetzung jeweils nur *ein* an bestimmter Stelle des Satzgebildes stehendes Teilgebilde — wir werden später unter Heranziehung eines allgemeineren Terminus sagen: ein ‚plaziertes' Teilgebilde — ersetzt.

Diese vorläufige Umreißung wird später für den aussagenlogischen Fall durch detailliertere Erklärungen ergänzt werden.

Die *Einsetzungsregel* formuliert sich — jedenfalls in aussagenlogischen Kodifikaten — auf eine mehr oder weniger zwangsläufige Weise; vgl. hierzu später § 64 (s. auch bereits S. 113). Dagegen läßt sich die Umsetzungsregel in verschiedenen Fassungen vorbringen, deren Gleichgelten im jeweiligen Zusammenhang nicht immer als trivial eingesehen wird. Es sei darum gleich an dieser Stelle ein Vergleich der wichtigsten Fassungen vorgenommen.

Die Umsetzung bezieht sich auf eine Äquivalenzrelation, d.h. auf eine zweistellige reflexive, symmetrische und transitive Relation (s. S. 34); es kann sich hierbei um eine Relation oder Verknüpfung aus dem Begriffsnetz des Kodifikats handeln — z.B. um die Gleichheit $=$ bei umformenden Kodifikaten (S. 135) oder um die Äquivalenzverknüpfung $\leftrightarrow$ bei geeigneten deduktiven (aussagenlogisch fundierten) Kodifikaten; es kann sich aber auch um eine syntaktische Relation handeln wie z.B. um die faktische Äquivalenz $\sim$ aus der Erklärung 2 von S. 148. Übrigens wird auch die noch einzuführende „definitorische Äquivalenz" — bei umformenden Kodifikaten $=:$ (s. z.B. S. 54) bei deduktiven Kodifikaten $\approx:$ (s. später S. 170) — der Umsetzung unterliegen. In der nachfolgenden Erörterung wird den verschiedenen Fassungen der Umsetzungsregel paradigmatisch die faktische Äquivalenz $\sim$ von S. 148 zugrunde gelegt. Es wird dem Leser unmittelbar klar werden, wie in den nachfolgenden Überlegungen die Ausdrucksweise im Falle einer von $\sim$ verschiedenen, zugrunde liegenden Äquivalenzrelation jeweils zu modifizieren ist.

Vorbemerkung. Der unten benutzte Terminus „plaziertes Teilgebilde des einschlägigen Ausdrucks $\mathfrak{a}$" bezeichnet — im Sinne einer später einzuführenden allgemeinen Terminologie (§ 63) — ein an bestimmter Stelle von $\mathfrak{a}$ stehendes Teilgebilde von $\mathfrak{a}$ (vgl. auch Abs. b von S. 151).

1. Fassung der Umsetzungsregel. Sei $\mathfrak{s}$ ein plaziertes Teilgebilde des einschlägigen Ausdrucks $\mathfrak{a}$, und sei $\mathfrak{b}$ der Ausdruck, der bei Ersetzung des $\mathfrak{s}$ durch $\mathfrak{t}$ aus $\mathfrak{a}$ hervorgeht. ($\mathfrak{a} \sim \mathfrak{b}$ teile ein Paar einschlägiger Satzgebilde mit). Wenn dann $\mathfrak{s} \sim \mathfrak{t}$ beweisbar ist, so auch $\mathfrak{a} \sim \mathfrak{b}$.

Aussagenlogisches *Beispiel:* $\mathfrak{a}$ sei $(a \vee b) \vee (c \wedge \neg(a \vee b))$. $\mathfrak{s}$ sei das zweite $a \vee b$ aus $\mathfrak{a}$. $\mathfrak{t}$ sei $b \vee a$. Das verlangte $\mathfrak{b}$ ist dann $(a \vee b) \vee (c \wedge \neg(a \vee b))$. Wenn $a \vee b \sim b \vee a$ beweisbar ist, so soll auch $(a \vee b) \vee (c \wedge \neg(a \vee b)) \sim (a \vee b) \vee (c \wedge \neg(b \vee a))$ beweisbar sein.

2. Fassung der Umsetzungsregel. Von beweisbarem $\mathfrak{a} \sim \mathfrak{c}$ (bzw. $\mathfrak{c} \sim \mathfrak{a}$) gelangt man wieder zu einer beweisbaren Äquivalenz, wenn man ein plaziertes Teilgebilde $\mathfrak{s}$ durch $\mathfrak{t}$ ersetzt, sofern nur $\mathfrak{s} \sim \mathfrak{t}$ beweisbar ist.

Im vorigen *Beispiel:* Sei $(a \vee b) \vee (c \wedge \neg(a \vee b)) \sim a \vee (b \vee c)$ beweisbar. Dann ist auch $(a \vee b) \vee (c \wedge \neg(b \vee a)) \sim a \vee (b \vee c)$ beweisbar, sofern $a \vee b \sim b \vee a$ beweisbar ist.

Die 1. und die 2. Fassung sind offenbar wegen der vorausgesetzten Äquivalenzeigenschaften (S. 151) der Relation $\sim$ gleichgeltend.

3. Fassung der Umsetzungsregel. Von einem beweisbaren Satzgebilde $\mathfrak{a}$ gelangt man wieder zu einem beweisbaren Satzgebilde, wenn man ein plaziertes Teilgebilde $\mathfrak{s}$ durch $\mathfrak{t}$ ersetzt, sofern nur $\mathfrak{s} \sim \mathfrak{t}$ beweisbar ist.

Aussagenlogisches *Beispiel:* Mit $\neg a \vee (a \vee b)$ ist auch $\neg a \vee (b \vee a)$ beweisbar, sofern $a \vee b \sim b \vee a$ beweisbar ist.

Die 3. Fassung zieht wegen der Reflexivität des $\sim$ die 1. Fassung unmittelbar nach sich. Bei der faktischen Äquivalenz, bei der ja

$\mathfrak{a} \sim \mathfrak{a}$ für $\mathfrak{a}\to\mathfrak{a}$ steht (s. oben), wendet man die 3. Fassung zweimal auf $\mathfrak{a}\to\mathfrak{a}$ an, wobei einmal in dem rechtsstehenden und einmal in dem linksstehenden $\mathfrak{a}$ das $\mathfrak{s}$ durch $\mathfrak{t}$ ersetzt wird; man erhält so $\mathfrak{a}\to\mathfrak{b}$ und $\mathfrak{b}\to\mathfrak{a}$, d.i. $\mathfrak{a}\sim\mathfrak{b}$.

Umgekehrt gewinnt man aus der 1. Fassung die 3. Fassung in jedem Kodifikat, in dem die Grundschlußregel, die von $\mathfrak{a}$ und $\mathfrak{a}\to\mathfrak{b}$ auf $\mathfrak{b}$ zu schließen gestattet (vgl. später S. 166), erfüllt — d.h. elementar gegeben oder sonst irgendwie abhängig — ist.

Neben die drei genannten Fassungen tritt eine 4. Fassung, die sich in den meisten Kodifikaten noch einfacher als jene ausspricht, die sich jedoch in voller Allgemeinheit nur andeuten läßt:

4. Fassung der Umsetzungsregel (in vorläufiger allgemeiner Formulierung): Die Relation $\sim$ ist aufschichtungserblich, d.h. sie vererbt sich bei jedem in Vorschrift 2β — S. 131 — geforderten elementaren Aufschichtungsübergang (ein solcher führte von Ausdrücken, deren Ordnung n oder kleiner ist, wobei mindestens einer der Ausdrücke die Ordnung n hat, zu einem Ausdruck der Ordnung $n+1$).

Diese Fassung nimmt in einem gegebenen Kodifikat die konkrete Gestalt endlich vieler Schlußregeln an. Für aussagenlogische Kodifikate wird sie sich in § 64 noch eingehender beschreiben lassen. Man erkennt jedoch bereits an Hand der obigen, noch ganz allgemeinen Formulierung:

a) die 1. Fassung enthält die 4. Fassung als Spezialfall,

b) die 1. Fassung ergibt sich aus der 4. Fassung durch eine modifizierte Netzinduktion, nämlich durch Induktion nach der Differenz der Ordnungen von $\mathfrak{a}$ und $\mathfrak{s}$ (vgl. später auch S. 169).

§ 59. Inversion und Separation von Schlüssen; Elimination und Reduktion von Begriffen; Restriktion.

I. — *Erklärung.* Eine in einem gegebenen Kodifikat gültige Schlußregel $\mathfrak{S}$ heißt in diesem umkehrbar oder *invertierbar,* wenn in ihm auch die Schlußregel(n), die von der *Unterformel* auf die *Oberformeln* führen, abhängig sind; wir nennen diese Schlußregel(n) die zu $\mathfrak{S}$ *inverse(n)* Schlußregel(n). M.a.W.: eine in einem Kodifikat gültige Schlußregel heißt dort umkehrbar, wenn mit irgendeinem beweisbaren Satz, der sich gestaltlich als Unterformel der gegebenen Schlußregel auffassen läßt, stets auch die Oberformeln beweisbar sind.

Beispiele. 1. Die Schlußregel $\dfrac{\mathfrak{a}\wedge\mathfrak{b}}{\mathfrak{b}\wedge\mathfrak{a}}$ ist trivialerweise invertierbar (nämlich zu sich selbst invers).

2. Für ein Kodifikat, in dem Grundschlüsse und Einsetzungen erlaubt sind und in dem die Wahrform $a\to b\to a\wedge b$ beweisbar ist, war im Beispiel von S. 150 die Schlußregel $\dfrac{\mathfrak{a}\quad\mathfrak{b}}{\mathfrak{a}\wedge\mathfrak{b}}$ explizit abgeleitet worden.

Falls nur in dem vorgegebenen Kodifikat auch die Wahrformen $a \wedge b \rightarrow a$, $a \wedge b \rightarrow b$ beweisbar sind, ist diese Schlußregel invertierbar (Textaufgabe).

In Erweiterung der betrachteten Konzeption heißt z.B. das zusammengehörige Paar der Schlußregeln $\frac{\mathfrak{a}}{\mathfrak{a} \vee \mathfrak{b}}$, $\frac{\mathfrak{b}}{\mathfrak{a} \vee \mathfrak{b}}$ in einem Kodifikat invertierbar, wenn in ihm mit einer Form der Gestalt $\mathfrak{a} \vee \mathfrak{b}$ stets *mindestens eine* der Formen $\mathfrak{a}$ oder $\mathfrak{b}$ beweisbar ist.

Im Anschluß an die Unterscheidung der expliziten und der impliziten Abhängigkeit werden explizite und implizite Invertierbarkeit zu unterscheiden sein. Während die erstere, wo sie auftritt, auf der Hand zu liegen pflegt, muß die wichtigere „implizite Inversion" oft durch umständliche Gerüstinduktion (vgl. § 52; genaueres später in § 65) nachgewiesen werden. Hiermit werden sich z.B. die „Inversionssätze" der §§ 97, 98, 149 beschäftigen.

Als eine letzte Begriffsbildung sei hier die „Separation" erwähnt.

Erklärung. Eine (in einem Deduktionsgerüst aufgeführte) Schlußregel $\mathfrak{S}$ heißt in einem *Beweise* des Kodifikats nach oben (bzw. nach unten) *separiert* oder auch herauf- (bzw. herab-) verlegt, wenn in diesem Beweise alle Schlüsse nach Schlußregel $\mathfrak{S}$ allen Schlüssen anderer Art *vorangehen* (bzw.: *nachfolgen*).

(Hierbei ist offenbar eine bestimmte figürliche Anordnung des Beweises zugrunde zu legen; in den Begriffsbildungen des § 65 werden wir später genauer sagen können: wenn in jedem Beweis*faden* die „Schlüsse nach Schlußregel $\mathfrak{S}$" *über* (bzw. *unter*) allen Schlüssen anderer Art stehen.)

Eine Schlußregel aus dem Deduktionsgerüst eines Kodifikats heißt *separierbar*, wenn *jeder überhaupt beweisbare* Satz sich auch durch einen solchen Beweis herleiten läßt, in dem die Schlußregel separiert ist.

Mit solchen Separierbarkeiten werden sich die „Separationssätze" der §§ 68, 103, 153 beschäftigen. Insbesondere wird die Separation später im II. Bande eine Rolle spielen, in dem vielfach die aussagenlogischen Schlußregeln sich von den im engeren Sinne prädikatenlogischen separieren lassen werden.

II. In manchen deduktiven Kodifikaten kommt es vor, daß für einen im Begriffsnetz eingeführten Begriff, anders ausgedrückt: für ein Zeichen $*$ — bei aussagenlogischen Kodifikaten wird es sich meist um eine aussagenlogische *Verknüpfung* handeln — folgendes gilt:

Jeder überhaupt beweisbare Satz, der das Zeichen $*$ nicht enthält, läßt sich durch einen solchen Beweis herleiten, in dem das Zeichen gar nicht auftritt.

Im allgemeinen wird der Nachweis hierfür so geführt werden können, daß aus einem beliebigen vorgelegten Beweise für die vom Zeichen * freie Endform die *-Zeichen *eliminiert* werden.

Das Kodifikat gestattet dann in einfacher Weise ein maximales vom Zeichen * freies Teilkodifikat abzuspalten. Wir wollen in diesem Falle von einer *Restriktion* des Kodifikats sprechen.

Anmerkung. Es liegt hier eine kodifikative Präzisierung eines in der Mathematik vielfach verwendeten (ein wenig allgemeineren) Terminus vor: der durch das Zeichen * ausgedrückte Begriff spielt bezüglich des abgespalteten Teilkodifikats die Rolle eines „idealen Elementes".

Vorläufige Andeutung eines aussagenlogischen *Beispiels* für Restriktion:

Wir werden in der „derivativen →∧-Logik" ein deduktives aussagenlogisches Kodifikat kennenlernen, dessen Begriffsnetz die Verknüpfungen → und ∧ enthält. In ihm wird jede konjunktionsfreie Aussagenform sich auch „konjunktionsfrei herleiten" lassen (§ 117). Hiermit ist dann die „derivative →-Logik" als der maximale vom ∧ freie Teil des gegebenen Kodifikates erkannt, und für bloß implikative Aussagenformen entfällt der Unterschied zwischen den syntaktischen Eigenschaften „→∧-derivativ" und „→-derivativ".

Eine wichtige Modifikation einer solchen Restriktion besteht in folgendem: Man gibt zunächst eine syntaktische Vorschrift an, die *jedem* einschlägigen Satzgebilde ein ihm deduktionsgleiches, aber vom Zeichen * freies einschlägiges Satzgebilde als seine „*-Reduzierte" zuordnet — diese Zuordnungsvorschrift wird sich aus den jeweiligen Interpretationen in mehr oder weniger zwangsläufiger Weise ergeben —, und versucht dann durch Elimination zu zeigen: Die *-Reduzierte eines *beweisbaren* Satzes ist stets *-frei herleitbar.

Die Bedeutsamkeit der geschilderten Prozesse wird in den Anwendungen — vor allem in Kap. XX — hervortreten.

Anmerkung. Man kann die Vorschrift, nach der die *-Reduzierte gebildet wird, als eine „Gebrauchsdefinition" für das Zeichen * ansehen.

Kapitel XI.

Grundsätzliches zur deduktiven Aussagenlogik.

§ 60. Vorläufige Umreißung der deduktiven Aussagenlogik.

Im 1. Abschnitt haben wir bereits einige aussagenlogische Kodifikate kennengelernt (vgl. insbesondere §§ 4, 10 und 25). Diese sind jedoch als umformende Kodifikate (S. 135) nicht charakteristisch für logische Deduktion. Die einschlägigen Satzgebilde des Begriffsnetzes sind dort nicht etwa Aussagenformen, sondern Gleichungen zwischen Aussagenformen, und die Regeln des Deduktionsgerüstes sind demgemäß Umformungsregeln für solche Gleichungen, also im Grunde eher algebraische Rechenregeln als Regeln des reinen Schließens (vgl. S. 135). Von einem im eigentlichen Sinne „deduktiven aussagenlogischen Kodifikat" werden wir verlangen,

daß 1. die einschlägigen Satzgebilde des Begriffsnetzes *Aussagenformen* sind und

daß 2. die Schlußregeln in möglichst adäquater Weise elementare logische Deduktionsprozesse (für solche *Aussagen*formen) darstellen; — sie werden sich dann keinesfalls in bloßen Umformungen von Äquivalenzen erschöpfen.

In § 40 wurde (im Anschluß an § 30) eine aussagenlogische Untersuchung *alternär* genannt, wenn in ihr *alle* Wahrformen (und nur sie) als wahr angesprochen werden. Von einem Kodifikat wird man sich wünschen, daß die Beweisbarkeit gerade das als wahr Angesprochene erreicht. Wir werden also ein „deduktives aussagenlogisches Kodifikat" der *alternären* Aussagenlogik zurechnen, wenn in ihm alle einschlägigen Wahrformen und nur sie beweisbar sind, kurz, wenn „Beweisbarkeit" mit „einschlägige Wahrform - Sein" zusammenfällt. In § 67 wird sich ergeben, daß diese Forderung, die wir auch „*Wahrformvollständigkeit*" nennen wollen, unter recht elementaren Voraussetzungen mit der gewöhnlichen Forderung der Vollständigkeit von S. 141 zusammenfällt. Für deduktive Aussagenlogiken sind also die Attribute „alternär" und „vollständig" praktisch gleichgeltend.

In dem der „alternären" Logik gewidmeten ersten Teil dieses Buches werden zunächst einige „wahrformvollständige" deduktive aussagenlogische Kodifikate vorgeführt. Im zweiten Teil werden Kodifikate entwickelt, die nicht sämtliche Wahrformen herzuleiten gestatten; man gelangt zu solchen Kodifikaten durch verschärfte Anforderungen, die man an die aussagenlogischen Verknüpfungen — vor allem an die Implikation und eventuell an die Negation — stellt.

Die zu behandelnden deduktiven Kodifikate werden sich (de facto, nicht systematisch) einteilen in „normaldeduktive" (§ 45) und in „aufschichtende" (S. 135). Die im vorliegenden ersten Teil zu betrachtenden normaldeduktiven Kodifikate und ebenso die zu betrachtenden aufschichtenden Kodifikate werden sich jeweils bereits in ihren Verknüpfungsbasen (S. 93) voneinander unterscheiden.

§ 61. Das Verhältnis der deduktiven zur wertenden Aussagenlogik.

I. Die Wertung stellt ein *Entscheidungsverfahren* (§ 55) der alternären Aussagenlogik dar; d.h. für irgendeine vorgegebene Aussagenform läßt sich durch das zwangsläufig ablaufende Wertungsverfahren entscheiden, ob sie Wahrform ist oder nicht, m.a.W. ob sie ein allgemeingültiges logisches Gesetz wiedergibt oder nicht. Dieses Verfahren läßt sich wohl kaum an Direktheit überbieten. Man wird also fragen: Warum überhaupt noch deduktive Aussagenlogik?

Für eine alternäre, m.a.W. *vollständige* deduktive Aussagenlogik, die aus einem gegebenen Axiomensystem *alle* Wahrformen deduzieren will, ist dieser Einwand stichhaltig. Die vollständige deduktive Aussagenlogik ist für sich allein betrachtet eigentlich ein Luxus. Daß sie trotzdem so intensiv ausgebaut wurde, hat verschiedene Gründe:

1. Für die Prädikatenlogik, die auf der Aussagenlogik aufbaut, gibt es kein Entscheidungsverfahren (genauer: es *kann* — in einem bestimmt präzisierten Sinne — keines geben). Dort ist man auf das deduktive Vorgehen in gewisser Weise angewiesen; das logische Schließen meldet dort gebieterisch seine Ansprüche an. Die aussagenlogische Deduktion stellt nun eine fast unentbehrliche Vorübung für die prädikatenlogische Deduktion dar. Sowohl die normaldeduktive als auch die aufschichtende Prädikatenlogik (die beide im II. Bande zu behandeln sein werden) bedienen sich — neben einigen speziell prädikatenlogischen Schlußregeln — gerade der aussagenlogischen Schlußregeln, die wir im folgenden betrachten wollen. Die aussagenlogische Deduktion stellt gewissermaßen den paradigmatischen Kern der prädikatenlogischen Deduktion dar. (Hieran ändert auch der Umstand wenig, daß sich die Prädikatenlogik, wenn man will, auch mit der „Axiomenanweisung" kodifizieren läßt, jede Wahrform solle Axiom sein; hierzu genaueres im II. Bande.)

2. Es ist von besonderem Reiz und, wie wir sehen werden, auch systematisch wichtig, zu erkennen, welche Aussagenformen einander nahestehen. Solche Verwandtschaften drängen sich bereits dem Leser der in dieser Hinsicht unsystematischen Übersichten der §§ 43, 44 auf Schritt und Tritt auf; dort wurden ja auch bereits gelegentlich Deduktionen eingeflochten. Die Deduktion ist dem menschlichen Denken eben angemessen, und das Bedürfnis zur Aufhellung der deduktiven Zusammenhänge stellt sich, wie bei jedem exakten Wissensgebiet, so bereits bei der Aussagenlogik ein.

3. Hiermit steht im Zusammenhang, daß wir, wie am Ende des vorangegangenen Paragraphen angedeutet wurde, höchst bedeutsame „Teillogiken" der alternären Aussagenlogik kennenlernen werden, nämlich aussagenlogische Kodifikate, in denen nicht alle Wahrformen beweisbar werden. Diese Kodifikate sind den alternären als *nichtalternäre* gegenüberzustellen; mit ihnen befaßt sich der zweite Teil des Buches.

II. Die in § 46 und § 49 intendierte allgemeine Erklärung der „adäquaten" Wahrheitswertung läßt sich mit Benutzung des Terminus „Kodifikat" kurz so aussprechen:

Erklärung. Zu einem deduktiven Kodifikat heißt eine Quasiwahrheitswertung (deren Quasiwahrform-Eigenschaft sich gegenüber allen Schlußregeln des Kodifikats vererbt) *adäquat,* wenn in ihr nicht nur (die Axiome und mithin auch) *alle* beweisbaren Aussagenformen, sondern auch *nur* beweisbare Aussagenformen quasiwahr sind.

Eine zu einem gegebenen aussagenlogischen Kodifikat adäquate Wertung (mit endlich vielen Quasiwahrheitswerten) stellt offenbar ein *Entscheidungsverfahren* für das betreffende Kodifikat dar: um von einer einschlägigen Aussagenform zu entscheiden, ob sie beweisbar sei oder nicht, braucht man nur zu errechnen, ob sämtliche Belegungen einen „quasiwahren" Wert ergeben.

In Einklang mit den Ausführungen des § 49 besitzt *keines der bedeutungsvollen aussagenlogischen Kodifikate eine adäquate Quasiwahrheitswertung* (mit endlich vielen Werten), es sei denn, es handle sich um ein alternäres Kodifikat mit der gewöhnlichen zweiwertigen Wahrheitswertung der §§ 31, 32 (oder um eine Wertung, die sich unmittelbar zu einer solchen zusammenziehen läßt; vgl. hierzu den kleingedruckten Absatz des § 49).

Für die „derivative" und für die „intuitionistische" Aussagenlogik wird dies in § 141 ausführlich bewiesen werden, für die scharfe „strikte" Aussagenlogik in § 182.

Anmerkung. Von Quasiwahrheitswertungen mit *unendlich* vielen Wahrheitswerten soll hier nicht gesprochen werden. Da die einschlägigen Aussagenformen eines aussagenlogischen Kodifikates evidenterweise (gemäß ihrer Aufschichtung) abgezählt werden können, ebenso die *beweisbaren* Formen eine Abzählung (gemäß ihrer Herleitung) gestatten, ist zu vermuten, daß sich eine Quasiwertung mit abzählbar vielen Werten stets wird konstruieren lassen, sofern man auf eine logisch sinnvolle Deutbarkeit der einzelnen Quasiwahrheitstafeln verzichtet. In der Tat sind solche kombinatorischen Konstruktionen (die im Einzelfalle keineswegs trivial sind) angegeben worden.

III. *Schlußbemerkung.* Wir gebrauchen die Bezeichnung „alternär" an Stelle der vielfach üblichen Bezeichnung „zweiwertig" einmal, weil für die deduktiven Logiken die Wertung nur eine externe Rolle spielt, und zum anderen, weil die alternären Logiken sich nicht etwa in erster Linie gegen sog. „mehrwertige Logiken" abgrenzen (§ 49), sondern eben gegen solche nicht alternären Logiken, die keine adäquate endliche Wertung besitzen.

§ 62. Das Begriffsnetz einer deduktiven Aussagenlogik.

Zur Beachtung. Es sei im voraus darauf hingewiesen, daß es sich bei manchen Erklärungen der §§ 62, 63 um die präzise *allgemeine Fassung* solcher Erklärungen handelt, die für Spezialfälle bereits in §§ 9—12, 25 gegeben und teilweise bereits in §§ 34, 51 vorläufig skizziert wurden.

In § 51 wurde allgemein umrissen, was unter dem Begriffsnetz eines Kodifikates zu verstehen ist. Es soll nun das Begriffsnetz einer deduktiven Aussagenlogik (§ 60) in aller Ausführlichkeit beschrieben werden, und seine wichtigsten syntaktischen Zusammenhänge sollen vorgeführt werden.

Bereits in § 9 wurden die $\wedge\vee\neg$-Aussagenformen definiert (vgl. auch die erste Erklärung auf S. 67). Es handelt sich nun hier zunächst um eine mehr oder weniger zwangsläufige Verallgemeinerung jener Definitionen (wobei die propädeutische Einführung vom Anfang des § 9 weiterhin von Nutzen ist).

Zum Begriffsnetz einer deduktiven Aussagenlogik gehört:

1. Die Einführung der aussagenlogischen Grundbegriffe; es sind dies

α) die Aussagenvariablen — wir wählen zu ihrer Bezeichnung kleine lateinische Kursiv-Buchstaben *a, b, c, ...* (außer den Variablen treten in manchen Kodifikaten auch $\curlyvee$ und $\curlywedge$ als Grundbegriffe auf);

β) irgendwelche unären und binären Verknüpfungen, die als „Grundverknüpfungen" dienen sollen. Die binären Grundverknüpfungen mögen in den nachfolgenden allgemeinen Überlegungen durch $\underset{1}{\succ\!\prec}, \ldots, \underset{n}{\succ\!\prec}$ mitgeteilt werden, die unären Grundverknüpfungen mögen dabei durch $\ast_1, \ldots, \ast_m$ mitgeteilt werden.

Zu 1β vgl. § 51 sowie auch die unten folgende Anmerkung;

2. die folgende, aus drei „Aufschichtungsvorschriften" bestehende, induktive *Erklärung* der $\underset{1}{\succ\!\prec} \ldots \underset{n}{\succ\!\prec}$, $\ast_1 \ldots \ast_m$*-Aussagenform*, kurz der für die betreffende deduktive Aussagenlogik *einschlägigen Aussagenform:*

α) Jede Aussagenvariable ist selbst schon eine einschlägige Aussagenform — ebenso, wenn als Grundbegriffe geführt, auch $\curlyvee$ und $\curlywedge$.

β) Ist $\mathfrak{a}$ eine einschlägige Aussagenform, so ist für jede unäre Grundverknüpfung $\ast_i$ (mit $i=1, \ldots$ oder m) auch $\ast_i(\mathfrak{a})$ eine einschlägige Aussagenform, m.a.W. eine $\underset{1}{\succ\!\prec} \ldots, \underset{n}{\succ\!\prec}$ $\ast_1 \ldots \ast_m$-Aussagenform.

Insbesondere heißt (falls die unäre Verknüpfung $\neg$ als eines der $\ast_i$ eingeführt ist) die Aussagenform $\neg(\mathfrak{a})$ das *Negat* von $\mathfrak{a}$.

γ) Sind $\mathfrak{a}$ und $\mathfrak{b}$ einschlägige Aussagenformen, so ist für jede binäre Grundverknüpfung $\underset{j}{\succ\!\prec}$ (mit $j=1, \ldots$ oder n) auch $(\mathfrak{a})\underset{j}{\succ\!\prec}(\mathfrak{b})$ eine einschlägige Aussagenform, m.a.W. eine $\underset{1}{\succ\!\prec} \ldots \underset{n}{\succ\!\prec}$ $\ast_1 \ldots \ast_m$-Aussagenform.

Insbesondere heißt $(\mathfrak{a})\wedge(\mathfrak{b})$ die *Konjunktion* von $\mathfrak{a}$ und $\mathfrak{b}$, weiter $(\mathfrak{a})\vee(\mathfrak{b})$ die *Disjunktion* von $\mathfrak{a}$ und $\mathfrak{b}$, $(\mathfrak{a})\rightarrow(\mathfrak{b})$ die *Implikation* aus $\mathfrak{a}$ und $\mathfrak{b}$ (immer unter der Voraussetzung, daß die betreffenden Verknüpfungen im Kodifikat unter den $\underset{j}{\succ\!\prec}$ eingeführt wurden).

Vorschrift zur *Klammernersparnis.* Bei der Bildung der $\ast_i(\mathfrak{a})$ dürfen die Klammern um $\mathfrak{a}$ weggelassen werden, wenn $\mathfrak{a}$ eine Variable ist oder wenn $\mathfrak{a}$ von der Gestalt $\ast_k(\mathfrak{c})$ ist (wir werden später sagen: wenn die herrschende Verknüpfung von $\mathfrak{a}$ *unär* ist); das entsprechende gilt für die Klammern bei der Bildung von $(\mathfrak{a}) \succ\!\prec (\mathfrak{b})$.

Hiermit ist das Begriffsnetz konstituiert. Es sind noch einige Erläuterungen dazu zu geben.

Anmerkung zu den *Grundverknüpfungen*. Bei den *alternären* aussagenlogischen Kodifikaten, die in diesem Buche behandelt sind, werden die Grundverknüpfungen irgendeine *Basis* im Sinne des § 37 bilden; als *unäre* Verknüpfung wird dabei höchstens die Negation eine Rolle spielen. — Auch bei den nichtalternären Kodifikaten des zweiten Teils werden für gewöhnlich die Grundverknüpfungen aus den Verknüpfungen $\rightarrow$, $\neg$, $\wedge$, $\vee$, $\leftrightarrow$ ausgewählt, doch wird dort gelegentlich auch davon abgegangen. (Es wäre im vorliegenden Paragraphen verfrüht, hierzu eingehendere Erläuterungen zu geben.)

Anmerkung zu den *Variablenzeichen*. Die Wahl der lateinischen Buchstaben für die Variablen unterliegt dem Einwand, daß damit ja die Anzahl der Variablen recht beschränkt zu sein scheint, während man in Wirklichkeit beliebig viele Aussagenvariablen zur Verfügung haben will. Die lateinischen Buchstaben bieten in der Tat nur eine technische Vereinfachung, die im Grunde unzulässig, wenn auch für die vorkommenden Fälle ausreichend ist. Die Erheblichkeit des Einwandes wird vielfach überschätzt; es bereitet keine grundsätzlichen Schwierigkeiten, zu einem „Alphabet aus beliebig vielen Buchstaben" überzugehen, d.h. eine nicht abbrechende Folge von Variablenzeichen einzuführen. Wo in diesem Buche von „alphabetischer" Ordnung der Variablen die Rede ist, ist genauer die durch eine solche Folge eingeführte Ordnung gemeint.

Anmerkung zur syntaktischen Mitteilung. Die Aufschichtungsvorschrift 2α) handelt von den Aussagenvariablen selbst, die durch lateinische Buchstaben fixiert waren; die Vorschriften 2β) und 2γ) beziehen sich auf jeweils schon gegebene Aussagen*formen*; die Frakturbuchstaben sind lediglich *Mitteilungen* für solche Formen, gehören also nicht zum Zeichenvorrat des Begriffsnetzes; s. hierzu § 57.

Klammerersparnis bei den Mitteilungszeichen. In den *Mitteilungen* werden noch über die Vorschrift von S. 159 hinaus Klammern kräftig unterdrückt werden dürfen; so läßt sich $\ast_i(\mathfrak{a})$ — mit nicht binär zusammengesetzter Mitteilung „$\mathfrak{a}$" — offenbar ohne Gefahr der Mißdeutbarkeit *stets* auch einfach als $\ast_i \mathfrak{a}$ mitteilen, ebenso $(\mathfrak{a}) \succ\!\prec (\mathfrak{b})$ im entsprechenden Falle einfach als $\mathfrak{a} \succ\!\prec \mathfrak{b}$, — unbeschadet einer eventuellen Unentbehrlichkeit der entsprechenden Klammerung in den jeweils mitzuteilenden Aussagenformen.

Auf eine wichtige spezielle Klasse von aussagenlogischen Begriffsnetzen bezieht sich die folgende

Erklärung. Ein aussagenlogisches Kodifikat, dessen Begriffsnetz die $\rightarrow\wedge\vee\neg$-Aussagenformen (s. z.B. § 126) zugrunde liegen, soll eine *natürliche Aussagenlogik* heißen. — Zusatz: Dementsprechend soll eine Aussagenform, die keine anderen Verknüpfungen als $\rightarrow$, $\wedge$, $\vee$, $\neg$ enthält, *natürlich* heißen. (Vgl. hierzu auch die „vorausschauende Bemerkung" des § 38.) —

Mitunter werden wir uns der folgenden leichten Abwandlung der Aufschichtungsvorschriften bedienen.

Allgemeine *Erklärung* der *assoziaten Schreibweise.* Man hat vielfach eine solche binäre Verknüpfung $\times$ zu behandeln, bei der man die Klammerung von vorneherein nicht zu unterscheiden braucht. Es soll bei ihr eine Aussagenform der Gestalt $\mathfrak{a}\times(\mathfrak{b}\times\mathfrak{c})$ von vorneherein nicht von $(\mathfrak{a}\times\mathfrak{b})\times\mathfrak{c}$ unterschieden werden, man braucht dann bezüglich der Verknüpfung $\times$ gar nicht erst zu warten, bis ein „assoziatives Gesetz" im Deduktionsgerüst beweisbar wird, sondern steckt die Assoziativität gleich in das Begriffsnetz hinein, und zwar auf folgende Weise:

Man wandelt die induktive *Aufschichtungsvorschrift* γ) aus der Erklärung der Aussagenform (S. 159), soweit sie die Verknüpfung $\times$ betrifft, so ab:

γ') Sind $\mathfrak{a}_1, \mathfrak{a}_2, \ldots, \mathfrak{a}_m$ einschlägige Aussagenformen, so ist auch $\mathfrak{a}_1\times\mathfrak{a}_2\times\cdots\times\mathfrak{a}_m$ eine einschlägige Aussagenform.

Bei dieser Abwandlung wollen wir die einschlägige Aussagenform „*assoziat* bezüglich der Verknüpfung $\times$" nennen.

Beispiele für die assoziate Schreibweise haben wir bereits in § 12 kennengelernt.

Zusatz. Es kommt später vor, daß wir bei einer Aussagenform $\mathfrak{a}_1\times\mathfrak{a}_2\times\cdots\times\mathfrak{a}_n$ [und übrigens auch gelegentlich bei einer nicht assoziaten, nach rechts geklammerten Aussagenform der Gestalt $\mathfrak{a}_1\times(\mathfrak{a}_2\times(\ldots\times(\mathfrak{a}_n\times\mathfrak{b}))\ldots)$] auch noch *von der Reihenfolge der* $\mathfrak{a}_1, \ldots, \mathfrak{a}_n$ *absehen* wollen. Dann wären z. B. $\mathfrak{a}_1\times\mathfrak{a}_2\times\mathfrak{a}_3$ und $\mathfrak{a}_3\times\mathfrak{a}_1\times\mathfrak{a}_2$ nicht als verschiedene Formen zu behandeln. In diesem Falle nennen wir die betreffende Aussagenform eine (bezüglich der $\mathfrak{a}_1, \ldots, \mathfrak{a}_n$) *kommutable* Aussagenform.

§ 63. Zur Syntax des Begriffsnetzes einer deduktiven Aussagenlogik.

Zur Beachtung. Auch in diesem Paragraphen werden wie im vorigen Begriffsbildungen präzisiert, die einerseits in noch allgemeinerer Umreißung, andererseits in Spezialfällen bereits behandelt wurden; vgl. die Vorbemerkung zu § 62.

Vorab ein *Beispiel* für die induktive Bildung, wir wollen sagen: für die *Aufschichtung* einer Aussagenform.

$(a\wedge\neg b)\rightarrow\neg\neg(a\vee c)$ ist eine $\wedge\vee\rightarrow\neg$-Aussagenform. — In der folgenden schematischen Darstellung der Aufschichtung, der zur gegebenen Aussagenform gehörigen „*Aufschichtungsfigur*", stellt jeder Strich die Anwendung einer der Aufschichtungsvorschriften $2\beta, \gamma$ dar. Die Aussagenvariablen selbst stehen gemäß Vorschrift 2α da.

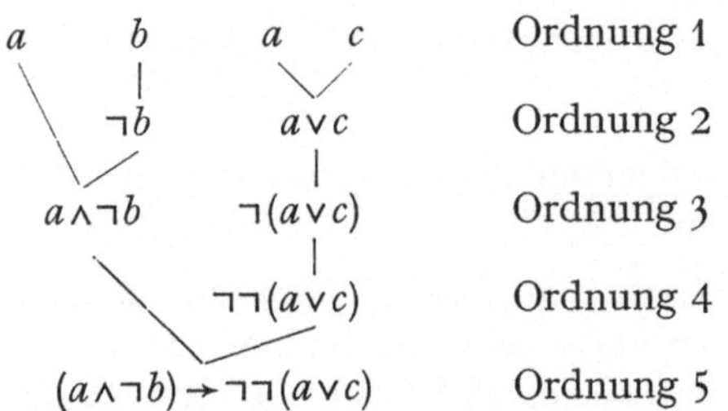

(Die „Ordnung“ der Aussagenform wird im unteren Teil dieser Seite ausführlich induktiv definiert.)

Man gelangt durch Aufschichtungen offenbar der Reihe nach zu immer komplizierteren „einschlägigen Aussagenformen“, und zwar nach und nach zu jeder.

Andererseits läßt sich, wenn irgendein Komplex aus kleinen lateinischen Buchstaben, Klammern und den Zeichen $*_i$, $\underset{j}{\times}$ gegeben ist, offenbar durch den Versuch eines „rekursiven“ Abbaus der Aufschichtung erkennen, ob es sich um eine Aussagenform handelt. (Bei Gelingen dieses Abbaus schließt man rekursiv: in jeder Zeile der Figur stehen lauter Aussagenformen, falls in der Zeile darüber lauter Aussagenformen stehen; in der obersten Zeile aber stehen lauter Aussagenvariablen; also steht in der untersten Zeile eine Aussagenform.) Die Eigenschaft „einschlägige Aussagenform sein“ ist mithin *entscheidbar* im Sinne des § 55.

Anmerkung. Man drückt sich wohl auch so aus (vgl. S. 132): Die Menge der einschlägigen Aussagenformen eines aussagenlogischen Begriffsnetzes geht aus der Menge der Aussagenvariablen $a, b, c, \ldots$ durch *Abschluß* gegen die „Aufschichtung mittels der Verknüpfungen $\underset{1}{\times}, \ldots, \underset{n}{\times}, *_1, \ldots, *_m$“ (Vorschriften $2\beta, \gamma$) hervor. —

Beim Umgang mit dem Begriffsnetz braucht man noch die *Erklärungen* der Aufschichtungsordnung, kurz: der *Ordnung* und der *Teilform* einer gegebenen Aussagenform (diese Erklärung stellt eine naheliegende Spezialisierung der allgemeinen Erklärungen von S. 131, 134 dar):

α. (im Anschluß an die Aufschichtungsvorschrift 2α von S. 159): Die Aussagenvariablen a, b, c heißen Aussagenformen der „Ordnung 1“;

β. (im Anschluß an die Aufschichtungsvorschrift 2β von S. 159): Ist $\mathfrak{a}$ von der Ordnung n, so soll — für jede unäre Verknüpfung $*_i$ des Begriffsnetzes — die Aussagenform $*_i(\mathfrak{a})$ die „Ordnung $n+1$“ haben. — $\mathfrak{a}$ heißt die oberste echte Teilform der Aussagenform $*_i(\mathfrak{a})$; das hier mitgeteilte $*_i$ heißt das in der gegebenen Aussagenform herrschende Verknüpfungszeichen;

γ. (im Anschluß an die Aufschichtungsvorschrift 2γ von S. 159): Wenn eine der beiden Aussagenformen $\mathfrak{a}, \mathfrak{b}$ die Ordnung n und die andere höchstens dieselbe Ordnung hat, so soll — für jede binäre Verknüpfung $\divideontimes$ des Begriffsnetzes — die Aussagenform $(\mathfrak{a})\divideontimes(\mathfrak{b})$ die „Ordnung $n+1$" haben. — $\mathfrak{a}$ und $\mathfrak{b}$ heißen die obersten echten Teilformen der Aussagenform $(\mathfrak{a})\divideontimes(\mathfrak{b})$; das hier mitgeteilte $\divideontimes$ heißt das in ihr herrschende Verknüpfungszeichen.

δ. Eine Teilform einer echten Teilform von $\mathfrak{a}$ heißt wieder eine echte Teilform von $\mathfrak{a}$ (die Aufschichtungsfigur einer Aussagenform gibt gerade alle ihre Teilformen an). — Eine Aussagenform wird mitunter als ihre eigene unechte Teilform bezeichnet.

ε. Das in einer Aussagenform herrschende Verknüpfungszeichen heißt allen anderen Verknüpfungszeichen dieser Aussagenform *übergeordnet.*

Beispiele für Ordnungen wurden bereits im Beispiel für die Aufschichtung — S. 162 — gegeben. In der dort aufgeschichteten Aussagenform 5. Ordnung ist das Zeichen $\rightarrow$ herrschend. Das $\wedge$ ist einem $\neg$ übergeordnet; die beiden anderen $\neg$ sind dem $\vee$ übergeordnet.

Textaufgabe. Wie ändern sich die Erklärungen der Ordnung und der Teilform bei assoziater Schreibweise ab?

Beispiel hierzu: $(a\wedge b)\wedge c$ und ebenso $a\wedge(b\wedge c)$ haben die Ordnung 3; die assoziate Aussagenform $a\wedge b\wedge c$ hat dagegen die *„assoziate Ordnung"* 2.

Anmerkung zur „Teilform" (s. Erklärung δ).

Bei den Teilformen kommt es gewöhnlich auch auf den *Platz* an, auf dem sie in der vorgegebenen Gesamtform (oder später: in einer Gesamtfigur von Formen) stehen. Wo es um der Klarheit der Mitteilung willen geboten erscheint, wollen wir uns der folgenden, äußerst wichtigen terminologischen Unterscheidung bedienen:

Erklärung. Bei Betrachtung einer Aussagenform $\mathfrak{F}$ oder auch einer Gesamtfigur $\mathfrak{F}$ von Formen wollen wir von einer *plazierten* Teilform, Form oder ähnlichem reden, wenn wir eine an einem bestimmten Platz von $\mathfrak{F}$ stehende Teilform, Form ... meinen. Wenn es uns nicht auf den Platz ankommt, wollen wir von einer „bloß gestaltlich erfaßten" Teilform, Form ... sprechen. Das läuft (gemäß der Erklärung der Äquivalenzklassen von S. 34f.) bei vorgegebener Figur $\mathfrak{F}$ darauf hinaus, daß unter einer „gestaltlich erfaßten" Teilform, Form ... eine in $\mathfrak{F}$ enthaltene größte Gesamtheit gestaltlich übereinstimmender plazierter Teilformen, Formen ... zu verstehen ist. — Wir sagen dann wohl auch, die — gestaltlich erfaßte — Teilform, Form ... *trete* in $\mathfrak{F}$ an den und den Stellen *auf.*

Wo in einer Mitteilung keines der Prädikate „plaziert" bzw. „gestaltlich erfaßt" angegeben ist, wird aus dem Zusammenhang zu entnehmen sein, ob es sich um das eine oder das andere handelt. (Dies traf wohl mehr oder weniger in allen vorangegangenen Paragraphen zu.)

Beispiele zur Redeweise.

1. Die $\wedge\vee\rightarrow\neg$-Aussagenform $(a\wedge\neg b)\rightarrow(\neg b\vee\neg a)$ besitzt *sechs* echte Teilformen, nämlich $a\wedge\neg b$, $\neg b\vee\neg a$, a, $\neg b$, $\neg a$, b; genauer wäre zu formulieren: sechs „gestaltlich erfaßte" echte Teilformen. Die Variable a „tritt zweimal auf", ebenso die Variable b und die Teilform $\neg b$. Weitere mehrfach auftretende Teilformen gibt es nicht. Die betrachtete Aussagenform besitzt also einschließlich der unechten Teilform genau zehn plazierte Teilformen (die man sich durch die zugehörige Aufschichtungsfigur — vgl. S. 161f. — vor Augen führt, Textaufgabe).

2. Die $\rightarrow\vee$-Aussagenform $(a\rightarrow b)\vee(a\rightarrow b)$ besitzt drei gestaltlich erfaßte, dagegen sechs plazierte echte Teilformen. Sie besitzt zwei (gestaltlich erfaßte) Variablen, dagegen vier plazierte Variablen. In ihr tritt die implikative Verknüpfung $\rightarrow$ zweimal auf, m.a.W.: sie besitzt zwei plazierte $\rightarrow$.

Anmerkung. Die oben eingeführten Bezeichnungen „oberste Teilform", „übergeordnete" und „herrschende Verknüpfung" beziehen sich offenbar auf *plazierte* Teilformen bzw. Verknüpfungszeichen.

Zusätzliche Bemerkung. Auch beim Gebrauch des Terminus „Zeichen" hat man ‚plazierte Zeichen' von den ‚bloß gestaltlich erfaßten Zeichen' zu unterscheiden. Einem neuerdings ausgesprochenen Vorschlag, die Bezeichnung „Zeichen" für die bloß gestaltlich erfaßten Zeichen zu verbieten, wollen wir hier nicht folgen, da es offenbar nicht unsinnig ist, in einem allgemeinen Mitteilungszusammenhang „das Zeichen $\wedge$", „das Zeichen $\mathfrak{g}$" usw. zu erwähnen.

Viele Nachweise werden durch Induktion nach der Ordnung der Aussagenformen, kurz durch „*Netzinduktion*" geführt werden. Die Netzinduktion ist als Ordnungsinduktion bereits in § 11 und in § 51 erklärt worden. Es wird nützlich sein, hier allgemein anzugeben, wie bei einem *aussagenlogischen* Kodifikat die beiden Induktionsschritte ausgeführt werden.

Um eine betrachtete Eigenschaft $\mathfrak{E}$ für beliebige einschlägige Aussagenformen nachzuweisen, zeigt man zweierlei:

1. Die Eigenschaft $\mathfrak{E}$ kommt jeder Aussagenform der Ordnung 1, d.h. jeder Aussagenvariablen zu.

2. Wenn die Eigenschaft $\mathfrak{E}$ allen Aussagenformen der Ordnung n zukommt, so auch allen Aussagenformen der Ordnung $n+1$. — Dies ist gemäß den Aufschichtungsvorschriften von S. 159 gleichbedeutend mit: Die Eigenschaft $\mathfrak{E}$ ist „aufschichtungserblich", d.h. wenn $\mathfrak{a}$ die Eigenschaft $\mathfrak{E}$ hat, so hat — für jedes $*_i$ des Begriffsnetzes — auch $*_i(\mathfrak{a})$ die Eigenschaft $\mathfrak{E}$, und wenn $\mathfrak{a}$ und $\mathfrak{b}$ die Eigenschaft $\mathfrak{E}$ haben, so hat — für jedes $\rtimes$ des Begriffsnetzes — auch $(\mathfrak{a})\rtimes(\mathfrak{b})$ die Eigenschaft $\mathfrak{E}$.

Mit diesen beiden Nachweisen 1., 2. ist in der Tat gezeigt, daß die Eigenschaft $\mathfrak{E}$ auf alle einschlägigen Aussagenformen zutrifft. Man braucht nämlich bei beliebig gegebener einschlägiger Aussagenform nur in der Aufschichtungsfigur von oben nach unten gemäß 1. und 2. zu schließen (vgl. auch die Erläuterung aus § 11).

Vorläufiges Beispiel als *Textaufgabe.* Man beweise: In einer beliebigen Aussagenform übertrifft die Anzahl der plazierten Variablen diejenige der plazierten binären Verknüpfungszeichen (dazu exemplarische Bestätigung an der Aufschichtungsfigur von S. 162).

§ 64. Das Deduktionsgerüst einer deduktiven, insbesondere einer normaldeduktiven Aussagenlogik.

In § 52 wurde allgemein umrissen, was unter dem Deduktionsgerüst eines Kodifikats zu verstehen ist. § 60 brachte die Erklärung der deduktiven Aussagenlogik. (Aus ihr war unter anderem ersichtlich, daß die Algebra der Logik des 1. Abschnitts zwar eine kodifizierte, jedoch keine deduktive Logik ist.) Es soll nun hier das Deduktionsgerüst einer deduktiven Aussagenlogik in aller Ausführlichkeit beschrieben werden, und seine wichtigsten Zusammenhänge sollen vorgeführt werden. Dabei möge der wichtigste Spezialfall — die „normaldeduktive" Logik — besonders hervorgehoben werden.

I. Zum Deduktionsgerüst eines Kodifikates gehörte nach § 52

1. die Angabe von *Axiomen.*

Bei einer deduktiven Aussagenlogik müssen nun sämtliche Axiome einschlägige Aussagenformen sein. Über diese triviale Festlegung hinaus wird man die folgende fundamentale allgemeine *Forderung* an die Axiome stellen: Die Axiome einer deduktiven Aussagenlogik sollen sinnvollerweise Wahrformen sein.

(Anmerkung. Es leuchtet ein, daß man nach Möglichkeit solche Wahrformen auswählen wird, die unter irgendeinem Gesichtspunkt besonders geeignet bzw. angemessen erscheinen; man vgl. hierzu die Forderungen des § 56 an das Axiomensystem, die jedoch, zumal sie ja miteinander kollidieren, nicht als bindend in die Erklärung des Deduktionsgerüstes eingefügt werden sollen.)

Von einer *normaldeduktiven* Aussagenlogik wollen wir verlangen, daß ihre Axiome einzeln — nicht durch mitteilende Anweisungen — angegeben werden. (Betreffs der — bei nicht normaldeduktiven Logiken zugelassenen — Axiomenanweisungen bzw. Axiomenschematen vgl. eine Anmerkung des § 52 sowie später §§ 89, 144.)

Weiter gehörte zum Deduktionsgerüst eines Kodifikats nach § 52

2. die folgende, aus zwei Vorschriften bestehende, induktive *Erklärung* der „beweisbaren" Aussagenform.

α) Jedes Axiom heißt selbst schon beweisbar. (Zu dieser Redeweise vgl. S. 133.)

β) Eine einschlägige Aussagenform heißt beweisbar, wenn sie aus beweisbaren Aussagenformen durch einen „elementaren Schluß“, m. a. W. vermöge der Anwendung einer „elementaren Schlußregel“ folgt.

Bevor wir uns vergegenwärtigen, wie überhaupt die elementaren Schlußregeln einer deduktiven Aussagenlogik gebaut sein können, und bevor wir im Anschluß daran eine Grundforderung für elementare aussagenlogische Schlußregeln kennenlernen, wollen wir uns dem Spezialfall der „normaldeduktiven“ Aussagenlogik zuwenden.

Erklärung. Wir nennen eine deduktive Aussagenlogik *normaldeduktiv*, wenn sie (gemäß einer schon oben aufgestellten Forderung) nur endlich viele Axiome besitzt und wenn außerdem ihr Deduktionsgerüst als elementare Schlußregeln neben „Definitionen für Verknüpfungen“ *lediglich* die normaldeduktiven Schlußregeln von § 45, d. h. die folgenden drei Regeln als elementare Schlußregeln aufstellt:

b1) Die Grundschlußregel (s. S. 113): $\dfrac{\mathfrak{a} \quad \mathfrak{a} \to \mathfrak{b}}{\mathfrak{b}}$.

b2) Die Einsetzungsregel (s. S. 113): Eine beweisbare Aussagenform $\mathfrak{a}$ geht wiederum in eine beweisbare Aussagenform über, wenn in ihr für eine (bloß gestaltlich erfaßte, s. S. 163) Variable überall, wo sie in $\mathfrak{a}$ auftritt, dieselbe einschlägige Aussagenform eingesetzt wird.

b3) Außer diesen elementaren Schlußregeln dürfen im Deduktionsgerüst eines normaldeduktiven Kodifikats noch spezielle „*Definitionsregeln*“ (die dann mit zu den „elementaren Schlußregeln“ gerechnet werden) für Verknüpfungen eingeführt sein.

Hierfür vorab ein *Beispiel*: Die Axiome mögen sämtlich etwa auf den Verknüpfungen $\vee, \neg$ basieren (d. h. keine anderen Verknüpfungen enthalten), im Begriffsnetz möge jedoch auch die Verknüpfung $\to$ vorkommen. Um die Grundschlußregel anwenden zu können, wird man nun *definieren*: $\mathfrak{a} \to \mathfrak{b} \approx\colon \neg\mathfrak{a} \vee \mathfrak{b}$ (zum Zeichen $\approx\colon$ vgl. die Bemerkung von S. 152). Diese Definition ist nichts anderes als eine Umsetzungsvorschrift: Eine beweisbare Aussagenform soll wieder in eine beweisbare Aussagenform übergehen, wenn man in ihr eine plazierte Teilform der Gestalt $\neg\mathfrak{a} \vee \mathfrak{b}$ durch $\mathfrak{a} \to \mathfrak{b}$ ersetzt (oder umgekehrt).

Allgemein wird man erklären:

Erklärung der „*Definition einer zweistelligen Verknüpfung*“ (für einstellige Verknüpfungen in evidenter Weise zu modifizieren): In den Axiomen trete eine zweistellige — durch $\times$ mitgeteilte — Verknüpfung (die zu den Grundbegriffen aus dem Begriffsnetz gehört) nicht auf. Man definiert dann — für beliebige Aussagenformen $\mathfrak{a}, \mathfrak{b}$ — $\mathfrak{a} \times \mathfrak{b}$ durch eine Aussagenform, die sich aus $\mathfrak{a}$ und $\mathfrak{b}$ vermöge solcher Verknüpfungen zusammensetzt, die in den Axiomen auftreten. Eine solche Definition ist eine spezielle Schlußregel, nämlich die *Umsetzungsvorschrift:*

Die Beweisbarkeit einer Aussagenform bleibt erhalten, wenn in ihr eine plazierte Teilform gemäß der Definition *umgesetzt* wird. —

II. Hiermit ist das Deduktionsgerüst einer *normal*deduktiven Aussagenlogik konstituiert. Die Tragweite der Normaldeduktion wird im übernächsten Paragraphen erörtert und an Beispielen vorgeführt werden.

Erklärung. Eine kodifizierte Theorie, deren logisches Kernkodifikat (§ 53) eine normaldeduktive Aussagenlogik ist, heißt *normaldeduktiv aussagenlogisch fundiert.*

Bei einem *nichtnormaldeduktiven* aussagenlogischen Kodifikat dürfen als „elementare Schlußregeln" *beliebige* aussagenlogische Schlußregeln auftreten. Als erste, orientierende Beispiele für solche seien angeführt:

$$\frac{\mathfrak{a}\rightarrow\mathfrak{b} \quad \mathfrak{b}\rightarrow\mathfrak{c}}{\mathfrak{a}\rightarrow\mathfrak{c}}$$ (Kettenschlußregel)

$$\frac{\neg\mathfrak{a}\rightarrow\mathfrak{a}}{\mathfrak{a}}$$ (Regel zum Schluß ex contrario)

$$\frac{\mathfrak{a} \quad \mathfrak{b}}{\mathfrak{a}\wedge\mathfrak{b}}$$ (Konjunktionsschlußregel)

$$\frac{\mathfrak{a}}{\mathfrak{a}\vee\mathfrak{b}}, \quad \frac{\mathfrak{b}}{\mathfrak{a}\vee\mathfrak{b}}$$ (Disjunktionsschlußregeln).

Diese Beispiele mögen genügen, um den Bau und den Gebrauch einer aussagenlogischen Schlußregel zu exemplifizieren. Man will von einer oder mehreren ‚Oberformeln' mit bestimmtem gestaltlichem Zusammenhang auf eine ‚Unterformel' (die in gestaltlichem Zusammenhang mit den Oberformeln steht) schließen; m.a.W. mit Oberformeln der angegebenen Gestalt soll stets die zugehörige Unterformel beweisbar heißen. (Ausführlicheres hierzu später in §§ 65, 66.) —

Eine fundamentale allgemeine *Forderung* an elementare aussagenlogische Schlußregeln: Eine elementare Schlußregel einer deduktiven Aussagenlogik soll so gebaut sein, daß sie beim Ausgang von solchen Oberformeln, die Wahrformen sind, stets auf eine Unterformel, die wieder eine Wahrform ist, führt.

Erläuterung am *Beispiel* der Kettenschlußregel. Falls man $\mathfrak{a}$, $\mathfrak{b}$, $\mathfrak{c}$ so wählt, daß $\mathfrak{a}\rightarrow\mathfrak{b}$ und $\mathfrak{b}\rightarrow\mathfrak{c}$ Wahrformen sind, ist auch $\mathfrak{a}\rightarrow\mathfrak{c}$ Wahrform (Textaufgabe). Durch Kettenschluß gelangt man z.B. von den Wahrformen $a\wedge b\rightarrow a$ und $a\rightarrow a\vee c$ zu der Wahrform $a\wedge b\rightarrow a\vee c$.

Anmerkung. Zusammen mit der allgemeinen Forderung an die Axiome, daß sie Wahrformen sein sollen, bewirkt die obige Forderung an die elementaren Schlußregeln, daß *nur Wahrformen beweisbar* werden. Hiermit ist zugleich die Widerspruchsfreiheit des Kodifikats garantiert.

Für ein aussagenlogisches Kodifikat verengt sich die *Erklärung der aufschichtenden Schlußregel* von § 52 so: Eine Schlußregel heißt „aufschichtend", wenn für einen zugehörigen Schluß stets die Oberformeln, gestaltlich erfaßt — S. 163 —, *Teilformen* der Unterformel sind. (Diese Erklärung wird übrigens, wie bereits in § 52 angedeutet wurde, später noch einer gewissen Abschwächung unterliegen, § 90.) — *Textaufgabe.* Welche drei der oben aufgeführten Schlußregeln sind aufschichtend?

Anmerkung. Ein aufschichtendes Kodifikat kann offenbar nicht normaldeduktiv sein, da ja z.B. die Grundschlußregel der obigen Bedingung nicht genügt.

Beispiel einer Axiomenanweisung (vgl. S. 136). In einem Kodifikat ohne Einsetzungsregel wird man etwa die Axiomenanweisung $\mathfrak{v} \to \mathfrak{v}$ geben können, wobei $\mathfrak{v}$ für eine beliebige *Variable* steht; diese schematische Anweisung gestattet die Erstellung von unbeschränkt vielen Axiomen $a \to a$, $b \to b$, $c \to c$, ... — Ein weiteres Beispiel folgt in § 144.

III. *Erklärung* im Anschluß an die Einsetzungsregel (vgl. auch S. 100). Eine Aussagenform $\mathfrak{a}^*$, die aus einer gegebenen Aussagenform $\mathfrak{a}$ durch eine Einsetzung — oder auch durch mehrere Einsetzungen für gestaltlich verschiedene Variablen von $\mathfrak{a}$ — hervorgeht (wir wollen im letzteren Falle auch von einer „mehrfachen Einsetzung" sprechen), heiße eine *Beiform* zu $\mathfrak{a}$; auch $\mathfrak{a}$ selbst soll eine Beiform (die unechte Beiform) zu $\mathfrak{a}$ heißen. Insbesondere ist eine *Axiombeiform* eine Aussagenform, die aus einem Axiom durch (nullfache, einfache oder mehrfache) Einsetzung hervorgeht.

Anmerkung. Die Mitteilung $\mathfrak{a}^*$ einer Aussagenform mit dem angehängten, hochgestellten Stern soll gewöhnlich darauf hinweisen, daß es sich um eine Beiform zu $\mathfrak{a}$ handelt.

Beispiel. Vorgegeben sei $\mathfrak{a} \equiv: a \wedge b \to c \;\to\; a \to b \to c$.
$\mathfrak{a}^* \equiv: (b \vee c) \wedge (c \to a) \to b \wedge a \;\to\; b \vee c \to (c \to a) \to b \wedge a$
ist eine Beiform zu $\mathfrak{a}$.

Eine weitere *Anmerkung.* In der obigen Erklärung der Beiform ist von „mehreren Einsetzungen für gestaltlich verschiedene Variablen von $\mathfrak{a}$" die Rede. Man könnte statt dessen dort auch bloß von einer „Aufeinanderfolge beliebiger Einsetzungen" — ohne jene Einschränkung bezüglich der Gestalt der Variablen, jedoch mit Beachtung der Reihenfolge der Einsetzungen — reden (vgl. die Erklärung von S. 100, zweiter Absatz). Hierbei stellt sich die

Textaufgabe. Ausführlich nachzuweisen, daß die so hervorgehende Fassung der „Beiform"-Erklärung der obigen Fassung gleichgeltend ist.

IV. Es seien hier noch einige Betrachtungen zur Rolle der *Umsetzungsregel*, s. § 58 Abs. III, in aussagenlogischen — insbesondere in deduktiven aussagenlogischen — Kodifikaten angefügt.

Die 4. Fassung dieser Regel, die a.a.O. lediglich in einer allgemeinen Weise umrissen wurde, läßt sich für beliebige aussagenlogische Kodifikate — in denen die reflexive und transitive Implikation $\rightarrow$ auftritt, so daß die faktische Äquivalenz $\sim$ von S. 63 eine Äquivalenzrelation (S. 34) ist — ein wenig konkreter beschreiben:

4. Fassung der Umsetzungsregel, bestehend in endlich vielen speziellen Schlußregeln:

$$\frac{\mathfrak{a} \sim \mathfrak{b}}{\ast\mathfrak{a} \sim \ast\mathfrak{b}} \quad \text{für jede elementare 1-stellige Grundverknüpfung } \ast$$

$$\left.\begin{array}{c} \dfrac{\mathfrak{a} \sim \mathfrak{b}}{\mathfrak{a} \times \mathfrak{c} \sim \mathfrak{b} \times \mathfrak{c}} \\[2ex] \dfrac{\mathfrak{a} \sim \mathfrak{b}}{\mathfrak{c} \times \mathfrak{a} \sim \mathfrak{c} \times \mathfrak{b}} \end{array}\right\} \quad \text{für jede elementare 2-stellige Grundverknüpfung } \times.$$

Falls eine elementare n-stellige Grundverknüpfung mit $n > 2$ im Begriffsnetz auftritt, so sind für sie n entsprechende Schlußregeln anzugeben.

Zu dieser Fassung der Umsetzungsregel vgl. bereits S. 33 und S. 153; sie wird weiterhin an vielen Stellen benutzt werden.

Die Angaben von S. 153 zum Zusammenhang dieser Fassung mit der 1. Fassung — bei der im aussagenlogischen Fall speziell von Aussagenformen und deren Teilformen statt von einschlägigen Ausdrücken und Teilgebilden geredet werden darf — lassen sich für diesen Fall besonders leicht bestätigen. Daß die in der angegebenen Weise präzisierte 1. Fassung die 4. Fassung als Spezialfall enthält, ist trivial. *Textaufgabe:* Man führe die 1. Fassung auf die 4. Fassung durch Induktion nach der Differenz der Ordnungen von $\mathfrak{a}$ und $\mathfrak{s}$ zurück (man setzt die Induktion zweckmäßigerweise in der Gestalt von S. 38 an; auf die Ordnung von $\mathfrak{t}$ kommt es offenbar nicht an).

Man kann die oben angegebene „4. Fassung" noch ein wenig modifizieren. Diese Modifikation sei der Deutlichkeit halber gleich unter der speziellen (offenbar nicht dazu erforderlichen, jedoch gewöhnlich in den aussagenlogischen Kodifikaten erfüllten) Voraussetzung formuliert, daß $\neg$ die einzige einstellige Grundverknüpfung sei:

Fassung 4a der Umsetzungsregel für aussagenlogische Kodifikate, bestehend in einigen speziellen Schlußregeln:

$$\frac{\mathfrak{a} \rightarrow \mathfrak{b}}{\neg\mathfrak{b} \rightarrow \neg\mathfrak{a}} \quad \text{(Regel der schwachen Kontraposition)}$$

$$\left.\begin{array}{c} \dfrac{\mathfrak{a} \rightarrow \mathfrak{b}}{\mathfrak{a} \times \mathfrak{c} \rightarrow \mathfrak{b} \times \mathfrak{c}} \\[2ex] \dfrac{\mathfrak{a} \rightarrow \mathfrak{b}}{\mathfrak{c} \times \mathfrak{a} \rightarrow \mathfrak{c} \times \mathfrak{b}} \end{array}\right\} \quad \text{für jede 2-stellige Grundverknüpfung } \times .$$

Textaufgabe. Zu zeigen, daß die Fassungen 4 und 4a auf Grund der Erklärung der faktischen Äquivalenz $\sim$ in jedem Kodifikat gleichgeltend sind, in dem $\neg$ die einzige einstellige Grundverknüpfung ist. —

Die Fassung 4a zeigt besonders deutlich, daß die Umsetzungsregel in manchen aussagenlogischen Kodifikaten mindestens zum Teil von den Axiomen und elementaren Schlußregeln *abhängig* sein wird, so daß sie in diesen Kodifikaten nicht — oder doch jedenfalls nicht vollständig — als elementare Schlußregel aufgeführt zu werden braucht. Dieser Fall liegt z.B. in den meisten normaldeduktiven Kodifikaten, die in den späteren Kapiteln aufgeführt werden, vor.

Textaufgabe: In einem normaldeduktiven aussagenlogischen Kodifikat (in dem $\neg$ die einzige 1-stellige elementare Verknüpfung ist und für das die 2-stelligen elementaren Verknüpfungen durch $\succ\!\prec$ mitgeteilt sind, während mehr-als-2-stellige elementare Verknüpfungen nicht existieren) ist die *Umsetzungsregel abhängig*, sobald die implikativen Aussagenformen

$$a \to b \longrightarrow \neg b \to \neg a, \qquad a \to b \longrightarrow a \succ\!\prec c \to b \succ\!\prec c, \qquad a \to b \longrightarrow c \succ\!\prec a \to c \succ\!\prec b$$

beweisbar sind.

Anmerkung. Die *definitorischen* Umsetzungen (S. 166) eines aussagenlogischen Kodifikats werden von der auf $\sim$ bzw. $\leftrightarrow$ bezogenen Umsetzungsregel, insbesondere von Fassung 4a, offenbar nicht mit erfaßt; sie beziehen sich auf die syntaktische Äquivalenzrelation „definitorisch äquivalent", $\approx:$, die nur zur Mitteilung einer Umsetzbarkeit eingeführt ist. Jedoch gelangt man wegen der Reflexivität der Relation $\sim$ bzw. $\leftrightarrow$ von einer Definition $\mathfrak{a} \approx: \mathfrak{b}$ unmittelbar zu $\mathfrak{a} \sim \mathfrak{b}$ bzw. $\mathfrak{a} \leftrightarrow \mathfrak{b}$ (man braucht lediglich in dem beweisbaren $\mathfrak{a} \sim \mathfrak{a}$ bzw. $\mathfrak{a} \leftrightarrow \mathfrak{a}$ rechterhand gemäß der Definition umzusetzen; vgl. hierzu später z.B. S. 189 und S. 195).

§ 65. Zur Syntax des Deduktionsgerüstes einer deduktiven Aussagenlogik.

Erklärung. Die plazierten Aussagenformen eines Beweises wollen wir auch *Formeln* nennen. Ein in Anwendung einer Schlußregel durchgeführter Schluß führt von endlich vielen (im allgemeinen von einer oder von zwei) Aussagenformen — den „*Oberformeln*" des Schlusses, auf eine weitere Aussagenform — die „*Unterformel*" des Schlusses. Die letzte Formel des Beweises heißt seine „*Endformel*".

Erklärung der „Beweisfigur". Wir ordnen die Formeln eines Beweises, ausgehend von der Endformel so an: Wenn eine Formel die Unterformel eines plazierten Schlusses ist, so sollen die zugehörigen Oberformeln *unmittelbar darüber* nebeneinanderstehen und mit der Unterformel durch je einen Strich verbunden werden. Die entstehende baumartige Formelnfigur heißt *Beweisfigur*. Ihre obersten Formeln (über denen keine Zeile steht) sind die plazierten Axiome; ihre unterste Formel ist die Endformel.

Anmerkung. Die vorstehenden Begriffsbildungen sind offenbar nicht auf aussagenlogische Kodifikate beschränkt. Sie wurden hier nur in der Darstellung auf solche verengt, damit wir sie in diesem aussagenlogischen Bande gleich in voller Durchsichtigkeit gebrauchen können.

Beispiel eines normaldeduktiven Beweises und der zugehörigen Beweisfigur.

Wir legen ein normaldeduktives Kodifikat zugrunde, dessen Begriffsnetz auf der Verknüpfungsbasis $\to$, $\neg$ aufgebaut ist und dessen Deduktionsgerüst die Axiome $\neg\neg a\to a$, $\neg a\to a\to b$, $a\to b \longrightarrow b\to c \longrightarrow a\to c$ enthält. Der *Beweis* der Aussagenform $\neg\neg\neg a\to a\to b\wedge\neg b$ sei zunächst in „linearer“ Schreibweise mitgeteilt.

1. $\neg\neg a\to a$ Axiom.
2. $\neg\neg\neg a\to\neg a$ durch Einsetzung von $\neg a$ für a.
3. $a\to b \longrightarrow b\to c \longrightarrow a\to c$ Axiom.
4. $\neg\neg\neg a\to\neg a \longrightarrow \neg a\to a\to b \longrightarrow \neg\neg\neg a\to a\to b$ durch Einsetzung von $\neg\neg\neg a$ für a, von $\neg a$ für b und von $a\to b$ für c.
5. $\neg a\to a\to b \longrightarrow \neg\neg\neg a\to a\to b$ durch Grundschluß aus 2. u. 4.
6. $\neg a\to a\to b$ Axiom.
7. $\neg\neg\neg a\to a\to b$ durch Grundschluß aus 6. und 5.
8. $\neg\neg\neg a\to a\to b\wedge\neg b$ durch Einsetzung von $b\wedge\neg b$ für b.

Die lineare Schreibweise 1. bis 8. ist aber nur ein Notbehelf, der die Struktur des Beweises verwischt. Diese tritt deutlich zutage in der zugehörigen Beweisfigur:

$$\neg\neg a\to a \qquad\qquad a\to b \longrightarrow b\to c \longrightarrow a\to c$$

$$\neg\neg\neg a\to\neg a \qquad \neg\neg\neg a\to\neg a \longrightarrow \neg a\to a\to b \longrightarrow \neg\neg\neg a\to a\to b$$

$$\neg a\to a\to b \qquad \neg a\to a\to b \longrightarrow \neg\neg\neg a\to a\to b$$

$$\neg\neg\neg a\to a\to b$$

$$\neg\neg\neg a\to a\to b\wedge\neg b$$

Erklärung des „Beweisfadens“. Wenn wir von der Endformel ausgehend stets längs eines Striches aufwärts bis zu einem Axiom gehen, so haben wir einen *Faden* der Beweisfigur — kurz: einen *Beweisfaden* — durchlaufen. Die Anzahl der von einem Faden berührten Formeln heißt seine *Länge.*

Im Anschluß an die Erklärung der Beweisfigur — es wurde bereits gesagt, daß diese nicht auf aussagenlogische Kodifikate beschränkt ist — läßt sich der *Beweisrang* von § 52 auch so erklären: Der Beweisrang ist die Länge des (bzw. eines) längsten Fadens der Beweisfigur.

Der ausführliche Nachweis des Gleichgeltens der beiden Fassungen sei als Textaufgabe gestellt (vgl. hierzu das unten zur „Gerüstinduktion" Gesagte). — Im Anschluß hieran eine weitere Textaufgabe:

In Analogie zum Beweisfaden der Beweisfigur erkläre man den „Aufschichtungsfaden" der Aufschichtungsfigur (S. 161). Die auf S. 162 erklärte „Ordnung" läßt sich auch als maximale Fadenlänge der Aufschichtung einführen. —

Im obigen *Beispiel* einer Beweisfigur hat man drei Beweisfäden, darunter zwei längste:

1.

$\uparrow\ \neg a \to a \to b$

$\neg\neg\neg a \to a \to b$

$\neg\neg\neg a \to a \to b \wedge \neg b$

2.

$\uparrow\ \neg\neg a \to a$

$\neg\neg\neg a \to \neg a$

$\neg a \to a \to b \longrightarrow \neg\neg\neg a \to a \to b$

$\neg\neg\neg a \to a \to b$

$\neg\neg\neg a \to a \to b \wedge \neg b$

3.

$\uparrow\ a \to b \longrightarrow b \to c \longrightarrow a \to c$

$\neg\neg\neg a \to \neg a \longrightarrow \neg a \to a \to b \longrightarrow \neg\neg\neg a \to a \to b$

$\neg a \to a \to b \longrightarrow \neg\neg\neg a \to a \to b$

$\neg\neg\neg a \to a \to b$

$\neg\neg\neg a \to a \to b \wedge \neg b$

Der Beweis hat den Beweisrang 5, die Endformel hat höchstens den Rang 5.

Erklärung. In einer Beweisfigur B sei eine plazierte Formel $\mathfrak{a}$ herausgegriffen. Derjenige Teilbeweis, der $\mathfrak{a}$ als Endformel besitzt, möge als der *Ast von* $\mathfrak{a}$ in B bezeichnet werden; m.a.W.: die Figur aller derjenigen Formeln, deren Beweisfäden auch durch $\mathfrak{a}$ laufen und die in diesen Fäden oberhalb von $\mathfrak{a}$ liegen, bildet mit $\mathfrak{a}$ zusammen den *Ast* von $\mathfrak{a}$.

Folgerung. Der Ast der Unterformel eines in einer Beweisfigur auftretenden Schlusses wird gebildet aus den Ästen der Oberformeln und aus der Unterformel selbst. —

Ein weiterer einfacher und wichtiger syntaktischer Begriff, der sich auf eine gegebene Beweisfigur bezieht, ist der „*Formelnbund*" (genauer:

*Teil*formeln-Bund). Da die allgemeine Erklärung des Formelnbundes unnötig umständlich ist, wollen wir hier auf sie verzichten und den Formelnbund nur bei jenen Kodifikaten einführen, bei deren Untersuchung wir von ihm Gebrauch machen.

Viele Nachweise werden durch *Gerüstinduktion*, d.i. durch Induktion nach dem Range — oder mitunter auch nach dem auf einen bestimmten Beweis bezüglichen Beweisrange — geführt werden, s. § 52. Für ein normaldeduktives Kodifikat wird diese Induktion nach dem Rang im folgenden Verfahren bestehen.

Um eine betrachtete Eigenschaft $\mathfrak{E}$ für beliebige beweisbare Aussagenformen nachzuweisen, zeigt man zweierlei:

1. Die Eigenschaft $\mathfrak{E}$ kommt jeder Aussagenform vom Range 1, d.h. jedem Axiom, zu.

2. Wenn die Eigenschaft $\mathfrak{E}$ allen Aussagenformen vom Range n zukommt, so auch allen Aussagenformen vom Range $n+1$, d.h. hier:

Die Eigenschaft $\mathfrak{E}$ ist „normaldeduktionserblich", d.h.: wenn $\mathfrak{a}$ und $\mathfrak{a}\rightarrow\mathfrak{b}$ die Eigenschaft $\mathfrak{E}$ haben, so auch $\mathfrak{b}$, und mit $\mathfrak{a}$ hat jede aus $\mathfrak{a}$ durch Einsetzung oder definitorische Umsetzung hervorgehende Form die Eigenschaft $\mathfrak{E}$.

Mit diesen beiden Nachweisen 1., 2. ist in der Tat gezeigt, daß die Eigenschaft $\mathfrak{E}$ auf alle beweisbaren Aussagenformen zutrifft. Man braucht nur in einer Beweisfigur für eine solche Form von oben nach unten gemäß 1. und 2. vorzugehen.

Die normaldeduktiven Schlußregeln erfüllen die auf S. 167 an sie gestellten Forderungen, aus denen dort auf die Widerspruchsfreiheit geschlossen worden war. Der Nachweis der Widerspruchsfreiheit sei hier als Beispiel eines gerüstinduktiven Nachweises präzise geführt:

Satz 41. Ein normaldeduktives aussagenlogisches Kodifikat ist *widerspruchsfrei*; in ihm sind nur Wahrformen beweisbar.

Nachweis. Nach Voraussetzung sind die Axiome Wahrformen. Das Wahrformsein ist außerdem normaldeduktionserblich (s. oben):

Daß es sich gegen Grundschluß und Einsetzung vererbt, wurde bereits in § 46 (allgemein für Quasiwahrformen) gezeigt. Es ist klar, daß auch die „definitorischen Umsetzungen" von Abs. b3) — S. 166 — das Wahrformsein vererben, sofern einer definierten Verknüpfung in evidenter Weise der Wertverlauf der definierenden Aussagenform zuerteilt wird.

Vergleichende Bemerkung. Die weitgehende Analogie, die sich zwischen dem Begriffsnetz und dem Deduktionsgerüst irgendeines Kodifikats in § 52 ergab — vgl. die Tabelle von S. 139 — hat sich in den vorangegangenen Paragraphen bezüglich *aussagenlogischer* Kodifikate erheblich vertieft. Wir wollen die Schranke dieser Analogie, auf die a. a. O. ebenfalls schon hingewiesen wurde, hier ein wenig genauer betrachten.

Bei irgendeiner gegebenen Zeichenreihe läßt sich entscheiden, ob sie dem Begriffsnetz angehört oder nicht, und wenn sie ihm angehört, so läßt sich die Aufschichtungsfigur angeben und die Ordnung feststellen. Hingegen läßt sich bei gegebener einschlägiger Aussagenform etwa eines normaldeduktiven Kodifikats erstens im allgemeinen nicht aus der Syntax des Kodifikats ablesen, ob sie überhaupt beweisbar ist oder nicht (m. a. W. ein normaldeduktives Kodifikat ist im allgemeinen jedenfalls nicht ohne externe Überlegungen „entscheidungsdefinit" im Sinne des § 55); zweitens: selbst wenn man der Beweisbarkeit einer Aussagenform irgendwie versichert wäre, braucht der Beweis aus ihrem Bau nicht allgemein herstellbar zu sein, und drittens ist einer beweisbaren Aussagenform im allgemeinen keineswegs *eindeutig* ein Beweis zugeordnet; der Rang selbst der Endformel eines vorgelegten Beweises braucht bei genügend allgemeinen Kodifikaten (die unendlich viele Axiome besitzen, vgl. hierzu z. B. S. 136) noch nicht feststellbar zu sein.

Der große Vorteil streng aufschichtender Kodifikate besteht darin, daß diese Mängel in ihnen beseitigt sind; auch die in abgeschwächtem Sinne aufschichtenden Kodifikate der Aussagenlogik werden diesen Vorteil aufweisen (vgl. die Anmerkung in § 52, S. 135).

In welchen syntaktischen Überlegungen die normaldeduktive Beschränkung auf bloß zwei ganz elementare Schlußweisen sich als günstig erweist und wo demgegenüber die aufschichtende Kodifikation einem zwanglosen Ablauf solcher Überlegungen förderlich ist, dies in allgemeiner Weise abzuwägen wird erst im Laufe der nachfolgenden Entwicklungen möglich sein. Wir wollen uns hier zunächst mit dieser Andeutung einer Fragestellung begnügen, deren Antwort sich der Leser an späterer Stelle selbst geben mag.

§ 66. Die Tragweite des normaldeduktiven Schließens.

Nach § 61 ist in einer alternären deduktiven Logik von einem *Schluß* im Grunde nichts zu verlangen als daß er von Wahrformen stets auf eine Wahrform führe. Eine alternäre Implikation, die selbst Wahrform ist, führt nun nach Satz 34 (2) von einem Wahrform-Vorderglied stets auf ein Wahrform-Hinterglied. Der Grundschluß $\frac{\mathfrak{a} \quad \mathfrak{a} \rightarrow \mathfrak{b}}{\mathfrak{b}}$, der sich bloß auf eine Implikation stützt, darf somit als der Prototyp eines „Schlusses" angesehen werden. (Die Bedenken, die man gegen den implikativen Charakter der „alternären Implikation" $\rightarrow$ hegen kann, kommen gegenüber dem Grundschluß nicht zum Zuge.)

Dies bestätigt sich kodifikativ, indem nämlich die beiden normaldeduktiven Schlüsse — Grundschluß und Einsetzung — für *das gesamte aussagenlogische Schließen* ausreichen, sofern man nur von geeigneten Wahrformen als Axiomen ausgeht (übrigens wird für das prädikatenlogische Schließen etwas ähnliches gelten). Weitere Arten von Schlußregeln brauchen dann nicht eingeführt zu werden; denn irgendeine vorgelegte weitere aussagenlogische Schlußregel läßt sich stets normaldeduktiv auf eine *zugehörige implikative Aussagenform* zurückführen (vgl. S. 110); sie ist mit Benutzung dieser Wahrform *normaldeduktiv ableitbar* (m.a.W.: explizit normaldeduktiv abhängig) im Sinne des § 58.

Beispiele:

1. Die Regel des Kettenschlusses (S. 167) ist durch das Schlußschema darzustellen:

$$\frac{\mathfrak{a} \to \mathfrak{b} \quad \mathfrak{b} \to \mathfrak{c}}{\mathfrak{a} \to \mathfrak{c}}$$

(zu lesen: mit $\mathfrak{a} \to \mathfrak{b}$ und $\mathfrak{b} \to \mathfrak{c}$ ist auch $\mathfrak{a} \to \mathfrak{c}$ beweisbar).

Sobald die Wahrform des Kettenschlusses $a \to b \longrightarrow b \to c \longrightarrow a \to c$ bewiesen ist (etwa, indem sie zu den Axiomen genommen ist), schließt man von zwei bewiesenen Aussagenformen der Gestalt $\mathfrak{a} \to \mathfrak{b}$ und $\mathfrak{b} \to \mathfrak{c}$ so auf $\mathfrak{a} \to \mathfrak{c}$:

$$\cfrac{\mathfrak{b} \to \mathfrak{c} \text{ (bewiesen)} \quad \cfrac{\mathfrak{a} \to \mathfrak{b} \text{ (bewiesen)} \quad \cfrac{a \to b \longrightarrow b \to c \longrightarrow a \to c \text{ (bewiesen)}}{\mathfrak{a} \to \mathfrak{b} \longrightarrow \mathfrak{b} \to \mathfrak{c} \longrightarrow \mathfrak{a} \to \mathfrak{c} \text{ (durch Einsetzung)}}}{\mathfrak{b} \to \mathfrak{c} \longrightarrow \mathfrak{a} \to \mathfrak{c} \text{ (durch Grundschluß)}}}{\mathfrak{a} \to \mathfrak{c} \text{ durch Grundschluß.}}$$

2. Die Regel für den Schluß ex contrario (S. 167) ist durch das Schlußschema

$$\frac{\neg \mathfrak{a} \to \mathfrak{a}}{\mathfrak{a}}$$

darzustellen. Sobald $\neg a \to a \longrightarrow a$ als „bewiesen" gelten kann und die Einsetzung erlaubt ist, folgt aus einer bewiesenen Form der Gestalt $\neg \mathfrak{a} \to \mathfrak{a}$ stets $\mathfrak{a}$ durch bloßen Grundschluß.

3. *Textaufgabe.* Aus welcher Aussagenform folgt normaldeduktiv die „Konjunktionsschlußregel":

$$\frac{\mathfrak{a} \quad \mathfrak{b}}{\mathfrak{a} \wedge \mathfrak{b}}?$$

Aufgabe. Man führe alle in § 44, insbesondere die in der Textaufgabe von S. 110 genannten Schlußregeln normaldeduktiv auf geeignete implikative Wahrformen zurück.

Schlußbemerkung. Wegen der normaldeduktiven Ableitbarkeit jedes aussagenlogischen Schlusses aus einer zugehörigen implikativen Wahrform kommt man in der Aussagenlogik grundsätzlich mit normaldeduktiven Kodifikaten aus. Vgl. hierzu die letzten Zeilen des vorigen Paragraphen.

§ 67. Fassungen der Widerspruchsfreiheits- und der Vollständigkeitsforderung.

I. Unter einem *Widerspruch* ist in einem Kodifikat, dessen einschlägige Satzgebilde negiert werden können, die Beweisbarkeit zweier einschlägiger Satzgebilde $\mathfrak{a}$ und $\neg\mathfrak{a}$ (d.h. zweier solcher einschlägiger Satzgebilde, von denen einer das Negat des anderen ist) zu verstehen.

In § 55 wurden bereits zwei Fassungen der *Widerspruchsfreiheits*forderung angegeben:

1. Ein Kodifikat heißt widerspruchsfrei, wenn in ihm nicht alle (laut Begriffsnetz) einschlägigen Satzgebilde beweisbar sind.

1a. Ein Kodifikat, dessen einschlägige Satzgebilde negiert werden können, heißt widerspruchsfrei, wenn kein Widerspruch beweisbar wird, d.h. wenn es kein Satzgebilde $\mathfrak{a}$ gibt, das samt seinem Negat $\neg\mathfrak{a}$ beweisbar ist.

Man kann auch irgendeinen Widerspruch als „kanonischen" Widerspruch herausgreifen und bloß fordern, daß *dieser* nicht beweisbar sein solle. Man kommt so zu der Forderung der „kanonischen Widerspruchsfreiheit", die sich ebenfalls auf solche Kodifikate bezieht, deren einschlägige Satzgebilde negiert werden können:

1b. Man greift einen beliebigen beweisbaren Satz $\mathfrak{c}$ heraus und nennt das Kodifikat „kanonisch widerspruchsfrei", wenn nicht auch $\neg\mathfrak{c}$ beweisbar wird.

Anmerkungen. 1. In der HILBERTschen Beweistheorie, die sich auf mathematische Kodifikate bezieht, spielt der Satz $0=0$ oder auch $1 \neq 0$ die Rolle des $\mathfrak{c}$.

2. In § 15 handelte es sich um eine *Modifikation* dieser Forderung. Das dort betrachtete Kodifikat der umformenden Aussagenlogik nannten wir „kanonisch widerspruchsfrei", wenn nicht $\curlyvee = \curlywedge$ beweisbar wurde. Diese Modifikation wurde dort nötig, weil das Kodifikat eben nicht die Bedingung erfüllt, daß die einschlägigen Satzgebilde (nämlich die *Gleichungen* zwischen Aussagenformen, vgl. S. 135) im Kodifikat negierbar sind. $\curlyvee = \curlywedge$ hat zwar nicht die Gestalt $\neg\mathfrak{c}$, wo $\mathfrak{c}$ beweisbar ist. Immerhin ist $\curlyvee \neq \curlywedge$ eine Voraussetzung für die Relevanz jenes Kodifikates, die dort allerdings nicht mitkodifiziert ist. — Der Charakter als Modifikation der Forderung 1b liegt darin begründet, daß bei Ersetzung des Zeichens $=$ durch $\leftrightarrow$ nur Wahrformen beweisbar werden, s. § 39. Wir wollen uns hier wieder der unmodifizierten Fassung 1b zuwenden.

Die drei Fassungen 1, 1a, 1b sind unter gewissen einfachen Nebenbedingungen gleichgeltend. — Zunächst:

Hilfsatz. Für ein Kodifikat, in dem die normaldeduktiven Schlüsse (Grundschluß und Einsetzung) erlaubt sind und die Wahrform $a \to \neg a \to b$ beweisbar wird, ist die Fassung 1a der Widerspruchsfreiheit eine unmittelbare Folge der Fassung 1.

Nachweis indirekt: Fassung 1a sei nicht erfüllt; d.h. es gebe eine einschlägige Aussagenform $\mathfrak{a}$, die samt ihrem Negat $\neg\mathfrak{a}$ beweisbar ist.

Unter den im Satz angegebenen Bedingungen ist $\mathfrak{a} \rightarrow \neg \mathfrak{a} \rightarrow \mathfrak{b}$ — mit einem beliebigen einschlägigen $\mathfrak{b}$ — beweisbar. Zweimaliger Grundschluß führt auf $\mathfrak{b}$. Fassung 1 ist also nicht erfüllt.

Anmerkung. Offenbar genügt es, für das Kodifikat das Auftreten der Negation $\neg$ und die Abhängigkeit (§ 58) der Schlußregel: „mit $\mathfrak{a}$ und $\neg\mathfrak{a}$ ist $\mathfrak{b}$ beweisbar" vorauszusetzen. Die im Hilfsatz aufgeführte, ein wenig speziellere Voraussetzung wird jedoch in den meisten zu betrachtenden aussagenlogischen Kodifikaten als erfüllt bekannt sein. —

Da Fassung 1 offensichtlich in Fassung 1b einbegriffen ist und ebenso Fassung 1b in 1a einbegriffen ist, hat man

Satz 42. Für ein Kodifikat, das die Bedingungen des letzten Hilfsatzes (bzw. die in der letzten Anmerkung genannten Bedingungen) erfüllt, sind die drei Fassungen 1, 1a, 1b der Widerspruchsfreiheit gleichgeltend.

II. Für die Forderung der *Vollständigkeit* haben wir in § 55 mehrere Fassungen kennengelernt, deren erste wir ein wenig abwandeln wollen, indem wir die — dort bereits als entbehrlich bezeichnete — Voraussetzung der Widerspruchsfreiheit streichen. (Wir nehmen dabei in Kauf, daß jedes widerspruchs*volle* Kodifikat dann von selbst auch als „vollständig" anzusprechen ist):

2. Ein Kodifikat heißt vollständig, wenn durch Hinzufügung eines beliebigen einschlägigen, nicht beweisbaren Satzgebildes zu den Axiomen ein nicht widerspruchsfreies Kodifikat hervorgeht.

Anmerkung. Die Widerspruchsfreiheit ist hier im allgemeinen als in der radikalen Fassung 1 von S. 176 zugrunde gelegt zu denken. Unter den in Satz 42 erwähnten Bedingungen darf jedoch auch eine der Fassungen 1a, 1b zugrunde gelegt werden.

Neben der radikalen Fassung 2 der Vollständigkeitsforderung wurde in § 55 für aussagenlogische Kodifikate noch eine Fassung 2a angegeben, deren Beziehung zur Fassung 2 im folgenden Satze ihren Niederschlag findet:

Satz 43 (1). Ein deduktives aussagenlogisches Kodifikat — s. § 60 — (das die Bedingungen der ersten Anmerkung dieser Seite erfüllt und in dem die Einsetzung erlaubt ist), ist dann und (sofern es die fundamentalen Forderungen an die Axiome und die elementaren Schlußregeln — S. 165 und 167 — erfüllt) nur dann vollständig, wenn in ihm *alle einschlägigen Wahrformen beweisbar* sind, m.a.W. wenn das Kodifikat *wahrformvollständig* (S. 156) — d.h. im Falle der Widerspruchsfreiheit: alternär — ist.

Nachweis des Satzes. — Erster Teil. Wenn alle Wahrformen beweisbar sind, so gibt es zu einer beliebigen einschlägigen, nicht beweisbaren Aussagenform $\mathfrak{n}$ nach Satz 32(2) eine Beiform $\mathfrak{n}^*$, die Falschform ist. Die Wahrform $\neg\mathfrak{n}^*$ ist nach Voraussetzung beweisbar; die Zufügung von $\mathfrak{n}$ zu den Axiomen würde mithin einen Widerspruch beweisbar machen. Die Vollständigkeitsforderung 2 ist also erfüllt (man beachte hierzu die zweite Anmerkung der vorigen Seite). — Zweiter Teil. Gemäß der zweiten im Satz vorausgesetzten fundamentalen Forderung führt in dem betrachteten Kodifikat eine elementare Schlußregel von Wahrformen stets auf Wahrformen. Es sei nun eine einschlägige Wahrform $\mathfrak{a}$ nicht beweisbar. Dann werden nach den vorausgesetzten fundamentalen Forderungen auch nach Hinzufügung von $\mathfrak{a}$ zu den Axiomen nur Wahrformen beweisbar (vgl. die Anmerkung von S. 167), nicht also z.B. die einschlägige Aussagenform $\neg\mathfrak{a}$. Das widerstreitet der Vollständigkeitsforderung 2.

Anmerkung. Im Anschluß an den vorstehenden Nachweis, insbesondere an seinen ersten Teil, läßt sich die Vollständigkeitsforderung auch so formulieren:

2c′. Ein aussagenlogisches deduktives Kodifikat (das die Negation enthält und die Einsetzung gestattet) ist dann und nur dann vollständig, wenn zu jeder unbeweisbaren einschlägigen Aussagenform $\mathfrak{a}$ das Negat $\neg\mathfrak{a}^*$ einer Beiform beweisbar wird.

Diese Formulierung ist die auf S. 142 angekündigte triviale aussagenlogische Spezialisierung der dort gegebenen Vollständigkeitsfassung 2c.

(Der ausführliche Nachweis des Gleichgeltens von 2a und 2c′ sei als Textaufgabe gestellt.)

Zum Abschluß möge noch eine syntaktische Forderung vorgebracht werden, die in ihrer allgemeinsten Fassung — ebenso wie die Forderungen der Widerspruchsfreiheit und der Vollständigkeit — nicht auf deduktive Aussagenlogiken beschränkt ist, die sich jedoch für diese Kodifikate besonders prägnant formulieren läßt.

Erklärung. Eine deduktive Aussagenlogik, in deren Begriffsnetz die Verknüpfung $\rightarrow$ auftritt und in der Einsetzungen erlaubt sind, soll *extensiv abgeschlossen* heißen, wenn es zu jeder einschlägigen, nicht beweisbaren Implikation $\mathfrak{a}\rightarrow\mathfrak{b}$ eine Beiform $\mathfrak{a}^*\rightarrow\mathfrak{b}^*$ gibt, für die zwar das Vorderglied $\mathfrak{a}^*$, nicht aber das Hinterglied $\mathfrak{b}^*$ beweisbar ist.

Satz 43 (2). Ein wahrformvollständiges aussagenlogisches Kodifikat (dessen Begriffsnetz die Implikation $\rightarrow$ enthält und in dem die Einsetzung erlaubt ist) ist extensiv abgeschlossen.

Nachweis. Gegeben sei ein wahrformvollständiges aussagenlogisches Kodifikat. Sei $\mathfrak{a}\rightarrow\mathfrak{b}$ eine nicht beweisbare Implikation. Wegen der Wahrformvollständigkeit ist $\mathfrak{a}\rightarrow\mathfrak{b}$ nicht Wahrform. Nach Satz 32 (2) gibt es dann eine Beiform $\mathfrak{a}^*\rightarrow\mathfrak{b}^*$, die Falschform ist. Dies ist nur möglich, wenn das Vorderglied $\mathfrak{a}^*$ eine Wahrform und das Hinterglied $\mathfrak{b}^*$ eine Falschform ist (denn bei einer Belegung, die dem Vorderglied $\mathfrak{a}^*$ den Wert f oder dem Hinterglied $\mathfrak{b}^*$ den Wert w zuerteilen würde, erhielte die ganze Implikation $\mathfrak{a}^*\rightarrow\mathfrak{b}^*$ den Wert w).

Daher wird sich bei den wichtigen nichtalternären (d.h. nicht wahrformvollständigen) Aussagenlogiken die Frage nach ihrer extensiven Abgeschlossenheit stellen.

4. Abschnitt.

Normaldeduktive alternäre Aussagenlogik.

Kapitel XII.

Das Deduktionstheorem und Anschließendes.

§ 68. Vorverlegung der Einsetzungen.

Das folgende Kapitel ist einigen zentralen Operationen und Sätzen zu den normaldeduktiven Kodifikaten gewidmet. Sie werden hier so ausgesprochen, wie sie in den *aussagenlogischen* Untersuchungen benutzt werden. Im II. Bande werden sie fast zwangsläufige Erweiterungen erfahren.

Satz 44 (ein „normaldeduktiver Separationssatz"). Wenn — in einer normaldeduktiven Aussagenlogik — die Form $\mathfrak{e}$ beweisbar ist, so läßt sie sich stets auch durch eine Beweisfigur herleiten, in der alle Einsetzungen allen Grundschlüssen vorangehen.

Erinnerung. Wir wollen dann sagen: die Einsetzungen seien *heraufverlegt* (oder *vorverlegt*); die Einsetzungen seien von den Grundschlüssen und den definitorischen Umsetzungen (nach unten) „separiert" (S. 154).

Andere Formulierung des Satzes 44. Jede normaldeduktiv beweisbare Aussagenform ist aus Axiombeiformen (S. 168, auch Textaufgabe von S. 168) durch bloße Grundschlüsse und eventuelle definitorische Umsetzungen — d.h. ohne weitere Einsetzungen — beweisbar.

Nachweis durch Gerüstinduktion. Die ursprüngliche Beweisfigur, die $\mathfrak{e}$ aus den Axiomen $\mathfrak{a}_1, \ldots, \mathfrak{a}_n$ beweist, heiße B.

I. Wenn B den Beweisrang 1 oder 2 hat, so ist höchstens ein Schluß benutzt; die Behauptung ist dann trivial.

II. Der Nachweis sei bereits für Beweisfiguren geführt, die höchstens den Beweisrang n haben. B habe den Beweisrang $n+1$.

1. Fall. Wenn der letzte Schluß von B ein Grundschluß ist $-\dfrac{\mathfrak{d} \quad \mathfrak{d}\to\mathfrak{e}}{\mathfrak{e}}-$, so lassen sich nach Induktionsvoraussetzung die Beweise von $\mathfrak{d}$ und $\mathfrak{d}\to\mathfrak{e}$ in der gewünschten Weise verwandeln.

2. Fall. Wenn der letzte Schluß eine definitorische Umsetzung — etwa von $\mathfrak{d}$ in $\mathfrak{e}$ — ist, so läßt sich nach Induktionsvoraussetzung der Beweis von $\mathfrak{d}$ in der gewünschten Weise verwandeln.

3. Fall. Der letzte Schluß von B sei eine Einsetzung. Es darf sich auch um eine mehrfache Einsetzung (S. 168) handeln. Der letzte Schluß,

der keine Einsetzung ist und mithin der betrachteten, eventuell mehrfachen Einsetzung voraufgeht, ist dann ein Grundschluß oder eine definitorische Umsetzung (s. S. 166).

Unterfall 3α. Der letzte Schluß sei ein Grundschluß. — Der Endteil des Beweises sieht dann so aus:

$$\begin{array}{cl} \underline{\mathfrak{b} \quad \mathfrak{b}\to\mathfrak{d}} & \text{Grundschluß} \\ \underline{\mathfrak{d}} & \text{Einsetzung,} \\ \mathfrak{d}^* & \end{array}$$

wobei $\mathfrak{d}^* (\equiv \mathfrak{e})$ aus $\mathfrak{d}$ durch eine bestimmte (eventuell mehrfache) Einsetzung hervorgeht. *Diese selbe* Einsetzung führt von $\mathfrak{b}\to\mathfrak{d}$ auf eine Implikation $\mathfrak{b}^*\to\mathfrak{d}^*$. Wir ersetzen nun den angegebenen Schlußteil des Beweises durch die Figur

$$\begin{array}{cl} \dfrac{\mathfrak{b}}{\mathfrak{b}^*} \quad \dfrac{\mathfrak{b}\to\mathfrak{d}}{\mathfrak{b}^*\to\mathfrak{d}^*} & \text{Einsetzungen} \\ \hline \mathfrak{d}^* & \text{Grundschluß.} \end{array}$$

Der Beweisrang des Gesamtbeweises ist dabei derselbe geblieben (wenn nämlich der Beweisast für $\mathfrak{b}$ den Beweisrang m_1, derjenige für $\mathfrak{b}\to\mathfrak{d}$ den Beweisrang m_2 hat und wenn es sich am Ende um eine p-fache Einsetzung handelt, so ist der Beweisrang der Gesamtfigur vorher und nachher die größte der beiden Zahlen m_1+p+1, m_2+p+1). Wir haben dann den bereits erledigten Fall 1 vor uns.

Unterfall 3β. Der letzte Schluß sei eine definitorische Umsetzung; und zwar enthalte die bewiesene Aussagenform $\mathfrak{c}$ eine plazierte Teilform $\mathfrak{p}$, die gemäß einer Definitionsregel in $\mathfrak{q}$ umgesetzt wird, wodurch $\mathfrak{c}$ in $\mathfrak{d}$ übergehen möge. Der Endteil des Beweises sieht dann so aus:

$$\begin{array}{cl} \underline{\mathfrak{c}} & \text{definitorische Umsetzung} \\ \underline{\mathfrak{d}} & \text{Einsetzung.} \\ \mathfrak{d}^* & \end{array}$$

Dieselbe Einsetzung, die von $\mathfrak{d}$ auf $\mathfrak{d}^*$ führt, führe nun von $\mathfrak{c}$ auf $\mathfrak{c}^*$. Der Teilform $\mathfrak{p}$ von $\mathfrak{c}$ entspricht in $\mathfrak{c}^*$ eine plazierte Teilform $\mathfrak{p}^*$, die Beiform zu $\mathfrak{p}$ ist. Die definitorische Umsetzung gemäß der oben angewendeten Definitionsregel wandelt $\mathfrak{p}^*$ in die zur selben Einsetzung gehörige Beiform $\mathfrak{q}^*$ von $\mathfrak{q}$ um. Die Ersetzung von $\mathfrak{p}^*$ durch $\mathfrak{q}^*$ in $\mathfrak{c}^*$ führt mithin auf das betrachtete $\mathfrak{d}^*$. — Wir ersetzen nun den oben betrachteten Endteil des Beweises durch

$$\begin{array}{cl} \underline{\mathfrak{c}} & \text{Einsetzung} \\ \underline{\mathfrak{c}^*} & \text{definitorische Umsetzung.} \\ \mathfrak{d}^* & \end{array}$$

Da der Beweisrang durch diese Ersetzung nicht geändert worden ist, liegt wiederum der bereits erledigte Fall 1 vor.

§ 69. Das aussagenlogische Deduktionstheorem.

Erklärung. Im Anschluß an den Satz des vorigen Paragraphen nennen wir eine aus den Axiomen $\mathfrak{a}_1, \ldots, \mathfrak{a}_n, \mathfrak{c}$ beweisbare Aussagenform $\mathfrak{d}$ „*ohne Einsetzung für* $\mathfrak{c}$ *beweisbar*", wenn in der (genauer: jedenfalls in einer) Beweisfigur für $\mathfrak{d}$, in der die Einsetzungen vorverlegt sind, keine Einsetzungen in $\mathfrak{c}$ gemacht sind.

Wenn — in irgendeiner normaldeduktiven Aussagenlogik — die Implikation $\mathfrak{c} \rightarrow \mathfrak{d}$ beweisbar ist, so wird nach Zufügung des $\mathfrak{c}$ zu den Axiomen das $\mathfrak{d}$ beweisbar (falls $\mathfrak{c}$ schon beweisbar ist, wäre die Zufügung übrigens überflüssig). Es gilt nun auch die folgende bedeutsame Umkehrung:

Satz 45. Aussagenlogisches Deduktionstheorem. Es sei eine normaldeduktive Aussagenlogik betrachtet, in der die folgenden Wahrformen beweisbar sind:

$D1$: $a \rightarrow b \rightarrow a$ (Wahrform der Vorschaltung eines Vordergliedes),

$D2$: $a \rightarrow b \rightarrow c \longrightarrow a \rightarrow b \longrightarrow a \rightarrow c$ (Wahrform zum Dreierschluß).

Die Axiome seien $\mathfrak{a}_1, \ldots, \mathfrak{a}_n$; und $\mathfrak{c}$ sei irgendeine einschlägige Aussagenform. Wenn dann *nach Zufügung des* $\mathfrak{c}$ zu den Axiomen $\mathfrak{a}_1, \ldots, \mathfrak{a}_n$ eine Aussagenform $\mathfrak{d}$ sich „ohne Einsetzung für $\mathfrak{c}$" (s. oben) beweisen läßt, so ist die Implikation $\mathfrak{c} \rightarrow \mathfrak{d}$ bereits aus den Axiomen $\mathfrak{a}_1, \ldots, \mathfrak{a}_n$ allein (d.h. im gegebenen aussagenlogischen Kodifikat) beweisbar.

Zusatz. Wie später gezeigt werden wird (§ 81), genügt es, statt $D1, D2$ die Wahrformen

$a \rightarrow b \rightarrow a$ (Wahrform zur Vorschaltung eines Vordergliedes),

$a \rightarrow b \longrightarrow b \rightarrow c \longrightarrow a \rightarrow c$ (Wahrform zum Kettenschluß),

$a \rightarrow a \rightarrow b \longrightarrow a \rightarrow b$ (Wahrform zur Vordergliedkürzung)

vorauszusetzen.

Beispiel. Man habe die im Deduktionstheorem genannten Formen $D1, D2$ als einzige Axiome; wir bezeichnen sie mit $\mathfrak{a}_1, \mathfrak{a}_2$. Die Aussagenform $\mathfrak{c}$ sei $\neg\neg a \rightarrow a$. $\mathfrak{d}_1$ sei $b \rightarrow \neg\neg a \rightarrow a$; $\mathfrak{d}_2$ sei $\neg\neg b \rightarrow b$. $\mathfrak{d}_1$ und $\mathfrak{d}_2$ sind aus $\mathfrak{a}_1, \mathfrak{a}_2$ und $\mathfrak{c}$ beweisbar, und zwar ist $\mathfrak{d}_1$ „ohne Einsetzung für $\mathfrak{c}$" beweisbar (Textaufgabe), $\mathfrak{d}_2$ jedoch nicht. — Das Deduktionstheorem behauptet:

$\mathfrak{c} \rightarrow \mathfrak{d}_1$, also $\neg\neg a \rightarrow a \longrightarrow b \rightarrow \neg\neg a \rightarrow a$ ist aus $\mathfrak{a}_1, \mathfrak{a}_2$ allein beweisbar; es behauptet jedoch nicht, daß $\mathfrak{c} \rightarrow \mathfrak{d}_2$, also $\neg\neg a \rightarrow a \longrightarrow \neg\neg b \rightarrow b$ aus $\mathfrak{a}_1, \mathfrak{a}_2$ allein beweisbar sei. (Zusatzaufgabe: die Unabhängigkeit des $\mathfrak{c} \rightarrow \mathfrak{d}_2$ zu zeigen.)

Terminologische Anmerkung. Der Name „Deduktionstheorem" ist einer Verallgemeinerung des Satzes vorzubehalten, die über die aussagenlogischen Kodifikate hinausreicht. Wenn in diesem Bande vom

„Deduktionstheorem" die Rede ist, ist von nun ab stets das obenstehende *aussagenlogische* Deduktionstheorem gemeint.

Nachweis des aussagenlogischen Deduktionstheorems durch Gerüstinduktion.

Man betrachtet eine Beweisfigur B für die Endform $\mathfrak{d}$ mit heraufverlegten Einsetzungen (Satz 44), die keine anderen Axiome als $\mathfrak{a}_1, \ldots, \mathfrak{a}_n$ und $\mathfrak{c}$ benutzt.

I. Wenn B den Beweisrang 1 hat, so stimmt $\mathfrak{d}$ entweder mit einem der Axiome $\mathfrak{a}_i$ oder mit $\mathfrak{c}$ überein. Beweis der Implikation $\mathfrak{c} \to \mathfrak{d}$ aus $\mathfrak{a}_1, \ldots, \mathfrak{a}_n$ allein:

1. Fall: $\mathfrak{d} \equiv \mathfrak{a}_i$.

$a \to b \to a$ nach Voraussetzung beweisbar aus $\mathfrak{a}_1, \ldots, \mathfrak{a}_n$
$\mathfrak{a}_i \to \mathfrak{c} \to \mathfrak{a}_i$ durch Einsetzung
$\mathfrak{a}_i$ Axiom
$\mathfrak{c} \to \mathfrak{a}_i$ durch Grundschluß.

2. Fall: $\mathfrak{d} \equiv \mathfrak{c}$.

Der Behandlung dieses Falles sei ein kurzer *Beweis von* $a \to a$ aus $D1, D2$ vorangeschickt:

$a \to (b \to a) \to a \;\to\; a \to b \to a \;\to\; a \to a$ durch Einsetzung in $D2$
($b \to a$ für b; a für c)
$a \to (b \to a) \to a$ durch Einsetzung in $D1$ ($b \to a$ für b).
Aus diesen beiden:
$a \to b \to a \;\to\; a \to a$.
Nun nochmaliger Grundschluß mit $D1$. —

Nach diesem Beweise ist die Behandlung des 2. Falles klar. Da $D1, D2$ aus den Axiomen $\mathfrak{a}_1, \ldots, \mathfrak{a}_n$ beweisbar sein sollten, ist $a \to a$ aus den Axiomen beweisbar. Durch Einsetzung ergibt sich $\mathfrak{c} \to \mathfrak{c}$, d.i. (gemäß der Fallannahme) $\mathfrak{c} \to \mathfrak{d}$.

II. Der Nachweis sei bereits für Beweise geführt, die höchstens den Beweisrang n haben; die Beweisfigur B sei vom Beweisrang $n+1$. Der letzte Schluß kann dann eine Einsetzung, ein Grundschluß oder eine definitorische Umsetzung sein.

1. Fall: der letzte Schluß ist eine Einsetzung. Da in B die Einsetzungen heraufverlegt sein sollten, sind dann *alle* Schlüsse von B Einsetzungen. Daher geht $\mathfrak{d}$ aus einem $\mathfrak{a}_i$ oder aus $\mathfrak{c}$ durch Einsetzung hervor. Aus $\mathfrak{c}$ kann es nicht hervorgehen, da es nach Voraussetzung „ohne Einsetzung für $\mathfrak{c}$" beweisbar sein soll. $\mathfrak{d}$ geht mithin aus einem $\mathfrak{a}_i$ durch Einsetzung hervor. Beweis des $\mathfrak{c} \to \mathfrak{d}$: Wir bezeichnen $\mathfrak{d}$ mit $\mathfrak{a}_i^*$ (vgl. S. 168, Beiform).

$$\dfrac{\dfrac{\mathfrak{a}_i}{\mathfrak{a}_i^*}\text{ (Einsetzung)} \qquad \dfrac{a \to b \to a}{\mathfrak{a}_i^* \to \mathfrak{c} \to \mathfrak{a}_i^*}\text{ (Einsetzung)}}{\mathfrak{c} \to \mathfrak{a}_i^*}\text{ (Grundschluß).}$$

2. Fall: der letzte Schluß des Beweises B ist ein Grundschluß, d.h. von der Gestalt $\frac{\mathfrak{g} \quad \mathfrak{g}\to\mathfrak{d}}{\mathfrak{d}}$, wo $\mathfrak{g}$ und $\mathfrak{g}\to\mathfrak{d}$ aus $\mathfrak{a}_1, \ldots, \mathfrak{a}_n$, $\mathfrak{c}$ durch Beweise von höchstens n-tem Beweisrang ohne Einsetzung für $\mathfrak{c}$ gewonnen sind. Nach Induktionsvoraussetzung folgen also aus $\mathfrak{a}_1, \ldots, \mathfrak{a}_n$ allein die Implikationen $\mathfrak{c}\to\mathfrak{g}$ und $\mathfrak{c}\to\mathfrak{g}\to\mathfrak{d}$. — Aus der im Deduktionstheorem vorausgesetzten Form $D2$ folgt durch Einsetzung $\mathfrak{c}\to\mathfrak{g}\to\mathfrak{d} \longrightarrow \mathfrak{c}\to\mathfrak{g} \longrightarrow \mathfrak{c}\to\mathfrak{d}$. Diese Form führt zusammen mit den gefundenen Implikationen durch zweimaligen Grundschluß auf $\mathfrak{c}\to\mathfrak{d}$.

3. Fall: der letzte Schluß des Beweises B ist eine definitorische Umsetzung gemäß S. 166. Eine solche bleibt, wenn in der Oberformel und in der Unterformel je ein $\mathfrak{c}$ als implikatives Vorderglied vorgeschaltet wird, eine definitorische Umsetzung (die Vorschaltung von $\mathfrak{c}$ in der Oberformel ist nach Induktionsvoraussetzung erlaubt). —

Anmerkungen zum Deduktionstheorem.

1. Die im Deduktionstheorem genannten Voraussetzungen lassen sich abschwächen; es genügt offenbar, für das normaldeduktive Kodifikat vorauszusetzen: $a\to a$ soll beweisbar sein, und es sollen die Schlußregeln

$$\frac{\mathfrak{a}}{\mathfrak{c}\to\mathfrak{a}}, \qquad \frac{\mathfrak{c}\to\mathfrak{a} \quad \mathfrak{c}\to\mathfrak{a}\to\mathfrak{b}}{\mathfrak{c}\to\mathfrak{b}}$$

ableitbar sein. Diese Abschwächung wird erst in der nichtalternären Logik von Bedeutung werden. — 2. Auch für ein Kodifikat, das neben Grundschluß und Einsetzung noch weitere elementare Schlußregeln aufweist, läßt sich das Deduktionstheorem beweisen, sobald zu jeder elementaren Schlußregel $\mathfrak{S}$ diejenige Schlußregel abhängig wird, die aus $\mathfrak{S}$ hervorgeht, indem allen beteiligten Formen dasselbe Vorderglied vorgeschaltet wird $\left(\text{so wie die Dreierschlußregel } \frac{\mathfrak{c}\to\mathfrak{a} \quad \mathfrak{c}\to\mathfrak{a}\to\mathfrak{b}}{\mathfrak{c}\to\mathfrak{b}}\right.$ aus der Grundschlußregel $\left.\frac{\mathfrak{a} \quad \mathfrak{a}\to\mathfrak{b}}{\mathfrak{b}} \text{ hervorgeht}\right)$. — Diese Verallgemeinerung des Deduktionstheorems auf nicht normaldeduktive Kodifikate wird z.B. in der strikten Logik eine Rolle spielen.

Eine unmittelbare Folgerung aus dem Deduktionstheorem ist der

Satz 46. In einer deduktiven Logik, in der das Deduktionstheorem anwendbar ist, sind zwei Aussagenformen $\mathfrak{a}$, $\mathfrak{b}$ dann und nur dann faktisch äquivalent ($\mathfrak{a} \sim \mathfrak{b}$, d.h. $\mathfrak{a}\to\mathfrak{b}$ und $\mathfrak{b}\to\mathfrak{a}$ beweisbar, S. 148), wenn bei Zufügung einer beliebigen von ihnen zum Axiomensystem die andere „ohne Einsetzung für die erstere" beweisbar wird.

Nachweis. Wenn $\mathfrak{a}\to\mathfrak{b}$ und $\mathfrak{b}\to\mathfrak{a}$ bewiesen sind, folgt $\mathfrak{b}$ bei Zufügung von $\mathfrak{a}$ zu den Axiomen ohne Einsetzung für $\mathfrak{a}$ und ebenso $\mathfrak{a}$ bei Zufügung von $\mathfrak{b}$ zu den Axiomen ohne Einsetzung für $\mathfrak{b}$. — Die Umkehrung entfließt aus dem Deduktionstheorem.

Erinnerung. In einer deduktiven Logik hießen zwei Aussagenformen $\mathfrak{a}$, $\mathfrak{b}$ *deduktionsgleich*, wenn jede von ihnen bei Zufügung der anderen zu den Axiomen beweisbar wird, s. § 58.

Faktisch äquivalente Formen sind mithin (in einem Kodifikat mit abhängigem Grundschluß) erst recht deduktionsgleich. In § 58 erkannten wir bereits, daß deduktionsgleiche Formen keineswegs faktisch äquivalent zu sein brauchen. In Bestätigung des obigen Satzes sehen wir an dem zum Deduktionstheorem angegebenen Beispiel: $\neg\neg a \to a$ und $\neg\neg b \to b$ sind (im normaldeduktiven Kodifikat mit den Axiomen $D1$, $D2$) deduktionsgleich, nicht aber faktisch äquivalent, weil eben die eine nicht „ohne Einsetzung für die andere" beweisbar ist.

§ 70. Das verallgemeinerte (aussagenlogische) Deduktionstheorem.

Hilfsatz (Verschärfung des Deduktionstheorems). Für eine normaldeduktive Aussagenlogik der im Deduktionstheorem genannten Art mit den Axiomen $\mathfrak{a}_1, \ldots, \mathfrak{a}_n$ gilt:

Wenn eine Aussagenform $\mathfrak{d}$ nach Zufügung der Aussagenformen $\mathfrak{b}_1, \ldots, \mathfrak{b}_l$ und $\mathfrak{c}$ zu den Axiomen „ohne Einsetzung für $\mathfrak{b}_1, \ldots, \mathfrak{b}_l$ und $\mathfrak{c}$" beweisbar ist, so ist $\mathfrak{c} \to \mathfrak{d}$ bereits nach Zufügung der $\mathfrak{b}_1, \ldots, \mathfrak{b}_l$ zu den Axiomen auch *„ohne Einsetzung für* $\mathfrak{b}_1, \ldots, \mathfrak{b}_l$*" beweisbar.*

Nachweis. Daß $\mathfrak{c} \to \mathfrak{d}$ *überhaupt* aus $\mathfrak{a}_1, \ldots, \mathfrak{a}_n, \mathfrak{b}_1, \ldots, \mathfrak{b}_l$ beweisbar ist, besagt das Deduktionstheorem.

Bei allen Beweisergänzungsstücken, die der Nachweis des Deduktionstheorems benötigt, wurden *Einsetzungen* außer in die Axiome selbst lediglich in solche Formen gemacht, die allein aus den im Deduktionstheorem aufgeführten Wahrformen $D1$, 2 beweisbar sind. Diese Wahrformen sollten ihrerseits aber aus $\mathfrak{a}_1, \ldots, \mathfrak{a}_n$ allein beweisbar sein.

Satz 47 (verallgemeinertes aussagenlogisches Deduktionstheorem). Es sei — wie im aussagenlogischen Deduktionstheorem (Satz 45) — eine normaldeduktive Aussagenlogik betrachtet, in der wiederum die beiden dort angegebenen Wahrformen beweisbar werden. Die n Axiome seien $\mathfrak{a}_1, \ldots, \mathfrak{a}_n$; und $\mathfrak{c}_1, \ldots, \mathfrak{c}_m$ seien irgendwelche m einschlägigen Aussagenformen aus dem zugehörigen Begriffsnetz. Wenn dann nach Zufügung der $\mathfrak{c}_1, \ldots, \mathfrak{c}_m$ zu den Axiomen $\mathfrak{a}_1, \ldots, \mathfrak{a}_n$ irgendeine Aussagenform $\mathfrak{d}$ sich „ohne Einsetzung für $\mathfrak{c}_1, \ldots, \mathfrak{c}_m$" beweisen läßt, so ist die Implikation $\mathfrak{c}_1 \to \mathfrak{c}_2 \to \cdots \to \mathfrak{c}_m \to \mathfrak{d}$ bereits aus den Axiomen $\mathfrak{a}_1, \ldots, \mathfrak{a}_n$ allein beweisbar.

Der *Nachweis* ergibt sich durch Induktion nach der Anzahl m der Vorderglieder unmittelbar aus dem vorangestellten Hilfsatz; nach diesem ist ja $\mathfrak{c}_m \to \mathfrak{d}$ aus $\mathfrak{a}_1, \ldots, \mathfrak{a}_n, \mathfrak{c}_1, \ldots, \mathfrak{c}_{m-1}$ „ohne Einsetzung für $\mathfrak{c}_1, \ldots, \mathfrak{c}_{m-1}$" beweisbar. —

In einem Kodifikat, das den Voraussetzungen des Deduktionstheorems genügt, möchte man mitunter wissen, ob zu einer gegebenen abhängigen Schlußregel (§ 58) die „zugehörige implikative Wahrform" (S. 175) beweisbar ist.

Diese Frage beantwortet eine einfache

Folgerung aus dem (verallgemeinerten) Deduktionstheorem. Die zur Schlußregel $\mathfrak{S}$ gehörige implikative Wahrform ist dann und nur dann beweisbar, wenn die Schlußregel in der Weise *ableitbar* (explizit abhängig) ist, daß die Unterformel — so, wie sie mitgeteilt ist, d.h. ohne Berücksichtigung der Gestalt der mitgeteilten Teilformen — aus den Oberformeln „ohne Einsetzung für die Oberformeln" beweisbar wird.

Nachweis. 1. Die „nur-dann"-Behauptung ist trivial: Aus der zugehörigen implikativen Wahrform ergibt sich jeder Anwendungsschluß der Regel $\mathfrak{S}$ durch eine Einsetzung und einen Grundschluß.

2. Zum Nachweis der „dann"-Behauptung braucht man nur das verallgemeinerte Deduktionstheorem auf diejenige(n) Oberformel(n) und diejenige Unterformel anzuwenden, die sich aus der Regel $\mathfrak{S}$ ergeben, wenn man für die Mitteilungszeichen bloße Aussagenvariablen (unter Beibehaltung der gestaltlichen Übereinstimmungen und Verschiedenheiten) einsetzt.

Beispiel. Bei der Betrachtung der Schlußregel $\dfrac{\mathfrak{a}\rightarrow\mathfrak{c} \quad \mathfrak{b}\rightarrow\mathfrak{c}}{\mathfrak{a}\vee\mathfrak{b}\rightarrow\mathfrak{c}}$ zieht man zum Beweise von $a\rightarrow c \longrightarrow b\rightarrow c \longrightarrow a\vee b\rightarrow c$ den speziellen Schluß $\dfrac{a\rightarrow c \quad b\rightarrow c}{a\vee b\rightarrow c}$ heran.

Anmerkung. Für Schlußregeln mit nur einer Oberformel genügt zum Nachweis der obigen „Folgerung" offenbar das gewöhnliche Deduktionstheorem des § 69.

Die obige Folgerung wird z.B. in der strikten Logik wichtig werden; in ihr werden sich Schlußregeln als abhängig erweisen, deren zugehörige strikt-implikative Formen unbeweisbar sind.

§ 71. Faktische Äquivalenz von Aussagenreihen.

Zur Vorbereitung des Vollständigkeitsnachweises für eines der später betrachteten normaldeduktiven aussagenlogischen Kodifikate (§ 84) verallgemeinern wir den Begriff der faktischen Äquivalenz (§ 58) auf Aussagen*reihen* (§ 25), d.h. auf endliche Reihen von Aussagenformen.

Dieser Paragraph läßt sich beim ersten Lesen überschlagen.

Erklärung. Es sei eine normaldeduktive Aussagenlogik betrachtet, die den Voraussetzungen des Deduktionstheorems genügt; d.h. aus ihren Axiomen $\mathfrak{a}_1, \ldots, \mathfrak{a}_n$ seien die Wahrformen $D1$: $a\rightarrow b\rightarrow a$ und $D2$: $a\rightarrow b\rightarrow c \longrightarrow a\rightarrow b \longrightarrow a\rightarrow c$ beweisbar.

Wir betrachten zwei einschlägige Aussagenreihen $\mathfrak{c}_1, \ldots, \mathfrak{c}_l$ und $\mathfrak{d}_1, \ldots, \mathfrak{d}_m$ aus dem zugehörigen Begriffsnetz. Diese heißen „faktisch äquivalent" — in Zeichen: $\mathfrak{c}_1, \ldots, \mathfrak{c}_l \sim \mathfrak{d}_1, \ldots, \mathfrak{d}_m$ —, wenn die $m+l$

Implikationen

$$\begin{matrix} \mathfrak{c}_1 \to \cdots \to \mathfrak{c}_l \to \mathfrak{d}_1 & & \mathfrak{d}_1 \to \cdots \to \mathfrak{d}_m \to \mathfrak{c}_1 \\ \vdots & \text{und} & \vdots \\ \mathfrak{c}_1 \to \cdots \to \mathfrak{c}_l \to \mathfrak{d}_m & & \mathfrak{d}_1 \to \cdots \to \mathfrak{d}_m \to \mathfrak{c}_l \end{matrix}$$

aus $\mathfrak{a}_1, \ldots, \mathfrak{a}_n$ beweisbar sind.

An Hand des verallgemeinerten Deduktionstheorems ergibt sich unmittelbar das folgende Kriterium, das wir weiter unten neben der obigen Definition in gleichberechtigter Weise verwenden werden:

Kriterium (unter der Voraussetzung der Beweisbarkeit von $D$1 und $D$2).

$\mathfrak{c}_1, \ldots, \mathfrak{c}_l \sim \mathfrak{d}_1, \ldots, \mathfrak{d}_m$ dann und nur dann, wenn

1. jedes $\mathfrak{d}_i$ aus $\mathfrak{a}_1, \ldots, \mathfrak{a}_n, \mathfrak{c}_1, \ldots, \mathfrak{c}_l$ „ohne Einsetzung für $\mathfrak{c}_1, \ldots, \mathfrak{c}_l$“ (S. 181) herleitbar wird und

2. umgekehrt jedes $\mathfrak{c}_j$ aus $\mathfrak{a}_1, \ldots, \mathfrak{a}_n, \mathfrak{d}_1, \ldots, \mathfrak{d}_m$ „ohne Einsetzung für $\mathfrak{d}_1, \ldots, \mathfrak{d}_m$“ herleitbar wird.

(Die genaue Durchführung des Nachweises sei als *Textaufgabe* gestellt.)

Satz 48 (Hilfsatz). — (1). Die faktische Äquivalenz $\sim$ für Aussagenreihen genügt in einer normaldeduktiven Aussagenlogik, in der die im Deduktionstheorem angeführten Aussagenformen $D$1, 2 beweisbar sind, den Umformungsregeln $U$1—2, 4—6 und 8 des § 25 (die dort auf $=\!=$ bezogen waren). — (2). Wenn auch die Form $\neg(a \to a) \to b$ beweisbar ist, so genügt die faktische Äquivalenz $\sim$ auch der Umformungsregel $U$7. — (3). Wenn (neben $D$1, 2) auch $a \to b \;\to\; \neg b \to \neg a$ beweisbar ist, so genügt $\sim$ auch der Umformungsregel $U3^{\circ\circ}$.

Die Nachweise stützen sich vor allem auf das dem Satz voranstehende Kriterium.

Nachweis des Satzes 48 (1).

*Zu U*1. Das Kriterium lehrt unmittelbar, daß die faktische Äquivalenz reflexiv und symmetrisch ist. Die Transitivität ergibt sich so: Es sei $\mathfrak{c}_1, \ldots, \mathfrak{c}_l \sim \mathfrak{d}_1, \ldots, \mathfrak{d}_m$ und $\mathfrak{d}_1, \ldots, \mathfrak{d}_m \sim \mathfrak{e}_1, \ldots, \mathfrak{e}_p$. Dann folgt jedes $\mathfrak{d}_i$ aus $\mathfrak{a}_1, \ldots, \mathfrak{a}_n$ und $\mathfrak{c}_1, \ldots, \mathfrak{c}_l$ durch einen Beweis B_i mit vorverlegten Einsetzungen, wobei keine Einsetzungen für die $\mathfrak{c}_j$ gemacht sind; weiter folgt jedes $\mathfrak{e}_k$ aus $\mathfrak{a}_1, \ldots, \mathfrak{a}_n$ und $\mathfrak{d}_1, \ldots, \mathfrak{d}_m$ durch einen Beweis Γ, wo keine Einsetzungen für die $\mathfrak{d}_i$ gemacht sind. Indem man der Beweisfigur Γ an jeder Stelle, an der ein $\mathfrak{d}_i$ wie ein Axiom steht, die Beweisfigur B_i voranschickt, erhält man eine Beweisfigur des $\mathfrak{e}_k$ aus $\mathfrak{a}_1, \ldots, \mathfrak{a}_n$ und $\mathfrak{c}_1, \ldots, \mathfrak{c}_l$; in dieser Beweisfigur sind wiederum die Einsetzungen vorverlegt und keine Einsetzungen für die $\mathfrak{c}_j$ gemacht. — In der umgekehrten Richtung (von der rechten Seite zur linken) verläuft der Nachweis genau so.

Zu U2. Sei $\mathfrak{c}_1, \ldots, \mathfrak{c}_l \sim \mathfrak{d}_1, \ldots, \mathfrak{d}_m$. Eine simultane Einsetzung in alle diese Aussagenformen führe auf die Aussagenformen $\mathfrak{c}_1^*, \ldots, \mathfrak{c}_l^*$ bzw. $\mathfrak{d}_1^*, \ldots, \mathfrak{d}_m^*$. Es sei eine Implikation $\mathfrak{c}_1 \rightarrow \cdots \rightarrow \mathfrak{c}_l \rightarrow \mathfrak{d}_i$ betrachtet. Nach der Definition der faktischen Äquivalenz ist sie aus $\mathfrak{a}_1, \ldots, \mathfrak{a}_n$ beweisbar. Dann ist auch $\mathfrak{c}_1^* \rightarrow \cdots \rightarrow \mathfrak{c}_l^* \rightarrow \mathfrak{d}_i^*$ aus $\mathfrak{a}_1, \ldots, \mathfrak{a}_n$ beweisbar. Das Entsprechende gilt für die übrigen in Frage kommenden Implikationen.

Zu U4 bis U6. Die Regeln *U*4 und *U*5 ergeben sich unmittelbar an Hand des Kriteriums der vorigen Seite.

Bezüglich *U*6 ist zu beachten, daß $\curlyvee$ bei Zugrundelegung des Begriffsnetzes der bloßen $\rightarrow$-Formen durch jedes $\mathfrak{v} \rightarrow \mathfrak{v}$ (mit einer beliebigen Variablen $\mathfrak{v}$) repräsentiert wird, wobei $\mathfrak{v} \rightarrow \mathfrak{v}$ bereits aus den Axiomen *D*1, 2 beweisbar ist (S. 182). Somit lehrt das Kriterium der vorigen Seite auch, daß *U*6 gilt.

Zu U8. Dies ist wiederum eine unmittelbare Folge des Kriteriums; denn wenn z.B. ein $\mathfrak{d}_i$ aus $\mathfrak{a}_1, \ldots, \mathfrak{a}_n, \mathfrak{c}_1, \ldots, \mathfrak{c}_l$ ohne Einsetzung für die $\mathfrak{c}_j$ folgt, so darf man erst recht sagen, es folge aus $\mathfrak{a}_1, \ldots, \mathfrak{a}_n, \mathfrak{c}_1, \ldots, \mathfrak{c}_l, \mathfrak{g}_1, \ldots, \mathfrak{g}_p$ ohne Einsetzung für die $\mathfrak{c}_j, \mathfrak{g}_k$.

Nachweis des Satzes 48 (2). Da das in der Umformungsregel *U*7 auftretende Zeichen $\curlywedge$ gemäß § 25 II durch $\neg(a \rightarrow a)$ definierbar ist, ergibt sich aus $\curlywedge$ durch Grundschluß mit der vorausgesetzten Form $\neg(a \rightarrow a) \rightarrow b$ und Einsetzung für b jede einschlägige Aussagenform. Das Kriterium des vorliegenden Paragraphen führt nun unmittelbar auf die Behauptung.

Zum *Nachweis des Satzes 48 (3)* leitet man zweckmäßigerweise zunächst aus *D*1, 2 die beiden Aussagenformen zum „Kettenschluß“, nämlich *D*3: $a \rightarrow b \longrightarrow c \rightarrow a \longrightarrow c \rightarrow b$ und *D*5: $a \rightarrow b \longrightarrow b \rightarrow c \longrightarrow a \rightarrow c$ her (zunächst Textaufgabe; die ausführlichen Beweise findet man weiter unten auf S. 205). — Behauptet wird nun die normaldeduktive Ableitbarkeit der folgenden Schlußregeln (vgl. S. 69):

$$\alpha)\ \frac{\mathfrak{a} \sim \mathfrak{b}}{\neg\mathfrak{a} \sim \neg\mathfrak{b}}, \quad \beta)\ \frac{\mathfrak{a} \sim \mathfrak{b}}{\mathfrak{a} \rightarrow \mathfrak{d} \sim \mathfrak{b} \rightarrow \mathfrak{d}}, \quad \gamma)\ \frac{\mathfrak{a} \sim \mathfrak{b}, \cdot\cdot, \mathfrak{c}}{\mathfrak{d} \rightarrow \mathfrak{a} \sim \mathfrak{d} \rightarrow \mathfrak{b}, \cdot\cdot, \mathfrak{d} \rightarrow \mathfrak{c}}.$$

Die Schlußregel α) ergibt sich unmittelbar mit der vorausgesetzten Form $a \rightarrow b \longrightarrow \neg b \rightarrow \neg a$, ebenso ergibt sich β) unmittelbar mit der aus *D*1, 2 beweisbaren Form *D*5 (Textaufgaben). — Die erste Implikationsrichtung von γ) ergibt sich — gemäß der Erklärung der faktischen Äquivalenz für Aussagenreihen — ebenso unmittelbar mit *D*3 (Textaufgabe).

Für die konverse Implikationsrichtung lautet bei Ersetzung der Mitteilungszeichen $\mathfrak{b}, \cdot\cdot, \mathfrak{c}$ durch $\mathfrak{b}_1, \ldots, \mathfrak{b}_n$ die *Behauptung:*

‚mit $\mathfrak{b}_1 \rightarrow \cdots \rightarrow \mathfrak{b}_n \rightarrow \mathfrak{a}$ ist $\mathfrak{d} \rightarrow \mathfrak{b}_1 \longrightarrow \cdots \longrightarrow \mathfrak{d} \rightarrow \mathfrak{b}_n \longrightarrow \mathfrak{d} \rightarrow \mathfrak{a}$ beweisbar‘.

Nachweis durch Induktion nach n. — Der 1. Induktionsschritt (Fall $n = 1$) ist mit der aus *D*1, 2 beweisbaren Form *D*3 erledigt. —

Eine vorbereitende Herleitung zum 2. Induktionsschritt.

$\mathfrak{d}\to\mathfrak{b}_{n+1}\to\mathfrak{a} \longrightarrow \mathfrak{d}\to\mathfrak{b}_{n+1} \longrightarrow \mathfrak{d}\to\mathfrak{a}$ nach $D2$.

Daraus erhält man durch n-maliges Vordergliedvorsetzen gemäß $D3$:

$$(*)\quad (\mathfrak{d}\to\mathfrak{b}_1 \longrightarrow \cdot\cdot \longrightarrow \mathfrak{d}\to\mathfrak{b}_n \longrightarrow \mathfrak{d}\to\mathfrak{b}_{n+1}\to\mathfrak{a}) \longrightarrow$$
$$\longrightarrow (\mathfrak{d}\to\mathfrak{b}_1 \longrightarrow \cdot\cdot \longrightarrow \mathfrak{d}\to\mathfrak{b}_n \longrightarrow \mathfrak{d}\to\mathfrak{b}_{n+1} \longrightarrow \mathfrak{d}\to\mathfrak{a}).$$

Nun der 2. Induktionsschritt. Die abzuleitende Schlußregel sei bereits für den Fall von n Vordergliedern $\mathfrak{b}_1, .., \mathfrak{b}_n$ nachgewiesen (Induktionsvoraussetzung). Betrachtet wird eine beweisbare Aussagenform der Gestalt $\quad \mathfrak{b}_1\to\cdot\cdot\to\mathfrak{b}_n\to\mathfrak{b}_{n+1}\to\mathfrak{a}$.

Nach der Induktionsvoraussetzung ist

$\mathfrak{d}\to\mathfrak{b}_1 \longrightarrow \cdot\cdot \longrightarrow \mathfrak{d}\to\mathfrak{b}_n \longrightarrow \mathfrak{d}\to\mathfrak{b}_{n+1}\to\mathfrak{a}$ beweisbar.

Durch Grundschluß mit (*) erhält man

$\mathfrak{d}\to\mathfrak{b}_1 \longrightarrow \cdot\cdot \longrightarrow \mathfrak{d}\to\mathfrak{b}_n \longrightarrow \mathfrak{d}\to\mathfrak{b}_{n+1} \longrightarrow \mathfrak{d}\to\mathfrak{a}$,

d.i. die Induktionsbehauptung.

Kapitel XIII.

Normaldeduktive alternäre $\vee\neg$-Aussagenlogik.

§ 72. Das WHITEHEAD-RUSSELLsche Axiomensystem WR.

Nach Satz 27 (§ 38) bilden die Verknüpfungen $\vee$ und $\neg$ eine *Basis* der aussagenlogischen Verknüpfungen. Es müßte möglich sein, auf diesen beiden Verknüpfungen allein eine normaldeduktive Logik aufzubauen, sobald das im Grundschluß auftretende Zeichen $\to$ als definiertes Zeichen dazugenommen wird. Wir wollen ein derartiges Kodifikat kennenlernen. Da es von WHITEHEAD und RUSSELL (mit noch einem inzwischen als abhängig erkannten Axiom) angegeben wurde, wollen wir seine beweisbaren Aussagenformen und seine Definitionen durch ein WR kennzeichnen.

Dem *Begriffsnetz* der WR-Aussagenlogik liegen zunächst die $\vee\neg$-Aussagenformen zugrunde; da aber sogleich die Verknüpfung $\to$ *definiert* werden soll, hat man es vorher auf $\to$ zu erweitern. Wir wollen gleich von vorneherein sagen: Das Begriffsnetz besteht in den Aufschichtungsregeln 1, 2 (von S. 159) für die drei Verknüpfungen $\vee$, $\neg$ und $\to$. (Es wird später noch auf $\wedge$ erweitert werden.)

Deduktionsgerüst.

1. *Axiome.*

WR 1.	$a\vee a\to a$	Form zur $\vee$-Kürzung
WR 2.	$a\to a\vee b$	Form zur $\vee$-Verdünnung
WR 3.	$a\vee b\to b\vee a$	Form zur $\vee$-Vertauschung
WR 4.	$a\to b \longrightarrow c\vee a\to c\vee b$	Form zur $\vee$-Vorsetzung.

2. Die normaldeduktiven elementaren *Schlußregeln.*

Grundschlußregel $\dfrac{\mathfrak{a} \quad \mathfrak{a} \rightarrow \mathfrak{b}}{\mathfrak{b}}$

Einsetzungsregel (S. 166).

WR 5. $\mathfrak{a} \rightarrow \mathfrak{b} \;\approx:\; \neg\mathfrak{a} \vee \mathfrak{b}$	Definition der Implikation.

Verabredung zur Mitteilung. Das Mitteilungszeichen $\approx:$ — gelesen: „definitorisch äquivalent" — dient hier wie auch weiterhin zur Festsetzung der *Umsetzbarkeit* (s. S. 152 und S. 166).

WR 5 ist also eine Schlußregel.

Anmerkung. Die Axiome sind lediglich in $\vee$ und $\rightarrow$ formuliert; die Negation $\neg$ tritt in ihnen nicht explizit auf. Da aber $\rightarrow$ aus $\vee$ und $\neg$ definiert ist, fällt die $\vee\rightarrow$-Formulierung auf die $\vee\neg$-Basis zurück.

Zu beachten. Die Axiome leisten *erst mit Heranziehung der Definition WR* 5 das, was im folgenden durchgeführt werden wird. (Dieser wichtige Umstand wird mitunter außer acht gelassen.)

Die ständigen Umsetzungen, die in Anwendung der $\rightarrow$-Definition zunächst nötig werden, bilden eine gewisse formale Härte des Systems

Textaufgabe. Die Axiome unter Elimination der definierten $\rightarrow$-Verknüpfung als $\vee\neg$-Aussagenformen zu schreiben.

Eine weitere *Anmerkung.* Nach Satz 41 ist das WR-Kodifikat *widerspruchsfrei,* da in ihm nur Wahrformen beweisbar sind. —

Es möge gleich ein *erstes Beispiel einer Herleitung* angeschlossen werden.

WR 6. $a \rightarrow b \longrightarrow c \rightarrow a \longrightarrow c \rightarrow b$ Form zum implikativen Kettenschluß, zugleich auch Form zur Vordergliedvorschaltung.

(In der Schreibung der Form ist auf die Klammerersparnisregel $\mathfrak{a} \rightarrow \mathfrak{b} \rightarrow \mathfrak{c} \;\equiv:\; \mathfrak{a} \rightarrow (\mathfrak{b} \rightarrow \mathfrak{c})$ — s. S. 88 — zurückgegriffen worden.)

Beweis.

$a \rightarrow b \longrightarrow \neg c \vee a \rightarrow \neg c \vee b$ nach WR 4

Nun die $\rightarrow$-Definition WR 5.

Folgerung aus WR 6: Der „implikative Kettenschluß"

$\dfrac{\mathfrak{a} \rightarrow \mathfrak{b} \quad \mathfrak{b} \rightarrow \mathfrak{c}}{\mathfrak{a} \rightarrow \mathfrak{c}}$ ist *ableitbar.*

Ableitung durch den folgenden Beweisast:

$$a \rightarrow b \longrightarrow c \rightarrow a \longrightarrow c \rightarrow b \quad \text{ist WR 6}$$

$$\dfrac{\dfrac{\mathfrak{a} \rightarrow \mathfrak{b}\ (\text{vorausg.}) \qquad \dfrac{\mathfrak{b} \rightarrow \mathfrak{c}\ (\text{vorausg.}) \qquad \mathfrak{b} \rightarrow \mathfrak{c} \longrightarrow \mathfrak{a} \rightarrow \mathfrak{b} \longrightarrow \mathfrak{a} \rightarrow \mathfrak{c}\ \text{durch Einsetzung}}{\mathfrak{a} \rightarrow \mathfrak{b} \longrightarrow \mathfrak{a} \rightarrow \mathfrak{c}\ \text{durch Grundschluß}}}{\mathfrak{a} \rightarrow \mathfrak{c}\ \text{durch Grundschluß}}}{}$$

Anmerkung. Der „implikative Kettenschluß" wird sich später gegen andere Kettenschlüsse abheben. Trotzdem wollen wir, solange Verwechslungen ausgeschlossen sind, den implikativen Kettenschluß kurz „Kettenschluß" nennen. Da es in ihm auf die Reihenfolge der Oberformeln nicht ankommt, gehören zu ihm *zwei* implikative Wahrformen — vgl. S. 187 —, nämlich:

$a\to b \longrightarrow b\to c \longrightarrow a\to c$ und $b\to c \longrightarrow a\to b \longrightarrow a\to c$.

Während die letztere eine Beiform von WR 6 ist, ist die erstere bislang nicht bewiesen [Zusatzaufgabe: Beweis unter Heranziehung von WR 18 (S. 194), vgl. später auch den in einem anderen Kodifikat geführten Beweis von S. 204].

§ 73. Vorbemerkung über die abkürzende Mitteilung von Schlüssen.

Hinweis für eilige Leser. Das WR-System wird als diejenige normaldeduktive Aussagenlogik, die als erste eine weite Verbreitung gefunden hat, seinen historischen Platz behaupten, und es erscheint insbesondere zur Erlernung der Technik sowohl von aussagenlogischen Beweisen als auch von Unabhängigkeitsnachweisen hervorragend geeignet. Falls gleichwohl ein Leser es — bei eingeschränkter Zielsetzung seiner Lektüre — vorziehen sollte, sich diese Techniken erst bei der Betrachtung der neueren aussagenlogischen Kodifikate anzueignen, so mag er sich gegebenenfalls zunächst damit begnügen, vom vorliegenden Kapitel nur noch den § 77 (in dem allerdings auf mehrere in §§ 74—76 bewiesene Aussagenformen zurückgegriffen wird) genauer zu lesen. Er wird jedoch später bei der Lektüre der Beweise aus den neueren Kodifikaten *eingehend auf die Verabredungen des § 73*, insbesondere auf die Zusammenfassung von S. 192 unten, *zurückgreifen* müssen.

Bei allen noch folgenden Herleitungen des Buches wird eine einheitliche Mitteilungsweise für gewisse Schlüsse zugrunde gelegt, die ein möglichst müheloses Lesen bezwecken. Es empfiehlt sich, die folgenden Verabredungen zur Mitteilung jeweils bei der Lektüre längerer Herleitungen heranzuziehen. — Vorausgeschickt sei eine Bemerkung *zum Gebrauch des Zeichens* ∴. Das Mitteilungszeichen ∴ steht vor einer Formel, die aus der darüberstehenden Formel *(vorangehende Zeile)* erschlossen wird (vgl. S. 58). — Entsprechend steht das Mitteilungszeichen ∴ ∴ vor einer Formel, die aus den Formeln der *beiden vorangehenden Zeilen* erschlossen wird.

Weitere Verabredungen zur Mitteilung.

1. Eine Mitteilung der Art

„$\mathfrak{a}$ *nach* Formel x"

besagt stets: $\mathfrak{a}$ ist *Beiform* zur Formel x.

Beispiel. $(b\to c)\vee a\to a\vee(b\to c)$ nach WR 3.

(Hier ist $b\to c$ für a und weiter a für b eingesetzt.)

2. Eine Mitteilung der Art

„$\mathfrak{a}\to\mathfrak{b}$

∴$\mathfrak{b}$ durch Grundschluß mit Formel x"

steht (nachdem $\mathfrak{a}\to\mathfrak{b}$ bereits bewiesen ist) als abkürzende Mitteilung für

$$\frac{\mathfrak{a}\text{ (nach Formel } x\text{)} \qquad \mathfrak{a}\to\mathfrak{b}\text{ (bewiesen)}}{\mathfrak{b}\text{ durch Grundschluß}}$$

3. Eine Mitteilung der Art

„$\mathfrak{a}$

$\therefore$ $\mathfrak{b}$ durch Schluß *gemäß* Formel x“

besagt stets (nachdem $\mathfrak{a}$ bereits bewiesen ist):

$$\frac{\mathfrak{a}\text{ (bewiesen)} \qquad \mathfrak{a}\to\mathfrak{b}\text{ ist Beiform zur Formel } x}{\mathfrak{b}\text{ durch Grundschluß}}$$

Beispiel.

$a\vee a\to a$ WR 1

$\therefore$ $c\vee(a\vee a)\to c\vee a$ durch $\vee$-Vorsetzung gemäß WR 4.

Diese Mitteilung steht abkürzend für das Beweisstück

$$\frac{a\vee a\to a\text{ WR 1} \qquad a\vee a\to a \longrightarrow c\vee(a\vee a)\to c\vee a\text{ nach WR 4}}{c\vee(a\vee a)\to c\vee a\text{ durch Grundschluß}}$$

4. Entsprechend: eine Mitteilung der Art

„$\mathfrak{a}$

$\mathfrak{b}$

$\therefore\therefore$ $\mathfrak{c}$ durch Schluß *gemäß* Formel x“

steht abkürzend für:

$$\frac{\mathfrak{b}\text{ (bewiesen)} \qquad \dfrac{\mathfrak{a}\text{ (bewiesen)} \qquad \mathfrak{a}\to\mathfrak{b}\to\mathfrak{c}\text{ nach Formel } x}{\mathfrak{b}\to\mathfrak{c}\text{ durch Grundschluß}}}{\mathfrak{c}\text{ durch Grundschluß}}$$

5. Eine Mitteilung der Art

„$\mathfrak{a}\to\mathfrak{b}$

$\therefore$ $\mathfrak{c}\to\mathfrak{b}$ durch Formel x im Vorderglied“

steht (nachdem $\mathfrak{a}\to\mathfrak{b}$ bewiesen ist) als abkürzende Mitteilung für einen der beiden folgenden Schlußprozesse:

5a. Zunächst steht die Mitteilung gewöhnlich für einen *Kettenschluß* folgender Art:

$$\frac{\mathfrak{c}\to\mathfrak{a}\text{ nach Formel } x \qquad \mathfrak{a}\to\mathfrak{b}\text{ (bewiesen)}}{\mathfrak{c}\to\mathfrak{b}\text{ durch Kettenschluß (s. S. 189)}}$$

In diesem Falle wird mitunter der Mitteilung noch der Hinweis „mit Kettenschluß“ beigefügt.

5b. Es sei bereits hier vorausgeschickt, daß später in Kodifikaten, in denen Umsetzungen gestattet sind, die Mitteilung 5 auch für eine *Umsetzung* folgender Art stehen kann:

$\mathfrak{p} \sim \mathfrak{q}$ (d.h. $\mathfrak{p}$ faktisch äquivalent $\mathfrak{q}$) } nach Formel x;
bzw. $\mathfrak{p} \leftrightarrow \mathfrak{q}$ (d.h. $\mathfrak{p}$ äquivalent $\mathfrak{q}$)

$\mathfrak{p}$ tritt als (echte oder unechte) Teilform von $\mathfrak{a}$ auf, und $\mathfrak{c}$ geht aus $\mathfrak{a}$ hervor, wenn diese Teilform $\mathfrak{p}$ durch $\mathfrak{q}$ ersetzt wird (also $\mathfrak{a} \sim \mathfrak{c}$ bzw. $\mathfrak{a} \leftrightarrow \mathfrak{c}$);

$\mathfrak{a} \rightarrow \mathfrak{b}$ (bewiesen)
$\therefore$ $\mathfrak{c} \rightarrow \mathfrak{b}$ durch Umsetzung der Teilform $\mathfrak{p}$ in $\mathfrak{q}$.

Beispiel.

Formel x sei: $a \vee b \sim \neg a \rightarrow b$.
Weiter sei bewiesen: $(a \vee b) \vee c \rightarrow a \vee (b \vee c)$.
Man kann nun schließen:

$(a \vee b) \vee c \rightarrow a \vee (b \vee c)$ [bewiesen]
$\therefore$ $(\neg a \rightarrow b) \vee c \rightarrow a \vee (b \vee c)$ durch Formel x im Vorderglied.

6. Eine Mitteilung der Art

„$\mathfrak{b} \rightarrow \mathfrak{a}$
$\therefore$ $\mathfrak{b} \rightarrow \mathfrak{c}$ durch Formel x im Hinterglied"

steht für einen der beiden Schlußprozesse, die den Vorderglied-Schlüssen 5a bzw. 5b als Hinterglied-Schlüsse 6a bzw. 6b gegenüberstehen. Die analoge Formulierung dieser Fälle kann dem Leser als Textaufgabe überlassen werden.

Beispiel für den ersten Fall.

$a \vee a \rightarrow a$ WR 1
$\therefore$ $a \vee a \rightarrow a \vee b$ durch WR 2 im Hinterglied, mit Kettenschluß.

7. Zur Anwendung auf spätere Kodifikate sei noch angefügt:
Eine Mitteilung der Art

„$\mathfrak{a} \leftrightarrow \mathfrak{b}$
$\therefore$ $\mathfrak{c} \leftrightarrow \mathfrak{b}$ durch Formel x linkerhand" bzw.
„$\mathfrak{b} \leftrightarrow \mathfrak{a}$
$\therefore$ $\mathfrak{b} \leftrightarrow \mathfrak{c}$ durch Formel x rechterhand"

entspricht ganz einer Mitteilung der Art 5 bzw. 6.

Stichwortartige Zusammenfassung:

„*nach Formel x*" teilt eine *Einsetzung* in x mit,
„*gemäß Formel x*" drückt einen *Grundschluß* mit einer Beiform zu x aus,
„*durch Formel x* (im Vorder- bzw. Hinterglied)" weist auf einen *Kettenschluß* oder auf eine *Umsetzung* (mit einer Beiform zu x) hin.

§ 74. Einige grundlegende Herleitungen. Die „assoziativen" Implikationen.

WR 7. $a \rightarrow a$ Reflexivität der Implikation.

Beweis. $a \rightarrow a \vee a$ nach WR 2.
$a \vee a \rightarrow a$ ist Axiom WR 1.
Hieraus die Behauptung durch Kettenschluß (gemäß WR 6).

Anmerkung. Zu dieser Mitteilungsweise der einzelnen Schlußprozesse s. § 73.

Textaufgabe. Man beweise durch Einsetzung in WR 7 und durch Umsetzung gemäß WR 5:

$a \rightarrow b \longrightarrow \neg a \vee b$, $\neg a \vee b \rightarrow a \rightarrow b$.

WR 8. $a \rightarrow b \vee a$

Beweis. $a \rightarrow a \vee b$ WR 2.
Nun WR 3 im Hinterglied, mit Kettenschluß (vgl. hierzu die Verabredung 6 aus § 73; der Kettenschluß ist gemäß WR 6 anwendbar).

WR 9. $a \vee \neg a$ Tertium non datur.

Beweis. $\neg a \vee a$ aus WR 7 durch die $\rightarrow$-Definition WR 5.
Hieraus die Behauptung durch Vertauschung (gemäß WR 3).

WR 10. $a \rightarrow \neg\neg a$ Form zur introductio inabsurdi.

Beweis. $\neg a \vee \neg\neg a$ nach WR 9.
Nun die $\rightarrow$-Definition WR 5.

WR 11. $\neg\neg a \rightarrow a$ Form zur reductio inabsurdi.

Beweis. $\neg a \rightarrow \neg\neg\neg a$ nach WR 10.
∴ $a \vee \neg a \rightarrow a \vee \neg\neg\neg a$ durch Oder-Vorsetzung (gemäß WR 4).
∴ $a \vee \neg\neg\neg a$ mit WR 9 durch Grundschluß.
∴ $\neg\neg\neg a \vee a$ durch Vertauschung (gemäß WR 3).
Nun die $\rightarrow$-Definition WR 5.

WR 12. $a \vee (b \vee c) \rightarrow a \vee (c \vee b)$

Beweis. $b \vee c \rightarrow c \vee b$ nach WR 3.
Nun Oder-Vorsetzung (gemäß WR 4).

WR 13. $a \rightarrow b \rightarrow a$ Form zur Vorschaltung eines Vordergliedes.

Beweis. $a \rightarrow \neg b \vee a$ nach WR 8.
Nun die $\rightarrow$-Definition WR 5.

WR 14. $a \rightarrow b \longrightarrow \neg b \rightarrow \neg a$ Form zur schwachen Kontraposition.

Beweis. $b \rightarrow \neg\neg b$ nach WR 10.
$\therefore$ $\neg a \vee b \rightarrow \neg a \vee \neg\neg b$ durch Oder-Vorsetzung (gemäß WR 4).
$\therefore$ $\neg a \vee b \rightarrow \neg\neg b \vee \neg a$ durch WR 3 im Hinterglied, mit Kettenschluß.
Nun die $\rightarrow$-Definition WR 5.

Zusatzaufgaben. Man beweise die dem WR 14 analoge „starke" Kontraposition $\neg a \rightarrow \neg b \longrightarrow b \rightarrow a$ und die dem WR 12 analoge Aussagenform $(a \vee b) \vee c \rightarrow (b \vee a) \vee c$.

WR 15. $a \vee (b \vee c) \rightarrow b \vee (a \vee c)$ das sogenannte „koassoziative Gesetz".

Beweis. $c \rightarrow a \vee c$ nach WR 8.
$\therefore$ $b \vee c \rightarrow b \vee (a \vee c)$ durch Oder-Vorsetzung (gemäß WR 4).
Abkürzung: $\mathfrak{d} \equiv: b \vee (a \vee c)$. Man hat:
$b \vee c \rightarrow \mathfrak{d}$ durch Abkürzung.
$\therefore$ $a \vee (b \vee c) \rightarrow a \vee \mathfrak{d}$ durch abermalige Oder-Vorsetzung.
$\therefore$ (*) $a \vee (b \vee c) \rightarrow \mathfrak{d} \vee a$ durch WR 3 im Hinterglied, mit Kettenschluß.
$a \vee c \rightarrow b \vee (a \vee c)$ nach WR 8.
$\therefore$ $a \vee c \rightarrow \mathfrak{d}$ durch Abkürzung.
$\therefore$ $a \rightarrow \mathfrak{d}$ durch WR 2 im Vorderglied, mit Kettenschluß.
$\therefore$ $\mathfrak{d} \vee a \rightarrow \mathfrak{d} \vee \mathfrak{d}$ durch Oder-Vorsetzung (gemäß WR 4).
$\therefore$ $\mathfrak{d} \vee a \rightarrow \mathfrak{d}$ durch WR 1 im Hinterglied, mit Kettenschluß.
$\therefore\therefore$ $a \vee (b \vee c) \rightarrow \mathfrak{d}$ aus der Aussagenform (*) und der vorigen Aussagenform durch Kettenschluß.
d.i. Abkürzung für WR 15.

WR 16. $a \vee (b \vee c) \rightarrow (a \vee b) \vee c$ erste „assoziative" Implikation.

Beweis. $a \vee (b \vee c) \rightarrow a \vee (c \vee b)$ WR 12.
$\therefore$ $a \vee (b \vee c) \rightarrow c \vee (a \vee b)$ durch WR 15 im Hinterglied, mit Kettenschluß.
Nun WR 3 im Hinterglied.

WR 17. $(a \vee b) \vee c \rightarrow a \vee (b \vee c)$ zweite „assoziative" Implikation.

Beweis. $c \vee (a \vee b) \rightarrow a \vee (c \vee b)$ nach WR 15.
$\therefore$ $c \vee (a \vee b) \rightarrow a \vee (b \vee c)$ durch WR 12 im Hinterglied, mit Kettenschluß.
Nun WR 3 im Vorderglied, mit Kettenschluß.

WR 18. $a \rightarrow b \rightarrow c \longrightarrow b \rightarrow a \rightarrow c$ Form zum Tausch der Vorderglieder.

Beweis. $\neg a \vee (\neg b \vee c) \rightarrow \neg b \vee (\neg a \vee c)$ nach WR 15.
Nun die $\rightarrow$-Definition WR 5.

WR 19. $a \to b \longrightarrow c \to d \to a \longrightarrow c \to d \to b$ Form zum iterierten Kettenschluß.

Beweis. $a \to b \longrightarrow (d \to a) \to d \to b$ nach WR 6.
$(d \to a) \to d \to b \longrightarrow c \to d \to a \longrightarrow c \to d \to b$ nach WR 6.
Nun Kettenschluß (gemäß WR 6).

WR 20. $a \to b \longrightarrow a \vee c \to b \vee c$ Form zur Oder-Nachsetzung.

Beweis. $c \vee b \to b \vee c$ nach WR 3.
$a \to b \longrightarrow c \vee a \to c \vee b$ WR 4.
$\therefore\therefore$ $a \to b \longrightarrow c \vee a \to b \vee c$ durch iterierten Kettenschluß gemäß WR 19.
$\therefore$ $c \vee a \longrightarrow a \to b \longrightarrow b \vee c$ durch Tausch der Vorderglieder gemäß WR 18.
$\therefore$ $a \vee c \longrightarrow a \to b \longrightarrow b \vee c$ durch WR 3 im Vorderglied, mit Kettenschluß.
Nun Tausch der Vorderglieder gemäß WR 18.

WR 21. $a \to a \to b \longrightarrow a \to b$ Form zur Kürzung der Vorderglieder.

Beweis. $\neg a \vee \neg a \to \neg a$ nach WR 1.
$(\neg a \vee \neg a) \vee b \to \neg a \vee b$ durch Oder-Nachsetzung (gemäß WR 20).
$\neg a \vee (\neg a \vee b) \to \neg a \vee b$ durch WR 16 im Vorderglied, mit Kettenschluß.
Nun die $\to$-Definition WR 5.

§ 75. Die Konjunktion in der deduktiven $\vee\neg$-Aussagenlogik.

Entsprechend wie in § 72 die Implikation wird nun auch die Konjunktion durch Definition eingeführt:

WR 22. $\mathfrak{a} \wedge \mathfrak{b} \approx: \neg(\neg \mathfrak{a} \vee \neg \mathfrak{b})$	Definition der Konjunktion (vgl. S. 95).

(Das Zeichen $\approx:$ für die definitorische Äquivalenz — vgl. S. 189 — teilt hier wiederum die gegenseitige Umsetzbarkeit mit.)

Anmerkung. Diese Definition stellt syntaktisch gesehen eine neue *Schlußregel* dar, durch die das Kodifikat nunmehr erweitert wird, wobei gleichzeitig das Begriffsnetz durch Einbeziehung der $\wedge$-Verknüpfung zu erweitern ist, vgl. hierzu S. 166, Abs. b3) ff.

Textaufgabe. Man beweise (ähnlich wie bei der Textaufgabe von S. 193) aus WR 7 und WR 22:

$a \wedge b \to \neg(\neg a \vee \neg b)$, $\neg(\neg a \vee \neg b) \to a \wedge b$.

WR 23. $a \to b \to a \wedge b$

Beweis. $(\neg a \vee \neg b) \vee \neg(\neg a \vee \neg b)$ nach WR 9.
$\therefore$ $(\neg a \vee \neg b) \vee (a \wedge b)$ gemäß der $\wedge$-Definition WR 22.
$\therefore$ $\neg a \vee (\neg b \vee (a \wedge b))$ durch den assoziativen Schluß gemäß WR 17.
Nun die $\to$-Definition WR 5.

WR 24. $a \wedge b \to a$

Beweis. $\neg a \to \neg a \vee \neg b$ nach WR 2

$\therefore$ $\neg(\neg a \vee \neg b) \to \neg\neg a$ durch schwache Kontraposition gemäß WR 14.

$\therefore$ $a \wedge b \to \neg\neg a$ gemäß der $\wedge$-Definition WR 22.

Nun WR 11 im Hinterglied, mit Kettenschluß.

WR 25. $a \wedge b \to b$

Beweis. $\neg b \to \neg a \vee \neg b$ nach WR 8.

Nun weiter wie im vorigen Beweis.

Zusatzaufgabe. $a \wedge b \to b \wedge a$ herzuleiten.

WR 26. $a \to b \to c \longrightarrow a \wedge b \to c$ Form zur Importation.

Beweis. $b \to c \longrightarrow a \wedge b \to b \longrightarrow a \wedge b \to c$ nach WR 6.

$\therefore$ $a \wedge b \to b \longrightarrow b \to c \longrightarrow a \wedge b \to c$ durch Vordergliedtausch gemäß WR 18.

$\therefore$ $b \to c \longrightarrow a \wedge b \to c$ durch Grundschluß mit WR 25.

$\therefore$ $a \to b \to c \longrightarrow a \to a \wedge b \to c$ durch Vordergliedvorsetzen gemäß WR 6.

$\therefore$ $a \longrightarrow a \to b \to c \longrightarrow a \wedge b \to c$ durch Vordergliedtausch gemäß WR 18.

$\therefore$ $a \wedge b \longrightarrow a \to b \to c \longrightarrow a \wedge b \to c$ durch WR 24 im Vorderglied, mit Kettenschluß.

$\therefore$ $a \to b \to c \longrightarrow a \wedge b \to a \wedge b \to c$ durch Vordergliedtausch gemäß WR 18

Nun WR 21 im Hinterglied, mit Kettenschluß.

Anmerkung. Der obige Beweis bedient sich lediglich der Verknüpfungen $\to$ und $\wedge$, die in der zu beweisenden Aussagenform auftreten. *Textaufgabe:* WR 26 mit Benutzung von WR 5 (und demgemäß unter Heranziehung der Verknüpfungen $\neg$ und $\vee$) zu beweisen.

WR 27. $a \vee (b \wedge \neg b) \to a$

Beweis. $\neg b \vee \neg\neg b$ nach WR 9.

$\therefore$ $\neg\neg(\neg b \vee \neg\neg b)$ durch introductio inabsurdi gemäß WR 10.

$\therefore$ $\neg(b \wedge \neg b)$ gemäß der $\wedge$-Definition WR 22.

$\therefore$ $\neg(b \wedge \neg b) \vee a$ durch Oder-Verdünnung gemäß WR 2.

$\therefore$ $b \wedge \neg b \to a$ gemäß der $\to$-Definition WR 5.

$\therefore$ $a \vee (b \wedge \neg b) \to a \vee a$ durch Oder-Vorsetzung (gemäß WR 4).

Nun WR 1 im Hinterglied, mit Kettenschluß.

WR 28. $a \to c \longrightarrow b \to d \longrightarrow a \vee b \to c \vee d$

Beweis. $b \to d \longrightarrow c \vee b \to c \vee d$ nach WR 4.

$\therefore$ $c \vee b \longrightarrow b \to d \longrightarrow c \vee d$ durch Tausch der Vorderglieder (gemäß WR18).

$\therefore$ $a \vee b \to c \vee b \longrightarrow a \vee b \longrightarrow b \to d \longrightarrow c \vee d$ durch Vordergliedvorsetzung gemäß WR 6.

$\therefore$ $a \to c \longrightarrow (a \vee b \longrightarrow b \to d \longrightarrow c \vee d)$ durch WR 20 im Vorderglied, mit Kettenschluß.

Nun WR 18 (Vordergliedtausch) im Hinterglied, mit Kettenschluß.

WR 29. $\neg(a \vee b) \to \neg a \wedge \neg b$

Beweis. $\neg\neg a \to a \;\to\; \neg\neg b \to b \;\to\; \neg\neg a \vee \neg\neg b \to a \vee b$ nach WR 28.
∴ $\neg\neg a \vee \neg\neg b \to a \vee b$ durch zweimaligen Grundschluß mit WR 11.
∴ $\neg(a \vee b) \to \neg(\neg\neg a \vee \neg\neg b)$ durch Kontraposition (gemäß WR 14).
Nun die $\wedge$-Definition WR 22 im Hinterglied.

WR 30. $\neg a \wedge \neg b \to \neg(a \vee b)$

Beweis ganz entsprechend:
$a \to \neg\neg a \;\to\; b \to \neg\neg b \;\to\; a \vee b \to \neg\neg a \vee \neg\neg b$ nach WR 28.
∴ $a \vee b \to \neg\neg a \vee \neg\neg b$ durch zweimaligen Grundschluß mit WR 10.
∴ $\neg(\neg\neg a \vee \neg\neg b) \to \neg(a \vee b)$ durch Kontraposition (gemäß WR 14).
Nun die $\wedge$-Definition WR 22 im Vorderglied.

§ 76. Die „distributiven" Implikationen.

WR 31. $a \vee (b \wedge c) \to (a \vee b) \wedge (a \vee c)$

Beweis. $b \wedge c \to b$ nach WR 24.
∴ $a \vee (b \wedge c) \to a \vee b$ durch Oder-Vorsetzung (gemäß WR 4).
$a \vee b \to a \vee c \to (a \vee b) \wedge (a \vee c)$ nach WR 23.
Abkürzungen: $\mathfrak{f} \equiv: a \vee (b \wedge c)$, $\mathfrak{g} \equiv: (a \vee b) \wedge (a \vee c)$.
Die beiden letzten Aussagenformen kürzen sich so ab:
$\mathfrak{f} \to a \vee b$
$a \vee b \to a \vee c \to \mathfrak{g}$. Aus ihnen:
∴ ∴ $\mathfrak{f} \to a \vee c \to \mathfrak{g}$ durch Kettenschluß.
∴ (*) $a \vee c \to \mathfrak{f} \to \mathfrak{g}$ durch Tausch der Vorderglieder gemäß WR 18.
$b \wedge c \to c$ nach WR 25.
∴ $a \vee (b \wedge c) \to a \vee c$ durch Oder-Vorsetzung (gemäß WR 4).
∴ $\mathfrak{f} \to a \vee c$ durch Abkürzung.
∴ ∴ $\mathfrak{f} \to \mathfrak{f} \to \mathfrak{g}$ mit Zeile (*) durch Kettenschluß.
∴ $\mathfrak{f} \to \mathfrak{g}$ durch Kürzung der Vorderglieder gemäß WR 21.
Dies ist die Abkürzung der Behauptung.

WR 32. $(a \vee b) \wedge (a \vee c) \to a \vee (b \wedge c)$

Beweis. $c \to b \wedge c \;\to\; a \vee c \to a \vee (b \wedge c)$ nach WR 4.
∴ $b \;\to\; a \vee c \to a \vee (b \wedge c)$ durch WR 23 im Vorderglied, mit Kettenschluß.
Abkürzung wie vorhin: $\mathfrak{f} \equiv: a \vee (b \wedge c)$.
∴ $b \to a \vee c \to \mathfrak{f}$ durch Abkürzung.
∴ $a \vee c \to b \to \mathfrak{f}$ durch Tausch der Vorderglieder (gemäß WR 18).
∴ $a \vee c \to a \vee b \to a \vee \mathfrak{f}$ durch WR 4 im Hinterglied, mit Kettenschluß.
∴ $a \vee b \to a \vee c \to a \vee \mathfrak{f}$ durch Tausch der Vorderglieder (gemäß WR 18).
∴ (*) $(a \vee b) \wedge (a \vee c) \to a \vee \mathfrak{f}$ durch Importation (gemäß WR 26).
$a \vee a \to a$ WR 1.

$\therefore$ $(a \vee a) \vee (b \wedge c) \rightarrow a \vee (b \wedge c)$ durch Oder-Nachsetzung (gemäß WR 20).

$\therefore$ $(a \vee a) \vee (b \wedge c) \rightarrow \mathfrak{f}$ durch Abkürzung.

$\therefore$ $a \vee (a \vee (b \wedge c)) \rightarrow \mathfrak{f}$ durch WR 16 im Vorderglied, mit Kettenschluß.

$\therefore$ $a \vee \mathfrak{f} \rightarrow \mathfrak{f}$ durch Abkürzung.

$\therefore\therefore$ $(a \vee b) \wedge (a \vee c) \rightarrow \mathfrak{f}$ mit Zeile (*) durch Kettenschluß.
Dies ist Abkürzung für WR 32.

§ 77. Die normaldeduktive Vollständigkeit des WHITEHEAD-RUSSELLschen Axiomensystems.

Da das Zeichen $\wedge$ im System der WR-Axiome und -Definitionen erst an recht später Stelle eingeführt wurde, ist es angemessener, im folgenden statt der gewöhnlichen Äquivalenz $\leftrightarrow$ die „faktische Äquivalenz" $\sim$ des § 58 heranzuziehen (Erinnerung: $\mathfrak{a} \sim \mathfrak{b}$ steht für die beiden Formen $\mathfrak{a} \rightarrow \mathfrak{b}$ und $\mathfrak{b} \rightarrow \mathfrak{a}$).

Hilfsatz. In der normaldeduktiven $\vee\neg$-Logik des § 72 genügt die faktische Äquivalenz den Umformungsregeln der logischen Algebra.

Nachweis.

Zu *U* 1. Reflexivität: Es ist $\mathfrak{a} \sim \mathfrak{a}$, nach WR 7.

Symmetrie: $\mathfrak{a} \sim \mathfrak{b}$ besagt dasselbe wie $\mathfrak{b} \sim \mathfrak{a}$.

Transitivität: Wenn $\mathfrak{a} \sim \mathfrak{b}$ und $\mathfrak{b} \sim \mathfrak{c}$ gelten, so auch $\mathfrak{a} \sim \mathfrak{c}$, gemäß dem Kettenschluß (Folgerung aus WR 6).

Zu *U* 2. Eine faktische Äquivalenz $\mathfrak{a} \sim \mathfrak{b}$ bleibt bei einer gemeinsamen Einsetzung in $\mathfrak{a}, \mathfrak{b}$ erhalten. Denn wenn $\mathfrak{a} \rightarrow \mathfrak{b}$ und $\mathfrak{b} \rightarrow \mathfrak{a}$ beweisbar sind, so auch die beiden Implikationen, die aus ihnen bei einer gemeinsamen Einsetzung hervorgehen.

Zu *U* 3. Nach § 10 läßt sich die Umsetzungsregel im $\vee\neg$-Begriffsnetz so aussprechen:

a) Wenn $\mathfrak{a} \sim \mathfrak{b}$, so auch $\neg\mathfrak{b} \sim \neg\mathfrak{a}$. Dies folgt aus WR 14.

b) Wenn $\mathfrak{a} \sim \mathfrak{b}$, so ist für ein beliebiges $\mathfrak{c}$ des Begriffsnetzes stets auch $\mathfrak{c} \vee \mathfrak{a} \sim \mathfrak{c} \vee \mathfrak{b}$ und $\mathfrak{a} \vee \mathfrak{c} \sim \mathfrak{b} \vee \mathfrak{c}$. Dies ist eine Folge von WR 4 bzw. WR 20.

Satz 49. Das System der Axiome WR 1—4 und der Definitionen WR 5, 22 (§ 72 und § 75) ist normaldeduktiv vollständig, d. h. nach Satz 43 (1): alle $\vee\neg\rightarrow\wedge$-Wahrformen sind normaldeduktiv beweisbar.

Nachweis.

$a \vee a \sim a$ WR 1 und 2.

$a \vee b \sim b \vee a$ WR 3.

$a \vee (b \vee c) \sim (a \vee b) \vee c$ WR 16 und 17.

$a \vee (b \wedge c) \sim (a \vee b) \wedge (a \vee c)$ WR 31 und 32.
$a \vee (b \wedge \neg b) \sim a$ WR 27 und 2.
$\neg(a \vee b) \sim \neg a \wedge \neg b$ WR 29 und 30.
$\neg\neg a \sim a$ WR 11 und 10.

Dies sind, sobald die faktische Äquivalenz $\sim$ als Gleichheit $=$ im Sinne der Algebra der Logik interpretiert wird, die *α-Gesetze des* BOOLE*schen Verbandes* aus § 8. — Dieselbe Interpretation des $\sim$ genügt nach dem vorangestellten Hilfsatz auch den Umformungsregeln der logischen Algebra. Die faktische Äquivalenz $\sim$ kann also als Verbandsgleichheit angesehen werden. Das aus den α-Gesetzen des BOOLEschen Verbandes und den Umformungsregeln $U$1—3 bestehende Deduktionsgerüst ist nach Satz 7 und Satz 12 in dem in Satz 12 angegebenen Sinne vollständig, d.h. die Zufügung irgendeiner nicht beweisbaren faktischen Äquivalenz $\mathfrak{c} \sim \mathfrak{d}$ — wo $\mathfrak{c}$ und $\mathfrak{d}$ irgendwelche $\vee \wedge \neg$-Formen sind —, würde den kanonischen Widerspruch $\curlyvee \sim \curlywedge$, d.h. (gemäß der Definition von $\curlyvee$ und $\curlywedge$, § 6) die faktische Äquivalenz $a \vee \neg a \sim a \wedge \neg a$ beweisbar machen. Das würde aber, da $a \vee \neg a$ jetzt beweisbar ist (WR 9), besagen: die Falschform $a \wedge \neg a$ würde beweisbar werden.

Es sei nun eine nicht aus dem System WR 1—5, 22 normaldeduktiv beweisbare $\vee \neg \rightarrow \wedge$-Aussagenform vorgelegt. Mit der $\rightarrow$-Definition WR 5 gelangen wir von ihr zu einer bloßen $\vee \wedge \neg$-Form $\mathfrak{n}$, die nicht beweisbar ist. Aus $a \vee \neg a$ (WR 9) ergibt sich durch Vordergliedvorschaltung gemäß WR 13: $\mathfrak{n} \rightarrow a \vee \neg a$. Dagegen ist $a \vee \neg a \rightarrow \mathfrak{n}$ sicher nicht beweisbar, da daraus durch Grundschluß $\mathfrak{n}$ folgen würde. Diese Implikation würde sich aber *nach Zufügung* von $\mathfrak{n}$ zu den Axiomen unmittelbar auf dieselbe Weise ergeben wie die vorige. Das heißt: die Zufügung von $\mathfrak{n}$ zum System WR 1—5, 22 würde die vorher nicht beweisbare faktische Äquivalenz $a \vee \neg a \sim \mathfrak{n}$ beweisbar machen. Nach dem Ergebnis des vorigen Absatzes dieses Nachweises wäre also nach Zufügung von $\mathfrak{n}$ die Falschform $a \wedge \neg a$ beweisbar. Aus ihr folgt mit der $\wedge$-Definition WR 22 weiter $\neg(\neg a \vee \neg\neg a)$. Da aus WR 9 durch Einsetzung $\neg a \vee \neg\neg a$ folgt, wäre also in dem erweiterten System ein Widerspruch beweisbar.

Ergebnis: Die Zufügung einer beliebigen nicht beweisbaren $\vee \neg \rightarrow \wedge$-Form zum System der WR-Axiome und -Definitionen führt normaldeduktiv auf einen Widerspruch, d.h. das so erweiterte Kodifikat ist nicht widerspruchsfrei im Sinne der Fassung 1a aus § 67. Nun ist aber mit $\neg a \vee \neg\neg a$ auch $\neg a \vee (\neg\neg a \vee b)$ und mithin $a \rightarrow \neg a \rightarrow b$ beweisbar (Textaufgabe). Somit ist nach Satz 42 die Fassung 1a der Widerspruchsfreiheit gleichgeltend mit der Fassung 1. Daher läßt sich das obige Ergebnis auch so aussprechen: Das ursprüngliche Kodifikat ist vollständig im Sinne der Fassung 2 des § 67. — Nach Satz 43 (1) ist es dann auch „wahrformvollständig“.

Anmerkung. Die Algebra der Logik hat somit das Hilfsmittel für den Vollständigkeitsnachweis geliefert. Wenn man diese Algebra erst hier anschließen wollte, könnte man offenbar leicht den Nachweis sprachlich so formulieren, daß der scheinbare Unterschied von $=\!=$ und $\sim$ von vorneherein entfällt.

§ 78. Die gegenseitige Unabhängigkeit der Axiome des WHITEHEAD-RUSSELLschen Systems.

Das WHITEHEAD-RUSSELLsche Axiomensystem enthält als WR 5 eine Definition des $\rightarrow$ aus $\vee$ und $\neg$. Wenn man die Axiome WR 1—4, die lediglich die Verknüpfungen $\rightarrow$ und $\vee$ enthalten, irgendwie als voneinander unabhängig erwiesen hat, so wird es im allgemeinen noch nicht von vorneherein ausgemacht sein, daß diese gegenseitige Unabhängigkeit auch bei Einbeziehung der Definition WR 5 erhalten bleibt. Man wird daher am besten zunächst durch definitionsgemäße Beseitigung aller $\rightarrow$-Zeichen zu der „$\vee\neg$-Fassung" der Axiome WR 1—4 übergehen (vgl. die Textaufgabe von S. 189). Wenn man nämlich die Axiome in dieser Fassung als voneinander normaldeduktiv unabhängig erweist — etwa an Hand der in § 46 entwickelten Methode einer Quasiwahrheitswertung für $\vee$ und $\neg$ —, so ist man sicher, daß die so bewiesene gegenseitige Unabhängigkeit auch bei Einbeziehung von WR 5 erhalten bleibt, sofern man nur aus den $\vee$- und $\neg$-Quasiwahrheitstafeln die $\rightarrow$-Tafel gemäß der Definition $\mathfrak{a} \rightarrow \mathfrak{b} \approx: \neg\mathfrak{a} \vee \mathfrak{b}$ bestimmt. Man kann sich dann nachträglich wieder auf die ursprüngliche Fassung beziehen und behaupten: keines der Axiome WR 1—4 ergibt sich aus den übrigen durch Einsetzungen, Grundschlüsse und spezielle Umsetzungen gemäß WR 5.

Die Definition WR 22 spielt — im Gegensatz zu WR 5 — bei der Frage nach der gegenseitigen Unabhängigkeit der Axiome keine Rolle, da in ihr eine neue Verknüpfung eingeführt wird, die in den Axiomen WR 1—4 und in der Definition WR 5 nicht auftritt.

Satz 50. Die WR-Axiome des § 72, d.h.

WR 1. $a \vee a \rightarrow a$

WR 2. $a \rightarrow a \vee b$

WR 3. $a \vee b \rightarrow b \vee a$

WR 4. $a \rightarrow b \;\rightarrow\; c \vee a \rightarrow c \vee b$,

sind voneinander normaldeduktiv unabhängig, und zwar auch bei Zugrundelegung der Definition WR 5.

WR 5. $\mathfrak{a} \rightarrow \mathfrak{b} \approx: \neg\mathfrak{a} \vee \mathfrak{b}$.

Nachweis.

Vorbemerkung. Die einzelnen Unabhängigkeitsnachweise werden gemäß der einleitenden Überlegung geführt, so daß WR 5 jeweils mitberücksichtigt ist.

I. Axiom WR 1 ist unabhängig von WR 2—4, auch bei Einbeziehung von WR 5.

Wertung:

	$a \vee b$			$\neg a$	also: $a \to b$		
	b: 0	1	2		b: 0	1	2
a = 0	0	0	0	1	0	1	2
1	0	1	2	0	0	0	0
2	0	2	0	2	0	2	0

Ausgezeichneter Wert: 0. Die 1. Zeile der Tafel für $a \to b$ hat 0 nur an der 1. Stelle, also: a und a→b sind 0 *nur* bei b = 0.

1. Axiom WR 1 ist nicht Quasi-Wahrform, denn es gibt die Belegung: $2 \vee 2 \to 2 = 0 \to 2 = 2$.

2. Axiom WR 2 ist Quasi-Wahrform.

a	b	$a \vee b$	$a \to a \vee b$
0	—	0	0
1	—	—	0
2	$\neq 1$	0	0
2	1	2	0

3. Axiom WR 3 ist Quasi-Wahrform, denn in der Wertetafel für ∨ ist $a \vee b = b \vee a$ (die Tafel ist symmetrisch zur Hauptdiagonale), und $c \to c = 0$.

4. Axiom WR 4 ist Quasi-Wahrform.
(Die 27 Belegungen sind auf 5 reduziert:)

a	c	$a \to b$	$c \vee a$	$c \vee b$	$c \vee a \to c \vee b$	$a \to b \longrightarrow c \vee a \to c \vee b$
0	—	b	0	b∨c	b∨c	b→b∨c = 0 (Axiom WR 2)
1	—	—	c	—	c→c∨b = 0	0
—	0	—	—	0	0	0
—	1	—	a	b	a→b	a→b ⟶ a→b = 0
2	2	2∨b	0	2∨b	2∨b	2∨b ⟶ 2∨b = 0

II. Axiom WR 2 ist unabhängig von WR 1, 3, 4, auch bei Einbeziehung von WR 5.

Wertung:

	$a \vee b$			$\neg a$	also: $a \to b$		
	b: 0	1	2		b: 0	1	2
a = 0	0	0	0	1	0	1	1
1	0	1	1	0	0	0	0
2	0	1	1	1	0	1	1

Ausgezeichneter Wert: 0. Die erste Zeile der $\rightarrow$-Tafel hat 0 nur an der ersten Stelle, also: a und $a\rightarrow b$ sind 0 *nur* bei $b=0$.

1. Axiom WR 1 ist Quasi-Wahrform.

a	$a\vee a$	$a\vee a\rightarrow a$
0	0	0
$\neq 0$	1	0

2. Axiom WR 2 ist nicht Quasi-Wahrform, denn es gibt die Belegung: $2\rightarrow 2\vee 1 = 2\rightarrow 1 = 1$.

3. Axiom WR 3 ist Quasi-Wahrform.

$a\vee b = b\vee a$, $\quad a\vee b \neq 2$, $\quad c\rightarrow c = 0$ für $c \neq 2$.

4. Axiom WR 4 ist Quasi-Wahrform.

(Die 27 Belegungen sind auf 4 reduziert:)

a	b	c	$a\rightarrow b$	$c\vee a$	$c\vee b$	$c\vee a\rightarrow c\vee b$	$a\rightarrow b \rightarrow c\vee a\rightarrow c\vee b$
—	0	—	—	— }	0	0	0
—	—	0	—	— }			
0	$\neq 0$	—	1	—	—	—	0
$\neq 0$	—	$\neq 0$	—	1	—	0	0

III. Axiom WR 3 ist unabhängig von WR 1, 2, 4, auch bei Einbeziehung von WR 5.

Wertung:

		$a\vee b$			$\neg a$	also: $a\rightarrow b$		
		b				b		
		0	1	2		0	1	2
a	0	0	0	0	1	0	1	1
	1	0	1	1	0	0	0	0
	2	1	1	1	0	0	0	0

Ausgezeichneter Wert: 0. (Bei $a = 0$, $b \neq 0$ ist $a\rightarrow b \neq 0$.)

1. Axiom WR 1 ist Quasi-Wahrform.

a	$a\vee a$	$a\vee a\rightarrow a$
0	—	0
$\neq 0$	1	0

2. Axiom WR 2 ist Quasi-Wahrform.

a	$a\vee b$	$a\rightarrow a\vee b$
0	0	0
$\neq 0$	—	0

3. Axiom WR 3 ist nicht Quasi-Wahrform, denn

$0\vee 2\rightarrow 2\vee 0 = 0\rightarrow 1 = 1$.

4. Axiom WR 4 ist Quasi-Wahrform.
(Die 27 Belegungen sind auf 4 reduziert:)

a	b	c	$a\to b$	$c\vee a$	$c\vee b$	$c\vee a\to c\vee b$	$a\to b \longrightarrow c\vee a\to c\vee b$
—	—	0	—	—	0	0	0
0	0	—	—	$c\vee 0$	$c\vee 0$	$c\vee 0\to c\vee 0=0$	0
0	$\neq 0$	—	1	—	—	—	0
$\neq 0$	—	$\neq 0$	—	1	—	0	0

IV. Axiom WR 4 ist unabhängig von WR 1, 2, 3, auch bei Einbeziehung von WR 5.

Wertung:

	$a\vee b$: $b=0$	$b=1$	$b=2$	$b=3$	$\neg a$	also: $a\to b$: $b=0$	$b=1$	$b=2$	$b=3$
$a=0$	0	0	0	0	3	0	1	2	3
$a=1$	0	1	0	1	0	0	0	0	0
$a=2$	0	0	2	2	0	0	0	0	0
$a=3$	0	1	2	3	0	0	0	0	0

Ausgezeichneter Wert: 0. (Bei $a=0$, $b\neq 0$ ist $a\to b\neq 0$.)

1. Axiom WR 1 ist Quasi-Wahrform.
$a\vee a=a$, also $a\vee a\to a=a\to a=0$.

2. Axiom WR 2 ist Quasi-Wahrform.

a	$a\vee b$	$a\to a\vee b$
0	0	0
$\neq 0$	—	0

3. Axiom WR 3 ist Quasi-Wahrform,
denn die $\vee$-Tafel ist symmetrisch ($a\vee b=b\vee a$), und $c\to c=0$.

4. Axiom WR 4 ist nicht Quasi-Wahrform, denn:
$2\to 1 \longrightarrow 1\vee 2\to 1\vee 1 = 0 \longrightarrow 0\to 1 = 0\to 1 = 1$.

Zusatzaufgabe. Zu zeigen, daß man in den Fällen I—III nicht mit weniger als 3 Quasiwahrheitswerten und im Falle IV nicht mit weniger als 4 Werten auskommt.

Kapitel XIV.

Normaldeduktive alternäre →¬-Aussagenlogik.

§ 79. Das →¬-Axiomensystem von FREGE und ŁUKASIEWICZ.

Nach Satz 27 (§ 38) bilden die Verknüpfungen → und ¬ eine *Basis* der aussagenlogischen Verknüpfungen. Das *Begriffsnetz* einer hierzu gehörigen deduktiven Logik hat durch Aufschichtungsregeln anzugeben, was unter einer „$\rightarrow\neg$-Aussagenform" zu verstehen ist. Das ist in § 25 geschehen; derjenige Teil des dort gegebenen Begriffsnetzes, der sich bloß auf *Aussagenformen* bezieht, wird hier in evidenter Weise übernommen (die zugehörige Erklärung der Ordnung ist dagegen aus § 63 zu entnehmen).

Ein besonders einfaches Axiomensystem gab ŁUKASIEWICZ in Verkürzung des Axiomensystems von FREGE an; es besteht aus nur drei Axiomen, von denen die beiden ersten auf FREGE zurückgehen. Wir bezeichnen diese beiden im Hinblick auf ihre spätere Rolle in der derivativen Logik mit $D1, 2$, das dritte Axiom des FREGE-ŁUKASIEWICZschen Axiomensystems sei mit FL 1 bezeichnet.

Axiome:

$D1.$	$a \rightarrow b \rightarrow a$	Form zur Vorschaltung eines Vordergliedes (vgl. S. 181).
$D2.$	$a \rightarrow b \rightarrow c \longrightarrow a \rightarrow b \longrightarrow a \rightarrow c$	Form zum Dreierschluß (vgl. S. 181).
FL 1.	$\neg a \rightarrow \neg b \longrightarrow b \rightarrow a$	Form zur starken Kontraposition (vgl. S. 181).

Anmerkung. Zum einsichtigen Lesen der Axiome erinnere man sich, daß $\mathfrak{a}_1 \rightarrow \cdots \rightarrow \mathfrak{a}_n \rightarrow \mathfrak{b}$ durch „aus $\mathfrak{a}_1$ und .. und $\mathfrak{a}_n$ folgt $\mathfrak{b}$" interpretiert werden darf (vgl. etwa §§ 66, 71, auch S. 107 und S. 110). $D2$ erweist sich in dieser Lesart als eine Erweiterung der implikativen Form zum gewöhnlichen Grundschluß, $a \longrightarrow a \rightarrow b \longrightarrow b$, auf drei Variablen (vgl. hierzu später S. 272).

Als *Schlußregeln* dienen lediglich die beiden normaldeduktiven Regeln: 1. Grundschluß-Schema: $\dfrac{\mathfrak{a} \quad \mathfrak{a} \rightarrow \mathfrak{b}}{\mathfrak{b}}$

2. Einsetzungsregel [s. Regel b2) auf S. 166].

Satz 51. Diese auf den Axiomen $D1, 2$, FL 1 fußende normaldeduktive $\rightarrow\neg$-Aussagenlogik ist widerspruchsfrei. In ihr sind nur Wahrformen herleitbar.

Nachweis als *Textaufgabe.* Nach Satz 41 genügt es, die Axiome $D1, 2$, FL 1 als Wahrformen zu erweisen.

§ 80. Einige Herleitungen aus den ersten beiden Axiomen.

Die Herleitungen dieses Paragraphen werden auch später noch in der derivativen Logik Verwendung finden.

Zur Beachtung. Die Angaben bei allen nachfolgenden Herleitungen richten sich wiederum nach den in § 73 aufgestellten Mitteilungsverabredungen; ein reibungsloses Lesen der nachfolgenden Mitteilungen setzt daher die Bekanntschaft mit § 73 voraus. Das Zeichen ∴ zeigt an, daß aus der vorangehenden Form geschlossen wird.

Gemäß der Klammernersparnisregel von S. 88 ist $\mathfrak{a} \rightarrow \mathfrak{b} \rightarrow \mathfrak{c}$ stets als $\mathfrak{a} \rightarrow (\mathfrak{b} \rightarrow \mathfrak{c})$ zu lesen.

$D3.\ \ a \to b \longrightarrow c \to a \longrightarrow c \to b$ (Form zur Vordergliedvorsetzung oder auch: zum versetzten Kettenschluß, vgl. S. 189).

Beweis. Abkürzungen: $\mathfrak{d} \equiv: b \to c$, $\mathfrak{e} \equiv: a \to \mathfrak{d} \equiv a \to b \to c$, $\mathfrak{f} \equiv: a \to b \longrightarrow a \to c$.

$\mathfrak{e} \to \mathfrak{f}$ ist Abkürzung von $D2$.

$\therefore\ \ \mathfrak{d} \to \mathfrak{e} \to \mathfrak{f}$ durch Vorschaltung gemäß $D1$.

$\mathfrak{d} \to \mathfrak{e}$, d.i. $\mathfrak{d} \to a \to \mathfrak{d}$ nach $D1$.

$\therefore\therefore\ \ \mathfrak{d} \to \mathfrak{f}$ aus den beiden vorangehenden Zeilen durch Dreierschluß gemäß $D2$.

$\therefore\ \ b \to c \longrightarrow a \to b \longrightarrow a \to c$ durch Austragen der Abkürzungen.

Hieraus $D3$ durch Einsetzungen.

Anmerkung. Mit $D3$ ist der Kettenschluß ableitbar, vgl. S. 189.

$D4.\ \ a \to b \to c \longrightarrow b \to a \to c$ (Form zum Tausch der Vorderglieder, vgl. S. 194).

Beweis. $(a \to b) \to a \to c \longrightarrow b \to a \to b \longrightarrow b \to a \to c$ nach $D3$.

$\therefore\ \ \mathfrak{f} \longrightarrow b \to a \to b \longrightarrow b \to a \to c$ ist Abkürzung hiervon (gemäß der obigen Definition von $\mathfrak{f}$).

$\mathfrak{f} \longrightarrow b \to a \to b$ aus $b \to a \to b$ ($D1$) durch Vorschaltung eines Vordergliedes, ebenfalls gemäß $D1$.

$\therefore\therefore\ \ \mathfrak{f} \longrightarrow b \to a \to c$ aus den beiden vorangehenden Zeilen durch Dreierschluß gemäß $D2$.

$a \to b \to c \longrightarrow \mathfrak{f}$ ist Abkürzung von $D2$.

Nun Kettenschluß gemäß $D3$.

$D5.\ \ a \to b \longrightarrow b \to c \longrightarrow a \to c$ (Form zum Kettenschluß — oder auch: zur Hintergliednachsetzung, vgl. S. 190).

Beweis. $b \to c \longrightarrow a \to b \longrightarrow a \to c$ nach $D3$.

Nun Tausch der Vorderglieder gemäß $D4$.

$D6.\ \ a \to a$ Reflexivität der Implikation.

Beweis. $b \to a \to a$ aus $D1$ durch Tausch der Vorderglieder gemäß $D4$.

$\therefore\ \ a \to b \to a \longrightarrow a \to a$ durch Einsetzung (für b).

Nun Grundschluß mit $D1$.

Anmerkung. Ein Beweis für $D6$, der den Vordergliedtausch $D4$ nicht benutzt, wurde bereits auf S. 182 gegeben.

$D7.\ \ a \to a \to b \longrightarrow a \to b$ (Form zur Vordergliedkürzung, vgl. S. 195).

Beweis. $a \to a \to b \longrightarrow a \to a \longrightarrow a \to b$ nach $D2$.

$\therefore\ \ a \to a \longrightarrow a \to a \to b \longrightarrow a \to b$ durch Tausch der Vorderglieder gemäß $D4$.

Nun Grundschluß mit $D6$.

$D8.\ \underline{a \longrightarrow a\rightarrow b \longrightarrow b}$ (Form zum Grundschluß).

Vgl. auch S. 111 und die Anmerkung S. 204.

Beweis $a\rightarrow b \longrightarrow a\rightarrow b$ nach $D6$.
Nun Tausch der Vorderglieder gemäß $D4$.

$D9.\ \underline{a\rightarrow b \longrightarrow c\rightarrow d\rightarrow a \longrightarrow c\rightarrow d\rightarrow b}$ (Form zum iterierten versetzten Kettenschluß).

Beweis. $\left.\begin{array}{l} a\rightarrow b \longrightarrow (d\rightarrow a)\rightarrow d\rightarrow b \\ (d\rightarrow a)\rightarrow d\rightarrow b \longrightarrow c\rightarrow d\rightarrow a \longrightarrow c\rightarrow d\rightarrow b \end{array}\right\}$ nach $D3$.

Nun Kettenschluß (gemäß $D5$) aus den letzten beiden Zeilen.

$D10.\ \underline{a\rightarrow b\rightarrow c \longrightarrow d\rightarrow a \longrightarrow d\rightarrow b \longrightarrow d\rightarrow c}$ (Form zur dreifachen Vordergliedvorsetzung).

Beweis. Abkürzung: $\mathfrak{g} \equiv: d\rightarrow b \longrightarrow d\rightarrow c$.
$d\rightarrow b\rightarrow c \longrightarrow d\rightarrow b \longrightarrow d\rightarrow c$ nach $D2$.
$d\rightarrow b\rightarrow c \longrightarrow \mathfrak{g}$ ist Abkürzung hiervon.
$\therefore\ (d\rightarrow a)\rightarrow d\rightarrow b\rightarrow c \longrightarrow d\rightarrow a \longrightarrow \mathfrak{g}$ durch Vordergliedvorsetzen gemäß $D3$.
$a\rightarrow b\rightarrow c \longrightarrow (d\rightarrow a)\rightarrow d\rightarrow b\rightarrow c$ nach $D3$.
$\therefore\therefore\ a\rightarrow b\rightarrow c \longrightarrow d\rightarrow a \longrightarrow \mathfrak{g}$ durch Kettenschluß gemäß $D5$ (oder auch $D3$).
Dies ist die Abkürzung für $D10$.

$D11.\ \underline{(a\rightarrow a)\rightarrow b \longrightarrow b.}$

Beweis. $a\rightarrow a \longrightarrow (a\rightarrow a)\rightarrow b \longrightarrow b$ nach $D8$.
Nun Grundschluß mit $D6$.

Aufgaben. 1. Man beweise die implikative Konverse zu $D2$, nämlich:

$D12.\ \underline{(a\rightarrow b)\rightarrow a\rightarrow c \longrightarrow a\rightarrow b\rightarrow c.}$

$D12$ wird übrigens zu den nachfolgenden Beweisen nicht herangezogen werden.

2. In welchen der Formen $D1$ bis $D12$ läßt sich das herrschende $\rightarrow$-Zeichen durch $\frown$ ersetzen?

§ 81. Eine Abwandlung des Axiomensystems.

Es wird in der derivativen Logik (§ 110) angenehm werden, das zweite Axiom durch zwei andere, die vielleicht noch unmittelbarer evident sind, ersetzen zu können:

Satz 52. Das System der beiden Axiome

$D1$: $a\rightarrow b\rightarrow a$ (Form zur Vorschaltung eines Vordergliedes)
$D2$: $a\rightarrow b\rightarrow c \longrightarrow a\rightarrow b \longrightarrow a\rightarrow c$ (Form zum Dreierschluß)

ist normaldeduktiv äquivalent (vgl. S. 143) dem System der drei Axiome

$D1$: $a \to b \to a$ (Form zur Vorschaltung eines Vordergliedes)
$D7$: $a \to a \to b \;\longrightarrow\; a \to b$ (Form zur Vordergliedkürzung)
$D5$: $a \to b \;\longrightarrow\; b \to c \;\longrightarrow\; a \to c$ (Form zum Kettenschluß bzw. zur Hintergliednachsetzung)

d.h. jede $\to$-Form, die aus einem Axiomensystem normaldeduktiv herleitbar ist, ist auch aus dem anderen normaldeduktiv herleitbar.

Nachweis.

1. Die Beweise von $D7$ und $D5$ aus $D1$, $D2$ wurden bereits im vorigen Paragraphen geführt.

2. Beweis von $D2$ aus $D1$, $D7$, $D5$ in mehreren Schritten. Der Kettenschluß ist mit $D5$ anwendbar.

$D8$. $a \;\longrightarrow\; a \to b \;\longrightarrow\; b$ (Form zum Grundschluß).

Beweis. $(a \to b) \to a \;\longrightarrow\; a \to b \;\longrightarrow\; a \to b \;\longrightarrow\; b$ nach $D5$.

Abkürzungen. $\mathfrak{d} :\equiv: a \to b$, $\mathfrak{e} :\equiv: \mathfrak{d} \to b \equiv a \to b \;\longrightarrow\; b$.

$\mathfrak{d} \to a \;\longrightarrow\; \mathfrak{d} \to \mathfrak{e}$ ist Abkürzung der obigen Form.

$\therefore$ $a \to \mathfrak{d} \to \mathfrak{e}$ durch $D1$ im Vorderglied, mit Kettenschluß.

$\mathfrak{d} \to \mathfrak{e} \;\longrightarrow\; \mathfrak{e}$ ist Abkürzung von $\mathfrak{d} \to \mathfrak{d} \to b \;\longrightarrow\; \mathfrak{d} \to b$ ($D7$).

$\therefore\therefore$ $a \to \mathfrak{e}$ durch Kettenschluß, gemäß $D5$.

Dies ist die Abkürzung von $D8$. —

$D4$. $a \to b \to c \;\longrightarrow\; b \to a \to c$ (Form zum Tausch der Vorderglieder).

Beweis. $b \;\longrightarrow\; b \to c \;\longrightarrow\; c$ nach $D8$.

Abkürzung: $\mathfrak{f} :\equiv: b \to c \;\longrightarrow\; c$.

$b \to \mathfrak{f}$ ist Abkürzung der obigen Form.

$\therefore$ (*) $\mathfrak{f} \to a \to c \;\longrightarrow\; b \to a \to c$ durch Hintergliednachsetzung gemäß $D5$

$a \to b \to c \;\longrightarrow\; (b \to c) \to c \;\longrightarrow\; a \to c$ nach $D5$.

$a \to b \to c \;\longrightarrow\; \mathfrak{f} \to a \to c$ ist Abkürzung hiervon.

Nun Kettenschluß gemäß $D5$ mit (*). —

$D3$. $a \to b \;\longrightarrow\; c \to a \;\longrightarrow\; c \to b$ (Form zur Vordergliedvorsetzung).

Beweis. $c \to a \;\longrightarrow\; a \to b \;\longrightarrow\; c \to b$ nach $D5$.

Nun Tausch der Vorderglieder gemäß $D4$. —

$D2$. $a \to b \to c \;\longrightarrow\; a \to b \;\longrightarrow\; a \to c$.

Beweis. $b \to a \to c \;\longrightarrow\; a \to b \;\longrightarrow\; a \to a \to c$ nach $D3$.

$\therefore$ (*) $a \to b \to c \;\longrightarrow\; a \to b \;\longrightarrow\; a \to a \to c$ durch $D4$ im Vorderglied mit Kettenschluß.

$a \to a \to c \;\longrightarrow\; a \to c$ nach $D7$.

$\therefore$ $(a \to b) \to a \to a \to c \;\longrightarrow\; a \to b \;\longrightarrow\; a \to c$ durch Vordergliedvorsetzung gemäß $D3$.

Nun Kettenschluß mit (*).

§ 82. Einige Herleitungen aus allen drei Axiomen.

Es werden nun wieder die Axiome $D1, 2$, FL 1 (§ 79) zugrunde gelegt. Außerdem dürfen nach § 80 die Formen $D3$ bis $D11$ benutzt werden. Der Kettenschluß ist mit $D3$ anwendbar.

FL 2. $\neg a \to a \to b$ (Form zum Schluß aus Widerlegtem) vgl. S. 112 und die Interpretation aus der Anmerkung S. 204. Diese Form wird später in der intuitionistischen Logik eine wesentliche Rolle spielen.

Beweis. $\neg b \to \neg a \longrightarrow a \to b$ nach FL 1.
Nun $D1$ im Vorderglied, mit Kettenschluß.

FL 3. $\neg\neg a \to a$ (Form zur reductio inabsurdi, vgl. S. 193).

Beweis. $\neg a \to \neg\neg\neg a \longrightarrow \neg\neg a \to a$ nach FL 1.
$\therefore$ $\neg\neg a \to \neg\neg a \to a$ durch FL 2 im Vorderglied, mit Kettenschluß.
Nun Vordergliedkürzung (gemäß $D7$).

FL 4. $a \to \neg\neg a$ (Form zur introductio inabsurdi, vgl. S. 193).

Beweis. $\neg\neg\neg a \to \neg a$ nach FL 3.
Nun starke Kontraposition gemäß FL 1.

FL 5. $a \to b \longrightarrow \neg b \to \neg a$ (Form zur schwachen Kontraposition, vgl. S. 194).

Beweis. $\neg\neg a \to a$ ist FL 3.
$\therefore$ $a \to b \longrightarrow \neg\neg a \to b$ durch Hintergliednachsetzen gemäß $D5$
$b \to \neg\neg b$ nach FL 4.
$\therefore\therefore$ $a \to b \longrightarrow \neg\neg a \to \neg\neg b$ durch „iterierten versetzten Kettenschluß“ gemäß $D9$.
Nun FL 1 im Hinterglied, mit Kettenschluß. —

Wir beweisen noch einige Formen, in denen eine negierte Implikation auftritt und die im übernächsten Paragraphen gebraucht werden.

FL 6. $a \to \neg b \to \neg(a \to b)$

Beweis. $(a \to b) \to b \longrightarrow \neg b \to \neg(a \to b)$ nach FL 5.
Nun $D8$ im Vorderglied, mit Kettenschluß.

FL 7. $\neg(a \to b) \to a$

Beweis. $\neg a \to a \to b$ ist FL 2.
$\therefore$ $\neg(a \to b) \to \neg\neg a$ durch schwache Kontraposition gemäß FL 5.
Nun FL 3 im Hinterglied, mit Kettenschluß.

FL 8. $\neg(a \to b) \to \neg b$

Beweis. $b \to a \to b$ nach $D1$.
Nun schwache Kontraposition gemäß FL 5.

FL 9. $\neg(a \to a) \to b$

Beweis. $a \to a$ ist $D6$.

$\therefore$ $\neg\neg(a \to a)$ gemäß FL 4.

$\therefore$ $\neg b \to \neg\neg(a \to a)$ durch Vordergliedvorschaltung gemäß $D1$.

Nun starke Kontraposition gemäß FL 1.

Zusatzaufgabe. Das ursprüngliche FREGEsche Axiomensystem $D1, 2, 4$, FL 3, 4, 5 ist dem FREGE-ŁUKASIEWICZschen System äquivalent. — Wir haben es bereits aus dem letzteren hergeleitet. Es bleibt zu zeigen, daß umgekehrt FL 1 aus dem alten FREGEschen System folgt.

§ 83. Die gegenseitige Unabhängigkeit der Axiome des FREGE-ŁUKASIEWICZschen Systems.

Satz 53. Die Axiome $D1$, 2, FL 1 des § 79 sind voneinander normaldeduktiv unabhängig.

Nachweis.

I. $D1$ ist unabhängig von $D2$, FL 1.

Wertung:

		$a \to b$ (b = 0)	(b = 1)	(b = 2)	$\neg a$
a	0	0	0	2	0
	1	2	0	2	2
	2	0	0	0	1

Ausgezeichnete Werte: 0 und 1. (Für a = 0 oder 1, b ≠ 0, 1 ist a→b ≠ 0, 1; also: mit a und a→b ist b ausgezeichnet.)

1. $D1$ ist nicht Quasi-Wahrform, denn: $1 \to 1 \to 1 = 1 \to 0 = 2$.

2. $D2$ ist Quasi-Wahrform.

a	b	c	$b \to c$	$a \to b \to c$	$a \to b$	$a \to c$	$a \to b \to a \to c$	$a \to b \to c \to a \to b \to a \to c$	hiermit erledigt
1	—	—	≠ 1*	2	—	—	—	0	a = 1
2	—	—	—	≠ 1*	0	0	0	0	a ≠ 0
—	—	1	—	≠ 1*	≠ 1*	0	0	0	c = 1
0	1	≠ 1	2	2	—	—	—	0	b = 1

* Keine Implikation wird 1.

Es bleiben nun nur die Fälle, in denen a, b und c ≠ 1 sind.

Für diese ist

		$a \to b$	
		b	
		0	2
a	0	0	2
	2	0	0

die übliche Wertung, die der Wahrform $D2$ (S. 110) den Wert 0 erteilt.

3. FL 1 ist Quasi-Wahrform.

a	b	$\neg a$	$\neg b$	$\neg a \to \neg b$	$b \to a$	$\neg a \to \neg b \longrightarrow b \to a$	hiermit erledigt
0	$\neq 1$	—	—	$\neq 1$*	0	0	
0	1	0	2	2	—	0	a = 0
1	—	—	—	$\neq 1$*	0	0	a = 1
2	$\neq 2$	1	$\neq 1$	2	—	0	
2	2	—	—	$\neq 1$*	0	0	a = 2

* Keine Implikation wird 1.

II. $D2$ ist unabhängig von $D1$ und FL 1.

Wertung:

		$a \to b$			$\neg a$
		b			
		0	1	2	
a	0	0	1	1	2
	1	0	0	1	1
	2	0	0	0	0

Ausgezeichneter Wert: 0 (bei a = 0, b $\neq$ 0 ist a$\to$b $\neq$ 0).

1. Axiom $D1$ ist Quasi-Wahrform.

a	$b \to a$	$a \to b \to a$
0	0	0
$\neq 0$	$\neq 2$	0

2. Axiom $D2$ ist nicht Quasi-Wahrform, denn:

$$1 \to 1 \to 2 \longrightarrow 1 \to 1 \longrightarrow 1 \to 2 \;=\; 1 \to 1 \longrightarrow 0 \longrightarrow 1 \;=\; 0 \to 1 \;=\; 1$$

3. Axiom FL 1 ist Quasi-Wahrform.

a	b	$\neg a$	$\neg b$	$\neg a \to \neg b$	$b \to a$	$\neg a \to \neg b \longrightarrow b \to a$
0	—	—	—	—	0	0
1	0	1	2	1	1	0
1	$\neq 0$	—	—	—	0	0
2	2	—	—	—	0	0
2	$\neq 2$	0	$\neq 0$	1	1	0

III. FL 1 ist unabhängig von $D1, 2$.

Wertung:

	$a \to b$ ($b = 0$)	$a \to b$ ($b = 1$)	$\neg a$
$a = 0$	0	1	0
$a = 1$	0	0	1

Ausgezeichneter Wert: 0.

Da die Wertung für $\to$ die übliche ist, ersieht man:

1. Die Bedingung ist erfüllt: mit $\mathrm{a} = 0$ und $\mathrm{a} \to \mathrm{b} = 0$ ist $\mathrm{b} = 0$,
2. die Wahrformen $D1, 2$ (§ 79) sind auch Quasi-Wahrformen.

Dagegen ist FL 1 nicht Quasi-Wahrform, denn

$$\neg 1 \to \neg 0 \longrightarrow 0 \to 1 \;=\; 1 \to 0 \longrightarrow 0 \to 1 \;=\; 0 \to 1 \;=\; 1.$$

§ 84. Die normaldeduktive Vollständigkeit des FREGE-ŁUKASIEWICZschen Axiomensystems.

Satz 54. Das FREGE-ŁUKASIEWICZsche Axiomensystem (S. 204):

$D1.\quad a \to b \to a$

$D2.\quad a \to b \to c \longrightarrow a \to b \longrightarrow a \to c$

FL 1. $\neg a \to \neg b \longrightarrow b \to a$

ist normaldeduktiv vollständig.

Nachweis. Nach Satz 43 (1) genügt es zu zeigen, daß alle $\to\neg$-Wahrformen normaldeduktiv beweisbar werden.

Erster Teil des Nachweises. Behauptung: Das FREGE-ŁUKASIEWICZsche Axiomensystem zieht normaldeduktiv die folgenden faktischen Äquivalenzen nach sich, die den Gleichheiten $C1$ bis $C6$ von S. 68 entsprechen (s. hierzu § 71):

$C1^\circ.\quad a \to b \to c \sim b \to a \to c$

$C2^\circ.\quad a \sim a \to a \longrightarrow a$

$C3^\circ.\quad a \to a \sim b \to b$

$C4^\circ.\quad a \to b \sim \neg b \to \neg a$

$C5^\circ.\quad \neg\neg a \sim a$

$C6^\circ.\quad \neg(a \to b) \sim a, \neg b$

Nachweis. $C1^\circ$ bis $C5^\circ$ sagen faktische Äquivalenzen für Aussagen*formen* aus. $\mathfrak{a} \sim \mathfrak{b}$ war durch die Beweisbarkeit von $\mathfrak{a} \to \mathfrak{b}$ und $\mathfrak{b} \to \mathfrak{a}$ erklärt. Nun gilt:

Zu $C1^\circ$: $a \to b \to c \longrightarrow b \to a \to c$ ist $D4$

$b \to a \to c \longrightarrow a \to b \to c$ durch Einsetzung.

Zu $C2^\circ$: $a \longrightarrow a \to a \longrightarrow a$ nach $D1$

$(a \to a) \to a \longrightarrow a$ nach $D11$.

Zu $C3°$: $a \rightarrow a \longrightarrow b \rightarrow b$ aus $b \rightarrow b$ ($D6$) durch Vorschaltung gemäß $D1$
$b \rightarrow b \longrightarrow a \rightarrow a$ durch Einsetzung.

Zu $C4°$: $a \rightarrow b \longrightarrow \neg b \rightarrow \neg a$ ist FL 5
$\neg b \rightarrow \neg a \longrightarrow a \rightarrow b$ nach FL 1.

Zu $C5°$: $\neg\neg a \rightarrow a$ ist FL 3
$a \rightarrow \neg\neg a$ ist FL 4.

$C6°$ sagt eine faktische Äquivalenz für Aussagenreihen aus. Sie ist gewährleistet durch die drei Implikationen:

$\neg(a \rightarrow b) \rightarrow a$ ist FL 7
$\neg(a \rightarrow b) \rightarrow \neg b$ ist FL 8
$a \rightarrow \neg b \rightarrow \neg(a \rightarrow b)$ ist FL 6.

Zweiter Teil des Nachweises.

Die in Satz 48 (1)—(3) als beweisbar vorausgesetzten Aussagenformen, nämlich $D1$, 2 sowie FL 9 [s. Satz 48 (2)] und FL 5 [s. Satz 48 (3)], sind aus dem gegebenen Axiomensystem normaldeduktiv beweisbar. Der somit anwendbare Satz 48 lehrt zusammen mit der Behauptung zum ersten Teil des vorliegenden Nachweises: Die faktische Äquivalenz $\sim$ von Aussagenreihen kann als die Gleichheit der umformenden $\rightarrow\neg$-Logik des Kap. V verwendet werden. Diese $\rightarrow\neg$-Logik ist nach Satz 23 *vollständig*, d. h. die Zufügung einer nicht beweisbaren faktischen Äquivalenz zweier Aussagenreihen, also erst recht zweier Aussagenformen, würde den kanonischen Widerspruch dieser Logik (§ 28) beweisbar machen: es würde $a \rightarrow a \sim \neg(a \rightarrow a)$ werden. Das würde aber, da jetzt $a \rightarrow a$ als $D6$ bewiesen ist, besagen: die Falschform $\neg(a \rightarrow a)$ würde beweisbar werden.

Angenommen nun, es sei eine $\rightarrow\neg$-Wahrform $\mathfrak{n}$ nicht beweisbar. Da $a \rightarrow a$ beweisbar ist, ist dann $a \rightarrow a$ nicht $\sim \mathfrak{n}$.

Die Implikation $\mathfrak{n} \rightarrow a \rightarrow a$ ist (aus $D6$ durch Vorschaltung gemäß $D1$) beweisbar. Die Zufügung von $\mathfrak{n}$ zum FREGE-ŁUKASIEWICZschen Axiomensystem würde ebenso auch die Implikation $a \rightarrow a \longrightarrow \mathfrak{n}$ beweisbar machen; es würde dann also $a \rightarrow a \sim \mathfrak{n}$ werden. Nach dem obigen würde damit die Aussagenform $\neg(a \rightarrow a)$ beweisbar werden. Da sowohl die Axiome $D1$, $D2$, FL 1 als auch $\mathfrak{n}$ Wahrformen sind, ist das nach Satz 41 unmöglich. Die Annahme einer nicht beweisbaren Wahrform $\mathfrak{n}$ ist also zu verwerfen. —

Aus den Wahrformen, die nach Satz 54 sämtlich normaldeduktiv aus dem Axiomensystem $D1$, 2, FL 1 folgen, möge die „PEIRCEsche Wahrform" (S. 109) herausgehoben werden, da sie weiter unten eine Rolle spielen wird:

FL 10. $(a \rightarrow b) \rightarrow a \longrightarrow a$.

Zusatzaufgabe. Einen (kurzen) Beweis für FL 10 anzugeben.

§ 85. Die normaldeduktive Unvollständigkeit des Axiomensystems *D*1, 2.

Auch bei einem aussagenlogischen Begriffsnetz, dessen Verknüpfungszeichen *keine Basis* darstellen (d.h. nicht alle Verknüpfungen zu definieren gestatten, § 37), kann man nach einem Axiomensystem suchen, aus dem alle einschlägigen Wahrformen normaldeduktiv folgen. Gemäß einer Definition aus § 67 ist die aus einem solchen Axiomensystem entspringende normaldeduktive Logik wahrformvollständig. Daß sie hiermit auch im radikalsten Sinne vollständig sei — Fassung 2: ‚nach Hinzufügung irgendeiner nichtbeweisbaren einschlägigen Aussagenform soll *jede* einschlägige Aussagenform beweisbar sein' — wurde in Satz 43 (1) nur unter der Voraussetzung (neben weiteren Voraussetzungen) bewiesen, daß die Negation zum Begriffsnetz gehört. Deduktive Aussagenlogiken, die die Negation nicht enthalten, wollen wir nun bereits dann ‚alternär' nennen, wenn sie wahrformvollständig sind; um die schärfere Vollständigkeitsforderung 2 des § 67 wollen wir uns dabei nicht kümmern.

Die ersten beiden Axiome des FREGE-ŁUKASIEWICZschen Systems isnd rein implikativ; es liegt daher nahe, im Anschluß an Satz 54 zu fragen: sind aus ihnen allein alle rein implikativen Wahrformen (d.h. alle $\rightarrow$-Wahrformen) beweisbar? Dies ist zu verneinen:

Satz 55. Die beiden FREGE-ŁUKASIEWICZschen Axiome

$D1.\quad a \rightarrow b \rightarrow a$

$D2.\quad a \rightarrow b \rightarrow c \;\longrightarrow\; a \rightarrow b \;\longrightarrow\; a \rightarrow c$

bilden kein wahrformvollständiges Axiomensystem der $\rightarrow$-Aussagenlogik.

Zusatz. Daher kann auch durch Hinzunahme aller aus diesen bewiesenen rein implikativen Aussagenformen $D3$ bis $D11$ des § 80 die Wahrform-Vollständigkeit nicht erreicht werden.

Zum *Nachweise* genügt es etwa einzusehen, daß die Wahrform

FL 10 $\quad (a \rightarrow b) \rightarrow a \;\longrightarrow\; a$

(S. 212) nicht beweisbar ist.

Unabhängigkeitsnachweis durch Wertung:

	$a \rightarrow b$: $b = 0$	$b = 1$	$b = 2$
$a = 0$	0	1	2
$a = 1$	0	0	0
$a = 2$	0	1	0

Ausgezeichneter Wert: 0 (für $a = 0$, $b \neq 0$ ist $a \rightarrow b \neq 0$).

1. $D1$ ist Quasi-Wahrform:

a	b	$b\rightarrow a$	$a\rightarrow b\rightarrow a$
0	—	0	0
1	—	—	0
2	—	$\neq 1$	0

2. $D2$ ist Quasi-Wahrform:

a	b	c	$b\rightarrow c$	$a\rightarrow b\rightarrow c$	$a\rightarrow b$	$a\rightarrow c$	$a\rightarrow b \longrightarrow a\rightarrow c$	$a\rightarrow b\rightarrow c \longrightarrow a\rightarrow b \longrightarrow a\rightarrow c$
0	—	—	—	$b\rightarrow c$	b	c	$b\rightarrow c$	0
1	—	—	—	—	—			
—	—	0	—	—	—	} 0	0	0
—	—	a	—	—	—			
2	1	—	—	—	1	—	0	0
2	$\neq 1$	1	1	1	—	—	—	0

3. FL 10 ist nicht Quasi-Wahrform, denn:

$(2\rightarrow 1)\rightarrow 2 \longrightarrow 2 \;=\; 1\rightarrow 2 \longrightarrow 2 \;=\; 0\rightarrow 2 \;=\; 2.$

§ 86. Normaldeduktive alternäre Implikationslogik.

Die normaldeduktive Unabhängigkeit der „PEIRCEschen Wahrform" $(a\rightarrow b)\rightarrow a \longrightarrow a$ von den Axiomen $D1, 2$ zeigte, daß kein Axiomensystem, das aus irgendwelchen der Aussagenformen $D1$ bis $D11$ zusammengestellt werden kann, wahrformvollständig ist (Zusatz zu Satz 55). Die Zufügung der „PEIRCEschen Wahrform" zu einigen dieser Aussagenformen genügt aber bereits zur Erzielung der Wahrformvollständigkeit. (Da die „Form zum Kettenschluß" $D5$ wohl noch unmittelbarer evident sein dürfte als die „Form zum Dreierschluß" $D2$, möge sie an Stelle von $D2$ im nachfolgenden Satze herangezogen werden.)

Satz 56. Die drei Axiome

$D1$. $a\rightarrow b\rightarrow a$ Form zur Vorschaltung eines Vordergliedes
$D5$. $a\rightarrow b \longrightarrow b\rightarrow c \longrightarrow a\rightarrow c$ Form zum Kettenschluß
FL 10. $(a\rightarrow b)\rightarrow a \longrightarrow a$ „PEIRCEsche Wahrform"

stellen bereits ein wahrform**vollständiges** Axiomensystem der Implikationslogik dar, d.h. aus ihnen folgen normaldeduktiv (also mittels Einsetzung und Grundschluß) alle $\rightarrow$-Wahrformen.

Dem Nachweis seien einige Hilfsätze vorangeschickt.

1. Hilfsatz. Aus $D1$, $D5$ und FL 10 ergeben sich normaldeduktiv $D2$ bis $D11$.

Erster Teil des Nachweises für den 1. Hilfsatz:

Beweis von $D7$ aus $D5$, FL 10.

Abkürzung: $\mathfrak{c} \equiv: a \to b$

$a \to \mathfrak{c} \longrightarrow \mathfrak{c} \to b \longrightarrow \mathfrak{c}$ nach $D5$ (mit Abkürzung $\mathfrak{c}$)

$\therefore$ $((\mathfrak{c} \to b) \to \mathfrak{c} \longrightarrow \mathfrak{c}) \longrightarrow (a \to \mathfrak{c} \longrightarrow \mathfrak{c})$ durch Hintergliednachsetzen gemäß $D5$

$\therefore$ $a \to \mathfrak{c} \longrightarrow \mathfrak{c}$ durch Grundschluß mit FL 10.

Eintragung der Abkürzung ergibt $D7$: $a \to a \to b \longrightarrow a \to b$.

Zweiter Teil des Nachweises für den 1. Hilfsatz:

Der erste Teil des Nachweises lehrt zusammen mit Satz 52 unmittelbar: Aus $D1$, $D5$, FL 9 ergibt sich normaldeduktiv $D2$. — $D1, 2$ lagen in § 80 den Beweisen von $D3$ bis $D11$ zugrunde.

Der Nachweis des Satzes 56 stützt sich nun auf zwei weitere Hilfsätze.

2. Hilfsatz. In der in Satz 56 betrachteten deduktiven Logik ist eine beliebige Form der Gestalt

$(\mathfrak{e} \to \mathfrak{a}_1) \to (\mathfrak{e} \to \mathfrak{a}_2) \to \cdots \to (\mathfrak{e} \to \mathfrak{a}_n) \to \mathfrak{e} \longrightarrow \mathfrak{e}$ stets beweisbar.

Nachweis durch Induktion nach der Anzahl n der Glieder von der Gestalt $\mathfrak{e} \to \mathfrak{a}_i$.

1. Für $n = 1$.

(*) $(\mathfrak{e} \to \mathfrak{a}_1) \to \mathfrak{e} \longrightarrow \mathfrak{e}$ nach Axiom FL 10.

2. Der Nachweis sei für ein n geführt; es sei mithin (bei leicht geänderter Numerierung) beweisbar:

(**) $(\mathfrak{e} \to \mathfrak{a}_2) \to \cdots \to (\mathfrak{e} \to \mathfrak{a}_{n+1}) \to \mathfrak{e} \longrightarrow \mathfrak{e}$.

Behauptet wird:

$(\mathfrak{e} \to \mathfrak{a}_1) \to (\mathfrak{e} \to \mathfrak{a}_2) \to \cdots \to (\mathfrak{e} \to \mathfrak{a}_{n+1}) \to \mathfrak{e} \longrightarrow \mathfrak{e}$.

Beweis. (Die D-Formen des § 80 dürfen hier benutzt werden.)

$\therefore$ $(\mathfrak{e} \to \mathfrak{a}_1) \to (\mathfrak{e} \to \mathfrak{a}_2) \to \cdots \to (\mathfrak{e} \to \mathfrak{a}_{n+1}) \to \mathfrak{e} \longrightarrow (\mathfrak{e} \to \mathfrak{a}_1) \to \mathfrak{e}$

aus (**) durch Vordergliedvorsetzung gemäß $D3$.

Nun Kettenschluß mit (*).

Mithin gilt die Behauptung für $n+1$; also gilt sie allgemein. —

Bei dem noch ausstehenden Nachweis des Satzes 56 werden wir uns zweckmäßigerweise der „Negationsreduzierten" bedienen, die uns auch in der derivativen Logik (z. B. in § 112) von Nutzen sein wird.

Erklärung. Einem vorgegebenen Begriffsnetz, das die Verknüpfungen $\to$ und $\neg$ enthält, sei ein festes Aussagezeichen $\curlywedge$ hinzugefügt; dieses soll wie eine Aussagenvariable behandelt werden bis auf die Bestimmung, daß für $\curlywedge$ *keine Einsetzung* erfolgen darf.

In irgendeiner gegebenen Form $\mathfrak{a}$ des Begriffsnetzes sei nun jede negative Teilform $\neg\mathfrak{t}$ durch $\mathfrak{t} \to \curlywedge$ ersetzt (vgl. S. 54, Textaufgabe 4). Die entstehende, von $\neg$ freie, dafür eventuell $\curlywedge$ enthaltende Form heißt die „*Negationsreduzierte*" $N\mathfrak{a}$ von $\mathfrak{a}$.

Mit anderen Worten: die Negationsreduzierte entsteht, indem alle aus der Definition $\neg\mathfrak{t} \approx: \mathfrak{t}\rightarrow\curlywedge$ entfließenden Umsetzungen ausgeführt werden (auf die Reihenfolge des Herausgriffs der Teilformen kommt es dabei offenbar nicht an). — Gemeint ist mit $\curlywedge$ „die falsche Form" (vgl. § 6).

Beispiele. Für $\mathfrak{a} \equiv: \neg(a\wedge b)\rightarrow\neg a\vee\neg b$ ist
$N\mathfrak{a} \equiv a\wedge b\rightarrow\curlywedge \longrightarrow (a\rightarrow\curlywedge)\vee(b\rightarrow\curlywedge)$.

Für $\mathfrak{b} \equiv: \neg(a\wedge\neg a)$ ist $N\mathfrak{b} \equiv a\wedge(a\rightarrow\curlywedge)\rightarrow\curlywedge$.

3. Hilfsatz. Wenn wir zum Begriffsnetz der $\rightarrow$-Formen das feste, d.h. nicht durch Einsetzung ersetzbare Aussagenzeichen $\curlywedge$ (S. 159) und zu den Axiomen
$D1.\ a\rightarrow b\rightarrow a,\quad D5.\ a\rightarrow b \longrightarrow b\rightarrow c \longrightarrow a\rightarrow c,\quad$ FL 10. $(a\rightarrow b)\rightarrow a \longrightarrow a$
das Axiom $\curlywedge\rightarrow a$ hinzunehmen, so wird die Negationsreduzierte von FL 1, d.h. die Form $(a\rightarrow\curlywedge)\rightarrow b\rightarrow\curlywedge \longrightarrow b\rightarrow a$ beweisbar.

Nachweis (unter Heranziehung des 1. Hilfsatzes):
$(a\rightarrow\curlywedge)\rightarrow a \longrightarrow a$ nach Axiom FL 10.
$\therefore\ b\rightarrow(a\rightarrow\curlywedge)\rightarrow a \longrightarrow b\rightarrow a$ durch Vordergliedvorsetzung gemäß $D3$.
$\therefore$ (*) $(a\rightarrow\curlywedge)\rightarrow b\rightarrow a \longrightarrow b\rightarrow a$ durch $D4$ im Vorderglied, mit Kettenschluß (gemäß $D5$).
$\curlywedge\rightarrow a$ war als Axiom hinzugenommen. Daraus:
$\therefore\ (a\rightarrow\curlywedge)\rightarrow b\rightarrow\curlywedge \longrightarrow (a\rightarrow\curlywedge)\rightarrow b\rightarrow a$ durch zweimalige Vordergliedvorsetzung gemäß $D3$.
Nun Kettenschluß mit (*).

Der *Nachweis des Satzes 56* gelingt jetzt so:

Nach dem 1. Hilfsatz dürfen $D1$ bis $D11$ herangezogen werden. Sei $\mathfrak{e}$ irgendeine rein implikative Wahrform. Nach Satz 54 ist $\mathfrak{e}$ im Begriffsnetz der $\rightarrow\neg$-Formen aus den Axiomen $D1$, $D2$ und FL 1 beweisbar. Die Beweisfigur wollen wir B nennen.

Erster Schritt. Wir erweitern das Begriffsnetz durch das feste Aussagenzeichen $\curlywedge$ und ersetzen in B jede Form durch ihre Negationsreduzierte. Dabei bleibt die Endform $\mathfrak{e}$ unverändert, ebenso jedes der Axiome $D1$, $D2$. An jede Stelle (nämlich die Spitze eines Beweisfadens), an der das Axiom FL 1 stand, tritt seine Negationsreduzierte; wir setzen über jede solche Stelle eine Beweisfigur gemäß dem 3. Hilfsatz. Weiter setzen wir über jedes (an der Spitze eines Beweisfadens stehende) plazierte Axiom $D2$ seinen Beweis aus $D1$, $D5$ und FL 10 gemäß dem 1. Hilfsatz. Die so entstandene Formelnfigur $\overline{B}$ ist ein Beweis für $\mathfrak{e}$ aus den vier Axiomen, die im 3. Hilfsatz genannt sind. In $\overline{B}$ tritt das Axiom $\curlywedge\rightarrow a$ eventuell mehrfach, d.h. an der Spitze mehrerer Beweisfäden auf.

Zweiter Schritt. In der Beweisfigur $\overline{B}$ werden alle Einsetzungen gemäß Satz 44 *heraufverlegt.* Da für $\curlywedge$ keine Einsetzung erfolgt war, stehen unter denjenigen Spitzen von Beweisfäden, die das Axiom $\curlywedge \rightarrow a$ benutzten, Axiombeiformen der Gestalt $\curlywedge \rightarrow \mathfrak{a}_1, \curlywedge \rightarrow \mathfrak{a}_2, \ldots, \curlywedge \rightarrow \mathfrak{a}_n$ (wo die $\mathfrak{a}_i$ irgendwelche $\rightarrow\curlywedge$-Aussagenformen sind; die Anzahl n darf auch z.B. 0 oder 1 sein).

Dritter Schritt. Das verallgemeinerte Deduktionstheorem, Satz 47, lehrt nun, daß aus den übrigen Axiomen $D1$, $D5$, FL 10 allein die Form $\curlywedge \rightarrow \mathfrak{a}_1 \longrightarrow \curlywedge \rightarrow \mathfrak{a}_2 \longrightarrow \cdots \longrightarrow \curlywedge \rightarrow \mathfrak{a}_n \longrightarrow \mathfrak{e}$ beweisbar ist.

In einem Beweis dieser Aussagenform verlegen wir wiederum die Einsetzungen gemäß Satz 44 herauf und erhalten so einen Beweis für sie aus Beiformen der Axiome $D1$, $D5$, FL 10 der lediglich Grundschlüsse benutzt. In der betreffenden Beweisfigur wird nun $\curlywedge$ überall durch $\mathfrak{e}$ ersetzt. Die Beiformen der Axiome $D1$, $D5$, FL 10 bleiben Beiformen derselben Axiome; daher bleibt die Beweisfigur eine Beweisfigur. Wenn $\mathfrak{a}_1^0, \ldots, \mathfrak{a}_n^0$ die Teilformen sind, die bei der Ersetzung aus $\mathfrak{a}_1, \ldots, \mathfrak{a}_n$ hervorgehen, so bekommt die Endform des Beweises die Gestalt $\mathfrak{e} \rightarrow \mathfrak{a}_1^0 \longrightarrow \mathfrak{e} \rightarrow \mathfrak{a}_2^0 \longrightarrow \cdots \longrightarrow \mathfrak{e} \rightarrow \mathfrak{a}_n^0 \longrightarrow \mathfrak{e}$. Daraus folgt nach dem 2. Hilfsatz weiter $\mathfrak{e}$. Die gesamte entstandene Beweisfigur für $\mathfrak{e}$ enthält nur reine Implikationsformen.

5. Abschnitt.

Aufschichtende alternäre Aussagenlogik.

Kapitel XV.

Natürliche alternäre aufschichtende Aussagenlogik.

§ 87. Einführung in die Grundgedanken der aufschichtenden Logik.

In den vorangegangenen Kapiteln wurden lediglich *normaldeduktive* aussagenlogische Kodifikate betrachtet, d.h. als einzige elementare Schlußart wurde (wenn von eventuellen ‚definitorischen Umsetzungen' einmal abgesehen wird) neben der Einsetzung der *Grundschluß* benutzt. Auf diesen bloßen Übergang von $\mathfrak{a}$ und $\mathfrak{a} \rightarrow \mathfrak{b}$ zu $\mathfrak{b}$ führten sich die übrigen Schlüsse an Hand von beweisbaren ‚zugehörigen implikativen Wahrformen' zurück, vgl. hierzu § 66. Diese Reduktion wird mitunter ein wenig künstlich wirken; man hat es jedoch wohl lange Zeit als selbstverständlich angesehen, daß das Operieren mit einer einzigen Schlußregel (neben der heraufverlegbaren Einsetzung) eine rechnerische Vereinfachung darstelle. Demgegenüber sei gleich hier hervorgehoben: Wenn sich dies auch in *gewissen* Fällen zweifellos bestätigt, so scheint doch eine deduktive Logik, die sich vieler, den einzelnen Verknüpfungen zugeordneter Schlußweisen bedient, nicht nur naturgemäßer zu sein, vielmehr erweist sie sich in den meisten Fällen gerade auch rechnerisch als angemessener, und sie eröffnet dem syntaktischen Vorgehen Möglichkeiten, die ihm vorher verschlossen waren.

Im folgenden Beweisgerüst werden für jede der Verknüpfungen $\wedge$, $\vee$, $\neg$, $\to$ zwei Schlußregeln vorgegeben, die die betreffende Verknüpfung *einführen;* dagegen wird es keine Schlußregel geben, die eine einmal eingeführte Verknüpfung wieder beseitigen würde. Dadurch wird erreicht, daß ein Beweis die Endformel schrittweise auf*schichtet* (§ 52), d.h. der Beweis einer Formel folgt in seinem Verlaufe den Bestimmungen des Begriffsnetzes.

Man kann — mit den Vorbehalten, die einer derartigen Übertragung unabdingbar anhängen — für das Feld der Aussagenlogik cum grano salis in der aufschichtenden Deduktion eine gewisse Verwirklichung der HEGELschen Forderung erblicken, nach der die Deduktion in einer begrifflichen Entfaltung bestehen soll. Diese aufschichtende Kodifikation der Logik beschränkt sich übrigens keineswegs auf die Aussagenlogik. Durch fast triviale Erweiterungen werden wir im zweiten Band zur zur aufschichtenden Prädikatenlogik gelangen.

Man wird nun vermuten: Wenn es für eine beweisbare Formel stets einen solchen Beweis gibt, der ihrem Aufschichtungs-Bau schrittweise nachgeht, so muß sich aus dem Bau einer vorgelegten Form erkennen lassen, ob sie beweisbar ist oder nicht. Die Hindernisse, die dieser Vermutung bei genauerem Zusehen entgegenstehen, lassen sich für die *Aussagen*logik überwinden. Die aufschichtende Aussagenlogik wird uns somit ein *Entscheidungsverfahren* für Aussagenformen an die Hand geben. Für die alternäre Logik ist allerdings das in Kap. VII entwickelte Entscheidungsverfahren der Wahrheitswertung an Einfachheit nicht zu übertreffen. Ganz anders ist, wie wir sehen werden, die Lage in der derivativen und in der intuitionistischen Aussagenlogik. Dort wird das intendierte Entscheidungsverfahren von entscheidender Wichtigkeit sein; es wird dort bis zu einem Grade entwickelt werden, der eine rasche praktische Handhabung im konkreten Falle gewährleistet.

Daß man beim deduktiven Aufbau einer Logik mit solchen Schlußregeln auskommt, die eine Verknüpfung *einführen* — wie z.B. $\frac{\mathfrak{a}\to\mathfrak{b} \quad \mathfrak{a}\to\mathfrak{c}}{\mathfrak{a}\to\mathfrak{b}\wedge\mathfrak{c}}$ —, und daß alle Schlüsse, die eine Verknüpfung beseitigen — wie z.B. $\frac{\mathfrak{a}\to\mathfrak{b}\wedge\mathfrak{c}}{\mathfrak{a}\to\mathfrak{b}}$ oder auch wie der Grundschluß $\frac{\mathfrak{a} \quad \mathfrak{a}\to\mathfrak{b}}{\mathfrak{b}}$ —, dann implizit abhängig (S. 150) werden, stellt die eigentliche Überraschung der aufschichtenden Logik dar; ihr werden mehrere Kapitel des vorliegenden Buches gewidmet sein.

Anmerkung: Die erste, von G. GENTZEN angegebene aufschichtende Kodifikation ging vom Begriff der *Sequenz* aus, bei der vor und hinter dem Sequenzzeichen ganze Formel*reihen* stehen, deren Formeln vorne als konjunktiv, hinten dagegen als disjunktiv aneinandergereiht zu verstehen sind (Spezialfall s. S. 92 Zeile 5 v. unten). Demgegenüber stellen in dem hier im folgenden vorgelegten Kodifikat die Aussagenformen (und im 2. Bande dann die Prädikatenformen) selbst die Satzgebilde des Kodifikates dar.

§ 88. Das Begriffsnetz der natürlichen aufschichtenden alternären Aussagenlogik.

Dem Begriffsnetz der natürlichen Aussagenlogik liegen die natürlichen Aussagenformen — S. 160 — in assoziater $\wedge$- und $\vee$-Aufschichtung zugrunde; sie waren induktiv wie folgt erklärt (vgl. S. 161):

1. Jede Aussagenvariable ist eine (assoziate) natürliche Aussagenform.
2. Mit $\mathfrak{a}$ ist $\neg(\mathfrak{a})$ eine (assoziate) natürliche Aussagenform.
3. Mit $\mathfrak{a}, \mathfrak{b}, .., \mathfrak{c}$ sind auch $\mathfrak{a}\wedge\mathfrak{b}\wedge\cdot\cdot\wedge\mathfrak{c}$ sowie $\mathfrak{a}\vee\mathfrak{b}\vee\cdot\cdot\vee\mathfrak{c}$ (assoziate) natürliche Aussagenformen.
4. Mit $\mathfrak{a}$ und $\mathfrak{b}$ ist auch $\mathfrak{a}\rightarrow\mathfrak{b}$ eine (assoziate) natürliche Aussagenform.

Erklärung der *Grundimplikation:*

1. Jede *implikative* natürliche Form (d.h. eine natürliche Form mit herrschendem $\rightarrow$) ist eine Grundimplikation.

In der Mitteilung einer solchen Grundimplikation wird gewöhnlich das Vorderglied in *konjunktive* Glieder, ebenso das Hinterglied in *disjunktive* Glieder aufgespalten. Eine Grundimplikation läßt sich allgemein in der Gestalt $\mathfrak{a}\wedge\mathfrak{b}\wedge\cdot\cdot\wedge\mathfrak{c}\rightarrow\mathfrak{d}\vee\mathfrak{e}\vee\cdot\cdot\vee\mathfrak{f}$ mitteilen, wo $\mathfrak{a}, \mathfrak{b}, .., \mathfrak{c}, \mathfrak{d}, \mathfrak{e}, .., \mathfrak{f}$ beliebige (assoziate) natürliche Aussagenformen bezeichnen. $\mathfrak{a}\wedge\mathfrak{b}\wedge\cdot\cdot\wedge\mathfrak{c}$ heißt auch kurz die Vorderkonjunktion, $\mathfrak{d}\vee\mathfrak{e}\vee\cdot\cdot\vee\mathfrak{f}$ heißt auch die Hinterdisjunktion der gegebenen Grundimplikation.

Beispiel:

$(a\vee b\rightarrow c)\wedge(\neg a\vee b\rightarrow\neg c)\wedge(a\vee\neg b)\rightarrow\neg c\vee(a\rightarrow b)$

ist eine Grundimplikation (die übrigens keine Wahrform ist). Sie läßt sich in der Gestalt $\mathfrak{a}\wedge\mathfrak{b}\wedge\mathfrak{c}\rightarrow\mathfrak{d}\vee\mathfrak{e}$ mitteilen, wobei $\mathfrak{a}$ für $a\vee b\rightarrow c$, $\mathfrak{b}$ für $\neg a\vee b\rightarrow\neg c$, $\mathfrak{c}$ für $a\vee\neg b$, $\mathfrak{d}$ für $\neg c$ und $\mathfrak{e}$ für $a\rightarrow b$ steht. — Sie kann in anderem Zusammenhange aber auch kürzer z.B. durch $\mathfrak{u}\wedge\mathfrak{p}\rightarrow\mathfrak{v}$ mitgeteilt werden, wo etwa $\mathfrak{u}$ für $(a\vee b\rightarrow c)\wedge(\neg a\vee b\rightarrow\neg c)$, $\mathfrak{p}$ für $a\vee\neg b$, $\mathfrak{v}$ für $\neg c\vee(a\rightarrow b)$ steht. —

Daß die Vorderkonjunktion auch aus nur *einem* Konjunktionsglied und ebenso die Hinterdisjunktion aus nur einem Disjunktionsglied bestehen darf, ist nach dem bisherigen Teil der Erklärung bereits klar. Es wird nun aber darüber hinaus festgesetzt:

2. Die Vorderkonjunktion darf auch *leer* sein; in diesem Falle soll ihr Platz durch einen Punkt markiert werden. Mit anderen Worten: auch $\cdot\rightarrow\mathfrak{b}$ (mit einem beliebigen natürlichen $\mathfrak{b}$) ist Grundimplikation.

Entsprechend: Die Hinterdisjunktion darf auch leer sein; in diesem Falle soll ihr Platz durch einen Punkt markiert werden. Mit anderen Worten:

auch $\mathfrak{a} \to \bullet$ (mit einem beliebigen natürlichen $\mathfrak{a}$) ist Grundimplikation.

3. Auch die Implikation mit leerem Vorder- und Hinterglied, m. a. W.:

auch $\bullet \to \bullet$ möge zu den Grundimplikationen gerechnet werden.

Anmerkung. Dies geschieht lediglich zur Vermeidung des Mitschleppens von einschränkenden Zusätzen in späteren Formulierungen. Die Grundimplikation $\bullet \to \bullet$ wird ohnehin nicht zu den beweisbaren Grundimplikationen gehören und keine Rolle in den syntaktischen Überlegungen spielen. — Wer es vorzieht, $\bullet \to \bullet$ aus dem Begriffsnetz fortzulassen, mag überall die dadurch jeweils notwendig werdenden Formulierungszusätze anfügen.

Beispiele:

$\neg(a \vee b) \wedge c \to \neg(a \vee b)$: die Hinterdisjunktion umfaßt nur ein Disjunktionsglied.

$a \vee b \to a \to a$: Vorderkonjunktion und Hinterdisjunktion umfassen nur je ein Glied.

$\bullet \to a \vee \neg a$: die Vorderkonjunktion ist leer.

$\neg(a \to \neg a) \to \bullet$: die Vorderkonjunktion umfaßt nur ein Konjunktionsglied; die Hinterdisjunktion ist leer.

Zur Interpretation: Eine Implikation mit *leerem Vorderglied* soll dasselbe bedeuten wie das Hinterglied (ein Beispiel: $\bullet \to a \vee \neg a$ bedeutet dasselbe wie $a \vee \neg a$). Eine Implikation mit *leerem Hinterglied* soll dasselbe bedeuten wie die *Negation des Vordergliedes* (ein Beispiel: $\neg(a \wedge \neg a) \to \bullet$ bedeutet dasselbe wie $\neg\neg(a \wedge \neg a)$). Die Angemessenheit dieser Interpretation wird aus dem nachfolgenden Deduktionsgerüst deutlich werden. Man mag sie sich vorab etwa wie folgt schmackhaft machen. In der alternären Aussagenlogik darf man innerhalb einer Konjunktion stets das Konjunktionsglied $\curlyvee$ anfügen: $\mathfrak{a}$ ist umsetzbar in $\mathfrak{a} \wedge \curlyvee$; die leere Konjunktion ist daher gleichbedeutend mit $\curlyvee$; und $\bullet \to \mathfrak{c}$ ist mithin zu lesen: $\curlyvee \to \mathfrak{c}$. Ebenso darf man innerhalb einer Disjunktion stets das Disjunktionsglied $\curlywedge$ anfügen: $\mathfrak{a}$ ist umsetzbar in $\mathfrak{a} \vee \curlywedge$; die leere Disjunktion ist daher gleichbedeutend mit $\curlywedge$, und $\mathfrak{c} \to \bullet$ ist mithin zu lesen: $\mathfrak{c} \to \curlywedge$ dies bedeutet so viel wie $\neg\mathfrak{c}$; vgl. hierzu etwa S. 54 Textaufgabe 4. (Die Implikation $\bullet \to \bullet$ wäre zu lesen als $\curlyvee \to \curlywedge$, also $\curlywedge$; doch braucht gemäß der letzten Anmerkung auf eine Interpretation von $\bullet \to \bullet$ kein Wert gelegt zu werden.) — In den Nachweisen des vorliegenden Kapitels wird selbstverständlich auf die Interpretationen nicht zurückgegriffen werden.

Es seien noch einige *Erklärungen* angefügt.

I. In der Grundimplikation $\mathfrak{c}_1 \wedge \cdots \wedge \mathfrak{c}_m \to \mathfrak{d}_1 \vee \cdots \vee \mathfrak{d}_n$ heißt ein $\mathfrak{c}_i$ ein *elementares* Glied der Vorderkonjunktion, wenn $\mathfrak{c}_i$ nicht selbst Konjunktion ist; entsprechend heißt ein $\mathfrak{d}_j$ ein *elementares* Glied der Hinterdisjunktion, wenn $\mathfrak{d}_j$ nicht selbst Disjunktion ist.

Anmerkung. Die in Abs. 1 der „Erklärung der Grundimplikation" behandelte Mehrdeutigkeit der Mitteilung entfällt offensichtlich bei einer „*elementaren Mitteilung*", d. h. bei einer solchen, bei der alle mitgeteilten Glieder elementar sind.

II. Unter der *vertretenden* Grundimplikation einer natürlichen Aussagenform $\mathfrak{c}$ sei die folgende Implikation verstanden:

1. $\mathfrak{c}$ selbst, wenn $\mathfrak{c}$ eine Implikation ist,
2. $\mathfrak{d} \to \cdot$, wenn $\mathfrak{c}$ ein Negat $\neg\mathfrak{d}$ ist,
3. $\cdot \to \mathfrak{c}$ sonst.

Diese Erklärung steht in unmittelbarem Einklang mit den obigen Bemerkungen ‚zur Interpretation'.

§ 89. Das Deduktionsgerüst der natürlichen aufschichtenden alternären Aussagenlogik.

I. Einziges *Axiomenschema:*

Jede Implikation $\dot{\mathfrak{v}} \to \dot{\mathfrak{v}}$ mit einer beliebigen *Aussagenvariablen* $\dot{\mathfrak{v}}$ heißt ein Axiom (und als solches eo ipso „beweisbar").

Anmerkung. Der Punkt über einem Mitteilungszeichen soll darauf hindeuten, daß es sich um die Mitteilung einer *Variablen* handelt.

II. *Umstellungs-Verabredung.*

Weder bei der Vorderkonjunktion noch bei der Hinterdisjunktion soll es auf die Reihenfolge der Konjunktions- bzw. Disjunktionsglieder ankommen. (Daß die Vorderkonjunktion und die Hinterdisjunktion *assoziat* geschrieben werden, m.a.W. daß es nicht auf die Art der Zusammenfassung ihrer Glieder ankommt, wurde schon beim Begriffsnetz festgesetzt:)

Beispiel. $\neg\mathfrak{a} \wedge (\mathfrak{b} \vee \mathfrak{c}) \wedge \neg\mathfrak{a} \to \neg\mathfrak{b} \vee (\mathfrak{a} \wedge \mathfrak{c})$,
$\neg\mathfrak{a} \wedge \neg\mathfrak{a} \wedge (\mathfrak{b} \vee \mathfrak{c}) \to (\mathfrak{a} \wedge \mathfrak{c}) \vee \neg\mathfrak{b}$

gelten als Schreibweisen derselben Grundimplikation.

Anmerkung. Die *Vielfachheit* der Konjunktions- bzw. Disjunktionsglieder ist dagegen zunächst wichtig; auf sie werden sich besondere Schlüsse beziehen. — So ist die im Beispiel genannte Grundimplikation eine andere als $\neg\mathfrak{a} \wedge (\mathfrak{b} \vee \mathfrak{c}) \to (\mathfrak{a} \wedge \mathfrak{c}) \vee \neg\mathfrak{b}$.

Zur Beachtung. Die Umstellungs-Verabredung soll nicht zu den Schlußregeln zählen; vielmehr sollen Umstellungen der Vorderkonjunktion bzw. der Hinterdisjunktion für gewöhnlich stillschweigend und ohne ausdrückliche Berufung auf diese Verabredung einbezogen werden, insbesondere aber soll die Verabredung bei der Feststellung eines Beweisranges nicht als Schlußregel fungieren.

III. *Die aufschichtenden Schlußregeln.*

Vorbemerkungen zu III. 1.) Zur *Schreibweise* der folgenden Schlußregeln: $\mathfrak{u}, \mathfrak{v}$ bezeichnen stets Konjunktions- oder Disjunktionsglieder, *die auch fehlen dürfen („Nebenglieder")*, $\mathfrak{a}$, $\mathfrak{b}$ stets solche, auf die es in der Schlußregel ankommt (bei aufschichtenden Regeln: solche, die der Aufschichtung unterliegen, „*Hauptglieder*").

2.) Bei einer Schlußregel mit *einer* Oberformel lassen wir der Einfachheit halber den Schlußstrich weg; wir behalten ihn nur für zwei Oberformeln bei. —

Die aufschichtenden Schlußregeln mögen zunächst mit ausführlicher Erörterung eingeführt werden; die Zusammenstellung aller Schlußregeln wird dann weiter unten folgen.

Jede der aufschichtenden Schlußregeln führt eine der Verknüpfungen $\vee, \wedge, \neg, \rightarrow$ ein, und zwar entweder in ein Glied der Hinterdisjunktion oder in ein Glied der Vorderkonjunktion. Zur Rolle der Glieder $\mathfrak{u}, \mathfrak{v}$ vgl. die obige Vorbemerkung.

$\wedge$ *vorne:*

$$\begin{array}{c} \mathfrak{u} \rightarrow \mathfrak{v} \\ \mathfrak{a} \wedge \mathfrak{u} \rightarrow \mathfrak{v} \end{array}$$

$\vee$ *hinten:*

$$\begin{array}{c} \mathfrak{u} \rightarrow \mathfrak{v} \\ \mathfrak{u} \rightarrow \mathfrak{v} \vee \mathfrak{a} \end{array}$$

Für den „$\vee$-vorne"-Schluß bzw. den „$\wedge$-hinten"-Schluß wird ursprünglich die einfache Aufschichtung intendiert:

$$\frac{\mathfrak{a} \rightarrow \mathfrak{v} \quad \mathfrak{b} \rightarrow \mathfrak{v}}{\mathfrak{a} \vee \mathfrak{b} \rightarrow \mathfrak{v}} \quad \text{bzw.} \quad \frac{\mathfrak{u} \rightarrow \mathfrak{a} \quad \mathfrak{u} \rightarrow \mathfrak{b}}{\mathfrak{u} \rightarrow \mathfrak{a} \wedge \mathfrak{b}}$$

Da man es jedoch im Vorderglied einer Grundimplikation mit einer *Konjunktion,* im Hinterglied mit einer *Disjunktion* zu tun hat, ist es angemessen, dort außerdem ein Konjunktions- bzw. Disjunktionsglied zuzulassen:

$\vee$ *vorne:*

$$\frac{\mathfrak{a} \wedge \mathfrak{u} \rightarrow \mathfrak{v} \quad \mathfrak{b} \wedge \mathfrak{u} \rightarrow \mathfrak{v}}{(\mathfrak{a} \vee \mathfrak{b}) \wedge \mathfrak{u} \rightarrow \mathfrak{v}}$$

$\wedge$ *hinten:*

$$\frac{\mathfrak{u} \rightarrow \mathfrak{v} \vee \mathfrak{a} \quad \mathfrak{u} \rightarrow \mathfrak{v} \vee \mathfrak{b}}{\mathfrak{u} \rightarrow \mathfrak{v} \vee (\mathfrak{a} \wedge \mathfrak{b})}$$

Eine entsprechende Vorüberlegung wie für die letzten beiden Schlußregeln führt auf die erweiterte Gestalt der nächsten beiden:

$\neg$ *vorne:*

$$\begin{array}{c} \mathfrak{u} \rightarrow \mathfrak{v} \vee \mathfrak{a} \\ \neg \mathfrak{a} \wedge \mathfrak{u} \rightarrow \mathfrak{v} \end{array}$$

$\neg$ *hinten:*

$$\begin{array}{c} \mathfrak{a} \wedge \mathfrak{u} \rightarrow \mathfrak{v} \\ \mathfrak{u} \rightarrow \mathfrak{v} \vee \neg \mathfrak{a} \end{array}$$

Für den „$\rightarrow$-vorne"-Schluß bzw. den „$\rightarrow$-hinten"-Schluß wird ursprünglich eine ganz einfache Aufschichtung intendiert, nämlich die folgende:

$$\frac{\mathfrak{a} \quad \mathfrak{b} \rightarrow \mathfrak{v}}{(\mathfrak{a} \rightarrow \mathfrak{b}) \rightarrow \mathfrak{v}} \quad \text{bzw.} \quad \begin{array}{c} \mathfrak{a} \wedge \mathfrak{u} \rightarrow \mathfrak{b} \\ \mathfrak{u} \rightarrow \mathfrak{a} \rightarrow \mathfrak{b} \end{array}$$

Auch hier werden nun wiederum weitere Nebenglieder zugelassen:

$\rightarrow$ *vorne:*

$$\frac{\mathfrak{u}\rightarrow\mathfrak{v}\vee\mathfrak{a} \quad \mathfrak{b}\wedge\mathfrak{u}\rightarrow\mathfrak{v}}{(\mathfrak{a}\rightarrow\mathfrak{b})\wedge\mathfrak{u}\rightarrow\mathfrak{v}}$$

$\rightarrow$ *hinten:*

$$\begin{array}{c}\mathfrak{a}\wedge\mathfrak{u}\rightarrow\mathfrak{v}\vee\mathfrak{b}\\ \mathfrak{u}\rightarrow\mathfrak{v}\vee(\mathfrak{a}\rightarrow\mathfrak{b})\end{array}$$

Textaufgabe. Die aufschichtenden Schlußregeln zu interpretieren, und zwar insbesondere auch im Falle fehlender Nebenglieder, wobei dann gegebenenfalls die auf S. 219f. eingeführten Punkte heranzuziehen sind; Beispiel eines speziellen $\rightarrow$-hinten-Schlusses:

$$\begin{array}{c}\mathfrak{a}\rightarrow\mathfrak{b}\\ \bullet\rightarrow\mathfrak{a}\rightarrow\mathfrak{b}.\end{array}$$

Zusammenstellung des Deduktionsgerüstes.

I. Axiome: $\dot{\mathfrak{v}}\rightarrow\dot{\mathfrak{v}}$ (wo $\dot{\mathfrak{v}}$ eine beliebige Aussagenvariable ist).

II. *Umstellungs-Verabredung* für die Glieder der Vorderkonjunktion und für die Glieder der Hinterdisjunktion (gilt nicht als Schlußregel).

III. *Aufschichtende Schlußregeln:*

$\wedge$ *vorne:*

$$\begin{array}{c}\mathfrak{u}\rightarrow\mathfrak{v}\\ \mathfrak{a}\wedge\mathfrak{u}\rightarrow\mathfrak{v}\end{array}$$

$\vee$ *hinten:*

$$\begin{array}{c}\mathfrak{u}\rightarrow\mathfrak{v}\\ \mathfrak{u}\rightarrow\mathfrak{v}\vee\mathfrak{a}\end{array}$$

$\neg$ *vorne:*

$$\begin{array}{c}\mathfrak{u}\rightarrow\mathfrak{v}\vee\mathfrak{a}\\ \neg\mathfrak{a}\wedge\mathfrak{u}\rightarrow\mathfrak{v}\end{array}$$

$\neg$ *hinten:*

$$\begin{array}{c}\mathfrak{a}\wedge\mathfrak{u}\rightarrow\mathfrak{v}\\ \mathfrak{u}\rightarrow\mathfrak{v}\vee\neg\mathfrak{a}\end{array}$$

$\rightarrow$ *vorne:*

$$\frac{\mathfrak{u}\rightarrow\mathfrak{v}\vee\mathfrak{a} \quad \mathfrak{b}\wedge\mathfrak{u}\rightarrow\mathfrak{v}}{(\mathfrak{a}\rightarrow\mathfrak{b})\wedge\mathfrak{u}\rightarrow\mathfrak{v}}$$

$\rightarrow$ *hinten:*

$$\begin{array}{c}\mathfrak{a}\wedge\mathfrak{u}\rightarrow\mathfrak{v}\vee\mathfrak{b}\\ \mathfrak{u}\rightarrow\mathfrak{v}\vee(\mathfrak{a}\rightarrow\mathfrak{b})\end{array}$$

$\vee$ *vorne:*

$$\frac{\mathfrak{a}\wedge\mathfrak{u}\rightarrow\mathfrak{v} \quad \mathfrak{b}\wedge\mathfrak{u}\rightarrow\mathfrak{v}}{(\mathfrak{a}\vee\mathfrak{b})\wedge\mathfrak{u}\rightarrow\mathfrak{v}}$$

$\wedge$ *hinten:*

$$\frac{\mathfrak{u}\rightarrow\mathfrak{v}\vee\mathfrak{a} \quad \mathfrak{u}\rightarrow\mathfrak{v}\vee\mathfrak{b}}{\mathfrak{u}\rightarrow\mathfrak{v}\vee(\mathfrak{a}\wedge\mathfrak{b})}$$

Anmerkung. Die gestrichelte Linie trennt die Schlußregeln mit nur *einer* Oberformel von den Schlußregeln mit *zwei* Oberformeln.

§ 90. Fundamentale Eigenschaften des Deduktionsgerüstes.

Satz 57. Das Deduktionsgerüst des § 89 ist im folgenden abgeschwächten Sinne *aufschichtend* (vgl. § 52):

1. In der Unterformel $\mathfrak{B}$ eines Schlusses tritt jedes elementare Glied der Vorderkonjunktion oder der Hinterdisjunktion einer Oberformel $\mathfrak{A}$ (d.i. jedes nicht selbst konjunktive Glied der Vorderkonjunktion und ebenso jedes nicht selbst disjunktive Glied der Hinterdisjunktion von $\mathfrak{A}$ — S. 220) wiederum entweder als Glied oder als Teilform eines Gliedes der Vorderkonjunktion oder der Hinterdisjunktion von $\mathfrak{B}$ auf. — Dies gilt ebenso für eine beliebige Formel $\mathfrak{A}^\circ$ eines Beweises und für die Endformel $\mathfrak{B}^\circ$ dieses Beweises. — 2. Die Gesamtanzahl der plazierten Verknüpfungszeichen von $\mathfrak{B}$ ist nicht kleiner als diejenige von $\mathfrak{A}$. — Dies gilt ebenso für eine beliebige Formel $\mathfrak{A}^\circ$ eines Beweises und für die Endformel $\mathfrak{B}^\circ$ dieses Beweises.

Zum *Nachweis*. Die ersten Behauptungen von 1 und 2 werden bei Durchsicht der Schlußregeln bestätigt. Zum Nachweis der jeweils zugefügten zweiten Behauptung bedarf es lediglich einer trivialen Gerüstinduktion, bei der die Umstellungs-Verabredung offenbar keine Rolle spielt (Textaufgabe).

Satz 58. — (1) Jede im Kodifikat der §§ 88, 89 beweisbare Grundimplikation ist vertretende Grundimplikation (s. Erklärung II, S. 221) einer Wahrform. (2) Das Kodifikat ist im folgenden Sinne widerspruchsfrei: es können nicht die vertretenden Grundimplikationen einer natürlichen Aussagenform und ihres Negates hergeleitet werden. (3) Die leere Grundimplikation $\bullet\!\rightarrow\!\bullet$ (Nr. 3 von S. 220) ist nicht beweisbar.

(2) und (3) sind unmittelbare Folgerungen aus (1). —

Nachweis für (1) durch Gerüstinduktion.

Erster Induktionsschritt. Ein Axiom $\dot{\mathfrak{v}}\!\rightarrow\!\dot{\mathfrak{v}}$ ist vertretende Grundimplikation einer Wahrform.

Zweiter Induktionsschritt. Eine Umstellung gemäß der Umstellungs-Verabredung ändert den wahrformvertretenden Charakter einer Grundimplikation nicht. — Auch ein aufschichtender Schluß (gemäß einer der acht aufschichtenden Schlußregeln) vererbt — S. 134 — den wahrformvertretenden Charakter (m.a.W.: die Schlußregeln erfüllen die Forderung von S. 167, wenn man statt von Wahrformen von wahrformvertretenden Grundimplikationen spricht). Man erkennt dies, indem man die einzelnen Schlußregeln an Hand der Wahrheitswertung (der §§ 32, 41) durchgeht (Textaufgabe). Hierbei ist darauf zu achten, daß bei Fehlen eines Nebengliedes $\mathfrak{u}$ oder $\mathfrak{v}$ die vertretende Grundimplikation gemäß ihrer fallunterteilten Erklärung (S. 221) den Fall ihrer Erklärtheit wechseln kann.

Beispiel hierfür. $\neg$-vorne-Schluß mit fehlenden Nebengliedern $\mathfrak{u}, \mathfrak{v}$:

$$\bullet\!\rightarrow\mathfrak{a}$$

$$\neg\mathfrak{a}\!\rightarrow\!\bullet$$

Während die Oberformel die natürliche Form $\mathfrak{a}$ vertritt, steht die Unterformel vertretend für $\neg\neg\mathfrak{a}$.

Anmerkung zu Satz 58. Die Umkehrung von (1) und damit die Vollständigkeit des Kodifikats wird in § 92 gezeigt werden.

Erklärung der *Dualität* für das aufschichtende Kodifikat.

Zwei Grundimplikationen der Gestalt $\mathfrak{a}\to\mathfrak{b}$ und $\mathfrak{c}\to\mathfrak{d}$, bei denen $\mathfrak{a}, \mathfrak{b}, \mathfrak{c}, \mathfrak{d}$ bloße $\wedge\vee\neg$-Formen sind, heißen zueinander dual, wenn $\mathfrak{a}$ zu $\mathfrak{d}$ und $\mathfrak{b}$ zu $\mathfrak{c}$ dual ist. Die Vorderkonjunktion geht also bei Dualisierung in die Hinterdisjunktion über und umgekehrt.

Anmerkung. Diese Erklärung der Dualität für Grundimplikationen des aufschichtenden Kodifikats weicht offenbar nur hinsichtlich der herrschenden Implikationsverknüpfung von der in § 37 erklärten gewöhnlichen Dualität für Aussagenformen ab.

Beispiele: $a\wedge(\neg a\vee b)\to a\vee c$ dual zu $a\wedge c\to a\vee(\neg a\wedge b)$

$\bullet\to a\vee\neg a$ dual zu $a\wedge\neg a\to\bullet$.

Im Sinne dieser Dualität ist das Axiomenschema I in sich selbst dual; und die Umordnungsvorschriften II und die aufschichtenden Schlußregeln III — letztere mit *Ausnahme* der $\to$-Regeln — lassen sich zu dualen Paaren anordnen. (Die Paare dualer Schlußregeln sind in der Zusammenstellung von S. 223 jeweils in eine Zeile gestellt; bei der Dualisierung sind jeweils die Bezeichnungen $\mathfrak{u}$ und $\mathfrak{v}$ vertauscht. Diese duale Ordnung ist lediglich bei den $\to$-Regeln durchbrochen.)

An Hand des Aufschichtungssatzes 57 erkennt man unmittelbar: Zum Beweis einer Grundimplikation $\mathfrak{a}\to\mathfrak{b}$, bei der $\mathfrak{a}$ und $\mathfrak{b}$ bloße $\wedge\vee\neg$-Formen sind, werden die $\to$-Schlußregeln nicht benötigt, m.a.W. alle benötigten Axiome und Schlußregeln besitzen ein duales Gegenstück. Daher hat man unmittelbar den

Satz 59. Mit einer beweisbaren Form $\mathfrak{a}\to\mathfrak{b}$, die außer dem herrschenden $\to$-Zeichen kein $\to$ enthält, ist auch die duale Form (s. oben) beweisbar.

Anmerkung. Auch das in sich duale Teilkodifikat, das bei Weglassung der $\to$-Schlußregeln hervorgeht, ist im Rahmen der nachfolgenden Fragestellungen von Interesse.

§ 91. Einige Herleitungen.

Satz 60. Für eine beliebige natürliche Form $\mathfrak{c}$ ist $\mathfrak{c}\to\mathfrak{c}$ beweisbar. Dieser Satz stellt eine Erweiterung des Axiomenschemas I dar.

Nachweis durch Netzinduktion (S. 164), wobei in evidenter Weise (etwa durch Klammerung von links) eine nicht assoziate Aufschichtungsordnung zugrunde gelegt wird.

Erster Induktionsschritt.

Für eine Aussagenvariable $\dot{\mathfrak{v}}$ gilt $\dot{\mathfrak{v}}\to\dot{\mathfrak{v}}$ nach Axiom I.

Zweiter Induktionsschritt.

1) Es sei bereits bewiesen: $\mathfrak{a} \to \mathfrak{a}$.

Behauptung: auch $\neg\mathfrak{a} \to \neg\mathfrak{a}$ ist beweisbar.

Beweis: $\mathfrak{a} \to \mathfrak{a}$

$\therefore$ $\bullet \to \mathfrak{a} \vee \neg\mathfrak{a}$ durch $\neg$-hinten-Schluß

$\therefore$ $\neg\mathfrak{a} \to \neg\mathfrak{a}$ durch $\neg$-vorne-Schluß.

2) Es sei bereits bewiesen: $\mathfrak{a} \to \mathfrak{a}$, $\mathfrak{b} \to \mathfrak{b}$.

Behauptung: auch $\mathfrak{a} \wedge \mathfrak{b} \to \mathfrak{a} \wedge \mathfrak{b}$ ist beweisbar.

Beweis: $\mathfrak{a} \to \mathfrak{a}$ $\quad$ $\mathfrak{b} \to \mathfrak{b}$

$\therefore$ $\mathfrak{a} \wedge \mathfrak{b} \to \mathfrak{a}$ $\quad$ $\mathfrak{a} \wedge \mathfrak{b} \to \mathfrak{b}$ durch $\wedge$-vorne-Schlüsse (auf die Reihenfolge der Konjunktionsglieder kommt es in den Grundimplikationen ja nicht an, s. S. 221).

$\therefore$ $\mathfrak{a} \wedge \mathfrak{b} \to \mathfrak{a} \wedge \mathfrak{b}$ durch $\wedge$-hinten-Schluß.

3) Es sei bereits bewiesen: $\mathfrak{a} \to \mathfrak{a}$, $\mathfrak{b} \to \mathfrak{b}$.

Behauptung: auch $\mathfrak{a} \vee \mathfrak{b} \to \mathfrak{a} \vee \mathfrak{b}$ ist beweisbar.

Beweis genau dual zu demjenigen von Abs. 2 (vgl. S. 225).

$\mathfrak{a} \to \mathfrak{a}$ $\quad$ $\mathfrak{b} \to \mathfrak{b}$

$\therefore$ $\mathfrak{a} \to \mathfrak{a} \vee \mathfrak{b}$ $\quad$ $\mathfrak{b} \to \mathfrak{a} \vee \mathfrak{b}$ durch $\vee$-hinten-Schlüsse

$\therefore$ $\mathfrak{a} \vee \mathfrak{b} \to \mathfrak{a} \vee \mathfrak{b}$ durch $\vee$-vorne-Schluß.

4) Es sei bereits bewiesen: $\mathfrak{a} \to \mathfrak{a}$, $\mathfrak{b} \to \mathfrak{b}$.

Behauptung: Auch $\mathfrak{a} \to \mathfrak{b} \longrightarrow \mathfrak{a} \to \mathfrak{b}$ ist beweisbar.

Beweis:

$\mathfrak{a} \to \mathfrak{a}$ $\quad$ $\mathfrak{b} \to \mathfrak{b}$

$\therefore$ $\mathfrak{a} \to \mathfrak{b} \vee \boxed{\mathfrak{a}}$ $\quad$ $\boxed{\mathfrak{b}} \wedge \mathfrak{a} \to \mathfrak{b}$ durch $\vee$-hinten- bzw. $\wedge$-vorne-Schluß

$\therefore$ $\boxed{(\mathfrak{a} \to \mathfrak{b})} \wedge \mathfrak{a} \to \mathfrak{b}$ durch $\to$-vorne-Schluß

(die Hauptglieder des $\to$-vorne-Schlusses sind durch Umrandung hervorgehoben)

d.i. $\mathfrak{a} \wedge (\mathfrak{a} \to \mathfrak{b}) \to \mathfrak{b}$ bei Umstellung

$\therefore$ $\mathfrak{a} \to \mathfrak{b} \longrightarrow \mathfrak{a} \to \mathfrak{b}$ durch $\to$-hinten-Schluß.

Textaufgabe. Die Grundimplikation des Satzes vom Widerspruch: $\bullet \to \neg(a \wedge \neg a)$ zu beweisen. (Anmerkung. Die Grundimplikation des Tertium non datur trat bereits in Abs. 1 des Nachweises zu Satz 60 auf.) —

Es mögen noch einige einfache *Beispiele* für komplexere Herleitungen folgen.

Herleitung der faktischen Äquivalenz $\underline{\mathfrak{a} \to \mathfrak{b} \sim \neg\mathfrak{a} \vee \mathfrak{b}}$ (für beliebige einschlägige $\mathfrak{a}$, $\mathfrak{b}$).

1. — Beweis für $\mathfrak{a} \to \mathfrak{b} \longrightarrow \neg\mathfrak{a} \vee \mathfrak{b}$.

$$
\begin{array}{lll}
 & \mathfrak{a} \to \mathfrak{a} \qquad\qquad \mathfrak{b} \to \mathfrak{b} & \text{nach Satz 60} \\
\therefore & \mathfrak{a} \to \mathfrak{b} \vee \boxed{\mathfrak{a}} \qquad \boxed{\mathfrak{b}} \wedge \mathfrak{a} \to \mathfrak{b} & \text{durch } \vee \text{ hinten bzw. } \wedge \text{ vorne} \\
\hline
\therefore & \boxed{(\mathfrak{a} \to \mathfrak{b})} \wedge \mathfrak{a} \to \mathfrak{b} & \text{durch } \to \text{ vorne (Hauptglieder umrandet)} \\
\therefore & \mathfrak{a} \to \mathfrak{b} \longrightarrow \neg\mathfrak{a} \vee \mathfrak{b} & \text{durch } \neg \text{ hinten (mit Umstellung).}
\end{array}
$$

2. — Beweis für $\neg\mathfrak{a} \vee \mathfrak{b} \to \mathfrak{a} \to \mathfrak{b}$.

$$
\begin{array}{llll}
\mathfrak{a} \to \mathfrak{a} & \text{nach Satz 60} & & \\
\mathfrak{a} \to \mathfrak{b} \vee \mathfrak{a} & \text{durch } \vee \text{ hinten} & \mathfrak{b} \to \mathfrak{b} & \text{nach Satz 60} \\
\mathfrak{a} \wedge \neg\mathfrak{a} \to \mathfrak{b} & \text{durch } \neg \text{ vorne} & \mathfrak{a} \wedge \mathfrak{b} \to \mathfrak{b} & \text{durch } \wedge \text{ vorne} \\
\neg\mathfrak{a} \to \mathfrak{a} \to \mathfrak{b} & \text{durch } \to \text{ hinten} & \mathfrak{b} \to \mathfrak{a} \to \mathfrak{b} & \text{durch } \to \text{ hinten} \\
\hline
\multicolumn{4}{c}{\neg\mathfrak{a} \vee \mathfrak{b} \to \mathfrak{a} \to \mathfrak{b} \quad \text{durch } \vee \text{ vorne. —}}
\end{array}
$$

Im folgenden letzten Beispiel mögen die einzelnen Schlüsse nicht mehr besonders gekennzeichnet werden. (Umrandung der Hauptglieder für die $\to$-vorne-Schlüsse wie oben.)

Beweis für $\underline{(a \to c) \vee (b \to c) \to a \wedge b \to c}$.

$$
\dfrac{
\dfrac{\begin{array}{l} a \to a \\ a \wedge b \to a \qquad\qquad c \to c \\ a \wedge b \to c \vee \boxed{a} \qquad a \wedge b \wedge \boxed{c} \to c \end{array}}{a \wedge b \wedge \boxed{(a \to c)} \to c}
\qquad
\dfrac{\begin{array}{l} b \to b \\ a \wedge b \to b \qquad\qquad c \to c \\ a \wedge b \to c \vee \boxed{b} \qquad a \wedge b \wedge \boxed{c} \to c \end{array}}{a \wedge b \wedge \boxed{(b \to c)} \to c}
}{
\begin{array}{c} a \wedge b \wedge \big((a \to c) \vee (b \to c)\big) \to c \\ (a \to c) \vee (b \to c) \to a \wedge b \to c. \end{array}
}
$$

Übungsaufgabe. Man beweise die faktischen Äquivalenzen, die den Grundgesetzen $V1$ bis $V7$ des Booleschen Verbandes entsprechen (m.a.W.: man beweise zu jedem derartigen Gesetz von der Gestalt $\mathfrak{a} == \mathfrak{b}$ die Implikationen $\mathfrak{a} \to \mathfrak{b}$ und $\mathfrak{b} \to \mathfrak{a}$).

§ 92. Die Wahrformvollständigkeit des Kodifikats.

Im Anschluß an die aufschichtenden Schlußregeln des Kodifikats möge zunächst die „*Reduktionsreihe*“ einer natürlichen Aussagenform an Hand der folgenden Fallunterscheidung definiert werden:

Erklärung.

1) $\neg$-vorne-Reduktion:
Einer Aussagenform der Gestalt $\neg\mathfrak{a} \wedge \mathfrak{u} \to \mathfrak{v}$
wird zugeordnet die Reduktionsreihe $\mathfrak{u} \to \mathfrak{v} \vee \mathfrak{a}$,

2) $\neg$-hinten-Reduktion:
Einer Aussagenform der Gestalt $\mathfrak{u} \to \mathfrak{v} \vee \neg\mathfrak{a}$
wird zugeordnet die Reduktionsreihe $\mathfrak{a} \wedge \mathfrak{u} \to \mathfrak{v}$,

3) $\rightarrow$-vorne-Reduktion:
Einer Aussagenform der Gestalt $(\mathfrak{a}\rightarrow\mathfrak{b})\wedge\mathfrak{u}\rightarrow\mathfrak{v}$
wird zugeordnet die Reduktionsreihe $\mathfrak{u}\rightarrow\mathfrak{v}\vee\mathfrak{a}$, $\mathfrak{b}\wedge\mathfrak{u}\rightarrow\mathfrak{v}$,

4) $\rightarrow$-hinten-Reduktion:
Einer Aussagenform der Gestalt $\mathfrak{u}\rightarrow\mathfrak{v}\vee(\mathfrak{a}\rightarrow\mathfrak{b})$
wird zugeordnet die Reduktionsreihe $\mathfrak{a}\wedge\mathfrak{u}\rightarrow\mathfrak{v}\vee\mathfrak{b}$,

5) $\vee$-vorne-Reduktion:
Einer Aussagenform der Gestalt $(\mathfrak{a}\vee\mathfrak{b})\wedge\mathfrak{u}\rightarrow\mathfrak{v}$
wird zugeordnet die Reduktionsreihe $\mathfrak{a}\wedge\mathfrak{u}\rightarrow\mathfrak{v}$, $\mathfrak{b}\wedge\mathfrak{u}\rightarrow\mathfrak{v}$,

6) $\wedge$-hinten-Reduktion:
Einer Aussagenform der Gestalt $\mathfrak{u}\rightarrow\mathfrak{v}\vee(\mathfrak{a}\wedge\mathfrak{b})$
wird zugeordnet die Reduktionsreihe $\mathfrak{u}\rightarrow\mathfrak{v}\vee\mathfrak{a}$, $\mathfrak{u}\rightarrow\mathfrak{v}\vee\mathfrak{b}$.

7) Einer Aussagenform, die von keiner der Gestalten 1)—6) ist, wird keine Reduktionsreihe zugeordnet.

Anmerkungen. 1. Eine Reduktionsreihe besteht aus einer einzigen oder aus zwei Aussagenformen. — 2. Ein Vergleich mit der Tabelle von S. 223 lehrt unmittelbar: die Unterformel eines Schlusses, der einer der letzten sechs aufschichtenden Schlußregeln unterliegt, hat als Reduktionsreihe die zugehörige(n) Oberformel(n). — Man beachte jedoch, daß sich eine natürliche Aussagenform eventuell als Unterformel verschiedener Schlüsse auffassen läßt. So hat z.B. die Aussagenform $\neg a\wedge u\rightarrow v\vee\neg b$ zwei (aus je einer Form bestehende) Reduktionsreihen, nämlich $u\rightarrow v\vee\neg b\vee a$ und $b\wedge\neg a\wedge u\rightarrow v$.

Hilfsatz. Gegeben sei eine Grundimplikation, die eine Wahrform vertritt (S. 221) und die eine Reduktionsreihe besitzt. Diese Reduktionsreihe besteht dann aus solchen Grundimplikationen, die ihrerseits wiederum Wahrformen vertreten.

Der *Nachweis* dieses Hilfsatzes verlangt — gemäß der 2. Anmerkung zur Erklärung der Reduktionsreihe — ein zum zweiten Induktionsschritt des Nachweises für Satz 58 (1) inverses Vorgehen. Wie dort hat man die verschiedenen Schlußregeln wahrheitswertend durchzugehen, wobei wie dort auf die Möglichkeit des Fehlens von Nebengliedern zu achten ist. (Die Durchführung sei als Textaufgabe gestellt.)

Satz 61. Die natürliche aufschichtende Aussagenlogik der §§ 88, 89 ist im folgenden Sinne wahrformvollständig: die vertretende Grundimplikation (§ 88) jeder Wahrform ist beweisbar.

Vorab eine unmittelbare *Folgerung* aus den Sätzen 58 (1) und 61. In dem Kodifikat der §§ 88, 89 werden gerade die vertretenden Grundimplikationen aller natürlichen Wahrformen beweisbar. — In diesem Sinne sind wir berechtigt, das natürliche aufschichtende Kodifikat als *alternäre* Logik zu bezeichnen.

Dem Nachweis des Satzes 61 seien einige Erklärungen vorausgeschickt (deren erste nur in ihm verwendet werden wird).

Erklärung. Die Anzahl aller plazierten (§ 63) Verknüpfungszeichen, die in den *elementaren Gliedern* der Vorderkonjunktion und in den elementaren Gliedern der Hinterdisjunktion (S. 220) einer Grundimplikation auftreten, möge kurz als die *innere Verknüpfungsanzahl* der Grundimplikation bezeichnet werden. (Die innere Verknüpfungsanzahl geht m.a.W. aus der Anzahl *aller* plazierten Verknüpfungszeichen durch Subtraktion der Anzahl derjenigen Verknüpfungszeichen, die die elementaren Glieder verbinden, hervor.)

Beispiele. 1. — $a \wedge b \wedge c \wedge a \rightarrow c \vee a \vee b$ hat die innere Verknüpfungsanzahl 0.

2. — $(a \rightarrow b \vee c) \wedge (c \vee a) \wedge \neg b \rightarrow (b \rightarrow a) \vee (c \wedge a \rightarrow b)$ hat die innere Verknüpfungsanzahl $2+1+1+1+2=7$.

3. — $\cdot \rightarrow a \rightarrow b$ und $a \rightarrow b \longrightarrow \cdot$ haben die innere Verknüpfungsanzahl 1.

Erklärung. Eine Grundimplikation, bei der sämtliche elementaren Glieder der Vorderkonjunktion und der Hinterdisjunktion bloße Variablen sind, möge *affirmativ* heißen, sobald ein Glied der Vorderkonjunktion mit einem Glied der Hinterdisjunktion übereinstimmt.

Hilfsatz. Jede affirmative Grundimplikation ist beweisbar.

Nachweis. Eine affirmative Grundimplikation läßt sich nach eventuellen Umstellungen in der Gestalt

$$\mathfrak{c}_1 \wedge \cdot\cdot \wedge \mathfrak{c}_{n-1} \wedge \mathfrak{c}_n \rightarrow \mathfrak{c}_n \vee \mathfrak{d}_2 \vee \cdot\cdot \vee \mathfrak{d}_m$$

mitteilen (wo $\mathfrak{c}_1, \ldots, \mathfrak{c}_n, \mathfrak{d}_2, \ldots, \mathfrak{d}_m$ bloße Aussagenvariablen sind).

Beweis dieser Aussagenform.

$\mathfrak{c}_n \rightarrow \mathfrak{c}_n$ ist Axiom.

$\mathfrak{c}_1 \wedge \cdot\cdot \wedge \mathfrak{c}_n \rightarrow \mathfrak{c}_n$ durch $n-1$-maligen $\wedge$-vorne-Schluß (wobei $n-1$ auch 0 sein darf).

$\mathfrak{c}_1 \wedge \cdot\cdot \wedge \mathfrak{c}_n \rightarrow \mathfrak{c}_n \vee \mathfrak{d}_2 \vee \cdot\cdot \vee \mathfrak{d}_m$ durch $n-1$-maligen $\vee$-hinten-Schluß.

Nachweis des Satzes 61 durch Induktion nach der „inneren Verknüpfungsanzahl" (diese Induktion ist offenbar eine Abart der Netzinduktion).

Erster Induktionsschritt. Die vertretende Grundimplikation der gegebenen Wahrform habe die innere Verknüpfungsanzahl 0. Die elementaren Glieder der Vorderkonjunktion und der Hinterdisjunktion sind dann bloße Variablen. Eine Grundimplikation dieser Art vertritt offenbar dann und nur dann eine Wahrform, wenn sie affirmativ (gemäß der obigen Erklärung) ist. Nun der letzte Hilfsatz.

Zweiter Induktionsschritt. Die innere Verknüpfungsanzahl n der gegebenen Grundimplikation $\mathfrak{g}$, die eine Wahrform vertritt, sei $\neq 0$, und der Satz sei bereits bewiesen für alle eine Wahrform vertretenden Grundimplikationen, deren innere Verknüpfungsanzahl kleiner als n ist.

Wegen $n \neq 0$ muß mindestens ein elementares Glied (S. 220) eine *zusammengesetzte* Form (d.h keine bloße Variable) sein. $\mathfrak{g}$ hat daher — nach eventueller Umstellung — mindestens eine der Gestalten

$\neg\mathfrak{a}\wedge\mathfrak{u}\rightarrow\mathfrak{v}$	$\mathfrak{u}\rightarrow\mathfrak{v}\vee\neg\mathfrak{a}$
$(\mathfrak{a}\vee\mathfrak{b})\wedge\mathfrak{u}\rightarrow\mathfrak{v}$	$\mathfrak{u}\rightarrow\mathfrak{v}\vee(\mathfrak{a}\wedge\mathfrak{b})$
$(\mathfrak{a}\rightarrow\mathfrak{b})\wedge\mathfrak{u}\rightarrow\mathfrak{v}$	$\mathfrak{u}\rightarrow\mathfrak{v}\vee(\mathfrak{a}\rightarrow\mathfrak{b})$

(wobei $\mathfrak{u}$, $\mathfrak{v}$ auch fehlen dürfen).

In jedem Falle besitzt die Wahrform $\mathfrak{g}$ mindestens eine Reduktionsreihe (gemäß der Erklärung von S. 227, vgl. auch die Anmerkung zu jener Erklärung). Man überzeugt sich an Hand der Tabelle der Reduktionsreihen, daß die Grundimplikation(en), die einer Reduktionsreihe von $\mathfrak{g}$ angehören, eine kleinere innere Verknüpfungsanzahl haben als $\mathfrak{g}$. Nach dem Hilfsatz von S. 228 vertreten sie außerdem Wahrformen. Daher sind sie nach Induktionsvoraussetzung beweisbar. Aus ihnen ergibt sich die Grundimplikation $\mathfrak{g}$ — gemäß der Anmerkung von S. 228 — durch einen einzigen aufschichtenden Schluß (nämlich denjenigen, dem die Reduktionsreihe zugeordnet war).

Zusatz. Die durchgeführte Induktion zeigt etwas mehr, als in Satz 61 ausgesprochen ist. Sie zeigt: Die vertretende Grundimplikation einer Wahrform ist durch einen solchen Beweis herleitbar, dessen letzter Schluß ein *beliebig* herausgegriffenes zusammengesetztes Glied der elementaren Mitteilung von $\mathfrak{g}$ aufschichtet. — Dieser Zusatz wird sogleich eine Rolle spielen.

§ 93. Ein zweites Entscheidungsverfahren für die Wahrformeigenschaft.

Mit dem Nachweis des Satzes 61 hat sich ein *Entscheidungsverfahren für die Wahrformeigenschaft* natürlicher Aussagenformen ergeben. Es läßt sich wie folgt beschreiben:

Satz 62. Gegeben eine natürliche Aussagenform; man betrachtet die sie vertretende Grundimplikation $\mathfrak{g}$. Von dieser geht man zu irgendeiner ihrer Reduktionsreihen über (falls sie eine solche besitzt); von jedem Gliede (m.a.W.: von jeder Formel) der Reduktionsreihe zu irgendeiner *seiner* Reduktionsreihen usw. (betreffs der Erklärung der Reduktionsreihe s. den Anfang des § 92). Da sich die innere Verknüpfungsanzahl (S. 229) bei jeder Reduktion erniedrigt, gelangt man nach endlich

vielen Schritten zu lauter Grundimplikationen, die keine Reduktionsreihe mehr besitzen, weil in ihrer elementaren Mitteilung
$\mathfrak{c}_1 \wedge \cdot\cdot \wedge \mathfrak{c}_m \rightarrow \mathfrak{d}_1 \vee \cdot\cdot \vee \mathfrak{d}_n$ (S. 220) die $\mathfrak{c}$ und $\mathfrak{d}$ sämtlich bloße *Variablen* sind. — Die gegebene Aussagenform ist dann und nur dann Wahrform, wenn nach derartigem Abschluß des Verfahrens die reduktionsreihenlosen Grundimplikationen, zu denen man gelangt ist, sämtlich „affirmativ" sind, d.h. wenn in jeder von ihnen mindestens ein $\mathfrak{c}$ mit mindestens einem $\mathfrak{d}$ übereinstimmt.

Nachweis der letzten Behauptung. 1. Sämtliche reduktionsreihenlosen Grundimplikationen seien affirmativ. Dann ergibt sich jede von ihnen aus einem Axiom durch bloße $\wedge$-vorne- und $\vee$-hinten-Schlüsse (s. den Nachweis des Hilfsatzes von S. 229). Die Gesamtreduktion von $\mathfrak{g}$ liest sich nun rückwärts als ein Beweis für $\mathfrak{g}$ (s. den zweiten Induktionsschritt für Satz 61). Nach Satz 58 (1) vertritt dann $\mathfrak{g}$ eine Wahrform.

2. $\mathfrak{g}$ vertrete eine Wahrform. Dann ist $\mathfrak{g}$ nach Satz 61 im betrachteten Kodifikat beweisbar.

Behauptung. Wenn $\mathfrak{g}$ beweisbar ist, so führt eine beliebige Reduktion der im Entscheidungsverfahren geschilderten Art zum affirmativen Abschluß (im Sinne des nachzuweisenden Satzes). — Beweis dieser Behauptung durch Induktion nach der inneren Verknüpfungsanzahl.

Erster Induktionsschritt. $\mathfrak{g}$ habe die innere Verknüpfungsanzahl 0. Dann ist $\mathfrak{g}$, da es beweisbar ist, selbst bereits affirmativ.

Zweiter Induktionsschritt. Die innere Verknüpfungsanzahl von $\mathfrak{g}$ sei $\neq 0$. Dann gibt es nach dem Zusatz zu Satz 61 (S. 230) einen Beweis, dessen letzter Schluß ein beliebig herausgegriffenes Glied der elementaren Mitteilung aufschichtet. Daher genügt der Herausgriff einer beliebigen Reduktionsreihe von $\mathfrak{g}$; auf die Glieder dieser Reduktionsreihe (die kleinere innere Verknüpfungsanzahlen besitzen als $\mathfrak{g}$) ist die Induktionsvoraussetzung anwendbar. Hiermit hat man die Induktionsbehauptung für $\mathfrak{g}$.

Anmerkung. Das hier entwickelte Entscheidungsverfahren kann sich mit dem der §§ 32, 41, d.h. mit der Wahrheitswertung, durchaus messen; — ja, es wird bei Aussagenformen mit drei oder mehr Variablen im allgemeinen rascher zum Ziele führen.

Bei der praktischen Verwendung des Entscheidungsverfahrens ist die Anwendung der folgenden „*Regeln zur Abkürzung*" von Vorteil:

1. Eine Grundimplikation, die bereits als beweisbar bekannt ist (m.a.W.: die eine Wahrform vertritt), kann wie eine affirmative Grundimplikation angesehen werden.

1a. Wichtigster Spezialfall: Eine Grundimplikation der Gestalt

$\mathfrak{k} \wedge \mathfrak{c}_2 \wedge \cdot\cdot \wedge \mathfrak{c}_m \rightarrow \mathfrak{k} \vee \mathfrak{d}_2 \vee \cdot\cdot \vee \mathfrak{d}_n$

mit beliebigem $\mathfrak{k}$ und beliebigen $\mathfrak{c}$ und $\mathfrak{d}$ (*nicht* notwendig Variablen) kann wie eine affirmative Grundimplikation angesehen werden.

Beispiel. $(c \to a) \wedge (b \vee c) \to c \vee (a \to b) \vee b \vee a$ kann bereits wie eine affirmative Grundimplikation angesehen werden, denn gemäß der Umstellungsverabredung des Deduktionsgerüstes wird diese Form nicht unterschieden von $(b \vee c) \wedge (c \to a) \to (b \vee c) \vee (a \to b) \vee a$.

2. Sobald man im Laufe einer Reduktion irgendwo auf eine Grundimplikation stößt, die als unbeweisbar bekannt ist (m.a.W.: die eine Aussagenform vertritt, welche nicht Wahrform ist), kann die gegebene Ausgangsform nicht Wahrform sein.

2a. Wichtigster Spezialfall. Sobald man auf eine reduktionsreihenlose Grundimplikation stößt, die nicht affirmativ ist, kann die gegebene Ausgangsform nicht Wahrform sein.

Folgerung aus 2. Zum Nachweis, daß eine gegebene Aussagenform $\mathfrak{a}$ nicht Wahrform sei, genügt es, eine „Negativfolge" anzugeben, d.i. eine Folge von Grundimplikationen,

die mit der vertretenden Grundimplikation von $\mathfrak{a}$ beginnt,

bei der auf jede Grundimplikation *eine* Grundimplikation aus einer Reduktionsreihe derselben folgt und

die mit einer reduktionsreihenlosen, nicht affirmativen Grundimplikation endet.

Vgl. hierzu weiter unten das dritte Beispiel.

3. Im allgemeinen wird es zweckmäßig sein, eine Reduktionsreihe, die nur eine Formel enthält, einer solchen, die aus zwei Formeln besteht, vorzuziehen.

Beispiele von Entscheidungen.

1. Beispiel. — Ist die Aussagenform $a \to a \to b \longrightarrow a \to b$ (Form zur Vordergliedkürzung) Wahrform?

Entscheidung.

$\to$-hinten-Reduktion der gegebenen Form (gemäß Abkürzungsregel 3):
$a \wedge (a \to a \to b) \to b$

$\to$-vorne-Reduktion:
$a \to b \vee a$ (affirmativ), $(a \to b) \wedge a \to b$

$\to$-vorne-Reduktion der letzteren Form:
$a \to b \vee a,\quad b \wedge a \to b$ (beide affirmativ).

Antwort: Die gegebene Aussagenform ist Wahrform.

Anmerkung. Das Reduktionssystem läßt sich rückwärts als Beweis im Kodifikat der §§ 88, 89 lesen (nach Voranstellung von $\wedge$-vorne- und $\vee$-hinten-Schlüssen).

2. Beispiel. — Ist die Aussagenform $a \to b \vee c \longrightarrow a \wedge \neg b \to c$ (Form zur Überstellung) Wahrform?

Entscheidung.
$\rightarrow$-hinten-Reduktion der gegebenen Form (gemäß Abkürzungsregel 3):
$a \wedge \neg b \wedge (a \rightarrow b \vee c) \rightarrow c$
$\neg$-vorne-Reduktion (wiederum gemäß Abkürzungsregel 3):
$a \wedge (a \rightarrow b \vee c) \rightarrow c \vee b$
$\rightarrow$-vorne-Reduktion:
$a \rightarrow c \vee b \vee a$ (affirmativ), $a \wedge (b \vee c) \rightarrow c \vee b$ (affirmativ gemäß der Abkürzungsregel 1 a).

Anmerkung. Wer die Anwendbarkeit einer Abkürzungsregel übersieht, braucht offensichtlich nur weiter zu reduzieren.

Textaufgabe. Die Reduktion in anderer Reihenfolge vorzunehmen. — Wie viele verschiedene Möglichkeiten der Reduktion ergeben sich?

3. Beispiel. — $(a \rightarrow b) \rightarrow c \longrightarrow a \rightarrow c$ ist nicht Wahrform.

Nachweis durch Angabe einer „Negativfolge" (gemäß der Folgerung aus der Abkürzungsregel 2):
$(a \rightarrow b) \rightarrow c \longrightarrow a \rightarrow c$
$\rightarrow$-hinten-Reduktion:
$a \wedge (a \rightarrow b \longrightarrow c) \longrightarrow c$
$\rightarrow$-vorne-Reduktion, nur 1. Glied der Reduktionsreihe:
$a \rightarrow c \vee (a \rightarrow b)$
$\rightarrow$-hinten-Reduktion:
$a \wedge a \rightarrow c \vee b$ (reduktionsreihenlos, nicht affirmativ).

Übungsaufgaben. Man entscheide 1. durch Wahrheitswertung, 2. an Hand des neuen Verfahrens, ob
$a \rightarrow b \vee c \longrightarrow (a \rightarrow b) \vee (a \rightarrow c)$,
$(a \wedge (b \vee c)) \vee \neg (a \wedge b) \vee \neg c$,
$(a \rightarrow b \rightarrow c \rightarrow d) \wedge (a \rightarrow b \rightarrow c) \longrightarrow (b \rightarrow \neg c \rightarrow d) \vee (\neg a \rightarrow c \rightarrow d)$
Wahrformen sind.

Welches Verfahren führt jeweils rascher zum Ziele?

Kapitel XVI.

Kürzungserweiterte aufschichtende Aussagenlogik.

Vorbemerkung. Die Kap. XVI und XVII sind ausschließlich solchen Überlegungen gewidmet, die erst innerhalb der *Prädikatenlogik* wichtig werden. Diese Überlegungen sind lediglich aussagenlogische Vorbereitungen auf prädikatenlogische Betrachtungen, genauer: sie stellen den aussagenlogischen Teil allgemeiner syntaktischer Betrachtungen dar, für den man im prädikatenlogischen Zusammenhange auf den vorliegenden aussagenlogischen Band zurückgreifen können soll. Daher darf ein Leser, der sein Augenmerk zunächst allein auf die Aussagenlogik richten möchte, *die Kap. XVI und XVII getrost überschlagen* — es sei denn, daß die syntaktische Methodik ihn interessiert, für die hier im Rahmen der Aussagenlogik Beispiele von Verfahrensweisen auftreten, die sich als überraschend kräftig und verallgemeinerungsfähig erweisen werden.

§ 94. Das natürliche kürzungserweiterte aufschichtende alternäre Aussagenkodifikat *K*.

In der natürlichen aufschichtenden alternären Aussagenlogik der §§ 88, 89 sind (wie sich unmittelbar aus Satz 61 und aus der Erklärung der vertretenden Grundimplikation, S. 221, ergibt, alle Schlußregeln, die von implikativen Wahrformen stets auf eine implikative Wahrform führen (vgl. hierzu auch die Forderung auf S. 167), — explizit oder implizit — *abhängig* (s. § 58). Unter diesen speziellen alternären Schlußregeln sind einige von besonderem Interesse. Zunächst mögen die „Kürzungsregeln" betrachtet werden, die in einer Grundimplikation *eines* von mehreren gestaltlich übereinstimmenden Gliedern der Vorderkonjunktion bzw. der Hinterdisjunktion wegzukürzen gestatten. Bei prädikatenlogischer Erweiterung der aufschichtenden Kodifikate wird die Abhängigkeit dieser Regeln außer Kraft treten; die Kürzungsregeln werden sich als ein unentbehrlicher Bestandteil der aufschichtenden natürlichen Prädikatenlogik erweisen. Als aussagenlogischer Teil einer solchen Prädikatenlogik wird das folgende Kodifikat von Interesse sein:

Das natürliche kürzungserweiterte aufschichtende alternäre Aussagenkodifikat K.

A. *Begriffsnetz:* genau wie beim kürzungsfreien Kodifikat des § 88.

B. *Deduktionsgerüst:*
zunächst wie beim kürzungsfreien Kodifikat des § 89, also:

I. Einziges *Axiomenschema:* $\dot{\mathfrak{v}} \to \dot{\mathfrak{v}}$ (für eine beliebige Aussagenvariable $\dot{\mathfrak{v}}$), s. Tabelle S. 223.

II. *Umstellungsregel* für Vorderkonjunktion und Hinterdisjunktion einer Grundimplikation, s. Tabelle S. 223. (Diese Regel gilt nicht als Schlußregel.)

III. *Acht aufschichtende Schlußregeln* für $\neg$, $\land$, $\lor$, $\to$, jeweils vorne aufschichtend und hinten aufschichtend, s. Tabelle S. 223.

Dazu jetzt:

IV. *Kürzungsregeln:*

Kürzung vorne:	*Kürzung hinten:*
$\mathfrak{a} \land \mathfrak{a} \land \mathfrak{u} \to \mathfrak{v}$	$\mathfrak{u} \to \mathfrak{v} \lor \mathfrak{a} \lor \mathfrak{a}$
$\mathfrak{a} \land \mathfrak{u} \to \mathfrak{v}$	$\mathfrak{u} \to \mathfrak{v} \lor \mathfrak{a}$

Satz 63. (1) Das kürzungserweiterte Kodifikat *K* ist alternär, d.h. wahrformvollständig und widerspruchsfrei. — (2) Die Kürzungsregeln sind von den Axiomen und den übrigen Schlußregeln — d.h. im kürzungsfreien Kodifikat der §§ 88, 89 — *implizit* abhängig.

Nachweis zu (1). Als alternäre Schlußregeln (s. oben) sind die Kürzungsregeln in dem nach § 92 alternären kürzungsfreien Kodifikat abhängig. Das erweiterte Kodifikat *K* unterscheidet sich also hinsichtlich der beweisbaren Formeln nicht von jenem Kodifikat; es ist mithin ebenfalls alternär. — Zu (2). Bei einem aufschichtenden Schluß verringert sich die Zahl der plazierten Verknüpfungszeichen nicht (siehe Satz 57 Eigenschaft 2). Dasselbe muß daher für jede ableitbare Schlußregel gelten. Die Kürzungsregeln entziehen sich jedoch dieser Forderung; sie sind also nicht ableitbar, d.h. nicht explizit abhängig.

Zusatz zu Satz 63. Das kürzungserweiterte Kodifikat *K* ist offensichtlich im folgenden abgeschwächten Sinne *aufschichtend:* Es besitzt noch die in Satz 57 angegebene Eigenschaft 1, jedoch nicht mehr die Eigenschaft 2.

Zum Nachweis des Zusatzes: Die Eigenschaft 1 wird wie bei Satz 57 nachgewiesen, wobei nunmehr lediglich die Kürzungen einzubeziehen sind. Daß die Eigenschaft 2 hier nicht gilt, lehrt der Nachweis des vorangegangenen Satzes.

§ 95. Eine beweistheoretische Direktive zur Behandlung des Kodifikats *K*. — Einige fundamentale Nachweise.

Das kürzungserweiterte Kodifikat *K* ist (gemäß dem einleitenden Absatz des § 94) dazu bestimmt, den aussagenlogischen Kern einer natürlichen aufschichtenden Prädikatenlogik abzugeben.

Da die Grundschlußregel von *Wahr*formen der Gestalt $\mathfrak{a}$, $\mathfrak{a} \to \mathfrak{b}$ stets auf eine *Wahr*form $\mathfrak{b}$ führt, ist sie in den wahrformvollständigen Kodifikaten der §§ 88, 89 und § 94 [Satz 61 bzw. Satz 63 (1)] abhängig. (Da sie keinen aufschichtenden Charakter hat, kann es sich dabei nur um eine implizite Abhängigkeit handeln.) Diese einfache Überlegung läßt sich nach prädikatenlogischer Ausweitung des Kodifikats *K* nicht mehr anstellen. Um den Anschluß der aufschichtenden Prädikatenlogik an die normaldeduktive zu erreichen, wird man sich nach einer anderen Methode des Abhängigkeitsnachweises für die Grundschlußregel umsehen müssen. Eine solche andere Methode wird in der Schnittelimination mit vorangehenden Inversionen bestehen (die genannten syntaktischen Begriffe sollen weiter unten erklärt werden). Bei der Anwendung dieses Verfahrens auf die Prädikatenlogik stellt sich naturgemäß als erste — und umfänglichste — Aufgabe die der

Inversionen und der Schnittelimination bezüglich des *aussagenlogischen* Teils. Die hiermit umrissene Teilaufgabe — die von einem großen syntaktischen Reiz ist — gehört der Syntax der Aussagenlogik an und soll als solche im vorliegenden Bande durchgeführt werden.

Wir wenden uns demgemäß in den §§ 95—102 der Aufgabe zu, die Abhängigkeit einiger Schlußregeln im Kodifikat K — die an sich eine triviale Folge aus dem alternären Charakter dieses Kodifikats [Satz 63 (1)] ist — zu erweisen unter Beachtung der

Direktive. Die Ergebnisse der Kap. XVI und XVII sollen *ohne Heranziehung der Wahrformvollständigkeit* des betrachteten Kodifikats nachgewiesen werden.

Vorbemerkung zu den Sätzen 64 und 65. Bei diesen beiden Sätzen genügen bereits die aus § 91 vertrauten Nachweisverfahren (insbesondere das für den Nachweis des Satzes 60 angewendete Verfahren) noch der obigen Direktive.

Satz 64. Im kürzungserweiterten Kodifikat des § 94 ist die *Einsetzungsregel* implizit abhängig; d.h. mit einer beweisbaren Form ist jede einschlägige Beiform (S. 168) beweisbar.

Nachweis unter Beachtung der „Direktive". Aus einer beweisbaren Form $\mathfrak{a}$ möge durch Einsetzung für die darin auftretenden Aussagenvariablen die Form $\mathfrak{a}^*$ hervorgehen. Wir tragen die betreffende Einsetzung in *allen* Formeln einer Beweisfigur mit der Endformel $\mathfrak{a}$ ein (dies ist auf Grund des Zusatzes zu Satz 63 überall eindeutig ausführbar). Die Schlüsse bleiben Schlüsse; die Axiome $\dot{\mathfrak{v}} \to \dot{\mathfrak{v}}$ gehen in Formeln der Gestalt $\mathfrak{c} \to \mathfrak{c}$ über; diese sind nach Satz 60 beweisbar. Die neue Endformel ist $\mathfrak{a}^*$.

Satz 65. (Schwache Fassung der Umsetzungsregel, vgl. S. 152.) Es sei eine faktische Äquivalenz $\mathfrak{a} \sim \mathfrak{b}$ bewiesen. Wenn dann die Form $\mathfrak{p}$ bei Ersetzung einer plazierten Teilform $\mathfrak{a}$ durch $\mathfrak{b}$ in die Form $\mathfrak{q}$ übergeht, so ist $\mathfrak{p} \sim \mathfrak{q}$ beweisbar.

Satz 65 läßt sich bereits für das kürzungsfreie, erst recht also für das kürzungserweiterte Kodifikat aussprechen.

Anmerkung. Aus dieser schwachen Fassung der Umsetzungsregel wird sich ihre übliche Fassung — welche besagt, daß bei beweisbarem $\mathfrak{p}$ auch $\mathfrak{q}$ beweisbar sei — erst ergeben, wenn die Grundschlußregel als implizit abhängig erkannt sein wird (vgl. hierzu S. 153 sowie später Satz 74).

Nachweis des Satzes 65 — unter Beachtung der „Direktive" — durch eine spezielle Netzinduktion (wobei wir eine nichtassoziate Aufschichtungsordnung zugrunde legen wollen, indem wir uns bei mehr als zwei assoziierten Disjunktions- bzw. Konjunktionsgliedern die Klammern irgendwie in erlaubter Weise gesetzt denken).

Erster Induktionsschritt.

$\mathfrak{p}$ habe dieselbe (nichtassoziate) Aufschichtungsordnung wie $\mathfrak{a}$. Dann ist $\mathfrak{p} \equiv \mathfrak{a}$, mithin $\mathfrak{q} \equiv \mathfrak{b}$, und die Behauptung $\mathfrak{p} \sim \mathfrak{q}$ fällt mit der Voraussetzung $\mathfrak{a} \sim \mathfrak{b}$ zusammen.

Zweiter Induktionsschritt.

Man erkennt unmittelbar (gemäß S. 169 und der Definition der faktischen Äquivalenz, $\mathfrak{c} \sim \mathfrak{d} \approx: \mathfrak{c} \to \mathfrak{d},\ \mathfrak{d} \to \mathfrak{c}$, und unter Heranziehung der Umstellbarkeit), daß sich dieser Schritt wie folgt reduzieren läßt:

Bewiesen sei $\mathfrak{a} \to \mathfrak{b}$. Es ist zu zeigen:

1) $\neg\mathfrak{b} \to \neg\mathfrak{a}$, 2) $\mathfrak{a} \wedge \mathfrak{c} \to \mathfrak{b} \wedge \mathfrak{c}$, 3) $\mathfrak{a} \vee \mathfrak{c} \to \mathfrak{b} \vee \mathfrak{c}$,

4) $\mathfrak{c} \to \mathfrak{a} \longrightarrow \mathfrak{c} \to \mathfrak{b}$, 5) $\mathfrak{b} \to \mathfrak{c} \longrightarrow \mathfrak{a} \to \mathfrak{c}$.

Die Beweise sind denjenigen zum Satz 60 analog; allerdings setzen sie jenen Satz voraus.

Beweise:

1) $\mathfrak{a} \to \mathfrak{b}$ vorausgesetzt
$\therefore$ $\bullet \to \mathfrak{b} \vee \neg\mathfrak{a}$ durch $\neg$ hinten
$\therefore$ $\neg\mathfrak{b} \to \neg\mathfrak{a}$ durch $\neg$ vorne.

2) $\mathfrak{a} \to \mathfrak{b}$ vorausgesetzt | $\mathfrak{c} \to \mathfrak{c}$ nach Satz 60
$\therefore$ $\mathfrak{a} \wedge \mathfrak{c} \to \mathfrak{b}$ durch $\wedge$ vorne | $\therefore$ $\mathfrak{a} \wedge \mathfrak{c} \to \mathfrak{c}$ durch $\wedge$ vorne
$\therefore$ $\mathfrak{a} \wedge \mathfrak{c} \to \mathfrak{b} \wedge \mathfrak{c}$ durch $\wedge$ hinten.

3) dual zu 2) (vgl. Satz 59; Durchführung des dualen Beweises als Textaufgabe).

4) $\mathfrak{c} \to \mathfrak{c}$ nach Satz 60 | $\mathfrak{a} \to \mathfrak{b}$ vorausgesetzt
$\therefore$ $\mathfrak{c} \to \mathfrak{b} \vee \boxed{\mathfrak{c}}$ durch $\vee$ hinten | $\boxed{\mathfrak{a}} \wedge \mathfrak{c} \to \mathfrak{b}$ durch $\wedge$ vorne
$\therefore$ $\boxed{(\mathfrak{c} \to \mathfrak{a})} \wedge \mathfrak{c} \to \mathfrak{b}$ durch $\to$ vorne
(die Hauptglieder sind umrandet)
d.i. $\mathfrak{c} \wedge (\mathfrak{c} \to \mathfrak{a}) \to \mathfrak{b}$ bei Umstellung
$\therefore$ $\mathfrak{c} \to \mathfrak{a} \longrightarrow \mathfrak{c} \to \mathfrak{b}$ durch $\to$ hinten.

5) $\mathfrak{a} \to \mathfrak{b}$ vorausgesetzt | $\mathfrak{c} \to \mathfrak{c}$ nach Satz 60
$\therefore$ $\mathfrak{a} \to \mathfrak{c} \vee \boxed{\mathfrak{b}}$ durch $\vee$ hinten | $\boxed{\mathfrak{c}} \wedge \mathfrak{a} \to \mathfrak{c}$ durch $\wedge$ vorne
$\therefore$ $\boxed{(\mathfrak{b} \to \mathfrak{c})} \wedge \mathfrak{a} \to \mathfrak{c}$ durch $\to$ vorne
d.i. $\mathfrak{a} \wedge (\mathfrak{b} \to \mathfrak{c}) \to \mathfrak{c}$ bei Umstellung
$\therefore$ $\mathfrak{b} \to \mathfrak{c} \longrightarrow \mathfrak{a} \to \mathfrak{c}$ durch $\to$ hinten.

§ 96. Allgemeinere Schematen für die aufschichtenden Schlüsse.

Die in den nächsten Paragraphen durchzuführenden Nachweise lassen sich in ganz erheblichem Maße abkürzen, wenn man vorab zwei allgemeine Schematen für die Schlußregeln einführt, ein Schema für die beiden Kürzungsregeln und die fünf aufschichtenden Schlußregeln *über* der gestrichelten Linie und eines für die drei aufschichtenden Schlußregeln *unter* der gestrichelten Linie der Tabelle von S. 223. (Die Rechnung mit diesen Schematen wird zwar den nachfolgenden Beweisen ein abstraktes Gewand überstreifen, das sich an sich vermeiden ließe, doch ist der Gewinn an Kürze und Übersichtlichkeit so beträchtlich, daß der Leser es sich nicht verdrießen lassen sollte, sich mit den beiden Schematen vertraut zu machen.)

I. — Schema für die Schlußregeln mit nur *einer* Oberformel:

$$\mathfrak{c}_1 \wedge \mathfrak{u} \rightarrow \mathfrak{v} \vee \mathfrak{d}_1$$
$$\mathfrak{c} \wedge \mathfrak{u} \rightarrow \mathfrak{v} \vee \mathfrak{d}.$$

Hier dürfen, wie wir sehen werden, drei der vier Teilformen $\mathfrak{c}_1$, $\mathfrak{d}_1$, $\mathfrak{c}$, $\mathfrak{d}$ auch *leer* sein. *Eine* der beiden Teilformen $\mathfrak{c}$, $\mathfrak{d}$ der Unterformel, wird stets leer sein.

$\mathfrak{u}$ und $\mathfrak{v}$ sollen jeweils *dieselben* Nebenglieder bezeichnen wie $\mathfrak{u}$ bzw. $\mathfrak{v}$ in der Schlußregeln-Symbolik der S. 223. $\mathfrak{c}_1$ $\mathfrak{d}_1$, $\mathfrak{c}$, $\mathfrak{d}$ sollen jeweils die Hauptglieder bezeichnen, die in der Schlußregeln-Symbolik der S. 223 bloß aus $\mathfrak{a}$ und $\mathfrak{b}$ zusammengesetzt sind. ($\mathfrak{c}$ und $\mathfrak{d}$ bestimmen sich also aus $\mathfrak{c}_1$ und $\mathfrak{d}_1$ nach der jeweils ins Auge gefaßten Schlußregel.)

Diesem Schema ordnen sich alle sieben Schlußregeln mit nur einer Oberformel unter. Um dies ganz klarzustellen, möge für jede der sieben Schlußregeln angegeben werden, wie die allgemeinen, neuen Mitteilungszeichen (des Schemas) sich durch die speziellen, alten Zeichen (der betreffenden Schlußregel) ausdrücken.

Kürzung vorne:

$\mathfrak{c}_1 \equiv: \mathfrak{a} \wedge \mathfrak{a}$, $\mathfrak{d}_1$ leer
$\mathfrak{c} \equiv: \mathfrak{a}$, $\mathfrak{d}$ leer

$\wedge$ vorne:

$\mathfrak{c}_1$ und $\mathfrak{d}_1$ leer
$\mathfrak{c} \equiv: \mathfrak{a}$, $\mathfrak{d}$ leer

$\neg$ vorne:

$\mathfrak{c}_1$ leer, $\mathfrak{d}_1 \equiv: \mathfrak{a}$
$\mathfrak{c} \equiv: \neg\mathfrak{a}$, $\mathfrak{d}$ leer

Kürzung hinten:

$\mathfrak{c}_1$ leer, $\mathfrak{d}_1 \equiv: \mathfrak{a} \vee \mathfrak{a}$
$\mathfrak{c}$ leer, $\mathfrak{d} \equiv: \mathfrak{a}$

$\vee$ hinten:

$\mathfrak{c}_1$ und $\mathfrak{d}_1$ leer
$\mathfrak{c}$ leer, $\mathfrak{d} \equiv: \mathfrak{a}$

$\neg$ hinten:

$\mathfrak{c}_1 \equiv: \mathfrak{a}$, $\mathfrak{d}_1$ leer
$\mathfrak{c}$ leer, $\mathfrak{d} \equiv: \neg\mathfrak{a}$

$\rightarrow$ hinten:

$\mathfrak{c}_1 \equiv: \mathfrak{a}$, $\mathfrak{d}_1 \equiv: \mathfrak{b}$
$\mathfrak{c}$ leer, $\mathfrak{d} \equiv: \mathfrak{a} \rightarrow \mathfrak{b}$

II. — Schema für die Schlußregeln mit *zwei* Oberformeln:

$$\frac{\mathfrak{c}_1\wedge\mathfrak{u}\to\mathfrak{v}\vee\mathfrak{d}_1 \qquad \mathfrak{c}_2\wedge\mathfrak{u}\to\mathfrak{v}\vee\mathfrak{d}_2}{\mathfrak{c}\wedge\mathfrak{u}\to\mathfrak{v}\vee\mathfrak{d}}.$$

Für die Mitteilungszeichen $\mathfrak{u}, \mathfrak{v}$ sowie $\mathfrak{c}_1, \mathfrak{c}_2, \mathfrak{d}_1, \mathfrak{d}_2, \mathfrak{c}, \mathfrak{d}$ gelten dieselben Bestimmungen wie beim I. Schema für $\mathfrak{u}, \mathfrak{v}$ bzw. $\mathfrak{c}_1, \mathfrak{d}_1, \mathfrak{c}, \mathfrak{d}$. Diesem Schema ordnen sich alle drei Schlußregeln mit zwei Oberformeln unter, wobei sich die allgemeinen, neuen Mitteilungszeichen wie folgt durch die speziellen, alten ausdrücken:

$\to$ vorne:

$$\frac{\mathfrak{d}_1 \equiv: \mathfrak{a}, \quad \mathfrak{c}_2 \equiv: \mathfrak{b}}{\mathfrak{c} \equiv: \mathfrak{a}\to\mathfrak{b}}$$

$\mathfrak{c}_1, \mathfrak{d}_2$ und $\mathfrak{d}$ leer

$\vee$ vorne:

$$\frac{\mathfrak{c}_1 \equiv: \mathfrak{a} \quad \mathfrak{c}_2 \equiv: \mathfrak{b}}{\mathfrak{c} \equiv: \mathfrak{a}\vee\mathfrak{b}}$$

$\mathfrak{d}_1, \mathfrak{d}_2$ und $\mathfrak{d}$ leer

$\wedge$ hinten:

$$\frac{\mathfrak{d}_1 \equiv: \mathfrak{a} \quad \mathfrak{d}_2 \equiv: \mathfrak{b}}{\mathfrak{d} \equiv: \mathfrak{a}\wedge\mathfrak{b}}$$

$\mathfrak{c}_1, \mathfrak{c}_2$ und $\mathfrak{c}$ leer

III. Die Vereinfachung der Darstellung syntaktischer Überlegungen, die durch die Einführung dieser Schematen erstrebt wird, läßt sich noch weiter treiben, wenn die beiden Schematen unter einer gemeinsamen schematischen Schreibweise zusammengefaßt werden:

Gemeinsames Mitteilungsschema für alle Schlußregeln:

$$(*) \qquad \begin{cases} \mathfrak{c}_i\wedge\mathfrak{u}\to\mathfrak{v}\vee\mathfrak{d}_i & \text{wo } i=1 \text{ bzw. } i = 1 \text{ und } 2 \\ \mathfrak{c}\wedge\mathfrak{u}\to\mathfrak{v}\vee\mathfrak{d}. \end{cases}$$

Hier gilt $i=1$ für Schlußregeln mit nur *einer* Oberformel, dagegen $i = 1$ und 2 für Schlußregeln mit zwei Oberformeln; im letzteren Falle steht die obere Zeile des Schemas für *zwei* Formen, nämlich für beide Oberformeln der betreffenden Schlußregel, und zwar mit Index $i=1$ für die linke und mit Index $i=2$ für die rechte Oberformel.

Anmerkung. Das gemeinsame Schema für Schlußregeln ist in sich selbst „symbolisch dual". Hiermit ist gemeint: wenn auch die Anwendung des Schemas solche Schlußregeln mitumfaßt, die kein duales Gegenstück (§ 90) haben (die $\to$-Regeln), so gestattet es doch bei solchen Überlegungen, die mit dem Schema selbst arbeiten, ohne auf die ihm unterstehenden Regeln explizit einzugehen, ohne weiteres zur dualen schematischen Überlegung überzugehen. Wir werden hiervon verschiedentlich Gebrauch machen (dabei wird sich jeweils ergeben, wie man die vorstehende, noch recht allgemeine Andeutung anzuwenden hat).

§ 97. Umkehrbarkeit aufschichtender Schlußregeln. — 1. Teil: $\neg$-Inversion.

Jeder aufschichtende Schluß führt ein Verknüpfungszeichen ein; kein Schluß beseitigt ein solches Zeichen.

Beispiel. Ein $\neg$-hinten-Schluß hat die Gestalt

$$\mathfrak{a}\wedge\mathfrak{u}\rightarrow\mathfrak{v}$$
$$\mathfrak{u}\rightarrow\mathfrak{v}\vee\neg\mathfrak{a};$$

dagegen führt kein Schluß und auch keine Kette von Schlüssen von $\mathfrak{u}\rightarrow\mathfrak{v}\vee\neg\mathfrak{a}$ auf $\mathfrak{a}\wedge\mathfrak{u}\rightarrow\mathfrak{v}$. (Der Nachweis der letzteren Behauptung sei als Textaufgabe gestellt.) — Trotzdem ist, wie wir sehen werden, sehr wohl mit $\mathfrak{u}\rightarrow\mathfrak{v}\vee\neg\mathfrak{a}$ stets auch $\mathfrak{a}\wedge\mathfrak{u}\rightarrow\mathfrak{v}$ beweisbar; m.a.W. die Schlußregel

$$\mathfrak{u}\rightarrow\mathfrak{v}\vee\neg\mathfrak{a}$$
$$\mathfrak{a}\wedge\mathfrak{u}\rightarrow\mathfrak{v}$$

ist zwar nicht ableitbar, aber implizit abhängig.

In diesem Sinne ist die $\neg$-hinten-Schlußregel „implizit umkehrbar", anders ausgedrückt: sie läßt sich „invertieren" (s. § 59).

Mit Ausnahme der $\wedge$-vorne- und der $\vee$-hinten-Schlußregel sind alle aufschichtenden Schlußregeln einer derartigen Inversion fähig. In den syntaktischen Überlegungen zum kürzungsfreien Kodifikat wurden die impliziten Abhängigkeiten der betreffenden sechs inversen Schlußregeln bereits unmittelbar aus der Wahrformvollständigkeit entnommen und benutzt (§ 92). Da die Kürzungsregeln das Kodifikat nicht bezüglich der herleitbaren Formeln erweitern [Satz 63 (2)], bleiben diese Inversionen auch für das kürzungserweiterte Kodifikat des § 94 in Kraft. Die §§ 97—98 sind — getreu der (in § 95 aufgestellten und begründeten) *Direktive* — der Aufgabe gewidmet, die sechs Inversionen *ohne Heranziehung der Wahrformvollständigkeit* durchzuführen, wobei wir uns übrigens gleich einer etwas allgemeineren Formulierung bedienen werden.

Satz 66. Inversionssatz für $\neg$ hinten. Mit beweisbarem $\mathfrak{p}\rightarrow\mathfrak{q}\vee\bigvee\neg\mathfrak{y}$ ist stets zugleich $\mathfrak{y}\wedge\mathfrak{p}\rightarrow\mathfrak{q}$ beweisbar.

Zur Schreibweise von $\mathfrak{p}\rightarrow\mathfrak{q}\vee\bigvee\neg\mathfrak{y}$: 1. — $\mathfrak{p}$ und $\mathfrak{q}$ dürfen auch fehlen. 2. — $\bigvee\neg\mathfrak{y} \equiv: \neg\mathfrak{y}\vee\cdot\cdot\vee\neg\mathfrak{y}$ soll eine Disjunktion aus lauter gestaltlich übereinstimmenden plazierten negativen Gliedern mitteilen; diese Disjunktion darf auch aus nur einem Gliede $\neg\mathfrak{y}$ bestehen oder fehlen (aus 0 Gliedern bestehen). 3. — Bei den durch $\bigvee\neg\mathfrak{y}$ mitgeteilten $\neg\mathfrak{y}$ braucht es sich nicht um *alle* plazierten Glieder der betreffenden Gestalt zu handeln.

Anmerkung. Der Spezialfall, in dem die Disjunktion $\bigvee\neg\mathfrak{y}$ aus nur einem Gliede $\neg\mathfrak{y}$ besteht, sagt die Invertierbarkeit (§ 59) des $\neg$-hinten-Schlusses aus.

Die obige allgemeinere Fassung ergibt sich aus diesem Spezialfall bei Heranziehung der „Kürzung hinten" unmittelbar. Es würde also an sich genügen, den charakteristischen Spezialfall als Satz zu formulieren. Die allgemeinere Fassung ist gewählt, weil sie einerseits den Nachweis übersichtlicher zu gestalten gestattet und andererseits gerade so an späterer Stelle benutzt werden wird.

Nachweis des Satzes 66 — unter Beachtung der „Direktive" aus § 95 — durch Gerüstinduktion.

Anmerkung. Es würde im folgenden — wie bei manchen gerüstinduktiven Nachweisen — genügen, an Stelle des *Ranges* einer Formel (der als kleinster zugehöriger Beweisrang erklärt ist, § 52) einfach die *Formeln-Anzahl* des (genauer: eines) kürzesten Beweises zugrunde zu legen. Der Rang ist hier lediglich deshalb herangezogen, weil die in Frage kommenden Rang-Bedingungen sich — bei nicht wesentlicher größerer sachlicher Kompliziertheit — rein sprachlich kürzer fassen lassen.

Vorbemerkung zum Nachweis. Der Spezialfall, in dem in der gegebenen Form $\mathfrak{p}\rightarrow\mathfrak{q}\vee\bigvee\neg\mathfrak{y}$ — die im folgenden auch kurz durch $\mathfrak{b}$ mitgeteilt wird — die Disjunktion $\bigvee\neg\mathfrak{y}$ fehlt (aus 0 Gliedern besteht), erledigt sich unmittelbar: Aus $\mathfrak{p}\rightarrow\mathfrak{q}$ ergibt sich $\mathfrak{y}\wedge\mathfrak{p}\rightarrow\mathfrak{q}$ durch bloßes $\wedge$ vorne.

Erster Induktionsschritt. — $\mathfrak{b}$ sei vom Range 1 (S. 133), m.a.W.: $\mathfrak{b}$ sei Axiom. Dann tritt $\bigvee\neg\mathfrak{y}$ in $\mathfrak{b}$ nicht auf; die Form $\mathfrak{y}\wedge\mathfrak{p}\rightarrow\mathfrak{q}$ ergibt sich gemäß der obigen „Vorbemerkung zum Nachweis" durch bloßes $\wedge$ vorne.

Zweiter Induktionsschritt. Der Satz sei bewiesen für alle Formen, deren Rang höchstens n ist. $\mathfrak{b}$ sei vom Rang $n+1$. Wenn $\bigvee\neg\mathfrak{y}$ nicht in $\mathfrak{b}$ auftritt, ist die Behauptung gemäß der „Vorbemerkung zum Nachweis" erfüllt. — $\mathfrak{b}$ habe nun also die Gestalt $\mathfrak{p}\rightarrow\mathfrak{q}\vee\bigvee\neg\mathfrak{y}$, wobei $\mathfrak{p}$, $\mathfrak{q}$ auch fehlen dürfen, während $\bigvee\neg\mathfrak{y}$ nicht fehlen soll. Wir betrachten den letzten Schluß der Beweisfigur und unterscheiden die für ihn gegebenen Möglichkeiten.

1. Fall. Keines der Glieder der Disjunktion $\bigvee\neg\mathfrak{y}$ gehöre zum Hauptglied des letzten Schlusses.

Der letzte Schluß ordnet sich nach § 96, Abs. III dem „gemeinsamen Schema"

$$(*)\qquad \left\{\begin{array}{ll} \mathfrak{c}_i\wedge\mathfrak{u}\rightarrow\mathfrak{v}\vee\mathfrak{d}_i & (\text{wo } i=1 \quad \text{bzw.} \quad i=1,2) \\ \mathfrak{c}\wedge\mathfrak{u}\rightarrow\mathfrak{v}\vee\mathfrak{d} & \end{array}\right.$$

unter.

Bei *einer* Oberformel ist hier i lediglich $=1$ anzunehmen. Das Schema spezialisiert sich zu

$$\begin{array}{c} \mathfrak{c}_1\wedge\mathfrak{u}\rightarrow\mathfrak{v}\vee\mathfrak{d}_1 \\ \mathfrak{c}\wedge\mathfrak{u}\rightarrow\mathfrak{v}\vee\mathfrak{d}, \end{array}$$

wobei die Oberformel $\mathfrak{c}_1\wedge\mathfrak{u}\rightarrow\mathfrak{v}\vee\mathfrak{d}_1$ durch einen Beweisast hergeleitet ist, den man sich als oberhalb von ihr stehend vorzustellen hat. — Bei *zwei* Oberformeln ist $i=1,2$ anzunehmen. Das Schema spezialisiert sich in diesem Falle zu

$$\frac{\mathfrak{c}_1\wedge\mathfrak{u}\rightarrow\mathfrak{v}\vee\mathfrak{d}_1 \qquad \mathfrak{c}_2\wedge\mathfrak{u}\rightarrow\mathfrak{v}\vee\mathfrak{d}_2}{\mathfrak{c}\wedge\mathfrak{u}\rightarrow\mathfrak{v}\vee\mathfrak{d}},$$

wobei *jede* der beiden Oberformeln durch einen Beweisast hergeleitet ist; diese *beiden* Beweisäste hat man sich nun als (links bzw. rechts) oberhalb stehend vorzustellen.

Die Unterformel $\mathfrak{c}\wedge\mathfrak{u}\to\mathfrak{v}\vee\mathfrak{d}$ des Schemas (*) soll das vorgegebene $\mathfrak{p}\to\mathfrak{q}\vee\bigvee\neg\mathfrak{y}$ sein. Da kein Glied der mitgeteilten Disjunktion $\bigvee\neg\mathfrak{y}$ zum Hauptglied des Schlusses (*) gehören soll, muß dieses $\bigvee\neg\mathfrak{y}$ das Nebenglied $\mathfrak{v}$ oder aber ein disjunktives Glied von $\mathfrak{v}$ sein, d.h. das Nebenglied $\mathfrak{v}$ zerfällt (bis auf Umstellung) in folgender Weise:

(1) $\mathfrak{v} \equiv \bigvee\neg\mathfrak{y}\vee\mathfrak{r}$ (wobei $\mathfrak{r}$ auch fehlen kann).

Der Vergleich der beiden Mitteilungen der Unterformel zeigt nun:

(2) $$\mathfrak{p} \equiv \mathfrak{c}\wedge\mathfrak{u}$$

und wegen $\bigvee\neg\mathfrak{y}\vee\mathfrak{r}\vee\mathfrak{d} \equiv \mathfrak{v}\vee\mathfrak{d} \equiv \mathfrak{q}\vee\bigvee\neg\mathfrak{y}$ weiter:

(3) $\mathfrak{q} \equiv \mathfrak{r}\vee\mathfrak{d}$ (bis auf Umstellung).

Der betrachtete Schluß (*) geht mit (1) in die Gestalt über:

(**) $$\begin{cases} \mathfrak{c}_i\wedge\mathfrak{u}\to\bigvee\neg\mathfrak{y}\vee\mathfrak{r}\vee\mathfrak{d}_i & (\text{wo } i=1 \text{ bzw. } i=1,2) \\ \mathfrak{c}\wedge\mathfrak{u}\to\bigvee\neg\mathfrak{y}\vee\mathfrak{r}\vee\mathfrak{d}. \end{cases}$$

Die Oberformel (bei $i=1$) bzw. jede der beiden Oberformeln (bei $i=1, 2$) ist höchstens vom Rang n. Daher ist auf sie die Induktionsvoraussetzung anwendbar; sie besagt (nach Umstellung):

auch $\mathfrak{y}\wedge\mathfrak{c}_i\wedge\mathfrak{u}\to\mathfrak{r}\vee\mathfrak{d}_i$ (mit $i=1$ bzw. $i=1, 2$)

ist beweisbar.

Daraus: $$\mathfrak{y}\wedge\mathfrak{c}\wedge\mathfrak{u}\to\mathfrak{r}\vee\mathfrak{d}$$

mittels *derselben* Schlußregel, auf der der Schluß (**) beruhte. Die letztgenannte Form stellt sich nach Eintragung der Gleichheiten (2) und (3) als die gewünschte Form $\mathfrak{y}\wedge\mathfrak{p}\to\mathfrak{q}$ dar.

Anmerkung zur Behandlung des Falles 1. — Wer die Zusammenfassung durch das gemeinsame Schema nicht liebt, mag die Unterfälle $i=1$ (eine Oberformel) und $i=1, 2$ (zwei Oberformeln) getrennt behandeln, und wenn auch dieses ihm noch zu schematisch erscheint, mag er die zehn Unterfälle der einzelnen Schlußregeln der Reihe nach durchgehen. — Übungsaufgabe: Für den Anfänger ist zur Konkretisierung der Vorstellungen jedenfalls zu empfehlen, einige dieser zehn Unterfälle durchzurechnen, etwa den Fall der $\to$-vorne-Schlußregel

$$\frac{\mathfrak{u}\to\mathfrak{v}\vee\mathfrak{a} \qquad \mathfrak{b}\wedge\mathfrak{u}\to\mathfrak{v}}{(\mathfrak{a}\to\mathfrak{b})\wedge\mathfrak{u}\to\mathfrak{v}}.$$

2. Fall. Der letzte Schluß sei ein $\neg$-hinten-Schluß, in dem eines der $\neg\mathfrak{y}$ Hauptglied ist. Ein solcher Schluß hat die Gestalt

$$\begin{array}{l} \mathfrak{y}\wedge\mathfrak{u}\to\mathfrak{v} \\ \quad \mathfrak{u}\to\mathfrak{v}\vee\neg\mathfrak{y}. \end{array}$$

Da die Unterformel die Gestalt $\mathfrak{p}\rightarrow\mathfrak{q}\vee V\neg\mathfrak{y}$ haben soll, ist $\mathfrak{p} \equiv \mathfrak{u}$, $\mathfrak{v} \equiv \mathfrak{q}\vee V^{\circ}\neg\mathfrak{y}$ (wo die Disjunktion V° ein Glied weniger besitzt als die ursprüngliche Disjunktion). Die Oberformel hat also die Gestalt $\mathfrak{y}\wedge\mathfrak{p}\rightarrow\mathfrak{q}\vee V^{\circ}\neg\mathfrak{y}$. Da sie vom Range n ist, läßt sich auf sie die Induktionsvoraussetzung anwenden; nach dieser ist $\mathfrak{y}\wedge\mathfrak{y}\wedge\mathfrak{p}\rightarrow\mathfrak{q}$ beweisbar. Hieraus ergibt sich durch Kürzung vorne die gewünschte Form $\mathfrak{y}\wedge\mathfrak{p}\rightarrow\mathfrak{q}$.

3. Fall. Der letzte Schluß sei ein $\vee$-hinten-Schluß, bei dem mindestens eines der Disjunktionsglieder von $V\neg\mathfrak{y}$ zum Hauptgliede gehört. Das Hauptglied ist dann eine Disjunktion $\mathfrak{t}\vee\neg\mathfrak{y}\vee\cdot\cdot\vee\neg\mathfrak{y}$ (wobei $\mathfrak{t}$ auch fehlen kann), und der Schluß läßt sich so mitteilen:

$$(*)\qquad \begin{cases} \mathfrak{u}\rightarrow\mathfrak{r}\vee V^{\circ}\neg\mathfrak{y} \\ \mathfrak{u}\rightarrow\mathfrak{r}\vee\mathfrak{t}\vee V\neg\mathfrak{y}, \end{cases}$$

wobei die Disjunktion $V^{\circ}\neg\mathfrak{y}$ aus *weniger* Gliedern $\neg\mathfrak{y}$ besteht als $V\neg\mathfrak{y}$ (beide bestehen ja aus lauter Gliedern $\neg\mathfrak{y}$). — Außer $\mathfrak{u}$ und $\mathfrak{t}$ dürfen übrigens offensichtlich auch $\mathfrak{r}$ und $V^{\circ}\neg\mathfrak{y}$ fehlen (allerdings werden nicht alle zugleich fehlen). Da die Unterformel die Gestalt $\mathfrak{p}\rightarrow\mathfrak{q}\vee V\neg\mathfrak{y}$ (mit dem oben mitgeteilten $V\neg\mathfrak{y}$) haben soll, ist

(1) $\mathfrak{p} \equiv \mathfrak{u}$, (2) $\mathfrak{q} \equiv \mathfrak{r}\vee\mathfrak{t}$.

Bei Heranziehung dieser Gleichheiten nimmt der Schluß (*) die Gestalt an:

$$\begin{array}{l} \mathfrak{p}\rightarrow\mathfrak{r}\vee V^{\circ}\neg\mathfrak{y} \\ \mathfrak{p}\rightarrow\underbrace{\mathfrak{r}\vee\mathfrak{t}}_{\mathfrak{q}}\vee V\neg\mathfrak{y}. \end{array}$$

Die Oberformel hat den Rang n. Nach Induktionsvoraussetzung ist also mit ihr auch $\mathfrak{y}\wedge\mathfrak{p}\rightarrow\mathfrak{r}$ beweisbar. Hieraus ergibt sich durch eventuellen $\vee$-hinten-Schluß:

$\mathfrak{y}\wedge\mathfrak{p}\rightarrow\mathfrak{r}\vee\mathfrak{t}$, d.i. die gewünschte Form $\mathfrak{y}\wedge\mathfrak{p}\rightarrow\mathfrak{q}$.

4. Fall. Der letzte Schluß sei eine Kürzung hinten, von der auch Glieder der Gestalt $\neg\mathfrak{y}$ betroffen sein sollen. Ein solcher Schluß läßt sich etwa so mitteilen:

$$\begin{array}{l} \mathfrak{p}\rightarrow\mathfrak{q}'\vee V'\neg\mathfrak{y} \\ \mathfrak{p}\rightarrow\mathfrak{q}\vee V\neg\mathfrak{y}, \end{array}$$

wobei $\mathfrak{q}$ aus $\mathfrak{q}'$ und ebenso $V\neg\mathfrak{y}$ aus $V'\neg\mathfrak{y}$ durch Kürzung hervorgeht (sofern nicht $\mathfrak{q} \equiv \mathfrak{q}'$ ist). Die Oberformel hat den Rang n. Nach Induktionsvoraussetzung ist also mit ihr auch $\mathfrak{y}\wedge\mathfrak{p}\rightarrow\mathfrak{q}'$ beweisbar. Hieraus ergibt sich durch eventuelle Kürzung die gewünschte Form $\mathfrak{y}\wedge\mathfrak{p}\rightarrow\mathfrak{q}$.

Da es neben 2., 3., 4. keine weiteren Fälle gibt, in denen die mitgeteilte Disjunktion $V\neg\mathfrak{y}$ ganz oder teilweise zum Hauptglied des letzten Schlusses gehört, ist Satz 66 bewiesen.

Satz 67. Inversionssatz für $\neg$ vorne. — Mit $\bigwedge\neg\mathfrak{y}\wedge\mathfrak{p}\rightarrow\mathfrak{q}$ ist stets zugleich $\mathfrak{p}\rightarrow\mathfrak{q}\vee\mathfrak{y}$ beweisbar.

Zur *Schreibweise* gilt entsprechendes wie bei Satz 66, s. den dortigen Absatz „zur Schreibweise". Insbesondere dürfen $\mathfrak{p}$, $\mathfrak{q}$ und $\bigwedge\neg\mathfrak{y}$ auch fehlen.

Zur Bezeichnung „Inversionssatz" und zur Rolle der Konjunktion $\bigwedge\neg\mathfrak{y}$ vgl. die Anmerkung zu Satz 66.

Der Nachweis des Satzes 67 (bei dem wiederum die „Direktive" des § 95 beachtet werden soll) ist demjenigen des Satzes 66 bei Benutzung des „gemeinsamen Schemas" symbolisch völlig dual; die schrittweise duale Übertragung kann dem Leser als Textaufgabe überlassen bleiben.

Für den Mathematiker. Der Nachweis des Satzes 66 läßt sich leicht so verallgemeinern, daß er gleichzeitig den Satz 67 und die im nächsten Paragraphen folgenden Inversionssätze 68 bis 71 mit erledigt. Die $\neg$-hinten-Schlußregel fällt ja ihrerseits unter das „gemeinsame Schema" vom Ende des § 96. In den Nachweisen wird das Schema bereits zur Vermeidung von Fallunterscheidungen benutzt. Wenn man es nun zugleich auch für den invertierbaren Schluß verwenden will, um den modifizierten Nachweis-Wiederholungen aus dem Wege zu gehen, so muß man es hierfür mit *anderen* Mitteilungszeichen gebrauchen, etwa in der Gestalt

$$(\circ)\qquad \left\{\begin{array}{l}\mathfrak{w}_j\wedge\mathfrak{p}\rightarrow\mathfrak{q}\vee\mathfrak{x}_j \qquad (j=1 \text{ bzw. } j=1,2)\\ \mathfrak{w}\wedge\mathfrak{p}\rightarrow\mathfrak{q}\vee\mathfrak{x};\end{array}\right.$$

dabei sind mit $\mathfrak{p}$, $\mathfrak{q}$ die früher mit $\mathfrak{u}$, $\mathfrak{v}$ bezeichneten Nebenglieder gemeint, mit $\mathfrak{w}_j$, $\mathfrak{x}_j$, die früher mit $\mathfrak{c}_i$, $\mathfrak{d}_i$ bezeichneten Teilformen und mit $\mathfrak{w}$, $\mathfrak{x}$ die früher mit $\mathfrak{c}$, $\mathfrak{d}$ bezeichneten Teilformen. Das Schema $(\circ)$ soll in der folgenden Betrachtung lediglich zur gemeinsamen Mitteilung der Schlußregeln für $\neg$, für $\rightarrow$ sowie der $\wedge$-hinten-Regel und der $\vee$-vorne-Regel dienen; dagegen sollen die Kürzungsregeln, die $\wedge$-vorne- und die $\vee$-hinten-Regel aus der Mitteilung ausgeschlossen bleiben. $\mathfrak{w}$ und $\mathfrak{x}$ sind dann aus $\mathfrak{w}_j$ bzw. $\mathfrak{x}_j$ aufgeschichtet; außerdem ist $\mathfrak{w}$ *keine Konjunktion* und $\mathfrak{x}$ *keine Disjunktion.* Diese Einschränkungen werden sich bei der Durchführung des unten skizzierten Nachweises als wichtig erweisen.

Auf das Schema $(\circ)$ läßt sich nun (bei der genannten Einschränkung) der Nachweis des Satzes 66 ohne grundsätzliche Abweichung übertragen. Man gewinnt dadurch einen Nachweis für den „*allgemeinen Inversionssatz der alternären aufschichtenden Logik*": Mit beweisbarem $\bigwedge\mathfrak{w}\wedge\mathfrak{p}\rightarrow\mathfrak{q}\vee\bigvee\mathfrak{x}$ [Schema $(\circ)$] ist zugleich auch $\mathfrak{w}_j\wedge\mathfrak{p}\rightarrow\mathfrak{q}\vee\mathfrak{x}_j$ (s. dasselbe Schema) beweisbar. — (Betreffs der $\bigwedge$ und $\bigvee$ vgl. man die Anmerkung zu Satz 66.) Es sei kurz geschildert, wie man *im 1. Falle* des zweiten Induktionsschrittes vorzugehen hat. (Der Nachweis des Satzes 66 sollte zum Vergleich herangezogen werden.) Die Fallvoraussetzung besagt: $\bigwedge\mathfrak{w}$ und $\bigvee\mathfrak{x}$ dürfen nicht an $\mathfrak{c}$ bzw. $\mathfrak{d}$ beteiligt sein.

In den Schematen $(*)$ von § 96 und $(\circ)$ müssen nunmehr die Unterformeln $\mathfrak{c}\wedge\mathfrak{u}\rightarrow\mathfrak{v}\vee\mathfrak{d}$ bzw. $\bigwedge\mathfrak{w}\wedge\mathfrak{p}\rightarrow\mathfrak{q}\vee\bigvee\mathfrak{x}$ übereinstimmen. Dabei muß nach der Fallvoraussetzung sein:

$$(1)\qquad \mathfrak{u}\equiv\mathfrak{r}\wedge\bigwedge\mathfrak{w},\qquad \mathfrak{v}\equiv\bigvee\mathfrak{x}\vee\mathfrak{t}\quad\text{(mit eventuell leerem } \mathfrak{r} \text{ oder } \mathfrak{t}).$$

Der Vergleich, der sich aus der betrachteten Übereinstimmung ergibt, zeigt weiter:

$$(2)\qquad \mathfrak{p}\equiv\mathfrak{c}\wedge\mathfrak{r},\qquad\qquad (3)\qquad \mathfrak{q}\equiv\mathfrak{t}\vee\mathfrak{d}.$$

Die Oberformel(n) des betrachteten Schemas $(*)$ geht (bzw. gehen) mit (1) über in

$$\mathfrak{c}_i\wedge\mathfrak{r}\wedge\bigwedge\mathfrak{w}\rightarrow\bigvee\mathfrak{x}\vee\mathfrak{t}\vee\mathfrak{d}_i\qquad(\text{mit } i=1 \text{ oder } i=1,2).$$

Nach Induktionsvoraussetzung ist hiermit auch

$$\mathfrak{c}_i \wedge \mathfrak{r} \wedge \mathfrak{w}_j \rightarrow \mathfrak{x}_j \vee \mathfrak{t} \vee \mathfrak{d}_i \qquad (\text{mit } j = 1 \quad \text{oder} \quad j = 1, 2)$$

beweisbar; daraus

$$\mathfrak{c} \wedge \mathfrak{r} \wedge \mathfrak{w}_j \rightarrow \mathfrak{x}_j \vee \mathfrak{t} \vee \mathfrak{d},$$

d.i. wegen (2) und (3) nach Umstellung:

$$\mathfrak{w}_j \wedge \mathfrak{p} \rightarrow \mathfrak{q} \vee \mathfrak{x}_j.$$

Der 2. Fall hat als Fallvoraussetzung: der letzte Schluß sei ein Schluß derselben Art wie der im Satz selbst gemeinte, und zwar mit $\mathfrak{w}$ oder $\mathfrak{x}$ als Hauptglied.

Der 3. Fall betrifft die $\wedge$-vorne-Schlußregel (3a) und die $\vee$-hinten-Schlußregel (3b), der 4. Fall die Kürzung vorne (4a) und hinten (4b).

Die ausführliche Darlegung der oben skizzierten Überlegungen zum 1. Fall sowie die Behandlung der Fälle 2, 3a und b, 4a und b seien dem mathematischen Leser als *Übungsaufgabe* empfohlen. — Wo wird die Einschränkung, daß $\mathfrak{w}$ nicht Konjunktion und $\mathfrak{x}$ nicht Disjunktion sein dürfe, benötigt?

Getreu dem in der Einleitung hervorgehobenen Leitmotiv dieses Buches, die mathematische Abstraktion jeweils nicht weiter zu treiben als es durch die Nachweiserfordernisse angezeigt ist, werden die folgenden Inversionssätze 68—71 einzeln ohne Heranziehung der obigen allgemeinen Überlegung nachgewiesen werden.

§ 98. Umkehrbarkeit aufschichtender Schlußregeln. — 2. Teil: $\wedge$-hinten-, $\vee$-vorne- und $\rightarrow$-Inversion.

Vorbemerkung. Der Mathematiker, der die am Ende des vorigen Paragraphen gestellte Übungsaufgabe bearbeitet hat, mag die Nachweise des vorliegenden Paragraphen überschlagen und sich mit der Lektüre der Sätze selbst begnügen.

Satz 68. Inversionssatz für $\wedge$ hinten. — Mit $\mathfrak{p} \rightarrow \mathfrak{q} \vee V(\mathfrak{y} \wedge \mathfrak{z})$ sind zugleich $\mathfrak{p} \rightarrow \mathfrak{q} \vee \mathfrak{y}$ und $\mathfrak{p} \rightarrow \mathfrak{q} \vee \mathfrak{z}$ beweisbar.

Bemerkung zur *Schreibweise* und Anmerkung zur Rolle des V wie bei Satz 66. Insbesondere dürfen $\mathfrak{p}$, $\mathfrak{q}$ und $V(\mathfrak{y} \wedge \mathfrak{z})$ auch fehlen.

Nachweis des Satzes 68 wiederum — unter Beachtung der „Direktive" aus § 95 — durch Gerüstinduktion. Die Anlage des Nachweises, insbesondere der erste Induktionsschritt und die einleitende Betrachtung zum zweiten Induktionsschritt lassen sich fast wörtlich aus dem Nachweis für Satz 66 übertragen. Es darf daher gleich eine Form der Gestalt $\mathfrak{p} \rightarrow \mathfrak{q} \vee V(\mathfrak{y} \wedge \mathfrak{z})$ — mit nicht leerer Disjunktion $V(\mathfrak{y} \wedge \mathfrak{z})$ — vom Range $n+1$ betrachtet werden, wobei der Satz bereits als bis zum Range n bewiesen angenommen werden kann.

Die vier in dem genannten Nachweise hierzu unterschiedenen Fälle 1.—4. sind an dieser Stelle völlig analog zu behandeln, wobei lediglich die Formeln in evidenter Weise abzuwandeln sind. *Unter Verweis auf den Nachweis des Satzes 66* soll hier lediglich die modifizierte Abfolge der Formeln angegeben werden.

1. Fall. Keines der $\mathfrak{y}\wedge\mathfrak{z}$ im Hauptglied des letzten Schlusses. — Für das „gemeinsame Schlußschema“ (*) wird

(1) $\mathfrak{v} \equiv V(\mathfrak{y}\wedge\mathfrak{z})\vee\mathfrak{r}$, (2) $\mathfrak{p} \equiv \mathfrak{c}\wedge\mathfrak{u}$, (3) $\mathfrak{q} \equiv \mathfrak{r}\vee\mathfrak{d}$.

Man erhält den Schluß:

$$(**)\qquad \left\{\begin{array}{l} \mathfrak{c}_i\wedge\mathfrak{u}\rightarrow V(\mathfrak{y}\wedge\mathfrak{z})\vee\mathfrak{r}\vee\mathfrak{d}_i \\ \mathfrak{c}\wedge\mathfrak{u}\rightarrow V(\mathfrak{y}\wedge\mathfrak{z})\vee\mathfrak{r}\vee\mathfrak{d}. \end{array}\right.$$

Nach Induktionsvoraussetzung sind

$\mathfrak{c}_i\wedge\mathfrak{u}\rightarrow\mathfrak{r}\vee\mathfrak{d}_i\vee\mathfrak{y}$ und $\mathfrak{c}_i\wedge\mathfrak{u}\rightarrow\mathfrak{r}\vee\mathfrak{d}_i\vee\mathfrak{z}$ beweisbar. Daraus:

$\mathfrak{c}\wedge\mathfrak{u}\rightarrow\mathfrak{r}\vee\mathfrak{d}\vee\mathfrak{y}$ bzw. $\mathfrak{c}\wedge\mathfrak{u}\rightarrow\mathfrak{r}\vee\mathfrak{d}\vee\mathfrak{z}$, d.i.

$\mathfrak{p}\rightarrow\mathfrak{q}\vee\mathfrak{y}$ bzw. $\mathfrak{p}\rightarrow\mathfrak{q}\vee\mathfrak{z}$, durch Schlüsse der betrachteten Art.

2. Fall. Letzter Schluß ein $\wedge$ hinten; eines der $\mathfrak{y}\wedge\mathfrak{z}$ Hauptglied. — Die Oberformeln werden zu

(α) $\mathfrak{p}\rightarrow\mathfrak{q}\vee V^\circ(\mathfrak{y}\wedge\mathfrak{z})\vee\mathfrak{y}$, ($\beta$) $\mathfrak{p}\rightarrow\mathfrak{q}\vee V^\circ(\mathfrak{y}\wedge\mathfrak{z})\vee\mathfrak{z}$,

(wo V° weniger Disjunktionsglieder hat als V).

Nach Induktionsvoraussetzung ist
mit (α) auch $\mathfrak{p}\rightarrow\mathfrak{q}\vee\mathfrak{y}\vee\mathfrak{y}$ und mit (β) auch $\mathfrak{p}\rightarrow\mathfrak{q}\vee\mathfrak{z}\vee\mathfrak{z}$ beweisbar. — Nun Kürzung hinten.

3. Fall. Letzter Schluß ein $\vee$ hinten; mindestens eines der Glieder von $V(\mathfrak{y}\wedge\mathfrak{z})$ im Hauptglied, also Hauptglied: $\mathfrak{t}\vee(\mathfrak{y}\wedge\mathfrak{z})\vee\cdot\cdot\vee(\mathfrak{y}\wedge\mathfrak{z})$, wobei $\mathfrak{t}$ auch fehlen kann. — Schluß:

$$\begin{array}{l} \mathfrak{p}\rightarrow\mathfrak{r}\vee V^\circ(\mathfrak{y}\wedge\mathfrak{z}) \\ \mathfrak{p}\rightarrow\underbrace{\mathfrak{r}\vee\mathfrak{t}}_{\mathfrak{q}}\vee V(\mathfrak{y}\wedge\mathfrak{z}). \end{array}$$

Mit der Oberformel ist (α) $\mathfrak{p}\rightarrow\mathfrak{r}\vee\mathfrak{y}$ und (β) $\mathfrak{p}\rightarrow\mathfrak{r}\vee\mathfrak{z}$ beweisbar. Durch $\vee$ hinten erhält man
aus (α): $\mathfrak{p}\rightarrow\mathfrak{q}\vee\mathfrak{y}$ und aus (β): $\mathfrak{p}\rightarrow\mathfrak{q}\vee\mathfrak{z}$.

4. Fall. Letzter Schluß eine Kürzung hinten, die (eventuell unter anderen Gliedern) Glieder von $V(\mathfrak{y}\wedge\mathfrak{z})$ betrifft. Mit der Oberformel $\mathfrak{p}\rightarrow\mathfrak{q}'\vee V'(\mathfrak{y}\wedge\mathfrak{z})$ (wo $\mathfrak{q}$ aus $\mathfrak{q}'$ und $V(\mathfrak{y}\wedge\mathfrak{z})$ aus $V'(\mathfrak{y}\wedge\mathfrak{z})$ durch eventuelle Kürzung hervorgeht) sind $\mathfrak{p}\rightarrow\mathfrak{q}'\vee\mathfrak{y}$ und $\mathfrak{p}\rightarrow\mathfrak{q}'\vee\mathfrak{z}$ beweisbar. Durch (eventuelle) Kürzungen erhält man $\mathfrak{p}\rightarrow\mathfrak{q}\vee\mathfrak{y}$ bzw. $\mathfrak{p}\rightarrow\mathfrak{q}\vee\mathfrak{z}$.

Satz 69. Inversionssatz für $\vee$ vorne. — Mit $\Lambda(\mathfrak{y}\vee\mathfrak{z})\wedge\mathfrak{p}\rightarrow\mathfrak{q}$ sind zugleich $\mathfrak{y}\wedge\mathfrak{p}\rightarrow\mathfrak{q}$ und $\mathfrak{z}\wedge\mathfrak{p}\rightarrow\mathfrak{q}$ beweisbar.

Bemerkung zur Schreibweise und Anmerkung zur Rolle des Λ wie bei Satz 66.

Der Nachweis verläuft symbolisch dual (vgl. S. 239) zu demjenigen für Satz 68. Die Durchführung der Dualisierung sei als Textaufgabe gestellt.

Satz 70. Inversionssatz für $\to$ hinten. — Mit $\mathfrak{p}\to\mathfrak{q}\vee\bigvee(\mathfrak{y}\to\mathfrak{z})$ ist zugleich $\mathfrak{y}\wedge\mathfrak{p}\to\mathfrak{q}\vee\mathfrak{z}$ beweisbar.

Die Erläuterung und die Anmerkung zu Satz 66 gelten auch für Satz 70.

Der Nachweis (unter Beachtung der „Direktive“ des § 95) ist analog demjenigen für Satz 66. *Unter Verweis auf diesen Nachweis* seien die Modifikationen des zweiten Induktionsschrittes kurz aufgeführt:

1. Fall. Keines der $\mathfrak{y}\to\mathfrak{z}$ im Hauptglied des letzten Schlusses. — Für das „gemeinsame Schlußschema“ (*) wird

(1) $\mathfrak{v} \equiv \bigvee(\mathfrak{y}\to\mathfrak{z})\vee\mathfrak{r}$, (2) $\mathfrak{p} \equiv \mathfrak{c}\wedge\mathfrak{u}$, (3) $\mathfrak{q} \equiv \mathfrak{r}\vee\mathfrak{d}$.

Man erhält den Schluß:

$$\frac{\mathfrak{c}_i\wedge\mathfrak{u}\to\bigvee(\mathfrak{y}\to\mathfrak{z})\vee\mathfrak{r}\vee\mathfrak{d}_i}{\mathfrak{c}\wedge\mathfrak{u}\to\bigvee(\mathfrak{y}\to\mathfrak{z})\vee\mathfrak{r}\vee\mathfrak{d}.}$$

Nach Induktionsvoraussetzung ist die Aussagenform

$\mathfrak{y}\wedge\mathfrak{c}_i\wedge\mathfrak{u}\to\mathfrak{r}\vee\mathfrak{d}_i\vee\mathfrak{z}$ beweisbar; daraus:

$\mathfrak{y}\wedge\mathfrak{c}\wedge\mathfrak{u}\to\mathfrak{r}\vee\mathfrak{d}\vee\mathfrak{z}$, d.i. $\mathfrak{y}\wedge\mathfrak{p}\to\mathfrak{q}\vee\mathfrak{z}$.

2. Fall. Letzter Schluß ein $\to$ hinten; eines der $\mathfrak{y}\to\mathfrak{z}$ Hauptglied. — Die Oberformel wird zu $\mathfrak{y}\wedge\mathfrak{p}\to\mathfrak{q}\vee\bigvee^{\circ}(\mathfrak{y}\to\mathfrak{z})\vee\mathfrak{z}$. Nach Induktionsvoraussetzung ist $\mathfrak{y}\wedge\mathfrak{y}\wedge\mathfrak{p}\to\mathfrak{q}\vee\mathfrak{z}\vee\mathfrak{z}$ beweisbar. — Nun Kürzung vorne und hinten.

3. Fall. Letzter Schluß ein $\vee$ hinten; mindestens eines der $\mathfrak{y}\to\mathfrak{z}$ im Hauptglied, also Hauptglied: $\mathfrak{t}\vee(\mathfrak{y}\to\mathfrak{z})\vee\cdot\cdot\vee(\mathfrak{y}\to\mathfrak{z})$, wobei $\mathfrak{t}$ auch fehlen kann. — Schluß:

$$\frac{\mathfrak{p}\to\mathfrak{r}\vee\bigvee^{\circ}(\mathfrak{y}\to\mathfrak{z})}{\mathfrak{p}\to\underbrace{\mathfrak{r}\vee\mathfrak{t}}_{\mathfrak{q}}\vee\bigvee(\mathfrak{y}\to\mathfrak{z}).}$$

Mit der Oberformel ist $\mathfrak{y}\wedge\mathfrak{p}\to\mathfrak{r}\vee\mathfrak{z}$ beweisbar.

Daraus $\mathfrak{y}\wedge\mathfrak{p}\to\mathfrak{q}\vee\mathfrak{z}$ durch $\vee$ hinten.

4. Fall. Letzter Schluß eine Kürzung hinten, die (eventuell unter anderen Gliedern) Glieder von $\bigvee(\mathfrak{y}\to\mathfrak{z})$ betrifft. Mit der Oberformel $\mathfrak{p}\to\mathfrak{q}'\vee\bigvee'(\mathfrak{y}\to\mathfrak{z})$ ist $\mathfrak{y}\wedge\mathfrak{p}\to\mathfrak{q}'\vee\mathfrak{z}$ beweisbar. Daraus $\mathfrak{y}\wedge\mathfrak{p}\to\mathfrak{q}\vee\mathfrak{z}$ durch (eventuelle) Kürzung hinten.

Satz 71. Inversionssatz für $\to$ vorne. — Mit $\bigwedge(\mathfrak{y}\to\mathfrak{z})\wedge\mathfrak{p}\to\mathfrak{q}$ sind zugleich $\mathfrak{p}\to\mathfrak{q}\vee\mathfrak{y}$ und $\mathfrak{z}\wedge\mathfrak{p}\to\mathfrak{q}$ beweisbar.

Erläuterung und Anmerkung wie bei Satz 66.

Der Nachweis (unter Beachtung der „Direktive“ des § 95) ist wiederum analog demjenigen für Satz 66. Unter Verweis auf *diesen Nachweis* mögen die Modifikationen des zweiten Induktionsschrittes kurz aufgeführt werden.

1. Fall. — Keines der $\mathfrak{y}\rightarrow\mathfrak{z}$ im Hauptglied des letzten Schlusses. — Für das „gemeinsame Schlußschema" (*) wird

(1) $\mathfrak{u} \equiv \mathfrak{r}\wedge\bigwedge(\mathfrak{y}\rightarrow\mathfrak{z})$ (wo $\mathfrak{r}$ auch fehlen kann),

(2) $\mathfrak{q} \equiv \mathfrak{b}\vee\mathfrak{d}$, (3) $\mathfrak{p} \equiv \mathfrak{c}\wedge\mathfrak{r}$.

Man erhält den Schluß

$$\frac{\mathfrak{c}_i\wedge\mathfrak{r}\wedge\bigwedge(\mathfrak{y}\rightarrow\mathfrak{z})\rightarrow\mathfrak{b}\vee\mathfrak{d}_i}{\mathfrak{c}\wedge\mathfrak{r}\wedge\bigwedge(\mathfrak{y}\rightarrow\mathfrak{z})\rightarrow\mathfrak{b}\vee\mathfrak{d}.}$$

Nach Induktionsvoraussetzung sind die Formen

(α) $\mathfrak{c}_i\wedge\mathfrak{r}\rightarrow\mathfrak{b}\vee\mathfrak{d}_i\vee\mathfrak{y}$ und (β) $\mathfrak{z}\wedge\mathfrak{c}_i\wedge\mathfrak{r}\rightarrow\mathfrak{b}\vee\mathfrak{d}_i$ beweisbar.

Aus (α) erhält man $\mathfrak{c}\wedge\mathfrak{r}\rightarrow\mathfrak{b}\vee\mathfrak{d}\vee\mathfrak{y}$, d.i. aber $\mathfrak{p}\rightarrow\mathfrak{q}\vee\mathfrak{y}$; aus ($\beta$) erhält man $\mathfrak{z}\wedge\mathfrak{c}\wedge\mathfrak{r}\rightarrow\mathfrak{b}\vee\mathfrak{d}$, d.i. aber $\mathfrak{z}\wedge\mathfrak{p}\rightarrow\mathfrak{q}$.

2. Fall. Letzter Schluß ein $\rightarrow$ vorne; eines der $\mathfrak{y}\rightarrow\mathfrak{z}$ Hauptglied. — Die Oberformeln werden zu

(α) $\bigwedge^\circ(\mathfrak{y}\rightarrow\mathfrak{z})\wedge\mathfrak{p}\rightarrow\mathfrak{q}\vee\mathfrak{y}$ bzw. (β) $\mathfrak{z}\wedge\bigwedge^\circ(\mathfrak{y}\rightarrow\mathfrak{z})\wedge\mathfrak{p}\rightarrow\mathfrak{q}$.

(Das Zeichen ° deutet Verringerung der Gliederzahl an.)

Nach Induktionsvoraussetzung ist mit (α) beweisbar: $\mathfrak{p}\rightarrow\mathfrak{q}\vee\mathfrak{y}\vee\mathfrak{y}$ und mit (β) beweisbar: $\mathfrak{z}\wedge\mathfrak{z}\wedge\mathfrak{p}\rightarrow\mathfrak{q}$. Nun Kürzung hinten bzw. vorne.

3. Fall. Letzter Schluß ein $\wedge$ vorne; mindestens eines der $\mathfrak{y}\rightarrow\mathfrak{z}$ im Hauptglied, also Hauptglied $(\mathfrak{y}\rightarrow\mathfrak{z})\wedge\cdots\wedge(\mathfrak{y}\rightarrow\mathfrak{z})\wedge\mathfrak{t}$, wobei $\mathfrak{t}$ auch fehlen kann. — Schluß:

$$\frac{\bigwedge^\circ(\mathfrak{y}\rightarrow\mathfrak{z})\wedge\mathfrak{r}\rightarrow\mathfrak{q}}{\bigwedge(\mathfrak{y}\rightarrow\mathfrak{z})\wedge\underbrace{\mathfrak{r}\wedge\mathfrak{t}}_{\mathfrak{p}}\rightarrow\mathfrak{q}.}$$

Mit der Oberformel sind (α) $\mathfrak{r}\rightarrow\mathfrak{q}\vee\mathfrak{y}$ und (β) $\mathfrak{z}\wedge\mathfrak{r}\rightarrow\mathfrak{q}$ beweisbar. Hieraus $\mathfrak{p}\rightarrow\mathfrak{q}\vee\mathfrak{y}$ bzw. $\mathfrak{z}\wedge\mathfrak{p}\rightarrow\mathfrak{q}$ durch $\wedge$ vorne.

4. Fall. Letzter Schluß eine Kürzung vorne, die (eventuell unter anderen Gliedern) Glieder von $\bigwedge(\mathfrak{y}\rightarrow\mathfrak{z})$ betrifft. Mit der Oberformel $\bigwedge'(\mathfrak{y}\rightarrow\mathfrak{z})\wedge\mathfrak{p}'\rightarrow\mathfrak{q}$ (wo $\mathfrak{p}$ aus $\mathfrak{p}'$ und $\bigwedge(\mathfrak{y}\rightarrow\mathfrak{z})$ aus $\bigwedge'(\mathfrak{y}\rightarrow\mathfrak{z})$ durch eventuelle Kürzung hervorgeht) sind die Formen $\mathfrak{p}'\rightarrow\mathfrak{q}\vee\mathfrak{y}$ und $\mathfrak{z}\wedge\mathfrak{p}'\rightarrow\mathfrak{q}$ beweisbar. Nun (eventuelle) Kürzungen vorne.

Kapitel XVII.

Schnittelimination beim natürlichen, kürzungserweiterten Kodifikat *K*.

§ 99. Die Schnitt-Schlußregel.

Wir wenden uns nunmehr dem Hauptteil der in § 95 gestellten Aufgabe zu, die Abhängigkeit der Grundschlußregel im Kodifikat *K* getreu der in § 95 ausführlich begründeten „Direktive" ohne jeden

Rückgriff auf die Wahrformvollständigkeit des Kodifikats K nachzuweisen. Es ist hierbei zweckmäßig, eine gewisse *Verallgemeinerung* der Grundschlußregel zu betrachten, die als Schnitt-Schlußregel oder kurz als „Schnittregel" bezeichnet werden soll:

Definition der *Schnittregel:*

$$\frac{\mathfrak{h} \to \mathfrak{l} \vee \bigvee \mathfrak{s} \qquad \bigwedge \mathfrak{s} \wedge \mathfrak{k} \to \mathfrak{m}}{\mathfrak{h} \wedge \mathfrak{k} \to \mathfrak{l} \vee \mathfrak{m}}.$$

Hier bezeichnen $\mathfrak{h}, \mathfrak{k}, \mathfrak{l}, \mathfrak{m}$ natürliche Teilformen (‚Nebenglieder'), die auch fehlen dürfen. Die natürliche Form $\mathfrak{s}$ heiße das *Schnittglied* des Schnittes. Die Zeichen $\bigvee$ und $\bigwedge$ stehen hier für eine Disjunktion bzw. eine Konjunktion aus lauter gestaltlich übereinstimmenden Gliedern, d.h. $\bigvee \mathfrak{s} \equiv: \mathfrak{s} \vee \cdot\cdot \vee \mathfrak{s}$, $\bigwedge \mathfrak{s} \equiv: \mathfrak{s} \wedge \cdot\cdot \wedge \mathfrak{s}$.

Die Disjunktion und die Konjunktion sollen mindestens je ein Glied $\mathfrak{s}$ umfassen; sie brauchen nicht die gleiche Gliederzahl zu haben.

Textaufgabe: Interpretation der Schnittregel.

Beispiele von Schnitten.

(Beispiele ganzer Herleitungen, die sich auch der Schnittregel — neben den elementaren Schlußregeln des Kodifikats — bedienen, werden später — in § 102 — folgen.)

1. — Einfaches Beispiel:

$$\frac{\neg\neg a \to a \qquad a \to (a \vee b) \wedge (a \vee c)}{\neg\neg a \to (a \vee b) \wedge (a \vee c)}.$$

Das Schnittglied ist a.

(Übungsaufgabe: die Oberformeln herzuleiten.)

2. — Beispiel für einen etwas reichhaltigeren Schnitt (das Schnittglied ist durch Schlängelung herausgehoben, von der Beweisbarkeit der Formeln ist hier abgesehen).

$$\frac{b \wedge (c \vee a) \to a \vee \underset{\sim}{c \vee a} \vee (b \wedge (c \vee a)) \vee \underset{\sim}{c \vee a} \vee \underset{\sim}{c \vee a} \qquad \underset{\sim}{(c \vee a)} \wedge b \wedge \underset{\sim}{(c \vee a)} \wedge d \to \neg b \wedge (a \vee d)}{b \wedge (c \vee a) \wedge b \wedge d \to a \vee (b \wedge (c \vee a)) \vee (\neg b \wedge (a \vee d))}$$

Spezialfälle.

1.) Man dürfte unbesorgt zulassen, daß in einer der beiden Oberformeln des Schnittes — oder auch in beiden — die Schnittdisjunktion bzw. -konjunktion *leer* ist. In diesem Falle hat man aber bereits einen bloßen $\vee$-hinten- bzw. $\wedge$-vorne-Schluß vor sich, wobei die andere Oberformel wegfallen kann (Textaufgabe).

2.) Wenn $\mathfrak{k}$ und $\mathfrak{l}$ leer sind und links und rechts nur je *ein* plaziertes Schnittglied $\mathfrak{s}$ auftritt, hat man speziell die Kettenschlußregel

$$\frac{\mathfrak{h}\to\mathfrak{s} \qquad \mathfrak{s}\to\mathfrak{m}}{\mathfrak{h}\to\mathfrak{m}}.$$

3.) Wenn außerdem auch $\mathfrak{h}$ leer ist, hat man die „modifizierte Grundschlußregel"

$$\frac{\cdot\to\mathfrak{s} \qquad \mathfrak{s}\to\mathfrak{m}}{\cdot\to\mathfrak{m}}.$$

Bei der Interpretation von $\cdot\to\mathfrak{a}$ durch $\mathfrak{a}$ (s. Abs. 3 der Erklärung der vertretenden Grundimplikation, S. 221) repräsentiert dieses Schema die Grundschlußregel der gewöhnlichen normaldeduktiven Aussagenlogik.

Satz 72. Bei Zufügung der Kettenschlußregel (oben Abs. 2) zu den elementaren Schlußregeln des kürzungserweiterten Kodifikats *K* aus § 94 wird die allgemeine Schnittregel (S. 249) *ableitbar.*

Anmerkung. Wir werden übrigens, da wir bei den nachfolgenden syntaktischen Operationen die allgemeine Gestalt der Schnittregel brauchen, auf Satz 72 nicht zurückkommen; er soll lediglich einleitend den elementaren Zusammenhang der betrachteten Schlußregeln vor Augen führen.

Nachweis des Satzes 72 durch Ableitung der Schnittregel aus der Kettenschlußregel.

Erstens:

$$\begin{array}{ll} & \mathfrak{k}\to\mathfrak{k} \text{ (nach Satz 60)} \\ & \neg\mathfrak{k}\wedge\mathfrak{k}\to\cdot \\ \mathfrak{h}\to\mathfrak{h} \text{ (nach Satz 60)} & \mathfrak{k}\to\neg\neg\mathfrak{k} \\ \mathfrak{h}\wedge\mathfrak{k}\to\mathfrak{h} & \mathfrak{h}\wedge\mathfrak{k}\to\neg\neg\mathfrak{k} \\ \hline \multicolumn{2}{c}{\mathfrak{h}\wedge\mathfrak{k}\to\mathfrak{h}\wedge\neg\neg\mathfrak{k}} \end{array} \qquad (\circ)$$

Zweitens: Man beweist dual (Textaufgabe):

$$\neg\neg\mathfrak{l}\vee\mathfrak{m}\to\mathfrak{l}\vee\mathfrak{m} \qquad (\circ\circ)$$

Drittens:

$$\begin{array}{ll} \mathfrak{h}\to\mathfrak{l}\vee\bigvee\mathfrak{s} \text{ (vorausg.)} & \bigwedge\mathfrak{s}\wedge\mathfrak{k}\to\mathfrak{m} \text{ (vorausg.)} \\ \mathfrak{h}\to\mathfrak{l}\vee\mathfrak{s} & \mathfrak{s}\wedge\mathfrak{k}\to\mathfrak{m} \\ \neg\mathfrak{l}\wedge\mathfrak{h}\to\mathfrak{s} & \mathfrak{s}\to\mathfrak{m}\vee\neg\mathfrak{k} \\ \hline \multicolumn{2}{c}{\neg\mathfrak{l}\wedge\mathfrak{h}\to\mathfrak{m}\vee\neg\mathfrak{k} \text{ (durch Kettenschluß)}} \\ \multicolumn{2}{c}{\mathfrak{h}\to\neg\neg\mathfrak{l}\vee\mathfrak{m}\vee\neg\mathfrak{k}} \\ \multicolumn{2}{c}{\mathfrak{h}\wedge\neg\neg\mathfrak{k}\to\neg\neg\mathfrak{l}\vee\mathfrak{m}} \end{array}$$

Kettenschlüsse mit den obigen Formen (∘) und (∘∘) führen nun unmittelbar auf

$$\mathfrak{h}\wedge\mathfrak{k}\to\mathfrak{l}\vee\mathfrak{m}.$$

§ 100. Elimination von Schnitten, deren Schnittglied eine Variable ist.

Im vorigen Paragraphen steckten wir uns das Ziel, die Schnittregel im natürlichen kürzungs*erweiterten* aufschichtenden alternären Kodifikat K des § 94 als *abhängig* zu erkennen — unter Beachtung der „Direktive" von § 95, nach der nicht auf die Wahrformvollständigkeit des Kodifikats zurückgegriffen werden darf. Wir führen hierzu eine Schnitt-Elimination in mehreren Schritten durch, wobei wir uns sowohl der Gerüstinduktion als auch der Netzinduktion bedienen. —

Zur Beachtung. Die Schnittelimination, die in diesem und dem folgenden Paragraphen (getreu der Direktive des § 95) zum Nachweise des Satzes 74 herangezogen wird, findet in syntaktischen Betrachtungen zur Prädikatenlogik eine zwangsläufige Fortsetzung. Man stößt mit dieser Methode zum Hauptsatz der aufschichtenden Prädikatenlogik vor. Eine eingehende vorausschauende Darstellung dieser Zusammenhänge würde allerdings die Aufgabe des vorliegenden Bandes überschreiten. —

Wir beschränken uns zunächst auf Schnitte, deren Schnittglied eine bloße Aussagenvariable ist, und beweisen die Abhängigkeit derartiger Schnitte im Kodifikat K des § 94:

Satz 73 (Hilfsatz). Wenn zwei Formeln der Gestalt (α) $\mathfrak{h} \rightarrow \mathfrak{l} \vee \mathsf{V}\dot{\mathfrak{s}}$, ($\beta$) $\wedge \dot{\mathfrak{s}} \wedge \mathfrak{k} \rightarrow \mathfrak{m}$ in K beweisbar sind, so ist auch (γ) $\mathfrak{h} \wedge \mathfrak{k} \rightarrow \mathfrak{l} \vee \mathfrak{m}$ in K beweisbar.

Zur Bezeichnung: Die „Formeln" sind Grundimplikationen. $\mathfrak{h}$, $\mathfrak{k}$, $\mathfrak{l}$, $\mathfrak{m}$ dürfen auch fehlen; $\dot{\mathfrak{s}}$ ist eine Variable.

Nachweis des Satzes nach dem Rang der ersten gegebenen Formel (α).

Erster Induktionsschritt.

Der Rang von (α) sei 1, m.a.W. (α) sei Axiom. (α) hat dann die Gestalt $\dot{\mathfrak{s}} \rightarrow \dot{\mathfrak{s}}$ (d.h.: $\mathfrak{h} \equiv \dot{\mathfrak{s}}$ und $\mathfrak{l}$ leer). (γ) wird hier $\dot{\mathfrak{s}} \wedge \mathfrak{k} \rightarrow \mathfrak{m}$; dies geht aus ($\beta$) durch bloße „Kürzung vorne" hervor.

Zweiter Induktionsschritt. Es sei ein Formelnpaar (α), (β) der betrachteten Gestalt gegeben, wobei der Rang m von (α) größer als 1 sei; und (Induktionsvoraussetzung:) der Satz sei bereits bewiesen für solche Formelnpaare der in Rede stehenden Gestalt, bei denen der Rang der ersten Formel kleiner ist als m. — Wir unterscheiden nun nach dem letzten Schluß eines Beweises von (α) mit minimalem Beweisrang (wir wollen diesen Schluß kurz den „α-vorgängigen" Schluß nennen).

1. Fall. Im α-vorgängigen Schluß ist das mitgeteilte $\mathsf{V}\dot{\mathfrak{s}}$ seiner Unterformel (α) $=\!=\!=:$ $\mathfrak{h} \rightarrow \mathfrak{l} \vee \mathsf{V}\dot{\mathfrak{s}}$ nicht am Hauptglied beteiligt. Gibt man also den α-vorgängigen Schluß durch das „gemeinsame Schema" von § 96 wieder:

$$\mathfrak{c}_i \wedge \mathfrak{u} \rightarrow \mathfrak{v} \vee \mathfrak{d}_i, \qquad \text{wo } i = 1 \quad \text{bzw.} \quad i = 1, 2$$
$$\mathfrak{c} \wedge \mathfrak{u} \rightarrow \mathfrak{v} \vee \mathfrak{d},$$

so wird (bis auf Umstellung):

(1) $\qquad \mathfrak{h} \equiv \mathfrak{c} \wedge \mathfrak{u} \qquad\qquad$ (2) $\qquad \mathfrak{v} \equiv \bigvee \dot{\mathfrak{s}} \vee \mathfrak{r}$

[wo $\mathfrak{r}$ auch fehlen darf; $\bigvee \dot{\mathfrak{s}}$ ist die in (α) mitgeteilte Disjunktion]

und mithin wegen $\bigvee \dot{\mathfrak{s}} \vee \mathfrak{r} \vee \mathfrak{d} \equiv \mathfrak{v} \vee \mathfrak{d} \equiv \mathfrak{l} \vee \bigvee \dot{\mathfrak{s}}$:

(3) $\qquad \mathfrak{l} \equiv \mathfrak{r} \vee \mathfrak{d}.$

Unter Heranziehung von (1) bis (3) gewinnt der α-vorgängige Schluß die Gestalt

($\alpha°$) $$\begin{array}{l} \mathfrak{c}_i \wedge \mathfrak{u} \to \bigvee \dot{\mathfrak{s}} \vee \mathfrak{r} \vee \mathfrak{d}_i, \quad \text{wo } i = 1 \text{ bzw. } i = 1, 2 \\ \underbrace{\mathfrak{c} \wedge \mathfrak{u}}_{\mathfrak{h}} \to \bigvee \dot{\mathfrak{s}} \vee \underbrace{\mathfrak{r} \vee \mathfrak{d}}_{\mathfrak{l}}. \end{array}$$

Die Formel(n) ($\alpha°$) ist (bzw. sind) also beweisbar und von kleinerem Range als (α).

Auf das Formelnpaar — bzw. auf die beiden Formelnpaare — ($\alpha°$), (β) läßt sich daher die Induktionsvoraussetzung anwenden; sie lehrt die Beweisbarkeit der Formel(n)

$$\mathfrak{c}_i \wedge \mathfrak{u} \wedge \mathfrak{k} \to \mathfrak{r} \vee \mathfrak{d}_i \vee \mathfrak{m} \quad (\text{wo } i = 1 \text{ bzw. } i = 1, 2).$$

Man schließt weiter mit derselben Schlußregel, der auch der gegebene α-vorgängige Schluß angehörte:

d.i. $$\begin{array}{c} \mathfrak{c} \wedge \mathfrak{u} \wedge \mathfrak{k} \to \mathfrak{r} \vee \mathfrak{d} \vee \mathfrak{m} \\ (\gamma) \quad \mathfrak{h} \wedge \mathfrak{k} \to \mathfrak{l} \vee \mathfrak{m}. \end{array}$$

2. Fall. Der α-vorgängige Schluß ist ein $\vee$-hinten-Schluß, bei dem das mitgeteilte $\bigvee \dot{\mathfrak{s}}$ am Hauptglied beteiligt ist. Das Hauptglied ist dann eine Disjunktion $\mathfrak{t} \vee \dot{\mathfrak{s}} \vee \cdots \vee \dot{\mathfrak{s}}$ (wobei $\mathfrak{t}$ auch fehlen kann), und der Schluß läßt sich so mitteilen:

$$\begin{array}{l} \mathfrak{u} \to \mathfrak{r} \vee \bigvee^{\circ} \dot{\mathfrak{s}} \\ \mathfrak{u} \to \mathfrak{r} \vee \mathfrak{t} \vee \bigvee \dot{\mathfrak{s}}, \end{array}$$

wobei die Disjunktion $\bigvee^{\circ} \dot{\mathfrak{s}}$ aus *weniger* Gliedern $\dot{\mathfrak{s}}$ besteht als $\bigvee \dot{\mathfrak{s}}$ (beide bestehen ja aus lauter Gliedern $\dot{\mathfrak{s}}$; — außer $\mathfrak{u}$ und $\mathfrak{t}$ dürfen übrigens offensichtlich auch $\mathfrak{r}$ und $\bigvee^{\circ} \dot{\mathfrak{s}}$ fehlen). Da die Unterformel (α) $\equiv$: $\mathfrak{h} \to \mathfrak{l} \vee \bigvee \dot{\mathfrak{s}}$ ist, hat man

(1) $\qquad \mathfrak{h} \equiv \mathfrak{u}, \qquad\qquad$ (2) $\qquad \mathfrak{l} \equiv \mathfrak{r} \vee \mathfrak{t}.$

Unter Heranziehung von (1) und (2) gewinnt der α-vorgängige Schluß die Gestalt

($\alpha°$) $$\begin{array}{l} \mathfrak{h} \to \mathfrak{r} \vee \bigvee^{\circ} \dot{\mathfrak{s}} \\ \mathfrak{h} \to \underbrace{\mathfrak{r} \vee \mathfrak{t}}_{\mathfrak{l}} \vee \bigvee \dot{\mathfrak{s}}. \end{array}$$

Die Formel (α°) ist also beweisbar und von kleinerem Range als (α). Man hat zu unterscheiden:

Erster Unterfall. $V^\circ\dot{\mathfrak{s}}$ sei leer; also (α°) $\equiv$ $\mathfrak{h}\rightarrow\mathfrak{r}$.

Aus (α°) geht dann durch (eventuelle) bloße $\wedge$-vorne- und $\vee$-hinten-Schlüsse hervor:

$\mathfrak{h}\wedge\mathfrak{k}\rightarrow\mathfrak{r}\vee\mathfrak{t}\vee\mathfrak{m}$, d.i. ($\gamma$) $\mathfrak{h}\wedge\mathfrak{k}\rightarrow\mathfrak{l}\vee\mathfrak{m}$.

Zweiter Unterfall. $V^\circ\dot{\mathfrak{s}}$ sei nicht leer. In diesem Falle erinnern wir uns, daß sich [da (α°) kleineren Rang hat als (α)] auf das Formelnpaar (α°), (β) die Induktionsvoraussetzung anwenden läßt. Sie lehrt die Beweisbarkeit der Formel $\mathfrak{h}\wedge\mathfrak{k}\rightarrow\mathfrak{r}\vee\mathfrak{m}$. — Man schließt weiter durch $\vee$-hinten-Schluß:

$\mathfrak{h}\wedge\mathfrak{k}\rightarrow\mathfrak{r}\vee\mathfrak{t}\vee\mathfrak{m}$, d.i. ($\gamma$) $\mathfrak{h}\wedge\mathfrak{k}\rightarrow\mathfrak{l}\vee\mathfrak{m}$.

3. Fall. Der α-vorgängige Schluß ist eine Kürzung hinten, bei der auch Glieder der Gestalt $\dot{\mathfrak{s}}$ weggekürzt werden. Eine solche Kürzung läßt sich so mitteilen:

$$(\alpha^\circ) \qquad \frac{\mathfrak{h}\rightarrow\mathfrak{l}'\vee V'\dot{\mathfrak{s}}}{\mathfrak{h}\rightarrow\mathfrak{l}\vee V\dot{\mathfrak{s}},}$$

wobei $\mathfrak{l}$ aus $\mathfrak{l}'$ durch Kürzung hervorgeht (wenn nicht $\mathfrak{l} \equiv \mathfrak{l}'$ ist) und $V\dot{\mathfrak{s}}$ aus $V'\dot{\mathfrak{s}}$ durch Wegkürzen von $\dot{\mathfrak{s}}$-Gliedern hervorgeht.

Die Formel (α°) ist also beweisbar und von kleinerem Range als (α). Auf das Formelnpaar (α°), (β) läßt sich daher die Induktionsvoraussetzung anwenden. Sie lehrt die Beweisbarkeit von $\mathfrak{h}\wedge\mathfrak{k}\rightarrow\mathfrak{l}'\vee\mathfrak{m}$. Hieraus ergibt sich durch (eventuelle) Kürzung hinten:

$$(\gamma) \qquad \mathfrak{h}\wedge\mathfrak{k}\rightarrow\mathfrak{l}\vee\mathfrak{m}.$$

Mit 2. und 3. sind (da $\dot{\mathfrak{s}}$ bloße Variable ist) alle Fälle erschöpft, in denen $V\dot{\mathfrak{s}}$ am Hauptglied des α-vorgängigen Schlusses beteiligt ist.

§ 101. Schnittelimination allgemein.

Wir wenden uns nun jener Behauptung zu, deren Nachweis unter Beachtung der „Direktive" aus § 95 wir uns in § 99 als Aufgabe gestellt haben.

Satz 74. Die Schnittregel (§ 99) ist im natürlichen kürzungserweiterten aufschichtenden Kodifikat K (§ 94) abhängig, d.h. wenn zwei Formeln der Gestalt (α) $\mathfrak{h}\rightarrow\mathfrak{l}\vee V\mathfrak{s}$, ($\beta$) $\Lambda\mathfrak{s}\wedge\mathfrak{k}\rightarrow\mathfrak{m}$ in K beweisbar sind, so ist auch (γ) $\mathfrak{h}\wedge\mathfrak{k}\rightarrow\mathfrak{l}\vee\mathfrak{m}$ in K beweisbar.

Zur Bezeichnung: Die „Formeln" sind Grundimplikationen. $\mathfrak{h}$, $\mathfrak{k}$, $\mathfrak{l}$, $\mathfrak{m}$ dürfen auch fehlen.

Wir führen den Nachweis durch Netzinduktion (S. 164) betreffs der im Satz mitgeteilten Teilform $\mathfrak{s}$ (m.a.W.: betreffs des Schnittglieds des als abhängig zu erkennenden Schnittes oder, wie wir hier sagen wollen: des gegebenen Formelnpaares); d.h. wir induzieren nach der Aufschichtungsordnung (§ 63) von $\mathfrak{s}$. Dabei gehen wir — nur für die Zwecke dieses Beweises — von der assoziaten Schreibweise ab und denken uns (wie bereits auf S. 236) bei mehr als zwei assoziierten Disjunktions- bzw. Konjunktionsgliedern die Klammern *irgendwie* in erlaubter Weise gesetzt.

Erster Induktionsschritt. Auf ein Formelnpaar, dessen Schnittglied $\mathfrak{s}$ eine bloße Aussagenvariable $\dot{\mathfrak{s}}$ ist, trifft die Behauptung nach Satz 73 zu.

Zweiter Induktionsschritt. Gegeben sei ein Formelnpaar, dessen Schnittglied $\mathfrak{s}$ eine von 1 verschiedene Aufschichtungsordnung n besitzt, und (Induktionsvoraussetzung:) der Satz sei bereits bewiesen für alle Formelnpaare der betrachteten Gestalt, bei denen die Aufschichtungsordnung des Schnittgliedes kleiner ist als n. — Wegen $n \neq 1$ ist $\mathfrak{s}$ keine Variable, sondern eine zusammengesetzte Form; für eine solche gibt es vier Möglichkeiten.

1. Fall. $\mathfrak{s}$ ist Negat, d.h. $\mathfrak{s}$ hat die Gestalt $\neg\mathfrak{y}$. Das gegebene Formelnpaar hat hier die Gestalt

(α) $\mathfrak{h} \to \mathfrak{l} \vee \bigvee \neg\mathfrak{y}$, ($\beta$) $\bigwedge \neg\mathfrak{y} \wedge \mathfrak{k} \to \mathfrak{m}$.

Nach dem Inversionssatz 67 ist mit (β) auch

(β°) $\mathfrak{k} \to \mathfrak{m} \vee \mathfrak{y}$, nach dem Inversionssatz 66 ist mit (α) auch

(α°) $\mathfrak{y} \wedge \mathfrak{h} \to \mathfrak{l}$ beweisbar. Da die Aufschichtungsordnung von $\mathfrak{y}$ kleiner ist als n, läßt sich auf das Formelnpaar (β°), (α°) die Induktionsvoraussetzung anwenden; sie lehrt die Beweisbarkeit von

(γ) $\mathfrak{h} \wedge \mathfrak{k} \to \mathfrak{l} \vee \mathfrak{m}$.

2. Fall. $\mathfrak{s}$ ist Konjunktion, d.h. $\mathfrak{s}$ hat die Gestalt $\mathfrak{y} \wedge \mathfrak{z}$. Das gegebene Formelnpaar hat die Gestalt

(α) $\mathfrak{h} \to \mathfrak{l} \vee \bigvee(\mathfrak{y} \wedge \mathfrak{z})$, ($\beta$) $\bigwedge(\mathfrak{y} \wedge \mathfrak{z}) \wedge \mathfrak{k} \to \mathfrak{m}$.

Nach dem Inversionssatz 68 ist mit (α) auch

(α°) $\mathfrak{h} \to \mathfrak{l} \vee \mathfrak{y}$ beweisbar. — Die Formel (β) läßt sich auch in der Gestalt

(β°) $\bigwedge\mathfrak{y} \wedge \bigwedge\mathfrak{z} \wedge \mathfrak{k} \to \mathfrak{m}$ mitteilen. Da die Aufschichtungsordnung von $\mathfrak{y}$ kleiner ist als n, läßt sich auf das Formelnpaar (α°), (β°) die Induktionsvoraussetzung anwenden; sie führt auf

(δ) $\mathfrak{h} \wedge \bigwedge\mathfrak{z} \wedge \mathfrak{k} \to \mathfrak{l} \vee \mathfrak{m}$.

Nach dem Inversionssatz 68 ist mit (α) auch

($\alpha^{\circ\circ}$) $\mathfrak{h} \to \mathfrak{l} \vee \mathfrak{z}$ beweisbar. Da die Aufschichtungsordnung von $\mathfrak{z}$ kleiner ist als n, läßt sich auf das Formelnpaar ($\alpha^{\circ\circ}$), (δ) die Induktionsvoraussetzung anwenden; sie führt auf $\mathfrak{h} \wedge \mathfrak{h} \wedge \mathfrak{k} \to \mathfrak{l} \vee \mathfrak{l} \vee \mathfrak{m}$. Hieraus erhält man durch Kürzung vorne und hinten:

(γ) $\mathfrak{h} \wedge \mathfrak{k} \to \mathfrak{l} \vee \mathfrak{m}$.

3. Fall. $\mathfrak{s}$ ist Disjunktion, d.h. $\mathfrak{s}$ hat die Gestalt $\mathfrak{y}\vee\mathfrak{z}$. Da bei dem vorausgegangenen Fall 2 keine $\rightarrow$-Schlußregel ins Spiel kommt, läßt sich die Überlegung des Falles 2 Schritt für Schritt dualisieren; hiermit ist der Fall 3 erledigt. (Die Durchführung des in der Mitteilung dualen Nachweises mag als Übungsaufgabe dienen.)

4. Fall. $\mathfrak{s}$ ist Implikation, d.h. $\mathfrak{s}$ hat die Gestalt $\mathfrak{y}\rightarrow\mathfrak{z}$. Das gegebene Formelnpaar hat die Gestalt

(α) $\mathfrak{h}\rightarrow\mathfrak{l}\vee\bigvee(\mathfrak{y}\rightarrow\mathfrak{z})$, (β) $\bigwedge(\mathfrak{y}\rightarrow\mathfrak{z})\wedge\mathfrak{k}\rightarrow\mathfrak{m}$.

Nach dem Inversionssatz 70 ist mit (α) auch

(α°) $\mathfrak{y}\wedge\mathfrak{h}\rightarrow\mathfrak{l}\vee\mathfrak{z}$ beweisbar, und nach dem Inversionssatz 71 ist mit (β) auch

(β°) $\mathfrak{z}\wedge\mathfrak{k}\rightarrow\mathfrak{m}$ beweisbar. Da die Aufschichtungsordnung von $\mathfrak{z}$ kleiner als n ist, führt die Induktionsvoraussetzung von dem Formelnpaar (α°), (β°) auf

(δ) $\mathfrak{y}\wedge\mathfrak{h}\wedge\mathfrak{k}\rightarrow\mathfrak{l}\vee\mathfrak{m}$.

Mit (β) ist nach dem Inversionssatz 71 auch

(β°°) $\mathfrak{k}\rightarrow\mathfrak{m}\vee\mathfrak{y}$ beweisbar. Da die Aufschichtungsordnung von $\mathfrak{y}$ kleiner als n ist, führt die Induktionsvoraussetzung von dem Formelnpaar (β°°), (δ) auf

$\mathfrak{k}\wedge\mathfrak{h}\wedge\mathfrak{k}\rightarrow\mathfrak{m}\vee\mathfrak{l}\vee\mathfrak{m}$. Hieraus ergibt sich durch Kürzung vorne und hinten:

(γ) $\mathfrak{h}\wedge\mathfrak{k}\rightarrow\mathfrak{l}\vee\mathfrak{m}$.

§ 102. Umweglosigkeit.

Vorbemerkung. Dieser Paragraph läßt an einem einfachen Beispiel einen konkreten Einblick in den Abbau-Mechanismus der Schnittelimination tun. Für die Erfassung der syntaktischen Operationen ist seine Lektüre nicht notwendig. —

Die im vorliegenden Kapitel nachgewiesene Abhängigkeit der Schnitt-Schlußregel (Satz 74) besagt gemäß der ‚Folgerung‘ zur Erklärung der Abhängigkeit (§ 58): Jede Grundimplikation, die unter Hinzunahme von Schnitten zum Deduktionsgerüst (des kürzungserweiterten Kodifikats § 94) hergeleitet werden kann, ist auch ohne die Hinzunahme im Kodifikat selbst beweisbar.

Die Schnittelimination, durch die dieser Satz bewiesen wurde, kann als eine induktive Methode aufgefaßt werden, nach der eine „mit Schnitten geführte Herleitung“ in eine gewöhnliche, „schnittfreie“ Herleitung, *verwandelt* wird — nämlich durch schrittweises Heraufverlegen eines jeweils in einem Beweisfaden zu unterst stehenden Schnittes, bis schließlich alle Schnitte an die oberen Enden der Fäden heraufverlegt sind, wo sie sich — gemäß den ersten Induktionsschritten —

als überflüssig erwiesen haben. (Die exakte Durchführung der hier geschilderten Umwandlung, die sich unmittelbar an die Nachweise der Sätze 73, 74 anschließt, mag dem Leser als Textaufgabe überlassen bleiben.)

Es leuchtet ein, daß ein aufschichtender Beweis, der in zwangsläufiger Weise jede in der Endform auftretende aussagenlogische Verknüpfung einführt, gegenüber der mit Schnitten geführten Herleitung der direktere ist, daß er eben als der „umweglose" Beweis anzusehen ist. Der Ausdruck „umweglos" gewinnt eine präzise Bedeutung, wenn man sich vergegenwärtigt, daß eine systematisch durchgeführte Schnittbeseitigung wirklich „Umwegstellen" eines Beweises herauspräpariert, die sich, wenn sie erst einmal offenbar geworden sind, trivialerweise ausschalten lassen.

Erklärung. Von einer *Umwegstelle* eines Beweises sprechen wir in folgenden Fällen:

1. wenn im Beweisast einer Formel die nämliche Formel schon auftritt, so daß das Zwischenstück des Beweises evidentermaßen entbehrlich wird.

2. wenn im Beweisast einer Formel $\mathfrak{c}$ eine Formel auftritt, die nicht die einzige Oberformel von $\mathfrak{c}$ ist, die aber für sich allein bereits durch einen einzigen Schluß auf $\mathfrak{c}$ führt. Auch hier wird das Zwischenstück des Beweises — und dabei vielfach ein ganzer Beweisast — evidentermaßen entbehrlich.

Beide Arten von Umwegstellen sind in den Fallunterscheidungen der induktiven Nachweise zur Schnittbeseitigung mehrfach aufgetreten; in jedem Falle war die Schnittelimination mit einem Abbau dieses Umwegs verbunden.

Um jeden möglichen Umweg von vorneherein auszuschalten, bedarf es übrigens offensichtlich noch der Elimination der Kürzungsregeln, m.a.W. des Rückgangs zum kürzungs*freien* Kodifikat der §§ 88, 89, in dem sie ja abhängig sind (Satz 63). Es kann ja nämlich ein Umweg z.B. in der Weise zustande kommen, daß durch $\wedge$-vorne-Schlüsse ein Vorderglied verdoppelt wird, das an späterer Stelle des Beweises dann wieder durch eine ‚Kürzung vorne' auf eines reduziert wird (oder dual). Eine allgemeine Systematik des expliziten Ausschaltungsverfahrens für Umwege würde unnötig weit führen. Es soll hier lediglich dem Leser die Gelegenheit gegeben werden, sich am konkreten Beispiel einer ‚mit Schnitten geführten Herleitung' ein Bild davon zu machen, wie die Schnittelimination der §§ 100, 101 sukzessive die durch die Schnitte entstandenen Umwege abbaut.

Vorbemerkung zur Mitteilungsweise. Die Schnitte sind durch doppelten Querstrich hervorgehoben; die Schnittglieder sind unterschlängelt.

1. Gestalt (vorgelegte ‚mit Schnitten geführte Herleitung‘)

$$\dfrac{\begin{array}{c} a\to a \\ \bullet\to a\vee\neg a \\ \neg a\to\neg a \\ \bullet\to\neg a\vee\neg\neg a \\ \neg\neg\neg a\to\underset{\sim}{\neg a}\end{array} \qquad \begin{array}{c} \dfrac{\begin{array}{cc} a\to a & b\to b \\ a\to a\vee b & b\to a\vee b\end{array}}{a\vee b\to a\vee b} \\ \underset{\sim}{\neg a}\wedge(a\vee b)\to b\end{array}}{\neg\neg\neg a\wedge(a\vee b)\to b}$$

Das Schnittglied ist $\neg a$. Gemäß dem 1. Fall beim zweiten Induktionsschritt zum Nachweis des Satzes 74 wird so umgewandelt (mit Vertauschung des linken und rechten Beweisastes):

2. Gestalt

$$\dfrac{\dfrac{\begin{array}{cc} a\to a & b\to b \\ a\to a\vee b & b\to a\vee b\end{array}}{a\vee b\to \underset{\sim}{a}\vee b} \qquad \begin{array}{c} a\to a \\ \neg a\wedge a\to\bullet \\ a\to\neg\neg a \\ \underset{\sim}{a}\wedge\neg\neg\neg a\to\bullet\end{array}}{(a\vee b)\wedge\neg\neg\neg a\to b}$$

und weiter (gemäß dem 1. Fall beim zweiten Induktionsschritt zum Nachweis des Satzes 73):

3. Gestalt

$$\dfrac{\dfrac{\begin{array}{c} a\to a \\ a\to\underset{\sim}{a}\vee b\end{array} \quad \begin{array}{c} a\to a \\ \neg a\wedge a\to\bullet \\ a\to\neg\neg a \\ \underset{\sim}{a}\wedge\neg\neg\neg a\to\bullet\end{array}}{a\wedge\neg\neg\neg a\to b} \qquad \dfrac{\begin{array}{c} b\to b \\ b\to\underset{\sim}{a}\vee b\end{array} \quad \begin{array}{c} a\to a \\ \neg a\wedge a\to\bullet \\ a\to\neg\neg a \\ \underset{\sim}{a}\wedge\neg\neg\neg a\to\bullet\end{array}}{b\wedge\neg\neg\neg a\to b}}{(a\vee b)\wedge\neg\neg\neg a\to b}$$

Dies verwandelt sich gemäß dem 1. und 2. Fall beim zweiten Induktionsschritt zum Nachweis des Satzes 73 zur

4. Gestalt

$$\dfrac{\begin{array}{c}\dfrac{a\to a \quad \begin{array}{c} a\to a \\ \neg a\wedge a\to\bullet \\ a\to\neg\neg a \\ a\wedge\neg\neg\neg a\to\bullet\end{array}}{a\wedge\neg\neg\neg a\to\bullet} \\ a\wedge\neg\neg\neg a\to b\end{array} \qquad \begin{array}{c} b\to b \\ b\wedge\neg\neg\neg a\to b\end{array}}{(a\vee b)\wedge\neg\neg\neg a\to b}$$

Hier wird der Schnitt offenbar überflüssig (s. den ersten Induktionsschritt des Nachweises zu Satz 73).

Man ist somit durch systematische Schnittelimination zu dem ‚schnittfreien' Beweis gelangt:

5. Gestalt (Beweis in *K*)

$$
\begin{array}{ll}
\quad a \to a & \\
\neg a \wedge a \to \bullet & \\
\quad a \to \neg\neg a & \\
a \wedge \neg\neg\neg a \to \bullet & \qquad b \to b \\
a \wedge \neg\neg\neg a \to b & b \wedge \neg\neg\neg a \to b \\
\hline
\multicolumn{2}{c}{(a \vee b) \wedge \neg\neg\neg a \to b}
\end{array}
$$

Im Verlaufe dieser Umwandlungen sind die folgenden Umwegstellen aufgetreten:

in der 3. Gestalt links:

$$
\begin{array}{c}
\vdots \\
\ldots \quad a \wedge \neg\neg\neg a \to \bullet \\
\hline\hline
a \wedge \neg\neg\neg a \to b
\end{array}
$$

in der 3. Gestalt rechts:

$$
\begin{array}{cc}
b \to b & \vdots \\
\ldots & \ldots \\
\hline\hline
\multicolumn{2}{l}{b \wedge \neg\neg\neg a \to b}
\end{array}
$$

in der 4. Gestalt links:

$$
\begin{array}{c}
\vdots \\
\ldots \quad a \wedge \neg\neg\neg a \to \bullet \\
\hline\hline
a \wedge \neg\neg\neg a \to \bullet
\end{array}
$$

Zusatzaufgabe. Die Schnittbeseitigung am folgenden Beweis systematisch durchzuführen und die Umwegstellen aufzusuchen:

$$
\dfrac{
\dfrac{
\begin{array}{c} a \to a \\ a \wedge (\neg a \vee b) \to a \end{array}
\qquad
\dfrac{
\begin{array}{c} a \to a \\ a \wedge \neg a \to \bullet \\ a \wedge \neg a \to b \end{array}
\quad
\begin{array}{c} b \to b \\ a \wedge b \to b \end{array}
}{a \wedge (\neg a \vee b) \to b}
}{
\begin{array}{c} a \wedge (\neg a \vee b) \to a \wedge b \\ \neg a \vee b \to \underset{\sim\sim}{(a \wedge b)} \vee \neg a \end{array}
}
\qquad
\dfrac{
\begin{array}{c} a \to a \\ a \wedge b \to a \\ a \wedge b \to a \vee c \end{array}
\quad
\begin{array}{c} b \to b \\ a \wedge b \to b \\ a \wedge b \to b \vee c \end{array}
}{\underset{\sim\sim}{a \wedge b} \to (a \vee c) \wedge (b \vee c)}
}{
\neg a \vee b \to \neg a \vee [(a \vee c) \wedge (b \vee c)]
}
$$

(Anmerkung. Hier ist das Schnittglied $a \wedge b$ nicht Teilform der Endformel; in einem solchen Falle ist von vorneherein zu erwarten, daß man bei der systematischen Schnittbeseitigung bald auf die Umwegstellen stößt.)

Kapitel XVIII.

Aufschichtende alternäre $\vee\neg$-Logik.

§ 103. Aufstellung des Kodifikats. — Einige fundamentale Nachweise.

Im vorigen Kapitel wurde ein aufschichtendes Kodifikat vorgeführt, dessen Begriffsnetz die Verknüpfungen $\wedge$, $\vee$, $\rightarrow$, $\neg$ enthielt und in dessen Deduktionsgerüst zu jeder dieser Verknüpfungen zwei aufschichtende Schlüsse angegeben waren. Dieses Kodifikat zeigt, daß das Prinzip der Aufschichtung auf alle Verknüpfungen $\wedge$, $\vee$, $\rightarrow$, $\neg$ bezogen werden kann, und macht somit die Wirksamkeit dieses Prinzips besonders deutlich.

Für die rein rechnerische Beschäftigung mit aufschichtenden Kodifikaten wird jedoch ein aufschichtendes Kodifikat, das sich auf einer möglichst engen Verknüpfungsbasis (§ 37f.) aufbaut, vorteilhafter sein; auch die syntaktischen Überlegungen werden für ein solches Kodifikat mit kürzeren Nachweisen auskommen. Es soll hier ein erst seit kurzem bekanntes Kodifikat dieser Art behandelt werden, bei dem zwar die Systematik der Aufschichtung vielleicht nicht ganz so ins Auge springen mag wie beim natürlichen aufschichtenden Kodifikat, für das sich aber der Nachweis der Vollständigkeit und die weiteren syntaktischen Überlegungen besonders einfach gestalten.

Das Kodifikat der aufschichtenden alternären $\vee\neg$*-Logik.*

(Die Bezeichnung „alternär" wird sich erst in § 104 rechtfertigen; vorläufig ist sie eine noch unbegründete Benennung.)

I. Das Begriffsnetz ist das der $\vee\neg$-Formen mit zusätzlicher Verabredung. Es wird wie folgt festgelegt:

1. Jede Aussagenvariable — $a, b, c, ..$ — ist eine $\vee\neg$-Form.

2. Mit $\mathfrak{a}$ ist $\neg\mathfrak{a}$ (nach nötig werdender Klammerung um $\mathfrak{a}$, vgl. S. 159) eine $\vee\neg$-Form.

3. Mit $\mathfrak{a}$ und $\mathfrak{b}$ ist $\mathfrak{a}\vee\mathfrak{b}$ (nach nötig werdender Klammerung um $\mathfrak{a}$ und $\mathfrak{b}$) eine $\vee\neg$-Form.

4. Sind $\mathfrak{a}_1, .., \mathfrak{a}_n$ $\vee\neg$-Formen, in denen nicht $\vee$ die herrschende Verknüpfung ist (d.h. die keine Disjunktionen sind), so ist $\mathfrak{a}_1\vee\cdot\cdot\vee\mathfrak{a}_n$ in assoziater Schreibweise eine *einschlägige Form* des Begriffsnetzes. — Die $\mathfrak{a}_1, .., \mathfrak{a}_n$ heißen die *Konstituenten* dieser einschlägigen Form.

Zur Mitteilung. In der Mitteilung einer einschlägigen Form dürfen Konstituenten zusammengefaßt werden.

Beispiel. $a\vee b\vee c$ darf als $\mathfrak{u}\vee c$ mitgeteilt werden, wo $\mathfrak{u} \;{=\!=\!=}\colon\; a\vee b$ ist, ebenso aber auch als $a\vee\mathfrak{v}$, wo $\mathfrak{v} \;{=\!=\!=}\colon\; b\vee c$ ist.

5. (Umstellung): Auf die Reihenfolge der Konstituenten soll es nicht ankommen; m.a.W.: die einschlägigen Formen sollen in den

herrschenden $\vee$-Verknüpfungen nicht nur assoziat, sondern auch kommutabel sein (vgl. § 62).

1. Anmerkung zur Umstellung. In der hier gegebenen Fassung wird man die Umstellungs-Verabredung, wie geschehen, ins Begriffsnetz (statt ins Deduktionsgerüst) übernehmen. Die Umstellung läßt sich offenbar auch durch die Vorschrift

$$\frac{\mathfrak{u}\vee\mathfrak{a}\vee\mathfrak{b}\vee\mathfrak{v}}{\mathfrak{u}\vee\mathfrak{b}\vee\mathfrak{a}\vee\mathfrak{v}}\quad \text{(wo } \mathfrak{u}, \mathfrak{v} \text{ auch fehlen dürfen)}$$

erzwingen. Diese Vorschrift soll jedoch nicht als besondere Schlußregel zum Deduktionsgerüst gerechnet werden.

2. Anmerkung zur Umstellung. Denkt man sich die einschlägigen Formen zunächst nicht $\vee$-assoziat geschrieben, so erhält man aus der Umstellungsvorschrift der Anm. 1, die dann nach rechts geklammert zu lesen ist, außer dem kommutativen auch das assoziative Gesetz für $\vee$. — Nachweis: Die Vorschrift lautet ausführlicher mitgeteilt:

$$\frac{\mathfrak{u}_1\vee(\ldots(\mathfrak{u}_n\vee(\mathfrak{a}\vee(\mathfrak{b}\vee\mathfrak{v})))\ddot{\ldots})}{\mathfrak{u}_1\vee(\ldots(\mathfrak{u}_n\vee(\mathfrak{b}\vee(\mathfrak{a}\vee\mathfrak{v})))\ddot{\ldots})}\quad \text{(wo } \mathfrak{v} \text{ und die } \mathfrak{u} \text{ auch fehlen dürfen).}$$

Hier sollen $\mathfrak{a}$ und $\mathfrak{b}$ die Hauptglieder heißen, $\mathfrak{v}$ und die $\mathfrak{u}$ sollen Nebenglieder heißen.

Durch Vertauschung von Nachbargliedern läßt sich offenbar jede Reihenfolge erreichen (dies ist ein elementares Gesetz der Permutationslehre), s. hierzu bereits Anm. 1.

Der Nachweis des assoziativen Gesetzes gelingt nun in folgender Weise.

α. Bei gegebener Form der Gestalt $\mathfrak{a}\vee(\mathfrak{b}\vee\mathfrak{c})$ schließt man so:

$\mathfrak{a}\vee(\mathfrak{b}\vee\mathfrak{c})$
$\therefore$ $\mathfrak{a}\vee(\mathfrak{c}\vee\mathfrak{b})$, wo $\mathfrak{a}$ Nebenglied, $\mathfrak{b}$ und $\mathfrak{c}$ die Hauptglieder; $\mathfrak{v}$ fehlt.
$\therefore$ $\mathfrak{c}\vee(\mathfrak{a}\vee\mathfrak{b})$, wo $\mathfrak{a}$ und $\mathfrak{c}$ Hauptglieder, $\mathfrak{b}$ Nebenglied; die $\mathfrak{u}$ fehlen.
$\therefore$ $(\mathfrak{a}\vee\mathfrak{b})\vee\mathfrak{c}$, wo $\mathfrak{c}$ und $\mathfrak{a}\vee\mathfrak{b}$ Hauptglieder; die Nebenglieder fehlen.

β. Umgekehrt: bei gegebener Form der Gestalt $(\mathfrak{a}\vee\mathfrak{b})\vee\mathfrak{c}$ schließt man so:

$(\mathfrak{a}\vee\mathfrak{b})\vee\mathfrak{c}$
$\therefore$ $\mathfrak{c}\vee(\mathfrak{a}\vee\mathfrak{b})$, wo $\mathfrak{a}\vee\mathfrak{b}$ und $\mathfrak{c}$ Hauptglieder; die Nebenglieder fehlen.
$\therefore$ $\mathfrak{a}\vee(\mathfrak{c}\vee\mathfrak{b})$, wo $\mathfrak{c}$ und $\mathfrak{a}$ Hauptglieder, $\mathfrak{b}$ Nebenglied; die $\mathfrak{u}$ fehlen.
$\therefore$ $\mathfrak{a}\vee(\mathfrak{b}\vee\mathfrak{c})$, wo $\mathfrak{c}$ und $\mathfrak{b}$ Hauptglieder, $\mathfrak{a}$ Nebenglied; $\mathfrak{v}$ fehlt.

II. Das Deduktionsgerüst.

1. Axiomenschema: Jede Form der Gestalt

$$\dot{\mathfrak{v}}\vee\neg\dot{\mathfrak{v}},\quad \text{wo } \dot{\mathfrak{v}} \text{ Variable ist,}$$

gilt als Axiom.

2. Die Kürzungsregel: $\dfrac{\mathfrak{a}\vee\mathfrak{a}\vee\mathfrak{u}}{\mathfrak{a}\vee\mathfrak{u}}$

3. Die aufschichtenden Schlußregeln:

3a. die Verdünnungsregel: $\dfrac{\mathfrak{u}}{\mathfrak{a}\vee\mathfrak{u}}$

3b. die $\neg\vee$-Schlußregel: $\dfrac{\neg\mathfrak{a}\vee\mathfrak{u}\quad\neg\mathfrak{b}\vee\mathfrak{u}}{\neg(\mathfrak{a}\wedge\mathfrak{b})\vee\mathfrak{u}}$

3c. die $\neg\neg$-Schlußregel: $$\frac{\mathfrak{a}\vee\mathfrak{u}}{\neg\neg\mathfrak{a}\vee\mathfrak{u}}.$$

Zur Mitteilung. Die mitgeteilten $\mathfrak{a}$ und $\mathfrak{b}$ heißen die Hauptglieder des Schlusses, die mitgeteilten $\mathfrak{u}$ die Nebenglieder. Die Nebenglieder dürfen — außer bei der Verdünnung 3a — auch fehlen.

Anmerkung. Bei Heranziehung der Definition $\mathfrak{a}\rightarrow\mathfrak{b} \approx: \neg\mathfrak{a}\vee\mathfrak{b}$ geht die $\neg\vee$-Schlußregel über in die „$\vee$-vorne-Regel" des § 89:

$$\frac{\mathfrak{a}\rightarrow\mathfrak{u} \quad \mathfrak{b}\rightarrow\mathfrak{u}}{\mathfrak{a}\vee\mathfrak{b}\rightarrow\mathfrak{u}}.$$

Die $\neg\neg$-Schlußregel endlich läßt sich (nach Heranziehung des Leerzeichens $\bullet$ von § 88) in die Gestalt der „$\neg$-vorne-Regel" bringen:

$$\frac{\bullet\rightarrow\mathfrak{a}\vee\mathfrak{u}}{\neg\mathfrak{a}\rightarrow\mathfrak{u}}.$$

Bei dieser Übertragung geht (wenn man noch der Ober- und Unterformel einer Verdünnung die Zeichen $\bullet\rightarrow$ voransetzt) die „Aufschichtung unter einem Negationszeichen", die für das oben eingeführte Deduktionsgerüst charakteristisch ist, in eine Aufschichtung im Sinne des § 89 über.

Einige fundamentale Nachweise.

Satz 75. Für jedes $\mathfrak{a}$ ist die Tertium non datur—Form $\mathfrak{a}\vee\neg\mathfrak{a}$ beweisbar.

Nachweis durch Netzinduktion.

I. Induktionsschritt. Für eine Aussagenvariable $\dot{\mathfrak{v}}$ ist die Form $\dot{\mathfrak{v}}\vee\neg\dot{\mathfrak{v}}$ Axiom.

II. Induktionsschritt.

Fall IIa. — $\neg\mathfrak{a}\vee\neg\neg\mathfrak{a}$ ist beweisbar, sofern $\mathfrak{a}\vee\neg\mathfrak{a}$ beweisbar ist; man schließt nämlich

$\mathfrak{a}\vee\neg\mathfrak{a}$

$\neg\neg\mathfrak{a}\vee\neg\mathfrak{a}$ durch $\neg\neg$-Schluß

$\neg\mathfrak{a}\vee\neg\neg\mathfrak{a}$ (nach Umstellung).

Fall IIb. — $\mathfrak{a}\vee\mathfrak{b}\vee\neg(\mathfrak{a}\vee\mathfrak{b})$ ist beweisbar, sofern $\mathfrak{a}\vee\neg\mathfrak{a}$ und $\mathfrak{b}\vee\neg\mathfrak{b}$ beweisbar sind; man schließt nämlich:

$\mathfrak{a}\vee\neg\mathfrak{a}$		$\mathfrak{b}\vee\neg\mathfrak{b}$	
$\neg\mathfrak{a}\vee\mathfrak{a}\vee\mathfrak{b}$	durch Verdünnung (mit Umstellung)	$\neg\mathfrak{b}\vee\mathfrak{a}\vee\mathfrak{b}$	durch Verdünnung (mit Umstellung)

$\neg(\mathfrak{a}\vee\mathfrak{b})\vee\mathfrak{a}\vee\mathfrak{b}$ durch $\neg\vee$-Schluß

d.i. nach Umstellung:

$\mathfrak{a}\vee\mathfrak{b}\vee\neg(\mathfrak{a}\vee\mathfrak{b})$.

Hiermit ist der Satz 75 nachgewiesen.

Satz 76. Im aufschichtenden $\vee\neg$-Kodifikat ist die Einsetzungsregel implizit abhängig.

Nachweis. Daß die Einsetzungsregel nicht ableitbar, m.a.W. nicht explizit abhängig ist, macht man sich ohne weiteres klar. Es bleibt zu zeigen, daß sie überhaupt abhängig ist.

Sei $\mathfrak{c}^*$ eine einschlägige Beiform einer bewiesenen Form $\mathfrak{c}$. Die Einsetzung, die von $\mathfrak{c}$ zu $\mathfrak{c}^*$ führt, möge in allen Formeln des für $\mathfrak{c}$ gegebenen Beweises durchgeführt werden. Dabei bleibt jeder elementare Schluß ein elementarer Schluß. An die Stelle der Axiome $\dot{\mathfrak{v}}\vee\neg\dot{\mathfrak{v}}$ (mit einer bloßen Variablen $\dot{\mathfrak{v}}$) treten irgendwelche Formen der Gestalt $\mathfrak{a}\vee\neg\mathfrak{a}$. Diese sind nach Satz 75 beweisbar; ihre Beweise werden jeweils als Beweisäste vorangestellt.

Anmerkung. Dieser Nachweis läßt sich offenbar als „Heraufverlegung der Einsetzungen" in einer Formelnfigur auffassen, die mit den Formen $\genfrac{}{}{0pt}{}{\mathfrak{c}}{\mathfrak{c}^*}$ endet und außer dem Übergang von $\mathfrak{c}$ zu $\mathfrak{c}^*$ nur elementare Schlüsse des Deduktionsgerüstes enthält.

Zusatzaufgabe. Die vier WR-Axiome des § 72 in der Gestalt, in der die $\rightarrow$-Verknüpfung gemäß der Definition WR 5 eliminiert ist (s. z.B. die Textaufgabe von S. 189), im neuen $\vee\neg$-Kodifikat zu beweisen.

§ 104. Die Vollständigkeit des Kodifikats.

Satz 77. Das aufschichtende Kodifikat des § 103 ist ein Kodifikat der *alternären* $\vee\neg$-Logik, d.h. in ihm sind (1) alle Wahrformen und (2) nur Wahrformen beweisbar.

Andere Formulierung: Die aufschichtende $\vee\neg$-Logik ist widerspruchsfrei und *wahrformvollständig* (s. § 67).

Anmerkung. Erst mit diesem Satz wird die Bezeichnung „aufschichtende alternäre $\vee\neg$-Logik" gerechtfertigt. —

Der Nachweis zu Behauptung (2) des Satzes 77 ist trivial; die Axiome sind Wahrformen, und jede Schlußregel führt von Wahrformen stets auf Wahrformen.

Der Vorbereitung des Nachweises zu Behauptung (1) dient die

Erklärung. Unter der „reduzierten Verknüpfungsanzahl" einer $\vee\neg$-Form, die keine Disjunktion ist, möge die Anzahl aller derjenigen Verknüpfungszeichen, die nicht eine bloße Variable negieren, verstanden werden. Die „reduzierte Verknüpfungsanzahl" einer beliebigen einschlägigen Form sei die Summe der reduzierten Verknüpfungsanzahlen ihrer Konstituenten.

Beispiel: $\neg(\neg a\vee b)\vee\neg\neg c\vee\neg b$ hat die reduzierte Verknüpfungsanzahl $2+1+0=3$.

Nachweis der Behauptung (1) des Satzes 77 durch Induktion nach der reduzierten Verknüpfungsanzahl; dies ist eine spezielle Netzinduktion.

Erster Induktionsschritt. Sämtliche Konstituenten einer einschlägigen Form, deren reduzierte Verknüpfungsanzahl 0 ist, sind bloße Variablen oder Variablennegate. Eine solche Form ist nur dann Wahrform, wenn (mindestens) eine unnegierte mit einer negierten Variablen übereinstimmt. Sie geht dann aus einem Axiom $\mathfrak{v} \vee \neg \mathfrak{v}$ durch bloße Verdünnung hervor, ist also beweisbar.

Zweiter Induktionsschritt. Der Satz sei bereits bewiesen für einschlägige Formen, deren reduzierte Verknüpfungsanzahl höchstens n ist. $\mathfrak{e}$ sei eine einschlägige Form mit der reduzierten Verknüpfungsanzahl $n+1$. — $\mathfrak{e}$ hat mindestens eine Konstituente, die nicht Variable und nicht Variablennegat ist. Wenn diese Konstituente nach vorne gestellt wird, hat $\mathfrak{e}$ eine der Gestalten $\neg\neg\mathfrak{c} \vee \mathfrak{u}$ oder $\neg(\mathfrak{c} \vee \mathfrak{d}) \vee \mathfrak{u}$ (wo $\mathfrak{u}$ auch fehlen darf).

1. Fall. $\mathfrak{e} \equiv \neg\neg\mathfrak{c} \vee \mathfrak{u}$ (wo $\mathfrak{u}$ fehlen darf).
Mit $\mathfrak{e}$ ist auch $\mathfrak{c} \vee \mathfrak{u}$ Wahrform. Da die reduzierte Verknüpfungsanzahl der Form $\mathfrak{c} \vee \mathfrak{u}$ höchstens n ist, läßt sich auf sie die Induktionsvoraussetzung anwenden; diese lehrt: die Form $\mathfrak{c} \vee \mathfrak{u}$ ist beweisbar. Aus ihr folgt $\mathfrak{e}$ durch $\neg\neg$-Schluß.

2. Fall $\mathfrak{e} \equiv \neg(\mathfrak{c} \vee \mathfrak{d}) \vee \mathfrak{u}$ (wo $\mathfrak{u}$ fehlen darf).
Mit $\mathfrak{e}$ sind auch $\neg\mathfrak{c} \vee \mathfrak{u}$ und $\neg\mathfrak{d} \vee \mathfrak{u}$ Wahrformen (man erkennt dies unmittelbar durch Wahrheitswertung). Da die reduzierten Verknüpfungsanzahlen der beiden letztgenannten Formen höchstens n sind, läßt sich auf beide die Induktionsvoraussetzung anwenden; diese lehrt, daß sie beide beweisbar sind. Aus ihnen folgt $\mathfrak{e}$ durch $\neg\vee$-Schluß.

Anmerkung. Der vorstehende Nachweis liefert zugleich ein *Entscheidungsverfahren* für die Wahrformeigenschaft von ‚einschlägigen Formen' (d.h. von $\vee\neg$-Formen), das in schrittweisen „$\neg\neg$-Reduktionen" (Rückgang von $\neg\neg\mathfrak{c} \vee \mathfrak{u}$ auf $\mathfrak{c} \vee \mathfrak{u}$) und „$\neg\vee$-Reduktionen" (Rückgang von $\neg(\mathfrak{c} \vee \mathfrak{d}) \vee \mathfrak{u}$ auf $\neg\mathfrak{c} \vee \mathfrak{u}$ und auf $\neg\mathfrak{d} \vee \mathfrak{u}$) bestehen wird; dieses Verfahren läßt sich an Hand der Umsetzungen $\mathfrak{a} \wedge \mathfrak{b} \sim \neg(\neg\mathfrak{a} \vee \neg\mathfrak{b})$, $\mathfrak{a} \rightarrow \mathfrak{b} \sim \neg\mathfrak{a} \vee \mathfrak{b}$ unmittelbar zu einem dritten Entscheidungsverfahren für natürliche Formen ausweiten, das sich allerdings in praktisch belangvollen Fällen im allgemeinen nicht kürzer als die bereits behandelten Entscheidungsverfahren gestaltet.

Zusatzaufgaben. 1. Ausführliche Beschreibung des Entscheidungsverfahrens. — 2. Man zeige durch dieses Entscheidungsverfahren, daß $(a \rightarrow c) \wedge (b \rightarrow c) \;\rightarrow\; a \vee b \rightarrow c$ Wahrform ist.

Zur Lösung von 2: Die $\vee\neg$-Reduzierte der gegebenen Form ist: $\neg\neg(\neg(\neg a \vee c) \vee \neg(\neg b \vee c)) \vee \neg(a \vee b) \vee c$. Eine $\neg\neg$-Reduktion führt auf $\neg(\neg a \vee c) \vee \neg(\neg b \vee c) \vee \neg(a \vee b) \vee c$. Nach einer Reihe von $\neg\vee$- und $\neg\neg$-Reduktionen gelangt man zu acht Formen mit der reduzierten Verknüpfungsanzahl 0, deren jede eine Variable sowohl unnegiert als auch negiert als Konstituenten enthält.

§ 105. Umkehrbarkeit der aufschichtenden Schlußregeln.

Vorbemerkung. Für die beiden folgenden Paragraphen gilt die „Vorbemerkung" zum Kap. XVI, die in ihrem vollen Wortlaut hier zu wiederholen wäre. Die §§ 105, 106 dienen ausschließlich der aussagenlogischen Vorbereitung *prädikaten*logischer Betrachtungen; ein Leser, den die syntaktische Methode der Schnitteliminationen nicht interessiert, darf sie demgemäß bei erster Lektüre überschlagen. —

Da die in das $\vee\neg$-Begriffsnetz übertragene Grundschlußregel (die von $\mathfrak{a}$ und $\neg\mathfrak{a}\vee\mathfrak{b}$ auf $\mathfrak{b}$ führt) von Wahrformen stets auf Wahrformen führt, ist sie nach Satz 77 im aufschichtenden $\vee\neg$-Kodifikat des § 103 abhängig. — Diese einfache Überlegung bleibt bei späterer prädikatenlogischer Erweiterung nicht in Kraft. Eine Methode, die sich einer solchen Erweiterung unterwerfen läßt, ist wiederum die Schnittelimination mit vorangehenden Inversionen; das hierzu am Anfang des § 95 Gesagte läßt sich wörtlich auf das $\vee\neg$-Kodifikat übertragen. Die folgenden §§ 105, 106 sollen der dort angegebenen und begründeten „*Direktive*" unterliegen. Vorausgeschickt sei die

Erklärung des Formelnbundes im $\vee\neg$-Kodifikat.

Die folgende Übersicht über die Elementarschlüsse des Deduktionsgerüstes soll durch Verbindungsstriche andeuten, welche plazierten Teilformen der Formeln eines Schlusses jeweils zueinander *gleichgelegen* heißen sollen.

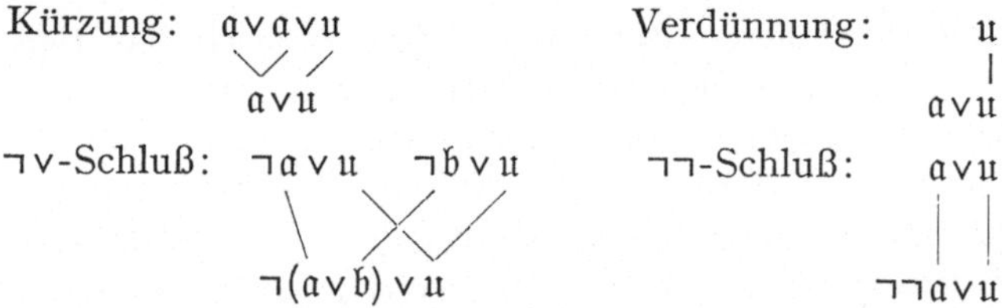

Teilformen, die in gleichgelegenen und somit gestaltlich übereinstimmenden Teilformen analog liegen, heißen ebenfalls gleichgelegen.

Der *Formelnbund* einer plazierten Teilform in einem Beweise ist nun eine möglichst große Kette von paarweise gleichgelegenen Teilformen, die von einer gegebenen Teilform aus erhalten wird.

Weitere *Erklärung*. Ein Formelnbund *mündet* in einen plazierten ‚elementaren Schluß' des Beweises, wenn es zu einem in der Unterformel gelegenen Element des Formelnbundes keine gleichgelegene Teilform in einer Oberformel des Schlusses gibt.

Beispiele. — 1. In dem (umweghaften) Beweise

$a\vee\neg a$ Axiom
$a\vee a\vee\neg a$ durch Verdünnung
$\underline{a}\vee\neg a$ durch Kürzung

mündet der Formelnbund der unterstrichenen plazierten Teilform a in den Verdünnungsschluß, obwohl er in die Oberformel dieses Schlusses hineinreicht.

2. In dem aus einem einzigen ¬¬-Schluß bestehenden Beweise

$$\begin{array}{c} a \vee \neg a \\ \neg\underline{\neg a} \vee \neg a \end{array}$$

mündet der Formelnbund der unterstrichenen Teilform $\neg a$ in den Schluß.

Satz 78 (Inversion der ¬¬-Schlußregel). Im aufschichtenden ∨¬-Kodifikat des § 103 ist die Umkehrung der ¬¬-Schlußregel $\dfrac{\mathfrak{a} \vee \mathfrak{u}}{\neg\neg\mathfrak{a} \vee \mathfrak{u}}$ implizit abhängig, d.h. mit einer Form der Gestalt $\neg\neg\mathfrak{a} \vee \mathfrak{u}$ ist stets auch $\mathfrak{a} \vee \mathfrak{u}$ herleitbar.

Nachweis unter Beachtung der „Direktive" des § 95. Es sei ein Beweis für $\neg\neg\mathfrak{a} \vee \mathfrak{u}$ vorgelegt. Man ersetze im ganzen Formelnbund des mitgeteilten $\neg\neg\mathfrak{a}$ jedes $\neg\neg\mathfrak{a}$ durch $\mathfrak{a}$. Wie der Überblick über die Schlußregeln mit den zu Anfang dieses Paragraphen aufgeführten Formelnbundzusammenhängen zeigt, mündet der Formelnbund nur in ¬¬-Schlüsse und trivialerweise in Verdünnungen. Alle derart betroffenen ¬¬-Schlüsse gehen in bloße Wiederholungen über (die wiederholte Formel läßt sich dabei wegstreichen). Die Axiome werden nicht betroffen, da sie ja keine doppelten Negate enthalten. — Der Beweiszusammenhang ist also durch die Ersetzung nicht gestört; die neue Endformel ist $\mathfrak{a} \vee \mathfrak{u}$. —

Offenbar kann die hiermit nachgewiesene Abhängigkeit im aufschichtenden ∨¬-Kodifikat keine Ableitbarkeit (§ 58) sein.

Satz 79 (Inversion der ¬∨-Schlußregel). Im aufschichtenden ∨¬-Kodifikat des § 103 ist die Umkehrung der ¬∨-Schlußregel $\dfrac{\neg\mathfrak{a} \vee \mathfrak{u} \quad \neg\mathfrak{b} \vee \mathfrak{u}}{\neg(\mathfrak{a} \vee \mathfrak{b}) \vee \mathfrak{u}}$ implizit abhängig, d.h. mit einer Form der Gestalt $\neg(\mathfrak{a} \vee \mathfrak{b}) \vee \mathfrak{u}$ sind stets auch die Formen $\neg\mathfrak{a} \vee \mathfrak{u}$ und $\neg\mathfrak{b} \vee \mathfrak{u}$ herleitbar.

Nachweis unter Beachtung der „Direktive" des § 95. Es sei ein Beweis für $\neg(\mathfrak{a} \vee \mathfrak{b}) \vee \mathfrak{u}$ vorgelegt. Man ersetze im ganzen Formelnbund des mitgeteilten $\neg(\mathfrak{a} \vee \mathfrak{b})$ jedes $\neg(\mathfrak{a} \vee \mathfrak{b})$ durch $\neg\mathfrak{a}$.

Wie der Überblick über die zu Anfang dieses Paragraphen stehende Aufstellung zeigt, mündet der Formelnbund nur in ¬∨-Schlüsse und trivialerweise in Verdünnungen. Die derart betroffenen Verdünnungen gehen wieder in Verdünnungen über; bei den ¬∨-Schlüssen geht die Unterformel in eine bloße Wiederholung der linken Oberformel über. Der Ast der rechten Oberformel läßt sich dann streichen; ebenso läßt sich jede bloß wiederholte Formel streichen. Die Axiome werden nicht betroffen. Der Beweiszusammenhang wird also durch die Ersetzung nicht gestört; die neue Endformel ist $\neg\mathfrak{a} \vee \mathfrak{u}$.

Ganz entsprechend erhält man, wenn im Formelnbund des mitgeteilten $\neg(\mathfrak{a}\vee\mathfrak{b})$ jedes seiner Elemente durch $\neg\mathfrak{b}$ ersetzt wird, einen Beweis für $\neg\mathfrak{b}\vee\mathfrak{u}$. —

Offenbar kann die hiermit nachgewiesene Abhängigkeit keine explizite Abhängigkeit sein.

§ 106. Schnittelimination.

Zu Beginn des § 105 wurde die Aufgabe gestellt, die Abhängigkeit der modifizierten Grundschlußregel $\frac{\mathfrak{a}\quad\neg\mathfrak{a}\vee\mathfrak{b}}{\mathfrak{b}}$ im betrachteten Kodifikat getreu der „Direktive" aus § 95 ohne Rückgriff auf die Wahrformvollständigkeit des Kodifikats nachzuweisen. Man wird dazu zweckmäßigerweise eine weitere Modifikation jener Regel zugrunde legen, die Alternativschlußregel — auch „Dilemma"-Regel genannt (vgl. S. 112, wo sie allerdings mit $\rightarrow$ statt mit $\neg$, $\vee$ formuliert wurde); diese Regel möge hier in Analogie zu der Bezeichnung des § 99 auch als $\vee\neg$-Schnittregel bezeichnet werden.

Erklärung. Als $\vee\neg$-*Schnittregel* sei die Schlußregel

$$\frac{\mathfrak{a}\vee\mathfrak{u}\qquad\neg\mathfrak{a}\vee\mathfrak{u}}{\mathfrak{u}}$$

bezeichnet. (Da Verwechslungen mit den Schnittregeln anderer Kapitel in diesem Paragraphen nicht zu befürchten sind, wird die Regel hier kurz bloß als „Schnittregel" bezeichnet werden.) Das zweifach mitgeteilte $\mathfrak{a}$ heiße das *Schnittglied* des Oberformelnpaares.

Anmerkung. Die modifizierte Grundschlußregel $\frac{\mathfrak{a}\quad\neg\mathfrak{a}\vee\mathfrak{b}}{\mathfrak{b}}$ ergibt sich aus der Schnittregel und aus der Verdünnungsregel in unmittelbarer Weise explizit:

$$\frac{\begin{array}{ll}\mathfrak{a}\text{ vorausgesetzt} & \\ \mathfrak{a}\vee\mathfrak{b}\text{ durch Verdünnung} & \neg\mathfrak{a}\vee\mathfrak{b}\text{ vorausgesetzt}\end{array}}{\mathfrak{b}\text{ durch }\vee\neg\text{-Schnitt}}$$

Satz 80. Wenn zwei Formen der Gestalt (α) $\mathfrak{a}\vee\mathfrak{u}$ und (β) $\neg\mathfrak{a}\vee\mathfrak{u}$ im $\vee\neg$-Kodifikat des § 103 beweisbar sind, so ist auch $\mathfrak{u}$ in diesem Kodifikat beweisbar.

Folgerung (mit der vorangestellten Anmerkung): Die modifizierte Grundschlußregel ist im $\vee\neg$-Kodifikat des § 103 implizit abhängig.

Nachweis des Satzes 80 unter Beachtung der „Direktive" von § 95 durch Induktion nach der Aufschichtungsordnung des Schnittgliedes.

Erster Induktionsschritt. Gegeben seien zwei beweisbare Formen der Gestalt (α) $\dot{\mathfrak{v}}\vee\mathfrak{u}$, ($\beta$) $\neg\dot{\mathfrak{v}}\vee\mathfrak{u}$, wo $\dot{\mathfrak{v}}$ eine bloße Variable ist. — Im

Beweise von (α) möge beim Formelnbund des dort mitgeteilten $\dot{\mathfrak{v}}$ jedes Element durch $\mathfrak{u}$ ersetzt werden. Ein Überblick über die Schlußregeln des Kodifikats lehrt, daß dadurch der Beweiszusammenhang bei keinem Schluß gestört wird; lediglich ein Axiom der Gestalt $\dot{\mathfrak{v}} \vee \neg \dot{\mathfrak{v}}$ kann in $\mathfrak{u} \vee \neg \mathfrak{u}$ oder in $\mathfrak{u} \vee \neg \dot{\mathfrak{v}}$ übergehen. $\mathfrak{u} \vee \neg \mathfrak{u}$ ist nach Satz 75 beweisbar. $\mathfrak{u} \vee \neg \dot{\mathfrak{v}}$ stimmt (nach Umstellung) gerade mit der beweisbaren Form (β) überein. Wenn man nun jedem betroffenen plazierten Axiom seinen Beweis voranstellt, erhält man einen Beweis für $\mathfrak{u} \vee \mathfrak{u}$. Durch bloße Kürzung ergibt sich $\mathfrak{u}$.

Der zweite Induktionsschritt bezieht sich auf Schnittglieder, die keine Variablen sind, die also die Gestalt $\neg \mathfrak{c}$ oder $\mathfrak{c} \vee \mathfrak{d}$ haben. Für Schnittglieder kleinerer Ordnung wird der Satz als bereits nachgewiesen angenommen.

Fall 1. Es sei ein beweisbares Formenpaar der Gestalt (α') $\neg \mathfrak{c} \vee \mathfrak{u}$, ($\beta'$) $\neg \neg \mathfrak{c} \vee \mathfrak{u}$ vorgelegt. — Nach dem Inversionssatz 78 ist mit (β') auch (γ') $\mathfrak{c} \vee \mathfrak{u}$ beweisbar. Auf das Formenpaar (γ') $\mathfrak{c} \vee \mathfrak{u}$, ($\alpha'$) $\neg \mathfrak{c} \vee \mathfrak{u}$ läßt sich (da sein Schnittglied $\mathfrak{c}$ eine kleinere Aufschichtungsordnung als das ursprünglich gegebene Schnittglied $\neg \mathfrak{c}$ hat) die Induktionsvoraussetzung anwenden; sie liefert $\mathfrak{u}$.

Fall 2. Es sei ein beweisbares Formelnpaar der Gestalt (α) $\mathfrak{c} \vee \mathfrak{d} \vee \mathfrak{u}$, ($\beta$) $\neg(\mathfrak{c} \vee \mathfrak{d}) \vee \mathfrak{u}$ vorgelegt. — Nach dem Inversionssatz 79 sind mit (β) auch die Formen (γ) $\neg \mathfrak{c} \vee \mathfrak{u}$ und $\neg \mathfrak{d} \vee \mathfrak{u}$ beweisbar; aus der letzteren Form ergibt sich durch Verdünnung (δ) $\mathfrak{c} \vee \neg \mathfrak{d} \vee \mathfrak{u}$. Auf das Formenpaar ($\alpha$) $\mathfrak{d} \vee \mathfrak{c} \vee \mathfrak{u}$, ($\delta$) $\neg \mathfrak{d} \vee \mathfrak{c} \vee \mathfrak{u}$ läßt sich (da sein Schnittglied $\mathfrak{d}$ kleinere Aufschichtungsordnung als das ursprünglich gegebene Schnittglied $\mathfrak{c} \vee \mathfrak{d}$ hat) die Induktionsvoraussetzung anwenden; sie liefert (ε) $\mathfrak{c} \vee \mathfrak{u}$. Auf das somit beweisbare Formenpaar (ε) $\mathfrak{c} \vee \mathfrak{u}$, ($\gamma$) $\neg \mathfrak{c} \vee \mathfrak{u}$ läßt sich nun (da sein Schnittglied $\mathfrak{c}$ ebenfalls kleinere Ordnung hat als das ursprünglich gegebene Schnittglied $\mathfrak{c} \vee \mathfrak{d}$) wiederum die Induktionsvoraussetzung anwenden; sie liefert $\mathfrak{u}$.

Zweiter Teil.

Nichtalternäre Aussagenlogik.

§ 107. Das Ziel der nichtalternären Logik.

Gelegentlich der Einführung der alternären Implikation $\mathfrak{a} \to \mathfrak{b} \approx: \neg\mathfrak{a} \vee \mathfrak{b}$ in die Wahrheitslogik zeigten sich (in § 42) bereits gewisse Unstimmigkeiten zwischen dieser aussagenlogischen Verknüpfung und der üblichen Vorstellung vom Implizieren. Insbesondere läßt sich die alternäre Implikation nicht in der folgenden Weise interpretieren:

„Erschließungsdeutung der Implikation“: $\mathfrak{a} \to \mathfrak{b}$ soll zum Ausdruck bringen, daß aus $\mathfrak{a}$ de facto $\mathfrak{b}$ zu erschließen sei.

Daß die alternäre Implikation dieser naheliegenden Auffassung nicht entspricht, wurde bereits in § 42 unter vorläufiger Angabe einiger Wahrformen, die der Deutung nicht unterliegen, festgestellt. Diese Feststellung möge hier noch ein wenig ausführlicher durch Gegenbeispiele gegen die Erschließungs-Deutung für verschiedene Wahrformen (darunter auch für solche, die in § 42 angeführt wurden) belegt werden.

1. $(a \to b) \vee (a \to \neg b)$ ist Wahrform. Gegenbeispiel gegen die Erschließungs-Deutung: „Daß es soeben blitzte, läßt darauf schließen, daß der Angeklagte schuldig ist, oder es läßt darauf schließen, daß der Angeklagte unschuldig ist“.

2. $(a \to b) \vee (\neg a \to b)$ ist Wahrform. (Analoges Gegenbeispiel gegen die Erschließungs-Deutung als Textaufgabe.)

3. $a \to b \vee c \;\longrightarrow\; (a \to b) \vee (a \to c)$ ist Wahrform. Gegenbeispiel gegen die Erschließungs-Deutung: An einem Gemälde seien bestimmte Stilmerkmale festgestellt. Das Vorderglied $a \to b \vee c$ soll nun ausdrücken: „Daraus, daß das Gemälde die festgestellten Stilmerkmale aufweist, folgt, daß es dem 2. oder 3. Jahrzehnt des 11. Jahrhunderts entstammt.“ Das Hinterglied $(a \to b) \vee (a \to c)$ läßt sich dann so wiedergeben: „Daraus, daß das Gemälde die festgestellten Stilmerkmale aufweist, folgt entweder, daß es dem 2. Jahrzehnt des 11. Jahrhunderts entstammt, oder aus demselben folgt, daß es dem 3. Jahrzehnt des 11. Jahrhunderts entstammt.“ Bei Deutung des Wortes „folgt“ durch „kann erschlossen werden“ impliziert offenbar das Vorderglied nicht das Hinterglied.

4. $a \wedge b \rightarrow c \longrightarrow (a \rightarrow c) \vee (b \rightarrow c)$ ist Wahrform. (Analoges Gegenbeispiel gegen die Erschließungs-Deutung als Textaufgabe.)

5. $(a \rightarrow b) \vee (a \rightarrow c) \vee (b \rightarrow c)$ ist Wahrform. (Gegenbeispiel gegen die Erschließungs-Deutung als Textaufgabe. Diese Form wird in einer späteren syntaktischen Überlegung eine Rolle spielen.)

Anmerkung. Man beachte, daß bei allen hier angeführten Wahrformen (und ebenso mit einer Ausnahme bei den in § 42 angeführten Wahrformen) die Härte der Deutung einem Zusammentreten der Implikation mit der Disjunktion zuzuschreiben ist. —

Die wenigen Beispiele mögen genügen, um darzutun, daß die „Erschließungsdeutung" nicht der alternären Implikation angemessen ist. Die alternäre Implikation ist eine Wahrheitsfunktion und gestattet als solche eben nur den Schluß vom *Wahrheitswert* des Vordergliedes auf den *Wahrheitswert* des Hintergliedes. Der Übergang von diesem Zusammenhang der Wahrheitswerte zu einem enger verstandenen Schlußzusammenhang übersteigt naturgemäß den Rahmen der alternären Logik, in der eine Aussage lediglich fungieren sollte als etwas, das „wahr" oder „falsch" sein kann (§ 30). — Die vollständige Übersicht des § 35 über die Wahrheitsfunktionen zusammen mit den Überlegungen des § 42 zeigt, daß es keine Wahrheitsfunktion gibt, die der Implikation „wenn a, so b" (aus a folgt b) besser angepaßt wäre als eben die mit „nicht a, oder b" gleichbedeutende, und es fehlt nicht an Verfechtern der Ansicht, daß sie den eigentlichen logischen Kern der Konzeption darstelle, die man mit dem Ausdruck „implizieren" treffen will. (Gemäß einem in der Einleitung ausgesprochenen Leitgedanken dieses Buches soll hier keine Auseinandersetzung mit dieser Einstellung folgen.)

Die Unstimmigkeiten zwischen der alternären Implikation und der Erschließungsdeutung, die durch die Beispiele 1. bis 5. umrissen wurden und die zu wirklichen Ungereimtheiten führen würden, wenn man diese Deutung an jene Verknüpfung herantragen würde, werden durch aussagenlogische Kodifikationen vermieden, bei denen die Implikation (und übrigens im Zusammenhang mit ihr auch weitere aussagenlogische Verknüpfungen) auf ihren deduktiven Gebrauch eingewiesen werden. —

Bevor wir auf diese nichtalternären aussagenlogischen Kodifikationen eingehen, möge, um einem möglichen Mißverständnis vorzubeugen, bereits hier den durch die Beispiele 1. bis 5. gekennzeichneten Unstimmigkeiten eine Art von *behebbaren* Härten gegenübergestellt werden, die sich bei näherem Zusehen nicht als wirkliche Unstimmigkeiten zur Erschließungsdeutung ausweisen.

Zunächst scheinen nämlich z.B. bereits die beiden Formen $a \rightarrow b \rightarrow a$ — „wahres wird von beliebigem bedingt" („verum ex quolibet") — und $\neg a \rightarrow a \rightarrow b$ — „falsches bedingt beliebiges" („ex falso quodlibet") —

nicht völlig mit einer noch unbeschwerten „Erschließungs“-Deutung in Einklang zu sein (man vgl. hierzu später § 132). Diese Härte erweist sich jedoch bei genauerer Betrachtung als harmlos gegenüber den oben geschilderten Unstimmigkeiten.

Zur Anerkennung der „verum ex quolibet“-Form $a \to b \to a$ hat man nämlich lediglich zuzulassen, daß beim „Erschließen“ einer Aussage auch eine *überflüssige* Voraussetzung mitgenommen werden dürfe (wie das übrigens schon bei $a \wedge b \to a$ der Fall ist). Dieses abgeschwächte „Erschließen“ liegt z. B. der Mathematik (wie den exakten Wissenschaften überhaupt) tatsächlich zugrunde. Hierauf kann allerdings erst im Zusammenhang mit der Prädikatenlogik (2. Band) näher eingegangen werden.

(Auf den Unterschied, der in diesem Zusammenhange zwischen den Aussagenformen $a \to b \to a$ und $a \wedge b \to a$ besteht, wird übrigens noch in § 108 zurückzukommen sein.)

Die solchermaßen abgeschwächte Konzeption des Erschließens läßt sich nun in einer einleuchtenden und elementaren Weise präzisieren. Diese Präzisierung führt im nachfolgenden 6. Abschnitt über den Begriff der sog. „direkten“ $\to$-Form in fast zwangsläufigen Erweiterungsschritten zum Begriff der *natürlichen derivativen* Aussagenform (wobei auch die *Negation* einer starken Einschränkung unterliegen wird, indem sie auf sog. „Absurdität“ zurückgeführt wird). Die auf dieser Begriffsbildung fußende *derivative Aussagenlogik* (die die sogenannte „positive“ Implikationslogik und den aussagenlogischen Teil des sogenannten „Minimalkalküls“ umfaßt) wird gleichzeitig stufenweise jeweils einer normaldeduktiven Kodifikation unterworfen.

Man kann sich übrigens die Leitgedanken der derivativen Logik, wenn man keinen Nachdruck auf exakte Präzision legt, recht einprägsam vor Augen führen, indem man sich einer „Aufgaben“-Deutung bedient; diese Deutung wird man in § 130 auseinandergesetzt finden.

Die „ex falso quodlibet“-Form $\neg a \to a \to b$ gehört zu der Schlußregel $\dfrac{\mathfrak{a} \quad \neg\mathfrak{a}}{\mathfrak{b}}$; diese kommt bei einer Deduktion, die von wahren Grundvoraussetzungen ausgeht und demgemäß widerspruchsfrei ist, gar nicht ins Spiel und kann mithin sicher nicht zu falschen Folgerungen überleiten. Ihre Anerkennung ist in diesem Sinne für die Deduktion ‚unschädlich‘. Durch ihre Hinzunahme als Axiom wird sich die derivative Logik in zwangsläufiger Weise zur sog. „*intuitionistischen*“ Aussagenlogik erweitern.

(*Anmerkung*. Das Prädikat „intuitionistisch“ ist *bloß historisch* zu nehmen; die mit ihm bezeichnete Logik ist in ihrer im folgenden entwickelten strukturellen Systematik genau so viel oder so wenig auf eine besondere „Intuition" angewiesen wie jedes andere vernünftige Kodifikat.) —

Beide Aussagenlogiken — die derivative wie die intuitionistische — vermeiden systematisch jene Unstimmigkeiten, die auf S. 268 durch die Beispiele 1. bis 5. verdeutlicht wurden.

Als weitere nichtalternäre Aussagenlogik wird in Abschnitt 10f. die „strikte" Logik behandelt werden. Sie sieht die ‚Implikation' im engeren Zusammenhang mit der ‚Notwendigkeit'; „$\mathfrak{a}$ impliziert strikt $\mathfrak{b}$" ist gleichgeltend mit „*notwendig*: $\mathfrak{a}$ nicht oder $\mathfrak{b}$". Sie wird in diesem Buche rein aussagenlogisch entwickelt werden. Die Modalität der Notwendigkeit wird sich dabei definitorisch einfügen. Eine nähere Vorbetrachtung der Leitgedanken des strikten Implizierens wird man in § 161 finden.

6. Abschnitt.

Die derivative Aussagenlogik und ihre normaldeduktive Kodifikation.

Kapitel XIX.

Derivative $\rightarrow$- und $\rightarrow\neg$-Logik.

§ 108. Einführendes zur derivativen Logik.

In § 85 erkannten wir: nicht jede $\rightarrow$-Wahrform ist beweisbar aus den bloßen $\rightarrow$-Axiomen des FREGE-ŁUKASIEWICZschen-Axiomensystems (S. 204); es gibt vielmehr reine Implikationsformen, die zu ihrem Beweis außerdem etwa das Axiom FL 1, das die Negation einbezieht, oder aber das weniger durchsichtige Axiom FL10 (S. 214) benötigen.

Dies hängt mit den in § 107 erörterten Besonderheiten der „alternären Implikation" $\rightarrow$ zusammen. Eine Aussage $\mathfrak{a}\rightarrow\mathfrak{b}$ bedeutet nicht einfach: aus $\mathfrak{a}$ kann $\mathfrak{b}$ geschlossen werden; sie wurde vielmehr bisher entweder unmittelbar explizit durch $\neg\mathfrak{a}\vee\mathfrak{b}$, d.h. unter Zuhilfenahme der Negation, definiert oder aber durch eine Wahrheitsfunktion, d.h. unter der Voraussetzung, eine Aussage sei wahr oder falsch.

Die eigentlich deduktive Rolle der $\rightarrow$-Verknüpfung kam dann später in der Grundschlußregel „wenn $\mathfrak{a}$ und $\mathfrak{a}\rightarrow\mathfrak{b}$, so $\mathfrak{b}$" zum Ausdruck. Gehen wir einmal von der naheliegenden Deutung aus; $\mathfrak{a}_1\rightarrow\mathfrak{a}_2\rightarrow\cdots\rightarrow\mathfrak{a}_n\rightarrow\mathfrak{b}$ solle bedeuten: „aus $\mathfrak{a}_1$ und $\mathfrak{a}_2$ und ... und $\mathfrak{a}_n$ kann $\mathfrak{b}$ erschlossen werden". Dieser Deutung liegt 1. offenbar eine implizite „Importation" (S. 107, 110) zugrunde; 2. soll es nicht darauf ankommen, ob alle Prämissen $\mathfrak{a}_1, .., \mathfrak{a}_n$

zum Erschließen des $\mathfrak{b}$ benötigt werden, d.h. wir lassen Deduktionen mit „überflüssigen Gründen" zu (diese Abschwächung wurde bereits im vorigen Paragraphen in Betracht gezogen).

Statt „kann erschlossen werden" sagen wir auch kurz „bedingt" (vgl. § 20). Dann spricht sich zunächst die Form zum Grundschluß — $a \longrightarrow a \rightarrow b \longrightarrow b$ — so aus: „a und daß a bedingt b, bedingen b"; d.i. eine unmittelbar einsichtige Tautologie. Ebenso werden in dieser Deutung nun auch z.B. die beiden Axiome $D1$, $D2$ des § 79 unmittelbar einsichtig. $D1$: $a \rightarrow b \rightarrow a$ meint dann nämlich: „a und b bedingen a" (nun ja, b wird hier nicht einmal benötigt; es handelt sich um ein „abgeschwächtes Erschließen" im Sinne des § 107). $D2$: $a \rightarrow b \rightarrow c \longrightarrow a \rightarrow b \longrightarrow a \rightarrow c$ meint: „daß a und b bedingen c, und daß a bedingt b, und a: diese drei bedingen c". Nun, in der Tat: a und daß a bedingt b, bedingen b (s. oben); a und b und daß a und b bedingen c, bedingen c.

Wie steht es dagegen mit der implikativen Wahrform $(a \rightarrow b) \rightarrow a \longrightarrow a$ (diese ist eine der Formen, auf die oben im ersten Absatz Bezug genommen wurde; sie folgt nämlich nicht aus $D1$ und $D2$; vgl. § 85)? In der deduktiven Deutung: „Daß, daß a bedingt b, bedingt a, bedingt a" ist sie in der Tat nicht einzusehen. Ebenso steht es z.B. mit der $\rightarrow\vee$-Form $a \rightarrow b \vee c \longrightarrow (a \rightarrow b) \vee (a \rightarrow c)$. Wir werden feststellen, daß sich diese Wahrform nicht einmal aus solchen Formen, die gemäß ihrer Gestalt in der angedeuteten Weise einsichtig sind, herleiten läßt.

Man wird nun die soeben skizzierte rein deduktive Deutung einer Implikationsform und den aus ihr entfließenden Umgang mit Implikationen präzisieren wollen, die wichtigsten auf diese Weise deduzierbaren Formen — wir nennen sie „derivative" Implikationsformen — kennenzulernen streben und endlich nach einem übersichtlichen (endlichen) Axiomensystem für die Gesamtmenge aller derartigen Formen fragen.

§ 109. Die derivative Implikationslogik.

Als Begriffsnetz liegt diesem Paragraphen dasjenige der reinen $\rightarrow$-Formen — m.a.W. der „(rein) implikativen Formen" — zugrunde. Andere Verknüpfungen sollen hier (in §§ 109—111) nicht ins Spiel kommen.

Man vgl. insbesondere die Verabredungen von S. 88 zur Klammerung und zur Länge der Pfeile.

Weitere Verabredung zur Mitteilung: Ein Punkt über einem Mitteilungszeichen soll (wie bereits in §§ 89, 94, 103) stets bedeuten, daß es sich um eine *Variable* handeln soll.

Erklärung. Eine implikative Aussagenform läßt sich offenbar stets in der Gestalt $\mathfrak{a}_1 \rightarrow \mathfrak{a}_2 \rightarrow \cdots \rightarrow \mathfrak{a}_n \rightarrow \dot{\mathfrak{c}}$ (wo $\dot{\mathfrak{c}}$ Variable ist) mitteilen; in dieser Mitteilung heißen die $\mathfrak{a}_1, \mathfrak{a}_2, \ldots, \mathfrak{a}_n$ die *Hauptvorderglieder*; die Variable $\dot{\mathfrak{c}}$

heißt das *Haupthinterglied.* — Die obige Mitteilung der Form, in der die Hauptvorderglieder und das Haupthinterglied einzeln mitgeteilt sind, wollen wir gelegentlich die „implikative Mitteilung" nennen.

Vorläufiges *Beispiel:* Die (rein implikative) Form zum Vordergliedtausch $a \to b \to c \longrightarrow b \to a \to c$ besitzt drei Hauptvorderglieder, nämlich $a \to b \to c$, b und a; ihr Haupthinterglied ist c. —

Nun folgen die für die derivative Logik grundlegenden

Erklärungen. (1) Eine $\to$-Form heißt *direkt,* wenn ihr Haupthinterglied mit einem Hauptvorderglied übereinstimmt oder sich aus den Hauptvordergliedern allein durch Grundschlüsse $\left(\text{d.h. mittels des Schemas } \frac{\mathfrak{a} \quad \mathfrak{a} \to \mathfrak{b}}{\mathfrak{b}}\right)$ ergibt. — (2) Eine $\to$-Form heißt *$\to$-derivativ,* wenn sie aus direkten Formen allein durch Grundschlüsse folgt.

Zusatz. Erst später wird sich zeigen, warum hier statt des Ausdrucks „derivativ" der Ausdruck „$\to$-derivativ" verwendet wird, und erst an noch späterer Stelle (Satz 145 und anschließende Textaufgabe sowie Satz 92) wird sich diese Differenzierung als unnötig erweisen lassen. Im folgenden wird bereits vielfach kurz „derivativ" statt „$\to$-derivativ" gesagt, solange andere Derivativ-Begriffe noch nicht ins Spiel kommen.

Anmerkung. Von Einsetzungen ist in diesen Erklärungen nicht die Rede; wir werden die Einsetzung aber sogleich als implizit abhängig erkennen.

Beispiele direkter bzw. derivativer Implikationsformen.

1) $D1$: $a \to b \to a$ ist direkt, denn das Haupthinterglied a stimmt mit einem Hauptvorderglied überein.

2) $D2$: $a \to b \to c \longrightarrow a \to b \longrightarrow a \to c$ ist direkt, s. S. 272.

3) $(a \to b) \to c \to b \longrightarrow (d \to c) \to a \to b \longrightarrow c \longrightarrow d \to c \longrightarrow b$ ist direkt, denn man schließt allein mit Grundschlüssen:

$$\cfrac{c \qquad \cfrac{\cfrac{d \to c \quad (d \to c) \to a \to b}{a \to b} \qquad (a \to b) \to c \to b}{c \to b}}{b}$$

4) $((a \to b) \to b) \to b \longrightarrow a \to b$ ist offenbar nicht direkt (denn aus a und $((a \to b) \to b) \to b$ folgt nicht durch Grundschluß b), wohl aber derivativ, da

$a \to (a \to b) \to b$ und
$a \to (a \to b) \to b \longrightarrow ((a \to b) \to b) \to b \longrightarrow a \to b$

direkt sind (Textaufgabe).

Weitere *Anmerkung.* In der Charakterisierung der direkten $\rightarrow$-Formen ist nicht von irgendwelchen Axiomen die Rede; und die Menge der derivativen $\rightarrow$-Formen entsteht, indem die Menge der direkten $\rightarrow$-Formen lediglich „gegen den Grundschluß abgeschlossen“ wird (vgl. S. 132). Die durch die obigen Erklärungen konstituierte „derivierende“ oder „*derivative*“ *Implikationslogik* ist also kein normaldeduktives Kodifikat. Sie ist jedoch deduktiv eben in dem Sinne, daß die Menge aller Formen aus einer (allerdings unendlichen) Basis sukzessive durch Grundschlüsse gewonnen wird; dabei gilt:

Satz 81. Die Einsetzungsregel ist in der derivativen Implikationslogik implizit abhängig (vgl. § 58), m.a.W. der „Abschluß gegen Einsetzung“ erweitert den Bereich der derivativen $\rightarrow$-Formen nicht.

Nachweis. Aus der derivativen Form $\mathfrak{e}$ entstehe $\mathfrak{e}^*$ durch Einsetzung. Es gibt eine Beweisfigur für $\mathfrak{e}$, deren Ausgangsformeln sämtlich direkte Formen sind und die nur Grundschlüsse benutzt. Die Einsetzung, die in $\mathfrak{e}$ gemacht ist, um $\mathfrak{e}^*$ zu erhalten, kann in der so entstandenen normaldeduktiven Beweisfigur nach Satz 44 heraufverlegt werden. $\mathfrak{e}^*$ ist dann allein durch Grundschlüsse aus solchen Formen bewiesen, die aus direkten Formen durch Einsetzung hervorgehen. Es genügt also zu zeigen:

Hilfsatz. Eine direkte $\rightarrow$-Form geht durch Einsetzung wieder in eine direkte $\rightarrow$-Form über.

Nachweis des Hilfsatzes. Aus der direkten Form
$(\mathfrak{g} \equiv)\ \mathfrak{a}_1 \rightarrow \cdots \rightarrow \mathfrak{a}_n \rightarrow \dot{\mathfrak{c}}$ möge durch Einsetzung die Form
$(\mathfrak{g}^* \equiv)\ \mathfrak{a}_1^* \rightarrow \cdots \rightarrow \mathfrak{a}_n^* \rightarrow \mathfrak{c}^*$ entstehen. Die vorausgesetzte Direktheit besagt: $\dot{\mathfrak{c}}$ läßt sich aus $\mathfrak{a}_1$ bis $\mathfrak{a}_n$ durch bloße Grundschlüsse beweisen. Genau wie im vorigen Absatz ersieht man: $\mathfrak{c}^*$ läßt sich aus $\mathfrak{a}_1^*$ bis $\mathfrak{a}_n^*$ durch Grundschlüsse beweisen. Wir teilen nun die Teilform $\mathfrak{c}^*$ implikativ mit (S. 273): $\mathfrak{c}^* \equiv \mathfrak{d}_1 \rightarrow \cdots \rightarrow \mathfrak{d}_m \rightarrow \dot{\mathfrak{v}}$, wo $\dot{\mathfrak{v}}$ Variable ist. Da nun aus $\mathfrak{d}_1$ bis $\mathfrak{d}_m$ und $\mathfrak{c}^*$ durch eine triviale Kette von m Grundschlüssen das $\dot{\mathfrak{v}}$ folgt, hat man: Aus $\mathfrak{a}_1^*$ bis $\mathfrak{a}_n^*$ und $\mathfrak{d}_1$ bis $\mathfrak{d}_m$ folgt durch bloße Grundschlüsse $\dot{\mathfrak{v}}$. Die Form $\mathfrak{g}^*$ ist also direkt.

§ 110. Normaldeduktive Kodifikation der derivativen Implikationslogik.

Offenbar ist jede direkte und mithin jede derivative Form eine Wahrform (präziser unmittelbarer Nachweis als Textaufgabe; ein spezieller mittelbarer Nachweis wird sogleich geliefert werden; 1. Behauptung von Satz 83). Wir werden weiter unten sehen, daß das Umgekehrte nicht der Fall ist. Die derivative Implikationslogik ist nicht eine bloß in besonderer Weise behandelte Logik der implikativen Wahrformen, sondern sie stellt einen engeren Bereich dar, und das wird auch nach

Einbeziehung der Verknüpfungen $\neg$, $\wedge$, $\vee$ so bleiben. Die „derivative Implikation", wie sie durch die Definition der derivativen Aussagenform, S. 273, implizit festgelegt ist, ist eben enger als die „alternäre".

Es stellt sich nun die neue Aufgabe, die derivative Logik in geeigneter Weise zu axiomatisieren, genauer: ein endliches Axiomensystem aufzusuchen, aus dem sich gerade die derivativen Formen „normaldeduktiv" (durch Grundschluß und Einsetzung) herleiten lassen.

Satz 82. Alle derivativen $\rightarrow$-Formen und auch nur solche $\rightarrow$-Formen folgen mittels Einsetzung und Grundschluß aus den *Axiomen* (vgl. S. 204).

$D1.$	$a \rightarrow b \rightarrow a$
$D2.$	$a \rightarrow b \rightarrow c \longrightarrow a \rightarrow b \longrightarrow a \rightarrow c.$

Nachweis. Erstens: Es folgen normaldeduktiv *nur* derivative $\rightarrow$-Formen. Die beiden Axiome sind direkt (s. Beispiel 1 und 2), also derivativ. Das Derivativsein vererbt sich gegenüber einem Grundschluß nach Definition. Es vererbt sich auch gegenüber einer Einsetzung nach Satz 81.

Zweitens: Aus den Axiomen $D1$, $D2$ folgen normaldeduktiv *alle* derivativen $\rightarrow$-Formen. Es genügt offenbar zu zeigen: Es folgen alle direkten $\rightarrow$-Formen.

Es sei also eine $\rightarrow$-Form der Gestalt $\mathfrak{a}_1 \rightarrow \cdots \rightarrow \mathfrak{a}_n \rightarrow \dot{\mathfrak{c}}$ vorgelegt, wobei $\dot{\mathfrak{c}}$ aus $\mathfrak{a}_1$ bis $\mathfrak{a}_n$ ohne Einsetzungen folgt. Auf die Beweisfigur, die $\dot{\mathfrak{c}}$ aus den Ausgangsformeln $\mathfrak{a}_1$ bis $\mathfrak{a}_n$ liefert, wenden wir das verallgemeinerte Deduktionstheorem (S. 184) an; nach ihm läßt sich die Form $\mathfrak{a}_1 \rightarrow \cdots \rightarrow \mathfrak{a}_n \rightarrow \dot{\mathfrak{c}}$ durch einen Beweis herleiten, der lediglich die Formen $D1$ und $D2$ als Ausgangsformeln enthält.

Die Axiome $D1$, $D2$ spannen also normaldeduktiv in der Tat gerade die derivative Implikationslogik auf.

Anmerkungen. 1. Diese Axiome sind die früher betrachteten beiden ersten Axiome des FREGE-ŁUKASIEWICZschen Axiomensystems; an ihrer Stelle lassen sich nach Satz 52 (§ 81) auch die Axiome

$D1.$ $a \rightarrow b \rightarrow a$
$D7.$ $a \rightarrow a \rightarrow b \longrightarrow a \rightarrow b$
$D5.$ $a \rightarrow b \longrightarrow b \rightarrow c \longrightarrow a \rightarrow c$

verwenden (die man übrigens unmittelbar als „direkt" erkennt).

2. Die in § 80 aus $D1$, $D2$ bewiesenen Formen $D3$ bis $D12$ gehören nach Satz 82 der derivativen Logik an; da wir sie hier vielfach benutzen werden, stellen wir sie zusammen ($D5$ und $D7$ s. oben).

$D3.$ $a \rightarrow b \longrightarrow c \rightarrow a \longrightarrow c \rightarrow b$
$D4.$ $a \rightarrow b \rightarrow c \longrightarrow b \rightarrow a \rightarrow c$

*D*6. $a \rightarrow a$
*D*8. $a \longrightarrow a \rightarrow b \longrightarrow b$
*D*9. $a \rightarrow b \longrightarrow c \rightarrow d \rightarrow a \longrightarrow c \rightarrow d \rightarrow b$
*D*10. $a \rightarrow b \rightarrow c \longrightarrow d \rightarrow a \longrightarrow d \rightarrow b \longrightarrow d \rightarrow c$
*D*11. $(a \rightarrow a) \rightarrow b \longrightarrow b$
*D*12. (zusammengefaßt mit *D*2). $(a \rightarrow b) \rightarrow a \rightarrow c \sim a \rightarrow b \rightarrow c$.

Erinnerung. $\mathfrak{a} \sim \mathfrak{b}$ teilt *zwei* Aussagenformen mit, nämlich $\mathfrak{a} \rightarrow \mathfrak{b}$ und $\mathfrak{b} \rightarrow \mathfrak{a}$; vgl. § 58. (Wir werden übrigens die Form *D*12 nicht benutzen.)

Weiteres Beispiel einer Herleitung (unter Heranziehung der Verabredungen aus § 73 zur Mitteilung von Schlüssen):

*D*13. $a \rightarrow (a \rightarrow b) \rightarrow c \sim a \rightarrow b \rightarrow c$.

Beweis von *D*13. Erstens:

$b \rightarrow a \rightarrow b$ nach *D*1.
$\therefore$ $(a \rightarrow b) \rightarrow c \longrightarrow b \rightarrow c$ durch Hintergliednachsetzen gemäß *D*5.
$\therefore$ $a \rightarrow (a \rightarrow b) \rightarrow c \longrightarrow a \rightarrow b \rightarrow c$ durch Vordergliedvorsetzen gemäß *D*3.

Zweitens:

$a \rightarrow b \rightarrow c \longrightarrow a \rightarrow b \longrightarrow a \rightarrow c$ ist *D*2.
$\therefore$ $a \rightarrow b \rightarrow c \longrightarrow a \rightarrow (a \rightarrow b) \rightarrow c$ durch *D*4 („Vordergliedtausch") im Hinterglied, mit Kettenschluß.

Satz 83. Jede derivative $\rightarrow$-Form ist Wahrform, aber nicht jede $\rightarrow$-Wahrform ist derivativ; m.a.W.: die derivative Implikationslogik umfaßt nur einen echten Teil der alternären Implikationslogik.

Nachweis. Die erste Behauptung folgt unmittelbar aus Satz 82, weil die Axiome *D*1, 2 Wahrformen sind; die zweite Behauptung ergibt sich unmittelbar aus den Sätzen 82 und 55.

Anmerkung. Wir heben das zum Nachweis herangezogene Gegenbeispiel hervor: die „allgemeine PEIRCEsche Wahrform" $(a \rightarrow b) \rightarrow a \longrightarrow a$ ist eine nicht derivative $\rightarrow$-Wahrform. Dies ist um so bemerkenswerter, als die spezielle PEIRCEsche Wahrform $(a \rightarrow a) \rightarrow a \longrightarrow a$, die durch Einsetzung aus *D*11 entsteht, derivativ ist. — Im Gegensatz zur allgemeinen PEIRCEschen Wahrform ist z.B. die ihr verwandte Form $(a \rightarrow b) \rightarrow a \longrightarrow b \rightarrow a$ derivativ; sie ist nichts als ein Spezialfall der ebenfalls derivativen Form $(a \rightarrow b) \rightarrow c \longrightarrow b \rightarrow c$. (Beweis dieser Form mit *D*1 und *D*5 als Textaufgabe.)

§ 111. Formen zu mehrfach iterierten Schlüssen.

Manche der derivativen Formen gehören zu solchen Schlüssen, die sich ohne weiteres iterieren lassen. Zu diesen iterierten Schlüssen gehören dann neue Formen. So stellte *D*9 (Form zum iterierten versetzten

Kettenschluß) eine einfache Iteration von $D3$ dar; ebenso stellte $D10$ (Form zur iterierten Vordergliedvorsetzung) eine einfache Iteration von $D3$ dar.

An einigen Stellen der folgenden Untersuchungen wird es von Vorteil sein, wenn wir auch für die *beliebig-fache* Iteration solcher Schlüsse die zugehörigen Formen zur Verfügung haben; so z.B. etwa statt $D9$ allgemein die *n-fache* Verallgemeinerung von $D3$:

$$(*) \quad a \to b \longrightarrow c_1 \to c_2 \to \cdots \to c_n \to a \longrightarrow c_1 \to c_2 \to \cdots \to c_n \to b\,.$$

Es ist bequem, für solche Formen eine *Verabredung zur Mitteilung* zu verwenden. Eine Reihe von Hauptvordergliedern wollen wir in der Mitteilung mitunter durch das Zeichen $\ulcorner$ zusammenfassen:

$\underset{\substack{i=\\ 1 \text{ bis } n}}{\ulcorner} \mathfrak{a}_i \to \mathfrak{b}$ oder auch kurz $\ulcorner \mathfrak{a} \to \mathfrak{b}$ steht als Abkürzung für

$\mathfrak{a}_1 \to \mathfrak{a}_2 \to \cdots \to \mathfrak{a}_n \to \mathfrak{b}$, d.i. nach S. 88 genauer: für $\mathfrak{a}_1 \to \big(\mathfrak{a}_2 \to (\cdots \to \mathfrak{a}_n \to \mathfrak{b})\ddot{\ddot{}}\big)$.

Eine Mitteilung $\ulcorner \mathfrak{a} \to$ hat also nur mit dem nachfolgenden Pfeil einen Sinn: $\ulcorner \mathfrak{a} \to \;\approx\!\!: \; \mathfrak{a}_1 \to \mathfrak{a}_2 \to \cdots \to \mathfrak{a}_n \to$. Wir nennen $\ulcorner \mathfrak{a} \to$ auch eine „*Präjunktion*" und lesen: „Präjunktion $\mathfrak{a}$" (oder kurz: „Präjunkt $\mathfrak{a}$").

Anmerkung. Der Buchstabe i ist hier ein Index für eine *laufende* Zahl, eben für alle Zahlen von 1 bis n („scheinbare Variable"). Eine solche Symbolik ist in der Mathematik vielfach üblich:

$$\sum_{\substack{i=\\ 1 \text{ bis } n}} x_i \quad \text{oder} \quad \sum_{i=1}^{n} x_i \quad \text{für} \quad x_1 + x_2 + \cdots + x_n,$$

$$\prod_{\substack{i=\\ 1 \text{ bis } n}} x_i \quad \text{oder} \quad \prod_{i=1}^{n} x_i \quad \text{für} \quad x_1 \cdot x_2 \cdot \ldots \cdot x_n.$$

$\underset{\substack{i=\\ 1 \text{ bis } n}}{\ulcorner} \mathfrak{a}_i \to$ und $\underset{\substack{k=\\ 1 \text{ bis } n}}{\ulcorner} \mathfrak{a}_k \to$ teilen genau dieselbe endliche Vordergliedfolge mit.

Beispiel:

$\underset{\substack{i=\\ 1 \text{ bis } 2}}{\ulcorner} (a_i \to b \to c_i) \to b$ steht für $a_1 \to b \to c_1 \longrightarrow a_2 \to b \to c_2 \longrightarrow b\,.$

Die obige Form $(*)$ [die $D3$ und $D9$ als Spezialfälle mit $n=1$ bzw. $n=2$ umfaßt] gewinnt nun die kurze Gestalt:

$D3$ it°. $a \to b \longrightarrow \ulcorner c \to a \longrightarrow \ulcorner c \to b$ (Form zum mehrfach iterierten versetzten Kettenschluß).

Zur Beachtung. Man darf nicht meinen, diese Form folge durch bloße Einsetzung in $D3$; denn $\ulcorner c$ ist eben kein selbständiges Symbol für eine Teilform, sondern erst $\ulcorner c \to$ ist Abkürzung für eine endliche Folge von Teilformen mit Rechtsklammerung!

Anmerkung zur Numerierung. Die Schreibweise „$D3$ it°" soll andeuten, daß die Form eine vorläufige mehrfache Iteration des Schlusses ausdrückt, den $D3$ angibt; entsprechend werden auch die übrigen Iterationsformen numeriert werden (d.h. sofern es sich um eine noch nicht genügend allgemeine Iteration handelt, wird dem „it" ein ° beigegeben).

Die nachfolgenden Beweise und Aufgaben dieses Paragraphen dürfen beim ersten Lesen überschlagen werden; es mag für eine rasche Lektüre genügen, die unterstrichenen Formen zu lesen.

Beweis für $D3$ it° durch vollständige Induktion nach der Zahl n der Glieder der Präjunktion $\ulcorner c \rightarrow$.

Erster Induktionsschritt. Für $n = 1$, d.h. für $\ulcorner c \rightarrow \;\equiv\; c \rightarrow$, hat man $D3$.

Zweiter Induktionsschritt. Die Form sei bewiesen für Präjunktionen bis zur Gliederzahl n. Es soll nun $a \rightarrow b \longrightarrow \underset{\substack{i=\\ 1 \text{ bis } n+1}}{\ulcorner c_i} \rightarrow a \longrightarrow \underset{\substack{i=\\ 1 \text{ bis } n+1}}{\ulcorner c_i} \rightarrow b$ bewiesen werden. Wir sondern in der Mitteilung das erste Glied der Präjunktion ab und kürzen die restliche Präjunktion mit einem über das Präjunktionszeichen gesetzten Stern * ab, d.h. wir schreiben:

$$\underset{\substack{i=\\ 1 \text{ bis } n+1}}{\ulcorner c_i} \rightarrow \;\equiv\; c_1 \rightarrow \underset{\substack{i=\\ 2 \text{ bis } n+1}}{\ulcorner c_i} \rightarrow \;\equiv\; c_1 \rightarrow \overset{*}{\ulcorner} c \rightarrow .$$

Die zu beweisende Form ist dann in der Gestalt mitgeteilt:

$$a \rightarrow b \longrightarrow c_1 \rightarrow \overset{*}{\ulcorner} c \rightarrow a \longrightarrow c_1 \rightarrow \overset{*}{\ulcorner} c \rightarrow b .$$

Beweis. $a \rightarrow b \longrightarrow \overset{*}{\ulcorner} c \rightarrow a \longrightarrow \overset{*}{\ulcorner} c \rightarrow b$ nach Induktionsvoraussetzung, da die Präjunktion $\overset{*}{\ulcorner} c \rightarrow$ nur n Glieder enthält.

$(\overset{*}{\ulcorner} c \rightarrow a \longrightarrow \overset{*}{\ulcorner} c \rightarrow b) \longrightarrow c_1 \rightarrow \overset{*}{\ulcorner} c \rightarrow a \longrightarrow c_1 \rightarrow \overset{*}{\ulcorner} c \rightarrow b$ nach $D3$.

Nun Kettenschluß gemäß $D5$.

$\underline{D4 \text{ it}^\circ.\ \ulcorner a \rightarrow b \rightarrow c \sim b \rightarrow \ulcorner a \rightarrow c}$ (Eine vorläufige Iteration von $D4$).

Beweis durch vollständige Induktion nach der Gliederzahl n der Präjunktion $\ulcorner a \rightarrow$.

Erster Induktionsschritt. Für $n = 1$, d.h. $\ulcorner a \rightarrow \;\equiv\; a \rightarrow$, hat man $D4$.

Zweiter Induktionsschritt. Die Behauptung sei für n-gliederige Präjunktionen bewiesen (Induktionsvoraussetzung). Sie ist zu beweisen für eine $n+1$-gliedrige Präjunktion, die wie im vorigen Beweis zerlegt wird.

$$\ulcorner a \rightarrow \;\equiv\; a_1 \rightarrow \overset{*}{\ulcorner} a \rightarrow .$$

Die zu beweisende Form lautet in dieser Schreibweise:

$$a_1 \rightarrow \overset{*}{\ulcorner} a \rightarrow b \rightarrow c \sim b \rightarrow a_1 \rightarrow \overset{*}{\ulcorner} a \rightarrow c.$$

Beweis.

I. $\overset{*}{\ulcorner} a \rightarrow b \rightarrow c \longrightarrow b \rightarrow \overset{*}{\ulcorner} a \rightarrow c$ nach Induktionsvoraussetzung.

$\therefore$ $a_1 \rightarrow \overset{*}{\ulcorner} a \rightarrow b \rightarrow c \longrightarrow a_1 \rightarrow b \rightarrow \overset{*}{\ulcorner} a \rightarrow c$ durch Vordergliedvorsetzen gemäß $D3$.

$\therefore$ $a_1 \rightarrow \overset{*}{\ulcorner} a \rightarrow b \rightarrow c \longrightarrow b \rightarrow a_1 \rightarrow \overset{*}{\ulcorner} a \rightarrow c$ durch $D4$ im Hinterglied, mit Kettenschluß.

II. $b \rightarrow \overset{*}{\ulcorner} a \rightarrow c \longrightarrow \overset{*}{\ulcorner} a \rightarrow b \rightarrow c$ nach Induktionsvoraussetzung.

$\therefore$ $a_1 \rightarrow b \rightarrow \overset{*}{\ulcorner} a \rightarrow c \longrightarrow a_1 \rightarrow \overset{*}{\ulcorner} a \rightarrow b \rightarrow c$ durch Vordergliedvorsetzen gemäß $D3$.

$\therefore$ $b \rightarrow a_1 \rightarrow \overset{*}{\ulcorner} a \rightarrow c \longrightarrow a_1 \rightarrow \overset{*}{\ulcorner} a \rightarrow b \rightarrow c$ durch $D4$ im Vorderglied, mit Kettenschluß.

Aus dem somit bewiesenen Formenpaar $D4$ it° folgt nun unmittelbar durch mehrfach iterierten Kettenschluß gemäß $D3$ it° (oben) die allgemeinere Gestalt

$D4$ it. $\ulcorner d \rightarrow \ulcorner a \rightarrow b \rightarrow c \sim \ulcorner d \rightarrow b \rightarrow \ulcorner a \rightarrow c$ (Form zum mehrfach iterierten Vordergliedtausch).

Die Beiformen dieser Form gestatten offenbar, in **einem** Schritt irgendein Hauptvorderglied einer gegebenen Form an jede beliebige (Hauptvorderglied-) Stelle zu bringen.

Textaufgaben. Man beweise durch iterierten Vordergliedtausch gemäß $D4$ it° die Form

$D8$ it. $\ulcorner a \longrightarrow \ulcorner a \rightarrow b \longrightarrow b$ (Form zum mehrfach iterierten Grundschluß bzw. modus ponens)

sowie durch vollständige Induktion nach der Gliederzahl der Präjunktion die beiden Formen

$D1$ it. $a \rightarrow \ulcorner b \rightarrow a$ (Form zur mehrfach iterierten Vordergliedvorschaltung),

$D7$ it. $\ulcorner b \rightarrow \ulcorner a \rightarrow \ulcorner c \rightarrow \ulcorner a \rightarrow d \longrightarrow \ulcorner b \rightarrow \ulcorner a \rightarrow \ulcorner c \rightarrow d$ (Form zur mehrfach iterierten Vordergliedkürzung).

Weitere *Aufgaben.* 1. Die in $D10$ mit

$$a_1 \rightarrow a_2 \rightarrow b \longrightarrow c \rightarrow a_1 \longrightarrow c \rightarrow a_2 \longrightarrow c \rightarrow b$$

begonnene Iteration von $D3$ läßt sich fortsetzen zu

$$\Gamma_i a_i \to b \longrightarrow \Gamma_i(c \to a_i) \longrightarrow c \to b$$

und weiter (indem man unter anderem $D3$ it° heranzieht) zur *allgemeinen* Iteration von $D3$:

$$D3 \text{ it.} \quad \Gamma_i a_i \to b \longrightarrow \Gamma_i(\Gamma_j c_j \to a_i) \longrightarrow \Gamma_j c_j \to b.$$

2. Welche weiteren allgemeinen Iterationen lassen die bisher bewiesenen derivativen Formen $D1$ bis $D13$ zu?

§ 112. Die derivative $\to\neg$-Logik.

Man kann die derivative Logik der Implikation $\to$ unmittelbar durch Hinzunahme der Negation $\neg$ erweitern, und zwar unter Heranziehung der bereits in § 86 verwandten Negationsreduzierten:

Erklärung (vgl. § 86). In einer gegebenen $\to\neg$-Form $\mathfrak{a}$ sei jede negative Teilform $\neg\mathfrak{t}$ durch $\mathfrak{t} \to \dot{\mathfrak{v}}$ ersetzt, wo $\dot{\mathfrak{v}}$ eine nicht in $\mathfrak{a}$ aufgetretene Aussagenvariable ist. Die entstehende $\to$-Form heißt die *freie Negationsreduzierte* $N\mathfrak{a}$ von $\mathfrak{a}$.

Anmerkungen. 1. Die ⅄-Negationsreduzierte entsteht, wenn wir statt $\dot{\mathfrak{v}}$ das Zeichen ⅄ wählen (S. 215). Hierbei wird dann deutlich, was mit dieser Ersetzung von $\neg\mathfrak{t}$ gemeint ist. Da jedoch das Zeichen ⅄ nicht zum Begriffsnetz der derivativen Implikationslogik (S. 272) gehört, nehmen wir statt seiner *irgendeine* nicht aufgetretene Variable; sie leistet formal dieselben Dienste. —

2. Solange die Wahl der nichtaufgetretenen Variablen $\dot{\mathfrak{v}}$ frei bleibt, wäre offenbar genauer von ‚einer' statt von ‚der' freien Negationsreduzierten zu sprechen; doch wird der vereinfachende Gebrauch des bestimmten Artikels hier nicht zu Mißverständnissen führen.

Im folgenden geben wir uns meist Formen, die die Variable f nicht enthalten, und wählen diese Variable f für $\dot{\mathfrak{v}}$.

Zu einer $\to\neg$-Form $\mathfrak{a}$ ist offenbar die ⅄-Negationsreduzierte und mithin auch bis auf die Wahl des $\dot{\mathfrak{v}}$ die freie Negationsreduzierte $N\mathfrak{a}$ eindeutig bestimmt; d.h. ihre Bildung hängt nicht von der Reihenfolge der Teilform-Ersetzungen ab (Textaufgabe).

Die derivative $\to\neg$-Logik wird nun eingeführt durch die grundlegende

Erklärung. Eine $\to\neg$-Form heißt $\to$*-derivativ* — bzw. direkt —, wenn ihre freie Negationsreduzierte eine $\to$-derivative — bzw. direkte — Form ist.

Anmerkung. Statt „$\to$-derivativ" werden wir auch hier mitunter kurz „derivativ" sagen, solange Verwechslungen nicht zu befürchten sind; s. hierzu den ‚Zusatz' von S. 273.

Offenbar ist jede $\rightarrow$-derivative $\rightarrow\neg$-Form Wahrform (vgl. Satz 83).

Satz 84. Durch Abschließen des Bereiches der *direkten* $\rightarrow\neg$-Formen gegen Grundschluß (oder auch: gegen Grundschluß und Einsetzung) entsteht der Bereich der $\rightarrow$-derivativen $\rightarrow\neg$-Wahrformen.

Nachweis. — 1. Behauptung. Eine derivative $\rightarrow\neg$-Form geht aus direkten $\rightarrow\neg$-Formen durch bloße Grundschlüsse hervor.

Gegeben sei die derivative $\rightarrow\neg$-Form $\mathfrak{a}$. Bei Ersetzung aller negativen Teilformen $\neg\mathfrak{t}$ durch $\mathfrak{t}\rightarrow\dot{\mathfrak{v}}$ geht aus $\mathfrak{a}$ die freie Negationsreduzierte $N\mathfrak{a}$ hervor; diese ist nach Voraussetzung aus direkten $\rightarrow$-Formen $\mathfrak{d}_1, .., \mathfrak{d}_n$ mittels bloßer Grundschlüsse beweisbar. Ersetzt man nun im ganzen Beweis jede Teilform der Gestalt $\mathfrak{t}\rightarrow\dot{\mathfrak{v}}$ wieder durch $\neg\mathfrak{t}$, so gehen die $\mathfrak{d}_1, .., \mathfrak{d}_n$ in direkte $\rightarrow\neg$-Formen über, und die Grundschlüsse bleiben Grundschlüsse. Die Endformel des neuen Beweises ist $\mathfrak{a}$.

2. Behauptung. Eine $\rightarrow\neg$-Form $\mathfrak{b}$, die aus direkten $\rightarrow\neg$-Formen durch Grundschlüsse hervorgeht, ist derivativ.

Ersetzt man nämlich in dem Beweis für $\mathfrak{b}$ jede negative Teilform $\neg\mathfrak{t}$ durch $\mathfrak{t}\rightarrow\dot{\mathfrak{v}}$ (mit einer nicht aufgetretenen Variablen $\dot{\mathfrak{v}}$), so erhält man einen Beweis für $N\mathfrak{b}$ aus direkten $\rightarrow$-Formen, der ebenfalls nur Grundschlüsse benutzt.

3. Behauptung. Der Abschluß gegen Einsetzung erweitert den Bereich der derivativen $\rightarrow\neg$-Formen nicht.

An Hand des Satzes 44 (Heraufverlegung der Einsetzungen in einem normaldeduktiven Beweise) führt man — wie am Anfang des Nachweises für Satz 81 — die Behauptung unmittelbar zurück auf den

Hilfsatz. Eine $\rightarrow\neg$-Beiform einer direkten $\rightarrow\neg$-Form ist selbst eine direkte $\rightarrow\neg$-Form.

Nachweis des Hilfsatzes. Aus der gegebenen direkten $\rightarrow\neg$-Form $\mathfrak{d}$ gehe die Beiform $\mathfrak{d}^*$ hervor, indem für gewisse (bloß gestaltlich erfaßte, S. 163) Variablen $\dot{\mathfrak{w}}_1, .., \dot{\mathfrak{w}}_n$ die $\rightarrow\neg$-Formen $\mathfrak{e}_1, .., \mathfrak{e}_n$ eingesetzt werden. In $\mathfrak{d}^*$ möge nun jede negative Teilform $\neg\mathfrak{t}$ durch $\mathfrak{t}\rightarrow\dot{\mathfrak{v}}$ (mit einer nicht in $\mathfrak{d}^*$ aufgetretenen Variablen $\dot{\mathfrak{v}}$) ersetzt werden. Die hierdurch entstehende freie Negationsreduzierte $N(\mathfrak{d}^*)$ geht andererseits ebensogut aus der freien Negationsreduzierten $N\mathfrak{d}$ hervor, indem man für die Variablen $\dot{\mathfrak{w}}_1, .., \dot{\mathfrak{w}}_n$ die Formen $N\mathfrak{e}_1, .., N\mathfrak{e}_n$ einsetzt. $N(\mathfrak{d}^*)$ ist also eine $\rightarrow$-Beiform der direkten $\rightarrow$-Form $N\mathfrak{d}$ und mithin nach Satz 81 selbst direkt.

Beispiel hierzu:

$\mathfrak{d} \equiv: a\rightarrow b \longrightarrow \neg b\rightarrow\neg a, \quad \mathfrak{d}^* \equiv: c\rightarrow\neg d \longrightarrow \neg\neg d\rightarrow\neg c.$

Erste *Beispiele* derivativer und nicht derivativer $\rightarrow\neg$-Formen.

*D*14. $a\rightarrow b \longrightarrow \neg b\rightarrow\neg a$ (die erste Form der schwachen Kontraposition) ist direkt, denn die Negationsreduzierte

$a\rightarrow b \longrightarrow b\rightarrow f \longrightarrow a\rightarrow f$ ist direkt (*D*5).

$D15.\ a\rightarrow\neg b \longrightarrow b\rightarrow\neg a$ (die zweite Form der schwachen Kontraposition)

ist direkt, denn die Negationsreduzierte

$a\rightarrow b\rightarrow f \longrightarrow b\rightarrow a\rightarrow f$ ist direkt ($D4$).

Dagegen sind die Formen

$\neg a\rightarrow b \longrightarrow \neg b\rightarrow a$ (erste Form zur starken Kontraposition) und

$\neg a\rightarrow\neg b \longrightarrow b\rightarrow a$ (zweite Form zur starken Kontraposition)

nicht direkt und darüber hinaus auch nach Satz 83 *nicht derivativ*, denn ihre freien Negationsreduzierten

$(a\rightarrow f)\rightarrow b \longrightarrow (b\rightarrow f)\rightarrow a$ bzw.

$(a\rightarrow f)\rightarrow b\rightarrow f \longrightarrow b\rightarrow a$ sind nicht einmal Wahrformen.

$D16.\ a\rightarrow\neg\neg a$ (die Form der introductio inabsurdi)

ist direkt, da $a \longrightarrow a\rightarrow f \longrightarrow f$ direkt ist.

Anmerkung (wird weiter unten benötigt). $D16$ und $D14$ ergeben sich übrigens unmittelbar normaldeduktiv aus $D1, 2, 15$. Zum Beweise benutzt man die aus $D1, 2$ herleitbaren Formen $D3$ und $D6$. — Beweis für $D16$: $\neg a\rightarrow\neg a$ nach $D6$. $\therefore\ a\rightarrow\neg\neg a$ gemäß $D15$. — Beweis für $D14$: $a\rightarrow b \longrightarrow a\rightarrow\neg\neg b$ aus $D16$ gemäß $D3$. $a\rightarrow\neg\neg b \longrightarrow \neg b\rightarrow\neg a$ nach $D15$. Nun Kettenschluß gemäß $D3$.

$D17.\ \neg\neg\neg a\rightarrow\neg a$ (die Form zur Reduktion der dreifachen Negation, vgl. später S. 284 und § 139)

ist zwar nicht direkt, aber derivativ, da sie aus $D16$ durch schwache Kontraposition gemäß $D14$ folgt. — Dagegen ist

$\neg\neg a\rightarrow a$ (die Form zur reductio inabsurdi)

nicht direkt und darüber hinaus nicht derivativ, denn ihre freie Negationsreduzierte ist nicht einmal Wahrform (Textaufgabe, vgl. später S. 328).

Textaufgaben. Zu zeigen:

$D18.\ a\rightarrow b \longrightarrow a\rightarrow\neg b \longrightarrow \neg a$ (die implikative Form zur Reductio ad absurdum) ist direkt.

$D19.\ a\rightarrow\neg a \longrightarrow \neg a$ (die Form zum Schluß in contrarium)

ist direkt. —

Im Gegensatz zu $D19$ ist

$\neg a\rightarrow a \longrightarrow a$ (die Form zum Schluß ex contrario)

nicht derivativ, denn ihre freie Negationsreduzierte (mit b als $\dot{\mathfrak{v}}$) ist die allgemeine PEIRCEsche Wahrform $(a\rightarrow b)\rightarrow a \longrightarrow a$, die bereits in einer Anmerkung am Ende des § 110 als nicht derivativ erwähnt wurde (vgl. hierzu später auch § 139).

Während die Form zum Schluß ex contrario nicht derivativ ist, ist die folgende Abschwächung derivativ:

$D20.\ \neg a \rightarrow a \longrightarrow \neg\neg a;$

in der Tat ist die freie Negationsreduzierte

$(a \rightarrow f) \rightarrow a \longrightarrow a \rightarrow f \longrightarrow f$ direkt.

$\neg a \rightarrow a \rightarrow b$ (die Form zum Schluß aus Widerlegtem; vgl. später § 132), ist *nicht derivativ*, denn ihre Negationsreduzierte ist nicht einmal Wahrform). — Dagegen:

$D21.\ \neg a \rightarrow a \rightarrow \neg b$ (die Form zum Schluß eines Negats aus Widerlegtem)

ist direkt (Textaufgabe).

Satz 85. „*Umsetzungsregel*" der derivativen $\rightarrow\neg$-Logik: Wenn $\mathfrak{a} \sim \mathfrak{b}$ derivativ ist, m.a.W. wenn $\mathfrak{a} \rightarrow \mathfrak{b}$ und $\mathfrak{b} \rightarrow \mathfrak{a}$ derivativ sind (s. S. 148), so entsteht aus einer derivativen Form mit der Teilform $\mathfrak{a}$ bei Umsetzung dieses $\mathfrak{a}$ in $\mathfrak{b}$ wieder eine derivative Form.

Zum *Nachweis* genügt es nach § 64 Abs. IV und wegen der Bedeutung des $\sim$, zu zeigen: Mit $\mathfrak{a} \rightarrow \mathfrak{b}$ sind auch $\mathfrak{c} \rightarrow \mathfrak{a} \longrightarrow \mathfrak{c} \rightarrow \mathfrak{b}$, $\mathfrak{b} \rightarrow \mathfrak{c} \longrightarrow \mathfrak{a} \rightarrow \mathfrak{c}$ und $\neg\mathfrak{b} \rightarrow \neg\mathfrak{a}$ derivativ. Dies gilt nun wegen $D$3, 5, 14.

Anmerkung. Dieser Nachweis zeigt zusammen mit der Anmerkung der vorigen Seite, daß die Umsetzungsregel der derivativen $\rightarrow\neg$-Logik normaldeduktiv von $D$1, 2, 15 abhängig ist.

§ 113. Normaldeduktive Kodifikation der derivativen $\rightarrow\neg$-Logik.

Auch für die derivativen $\rightarrow\neg$-Formen läßt sich ein Axiomensystem angeben:

Satz 86. Im Ausgang vom Begriffsnetz der $\rightarrow\neg$-Formen spannen die Axiome

$D1.\ a \rightarrow b \rightarrow a,$	$D2.\ a \rightarrow b \rightarrow c \longrightarrow a \rightarrow b \longrightarrow a \rightarrow c,$
$D15.\ a \rightarrow \neg b \longrightarrow b \rightarrow \neg a$	(zweite Form der schwachen Kontraposition)

zusammen mit der Einsetzungsregel und der Grundschlußregel die derivative $\rightarrow\neg$-Logik auf. (Betreffs einer leichten Abänderung dieses Axiomensystems vgl. die 1. Anmerkung in § 110.)

Anmerkung. Ein Vergleich dieses Satzes mit der Behauptung, daß das Frege-Łukasiewiczsche Axiomensystem normaldeduktiv vollständig ist (Satz 54), lehrt, daß die bloße Verschärfung von der (zweiten) schwachen zur starken Kontraposition den Übergang von der derivativen zur gesamten alternären $\rightarrow\neg$-Logik bewirkt. —

Dem Nachweis des Satzes 86 schicken wir *einige Herleitungen aus em obigen Axiomensystem* voran. Dabei darf (gemäß der 2. Anmerkung in § 110) der § 80 wieder herangezogen werden.

D 16. $a \rightarrow \neg\neg a$ (Form zur introductio inabsurdi, s. § 112).

Beweis. $\neg a \rightarrow \neg a \longrightarrow a \rightarrow \neg\neg a$ nach *D* 15.

Nun Grundschluß mit *D* 6.

D 22. $\neg a \sim a \rightarrow \neg(b \rightarrow b)$ (Zum Zeichen $\sim$ für die faktische Äquivalenz s. S. 276).

Beweis unter Heranziehung des Satzes 82.

Erstens: $\neg a \rightarrow a \rightarrow \neg(b \rightarrow b)$ nach *D* 21.

Zweitens: $(b \rightarrow b) \rightarrow \neg a \longrightarrow \neg a$ nach *D* 11.

$\therefore\ a \rightarrow \neg(b \rightarrow b) \longrightarrow \neg a$ durch *D* 15 im Vorderglied, mit Kettenschluß. —

Es folgt nun der *Nachweis* des Satzes 86.

Erstens. Aus den Axiomen *D* 1, *D* 2, *D* 15 folgen *nur* derivative $\rightarrow\neg$-Formen. — Das ist wegen der Abgeschlossenheit der derivativen $\rightarrow\neg$-Logik gegen Grundschluß und Einsetzung (Satz 84) sicher der Fall, sobald alle Axiome derivativ sind. Für *D* 1, *D* 2 wissen wir das aus Satz 82, für *D* 15 aus § 112.

Zweitens. Aus den drei Axiomen folgen *alle* derivativen $\rightarrow\neg$-Formen. Es sei eine derivative $\rightarrow\neg$-Form $\mathfrak{g}$ betrachtet. Wir ersetzen in $\mathfrak{g}$ jede negative Teilform $\neg\mathfrak{t}$ durch $\mathfrak{t} \rightarrow \neg(\dot{\mathfrak{v}} \rightarrow \dot{\mathfrak{v}})$, wo $\dot{\mathfrak{v}}$ eine nicht in $\mathfrak{g}$ aufgetretene Variable ist; die entstehende Form sei mit $\mathfrak{g}^\circ$ bezeichnet. $\mathfrak{g}^\circ$ entsteht aus der Negationsreduzierten $N\mathfrak{g}$ von $\mathfrak{g}$ durch eine Einsetzung, nämlich von $\neg(\dot{\mathfrak{v}} \rightarrow \dot{\mathfrak{v}})$ für f. Da sich nach Satz 82 die derivative $\rightarrow$-Form $N\mathfrak{g}$ aus den Axiomen *D* 1, *D* 2 beweisen läßt, gilt dies nach der 3. Behauptung aus dem Nachweis des Satzes 84 auch für $\mathfrak{g}^\circ$.

Nach der aus *D* 1, *D* 2, *D* 15 bewiesenen Form *D* 22 ist jede in $\mathfrak{g}^\circ$ auftretende Teilform der Gestalt $\mathfrak{t} \rightarrow \neg(\dot{\mathfrak{v}} \rightarrow \dot{\mathfrak{v}})$ faktisch äquivalent mit $\neg\mathfrak{t}$. Die Umsetzungsregel ist nach der Anmerkung zu Satz 85 aus *D* 1, *D* 2, *D* 15 allein beweisbar; ihre Anwendung liefert aus $\mathfrak{g}^\circ$ wieder $\mathfrak{g}$ zurück. $\mathfrak{g}$ ist somit aus *D* 1, *D* 2, *D* 15 bewiesen. —

Wir schließen zur Übung und konkreten Bestätigung zwei der wichtigsten Beweise aus den Axiomen *D* 1, *D* 2, *D* 15 an:

D 14. $a \rightarrow b \longrightarrow \neg b \rightarrow \neg a$ (erste Form der schwachen Kontraposition, s. S. 281).

Beweis: $b \rightarrow \neg\neg b$ nach *D* 16 (bewiesen).

$\therefore\ a \rightarrow b \longrightarrow a \rightarrow \neg\neg b$ durch Vordergliedvorsetzung gemäß *D* 3.

Nun *D* 15 im Hinterglied, mit Kettenschluß.

D 17. $\neg\neg\neg a \rightarrow \neg a$ Form der Reduktion der dreifachen Negation; m. a. W.: reductio inabsurdi für negative Aussagen, d. i. die implikative Form zum sogenannten „Brouwerschen Absurditätssatz".

Beweis (vgl. die Skizze S. 282).
$a \rightarrow \neg\neg a$ nach $D$16.
Nun schwache Kontraposition gemäß $D$14.

Oder auch: $a \rightarrow \neg\neg a$, $\neg\neg a \rightarrow \neg\neg\neg\neg a$ nach $D$16
∴ $a \rightarrow \neg\neg\neg\neg a$ durch Kettenschluß (gemäß $D$5).
Nun zweite schwache Kontraposition" gemäß $D$15.

Kapitel XX.

Derivative $\rightarrow\wedge$- und $\rightarrow\wedge\neg$-Logik.

§ 114. Grundsätzliches.

Die derivativen $\rightarrow$-Formen wurden zunächst nicht normaldeduktiv definiert, sondern es wurden vorerst die *direkten* Formen in struktureller Weise mittels des Grundschlusses allein definiert; diese — offenbar nicht endliche — Menge der direkten Formen wurde dann gegen den Grundschluß abgeschlossen.

Die derivative $\rightarrow$- und $\rightarrow\neg$-Logik sind also bloß aus der Grundschlußregel entwickelt worden, und erst nachträglich haben wir für sie ein Axiomensystem gefunden und ein normaldeduktives Kodifikat angegeben. Dieses Vorgehen wollen wir auf die $\wedge$-Verknüpfung erweitern. Dazu verallgemeinern wir zunächst die Erklärung der direkten Formen, indem wir der Grundschlußregel drei Schlußregeln für $\wedge$ beigeben, deren deduktive Gültigkeit trivialerweise aus der Bedeutung des $\wedge$ entspringt.

Erklärung. (1) Eine $\rightarrow\wedge$-Form $\mathfrak{a}_1 \rightarrow \cdots \rightarrow \mathfrak{a}_n \rightarrow \ddot{\mathfrak{c}}$ — wo $\ddot{\mathfrak{c}}$ keine Implikation (also eine Konjunktion oder eine bloße Variable) sein soll — heißt *direkt*, wenn das Haupthinterglied $\ddot{\mathfrak{c}}$ aus den Hauptvordergliedern $\mathfrak{a}_1$ bis $\mathfrak{a}_n$ allein durch die Grundschlußregel und die drei trivialen Schlußregeln

$$\frac{\mathfrak{a}\wedge\mathfrak{b}}{\mathfrak{a}}, \qquad \frac{\mathfrak{a}\wedge\mathfrak{b}}{\mathfrak{b}}, \qquad \frac{\mathfrak{a} \quad \mathfrak{b}}{\mathfrak{a}\wedge\mathfrak{b}} \qquad \text{folgt.}$$

(2) Eine $\rightarrow\wedge$-Form heißt *derivativ* (ausführlicher: $\rightarrow\wedge$-derivativ), wenn sie aus direkten $\rightarrow\wedge$-Formen allein durch Grundschlüsse folgt.

Zusatz. Betreffs des Verhältnisses der Prädikate „derivativ" und „$\rightarrow\wedge$-derivativ" vgl. den „Zusatz" von S. 273.

Beispiele direkter Formen:

$D$23. $a\wedge b \rightarrow a$, $D$24. $a\wedge b \rightarrow b$ (Verdünnungsgesetze für $\wedge$).

$D$25. $a \rightarrow b \rightarrow a\wedge b$ (Form zur Einführung der Konjunktion).

$D$26. $a\wedge b \rightarrow c \sim a \rightarrow b \rightarrow c$ (Form zur Ex- und Importation).

Direktheits-Nachweis für die letzte Form.

erstens:

$$\cfrac{\cfrac{a \quad b}{a\wedge b} \quad a\wedge b\to c}{c}$$

zweitens:

$$\cfrac{\cfrac{a\wedge b}{b} \quad \cfrac{\cfrac{a\wedge b}{a} \quad a\to b\to c}{b\to c}}{c}$$

Textaufgabe. Die folgenden Formen sind direkt:

$D27.$ $a\to b \longrightarrow a\to c \longrightarrow a\to b\wedge c$ (Form zur Hintergliedkonjugation).

$D28\,(1).$ $a\to b \longrightarrow a\wedge c\to b\wedge c$ (Form zur $\wedge$-Nachsetzung).

$D28\,(2).$ $a\to b \longrightarrow c\wedge a\to c\wedge b$ (Form zur $\wedge$-Vorsetzung).

Anmerkung (wird weiter unten benötigt). $D28\,(1)$ und (2) sind aus $D1, 2, 23, 24, 25$ normaldeduktiv beweisbar (bei den Beweisen dürfen nach Satz 82 alle D-Formen benutzt werden). — Beweis für $D28\,(1)$:

$b\to c\to b\wedge c$ nach $D25$.

$\therefore$ $c\to b\to b\wedge c$ durch Vordergliedtausch gemäß $D8$.

$\therefore$ $a\wedge c\to b\to b\wedge c$ durch $D24$ im Vorderglied, mit Kettenschluß gemäß $D5$.

$\therefore$ $(*)$ $a\wedge c\to b \longrightarrow a\wedge c\to b\wedge c$ gemäß $D2$.

$a\wedge c\to a$ nach $D23$.

$\therefore$ $a\to b \longrightarrow a\wedge c\to b$ gemäß $D5$.

$\therefore\therefore$ $a\to b \longrightarrow a\wedge c\to b\wedge c$ durch Kettenschluß mit $(*)$ gemäß $D5$. —

Der Beweis für $D28\,(2)$ verläuft analog; Textaufgabe.

$D29.$ $a\wedge a \sim a$ (Idempotenzgesetz der Konjunktion).

$D30.$ $a\wedge b \sim b\wedge a$ (Kommutativgesetz der Konjunktion).

$D31.$ $(a\wedge b)\wedge c \sim a\wedge(b\wedge c)$ (Assoziativgesetz der Konjunktion).

Ohne Numerierung sei noch in die Textaufgabe einbezogen:

$a\wedge b \longrightarrow a\to c \longrightarrow b\to d \longrightarrow c\wedge d.$

Beispiele derivativer, nicht direkter $\to\wedge$-Formen werden folgen.

Wir schließen gleich die Einführung der derivativen $\to\wedge\neg$-Logik an.

Erklärung. Eine $\to\wedge\neg$-Form heißt *direkt* bzw. $\to\wedge$-*derivativ*, wenn ihre freie Negationsreduzierte (S. 280) direkt bzw. $\to\wedge$-derivativ ist.

Beispiele:

$D32.$ $\neg(a\wedge\neg a)$ (Form zum „Satz vom Widerspruch").

Die freie Negationsreduzierte (mit b als der neuen Variablen) ist $a\wedge(a\to b)\to b$; diese ist direkt.

$D33.$ $a\to\neg b \sim \neg(a\wedge b)$,

denn die freie Negationsreduzierte ist $D26$ (mit Vertauschung der Seiten).

Satz 87. Die Einsetzungsregel ist auch in der derivativen $\rightarrow\wedge$- und $\rightarrow\wedge\neg$-Logik implizit abhängig.

Nachweis genau wie derjenige für Satz 81 bzw. für den eingeklammerten Teil des Satzes 84. Man benutzt einen Hilfsatz, dessen Nachweis demjenigen der dort herangezogenen Hilfsätze analog ist (Erweiterung auf $\wedge$ als Textaufgabe):

Hilfsatz. Eine direkte $\rightarrow\wedge(\neg)$-Form geht durch $\rightarrow\wedge(\neg)$-Einsetzung in eine *direkte* $\rightarrow\wedge(\neg)$-Form über.

Weitere *Textaufgaben.* 1. Die *Umsetzungsregel* der derivativen $\rightarrow\wedge\neg$-Logik ist abhängig (zum Nachweise erweitere man die Regel von S. 283 unter Heranziehung von $D$28 (1) und (2) und mit Benutzung des Satzes 87 auf das $\rightarrow\wedge\neg$-Begriffsnetz).

2. Die Umsetzungsregel der derivativen $\rightarrow\wedge\neg$-Logik ist normaldeduktiv von $D$1, 2, 23, 24, 25 abhängig (zum Nachweis ziehe man die Anmerkung zu Satz 85 sowie diejenige zu $D$28 heran).

Wir dürfen übrigens, wenn wir wollen, in den Formen der derivativen $\rightarrow\wedge\neg$-Logik anstelle des Mitteilungszeichens $\sim$ auch jeweils das früher benutzte Verknüpfungszeichen $\leftrightarrow$ setzen; denn es gilt der

Satz 88. Mit einer faktischen Äquivalenz $\mathfrak{a} \sim \mathfrak{b}$ (d.h. mit $\mathfrak{a}\rightarrow\mathfrak{b}$ und $\mathfrak{b}\rightarrow\mathfrak{a}$) ist in der derivativen $\rightarrow\wedge$-Logik stets auch die Äquivalenzform $\mathfrak{a}\leftrightarrow\mathfrak{b}$ [definiert durch: $(\mathfrak{a}\rightarrow\mathfrak{b})\wedge(\mathfrak{b}\rightarrow\mathfrak{a})$] beweisbar, und umgekehrt.

Es gilt nämlich derivativ:

$a\rightarrow b \longrightarrow b\rightarrow a \longrightarrow a\leftrightarrow b$ (aus $D$25)

$a\leftrightarrow b \longrightarrow a\rightarrow b$ (aus $D$23)

$a\leftrightarrow b \longrightarrow b\rightarrow a$ (aus $D$24).

(Ausführliche Darstellung des Nachweises als Textaufgabe.)

Anmerkung. Im folgenden wird im allgemeinen auch weiterhin bloß die *faktische* Äquivalenz $\sim$ angegeben werden, da man gewöhnlich *unmittelbar* an den beiden Implikationen, die in ihr vereinigt sind, interessiert ist, ohne jedesmal auf die obigen Formeln zurückgreifen zu wollen.

§ 115. Normaldeduktive Kodifikation der derivativen $\rightarrow\wedge$-Logik und der derivativen $\rightarrow\wedge\neg$-Logik.

Es gelingt ähnlich wie bei der derivativen Implikationslogik (bzw. $\rightarrow\neg$-Logik), ein Axiomensystem anzugeben, aus dem sich gerade die derivativen $\rightarrow\wedge$-Formen (bzw. $\rightarrow\wedge\neg$-Formen) normaldeduktiv herleiten lassen.

Satz 89. (1). Alle $\to\wedge$-derivativen $\to\wedge\neg$-Formen und auch nur solche Formen folgen mittels Einsetzung und Grundschluß aus den Axiomen

*D*1.	$a\to b\to a$
*D*2.	$a\to b\to c \;\longrightarrow\; a\to b \;\longrightarrow\; a\to c$
*D*23.	$a\wedge b\to a$
*D*24.	$a\wedge b\to b$
*D*25.	$a\to b\to a\wedge b$
*D*15.	$a\to\neg b \;\longrightarrow\; b\to\neg a$

(2). Bei Weglassen des letzten Axioms folgen mittels Einsetzung und Grundschluß gerade die $\to\wedge$-derivativen $\to\wedge$-Formen.

Nachweis. — Zunächst liefert Satz 87 unmittelbar den Nachweis für die zweite Richtung der Behauptung (2): Es werden nur derivative $\to\wedge$-Formen beweisbar.

Nachweis für die erste Richtung der Behauptung (2): *Alle* derivativen $\to\wedge$-Formen werden beweisbar. Es genügt offenbar, dies für alle *direkten* Formen nachzuweisen.

Es sei also eine direkte $\to\wedge$-Form der Gestalt $\mathfrak{d} \equiv \mathfrak{a}_1\to\cdots\to\mathfrak{a}_n\to\ddot{\mathfrak{c}}$ vorgelegt (wo $\ddot{\mathfrak{c}}$ keine Implikation ist). $\ddot{\mathfrak{c}}$ folgt aus $\mathfrak{a}_1$ bis $\mathfrak{a}_n$ durch einen Beweis, der außer Grundschlüssen noch Schlüsse der Gestalt

$$\frac{\mathfrak{a}\wedge\mathfrak{b}}{\mathfrak{a}}, \quad \frac{\mathfrak{a}\wedge\mathfrak{b}}{\mathfrak{b}}, \quad \frac{\mathfrak{a}\quad\mathfrak{b}}{\mathfrak{a}\wedge\mathfrak{b}} \qquad \text{(S. 285)}$$

umfassen darf. Aber diese Schlüsse sind unmittelbar aus den Axiomen *D*23 bzw. *D*24, 25 normaldeduktiv ableitbar (Textaufgabe).

Aus den Hauptvordergliedern $\mathfrak{a}_1, .., \mathfrak{a}_n$ der gegebenen direkten Form $\mathfrak{d}$ ist also das Haupthinterglied $\ddot{\mathfrak{c}}$ im neuen Kodifikat beweisbar. Der verallgemeinerte Deduktionssatz 47 — der ja in jedem normaldeduktiven Kodifikat gültig ist, in dem *D*1 und *D*2 beweisbar sind — lehrt nun: $\mathfrak{d}$ ist im neuen Kodifikat beweisbar.

Die Behauptung (1) ergibt sich aus (2) entsprechend wie im Nachweis zu Satz 86 (Textaufgabe; zu der dabei heranzuziehenden Umsetzungsregel s. die „weitere Textaufgabe" 2. von S. 287).

Zusatzaufgabe (gut zur Übung geeignet):

Man leite alle Formen *D*29 bis *D*33 normaldeduktiv her. —

Wir benutzen mitunter eine leichte *Abwandlung* des im letzten Satz genannten Axiomensystems:

Satz 90. Im Ausgang vom Begriffsnetz der $\to\wedge$-Formen spannen auch die Axiome

*D*1. $a\to b\to a$, *D*2. $a\to b\to c \longrightarrow a\to b \longrightarrow a\to c$,

*D*23. $a\wedge b\to a$, *D*24. $a\wedge b\to b$ (Formen zur $\wedge$-Verdünnung),

*D*27. $a\to b \longrightarrow a\to c \longrightarrow a\to b\wedge c$ (Form zur Hintergliedkonjugation)

normaldeduktiv (d.h. zusammen mit der Einsetzungsregel und der Grundschlußregel) die derivative $\rightarrow\wedge$-Logik auf; bei Hinzufügung des Axioms

D 15. $a\rightarrow\neg b \longrightarrow b\rightarrow\neg a$ ergibt sich wiederum die derivative $\rightarrow\wedge\neg$-Logik.

Nachweis. Die Behauptung unterscheidet sich von Satz 89 nur durch die Ersetzung des Axioms *D* 25 durch *D* 27.

Da nach Satz 89 die Form *D* 27 aus *D* 1—2, *D* 23—25 beweisbar ist, genügt es, umgekehrt *D* 25 aus *D* 1—2 und *D* 27 zu beweisen (dabei dürfen wieder *D* 1 bis *D* 11 benutzt werden).

Beweis von $a\rightarrow b\rightarrow a\wedge b$ (*D* 25):

$a\rightarrow a \longrightarrow a\rightarrow b \longrightarrow a\rightarrow a\wedge b$ nach *D* 27.

$\therefore$ $a\rightarrow b \longrightarrow a\rightarrow a\wedge b$ durch Grundschluß mit *D* 6.

$\therefore$ $b \longrightarrow a\rightarrow a\wedge b$ durch *D* 1 im Vorderglied, mit Kettenschluß.

Nun Tausch der Vorderglieder (gemäß *D* 4).

D 34 (1). $a\rightarrow b \longrightarrow \neg(a\wedge\neg b)$.

Beweis. $a\rightarrow b \longrightarrow a\rightarrow\neg\neg b$ aus *D* 16 durch Vordergliedvorsetzung gemäß *D* 3.

Nun *D* 33 im Hinterglied (mit Kettenschluß gemäß *D* 5).

Von *D* 34 (1) gelangen wir durch schwache Kontraposition gemäß *D* 15 unmittelbar zu

D 34 (2). $a\wedge\neg b\rightarrow\neg(a\rightarrow b)$ [kontraponierte Form von *D* 34 (1)]. —

Das folgende Beispiel einer Herleitung aus der derivativen $\rightarrow\wedge$-Logik zeigt, wie man sich auf Grund des Satzes 89 einer „gemischten Methode" bedienen kann, um eine $\rightarrow\wedge$-Form als derivativ zu erkennen; diese Methode soll darin bestehen, daß man einen normaldeduktiven Teilbeweis führt, bei dem man überall, wo es bequem erscheint, auf die ‚direkte' Begründung der derivativen $\rightarrow\wedge$-Logik zurückgreift.

D 35. $a\rightarrow b\wedge c \sim (a\rightarrow b)\wedge(a\rightarrow c)$ (Distributivgesetz für $\rightarrow$ und $\wedge$).

Beweis. Erstens: $a\rightarrow b\wedge c \longrightarrow a\rightarrow b$ und $a\rightarrow b\wedge c \longrightarrow a\rightarrow c$ sind direkt. Nun Hintergliedkonjugation gemäß *D* 27.

Zweitens: $(a\rightarrow b)\wedge(a\rightarrow c) \longrightarrow a\rightarrow b\wedge c$ ist direkt.

Anmerkung. Da bereits bei der direkten Einführungsweise der derivativen $\rightarrow\wedge$-Logik die Einsetzungsregel als abhängig erwiesen wurde (Satz 87), läßt sich der letzte Beweis offenbar auch bereits als eine Herleitung in jener *direkten* Auffassung der derivativen $\rightarrow\wedge$-Logik darstellen.

Einige Beispiele normaldeduktiver Herleitungen aus der derivativen $\rightarrow\wedge\neg$-Logik:

D 36. $a\wedge\neg a\rightarrow\neg b$.

Anmerkung. Das letzte $\neg$-Zeichen ist hier, wie wir sehen werden, unentbehrlich; vgl. die Bemerkung zu *D* 20.

Beweis. $\neg a \rightarrow a \rightarrow \neg b$ ist $D21$.

Nun Tausch der Vorderglieder (gemäß $D4$) und Importation (gemäß $D26$).

$D37$. $a \rightarrow b \wedge \neg b \longrightarrow \neg a$.

Beweis. $a \rightarrow b \longrightarrow a \rightarrow \neg b \longrightarrow \neg a$ nach $D18$.

$\therefore$ $(a \rightarrow b) \wedge (a \rightarrow \neg b) \rightarrow \neg a$ durch Importation gemäß ($D26$).

$a \rightarrow b \wedge \neg b \longrightarrow (a \rightarrow b) \wedge (a \rightarrow \neg b)$ nach $D35$.

Nun Kettenschluß aus den beiden letzten Zeilen.

$D38$. $a \wedge b \rightarrow c \longrightarrow a \wedge \neg c \rightarrow \neg b$ (Form zur schwachen Kontraposition mit Konjunktionsglied).

Beweis. $b \rightarrow c \longrightarrow \neg c \rightarrow \neg b$ nach $D14$.

$a \wedge b \rightarrow c \longrightarrow a \rightarrow b \rightarrow c$ nach $D26$.

$\therefore\therefore$ $a \wedge b \rightarrow c \longrightarrow a \rightarrow \neg c \rightarrow \neg b$ aus den beiden vorangehenden Zeilen gemäß $D9$.

Nun Importation gemäß $D26$ im Hinterglied.

Überleitung. Wer die nachfolgenden §§ 116, 117 überschlagen will, möge die in § 116 bewiesenen Formen $D39$ und $D40$ normaldeduktiv herleiten (Textaufgabe).

§ 116. Der Widerspruch über einem Negat.

Es möge noch eine kurze Überlegung zur Negationsreduzierten in der derivativen $\rightarrow\wedge\neg$-Logik eingeschaltet werden, die bei der späteren Gegenüberstellung mit der intuitionistischen Logik klärend wirken wird.

$D39$. $\neg a \wedge \neg\neg a \sim \neg b \wedge \neg\neg b$.

Beweis. Es genügt zu zeigen: $\neg a \wedge \neg\neg a \rightarrow \neg b \wedge \neg\neg b$. —
$\neg a \wedge \neg\neg a \rightarrow \neg b$, $\neg a \wedge \neg\neg a \rightarrow \neg\neg b$ nach $D36$.
Nun Hintergliedkonjugation gemäß $D27$.

Aus $D39$ ergibt sich durch Einsetzung:
$\neg \mathfrak{a} \wedge \neg\neg \mathfrak{a} \sim \neg \mathfrak{b} \wedge \neg\neg \mathfrak{b}$ für *beliebige* einschlägige Formen $\mathfrak{a}$, $\mathfrak{b}$.
Nach der Umsetzungsregel (s. die „weitere Textaufgabe" § 114) sind faktisch äquivalente Formen ineinander umsetzbar. Es läßt sich also „*der* Widerspruch über einem Negat" einführen:

Definition. ⅄ $\approx$: $\neg \mathfrak{c} \wedge \neg\neg \mathfrak{c}$, wobei es nicht auf die einschlägige Form $\mathfrak{c}$ ankommt. (Die einschlägige Form $\mathfrak{c}$ ist in dieser Form „auswechselbar".)

Das Zeichen ⅄ läßt sich etwa lesen als „falsum negativum".

Die wichtigste Rolle spielt das neue Zeichen in der folgenden Form:

$D40.\quad \neg a \sim a \rightarrow \neg b \wedge \neg\neg b.$

Diese Form läßt sich nach Einführung des Negat-Widerspruchs ⩓ auch mitteilen als

$D40°.\quad \neg a \sim a \rightarrow$ ⩓.

Beweis für $D40$. Erstens:

$a \wedge \neg a \rightarrow \neg b,\quad a \wedge \neg a \rightarrow \neg\neg b$ nach $D36$.

$\therefore\quad a \wedge \neg a \rightarrow \neg b \wedge \neg\neg b$ durch Hintergliedkonjugation gemäß $D27$.

$\therefore\quad a \rightarrow \neg a \rightarrow \neg b \wedge \neg\neg b$ durch Exportation gemäß $D26$.

$\therefore\quad \neg a \rightarrow a \rightarrow \neg b \wedge \neg\neg b$ durch Vordergliedtausch gemäß $D4$.

Zweitens: $a \rightarrow \neg b \wedge \neg\neg b \rightarrow \neg a$ aus $D37$ durch Einsetzung.

Die Form $D40°$ ermöglicht einen Rückgang von der „freien Negationsreduzierten" der derivativen Logik (§ 112) zu einer speziellen Negationsreduzierten.

Erklärung. Die spezielle Negationsreduzierte einer $\rightarrow\wedge\neg$-Form ist diejenige $\rightarrow\wedge$⩓-Form, die entsteht, wenn jede negative Teilform $\neg\mathfrak{t}$ durch $\mathfrak{t}\rightarrow$⩓ ersetzt wird.

Die neue Wendung ist hierbei, daß nunmehr das Absurditätszeichen ⩓ im Rahmen der derivativen Logik selbst eine Erklärung gefunden hat, und zwar eine schärfere als üblich (daß diese Erklärung ihrerseits wieder vom $\neg$-Zeichen ausging, braucht bei einer bloßen Überlegung zur Interpretation und Schreibweise nicht zu stören).

Neben $D40°$ gelten für ⩓ unter anderen erst recht alle bewiesenen Formen, in denen ein *gewöhnlicher* Widerspruch $a \wedge \neg a$ auftrat, so z.B.

$D36°.$ ⩓ $\rightarrow \neg b$ aus $D36$ durch Einsetzung,

$D32°.$ $\neg$⩓ aus $D32$ durch Einsetzung.

Anmerkung. Wenn man die derivative $\rightarrow\wedge\neg$-Logik von vorneherein auf die oben erwähnte neue „spezielle Negationsreduzierte" gründet, so gehen alle drei genannten Formen in direkte Formen über.

§ 117. Die unmittelbare Reduktion der derivativen $\rightarrow\wedge$-Logik auf die derivative $\rightarrow$-Logik.

Die Erweiterung der derivativen $\rightarrow$-Logik auf die derivative $\rightarrow\wedge$-Logik haben wir auf zwei Weisen vorgenommen:

erstens durch eine Verallgemeinerung des Begriffs der *direkten* Form (mittels dreier $\wedge$-Schlußregeln), sodann zweitens normaldeduktiv durch Hinzunahme der Axiome $D23-25$ (bzw. $D23, 24, 27$) zu den Axiomen $D1-2$.

Es liegt nun noch ein dritter Weg nahe, der eine ($\rightarrow\wedge$-derivative) $\rightarrow\wedge$-Form unmittelbar auf ($\rightarrow$-derivative) $\rightarrow$-Formen reduziert. Der Grundgedanke dieses Weges stützt sich auf die derivative faktische Äquivalenz von

$\mathfrak{a}_1\wedge\mathfrak{a}_2\wedge\cdot\cdot\wedge\mathfrak{a}_n\rightarrow\mathfrak{b}_1\wedge\mathfrak{b}_2\wedge\cdot\cdot\wedge\mathfrak{b}_m$ mit

$(\mathfrak{a}_1\rightarrow\mathfrak{a}_2\rightarrow\cdot\cdot\rightarrow\mathfrak{a}_n\rightarrow\mathfrak{b}_1)\wedge(\mathfrak{a}_1\rightarrow\mathfrak{a}_2\rightarrow\cdot\cdot\rightarrow\mathfrak{a}_n\rightarrow\mathfrak{b}_2)\wedge\cdot\cdot\wedge(\mathfrak{a}_1\rightarrow\mathfrak{a}_2\rightarrow\cdot\cdot\rightarrow\mathfrak{a}_n\rightarrow\mathfrak{b}_m)$.

Es erweist sich für den Umgang mit dieser Äquivalenz als äußerst bequem, die allgemeinen Zeichen für die Präjunktion — S. 277 — und für die Konjunktion — S. 244 — zu verwenden.

Erklärung der *Konjunktionsreduzierten.*

Wir erklären nun die Konjunktionsreduzierte $K[\mathfrak{d}]$ — oder kurz $K\mathfrak{d}$ — einer assoziat geschriebenen $\rightarrow\wedge$-Form $\mathfrak{d}$ „netzinduktiv", genauer: nach steigender $\wedge$-assoziater Aufschichtungsordnung (s. § 63), so:

I. $K\dot{\mathfrak{v}} \approx: \dot{\mathfrak{v}}$ für eine bloße Variable $\dot{\mathfrak{v}}$.

II. $K\bigwedge_i\mathfrak{a}_i \approx: \bigwedge_i K\mathfrak{a}_i$ für eine Konjunktion, deren Glieder $\mathfrak{a}_i$ keine (mehrgliedrigen) Konjunktionen (also Variablen oder Implikationen) sind.

Anmerkung. Die zugesetzte Einschränkung, die an sich überflüssig ist, wird eine nachfolgende Überlegung vereinfachen.

III. Es mögen bereits $K\mathfrak{a}$ und $K\mathfrak{b}$ ermittelt sein: $K\mathfrak{a} \equiv \bigwedge_i\mathfrak{a}_i$, $K\mathfrak{b} \equiv \bigwedge_j\mathfrak{b}_j$, wo keines der $\mathfrak{a}_i$, $\mathfrak{b}_j$ eine mehrgliedrige Konjunktion ist. Dann sei für die Implikation $\mathfrak{a}\rightarrow\mathfrak{b}$:

$K[\mathfrak{a}\rightarrow\mathfrak{b}] \approx: \bigwedge_j(\Gamma_i\,\mathfrak{a}_i\rightarrow\mathfrak{b}_j)$.

Erstes Beispiel. $\mathfrak{p} \equiv: a\rightarrow b\wedge c \rightarrow d\wedge e$.

Bezeichnungen: $\mathfrak{q} \equiv: a\rightarrow b\wedge c$, $\mathfrak{r} \equiv: d\wedge e$,
also: $\mathfrak{p} \equiv \mathfrak{q}\rightarrow\mathfrak{r}$.

1. Reduktionsschritt. $Ka \equiv a$, $K[b\wedge c] \equiv Kb\wedge Kc \equiv b\wedge c$,
$K\mathfrak{q} \equiv K[a\rightarrow b\wedge c] \equiv (a\rightarrow b)\wedge(a\rightarrow c)$.

2. Reduktionsschritt. $K\mathfrak{r} \equiv K[d\wedge e] \equiv d\wedge e$.

3. Reduktionsschritt.
$K\mathfrak{p} \equiv K[\mathfrak{q}\rightarrow\mathfrak{r}] \equiv (a\rightarrow b \rightarrow a\rightarrow c \rightarrow d)\wedge(a\rightarrow b \rightarrow a\rightarrow c \rightarrow e)$.

Zweites Beispiel. Gegeben $\mathfrak{p} \equiv: (a\wedge b\rightarrow c\wedge d)\wedge(e\rightarrow f\wedge g)\rightarrow a\rightarrow d\rightarrow g\wedge b$.

1. Reduktionsschritt. Abkürzung $\mathfrak{q} \equiv: a\wedge b\rightarrow c\wedge d$,
$K\mathfrak{q} \equiv (a\rightarrow b\rightarrow c)\wedge(a\rightarrow b\rightarrow d)$.

2. Schritt. Abkürzung $\mathfrak{r} \equiv: e\rightarrow f\wedge g$, $K\mathfrak{r} \equiv (e\rightarrow f)\wedge(e\rightarrow g)$.

3. Schritt. Abkürzung $\mathfrak{s} \equiv: d\rightarrow g\wedge b, \quad K\mathfrak{s} \equiv (d\rightarrow g)\wedge(d\rightarrow b)$.

4. Schritt. Abkürzung $\mathfrak{t} \equiv: a\rightarrow d\rightarrow g\wedge b \equiv a\rightarrow\mathfrak{s}$.

$K\mathfrak{t} \equiv (a\rightarrow d\rightarrow g)\wedge(a\rightarrow d\rightarrow b)$.

5. Schritt. $\mathfrak{p} \equiv \mathfrak{q}\wedge\mathfrak{r}\rightarrow\mathfrak{t}$.

$$K\mathfrak{p} \equiv (a\rightarrow b\rightarrow c \longrightarrow a\rightarrow b\rightarrow d \longrightarrow e\rightarrow f \longrightarrow e\rightarrow g \longrightarrow a\rightarrow d\rightarrow g)\wedge$$
$$\wedge(a\rightarrow b\rightarrow c \longrightarrow a\rightarrow b\rightarrow d \longrightarrow e\rightarrow f \longrightarrow e\rightarrow g \longrightarrow a\rightarrow d\rightarrow b).$$

Zusatzerklärung. Die Konjunktionsreduzierte einer beliebigen Form ist offenbar eine Konjunktion bloßer $\rightarrow$-Formen. Diese letzteren heißen die *Reduktionskomponenten* der gegebenen Form; in Zeichen: wenn $K\mathfrak{a} \equiv \bigwedge_i \mathfrak{a}_i$, wo keines der $\mathfrak{a}_i$ eine mehrgliedrige Konjunktion ist, so heißen die $\mathfrak{a}_i$ die Reduktionskomponenten von $\mathfrak{a}$.

(In jedem der beiden *Beispiele* erhält man zwei Reduktionskomponenten.)

Anmerkung. Die Reduktionsvorschrift III kann sowohl die $\wedge$-assoziate Aufschichtungsordnung als auch die Anzahl der plazierten Verknüpfungszeichen vergrößern — s. das obige erste Beispiel oder auch bereits:

$K[a\wedge b\rightarrow c\wedge d] \equiv (a\rightarrow b\rightarrow c)\wedge(a\rightarrow b\rightarrow d)$.

Trotzdem führt die Gesamtreduktion einer gegebenen $\rightarrow\wedge$-Form zum Abschluß:

Folgerung aus den Vorschriften I—III zur Erklärung der Konjunktionsreduzierten: Die Vorschriften I—III ordnen jeder $\rightarrow\wedge$-Form $\mathfrak{g}$ genau eine Konjunktionsreduzierte $K\mathfrak{g}$ zu.

Nachweis durch Induktion nach der $\wedge$-assoziaten Aufschichtungsordnung.

I. Induktionsschritt. Eine Form, deren $\wedge$-assoziate Aufschichtungsordnung 1 ist, d.h. eine Variable, ist nach Vorschrift I ihre eigene Konjunktionsreduzierte, und die restlichen Vorschriften II und III lassen erkennen, daß es keine weitere Konjunktionsreduzierte gibt.

II. Induktionsschritt. Die Behauptung sei bereits nachgewiesen für alle $\rightarrow\wedge$-Formen, deren $\wedge$-assoziate Aufschichtungsordnung höchstens n ist. Die $\rightarrow\wedge$-Form $\mathfrak{g}$ habe die Ordnung $n+1$.

1. Fall. $\mathfrak{g}$ ist Implikation: $\mathfrak{g} \equiv \mathfrak{a}\rightarrow\mathfrak{b}$. Es gibt genau eine Reduktion für $\mathfrak{a}\rightarrow\mathfrak{b}$, nämlich diejenige nach Vorschrift III. Da $\mathfrak{a}$ und $\mathfrak{b}$ nach Induktionsvoraussetzung je eine eindeutig bestimmte Konjunktionsreduzierte, $K\mathfrak{a}$ bzw. $K\mathfrak{b}$, haben, ist $K\mathfrak{g}$ eindeutig bestimmt.

2. Fall. $\mathfrak{g}$ ist Konjunktion: $\mathfrak{g} \equiv \bigwedge_i \mathfrak{a}_i$ (wo die Anzahl i größer als 1 ist). Dieser Fall erledigt sich entsprechend nach Vorschrift II.

Satz 91. — (1) In der derivativen $\rightarrow\wedge$-Logik ist jede Form des Begriffsnetzes ihrer Konjunktionsreduzierten (faktisch) äquivalent. — (2) Eine $\rightarrow$-Form ist ihre eigene Konjunktionsreduzierte.

Der strenge Nachweis dieses evidenten Satzes sei als *Textaufgabe* gestellt.

Satz 92. Eine $\rightarrow$-Form, die in der derivativen $\rightarrow\wedge$-Logik beweisbar ist, läßt sich bereits in der derivativen Implikationslogik beweisen.

Anmerkung. Es handelt sich hier um einen *Restriktionssatz* (im Sinne des § 59). Nach ihm entfällt für bloße $\rightarrow$-Formen der Unterschied zwischen „$\rightarrow$-derivativ" und „$\rightarrow\wedge$-derivativ".

Dieser Satz ist ein erstes Ergebnis von der im „Zusatz" von S. 273 geforderten Art. Später wird ein allgemeiner Restriktionssatz — Satz 145 mit anschließender Textaufgabe — alle (zum Teil noch folgenden) Differenzierungen des Prädikats „derivativ" überflüssig machen. —

Satz 92 erweist sich an Hand des Satzes 91 (2) als ein unmittelbarer Spezialfall des folgenden allgemeinen Satzes:

Satz 93. Eine $\rightarrow\wedge$-Form ist dann und nur dann $\rightarrow\wedge$-derivativ (§ 114), wenn ihre sämtlichen Reduktionskomponenten $\rightarrow$-derivativ (§ 109) sind.

Vorab eine unmittelbare *Folgerung* (mit der Erklärung S. 286). Eine $\rightarrow\wedge\neg$-Formi st dann und nur dann $\rightarrow\wedge$-derivativ, wenn sämtliche Reduktionskomponenten ihrer freien Negationsreduzierten $\rightarrow$-derivativ sind.

Anmerkung. Man kann die in Satz 93 und seiner Folgerung angegebenen Kriterien geradezu als eine Modifikation der Erklärung für „$\rightarrow\wedge$-derivativ" auffassen.

Nachweis des Satzes 93. — Erster Teil: Nachweis für „dann". Dies ergibt sich nach Heranziehung des Satzes 91 (1) aus der Ableitbarkeit der „iterierten Konjunktionsschluß"-Regel

$$\frac{\mathfrak{p}_1, \mathfrak{p}_2, \ldots, \mathfrak{p}_n}{\mathfrak{p}_1 \wedge \mathfrak{p}_2 \wedge \cdots \wedge \mathfrak{p}_n} \qquad \text{(mit } D\,25\text{)}.$$

Zweiter Teil: Nachweis für „nur dann".

Die $\rightarrow\wedge$-Form $\mathfrak{a}$ sei im normaldeduktiven Kodifikat der derivativen $\rightarrow\wedge$-Logik bewiesen. Nach Satz 44 lassen sich die Einsetzungen heraufverlegen; $\mathfrak{a}$ ist dann durch bloße Grundschlüsse aus den Axiombeiformen zu $D\,1-2$, $D\,23-25$ bewiesen.

In diesem Beweis ersetzen wir nun jede Formel durch die Reihe ihrer Reduktionskomponenten. Wir haben zu zeigen, daß die so entstandene Formelnfigur, die aus lauter endlichen Reihen von $\rightarrow$-Formen besteht, sich zu einem Beweis im normaldeduktiven Kodifikat der derivativen $\rightarrow$-Logik ergänzen läßt.

1. Ein Grundschluß $\frac{\mathfrak{p} \quad \mathfrak{p}\rightarrow\mathfrak{q}}{\mathfrak{q}}$ geht in einen Schluß über, der sich in eine Kette von Grundschlüssen verwandeln läßt. — Sei nämlich $K\mathfrak{p} \equiv \bigwedge_i \mathfrak{p}_i$ (wo $i=1,..,n$), $K\mathfrak{q} \equiv \bigwedge_j \mathfrak{q}_j$ (wo $j=1,..,m$) und mithin $K[\mathfrak{p}\rightarrow\mathfrak{q}] \equiv \bigwedge_j(\Gamma_i\mathfrak{p}_i\rightarrow\mathfrak{q}_j)$. Dann steht an der Stelle der aus drei Formeln bestehenden Formelnfigur $\frac{\mathfrak{p} \quad \mathfrak{p}\rightarrow\mathfrak{q}}{\mathfrak{q}}$ die aus drei Formelnreihen bestehende Formelnfigur $\frac{\mathfrak{p}_1,..,\mathfrak{p}_n \quad \Gamma_i\mathfrak{p}_i\rightarrow\mathfrak{q}_1,..,\Gamma_i\mathfrak{p}_i\rightarrow\mathfrak{q}_m}{\mathfrak{q}_1,..,\mathfrak{q}_m}$.

Diese läßt sich zerlegen in die Schlüsse

$$\frac{\mathfrak{p}_1,..,\mathfrak{p}_n \quad \Gamma\mathfrak{p}_i\rightarrow\mathfrak{q}_j}{\mathfrak{q}_j} \qquad \text{für jedes } \mathfrak{q}_j.$$

Jeder dieser Schlüsse ist in evidenter Weise in eine Reihe von Grundschlüssen auflösbar. Man bekommt also jedes $\mathfrak{q}_j$.

2. Eine $\rightarrow\wedge$-Beiform zu einem der Axiome $D$1—2 oder $D$23—25 geht in eine Formelnreihe über, die in der derivativen $\rightarrow$-Logik beweisbar ist.

2a. Beiform zu $D$1: $\mathfrak{a}\rightarrow\mathfrak{b}\rightarrow\mathfrak{a}$. — Sei $K\mathfrak{a} \equiv \bigwedge_i \mathfrak{a}_i$, $K\mathfrak{b} \equiv \bigwedge_j \mathfrak{b}_j$, wo die $\mathfrak{a}_i$ und die $\mathfrak{b}_j$ keine mehrgliedrigen Konjunktionen sind (eine entsprechende Verabredung soll ohne jedesmalige Erwähnung auch in den nachfolgenden Absätzen des Nachweises gelten). Dann ist

$K[\mathfrak{a}\rightarrow\mathfrak{b}\rightarrow\mathfrak{a}] \equiv \bigwedge_k(\Gamma_i\,\mathfrak{a}_i\rightarrow\Gamma_j\,\mathfrak{b}_j\rightarrow\mathfrak{a}_k)$,

wobei die $\mathfrak{a}_k$ gerade die $\mathfrak{a}_i$ sind. Die Reduktionskomponenten

$\Gamma_i\mathfrak{a}_i\rightarrow\Gamma_j\mathfrak{b}_j\rightarrow\mathfrak{a}_k$ sind offenbar *direkt*.

2b. Beiform zu $D$2. — Sei $K\mathfrak{a} \equiv \bigwedge_i \mathfrak{a}_i$, $K\mathfrak{b} \equiv \bigwedge_j \mathfrak{b}_j$, $K\mathfrak{c} \equiv \bigwedge_l \mathfrak{c}_l$ also $K[\mathfrak{a}\rightarrow\mathfrak{b}] \equiv \bigwedge_j(\Gamma_i\,\mathfrak{a}_i\rightarrow\mathfrak{b}_j)$, $K[\mathfrak{a}\rightarrow\mathfrak{c}] \equiv \bigwedge_l(\Gamma_i\,\mathfrak{a}_i\rightarrow\mathfrak{c}_l)$,

$K[\mathfrak{a}\rightarrow\mathfrak{b}\rightarrow\mathfrak{c}] \equiv \bigwedge_l(\Gamma_i\,\mathfrak{a}_i\rightarrow\Gamma_j\,\mathfrak{b}_j\rightarrow\mathfrak{c}_l)$.

Daher lauten die Reduktionskomponenten der Axiombeiform

$\mathfrak{a}\rightarrow\mathfrak{b}\rightarrow\mathfrak{c} \longrightarrow \mathfrak{a}\rightarrow\mathfrak{b} \longrightarrow \mathfrak{a}\rightarrow\mathfrak{c}$ so:

$\Gamma_l(\Gamma_i\,\mathfrak{a}_i\rightarrow\Gamma_j\,\mathfrak{b}_j\rightarrow\mathfrak{c}_l) \rightarrow \Gamma_j(\Gamma_i\,\mathfrak{a}_i\rightarrow\mathfrak{b}_j) \rightarrow \Gamma_i\,\mathfrak{a}_i\rightarrow\mathfrak{c}_k$

für jedes $\mathfrak{c}_k$, das mit einem der $\mathfrak{c}_l$ übereinstimmt. Jede solche $\rightarrow$-Form ist offenbar *direkt.*

2c. Beiform zu $D$23. — Sei $K\mathfrak{a} \equiv \bigwedge_i \mathfrak{a}_i$, $K\mathfrak{b} \equiv \bigwedge_j \mathfrak{b}_j$. Dann lauten die Reduktionskomponenten der Axiombeiform $\mathfrak{a}\wedge\mathfrak{b}\rightarrow\mathfrak{a}$ so:

$\Gamma_i\mathfrak{a}_i\rightarrow\Gamma_j\mathfrak{b}_j\rightarrow\mathfrak{a}_k$ für jedes $\mathfrak{a}_k$, das mit einem der $\mathfrak{a}_i$ übereinstimmt. Jede solche $\rightarrow$-Form ist offenbar direkt.

2d. Beiform zu $D$24: $\mathfrak{a}\wedge\mathfrak{b}\rightarrow\mathfrak{b}$. — Nachweis völlig analog.

2e. Beiform zu *D* 25. — Die Reduktionskomponenten der Axiombeiform $\mathfrak{a} \rightarrow \mathfrak{b} \rightarrow \mathfrak{a} \wedge \mathfrak{b}$ lauten:

$\Gamma_i \mathfrak{a}_i \rightarrow \Gamma_j \mathfrak{b}_j \rightarrow \mathfrak{a}_k$ bzw. $\Gamma_i \mathfrak{a}_i \rightarrow \Gamma_j \mathfrak{b}_j \rightarrow \mathfrak{b}_l$,

wo die $\mathfrak{a}_k$ mit einem der $\mathfrak{a}_i$ und die $\mathfrak{b}_l$ mit einem der $\mathfrak{b}_j$ übereinstimmen. Alle derartigen Formen sind direkt.

Beispiel:

$\neg\neg(a \wedge b) \rightarrow \neg\neg a \wedge \neg\neg b$ ist $\rightarrow\wedge\neg$-derivativ. — Nachweis.

Freie Negationsreduzierte:

$(a \wedge b \rightarrow c) \rightarrow c \longrightarrow ((a \rightarrow c) \rightarrow c) \wedge ((b \rightarrow c) \rightarrow c)$.

Reduktionskomponenten:

$(a \rightarrow b \rightarrow c) \rightarrow c \longrightarrow (a \rightarrow c) \rightarrow c$

$a \rightarrow b \rightarrow c) \rightarrow c \longrightarrow (b \rightarrow c) \rightarrow c$.

Beweis der ersten Reduktionskomponente.

$c \rightarrow b \rightarrow c$ nach *D* 1.
$a \rightarrow c \longrightarrow a \rightarrow b \rightarrow c$ durch Vordergliedvorsetzen gemäß *D* 3.
Nun Hintergliednachsetzen gemäß *D* 5.

Beweis der zweiten Reduktionskomponente entsprechend.

Aufgabe. Die gegebene $\rightarrow\wedge$-Form rein normaldeduktiv aus *D* 14, *D* 23—25 zu beweisen.

Anmerkung. Die im Beispiel behandelte Implikation läßt sich derivativ zu einer Äquivalenz erweitern, s. später *D* 43.

Kapitel XXI.

Entwickelnde derivative Implikationslogik.

Vorbemerkung. Dieses Kapitel kann von einem Leser, der kein Interesse an tieferem Eindringen in die Materie hat, überschlagen werden, wenngleich das am Ende des Kapitels entwickelte Entscheidungsverfahren von grundsätzlicher Bedeutung ist.

§ 118. Das Kodifikat der entwickelnden derivativen Implikationslogik.

Bei Heranziehung der Konjunktionsreduzierten läßt die derivative $\rightarrow\wedge$-Logik ein sehr einheitliches Entscheidungsverfahren (§ 123) zu, das sich unmittelbar an das „entwickelnde“ Kodifikat der derivativen Implikationslogik anschließt. Dieses Kodifikat, das unabhängig von der genannten Anwendung reizvoll ist, möge hier eingeschaltet werden. Zunächst eine kurze *Vorbetrachtung:*

Die derivative $\rightarrow$-Logik war in § 109 *allein auf die Grundschluß-regel* gegründet worden; dabei waren zunächst die direkten Formen erklärt worden, bei denen man durch bloßen Grundschluß von den Hauptvordergliedern auf das Haupthinterglied schloß; sodann war gegen den Grundschluß ‚abgeschlossen' worden. Von einem (endlichen) Axiomensystem war bei *dieser* Einführung der derivativen Implikationslogik nicht die Rede.

Man kann dieses Vorgehen nun in folgender Weise vereinheitlichen:

1. Anstelle der direkten Formen wählt man als Ausgangsformeln bloß noch solche trivialen Formen, bei denen ein Hauptvorderglied mit dem Hinterglied *übereinstimmt.* Dafür muß nun, um den gleichen Bereich beweisbarer Formeln zu erhalten, der Grundschluß verallgemeinert werden.

2. Um dem Leser die betreffende Verallgemeinerung nahe zu bringen, sei zunächst an die zu $D5$ gehörige Hintergliednachsetzung

$$\frac{\mathfrak{b} \rightarrow \mathfrak{a}}{\mathfrak{a} \rightarrow \mathfrak{c} \longrightarrow \mathfrak{b} \rightarrow \mathfrak{c}} \quad \text{erinnert.}$$

Als eine Iteration dieser Schlußregel stellt sich dar:

$$\frac{\ulcorner \mathfrak{b} \rightarrow \mathfrak{a}_i \quad \text{für } i = 1, .., n}{\ulcorner_i \mathfrak{a}_i \rightarrow \mathfrak{c} \longrightarrow \ulcorner \mathfrak{b} \rightarrow \mathfrak{c}}.$$

Das erste $\mathfrak{b}$ möge nun speziell die Gestalt $\ulcorner_i \mathfrak{a}_i \rightarrow \mathfrak{c}$ haben, m.a.W. die Präjunktion $\ulcorner \mathfrak{b} \rightarrow$ zerfalle in die Gestalt $\ulcorner \mathfrak{a} \rightarrow \mathfrak{c} \longrightarrow \ulcorner \bar{\mathfrak{b}} \rightarrow$. Dann nimmt der obige Schluß (nach Vordergliedkürzung in der Unterformel) die Gestalt an:

$$\frac{\ulcorner \mathfrak{a} \rightarrow \mathfrak{c} \longrightarrow \ulcorner \bar{\mathfrak{b}} \rightarrow \mathfrak{a}_i \quad \text{für jedes } \mathfrak{a}_i \text{ aus } \ulcorner a}{\ulcorner \mathfrak{a} \rightarrow \mathfrak{c} \longrightarrow \ulcorner \bar{\mathfrak{b}} \rightarrow \mathfrak{c}}.$$

Ein solcher Schluß entwickelt aus gegebenen Implikationen mit einem bestimmten gestaltlichen Zusammenhang eine Implikation, deren Hauptvorderglieder die den gegebenen Implikationen gemeinsamen Hauptvorderglieder sind und deren Hinterglied bereits in einem dieser Hauptvorderglieder als Hinterglied steckte. ,Wir wollen die angegebene Schlußregel (sofern $\mathfrak{c}$ eine Variable darstellt) als „Entwicklungsschluß"-Regel und eine auf ihr allein fußende Aussagenlogik als „entwickelnde (derivative Implikations-)Logik" bezeichnen.

Nach dieser einführenden Vorbetrachtung wird man die Relevanz des folgenden Kodifikats erkennen:

Kodifikat der entwickelnden derivativen Implikationslogik.

I. Das Begriffsnetz ist dasselbe wie vorher; d.h. alle $\rightarrow$-Formen sind zugelassen, wobei wir uns aller Klammerersparnisregeln bedienen.

Wie früher teilt ein Zeichen, über dem ein *Punkt* steht, stets eine *Aussagenvariable* mit. Auch das Mitteilungszeichen für eine Präjunktion $\ulcorner$ wird wie früher (§ 111) benutzt.

Umstellungs-Verabredung. In einer Formel $\ulcorner\mathfrak{a} \to \dot{\mathfrak{b}}$ soll es niemals auf die Reihenfolge der Hauptvorderglieder $\mathfrak{a}$ (S. 272) ankommen (vgl. S. 221).

Beispiel: $a \longrightarrow a{\to}b \longrightarrow b$ und $a{\to}b \longrightarrow a{\to}b$ werden nicht als verschieden angesehen.

II. Das Deduktionsgerüst.

1. — Einziges Axiomenschema: $\boxed{\ulcorner\mathfrak{a} \to \dot{\mathfrak{v}} \to \dot{\mathfrak{v}}}$ für beliebige $\mathfrak{a}$ und eine beliebige Aussagenvariable $\dot{\mathfrak{v}}$. ($\ulcorner\mathfrak{a}\to$ darf hier auch fehlen.)

2. — Einzige Schlußregel („Entwicklungsschluß"-Regel)

$$\boxed{\frac{\ulcorner\mathfrak{a} \to \dot{\mathfrak{c}} \longrightarrow \ulcorner\mathfrak{b} \to \mathfrak{a}_i \quad \text{für jedes } \mathfrak{a}_i \text{ aus } \ulcorner\mathfrak{a}}{\ulcorner\mathfrak{a} \to \dot{\mathfrak{c}} \longrightarrow \ulcorner\mathfrak{b} \to \dot{\mathfrak{c}}}}$$

(Hier steht $\dot{\mathfrak{c}}$ für eine Aussagenvariable; $\ulcorner\mathfrak{b}\to$ darf auch fehlen.) Das mitgeteilte $\ulcorner\mathfrak{a} \to \dot{\mathfrak{c}}$ heißt das *kritische* Hauptvorderglied.

Anmerkungen. 1. Betreffs der deduktiven Rolle dieser Schlußregel erinnere man sich an die einleitenden Bemerkungen dieses Paragraphen.

2. Das Kodifikat ist sicher nicht aufschichtend, weder im strengen Sinne, noch in einem auf S. 135 ins Auge gefaßten abgeschwächten Sinne; denn es gestattet ja z.B. von

$$(\mathfrak{a}_1 \to \mathfrak{a}_2 \to \mathfrak{b}) \to \dot{\mathfrak{c}} \longrightarrow \mathfrak{a}_1 \to \mathfrak{a}_2 \to \mathfrak{b} \quad \text{auf} \quad (\mathfrak{a}_1 \to \mathfrak{a}_2 \to \mathfrak{b}) \to \dot{\mathfrak{c}} \longrightarrow \dot{\mathfrak{c}}$$

zu schließen (die Oberformel hat hier sogar eine größere Aufschichtungsordnung als die Unterformel). — Nichtsdestoweniger ist eine gewisse Affinität zu aufschichtenden Kodifikaten (schon aus der Überleitung, durch die wir zu dem neuen Kodifikat gelangten) unverkennbar. Ihre genauere Erörterung dürfte sich jedoch hier erübrigen. Wir wollen das Kodifikat wegen der eingangs diskutierten Rolle des Entwicklungsschlusses ein „entwickelndes" nennen.

Erstes *Beispiel* einer Herleitung. Beweis des FREGEschen Axioms $D2$.

$a{\to}b \longrightarrow a{\to}b{\to}c \longrightarrow a{\to}a$ Axiom

$\therefore\ a{\to}b \longrightarrow a{\to}b{\to}c \longrightarrow a{\to}b$ durch Entwicklungsschluß (kritisches Hauptvorderglied $a \to b$)

$\therefore\ a{\to}b \longrightarrow a{\to}b{\to}c \longrightarrow a{\to}c$ aus den beiden vorangegangenen Formen durch Entwicklungsschluß (kritisches Hauptvorderglied $a \to b \to c$)

Dies ist nach Umstellung der Hauptvorderglieder die FREGEsche Form $D2$.

Satz 94. Jede in dem neuen Kodifikat beweisbare Form ist eine derivative Implikationsform.

Nachweis.

1. Das Axiomenschema ist in der normaldeduktiven derivativen Logik des § 110 ableitbar:

$a \rightarrow a \longrightarrow b \longrightarrow a \rightarrow a \quad D1.$

$b \longrightarrow a \rightarrow a$ durch Grundschluß mit $D6$.

Diese Vordergliedvorschaltung wird n-mal wiederholt. Dann werden $\dot{\mathfrak{b}}$ für a und die $\mathfrak{a}$ für die neuen Vorderglieder eingesetzt.

2. Die Entwicklungsschlußregel ist ebenfalls in der normaldeduktiven derivativen Logik des § 110 ableitbar.

Man erkennt nämlich zunächst: Die Aussagenform

$(*)\quad \Gamma_i(\Gamma a \rightarrow c \longrightarrow \Gamma b \rightarrow a_i) \longrightarrow \Gamma a \rightarrow c \longrightarrow \Gamma b \rightarrow c$ ist direkt.

Nachweis hierfür ($\Gamma a \rightarrow$ ist Abkürzung für $\underset{i=1,..,n}{\Gamma} a_i \rightarrow$; ebenso ist $\Gamma b \rightarrow$ Abkürzung für $\underset{j=1,..,m}{\Gamma} b_j \rightarrow$):

$$\left.\dfrac{b_1,..,b_m \qquad \dfrac{\Gamma a \rightarrow c \quad \Gamma a \rightarrow c \longrightarrow \Gamma b \rightarrow a_i}{\Gamma b \rightarrow a_i}}{a_i}\right\} \text{ für jedes } i = 1,..,n.$$

Aus $a_1,..,a_n$ und $\Gamma_i a_i \rightarrow c$ ergibt sich c durch n-maligen Grundschluß. — Das Haupthinterglied c der Aussagenform $(*)$ ist somit durch bloße Grundschlüsse aus den Hauptvordergliedern hergeleitet.

Als direkte Form ist $(*)$ in der derivativen Logik des § 110 herleitbar. Sie ist die implikative Aussagenform zu dem Schlußschema

$$\frac{\Gamma \mathfrak{a} \rightarrow \dot{\mathfrak{c}} \longrightarrow \Gamma \mathfrak{b} \rightarrow \mathfrak{a}_i \quad (\text{für } i = 1,..,n)}{\Gamma \mathfrak{a} \rightarrow \dot{\mathfrak{c}} \longrightarrow \Gamma \mathfrak{b} \rightarrow \dot{\mathfrak{c}}},$$

das aus ihr durch Einsetzung und durch n Grundschlüsse ableitbar ist.

§ 119. Einige beweisbare Formen und abhängige Schlußregeln. Das neue Kodifikat als ein derivatives.

Satz 95. Im entwickelnden Kodifikat des § 118 ist die Schlußregel der Vordergliedvorschaltung $\dfrac{\mathfrak{g}}{\mathfrak{h} \rightarrow \mathfrak{g}}$ abhängig.

Nachweis. Es sei eine Beweisfigur für $\mathfrak{g}$ vorgelegt. In allen Formeln dieser Beweisfigur sei nun ein Vorderglied der Gestalt $\mathfrak{h}$ vorausgestellt. Hierbei geht ein Entwicklungsschluß wieder in einen Entwicklungsschluß über; — es wird ja lediglich die in der Schlußregel durch

$\ulcorner\mathfrak{b}\rightarrow$ mitgeteilte Präjunktion um ein Glied vergrößert. Ein Axiom $\ulcorner\mathfrak{a}\rightarrow\dot{\mathfrak{v}}\rightarrow\dot{\mathfrak{v}}$ geht aus dem gleichen Grunde wieder in ein Axiom über. Man hat somit einen Beweis für $\mathfrak{h}\rightarrow\mathfrak{g}$.

Satz 96. $\mathfrak{a}\rightarrow\mathfrak{a}$ ist für jedes $\mathfrak{a}$ des Begriffsnetzes beweisbar.

Nachweis durch Netzinduktion.

Erster Induktionsschritt. Für eine Aussagenvariable $\dot{\mathfrak{v}}$ ist $\dot{\mathfrak{v}}\rightarrow\dot{\mathfrak{v}}$ Axiom.

Zweiter Induktionsschritt. Die Behauptung sei bereits bewiesen für alle Implikationsformen mit höchstens n $\rightarrow$-Zeichen.

Gegeben sei ein einschlägiges $\mathfrak{a}$ mit $n+1$ $\rightarrow$-Zeichen. $\mathfrak{a}$ läßt sich in der Gestalt $\ulcorner\mathfrak{b}\rightarrow\dot{\mathfrak{c}}$ mitteilen (wo $\dot{\mathfrak{c}}$ Variable ist). Man hat

$\mathfrak{b}_i\rightarrow\mathfrak{b}_i$ (für jedes $\mathfrak{b}_i$ aus der Präjunktion $\ulcorner\mathfrak{b}\rightarrow$) nach Induktionsvoraussetzung.

$\therefore$ $\ulcorner\mathfrak{b}\rightarrow\dot{\mathfrak{c}} \longrightarrow \ulcorner\mathfrak{b}\rightarrow\mathfrak{b}_i$ da $\mathfrak{b}_i$ eines der Glieder von $\ulcorner\mathfrak{b}\rightarrow$ ist, ergibt sich dies aus der vorigen Zeile durch bloße Vordergliedvorschaltungen gemäß Satz 95 mit der Umstellungs-Verabredung von S. 298.

$\therefore$ $\ulcorner\mathfrak{b}\rightarrow\dot{\mathfrak{c}} \longrightarrow \ulcorner\mathfrak{b}\rightarrow\dot{\mathfrak{c}}$ durch Entwicklungsschluß

d.i. $\mathfrak{a}\rightarrow\mathfrak{a}$.

Satz 97. Die iterierte Dreierschlußregel

$$\frac{\ulcorner\mathfrak{a}\rightarrow\ulcorner\mathfrak{b}\rightarrow\mathfrak{d} \qquad \ulcorner\mathfrak{a}\rightarrow\mathfrak{b}_i \quad \text{für jedes Glied } \mathfrak{b}_i \text{ von } \ulcorner\mathfrak{b}\rightarrow}{\ulcorner\mathfrak{a}\rightarrow\mathfrak{d}}$$

ist abhängig. ($\ulcorner\mathfrak{a}\rightarrow$ darf hier auch fehlen.)

Verabredung zur Mitteilung. Wenn auch $\ulcorner\mathfrak{a}$, $\ulcorner\mathfrak{b}$, ... für sich genommen keine Teilformen darstellen, sondern erst $\ulcorner\mathfrak{a}\rightarrow$ bzw. $\ulcorner\mathfrak{b}\rightarrow$, ... Ketten von Hauptvordergliedern kennzeichnen (s. S. 277), so soll doch im folgenden gelegentlich dort, wo es unmißverständlich erscheint, kurz von der Präjunktion $\ulcorner\mathfrak{a}$ (statt $\ulcorner\mathfrak{a}\rightarrow$) und entsprechenden Präjunktionen gesprochen werden.

Zum *Nachweis* genügt es offenbar, $\mathfrak{d}$ als bloße Aussagenvariable vorauszusetzen; d.h. die Abhängigkeit der folgenden spezielleren Schlußregel zu zeigen:

$$(\circ) \quad \frac{\ulcorner\mathfrak{a}\rightarrow\ulcorner\mathfrak{b}\rightarrow\dot{\mathfrak{c}} \qquad \ulcorner\mathfrak{a}\rightarrow\mathfrak{b}_i \quad \text{für jedes Glied } \mathfrak{b}_i \text{ von } \ulcorner\mathfrak{b}}{\ulcorner\mathfrak{a}\rightarrow\dot{\mathfrak{c}}};$$

wir brauchen dazu ja in der allgemeineren Regel lediglich $\mathfrak{d}$ in der Gestalt $\ulcorner\mathfrak{a}^\circ\rightarrow\dot{\mathfrak{c}}$ zu schreiben, die $\mathfrak{a}^\circ$ zu den $\mathfrak{a}$ hinzuzunehmen und in den rechten Oberformeln den Satz 95 mehrfach (mit den $\mathfrak{a}^\circ$ für $\mathfrak{h}$) anzuwenden.

Nachweis der Abhängigkeit von Regel ($\circ$).

Wir wollen die $\mathfrak{b}$ als „betroffene Glieder" bezeichnen.

Erster Hauptfall. Die linke Oberformel ist Axiom.

Das bedeutet: entweder ein $\mathfrak{a}$ oder ein $\mathfrak{b}$ hat die Gestalt $\dot{\mathfrak{c}}$.

1. Hat ein $\mathfrak{a}$ die Gestalt $\dot{\mathfrak{c}}$, so ist auch die Unterformel ein Axiom.

2. Hat ein $\mathfrak{b}$ die Gestalt $\dot{\mathfrak{c}}$, so stimmt eine der rechten Oberformeln bereits mit der Unterformel überein.

Zweiter Hauptfall. Die linke Oberformel ist nicht Axiom.

Wir behandeln diesen Hauptfall durch eine sog. „doppelte Induktion", genauer hier: durch eine Induktion nach der Aufschichtungsordnung der „betroffenen Glieder" (Netzinduktion) und durch eine *eingeschachtelte* Induktion nach dem Beweisrang der linken Oberformel (Gerüstinduktion).

Das heißt, wir nehmen an (Induktionsvoraussetzung): Der Nachweis sei geführt: α) für alle Fälle, in denen die „betroffenen Glieder" alle eine Aufschichtungsordnung haben, die kleiner als n ist und weiter: β) für alle Fälle, in denen die betroffenen Glieder höchstens die Aufschichtungsordnung n haben und die linke Oberformel höchstens den Beweisrang m hat. — Unter dieser Induktionsvoraussetzung führen wir den Nachweis für den Fall: die betroffenen Glieder haben höchstens die Aufschichtungsordnung n, und die linke Oberformel hat den Beweisrang $m+1$. (Da der „erste Hauptfall" des Beweisrangs 1 bereits erledigt ist, darf hier $m \neq 0$ vorausgesetzt werden.)

Der Fall $n=1$ braucht nicht gesondert betrachtet zu werden; in ihm wird einfach die obige Voraussetzung α) gegenstandslos (vgl. hierzu auch den „erläuternden Zusatz" am Ende des Nachweises).

Durchführung der doppelten Induktion.

Wegen $m \neq 0$ ist die linke Oberformel durch einen Entwicklungsschluß hergeleitet, d.h. eines der Hauptvorderglieder aus $\Gamma\mathfrak{a}$, $\Gamma\mathfrak{b}$ hat die Gestalt $\Gamma\mathfrak{d} \rightarrow \dot{\mathfrak{c}}$, und die Formen

$\Gamma\mathfrak{a} \rightarrow \Gamma\mathfrak{b} \rightarrow \mathfrak{d}_i$ (für jedes $\mathfrak{d}_i$ aus $\Gamma\mathfrak{d}$)

sind mit höchstens m Schlüssen beweisbar.

Teilt man $\mathfrak{d}_i$ in der Gestalt $\mathfrak{d}_i \equiv (\Gamma\mathfrak{e})_i \rightarrow \dot{\mathfrak{g}}_i$ mit, so erhält man — nach eventueller Umstellung von Vordergliedern gemäß der Umstellungs-Verabredung —:

(*) $(\Gamma\mathfrak{e})_i \rightarrow \Gamma\mathfrak{a} \rightarrow \Gamma\mathfrak{b} \rightarrow \dot{\mathfrak{g}}_i$ ist (für jedes i wie oben)

mit höchstens m Schlüssen beweisbar.

Aus den vorausgesetzten rechten Oberformeln $\Gamma\mathfrak{a} \rightarrow \mathfrak{b}_j$ (für jedes $\mathfrak{b}_j$ aus $\Gamma\mathfrak{b}$) ergibt sich durch Vordergliedvorschaltung gemäß Satz 95 — wiederum nach eventueller Umstellung —:

(**) $(\Gamma\mathfrak{e})_i \rightarrow \Gamma\mathfrak{a} \rightarrow \mathfrak{b}_j$ (für jedes $\mathfrak{b}_j$ aus $\Gamma\mathfrak{b}$ und für jedes i wie oben).

Die $\mathfrak{b}_j$ haben höchstens die Aufschichtungsordnung n. Für beliebiges zugelassenes i trifft also auf den Dreierschluß

$$\frac{(\ulcorner\mathfrak{e})_i \to \ulcorner\mathfrak{a} \to \ulcorner\mathfrak{b} \to \dot{\mathfrak{g}}_i \quad (*) \qquad (\ulcorner\mathfrak{e})_i \to \ulcorner\mathfrak{a} \to \mathfrak{b}_j \quad (\text{für jedes } \mathfrak{b}_j \text{ aus } \ulcorner\mathfrak{b}\to) \quad (**)}{(\ulcorner\mathfrak{e})_i \to \ulcorner\mathfrak{a} \to \dot{\mathfrak{g}}_i}$$

die Induktionsvoraussetzung β) hinsichtlich der Aufschichtungsordnung und hinsichtlich des Beweisrangs zu. Die Unterformel ist somit herleitbar; sie nimmt (nach eventueller Umstellung) an Hand der obigen Mitteilung des $\mathfrak{d}_i$ die Gestalt an:

(***) $\ulcorner\mathfrak{a} \to \mathfrak{d}_i$ (für jedes $\mathfrak{d}_i$ aus $\ulcorner\mathfrak{d}$).

Wir haben nun zwei Unterfälle zu unterscheiden, da ja entweder ein $\mathfrak{a}$ oder ein $\mathfrak{b}$ die Gestalt $\ulcorner\mathfrak{d} \to \dot{\mathfrak{c}}$ haben sollte.

1. Unterfall. Ein $\mathfrak{a}$ hat diese Gestalt; wir können dafür nach eventueller Umstellung $\mathfrak{a}_1$ wählen: $\ulcorner\mathfrak{a} \to \;\equiv\; \ulcorner\mathfrak{d} \to \dot{\mathfrak{c}} \longrightarrow \ulcorner\mathfrak{a}^\circ \to$. Dann lauten die Formeln (***)

$\ulcorner\mathfrak{d} \to \dot{\mathfrak{c}} \longrightarrow \ulcorner\mathfrak{a}^\circ \to \mathfrak{d}_i$;

daraus erhält man durch Entwicklungsschluß

$\ulcorner\mathfrak{d} \to \dot{\mathfrak{c}} \longrightarrow \ulcorner\mathfrak{a}^\circ \to \dot{\mathfrak{c}}$, d.i. die zu beweisende Unterformel $\ulcorner\mathfrak{a} \to \dot{\mathfrak{c}}$.

2. Unterfall. Ein $\mathfrak{b}$ hat die in Rede stehende Gestalt $\ulcorner\mathfrak{d} \to \dot{\mathfrak{c}}$; wir dürfen (nach eventueller Umstellung) annehmen: $\mathfrak{b}_1 \equiv \ulcorner\mathfrak{d} \to \dot{\mathfrak{c}}$. Eine der vorausgesetzten rechten Oberformeln lautet $\ulcorner\mathfrak{a} \to \mathfrak{b}_1$; also hat man:

$\ulcorner\mathfrak{a} \to \ulcorner\mathfrak{d} \to \dot{\mathfrak{c}}$.

Außerdem hatte man bereits (***): $\ulcorner\mathfrak{a} \to \mathfrak{d}_i$.

Hier haben nun alle $\mathfrak{d}_i$ eine Aufschichtungsordnung, die kleiner als n ist (da sie ja echte Teilformen von $\mathfrak{b}_1$ sind). Daher gilt nach Induktionsvoraussetzung α) wiederum $\ulcorner\mathfrak{a} \to \dot{\mathfrak{c}}$, d.i. die zu beweisende Unterformel.

Erläuternder Zusatz zu der doppelten Induktion. Der erste Induktionsschritt hatte den Fall zu betrachten, in dem alle „betroffenen Glieder" $\mathfrak{b}_j$ die Aufschichtungsordnung 1 haben, d.h. Aussagenvariablen sind. In diesem Falle kann der 2. Unterfall offenbar nicht eintreten, d.h. dieser Induktionsschritt erledigt sich allein nach dem 1. Unterfall.

Folgerung aus Satz 97. Der Spezialfall, in dem $\ulcorner\mathfrak{a}$ leer ist und $\ulcorner\mathfrak{b}$ aus einem einzigen Gliede besteht, liefert den Grundschluß

$$\frac{\mathfrak{b} \to \mathfrak{d} \quad \mathfrak{b}}{\mathfrak{d}};$$

der Grundschluß ist also implizit abhängig.

Satz 98. Die Einsetzungsregel ist implizit abhängig, d.h. mit einer Formel $\mathfrak{f}$ ist jede Formel $\mathfrak{f}^*$ beweisbar, die aus $\mathfrak{f}$ durch eine Einsetzung entsteht.

Nachweis durch Gerüstinduktion, genauer: durch Induktion nach dem Rang von $\mathfrak{f}$.

1. Schritt. $\mathfrak{f}$ sei ein Axiom $\ulcorner\mathfrak{a} \to \dot{\mathfrak{v}} \to \dot{\mathfrak{v}}$. Die Form $\mathfrak{f}^*$ hat dann die Gestalt $\ulcorner\mathfrak{a}^* \to \mathfrak{g} \to \mathfrak{g}$. Nun ist aber $\mathfrak{g} \to \mathfrak{g}$ nach Satz 96 und daher $\ulcorner\mathfrak{a}^* \to \mathfrak{g} \to \mathfrak{g}$ nach Satz 95 beweisbar.

2. Schritt. $\mathfrak{f}$ gehe durch einen Entwicklungsschluß aus den Formen $\mathfrak{h}_i$ hervor. Die Einsetzung, die von $\mathfrak{f}$ auf $\mathfrak{f}^*$ führt, führe die $\mathfrak{h}_i$ in $\mathfrak{h}_i^*$ über. Der Schluß von den $\mathfrak{h}_i^*$ auf $\mathfrak{f}^*$ läßt sich ausführlich so mitteilen:

$$\frac{\ulcorner\mathfrak{a}^* \to \mathfrak{c}^* \longrightarrow \ulcorner\mathfrak{b}^* \to \mathfrak{a}_i^* \quad (\text{für jedes } \mathfrak{a}_i^* \text{ aus } \ulcorner\mathfrak{a}^*)}{\ulcorner\mathfrak{a}^* \to \mathfrak{c}^* \longrightarrow \ulcorner\mathfrak{b}^* \to \mathfrak{c}^*}.$$

Dieser Schluß ist zwar, falls nicht $\mathfrak{c}^*$ Variable ist, selbst kein Entwicklungsschluß; er ist jedoch ableitbar. Sei nämlich $\mathfrak{c}^* \equiv \ulcorner\mathfrak{d} \to \dot{\mathfrak{e}}$. Aus den Oberformeln ergibt sich durch Vordergliedvorschaltungen gemäß Satz 95 (und Umstellungen gemäß der Umstellungsverabredung):

(*) $\ulcorner\mathfrak{a}^* \to \ulcorner\mathfrak{d} \to \dot{\mathfrak{e}} \longrightarrow \ulcorner\mathfrak{b}^* \to \ulcorner\mathfrak{d} \to \mathfrak{a}_i^*$. — Weiter ist

$\mathfrak{d}_j \to \mathfrak{d}_j$ (für jedes $\mathfrak{d}_j$ aus $\ulcorner\mathfrak{d}$) nach Satz 96; daraus

(**) $\ulcorner\mathfrak{a}^* \to \ulcorner\mathfrak{d} \to \dot{\mathfrak{e}} \longrightarrow \ulcorner\mathfrak{b}^* \to \ulcorner\mathfrak{d} \to \mathfrak{d}_j$ (für jedes $\mathfrak{d}_j$ aus $\ulcorner\mathfrak{d}$)

durch Vordergliedvorschaltungen gemäß Satz 95 und Umstellungen. — (*) und (**) stellen zusammen die Oberformeln eines Entwicklungsschlusses dar, der auf die Unterformel

$\ulcorner\mathfrak{a}^* \to \ulcorner\mathfrak{d} \to \dot{\mathfrak{e}} \longrightarrow \ulcorner\mathfrak{b}^* \to \ulcorner\mathfrak{d} \to \dot{\mathfrak{e}}$, d.h. auf

$\ulcorner\mathfrak{a}^* \to \mathfrak{c}^* \longrightarrow \ulcorner\mathfrak{b}^* \to \mathfrak{c}^*$ führt.

Die Sätze 94, 82 und 98 und die Folgerung zu Satz 97 führen zusammen mit der Beweisbarkeit der derivativen Axiome *D* 1 (Axiom des neuen Kodifikats) und *D* 2 (Beweis auf S. 298) zu dem Ergebnis:

Satz 99. Das entwickelnde Kodifikat des § 118 gestattet, *alle* derivativen und *nur* derivative Implikationsformeln herzuleiten; m.a.W. es ist ein Kodifikat der derivativen Implikationslogik.

§ 120. Die Simplizierung (als Vorbereitung für das Entscheidungsverfahren).

Erklärung. Eine $\to$-Form heißt *simplex*, wenn weder in ihr noch in einer ihrer Teilformen zwei gestaltlich gleiche Hauptvorderglieder (s. S. 272) auftreten. Sie heißt *quasisimplex*, wenn 1. in ihr keine drei gestaltlich gleichen Hauptvorderglieder auftreten und 2. alle Hauptvorderglieder simplex sind.

Zu jeder beliebigen $\rightarrow$-Form $\mathfrak{g}$ läßt sich durch Streichung der mehrfachen Vorderglieder in allen Teilformen eindeutig die „zugehörige simplexe“ Form $\tilde{\mathfrak{g}}$ gewinnen.

Beispiele.

1. $\mathfrak{g} \equiv: a \rightarrow c \rightarrow a \rightarrow b \longrightarrow a \rightarrow c \rightarrow b$ ist nicht simplex und nicht quasisimplex.

Die zugehörige simplexe Form $\tilde{\mathfrak{g}}$ ist $a \rightarrow c \rightarrow b \longrightarrow a \rightarrow c \rightarrow b$.

2. $a \rightarrow a \rightarrow b \rightarrow c$ ist quasisimplex, $a \rightarrow a \rightarrow b \longrightarrow c$ dagegen nicht.

Satz 100. Eine $\rightarrow$-Form $\mathfrak{g}$ ist dann und nur dann derivativ, wenn die zugehörige simplexe Form $\tilde{\mathfrak{g}}$ derivativ ist.

Zum *Nachweis* geht man zweckmäßigerweise für einen Augenblick auf das *normaldeduktive* Kodifikat der derivativen Implikationslogik zurück. In diesem Kodifikat wurde nämlich die Umsetzungsregel abgeleitet (Satz 85). Daher ist der Nachweis offenbar erledigt durch die Bemerkung: die faktische Äquivalenz $a \rightarrow a \rightarrow b \frown a \rightarrow b$ ist derivativ (nach $D7$ und $D1$). —

Wir wollen nun zu dem entwickelnden Kodifikat zurückkehren. Zunächst möge das Deduktionsgerüst der entwickelnden derivativen Logik durch zwei Schlußregeln erweitert werden.

Erstens: Die „Verdoppelungsschluß“-Regel

$$\frac{\mathfrak{a} \rightarrow \mathfrak{b}}{\mathfrak{a} \rightarrow \mathfrak{a} \rightarrow \mathfrak{b}.}$$

Zweitens: Die Regel des „hinweisenden Schlusses“; darunter soll folgendes verstanden werden:

In einem vorgelegten Beweis mögen zwei gestaltlich übereinstimmende Formeln ($\mathfrak{e} \equiv \mathfrak{f}$) stehen, von denen keine im Ast (§ 65) der anderen liegt. Bei der im Beweisvorgang zuletzt hingeschriebenen dieser beiden Formeln, $\mathfrak{f}$, streichen wir den Beweisast — ausschließlich $\mathfrak{f}$ selbst — und fügen statt dessen der Formel $\mathfrak{f}$ die Bemerkung bei: „bereits bewiesen“.

Anmerkung. Diese Operation bedeutet nichts anderes, als daß wir die Auflösung der üblichen linearen Beweisanordnung in Beweisfäden (§ 65) wenigstens teilweise rückgängig machen.

Satz 101. Eine quasisimplexe Form, die sich im entwickelnden Kodifikat des § 118 (also unter bloßem Schließen mit Entwicklungsschlüssen) beweisen läßt, kann bei Hinzunahme der Verdoppelungsschlüsse und der hinweisenden Schlüsse durch einen solchen Beweis B — wir werden sagen: einen „modifizierten Beweis“ — hergeleitet werden, der die folgenden Eigenschaften hat:

1. B enthält nur quasisimplexe Formeln,

2. jede nicht simplexe Formel geht durch eine Kette aufeinanderfolgender Verdoppelungsschlüsse aus einer simplexen Formel hervor,

3. keine Formel steht im Ast einer gestaltlich mit ihr übereinstimmenden Formel,

4. von zwei gestaltlich übereinstimmenden Formeln ist mindestens eine ohne eigenen Beweisast durch bloßen „hinweisenden Schluß" erschlossen. —

Dem Nachweis des Satzes sei eine zweckmäßige Abkürzung vorausgeschickt. Bei gegebener Präjunktion $\ulcorner\mathfrak{u}\to$ soll für einen Augenblick durch $\ulcorner'\mathfrak{u}\to$ jede solche Präjunktion bezeichnet werden dürfen, die aus $\ulcorner\mathfrak{u}\to$ durch eventuelle Streichung irgendwelcher Glieder hervorgeht. $\ulcorner^\circ\mathfrak{u}\to$ soll speziell diejenige Präjunktion bezeichnen, die aus $\ulcorner\mathfrak{u}\to$ entsteht, wenn mehrfach auftretende Glieder jeweils bis auf einmaliges Auftreten gestrichen sind.

Beispiel. Sei $\ulcorner\mathfrak{u}\to\ \equiv:\ a\to b\to a\to$. Dann ist z.B. $a\to a\to$ ein $\ulcorner'\mathfrak{u}\to$, weiter $\ulcorner^\circ\mathfrak{u}\to\ \equiv:\ a\to b\to$.

Nun der *Nachweis* des Satzes 101.

Die quasisimplexe Form $\mathfrak{e}$ sei durch einen gegebenen Beweis hergeleitet (wir können zulassen, daß er auch Verdoppelungsschlüsse enthalte). Wir ersetzen jede Formel des Beweises (mittels Streichungen von Teilformen) durch die zugehörige simplexe Form. Axiome bleiben dabei Axiome; $\mathfrak{e}$ geht in die zugehörige simplexe Form $\tilde{\mathfrak{e}}$ über. Ein Verdoppelungsschluß bleibt ein solcher oder geht in eine Wiederholung über.

Bei einem Entwicklungsschluß

$$\frac{\ulcorner\mathfrak{a}_i\to\dot{\mathfrak{c}}\longrightarrow\ulcorner\mathfrak{b}\to\mathfrak{a}_i}{\ulcorner\mathfrak{a}_i\to\dot{\mathfrak{c}}\longrightarrow\ulcorner\mathfrak{b}\to\dot{\mathfrak{c}}}$$

geht die Unterformel durch die Simplizierung über in

$$\ulcorner^\circ\tilde{\mathfrak{a}}_i\to\dot{\mathfrak{c}}\longrightarrow\ulcorner^\circ\tilde{\mathfrak{b}}\to\dot{\mathfrak{c}},$$

falls nicht eines der $\tilde{\mathfrak{b}}$ die Gestalt $\ulcorner^\circ\tilde{\mathfrak{a}}_i\to\dot{\mathfrak{c}}$ hat; wenn jedoch $\tilde{\mathfrak{b}}$ dieser Gestalt auftreten, sind sie wegzustreichen.

Teilen wir dies durch das oben eingeführte Strichsymbol am $\ulcorner^\circ$-Zeichen mit, so gewinnt die simplizierte Unterformel die Gestalt

$$\ulcorner^\circ\tilde{\mathfrak{a}}_i\to\dot{\mathfrak{c}}\longrightarrow\ulcorner^{\circ\prime}\tilde{\mathfrak{b}}\to\dot{\mathfrak{c}}.$$

Die i-te Oberformel wird dann durch die Simplizierung zu

$$(*)\quad \ulcorner^\circ\tilde{\mathfrak{a}}_i\to\dot{\mathfrak{c}}\longrightarrow\ulcorner^{\circ\prime}\tilde{\mathfrak{b}}\to\tilde{\mathfrak{a}}_i$$

(mit derselben Bedeutung des ′), falls nicht eines der Vorderglieder von $\tilde{\mathfrak{a}}_i$ mit einem $\tilde{\mathfrak{b}}$ gestaltlich übereinstimmt; wenn jedoch dieser Fall eintritt, so sind die betreffenden $\tilde{\mathfrak{b}}$ noch wegzustreichen, um die simplexe Form zu erhalten. In diesem Falle fügt man *zwischen* die betreffende simplizierte Oberformel und die Unterformel die Form (*) ein; der Übergang von jener zu dieser stellt sich dann als eine Kette bloßer Verdoppelungsschlüsse dar. Die Form (*) ist jedenfalls quasisimplex (erst recht also die übrigen, zwischenliegenden Formeln, die die Kette der Verdoppelungsschlüsse bilden). — Hiermit ist der Nachweis für die in Satz 101 aufgeführten Eigenschaften 1. und 2. erbracht.

Wenn im Beweise eine Formel $\mathfrak{f}$ im Beweisast einer gestaltlich gleichen Formel $\mathfrak{g}$ steht, so lassen wir das ganze zwischenliegende Beweisstück weg (genauer: wir ersetzen den Beweisast von $\mathfrak{g}$ durch denjenigen von $\mathfrak{f}$). Hiermit ist die Eigenschaft 3. aus Satz 101 erfüllt. Die Eigenschaft 4. endlich ist mit der Einführung der hinweisenden Schlüsse ohne weiteres garantiert.

Der Beweis für $\tilde{\mathfrak{e}}$, der nach dem bisher Bewiesenen die Eigenschaften 1.—4. erfüllt, läßt sich durch angehängte Verdoppelungsschlüsse zu einem Beweis für $\mathfrak{e}$ ergänzen. —

Der hiermit nachgewiesene Satz 101 führt nun unmittelbar auf ein einfaches Entscheidungsverfahren für Derivativheit, dem die folgenden Paragraphen gewidmet sind.

§ 121. Die dem Entscheidungsverfahren zugrunde liegende Reduktion.

Vorbemerkung. Durch die folgende induktive Definition wird in aller Ausführlichkeit ein Reduktionsverfahren beschrieben, das zur Entscheidung über die Derivativheit simplexer $\rightarrow$-Formen dienen soll. Die Ausführlichkeit dieser Beschreibung ist zum Nachweis der benötigten Sätze erforderlich. Eine stichwortartige Zusammenstellung des Reduktionsverfahrens für den praktischen Gebrauch findet man später auf S. 315. Alle Reduktionsschritte beziehen sich auf bloße $\rightarrow$-Formen.

Erklärung der Reduktionsreihe und des Reduktionssystems (in fünf Schritten I—V).

I. Gegeben sei eine quasisimplexe, jedoch nicht simplexe Form $\mathfrak{g}$; die zugehörige simplexe Form $\tilde{\mathfrak{g}}$ (§ 120) heißt „die Reduktionsreihe der gegebenen Form $\mathfrak{g}$“.

Anmerkung. Im Falle I besteht also die einzige Reduktionsreihe aus nur einer Form.

Benennung. Ein Reduktionsschritt gemäß I läßt sich offenbar als ein „inverser Verdoppelungsschluß“ (bzw. als eine Kette solcher Schlüsse) interpretieren.

Beispiele für Simplizierung s. S. 304.

II. Gegeben sei eine simplexe Form $\mathfrak{g}$ der Gestalt $\ulcorner\mathfrak{a} \to \dot{\mathfrak{c}} \longrightarrow \ulcorner\mathfrak{b} \to \dot{\mathfrak{c}}$ ($\ulcorner\mathfrak{b}$ darf auch leer sein; $\ulcorner\mathfrak{a}$ soll mindestens ein Glied umfassen). Die Reihe der quasisimplexen Formen

$\ulcorner\mathfrak{a} \to \dot{\mathfrak{c}} \longrightarrow \ulcorner\mathfrak{b} \to \mathfrak{a}_i$ für jedes $\mathfrak{a}_i$ aus $\ulcorner\mathfrak{a}$

heißt „eine Reduktionsreihe der gegebenen Form $\mathfrak{g}$".

Anmerkung. Eine Reduktionsreihe besteht in diesem Falle aus so vielen Formeln wie Glieder in $\ulcorner\mathfrak{a}$ auftreten. — Es ist weiter in diesem Falle durchaus möglich, daß die gegebene Form $\mathfrak{g}$ mehrere verschiedene Reduktionsreihen hat. *Jedes* Hauptvorderglied, das eine Implikation ist, deren Hinterglied mit dem Haupthinterglied $\dot{\mathfrak{c}}$ der Gesamtformel übereinstimmt, heißt *kritisch*. In der Mitteilung läßt sich jedes derartige kritische Hauptvorderglied (nach eventuellem Vordergliedtausch gemäß Vorschrift S. 298) als *erstes* Hauptvorderglied $\ulcorner\mathfrak{a} \to \dot{\mathfrak{c}}$ mitteilen.

Benennung. Ein Reduktionsschritt gemäß II läßt sich offenbar als ein „inverser Entwicklungsschluß" interpretieren.

Beispiel. Gegeben: $a \to b \to c \longrightarrow (a \to b) \to c \longrightarrow a \to c$.

Wir kürzen die Folge aller Hauptvorderglieder durch $\ulcorner\!\to$ ab; die Form ist dann durch $\ulcorner \to c$ mitgeteilt. Es gibt zwei kritische Hauptvorderglieder, nämlich $a \to b \to c$ und $(a \to b) \to c$; das dritte Hauptvorderglied a ist nicht kritisch.

Erste Reduktionsreihe: $\ulcorner \to a$, $\ulcorner \to b$ (zwei Formeln).

Zweite Reduktionsreihe: $\ulcorner \to a \to b$ (eine Formel).

III. Erklärung der „gewöhnlichen Abschlußformel":

III 1. Eine Form, für die bereits ein derivativer Beweis vorliegt (einerlei in welchem Kodifikat der derivativen Implikationslogik er geführt sei), heißt eine *affirmative Abschlußformel.*

Anmerkung. Durch diese Festsetzung kommt in die Erklärung des Reduktionsverfahrens *nur scheinbar,* wie sich zeigen wird, ein willkürliches Moment hinein.

III 1°. Wichtigster *Spezialfall* von III 1. Eine Form, bei der ein Hauptvorderglied mit einem Hinterglied übereinstimmt, d.h. die (nach eventueller Umstellung von Hauptvordergliedern) die Gestalt $\ulcorner\mathfrak{b} \to \mathfrak{a} \to \mathfrak{a}$ hat — wo $\ulcorner\mathfrak{b}$ auch fehlen darf — ist eine affirmative Abschlußformel. — In der Tat ist eine Form der angegebenen Gestalt nach den Sätzen 96 und 95 im entwickelnden Kodifikat beweisbar, also nach Satz 94 derivativ.

III 2. Eine Form, die keine Reduktionsreihe gemäß I und II besitzt und auch keine affirmative Abschlußformel gemäß III 1° ist

— m. a. W.: eine Form, die simplex ist, bei der aber kein Hauptvorderglied kritisch ist oder mit einem Hinterglied übereinstimmt — heißt eine *negative Abschlußformel.*

III 3. Eine Form, die bereits als *nicht* derivativ erwiesen ist, heißt eine *negative Abschlußformel.*

Anmerkung. Durch einfache Überlegungen läßt sich übrigens III 2 als Spezialfall von III 3 einordnen, doch ist das für die Reduktion nicht erheblich.

Beispiel einer gewöhnlichen Abschlußformel.
$a \longrightarrow b \rightarrow c \longrightarrow d \rightarrow b \rightarrow d \rightarrow a \rightarrow c$ ist affirmative Abschlußformel gemäß III 1°, denn sie gewinnt nach Umstellung die Gestalt
$a \longrightarrow d \longrightarrow d \longrightarrow a \longrightarrow b \rightarrow c \longrightarrow b \rightarrow c$.

IV. Gegeben sei eine Form $\mathfrak{g}$. Unter einem „*Reduktionssystem* von $\mathfrak{g}$" sei diejenige Formelnfigur verstanden, die man erhält, wenn man — ausgehend von $\mathfrak{g}$ — unter jede bereits hingeschriebene Formel *eine* Reduktionsreihe schreibt, sofern diese Formel nicht Abschlußformel ist; bei Abschlußformeln wird die Reduktion abgebrochen. Hierbei sind aber zu den Abschlußformeln außer den „gewöhnlichen Abschlußformeln" des Abs. III noch die folgenden „relativen" hinzuzurechnen:

V. Erklärung der „relativen Abschlußformel":

V 1. In einem Reduktionssystem mögen zwei übereinstimmende Formen $\mathfrak{a}$, $\mathfrak{b}$ auftreten ($\mathfrak{a} \equiv \mathfrak{b}$). Wenn $\mathfrak{b}$ in dem Teil des Systems steht, der ein Reduktionssystem für $\mathfrak{a}$ ist — kurz: wenn $\mathfrak{b}$ im „Reduktionsast" für $\mathfrak{a}$ steht —, so heißt $\mathfrak{b}$ eine *negative Abschlußformel* („Zirkelfall"). —

V 2. Wenn dagegen keine der beiden Formen $\mathfrak{a}$, $\mathfrak{b}$ (mit $\mathfrak{a} \equiv \mathfrak{b}$) im Reduktionsast der anderen steht, so heißt diejenige von ihnen, die bei der Bildung des Systems zuletzt auftrat (nur diese!) eine *affirmative Abschlußformel,* — allerdings nur unter der zusätzlichen Bedingung, daß sie sich nicht bereits nach Abs. III 2 als *negative* Abschlußformel erwiesen hat.

(Anmerkung. Der Zusatz wird lediglich angefügt, um Bezeichnungskollisionen zu vermeiden. Für das nachfolgende Verfahren ist es in dem fraglichen Falle einerlei, ob die betreffende Abschlußformel als affirmativ oder negativ bezeichnet wird.)

Beispiel einer relativen Abschlußformel. $a \rightarrow a \longrightarrow a$ hat als einzige Reduktionsreihe (gemäß II): $a \rightarrow a \longrightarrow a$. Da diese Formel mit der gegebenen übereinstimmt, ist sie eine negative Abschlußformel gemäß V 1.

(Eine relative affirmative Abschlußformel gemäß V 2 findet sich gleich unten im ersten Beispiel einer Reduktion.) —

Ausblick. Es wird gezeigt werden: 1. eine $\rightarrow$-Form besitzt nur endlich viele Reduktionssysteme, deren jedes überdies aus endlich vielen Formeln besteht. — 2. eine $\rightarrow$-Form ist dann und nur dann derivativ, wenn sie ein Reduktionssystem besitzt, dessen sämtliche Abschlußformeln affirmativ sind. Hiermit wird man ein Entscheidungsverfahren für Derivativheit haben.

Dem Nachweis der angeführten Behauptungen seien zunächst zwei ganz *einfache Beispiele* für das Verfahren vorangeschickt; weitere inhaltsreichere Beispiele folgen im übernächsten Paragraphen.

Die beiden Beispiele werden hier ganz ausführlich behandelt; das Verfahren läßt sich später kürzer mitteilen.

Erstes Beispiel. Ist das „FREGE-Axiom"

$a \to b \to c \longrightarrow a \to b \longrightarrow a \to c$ (abgekürzt: $\Gamma \to c$) derivativ?

Die Abkürzung besagt: $\Gamma \to \;\equiv:\; a \to b \to c \longrightarrow a \to b \longrightarrow a \longrightarrow$.

Einziges kritisches Vorderglied der gegebenen Form: $a \to b \to c$, daher einzige Reduktionsreihe:

$\Gamma \to a,\ \Gamma \to b.$

Hier ist $\Gamma \to a$ affirmativ, da a auch Hauptvorderglied, d.h. Glied aus $\Gamma \to$ ist.

Weitere Reduktion von $\Gamma \to b$:
Einziges kritisches Vorderglied: $a \to b$,
daher einzige Reduktionsreihe $\Gamma \to a$;
dies kam bereits vor, ohne daß von den beiden übereinstimmenden Formen eine im Reduktionsast der anderen stände. Sie ist also affirmative Abschlußformel gemäß V 2.

Die untersuchte Form ist also derivativ (was wir schon wissen: $D2$).

Zweites Beispiel. Ist die allgemeine „PEIRCEsche Wahrform"

$(a \to b) \to a \longrightarrow a$ derivativ?

Das einzige Hauptvorderglied ist ein kritisches.

Die einzige Reduktionsreihe besteht in der Form

$(a \to b) \to a \longrightarrow a \to b.$

Diese Form hat kein kritisches Hauptvorderglied; sie ist andererseits auch keine affirmative Abschlußformel gemäß III 1°, da keines ihrer beiden Hauptvorderglieder mit einem Hinterglied übereinstimmt. Daher ist sie negative Abschlußformel gemäß III 2. Sobald also das Entscheidungsverfahren als gültig nachgewiesen sein wird, hat man: die untersuchte PEIRCEsche Form ist nicht derivativ.

Es seien gleich hier einige abkürzende Regeln für die Reduktion angeschlossen, die von der — noch nachzuweisenden — Behauptung 2 des Ausblicks von S. 308f. ausgehen.

Abkürzende Regeln. 1. Bei der Durchführung einer Entscheidung darf, sobald sich *eine negative* Abschlußformel einstellt, offenbar das betreffende Reduktionssystem ohne weitere Ausrechnung beiseite gelassen werden; es kommt für einen affirmativen Entscheid nicht mehr in Betracht.

2. Es braucht nicht zweimal *unmittelbar* hintereinander nach demselben kritischen Hauptvorderglied reduziert zu werden.

Regel 1 ist evident.

Nachweis für Regel 2. Es sei $\ulcorner\mathfrak{a}\to\dot{\mathfrak{c}} \longrightarrow \ulcorner\mathfrak{b}\to\dot{\mathfrak{c}}$ nach dem hier herausgeschriebenen Hauptvorderglied zu reduzieren:
$\ulcorner\mathfrak{a}\to\dot{\mathfrak{c}} \longrightarrow \ulcorner\mathfrak{b}\to\mathfrak{a}_i$. Dies läßt sich nur dann wieder nach demselben Vorderglied reduzieren, wenn dieses kritisch ist, d. h. wenn ein $\mathfrak{a}_i$ die Gestalt $\ulcorner\mathfrak{d}\to\dot{\mathfrak{c}}$ hat, so daß also
(*) $\ulcorner\mathfrak{a}\to\dot{\mathfrak{c}} \longrightarrow \ulcorner\mathfrak{b}\to\ulcorner\mathfrak{d}\to\dot{\mathfrak{c}}$ zu reduzieren ist:
$\ulcorner\mathfrak{a}\to\dot{\mathfrak{c}} \longrightarrow \ulcorner\mathfrak{b}\to\ulcorner\mathfrak{d}\to\mathfrak{a}_i$. Unter den $\mathfrak{a}_i$ kommt hier das betrachtete vor, d.h. in der letzten Reduktionsreihe kommt vor:
$\ulcorner\mathfrak{a}\to\dot{\mathfrak{c}} \longrightarrow \ulcorner\mathfrak{b}\to\ulcorner\mathfrak{d}\to\ulcorner\mathfrak{d}\to\dot{\mathfrak{c}}$. Diese nicht simplexe Form ist so oft gemäß der Reduktionsvorschrift I zu behandeln, bis wieder die Formel (*) da steht. Man hat also den Fall einer Formel, die im Reduktionsast einer ihr gleichen steht, d.i. eine negative Abschlußformel. Daher tritt die Abkürzungsregel 1 in Kraft.

Zusammenstellende Übersicht über das Entscheidungsverfahren später auf S. 315.

§ 122. Nachweis der Entscheidbarkeit.

Satz 102. Eine quasisimplexe $\to$-Form $\mathfrak{e}$ ist dann und nur dann derivativ, wenn sie wenigstens ein endliches Reduktionssystem besitzt, dessen sämtliche Abschlußformeln affirmativ sind.

Es möge mit dem Nachweis des Umkehrungsteils der Behauptung („nur dann") begonnen werden.

I. Dieser Nachweis führt sich mit den Sätzen 99 und 101 unmittelbar zurück auf den Nachweis für

Hilfsatz 1. Wenn es zum entwickelnden Kodifikat einen „modifizierten" Beweis für $\mathfrak{e}$ — gemäß S. 305 — gibt, so gibt es auch ein endliches Reduktionssystem zu $\mathfrak{e}$, dessen sämtliche Abschlußformeln affirmativ sind.

Nachweis dieses Hilfsatzes. Ein „modifizierter Beweis" B (im Sinne des Satzes 101) kann rückwärts (d.i. von unten nach oben) als Reduktionssystem gelesen werden; man erkennt das wie folgt:

1. Jedes Axiom $\ulcorner\mathfrak{a}\to\dot{\mathfrak{c}}\to\dot{\mathfrak{c}}$ ist affirmative Abschlußformel gemäß der Reduktions-Festsetzung III 1° des § 121. — 2. Jede Formel, die durch „hinweisenden Schluß" (S. 304) im Beweise steht, ist affirmative Abschlußformel gemäß der Reduktions-Festsetzung V 2 des § 121. — 3. Eine Kette aufeinanderfolgender Verdoppelungsschlüsse ergibt rückwärts gelesen einen Reduktionsschritt nach Festsetzung I des § 121. —

4. Ein Entwicklungsschluß ergibt rückwärts gelesen einen Reduktionsschritt nach Festsetzung II des § 121. (Vgl. hierzu die „Benennungen“ für die Reduktionsschritte I und II.)

II. Der Nachweis der „dann“-Behauptung des Satzes 102 führt sich zurück auf den Nachweis für

Hilfsatz 2. Wenn es zu $\mathfrak{e}$ ein endliches Reduktionssystem gibt, dessen sämtliche Abschlußformeln affirmativ sind, so gibt es auch einen „modifizierten Beweis“ für $\mathfrak{e}$.

Der Nachweis dieses Hilfsatzes ist völlig reziprok zum Nachweis des Hilfsatzes 1. Man hat sich lediglich noch zu überlegen, daß *jede* affirmative Abschlußformel eine erlaubte Ausgangsformel für einen modifizierten Beweis ist. Die Festsetzung III 1 besagte: jede Formel, für die bereits ein derivativer Beweis vorliegt, darf als affirmative Abschlußformel gelten. Einer affirmativen Abschlußformel nach III 1 ist demgemäß nunmehr, falls sie nicht schon selbst ein Axiom $\Gamma\mathfrak{a}\to\dot{\mathfrak{c}}\to\dot{\mathfrak{c}}$ ist, beim Rückwärtslesen lediglich ihr Beweis als Beweisast voranzustellen. Die Festsetzung V 2 entspricht (wie schon oben benutzt wurde) den „hinweisenden“ Schlüssen des Satzes 101. Die Festsetzungen III 1, V 2 waren die einzigen, die affirmative Abschlußformeln festlegten.

Satz 103. Zu einer gegebenen simplexen $\to$-Form $\mathfrak{e}$ gibt es eine natürliche Schranke n derart, daß jedes Reduktionssystem für $\mathfrak{e}$ höchstens n Formeln enthält.

Anmerkung. Der Terminus „natürlich“ ist hier im Sinne der Zahlenlehre zu verstehen, d.h. n soll eine ‚natürliche Zahl‘ sein.

Nachweis des Satzes. 1. Es sei eine quasisimplexe Form $\mathfrak{q}$ vorgelegt. Ihre simplexe Reduktionsformel $\tilde{\mathfrak{q}}$, die durch einen „inversen Verdoppelungsschluß“ (Vorschrift I des § 121) gebildet ist, besitzt die Eigenschaft: Jedes Hauptvorderglied von $\tilde{\mathfrak{q}}$ stimmt mit einem solchen von $\mathfrak{q}$ überein; das Haupthinterglied von $\tilde{\mathfrak{q}}$ stimmt mit demjenigen von $\mathfrak{q}$ überein. — 2. Es sei eine simplexe Form $\mathfrak{s}$ von solcher Gestalt vorgelegt, daß sie durch einen „inversen Entwicklungsschluß“ (Vorschrift II des § 121) zu reduzieren ist. Eine beliebige Formel aus einer beliebigen Reduktionsreihe von $\mathfrak{s}$ sei mit $\mathfrak{s}^\circ$ bezeichnet. Jedes Hauptvorderglied von $\mathfrak{s}^\circ$ und ebenso das Haupthinterglied von $\mathfrak{s}^\circ$ stimmt mit einer (echten oder unechten) Teilform eines Hauptvordergliedes von $\mathfrak{s}$ überein. Aus 1. und 2. folgt induktiv: 3. Eine beliebige Formel $\mathfrak{f}$ aus einem beliebigen Reduktions*system* von $\mathfrak{e}$ hat die Eigenschaft: Jedes Hauptvorderglied von $\mathfrak{f}$ und ebenso das Haupthinterglied von $\mathfrak{f}$ stimmt mit einer Teilform eines Hauptvordergliedes von $\mathfrak{e}$ oder mit dem Haupthinterglied von $\mathfrak{e}$ überein.

Weiter wissen wir, daß eine beliebige Formel aus einer beliebigen Reduktionsreihe (nach Vorschrift I oder II des § 121) *quasisimplex* ist, d.h. 4. eine beliebige Formel eines beliebigen Reduktionssystems von $\mathfrak{e}$ — kurz: eines $\mathfrak{e}$-Reduktionssystems — ist quasisimplex; insbesondere tritt also in ihr ein (gestaltlich erfaßtes, S. 163) Hauptvorderglied höchstens zweimal auf.

Die gegebene Form $\mathfrak{e}$ umfasse m plazierte, also höchstens m verschiedene gestaltlich erfaßte Teilformen. Jede der letzteren kommt nach 4. als Hauptvorderglied ein und derselben Form $\mathfrak{f}$ eines $\mathfrak{e}$-Reduktionssystems höchstens zweimal in Betracht.

Mit 3. folgt daraus zunächst: 5. Eine beliebige Formel $\mathfrak{f}$ eines beliebigen $\mathfrak{e}$-Reduktionssystems besitzt höchstens $2m$ plazierte Hauptvorderglieder; und weiter ersieht man: Für die aus allen Hauptvordergliedern von $\mathfrak{f}$ bestehende Präjunktion — bei der es ja auf die Reihenfolge der Glieder nicht ankommen soll — gibt es höchstens 2^{2m} Möglichkeiten (da jedes der $2m$ möglichen Hauptvorderglieder vorhanden sein oder fehlen darf; zu diesem kombinatorischen Schluß vgl. etwa S. 53). Für das Haupthinterglied gibt es höchstens m Möglichkeiten. Daher gilt: 6. Es gibt höchstens $p =: 2^{2m} \cdot m$ verschiedene Formen, die als Formeln eines $\mathfrak{e}$-Reduktionssystems in Betracht kommen. (Anmerkung: Das Prädikat „höchstens" beinhaltet in dieser Betrachtung offenbar nicht, daß die Höchstwerte erreicht werden.)

Nach 3. kann ein Hauptvorderglied einer Formel $\mathfrak{f}$ aus einem $\mathfrak{e}$-Reduktionssystem höchstens m plazierte Teilformen enthalten. Wenn also $\mathfrak{f}$ durch einen inversen Entwicklungsschluß reduziert wird, kann die Reduktionsreihe höchstens m plazierte Formeln umfassen. Da bei Reduktion durch einen inversen Verdoppelungsschluß die Reduktionsreihe einformelig ist, hat man allgemein: 7. Eine Reduktionsreihe aus einem $\mathfrak{e}$-Reduktionssystem kann höchstens m Formeln umfassen.

Analog wie bei den Beweisfiguren läßt sich bei den Reduktionsfiguren der Begriff des „Fadens" festlegen. Ein Faden einer Reduktionsfigur kann gemäß der Reduktionsvorschrift V 1 des § 121 höchstens zwei gestaltlich gleiche Formeln enthalten, wobei er mit der letzten enden muß. Nach 6. gilt daher: 8. Ein Faden eines $\mathfrak{e}$-Reduktionssystems hat höchstens die Länge $p+1$. — Aus 7. und 8. folgt unmittelbar: Ein $\mathfrak{e}$-Reduktionssystem kann höchstens m^{p+1} plazierte Formeln enthalten.

Anmerkung. Man kann die Schranke leicht noch herunterdrücken, doch kommt es hierauf offensichtlich nicht an.

Satz 104. Zu einer gegebenen simplexen $\rightarrow$-Form $\mathfrak{e}$ gibt es nur endlich viele Reduktionssysteme.

Nachweis. Nach Satz 103 gibt es eine Schranke n für die Anzahl der plazierten Formeln eines $\mathfrak{e}$-Reduktionssystems. Nach Abs. 6 des

Nachweises für jenen Satz gibt es nur p verschiedene gestaltlich erfaßte Formen, die als Formeln eines $\mathfrak{e}$-Reduktionssystems in Betracht kommen. Daher kann es nicht mehr als $(p+1)^n$ verschiedene Reduktionssysteme geben. —

Die Sätze 102 bis 104 lehren, daß die in § 121 definierte Reduktion ein Entscheidungsverfahren — zunächst für simplexe $\rightarrow$-Formen — liefert. Man hat bei gegebener simplexer $\rightarrow$-Form $\mathfrak{e}$ nur endlich viele Reduktionssysteme, deren jedes zu einem endlichen Abschluß kommt. Es ist also in endlich vielen Schritten entscheidbar, ob sich unter ihnen ein solches befindet, dessen sämtliche Abschlußformeln affirmativ sind oder nicht, d.h. aber nach Satz 102: ob $\mathfrak{e}$ derivativ ist oder nicht.

Das Entscheidungsverfahren läßt sich unmittelbar auf beliebige $\rightarrow\wedge\neg$-Formen ausdehnen. Sei nämlich eine $\rightarrow\wedge\neg$-Form $\mathfrak{f}$ vorgelegt. Man geht zunächst zur Negationsreduzierten über (§ 112). Zu dieser sucht man die Konjunktionsreduzierte auf (§ 117), deren Reduktionskomponenten $\mathfrak{r}_i$ bloße $\rightarrow$-Formen sind. $\mathfrak{f}$ ist gemäß der Folgerung zu Satz 93 dann und nur dann $\rightarrow\wedge$-derivativ, wenn alle Reduktionskomponenten $\mathfrak{r}_i$ $\rightarrow$-derivativ sind. (Von der Unterscheidung der Derivativheiten werden wir uns später befreien, vgl. bereits den „Zusatz" von S. 273 und die Anmerkung zu Satz 92.) Die $\mathfrak{r}_i$ werden nun simpliziert; man erhält lauter *simplexe* $\rightarrow$*-Formen* $\tilde{\mathfrak{r}}_i$. Ein $\tilde{\mathfrak{r}}_i$ ist dann und nur dann derivativ, wenn $\mathfrak{r}_i$ derivativ ist (Satz 100). Somit genügt die Entscheidung über die simplexen $\rightarrow$-Formen $\tilde{\mathfrak{r}}_i$.

Besonders hervorgehoben sei, daß das Verfahren in den relevanten Fällen sehr rasch zum Abschluß kommt, daß es sich also praktisch mit Erfolg verwenden läßt.

§ 123. Übersicht und Anwendungsbeispiele zum Entscheidungsverfahren der derivativen $\rightarrow\wedge\neg$-Logik.

Für die praktische Anwendung des Entscheidungsverfahrens ist die folgende *Vorbemerkung* nützlich:

In den affirmativ entscheidbaren Fällen ist es vielfach nicht nötig, der Reihe nach alle Reduktionssysteme zu bilden. Es genügt ja in diesen Fällen grundsätzlich, ein solches zu gewinnen, das durch lauter affirmative Abschlußformeln abgeschlossen wird; und mit ein klein wenig Übung kann man die unwegsameren Reduktionssysteme zunächst beiseite lassen und vorab nur die für einen affirmativen Entscheid aussichtsreicheren verfolgen. Insbesondere wird man, sofern man eine affirmative Entscheidung vermutet, über die „abkürzenden Regeln" des vorletzten Paragraphen hinaus die folgende bloße „*Faustregel*" verwenden: Man hält sich, wo die Auswahl zwischen mehreren kritischen Hauptvordergliedern besteht, bei der Reduktion jeweils zunächst an ein solches kritisches Glied (falls vorhanden), das von den bereits ausgenutzten *verschieden* ist.

Anders im Falle eines negativen Entscheides: Hier ist es unerläßlich, sorgfältig auf die vollständige Aufstellung *aller* Reduktionssysteme zu achten, ehe man die Behauptung aufstellt, die untersuchte Form sei nicht derivativ. (Die als gültig nachgewiesenen „abkürzenden Regeln" des § 121 dürfen natürlich auch hierbei benutzt werden.)

Den beiden Beispielen 1. und 2. des § 121 seien einige weitere *Anwendungsbeispiele* beigefügt. In ihnen ist das Verfahren technisch so angeordnet:

Die implikativen Hauptvorderglieder werden numeriert. Die „Haupt-Präjunktion", d.h. die gesamte Reihe der Hauptvorderglieder, wird vielfach durch $\Gamma \rightarrow$ abgekürzt.

Diejenigen implikativen Hauptvorderglieder, deren Haupthinterglied mit dem Haupthinterglied der Gesamtform übereinstimmt, werden hinter jeder Form kurz als „kritische" Glieder (s. S. 307) durch ihre Nummer angegeben.

Jede Zeile stellt eine Reduktionsreihe der vorangehenden Zeile dar (sofern nicht ausdrücklich anders bemerkt).

3. — $\underline{D41\ (1).\ \neg\neg a \rightarrow b \rightarrow \neg\neg(a \rightarrow b)}$ ist derivativ.
Beweis durch Entscheidung.

Freie Negationsreduzierte:

$$\underbrace{((a \rightarrow c) \rightarrow c) \rightarrow b}_{1} \rightarrow \underbrace{(a \rightarrow b) \rightarrow c}_{2} \rightarrow c,$$

abgekürzt: $1 \rightarrow 2 \rightarrow c$. — Kritisch: 2.
Reduktion: $1 \rightarrow 2 \rightarrow a \rightarrow b$. — Kritisch: 1.
Reduktion: $1 \rightarrow 2 \rightarrow a \rightarrow a \rightarrow c \rightarrow c$.
Diese Form ist direkt, also affirmative Abschlußformel.

4. — $\neg(a \rightarrow b) \rightarrow \neg\neg a$ ist nicht derivativ.
Nachweis durch Entscheidung.

Freie Negationsreduzierte:

$$\underbrace{(a \rightarrow b) \rightarrow c}_{1} \rightarrow \underbrace{a \rightarrow c}_{2} \rightarrow c,$$ abgekürzt: $1 \rightarrow 2 \rightarrow c$. — Kritisch: 1 und 2.

Reduktion zu 1:
$1 \rightarrow 2 \rightarrow a \rightarrow b$. Kein kritisches Glied mehr.
Reduktion der gegebenen Negationsreduzierten zu 2:
$1 \rightarrow 2 \rightarrow a$. Ebenfalls kein kritisches Glied mehr.

Hiermit sind alle Reduktionssysteme erschöpft.

Übersicht über das *Entscheidungsverfahren* für die derivative $\to\wedge\neg$-Logik in Stichworten.

Zu beachten: alle Formeln bezüglich $\wedge$ assoziat und bezüglich der Hauptvorderglieder kommutabel.

A. Elimination von $\neg$ und $\wedge$. Simplikation.

I. Elimination des $\neg$: Teilform $\neg\mathfrak{t}$ ersetzen durch $\mathfrak{t}\to\dot{\mathfrak{v}}$ ($\dot{\mathfrak{v}}$ neue Variable).

II. Elimination des $\wedge$: Von innen her Teilform $\bigwedge_i \mathfrak{a}_i \to \bigwedge_j \mathfrak{b}_j$ ersetzen durch $\bigwedge_j (\ulcorner_i \mathfrak{a}_i \to \mathfrak{b}_j)$ [genaueres in § 117]. Zum Schluß Konjunktionsglieder einzeln betrachten.

III. Simplizierung: in der Gesamtform und in jeder Teilform mehrfache Vorderglieder bis auf je eines streichen.

B. Reduktionsschritte.

I. „Inverser Verdoppelungsschluß":
Gegeben $\mathfrak{a}\to\mathfrak{a}\to\mathfrak{b}$. Übergang zu $\mathfrak{a}\to\mathfrak{b}$. — Dieser Übergang ist so oft wie möglich durchzuführen.
Reduktionsreihe: die erhaltene Form, in der kein Hauptvorderglied mehrfach auftritt.

II. „Inverser Entwicklungsschluß":
Gegeben $\ulcorner\mathfrak{a}\to\dot{\mathfrak{c}} \longrightarrow \ulcorner\mathfrak{b}\to\dot{\mathfrak{c}}$ *simplex* ($\dot{\mathfrak{c}}$ Variable, $\ulcorner\mathfrak{b}$ darf fehlen).
$\ulcorner\mathfrak{a}\to\dot{\mathfrak{c}}$ heißt ein *kritisches* Hauptvorderglied.

Anmerkung. Bei mehreren kritischen Hauptvordergliedern ist diese Mitteilung nicht eindeutig.
Ausführliche Mitteilung der gegebenen Form:
$\mathfrak{a}_1\to\cdots\to\mathfrak{a}_n\to\dot{\mathfrak{c}} \longrightarrow \ulcorner\mathfrak{b}\to\dot{\mathfrak{c}}$ ($\dot{\mathfrak{c}}$ Variable).
Reduktionsreihe: $\ulcorner\mathfrak{a}\to\dot{\mathfrak{c}} \longrightarrow \ulcorner\mathfrak{b}\to\mathfrak{a}_1, \ldots, \ulcorner\mathfrak{a}\to\dot{\mathfrak{c}} \longrightarrow \ulcorner\mathfrak{b}\to\mathfrak{a}_n$.

C. Reduktionssysteme.

Schema:

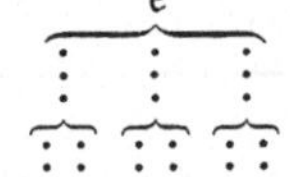

Ein Reduktionssystem von $\mathfrak{e}$ ist eine Formelnfigur, die entsteht, wenn ausgehend von $\mathfrak{e}$ unter jede Formel eine Reduktionsreihe geschrieben wird.

Einschränkende Anmerkung zum Reduktionsschritt II: Es braucht nicht zweimal *unmittelbar hintereinander* zum selben kritischen Hauptvorderglied reduziert zu werden.

D. Abschlußformeln.

Abschlußformeln sind Formeln, die nicht weiter reduziert zu werden brauchen.

1. *affirmative* Abschlußformeln:

1a. Jede bereits als derivativ bekannte Form; insbesondere $\ulcorner\mathfrak{b}\to\mathfrak{a}\to\mathfrak{a}$.

1b. $\mathfrak{a}_2$ in einem Reduktionssystem der Art: $\mathfrak{a}$ … $\mathfrak{a}_1$ … $\mathfrak{a}_2$ wobei $\mathfrak{a}_1 \equiv \mathfrak{a}_2$.

2. *negative* Abschlußformeln:

2a. $\mathfrak{a}$ ohne Reduktionsreihe und nicht affirmativ;

2b. $\mathfrak{a}_2$ in einem Reduktionssystem der Art: $\mathfrak{a}_1$ … $\mathfrak{a}_2$ wobei $\mathfrak{a}_1 \equiv \mathfrak{a}_2$.

2c. Jede bereits als nicht derivativ bekannte Form.

E. Entscheidung.

Eine $\to\wedge\neg$-Form ist $\to\wedge\neg$-derivativ, wenn es zu ihr wenigstens *ein* Reduktionssystem gibt, dessen sämtliche Abschlußformeln *affirmativ* sind.

5. — Die Inabsurdität (d.h. die doppelte Negation) der Form zum Schluß ex contrario
$\underline{\neg\neg(\neg a \to a \longrightarrow a)}$ ist derivativ.

Da Inabsurditätsformen später in einem allgemeineren Zusammenhang behandelt werden, soll diese derivative Form hier nicht besonders numeriert werden.

Freie Negationsreduzierte:

$$\underbrace{\{((a \to b) \to a \longrightarrow a) \longrightarrow b\}}_{1} \longrightarrow b. \quad \text{— Kritisch: 1.}$$

$$\text{Reduktion:}\quad 1 \longrightarrow \underbrace{(a \to b) \to a}_{2} \longrightarrow a. \quad \text{— Kritisch: 2.}$$

Reduktion: $1 \to 2 \to a \to b$. — Kritisch wiederum 1.

Reduktion: $1 \longrightarrow 2 \longrightarrow a \longrightarrow (a \to b) \to a \longrightarrow a$: affirmative Abschlußformel.

Anmerkung. Man hat hier ein Beispiel einer Reduktion, die mehrmals (wenn auch gemäß der „2. Abkürzungsregel" nicht ohne Zwischenschritte anderer Art) auf dasselbe kritische Glied zurückgreift.

6. — $\underline{D41\ (2).\quad \neg\neg(a \to b) \to \neg\neg a \to \neg\neg b}$ ist derivativ.

Beweis durch Entscheidung, zugleich als Beispiel für die „Faustregel".

Freie Negationsreduzierte:

$$\underbrace{((a \to b) \to c) \to c}_{1} \longrightarrow \underbrace{(a \to c) \to c}_{2} \longrightarrow \underbrace{b \to c}_{3} \longrightarrow c,$$

abgekürzt: $\ulcorner \to c$. Kritisch: 1, 2, 3.

Reduktion zu 1:

$$\ulcorner \longrightarrow \underbrace{a \to b}_{4} \longrightarrow c. \quad \text{Kritisch wiederum 1, 2, 3.}$$

Zu dem Glied 1 braucht die letzte Form gemäß der zweiten abkürzenden Regel von S. 310 nicht reduziert zu werden.

Reduktion der letzten Form zu 2.

$\ulcorner \longrightarrow a \to b \longrightarrow a \longrightarrow c$. Kritisch wiederum 1, 2, 3.

Gemäß der „Faustregel" reduzieren wir die letzte Form nun zu 3.
$\ulcorner \longrightarrow a \to b \longrightarrow a \to b$. Dies erkennt man bereits als derivativ. Daher ist man nach der Vorschrift III 1° von § 121 fertig. —

(Wer dies nicht gleich erkannt haben sollte, reduziert weiter nach dem Gliede $a \to b$:

$\lrcorner \longrightarrow a \to b \longrightarrow a \to a$: affirmative Abschlußformel.)

Anmerkung. Die „Faustregel“ von S. 313 ist zwar meistens mit Erfolg anwendbar, aber keineswegs immer; sie ist nicht etwa eine nachweisbare ‚Regel im strengen Sinne‘. — Ein Gegenbeispiel wird geliefert durch die

Übungsaufgabe: mittels Entscheidung zu beweisen:

$$\neg(\neg a\to a \longrightarrow a) \longrightarrow \neg b \longrightarrow \neg(c\to b \longrightarrow b).$$

Die freie Negationsreduzierte ist

$$\underbrace{\{\underbrace{((a\to d)\to a)}_{4}\to a\}\to d}_{1} \longrightarrow \underbrace{b\to d}_{2} \longrightarrow \underbrace{(c\to b)\to b}_{3} \longrightarrow d,$$

Man wird zunächst nach 1 reduzieren und hat dann weiter nach 4 zu reduzieren. Die Faustregel würde verlangen, daß man nun nach 2 reduziert; doch läuft diese Reduktion nach einem weiteren Schritt negativ aus. Reduziert man stattdessen (hinter der Reduktion nach 1 und 4) wiederum nach 1, so hat man bereits den Nachweis der Derivativität erbracht.

7. Die konverse Implikation zu $D$41 (2), also

$\neg\neg a\to\neg\neg b \longrightarrow \neg\neg(a\to b)$ ist nicht derivativ.

Nachweis durch Entscheidung. Freie Negationsreduzierte:

$$\underbrace{((a\to c)\to c)\to(b\to c)\to c}_{1} \longrightarrow \underbrace{(a\to b)\to c}_{2} \longrightarrow c.$$

Kritisch 1 und 2.

Reduktion zu 1.

(α): $1 \longrightarrow 2 \longrightarrow \underbrace{a\to c}_{3} \longrightarrow c$; (β): $1 \longrightarrow 2 \longrightarrow b\to c$.

Reduktion von (α). Kritisch 1, 2, 3.

Zu dem Glied 1 braucht gemäß der zweiten abkürzenden Regel von S. 310 nicht reduziert zu werden.

Reduktion von (α) zu 2.

$1\to 2\to 3\to a\to b$ dies ist eine negative Abschlußformel (kein kritisches Glied).

Reduktion von (α) zu 3.

$1\to 2\to 3\to a$; auch dies ist eine negative Abschlußformel.

Da alle Reduktionen von (α) negativ ausgefallen sind, braucht die zur selben Reduktionsreihe gehörige Formel (β) gar nicht erst reduziert zu werden.

Reduktion der vorgegebenen Negationsreduzierten zu 2.

$1\to 2\to a\to b$; abermals negative Abschlußformel (da wiederum kein kritisches Glied).

Hiermit sind alle Reduktionssysteme erschöpft.

Zusatz. Man erkennt zugleich, daß auch $a \to \neg\neg b \longrightarrow \neg\neg(a \to b)$ nicht derivativ ist. In der Tat wird hierfür bereits die Formel, die bei der Reduktion an die Stelle von (α) tritt, negative Abschlußformel.

Die folgenden Beispiele 8 bis 11 mögen zeigen, wie man vielfach vorteilhaft eine gemischte Methode — normaldeduktiver Beweis und Entscheidung — anwendet.

8. — $\underline{D\,42.\quad \neg(\neg\neg a \wedge b) \sim \neg(a \wedge b).}$

Beweis für $\to$:

$a \wedge b \to \neg\neg a \wedge b$ aus $D\,16$ durch $\wedge$-Nachsetzung gemäß $D\,28$ (1).
Nun schwache Kontraposition gemäß $D\,14$.

Beweis für $\leftarrow$ durch Entscheidung. Freie Negationsreduzierte:

$a \wedge b \to c \longrightarrow [(a \to c) \to c] \wedge b \to c.$

Konjunktionsreduzierte (aus nur einer Formel bestehend, S. 292):

$$\underbrace{a \to b \to c}_{1} \longrightarrow \underbrace{(a \to c) \to c}_{2} \longrightarrow b \to c.$$

Kritisch 1 und 2. — Reduktion zu 2:

$1 \to 2 \to b \to a \to c.$

Kritisch wiederum 1 und 2. — Reduktion zu 1:

$1 \to 2 \to b \to a \to a, \quad 1 \to 2 \to b \to a \to b$ (beide affirmativ).

9. — $\underline{D\,43.\quad \neg\neg(a \wedge b) \sim \neg\neg a \wedge \neg\neg b.}$

Beweis.

Die Implikation $\to$ wurde bereits als Beispiel auf S. 296 hergeleitet. Beweis der konversen Implikation $\leftarrow$ durch Entscheidung. Freie Negationsreduzierte:

$((a \to c) \to c) \wedge ((b \to c) \to c) \longrightarrow (a \wedge b \to c) \to c.$

Konjunktionsreduzierte (aus nur einer Komponente bestehend, S. 292);

$$\underbrace{(a \to c) \to c}_{1} \longrightarrow \underbrace{(b \to c) \to c}_{2} \longrightarrow \underbrace{a \to b \to c}_{3} \longrightarrow c,$$

abgekürzt: $\Gamma \to c$. Kritisch 1, 2, 3. — Reduktion zu 1:

$\Gamma \longrightarrow a \to c$. — Reduktion dieser Form zu 2:

$\Gamma \longrightarrow a \to b \to c$. — Reduktion der letzten Form zu 3:

$\Gamma \to a \to b \to a, \quad \Gamma \to a \to b \to b.$

Beide Formeln dieser Reihe sind affirmative Abschlußformeln (ein Hauptvorderglied stimmt nämlich jeweils mit dem Haupthinterglied überein).

10. — $D44.\ \underline{\neg\neg a \to \neg\neg b \sim \neg b \to \neg a}.$

Erstens: Beweis für $\to$ durch Entscheidung. Freie Negationsreduzierte:

$$\underbrace{((a\to c)\to c \longrightarrow b\to c \longrightarrow c)}_{1} \longrightarrow \underbrace{b\to c}_{2} \longrightarrow a \longrightarrow c,$$

abgekürzt: $\Gamma\to c$. Kritisch 1, 2. — Reduktion zu 1:

$(\alpha)\ \Gamma \longrightarrow \underbrace{a\to c}_{3} \longrightarrow c$ (kritisch 1, 2, 3); $(\beta)\ \Gamma \longrightarrow b \longrightarrow c$ (kritisch 1, 2).

Reduktion von (α) zu 3: $\Gamma\to 3\to a$: affirmative Abschlußformel (da a auch Glied von Γ).

Reduktion von (β) zu 2: $\Gamma\to b\to b$: ebenfalls affirmative Abschlußformel.

Zweitens: Umgekehrte Richtung $\leftarrow$ unmittelbar nach $D14$ (schwache Kontraposition).

11. — $D45.\ \underline{a\to\neg b \sim \neg\neg a\to\neg b}.$

Anmerkung. Zum $\neg$-Zeichen vor b vgl. sogleich die Textaufgabe am Ende dieses Paragraphen.

Erstens: Beweis für $\to$ durch Entscheidung. Freie Negationsreduzierte:

$$\underbrace{a\to b\to c}_{1} \longrightarrow \underbrace{(a\to c)\to c}_{2} \longrightarrow b \longrightarrow c.$$

Reduktion zu 2:

$1\to 2\to b\to a\to c$. — Reduktion dieser Form zu 1:

$1\to 2\to b\to a\to a,\quad 1\to 2\to b\to a\to b.$

Beide Formeln dieser Reihe sind affirmative Abschlußformeln.

Zweitens: Den Beweis für $\leftarrow$ führen wir normaldeduktiv:

$a\to\neg\neg a \longrightarrow \neg\neg a\to\neg b \longrightarrow a\to\neg b$ nach $D5$.

Nun Grundschluß mit $D16$.

12. $\neg\neg a\to a$ (vgl. S. 282) und auch noch $\neg\neg(\neg\neg a\to a)$ sind nicht derivativ. Wegen $D16$ genügt es, den Nachweis für die letztere Form zu führen.

Freie Negationsreduzierte:

$$\underbrace{((((a\to c)\to c)\to a)\to c)}_{1}\to c,$$ abgekürzt: $1\to c$.

Reduktion: $1 \longrightarrow (a\to c)\to c \longrightarrow a$. Kein kritisches Glied mehr.

Textaufgabe. Man zeige:

In $D36$, $D42$ und $D45$ lassen sich die $\neg$ (die man sich in der alternären Logik offensichtlich ersparen kann) *derivativ nicht* entbehren.

Übungsaufgaben. 1. Die Formen $D41$ bis $D45$ rein normaldeduktiv zu beweisen. — 2. Im Anschluß an das zweite Beispiel (S. 309, PEIRCEsche Wahrform) zu zeigen: Auch die Abschwächungen $(a \to b) \to a \longrightarrow \neg\neg a$, $(\neg a \to b) \to \neg a \longrightarrow \neg a$ sind nicht derivativ. — 3. Sind $\neg a \to \neg b \longrightarrow \neg\neg(b \to a)$, $\neg(a \land \neg b) \to \neg\neg(a \to b)$ derivativ? (Beide nicht.)

Anmerkung zu den negativen Beispielen 4, 7, 12 und zu den vorstehenden Übungsaufgaben 2, 3. — Die Kennzeichnung „nicht derivativ" steht hier zunächst — in der verabredeten verkürzten Ausdrucksweise — für „nicht $\to$-derivativ" [bzw. im letzten Falle für „nicht $\to\land$-derivativ"]. Satz 145 mit anschließender Textaufgabe und Satz 92 werden lehren, daß eine Form, die nicht $\to$-derivativ ist, in *keinem* Sinne (vgl. hierzu später die Anmerkung von S. 324f.) derivativ ist.

Kapitel XXII.

Natürliche derivative Logik.

§ 124. Die derivative $\to\lor$-Logik und die derivative $\to\lor\neg$-Logik. Grundsätzliches.

Der erste Weg der Erweiterung der derivativen $\to$-Logik zur derivativen $\to\land$-Logik führte über eine verallgemeinerte Definition der direkten Form, die darin bestand, daß neben der Grundschlußregel die trivialen Schlußregeln für $\land$ herangezogen wurden:

$$\frac{\mathfrak{a} \land \mathfrak{b}}{\mathfrak{a}} \qquad \frac{\mathfrak{a} \land \mathfrak{b}}{\mathfrak{b}} \qquad \frac{\mathfrak{a} \quad \mathfrak{b}}{\mathfrak{a} \land \mathfrak{b}}$$

In der später durchgeführten Axiomatisierung traten an die Stelle dieser Schematen dann die drei $\land$-Axiome:

$D23$: $a \land b \to a$, $D24$: $a \land b \to b$, $D25$: $a \to b \to a \land b$.

Der Versuch, bei der Einbeziehung der $\lor$-Verknüpfung genau entsprechend vorzugehen, begegnet zunächst der folgenden Schwierigkeit: Zwar entsprechen den ersten beiden obigen $\land$-Auflösungsregeln genau die $\lor$-Einführungsregeln:

$\frac{\mathfrak{a}}{\mathfrak{a} \lor \mathfrak{b}}$ $\frac{\mathfrak{b}}{\mathfrak{a} \lor \mathfrak{b}}$ bzw. den Axiomen $D23$, 24 die trivialen Formen $a \to a \lor b$, $b \to a \lor b$. Dagegen entspricht der $\land$-Einführungsregel $\frac{\mathfrak{a} \quad \mathfrak{b}}{\mathfrak{a} \land \mathfrak{b}}$ keine ebenso analoge $\lor$-Auflösungsregel und dem Axiom $a \to b \to a \land b$ keine analog gebaute Wahrform. Wir hatten nun aber in § 115 zur Axiomatisierung

der derivativen $\rightarrow\wedge$-Logik die Form $D27$ herangezogen. Die zu $D27$ analoge Form ist die Wahrform
$b\rightarrow a \longrightarrow c\rightarrow a \longrightarrow b\vee c\rightarrow a$ oder (mit Umbenennung) die Wahrform $a\rightarrow c \longrightarrow b\rightarrow c \longrightarrow a\vee b\rightarrow c$, die zur Schlußregel des „Dilemmas"

$$\frac{\mathfrak{a}\vee\mathfrak{b} \quad \mathfrak{a}\rightarrow\mathfrak{c} \quad \mathfrak{b}\rightarrow\mathfrak{c}}{\mathfrak{c}}$$

gehört.

Anmerkung. Der Übergang zum Analogen im obigen Sinne ergibt sich formal, indem man für jede Variable ihr Negat einsetzt und außer den Verneinungssätzen die Ersetzbarkeit von $\neg\mathfrak{a}\rightarrow\neg\mathfrak{b}$ durch $\mathfrak{b}\rightarrow\mathfrak{a}$ heranzieht. Diese Operationen sind nun aber keineswegs alle derivativ; es bleibt also nur übrig, die formale Analogie hier durch die „derivative" Evidenz der neuen Wahrform bzw. der neuen Schlußregel zu rechtfertigen. Wir gelangen so zu der folgenden

Erklärung. Eine $\rightarrow\vee$-Form heißt *direkt,* wenn ihr Haupthinterglied aus den Hauptvordergliedern allein an Hand der Schlußregeln

$$\frac{\mathfrak{a} \quad \mathfrak{a}\rightarrow\mathfrak{b}}{\mathfrak{b}}, \quad \frac{\mathfrak{a}}{\mathfrak{a}\vee\mathfrak{b}}, \quad \frac{\mathfrak{b}}{\mathfrak{a}\vee\mathfrak{b}}, \quad \frac{\mathfrak{a}\vee\mathfrak{b} \quad \mathfrak{a}\rightarrow\mathfrak{c} \quad \mathfrak{b}\rightarrow\mathfrak{c}}{\mathfrak{c}}$$

hervorgeht. Sie heißt $\rightarrow\vee$-derivativ, wenn sie aus direkten Formen an Hand des Grundschlußschemas folgt.

Wir schließen gleich wieder an:

Erklärung. Eine $\rightarrow\vee\neg$-Form heißt $\rightarrow\vee$*-derivativ,* wenn ihre freie Negationsreduzierte (die wie auf S. 280 erklärt wird) eine $\rightarrow\vee$-derivative $\rightarrow\vee$-Form ist.

Anmerkung. Betreffs des Verhältnisses der Prädikate „derivativ" und „$\rightarrow\vee$-derivativ" vgl. man den „Zusatz" von S. 273 und die Anmerkung zu Satz 92.

Beispiele direkter $\rightarrow\vee$-Formen:

$D46.$ $a\rightarrow a\vee b.$

$D47.$ $b\rightarrow a\vee b.$

$D48.$ $a\rightarrow c \longrightarrow b\rightarrow c \longrightarrow a\vee b\rightarrow c.$

Anmerkung. Diese Form wird mitunter auch (unter Umbenennung der Variablen) in der folgenden Gestalt mitgeteilt werden: $b\rightarrow a \longrightarrow c\rightarrow a \longrightarrow b\vee c\rightarrow a.$

Beispiel einer derivativen, nicht direkten faktischen Äquivalenz:

$D49.$ $a\vee b\rightarrow b \sim a\rightarrow b.$

Beweis. 1. $a\vee b\rightarrow b \longrightarrow a\rightarrow b$ ist direkt.
2. $b\rightarrow b \longrightarrow a\rightarrow b \longrightarrow a\vee b\rightarrow b$ ist direkt.
Nun Grundschluß mit $D6$. —

Als Beispiel einer derivativen $\vee\neg$-Form werden wir später kennenlernen: $\neg\neg(a\vee\neg a)$.

§ 125. Normaldeduktive Kodifikation der derivativen $\to\lor$- und $\to\lor\neg$-Logik. — Einige Herleitungen in der derivativen $\to\lor$-Logik.

Satz 105. (1). Das Axiomensystem

*D*1. $a\to b\to a$,	*D*2. $a\to b\to c \;\to\; a\to b \;\to\; a\to c$,		
*D*46. $a\to a\lor b$,	*D*47. $b\to a\lor b$ (Formen zur $\lor$-Verdünnung),		
*D*48. $a\to c \;\to\; b\to c \;\to\; a\lor b\to c$ (Form zur Vordergliedddisjugation),			
*D*15. $a\to\neg b \;\to\; b\to\neg a$ (Form zur schwachen Kontraposition).			

spannt normaldeduktiv gerade die derivative $\to\lor\neg$-Logik auf.

(2). Bei Weglassen des letzten Axioms *D*15 und Beschränkung auf das Begriffsnetz der $\to\lor$-Formen erhält man gerade die derivative $\to\lor$-Logik.

Der *Nachweis* möge mit dem Nachweis für Abs. (2) des Satzes beginnen.

Erste Richtung der Behauptung: Es werden *nur* derivative $\to\lor$-Formen beweisbar. — Bei einem normaldeduktiven Beweis lassen sich gemäß Satz 44 die Einsetzungen heraufverlegen. Es genügt also, zu zeigen, daß alle Axiombeiformen derivativ sind; dies trifft nach dem ohne weiteres auf $\lor$ übertragbaren Satz 87 zu, sobald alle Axiome direkt sind. Das wurde aber bereits auf S. 321 eingesehen.

Zweite Richtung der Behauptung: *Alle* derivativen $\to\lor$-Formen werden beweisbar. Es genügt zu zeigen: alle *direkten* $\to\lor$-Formen werden beweisbar. Es sei also eine Form der Gestalt $\ulcorner\mathfrak{a}\to\ddot{\mathfrak{c}}$ vorgelegt (wo $\ddot{\mathfrak{c}}$ keine Implikation ist); $\ddot{\mathfrak{c}}$ folge aus den $\mathfrak{a}$ allein an Hand der vier in der Erklärung von S. 321 genannten Schlußregeln. Die letzten drei dieser Schlußregeln sind in dem normaldeduktiven Kodifikat des Satzes in einfacher Weise ohne Einsetzungen ableitbar, und zwar sind die Unterformeln ohne Einsetzung für die Oberformeln — S. 181 — ableitbar (Textaufgabe). Da *D*1, 2 zum Axiomensystem gehören, ist der verallgemeinerte Deduktionssatz anwendbar und liefert die betrachtete Form $\ulcorner\mathfrak{a}\to\ddot{\mathfrak{c}}$.

Abs. (1) des Satzes 105 ergibt sich aus Abs. (2) entsprechend wie beim Nachweis des Satzes 86 (Textaufgabe; für die Umformungsregel sind die auf der nächsten Seite bewiesenen Formen 53 heranzuziehen).

<u>*D*50. $a\lor a \;\sim\; a$</u> (Idempotenz der Disjunktion).

Beweis.

Erstens: $a\to a$, $a\to a$ nach *D*6.

∴ $a\lor a\to a$ durch Vordergliedddisjugation gemäß *D*48.

Zweitens: $a\to a\lor a$ nach *D*46.

$D51.\ a\vee b \sim b\vee a$ (Kommutatives Gesetz der Disjunktion).

Beweis. Es genügt zu zeigen: $a\vee b\rightarrow b\vee a$.
$a\rightarrow b\vee a,\ b\rightarrow b\vee a$ nach $D47$ bzw. 46.
Nun Vordergliedddisjugation gemäß $D48$.

$D52.\ (a\vee b)\vee c \sim a\vee(b\vee c)$ (Assoziatives Gesetz der Disjunktion).

Beweis.
Erstens: $b\vee c\rightarrow a\vee(b\vee c)$ nach $D47$.
∴ (*) $b\rightarrow a\vee(b\vee c)$ durch $D46$ im Vorderglied (mit Kettenschluß gemäß $D5$).
$a\rightarrow a\vee(b\vee c)$ nach $D46$.
∴∴ $a\vee b\rightarrow a\vee(b\vee c)$ durch Vordergliedddisjugation gemäß $D48$.
$c\rightarrow a\vee(b\vee c)$ ergibt sich entsprechend wie (*) mit $D47$ anstelle von $D46$.
∴∴ $(a\vee b)\vee c\rightarrow a\vee(b\vee c)$ durch Vordergliedddisjugation.
Zweitens: $a\vee(b\vee c)\rightarrow(a\vee b)\vee c$ Beweis ganz entsprechend (Textaufgabe).

$D53\,(1).\ a\rightarrow b \longrightarrow a\vee c\rightarrow b\vee c$ (Wahrform der $\vee$-Nachsetzung).

Beweis. $a \longrightarrow a\rightarrow b \longrightarrow b$ nach $D8$.
$b\rightarrow b\vee c$ nach $D46$.
∴∴(*) $a \longrightarrow a\rightarrow b \longrightarrow b\vee c$ durch iterierten Kettenschluß gemäß $D9$.
$c\rightarrow b\vee c$ nach $D47$
∴ $a\rightarrow b \longrightarrow c \longrightarrow b\vee c$ durch Vordergliedvorschaltung gemäß $D1$.
∴ $c \longrightarrow a\rightarrow b \longrightarrow b\vee c$ durch Tausch der Vorderglieder gemäß $D4$.
∴∴ $a\vee c \longrightarrow a\rightarrow b \longrightarrow b\vee c$ mit (*) durch Vordergliedddisjugation gemäß $D48$.
Nun Tausch der Vorderglieder.

$D53\,(2).\ a\rightarrow b \longrightarrow c\vee a\rightarrow c\vee b$ (Wahrform der $\vee$-Vorsetzung).

Beweis. $a\vee c \longrightarrow a\rightarrow b \longrightarrow b\vee c$ aus $D53\,(1)$ durch Tausch der Vorderglieder gemäß $D4$.
∴ $c\vee a \longrightarrow a\rightarrow b \longrightarrow b\vee c$ durch $D51$ im Vorderglied (mit Kettenschluß gemäß $D5$).
$b\vee c \longrightarrow c\vee b$ nach $D51$.
∴∴ $c\vee a \longrightarrow a\rightarrow b \longrightarrow c\vee b$ durch iterierten Kettenschluß gemäß $D9$.
Nun Vordergliedtausch.

Aufgabe. Man beweise die zu der auf $D31$ folgenden Form analoge derivative Form:

$D54.\ a\vee b \longrightarrow a\rightarrow c \longrightarrow b\rightarrow d \longrightarrow c\vee d$ (Form zum disjunktiven Schluß); wir werden von dieser Form übrigens weiter keinen Gebrauch machen.

§ 126. Die natürliche derivative Aussagenlogik und ihre normaldeduktive Kodifikation.

In § 109 wurde die derivative $\rightarrow$-Logik durch Abschließen der Menge ihrer direkten Formen gegen den Grundschluß definiert, und in § 110 wurde sie normaldeduktiv kodifiziert. Ebenso wurde in § 114 und § 115 mit der derivativen $\rightarrow\wedge$-Logik und in § 124 und § 125 mit der derivativen $\rightarrow\vee$-Logik verfahren. Die Überlegungen und die zugehörigen Nachweise waren in den drei Fällen analog. Die derivative $\rightarrow\wedge$-Logik und die derivative $\rightarrow\vee$-Logik werden nunmehr zur derivativen $\rightarrow\wedge\vee$-Logik ‚überlagert'. Hierbei darf die entsprechende, bloß überlagernde Übertragung der Nachweise nunmehr dem Leser als Textaufgabe überlassen werden, so daß die Darstellung auf die Erklärungen und die Angabe der Sätze selber beschränkt werden kann.

Dasselbe gilt auch noch für die Einbeziehung der Negationsverknüpfung $\neg$, die in allen Fällen auf die gleiche Weise an Hand der „freien Negationsreduzierten" vollzogen wird.

Erklärungen. (1) Eine $\rightarrow\wedge\vee$-Form heißt *direkt,* wenn in der Mitteilungsweise $\ulcorner\mathfrak{a}\rightarrow\ddot{\mathfrak{c}}$ (wo $\ddot{\mathfrak{c}}$ keine Implikation ist) das Haupthinterglied $\ddot{\mathfrak{c}}$ aus den Hauptvordergliedern $\mathfrak{a}$ durch bloße Anwendung des Grundschlusses und der folgenden sechs Schlußregeln folgt:

$$\frac{\mathfrak{a}\wedge\mathfrak{b}}{\mathfrak{a}},\quad \frac{\mathfrak{a}\wedge\mathfrak{b}}{\mathfrak{b}},\quad \frac{\mathfrak{a}\quad\mathfrak{b}}{\mathfrak{a}\wedge\mathfrak{b}},\quad \frac{\mathfrak{a}}{\mathfrak{a}\vee\mathfrak{b}},\quad \frac{\mathfrak{b}}{\mathfrak{a}\vee\mathfrak{b}},\quad \frac{\mathfrak{a}\vee\mathfrak{b}\quad \mathfrak{a}\rightarrow\mathfrak{c}\quad \mathfrak{b}\rightarrow\mathfrak{c}}{\mathfrak{c}}.$$

(2) Eine $\rightarrow\wedge\vee$-Form heißt ($\rightarrow\wedge\vee$-derivativ oder kurz:) *derivativ,* wenn sie aus direkten $\rightarrow\wedge\vee$-Formen allein an Hand der Grundschlußregel folgt.

(3) Eine natürliche Aussagenform, m.a.W. eine $\rightarrow\wedge\vee\neg$-Form heißt derivativ, wenn ihre „freie Negationsreduzierte" derivativ ist. (Erinnerung: die freie Negationsreduzierte — S. 280 — entstand bei Ersetzung aller negativen Teilformen $\neg\mathfrak{a}$ durch $\mathfrak{a}\rightarrow\dot{\mathfrak{v}}$, wo $\dot{\mathfrak{v}}$ eine feste, nicht in der gegebenen Form auftretende Variable ist.)

Die so definierte derivative $\rightarrow\wedge\vee\neg$-Logik wollen wir — im Anschluß an die Erklärung der natürlichen Aussagenform (§ 62) — auch als die *natürliche derivative Aussagenlogik* oder (in diesem Bande, in dem keine Verwechslung mit der derivativen Prädikatenlogik zu befürchten ist) auch kurz als die *„natürliche derivative Logik"* bezeichnen. (Sie stellt den aussagenlogischen Teil eines Kodifikates dar, das man wohl auch als „JOHANSSONschen Minimalkalkül" bezeichnet.)

Anmerkung. Bisher traten die speziellen Prädikate „$\rightarrow$-derivativ", „$\rightarrow\wedge$-derivativ" und „$\rightarrow\vee$-derivativ" auf; das bloße Wort „derivativ" wurde lediglich mitunter als unvollständiger Kurzausdruck für eines dieser Prädikate verwandt. Demgegenüber soll sich nunmehr der zusatzlose Ausdruck „derivativ" von nun ab stets auf die gesamte *natürliche* derivative Aussagenlogik beziehen.

In § 112 lernten wir $\rightarrow\neg$-Formen kennen, die nicht $\rightarrow$-derivativ, m.a.W. im Rahmen des $\rightarrow\neg$-Kodifikats nicht beweisbar waren. Wir wissen aber vorläufig noch nicht, ob sie auch nicht natürlich derivativ sind. Erst der später in § 151 folgende Restriktionssatz 145 und die an ihn anschließende Textaufgabe werden lehren, daß die Unterscheidung der verschiedenen Derivativheits-Begriffe in Wirklichkeit überflüssig ist.

Satz 106. — (1) Die natürliche derivative Aussagenlogik wird normaldeduktiv aufgespannt von dem Axiomensystem:

$D1$.	$a \rightarrow b \rightarrow a$	Form zur Vorschaltung eines Vordergliedes.
$D2$.	$a \rightarrow b \rightarrow c \longrightarrow a \rightarrow b \longrightarrow a \rightarrow c$	Form zum Dreierschluß.
$D23$.	$a \wedge b \rightarrow a$	Verdünnungsgesetze der Konjunktion.
$D24$.	$a \wedge b \rightarrow b$	
$D27$.	$a \rightarrow b \longrightarrow a \rightarrow c \longrightarrow a \rightarrow b \wedge c$	Form zur Hintergliedkonjugation.
$D46$.	$a \rightarrow a \vee b$	Verdünnungsgesetze der Disjunktion.
$D47$.	$b \rightarrow a \vee b$	
$D48$.	$b \rightarrow a \longrightarrow c \rightarrow a \longrightarrow b \vee c \rightarrow a$	Form zur Vorderglieddisjugation.
$D15$.	$a \rightarrow \neg b \longrightarrow b \rightarrow \neg a$	Form zur (zweiten) schwachen Kontraposition.

(2) Zusatz. — Bei Wegfall des letzten Axioms $D15$ und Beschränkung auf das $\rightarrow\wedge\vee$-Begriffsnetz hat man die derivative $\rightarrow\wedge\vee$-Logik.

Der Nachweis des Satzes 106 besteht in einer Überlagerung der Nachweise für die Sätze 89 und 105 (unter Heranziehung des Satzes 90). Die Ausführung dieser Nachweise kann dem Leser als Textaufgabe überlassen werden.

Anmerkung. Die gegenseitige Unabhängigkeit der Axiome wird in § 135 bewiesen werden.

Abwandlungen des Axiomensystems, die mitunter von Nutzen sind.

1. $D2$ ist nach Satz 52 ersetzbar durch

   $D5$: $a \rightarrow b \longrightarrow b \rightarrow c \longrightarrow a \rightarrow c$ (Form zum Kettenschluß)

   und $D7$: $a \rightarrow a \rightarrow b \longrightarrow a \rightarrow b$ (Form zur Vordergliedkürzung).

2. $D27$ ist nach Satz 89 ersetzbar durch

   $D25$: $a \rightarrow b \rightarrow a \wedge b$ (gewöhnliche Form zur Einführung der Konjunktion).

3. (als *Zusatzaufgabe*): $D15$ ist ersetzbar durch

   $D37$: $a \rightarrow b \wedge \neg b \longrightarrow \neg a$.

Die *Umsetzungsregel* der natürlichen derivativen Aussagenlogik lautet (in der dritten Gestalt von S. 152): Bei derivativem $\mathfrak{a} \sim \mathfrak{b}$

bleibt eine derivative Form derivativ, wenn in ihr eine Teilform der Gestalt $\mathfrak{a}$ durch $\mathfrak{b}$ ersetzt wird.

Diese Regel ergibt sich induktiv aus dem Hilfsatz:

Mit $\mathfrak{a} \sim \mathfrak{b}$ ist: $\mathfrak{a} \to \mathfrak{c} \sim \mathfrak{b} \to \mathfrak{c}$ und $\mathfrak{c} \to \mathfrak{a} \sim \mathfrak{c} \to \mathfrak{b}$
$\mathfrak{a} \wedge \mathfrak{c} \sim \mathfrak{b} \wedge \mathfrak{c}$ und $\mathfrak{c} \wedge \mathfrak{a} \sim \mathfrak{c} \wedge \mathfrak{b}$
$\mathfrak{a} \vee \mathfrak{c} \sim \mathfrak{b} \vee \mathfrak{c}$ und $\mathfrak{c} \vee \mathfrak{a} \sim \mathfrak{c} \vee \mathfrak{b}$
$\neg \mathfrak{a} \sim \neg \mathfrak{b}$.

Die einzelnen Teile dieses Hilfsatzes sind bereits alle bewiesen worden ($D$3, 5, 28, 53, 14). Die *ausführliche* Ableitung der Umsetzungsregel aus dem Hilfsatz mittels Netzinduktion ist einer bereits auf S. 287 gestellten Textaufgabe analog.

Da alle in Satz 106 (1) aufgeführten Axiome Wahrformen sind, ergibt sich aus diesem Satze mit Satz 41 unmittelbar der plausible

Satz 107 (1). Alle natürlichen derivativen Aussagenformen sind Wahrformen, m.a.W.: die derivative Aussagenlogik ist ein Teil der alternären.

Die natürliche derivative Aussagenlogik umfaßt jedoch keineswegs alle markanten natürlichen Wahrformen, wie der folgende Satz lehrt, der eine vorläufige Vorstellung von der Art vermitteln soll, in der die derivative Logik in die alternäre einschneidet.

Satz 107 (2). Die Formen

$\neg a \to a \to b$, $\quad a \wedge \neg a \to b$, $\quad \neg\neg a \to \neg a \to a$, $\quad a \to b \vee c \longrightarrow a \wedge \neg c \to b$;
$\neg\neg a \to a$, $\quad \neg a \to \neg b \longrightarrow b \to a$

sind Beispiele *nicht derivativer* Aussagenformen.

(*Zusatz.* Die ersten vier dieser Formen werden der später zu entwickelnden intuitionistischen Logik angehören, die restlichen beiden jedoch nicht.)

Nachweis durch diejenige zweiwertige Quasiwahrheitswertung, die für $\to$, $\wedge$ und $\vee$ mit der gewöhnlichen alternären Wahrheitswertung (des § 31) übereinstimmt, während stets $\neg \mathrm{a} = \mathrm{w}$ sein soll.

Mit Ausnahme des Axioms $D$15 weisen sich alle derivativen Axiome von S. 325 evidentermaßen als Quasiwahrformen aus, da sie kein $\neg$ enthalten. $D$15 ist ebenfalls Quasiwahrform, da das Haupthinterglied $\neg a$ ein Negat ist. (Ausführliche Bestätigung als Textaufgabe.)

Für jede der sechs im Satz 107 aufgeführten Formen erhält man eine nicht ausgezeichnete Belegung, indem man das Haupthinterglied mit dem Wert f, dagegen jede von ihm gestaltlich verschiedene Aussagenvariable mit dem Wert w belegt, wobei auch jedes auftretende Negat den Wert w erhält (Textaufgabe).

§ 127. Die distributiven Gesetze für $\vee$ und $\wedge$.

In der derivativen $\rightarrow\wedge\vee$-Logik (die im „Zusatz" auf S. 325 erklärt wurde) leiten wir einige weitere Formeln her.

$D55$. $(a\vee b)\wedge c \sim (a\wedge c)\vee(b\wedge c)$ (Distributivgesetz der Konjunktion).

Beweis.

Erstens: $a\wedge c\rightarrow(a\wedge c)\vee(b\wedge c)$ nach $D46$.

$\therefore$ $a\rightarrow c\rightarrow(a\wedge c)\vee(b\wedge c)$ durch Exportation gemäß $D26$.

$b\rightarrow c\rightarrow(a\wedge c)\vee(b\wedge c)$ entsprechend aus $D47$.

$\therefore$ $a\vee b\rightarrow c\rightarrow(a\wedge c)\vee(b\wedge c)$ durch Vordergliedddisjugation gemäß $D48$.

Nun Importation gemäß $D26$.

Zweitens: $a\rightarrow a\vee b$ ist $D46$.

$\therefore$ $a\wedge c\rightarrow(a\vee b)\wedge c$ durch $\wedge$-Nachsetzung gemäß $D28$ (1).

$b\wedge c\rightarrow(a\vee b)\wedge c$ entsprechend aus $D47$.

Nun Vordergliedddisjugation gemäß $D48$.

$D56$. $(a\wedge b)\vee c \sim (a\vee c)\wedge(b\vee c)$ (Distributivgesetz der Disjunktion).

Beweis.

Erstens: $a\wedge b\rightarrow a$ ist $D23$.

$\therefore$ $(a\wedge b)\vee c\rightarrow a\vee c$ durch $\vee$-Nachsetzung gemäß $D53$ (1).

$(a\wedge b)\vee c\rightarrow b\vee c$ entsprechend aus $D24$.

Nun Hintergliedkonjugation gemäß $D27$.

Zweitens: $b\rightarrow a\wedge b \longrightarrow b\vee c\rightarrow(a\wedge b)\vee c$ nach $D53$ (1).

$\therefore$ (**) $a\rightarrow b\vee c\rightarrow(a\wedge b)\vee c$ durch $D25$ im Vorderglied, mit Kettenschluß.

$c\rightarrow(a\wedge b)\vee c$ nach $D47$.

$\therefore$ $b\vee c\rightarrow c\rightarrow(a\wedge b)\vee c$ durch Vordergliedvorschaltung gemäß $D1$.

$\therefore$ $c\rightarrow b\vee c\rightarrow(a\wedge b)\vee c$ durch Tausch der Vorderglieder gemäß $D4$.

$\therefore\therefore$ $a\vee c\rightarrow b\vee c\rightarrow(a\wedge b)\vee c$ mit (**) durch Vordergliedddisjugation gemäß $D48$.

Nun Importation gemäß $D26$.

$D57$. $a\vee b\rightarrow c \sim (a\rightarrow c)\wedge(b\rightarrow c)$

Beweis.

Erstens: $a\rightarrow a\vee b$ nach $D46$.

$\therefore$ $a\vee b\rightarrow c \longrightarrow a\rightarrow c$ durch Hinterglied-Nachsetzen gemäß $D5$.

$a\vee b\rightarrow c \longrightarrow b\rightarrow c$ entsprechend aus $D47$.

$\therefore\therefore$ $a\vee b\rightarrow c \longrightarrow (a\rightarrow c)\wedge(b\rightarrow c)$ durch Hintergliedkonjugation gemäß $D27$.

Zweitens: $(a \to c) \wedge (b \to c) \to a \vee b \to c$ aus $D$48 durch Importation gemäß $D$26.

$D$58. $(a \to c) \vee (b \to c) \to a \wedge b \to c$.

Beweis. $a \wedge b \to a$ nach $D$23.

$\therefore$ $a \to c \;\longrightarrow\; a \wedge b \to c$ durch Hintergliednachsetzung gemäß $D$5.

$b \to c \;\longrightarrow\; a \wedge b \to c$ entsprechend aus $D$24.

Nun Vordergliedisjugation gemäß $D$48.

$D$59. $(c \to a) \vee (c \to b) \to c \to a \vee b$ (Distributivgesetz für $\to$ und $\vee$; vgl. $D$35).

Beweis analog demjenigen zu $D$58; man geht aus von $D$46, 47 (Durchführung als Textaufgabe).

§ 128. Die derivativen Verneinungsgesetze.

Die folgenden Herleitungen spielen sich in der natürlichen derivativen Logik ab.

$D$60. $(a \wedge \neg a) \vee \neg b \to \neg b$.

Beweis (mit $D$36, $D$6 und $D$48) als Textaufgabe.

Anmerkung. Da $a \wedge \neg a \to b$ nicht derivativ ist (vgl. S. 326), bleibt wegen $D$57 die obige Form $D$60 nicht derivativ, wenn $\neg b$ durch b ersetzt wird.

$D$61. $a \vee b \to \neg a \to \neg\neg b$.

Anmerkung. Da die reductio inabsurdi in der derivativen Logik nicht gültig ist (S. 282), läßt sich in dieser Form nicht ohne weiteres (und wie wir sehen werden, überhaupt nicht) $\neg\neg b$ durch b ersetzen.

Beweis für $D$61.

$\neg a \to a \to \neg\neg b$ nach $D$21.

$\therefore$ (*) $a \to \neg a \to \neg\neg b$ durch Tausch der Vorderglieder gemäß $D$4.

$b \to \neg\neg b$ nach $D$16.

$\therefore$ $\neg a \to b \to \neg\neg b$ durch Vordergliedvorschaltung gemäß $D$1.

$\therefore$ (**) $b \to \neg a \to \neg\neg b$ durch Vordergliedtausch gemäß $D$4.

Nun Vordergliedisjugation (gemäß $D$48) aus (*) und (**).

Textaufgabe. Man beweise (mit $D$61, 4, 16):

$D$62. $\neg a \vee b \to a \to \neg\neg b$.

$D$63. $\neg(a \vee b) \sim \neg a \wedge \neg b$ (Verneinungsgesetz der Disjunktion).

Beweis.

Erstens: $a \to a \vee b$ nach $D$46.

$\therefore$ $\neg(a \vee b) \to \neg a$ durch schwache Kontraposition gemäß $D$14.

$\neg(a \vee b) \to \neg b$ entsprechend aus $D$47.

$\therefore$ $\neg(a \vee b) \to \neg a \wedge \neg b$ durch Hintergliedkonjugation gemäß $D$27.

Zweitens: $a \vee b \rightarrow \neg\neg b \longrightarrow \neg b \rightarrow \neg(a \vee b)$ nach $D$15.

$\neg a \rightarrow a \vee b \rightarrow \neg\neg b$ aus $D$61 durch Tausch der Vorderglieder gemäß $D$4.

$\therefore\therefore$ $\neg a \rightarrow \neg b \rightarrow \neg(a \vee b)$ durch Kettenschluß gemäß $D$5.

Nun Importation gemäß $D$26.

$D$64. $\neg a \vee \neg b \rightarrow \neg(a \wedge b)$

$D$65. $\neg(a \wedge b) \wedge (a \vee \neg a) \rightarrow \neg a \vee \neg b$

(Verneinungsgesetze der Konjunktion).

Anmerkung. Da das Tertium non datur $a \vee \neg a$, wie wir später (in Satz 120) sehen werden, in der derivativen Logik nicht gültig ist, läßt sich in der zweiten Zeile nicht ohne weiteres das Konjunktionsglied $a \vee \neg a$ weglassen. Wir werden in § 159f. erkennen, daß dieses Glied hier nötig wird. Wir merken einstweilen an: Das Negat einer Konjunktion läßt sich jedenfalls dann derivativ in üblicher Weise auflösen, wenn eines der Konjunktionsglieder dem Tertium non datur genügt.

Beweis für $D$64.

$a \wedge b \rightarrow a$ nach $D$23.

$\therefore$ $\neg a \rightarrow \neg(a \wedge b)$ durch schwache Kontraposition gemäß $D$14.

$\neg b \rightarrow \neg(a \wedge b)$ ebenso aus $D$24.

Nun Vordergliedisjugation gemäß $D$48.

Beweis für $D$65.

$\neg(a \wedge b) \rightarrow a \rightarrow \neg b$ nach $D$33 Umkehrungsteil.

$\therefore$ $a \rightarrow \neg(a \wedge b) \rightarrow \neg b$ durch Tausch der Vorderglieder gemäß $D$4.

$\neg b \rightarrow \neg a \vee \neg b$ nach $D$47. — Aus den beiden letzten Zeilen:

$\therefore\therefore$ (∗) $a \rightarrow \neg(a \wedge b) \rightarrow \neg a \vee \neg b$ durch iterierten Kettenschluß gemäß $D$9.

$\neg a \rightarrow \neg(a \wedge b) \rightarrow \neg a$ nach $D$1.

$\neg a \rightarrow \neg a \vee \neg b$ nach $D$46.

$\therefore\therefore$ $\neg a \rightarrow \neg(a \wedge b) \rightarrow \neg a \vee \neg b$ durch iterierten Kettenschluß gemäß $D$9.

$a \vee \neg a \rightarrow \neg(a \wedge b) \rightarrow \neg a \vee \neg b$ mit (∗) durch Vordergliedisjugation gemäß $D$48.

Nun Tausch der Vorderglieder und Importation gemäß $D$4 bzw. $D$26.

Anmerkung. Aus $D$63 bzw. $D$64 ergeben sich durch die „zweite schwache Kontraposition" gemäß $D$15 die beiden zugehörigen kontraponierten Formen:

$D$66. $a \vee b \rightarrow \neg(\neg a \wedge \neg b)$ bzw.

$D$67. $a \wedge b \rightarrow \neg(\neg a \vee \neg b)$.

$D$68.
(1) $a \rightarrow \neg b \vee c \longrightarrow a \wedge \neg c \rightarrow \neg b$
(2) $a \rightarrow \neg b \vee \neg c \longrightarrow a \wedge c \rightarrow \neg b$

(erste Formen zur „Überstellung" mit negiertem Haupthinterglied, vgl. S. 108).

Beweis für (1). — $\neg b \vee c \rightarrow b \rightarrow \neg\neg c$ nach *D*62.

∴ $\neg b \vee c \rightarrow \neg c \rightarrow \neg b$ durch Kontraposition (gemäß *D*15) im Hinterglied, mit Kettenschluß.

∴ $a \rightarrow \neg b \vee c \longrightarrow a \rightarrow \neg c \rightarrow \neg b$ durch Vordergliedvorsetzen (gemäß *D*3) Nun Importation (gemäß *D*26) im Hinterglied, mit Kettenschluß.

Beweis für (2). — $\neg\neg\neg c \rightarrow \neg c$ nach *D*17.

$\neg b \vee \neg c \rightarrow b \rightarrow \neg\neg\neg c$ nach *D*62.

∴ ∴ $\neg b \vee \neg c \rightarrow b \rightarrow \neg c$ durch iterierten Kettenschluß gemäß *D*9.

∴ $\neg b \vee \neg c \rightarrow c \rightarrow \neg b$ durch Kontraposition (gemäß *D*15) im Hinterglied, mit Kettenschluß.

Nun weiter wie bei (1), zweite Zeile (Textaufgabe). —

Besondere Beachtung finden die Gesetze der *doppelten* Negation, die sich auch kurz als *Inabsurdität* bezeichnen läßt. Diese Bezeichnung wurde bereits gelegentlich verwendet, so unter anderem in dem Terminus ‚reductio inabsurdi'. Es wurde mehrfach darauf hingewiesen, daß in der derivativen Logik, in der ja die reductio inabsurdi $\neg\neg a \rightarrow a$ nicht gilt, keineswegs jede doppelt negierte Teilform $\neg\neg\mathfrak{t}$ durch $\mathfrak{t}$ ersetzbar ist.

Die Inabsurdität trat unter anderem bereits auf in den Formen *D*16, *D*17 sowie in den Formen *D*39—40 (die sich um das Zeichen ⩓ gruppierten) und weiter in *D*45 $(a \rightarrow \neg b \longleftrightarrow \neg\neg a \rightarrow \neg b)$, *D*61 $(a \vee b \rightarrow \neg a \rightarrow \neg\neg b)$ und *D*62 $(\neg a \vee b \rightarrow a \rightarrow \neg\neg b)$.

Endlich wurden bereits die folgenden derivativen „Inabsurditätssätze" bewiesen:

*D*41 (2) $\neg\neg(a \rightarrow b) \rightarrow \neg\neg a \rightarrow \neg\neg b$ (Inabsurditätsgesetz für →), vgl. auch die hieraus mit *D*16 und *D*5 unmittelbar hervorgehende Form: $a \rightarrow b \longrightarrow \neg\neg a \rightarrow \neg\neg b$.

*D*43. $\neg\neg(a \wedge b) \longleftrightarrow \neg\neg a \wedge \neg\neg b$ (Inabsurditätsgesetz für ∧).

Anmerkung. Auf S. 318 wurde lediglich die *faktische* Äquivalenz bewiesen. Nun läßt sich aber mit *D*25 von $\mathfrak{c} \sim \mathfrak{d}$ [d.i. von $\mathfrak{c} \rightarrow \mathfrak{d}$ und $\mathfrak{d} \rightarrow \mathfrak{c}$] unmittelbar zu $\mathfrak{c} \leftrightarrow \mathfrak{d}$ [d.i. zu $(\mathfrak{c} \rightarrow \mathfrak{d}) \wedge (\mathfrak{d} \rightarrow \mathfrak{c})$] übergehen. —

Wir beweisen nun weiter:

*D*69. $\neg\neg a \vee \neg\neg b \rightarrow \neg\neg(a \vee b)$

*D*70. $\neg\neg(a \vee b) \wedge (a \vee \neg a) \rightarrow \neg\neg a \vee \neg\neg b$

} (Inabsurditätsgesetze für ∨).

Vgl. hierzu die Anmerkung zu *D*65. Wir merken bereits hier an: Die Inabsurdität einer Disjunktion läßt sich jedenfalls dann derivativ auf die übliche Weise auflösen, wenn eines der Disjunktionsglieder dem Tertium non datur genügt. Siehe auch später §§ 139, 160.

Beweis für $D69$. — $a \to a \vee b$ ist $D46$.

$\therefore$ $\neg\neg a \to \neg\neg(a \vee b)$ durch zweimalige schwache Kontraposition gemäß $D14$.

$\neg\neg b \to \neg\neg(a \vee b)$ entsprechend aus $D47$.

Nun Vordergliedsdisjugation gemäß $D48$.

Beweis für $D70$. $\neg a \wedge \neg b \to \neg(a \vee b)$ nach $D63$ Umkehrungsteil.

$\therefore$ $\neg a \to \neg b \to \neg(a \vee b)$ durch Exportation gemäß $D26$.

$\therefore$ $\neg a \to \neg\neg(a \vee b) \to \neg\neg b$ durch schwache Kontraposition (gemäß $D14$) im Hinterglied, mit Kettenschluß.

$\neg\neg b \to \neg\neg a \vee \neg\neg b$ nach $D47$.

$\therefore$ $\therefore$ (*) $\neg a \to \neg\neg(a \vee b) \to \neg\neg a \vee \neg\neg b$ durch iterierten Kettenschluß gemäß $D9$.

$\neg\neg a \to \neg\neg a \vee \neg\neg b$ nach $D46$.

$\therefore$ $a \to \neg\neg a \vee \neg\neg b$ durch $D16$ im Vorderglied, mit Kettenschluß.

$\therefore$ $\neg\neg(a \vee b) \to a \to \neg\neg a \vee \neg\neg b$ durch Vordergliedvorschaltung gemäß $D1$.

$\therefore$ $a \to \neg\neg(a \vee b) \to \neg\neg a \vee \neg\neg b$ durch Tausch der Vorderglieder gemäß $D4$.

$\therefore$ $\therefore$ $a \vee \neg a \to \neg\neg(a \vee b) \to \neg\neg a \vee \neg\neg b$ aus der letzten Zeile und aus (*) durch Vordergliedsdisjugation gemäß $D48$.

Nun Tausch der Vorderglieder und Importation gemäß $D4$ bzw. $D26$.

Übungsaufgabe. $D70$ unter Heranziehung von $D65$ (mit $D63$, 26, 5, 4, 53, 51) zu beweisen.

$D71$. $\neg(\neg\neg a \vee b) \sim \neg(a \vee b)$.

Beweis. $\neg(\neg\neg a \vee b) \sim \neg\neg\neg a \wedge \neg b$ nach $D63$

$\therefore$ $\neg(\neg\neg a \vee b) \sim \neg a \wedge \neg b$ durch Umsetzung (s. S. 325) mit $\neg\neg\neg a \sim \neg a$ (gemäß $D16$, 17) rechterhand.

Nun Umsetzung mit $D63$ rechterhand.

§ 129. Die wichtigsten derivativen Formen zum Tertium non datur. Vorläufiger Ausblick.

Das Tertium non datur $a \vee \neg a$ — das nach dem später zu beweisenden Satz 120 in der derivativen Logik nicht selbst gültig ist — trat bereits als Teilform in den derivativen Formen $D65$ und $D70$ auf. Für die Rolle, die es in der derivativen Logik spielt, sind weiter die folgenden derivativen Formen charakteristisch.

$D72.\ \neg\neg(a\vee\neg a)$ (Inabsurdität des Tertium non datur).

Beweis.

$\neg(a\vee\neg a)\rightarrow\neg a\wedge\neg\neg a$ nach $D63$.

$\therefore\ \neg(\neg a\wedge\neg\neg a)\rightarrow\neg\neg(a\vee\neg a)$ durch schwache Kontraposition gemäß $D14$. Nun Grundschluß mit einer Beiform zu $D32$.

$D73.\ a\vee\neg a\rightarrow b \longrightarrow \neg\neg b.$

Beweis. $a\vee\neg a\rightarrow b \longrightarrow \neg b\rightarrow\neg(a\vee\neg a)$ nach $D14$.

$\therefore\ a\vee\neg a\rightarrow b \longrightarrow \neg\neg(a\vee\neg a)\rightarrow\neg\neg b$ durch schwache Kontraposition gemäß $D14$ im Hinterglied, mit Kettenschluß.

$\therefore\ \neg\neg(a\vee\neg a) \longrightarrow a\vee\neg a\rightarrow b \longrightarrow \neg\neg b$ durch Tausch der Vorderglieder gemäß $D1$.

Nun Grundschluß mit $D72$.

$D74.\ a\vee\neg a\rightarrow\neg b \sim \neg b.$

Beweis.

Erstens: aus $D73$ und $D17$ durch Kettenschluß (Textaufgabe).

Zweitens: nach $D1$. —

Abschließend beweisen wir noch eine Form, die — zusammen mit $D62$: $\neg a\vee b\rightarrow a\rightarrow\neg\neg b$ — die derivative Implikation in Beziehung zur alternären setzt:

$D75.\ (a\rightarrow b)\wedge(a\vee\neg a)\rightarrow\neg a\vee b.$

Vgl. hierzu auch die Anmerkung bei $D65$.

Diese Form wird später bei der Erörterung des Verhältnisses von derivativer und alternärer Implikation eine Rolle spielen.

Beweis von $D75$.

$a\rightarrow b \longrightarrow a\vee\neg a \longrightarrow b\vee\neg a$ nach $D53$ (1).

$\therefore\ (a\rightarrow b)\wedge(a\vee\neg a)\rightarrow b\vee\neg a$ durch Importation gemäß $D26$.

Nun $D51$ im Hinterglied, mit Kettenschluß (gemäß $D5$).

Anmerkung. Die Reihe der Herleitungen relevanter derivativer Formen ließe sich beliebig fortsetzen. Sie sei jedoch an dieser Stelle zunächst abgebrochen [lediglich ein $D76$ wird noch später (in § 160) hergeleitet werden].

Vorläufiger Ausblick.

Bei einer Reihe derivativer Formen bemerkten wir, daß sie umständlicher gebaut waren, als der „alternär" eingestellte Logiker es zunächst vermuten würde. Für die Erfassung der Eigenart der derivativen Logik ist offensichtlich eine systematische Übersicht über derartige Abweichungen von der üblichen Auffassung wichtig. Wir werden eine solche in Form einer Gegenüberstellung von derivativer, intuitionistischer und alternärer Logik in § 139 kennenlernen. Der § 139 ist also in gewisser Weise als ein Résumé der derivativen Deduktionen dieses Kapitels anzusehen.

Die Methoden des § 159 werden später nebenbei erkennen lassen, daß für die Formen

$a \vee b, \quad c \rightarrow a \vee b, \quad c \rightarrow a \vee b \longrightarrow d$

keine faktisch äquivalenten, vom $\vee$-Zeichen freien Formen gefunden werden, so daß eine Disjunktionsreduktion ‚nach Analogie der Konjunktionsreduktion' auf Schwierigkeiten stößt. Der Ausfall einer solchen einfachen Disjunktionsreduzierten ist es, der uns zwingt, die in der Anmerkung von S. 324f. erstrebten wichtigen Restriktionssätze (vgl. S. 294) erst auf Umwegen zu gewinnen (der Restriktionssatz der $\rightarrow\wedge$-Logik — Satz 92 — war ja mit Benutzung der Konjunktionsreduzierten bewiesen worden).

Der genannte Ausfall ist auch der Grund dafür, daß wir das in § 123 für die derivative $\rightarrow\wedge\neg$-Logik angegebene Entscheidungsverfahren hier nicht auf die natürliche derivative Aussagenlogik erweitern wollen. Eine solche Erweiterung ist zwar im Prinzip möglich. Das aus ihr entfließende Entscheidungsverfahren handhabt sich jedoch nicht so einfach, daß es sich lohnen würde, um seinetwillen die recht umständliche Erweiterung hier vorzuführen. In § 158 wird ein — in den meisten Anwendungsfällen kürzeres — Entscheidungsverfahren für die natürliche derivative Aussagenlogik im Zusammenhang mit der intuitionistischen Logik aus einem „aufschichtenden" Kodifikat entwickelt werden.

Zum Abschluß möge noch ein Satz nachgewiesen werden, der sich auf die am Ende des § 67 erklärte „extensive Abgeschlossenheit" bezieht.

Satz 108. Die natürliche derivative Aussagenlogik ist nicht extensiv abgeschlossen.

Nachweis durch ein Gegenbeispiel.

Die Form $a \wedge \neg a \rightarrow b$ ist nicht derivativ nach S. 326. Es gibt jedoch keine derivative Form der Gestalt $\mathfrak{a} \wedge \neg \mathfrak{a}$, da jede derivative Form Wahrform ist (S. 326).

Anmerkung. Die ebenfalls nicht derivative Form $\neg a \rightarrow a \rightarrow b$ (Satz 107) gibt kein Gegenbeispiel ab; denn es läßt sich ein nicht derivatives $\mathfrak{a} \rightarrow \mathfrak{b}$ mit derivativem $\neg \mathfrak{a}$ angeben, nämlich:

$\mathfrak{a} \equiv: a \wedge \neg a, \quad \mathfrak{b} \equiv: b \quad (\neg \mathfrak{a}$ ist $D32)$.

§ 130. Die natürliche derivative Logik als „Aufgaben"-Logik.

Die derivative Logik sollte die Rolle der Implikation auf ihre wirklich deduktive Funktion beschränken und so den interpretativen Mängeln der alternären Implikation, soweit sie die formale Logik angehen, abhelfen (vgl. hierzu § 107f.).

Wie läßt sich nun die Beschränkung auf die deduktive Rolle in einheitlicher Weise durchsichtig machen? Diese Frage geht auf eine interpretative Anweisung aus, die uns wenigstens in den einfacheren Fällen unmittelbar deutend einsehen läßt, ob eine gegebene Wahrform derivativ sei oder nicht.

Auf eine solche Anweisung führt die Auffassung der natürlichen derivativen Logik als „Aufgaben"-Logik oder als „Problem"-Logik. Sie stellt allerdings bei ihrer Anwendung starke Anforderungen an eine formale Abstraktion. — An die Umreißung einer solchen bloßen „deutenden Auffassung" dürfen allerdings offensichtlich nicht die Präzisionsmaßstäbe angelegt werden, die wir bei den mathematisch-logischen Entwicklungen gewohnt sind.

Wir beschränken uns zunächst auf die derivative $\rightarrow\wedge\vee$-Logik, d.h. wir lassen zunächst die Negation beiseite.

A. Interpretation: Jede $\rightarrow\wedge\vee$-Form gibt eine *Aufgabe* (m.a.W.: ein Problem) an, und zwar:

1. Eine Variable stellt eine nicht näher bezeichnete (variable) Aufgabe dar.
2. $\mathfrak{a}\wedge\mathfrak{b}$ stellt die Aufgabe dar, die Aufgaben $\mathfrak{a}$ und $\mathfrak{b}$ zu lösen.
3. $\mathfrak{a}\vee\mathfrak{b}$ stellt die Aufgabe dar, die Aufgabe $\mathfrak{a}$ oder die Aufgabe $\mathfrak{b}$ zu lösen.
4. $\mathfrak{a}\rightarrow\mathfrak{b}$ stellt die Aufgabe dar, die Lösung der Aufgabe $\mathfrak{b}$ auf die Lösung der Aufgabe $\mathfrak{a}$ zurückzuführen.

Hieraus ersieht man induktiv, daß jede $\rightarrow\wedge\vee$-Form eine bestimmte *Aufgabe* in Abhängigkeit von nicht näher bestimmten Grundaufgaben, genauer also (bei Variabilität der letzteren) eine „Aufgabenform" darstellt.

B. Eine $\rightarrow\wedge\vee$-Form heißt ‚derivativ im Sinne der Aufgaben-Interpretation', wenn die durch sie dargestellte Aufgabe ohne Rückgang auf die Art der Grundaufgaben *lösbar* ist (m.a.W.: wenn sie in „Aufgabenvariablen", vgl. oben, lösbar ist).

Folgerung. Die sieben Schlußregeln, die der Erklärung der ‚direkten $\rightarrow\wedge\vee$-Form' zugrunde liegen (S. 324), führen offenbar von lösbaren Aufgabenformen auf lösbare Aufgabenformen. Gemäß der Erklärung der ‚derivativen Form' (S. 324) ist daher eine derivative $\rightarrow\wedge\vee$-Form auch ‚derivativ im Sinne der Aufgaben-Interpretation'. —

Daß umgekehrt auch nur derivative ($\rightarrow\wedge\vee$-)Formen ‚derivativ im Sinne der Aufgaben-Interpretation seien, ist zunächst keine syntaktische Behauptung; dies entfließt vielmehr lediglich einer naheliegenden Auffassung von ‚Lösbarkeit'. Man kann jedoch die angegebene Umkehrung als eine implizite Erklärung der ‚lösbaren Aufgabenform' ansprechen. —

Beispiele:

1. $(a\rightarrow c)\wedge(b\rightarrow c) \longrightarrow a\vee b\rightarrow c$. (Diese Form ergibt sich durch Importation aus Axiom $D$48.) Wir unterscheiden zunächst drei Aufgaben:

I. $a\rightarrow c$: „führe die Lösung von c auf diejenige von a zurück!"

II. $b\rightarrow c$: „führe die Lösung von c auf diejenige von b zurück!"

III. $a\vee b\rightarrow c$: „führe die Lösung von c auf die Aufgabe zurück, a zu lösen oder b zu lösen!"

Die betrachtete Form stellt nun die Aufgabe dar:

„führe die Lösung von III auf die Lösung der Aufgabe zurück, I und II zu lösen!" — Diese Aufgabe ist trivialerweise lösbar: es ist unmittelbar einsichtig, daß es ‚so geht'.

2. $a\wedge b\rightarrow a$ (Axiom $D$23) stellt die Aufgabe dar: „führe die Lösung der Aufgabe a auf die Lösung der Aufgabe zurück, a und b zu lösen!" — Auch diese Aufgabe ist trivialerweise „lösbar" (ob sie zur Lösung von a selbst beizutragen geeignet ist oder hierfür bloß einen Regressus einleitet, steht nicht zur Debatte).

3. $a\rightarrow b\rightarrow a$ (Axiom $D$1). Wir unterscheiden zwei Aufgaben:

I. Aufgabe a; II. die Aufgabe, die Lösung von a auf die Lösung von b zurückzuführen. — $a\rightarrow b\rightarrow a$ stellt nun die Aufgabe dar, die Lösung von II auf diejenige von I zurückzuführen. Diese Aufgabe ist trivialerweise gelöst (weil eine Lösung, die man hat, auf jede andere zurückführbar ist, vgl. hierzu S. 270 oben).

Textaufgabe. 4. $a\wedge b\rightarrow c \sim a\rightarrow b\rightarrow c$ ($D$26, Formen zur Ex- und Importation) sind im Sinne der Aufgaben-Interpretation derivativ.

Besonders lehrreich sind die *nicht* im Sinne der Aufgaben-Interpretation derivativen Wahrformen. Wir wollen uns hier zunächst mit zweien von ihnen begnügen:

Textaufgabe. Die folgenden beiden Wahrformen sind *nicht* derivativ im Sinne der Aufgaben-Interpretation:

5. $a\rightarrow b\vee c \longrightarrow (a\rightarrow b)\vee(a\rightarrow c)$ vgl. § 107.

6. $(a\rightarrow b)\rightarrow a \longrightarrow a$ vgl. § 110. —

Die bisherige Interpretation $A$1—4 ergänzt man nun durch Einbeziehung der Negation:

A 5. $\neg\mathfrak{a}$ stellt die Aufgabe dar, die Lösbarkeit von $\mathfrak{a}$ ad absurdum zu führen, m. a.W.: die Lösung irgendeiner „Absurdität“ auf die Lösung von $\mathfrak{a}$ zurückzuführen.

Was hier als „Absurdität“ gelten soll, ist nicht gesagt. Man wird sich entweder darauf beschränken, sich nicht näher über sie zu äußern. Dann läuft die obige Interpretation praktisch darauf hinaus: $\neg\mathfrak{a}$ stellt die Aufgabe dar, die Lösung *irgendeiner* vorher nicht ins Spiel gekommenen und nicht näher umrissenen (also auch möglicherweise absurden) Aufgabe auf die Lösung von $\mathfrak{a}$ zurückzuführen. Das entspricht der Benutzung der „freien Negationsreduzierten“. Man kann aber auch im Anschluß an die Überlegungen des § 116 die Absurdität der derivativen Logik als den „Widerspruch über einem Negat“ interpretieren. Das entspricht der Benutzung der dort angegebenen „speziellen Negationsreduzierten“.

Beispiele.

7. $a \to \neg b \;\longrightarrow\; b \to \neg a$ (Axiom *D* 15). Führe die Aufgabe, die Ad absurdum — Führung von *a* auf die Lösung von *b* zurückzuführen, zurück auf die Aufgabe, die Ad-absurdum-Führung von *b* auf die Lösung von *a* zurückzuführen. — In der zweiten Interpretation der Absurdität hat man zwei Aufgaben zu unterscheiden:

I. Führe die Aufgabe, die Lösung von $\curlywedge$ auf diejenige von *b* zurückzuführen, zurück auf die Lösung von *a*.

II. Führe die Aufgabe, die Lösung von $\curlywedge$ auf diejenige von *a* zurückzuführen, zurück auf die Lösung von *b*.

Die gegebene Form stellt die Aufgabe dar, die Lösung von II auf diejenige von I zurückzuführen. Diese Aufgabe ist lösbar. (Heranziehung der Importation, Beispiel 4.)

Textaufgabe. Entsprechend unter Benutzung von $\curlywedge$ zu interpretieren:

8. $a \wedge \neg a \to \neg b$ (*D* 36).

Von besonderem Interesse sind wiederum die nicht im Sinne der Aufgaben-Interpretation derivativen Formen, für die wir hier zunächst nur ein weiteres Beispiel betrachten wollen.

9. $a \vee \neg a$, die Wahrform des Tertium non datur, ist nicht derivativ im Sinne der Aufgaben-Interpretation (vgl. auch S. 331); denn die Aufgabe, die Aufgabe *a* zu lösen oder ad absurdum zu führen ist nicht, wie es die Interpretation fordern würde, ohne Eingehen auf die Art der Aufgabe *a* lösbar.

Anmerkung. In unserer Interpretation drückt das Tertium non datur die Behauptung der *Entscheidbarkeit* eines jeden Problems aus. — Dies wird noch in Band II bei der Erörterung des mathematischen Intuitionismus eine Rolle spielen. —

Die Aufgaben-Interpretation ist insofern bemerkenswert, als sie bei nicht zu kompliziert gebauten Aussagenformen die interpretative Auffassungsgabe unmittelbar anspricht. In vielen relevanten Fällen wird sie jedoch zu einer unmittelbaren evidenten interpretativen *Entscheidung* keineswegs ausreichen. Vielmehr wird bereits bei den meisten der Formen $D1-75$ der derivative Beweis heranzuziehen sein, wenn man die betreffende Form als derivativ im Sinne der Aufgaben-Interpretation erkennen will.

10. Um z.B. bei der Form $\neg\neg(a\vee\neg a)$ — $D72$ — wirklich lückenlos zu erkennen, daß sie im Sinne der Aufgaben-Interpretation derivativ ist, hat man, sofern man sich bei der Interpretation nicht auf die allgemeine ‚Folgerung' von S. 334 berufen, sondern am vorgelegten Beispiel unmittelbar interpretieren will, den folgenden Beweisgang in der Weise zu durchlaufen, daß man jede Ausgangsformel und jeden benutzten Schluß interpretativ bestätigt (insbesondere seien die Interpretationen der benutzten *Schlüsse* als Übungsaufgaben empfohlen).

$a\rightarrow a\vee\neg a$	$\neg a\rightarrow a\vee\neg a$
$\therefore\ \neg(a\vee\neg a)\rightarrow\neg a$	$\therefore\ \neg(a\vee\neg a)\rightarrow\neg\neg a$ durch schwache Kontraposition.

$\therefore$ (*) $\neg(a\vee\neg a)\rightarrow\neg a\wedge\neg\neg a$ durch Hintergliedkonjugation.

Nun gilt aber allgemein $\neg(c\wedge\neg c)$ — weil $c\wedge(c\rightarrow\curlywedge)\rightarrow\curlywedge$ gilt —, also insbesondere $\neg(\neg a\wedge\neg\neg a)$;

$\therefore\ \neg\neg(a\vee\neg a)$ durch schwache Kontraposition von (*) und Grundschluß mit der letzten Form. —

Dieses Beispiel mag zeigen, daß die Aufgabeninterpretation gewiß nicht für eine *Entscheidung* über Derivativsein ausreicht und die strukturelle Definition des Derivativseins aus dem Direktsein nicht zu ersetzen vermag. Sie ist nichts als ein einleuchtender Ansatz für eine *grundsätzliche* Veranschaulichungsmöglichkeit und sollte hier lediglich als ein solcher vorgeführt werden.

Textaufgabe. 11. $\neg\neg a\rightarrow a$

12. $\neg(a\wedge b)\rightarrow\neg a\vee\neg b$

13. $a\rightarrow b\ \longrightarrow\ \neg a\vee b$

sind nicht derivativ im Sinne der Aufgaben-Interpretation.

Weitere Aufgabe: Auch

14. $\neg\neg(\neg\neg a\rightarrow a)$

ist nicht derivativ im Sinne der Aufgaben-Interpretation.

§ 131. Die Derivante einer natürlichen Aussagenform.

Zum vorläufigen Abschluß der Betrachtung der derivativen Logik sei noch eine Beziehung angeführt, die ein eigenartiges Licht auf das Verhältnis zur alternären Logik wirft. (Ein eiliger Leser mag beim ersten

Lesen die Lektüre des vorliegenden Paragraphen auf diejenige der nachfolgenden ‚Erklärung' und des Satzes 117 beschränken.)

Die natürliche derivative Logik ist nur ein echter Teil der alternären Logik; wir hatten ja in Satz 107 (2) nichtderivative Wahrformen kennengelernt [s. auch Satz 107 (1)]. Dieses Verhältnis gestattet jedoch auch eine bemerkenswerte Art von Umkehrung an Hand des Begriffs der „Derivante".

Erklärung. Zu einer beliebigen natürlichen Aussagenform $\mathfrak{a}$ wird die *„Derivante"* $\triangle[\mathfrak{a}]$, kurz $\triangle\mathfrak{a}$, durch die folgenden induktiven (genauer: netzinduktiven, S. 164) Bestimmungen festgelegt:

1. $\triangle\dot{\mathfrak{v}} \;\equiv:\; \dot{\mathfrak{v}}$ für eine Variable $\dot{\mathfrak{v}}$.
2. $\triangle\neg\mathfrak{a} \;\equiv:\; \neg\triangle\mathfrak{a}$.
3. $\triangle[\mathfrak{a}\wedge\mathfrak{b}] \;\equiv:\; \triangle\mathfrak{a}\wedge\triangle\mathfrak{b}$.
4. $\triangle[\mathfrak{a}\vee\mathfrak{b}] \;\equiv:\; \neg(\neg\triangle\mathfrak{a}\wedge\neg\triangle\mathfrak{b})$.
5. $\triangle[\mathfrak{a}\rightarrow\mathfrak{b}] \;\equiv:\; \neg(\triangle\mathfrak{a}\wedge\neg\triangle\mathfrak{b})$.

Anmerkung. Gemäß den Bestimmungen 1 bis 3 hat eine $\wedge\neg$-Form sich selbst zur Derivante.

Erste Beispiele: $\triangle[a\vee\neg a] \equiv \neg(\neg a\wedge\neg\neg a)$

$$\triangle[a\rightarrow a\vee b] \equiv \neg\big(a\wedge\neg\neg(\neg a\wedge\neg b)\big).$$

Satz 109 (Hilfsatz). — (1) Die Derivante einer beliebigen natürlichen Aussagenform ist ihr in der alternären Logik faktisch äquivalent. — (2) $\triangle\mathfrak{c}$ ist dann und nur dann Wahrform, wenn $\mathfrak{c}$ Wahrform ist.

Zum Nachweis. (2) ist unmittelbare Folge von (1). — (1) ergibt sich ebenso unmittelbar aus der Definition der Derivante durch Netzinduktion (Textaufgabe).

Satz 110 (Hilfsatz). Mit der Derivante irgendeiner natürlichen Form $\mathfrak{c}$ ist auch die Derivante einer beliebigen Beiform von $\mathfrak{c}$ derivativ.

Nachweis. An Hand der Definition des $\triangle$ erkennt man unmittelbar: wenn $\mathfrak{c}^*$ eine Beiform zu $\mathfrak{c}$ ist, so ist $\triangle\mathfrak{c}^*$ eine Beiform zu $\triangle\mathfrak{c}$. Die Beiform einer derivativen Form ist aber auf Grund der normaldeduktiven Kodifikation der natürlichen derivativen Aussagenlogik (Satz 106) stets derivativ.

Satz 111 (Hilfsatz). (1) Mit $\triangle\mathfrak{a}\rightarrow\triangle\mathfrak{b}$ ist auch $\triangle(\mathfrak{a}\rightarrow\mathfrak{b})$ derivativ. — (2) Mit $\triangle\mathfrak{a}\rightarrow\triangle\mathfrak{b}\rightarrow\triangle\mathfrak{c}$ ist auch $\triangle(\mathfrak{a}\rightarrow\mathfrak{b}\rightarrow\mathfrak{c})$ derivativ.

Nachweis zu (1).

$\triangle\mathfrak{a}\rightarrow\triangle\mathfrak{b} \longrightarrow \neg(\triangle\mathfrak{a}\wedge\neg\triangle\mathfrak{b})$ nach $D34$ (1).

$\therefore$ (*) $\triangle\mathfrak{a}\rightarrow\triangle\mathfrak{b} \longrightarrow \triangle(\mathfrak{a}\rightarrow\mathfrak{b})$ gemäß Zeile 5 der Definition des $\triangle$ (angewandt auf das Hinterglied).

Nachweis zu (2).

$\triangle\mathfrak{b}\to\triangle\mathfrak{c} \longrightarrow \triangle(\mathfrak{b}\to\mathfrak{c})$ nach $(*)$.

$\therefore\ \triangle\mathfrak{a}\to\triangle\mathfrak{b}\to\triangle\mathfrak{c} \longrightarrow \triangle\mathfrak{a}\to\triangle(\mathfrak{b}\to\mathfrak{c})$ durch Vordergliedvorsetzen gemäß $D3$.

Nun $(*)$ im Hinterglied (angewandt auf $\mathfrak{b}\to\mathfrak{c}$ statt auf $\mathfrak{b}$), mit Kettenschluß.

Satz 112 (Hilfsatz). Mit $\neg\neg\triangle\mathfrak{c}$ ist auch $\triangle\mathfrak{c}$ derivativ; m.a.W.: die Schlußregel $\dfrac{\neg\neg\triangle\mathfrak{c}}{\triangle\mathfrak{c}}$ ist in der natürlichen derivativen Aussagenlogik abhängig.

Nachweis durch Netzinduktion.

1. $\mathfrak{c}$ sei eine Variable $\dot{\mathfrak{v}}$. Dann ist $\neg\neg\triangle\dot{\mathfrak{v}} \equiv \neg\neg\dot{\mathfrak{v}}$. Der zu beweisende Satz drückt sich umständlicher so aus: „Entweder $\neg\neg\triangle\mathfrak{c}$ ist nicht derivativ, oder $\triangle\mathfrak{c}$ ist derivativ.“ $\neg\neg\dot{\mathfrak{v}}$ ist [nach Satz 107 (1)] nicht derivativ. Daher ist der Satz für eine Variable, d.h. für eine Form von der Aufschichtungsordnung 1, gültig.

2. Der Satz sei für Formen bis zur Aufschichtungsordnung n bewiesen (Induktionsvoraussetzung). $\mathfrak{c}$ habe die Aufschichtungsordnung $n+1$. Man hat je nach der herrschenden Verknüpfung zu unterscheiden:

Unterfall 2a. $\mathfrak{c}$ sei Konjunktion: $\mathfrak{c} \equiv \mathfrak{a}\wedge\mathfrak{b}$. Dann ist $\neg\neg\triangle\mathfrak{c} \equiv \neg\neg(\triangle\mathfrak{a}\wedge\triangle\mathfrak{b})$. Mit den derivativen Formen $\neg\neg(\mathfrak{a}\wedge\mathfrak{b})\to\neg\neg\mathfrak{a}$ (aus $D23$ mit $D14$, Textaufgabe) und $\neg\neg(\mathfrak{a}\wedge\mathfrak{b})\to\neg\neg\mathfrak{b}$ (entsprechend aus $D24$) schließt man nun von $\neg\neg(\triangle\mathfrak{a}\wedge\triangle\mathfrak{b})$ auf $\neg\neg\triangle\mathfrak{a}$ und $\neg\neg\triangle\mathfrak{b}$.

Da $\mathfrak{a}$ und $\mathfrak{b}$ höchstens die Aufschichtungsordnung n haben, sind nach Induktionsvoraussetzung auch $\triangle\mathfrak{a}$ und $\triangle\mathfrak{b}$ derivativ. Mit $D25$ schließt man weiter auf $\triangle\mathfrak{a}\wedge\triangle\mathfrak{b}$, d.i. $\triangle\mathfrak{c}$.

Unterfall 2b. $\mathfrak{c}$ sei Negation, Disjunktion oder Implikation. Dann ist $\triangle\mathfrak{c}$ ein Negat: $\triangle\mathfrak{c} \equiv \neg\mathfrak{d}$. Mit $\neg\neg\triangle\mathfrak{c}$, d.i. $\neg\neg\neg\mathfrak{d}$ ist nach $D17$ auch $\neg\mathfrak{d}$, d.i. $\triangle\mathfrak{c}$, derivativ.

Satz 113 (Hilfsatz). Die Grundschlußregel geht bei Ersetzung ihrer Formeln durch deren Derivanten in eine derivativ abhängige Schlußregel über, m.a.W.: mit $\triangle\mathfrak{a}$ und $\triangle(\mathfrak{a}\to\mathfrak{b})$ ist auch $\triangle\mathfrak{b}$ derivativ.

Beweis.

$\triangle\mathfrak{a}\to\neg\triangle\mathfrak{b}\to\triangle\mathfrak{a}\wedge\neg\triangle\mathfrak{b}$ nach $D25$.

$\therefore\ \triangle\mathfrak{a}\to\neg(\triangle\mathfrak{a}\wedge\neg\triangle\mathfrak{b})\to\neg\neg\triangle\mathfrak{b}$ durch schwache Kontraposition gemäß $D14$ im Hinterglied, mit Kettenschluß.

$\therefore\ \triangle\mathfrak{a}\to\triangle(\mathfrak{a}\to\mathfrak{b})\to\neg\neg\triangle\mathfrak{b}$ gemäß Zeile 5 der Definition des $\triangle$.

Da $\triangle\mathfrak{a}$ und $\triangle(\mathfrak{a}\to\mathfrak{b})$ vorausgesetzt sind, folgt durch zweimaligen Grundschluß $\neg\neg\triangle\mathfrak{b}$.

Daraus $\triangle\mathfrak{b}$ nach Satz 112.

Satz 114 (1) — (Hilfsatz). Die Derivanten der alternären $\vee\neg$-Axiome WR 1—4 sind derivativ.

Nachweis.

1. Die Derivante von WR 1: $a \vee a \to a$ ist
$\neg(\neg(\neg a \wedge \neg a) \wedge \neg a)$.

Derivativer Beweis dieser Form:

$\neg(\neg a \wedge \neg\neg a)$ nach $D32$.

$\therefore$ $\neg(\neg\neg a \wedge \neg a)$ durch kommutative Umsetzung gemäß $D30$.

Nun Umsetzung des ersten $\neg a$ in $\neg a \wedge \neg a$ gemäß $D29$.

2. Die Derivante von WR 2: $a \to a \vee b$ ist nach Satz 111 (1) derivativ, sobald $\triangle a \to \triangle(a \vee b)$, d.i.
$a \to \neg(\neg a \wedge \neg b)$ derivativ ist.

Derivativer Beweis dieser Form:

$\neg a \wedge \neg b \to \neg a$ nach $D23$.

Nun „zweite schwache Kontraposition" gemäß $D15$.

3. Die Derivante von WR 3: $a \vee b \to b \vee a$ ist
$\neg(\neg(\neg a \wedge \neg b) \wedge \neg\neg(\neg b \wedge \neg a))$.

Derivativer Beweis dieser Form:

$\neg(\neg(\neg a \wedge \neg b) \wedge \neg\neg(\neg a \wedge \neg b))$ nach $D32$.

Nun kommutative Umsetzung gemäß $D30$ (hinter $\neg\neg$).

4. Die Derivante von WR 4: $a \to b \longrightarrow c \vee a \longrightarrow c \vee b$ ist nach Hilfsatz 111 (2) derivativ, sobald $\triangle(a \to b) \to \triangle(c \vee a) \to \triangle(c \vee b)$, d.i.
$\neg(a \wedge \neg b) \to \neg(\neg c \wedge \neg a) \to \neg(\neg c \wedge \neg b)$ derivativ ist.

Derivativer Beweis dieser Form:

$\neg(a \wedge \neg b) \to a \to \neg\neg b$ nach $D33$ (Umkehrungsteil).

$\therefore$ $\neg(a \wedge \neg b) \to \neg b \to \neg a$ durch schwache Kontraposition gemäß $D15$ im Hinterglied (mit Kettenschluß).

$\therefore$ $\neg(a \wedge \neg b) \to \neg c \wedge \neg b \to \neg c \wedge \neg a$ durch $\wedge$-Vorsetzen (gemäß $D28$ (2)) im Hinterglied.

Nun schwache Kontraposition gemäß $D14$ im Hinterglied.

Satz 114 (2) — (Hilfsatz). Die Derivanten der zu WR 5 und WR 22 gehörigen, in Variablen ausgedrückten Äquivalenzen sind derivativ.

Nachweis.

1. Die Derivanten der beiden Implikationen, in die die zu WR 5 gehörige, in Variablen ausgedrückte faktische Äquivalenz $a \to b \approx: \neg a \vee b$ zerfällt, sind

α. $\neg(\neg(a \wedge \neg b) \wedge \neg\neg(\neg\neg a \wedge \neg b))$, β. $\neg(\neg(\neg\neg a \wedge \neg b) \wedge \neg\neg(a \wedge \neg b))$.

Derivativer Beweis für α.

$\neg(\neg(a\wedge\neg b)\wedge\neg\neg(a\wedge\neg b))$ nach $D32$.

Nun Umsetzung (im zweiten Konjunktionsglied) gemäß $D42$.

Derivativer Beweis für β analog (die Umsetzung ist lediglich an anderer Stelle vorzunehmen).

2. Die Derivanten der beiden Implikationen, in die die zu WR 22 gehörige, in Variablen ausgedrückte faktische Äquivalenz $a\wedge b \approx: \neg(\neg a\vee\neg b)$ zerfällt, sind

$\gamma.\quad \neg((a\wedge b)\wedge\neg\neg\neg(\neg\neg a\wedge\neg\neg b)),\qquad \delta.\quad \neg(\neg\neg(\neg\neg a\wedge\neg\neg b)\wedge\neg(a\wedge b))$.

Derivativer Beweis für γ.

	$\neg(b\wedge a) \sim \neg(\neg\neg b\wedge a)$	nach $D42$.
$\therefore$ (*)	$\neg(a\wedge b) \sim \neg(a\wedge\neg\neg b)$	durch kommutative Umsetzungen gemäß $D30$.
	$\neg((a\wedge b)\wedge\neg(a\wedge b))$	nach $D32$.
$\therefore$	$\neg((a\wedge b)\wedge\neg(\neg\neg a\wedge\neg\neg b))$	durch je eine Umsetzung gemäß (*) und gemäß $D42$.

Nun Umsetzung gemäß (*) (oder auch gemäß $D16$, 17).

Derivativer Beweis für δ analog (die Umsetzungen sind lediglich an anderen Stellen vorzunehmen).

Satz 115. Die Derivante einer natürlichen Wahrform ist derivativ.

Nachweis. Jede natürliche Wahrform ergibt sich mittels Einsetzungen und Grundschlüssen aus den Axiomen WR 1—4 mit den Umsetzungen, die gemäß den Definitionen WR 5, WR 22 erlaubt sind (siehe Satz 49). — Nach Satz 44 lassen sich in einem derart geführten Beweise die Einsetzungen vorverlegen, d.h. jede natürliche Wahrform ergibt sich allein durch Grundschlüsse aus Beiformen zu WR 1—4 und aus den zu WR 5, WR 22 gehörigen faktischen Äquivalenzen.

Für eine beliebige Wahrform $\mathfrak{e}$ sei nun ein solcher Beweis mit vorverlegten Einsetzungen vorgelegt. Ersetzt man jede Formel dieses Beweises durch seine Derivante, so geht jeder Grundschluß nach Satz 113 in einen derivativ abhängigen Schluß über. Die neue Formelnfigur läßt sich somit zu einem Beweis für $\triangle\mathfrak{e}$ ergänzen, falls die Derivante jeder Beiform von WR 1—4 und die beiden Derivanten jedes Beiformenpaares der zu WR 5 bzw. zu WR 22 gehörigen, in Variablen ausgedrückten faktischen Äquivalenz derivativ sind.

Dies ergibt sich aber unmittelbar aus den Sätzen 114 (1) und (2) mit Satz 110.

Aus dem hiermit nachgewiesenen Satz ergibt sich mit der Anmerkung von S. 338 zunächst unmittelbar:

Satz 116. Jede $\wedge\neg$-Wahrform ist derivativ.

(Dieser Satz wirft ein Licht auf die interpretative Enge einer bloßen $\wedge\neg$-Form.)

Satz 117. Die Zuordnung der Derivante bildet die Menge aller natürlichen Wahrformen eindeutig auf eine echte Teilmenge der natürlichen *derivativen* Formelnmenge — nämlich auf die Menge aller derivativen Derivanten — ab.

Nachweis. 1. Nach Satz 115 ist die Derivante einer natürlichen Wahrform derivativ. 2. Sei $\triangle\mathfrak{c}$ (mit irgendeinem natürlichen $\mathfrak{c}$) derivativ. Nach Satz 107 (1) ist $\triangle\mathfrak{c}$ Wahrform. Daher ist nach Satz 109 (2) die natürliche Form $\mathfrak{c}$ selbst Wahrform.

Anmerkung. Die in Satz 117 betrachtete Zuordnung der Derivante ist selbstverständlich nicht umkehrbar eindeutig. Zum Beispiel haben ja die Wahrformen $a\vee\neg a$, $\neg a\rightarrow\neg a$, $\neg(\neg a\wedge\neg\neg a)$ ein und dieselbe Derivante (Textaufgabe).

7. Abschnitt.

Normaldeduktive intuitionistische Aussagenlogik.

Kapitel XXIII.

Die normaldeduktive Behandlung der intuitionistischen Aussagenlogik.

§ 132. Einführendes.

Der Leitgedanke der derivativen Aussagenlogik bestand darin, daß die Implikation nur so weit heranzuziehen sei, wie sie wirklich in der Deduktion fungiert. Dabei war die Deduktion nun in folgender Weise festgelegt: Zunächst wurden die direkten Formen erklärt, wobei außer der Grundschlußregel lediglich drei triviale Schlußregeln über $\wedge$ und drei triviale Schlußregeln über $\vee$ zugrunde lagen (S. 324), und sodann wurde gegen den Grundschluß abgeschlossen. — Dem Leitgedanken entsprechend ließ die natürliche derivative Aussagenlogik eine Ausdeutung als „Aufgaben"- oder „Problem"-Logik zu; diese Ausdeutung war ja in der Tat im Grunde nichts als eine drastische Einkleidung des konstruktiven Deduktionscharakters der natürlichen derivativen Aussagenlogik.

Die natürliche derivative Aussagenlogik zeigte einige zunächst überraschende Eigentümlichkeiten. So gelten in ihr zwar die Formen

$a\wedge\neg a\rightarrow\neg b$ $(D36)$, $\neg a\rightarrow a\rightarrow\neg b$ $(D21)$

nicht aber — nach Satz 107 (2) — die Formen

$a\wedge\neg a\rightarrow b$, $\neg a\rightarrow a\rightarrow b$.

Es entspricht also der rein deduktiven Benutzung der Implikation, daß ein „Widerspruch", d.h. eine Aussage und ihr Gegenteil, jede beliebige negative Aussage nach sich ziehe; dagegen gelangen wir bei unserer „derivativen" Einstellung nicht zu dem Ergebnis, daß ein solcher Widerspruch jede beliebige Aussage nach sich ziehe.

Andererseits ist — sobald man es überhaupt mit einem widerspruchsfreien Wissensgebiet zu tun hat — die Schlußregel, die von einem Widerspruch auf beliebiges zu schließen gestattet, trivialerweise „implizit abhängig" (gemäß der Erklärung aus § 58; in der Tat ist für die Schlußregel $\frac{\mathfrak{a} \quad \neg\mathfrak{a}}{\mathfrak{b}}$ mit irgendwelchen Oberformeln auch die Unterformel beweisbar, da ja gar kein Oberformelnpaar der angegebenen Art beweisbar ist). Diese Erwägung legt die Vermutung nahe, daß die Zufügung der Implikation „Ein Widerspruch bedingt alles beliebige" zu den Axiomen eines Wissensgebietes den Rahmen der Deduktion nicht überschreite (hier wäre natürlich zunächst genauer zu präzisieren, was mit diesem Ausdruck gemeint ist; man vgl. hierzu auch die Ausführungen von S. 270). Eine solche Überzeugung wird zunächst auch in gewisser Weise formal gestützt dadurch, daß sich die natürliche derivative Logik in § 129 gerade durch das Fehlen der Aussagenform $a \wedge \neg a \rightarrow b$ als nicht extensiv abgeschlossen erwies (s. Nachweis zu Satz 108).

In ihrer exportierten Gestalt $\neg a \rightarrow a \rightarrow b$ drückt die in Rede stehende Implikation aus: „Aus der Negation einer Aussage $\mathfrak{a}$ entfließt, daß sie (d.h. $\mathfrak{a}$) ein beliebiges $\mathfrak{b}$ nach sich ziehe" m.a.W. „ex falso quodlibet". Ihre Hinzunahme als Axiom wird die zu Eingang dieses Paragraphen aufgezeigte Diskrepanz zwischen beweisbarem $a \wedge \neg a \rightarrow \neg b$ und nicht beweisbarem $a \wedge \neg a \rightarrow b$ beseitigen, ohne den Einklang mit der deduktiven Rolle der Implikation zu zerstören.

§ 133. Normaldeduktive Kodifikation der intuitionistischen Aussagenlogik.

Erklärung. Die Zufügung der Aussagenform

$\neg a \rightarrow a \rightarrow b$ (Wahrform zum Schluß aus Widerlegtem, „ex falso quodlibet")

bzw. der vordergliedgetauschten Form

$a \rightarrow \neg a \rightarrow b$

zur normaldeduktiven natürlichen derivativen Aussagenlogik erweitert diese zur sog. „intuitionistischen" Aussagenlogik (wobei die Bezeichnung „intuitionistisch" bloß *historische* Gründe hat). Es genügt bereits, wie wir sehen werden, eine *Beiform* der letztgenannten Aussagenform, nämlich: $\neg a \to \neg\neg a \to a$, als Axiom zuzufügen, um die „Form zum Schluß aus Widerlegtem" zurückzugewinnen. — So entsteht das folgende

Axiomensystem der normaldeduktiven intuitionistischen Aussagenlogik.

I. Axiome für .		
*D*1.	$a \to b \to a$	Form zur Vorderglied-Vorschaltung
*D*7.	$a \to a \to b \longrightarrow a \to b$	Form zur Vorderglied-Kürzung
*D*5.	$a \to b \longrightarrow b \to c \longrightarrow a \to c$	Form zum Kettenschluß
II. Axiome für $\wedge$.		
*D*23.	$a \wedge b \to a$	Formen zur $\wedge$-Verdünnung
*D*24.	$a \wedge b \to b$	
*D*27.	$a \to b \longrightarrow a \to c \longrightarrow a \to b \wedge c$	Form zur Hintergliedkonjugation
III. Axiome für $\vee$.		
*D*46.	$a \to a \vee b$	Formen zur $\vee$-Verdünnung
*D*47.	$b \to a \vee b$	
*D*48.	$b \to a \longrightarrow c \to a \longrightarrow b \vee c \to a$	Form zur Vordergliedddisjugation
IV. Axiome für $\neg$.		
*D*15.	$a \to \neg b \longrightarrow b \to \neg a$	(zweite) Form zur schwachen Kontraposition
*J*1.	$\neg a \to \neg\neg a \to a$	enges intuitionistisches Axiom

(*D*1 bis *D*15: Axiome der natürlichen derivativen Aussagenlogik)

Anmerkung:

Die Axiome I bis III spannen nach § 126 normaldeduktiv die derivative $\to\wedge\vee$-Logik auf, die Axiome I bis III und das erste Axiom IV (d.i. *D*15) die natürliche derivative Aussagenlogik.

Die Axiome I spannen die derivative Implikations-Logik auf (§ 110 mit § 81), I und IV *D*15 die derivative $\to\neg$-Logik (§ 113 mit § 81),
I und II spannen die derivative $\to\wedge$-Logik auf,
I, II und IV *D*15 die derivative $\to\wedge\neg$-Logik (§ 115 mit § 81),
I und III spannen die derivative $\to\vee$-Logik auf,
I, III und IV *D*15 die derivative $\to\vee\neg$-Logik (§ 125 mit § 81).

Entsprechend nennen wir die von I bis IV normaldeduktiv aufgespannte Logik die „*natürliche intuitionistische Aussagenlogik*", weiter die von I allein aufgespannte Logik die „intuitionistische Implikations-Logik" usf.; genauer:

Wir nennen eine natürliche Aussagenform *intuitionistisch,* wenn sie aus den Axiomen I bis IV mittels der normaldeduktiven Schlüsse — Einsetzung und Grundschluß — folgt (entsprechend für I allein: intuitionistische $\rightarrow$-Form, usw.).

Bevor wir die Axiome als voneinander unabhängig erkennen, wollen wir ihre nächstliegenden Folgerungen kennenlernen.

§ 134. Einige intuitionistische (nicht derivative) Herleitungen.

Vorbemerkung. Die meisten der in diesem Paragraphen bewiesenen Formen sind bereits in Satz 107 (2) als nicht derivativ aufgeführt.

In den Beweisen dürfen alle Formen $D1$—75 der natürlichen derivativen Aussagenlogik benutzt werden, da sie bereits aus I bis IV $D15$ hergeleitet worden sind (6. Abschnitt).

$J2.$ $\neg\neg a \rightarrow \neg a \rightarrow a.$

Beweis. $\neg a \rightarrow \neg\neg a \rightarrow a$ ist $J1$.
Nun Tausch der Vorderglieder gemäß $D4$.

$J3.$ $\neg a \rightarrow a \rightarrow b$ (Form zum Schluß „ex falso quodlibet").

Beweis. — $\neg a \rightarrow a \rightarrow \neg\neg b$ nach $D21$.

$\neg\neg b \rightarrow \neg b \rightarrow b$ nach $J2$.

∴∴ $\neg a \rightarrow a \rightarrow \neg b \rightarrow b$ aus den beiden letzten Formen durch iterierten Kettenschluß gemäß $D9$.

$a \rightarrow \neg b \rightarrow b \longrightarrow a \rightarrow \neg b \longrightarrow a \rightarrow b$ nach $D2$.

∴∴ $\neg a \longrightarrow a \rightarrow \neg b \longrightarrow a \rightarrow b$ aus den beiden letzten Formen durch Kettenschluß gemäß $D5$.

$\neg a \longrightarrow a \rightarrow \neg b$ nach $D21$.

Nun „Dreierschluß" (gemäß $D2$) aus den letzten beiden Formen.

$J4.$ $a \rightarrow \neg a \rightarrow b.$

Aus $J3$ durch Tausch der Vorderglieder gemäß $D4$.

$J5.$ $a \wedge \neg a \rightarrow b.$

Aus $J4$ durch Importation gemäß $D26$.

$J6.$ $a \vee \neg a \rightarrow \neg\neg a \rightarrow a$ (Eine Abhängigkeit zwischen den implikativen Formen zum „tertium non datur" und zur „reductio inabsurdi").

Anmerkung. Die konverse Implikation $\neg\neg a \rightarrow a \longrightarrow a \vee \neg a$ wird sich später mit den Methoden des § 159 als nicht intuitionistisch erkennen lassen.

Beweis für $J6$.

$a \rightarrow \neg\neg a \rightarrow a$ nach $D1$.

$\neg a \rightarrow \neg\neg a \rightarrow a$ nach $J1$.

Nun Vordergliеddisjugation gemäß $D48$.

$\underline{J7.}$ $\left\{\begin{array}{l}(1)\quad a\vee b\rightarrow\neg a\rightarrow b.\\ \hline (2)\quad \neg a\vee b\rightarrow a\rightarrow b.\\ \hline\end{array}\right.$

Anmerkung. $J7$ (2) gibt die eine Richtung der definitorischen Äquivalenz für die alternäre Implikation wieder; die andere ist nicht intuitionistisch (vgl. hierzu später Satz 120).

Beweis für (1). $a\rightarrow\neg a\rightarrow b$ nach $J4$

$b\rightarrow\neg a\rightarrow b$ nach $D1$.

Nun Vordergliеddisjugation gemäß $D48$.

Beweis für (2) entsprechend mit $I3$ (Durchführung als Textaufgabe).

$\underline{J8.}$ $\left\{\begin{array}{l}(1)\quad a\wedge(\neg a\vee b)\rightarrow b.\\ \hline (2)\quad \neg a\wedge(a\vee b)\rightarrow b.\\ \hline\end{array}\right.$

Beweis für (1). — $\neg a\vee b\rightarrow a\rightarrow b$ nach $J7$ (2).

∴ $a\rightarrow\neg a\vee b\rightarrow b$ durch Tausch der Vorderglieder gemäß $D4$.

Nun Importation gemäß $D26$.

Beweis für (2) entsprechend aus $J7$ (1) [Textaufgabe].

$\underline{J9.\ a\vee(b\wedge\neg b) \sim a}$ Gesetz vom überflüssigen Disjunktionsglied.

Anmerkung. Offensichtlich läßt sich hier und im folgenden stets von $\sim$ an Hand der Definition von S. 148 mit $D23$—25 zu $\leftrightarrow$ übergehen (und umgekehrt).

Beweis für $J9$.

Erstens: $a\rightarrow a$ nach $D6$.

$b\wedge\neg b\rightarrow a$ nach $J5$.

Nun Vordergliеddisjugation gemäß $D48$.

Zweitens: $a\rightarrow a\vee(b\wedge\neg b)$ nach $D46$.

Anmerkung. Im Gegensatz zu $J9$ ist das Gesetz vom überflüssigen Konjunktionsglied $a\wedge(b\vee\neg b) \sim a$ nicht intuitionistisch. Aus ihm würde nämlich folgen $a\rightarrow b\vee\neg b$ und — nach Einsetzung von $a\rightarrow a$ für a — weiter: $b\vee\neg b$. Diese Form (des Tertium non datur) wird in Satz 120 als nicht intuitionistisch erkannt werden.

$\underline{J10\,(1).\ a\rightarrow b\vee c \longrightarrow a\wedge\neg c\rightarrow b}$ (Erstes Überstellungsgesetz).

Beweis. $c\vee b\rightarrow\neg c\rightarrow b$ nach $J7$ (1).

∴ $b\vee c\rightarrow\neg c\rightarrow b$ durch Kommutation gemäß $D51$ im Vorderglied, mit Kettenschluß.

∴ $a\rightarrow b\vee c \longrightarrow a\rightarrow\neg c\rightarrow b$ durch $\rightarrow$-Vorsetzung gemäß $D3$.

Nun Importation gemäß $D26$ im Hinterglied.

$J\,10\,(2)$. $a \to b \vee \neg c \longrightarrow a \wedge c \to b$ (Zweites Überstellungsgesetz).

Beweis analog dem vorigen, bei Ausgang von $J\,7\,(2)$. Durchführung als Textaufgabe.

$J\,11$. $\neg(a \to b) \sim \neg\neg a \wedge \neg b$.

Beweis für $\to$.

$\neg(a \to b) \to \neg\neg a$ aus $J\,3$ durch Kontraposition gemäß $D\,14$.

$\neg(a \to b) \to \neg b$ aus $D\,1$ durch Kontraposition gemäß $D\,14$.

Nun Hintergliedkonjugation gemäß $D\,27$.

Die konverse Implikation $\leftarrow$, die $J\,11$ zu einer faktischen Äquivalenz vervollständigt, ist offensichtlich sogar derivativ. Beweis entweder aus $D\,34$, 14 (Übungsaufgabe) oder wie folgt:

$\neg b \longrightarrow a \to b \longrightarrow \neg a$ aus $D\,14$ durch Vordergliedtausch gemäß $D\,4$.

$\therefore$ $\neg b \to \neg\neg a \to \neg(a \to b)$ durch Kontraposition (gemäß $D\,14$) im Hinterglied, mit Kettenschluß.

$\therefore$ $\neg\neg a \to \neg b \to \neg(a \to b)$ durch Vordergliedtausch gemäß $D\,4$.

Nun Importation gemäß $D\,26$.

Anmerkung. $J\,11$ gibt ein besonders deutliches Beispiel dafür, daß der intuitionistische Gebrauch der Implikation sich weit von jenen Interpretationen der Implikation entfernt, die auf ein „inhaltlich bezogenes" Schließen in einem strengen Sinne dieses Bezuges ausgehen; vgl. hierzu § 107 und später auch die abschließende Bemerkung von § 172.

$J\,12$. $\neg\neg(\neg\neg a \to a)$ (Inabsurdität der reductio inabsurdi).

Beweis. $a \vee \neg a \to \neg\neg a \to a$ nach $J\,6$.

$\therefore$ $\neg\neg(a \vee \neg a) \to \neg\neg(\neg\neg a \to a)$ durch zweimalige schwache Kontraposition gemäß $D\,14$.

Nun Grundschluß mit $D\,72$.

$J\,13$. $\neg a \sim a \to b \wedge \neg b$.

Beweis.

Erstens: nach $J\,3$ (Einsetzung von $b \wedge \neg b$ für b).

Zweitens: $D\,37$.

$J\,14$. $a \wedge \neg a \sim b \wedge \neg b$.

Beweis. Es genügt zu zeigen: $\to$.

$a \wedge \neg a \to b \wedge \neg b$ nach $J\,5$ (Einsetzung von $b \wedge \neg b$ für b). —

Einführung des „Absurden". In der derivativen Logik hatten wir auf Grund der Äquivalenz $D39$: $\neg a \wedge \neg\neg a \sim \neg b \wedge \neg\neg b$ — und unter Heranziehung der Umsetzungsregel von S. 287 — das Zeichen $\boldsymbol{\curlywedge} \approx: \neg\mathfrak{c} \wedge \neg\neg\mathfrak{c}$ (wobei die einschlägige Form $\mathfrak{c}$ auswechselbar ist) für „*den* Widerspruch über einem Negat" eingeführt; es war dann $\neg a \sim a \to \boldsymbol{\curlywedge}$ und $\boldsymbol{\curlywedge} \to \neg a$ beweisbar (S. 290).

In der intuitionistischen Logik läßt sich nun entsprechend auf Grund von $J14$ für „den *gewöhnlichen* Widerspruch" — oder, wie man in der intuitionistischen Logik auch sagen kann: für „das Absurde" — ein Zeichen $\curlywedge \approx: \mathfrak{c} \wedge \neg\mathfrak{c}$ (wobei die einschlägige Form $\mathfrak{c}$ auswechselbar ist) einführen, und es ist nach $J13$ nun $\neg a \sim a \to \curlywedge$ beweisbar. Man hat somit eine weit natürlichere Erklärung der Absurdität als etwa durch den „Widerspruch über einem Negat", nämlich: $\neg a$, gelesen „nicht a" oder „a absurd" meint: „a impliziert das (oben definierte) Absurde". Auf diese Erklärung wird sich das intuitionistische Kodifikat des § 142 gründen.

Nach Einbeziehung des $\curlywedge$-Zeichens drücken sich einige der bewiesenen Formen allgemeiner aus:

$J13°$. $\neg a \sim a \to \curlywedge$ wurde bereits erwähnt.

$J5°$. $\curlywedge \to a$ (diese Form wird in § 142 eine besondere Rolle spielen).

$J9°$. $a \vee \curlywedge \sim a$.

Textaufgabe. Man beweise:

$\curlywedge \vee a \sim a$;

$a \wedge \curlywedge \sim \curlywedge$; $\curlywedge \wedge a \sim \curlywedge$;

$\neg\curlywedge$;

$\neg\curlywedge \sim \curlywedge \to \curlywedge$ (letzteres etwa mit $J13$).

$J15$. $\neg a \to \neg b \longrightarrow \neg\neg(b \to a)$.

Beweis. $\neg a \to \neg b \longrightarrow \neg(\neg a \wedge \neg\neg b)$ nach $D34$.

$\therefore$ $\neg a \to \neg b \longrightarrow \neg(\neg\neg b \wedge \neg a)$ durch Kommutation (Umsetzung mit $D30$ im Hinterglied).

Nun Umsetzung mit $J11$ im Hinterglied.

$J16$. (1) $a \to \neg\neg b \longrightarrow \neg\neg(a \to b)$.

(2) $\neg\neg a \to \neg\neg b \longrightarrow \neg\neg(a \to b)$.

Beweis. $\neg b \to \neg a \longrightarrow \neg\neg(a \to b)$ nach $J15$

Nun für (1): Umsetzung mit $D44$ im Vorderglied

dagegen für (2): Umsetzung mit $D15$ im Vorderglied.

[Aufgabe: (2) unmittelbar aus (1) mit $D16, 3, 5$ herzuleiten.]

§ 135. Die gegenseitige Unabhängigkeit der intuitionistischen Axiome.

Satz 118. (1) Die Axiome der normaldeduktiven natürlichen intuitionistischen Aussagenlogik sind voneinander unabhängig. — (2) Dasselbe gilt für die Axiome der normaldeduktiven natürlichen derivativen Aussagenlogik (§ 126) und für die Axiome der derivativen Teil-Logiken, denen als Verknüpfungsbasis die Verknüpfungen $\rightarrow$ (§ 110), $\rightarrow$ und $\neg$ (§ 113) bzw. $\rightarrow$, $\wedge$ und $\neg$ (§ 115, Satz 90) zugrunde lagen.

Zum *Nachweis* der Behauptung (1) wird im folgenden für jedes der Axiome I bis IV von § 133 eine Quasiwahrheitswertung (im Sinne des § 46) angegeben, die gerade seine Unabhängigkeit beweist. Die Belegung, die das betreffende Axiom nicht quasiwahr macht, ist jeweils angegeben. Dagegen sollen sowohl der Nachweis, daß jeweils alle übrigen Axiome Quasiwahrformen sind, wie auch der Nachweis, daß die Quasiwahrheit grundschlußerblich ist, dem Leser als *Aufgabe* überlassen bleiben. (Zur abgekürzten Wertung vgl. die Anleitung des § 41.)

Wertung für D1.

	$a\rightarrow b$			$a\wedge b$			$a\vee b$			$\neg a$
b	0	1	2	0	1	2	0	1	2	
a 0	0	2	2	0	1	2	0	0	0	2
a 1	0	0	2	1	1	2	0	1	1	1
a 2	0	0	0	2	2	2	0	1	2	0

Ausgezeichnet: 0.

$D1$: $1\rightarrow 0\rightarrow 1 \;=\; 1\rightarrow 2 \;=\; 2.$

Wertung für D7.

	$a\rightarrow b$		
b	0	1	2
a 0	0	1	2
a 1	0	0	1
a 2	0	0	0

Tafeln für $\wedge$, $\vee$ und $\neg$ wie bei der vorigen Wertung.

Ausgezeichnet: 0.

$D7$: $1\rightarrow 1\rightarrow 2 \longrightarrow 1\rightarrow 2 \;=\; 1\rightarrow 1 \longrightarrow 1 \;=\; 0\rightarrow 1 \;=\; 1.$

Wertung für D5.

	$a\rightarrow b$				$a\wedge b$				$a\vee b$				$\neg a$
b	0	1	2	3	0	1	2	3	0	1	2	3	
a 0	0	1	2	3	0	1	2	3	0	0	0	0	2
a 1	0	0	0	3	1	1	2	3	0	1	1	1	0
a 2	0	0	0	0	2	2	2	3	0	1	2	2	0
a 3	0	0	0	0	3	3	3	3	0	1	2	3	0

Ausgezeichnet: 0.

$D5$: $1\rightarrow 2 \longrightarrow 2\rightarrow 3 \longrightarrow 1\rightarrow 3 \;=\; 0\rightarrow 0\rightarrow 3 \;=\; 0\rightarrow 3 \;=\; 3.$

Anmerkung. Bei den Wertungen für $D1$, $D5$ und $D7$ wird auch die folgende Beiform zu FL 10: $(a\to\neg a)\to a \longrightarrow a$ Quasiwahrform. Ihre Zufügung zu den Axiomen würde also die jeweils gezeigte Unabhängigkeit nicht stören.

Wertung für D23.

Zu $\to$, $\vee$, $\neg$ die richtige alternäre Wertung.

$a\wedge b$	$b=0$	$b=1$
$a=0$	0	1
$a=1$	0	1

Ausgezeichnet: 0.

$D23$: $1\wedge 0\to 1 \;=\; 0\to 1 \;=\; 1$.

Wertung für D24.

Zu $\to$, $\vee$, $\neg$ die richtige alternäre Wertung.

$a\wedge b$	$b=0$	$b=1$
$a=0$	0	0
$a=1$	1	1

Ausgezeichnet: 0.

$D24$: $0\wedge 1\to 1 \;=\; 0\to 1 \;=\; 1$.

Wertung für D27.

Für $\to$, $\vee$, $\neg$ die richtige alternäre Wertung.

$a\wedge b$	$b=0$	$b=1$
$a=0$	1	1
$a=1$	1	1

Ausgezeichnet: 0.

$$D27:\; 0\to 0 \longrightarrow 0\to 0 \longrightarrow 0\to 0\wedge 0 \;=\; = \; 0 \longrightarrow 0 \longrightarrow 0\to 1 \;=\; 1.$$

Wertung für D46.

Zu $\to$, $\wedge$, $\neg$ die richtige alternäre Wertung.

$a\vee b$	$b=0$	$b=1$
$a=0$	0	1
$a=1$	0	1

Ausgezeichnet: 0.

$D46$: $0\to 0\vee 1 \;=\; 0\to 1 \;=\; 1$.

Wertung für D47.

Zu $\rightarrow$, $\wedge$, $\neg$ die richtige alternäre Wertung.

$a \vee b$	$b = 0$	$b = 1$
$a = 0$	0	0
$a = 1$	1	1

Ausgezeichnet: 0.

$D47$: $0 \rightarrow 1 \vee 0 = 0 \rightarrow 1 = 1$.

Wertung für D48.

Zu $\rightarrow$, $\wedge$, $\neg$ die richtige alternäre Wertung.

$a \vee b$	$b = 0$	$b = 1$
$a = 0$	0	0
$a = 1$	0	0

Ausgezeichnet: 0.

$D48$: $1 \rightarrow 1 \longrightarrow 1 \rightarrow 1 \longrightarrow 1 \vee 1 \rightarrow 1 =$
$= 0 \longrightarrow 0 \longrightarrow 0 \rightarrow 1 = 1$.

Wertung für D15.

Zu $\rightarrow$, $\wedge$, $\vee$ die richtige alternäre Wertung. Weiter: $\neg a = a$.

Quasiwahr: 0.

$D15$: $1 \rightarrow \neg 0 \longrightarrow 0 \rightarrow \neg 1 = 1 \rightarrow 0 \longrightarrow 0 \rightarrow 1 = 0 \rightarrow 1 = 1$.

Wertung für J1.

Zu $\rightarrow$, $\wedge$, $\vee$ die richtige alternäre Wertung. Weiter: $\neg a = 0$.

Quasiwahr: 0.

$J1$: $\neg 1 \rightarrow \neg\neg 1 \rightarrow 1 = 0 \rightarrow 0 \rightarrow 1 = 1$.

Nachweis des Satzes 118 (2). Die in diesem Satz genannten Axiomensysteme sind Teile desjenigen Axiomensystems, das aus dem in Satz 118(1) betrachteten Axiomensystem bei Ersetzung der Axiome $D5$, 7 durch das Axiom $D2$ hervorgeht. Zum Nachweis des Satzes 118 (2) genügt es also nach (1), noch zu zeigen:

1. In den Wertungen des Nachweises für 118 (1) — mit Ausnahme der Wertung für $D7$ und der derjenigen für $D5$ — ist $D2$ Quasiwahrform. Diese Behauptung ist nur hinsichtlich der Wertung für $D1$ nicht von vorneherein evident; ihr Nachweis sei im Anschluß an den ersten Absatz des Nachweises für Satz 118 (1) als Textaufgabe gestellt.

2. Von $D1$ und $D15$, 23, 24, 27, 46, 47, 48 sowie $J1$ ist $D2$ unabhängig. Zum Nachweis dieser Behauptung kann die „Wertung für $D7$" von S. 349 dienen. In ihr ist nämlich $D2$ nicht Quasiwahrform, denn:

$1 \rightarrow 1 \rightarrow 2 \longrightarrow 1 \rightarrow 1 \longrightarrow 1 \rightarrow 2 = 1 \rightarrow 1 \longrightarrow 0 \rightarrow 1 = 0 \rightarrow 1 = 1$.

Satz 119. Keine der in §§ 133, 134 aufgeführten Formen $J1$ bis $J16$ ist derivativ.

Bezüglich der faktischen Äquivalenzen J 9, 11, 13 bezieht sich diese Behauptung offenbar jeweils nur auf eine der beiden Implikationen. In diesem Sinne ist auch die nachfolgende Nachweisskizze zu verstehen.

Erster Teil: Nachweis betreffs $J1$ bis $J10$. Dieser Nachweis läßt sich ohne Schwierigkeit an Hand der letzten Quasiwertung (für $J1$) führen, die sich von der alternären Wahrheitswertung lediglich dadurch unterscheidet, daß jedes Negat den Wert „wahr" erhält. In dieser Quasiwertung sind, wie bereits benutzt wurde, alle Axiome der natürlichen derivativen Logik (aus § 126) Quasiwahrformen. (Für die Axiome $D1, 5, 7, 23, 24, 27, 46, 47, 48$ — S. 344 —, die kein $\neg$-Zeichen enthalten, ist dies unmittelbar klar, und Axiom $D15$ wird ebenfalls Quasiwahrform, da das Hinterglied $\neg a$ stets den ausgezeichneten Wert bekommt.) Die Angabe je einer nicht quasiwahren Belegung für $J1$ bis $J10$ kann dem Leser als Textaufgabe überlassen bleiben.

Zweiter Teil: Nachweis betreffs $J11$ bis $J16$. Aus $J14$ wird mit $D5$ und $D23$ unmittelbar $J5$ zurückerhalten; $J5$ wurde jedoch im ersten Teil dieses Nachweises als nicht derivativ erkannt. Entsprechend geht $J13$ mit $D9$ auf $J3$ zurück.

Aus $J11$ ergibt sich mit $D23$ unmittelbar: $\neg(a \rightarrow b) \rightarrow \neg\neg a$. Diese Form wurde ebenso wie $J12$ in § 123 als nicht derivativ erkannt (Beispiele 4 und 12 jenes Paragraphen). $J15$ führte mit derivativen Formen auf $J16$; die beiden Formen $J16$ (1) und $J16$ (2) wurden ebenfalls in § 123 als nicht derivativ erkannt (Beispiele 7 und Zusatz dazu). — Das in § 123 benutzte Entscheidungsverfahren zeigt zwar lediglich, daß die betreffenden Formen *in der derivativen* $\rightarrow\wedge\neg$*-Logik* nicht beweisbar sind. Daß sie dann auch *in der natürlichen derivativen Logik* nicht beweisbar sind — hierauf soll sich ja nach einer Anmerkung des § 126 das Prädikat „derivativ" nunmehr stets beziehen! — wird erst in Satz 145 ohne Benutzung des vorliegenden Satzes 119 gezeigt werden. Um der systematischen Einordnung willen sei diese Vorwegnahme gestattet.

Anmerkung. Die im ersten Teil des Nachweises benutzte Quasiwertung ist, wie schon ihre Belegung jedes Negats mit „wahr" plausibel macht, keineswegs der natürlichen derivativen Logik adäquat; sie gibt mithin selbstverständlich nicht etwa ein Entscheidungsverfahren für diese Logik an die Hand. So haben wir z.B. (in § 123) die Form $J12$: $\neg\neg(\neg\neg a \rightarrow a)$ als nicht derivativ erkannt — vgl. hierzu den Schluß des vorigen Absatzes — obwohl sie hier Quasiwahrform ist. Wir werden in § 141 erfahren, daß der derivativen Aussagenlogik überhaupt nicht mit adäquaten endlichen Wertungen beizukommen ist, m.a.W. daß sie sich nicht etwa als eine „mehrwertige" Logik ansprechen läßt (vgl. § 49).

§ 136. Beispiele nichtintuitionistischer Wahrformen.

Die intuitionistische Aussagenlogik ist keineswegs mit der alternären Aussagenlogik identisch, d. h. in ihr sind keineswegs alle (einschlägigen) Wahrformen beweisbar. Die intuitionistische Logik stellt vielmehr eine wesentliche Einschränkung gegenüber der alternären Logik dar, wie die folgenden ersten Beispiele zeigen mögen.

Satz 120. Die folgenden $\rightarrow\wedge\vee\neg$-Wahrformen sind Beispiele nichtintuitionistischer Wahrformen.

A 1. $a \vee \neg a$ (Tertium non datur).

A 2. $\neg\neg a \rightarrow a$ (Form zur reductio inabsurdi).

A 3. $(a \rightarrow \neg a) \rightarrow a \longrightarrow a$ (spezielle PEIRCEsche Wahrform).

A 4. (1) $\neg a \rightarrow \neg b \longrightarrow b \rightarrow a$, (2) $\neg a \rightarrow b \sim \neg b \rightarrow a$ (Formen zur starken Kontraposition).

A 5. $a \rightarrow b \longrightarrow \neg a \vee b$.

A 6. $b \vee \neg b \rightarrow a \longrightarrow a$.

A 7. $a \vee \neg a \sim b \vee \neg b$.

A 8. $a \rightarrow b \longrightarrow \neg\neg a \rightarrow b$.

Anmerkung. Weitere Beispiele werden folgen.

Nachweis des Satzes wiederum durch eine dreiwertige Wertung (gemäß Kap. VIII), vgl. auch § 135.

	$a \rightarrow b$			$a \wedge b$			$a \vee b$			$\neg a$
	b			b			b			
	0	1	2	0	1	2	0	1	2	
a 0	0	1	2	0	1	2	0	0	0	2
a 1	0	0	2	1	1	2	0	1	1	2
a 2	0	0	0	2	2	2	0	1	2	0

Ausgezeichneter Wert 0.
Für $a = 0$, $b \neq 0$ wird $a \rightarrow b \neq 0$.

Textaufgabe. Alle intuitionistischen Axiome werden Quasi-Wahrformen.

Dagegen sind die Formen *A* 1 bis *A* 8 nicht Quasi-Wahrformen:

Zu *A* 1: $1 \vee \neg 1 = 1 \vee 2 = 1$.

Zu *A* 2: $\neg\neg 1 \rightarrow 1 = \neg 2 \rightarrow 1 = 0 \rightarrow 1 = 1$.

Zu *A* 3: $(1 \rightarrow \neg 1) \rightarrow 1 \longrightarrow 1 = (1 \rightarrow 2) \rightarrow 1 \longrightarrow 1 = 2 \rightarrow 1 \longrightarrow 1 =$
$= 0 \rightarrow 1 = 1$.

Zu *A* 4 (1): $\neg 1 \rightarrow \neg 0 \longrightarrow 0 \rightarrow 1 = 2 \rightarrow 2 \longrightarrow 1 = 0 \rightarrow 1 = 1$.

Zu *A* 4 (2): $\neg 1 \rightarrow 2 \longrightarrow \neg 2 \rightarrow 1 = 2 \rightarrow 2 \longrightarrow 0 \rightarrow 1 = 0 \rightarrow 1 = 1$.

Zu *A* 5: $1 \rightarrow 1 \longrightarrow \neg 1 \vee 1 = 0 \rightarrow 2 \vee 1 = 0 \rightarrow 1 = 1$.

Zu $A6$: $1 \vee \neg 1 \rightarrow 1 \longrightarrow 1 = 1 \vee 2 \rightarrow 1 \longrightarrow 1 = 1 \rightarrow 1 \longrightarrow 1 =$
$= 0 \rightarrow 1 = 1.$

Zu $A7$: $0 \vee \neg 0 \rightarrow 1 \vee \neg 1 = 0 \vee 2 \rightarrow 1 \vee 2 = 0 \rightarrow 1 = 1.$

Zu $A8$: $1 \rightarrow 1 \longrightarrow \neg\neg 1 \rightarrow 1 = 0 \rightarrow \neg 2 \rightarrow 1 = 0 \rightarrow 0 \rightarrow 1 =$
$= 0 \rightarrow 1 = 1.$

Zur Beachtung. Man darf nicht etwa meinen, daß die angegebene dreiwertige Quasiwertung adäquat sei (§ 46); m.a.W., daß die intuitionistische Logik eine „dreiwertige Logik" (etwa mit der Wahrheitswert-Interpretation „wahr", „falsch", „unbestimmt") sei. Bereits in § 49 wurde dargetan, daß die Vorstellung einer Logik mit drei derartigen Werten ungereimt ist. Wie in § 141 gezeigt werden wird, ist die intuitionistische Aussagenlogik *überhaupt keiner adäquaten Quasiwahrheitswertung* fähig. Ein Entscheidungsverfahren für die intuitionistische Aussagenlogik darf also nicht in einem Wertungsverfahren gesucht werden.

Ein Gegenbeispiel gegen die Vermutung, daß die oben angegebene dreiwertige Quasiwertung adäquat sei, liefert bereits die Wahrform

$\underline{A9}$. $\neg\neg a \rightarrow a \longrightarrow a \vee \neg a$. Diese wird hier Quasiwahrform. Wir werden sie aber in der 1. Textaufgabe von S. 428 als nichtintuitionistisch erkennen.

Zusatzfrage im Anschluß an § 129, Satz 108: Ist die intuitionistische Aussagenlogik extensiv abgeschlossen? — Hierzu sei angemerkt:

1. Die nichtintuitionistische „PEIRCEsche Wahrform" $(a \rightarrow b) \rightarrow a \longrightarrow a$ (S. 212; sie ist nichtintuitionistisch, da sie $A3$ von S. 353 als Beiform hat) bildet *kein* Gegenbeispiel gegen die extensive Abgeschlossenheit, da es ein nichtintuitionistisches $\mathfrak{a}$ mit intuitionistischem $(\mathfrak{a} \rightarrow \mathfrak{b}) \rightarrow \mathfrak{a}$ gibt, nämlich $\mathfrak{a} \equiv: a \vee \neg a$, $\mathfrak{b} \equiv: \neg a$. — Beweis für $(\mathfrak{a} \rightarrow \mathfrak{b}) \rightarrow \mathfrak{a}$:

$a \rightarrow a \vee \neg a$ nach $D46$.

$\therefore$ $a \vee \neg a \rightarrow \neg a \longrightarrow a \rightarrow \neg a$ durch Hintergliednachsetzung gemäß $D5$.

$\therefore$ $a \vee \neg a \rightarrow \neg a \longrightarrow \neg a$ durch $D19$ im Hinterglied, mit Kettenschluß.

$\therefore$ $a \vee \neg a \rightarrow \neg a \longrightarrow a \vee \neg a$ durch $D47$ im Hinterglied, mit Kettenschluß.

2. Die (gemäß der letzten Quasiwahrheitswertung) nichtintuitionistische Form zum Schluß ex contrario: $\neg a \rightarrow a \longrightarrow a$ (S. 282) bildet kein Gegenbeispiel, da es ein nichtintuitionistisches $\mathfrak{a}$ mit intuitionistischem $\neg \mathfrak{a} \rightarrow \mathfrak{a}$ gibt, nämlich $\mathfrak{a} \equiv: a \vee \neg a$. — Beweis für $\neg \mathfrak{a} \rightarrow \mathfrak{a}$:

$a \rightarrow a \vee \neg a$ nach $D46$.

$\therefore$ $\neg(a \vee \neg a) \rightarrow \neg a$ durch schwache Kontraposition gemäß $D14$.

$\therefore$ $\neg(a \vee \neg a) \rightarrow a \vee \neg a$ durch $D47$ im Hinterglied, mit Kettenschluß.

3. — Aufgabe. Man zeige ebenso, daß die nichtintuitionistischen Formen zur Reductio inabsurdi, $\neg\neg a \to a$, und zur starken Kontraposition, $\neg a \to \neg b \longrightarrow b \to a$ keine Gegenbeispiele gegen extensive Abgeschlossenheit der intuitionistischen Aussagenlogik bilden.

§ 137. Ein abgestuftes Axiomensystem der natürlichen alternären Aussagenlogik.

Satz 121. Die Zufügung des Axioms

A 3. $(a \to \neg a) \to a \longrightarrow a$

zu den intuitionistischen Axiomen des § 133 macht alle natürlichen Wahrformen (und nur Wahrformen) beweisbar.

Dem Nachweis seien einige Beweise vorausgeschickt, die sich bei Zufügung von *A* 3 zu den Axiomen führen lassen:

A 2. $\neg\neg a \to a$ (Form zur reductio inabsurdi).

Beweis.

$(a \to \neg a) \to \neg a \longrightarrow \neg a \to a \longrightarrow (a \to \neg a) \to a$ nach *D* 5.

$\therefore$ $\neg a \to a \longrightarrow (a \to \neg a) \to a$ durch Grundschluß mit *D* 19 (der Form zum Schluß in contrarium).

$\therefore$ $\neg a \to a \longrightarrow a$ durch das vorausgesetzte *A* 3 im Hinterglied.

Anmerkung: dies ist die Form zum Schluß ex contrario.

$\neg\neg a \to \neg a \to a$ ist *J* 2.

Nun Kettenschluß aus der letzten und der vorletzten Formelzeile.

A 2 und *D* 16 setzen sich zusammen zur faktischen Äquivalenz $\neg\neg a \sim a$, und da bereits in der natürlichen derivativen Logik die Umsetzungsregel gilt, darf nunmehr in einer bewiesenen Form jede Teilform der Gestalt $\neg\neg$t in t umgesetzt werden und umgekehrt („Inabsurditätsumsetzung"); vgl. hierzu die Bemerkung vom Ende des § 128.

FL 1, d.i. *A* 4 (1). $\neg a \to \neg b \longrightarrow b \to a$.

Beweis. $\neg a \to \neg b \longrightarrow \neg\neg b \to \neg\neg a$ nach *D* 14.

Nun Inabsurditätsumsetzungen rechterhand.

A 10. $a \wedge b \sim \neg(a \to \neg b)$.

Beweis.

Erstens: $a \longrightarrow a \to \neg b \longrightarrow \neg b$ nach *D* 8.

$\therefore$ $a \to b \to \neg(a \to \neg b)$ durch schwache Kontraposition gemäß *D* 15 im Hinterglied.

Nun Importation gemäß *D* 26.

Zweitens: $\neg(a \wedge b) \to a \to \neg b$ nach *D* 33.

$\therefore$ $\neg(a \to \neg b) \to \neg\neg(a \wedge b)$ durch schwache Kontraposition gemäß *D* 14.

Nun *A* 2 im Hinterglied.

A 11. $a \vee b \sim \neg a \to b$.

Erstens: *J* 7 (1).

Zweitens: $\neg(a \vee b) \to \neg a \wedge \neg b$ nach *D* 63.

$\therefore$ $\neg(a \vee b) \to \neg(\neg a \to \neg\neg b)$ durch *A* 10 im Hinterglied.

$\therefore$ $\neg(a \vee b) \to \neg(\neg a \to b)$ durch Umsetzung mit *A* 2 im Hinterglied.

Nun starke Kontraposition gemäß *A* 4 (1). —

Es folgt nunmehr der *Nachweis* für Satz 121:

1. Da nach Satz 52 die Form *D* 2 und nach S. 355 auch die Form *FL* 1 beweisbar ist, ist nach Satz 54 jede $\to\neg$-Wahrform beweisbar.

2. Die bewiesenen faktischen Äquivalenzen *A* 10 und *A* 11 gestatten, eine $\to\wedge\vee\neg$-Form $\mathfrak{g}$ in eine bloße $\to\neg$-Form $\mathfrak{g}^\circ$ umzusetzen.

Gegeben sei nun eine $\to\wedge\vee\neg$-*Wahr*form $\mathfrak{g}$; dann ist auch $\mathfrak{g}^\circ$ *Wahr*form (vgl. § 40). Nach Abs. 1 dieses Nachweises ist $\mathfrak{g}^\circ$ beweisbar; an Hand der Umsetzungen mit *A* 10 und *A* 11 ist also auch $\mathfrak{g}$ beweisbar.

Man gewinnt so das folgende normaldeduktive
abgestufte Axiomensystem der natürlichen alternären Aussagenlogik:

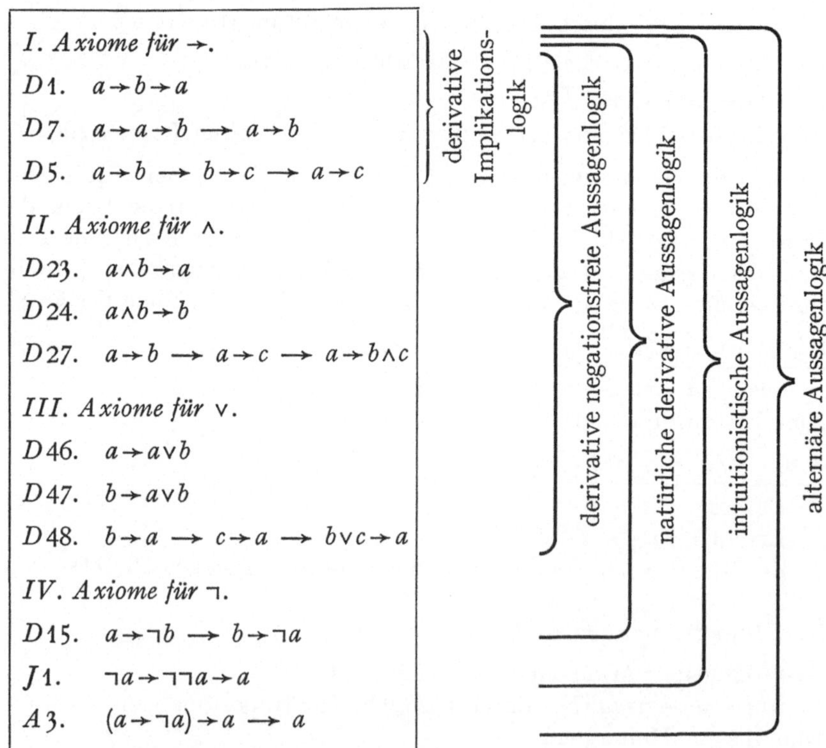

I. Axiome für $\to$.

D 1. $a \to b \to a$

D 7. $a \to a \to b \;\to\; a \to b$

D 5. $a \to b \;\to\; b \to c \;\to\; a \to c$

II. Axiome für $\wedge$.

D 23. $a \wedge b \to a$

D 24. $a \wedge b \to b$

D 27. $a \to b \;\to\; a \to c \;\to\; a \to b \wedge c$

III. Axiome für $\vee$.

D 46. $a \to a \vee b$

D 47. $b \to a \vee b$

D 48. $b \to a \;\to\; c \to a \;\to\; b \vee c \to a$

IV. Axiome für $\neg$.

D 15. $a \to \neg b \;\to\; b \to \neg a$

J 1. $\neg a \to \neg\neg a \to a$

A 3. $(a \to \neg a) \to a \;\to\; a$

Dieses Axiomensystem der alternären Aussagenlogik heißt *abgestuft*, weil es ein Axiomensystem der natürlichen derivativen und eines der intuitionistischen Aussagenlogik als Teilsysteme umfaßt. Man gelangt von der derivativen zur intuitionistischen Logik und ebenso von dieser zur alternären Logik durch Zufügung je *eines* Axioms.

Satz 122. Die Axiome des angegebenen abgestuften Axiomensystems für die natürliche alternäre Aussagenlogik sind voneinander unabhängig.

Nachweis.

1. Die Unabhängigkeit des letzten Axioms $A3$ von den übrigen Axiomen wurde in § 136 gezeigt.

2. Bei allen in § 135 gegebenen Quasiwahrheitswertungen für die übrigen Axiome wird die neu hinzugefügte Form $A3$ Quasiwahrform; der Nachweis sei im Anschluß an die Anmerkung von S. 350 als *Textaufgabe* gestellt.

Anmerkung. Die Axiome I, IV von S. 356 bilden ein normaldeduktives

abgestuftes Axiomensystem der alternären $\to\neg$*-Logik:*

$D1.$	$a \to b \to a$	deriv. $\to$-Logik (D1, D7, D5)
$D7.$	$a \to a \to b \;\to\; a \to b$	
$D5.$	$a \to b \;\to\; b \to c \;\to\; a \to c$	
$D15.$	$a \to \neg b \;\to\; b \to \neg a$	deriv. $\to\neg$-Logik (D1–D15)
$J1.$	$\neg a \to \neg\neg a \to a$	intuit. $\to\neg$-Logik (D1–J1)
$A3.$	$(a \to \neg a) \to a \;\to\; a$	alternäre $\to\neg$-Logik (D1–A3)

Daß $D1, 7, 5$ die derivative Implikationslogik aufspannen, besagt Satz 82 zusammen mit Satz 52. Daß $D1, 7, 5, 15$ die derivative $\to\neg$-Logik aufspannen, besagt Satz 86 zusammen mit Satz 52. Daß $D1, 7, 5, 15, J1$ die intuitionistische $\to\neg$-Logik aufspannen, war auf S. 344 durch Erklärung festgesetzt. Daß alle Axiome des Systems die alternäre $\to\neg$-Logik aufspannen, wurde in Abs. 1 des Nachweises für Satz 121 (S. 356) gezeigt.

Satz 123. Im abgestuften Axiomensystem der natürlichen alternären Logik — S. 356 — darf das Axiom $A3$ — $(a \to \neg a) \to a \;\to\; a$ durch die Tertium non datur—Form $A1$: $a \vee \neg a$ ersetzt werden.

Im Nachweis des Satzes 121 wurde gezeigt, daß man die Formen $A4\,(1)$, $A10$, $A11$ und mithin alle einschlägigen Wahrformen erhält, sobald man neben den intuitionistischen Axiomen die faktische Äquivalenz $\neg\neg a \sim a$ zur Verfügung hat. Es genügt also zum Nachweis des Satzes 123, diese Form zu beweisen.

Beweis. — $a \vee \neg a \rightarrow \neg\neg a \rightarrow a$ ist $J6$.
$\therefore$ $\neg\neg a \rightarrow a$ durch Grundschluß mit der vorausgesetzten Form $A1$. Die letzte Form führt mit $D16$ auf die faktische Äquivalenz $\neg\neg a \sim a$.

Kapitel XXIV.

Charakteristische Eigenschaften der intuitionistischen Aussagenlogik.

§ 138. Die intuitionistische „Aufgaben"-Interpretation.

Die Aufgabeninterpretation des § 130 war ursprünglich nicht für die derivative, sondern für die intuitionistische Aussagenlogik gedacht. Hierbei liegt die Auffassung zugrunde, die intuitionistische Aussagenform $J3$ $\neg a \rightarrow a \rightarrow b$ des § 134 (aus der das Axiom $J1$ durch Vordergliedtausch und Einsetzung hervorging, vgl. Bemerkung S. 344) stelle eine lösbare Aufgabenform dar. Wir betrachten zunächst die Teilform $a \rightarrow b$: „führe die Lösung von b auf diejenige von a zurück". $\neg a \rightarrow a \rightarrow b$ stellt die Aufgabe dar: „führe die obige Aufgabe auf das bloße Ad-absurdum-Führen von a zurück".

Entsprechend: $a \wedge \neg a \rightarrow b$: „führe die Lösung der beliebigen Aufgabe b auf eine Lösung von a und ein gleichzeitiges Ad-absurdum-Führen von a zurück".

Beide Aufgaben sind jedenfalls nicht durch die „freie" Behandlung der Absurdität (S. 336) lösbar, die in der derivativen Logik stets ausreichte (so ist z.B. die freie Negationsreduzierte von $\neg a \rightarrow a \rightarrow b$ nicht einmal Wahrform). Vielmehr liegt der Überzeugung, die beiden Aufgaben seien ohne Eingehen auf die Art der Aufgaben a, b lösbar, jedenfalls von einem streng aussagenlogischen Standpunkt aus gesehen ein gewisses Dogma zugrunde, das die rein konstruktive Deduktion übersteigt. Man darf aber im Anschluß an die Überlegungen des § 132 hervorheben, daß dieses Dogma bei einem widerspruchsfreien Kodifikat nicht der Deduktion schaden kann.

Aufgabe. Die Überstellungsgesetze $J10\,(1)$ und $J10\,(2)$ als Aufgabenformen zu interpretieren und ihre Gültigkeit zu bestätigen.

Anmerkung. Die intuitionistische Aussagenlogik ist nur ein Teil der intuitionistischen Prädikatenlogik. Diese entspricht einer logischen Einstellung, die ursprünglich aus einer Analyse der m a t h e m a t i s c h e n Erkenntnis entwickelt wurde. Diese auf L. E. J. Brouwer zurückgehende — und erstmals von A. Heyting in bestimmter Weise kodifikativ gefaßte — Einstellung geht davon aus, daß unendliche Gesamtheiten nicht alle logischen Operationen zulassen und nicht allen logischen Gesetzen unterliegen, die einer am Endlichen, Extensiv-überschaubaren geschulten Logik evident erscheinen. — Die Klarlegung und Begründung dieser Einstellung ist geeignet, die derivative und intuitionistische Logik in einen Brennpunkt logischer und wissenschaftstheoretischer Untersuchung zu rücken. Es hieße das Gewicht einer solchen Klarlegung abschwächen, wenn man sie von der Basis der Aussagenlogik aus zu geben versuchen wollte, da sei sich erst in der prädikatenlogischen Argumentation allen Mißdeutungen entziehen und eine Einsichtigkeit erzielen kann. Es sei daher hier betreffs der Deutung der derivativen und intuitionistischen Logik lediglich mit Nachdruck auf den 2. Band verwiesen.

§ 139. Die Mittelstellung der intuitionistischen Aussagenlogik zwischen der derivativen und der alternären.

Die derivative Aussagenlogik verlangte gegenüber der alternären Logik bei einer Reihe von fundamentalen Gesetzen eine einschränkende Formulierung. Bei den nötig werdenden Einschränkungen heben sich vor allem die folgenden beiden Arten heraus:

1. Das Gesetz bleibt erst gültig, nachdem einige der Aussagenvariablen (oder sonstigen Teilformen) entweder durch *Negate* oder gar durch *Inabsurditäten* (d.s. doppelte Negate) ersetzt sind.

2. Das Gesetz bleibt erst gültig, nachdem für einige der Aussagenvariablen die Bedingung, daß sie dem Tertium non datur genügen, konjunktiv im Vorderglied eingefügt ist.

Die intuitionistische Logik nimmt nun eine Mittelstellung zwischen der natürlichen derivativen Logik und der alternativen Logik ein, indem sie bei einer Reihe von Gesetzen die derivative Einschränkung ganz oder teilweise aufhebt, bei anderen jedoch beibehält.

Für eine klare Erfassung der intuitionistischen Logik ist es offenbar wichtig, systematisch zu übersehen, *bei welchen grundlegenden Gesetzen das intuitionistische Kodifikat solche Modifikationen an der derivativen Logik vornimmt bzw. wie weit es an diesen Stellen noch von der alternären Logik entfernt bleibt.* Dabei wird sich nicht vermeiden lassen, als Vergleichsbasis einen Teil der im 6. Abschnitt bewiesenen derivativen Formen im neuen Zusammenhang zu wiederholen. Der Schwerpunkt der nachfolgenden Tabelle liegt bei den nichtintuitionistischen und vor allem bei den *intuitionistischen, nicht derivativen* Formen; die letzteren sind durch Unterstreichung hervorgehoben.

Anmerkung. Bei einigen der nachfolgenden Formen sind die Variablen im neuen Zusammenhang anders benannt als früher; es handelt sich in diesen Fällen um eine triviale Beiform der durch die betreffende Nummer bezeichneten Form.

Derivativ sind alle Formen zu den Gesetzen der

Reflexivität: *D*6. $a \rightarrow a$.

Transitivität: $(a \rightarrow b) \wedge (b \rightarrow c) \rightarrow a \rightarrow c$ [aus *D*5, 26],

*D*5. $a \rightarrow b \;\longrightarrow\; b \rightarrow c \;\longrightarrow\; a \rightarrow c$,

*D*2. $a \rightarrow b \rightarrow c \;\longrightarrow\; a \rightarrow b \;\longrightarrow\; a \rightarrow c$.

Kommutativität: $D30.\ a \wedge b \rightarrow b \wedge a,$ $D51.\ a \vee b \rightarrow b \vee a,$

$D4.\ a \rightarrow b \rightarrow c \sim b \rightarrow a \rightarrow c.$

Assoziativität: $D31.\ (a \wedge b) \wedge c \sim a \wedge (b \wedge c),$

$D52.\ (a \vee b) \vee c \sim a \vee (b \vee c).$

Idempotenz: $D29.\ a \wedge a \sim a,$ $D50.\ a \vee a \sim a.$

Weiter sind derivativ alle Formen zur

Kürzung: $D7.\ a \rightarrow a \rightarrow b \longrightarrow a \rightarrow b.$

Vorsetzung: $D28\,(2).\ a \rightarrow b \longrightarrow c \wedge a \rightarrow c \wedge b,$

$D53\,(2).\ a \rightarrow b \longrightarrow c \vee a \rightarrow c \vee b,$

$D3.\ a \rightarrow b \longrightarrow c \rightarrow a \longrightarrow c \rightarrow b.$

Nachsetzung: $D28\,(1).\ a \rightarrow b \longrightarrow a \wedge c \rightarrow b \wedge c,$

$D53\,(1).\ a \rightarrow b \longrightarrow a \vee c \rightarrow b \vee c,$

$D5.\ a \rightarrow b \longrightarrow b \rightarrow c \longrightarrow a \rightarrow c.$

Ex- und Importation: $D26.\ a \wedge b \rightarrow c \sim a \rightarrow b \rightarrow c.$

Verdünnung: $D23.\ a \wedge b \rightarrow a,$ $D24.\ a \wedge b \rightarrow b,$

$D46.\ a \rightarrow a \vee b,$ $D47.\ b \rightarrow a \vee b,$

auch $D1.\ a \rightarrow b \rightarrow a.$

Kon- und Disjugation:

$D25.\ a \rightarrow b \rightarrow a \wedge b,$ $D27.\ c \rightarrow a \longrightarrow c \rightarrow b \longrightarrow c \rightarrow a \wedge b,$

$D48.\ a \rightarrow c \longrightarrow b \rightarrow c \longrightarrow a \vee b \rightarrow c.$

Bei weiteren Klassen elementarer logischer Gesetzmäßigkeiten teilen sich die zugehörigen Formen (wie bereits weiter oben angedeutet wurde) in 1. derivative, 2. intuitionistische, nicht derivative und 3. nicht-intuitionistische ein. Die wichtigsten derartigen Gesetzesklassen sind die folgenden Klassen I bis VIII.

Betreffs der Begründung der folgenden Klasseneinordnungen siehe den Absatz „Zur Begründung" am Ende des Paragraphen.

I. „*Quodlibet*"-*Formen*.

verum ex quolibet:	ex falso quodlibet:
$D1.\ a \rightarrow b \rightarrow a$	$J3.\ \neg a \rightarrow a \rightarrow b$
derivativ	$J5.\ a \wedge \neg a \rightarrow b$
$D1$ ließe sich übrigens zugleich auch als eine Verdünnung auffassen (s. oben).	beide intuitionistisch, nicht deriv.

Abschwächungen:

$J.\quad \neg a \to \neg\neg(a \to b)$ (aus $J3$ mit $D16, 5$),

$J2.\quad \neg\neg a \to \neg a \to a$

beide ebenfalls nur intuitionistisch, nicht derivativ.

Weitere Abschwächgn. von $J3, J5$:

$D21.\quad \neg a \to a \to \neg b$

$D36.\quad a \wedge \neg a \to \neg b$

beide derivativ.

II. Formen zur Distribution.

α. $\wedge\vee$-*Distribution*

$a \wedge (b \vee c) \sim (a \wedge b) \vee (a \wedge c)$ (aus $D55, 30$) dual zu
derivativ

$a \vee (b \wedge c) \sim (a \vee b) \wedge (a \vee c)$ (aus $D56, 51$)
derivativ

β. *Gewöhnliche Distribution des* $\to$

$D35_2.\quad (c \to a) \wedge (c \to b) \to c \to a \wedge b$ konvers zu
derivativ

$D35_1.\quad c \to a \wedge b \longrightarrow (c \to a) \wedge (c \to b)$
derivativ

$D59.\quad (c \to a) \vee (c \to b) \to c \to a \vee b$ konvers zu
derivativ

$$A15 \begin{cases} c \to a \vee b \longrightarrow (c \to a) \vee (c \to b), & \text{auch noch} \\ c \to a \vee b \longrightarrow (c \to \neg\neg a) \vee (c \to \neg\neg b) \\ c \to \neg a \vee \neg b \longrightarrow (c \to \neg a) \vee (c \to \neg b) \\ c \to a \vee b \longrightarrow \neg\neg(c \to a) \vee \neg\neg(c \to b) \end{cases}$$

alle nichtintuitionistisch.

γ. *Dualisierende Distribution des* $\to$.

$D57_2.\quad (a \to c) \wedge (b \to c) \to a \vee b \to c$ konvers zu
derivativ

$D57_1.\quad a \vee b \to c \longrightarrow (a \to c) \wedge (b \to c)$
derivativ

$D58.\quad (a \to c) \vee (b \to c) \to a \wedge b \to c$ konvers zu
derivativ

$A.\quad a \wedge b \to c \longrightarrow (a \to c) \vee (b \to c)$
samt den $\neg$-Abschwächungen (analog denjenigen bei $A15$) alle nichtintuitionistisch.

Anmerkung. Distributionen von *unären* (§ 33) Verknüpfungen gegenüber binären werden unter Abs. IV und V folgen.

III. Formen zur Absorption.

α. Gewöhnliche Absorption

$a \wedge (a \vee b) \sim a$ dual zu $a \sim a \vee (a \wedge b)$

derivativ ($D$23 bzw. aus $D$6, 46, 27) — derivativ ($D$46 bzw. aus $D$6, 23, 48)

β. Negative Absorption

einschließlich Modus tollens-Form.

$J$8 (1). $a \wedge (\neg a \vee b) \rightarrow b$ dual zu A. $b \rightarrow a \vee (\neg a \wedge b)$

$J$8 (2). $\neg a \wedge (a \vee b) \rightarrow b$ dual zu A. $b \rightarrow \neg a \vee (a \wedge b)$

beide intuit., nicht deriv. — beide nichtintuitionistisch

Abschwächungen:

$a \wedge (\neg a \vee b) \rightarrow \neg\neg b$ (aus $D$62, 4, 26)

sowie

$a \wedge (\neg a \vee \neg b) \rightarrow \neg b$ (aus der vorigen Form mit $D$17, 5)

derivativ

(auch bei Tausch $a : \neg a$)

Die $\neg$-Abschwächungen für b bleiben nichtintuitionistisch

$a \wedge \neg(a \wedge b) \rightarrow \neg b$ (aus $D$38, 6) dual zu A. $\neg b \rightarrow a \vee \neg(a \vee b)$

derivativ — nichtintuitionistisch (auch bei Tausch $b : \neg b$).

γ. Zur PEIRCE*schen Wahrform*

$D$11. $(a \rightarrow a) \rightarrow b \longrightarrow b$ — $(a \rightarrow b) \rightarrow a \longrightarrow a$

derivativ. Erst recht also: — ebenso noch die Beiform

$(a \rightarrow a) \rightarrow a \longrightarrow a$ — $A$3. $(a \rightarrow \neg a) \rightarrow a \longrightarrow a$

derivativ — nichtintuitionistisch

Weitere Abschwächungen:

$J$17. $(a \rightarrow b) \rightarrow a \longrightarrow \neg\neg a$ sowie

J. $(\neg a \rightarrow b) \rightarrow \neg a \longrightarrow \neg a$ (aus $J$17 mit $D$17, 5)

beide intuitionistisch, nicht derivativ.

IV. Formen zur Verneinung der Konjunktion und der Disjunktion.

α. Gewöhnliche Verneinung

$D63_2$. $\neg a \wedge \neg b \rightarrow \neg(a \vee b)$ konvers zu $D63_1$. $\neg(a \vee b) \rightarrow \neg a \wedge \neg b$

derivativ — derivativ

$D$64. $\neg a \vee \neg b \rightarrow \neg(a \wedge b)$ konvers zu $A$16 (1). $\neg(a \wedge b) \rightarrow \neg a \vee \neg b$

derivativ — nichtintuitionistisch

Tertium non datur-Abschwächung:

$D$65. $\neg(a \wedge b) \wedge (a \vee \neg a) \rightarrow \neg a \vee \neg b$

derivativ

β. *Interpretation aus dualer Verknüpfung*

D 67. $a \wedge b \to \neg(\neg a \vee \neg b)$ derivativ — konvers zu *A* 14. $\neg(\neg a \vee \neg b) \to a \wedge b$ nichtintuitionistisch

Abschwächung:

D 76. $\neg(\neg a \vee \neg b) \to \neg\neg(a \wedge b)$ derivativ

D 66. $a \vee b \to \neg(\neg a \wedge \neg b)$ derivativ — konvers zu *A* 17 (1). $\neg(\neg a \wedge \neg b) \to a \vee b$ nichtintuit.

Auch noch:

A 17 (2). $\neg(\neg a \wedge \neg b) \to \neg\neg a \vee \neg\neg b$).

γ. *Inabsurdität* $\neg\neg$

D 16. $a \to \neg\neg a$ derivativ — konvers zu *A* 2. $\neg\neg a \to a$ nichtintuitionistisch

Tertium non datur-Abschwächung:

J 6. $a \vee \neg a \to \neg\neg a \to a$ — intuit., nicht derivativ

Abschwächung von *A* 2:

D 17. $\neg\neg\neg a \to \neg a$ derivativ

$\neg\neg$-Abschwächung von *A* 2:

J 12. $\neg\neg(\neg\neg a \to a)$ — intuit., nicht derivativ.

Vorbemerkung. Wie schon früher erwähnt, läßt sich auch die Verteilung einer *unären* Verknüpfung (so hier von $\neg\neg$) gegenüber einer binären als Distribution ansprechen. In diesem Sinne handelt es sich bei den restlichen Formen dieses Absatzes um Distributionen. — Übrigens stellen bereits die obigen Gesetze IV α in dieser Auffassung „dualisierende Distributionen" (vgl. Abs. II γ) dar.

D 43_2. $\neg\neg a \wedge \neg\neg b \to \neg\neg(a \wedge b)$ derivativ — konvers zu *D* 43_1. $\neg\neg(a \wedge b) \to \neg\neg a \wedge \neg\neg b$ derivativ

D 69. $\neg\neg a \vee \neg\neg b \to \neg\neg(a \vee b)$ derivativ — konvers zu *A* 16 (2). $\neg\neg(a \vee b) \to \neg\neg a \vee \neg\neg b$ nichtintuitionistisch

Abschwächung:

$a \vee b \to \neg\neg a \vee \neg\neg b$

derivativ (aus *D* 16, 5, 46—48)

Tertium non datur-Abschwächung von *A* 16 (2):

D 70. $\neg\neg(a \vee b) \wedge (a \vee \neg a) \to \neg\neg a \vee \neg\neg b$ derivativ

D 41 (2). $\neg\neg(a\to b)\to\neg\neg a\to\neg\neg b$
derivativ. konvers zu

Erst recht also:

$a\to b \longrightarrow \neg\neg a\to\neg\neg b$
derivativ (aus *D* 16, 41).

Verschärfung der letzten Form:

A 8. $a\to b \longrightarrow \neg\neg a\to b$
nichtintuitionistisch

Abschwächung:

D 45 (1). $a\to\neg b \longrightarrow \neg\neg a\to\neg b$
derivativ

J 16 (2) $\neg\neg a\to\neg\neg b \longrightarrow \neg\neg(a\to b)$

ebenfalls noch

J 16 (1) $a\to\neg\neg b \longrightarrow \neg\neg(a\to b)$

intuit., nicht derivativ

Abschwächung:

D 41 (1). $\neg\neg a\to b \longrightarrow \neg\neg(a\to b)$
derivativ

D 42. $\neg(\neg\neg a\wedge b) \sim \neg(a\wedge b)$ dual zu *D* 71. $\neg(\neg\neg a\vee b) \sim \neg(a\vee b)$
derivativ derivativ.

V. Formen zur Kontraposition und zur Überstellung.

α. Kontraposition

D 14. $b\to a \longrightarrow \neg a\to\neg b$ konvers zu *A* 4 (1). $\neg a\to\neg b \longrightarrow b\to a$
nichtintuitionistisch

Abschwächungen:

J 15. $\neg a\to\neg b \longrightarrow \neg\neg(b\to a)$

intuit., nicht derivativ

$\neg a\to\neg b \longrightarrow b\to\neg\neg a$
derivativ (aus *D* 15)

A 4 (2). $\neg a\to b \longrightarrow \neg b\to a$
nichtintuitionistisch

Abschwächungen:

$\neg a\to b \longrightarrow \neg b\to\neg\neg a$ (aus *D* 14)

$\neg\neg a\to b \longrightarrow \neg b\to\neg a$ (aus *D* 14, 17, 9) beide derivativ

D 15. $b\to\neg a \longrightarrow a\to\neg b$
derivativ

D 38. $a\wedge b\to c \longrightarrow a\wedge\neg c\to\neg b$
derivativ

β. Überstellung

J 10 (1). $a\to b\vee c \longrightarrow a\wedge\neg c\to b$

J 10 (2). $a\to b\vee\neg c \longrightarrow a\wedge c\to b$

beide intuit., nicht deriv.

konvers zu

A. $a\wedge\neg c\to b \longrightarrow a\to b\vee c$

A. $a\wedge c\to b \longrightarrow a\to b\vee\neg c$

beide nichtintuitionistisch

Abschwächungen:

D 68 (1). $a\to\neg b\vee c \longrightarrow a\wedge\neg c\to\neg b$

D 68 (2). $a\to\neg b\vee\neg c \longrightarrow a\wedge c\to\neg b$

beide derivativ

VI. Zur alternären Interpretion der Implikation.

α. Implikation und Disjunktion

J 7 (2). $\neg a \vee b \rightarrow a \rightarrow b$ *J* 7 (1). $a \vee b \rightarrow \neg a \rightarrow b$	konvers zu	*A* 5. $a \rightarrow b \longrightarrow \neg a \vee b$ *A* 11_2. $\neg a \rightarrow b \longrightarrow a \vee b$
beide intuit., nicht deriv.		beide nichtintuit.

Abschwächungen:

$\neg a \vee b \rightarrow \neg\neg(a \rightarrow b)$ (aus *J* 7 (2) mit *D* 16, 3) intuit., aber noch nicht derivativ

Tertium non datur-Abschwächung von *A* 5:

D 75. $(a \rightarrow b) \wedge (a \vee \neg a) \rightarrow \neg a \vee b$
derivativ

D 62. $\neg a \vee b \rightarrow a \rightarrow \neg\neg b$
$a \vee \neg b \rightarrow \neg a \rightarrow \neg b$ (aus *D* 62, 51, 15, 5)
beide derivativ

β. Implikation und Konjunktion

D 34 (2). $a \wedge \neg b \rightarrow \neg(a \rightarrow b)$ konvers zu *A*. $\neg(a \rightarrow b) \rightarrow a \wedge \neg b$
$a \wedge b \rightarrow \neg(a \rightarrow \neg b)$ (aus *D* 33, 15, 5) *A* 10_2. $\neg(a \rightarrow \neg b) \rightarrow a \wedge b$
beide derivativ — beide nichtintuit.

Abschwächung:
J 11_1. $\neg(a \rightarrow b) \rightarrow \neg\neg a \wedge \neg b$
intuit., nicht deriv.

D 34 (1). $a \rightarrow b \longrightarrow \neg(a \wedge \neg b)$ konvers zu *A*. $\neg(a \wedge \neg b) \rightarrow a \rightarrow b$
derivativ — nichtintuitionistisch

Abschwächungen:
J 18. $\neg(a \wedge \neg b) \rightarrow \neg\neg(a \rightarrow b)$
(aus *J* 16 (1), *D* 33_2, 5)
intuit., nicht derivativ

D 33_2. $\neg(a \wedge b) \rightarrow a \rightarrow \neg b$
derivativ.

VII. Zu Tertium non datur und Widerspruch.

α. Tertium non datur und Gesetz des Widerspruches

D 32. $\neg(a \wedge \neg a)$
derivativ

A 1. $a \vee \neg a$, ebenso noch
A 13. $\neg a \vee \neg\neg a$
A 9. $\neg\neg a \rightarrow a \longrightarrow a \vee \neg a$
(konvers zu *J* 6)
alle drei nichtintuitionistisch

$\neg\neg$-Abschwächung von *A* 1:
D 72. $\neg\neg(a \vee \neg a)$
derivativ

β. Überflüssiges Glied

$\underline{J\,9_1.\ a\vee(b\wedge\neg b)\rightarrow a}$ dual zu $A.\ a\rightarrow a\wedge(b\vee\neg b)$, auch noch:

intuit., nicht deriv.

$A.\ a\rightarrow a\wedge(\neg b\vee\neg\neg b)$
nichtintuitionistisch

Abschwächung:
$\neg a\vee(b\wedge\neg b)\rightarrow\neg a$ (aus $D\,60, 51$)
derivativ

Abschwächung:
$a\rightarrow a\wedge\neg\neg(b\vee\neg b)$ (aus $D\,72, 6, 7, 27$)
derivativ

$a\rightarrow b\vee\neg b\rightarrow a$ (aus $D\,1$) konvers zu $A\,6.\ b\vee\neg b\rightarrow a \longrightarrow a$
derivativ

nichtintuitionistisch
Abschwächungen:
$D\,74_1.\ b\vee\neg b\rightarrow\neg a \longrightarrow \neg a$
$D\,73.\ b\vee\neg b\rightarrow a \longrightarrow \neg\neg a$
$D\,11.\ (b\rightarrow b)\rightarrow a \longrightarrow a$
alle drei derivativ

$D\,37.\ a\rightarrow b\wedge\neg b \longrightarrow \neg a$ konvers zu $\underline{J.\ \neg a\rightarrow a\rightarrow b\wedge\neg b}$ (aus $J\,3$)
derivativ

intuit., nicht derivativ
Abschwächung:
$D\,40_1.\ \neg a\rightarrow a\rightarrow\neg b\wedge\neg\neg b$
derivativ

γ. Definition von ⅄ und ⩓.

$\underline{J\,14.\ a\wedge\neg a \sim b\wedge\neg b}$ dual zu $A\,7.\ a\vee\neg a \sim b\vee\neg b$, auch noch:

intuit., nicht deriv.
mithin die

$A.\ \neg a\vee\neg\neg a \sim \neg b\vee\neg\neg b$
nichtintuitionistisch

Def.: ⅄ $\equiv$: $\dot{c}\wedge\neg\dot{c}$ (für beliebige Variable $\dot{c}$)
intuit. — nicht derivativ — erlaubt

Abschwächung:
$D\,39.\ \neg a\wedge\neg\neg a \sim \neg b\wedge\neg\neg b$
derivativ; mithin die

Def.: ⩓ $\equiv$: $\neg\dot{c}\wedge\neg\neg\dot{c}$ (für beliebige Variable $\dot{c}$)
derivativ erlaubt

VIII. Weitere Gesetze zur Negation.

α. Contrarium-Gesetze

$D\,19.\ a\rightarrow\neg a \longrightarrow \neg a$
derivativ

$A\,18.\ \neg a\rightarrow a \longrightarrow a$
nichtintuitionistisch
Abschwächungen:
$\neg\neg a\rightarrow\neg a \longrightarrow \neg a$ (aus $D\,20, 17, 5$)
$D\,20.\ \neg a\rightarrow a \longrightarrow \neg\neg a$
beide derivativ

β. Alternativgesetze.

*D*18. $a \to b \longrightarrow a \to \neg b \longrightarrow \neg a$ derivativ	*A* 12. $b \to a \longrightarrow \neg b \to a \longrightarrow a$ nichtintuitionistisch Abschwächungen: $b \to \neg a \longrightarrow \neg b \to \neg a \longrightarrow \neg a$ (aus *D*15, 18, 4, 5) $b \to a \longrightarrow \neg b \to a \longrightarrow \neg\neg a$ (aus *D*14, 18, 4, 5) beide derivativ.

Zur Begründung der Kennzeichnungen „derivativ", „intuitionistisch", „nicht intuitionistisch", „nicht derivativ" dieses Paragraphen.

1. Alle in diesem Paragraphen als „derivativ" bezeichneten Formen sind entweder selbst *D*-Formen (die im 6. Abschnitt bewiesen wurden) oder ergeben sich unmittelbar aus solchen (wobei die benutzten *D*-Formen in der Tabelle angegeben sind) — mit alleiniger Ausnahme von *D* 76, dessen Beweis in § 160 (zweiter Teil) als Anwendungsbeispiel für das Entscheidungsverfahren der natürlichen derivativen Aussagenlogik dienen soll.

2. Von den in diesem Paragraphen als „intuitionistisch" bezeichneten Formen wurden die Formen *J* 1 bis *J* 16 bereits in §§ 133, 134 intuitionistisch bewiesen. — Für die Formen *J* 17, 18 wird der Beweis in § 160 (erster Teil) durch affirmative Entscheidung nachgeholt werden. (Bis dahin werden diese Formen — wie auch *D* 76 — nicht zu Beweisen herangezogen.) Bei einigen weiteren *J*-Formen, die bloße Abschwächungen darstellen und nicht besonders numeriert wurden, wurden in der Tabelle die *D*- und *J*-Formen angegeben, aus denen sie unmittelbar folgen.

3. Die intuitionistischen Formen dieses Paragraphen wurden zugleich als „nicht derivativ" bezeichnet. Die Formen *J* 1—16 wurden bereits in Satz 119 als nicht derivativ erkannt. *J* 17, 18 und die nicht numerierten *J*-Formen lassen sich später in einfacher Weise durch das Entscheidungsverfahren des § 160 als nicht derivativ erkennen. Soweit sie kein $\vee$ enthalten, genügt bereits das Verfahren des § 123 (vgl. die Übungsaufgabe am Ende jenes Paragraphen). Zur Verwendung des Entscheidungsverfahrens der „entwickelnden Logik" — § 123 — ist hier auf den folgenden Zusammenhang hinzuweisen: Das Prädikat „derivativ" soll gemäß der 1. Anmerkung aus § 126 besagen: „*beweisbar* in der *natürlichen* derivativen Logik". Wir werden erst später — in § 151 — in der Lage sein zu zeigen, daß eine $\to\wedge\neg$-Form dann und nur dann derivativ in diesem Sinne ist, wenn sie in der $\to\wedge\neg$-Logik der §§ 114, 115 beweisbar, m.a.W. (vgl. Satz 99) „derivativ" im Sinne der entwickelnden Logik des § 118 ist: s. später den Restriktionssatz 145. Hiermit wird die Aufgabe, eine $\to\wedge\neg$-Form als nicht derivativ zu erweisen, zurückgeführt sein auf die Aufgabe, sie als ‚unbeweisbar in der entwickelnden Logik' nachzuweisen. (Selbstverständlich wird die Tatsache, daß *J* 17 nicht derivativ ist, nicht vor § 160 benutzt werden.)

4. Von den in diesem Paragraphen als „nichtintuitionistisch" bezeichneten Formen sind die Formen *A* 1 bis *A* 8 bereits in Satz 120 als nichtintuitionistisch erkannt worden. Für die weiteren Formen *A* 9 bis *A* 18 wird der Nachweis in § 160 durch negative Entscheidung nachgeholt bzw. als Textaufgabe gestellt werden. (Bis dahin wird die Behauptung nicht benutzt werden.) Betreffs der restlichen *A*-Formen vgl. man die „abschließende Bemerkung" (Zusatzaufgabe) von § 160.

§ 140. Die intuitionistische Inabsurdität jeder Wahrform.

Nachdem wir gesehen haben, wie sehr der intuitionistische Standpunkt die alternäre Logik einschränkt, gewinnt der folgende Satz ein besonderes Gewicht.

Satz 124. Die Inabsurdität $\neg\neg\mathfrak{w}$ einer beliebigen natürlichen *Wahrform* $\mathfrak{w}$ ist intuitionistisch.

Beispiele. Die Wahrformen $a \vee \neg a$, $\neg\neg a \rightarrow a$, $a \rightarrow b \longrightarrow \neg a \vee b$ sind nach § 136 nichtintuitionistisch. Dagegen sind die Wahrformen
$D\,72.$ $\neg\neg(a \vee \neg a)$, $J\,12.$ $\neg\neg(\neg\neg a \rightarrow a)$,
$\neg\neg(a \rightarrow b \longrightarrow \neg a \vee b)$ intuitionistisch.

Anmerkung. Es wurde bereits in § 134 erwähnt, daß $J\,12$ nicht derivativ ist; der obige Satz läßt sich also nicht etwa auf die *derivative* Logik hin verschärfen.

Vorab eine unmittelbare Folgerung des Satzes 124:

Satz 125. Jede negative natürliche Wahrform (d.h. jede natürliche Wahrform der Gestalt $\neg\mathfrak{a}$) ist intuitionistisch.

Herleitung des Satzes 125 aus Satz 124: Wenn $\neg\mathfrak{a}$ Wahrform ist, so ist nach Satz 124 die Form $\neg\neg\neg\mathfrak{a}$ intuitionistisch. Wegen des Brouwerschen Absurditätssatzes $D\,17$: $\neg\neg\neg a \rightarrow \neg a$ ist dann auch $\neg\mathfrak{a}$ intuitionistisch.

Nachweis des Satzes 124.

Zunächst möge im Axiomensystem der natürlichen alternären Aussagenlogik gemäß Satz 123 das Axiom $A\,3.$ $(a \rightarrow \neg a) \rightarrow a \longrightarrow a$ durch das „Ersatzaxiom" $A\,1.$ $a \vee \neg a$ ersetzt werden.

Es sei nun irgendeine natürliche Wahrform $\mathfrak{w}$ betrachtet. $\mathfrak{w}$ ist aus dem soeben eingeführten Axiomensystem (mit dem Ersatzaxiom $a \vee \neg a$) normaldeduktiv beweisbar. In der Beweisfigur lassen sich nach Satz 44 die Einsetzungen vorverlegen; in der neuen Beweisfigur B steht nun unter jedem Axiom $a \vee \neg a$ (das am oberen Ende eines Beweisfadens steht) höchstens noch eine Form der Gestalt $\mathfrak{a} \vee \neg\mathfrak{a}$, die durch Einsetzung entsteht und in die weiter im Beweise B nichts mehr eingesetzt wird. Die Formen dieser Art aus B wollen wir mit $\mathfrak{a}_1 \vee \neg\mathfrak{a}_1$, $\mathfrak{a}_2 \vee \neg\mathfrak{a}_2$, ..., $\mathfrak{a}_n \vee \neg\mathfrak{a}_n$ bezeichnen. In der Beweisfigur B streichen wir jedes $a \vee \neg a$, das über diesen Formeln steht. Wir haben dann einen normaldeduktiven Beweis von $\mathfrak{w}$ aus den intuitionistischen Axiomen allein und den Formen $\mathfrak{a}_1 \vee \neg\mathfrak{a}_1, \ldots, \mathfrak{a}_n \vee \neg\mathfrak{a}_n$, wobei für die letzteren Formen keine Einsetzungen mehr gemacht worden sind. Daher ist das Deduktionstheorem Satz 47 anwendbar und liefert:

Aus den intuitionistischen Axiomen allein folgt normaldeduktiv die Form

(*) $\mathfrak{a}_1 \vee \neg \mathfrak{a}_1 \rightarrow \mathfrak{a}_2 \vee \neg \mathfrak{a}_2 \rightarrow \cdots \rightarrow \mathfrak{a}_n \vee \neg \mathfrak{a}_n \rightarrow \mathfrak{w}$.

Wir behaupten nun:

Hilfsatz. Wenn eine solche Form intuitionistisch ist, so ist für jede Anzahl p, die kleiner oder gleich n ist, auch die Form

$\neg\neg(\mathfrak{a}_{p+1} \vee \neg \mathfrak{a}_{p+1} \rightarrow \cdots \rightarrow \mathfrak{a}_n \vee \neg \mathfrak{a}_n \rightarrow \mathfrak{w})$

[wo also aus (*) die ersten p Vorderglieder weggestrichen sind und dann zur Inabsurdität übergegangen ist] intuitionistisch. Diese Behauptung erweist sich durch vollständige Induktion nach p:

1. $p = 0$. Mit der Form (*) ist auch ihre Inabsurdität intuitionistisch dies folgt wegen $D$16: $a \rightarrow \neg\neg a$.

2. Die Behauptung sei bis zu einem bestimmten p bewiesen, d.h. $\neg\neg(\mathfrak{a}_{p+1} \vee \neg \mathfrak{a}_{p+1} \rightarrow \mathfrak{a}_{p+2} \vee \neg \mathfrak{a}_{p+2} \rightarrow \cdots \rightarrow \mathfrak{a}_n \vee \neg \mathfrak{a}_n \rightarrow \mathfrak{w})$ sei schon als intuitionistisch erkannt. Nach dem Schluß gemäß der Form $D$41 (2): $\neg\neg(a \rightarrow b) \rightarrow \neg\neg a \rightarrow \neg\neg b$ ist dann auch

(**) $\neg\neg(\mathfrak{a}_{p+1} \vee \neg \mathfrak{a}_{p+1}) \rightarrow \neg\neg(\mathfrak{a}_{p+2} \vee \neg \mathfrak{a}_{p+2} \rightarrow \cdots \rightarrow \mathfrak{a}_n \vee \neg \mathfrak{a}_n \rightarrow \mathfrak{w})$ intuitionistisch, und da $\neg\neg(\mathfrak{a}_{p+1} \vee \neg \mathfrak{a}_{p+1})$ nach $D$72 intuitionistisch ist, erhalten wir durch Grundschluß: das Hinterglied von (**) ist intuitionistisch.

Hiermit ist aber der Beweisschritt zu $p+1$ vollzogen; mithin erhalten wir die Behauptung der Reihe nach für alle p, die $\leqq n$ sind; zum Schluß ist $\neg\neg\mathfrak{w}$ als intuitionistisch erkannt.

Aufgaben. 1. Der Hilfsatz gilt ebenso für *derivative* wie für intuitionistische Formen. Wieso versagt der Beweis des Satzes 124 für derivative Formen? — 2. Man erweise die oben benutzte Form 41 (2) durch einen *normaldeduktiven* Beweis als derivativ.

§ 141. Derivative und intuitionistische Logik keine „mehrwertigen“ Logiken.

Man begegnet immer noch gelegentlich bei Nichtfachleuten der Meinung, die intuitionistische Aussagenlogik sei bloß eine dreiwertige Logik, und zwar lasse sie sich durch eine Wahrheitswertung repräsentieren, die aus drei Werten (‚wahr‘; — ‚falsch‘; — ‚offen‘, d.i. ‚weder wahr noch falsch‘) aufgebaut ist, deren einer (eben ‚wahr‘) ausgezeichnet ist, vgl. hierzu den Schluß des § 49.

Die Erörterung, wie es zu dieser irrigen Meinung kommen kann und wie es möglich ist, daß sie sich so lange hält, sowie auch die ausführlichere Darlegung der Inkonsequenzen, die sich von vorneherein einer solchen Auffassung bereits von der Interpretation her entgegenstellen, kann erst im Bande ‚Prädikatenlogik‘ gegeben werden, da die intuitionistische Einstellung erst dort motiviert werden kann (vgl. hier § 138). Im Rahmen der Aussagenlogik läßt sich aber bereits das scharfe

Resultat erhalten, daß die Auffassung schlechthin falsch ist, und weit mehr: daß die intuitionistische Logik überhaupt keine „mehrwertige" Logik ist!

Um dieses Resultat in möglichst großer Schärfe formulieren zu können, sei vorab eine Verallgemeinerung der in § 46 erklärten ‚Quasiwahrheitswertung' betrachtet. Sofern eine Quasiwahrheitswertung — wie bei der Erklärung der ‚mehrwertigen Logik' von § 49 — nicht auf die Aufgabe eines Unabhängigkeitsnachweises bezogen ist, entfällt offenbar von selbst die auf eine solche Aufgabe bezügliche Bedingung 2 von S. 114f.; die Bedingung 1 behält nur dann ihren Sinn, wenn die Quasiwahrheitswertung im Anschluß an ein Axiomensystem betrachtet wird (vgl. S. 117f. Erklärung u. Anm.). Die Bedingung 3 von S. 115, die dort (im Nachweis zu Satz 35) als eine hinreichende Bedingung für die Grundschlußerblichkeit der Quasiwahrform-Eigenschaft erwiesen wurde, ist nicht auch zugleich eine notwendige Bedingung hierfür (der Nachweis durch Aufweisung eines Gegenbeispiels kann dem besonders interessierten Leser als Zusatzaufgabe überlassen bleiben). Man kann nun die Bedingung 3 von S. 115 durch die schwächere Bedingung 3a ersetzen:

3a. ‚Die Eigenschaft, Quasiwahrform zu sein, vererbt sich gegenüber dem Grundschluß.'

Den in § 46 erklärten Quasiwahrheitswertungen, in denen die Bedingung 3 erfüllt ist und die man wohl auch als normal bezüglich der Grundschlußregel bezeichnet, treten dann *‚nichtnormale'* — genauer: nicht bezüglich der Grundschlußregel normale — Quasiwahrheitswertungen, die zwar 3a, nicht jedoch 3 erfüllen, zur Seite. Bei den Erörterungen der mehrwertigen Logiken, die den Gegenstand des § 49 bildeten, spielte die Fassung der Bedingung 3 keine Rolle. Im folgenden soll nun die *‚mehrwertige Logik'* ein wenig allgemeiner als vorher durch eine *nicht notwendig normale Quasiwahrheitswertung* erklärt werden. Hiermit wird das oben angekündigte negative Ergebnis in dem unten folgenden Satz 128 — und ebenso später das entsprechende Ergebnis für die strikte Logik in Satz 179 — in voller Stärke formuliert werden können.

Dem erwähnten Satz 128 möge ein Hilfsatz vorausgeschickt werden, der ein grelles Licht auf die Rolle der Disjunktion in der derivativen und intuitionistischen Logik wirft.

Satz 126 „Disjunktionssatz". Eine Disjunktion $\mathfrak{a} \vee \mathfrak{b}$ — es soll sich um eine natürliche Form handeln — ist dann und *nur dann* derivativ bzw. intuitionistisch, wenn $\mathfrak{a}$ oder $\mathfrak{b}$ derivativ bzw. intuitionistisch ist.

(Anmerkung. Das „oder" der obigen Behauptung ist wie gewöhnlich *nicht* ausschließend gemeint, d.h. es *dürfen* natürlich auch $\mathfrak{a}$ *und* $\mathfrak{b}$ derivativ bzw. intuitionistisch sein.)

Zum *Nachweis* des Disjunktionssatzes: Die „dann"-Behauptung ist eine triviale Folge der Axiome *D*46, 47; die „*nur* dann"-Behauptung wird in der „Anmerkung" des § 151 nachgewiesen.

Methodische Vorbemerkung. Der Nachweis der weiter oben gestellten Aufgabe vereinfacht sich erheblich durch die Heranziehung des Disjunktionssatzes, der seinerseits in den „aufschichtenden" Kodifikaten des nächsten Kapitels seinen weitaus angemessensten Nachweis findet, wobei auf die restlichen Paragraphen des vorliegenden Kapitels in keiner Weise zurückgegriffen wird. Da andererseits die oben gestellte Aufgabe sich dem vorliegenden Kapitel einordnet, möge es gestattet sein, bereits hier den Disjunktionssatz unter Hinweis auf seinen später folgenden Nachweis zu benutzen.

Zur bequemeren Formulierung eines unten folgenden Satzes benennen wir die Aussagenvariablen für einen Augenblick nicht mit $a, b, c, \ldots$, sondern mit $a_1, a_2, a_3, \ldots$ (vgl. S. 160). Wir beschränken uns zunächst nach Vorgabe einer beliebigen natürlichen und von 1 verschiedenen Zahl n auf die n ersten Variablen a_1 bis a_n.

Wir bilden zu jedem Paar verschiedener Variablen a_i, a_k (wo i kleiner als k sein soll) die implikativen Aussagenformen $a_i \to a_k$ und betrachten die Disjunktion aller dieser Implikationen, d.h. die Aussagenform

$$\mathfrak{d}_n \equiv: \bigvee_{\substack{i<k \\ k=2 \text{ bis } n}} (a_i \to a_k).$$

(Zum Zeichen V vgl. S. 240. Wir dürfen uns die assoziate Schreibweise erlauben, da das assoziative Gesetz in der intuitionistischen Logik gilt; von jedem Disjunktionsglied aus ist eine ganz nach links erstreckte Klammerung zu denken. $<$ steht für „kleiner als".)

Beispiel:

$\mathfrak{d}_3 \equiv (a_1 \to a_2) \vee (a_1 \to a_3) \vee (a_2 \to a_3)$.

Satz 127 (Hilfsatz). In der natürlichen intuitionistischen Aussagenlogik (also erst recht in der natürlichen derivativen Aussagenlogik) ist für keine natürliche Zahl n die Disjunktion $\mathfrak{d}_n$ beweisbar.

Zusatzbemerkung. Dieser Satz setzt die intuitionistische Aussagenlogik in schroffen Kontrast zur alternären Aussagenlogik, denn dort ist ja bereits $\mathfrak{d}_3$ — als Wahrform — beweisbar (s. S. 269, 5. Beispiel).

Nachweis des Satzes 127.

Nach Satz 126 ist in der derivativen und ebenso in der intuitionistischen Aussagenlogik mit $\mathfrak{a} \vee \mathfrak{b}$ stets $\mathfrak{a}$ oder $\mathfrak{b}$ beweisbar. Falls also $\mathfrak{d}_n$ beweisbar ist, muß mindestens *eine* der Implikationen $a_i \to a_k$ (mit $i<k$, $k=2$ bis n) beweisbar sein. Setzen wir hierin etwa $\neg\neg a_k$ für a_i ein, so wird $\neg\neg a_k \to a_k$ beweisbar, was nach Satz 120 nicht sein kann.

Anmerkung. Man kann den Satz 127 auch durch eine Quasiwahrheitswertung beweisen, ohne die der aufschichtenden Kodifikation entnommene Tatsache zu benutzen, daß mit $\mathfrak{a} \vee \mathfrak{b}$ auch $\mathfrak{a}$ oder $\mathfrak{b}$ beweisbar ist; die Durchführung dieser Quasiwahrheitswertung würde jedoch mehr Platz erfordern; s. hierzu die obenstehende ‚methodische Vorbemerkung'.

Satz 128. Weder die natürliche derivative Aussagenlogik noch die intuitionistische Aussagenlogik ist eine mehrwertige Logik.

Nachweis.

1. In der natürlichen derivativen Logik — und somit auch in der intuitionistischen Logik — ist (für $p=0$ und für jede natürliche Zahl p) die Aussagenform $(b \vee (a \to a)) \vee c_1 \vee \cdot\cdot \vee c_p$ (bei der hinter jedem c eine ganz nach links erstreckte Klammerung zu denken ist) beweisbar [Beweis aus $D6$, 45, 46 als Textaufgabe].

2. Es sei eine beliebige mehrwertige Logik vorgelegt, die eine nicht notwendig normale Quasiwahrheitswertung (s. S. 370) für die natürliche derivative bzw. für die intuitionistische Aussagenlogik darstellt, d.h. die deren Axiome — und mithin alle beweisbaren Formen — zu Quasiwahrformen macht. Die Anzahl ihrer Wahrheitswerte nennen wir n (wieviele davon ausgezeichnet sind, ist unerheblich).

Wir dürfen behaupten: Die vorgelegte Wertung ist keine „adäquate" Wertung (s. § 46) der natürlichen derivativen Aussagenlogik oder der intuitionistischen Aussagenlogik, d.h. es gibt mindestens eine *nicht* beweisbare Quasiwahrform (vgl. § 46), und zwar ist $\mathfrak{d}_{n+1}$ eine solche Aussagenform. — Nachweis in Abs. 3 bis 4.

3. Seien $k, l_1, \ldots, l_p$ und m irgendwelche $p+2$ Werte aus der vorgelegten Wertung, m.a.W. natürliche Zahlen, die höchstens gleich n sind. Die Belegung $(k \vee (m \to m)) \vee l_1 \vee \cdot\cdot \vee l_p$ muß einen ausgezeichneten Wert ergeben, da sonst die nach Abs. 1 beweisbare Form $(b \vee (a \to a)) \vee c_1 \vee \cdot\cdot \vee c_p$ nicht Quasiwahrform wäre, im Widerspruch zur Vorgabe von Abs. 2.

4. In der Aussagenform

$$\mathfrak{d}_{n+1} \equiv \bigvee_{\substack{i<k \\ k=2 \text{ bis } n+1}} (a_i \to a_k)$$

treten $n+1$ Aussagenvariablen auf. Jede beliebige Belegung von $\mathfrak{d}_{n+1}$ mit den gegebenen n Werten muß daher notwendigerweise mindestens zwei verschiedene Variablen a_i, a_k (wo $i<k$) mit demselben Wert — nennen wir ihn m — belegen; sie muß daher eines der Disjunktionsglieder von $\mathfrak{d}_{n+1}$ mit $m \to m$ belegen und mithin die Gestalt $(k \vee (m \to m)) \vee l_1 \vee \cdot\cdot \vee l_p$ annehmen, wo $k, l_1, \ldots, l_p$ irgendwelche nicht näher interessierenden Werte sind. Nach Abs. 3 dieses Nachweises ist also die beliebig vorgegebene Belegung von $\mathfrak{d}_{n+1}$ ausgezeichnet. Die Form $\mathfrak{d}_{n+1}$ ist also Quasiwahrform, obwohl sie nach Satz 127 nicht beweisbar ist. Hiermit ist die Behauptung aus Abs. 2 nachgewiesen.

§ 142. Das normaldeduktive $\curlywedge$-Kodifikat der intuitionistischen Aussagenlogik.

Die intuitionistische Aussagenlogik läßt sich unter Heranziehung des Absurditätssymbols von S. 348 in einer Weise kodifizieren, die verschiedene formale Vorteile hat.

A. Das Begriffsnetz

wird gebildet aus den $\wedge\vee\rightarrow\curlywedge$-Formen. (Auf die Negationsverknüpfung $\neg$ wird also hier verzichtet; dafür ist für die Aufschichtung der Formen den Aussagenvariablen das Absurditätszeichen $\curlywedge$ zugefügt.)

B. Das Deduktionsgerüst.

I. Die Axiome der derivativen $\rightarrow\wedge\vee$-Logik, d.s.

D 1. $a\rightarrow b\rightarrow a$,

D 5. $a\rightarrow b \longrightarrow b\rightarrow c \longrightarrow a\rightarrow c$,

D 7. $a\rightarrow a\rightarrow b \longrightarrow a\rightarrow b$,

D 23. $a\wedge b\rightarrow a$, *D* 24. $a\wedge b\rightarrow b$,

D 27. $a\rightarrow b \longrightarrow a\rightarrow c \longrightarrow a\rightarrow b\wedge c$,

D 46. $a\rightarrow a\vee b$, *D* 47. $b\rightarrow a\vee b$,

D 48. $b\rightarrow a \longrightarrow c\rightarrow a \longrightarrow b\vee c\rightarrow a$.

II. Das intuitionistische Axiom

J 5°. $\curlywedge\rightarrow a$.

III. Die Einsetzungsregel (vgl. S. 166) mit der Einschränkung, daß für $\curlywedge$ keine Einsetzung gemacht werden darf.

IV. Das Grundschlußschema $\dfrac{\mathfrak{a} \quad \mathfrak{a}\rightarrow\mathfrak{b}}{\mathfrak{b}}$.

Anmerkung. Das Kodifikat unterscheidet sich, wie man sieht, von der derivativen $\rightarrow\wedge\vee$-Logik nur durch die Einbeziehung des $\curlywedge$-Zeichens (für das keine Einsetzung gemacht werden darf) in das Begriffsnetz und durch die Einbeziehung des intuitionistischen Axioms *J* 5° in das Deduktionsgerüst.

Wir benutzen weiter die folgende Definition (vgl. § 112):

Erklärung. Aus einer natürlichen Form $\mathfrak{a}$ geht die $\curlywedge$-*Negationsreduzierte* hervor, indem jede negative Teilform $\neg\mathfrak{t}$ durch $\mathfrak{t}\rightarrow\curlywedge$ ersetzt wird.

Anmerkung. Von der Reihenfolge dieser Ersetzungen hängt die $\curlywedge$-Negationsreduzierte offenbar nicht ab.

Satz 129. (1) Die $\curlywedge$-Negationsreduzierte einer natürlichen intuitionistischen Form (genauer: einer in der gewöhnlichen normaldeduktiven intuitionistischen Aussagenlogik des § 133 beweisbaren natürlichen Form) ist im intuitionistischen $\curlywedge$-Kodifikat beweisbar. — (2) (Eine Art Umkehrung:) Aus der $\wedge\vee\rightarrow\curlywedge$-Form $\mathfrak{a}°$ gehe die natürliche Form (d.h. die $\rightarrow\wedge\vee\neg$-Form) $\mathfrak{a}$ hervor, indem jedes $\curlywedge$ durch $a\wedge\neg a$ (oder auch durch $\dot{\mathfrak{v}}\wedge\neg\dot{\mathfrak{v}}$ mit einer beliebigen Aussagenvariablen $\dot{\mathfrak{v}}$) ersetzt wird. Wenn dann $\mathfrak{a}°$ im intuitionistischen $\curlywedge$-Kodifikat dieses Paragraphen beweisbar ist, so ist $\mathfrak{a}$ in der gewöhnlichen normaldeduktiven intuitionistischen Aussagenlogik des § 133 beweisbar. — (3) Eine natürliche Aussagenform $\mathfrak{c}$ ist dann und nur dann intuitionistisch, wenn ihre $\curlywedge$-Negationsreduzierte im „intuitionistischen $\curlywedge$-Kodifikat" beweisbar ist.

Anmerkung zu (3). Das $\curlywedge$-Kodifikat darf also zu Recht als ein Kodifikat der intuitionistischen Aussagenlogik angesehen werden.

Nachweis für Behauptung (1). Die natürliche Form $\mathfrak{a}$ sei im gewöhnlichen deduktiven intuitionistischen Kodifikat bewiesen. Bei dem Beweise mit der Endform $\mathfrak{a}$ verlegen wir gemäß Satz 44 (der sich ohne weiteres auf dieses Kodifikat überträgt) die Einsetzungen herauf. Sodann ersetzen wir jede Formel des Beweises durch ihre $\curlywedge$-Negationsreduzierte. Dabei gehen alle Grundschlüsse in Grundschlüsse über. Jede Axiombeiform, die zu einem Axiom gehört, welches kein $\neg$-Zeichen enthält, geht wieder in eine Axiombeiform zum selben Axiom über. Diese Axiome sind aber alle auch solche des $\curlywedge$-Kodifikats.

Eine Beiform zum Axiom $D15$: $a \to \neg b \longrightarrow b \to \neg a$ geht über in eine Beiform zur Form $a \to b \to \curlywedge \longrightarrow b \to a \to \curlywedge$, und eine Beiform zum Axiom $J1$: $\neg a \to \neg\neg a \to a$ geht über in eine Beiform zu $a \to \curlywedge \longrightarrow (a \to \curlywedge) \to \curlywedge \longrightarrow a$. Hiermit sind alle Axiome des ursprünglichen Kodifikats berücksichtigt. Es gilt also nur noch, die beiden genannten $\to\curlywedge$-Formen im $\curlywedge$-Kodifikat zu beweisen.

Die Form $a \to b \to \curlywedge \longrightarrow b \to a \to \curlywedge$ geht durch Einsetzung aus $D4$ hervor; $D4$ folgt aus den Axiomen $D1, 5, 7$ allein, die auch Axiome des $\curlywedge$-Kodifikats sind. Die Form $a \to \curlywedge \longrightarrow (a \to \curlywedge) \to \curlywedge \longrightarrow a$ ergibt sich im $\curlywedge$-Kodifikat so:

$a \to \curlywedge \longrightarrow (a \to \curlywedge) \to \curlywedge \longrightarrow \curlywedge$ nach $D8$,

$\curlywedge \to a$ nach Axiom $J5^\circ$.

Nun iterierter Kettenschluß gemäß $D9$ aus den letzten beiden Formen. (Die benutzten Formen $D8, 9$ sind aus $D1, 5, 7$ im $\curlywedge$-Kodifikat beweisbar.)

Nachweis für Behauptung (2). Bei dem im $\curlywedge$-Kodifikat geführten Beweis für $\mathfrak{a}^\circ$ verlegen wir die Einsetzungen herauf (Satz 44 ist offenbar auf das Kodifikat anwendbar). Wir unterwerfen sodann *jede* Formel des Beweises der in Behauptung (2) beschriebenen Ersetzung (mit festem $\dot{\mathfrak{v}}$). Grundschlüsse gehen in Grundschlüsse über. Eine Beiform eines der „derivativen" Axiome I des $\curlywedge$-Kodifikats geht in eine Beiform desselben Axioms über; ein solches Axiom gehört auch zum gewöhnlichen deduktiven intuitionistischen Kodifikat. Eine Beiform zum Axiom $J5^\circ$: $\curlywedge \to \mathfrak{a}$ geht über in eine Form der Gestalt $\dot{\mathfrak{v}} \wedge \neg \dot{\mathfrak{v}} \to \tilde{\mathfrak{a}}$, wo $\tilde{\mathfrak{a}}$ vom $\curlywedge$-Zeichen frei ist. Diese Form ist im normaldeduktiven Kodifikat beweisbar nach $J5$ (S. 345).

Nachweis für Behauptung (3). — Erstens: die Behauptung „nur dann" stimmt mit (1) überein. Zweitens: Behauptung „dann". Nach (2) ist diejenige Form, die aus der $\curlywedge$-Negationsreduzierten bei Ersetzung aller $\curlywedge$ durch $\dot{\mathfrak{v}} \wedge \neg \dot{\mathfrak{v}}$ hervorgeht — intuitionistisch. Umsetzungen mit $J13$ führen von ihr auf $\mathfrak{c}$.

8. Abschnitt.

Aufschichtende derivative und intuitionistische Aussagenlogik.

Kapitel XXV.

Die aufschichtende Behandlung der derivativen und der intuitionistischen Aussagenlogik.

§ 143. Vorbemerkungen.

Im 5. Abschnitt lernten wir die aufschichtende alternäre Logik kennen. Wir erfuhren (in § 93), inwiefern sie fast zwangläufig auf ein Entscheidungsverfahren der alternären Logik führt, das sich bezüglich seiner Handlichkeit mit dem der Wahrheitswertung durchaus messen kann. Bei der Betrachtung der derivativen Logik wurde für die derivative $\rightarrow\wedge\neg$-Logik ein „entwickelndes Kodifikat" vorgeführt, das ebenfalls ein Entscheidungsverfahren ermöglicht; jedoch ließ sich dieses Entscheidungsverfahren mindestens nicht ohne erhebliche Einbuße an Übersichtlichkeit auf $\vee$ erweitern (s. ‚Ausblick' Abs. 2, S. 333). Nun macht sich aber gerade für die natürliche derivative Aussagenlogik und ebenso für die an sie anschließende intuitionistische Aussagenlogik — die keine Entscheidung durch eine Wertung zulassen (s. hierzu § 141) — das Bedürfnis nach Entscheidbarkeit auf Schritt und Tritt bemerkbar. Hier ist es nun wiederum die aufschichtende Kodifikation, die uns ein Entscheidungsverfahren an die Hand gibt, das auch praktisch wichtig werden wird. Es sei aber bereits hier betont, daß das Entscheidungsverfahren durchaus nicht das einzige Erträgnis der aufschichtenden Kodifikation ist. Ihre Bedeutsamkeit wird der Leser nach der Lektüre dieses Kapitels zu würdigen wissen.

Da die *Grundgedanken der aufschichtenden Logik bereits in § 87* entwickelt wurden und die Methoden denen der Kap. XV bis XVII — bei Abweichungen im einzelnen — weitgehend entsprechen, können wir uns in diesem Kapitel beim Aufbau und der Auswertung des Kodifikats unter Hinweis auf jenes Kapitel kürzer fassen.

Es wird jedoch nützlich sein, auf gewisse fundamentale Unterschiede zwischen den aufschichtenden Kodifikaten der alternären Logik einerseits und der derivativen bzw. der intuitionistischen Aussagenlogik andererseits im voraus andeutend hinzuweisen. Im alternären aufschichtenden Kodifikat wurde der aufschichtende Charakter der Schlußregeln durch die Zulassung eines konjunktiven Nebengliedes in der Vorderkonjunktion und eines disjunktiven Nebengliedes in der Hinterdisjunktion (vgl. S. 221 f.) weitgehend abgeschwächt (Satz 57). Demgegenüber werden die „aufschichtenden Schlußregeln" der derivativen und der intuitionistischen Aussagenlogik — zu denen allerdings eine Kürzungsregel tritt, in einem weit weniger abgeschwächten Sinne aufschichtend sein (Satz 130). Während die Hinterdisjunktion entfällt, wird — gewissermaßen anstelle der Vorderkonjunktion — eine Präjunktion auftreten. [Man kann übrigens evidentermaßen die Kodifikate einander mehr angleichen; so stellt sich die ursprünglich von GENTZEN angegebene aufschichtende intuitionistische Sequenzenlogik als ein *Teilkodifikat* seiner aufschichtenden alternären Sequenzenlogik (vgl. S. 218f.) dar. Im vorliegenden Buche sind jedoch beide Logiken unabhängig voneinander unter dem Gesichtspunkt der größten Angemessenheit und Handlichkeit kodifiziert worden.]

§ 144. Die aufschichtenden Kodifikate der natürlichen derivativen und der intuitionistischen Aussagenlogik.

Erstes Kodifikat: natürliche aufschichtende derivative Aussagenlogik.

A. Das Begriffsnetz.

Dem Begriffsnetz liegen die $\to\wedge\vee\lambda$-Formen zugrunde, die wie folgt definiert sind:

1. Jede Aussagenvariable und ebenso das Zeichen λ (gelesen etwa: „falsum") ist eine $\to\wedge\vee\lambda$-Aussagenform.

2. Mit $\mathfrak{a}$ und $\mathfrak{b}$ ist $\mathfrak{a}\to\mathfrak{b}$ (mit nötig werdender Klammerung) eine $\to\wedge\vee\lambda$-Aussagenform.

3. Mit $\mathfrak{a}$ und $\mathfrak{b}$ sind auch $\mathfrak{a}\wedge\mathfrak{b}$ und $\mathfrak{a}\vee\mathfrak{b}$ (mit nötig werdender Klammerung, vgl. S. 159f.) $\to\wedge\vee\lambda$-Aussagenformen.

Zusatz. Sofern man sich auf die derivative $\to\vee\wedge$-Logik beschränken will, braucht man lediglich das Zeichen λ aus dem Begriffsnetz herauszulassen.

Anmerkungen. Man könnte die $\to\wedge\vee\lambda$-Formen auch assoziat (S. 161) erklären; jedoch würden dann einige der folgenden Nachweise umständlicher werden.

Zur Interpretation des λ sei bereits hier auf § 142 zurückverwiesen. Wir werden auf den Zusammenhang mit dem λ-Kodifikat jenes Paragraphen noch ausführlich zurückkommen.

Klammerersparnis. Die Klammern um eine implikative Teilform wollen wir wie früher — S. 88 — weglassen, wenn sie sich erst am Ende der Gesamtformel schließen würden. — Beispiel: Wir schreiben $\mathfrak{a}\to\mathfrak{b}\to\mathfrak{c}\to\mathfrak{d}$ statt $\mathfrak{a}\to(\mathfrak{b}\to(\mathfrak{c}\to\mathfrak{d}))$.

Erinnerung. In einer $\to\wedge\vee$-Form der Gestalt $\mathfrak{a}\to\mathfrak{b}\to\mathfrak{c}\to\cdots\to\ddot{\mathfrak{e}}$, wobei $\ddot{\mathfrak{e}}$ nicht mehr Implikation ist, heißen $\mathfrak{a}, \mathfrak{b}, \mathfrak{c}, ..$ die Hauptvorderglieder, $\ddot{\mathfrak{e}}$ das Haupthinterglied. Das Mitteilungszeichen $\ulcorner$ — gelesen „Präjunktion" oder kurz „Präjunkt" — wird in der bereits früher eingeführten Weise (§ 111) verwendet, d.h. $\ulcorner_{i=1,\ldots,n}\, \mathfrak{a}_i \to \mathfrak{b}$ oder auch kurz $\ulcorner\mathfrak{a}\to\mathfrak{b}$ steht für $\mathfrak{a}_1\to\mathfrak{a}_2\to\cdots\to\mathfrak{a}_n\to\mathfrak{b}$.

B. *Das Deduktionsgerüst.*

I. Einzige *Axiomenanweisung.*

Jede Implikation $\boxed{\dot{\mathfrak{w}} \to \dot{\mathfrak{w}}}$ für eine beliebige Aussagenvariable $\dot{\mathfrak{w}}$ und auch für $\curlywedge$ — also auch $\curlywedge \to \curlywedge$ — heißt ein Axiom (und als solches eo ipso „beweisbar“; vgl. S. 133).

II. *Umstellungsregel.*

Bei einer Implikation soll es auf die Reihenfolge der Hauptvorderglieder nicht ankommen.

Beispiel. $a \to b \to a$ gilt nicht als verschieden von $b \to a \to a$. (Die Vielfachheit der Hauptvorderglieder ist dagegen zunächst wichtig; auf sie werden sich besondere Schlüsse beziehen.) Wir können uns die Umstellungsregel so merken:

$\ulcorner\mathfrak{u} \to \mathfrak{a} \to \mathfrak{b} \to \mathfrak{c}$ ist von $\ulcorner\mathfrak{u} \to \mathfrak{b} \to \mathfrak{a} \to \mathfrak{c}$ nicht unterschieden.

Es ist aber hervorzuheben, daß diese Merkregel nicht etwa als ein Schlußschema aufgefaßt werden soll; vielmehr werden solche Umstellungen der Hauptvorderglieder stillschweigend in die Entwicklungen einbezogen.

Vorbemerkung zur Schreibweise der folgenden Schlußschematen:

1) $\mathfrak{u}$, $\ulcorner\mathfrak{u}$, $\mathfrak{v}$, $\ulcorner\mathfrak{v}$ bezeichnen stets solche Hauptvorderglieder bzw. solche Präjunktionen, die auch fehlen dürfen;

$\mathfrak{c}$ bezeichnet ein Hinterglied (nicht notwendig ein Haupthinterglied!), das von dem Schluß nicht betroffen wird;

$\mathfrak{a}$, $\mathfrak{b}$ bezeichnen Hauptvorderglieder oder Hinterglieder, auf die sich der Schluß bezieht; wir wollen diese $\mathfrak{a}$, $\mathfrak{b}$ — sowie auch die bloß aus $\mathfrak{a}$ und $\mathfrak{b}$ zusammengesetzten Teilformen der Unterformeln — auch kurz die *Hauptglieder* des betreffenden Schlusses nennen zur Abhebung von den *Nebengliedern* $\mathfrak{u}$, $\mathfrak{v}$, $\mathfrak{c}$.

2) Den Schlußquerstrich behalten wir wieder (vgl. hierzu S. 222) nur bei Schlüssen mit zwei Oberformeln bei.

III. Schlußregel der *Kürzung:*

$$\boxed{\begin{array}{c} \mathfrak{a} \to \mathfrak{a} \to \mathfrak{c} \\ \mathfrak{a} \to \mathfrak{c} \end{array}}$$

IV. *Die aufschichtenden Schlußregeln.*

Jede von ihnen führt eine der Verknüpfungen ein und zwar entweder in ein Hauptvorderglied oder in ein Hinterglied.

$\vee$ *vorne:*

$$\boxed{\frac{\mathfrak{a} \to \mathfrak{c} \quad \mathfrak{b} \to \mathfrak{c}}{\mathfrak{a} \vee \mathfrak{b} \to \mathfrak{c}}}$$

$\wedge$ *hinten:*

$$\boxed{\frac{\ulcorner\mathfrak{u} \to \mathfrak{a} \quad \ulcorner\mathfrak{u} \to \mathfrak{b}}{\ulcorner\mathfrak{u} \to \mathfrak{a} \wedge \mathfrak{b}}}$$

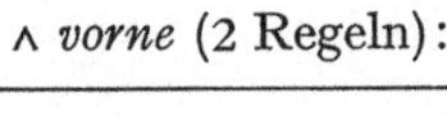

$\wedge$ *vorne* (2 Regeln):

$$\frac{\mathfrak{a} \to \mathfrak{c}}{\mathfrak{a} \wedge \mathfrak{b} \to \mathfrak{c}} \qquad \frac{\mathfrak{b} \to \mathfrak{c}}{\mathfrak{a} \wedge \mathfrak{b} \to \mathfrak{c}}$$

$\vee$ *hinten* (2 Regeln):

$$\frac{\Gamma\mathfrak{u} \to \mathfrak{a}}{\Gamma\mathfrak{u} \to \mathfrak{a} \vee \mathfrak{b}} \qquad \frac{\Gamma\mathfrak{u} \to \mathfrak{b}}{\Gamma\mathfrak{u} \to \mathfrak{a} \vee \mathfrak{b}}$$

$\to$ *vorne:*

$$\frac{\Gamma\mathfrak{u} \to \mathfrak{a} \qquad \mathfrak{b} \to \mathfrak{c}}{\Gamma\mathfrak{u} \;\to\; \mathfrak{a} \to \mathfrak{b} \;\to\; \mathfrak{c}}$$

$\to$ *hinten:*

$$\frac{\mathfrak{c}}{\mathfrak{a} \to \mathfrak{c}}$$

Textaufgabe. Interpretation mit propädeutischer Bestätigung der Richtigkeit insbesondere beim $\to$-vorne-Schluß!

Anmerkungen. 1. Zum Analogon des $\to$-vorne-Schlusses in der alternären Logik s. Textaufgabe S. 223. — 2. Der als „$\to$-hinten-Schluß" bezeichnete Schluß, der ja nicht ein Vorderglied aufschichtet und mithin kein „vorne"-Schluß ist, darf als „hinten"-Schluß aufgefaßt werden, insofern man seine Ober- *und Unter*formel als bloße Hinterglieder (wenn auch natürlich nicht Haupthinterglieder) ansprechen kann.

Zweites Kodifikat: aufschichtende intuitionistische Aussagenlogik.

A. Das Begriffsnetz

stimmt mit demjenigen der aufschichtenden derivativen Aussagenlogik überein.

B. Das Deduktionsgerüst.

Es entsteht aus dem Deduktionsgerüst der aufschichtenden (s. erstes Kodifikat) derivativen Logik durch Zufügung einer *Axiomenanweisung:*

V. (intuitionistische Axiomenanweisung):

Jede Implikation $\lambda \to \mathfrak{w}$, wo $\mathfrak{w}$ für eine beliebige Aussagenvariable steht, heißt ein Axiom (und als solches eo ipso „beweisbar").

Zur *Interpretation* dieser Axiomenanweisung vgl. S. 348.

Satz 130. Die Deduktionsgerüste der derivativen und der intuitionistischen Aussagenlogik sind im folgenden (noch leicht abgeschwächten, vgl. S. 376) Sinne „*aufschichtend*": Jedes Hauptvorderglied einer beliebigen Formel eines Beweises tritt auch als Hauptvorderglied oder als Teilform eines solchen oder als Teilform des Haupthintergliedes in der Endformel auf; das Haupthinterglied einer beliebigen Formel eines Beweises tritt auch als Haupthinterglied oder als Teilform von ihm oder als Teilform eines Hauptvordergliedes in der Endformel auf.

Der Nachweis dieses Satzes ist evident; seine Ausführung an Hand einer einfachen Gerüstinduktion mag dem Leser als Textaufgabe überlassen bleiben.

Zur Beachtung. Daß die Deduktionsgerüste tatsächlich die natürliche derivative Aussagenlogik bzw. die natürliche intuitionistische Aussagenlogik wiedergeben, bleibt noch zu zeigen. Auf dieses Ziel sind die nächsten Paragraphen gerichtet.

§ 145. Einige Herleitungen.

Satz 131. (1) $\mathfrak{c} \to \mathfrak{c}$ ist im derivativen — also auch im intuitionistischen — aufschichtenden Kodifikat für eine beliebige $\to\wedge\vee\lambda$-Form $\mathfrak{c}$ beweisbar. — (2) Im intuitionistischen Kodifikat ist außerdem $\lambda \to \mathfrak{c}$ für eine beliebige $\to\wedge\vee\lambda$-Form $\mathfrak{c}$ beweisbar.

Anmerkung. (1) stellt eine unmittelbare Erweiterung der Axiomenanweisung I dar, ebenso (2) eine unmittelbare Erweiterung der Axiomenanweisung V.

Nachweis für (1) durch Netzinduktion.

Erster Induktionsschritt. Für eine Aussagenvariable $\dot{\mathfrak{w}}$ und auch für $\dot{\mathfrak{w}} \equiv: \lambda$ gilt $\dot{\mathfrak{w}} \to \dot{\mathfrak{w}}$ nach Axiomenschema I.

Zweiter Induktionsschritt. Es sei bereits bewiesen: $\mathfrak{a} \to \mathfrak{a}$ und $\mathfrak{b} \to \mathfrak{b}$.

1. Behauptung: Auch $\mathfrak{a} \wedge \mathfrak{b} \to \mathfrak{a} \wedge \mathfrak{b}$ ist beweisbar.

Beweis:

$$\begin{array}{cc|l} \mathfrak{a} \to \mathfrak{a} & \mathfrak{b} \to \mathfrak{b} & \text{vorausgesetzt,} \\ \mathfrak{a}\wedge\mathfrak{b} \to \mathfrak{a} & \mathfrak{a}\wedge\mathfrak{b} \to \mathfrak{b} & \text{durch } \wedge\text{-vorne-Schluß,} \\ \hline \multicolumn{2}{c|}{\mathfrak{a}\wedge\mathfrak{b} \to \mathfrak{a}\wedge\mathfrak{b}} & \text{durch } \wedge\text{-hinten-Schluß.} \end{array}$$

2. Behauptung: Auch $\mathfrak{a} \vee \mathfrak{b} \to \mathfrak{a} \vee \mathfrak{b}$ ist beweisbar.

Beweis:

$$\begin{array}{cc|l} \mathfrak{a} \to \mathfrak{a} & \mathfrak{b} \to \mathfrak{b} & \text{vorausgesetzt,} \\ \mathfrak{a} \to \mathfrak{a}\vee\mathfrak{b} & \mathfrak{b} \to \mathfrak{a}\vee\mathfrak{b} & \text{durch } \vee\text{-hinten-Schluß,} \\ \hline \multicolumn{2}{c|}{\mathfrak{a}\vee\mathfrak{b} \to \mathfrak{a}\vee\mathfrak{b}} & \text{durch } \vee\text{-vorne-Schluß.} \end{array}$$

3. Behauptung: Auch $\mathfrak{a} \to \mathfrak{b} \longrightarrow \mathfrak{a} \to \mathfrak{b}$ ist beweisbar.

Beweis:

$$\begin{array}{cc|l} \mathfrak{a} \to \mathfrak{a} & \mathfrak{b} \to \mathfrak{b} & \text{vorausgesetzt,} \\ \hline \multicolumn{2}{c|}{\mathfrak{a} \longrightarrow \mathfrak{a} \to \mathfrak{b} \longrightarrow \mathfrak{b}} & \text{durch } \to\text{-vorne-Schluß.} \end{array}$$

Nun die Umstellungsregel II S. 377.

Nachweis für (2) ebenfalls durch Netzinduktion.

Erster Induktionsschritt. Für eine Aussagenvariable $\dot{\mathfrak{w}}$ und für $\dot{\mathfrak{w}} \equiv: \lambda$ gilt $\lambda \to \dot{\mathfrak{w}}$ nach Axiomenschema V.

Zweiter Induktionsschritt. Es sei bereits bewiesen $\lambda \to \mathfrak{a}$ und $\lambda \to \mathfrak{b}$.

1. Behauptung: Auch $\lambda \to \mathfrak{a} \wedge \mathfrak{b}$ ist beweisbar.

Beweis:

$$\begin{array}{cc|l} \lambda \to \mathfrak{a} & \lambda \to \mathfrak{b} & \text{vorausgesetzt,} \\ \hline \multicolumn{2}{c|}{\lambda \to \mathfrak{a}\wedge\mathfrak{b}} & \text{durch } \wedge\text{-hinten-Schluß.} \end{array}$$

2. Behauptung: Auch $\lambda \to \mathfrak{a} \vee \mathfrak{b}$ ist beweisbar.

Beweis:

$\lambda \to \mathfrak{a}$ vorausgesetzt,
$\lambda \to \mathfrak{a} \vee \mathfrak{b}$ durch $\vee$-hinten-Schluß.

3. Behauptung: Auch $\lambda \to \mathfrak{a} \to \mathfrak{b}$ ist beweisbar.

Beweis:

$\lambda \to \mathfrak{b}$ vorausgesetzt,
$\mathfrak{a} \to \lambda \to \mathfrak{b}$ durch $\to$-hinten-Schluß,
d.i. $\lambda \to \mathfrak{a} \to \mathfrak{b}$ gemäß der Umstellungsregel II.

Satz 132 (1). In den beiden aufschichtenden Kodifikaten des § 144 ist die Importationsregel

$\mathfrak{a} \to \mathfrak{b} \to \mathfrak{c}$
$\mathfrak{a} \wedge \mathfrak{b} \to \mathfrak{c}$ explizit ableitbar.

Ableitung.

$\mathfrak{a} \to \mathfrak{b} \to \mathfrak{c}$ (vorausgesetzt),
$\mathfrak{a} \wedge \mathfrak{b} \to \mathfrak{b} \to \mathfrak{c}$ ($\wedge$ vorne),
$\mathfrak{a} \wedge \mathfrak{b} \to \mathfrak{a} \wedge \mathfrak{b} \to \mathfrak{c}$ ($\wedge$ vorne mit Umstellung),
$\mathfrak{a} \wedge \mathfrak{b} \to \mathfrak{c}$ (Kürzung).

Anmerkung. Man hat hier ein Beispiel für einen Herleitungsteil, in dem die Kürzung eine wesentliche Rolle spielt.

Satz 132 (2). In keinem der beiden aufschichtenden Kodifikate des § 144 ist die Kürzungsregel (S. 377) eliminierbar.

Man erkennt dies am Beispiel der Formel

$\mathfrak{u} \equiv: [(((a \to b) \to a) \to a) \to b] \to b.$

Anmerkung. $\mathfrak{u}$ ist freie Negationsreduzierte für die Inabsurditätsform zum Schluß ex contrario, d. h. für $\neg\neg((\neg a \to a) \to a)$.

Nachweis des Satzes 132 (2).

1. $\mathfrak{u}$ ist in keinem der beiden Kodifikate des § 144 ohne Kürzung beweisbar. Unter Vermeidung von Kürzungen könnte nämlich $\mathfrak{u}$, da ein $\to$-hinten-Schluß trivialerweise ausscheidet, nur durch $\to$-vorne-Schluß aus $((a \to b) \to a) \to a$ und $b \to b$, ebenso $((a \to b) \to a) \to a$ nur durch $\to$-vorne-Schluß aus $a \to b$ und $a \to a$ bewiesen werden; $a \to b$ ist jedoch nicht beweisbar.

2. $\mathfrak{u}$ ist in jedem der Kodifikate des § 144 beweisbar.

Zum Nachweis genügt es, $\mathfrak{u}$ im „derivativen aufschichtenden Kodifikat" zu beweisen.

Vorbemerkung. Die Schlußregel

(σ) $\ulcorner\mathfrak{u} \to \mathfrak{a}$
$\ulcorner\mathfrak{u} \longrightarrow \mathfrak{a} \to \dot{\mathfrak{v}} \longrightarrow \dot{\mathfrak{v}}$

(wo $\dot{\mathfrak{v}}$ Variable ist) läßt sich unmittelbar aus der $\to$-vorne-Regel mit dem Axiom $\dot{\mathfrak{v}} \to \dot{\mathfrak{v}}$ herleiten.

Anmerkung. Die Regel gilt offenbar auch für beliebiges $\mathfrak{c}$ statt $\dot{\mathfrak{v}}$; doch ist dazu Satz 131 (1) heranzuziehen (Textaufgabe).

Abkürzungen:

1 $\equiv$: $(a \to b) \to a$
2 $\equiv$: $(1 \to a) \to b$

also $\mathfrak{u} \equiv 2 \to b$.

Beweis für $\mathfrak{u}$ im derivativen aufschichtenden Kodifikat.

$a \to a$ ist Axiom
∴ $a \longrightarrow 1 \to a$ (→ hinten mit Umstellung)
∴ $a \longrightarrow (1 \to a) \to b \longrightarrow b$ (σ)
d.i. $2 \longrightarrow a \to b$ (mit Umstellung)
∴ $2 \longrightarrow (a \to b) \to a \longrightarrow a$ (σ)
d.i. $2 \longrightarrow 1 \to a$
∴ $2 \longrightarrow (1 \to a) \to b \longrightarrow b$ (σ)
d.i. $2 \to 2 \to b$
∴ $2 \to b$ (Kürzung)
d.i. $\mathfrak{u}$.

§ 146. Grundlegende Eigenschaften der neuen Kodifikate.

Satz 133. — (1) Im ersten Deduktionsgerüst des § 144 („aufschichtende derivative Aussagenlogik") lassen sich die λ-Negationsreduzierten aller Axiome der normaldeduktiven natürlichen derivativen Aussagenlogik — s. § 126 — herleiten. — (2) Im zweiten Deduktionsgerüst des § 144 („aufschichtende intuitionistische Aussagenlogik") lassen sich die λ-Negationsreduzierten aller Axiome der normaldeduktiven intuitionistischen Aussagenlogik — s. § 133 — herleiten.

Beweis.

Für D 1. $a \to a$ (Axiom I),
$b \to a \to a$ (→ hinten),
d.i. $a \to b \to a$ (gemäß der Umstellungsregel II).

Für D 2. $b \to c \longrightarrow b \to c$ (nach Satz 131),
d.i. $b \longrightarrow b \to c \longrightarrow c$ (gemäß Umstellungsregel II).

Dies ist D 8.

$$\frac{a \to a \qquad b \longrightarrow b \to c \longrightarrow c}{a \longrightarrow a \to b \longrightarrow b \to c \longrightarrow c} \quad (\to \text{vorne}),$$

d.i. $b \to c \longrightarrow a \to b \longrightarrow a \to c$ (gemäß Umstellungsregel II).

Dies ist D 3 (mit Variablenumbenennung).

$$\frac{a \to a \qquad b \to c \longrightarrow a \to b \longrightarrow a \to c}{a \longrightarrow a \to b \to c \longrightarrow a \to b \longrightarrow a \to c} \quad (\to \text{vorne}),$$

$a \to b \to c \longrightarrow a \to b \longrightarrow a \to c$ (Kürzung III).

D 5, 7 ergeben sich nun mit Satz 52 (unmittelbare Beweise für D 5 und D 7 als Textaufgabe).

Für D23 und D24.

$a \to a \qquad b \to b$ (Axiom I),

$a \wedge b \to a \qquad a \wedge b \to b$ ($\wedge$ vorne).

Für D27.

$$\frac{\begin{array}{cc} a\to b \longrightarrow a \to b & a \to c \longrightarrow a \to c \\ a \to b \longrightarrow a \to c \longrightarrow a \to b & a \to b \longrightarrow a \to c \longrightarrow a \to c \end{array}}{a \to b \longrightarrow a \to c \longrightarrow a \to b \wedge c}\quad \begin{array}{l} \text{(Satz 131),} \\ (\to \text{ hinten}), \\ (\wedge \text{ hinten}). \end{array}$$

Für D46 und D47.

$a \to a \vee b \qquad b \to a \vee b.$

Beweise dual zu denjenigen von $D23$ und $D24$ (Textaufgabe).

Für D48.

$b \to a \longrightarrow c \to a \longrightarrow b \vee c \to a.$

Beweis dual zu demjenigen von $D27$ (Textaufgabe).

Für die Negationsreduzierte von D15.

$a \to b \to \curlywedge \longrightarrow a \to b \to \curlywedge$ (nach Satz 131),

$a \to b \to \curlywedge \longrightarrow b \to a \to \curlywedge$ (gemäß der Umstellungsregel II).

Alle bisherigen Beweise haben sich im Deduktionsgerüst der *derivativen* Logik (erstes Kodifikat des § 144) abgespielt; sie gelten also für beide Kodifikate.

Wir gehen nun speziell zur intuitionistischen Logik über.

Beweis für die Negationsreduzierte von I1.

$$\frac{a \to \curlywedge \longrightarrow a \to \curlywedge \ \text{ nach Satz 131 (1)} \qquad \curlywedge \to a \ \text{ intuit. Ax. V}}{a \to \curlywedge \longrightarrow (a \to \curlywedge) \to \curlywedge \longrightarrow a \quad (\to \text{vorne})},$$

d.i. die Negationsreduzierte von $\neg a \to \neg\neg a \to a$.

Wichtige *Zusatzaufgaben.* 1) Die derivativen Formen $D55$ bis $D57$ d.s. die distributiven Gesetze für $\wedge$ und $\vee$:

$(a \vee b) \wedge c \sim (a \wedge c) \vee (b \wedge c), \quad (a \wedge b) \vee c \sim (a \vee c) \wedge (b \vee c)$

sowie das Gesetz $a \vee b \to c \sim (a \to c) \wedge (b \to c)$,

im ersten Deduktionsgerüst des § 144 — d.h. aufschichtend — zu beweisen (vgl. hierzu später S. 419). Man zieht zweckmäßigerweise mehrmals die mit Satz 132 (1) abgeleitete Importation heran.

2) Die intuitionistischen Formen $J8$ und $J10$ im zweiten Deduktionsgerüst des § 144 — d.h. aufschichtend — zu beweisen.

Satz 134. Umsetzungsregel für das derivative und für das intuitionistische Kodifikat (vgl. hierzu § 126): Die Aussagenform $\mathfrak{d}$ möge aus $\mathfrak{c}$ dadurch hervorgehen, daß eine Teilform $\mathfrak{a}$ von $\mathfrak{c}$ durch $\mathfrak{b}$ ersetzt wird. Wenn dann $\mathfrak{a}$ und $\mathfrak{b}$ faktisch äquivalent sind, so auch $\mathfrak{c}$ und $\mathfrak{d}$, d.h. (S. 148): wenn $\mathfrak{a} \to \mathfrak{b}$ und $\mathfrak{b} \to \mathfrak{a}$ beweisbar sind, so auch $\mathfrak{c} \to \mathfrak{d}$ und $\mathfrak{d} \to \mathfrak{c}$.

Wir können dies in evidenter Weise kurz auch so mitteilen: Wenn $\mathfrak{a} \sim \mathfrak{b}$, so $\mathfrak{f}[\mathfrak{a}] \sim \mathfrak{f}[\mathfrak{b}]$.

Anmerkung. Statt der faktischen Äquivalenz kann hier auch die gewöhnliche Äquivalenz zugrunde gelegt werden, m.a.W.: wenn $(\mathfrak{a}\to\mathfrak{b})\wedge(\mathfrak{b}\to\mathfrak{a})$ beweisbar, so $(\mathfrak{c}\to\mathfrak{d})\wedge(\mathfrak{d}\to\mathfrak{c})$ beweisbar. Die Herleitung dieser Behauptung aus der obigen kann später, wenn Satz 140 nachgewiesen sein wird, als Textaufgabe behandelt werden.

Zum *Nachweis* des Satzes 134 genügt es zu zeigen (vgl. S. 169, 237): Im derivativen aufschichtenden Kodifikat sind mit $\mathfrak{a}\to\mathfrak{b}$ beweisbar:

1) $\mathfrak{a}\wedge\mathfrak{c}\to\mathfrak{b}\wedge\mathfrak{c}, \quad \mathfrak{c}\wedge\mathfrak{a}\to\mathfrak{c}\wedge\mathfrak{b}$,
2) $\mathfrak{a}\vee\mathfrak{c}\to\mathfrak{b}\vee\mathfrak{c}, \quad \mathfrak{c}\vee\mathfrak{a}\to\mathfrak{c}\vee\mathfrak{b}$,
3) $\mathfrak{c}\to\mathfrak{a} \longrightarrow \mathfrak{c}\to\mathfrak{b}$,
4) $\mathfrak{b}\to\mathfrak{c} \longrightarrow \mathfrak{a}\to\mathfrak{c}$.

Beweis zu 1):

$$\begin{array}{ccl} \mathfrak{a}\to\mathfrak{b} \ \text{(Voraussetzung)} & \mathfrak{c}\to\mathfrak{c} & \text{(nach Satz 131)}, \\ \mathfrak{a}\wedge\mathfrak{c}\to\mathfrak{b} & \mathfrak{a}\wedge\mathfrak{c}\to\mathfrak{c} & (\wedge \text{ vorne}), \\ \hline \multicolumn{2}{c}{\mathfrak{a}\wedge\mathfrak{c}\to\mathfrak{b}\wedge\mathfrak{c}} & (\wedge \text{ hinten}). \end{array}$$

Beweis der zweiten Form 1 entsprechend (Textaufgabe).

Beweis zu 2):

$$\begin{array}{ccl} \mathfrak{a}\to\mathfrak{b} \ \text{(Voraussetzung)} & \mathfrak{c}\to\mathfrak{c} & \text{(nach Satz 131)}, \\ \mathfrak{a}\to\mathfrak{b}\vee\mathfrak{c} & \mathfrak{c}\to\mathfrak{b}\vee\mathfrak{c} & (\vee \text{ hinten}), \\ \hline \multicolumn{2}{c}{\mathfrak{a}\vee\mathfrak{c}\to\mathfrak{b}\vee\mathfrak{c}} & (\vee \text{ vorne}). \end{array}$$

Beweis der zweiten Form 2 entsprechend (Textaufgabe).

Beweis zu 3):

$$\frac{\mathfrak{c}\to\mathfrak{c} \ \text{(nach Satz 131)} \qquad \mathfrak{a}\to\mathfrak{b} \ \text{(Voraussetzung)}}{\mathfrak{c} \longrightarrow \mathfrak{c}\to\mathfrak{a} \longrightarrow \mathfrak{b} \quad (\to \text{ vorne})}.$$

Nun Vordergliedumstellung gemäß II (S. 377).

Beweis zu 4):

$$\frac{\mathfrak{a}\to\mathfrak{b} \ \text{(Voraussetzung)} \qquad \mathfrak{c}\to\mathfrak{c} \ \text{(nach Satz 131)}}{\mathfrak{a} \longrightarrow \mathfrak{b}\to\mathfrak{c} \longrightarrow \mathfrak{c} \quad (\to \text{ vorne})}.$$

Nun Vordergliedumstellung.

Satz 135. In den beiden aufschichtenden Kodifikaten des § 144 ist die *Einsetzungsregel* implizit abhängig (s. S. 150).

Der Beweis verläuft ganz entsprechend dem des Satzes 64 (an Stelle des Satzes 60 wird hier Satz 131 herangezogen; Textaufgabe).

§ 147. Erster Vergleich mit der normaldeduktiven derivativen und intuitionistischen Aussagenlogik.

Satz 136. (1) Jede im „aufschichtenden derivativen" Kodifikat des § 144 herleitbare Form ist eine *derivative* $\to\wedge\vee$⅄-Form im Sinne der natürlichen derivativen Logik des Kap. XXII (d.h. eine Aussagenform, die im Sinne des Kap. XXII derivativ ist, sofern das Zeichen ⅄ im Begriffsnetz den Variablen gleichgestellt wird).

(2) Jede im „aufschichtenden intuitionistischen" Kodifikat des § 144 herleitbare Form ist eine *intuitionistische* $\to\wedge\vee$⅄-Form im Sinne des ⅄-Kodifikats von § 142.

Nachweis zu Behauptung (1) durch Gerüstinduktion.

Erster Induktionsschritt. Die nach Schema I des Deduktionsgerüstes geltenden Axiome $\dot{\mathfrak{w}}\to\dot{\mathfrak{w}}$ sind derivativ nach ($D$6).

Zweiter Induktionsschritt. Die Umformungsvorschriften II gelten ebenfalls auf Grund der derivativen Form $D$4 $a\to b\to c \;\to\; b\to a\to c$ und der Umsetzungsregel von S. 325.

Eine Kürzung (III) und ebenso ein *aufschichtender* Schluß (IV) führt von derivativen $\to\wedge\vee$⅄-Formen stets wieder auf eine derivative $\to\wedge\vee$⅄-Form, sobald die zu ihm gehörige implikative Form derivativ ist. Wir prüfen die zu den aufschichtenden Schlüssen gehörigen implikativen Formen daraufhin durch, ob sie in der derivativen $\to\wedge\vee$⅄-Logik des Kap. XXII [vgl. die Erklärung bei Satz 136 (1)] beweisbar sind.

1. Form zur Kürzung:

$a\to a\to c \;\to\; a\to c$ (nach $D$7).

2. Form zu „$\vee$ vorne":

$a\to c \;\to\; b\to c \;\to\; a\vee b\to c$ (nach $D$48).

3. Form zu „$\wedge$ hinten":

$\ulcorner u\to a \;\to\; \ulcorner u\to b \;\to\; \ulcorner u\to a\wedge b$.

Dies folgt aus $D$25 (bzw. $D$27) durch mehrfachen „großen Kettenschluß" gemäß $D$10.

4. Formen zu „$\wedge$ vorne":

$a\to c \;\to\; a\wedge b\to c$
$b\to c \;\to\; a\wedge b\to c$
} folgen aus $D$23 bzw. $D$24 durch Hintergliednachsetzen gemäß $D$5.

5. Formen zu „$\vee$ hinten":

$\ulcorner u\to a \;\to\; \ulcorner u\to a\vee b$
$\ulcorner u\to b \;\to\; \ulcorner u\to a\vee b$
} folgen aus $D$46 bzw. $D$47 durch mehrfaches Vordergliedvorsetzen gemäß $D$3.

6. Form zu „$\to$ vorne":

$\ulcorner u\to a \;\to\; b\to c \;\to\; \ulcorner u \;\to\; a\to b \;\to\; c$.

Beweis in der derivativen Logik des Kap. XXII:

$b\to c \longrightarrow a\to b \longrightarrow a\to c$ nach $D3$.

$\therefore\ b\to c \longrightarrow a \longrightarrow a\to b \longrightarrow c$ durch $D4$ im Hinterglied.

$\therefore\ a \longrightarrow b\to c \longrightarrow a\to b \longrightarrow c$ durch Vordergliedtausch gemäß $D4$.

$\therefore\ u\to a \longrightarrow u \longrightarrow b\to c \longrightarrow a\to b \longrightarrow c$ durch Vordergliedvorsetzen gemäß $D3$.

$\therefore\ u\to a \longrightarrow b\to c \longrightarrow u \longrightarrow a\to b \longrightarrow c$ durch $D4$ im Hinterglied.

Nun mehrfache Wiederholung der in den drei letzten Zeilen ausgedrückten Schlußweise.

7. Form zu „$\to$ hinten“: $c\to a\to c$ nach $D1$.

Hiermit ist Behauptung (1) nachgewiesen.

Anmerkung: Die Formen 1. bis 7. lassen sich offenbar auch unmittelbar als direkt (gemäß S. 324) erkennen; Textaufgabe.

Nachweis zur Behauptung (2) ebenfalls durch Gerüstinduktion.

Erster Induktionsschritt. Die nach Schema I des Deduktionsgerüstes geltenden Axiome $\dot{\mathfrak{w}}\to\dot{\mathfrak{w}}$ sind derivativ (nach $D6$). Das intuitionistische Axiomenschema V: $\lambda\to\dot{\mathfrak{w}}$ ist im λ-Kodifikat des § 142 ebenfalls Axiomenschema. —

Zweiter Induktionsschritt. Zur Gültigkeit der Umformungsvorschriften II, der Kürzungsregel III und der aufschichtenden Schlußregeln IV im λ-Kodifikat des § 142 s. Nachweis zu Behauptung (1) des Satzes.

Zusatz zu Satz 136 (1). Eine $\to\wedge\neg$-Form, deren λ-Negationsreduzierte sich im aufschichtenden „derivativen“ Kodifikat beweisen läßt, gehört der derivativen bloßen $\to\wedge\neg$-Logik (des § 115) an.

(Dieser Zusatz wird bei einer späteren Überlegung von Nutzen sein.)

Die λ-Negationsreduzierte ist hierbei mit der Ersetzung aller negativen Teilformen $\neg\mathfrak{t}$ durch $\mathfrak{t}\to\lambda$ erklärt (vgl. S. 373).

Nachweis. Gemäß dem in Satz 130 ausgesprochenen aufschichtenden Charakter der „natürlichen aufschichtenden derivativen Logik“ werden zum Beweise einer beweisbaren $\to\wedge\lambda$-Form — und ebenso derjenigen Form, die aus ihr bei Ersetzung des λ durch eine Variable hervorgeht — die $\vee$-Schlußregeln („$\vee$ vorne“ und „$\vee$ hinten“) nicht benutzt. Für die *übrigen* Schlußregeln wurden die zugehörigen implikativen Formen im Nachweis zu Satz 136 (1) in den Absätzen 1, 3, 4, 6, 7 normaldeduktiv hergeleitet; diese Absätze gehen nun aber lediglich auf Axiome der $\to\wedge$-Logik des § 115 zurück. Unter Heranziehung der Erklärung von S. 286 erhält man unmittelbar die Behauptung des Zusatzes.

Ausblick. Als nächstes Ziel unserer Überlegungen bietet sich uns der Nachweis einer *Umkehrung* des Satzes 136 an, damit wir die aufschichtenden Kodifikate wirklich als Kodifikate der derivativen bzw. intuitionistischen Aussagenlogik ansprechen dürfen. Zur Erreichung dieses Zieles werden wir uns im nächsten Kapitel — ähnlich wie in Kap. XVII — einer Erweiterung durch Schnitte mit nachfolgender Schnittbeseitigung bedienen.

§ 148. Der Formelnbund in den neuen Kodifikaten.

Zur Vorbereitung der folgenden Überlegung möge die Begriffsbildung des „Formelnbundes" von § 105 auf die neuen Kodifikate übertragen werden.

Es sei irgendein aufschichtender Schluß (IV), eine Umstellung (II) oder eine Kürzung (III) betrachtet (s. S. 377). In der Oberformel (bzw. in einer der beiden Oberformeln) sei ein plaziertes (§ 63) Hauptvorder- oder -hinterglied $\mathfrak{t}$ herausgegriffen. Es ist nun ohne weiteres klar, welches plazierte und *zu* $\mathfrak{t}$ *gleiche* Hauptvorder- bzw. -hinterglied der Unterformel zu $\mathfrak{t}$ „gleichgelegen" zu heißen hat (wenn es ein solches gibt). Die genaue strukturelle Erklärung dieser trivial erfaßbaren Relation „gleichgelegen-sein" würde zwar ebenso trivial, aber ganz unnötig umständlich sein (Textaufgabe); es mögen daher einige Beispiele genügen.

1. Beispiel. In dem folgenden $\to$-vorne-Schluß sind gleichgelegene Glieder in gleicher Weise unterstrichen:

$\to$-vorne-Schluß:

$$\frac{\underset{\sim}{\mathfrak{u}_1} \to \cdots \to \underset{\approx}{\mathfrak{u}_n} \to \mathfrak{a} \qquad \mathfrak{b} \to \underline{\mathfrak{v}_1} \to \cdots \to \underline{\underline{\mathfrak{v}_n}} \to \ddot{\mathfrak{w}}}{\underset{\sim}{\mathfrak{u}_1} \to \cdots \to \underset{\approx}{\mathfrak{u}_n} \to (\mathfrak{a} \to \mathfrak{b}) \to \underline{\mathfrak{v}_1} \to \cdots \to \underline{\underline{\mathfrak{v}_n}} \to \ddot{\mathfrak{w}}}$$

(wo $\ddot{\mathfrak{w}}$ keine Implikation sein soll).

Weitere Teilformenpaare sind nicht gleichgelegen, insbesondere: Die $\mathfrak{a}$ der Ober- und Unterformel, ebenso die $\mathfrak{b}$ der Ober- und Unterformel sind nicht gleichgelegen, da sie in der Unterformel nicht als Hauptvorder- oder -hinterglied fungieren.

2. Beispiel. In dem $\wedge$-vorne-Schluß $\dfrac{\mathfrak{a} \to \mathfrak{c}}{\mathfrak{a} \wedge \mathfrak{b} \to \mathfrak{c}}$ ist das $\mathfrak{a}$ der Oberformel weder zu dem $\mathfrak{a}$ der Unterformel gleichgelegen (da dieses nicht Hauptvorderglied ist) noch zu dem $\mathfrak{a} \wedge \mathfrak{b}$ der Unterformel gleichgelegen (da dieses nicht gestaltlich dem $\mathfrak{a}$ gleich ist).

Folgerung aus der Beschreibung. Die Kürzung ist die einzige Schlußart, bei der *zwei* Glieder der — bzw. einer — Oberformel demselben Glied der Unterformel gleichgelegen zu heißen haben.

Erklärung. Es sei eine Beweisfigur (aus einem der beiden Kodifikate des § 144) vorgelegt. Unter einem *Formelnbund* sei die kleinste Gesamtheit von Teilformen verstanden, die aus einer Teilform durch die Vorschrift hervorgeht: Wenn $\mathfrak{a}$ und $\mathfrak{b}$ gleichgelegen sind, so gehört $\mathfrak{b}$ zum selben Formelnbund wie $\mathfrak{a}$. — Mit anderen Worten: Ein Formelnbund ist eine größte Gesamtheit von Teilformen, bei der sich je zwei

Elemente durch eine Kette von paarweise gleichgelegenen Elementen verbinden lassen.

Einige in der Erklärung des Formelnbundes enthaltene Bedingungen mögen nochmals ausdrücklich zusammengefaßt werden in dem

Satz 137 (Hilfsatz). (1) Die Elemente eines Formelnbundes sind sämtlich Hauptvorderglieder oder sämtlich Haupthinterglieder. — (2) Alle Elemente eines Formelnbundes stimmen gestaltlich überein.

Beispiel dreier Formelnbünde. In dem folgenden derivativ aufschichtenden Beweise der distributiven Form $D\,55_1$ sind alle Teilformen unterschlängelt bzw. unterpunktet, die zu dem Formelnbund gehören, der durch die Teilform $(a\wedge c)\vee(b\wedge c)$ bzw. $(a\vee b)\wedge c$ der Endformel festgelegt ist. Ein dritter Formelnbund ist fettgedruckt. (Man liest einen Formelnbund zweckmäßigerweise „von unten herauf".)

$$\begin{array}{cc}
a\to a \qquad \mathbf{c}\to c & b\to b \qquad \mathbf{c}\to c \\
\underline{a\to\mathbf{c}\to a \quad a\to\mathbf{c}\to c} & \underline{b\to\mathbf{c}\to b \quad b\to\mathbf{c}\to c} \\
a\to\mathbf{c}\to a\wedge c & b\to\mathbf{c}\to b\wedge c \\
\underline{a\to\mathbf{c}\to(a\wedge c)\vee(b\wedge c) \qquad b\to\mathbf{c}\to(a\wedge c)\vee(b\wedge c)} &
\end{array}$$

$$a\vee b\to\mathbf{c}\to(a\wedge c)\vee(b\wedge c)$$

$$a\vee b\to(a\vee b)\wedge c\to(a\wedge c)\vee(b\wedge c)$$

$$(a\vee b)\wedge c\to(a\vee b)\wedge c\to(a\wedge c)\vee(b\wedge c)$$

$$(a\vee b)\wedge c\to(a\wedge c)\vee(b\wedge c)$$

Erklärung. Ein Formelnbund eines Beweises „mündet" in einen aufschichtenden Schluß dieses Beweises, der kein $\to$-hinten-Schluß ist, wenn in der Unterformel dieses Schlusses ein Element des Formelnbundes auftritt, zu dem es *keine* „gleichgelegene" [und mithin nach Satz 137 (2) gleiche] Teilform in der — bzw. in einer — Oberformel gibt (das Auftreten gleicher, nicht gleichgelegener Teilformen ist gestattet). Der betreffende Schluß heißt dann ein „Mündungsschluß" des Formelnbundes.

Im *Beispiel* mündet der unterschlängelte Formelnbund in zwei $\vee$-hinten-Schlüsse, der unterpunktete in *zwei* $\wedge$-vorne-Schlüsse (*Zu beachten:* in beide, nicht nur in den ersten der $\wedge$-vorne-Schlüsse!); der fettgedruckte Formelnbund endlich mündet in zwei Axiome. Das Beispiel des unterpunkteten Formelnbundes lehrt: ein Mündungsschluß eines Formelnbundes kann sehr wohl auch in der Oberformel Elemente des Formelnbundes enthalten; diese sind [gemäß Satz 137 (2)] dem betrachteten Element der Unterformel zwar gleich, aber nicht zu ihm gleichgelegen.

Satz 138 (Hilfsatz). Ein $\to$-hinten-Schluß hat die folgende bemerkenswerte Eigenschaft: Wenn man die zu ihm (d.h. zu seiner Ober-

bzw. Unterformel) gehörigen Elemente eines Formelnbundes durch beliebige untereinander gleiche Teilformen ersetzt, so geht er stets wieder in einen $\rightarrow$-hinten-Schluß über.

Zum Nachweis braucht man sich lediglich zu überlegen, daß ein Schluß $\frac{\mathfrak{c}}{\mathfrak{a}\rightarrow\mathfrak{c}}$ durch die beschriebene Ersetzung in ein $\frac{\mathfrak{c}^\circ}{\mathfrak{a}^\circ\rightarrow\mathfrak{c}^\circ}$ übergehen muß (das Zeichen ° soll hier wie früher die durch die Ersetzung verursachten Veränderungen andeuten).

Anmerkung. Die im obigen Hilfsatz ausgedrückte triviale Eigenschaft ist der Grund, weshalb die $\rightarrow$-hinten-Schlüsse bei der Erklärung der Mündungsschlüsse ausgenommen worden sind. Wir werden dies in der Anwendung als Vereinfachung erkennen.

§ 149. Umkehrbarkeit aufschichtender Schlüsse.

Satz 139 (ein Inversionssatz). Die Umkehrungen der $\vee$-vorne-Schlußregel sind in den beiden aufschichtenden Kodifikaten des § 144 (implizit) abhängig (§ 58), d.h.

mit $\mathfrak{a}\vee\mathfrak{b}\rightarrow\mathfrak{c}$ sind auch $\mathfrak{a}\rightarrow\mathfrak{c}$ und $\mathfrak{b}\rightarrow\mathfrak{c}$ herleitbar.

Anmerkungen. 1. Zur Umkehrbarkeit aufschichtender Schlüsse vgl. die allgemeine Erörterung am Anfang des § 97. — 2. Daß es sich bei der behaupteten Abhängigkeit nur um eine implizite handeln kann, ist wegen des aufschichtenden Charakters der Kodifikate (Satz 130) evident.

Unmittelbare Folgerung aus Satz 139. Eine Form der Gestalt $\mathfrak{a}\vee\mathfrak{b}\rightarrow\mathfrak{c}$ ist in den Kodifikaten des § 144 dem Formenpaar $\mathfrak{a}\rightarrow\mathfrak{c}$, $\mathfrak{b}\rightarrow\mathfrak{c}$ deduktionsgleich.

Nachweis des Satzes 139.

Im Beweise der Formel $\mathfrak{a}\vee\mathfrak{b}\rightarrow\mathfrak{c}$ betrachten wir den Formelnbund des Hauptvordergliedes $\mathfrak{a}\vee\mathfrak{b}$. Dieser Formelnbund mündet sicher nicht in ein Axiom, da ein solches kein $\vee$-Zeichen enthält. Er kann nur in einen $\vee$-vorne-Schluß münden, denn außer den $\rightarrow$-hinten-Schlüssen (die ja nicht zu den Mündungsschlüssen zählen) gestatten nur die $\vee$-vorne-Schlüsse ein Hauptvorderglied mit herrschendem $\vee$-Zeichen einzuführen, was ja nach Satz 137 (1) und (2) von einem Mündungsschluß verlangt werden muß.

Die Beweisfigur möge n Mündungsschlüsse enthalten; diese lassen sich als $\vee$-vorne-Schlüsse so mitteilen:

$$\frac{\mathfrak{a}\rightarrow\mathfrak{c}_i \quad \mathfrak{b}\rightarrow\mathfrak{c}_i}{\mathfrak{a}\vee\mathfrak{b}\rightarrow\mathfrak{c}_i} \quad \text{(wo } i \text{ von 1 bis } n \text{ läuft).}$$

Wenn wir nun in der Beweisfigur alle Elemente $\mathfrak{a}\vee\mathfrak{b}$ des Formelnbundes durch $\mathfrak{a}$ ersetzen, so bleibt 1. jeder $\rightarrow$-hinten-Schluß, der ein $\mathfrak{a}\vee\mathfrak{b}$ einführte, nach Satz 138 ein Schluß, 2. jeder andere Schluß, in den der Formelnbund nicht mündet, trivialerweise ebenfalls ein Schluß; 3. die oben mitgeteilten $\vee$-vorne-Mündungsschlüsse gehen über in

$$\frac{\mathfrak{a} \rightarrow \mathfrak{c}_i^{\circ} \quad \mathfrak{b} \rightarrow \mathfrak{c}_i^{\circ}}{\mathfrak{a} \rightarrow \mathfrak{c}_i^{\circ}};$$

(die $\mathfrak{c}_i$ verändern sich möglicherweise zu anderen Teilformen $\mathfrak{c}_i^{\circ}$, weil ja auch in den $\mathfrak{c}_i$ Elemente des Formelnbundes stecken können, vgl. das Beispiel auf S. 387).

Hier können wir den Ast der rechten Oberformel ganz weglöschen und erhalten eine bloße Wiederholung, von der wir eine der beiden gleichen Formeln (etwa die Unterformel) noch ebenfalls wegstreichen können.

Da 4. die stehengebliebenen Axiome von der Abänderung nicht betroffen wurden, erhalten wir eine Beweisfigur mit der Endformel $\mathfrak{a} \rightarrow \mathfrak{c}$.

Die Herstellung einer Beweisfigur für $\mathfrak{b} \rightarrow \mathfrak{c}$ ist ganz entsprechend (Textaufgabe).

Satz 140 (ein weiterer Inversionssatz). Die Umkehrung der $\wedge$-hinten-Schlußregel ist in den beiden aufschichtenden Kodifikaten des § 144 (implizit) abhängig, d. h.
mit $\Gamma\mathfrak{u} \rightarrow \mathfrak{a} \wedge \mathfrak{b}$ sind auch $\Gamma\mathfrak{u} \rightarrow \mathfrak{a}$ und $\Gamma\mathfrak{u} \rightarrow \mathfrak{b}$ herleitbar.

Anmerkung. Daß es sich bei der behaupteten Abhängigkeit nur um eine implizite handeln kann, ist wegen des aufschichtenden Charakters der Kodifikate (Satz 130) evident.

Unmittelbare Folgerung aus Satz 140. Eine Form der Gestalt $\Gamma\mathfrak{u} \rightarrow \mathfrak{a} \wedge \mathfrak{b}$ ist dem Formenpaar $\Gamma\mathfrak{u} \rightarrow \mathfrak{a}$, $\Gamma\mathfrak{u} \rightarrow \mathfrak{b}$ deduktionsgleich.

Nachweis des Satzes 140.

Im Beweise der Formel $\Gamma\mathfrak{u} \rightarrow \mathfrak{a} \wedge \mathfrak{b}$ betrachten wir den Formelnbund des Haupthintergliedes $\mathfrak{a} \wedge \mathfrak{b}$. Dieser Formelnbund mündet sicher nicht in ein Axiom, da ein solches kein $\wedge$-Zeichen enthält. Er kann nur in einen $\wedge$-hinten-Schluß münden, denn nur diese Schlüsse gestatten, ein Haupthinterglied mit herrschendem $\wedge$-Zeichen einzuführen [vgl. hierzu Satz 137 (1)]. Die n $\wedge$-hinten-Mündungsschlüsse lassen sich kurz so mitteilen:

$$\frac{(\Gamma\mathfrak{u})_i \rightarrow \mathfrak{a} \quad (\Gamma\mathfrak{u})_i \rightarrow \mathfrak{b}}{(\Gamma\mathfrak{u})_i \rightarrow \mathfrak{a} \wedge \mathfrak{b}} \quad (i = 1, \ldots, n).$$

Wenn wir nun in der Beweisfigur alle Glieder $\mathfrak{a} \wedge \mathfrak{b}$ des Formelnbundes durch $\mathfrak{a}$ ersetzen, so bleibt 1. jeder Schluß, in den der Formelnbund nicht mündet, trivialerweise ein Schluß [das Haupthinterglied ist dabei stets Nebenglied des Schlusses, vgl. hierzu Satz 137 (1)].

2. Anstelle eines $\wedge$-hinten-Mündungsschlusses erhalten wir einen Übergang der Gestalt

$$\frac{(\Gamma\mathfrak{u}^\circ)_i \to \mathfrak{a} \quad (\Gamma\mathfrak{u}^\circ)_i \to \mathfrak{b}}{(\Gamma\mathfrak{u}^\circ)_i \to \mathfrak{a}}.$$

Hier stimmt nun die Unterformel mit der linken Oberformel überein. Wenn wir also die Unterformel und den ganzen Ast der rechten Oberformel wegstreichen, so ist der Beweiszusammenhang auch an diesen Stellen wieder hergestellt.

3. Die stehengebliebenen Axiome wurden von der Abänderung nicht betroffen.

Die Endformel der neuen Beweisfigur ist $\Gamma\mathfrak{u} \to \mathfrak{a}$.

Die zur Gewinnung von $\Gamma\mathfrak{u} \to \mathfrak{b}$ nötige Abänderung verläuft vollkommen analog (Textaufgabe). —

Für eine spätere Überlegung sei bereits hier angeführt:

Satz 141 (ein spezieller Inversionssatz). Die Umkehrung der $\vee$-hinten-Schlußregel mit *leerer Präjunktion* ist in den beiden aufschichtenden Kodifikaten des § 144 implizit abhängig, d.h.:
mit $\mathfrak{a} \vee \mathfrak{b}$ ist auch $\mathfrak{a}$ oder $\mathfrak{b}$ herleitbar.

Anmerkungen. 1. Als unmittelbare Folgerung ergibt sich: für irgendwelche Aussagenformen $\mathfrak{a}$, $\mathfrak{b}$ des Begriffsnetzes ist entweder $\mathfrak{a}$ oder $\mathfrak{b}$ deduktionsgleich der Aussagenform $\mathfrak{a} \vee \mathfrak{b}$. — 2. Daß die Abhängigkeit implizit ist, ist wiederum evident.

Nachweis des Satzes. $\mathfrak{a} \vee \mathfrak{b}$ ist nicht Axiom. Es kann nur aus einem $\vee$-hinten-Schluß erschlossen sein, genauer: sein Beweis kann nur mit einem $\vee$-hinten-Schluß geendet haben. Die Oberformel war dann entweder $\mathfrak{a}$ oder $\mathfrak{b}$.

Textaufgabe. Man zeige durch ein einfaches Gegenbeispiel, daß die $\vee$-hinten-Schlußregel *nicht allgemein* umkehrbar ist (vgl. hierzu den Beweis aus Abs. 1 von S. 389).

Zusatzaufgabe. Zu zeigen: Mit $\mathfrak{a} \to \mathfrak{b} \longrightarrow \mathfrak{c}$ ist auch $\mathfrak{b} \to \mathfrak{c}$ herleitbar [vgl. hierzu später auch Satz 147 (2)].

Kapitel XXVI.

Die Angemessenheit der aufschichtenden Kodifikate.

§ 150. Schnittelimination.

Wir wollen uns nun dem Programm zuwenden, das in dem ‚Ausblick' vom Ende des § 147 angedeutet wurde. Hierzu möge zunächst — in Analogie zu dem Vorgehen aus § 99 — eine Verallgemeinerung der Grundschlußregel betrachtet werden; die Formulierung weicht von derjenigen des § 99 nur unwesentlich ab.

Erklärung der Schnitt-Schlußregel, kurz *Schnittregel:*

$$\frac{\Gamma\mathfrak{p} \to \mathfrak{s} \qquad \mathfrak{s} \to \mathfrak{q}}{\Gamma\mathfrak{p} \to \mathfrak{q}}.$$

Die Teilform $\mathfrak{s}$ heiße das *Schnittglied* des Oberformelnpaares. $\Gamma\mathfrak{p}$ bezeichnet (wie früher $\Gamma\mathfrak{u}$) solche Hauptvorderglieder, die auch fehlen dürfen. Wo sie fehlen, hat man den Spezialfall $\frac{\mathfrak{s} \quad \mathfrak{s} \to \mathfrak{q}}{\mathfrak{q}}$, d.h. einen gewöhnlichen Grundschluß.

Die Schnittregel ist nun in der aufschichtenden derivativen und ebenso in der aufschichtenden intuitionistischen Aussagenlogik *abhängig*, d.h. es gilt:

Satz 142. Wenn zwei Formeln der Gestalt (α) $\Gamma\mathfrak{p} \to \mathfrak{s}$, ($\beta$) $\mathfrak{s} \to \mathfrak{q}$ im aufschichtenden derivativen (bzw. intuitionistischen) Kodifikat beweisbar sind, so ist auch (γ) $\Gamma\mathfrak{p} \to \mathfrak{q}$ in diesem Kodifikat beweisbar.

Nachweis durch Netzinduktion nach der Aufschichtungsordnung, die das Schnittglied des Formelnpaares, d.h. das in der Mitteilung bei (α) und (β) aufgeführte $\mathfrak{s}$, besitzt.

Erster Induktionsschritt.

Die Ordnung von $\mathfrak{s}$ sei 1, d.h. $\mathfrak{s}$ sei eine Variable oder das Zeichen $\curlywedge$. ($\mathfrak{s}$ läßt sich dann wie in früheren Fällen durch das speziellere Zeichen $\dot{\mathfrak{s}}$ mitteilen.) In einem vorgelegten Beweise B für (α) $\Gamma\mathfrak{p} \to \dot{\mathfrak{s}}$ möge nun der Formelnbund des angegebenen $\dot{\mathfrak{s}}$ betrachtet werden. Da $\dot{\mathfrak{s}}$ Haupthinterglied ist, besteht der Formelnbund lediglich aus den Haupthintergliedern der von ihm berührten Formeln, und da $\dot{\mathfrak{s}}$ Variable oder $\curlywedge$ ist, mündet er lediglich in Axiome. Ein Mündungsaxiom hat, sofern B derivativ ist, die Gestalt $\dot{\mathfrak{s}} \to \dot{\mathfrak{s}}$ und, sofern B intuitionistisch ist, entweder die Gestalt $\dot{\mathfrak{s}} \to \dot{\mathfrak{s}}$ (nach Schema I) oder $\curlywedge \to \dot{\mathfrak{s}}$ (nach Schema V). — Man ersetzt nun überall eine Teilform $\dot{\mathfrak{s}}$, die zu dem betrachteten Formelnbund gehört, durch $\mathfrak{q}$; hierbei möge der Beweis B in die Formelnfigur B° übergehen (die Endform dieser Formelnfigur ist $\Gamma\mathfrak{p} \to \mathfrak{q}$). Die Mündungsaxiome aus B gehen dabei in $\dot{\mathfrak{s}} \to \mathfrak{q}$ oder in $\curlywedge \to \mathfrak{q}$ über. $\dot{\mathfrak{s}} \to \mathfrak{q}$ ist die gegebene beweisbare Form (β). Man setzt überall dort, wo sie in B° auftritt, der betreffenden plazierten Aussagenform (§ 63) ihren Beweis als Beweisast voran. $\curlywedge \to \mathfrak{q}$ (eine solche Form tritt nur dann auf, wenn der Beweis intuitionistisch, nicht derivativ war) ist nach Satz 131(2) beweisbar. Man setzt überall, wo sie in B° auftritt, der betreffenden plazierten Form ihren Beweis als Beweisast voran. Hiermit ist nun die Formelnfigur B° zu einem Beweise für (γ) $\Gamma\mathfrak{p} \to \mathfrak{q}$ ergänzt worden.

Dem zweiten Induktionsschritt sei die folgende Bemerkung vorausgeschickt.

Wenn die betrachtete Form (β) $\mathfrak{s} \to \mathfrak{q}$ ein weiteres Hauptvorderglied der Gestalt $\mathfrak{s}$ enthält — $\mathfrak{q} \equiv: \mathfrak{s} \to \mathfrak{q}^\circ$ —, so läßt sich (γ) wie folgt herleiten:

	$\mathfrak{s} \to \mathfrak{q}$	ist (β),
d.i.	$\mathfrak{s} \to \mathfrak{s} \to \mathfrak{q}^\circ$	nach Annahme.
	$\mathfrak{s} \to \mathfrak{q}^\circ$	durch Kürzung,
d.i.	$\mathfrak{q}$	
	$\Gamma\mathfrak{p} \to \mathfrak{q}$	durch $\to$-hinten-Schlüsse.

Man kann sich also bei der Durchführung des zweiten Induktionsschrittes auf solche Formen (β) $\mathfrak{s} \to \mathfrak{q}$ beschränken, bei denen $\mathfrak{s}$ nicht auch als Hauptvorderglied von $\mathfrak{q}$ fungiert.

Zweiter Induktionsschritt. Der Nachweis des Satzes 142 sei bereits geführt für alle Fälle, in denen das Schnittglied $\mathfrak{s}$ des Formelnpaares höchstens die Aufschichtungsordnung n hat.

Es sei nun ein Paar bewiesener Formen (α) $\Gamma\mathfrak{p} \to \mathfrak{s}$, ($\beta$) $\mathfrak{s} \to \mathfrak{q}$ vorgelegt, dessen Schnittglied $\mathfrak{s}$ die Aufschichtungsordnung $n+1$ hat. $\mathfrak{s}$ ist dann eine zusammengesetzte Form (keine Variable); wir unterscheiden die Möglichkeiten für das herrschende Verknüpfungszeichen.

1. Fall. $\mathfrak{s} \equiv: \mathfrak{k} \to \mathfrak{l}$, wo $\mathfrak{k}$ und $\mathfrak{l}$ höchstens die Ordnung n haben. Die gegebenen beweisbaren Formen haben die Gestalt (α) $\Gamma\mathfrak{p} \to \mathfrak{k} \to \mathfrak{l}$, ($\beta$) $\mathfrak{k} \to \mathfrak{l} \longrightarrow \mathfrak{q}$. Wir betrachten dann den Formelnbund des mitgeteilten $\mathfrak{s}$ im Beweise der Form (β). Dieser Formelnbund kann nur in $\to$-vorne-Schlüsse münden; er münde in m solcher Schlüsse von der Gestalt

$$\frac{(\Gamma\mathfrak{u})_i \to \mathfrak{k} \qquad \mathfrak{l} \to \mathfrak{c}_i}{(\Gamma\mathfrak{u})_i \longrightarrow \mathfrak{k} \to \mathfrak{l} \longrightarrow \mathfrak{c}_i} \quad \text{(wo } i \text{ von 1 bis } m \text{ läuft).}$$

Zur Beachtung: in den $(\Gamma\mathfrak{u})_i$ und in den $\mathfrak{c}_i$ können eventuell noch Teilformen, die zum Bund gehören, auftreten.

Wir ersetzen nun im ganzen Beweise von (β) jedes Glied $\mathfrak{k} \to \mathfrak{l}$ des Formelnbundes (dessen sämtliche Elemente nach Satz 137 (1) Hauptvorderglieder sind) durch $\Gamma\mathfrak{p}$; die entstehende Formelnfigur sei B°; die Endform von B° ist (γ). — Der Beweiszusammenhang kann durch die Ersetzung nur an den Mündungsstellen gestört werden (betreffs der $\to$-hinten-Schlüsse vgl. Satz 138), und zwar gehen die Mündungsschlüsse über in

$$\frac{(\Gamma\mathfrak{u})_i^\circ \to \mathfrak{k} \qquad \mathfrak{l} \to \mathfrak{c}_i^\circ}{(\Gamma\mathfrak{u})_i^\circ \to \Gamma\mathfrak{p} \to \mathfrak{c}_i^\circ};$$

hier soll das Zeichen $\circ$ wie früher die eventuell durch die Ersetzung verursachte Veränderung andeuten. Es läßt sich nun für jede derartige Stelle, an der der Beweiszusammenhang zunächst verloren ging, erkennen, daß mit den Oberformeln ($\varkappa$) $(\Gamma\mathfrak{u})_i^\circ \to \mathfrak{k}$, ($\lambda$) $\mathfrak{l} \to \mathfrak{c}_i^\circ$ auch die Unterformel (μ) $(\Gamma\mathfrak{u})_i^\circ \to \Gamma\mathfrak{p} \to \mathfrak{c}_i^\circ$ beweisbar ist:

Nach Induktionsvoraussetzung ist mit (α) $\Gamma\mathfrak{p} \to \mathfrak{k} \to \mathfrak{l}$ und (λ) $\mathfrak{l} \to \mathfrak{c}_i^\circ$ auch (ν) $\Gamma\mathfrak{p} \to \mathfrak{k} \to \mathfrak{c}_i^\circ$ beweisbar; denn das Schnittglied $\mathfrak{l}$ dieses Formelnpaares hat höchstens die Ordnung n. Mit ($\varkappa$) $(\Gamma\mathfrak{u})_i^\circ \to \mathfrak{k}$, ($\nu$) $\mathfrak{k} \to \Gamma\mathfrak{p} \to \mathfrak{c}_i^\circ$ ist nach Induktionsvoraussetzung auch (μ) $(\Gamma\mathfrak{u})_i^\circ \to \Gamma\mathfrak{p} \to \mathfrak{c}_i^\circ$ beweisbar; denn auch $\mathfrak{k}$ hat höchstens die Ordnung n. — Wenn man nun der Unterformel (μ) jeder gestörten Mündungsstelle ihren so erhaltenen Beweis als Beweisast voranstellt, geht die Formelnfigur B° in einen Beweis für (γ) $\Gamma\mathfrak{p} \to \mathfrak{q}$ über.

2. Fall. $\mathfrak{s} \equiv: \mathfrak{k} \vee \mathfrak{l}$, wo $\mathfrak{k}$ und $\mathfrak{l}$ höchstens die Ordnung n haben. Die gegebenen beweisbaren Formen haben die Gestalt (α) $\Gamma\mathfrak{p} \to \mathfrak{k} \vee \mathfrak{l}$, ($\beta$) $\mathfrak{k} \vee \mathfrak{l} \to \mathfrak{q}$. Wir betrachten nun den Formelnbund des mitgeteilten $\mathfrak{s}$ im Beweise der Form (α) $\Gamma\mathfrak{p} \to \mathfrak{k} \vee \mathfrak{l}$. Da $\mathfrak{k} \vee \mathfrak{l}$ Haupthinterglied von (α) ist, sind alle Glieder des betreffenden Formelnbundes Haupthinterglieder. Als Mündungsstellen kommen nur $\vee$-hinten-Schlüsse in Betracht; der Bund münde in m solcher Schlüsse von der Gestalt

$$\frac{(\Gamma\mathfrak{u})_i \to \mathfrak{k}}{(\Gamma\mathfrak{u})_i \to \mathfrak{k} \vee \mathfrak{l}} \quad \text{bzw.} \quad \frac{(\Gamma\mathfrak{u})_i \to \mathfrak{l}}{(\Gamma\mathfrak{u})_i \to \mathfrak{k} \vee \mathfrak{l}}$$

(wo i von 1 bis m läuft; für jedes i hat man einen der beiden Fälle).

Wir ersetzen nun im ganzen Beweis von (α) jedes Glied $\mathfrak{k} \vee \mathfrak{l}$ des Formelnbundes durch $\mathfrak{q}$. Die entstehende Formelnfigur sei B°; die Endform von B° ist (γ). — Der Beweiszusammenhang kann durch die Ersetzung nur an den Mündungsstellen gestört werden (vgl. hierzu auch Satz 138); diese gehen über in

$$\frac{(\Gamma\mathfrak{u})_i^\circ \to \mathfrak{k}}{(\Gamma\mathfrak{u})_i^\circ \to \mathfrak{q}} \quad \text{bzw.} \quad \frac{(\Gamma\mathfrak{u})_i^\circ \to \mathfrak{l}}{(\Gamma\mathfrak{u})_i^\circ \to \mathfrak{q}}$$

[das Zeichen $\circ$ deutet wiederum die eventuelle durch die Ersetzung verursachte Veränderung der $(\Gamma\mathfrak{u})_i$ an].

Der Beweiszusammenhang ist bei den Mündungsschlüssen zunächst verlorengegangen. Es läßt sich nun für jede derartige Stelle erkennen, daß mit der Oberformel ($\varkappa$) $(\Gamma\mathfrak{u})_i^\circ \to \mathfrak{k}$ bzw. ($\varkappa'$) $(\Gamma\mathfrak{u})_i^\circ \to \mathfrak{l}$ auch die Unterformel (μ) $(\Gamma\mathfrak{u})_i^\circ \to \mathfrak{q}$ beweisbar ist:

Mit (β) $\mathfrak{k} \vee \mathfrak{l} \to \mathfrak{q}$ sind gemäß dem Inversionssatz 139 auch die Formen (λ) $\mathfrak{k} \to \mathfrak{q}$ und (λ') $\mathfrak{l} \to \mathfrak{q}$ beweisbar; es stehen also ($\varkappa$) oder ($\varkappa'$) und außerdem (λ) und (λ') als beweisbare Formen zur Verfügung. Nach Induktionsvoraussetzung ist mit ($\varkappa$) und (λ) — und ebenso mit ($\varkappa'$) und (λ') — auch (μ) beweisbar (das Schnittglied $\mathfrak{k}$ bzw. $\mathfrak{l}$ hat höchstens die Ordnung n). — Wenn man nun der Unterformel (μ) jeder gestörten Mündungsstelle ihren so erhaltenen Beweis als Beweisast voranstellt, geht die Formelnfigur B° in einen Beweis für (γ) $\Gamma\mathfrak{p} \to \mathfrak{q}$ über.

3. Fall. $\mathfrak{s} \equiv: \mathfrak{k} \wedge \mathfrak{l}$, wo $\mathfrak{k}$ und $\mathfrak{l}$ höchstens die Ordnung n haben. Die gegebenen beweisbaren Formen haben die Gestalt (α) $\Gamma\mathfrak{p} \to \mathfrak{k} \wedge \mathfrak{l}$,

(β) $\mathfrak{k}\wedge\mathfrak{l}\to\mathfrak{q}$. Wir betrachten nun den Formelnbund des mitgeteilten $\mathfrak{S}$ im Beweise der Form (β) $\mathfrak{k}\wedge\mathfrak{l}\to\mathfrak{q}$. Dieser Formelnbund kann nur in $\wedge$-vorne-Schlüsse münden; er münde in m solcher Schlüsse von der Gestalt

$$\frac{\mathfrak{k}\to\mathfrak{c}_i}{\mathfrak{k}\wedge\mathfrak{l}\to\mathfrak{c}_i}\quad\text{bzw.}\quad\frac{\mathfrak{l}\to\mathfrak{c}_i}{\mathfrak{k}\wedge\mathfrak{l}\to\mathfrak{c}_i}$$

(wo i von 1 bis m läuft; für jedes i hat man einen der beiden Fälle).

Wir ersetzen nun im ganzen Beweis von (β) jedes Glied $\mathfrak{k}\wedge\mathfrak{l}$ des Formelnbundes durch $\neg\mathfrak{p}$. Die entstehende Formelnfigur sei B°; die Endform von B° ist (γ). — Der Beweiszusammenhang kann durch die Ersetzung nur an den Mündungsstellen gestört werden (vgl. hierzu Satz 138); diese gehen über in

$$\frac{\mathfrak{k}\to\mathfrak{c}_i^\circ}{\neg\mathfrak{p}\to\mathfrak{c}_i^\circ}\quad\text{bzw.}\quad\frac{\mathfrak{l}\to\mathfrak{c}_i^\circ}{\neg\mathfrak{p}\to\mathfrak{c}_i^\circ}$$

(wo das Zeichen $\circ$ wieder die eventuellen Veränderungen andeutet). Es läßt sich nun für jede derartige Stelle, an der der Beweiszusammenhang zunächst verlorenging, erkennen, daß mit der Oberformel ($\varkappa$) $\mathfrak{k}\to\mathfrak{c}_i^\circ$ bzw. ($\varkappa'$) $\mathfrak{l}\to\mathfrak{c}_i^\circ$ auch die Unterformel (μ) $\neg\mathfrak{p}\to\mathfrak{c}_i^\circ$ beweisbar ist:

Mit (α) $\neg\mathfrak{p}\to\mathfrak{k}\wedge\mathfrak{l}$ sind nach dem Inversionssatz 140 auch die Formen (λ) $\neg\mathfrak{p}\to\mathfrak{k}$ und (λ') $\neg\mathfrak{p}\to\mathfrak{l}$ beweisbar; es stehen also (λ) und (λ') sowie ($\varkappa$) oder ($\varkappa'$) als beweisbar zur Verfügung. Nach Induktionsvoraussetzung ist mit (λ) und ($\varkappa$) — und ebenso mit (λ') und ($\varkappa'$) — auch (μ) beweisbar (das Schnittglied $\mathfrak{k}$ bzw. $\mathfrak{l}$ hat höchstens die Ordnung n). — Wenn man nun der Unterformel (μ) jeder gestörten Mündungsstelle ihren so erhaltenen Beweis als Beweisast voranstellt, geht die Formelnfigur B° in einen Beweis für (γ) $\neg\mathfrak{p}\to\mathfrak{q}$ über.

§ 151. Die aufschichtenden Kodifikate als derivative bzw. intuitionistische.

Das derivative bzw. das intuitionistische aufschichtende Kodifikat des § 144 möge für die Zwecke der unmittelbar folgenden Erörterungen durch die Schnittregel erweitert werden.

Satz 143 (Hilfsatz). (1) In dem durch die Schnittregel erweiterten „derivativen“ Kodifikat lassen sich *alle* derivativen $\to\wedge\vee\curlywedge$-Formen (d.s. alle Aussagenformen, die derivativ sind, wenn $\curlywedge$ wie eine Variable angesehen wird) und auch *nur* solche Formen herleiten. (2) In dem entsprechend erweiterten „intuitionistischen“ Kodifikat lassen sich *alle* Formen herleiten, die im intuitionistischen $\curlywedge$-Kodifikat des § 142 herleitbar sind, und es lassen sich auch *nur* solche Formen herleiten.

Nachweis zu (1). Erste Behauptung: „alle". — Nach Satz 133 (1) sind im aufschichtenden derivativen Kodifikat alle Axiome der derivativen $\to\wedge\vee$-Logik beweisbar. Da die Erweiterung des Kodifikats durch die Schnittregel den Nachweis zu Satz 135 nicht außer Kraft setzt, ist auch in dem erweiterten Kodifikat die Einsetzungsregel abhängig. Endlich wurde die Grundschlußregel als Spezialfall der Schnittregel erkannt (S. 391). Daher läßt sich jeder Beweis der derivativen $\to\wedge\vee\curlywedge$-Logik zu einem Beweis im betrachteten, durch die Schnittregel erweiterten aufschichtenden „derivativen" Kodifikat ergänzen.

Nachweis zu (1), zweite Behauptung: „nur solche". Das Begriffsnetz erfaßt nur $\to\wedge\vee\curlywedge$-Formen. Die Axiome sind nach Satz 136 (1) derivativ, und alle von der Schnittregel verschiedenen Schlußregeln führen gemäß dem Nachweise dieses Satzes von derivativen Formen auf derivative Formen.

Die implikative Form zur Schnittregel

$$\ulcorner p \to s \;\longrightarrow\; s \to q \;\longrightarrow\; \ulcorner p \to q$$

ergibt sich in der derivativen Logik des Kap. XXII so:

$s \to q \;\longrightarrow\; \ulcorner p \to s \;\longrightarrow\; \ulcorner p \to q$ nach $D3$ it° (§ 111);

nun Vordergliedtausch gemäß $D4$.

Der *Nachweis* zu (2) verläuft ebenso; man braucht bei ihm lediglich zusätzlich zu beachten, daß das „intuitionistische" Axiomenschema V des § 144 schon im $\curlywedge$-Kodifikat des § 142 auftritt.

Wir sind nun in der Lage, die prädikativen Bezeichnungen „derivativ" und „intuitionistisch" für die beiden aufschichtenden Kodifikate des § 144 zu rechtfertigen:

Satz 144. Das aufschichtende „derivative" bzw. „intuitionistische" Kodifikat des § 144 kodifiziert in der Tat die natürliche derivative bzw. die natürliche intuitionistische Aussagenlogik im folgenden Sinne: eine natürliche Aussagenform ist dann und nur dann derivativ bzw. intuitionistisch (d.h. normaldeduktiv aus dem engeren bzw. weiteren Axiomensystem von S. 344 beweisbar), wenn ihre $\curlywedge$-Negationsreduzierte sich in dem aufschichtenden derivativen bzw. intuitionistischen Kodifikat beweisen läßt.

Die $\curlywedge$-Negationsreduzierte ist hierbei mit der Ersetzung aller negativen Teilformen $\neg t$ durch $t \to \curlywedge$ erklärt (vgl. S. 373).

Zum *Nachweis*. Erstens. Nach Satz 143 (1) sind im aufschichtenden derivativen Kodifikat nach Erweiterung durch die Schnittregel g e r a d e die derivativen $\to\wedge\vee\curlywedge$-Formen herleitbar. Der Eliminationssatz 142 für Schnitte lehrt zusammen mit der „Folgerung" aus § 58, daß dasselbe dann auch für das ursprüngliche, schnittlose Kodifikat gilt. Da nun in diesem aufschichtenden „derivativen" Kodifikat des § 144 das

Zeichen $\curlywedge$ in keiner Weise gegenüber den Aussagenvariablen ausgezeichnet ist, ist die $\curlywedge$-Negationsreduzierte nicht vor der „freien" Negationsreduzierten (§ 112) ausgezeichnet. Die Erklärung (3) aus § 126 führt daher unmittelbar auf diejenige Behauptung des Satzes 144, die die natürliche derivative Logik betrifft. — Zweitens. Nach Satz 143 (2) sind im aufschichtenden intuitionistischen Kodifikat nach Erweiterung durch die Schnittregel gerade diejenigen $\rightarrow\wedge\vee\curlywedge$-Formen herleitbar, die auch im intuitionistischen $\curlywedge$-Kodifikat des § 142 herleitbar sind. Wie oben ergibt sich mit Satz 142 (und mit der „Folgerung" aus § 58), daß dasselbe für das ursprüngliche, schnittlose Kodifikat gilt. Diejenige Behauptung des Satzes 144, die die natürliche intuitionistische Aussagenlogik betrifft, ergibt sich nun unmittelbar mit Satz 129 (3).

Anmerkung. Der Satz 144 gestattet, die aufschichtend bewiesenen Sätze, soweit sie sich nicht explizite auf die Aufschichtung beziehen, ohne weiteres auf das normaldeduktive Kodifikat zurück zu übertragen. Insbesondere gilt dies für die „Inversionssätze" 139 bis 141. Hiermit ist der „Disjunktionssatz" des § 141 — Satz 126 — nachträglich bestätigt. —

Weiter gibt uns der Satz 144 die Möglichkeit, auf einfache Weise zu den noch ausstehenden Restriktionssätzen (s. hierzu § 59) der derivativen Logik zu gelangen. Bisher wurde erst einer dieser Sätze — Satz 92 — bewiesen. Man vgl. hierzu den Zusatz auf S. 273 und die Anmerkung auf S. 325. Der wichtigste weitere Restriktionssatz der derivativen Logik ist:

Satz 145. Eine in der normaldeduktiven natürlichen derivativen Logik (d.h. in der derivativen $\rightarrow\wedge\vee\neg$-Logik des § 126) beweisbare bloße $\rightarrow\wedge\neg$-Form ist bereits in der normaldeduktiven derivativen $\rightarrow\wedge\neg$-Logik (des § 115) beweisbar.

Zusatz. Die Frage, ob eine $\rightarrow\wedge\neg$-Form derivativ im Sinne der *natürlichen* derivativen Logik sei, läßt sich nach Satz 145 und nach dem vorletzten Absatz von § 122 durch das Entscheidungsverfahren der entwickelnden Logik — § 122 — beantworten.

Nachweis des Satzes 145. Die $\rightarrow\wedge\neg$-Form $\mathfrak{g}$ sei in der normaldeduktiven natürlichen derivativen Logik beweisbar. Nach Satz 144 ist ihre $\curlywedge$-Negationsreduzierte in der aufschichtenden natürlichen derivativen Logik beweisbar; $\mathfrak{g}$ selbst gehört also nach dem „Zusatz zu Satz 136 (1)", S. 385, der derivativen $\rightarrow\wedge\neg$-Logik an.

Textaufgabe: den entsprechenden Restriktionssatz z.B. für $\rightarrow\vee\neg$-Formen nachzuweisen.

9. Abschnitt.

Handliches Entscheidungsverfahren für die natürliche derivative und intuitionistische Aussagenlogik.

Kapitel XXVII.

Vorbereitung des Entscheidungsverfahrens.

Vorbemerkung. Dieses Kapitel ist der Begründung eines praktisch brauchbaren und möglichst handlichen Entscheidungsverfahrens für die derivative und die intuitionistische Aussagenlogik gewidmet. Alle in ihm eingeführten Begriffsbildungen dienen lediglich dieser Aufgabe. Wen an dem Entscheidungsverfahren nicht seine Begründung, sondern lediglich seine Handhabung interessiert, der mag die folgenden Paragraphen überschlagen und seine Lektüre gleich bei Kap. XXVIII fortsetzen.

§ 152. Eine erste Modifikation der aufschichtenden →∨⅄-Kodifikate.

Vorbemerkung. Gemäß dem in Satz 130 formulierten aufschichtenden Charakter der aufschichtenden Kodifikate werden zum Beweise einer beweisbaren Aussagenform, in der eines der Verknüpfungszeichen ∧, ∨ nicht auftritt, die zu dieser Verknüpfung gehörenden aufschichtenden Schlußregeln nicht benötigt; dies wurde bereits bei den Restriktionsbehauptungen des Satzes 145 und der anschließenden Textaufgabe benutzt. Man kann demgemäß das Kodifikat, das aus dem aufschichtenden derivativen bzw. intuitionistischen Kodifikat des § 144 bei Weglassung der ∧-vorne- und der ∧-hinten-Schlußregel hervorgeht, als das aufschichtende Kodifikat der derivativen bzw. intuitionistischen →∨⅄-Aussagenlogik (oder auch: →∨¬-Aussagenlogik) bezeichnen.

Weitere *Erklärung.* Die Schlußregel

$$\frac{\ulcorner\mathfrak{u} \longrightarrow \mathfrak{a}\rightarrow\mathfrak{b} \longrightarrow \mathfrak{a} \qquad \ulcorner\mathfrak{u} \rightarrow \mathfrak{b}\rightarrow\ddot{\mathfrak{c}}}{\ulcorner\mathfrak{u} \longrightarrow \mathfrak{a}\rightarrow\mathfrak{b} \longrightarrow \ddot{\mathfrak{c}}}$$

(wo $\ddot{\mathfrak{c}}$ eine Teilform, die keine Implikation ist — m.a.W. ein Hauptglied — mitteilt) sei als *modifizierte* →-vorne-Schlußregel bezeichnet, und das Kodifikat, das aus dem aufschichtenden Kodifikat der (derivativen bzw. intuitionistischen) →∨⅄-Aussagenlogik hervorgeht, indem die gewöhnliche →-vorne-Schlußregel durch die modifizierte ersetzt wird, möge das „modifizierte" aufschichtende (derivative bzw. intuitionistische) →∨⅄-Kodifikat heißen.

Satz 146. Das modifizierte (derivative bzw. intuitionistische) aufschichtende →∨⅄-Kodifikat ist dem gewöhnlichen deduktiv-äquivalent, d.h. jede Form, die sich in einem der beiden Kodifikate beweisen läßt, ist auch im anderen beweisbar (S. 143).

Die Behauptung zerfällt in zwei Teile.

Nachweis des 1. Teiles „Im ursprünglichen Kodifikat ist die modifizierte $\to$-vorne-Schlußregel explizit abhängig“. Nachweis durch Angabe eines Herleitungsstückes:

$\ulcorner\mathfrak{u} \longrightarrow \mathfrak{a}\to\mathfrak{b} \longrightarrow \mathfrak{a} \qquad \ulcorner\mathfrak{u}\to\mathfrak{b}\to\ddot{\mathfrak{c}}$	(Oberformeln)
$\ulcorner\mathfrak{u} \longrightarrow \mathfrak{a}\to\mathfrak{b} \longrightarrow \mathfrak{a}\to\mathfrak{b} \longrightarrow \ulcorner\mathfrak{u}\to\ddot{\mathfrak{c}}$	durch gewöhnlichen $\to$-vorne-Schluß.
$\ulcorner\mathfrak{u} \longrightarrow \mathfrak{a}\to\mathfrak{b} \longrightarrow \ddot{\mathfrak{c}}$	durch Kürzungen.

Nachweis des 2. Teiles „Im modifizierten Kodifikat ist die gewöhnliche $\to$-vorne-Schlußregel explizit abhängig“. Nachweis durch Angabe eines Herleitungsstückes:

Sei $\mathfrak{c} \equiv: \ulcorner\mathfrak{q}\to\ddot{\mathfrak{e}}$ (wo $\ddot{\mathfrak{e}}$ keine Implikation ist).

Herleitungsstück:

	$\mathfrak{b}\to\mathfrak{c}$	(Oberformel), d.i.
$\ulcorner\mathfrak{u}\to\mathfrak{a}$ (Oberformel)	$\mathfrak{b}\to\ulcorner\mathfrak{q}\to\ddot{\mathfrak{e}}$	
$\ulcorner\mathfrak{u} \longrightarrow \ulcorner\mathfrak{q} \longrightarrow \mathfrak{a}\to\mathfrak{b} \longrightarrow \mathfrak{a}$	$\ulcorner\mathfrak{u}\to\ulcorner\mathfrak{q}\to\mathfrak{b}\to\ddot{\mathfrak{e}}$	durch $\to$-hinten-Schlüsse (nebst Umstellungen)
$\ulcorner\mathfrak{u} \longrightarrow \ulcorner\mathfrak{q} \longrightarrow \mathfrak{a}\to\mathfrak{b} \longrightarrow \ddot{\mathfrak{e}}$		durch modifizierten $\to$-vorne-Schluß,
d.i. $\ulcorner\mathfrak{u} \longrightarrow \mathfrak{a}\to\mathfrak{b} \longrightarrow \mathfrak{c}$		(nach Umstellung).

Zur Vorbereitung einer weiter unten angewandten Nachweismethode sei noch eine Erklärung vorausgeschickt, die gleich auf das modifizierte aufschichtende Kodifikat zugeschnitten werden möge:

Erklärung. Die Anzahl der plazierten $\vee$-vorne- und $\vee$-hinten- und modifizierten $\to$-vorne-Schlüsse, durch die ein Beweisfaden läuft (§ 65), möge seine Hauptlänge heißen, und wenn m die maximale Hauptlänge einer Beweisfigur ist, so heiße die Zahl $m+1$ ihr *Hauptrang.* — Der kleinste Hauptrang, der zum Beweise einer Form ausreicht, heiße *ihr* Hauptrang.

Anmerkung. Der Hauptrang soll, wie man erkennt, gegenüber dem gewöhnlichen Beweisrang von § 65 die $\to$-hinten-Schlüsse und die Kürzungen ausnehmen (Umstellungen werden ja von vorneherein nicht unter die Schlüsse gezählt).

Satz 147 (ein Inversionssatz).

(1) Mit $\mathfrak{a}\vee\mathfrak{b}\to\mathfrak{c}$ sind auch $\mathfrak{a}\to\mathfrak{c}$ und $\mathfrak{b}\to\mathfrak{c}$ im modifizierten $\to\vee\curlywedge$-Kodifikat herleitbar, und zwar haben die letztgenannten Formen höchstens den Hauptrang der gegebenen Form.

(2) Mit $\mathfrak{a}\to\mathfrak{b} \longrightarrow \mathfrak{c}$ ist auch $\mathfrak{b}\to\mathfrak{c}$ im modifizierten $\to\vee\curlywedge$-Kodifikat herleitbar und von nicht höherem Hauptrang.

(3). (Zusatz.) Für (1) und (2) gilt: Die Aufeinanderfolge der aufschichtenden Schlüsse in einem Beweisfaden bleibt — bis auf mögliche Ausfälle von Schlüssen — im Beweise (genauer: in *einem* Beweise) der neuen Form(en) dieselbe wie bei der gegebenen Form.

Anmerkung. Teil 3. schließt übrigens die in Teil 1. und 2. aufgestellte Behauptung über den Hauptrang in sich.

Zum *Nachweis von* (1) genügt es offenbar, den Nachweis für Satz 139 Zeile für Zeile auf das modifizierte Kodifikat zu beziehen. Man erkennt gleichzeitig unmittelbar, daß die dort herangezogene Beweisumwandlung keine Erhöhung des Hauptranges (nicht einmal des gewöhnlichen Beweisranges) mit sich bringt und darüber hinaus die Behauptung 3. erfüllt.

Auch die Behauptung 2. des obigen Satzes läßt sich ebenso gut für das gewöhnliche Kodifikat aussprechen (vgl. die Zusatzaufgabe am Ende des § 149). Doch sei der *Nachweis für* (2) hier gleich auf das modifizierte Kodifikat zugeschnitten.

In einem Beweise B der (als beweisbar vorausgesetzten) Form $\mathfrak{a}\to\mathfrak{b} \longrightarrow \mathfrak{c}$ werde der Formelnbund des Vordergliedes $\mathfrak{a}\to\mathfrak{b}$ betrachtet. Wie eine Übersicht über die Axiome und Schlüsse des Kodifikats lehrt, kann dieser Formelnbund nur in modifizierte $\to$-vorne-Schlüsse münden; die Mündungsschlüsse seien

$$\frac{(\Gamma\mathfrak{u})_i \longrightarrow \mathfrak{a}\to\mathfrak{b} \longrightarrow \mathfrak{a} \qquad (\Gamma\mathfrak{u})_i \to \mathfrak{b}\to\ddot{\mathfrak{c}}_i}{(\Gamma\mathfrak{u})_i \longrightarrow \mathfrak{a}\to\mathfrak{b} \longrightarrow \ddot{\mathfrak{c}}_i} \quad \text{(wo } i \text{ von 1 bis zu einem } n \text{ läuft).}$$

Wenn wir nun in der Beweisfigur B alle Glieder $\mathfrak{a}\to\mathfrak{b}$ des Formelnbundes durch $\mathfrak{b}$ ersetzen, so bleibt 1. jeder Schluß, in den der Formelnbund nicht mündet, trivialerweise ein Schluß (vgl. hierzu auch Satz 138); 2. bei einem Mündungsschluß wird die Unterformel der rechten Oberformel gestaltlich gleich. Die Unterformel läßt sich dann wegstreichen; ebenso läßt sich der Ast der linken Oberformel des Mündungsschlusses wegstreichen.

Hiermit hat man einen Beweis für die gefragte Form $\mathfrak{b}\to\mathfrak{c}$, dessen Hauptrang (ja, dessen gewöhnlicher Beweisrang) nicht größer ist als derjenige des ursprünglichen Beweises B. — (Anmerkung. Wegen der Modifikation der $\to$-vorne-Schlüsse bleibt der Formelnbund lediglich in $\to$-hinten-Schlüssen stecken; hier tritt eben der zitierte Satz 138 in Kraft.)

Zum Abschluß noch ein vorbereitender

Satz 148 (Hilfsatz). Ein Kürzungsschluß, der unmittelbar auf einen $\to$-hinten-Schluß folgt, läßt sich mit diesem vertauschen oder beseitigen.

Nachweis.

Fall a. Die Kürzung betreffe das Hauptglied des $\to$-hinten-Schlusses nicht.

Gegebenes Schlußpaar (mit $\mathfrak{c} \equiv: \mathfrak{q} \to \mathfrak{q} \to \mathfrak{d}$):	Vertauschung:
$\mathfrak{q} \to \mathfrak{q} \to \mathfrak{d}$	$\mathfrak{q} \to \mathfrak{q} \to \mathfrak{d}$
$\mathfrak{p} \to \mathfrak{q} \to \mathfrak{q} \to \mathfrak{d}$ durch $\to$ hinten	$\mathfrak{q} \to \mathfrak{d}$ durch Kürzung
$\mathfrak{p} \to \mathfrak{q} \to \mathfrak{d}$ durch Kürzung	$\mathfrak{p} \to \mathfrak{q} \to \mathfrak{d}$ durch $\to$ hinten

Fall b. Die Kürzung betreffe das Hauptglied des $\to$-hinten-Schlusses.

Gegebenes Schlußpaar (mit $\mathfrak{c} \equiv: \mathfrak{q} \to \mathfrak{d}$):	Vereinfachung:
$\mathfrak{q} \to \mathfrak{d}$	$\mathfrak{q} \to \mathfrak{d}$
$\mathfrak{q} \to \mathfrak{q} \to \mathfrak{d}$ durch $\to$ hinten	
$\mathfrak{q} \to \mathfrak{d}$ durch Kürzung	

§ 153. Die verengten aufschichtenden $\to\vee\curlywedge$-Kodifikate.

Satz 149. — (1) Im modifizierten $\to\vee\curlywedge$-Kodifikat ist die Kürzungsregel eliminierbar (m.a.W.: implizit abhängig, s. S. 150), und zwar gilt:

(2) Besitzt die im modifizierten $\to\vee\curlywedge$-Kodifikat beweisbare Form $\mathfrak{e}$ den Hauptrang n, so gibt es einen kürzungsfreien Beweis für $\mathfrak{e}$ vom Hauptrang n.

(3) Mit einer Form der Gestalt $\mathfrak{a} \to \mathfrak{a} \to \mathfrak{c}$ ist auch $\mathfrak{a} \to \mathfrak{c}$ kürzungsfrei beweisbar und vom gleichen Hauptrang.

Zum Nachweis. — (3) ist eine unmittelbare Folgerung aus (2), da ja $\mathfrak{a} \to \mathfrak{c}$ aus $\mathfrak{a} \to \mathfrak{a} \to \mathfrak{c}$ durch eine Kürzung hervorgeht.

(2) umfaßt (1); die grundsätzlich bedeutsame Behauptung (1) ist vor allem in der Absicht vorangestellt, das Augenmerk beim Nachweise zunächst auf (1) zu konzentrieren.

Der *Nachweis für* 149 (1) wird durch eine spezielle Gerüstinduktion, nämlich durch Induktion nach dem Hauptrang (S. 398) geführt [dabei sollen, wie bereits früher verabredet wurde, zwei Formeln, die durch bloße Umstellungen (S. 377) auseinander hervorgehen, als nicht verschieden behandelt werden].

Erster Schritt der Induktion. Es sei ein Beweis B vom Hauptrang 1 vorgelegt. Ein solcher kann lediglich darin bestehen, daß einem Axiom Kürzungen und $\to$-hinten-Schlüsse nachfolgen; die Endformel hat dann die Gestalt $\ulcorner\mathfrak{u} \to \dot{\mathfrak{c}} \to \dot{\mathfrak{c}}$ (bzw. $\ulcorner\mathfrak{u} \to \curlywedge \to \dot{\mathfrak{c}}$). Diese Formel kann aber aus dem Axiom $\dot{\mathfrak{c}} \to \dot{\mathfrak{c}}$ (bzw. $\curlywedge \to \dot{\mathfrak{c}}$) auch durch bloße $\to$-hinten-Schlüsse gewonnen werden.

Zweiter Schritt der Induktion. Die Behauptung sei bereits bewiesen für Beweise, deren Hauptrang höchstens n ist. Es sei ein Beweis vom Hauptrang $n+1$ vorgelegt. Sein letzter $\vee$-Schluß oder modifizierter $\rightarrow$-vorne-Schluß wird betrachtet; ihm können noch Kürzungen und $\rightarrow$-hinten-Schlüsse nachfolgen. Nach Satz 148 darf angenommen werden, daß alle diese Kürzungen den $\rightarrow$-hinten-Schlüssen vorangehen. Es genügt dann zu zeigen, daß sich die erste Kürzung, die unmittelbar auf den betrachteten $\vee$- bzw. $\rightarrow$-Schluß folgt, über diesen Schluß „hinauf-" bzw. „*hinüberschieben*" läßt. Hierbei wird nämlich der Hauptrang der Oberformel(n) des $\vee$- bzw. $\rightarrow$-Schlusses nicht erhöht, so daß sie nach Induktionsvoraussetzung kürzungsfrei beweisbar ist (bzw. sind). Somit ist auch die Unterformel kürzungsfrei beweisbar. Man schiebt in dieser Weise alle Kürzungen, die dem $\vee$- bzw. $\rightarrow$-Schluß nachfolgten, der Reihe nach hinüber.

Um die geforderte beschriebene Hinüberschiebung als durchführbar zu erkennen, hat man nach der Art des $\vee$- bzw. $\rightarrow$-Schlusses und der nachfolgenden Kürzung zu unterscheiden.

1. Fall. Der letzte aufschichtende Schluß sei ein $\vee$ hinten. Ihm folge eine Kürzung nach.

Gegebenes Schlußpaar (mit $\lceil\mathfrak{u}\rightarrow\ \equiv:\ \mathfrak{u}\rightarrow\mathfrak{u}\rightarrow\lceil\mathfrak{v}\rightarrow$):	Hinüberschiebung:
$\mathfrak{u}\rightarrow\mathfrak{u}\rightarrow\lceil\mathfrak{v}\rightarrow\mathfrak{a}$	$\mathfrak{u}\rightarrow\mathfrak{u}\rightarrow\lceil\mathfrak{v}\rightarrow\mathfrak{a}$
$\mathfrak{u}\rightarrow\mathfrak{u}\rightarrow\lceil\mathfrak{v}\rightarrow\mathfrak{a}\vee\mathfrak{b}$ durch $\vee$ hinten	$\mathfrak{u}\rightarrow\lceil\mathfrak{v}\rightarrow\mathfrak{a}$ durch Kürzung
$\mathfrak{u}\rightarrow\lceil\mathfrak{v}\rightarrow\mathfrak{a}\vee\mathfrak{b}$ durch Kürzung	$\mathfrak{u}\rightarrow\lceil\mathfrak{v}\rightarrow\mathfrak{a}\vee\mathfrak{b}$ durch $\vee$ hinten

2. Fall. Der letzte aufschichtende Schluß sei ein $\vee$ vorne. Ihm folge eine Kürzung nach.

Unterfall 2a. Die Kürzung betreffe nicht das Hauptglied des $\vee$-vorne-Schlusses.

Gegebenes Schlußpaar: (mit $\mathfrak{c}\ \equiv:\ \mathfrak{q}\rightarrow\mathfrak{q}\rightarrow\mathfrak{d}$)	Hinüberschiebung:
$\mathfrak{a}\rightarrow\mathfrak{q}\rightarrow\mathfrak{q}\rightarrow\mathfrak{d}$ $\quad$ $\mathfrak{b}\rightarrow\mathfrak{q}\rightarrow\mathfrak{q}\rightarrow\mathfrak{d}$	$\mathfrak{a}\rightarrow\mathfrak{q}\rightarrow\mathfrak{q}\rightarrow\mathfrak{d}$ $\quad$ $\mathfrak{b}\rightarrow\mathfrak{q}\rightarrow\mathfrak{q}\rightarrow\mathfrak{d}$
$\mathfrak{a}\vee\mathfrak{b}\rightarrow\mathfrak{q}\rightarrow\mathfrak{q}\rightarrow\mathfrak{d}$ durch $\vee$ vorne	$\mathfrak{a}\rightarrow\mathfrak{q}\rightarrow\mathfrak{d}$ $\quad$ $\mathfrak{b}\rightarrow\mathfrak{q}\rightarrow\mathfrak{d}$ durch Kürzung
$\mathfrak{a}\vee\mathfrak{b}\rightarrow\mathfrak{q}\rightarrow\mathfrak{d}$ durch Kürzung	$\mathfrak{a}\vee\mathfrak{b}\rightarrow\mathfrak{q}\rightarrow\mathfrak{d}$ durch $\vee$ vorne

Unterfall 2b. Die Kürzung betreffe das Hauptglied des $\vee$-vorne-Schlusses.

Gegebenes Schlußpaar (mit $\mathfrak{c}\ \equiv:\ \mathfrak{a}\vee\mathfrak{b}\rightarrow\mathfrak{d}$):

$\mathfrak{a}\rightarrow\mathfrak{a}\vee\mathfrak{b}\rightarrow\mathfrak{d}$ $\quad$ $\mathfrak{b}\rightarrow\mathfrak{a}\vee\mathfrak{b}\rightarrow\mathfrak{d}$

$\mathfrak{a}\vee\mathfrak{b}\rightarrow\mathfrak{a}\vee\mathfrak{b}\rightarrow\mathfrak{d}$ durch $\vee$ vorne

$\mathfrak{a}\vee\mathfrak{b}\rightarrow\mathfrak{d}$ durch Kürzung.

In diesem Falle gelingt das Herüberschieben erst nach Heranziehung des Inversionssatzes 147 (1) in folgender Weise. Mit der linken Oberformel $\mathfrak{a} \rightarrow \mathfrak{a} \vee \mathfrak{b} \rightarrow \mathfrak{d}$ ist nach diesem Satz auch $\mathfrak{a} \rightarrow \mathfrak{a} \rightarrow \mathfrak{d}$ beweisbar und höchstens vom Hauptrang n. Durch Kürzung erhält man $\mathfrak{a} \rightarrow \mathfrak{d}$, mit demselben Hauptrang. Nach Induktionsvoraussetzung ist also $\mathfrak{a} \rightarrow \mathfrak{d}$ ohne Kürzungen beweisbar. Ganz analog erhält man aus der rechten Oberformel $\mathfrak{b} \rightarrow \mathfrak{a} \vee \mathfrak{b} \rightarrow \mathfrak{d}$ mit dem Inversionssatz 147 (1): auch $\mathfrak{b} \rightarrow \mathfrak{d}$ ist ohne Kürzungen beweisbar. Man braucht nun nur den Beweis so abzuschließen: $\dfrac{\mathfrak{a} \rightarrow \mathfrak{d} \quad \mathfrak{b} \rightarrow \mathfrak{d}}{\mathfrak{a} \vee \mathfrak{b} \rightarrow \mathfrak{d}}$.

Hiermit hat man einen kürzungsfreien Beweis für die gegebene Endformel $\mathfrak{a} \vee \mathfrak{b} \rightarrow \mathfrak{d}$.

3. Fall. Der letzte aufschichtende Schluß sei ein modifizierter $\rightarrow$-vorne-Schluß (S. 397). Ihm folge eine Kürzung nach.

Unterfall 3a. Die Kürzung betreffe nicht das Hauptvorderglied des $\rightarrow$-vorne-Schlusses.

Gegebenes Schlußpaar:

(mit $\Gamma\mathfrak{u} \rightarrow \;\equiv$: $\mathfrak{u} \rightarrow \mathfrak{u} \rightarrow \Gamma\mathfrak{v} \rightarrow$):

$$\dfrac{\mathfrak{u} \longrightarrow \mathfrak{u} \longrightarrow \Gamma\mathfrak{v} \longrightarrow \mathfrak{a} \rightarrow \mathfrak{b} \longrightarrow \mathfrak{a} \qquad \mathfrak{u} \rightarrow \mathfrak{u} \rightarrow \Gamma\mathfrak{v} \rightarrow \mathfrak{b} \rightarrow \ddot{\mathfrak{c}}}{\mathfrak{u} \longrightarrow \mathfrak{u} \longrightarrow \Gamma\mathfrak{v} \longrightarrow \mathfrak{a} \rightarrow \mathfrak{b} \longrightarrow \ddot{\mathfrak{c}}}$$

durch modif. $\rightarrow$ vorne

$$\mathfrak{u} \longrightarrow \Gamma\mathfrak{v} \longrightarrow \mathfrak{a} \rightarrow \mathfrak{b} \longrightarrow \ddot{\mathfrak{c}}$$

durch Kürzung

Hinüberschiebung:

$$\mathfrak{u} \longrightarrow \mathfrak{u} \longrightarrow \Gamma\mathfrak{v} \longrightarrow \mathfrak{a} \rightarrow \mathfrak{b} \longrightarrow \mathfrak{a}$$

$$\mathfrak{u} \longrightarrow \Gamma\mathfrak{v} \longrightarrow \mathfrak{a} \rightarrow \mathfrak{b} \longrightarrow \mathfrak{a}$$

durch Kürzung

$$\mathfrak{u} \rightarrow \mathfrak{u} \rightarrow \Gamma\mathfrak{v} \rightarrow \mathfrak{b} \rightarrow \ddot{\mathfrak{c}}$$

$$\mathfrak{u} \rightarrow \Gamma\mathfrak{v} \rightarrow \mathfrak{b} \rightarrow \ddot{\mathfrak{c}}$$

durch Kürzung

$$\overline{\mathfrak{u} \longrightarrow \Gamma\mathfrak{v} \longrightarrow \mathfrak{a} \rightarrow \mathfrak{b} \longrightarrow \ddot{\mathfrak{c}}}$$

durch modif. $\rightarrow$ vorne.

Unterfall 3b. Die Kürzung betreffe das Hauptvorderglied des modifizierten $\rightarrow$-vorne-Schlusses.

Gegebenes Schlußpaar (mit $\Gamma\mathfrak{u} \longrightarrow \;\equiv$: $\mathfrak{a} \rightarrow \mathfrak{b} \longrightarrow \Gamma\mathfrak{v} \longrightarrow$):

$$\dfrac{\mathfrak{a} \rightarrow \mathfrak{b} \longrightarrow \Gamma\mathfrak{v} \longrightarrow \mathfrak{a} \rightarrow \mathfrak{b} \longrightarrow \mathfrak{a} \qquad \mathfrak{a} \rightarrow \mathfrak{b} \longrightarrow \Gamma\mathfrak{v} \rightarrow \mathfrak{b} \rightarrow \ddot{\mathfrak{c}}}{\mathfrak{a} \rightarrow \mathfrak{b} \longrightarrow \Gamma\mathfrak{v} \longrightarrow \mathfrak{a} \rightarrow \mathfrak{b} \longrightarrow \ddot{\mathfrak{c}}} \text{ durch modif. } \rightarrow \text{ vorne}$$

$$\Gamma\mathfrak{v} \longrightarrow \mathfrak{a} \rightarrow \mathfrak{b} \longrightarrow \ddot{\mathfrak{c}} \text{ durch Kürzung.}$$

Hier wird nun der Inversionssatz 147(2) herangezogen; dieser lehrt in Anwendung auf die rechte Oberformel: auch $\mathfrak{b} \rightarrow \Gamma\mathfrak{v} \rightarrow \mathfrak{b} \rightarrow \ddot{\mathfrak{c}}$ ist beweisbar und höchstens vom Hauptrang n. Dasselbe gilt dann auch für die durch Kürzung hervorgehende Form $\Gamma\mathfrak{v} \rightarrow \mathfrak{b} \rightarrow \ddot{\mathfrak{c}}$.

Andererseits folgt aus der *linken* Oberformel des betrachteten Schlusses durch bloße Kürzung $\Gamma\mathfrak{v} \longrightarrow \mathfrak{a} \rightarrow \mathfrak{b} \longrightarrow \mathfrak{a}$; auch diese Form hat demnach höchstens den Hauptrang n.

Nach Induktionsvoraussetzung lassen sich nunmehr sowohl $\ulcorner\mathfrak{d} \to \mathfrak{b} \to \ddot{\mathfrak{c}}$ als auch $\ulcorner\mathfrak{d} \to \mathfrak{a} \to \mathfrak{b} \to \mathfrak{a}$ ohne Kürzungen herleiten. Man schließt nun den Beweis wie folgt ab:

$$\frac{\ulcorner\mathfrak{d} \to \mathfrak{a} \to \mathfrak{b} \to \mathfrak{a} \qquad \ulcorner\mathfrak{d} \to \mathfrak{b} \to \ddot{\mathfrak{c}}}{\ulcorner\mathfrak{d} \to \mathfrak{a} \to \mathfrak{b} \to \ddot{\mathfrak{c}}}$$ durch modifizierten $\to$-vorne-Schluß.

Hiermit ist die gegebene Endformel kürzungsfrei bewiesen.

Da nach dem Hauptrang induziert wurde, erschöpfen die Fälle 1. bis 3. alle in Betracht kommenden Schlußarten. (Anmerkung. Die Behandlung der $\to$-hinten-Schlüsse wurde in Hilfsatz 148 vorweggenommen; dies geschah mit Rücksicht auf die Erklärung des Hauptranges, die sich vor allem noch an späterer Stelle als angemessen erweisen wird.)

Zusatzaufgabe. Die Fälle 1, 2a, 3a in einem gemeinsamen Schema (vgl. hierzu etwa § 96) auf einmal zu erledigen.

Nachweis für Satz 149 (2). — Man überzeugt sich abschließend, daß in keinem der behandelten Fälle 1, 2a, 2b, 3a, 3b die durchgeführte Beweisumwandlung den Hauptrang erhöht. Man erhält also für eine beweisbare Form $\mathfrak{e}$ vom Hauptrang n einen kürzungsfreien Beweis für $\mathfrak{e}$, der genau den Hauptrang n besitzt (eine Form vom Hauptrang n kann ja nicht durch einen Beweis von kleinerem Hauptrang bewiesen werden).

Da 149 (3) bereits als unmittelbare Folge von 149 (2) erkannt wurde, ist Satz 149 nunmehr erwiesen.

Die Sätze 146 und 149 (1) lassen sich übrigens bei Heranziehung der nachfolgenden Erklärung in einer ein wenig einprägsameren Formulierung zusammenfassen.

Erklärung. Das Kodifikat, das aus dem ursprünglichen aufschichtenden Kodifikat der natürlichen (derivativen bzw. intuitionistischen) $\to\vee\curlywedge$-Aussagenlogik des § 144 hervorgeht, indem 1. die gewöhnliche $\to$-vorne-Schlußregel durch die modifizierte $\to$-vorne-Schlußregel ersetzt wird und 2. die Kürzungsregel aus der Liste der Elementarschlüsse gestrichen wird, sei als „*verengtes*" aufschichtendes (derivatives bzw. intuitionistisches) $\to\vee\curlywedge$-Kodifikat bezeichnet.

Man hat dann mit den Sätzen 146 und 149 (1):

Satz 150. Das *verengte* aufschichtende (derivative bzw. intuitionistische) $\to\vee\curlywedge$-Kodifikat ist dem ursprünglichen aufschichtenden (derivativen bzw. intuitionistischen) $\to\vee\curlywedge$-Kodifikat deduktiv-äquivalent.

Satz 151 (ein Separationssatz). (1). Jede im verengten $\to\vee\curlywedge$-Kodifikat beweisbare Form $\mathfrak{f}$ läßt sich auch durch einen solchen Beweis herleiten, in dem alle $\to$-hinten-Schlüsse allen Schlüssen anderer Art vorangehen, und zwar: (2). Es gibt einen Beweis der geforderten Art für $\mathfrak{f}$, dessen Hauptrang mit dem von $\mathfrak{f}$ übereinstimmt.

Anmerkung. Ein analoger Satz gilt bereits für das ursprüngliche Kodifikat; wir benötigen jedoch die obige Fassung.

Nachweis des Satzes wiederum durch Induktion nach dem Hauptrang.

Erster Induktionsschritt. Wenn $\mathfrak{f}$ den Hauptrang 1 hat, so gibt es einen Beweis für $\mathfrak{f}$, in dem auf ein Axiom lediglich $\rightarrow$-hinten-Schlüsse folgen. Die Behauptungen des Satzes sind dann trivialerweise erfüllt.

Zweiter Induktionsschritt. Der Nachweis sei bereits geführt für alle Formen, deren Hauptrang höchstens n ist. Für $\mathfrak{f}$ sei ein Beweis vom Hauptrang $n+1$ vorgelegt.

1. Fall. Wenn der letzte Schluß kein $\rightarrow$-hinten-Schluß ist, so führt die Induktionsvoraussetzung — angewandt auf die Oberformel(n) des Schlusses — unmittelbar auf die Behauptung für $\mathfrak{f}$.

2. Fall. Der letzte Schluß sei ein $\rightarrow$-hinten-Schluß. Man betrachtet dann den letzten Schluß anderer Art (d.h. den letzten Schluß, der kein $\rightarrow$-hinten-Schluß ist). Sobald es gelingt, den ihm unmittelbar nachfolgenden $\rightarrow$-hinten-Schluß über ihn „hinüberzuschieben" (d.h. mit ihm zu vertauschen), wird die Behauptung nachgewiesen sein. Denn nachdem der Reihe nach alle $\rightarrow$-hinten-Schlüsse, die dem letzten Schluß anderer Art nachfolgen, über ihn hinübergeschoben sind, ist man — ohne Erhöhung des Hauptrangs — auf den 1. Fall zurückgekommen.

Die „Hinüberschiebung" sieht nun bei den verschiedenen Arten von Schlüssen so aus:

Gegebenes Schlußpaar:	Hinüberschiebung:
1. $\vee$ hinten (mit $\rightarrow$ hinten) $\Gamma\mathfrak{u} \rightarrow \mathfrak{a}$ $\Gamma\mathfrak{u} \rightarrow \mathfrak{a} \vee \mathfrak{b}$ $\mathfrak{p} \rightarrow \Gamma\mathfrak{u} \rightarrow \mathfrak{a} \vee \mathfrak{b}$	$\Gamma\mathfrak{u} \rightarrow \mathfrak{a}$ $\mathfrak{p} \rightarrow \Gamma\mathfrak{u} \rightarrow \mathfrak{a}$ $\mathfrak{p} \rightarrow \Gamma\mathfrak{u} \rightarrow \mathfrak{a} \vee \mathfrak{b}$
2. $\vee$ vorne (mit $\rightarrow$ hinten) $\dfrac{\mathfrak{a} \rightarrow \mathfrak{c} \quad \mathfrak{b} \rightarrow \mathfrak{c}}{\mathfrak{a} \vee \mathfrak{b} \rightarrow \mathfrak{c}}$ $\mathfrak{p} \rightarrow \mathfrak{a} \vee \mathfrak{b} \rightarrow \mathfrak{c}$	$\mathfrak{a} \rightarrow \mathfrak{c} \qquad \mathfrak{b} \rightarrow \mathfrak{c}$ $\dfrac{\mathfrak{p} \rightarrow \mathfrak{a} \rightarrow \mathfrak{c} \quad \mathfrak{p} \rightarrow \mathfrak{b} \rightarrow \mathfrak{c}}{\mathfrak{p} \rightarrow \mathfrak{a} \vee \mathfrak{b} \rightarrow \mathfrak{c}}$ durch $\vee$ vorne
3. modif. $\rightarrow$ vorne (mit $\rightarrow$ hinten) $\Gamma\mathfrak{u} \longrightarrow \mathfrak{a} \rightarrow \mathfrak{b} \longrightarrow \mathfrak{a}$ $\dfrac{\Gamma\mathfrak{u} \rightarrow \mathfrak{b} \rightarrow \ddot{\mathfrak{c}}}{\Gamma\mathfrak{u} \longrightarrow \mathfrak{a} \rightarrow \mathfrak{b} \longrightarrow \ddot{\mathfrak{c}}}$ $\mathfrak{p} \longrightarrow \Gamma\mathfrak{u} \longrightarrow \mathfrak{a} \rightarrow \mathfrak{b} \longrightarrow \ddot{\mathfrak{c}}$	$\Gamma\mathfrak{u} \longrightarrow \mathfrak{a} \rightarrow \mathfrak{b} \longrightarrow \mathfrak{a}$ $\mathfrak{p} \longrightarrow \Gamma\mathfrak{u} \longrightarrow \mathfrak{a} \rightarrow \mathfrak{b} \longrightarrow \mathfrak{a}$ $\Gamma\mathfrak{u} \rightarrow \mathfrak{b} \rightarrow \ddot{\mathfrak{c}}$ $\dfrac{\mathfrak{p} \rightarrow \Gamma\mathfrak{u} \rightarrow \mathfrak{b} \rightarrow \ddot{\mathfrak{c}}}{\mathfrak{p} \longrightarrow \Gamma\mathfrak{u} \longrightarrow \mathfrak{a} \rightarrow \mathfrak{b} \longrightarrow \ddot{\mathfrak{c}}}$

In allen Fällen sind die rechtsstehenden Formelnfiguren wieder Beweisstücke aus dem verengten Kodifikat.

Aufgabe für Mathematiker: Die geschilderten „Hinüberschiebungs"-Prozesse durch ein gemeinsames Schema darzustellen (wie dies bezüglich der *alternären* aufschichtenden Aussagenlogik in § 96 durchgeführt wurde).

§ 154. Simplikation.

Zunächst eine Reihe von Erklärungen.

Erklärungen. Eine $\rightarrow\vee\wedge$-Form heißt *im großen simplex*, wenn in ihr keine zwei *Haupt*vorderglieder gestaltlich übereinstimmen.

Eine beliebig gegebene $\rightarrow\vee\wedge$-Form $\mathfrak{a}$ möge durch bloße Streichung von Hauptvordergliedern in die im großen simplexe Form $[\mathfrak{a}]^s$ — kurz $\mathfrak{a}^s$ — übergehen. $\mathfrak{a}^s$ heißt dann die zu $\mathfrak{a}$ gehörige im großen simplexe Form; $\mathfrak{a}$ heißt durch diesen Übergang simpliziert.

Anmerkung. Man vgl. diese Erklärungen mit den Erklärungen der simplexen Form von § 120.

Beispiel. $a\rightarrow a\rightarrow a\rightarrow b \longrightarrow a\rightarrow b$ ist im großen simplex, wenn auch (was im neuen Zusammenhang nicht interessiert) nicht simplex schlechthin.

Erklärung. Ein $\rightarrow$-hinten-Schluß heißt bloß *verdoppelnd* (kurz: Verdoppelungsschluß), wenn das durch ihn eingeführte Hauptvorderglied mit einem Hauptvorderglied der Oberformel gestaltlich übereinstimmt.

Erklärung. Ein Beweis im verengten Kodifikat heiße *simpliziert*, wenn er die folgenden Bedingungen erfüllt:

1. Jede Unterformel eines $\vee$- bzw. eines modifizierten $\rightarrow$-vorne-Schlusses — m.a.W. eines aufschichtenden Schlusses, der kein „$\rightarrow$ hinten" ist — ist im großen simplex.

2. Jede nicht im großen simplexe Form ergibt sich durch eine Kette unmittelbar vorangehender bloßer Verdoppelungsschlüsse aus einer im großen simplexen Form.

3. (eine Separiertheit). Alle $\rightarrow$-hinten-Schlüsse, die keine Verdoppelungsschlüsse sind, gehen allen anderen Schlüssen voran.

Anmerkung. Die *Ober*formeln der aufschichtenden Schlüsse brauchen nicht im großen simplex zu sein. So sind z.B., wenn $\mathfrak{a}\rightarrow c$ eine (simpliziert) bewiesene, im großen simplexe Form ist, die folgenden Beweisstücke *simpliziert:*

I. Beispiel:

$\mathfrak{a}\rightarrow c$ vorausgesetzt $\qquad$ $c\rightarrow c$ Axiom

$\mathfrak{a}\rightarrow\mathfrak{a}\rightarrow c$ durch Verdoppelung $\qquad$ $c\rightarrow\mathfrak{a}\rightarrow c$ durch $\rightarrow$ hinten

$\mathfrak{a}\vee c\rightarrow\mathfrak{a}\rightarrow c$ durch $\vee$ vorne.

II. Beispiel:

$\mathfrak{a} \to c$	vorausgesetzt
$\mathfrak{a} \to \mathfrak{a} \to c$	durch Verdoppelung
$\mathfrak{a} \to \mathfrak{a} \to \mathfrak{a} \to c$	durch Verdoppelung
$\mathfrak{a} \to (\mathfrak{a} \to \mathfrak{a} \to c) \vee c$	durch $\vee$ hinten.

(Die letzte Form ist im großen simplex.)

Satz 152. Ist $\mathfrak{f}$ im verengten $\to\vee\curlywedge$-Kodifikat beweisbar und vom Hauptrang n, so läßt sich in diesem Kodifikat die zugehörige im großen simplexe Form $\mathfrak{f}^s$ durch einen „simplizierten" Beweis vom Hauptrang n herleiten.

Dem Nachweis sei vorangeschickt die unmittelbare

Folgerung. Jede im verengten Kodifikat beweisbare Form $\mathfrak{f}$ läßt sich durch einen *simplizierten* Beweis herleiten, der ihren Hauptrang besitzt.

In der Tat brauchen ja dem Beweise für $\mathfrak{f}^s$ lediglich Verdoppelungsschlüsse angehängt werden, um $\mathfrak{f}$ zu erhalten.

Nachweis des Satzes 152 durch Induktion nach dem Hauptrang.

Erster Induktionsschritt. Ein Beweis (des verengten Kodifikats) vom Hauptrang 1 kann lediglich in $\to$-hinten-Schlüssen, die sich einem Axiom anschließen, bestehen. Die Endformel hat die Gestalt $\ulcorner\mathfrak{u} \to \dot{\mathfrak{c}} \to \dot{\mathfrak{c}}$ (bzw. $\ulcorner\mathfrak{u} \to \curlywedge \to \dot{\mathfrak{c}}$). Die Form $[\ulcorner\mathfrak{u} \to \dot{\mathfrak{c}} \to \dot{\mathfrak{c}}]^s$ (bzw. $[\ulcorner\mathfrak{u} \to \curlywedge \to \dot{\mathfrak{c}}]^s$) ist dann offensichtlich erst recht aus dem Axiom durch $\to$-hinten-Schlüsse herleitbar.

Zweiter Induktionsschritt. Der Nachweis sei bereits für alle Beweise des verengten Kodifikats geführt, die höchstens den Hauptrang n haben. Es sei ein Beweis vom Hauptrang $n+1$ mit der Endform $\mathfrak{f}$ vorgelegt. Durch (eventuell mehrfache) Anwendung des Satzes 149 (3) ergibt sich, daß die zugehörige im großen simplexe Form $\mathfrak{f}^s$ ebenfalls den Hauptrang $n+1$ besitzt, und nach Satz 151 gibt es einen Beweis B für $\mathfrak{f}^s$ mit dem Hauptrang $n+1$, in dem alle $\to$-hinten-Schlüsse allen anderen Schlüssen vorangehen. Der letzte Schluß aus B ist ein $\vee$-Schluß oder ein modifizierter $\to$-vorne-Schluß. Seine Oberformel(n) sei(en) durch $\mathfrak{g}_i$ mitgeteilt, wo $i=1$ (bei einem $\vee$-hinten-Schluß) oder $i=1$ und 2 (bei einem $\vee$-vorne-Schluß und bei einem modifizierten $\to$-vorne-Schluß) ist. Da $\mathfrak{g}_i$ (bzw. jedes der $\mathfrak{g}_i$) höchstens den Hauptrang n hat, läßt sich die (bzw. jede der beiden) zugehörige(n) im großen simplexe(n) Form(en) $[\mathfrak{g}_i]^s$ nach der Induktionsvoraussetzung durch einen simplizierten Beweis herleiten, der höchstens den Hauptrang n hat. (Im Falle eines einzigen vorgegebenen $\mathfrak{g}_i$ hat er *genau* den Hauptrang n; im Falle zweier $\mathfrak{g}_i$ hat jedenfalls *einer* der beiden Beweise den Hauptrang n.)

Falls $\mathfrak{g}_i$ nicht mit $[\mathfrak{g}_i]^s$ übereinstimmt, ergibt sich $\mathfrak{g}_i$ aus $[\mathfrak{g}_i]^s$ durch bloße Verdoppelungsschlüsse, und da $\mathfrak{g}_i$ (bzw. die beiden $\mathfrak{g}_i$) die Oberformel(n) desjenigen Schlusses der betrachteten Art war(en), dessen Unterformel $\mathfrak{f}^s$ ist, hat man einen simplizierten Beweis für $\mathfrak{f}^s$, dessen Hauptrang $n+1$ ist.

§ 155. Behandlung der disjunktiven Hauptvorderglieder.

Das Ergebnis des Satzes 152 und der ihm beigefügten Folgerung läßt sich kurz etwa so umschreiben: Die Deduktion im verengten $\rightarrow\vee\curlywedge$-Kodifikat läßt sich auf simplizierte Beweise beschränken; die simplizierten Beweise waren dabei durch drei Anforderungen charakterisiert. Es läßt sich nun noch eine vierte Anforderung hinzufügen.

Satz 153. Eine im verengten $\rightarrow\vee\curlywedge$-Kodifikat beweisbare Formel $\mathfrak{e}$ läßt sich auch durch einen solchen simplizierten Beweis herleiten, in dem jede im großen simplexe Formel, die ein disjunktives Hauptvorderglied besitzt, Unterformel eines $\vee$-vorne-Schlusses ist.

Dem Nachweis sei eine kurze *Erklärung* vorausgeschickt. Bei vorgegebener $\rightarrow\vee\curlywedge$-Form $\mathfrak{a}$ möge die Anzahl der in ihren Hauptvordergliedern auftretenden plazierten $\vee$-Zeichen kurz als die „Haupt-$\vee$-Zahl“ von $\mathfrak{a}$ bezeichnet werden.

Beispiel. $c\vee a\rightarrow(a\vee b)\vee c\rightarrow b\rightarrow c\vee a\rightarrow(a\vee b)\vee c$ hat die Haupt-$\vee$-Zahl 4.

Anmerkung. Für das Verständnis des folgenden Nachweises ist es nützlich, sich vor Augen zu halten, daß in einem (simplizierten) Beweise einer Form sehr wohl eine Form mit größerer Haupt-$\vee$-Zahl vorangehen kann, wie das folgende einfache Beispiel zeigt:

Sei $a\vee b\rightarrow a\vee b$ bereits bewiesen

$(a\vee b\rightarrow a\vee b)\vee a$ durch $\vee$-hinten-Schluß.

Die Haupt-$\vee$-Zahl der Unterformel ist 0, diejenige der Oberformel ist 1.

Nachweis des Satzes 153 durch eine doppelte Induktion (vgl. hierzu etwa den Nachweis von S. 301), und zwar durch eine Induktion nach dem Hauptrang mit eingefügter Induktion nach der Haupt-$\vee$-Zahl.

Erster Induktionsschritt. Der Hauptrang von $\mathfrak{e}$ sei 1. Nach Satz 152 gibt es einen *simplizierten* Beweis B für $\mathfrak{e}$ mit dem Hauptrang 1. Im Beweis B geht $\mathfrak{e}$ aus einem Axiom durch bloße $\rightarrow$-hinten-Schlüsse hervor.

Unterschritt 1a der Induktion. $\mathfrak{e}$ besitze die Haupt-$\vee$-Zahl 0. Dann hat jede Formel aus dem Beweis B ebenfalls die Haupt-$\vee$-Zahl 0. B erfüllt in trivialer Weise die Bedingungen des Satzes.

Unterschritt 1b der Induktion. $\mathfrak{e}$ besitze eine von 0 verschiedene Haupt-$\vee$-Zahl, etwa $m+1$, und der Satz sei bereits nachgewiesen für alle beweisbaren $\rightarrow\vee\curlywedge$-Formen, deren Hauptrang 1 und deren Haupt-$\vee$-Zahl höchstens m ist. Dieser Induktionsschritt wird sogleich in allgemeiner Weise unter Abs. 2b behandelt werden.

Zweiter Induktionsschritt. Der Hauptrang von $\mathfrak{e}$ sei größer als 1, etwa $n+1$, und der Satz sei bereits nachgewiesen für alle beweisbaren $\rightarrow\vee\wedge$-Formen, deren Hauptrang höchstens n ist.

Unterschritt 2a der Induktion. $\mathfrak{e}$ besitze die Haupt-$\vee$-Zahl 0.

$\mathfrak{e}$ besitzt dann kein disjunktives Hauptvorderglied. Nach Satz 152 gibt es einen simplizierten Beweis B für $\mathfrak{e}$, dessen Hauptrang $n+1$ ist. Wegen $n+1 \neq 0$ kommen in B nicht nur $\rightarrow$-hinten-Schlüsse vor. Gemäß der Erklärung des simplizierten Beweises (S. 405) gibt es eine (im großen simplexe) Formel $\mathfrak{f}$, die 1. in B *nicht* durch einen $\rightarrow$-hinten-Schluß hervorgegangen ist und aus der 2. die gegebene Form $\mathfrak{e}$ in B durch bloße Verdoppelungsschlüsse hervorgegangen ist, falls nicht $\mathfrak{e}$ mit $\mathfrak{f}$ übereinstimmt. Mit $\mathfrak{e}$ hat auch $\mathfrak{f}$ den Hauptrang $n+1$ und die Haupt-$\vee$-Zahl 0. Die Oberformel(n) des Schlusses, dessen Unterformel $\mathfrak{f}$ ist, hat (haben) höchstens den Hauptrang n. Nach Induktionsvoraussetzung trifft auf sie die Behauptung des Satzes 153 zu: Indem man in B ihren Beweisast durch einen solchen Beweis (bzw.: ihre Beweisäste durch solche Beweise) ersetzt, die den Bedingungen des Satzes 153 genügen, erhält man einen Beweis für $\mathfrak{e}$, der ebenfalls diesen Bedingungen genügt.

Unterschritt 2b der Induktion. $\mathfrak{e}$ besitze eine von 0 verschiedene Haupt-$\vee$-Zahl, etwa $m+1$, und der Satz sei bereits nachgewiesen für solche beweisbaren $\rightarrow\vee\wedge$-Formen, deren Hauptrang höchstens n ist oder deren Hauptrang $n+1$ und deren Haupt-$\vee$-Zahl höchstens m ist.

Da bei der Behandlung dieses Falles nicht davon Gebrauch gemacht werden wird, daß der Hauptrang $\neq 1$ ist, läßt sich der Unterschritt 1b, wie bereits angekündigt, hier mit einbeziehen.

Man hat hier zwei Fälle zu unterscheiden.

Erster Fall. Es gebe in $\mathfrak{e}$ ein disjunktives Hauptvorderglied. Unter Herausgriff eines *beliebigen* disjunktiven Hauptvordergliedes $\mathfrak{a}\vee\mathfrak{b}$ — dies wird sich später als wichtig erweisen! — läßt sich dann die zugehörige simplizierte Form $\mathfrak{e}^s$ (nach eventueller Umstellung von Hauptvordergliedern) in der Gestalt $\mathfrak{a}\vee\mathfrak{b}\rightarrow\mathfrak{c}$ mitteilen, wobei $\mathfrak{c}$ erstens im großen simplex ist und zweitens kein Hauptvorderglied der Gestalt $\mathfrak{a}\vee\mathfrak{b}$ enthält. $\mathfrak{e}^s$ hat nach Satz 152 höchstens den Hauptrang $n+1$.

Nach dem Inversionssatz 147 ist jede der Formen $\mathfrak{a}\rightarrow\mathfrak{c}$ und $\mathfrak{b}\rightarrow\mathfrak{c}$ beweisbar und besitzt höchstens den Hauptrang $n+1$. Die Haupt-$\vee$-Zahlen dieser beiden Formen sind höchstens m. Daher ist auf sie die Induktionsvoraussetzung anwendbar: jede von ihnen ist durch einen Beweis herleitbar, der den Bedingungen des Satzes 153 genügt. Durch $\vee$-vorne-Schluß geht aus ihnen die im großen simplexe Form $\mathfrak{e}^s$ hervor, aus der sich die Form $\mathfrak{e}$, falls sie nicht mit $\mathfrak{e}^s$ übereinstimmt, durch bloße Verdoppelungsschlüsse ergibt. Man hat somit einen Beweis für $\mathfrak{e}$, der den Bedingungen des Satzes 153 genügt.

Zweiter Fall. $\mathfrak{e}$ besitze kein disjunktives Hauptvorderglied. In diesem Falle schließt man genau wie beim Unterschritt 2a. (Die Verdoppelungsschlüsse, die von $\mathfrak{f}$ auf $\mathfrak{e}$ führen, können auch hier keine disjunktiven Hauptvorderglieder hinzubringen.)

Anmerkung zum Nachweis. Es könnte sein, daß alle Beweise für eine Form $\mathfrak{e}$, welche die in Satz 153 geforderte Eigenschaft besitzen, einen höheren Hauptrang haben als $\mathfrak{e}$; dies stört offenbar die angewendete Induktion nicht. —

In dem voranstehenden Nachweis wurde betont, daß aus den disjunktiven Hauptvordergliedern von $\mathfrak{e}$ ein *beliebiges* herausgegriffen werden dürfe (S. 408, Abs. 5). Man kann dies bei der Induktion mitberücksichtigen und gelangt dann zu dem folgenden zusätzlichen Ergebnis:

Satz 154. Voraussetzung: Eine Form $\mathfrak{e}$ sei im verengten Kodifikat durch einen solchen simplizierten Beweis B hergeleitet, in dem jede Form mit disjunktivem Hauptvorderglied die Unterformel eines $\vee$-vorne-Schlusses ist. — $\mathfrak{g}$ sei eine Formel aus dem Beweise, die *mehrere* disjunktive Hauptvorderglieder besitzt; der auf $\mathfrak{g}$ führende $\vee$-vorne-Schluß läßt sich also unter Herausgriff eines *beliebigen* vom Hauptglied verschiedenen disjunktiven Hauptvordergliedes $\mathfrak{p}\vee\mathfrak{q}$ so darstellen:

$$\frac{\mathfrak{a}\to\mathfrak{p}\vee\mathfrak{q}\to\mathfrak{r} \qquad \mathfrak{b}\to\mathfrak{p}\vee\mathfrak{q}\to\mathfrak{r}}{\mathfrak{a}\vee\mathfrak{b}\to\mathfrak{p}\vee\mathfrak{q}\to\mathfrak{r}, \quad \text{d.i.} \quad \mathfrak{g}.}$$

Behauptung. Es gibt dann einen Beweis für $\mathfrak{e}$ mit den oben genannten Eigenschaften, der sich von *B höchstens im Ast von* $\mathfrak{g}$ unterscheidet, wobei der auf $\mathfrak{g}$ führende $\vee$-vorne-Schluß das Hauptglied $\mathfrak{p}\vee\mathfrak{q}$ besitzt, d.h. die Gestalt hat:

$$\frac{\mathfrak{p}\to\mathfrak{a}\vee\mathfrak{b}\to\mathfrak{r} \qquad \mathfrak{q}\to\mathfrak{a}\vee\mathfrak{b}\to\mathfrak{r}}{\mathfrak{p}\vee\mathfrak{q}\to\mathfrak{a}\vee\mathfrak{b}\to\mathfrak{r}, \quad \text{d.i. (nach Umstellung)} \quad \mathfrak{g}.}$$

Kapitel XXVIII.

Das Entscheidungsverfahren.

§ 156. Die dem Entscheidungsverfahren zugrunde liegende Reduktion.

Vorbemerkung. Zur Vorbereitung des Nachweises der Entscheidungs-Eigenschaft wird das Verfahren zunächst in aller Ausführlichkeit beschrieben. Eine stichwortartige Zusammenstellung dieses Reduktionsverfahrens für den praktischen Gebrauch findet man später auf S. 423.

Erklärung der Reduktionsreihe und der gewöhnlichen Abschlußformel (Abs. I bis V).

Alle Reduktionsschritte beziehen sich auf $\to\vee\curlywedge$-Formen.

I. [„inverser Verdoppelungsschluß" oder „Simplikationsreduktion"]: Gegeben sei eine nicht im großen simplexe Form $\mathfrak{g}$. Die zugehörige im großen simplexe Form $\mathfrak{g}^s$ — d.i. kurz umschrieben: die Form, die durch Streichung von Hauptvorderglieder-Wiederholungen entsteht (§ 154) — heißt *die* (einzige) Reduktionsreihe der gegebenen Form $\mathfrak{g}$.

Anmerkungen. 1. Im Falle I besteht also die einzige Reduktionsreihe aus nur einer Form.

2. Der als „inverser Verdoppelungschluß" bezeichnete Prozeß kehrt gegebenenfalls *mehrere* Verdoppelungsschlüsse gleichzeitig um.

Beispiel. $a \rightarrow a \rightarrow b \longrightarrow c \longrightarrow a \rightarrow a \rightarrow b \longrightarrow c$ hat als einzige Reduktionsreihe: $a \rightarrow a \rightarrow b \longrightarrow c \rightarrow c$.

II. [„inverser $\vee$-vorne-Schluß" oder „$\vee$-vorne-Reduktion"]: Die im großen simplexe Form $\mathfrak{g}$ besitze mindestens ein *disjunktives Hauptvorderglied*. Das *erste disjunktive* Hauptvorderglied sei $\mathfrak{a} \vee \mathfrak{b}$; wegen der kommutablen Schreibweise aller Hauptvorderglieder läßt sich $\mathfrak{g}$ in der Gestalt $\mathfrak{g} \equiv: \mathfrak{a} \vee \mathfrak{b} \rightarrow \mathfrak{c}$ mitteilen. Dann heißt das Formelnpaar $\mathfrak{a} \rightarrow \mathfrak{c}$, $\mathfrak{b} \rightarrow \mathfrak{c}$ *die* (einzige) Reduktionsreihe von $\mathfrak{g}$.

Anmerkung. In der kommutablen Interpretation ist streng genommen kein disjunktives Hauptvorderglied als „erstes" ausgezeichnet. Man darf demgemäß ein *beliebiges* disjunktives Hauptvorderglied auswählen und die zu ihm gebildete Reduktionsreihe zur einzigen $\vee$-vorne-Reduktionsreihe von $\mathfrak{g}$ erklären. Da jedoch beim Hinschreiben einer Form eines der disjunktiven Hauptvorderglieder zuerst kommt, ist es für die Anwendung günstig, die $\vee$-vorne-Reduktion so zu formulieren, wie es oben geschah.

Beispiel. $a \rightarrow b \longrightarrow a \vee c \rightarrow b \vee c \rightarrow d$ hat als einzige Reduktionsreihe das Formelnpaar

$a \rightarrow b \longrightarrow a \rightarrow b \vee c \rightarrow d, \quad a \rightarrow b \longrightarrow c \rightarrow b \vee c \rightarrow d.$

(Jede der beiden letzten Formen hat ihrerseits genau eine aus zwei Formen bestehende Reduktionsreihe.)

III. [„inverser modifizierter $\rightarrow$-vorne-Schluß" oder „$\rightarrow$-Reduktion"]: Die im großen simplexe Form $\mathfrak{g}$ besitze *kein* disjunktives Hauptvorderglied, jedoch mindestens ein *implikatives Hauptvorderglied*; $\mathfrak{g}$ läßt sich dann in der Gestalt $\mathfrak{g} \equiv: \Gamma\mathfrak{u} \longrightarrow \mathfrak{a} \rightarrow \mathfrak{b} \longrightarrow \ddot{\mathfrak{c}}$ mitteilen (wo $\mathfrak{a} \rightarrow \mathfrak{b}$ ein beliebiges implikatives Hauptvorderglied von $\mathfrak{g}$ und $\ddot{\mathfrak{c}}$ das — nicht implikative — Haupthinterglied bezeichnet; $\Gamma\mathfrak{u}$ darf auch leer sein). Dann heißt das Formelnpaar $\Gamma\mathfrak{u} \longrightarrow \mathfrak{a} \rightarrow \mathfrak{b} \longrightarrow \mathfrak{a}$, $\Gamma\mathfrak{u} \rightarrow \mathfrak{b} \rightarrow \ddot{\mathfrak{c}}$ eine Reduktionsreihe von $\mathfrak{g}$.

IV. [„inverser $\vee$-hinten-Schluß" oder „$\vee$-hinten-Reduktion"]: Die im großen simplexe Form $\mathfrak{g}$ besitze *kein* disjunktives Hauptvorderglied, hingegen sei ihr Haupthinterglied disjunktiv: $\mathfrak{g} \equiv: \Gamma\mathfrak{u} \rightarrow \mathfrak{a} \vee \mathfrak{b}$ (wo $\Gamma\mathfrak{u}$ auch leer sein darf). Dann heißt jede der beiden Formen $\Gamma\mathfrak{u} \rightarrow \mathfrak{a}$ bzw. $\Gamma\mathfrak{u} \rightarrow \mathfrak{b}$ eine Reduktionsreihe von $\mathfrak{g}$.

Anmerkung. Im Falle III besitzt die Form $\mathfrak{g}$ jedenfalls so viele Reduktionsreihen wie zusammengesetzte Hauptvorderglieder; falls sie außerdem unter IV fällt, besitzt sie noch zwei weitere Reduktionsreihen.

Beispiel. $a \rightarrow b \longrightarrow c \rightarrow a \rightarrow b \longrightarrow b \vee c$ besitzt *vier* Reduktionsreihen.

erste: $a \rightarrow b \longrightarrow c \rightarrow a \rightarrow b \longrightarrow a$, $b \longrightarrow c \rightarrow a \rightarrow b \longrightarrow b \vee c$;

zweite: $a \rightarrow b \longrightarrow c \rightarrow a \rightarrow b \longrightarrow c$, $a \rightarrow b \longrightarrow a \rightarrow b \longrightarrow b \vee c$;

dritte: $a \rightarrow b \longrightarrow c \rightarrow a \rightarrow b \longrightarrow b$;

vierte: $a \rightarrow b \longrightarrow c \rightarrow a \rightarrow b \longrightarrow c$.

(Die vierte Reduktionsreihe stimmt hier mit einem Teil der zweiten überein.)

V. Gewöhnliche Abschlußformeln.

V 1. Eine Form, für die bereits ein derivativer bzw. intuitionistischer Beweis vorliegt, heißt eine derivativ bzw. intuitionistisch *affirmative Abschlußformel.*

Anmerkung. Durch diese Festsetzung kommt in die Erklärung des Reduktionsverfahrens nur *scheinbar,* wie sich zeigen wird, ein willkürliches Moment hinein.

V 1*. Wichtigster Spezialfall: Eine Form, bei der ein Hauptvorderglied mit einem Hinterglied übereinstimmt, ist eine derivativ und intuitionistisch affirmative Abschlußformel. Eine Form, bei der $\curlywedge$ als Hauptvorderglied auftritt, ist eine intuitionistisch affirmative Abschlußformel.

Anmerkung. Die erste Behauptung geht auf D 1 und D 4 it zurück, die zweite auf J 5° — vgl. auch § 144 — und D 4 it.

V 2. Eine Form, die keine Reduktionsreihe gemäß I bis IV besitzt und auch keine derivativ bzw. intuitionistisch affirmative Abschlußformel ist, heißt eine derivativ bzw. intuitionistisch *negative Abschlußformel.*

V 3. Eine Form, die bereits als nicht derivativ bzw. als nicht intuitionistisch erwiesen ist, heißt eine derivativ bzw. intuitionistisch *negative Abschlußformel.*

Anmerkung. Durch einfache Überlegungen läßt sich übrigens V 2 als Spezialfall von V 3 einordnen, doch ist das für die Reduktion nicht erheblich.

Beispiele gewöhnlicher Abschlußformeln:

$c \longrightarrow b \rightarrow c \rightarrow d \longrightarrow a \rightarrow b \rightarrow d$ ist derivativ und intuitionistisch affirmative Abschlußformel gemäß V 1* (nach Umstellung $a \longrightarrow b \rightarrow c \rightarrow d \longrightarrow b \rightarrow c \rightarrow d$). — $a \rightarrow b \longrightarrow \curlywedge \longrightarrow b \rightarrow a$ ist intuitionistisch affirmative Abschlußformel gemäß V 1*. — $b \rightarrow a \rightarrow c \rightarrow d$ ist eine derivativ und intuitionistisch *negative* Abschlußformel gemäß V 2.

Erklärung des Reduktionssystems und der relativen Abschlußformel (Abs. VI und VII).

VI. Gegeben sei eine Form $\mathfrak{g}$. Unter einem „Reduktionssystem von $\mathfrak{g}$“ sei (wie in § 121) eine solche Formelnfigur verstanden, die man erhält, wenn man — ausgehend von $\mathfrak{g}$ — unter jede bereits hingeschriebene Formel genau *eine* Reduktionsreihe schreibt, sofern diese Formel nicht Abschlußformel ist; bei Abschlußformeln wird die Reduktion abgebrochen. Hierbei sind aber zu den Abschlußformeln außer den „gewöhnlichen Abschlußformeln“ des Abs. V noch die folgenden „relativen“ hinzuzurechnen:

VII. Relative Abschlußformeln.

VII 1. In einem Reduktionssystem mögen zwei übereinstimmende Formen $\mathfrak{a}, \mathfrak{b}$ auftreten ($\mathfrak{a} \equiv \mathfrak{b}$). Wenn $\mathfrak{b}$ in dem Teil des Systems steht, der ein Reduktionssystem für $\mathfrak{a}$ ist — kurz: wenn $\mathfrak{b}$ im „Reduktionsast“ für $\mathfrak{a}$ steht —, so heißt $\mathfrak{b}$ eine *negative Abschlußformel* („Zirkelfall“).

VII 2. Wenn dagegen keine der beiden Formen $\mathfrak{a}, \mathfrak{b}$ im Reduktionsast der anderen steht, so heißt diejenige von ihnen, die bei der Bildung des Systems zuletzt auftrat (nur diese!) eine *affirmative Abschlußformel,* — allerdings nur unter der zusätzlichen Bedingung, daß sie sich nicht bereits nach Abs. V 2 oder 3 als *negative* Abschlußformel erwiesen hat.

(Anmerkung. Der Zusatz wird lediglich angefügt, um Bezeichnungskollisionen zu vermeiden. Für das folgende Verfahren ist es in dem fraglichen Falle einerlei, ob die betreffende Abschlußformel als affirmativ oder negativ bezeichnet wird.)

Beispiel einer relativen Abschlußformel. $b \to a \longrightarrow c \to b$ hat als einzige Reduktionsreihe (gemäß III): $b \to a \longrightarrow c \to b$, $a \to c \to b$. Die vorletzte Formel ist negative Abschlußformel nach VII 1.

VIII. Ein Reduktionssystem heißt *affirmativ,* wenn alle seine Abschlußformeln affirmativ sind; es heißt *negativ,* wenn mindestens eine seiner Abschlußformeln negativ ist.

Bei der Reduktion werden die Abschlußformeln unterpunktet und als „affirm.“ oder „negat.“ gekennzeichnet.

Das erste Beispiel von Reduktionssystemen einer gegebenen $\to\vee\curlywedge$-Form möge in aller Ausführlichkeit vorgeführt werden:

Beispiel. $\mathfrak{g} \equiv: a \to c \longrightarrow a \to b \vee c$ besitzt vier Reduktionssysteme. (Da kein $\curlywedge$ auftritt, verhalten sich hier die Abschlußformeln in der derivativen und in der intuitionistischen Logik gleich.)

Erstes Reduktionssystem.

$\to$-Reduktion bezüglich $a \to c$ (gemäß III):

Reduktionsreihe $\underset{\dots\dots}{a \to c \longrightarrow a \to a}$ (affirm.), $c \to a \to b \vee c$.

erste $\vee$-hinten-Reduktion der letzten Form bezüglich $b \vee c$ (gemäß IV):

Reduktionsreihe $\underset{\dots\dots}{c \to a \to b}$ (negat.).

Das Reduktionssystem ist negativ.

Zweites Reduktionssystem (beginnt wie das erste).
$\to$-Reduktion bezüglich $a \to c$ (gemäß III):
Reduktionsreihe $a \to c \longrightarrow a \to a$ (affirm.), $c \to a \to b \vee c$.
zweite $\vee$-hinten-Reduktion der letzten Form bezüglich $b \vee c$ (gemäß IV):
Reduktionsreihe $c \to a \to c$ (affirm.).
Das Reduktionssystem ist affirmativ.

Drittes Reduktionssystem.
erste $\vee$-hinten-Reduktion von $\mathfrak{g}$ bezüglich $b \vee c$ (gemäß IV):
Reduktionsreihe $a \to c \longrightarrow a \to b$.
$\to$-Reduktion bezüglich $a \to c$ (gemäß III):
Reduktionsreihe $a \to c \longrightarrow a \to a$ (affirm.), $c \to a \to b$ (negat.).
Das Reduktionssystem ist negativ.

Viertes Reduktionssystem.
zweite $\vee$-hinten-Reduktion von $\mathfrak{g}$ wiederum bezüglich $b \vee c$ (gemäß IV):
Reduktionsreihe $a \to c \longrightarrow a \to c$ (affirm.), da von der Gestalt $\mathfrak{a} \to \mathfrak{a}$.
Wer dies nicht gleich in Rechnung gesetzt hat, reduziert weiter:
$\to$-Reduktion der letzten Form bezüglich $a \to c$ (gemäß III):
Reduktionsreihe $a \to c \longrightarrow a \to a$ (affirm.), $c \to a \to c$ (affirm.).
Das Reduktionssystem ist affirmativ.

§ 157. Vorbereitung des Nachweises der Entscheidbarkeit.

Satz 155. Eine $\to\vee\neg$-Form $\mathfrak{f}$ ist dann und nur dann in der derivativen bzw. intuitionistischen Aussagenlogik beweisbar, wenn es ein derivativ bzw. intuitionistisch affirmatives Reduktionssystem für die $\curlywedge$-Negationsreduzierte $\mathfrak{g}$ von $\mathfrak{f}$ gibt, d.i. ein solches Reduktionssystem (vgl. § 156), in dem sämtliche Abschlußformeln derivativ bzw. intuitionistisch affirmativ sind.

Nachweis. Die Sätze 144 und 150 führen die Behauptung des Satzes 155 unmittelbar zurück auf die Behauptung: Eine $\to\vee\curlywedge$-Form $\mathfrak{g}$ ist dann und nur dann im verengten aufschichtenden derivativen bzw. intuitionistischen Kodifikat des § 153 beweisbar, wenn es ein derivativ bzw. intuitionistisch affirmatives Reduktionssystem für $\mathfrak{g}$ gibt.

Nachweis dieser Behauptung. — 1. Ein Reduktionssystem mit lauter affirmativen Abschlußformeln liest sich von diesen rückwärts zu $\mathfrak{g}$ herauf als ein Beweis für $\mathfrak{g}$ im verengten Kodifikat. Die affirmativen Abschlußformeln sind entweder solche Formeln, die sich gemäß der Separiertheitsbedingung 3. des ‚simplizierten Beweises‘ aus einem Axiom durch bloße $\to$-hinten-Schlüsse ergeben (Spezialfall V 1*), oder aber bereits anderweitig bewiesene Formeln. Jeder Reduktionsschritt gemäß den

Vorschriften I bis IV stellt einen „inversen Schluß" zum verengten Kodifikat dar.

2. Umgekehrt: Eine beweisbare Form $\mathfrak{g}$ läßt sich nach Satz 153 durch einen solchen „simplizierten Beweis" im verengten Kodifikat herleiten, in dem jede im großen simplexe Formel, die ein disjunktives Hauptvorderglied besitzt, Unterformel eines $\vee$-vorne-Schlusses ist. Bei Durchsicht der Eigenschaften, die in der Erklärung des „simplizierten Beweises" § 154 gefordert werden, und unter Berücksichtigung des Satzes 154, nach dem die $\vee$-vorne-Schlüsse auf beliebige disjunktive Hauptvorderglieder konzentriert werden dürfen, erkennt man unmittelbar: Ein im Sinne des Satzes 154 geeignet gewählter „simplizierter Beweis" für $\mathfrak{g}$ liest sich von $\mathfrak{g}$ rückwärts zu den Axiomen herauf als ein Reduktionssystem mit lauter affirmativen Abschlußformeln (die hierbei wie in Abs. 1 charakterisiert sind).

Einige vorläufige *Anwendungsbeispiele* des Satzes. — 1. Die Form $\mathfrak{g} \equiv: a \vee b \longrightarrow a \rightarrow \curlywedge \longrightarrow b$ und mithin nach § 142 auch die mit $J\,7\,(1)$ bezeichnete Form $a \vee b \rightarrow \neg a \rightarrow b$ ist intuitionistisch, jedoch nicht derivativ. Die Form $\mathfrak{g}$ besitzt nämlich nach S. 410 nur *ein* Reduktionssystem; dieses ist in der derivativen Logik negativ, in der intuitionistischen dagegen affirmativ.

2. $a \rightarrow c \longrightarrow a \rightarrow b \vee c$ ist derivativ (was man übrigens offenbar auch durch einen trivialen normaldeduktiven Beweis erkennt); von den vier auf S. 412f. angegebenen Reduktionssystemen waren zwei als derivativ affirmativ erkannt.

Zwischenbemerkung. Diejenigen Leser, die zunächst nicht an der Begründung des Entscheidungsverfahrens, sondern lediglich an seiner Handhabung interessiert sind und die gemäß der ‚Vorbemerkung' zu Kap. XXVII das Kap. XXVII überschlagen haben, mögen folgerichtig ihre Lektüre erst hinter dem Nachweise des Satzes 159 (in § 158) fortsetzen, da die Sätze 156 bis 159 ausschließlich dem Entscheidbarkeitsnachweis dienen.

Erklärung. Die Hauptvorderglieder und das Haupthinterglied einer Form (§ 144) seien als *Hauptglieder* der Form zusammengefaßt.

Satz 156. Für jede Formel $\mathfrak{f}$ eines Reduktionssystems einer gegebenen Form $\mathfrak{g}$ gilt: Jedes Hauptglied von $\mathfrak{f}$ ist eine (echte oder unechte) Teilform eines Hauptgliedes von $\mathfrak{g}$.

Nachweis durch Induktion nach der Zahl der Reduktionsschritte.

I. Induktionsschritt. Eine Formel, die von $\mathfrak{g}$ aus ohne Reduktionsschritte erlangt werden kann, ist $\mathfrak{g}$ selbst. Auf $\mathfrak{g}$ trifft die Behauptung trivialerweise zu.

II. Induktionsschritt. Es ist zu zeigen:

Hilfsatz. Die Behauptung des Satzes 156 ist erfüllt, sobald $\mathfrak{f}$ eine Formel einer Reduktionsreihe von $\mathfrak{g}$ ist.

Wenn nämlich der Hilfsatz gilt, so ist die Behauptung des Satzes 156 für eine Formel, zu der man durch n Reduktionsschritte gelangt, erfüllt, sobald sie für alle Formeln erfüllt ist, zu denen man durch weniger als n Reduktionsschritte gelangt. Das „Teilformsein" ist ja transitiv, d.h. eine Teilform einer Teilform von $\mathfrak{a}$ ist Teilform von $\mathfrak{a}$.

Zum *Nachweis des Hilfsatzes* hat man die Reduktionsvorschriften I bis IV des § 156 der Reihe nach durchzusehen.

Vorschrift I. (Inverser Verdoppelungsschluß.) Hier ist die Behauptung trivial: Jedes Hauptvorderglied von $\mathfrak{g}^s$ ist auch ein solches von $\mathfrak{g}$, und das Haupthinterglied stimmt mit demjenigen von $\mathfrak{g}$ überein.

Vorschrift II. (Inverser $\vee$-vorne-Schluß.) Jedes Hauptvorderglied von $\mathfrak{a} \to \mathfrak{c}$ ist (echte oder unechte) Teilform eines Hauptvordergliedes von $\mathfrak{a} \vee \mathfrak{b} \to \mathfrak{c}$. Die Haupthinterglieder stimmen überein. — Dasselbe gilt für die andere Formel der Reduktionsreihe, d.h. für $\mathfrak{b} \to \mathfrak{c}$.

Vorschrift III. (Inverser modifizierter $\to$-vorne-Schluß.)

$\mathfrak{g} \equiv: \ulcorner\mathfrak{u} \longrightarrow \mathfrak{a} \to \mathfrak{b} \longrightarrow \ddot{\mathfrak{v}}$ ($\ddot{\mathfrak{v}}$ Haupthinterglied).

III α. Die erste Formel der Reduktionsreihe ist $\ulcorner\mathfrak{u} \longrightarrow \mathfrak{a} \to \mathfrak{b} \longrightarrow \mathfrak{a}$. Die Hauptvorderglieder $\mathfrak{u}$ und das Hauptvorderglied $\mathfrak{a} \to \mathfrak{b}$ stimmen mit solchen von $\mathfrak{g}$ überein; die Hauptvorderglieder von $\mathfrak{a}$ und das Haupthinterglied von $\mathfrak{a}$ stimmen mit Teilformen von $\mathfrak{a} \to \mathfrak{b}$ überein.

III β. Die zweite Formel der Reduktionsreihe ist $\ulcorner\mathfrak{u} \to \mathfrak{b} \to \ddot{\mathfrak{v}}$. Jedes Hauptvorderglied ist (echte oder unechte) Teilform eines Hauptvordergliedes von $\mathfrak{g}$; die Haupthinterglieder stimmen überein.

IV. (Inverser $\vee$-hinten-Schluß.) $\mathfrak{g} \equiv: \ulcorner\mathfrak{u} \to \mathfrak{a} \vee \mathfrak{b}$. Das Haupthinterglied der Formel $\ulcorner\mathfrak{u} \to \mathfrak{a}$ stimmt mit einer Teilform von $\mathfrak{a} \vee \mathfrak{b}$ überein. Die Hauptvorderglieder $\mathfrak{u}$ der Formel $\ulcorner\mathfrak{u} \to \mathfrak{a}$ stimmen mit den $\mathfrak{u}$ von $\mathfrak{g}$ überein, die Hauptvorderglieder von $\mathfrak{a}$ sind Teilformen des Haupthintergliedes von $\mathfrak{g}$.

Erklärungen (nur für die Überlegungen dieses und des nächsten Paragraphen). (1) Aus einem gegebenen Reduktionssystem $\mathfrak{R}$ für eine gegebene Formel $\mathfrak{g}$ mögen alle plazierten Formeln außer der Anfangsformel $\mathfrak{g}$, die nicht im großen simplex sind, gestrichen werden. Das verbleibende Formelnsystem sei als das zu $\mathfrak{R}$ gehörige „schwach gestraffte Reduktionssystem" $\mathfrak{R}'$ bezeichnet. (2) Aus $\mathfrak{R}'$ möge jede plazierte Formel, die mit einer bereits im Laufe der Reduktion erhaltenen Formel gestaltlich übereinstimmt — d.h. jede relative Abschlußformel von $\mathfrak{R}$, die noch in $\mathfrak{R}'$ verblieben ist —, gestrichen werden. Das verbleibende Formelnsystem sei als das zu $\mathfrak{R}$ und zu $\mathfrak{R}'$ gehörige „stark gestraffte Reduktionssystem" $\mathfrak{R}''$ bezeichnet.

Unmittelbare Folgerung. Zu jedem Reduktionssystem $\mathfrak{R}$ im ursprünglichen Sinne gibt es genau ein stark gestrafftes Reduktionssystem $\mathfrak{R}''$. — Umgekehrt gilt:

Satz 157. Ein endliches, stark gestrafftes Reduktionssystem $\mathfrak{R}''$ gehört zu nur endlich vielen ursprünglichen Reduktionssystemen $\mathfrak{R}$; diese sind endlich.

Der *Nachweis* des Satzes 157 wird durch den Nachweis der folgenden beiden Hilfsätze geleistet sein:

1. *Hilfsatz:* Ein endliches, schwach gestrafftes Reduktionssystem $\mathfrak{R}'$ gehört zu nur einem ursprünglichen Reduktionssystem $\mathfrak{R}$; $\mathfrak{R}$ ist endlich.

2. *Hilfsatz:* Ein endliches, stark gestrafftes Reduktionssystem $\mathfrak{R}''$ gehört zu nur endlich vielen schwach gestrafften Reduktionssystemen $\mathfrak{R}'$; diese sind endlich.

Nachweis des 1. Hilfsatzes.

Es sei ein schwach gestrafftes Reduktionssystem $\mathfrak{R}'$ vorgelegt, das aus k Formeln besteht. (Erinnerung: Unter einer Formel wurde eine plazierte Form eines Formelnsystems verstanden, S. 163.)

Sieht man von der eventuellen Simplikationsreduktion der gegebenen Formel $\mathfrak{g}$ ab, so stellt sich jeder weitere Übergang in $\mathfrak{R}'$ von einer Formel $\mathfrak{h}$ zu der unter ihr stehenden, aus höchstens zwei Formeln bestehenden Formelnreihe $\mathfrak{r}$ als eine Reduktion gemäß einer der Vorschriften II bis IV mit nachfolgender Simplikation der Formeln der Reduktionsreihe dar. Man ersieht nun unmittelbar:

1. Genau dann, wenn $\mathfrak{h}$ ein disjunktives Hauptvorderglied enthält, das in den Formeln von $\mathfrak{r}$ nicht mehr als Hauptvorderglied auftritt, handelt es sich um die $\vee$-vorne-Reduktion von $\mathfrak{h}$ nach diesem Hauptvorderglied mit eventuell nachgefolgten Simplikationen. 2. Genau dann, wenn $\mathfrak{h}$ ein implikatives Hauptvorderglied enthält, das in der zweiten Formel von $\mathfrak{r}$ nicht auftritt, handelt es sich um die $\rightarrow$-Reduktion von $\mathfrak{h}$ nach diesem Hauptvorderglied mit eventuell nachgefolgten Simplikationen. 3. Genau dann, wenn das Haupthinterglied von $\mathfrak{h}$ disjunktiv ist, während $\mathfrak{r}$ aus einer einzigen Formel besteht, die nicht dieses Haupthinterglied besitzt, handelt es sich um eine der beiden $\vee$-hinten-Reduktionen von $\mathfrak{h}$ (wobei man unmittelbar ersieht, um welche) mit nachgefolgten Simplikationen. Andere Fälle als 1. bis 3. können in $\mathfrak{R}'$ nicht auftreten. Die Rückwärtsergänzung des Formelnsystems $\mathfrak{R}'$ zu $\mathfrak{R}$ ist mithin eindeutig festgelegt.

Sie besteht darin, daß über gewissen Formeln von $\mathfrak{R}'$ je eine (nicht im großen simplexe) Form eingefügt wird. Wenn also $\mathfrak{R}'$ aus k Formeln besteht, so kann $\mathfrak{R}$ nicht mehr als $2k$ Formeln enthalten haben.

Nachweis des 2. Hilfsatzes.

Es sei ein stark gestrafftes Reduktionssystem $\mathfrak{R}''$ vorgelegt, das aus n Formeln besteht. Unter jede Formel aus $\mathfrak{R}''$, unter der nicht bereits in $\mathfrak{R}''$ zwei Formeln stehen, mögen zwei Punkte • als „Leerzeichen" geschrieben werden. Es sind also nicht mehr als $2n$ Punkte zuzufügen.

Bei der Umwandlung eines schwach gestrafften Reduktionssystems $\mathfrak{R}'$ in das gegebene System $\mathfrak{R}''$ sind lediglich relative Abschlußformeln gestrichen worden; eine solche besitzt die folgenden Eigenschaften:

1. Unter ihr steht in $\mathfrak{R}'$ keine Formel,
2. sie steht in $\mathfrak{R}'$ unter einer Formel, die in $\mathfrak{R}''$ verbleibt,
3. sie stimmt mit einer Formel aus $\mathfrak{R}''$ gestaltlich überein.

Daher kann der Rückgang von $\mathfrak{R}''$ zu einem $\mathfrak{R}'$ in folgender Weise vollzogen werden: Jedes Leerzeichen • wird entweder gestrichen oder durch eine Formel aus $\mathfrak{R}''$ ersetzt. Nun gibt es für die ‚Streichung oder Ersetzung durch eine Formel aus $\mathfrak{R}''$' nur $n+1$ Möglichkeiten; daher gibt es nicht mehr als $(n+1)^{2n}$ mögliche Rückgänge von $\mathfrak{R}''$ zu einem $\mathfrak{R}'$.

Die entstehende Formelnfigur $\mathfrak{R}'$ enthält nicht mehr als $3n$ Formeln (d.i. die Summe der Anzahl der Formeln von $\mathfrak{R}''$ und der Anzahl der zu $\mathfrak{R}''$ zugefügten Leerzeichen).

Zusatzaufgabe (im folgenden nicht benötigt): Zu zeigen, daß nicht zu jedem $\mathfrak{R}''$ nur ein $\mathfrak{R}'$ gehört. (Die Anzahl der ‚$\mathfrak{R}'$ mit gemeinsamen $\mathfrak{R}''$' ist nicht beschränkt.)

§ 158. Nachweis der Entscheidbarkeit. — Anmerkungen zur Verwendung des Verfahrens.

Es sei eine $\rightarrow\vee\curlywedge$-Form $\mathfrak{g}$ betrachtet. Die (echten und unechten) Teilformen von Hauptgliedern von $\mathfrak{g}$ seien (in irgendeiner Reihenfolge) mit $\mathfrak{a}_i$ bezeichnet, wo der Index i von 1 bis zu einer Zahl m läuft (hierbei soll es nur auf die Gestalt ankommen, d.h. gestaltlich übereinstimmende plazierte Teilformen der verlangten Art sollen nur *einmal* aufgeführt werden).

Satz 158. Jede Formel, die einem stark gestrafften Reduktionssystem für $\mathfrak{g}$ angehört — mit Ausnahme von $\mathfrak{g}$ selbst (falls $\mathfrak{g}$ nicht im großen simplex ist) — entsteht aus einer der m Formen

$$\ulcorner_{\substack{j\\ j=1,\ldots,m}} \mathfrak{a}_j \rightarrow \mathfrak{a}_i \quad (\text{wo } i=1,\ldots,m)$$

durch (eventuelle) Streichungen von Gliedern der Präjunktion.

Erinnerung. Auf die Reihenfolge von Vordergliedern einer Implikation kommt es in der aufschichtenden Logik nicht an (vorderglied-kommutable Auffassung).

Satz 158 entfließt unmittelbar aus Satz 156, da ja jede Formel eines gestrafften Reduktionssystems im großen simplex ist.

Textaufgabe. Die Anzahl derjenigen Formeln, die aus einer der m in Satz 158 angegebenen Formeln durch (eventuelle) Streichungen von Präjunktionsgliedern hervorgehen, ist $m \cdot 2^m$ (zur Berechnung vgl. etwa die Überlegungen von S. 53).

Satz 159. — 1. Ein Reduktionssystem besteht stets aus endlich vielen Formeln. — 2. Zu einer gegebenen Formel gibt es nur endlich viele Reduktionssysteme.

Nachweis. Nach Satz 157 gilt der obige Satz, sobald er auf stark gestraffte Reduktionssysteme zutrifft.

Nachweis des Zutreffens auf diese:

Zu (1). Die nach dem vorigen Satze endliche Anzahl der Formen, die zur Bildung eines stark gestrafften Reduktionssystems $\mathfrak{R}''$ (für $\mathfrak{g}$) zur Verfügung stehen, sei mit k bezeichnet (gemäß der obigen Textaufgabe ist $k <$ oder $= m \cdot 2^m + 1$). Da alle Formeln eines $\mathfrak{R}''$ verschieden sind, besteht ein solches $\mathfrak{R}''$ aus höchstens k Formeln.

Zu (2). Hieraus ergibt sich unschwer, daß auch die Anzahl der stark gestrafften Reduktionssysteme $\mathfrak{R}''$ für eine gegebene Form $\mathfrak{g}$ endlich ist:

Man kann die hierzu erforderliche kleine Rechnung auf verschiedene Weisen durchführen; es sei hier eine Rechnungsweise, die zu einer günstigen Schranke führt, angegeben.

Die Formeln eines $\mathfrak{R}''$ lassen sich gemäß der folgenden induktiven Vorschrift anordnen: 1. Man beginnt mit der Formel $\mathfrak{g}$ selbst; sie sei in diesem Zusammenhange durch $\mathfrak{a}_0$ mitgeteilt. 2. Es seien bereits die Formeln $\mathfrak{a}_0, .., \mathfrak{a}_p$ (unter Zuhilfenahme von Strichen, die sogleich zu beschreiben sein werden) angeordnet; jedoch sei noch keine Formel, die zur Reduktionsreihe $\mathfrak{r}_i$ einer der Formeln $\mathfrak{a}_i$ (wo i von 1 bis p läuft) gehört, von der Anordnung erfaßt. Dann soll hinter $\mathfrak{a}_p$ ein Doppelstrich $||$ gesetzt werden, und darauf sollen die $\mathfrak{r}_i$ in der Reihenfolge $i = 1, .., p$ folgen, wobei zwischen je zwei aufeinanderfolgende $\mathfrak{r}_i$ ein einfacher Strich $|$ gesetzt werden soll. — Aus der hiermit induktiv beschriebenen „linearen Anordnung" der Formeln von $\mathfrak{R}''$ läßt sich das Formelsystem $\mathfrak{R}''$ in seiner ursprünglichen Gestalt offenbar auf eindeutige Weise wieder herauslesen.

Eine derartige lineare Anordnung eines $\mathfrak{R}''$ enthält, da in ihr zwischen zwei einfachen oder doppelten Strichzeichen stets mindestens eine Formel steht und da sie mit einer Formel beginnt oder endet, höchstens $2k - 1$ Glieder (Formeln, Doppelstriche und Striche); ist die Anzahl dieser Glieder kleiner als $2k - 1$, so mögen die Symbole $\mathfrak{a}_{p+1}, .., \mathfrak{a}_{2k-1}$ alle die „leere Formel" mitteilen.

Da der Vorrat der in Betracht kommenden Formeln zuzüglich des ‚Doppelstrichs', des ‚Strichs' und der ‚leeren Formel' aus $k + 3$ Dingen besteht, gibt es nicht mehr als $(k + 3)^{2k-1}$ stark gestraffte Reduktionssysteme für $\mathfrak{g}$. —

Die Sätze 159 und 155 drücken zusammen aus, daß die in § 156 angegebene Reduktion ein *Entscheidungsverfahren* für $\rightarrow\vee\neg$-Formen darstellt, das sich zunächst so beschreiben läßt: Man sucht bei gegebenem $\mathfrak{g}$ alle Reduktionssysteme für die $\curlywedge$-Negationsreduzierte von $\mathfrak{g}$ auf und sieht nach, ob in einem von ihnen alle Abschlußformeln derivativ bzw. intuitionistisch affirmativ sind. Dann und nur dann ist die Form $\mathfrak{g}$ derivativ bzw. intuitionistisch.

Eine vorteilhafte Abkürzung des Übergangs zur $\curlywedge$-Negationsreduzierten wird im nächsten Paragraphen vorgeführt werden.

Dem Verfahren läßt sich nun auch die Verknüpfung $\wedge$ einordnen, da sich zu einer gegebenen $\rightarrow\wedge\vee\neg$-Form bzw. $\rightarrow\wedge\vee\curlywedge$-Form $\mathfrak{g}$ stets eine endliche Reihe $\mathfrak{K}$ von Formen angeben läßt, die vom Zeichen $\wedge$ frei sind und deren Konjunktion zu $\mathfrak{g}$ (derivativ und intuitionistisch) *faktisch äquivalent* ist. Der Übergang von $\mathfrak{g}$ zu $\mathfrak{K}$ wird erreicht durch Teilformumsetzungen gemäß den unten folgenden Äquivalenzen, durch die die $\wedge$-Zeichen jeweils in ihrer Aufschichtungsordnung heraufgedrückt werden, soweit sie nicht überhaupt verschwinden (vgl. hierzu etwa die Reduzierte von § 117; die ausführliche Darstellung des Übergangsverfahrens durch eine vollständige Induktion sei als Textaufgabe gestellt).

1. $(\mathfrak{a}\wedge\mathfrak{b})\vee\mathfrak{c} \sim (\mathfrak{a}\vee\mathfrak{c})\wedge(\mathfrak{b}\vee\mathfrak{c})$ [$D$56].
2. $\mathfrak{c}\vee(\mathfrak{a}\wedge\mathfrak{b}) \sim (\mathfrak{c}\vee\mathfrak{a})\wedge(\mathfrak{c}\vee\mathfrak{b})$ [aus $D$56, $D$51].
3. $\mathfrak{a}\wedge\mathfrak{b}\rightarrow\mathfrak{c} \sim \mathfrak{a}\rightarrow\mathfrak{b}\rightarrow\mathfrak{c}$ [$D$26].
4. $\mathfrak{c}\rightarrow\mathfrak{a}\wedge\mathfrak{b} \sim (\mathfrak{c}\rightarrow\mathfrak{a})\wedge(\mathfrak{c}\rightarrow\mathfrak{b})$ [$D$35].
5. $\neg(\mathfrak{a}\wedge\mathfrak{b}) \sim \mathfrak{a}\rightarrow\neg\mathfrak{b}$ [$D$33].
6. (in $\wedge$-assoziater Schreibweise; die Regel 6. wird nur auf eine solche Konjunktion angewandt, die sich nach Ausschöpfung der Regeln 1.—5. ergibt und mithin nicht echte Teilform ist):

   $\mathfrak{a}\wedge\mathfrak{b}\wedge\cdot\cdot\wedge\mathfrak{d} \sim \mathfrak{a}, \mathfrak{b}, .., \mathfrak{d}$ [$D$23—25].

Beispiel: $\mathfrak{g} \equiv: (a\wedge b)\vee\neg(c\wedge d)\rightarrow\neg a\wedge d$.

Zur raschen Durchführung des Überganges wird man jeweils „von innen her“ umsetzen, etwa wie im folgenden Beispiel:

$$\begin{array}{lll}
\mathfrak{g} & \sim & (a\wedge b)\vee(c\rightarrow\neg d) \rightarrow \neg a\wedge d \\
\mathfrak{g} & \sim & (a\vee(c\rightarrow\neg d))\wedge(b\vee(c\rightarrow\neg d)) \rightarrow \neg a\wedge d \\
\mathfrak{g} & \sim & a\vee(c\rightarrow\neg d) \rightarrow b\vee(c\rightarrow\neg d) \rightarrow \neg a\wedge d \\
\mathfrak{g} & \sim & \mathfrak{p}\wedge\mathfrak{q} \sim \mathfrak{p}, \mathfrak{q}, \text{ wo} \\
\mathfrak{p} & \equiv: & a\vee(c\rightarrow\neg d) \rightarrow b\vee(c\rightarrow\neg d) \rightarrow \neg a \\
\mathfrak{q} & \equiv: & a\vee(c\rightarrow\neg d) \rightarrow b\vee(c\rightarrow\neg d) \rightarrow d.
\end{array}$$

Anmerkungen zur Verwendung des Verfahrens.

I. Ein Vergleich mit dem Derivativitäts-Entscheidungsverfahren des § 123 lehrt: Für die Entscheidung über Derivativität von bloßen $\rightarrow$-Formen (und bei Heranziehung der Konjunktionsreduzierten auch von $\rightarrow\wedge$-Formen) wird das „entwickelnde“ Verfahren des § 123 im allgemeinen wohl gerade so schnell und vielfach sogar schneller zum

Ziele führen, da es gedrängter und einheitlicher ist. Jedoch läßt es sich nur unter allzu großen Umwegen, die auch seine Handlichkeit ganz ungebührlich herabsetzen, auf die $\vee$-Verknüpfung verallgemeinern.

II. Nach Gewinnung des neuen Entscheidungsverfahrens wird man sich nach etwa anbietenden weiteren Abkürzungen umsehen. Einige solcher möglichen Abkürzungen sind allzu umständlich zu formulieren, als daß sie leicht behalten werden könnten und somit das Verfahren praktisch erleichtern würden. Einige Abkürzungen dagegen sind von Vorteil; die wichtigsten werden im nächsten Paragraphen behandelt werden.

Es sei jedoch zur Frage möglicher Abkürzung hier bereits auf folgendes hingewiesen: Nach der Reduktionsbestimmung II des § 156 besitzt eine im großen simplexe Formel mit disjunktivem Hauptvorderglied nur *eine* Reduktionsreihe — man darf sich nämlich auf das *erste* disjunktive Hauptvorderglied beschränken und alle anderen möglichen Reduktionsmöglichkeiten (sowohl weitere $\vee$-vorne-Reduktionen als auch $\rightarrow$-vorne- und $\vee$-hinten-Reduktionen) zurückstellen. Auf diese Ausschließlichkeit lassen sich die Reduktionsbestimmungen III und IV nicht generell einblenden — vgl. die Erläuterungen auf S. 410f. (speziellere Einblendungen mit Fallunterscheidungen oder Ausnahmen sind nicht sehr handlich). Zur Begründung mögen einige Andeutungen und Beispiele genügen.

1. Man darf nicht allgemein ein Hauptvorderglied dem anderen bei der $\rightarrow$-Reduktion vorziehen.

Beispiel. Die Form
$\mathfrak{g} \equiv: a \rightarrow b \vee c \longrightarrow b \vee c \rightarrow d \longrightarrow (a \rightarrow a) \rightarrow a \vee d \longrightarrow d$ ist derivativ. Man kann den Nachweis hierfür durch Entscheidung führen, indem man mit der $\rightarrow$-Reduktion nach dem *letzten* Hauptvorderglied beginnt (Textaufgabe).

Beginnt man jedoch die Reduktion von $\mathfrak{g}$ mit der $\rightarrow$-Reduktion nach dem *ersten* Hauptvorderglied, so gelangt man nicht zu einem affirmativen Reduktionssystem, denn
$a \rightarrow b \vee c \longrightarrow b \vee c \rightarrow d \longrightarrow (a \rightarrow a) \rightarrow a \vee d \longrightarrow a$ ist nicht derivativ (nicht einmal Wahrform).

2. Man darf die $\rightarrow$-Reduktionen nicht allgemein der $\vee$-hinten-Reduktion vorziehen.

Beispiel. $a \rightarrow b \longrightarrow (a \rightarrow b) \vee c$ ist derivativ ($D$46). Die unmittelbare $\rightarrow$-Reduktion führt aber nicht zum Ziele, denn $a \rightarrow b \longrightarrow a$ ist nicht derivativ.

3. Man darf die $\vee$-hinten-Reduktion nicht allgemein der $\rightarrow$-Reduktion vorziehen.

Beispiel. $a \vee c \to b \vee c \longrightarrow a \to b \vee c$ ist derivativ ($D$46 mit $D$5). Die unmittelbare $\vee$-hinten-Reduktion führt aber nicht zum Ziele, da $a \vee c \to b \vee c \longrightarrow a \to b$ und $a \vee c \to b \vee c \longrightarrow a \to c$ nicht derivativ sind.

§ 159. Abkürzung des Entscheidungsverfahrens. Übersicht über das Verfahren.

Dem Entscheidungsverfahren des § 156 — einschließlich der in § 158 vorgenommenen Erweiterung auf $\wedge$ — lag das Begriffsnetz der $\to \wedge \vee \curlywedge$-Formen zugrunde. Das Entscheidungsverfahren wurde für eine *natürliche* Form dadurch eingeleitet, daß zunächst jede negative Teilform $\neg\mathfrak{t}$ durch $\mathfrak{t} \to \curlywedge$ ersetzt wurde. Man kann diese vorbereitende Umformung weitgehend überflüssig machen, wenn man im voraus die Anwendung der „$\to$-Reduktion" (Abs. III der Reduktionsvorschriften des § 156) auf den Fall eines Hauptvordergliedes der Gestalt $\mathfrak{t} \to \curlywedge$ als Sonderfall explizit einbezieht:

III° [„inverser $\neg$-vorne-Schluß" oder „$\neg$-Reduktion"]: Die im großen simplexe Form $\mathfrak{g}$ besitze kein disjunktives Hauptvorderglied, jedoch mindestens ein Negat als Hauptvorderglied. $\mathfrak{g}$ läßt sich dann in der Gestalt $\mathfrak{g} \equiv: \ulcorner\mathfrak{u} \to \neg\mathfrak{a} \to \ddot{\mathfrak{c}}$ mitteilen (wo $\neg\mathfrak{a}$ ein beliebiges Negat-Hauptvorderglied von $\mathfrak{g}$ und $\ddot{\mathfrak{c}}$ das Haupthinterglied bezeichnet; $\ulcorner\mathfrak{u}$ darf auch leer sein). Dann heißt in der derivativen Logik das Formelnpaar $\ulcorner\mathfrak{u} \to \neg\mathfrak{a} \to \mathfrak{a}$, $\ulcorner\mathfrak{u} \to \curlywedge \to \ddot{\mathfrak{c}}$ eine Reduktionsreihe von $\mathfrak{g}$. In der intuitionistischen Logik heißt die erste dieser Formeln, $\ulcorner\mathfrak{u} \to \neg\mathfrak{a} \to \mathfrak{a}$, für sich allein eine Reduktionsreihe von $\mathfrak{g}$.

Anmerkung. In der intuitionistischen Logik ist ja die zweite Formel, $\ulcorner\mathfrak{u} \to \curlywedge \to \ddot{\mathfrak{c}}$, stets affirmativ (nach Vorschrift V 1* von § 156).

Es wird nun jede im Laufe eines Reduktionsverfahrens auftretende Form zunächst in der folgenden Weise „präpariert", ehe die weitere Reduktion versucht wird.

Präparation: Eine Form, die ein Negat als Haupt*hinter*glied besitzt, $\ulcorner\mathfrak{u} \to \neg\mathfrak{c}$, wird stets zunächst in $\ulcorner\mathfrak{u} \to \mathfrak{c} \to \curlywedge$ umgewandelt.

Anmerkung. Die Hauptvorderglieder der gegebenen Form und die Teilform $\mathfrak{c}$ bleiben dabei unberührt.

Beispiele. 1. Gegeben sei: $\neg a \to \neg\neg b \longrightarrow \neg(a \to \neg(b \to \neg\neg a))$.
Präparation: $\neg a \to \neg\neg b \longrightarrow a \to \neg(b \to \neg\neg a) \longrightarrow \curlywedge$.
2. Gegeben sei: $\neg(a \to b) \to \neg\neg\neg b$.
Präparation: $\neg(a \to b) \to \neg\neg b \to \curlywedge$.

Die Einführung der $\neg$-Reduktion stellt für die Anwendung des Entscheidungsverfahrens eine erhebliche Erleichterung dar. Neben der auf sie bezüglichen Regel III° läßt sich noch eine Reihe von „*abkürzenden Regeln*" mit Vorteil anwenden. Es seien hier nur die drei wichtigsten angeführt, die das Entscheidungsverfahren für alle relevanten Formen hinreichend einfach gestalten.

Erste abkürzende Regel: Bei der Durchführung einer Entscheidung darf, sobald sich *eine negative* Abschlußformel einstellt, offenbar das betreffende Reduktionssystem ohne weitere Ausrechnung beiseite gelassen werden; es kommt für einen bejahenden Bescheid nicht mehr in Betracht. — Eine unmittelbare Folgerung dieser Regel ist:

1). — *Regel der „Negativfolge"* — Zur Mitteilung eines negativen Entscheides genügt es, in jedem Reduktionssystem eine *Negativfolge* anzugeben; darunter sei eine Folge von Formeln verstanden, die erstens mit der gegebenen Formel beginnt, zweitens mit einer negativen Abschlußformel endet und bei der drittens jede Formel der Reduktionsreihe der vorangehenden Formel angehört. —

Einführende Beispiele (weitere Beispiele folgen in § 160).

Erstes Beispiel:

$a \vee \neg a \to (\neg a \to a) \vee (\neg a \to \neg\neg a) \to a$ ist nicht derivativ.

Nachweis durch Angabe einer Negativfolge der *einzigen* möglichen Reduktion.

Zweites Glied der $\vee$-vorne-Reduktionsreihe:

$\neg a \to (\neg a \to a) \vee (\neg a \to \neg\neg a) \to a$;

zweites Glied der $\vee$-vorne-Reduktionsreihe dieser neuen Form:

$\neg a \to (\neg a \to \neg\neg a) \to a$;

zweites Glied der $\to$-Reduktionsreihe der letzten Form:

$\neg a \to \neg\neg a \to a$ (d.i. $J1$), nicht derivativ nach Satz 107 (2).

Zweites Beispiel:

$A5$. $a \to b \longrightarrow \neg a \vee b$ ist nicht intuitionistisch.

Diese Form besitzt drei Reduktionssysteme: Negativfolge zur

1. Red.-Reihe (erste $\vee$-hinten-Red.):	2. Red.-Reihe (zweite $\vee$-hinten-Red.):	1. Glied der 3. Red.-Reihe ($\to$-Red.)
$a \to b \longrightarrow \neg a$	$a \to b \longrightarrow b$	$a \to b \longrightarrow a$

Die drei erlangten Formen sind sämtlich als Nichtwahrformen negative Abschlußformeln.

Anmerkung. Das letzte Beispiel lehrt unter anderem: Beim Lesen einer negativen Entscheidung, die durch Negativfolgen mitgeteilt ist, hat man vor allem zu prüfen, ob alle Reduktionssysteme durch Negativfolgen erfaßt sind, m.a.W. ob das angegebene System der Negativfolgen sich an allen Stellen verzweigt, an denen die Reduktion nicht eindeutig ist.

2). — *Abwechslungsregel.* Es braucht nicht zweimal unmittelbar hintereinander (auch nicht bei dazwischenliegender bloßer Simplikation) nach demselben implikativen oder negativen Hauptvorderglied reduziert zu werden (Fortsetzung S. 424).

Kurze Übersicht über das Entscheidungsverfahren für natürliche Formen.

(Entscheidung darüber, ob *derivativ* bzw. ob *intuitionistisch.*) Zu beachten: alle Formen in vordergliedkommutabler Schreibweise.

A. Elimination des $\wedge$.

Teilformersetzungen: $(\mathfrak{a}\wedge\mathfrak{b})\vee\mathfrak{c}$ [ebenso: $\mathfrak{c}\vee(\mathfrak{a}\wedge\mathfrak{b})$] durch $(\mathfrak{a}\vee\mathfrak{c})\wedge(\mathfrak{b}\vee\mathfrak{c})$, $\mathfrak{a}\wedge\mathfrak{b}\to\mathfrak{c}$ durch $\mathfrak{a}\to\mathfrak{b}\to\mathfrak{c}$, $\mathfrak{a}\to\mathfrak{b}\wedge\mathfrak{c}$ durch $(\mathfrak{a}\to\mathfrak{b})\wedge(\mathfrak{a}\to\mathfrak{c})$, $\neg(\mathfrak{a}\wedge\mathfrak{b})$ durch $\mathfrak{a}\to\neg\mathfrak{b}$.

Gesamtformersetzung [assoziat geschrieben]: $\mathfrak{a}\wedge\cdot\cdot\wedge\mathfrak{b}$ durch $\mathfrak{a}$ und $\cdot\cdot$ und $\mathfrak{b}$.

B. Reduktionsschritte.

Vorab *Präparation:* Ein Negat-Haupt*hinter*gl. $\neg\mathfrak{c}$ wird als $\mathfrak{c}\to\curlywedge$ geschrieben.

I. [*Simplikation*]: Gegeben $\mathfrak{f}$ nicht im großen simplex (d.h. $\mathfrak{f}\equiv\mathfrak{a}\to\mathfrak{a}\to\mathfrak{b}$). Einzige Reduktionsreihe: Die zugehörige im großen simplexe Form $\mathfrak{f}^s$.

II. („$\vee$-vorne-Reduktion"). Gegeben $\mathfrak{a}\vee\mathfrak{b}\to\mathfrak{c}$ im großen simplex (d.h. nicht von der Gestalt I). $\mathfrak{a}\vee\mathfrak{b}$ sei das *erste* disjunktive Hauptvorderglied. Einzige Reduktionsreihe: $\mathfrak{a}\to\mathfrak{c}$, $\mathfrak{b}\to\mathfrak{c}$.

Voraussetzung $\mathfrak{V}$ für III und IV: Gegebene Form im großen simplex und ohne disjunktives Hauptvorderglied (d.h. nicht von der Gestalt I oder II). – Zur Schreibweise: $\mathfrak{v}$ teilt keine Implikation mit.

IIIa. („$\to$-Reduktion"). Gegeben $\mathfrak{a}\to\mathfrak{b}\longrightarrow\Gamma\mathfrak{u}\to\mathfrak{v}$ mit Voraussetzung $\mathfrak{V}$. Eine Reduktionsreihe: $\mathfrak{a}\to\mathfrak{b}\longrightarrow\Gamma\mathfrak{u}\to\mathfrak{a}$, $\mathfrak{b}\to\Gamma\mathfrak{u}\to\mathfrak{v}$.

IIIb. („$\neg$-Reduktion"). Gegeben $\neg\mathfrak{a}\to\Gamma\mathfrak{u}\to\mathfrak{v}$ mit Voraussetzung $\mathfrak{V}$. Eine Reduktionsreihe: $\neg\mathfrak{a}\to\Gamma\mathfrak{u}\to\mathfrak{a}$, $\curlywedge\to\Gamma\mathfrak{u}\to\mathfrak{v}$ (letztere Form nur für die Entscheidung über Derivativität).

IV. („$\vee$-hinten-Reduktion"). Gegeben $\Gamma\mathfrak{u}\to\mathfrak{a}\vee\mathfrak{b}$ mit Voraussetzung $\mathfrak{V}$. Eine Reduktionsreihe $\Gamma\mathfrak{u}\to\mathfrak{a}$; eine andere Reduktionsreihe: $\Gamma\mathfrak{u}\to\mathfrak{b}$.

C. Reduktionssystem $\mathfrak{R}$ *einer Form* $\mathfrak{g}$.

Formelnsystem, das mit $\mathfrak{g}$ beginnt und bei dem unter jeder Form, die nicht Abschlußformel ist (s. Abs. D), genau eine Reduktionsreihe steht. [Reduktionsast von $\mathfrak{h}$ in $\mathfrak{R}$: Teil-Red.-System von $\mathfrak{h}$ in $\mathfrak{R}$].

D. Abschlußformeln.

1. *affirmative:* – 1a. Jede als deriv. bzw. intuit. bekannte Form, insbes. $\Gamma\mathfrak{u}\to\mathfrak{a}\to\mathfrak{a}$, *intuit.* außerdem $\curlywedge\to\mathfrak{a}$.

1b. [relativ zu $\mathfrak{R}$]: $\mathfrak{a}_2$ (in $\mathfrak{R}$), wenn $\mathfrak{a}_2\equiv\mathfrak{a}_1$, wo $\mathfrak{a}_1$ in $\mathfrak{R}$ und $\mathfrak{a}_2$ nicht im Red.-Ast von $\mathfrak{a}_1$.

2. *negative:* – 2a. Jede als nicht deriv. bzw. nicht intuit. bekannte Form, insbes. jede Form ohne Red.-Reihe, die nicht affirm. Abschlußformel ist.

2b. [relativ zu $\mathfrak{R}$]: $\mathfrak{a}_2$ (in $\mathfrak{R}$), wenn $\mathfrak{a}_2\equiv\mathfrak{a}_1$, wo $\mathfrak{a}_2$ im Red.-Ast von $\mathfrak{a}_1$ (und nicht unter Abs. 1a fallend).

E. Abkürzende Regeln.

1. Bei negativer Entscheidung genügen Negativfolgen (S. 422).
2. *Abwechslungsregel.* Nicht zweimal hintereinander Redukt. nach *demselben* Vorderglied.
3. *Inversionsregel.* $\Gamma_i(\mathfrak{c}_i\to\mathfrak{b}_i)\to\mathfrak{c}$ nur, wenn $\Gamma_i\mathfrak{b}_i\to\mathfrak{c}$.

F. Entscheidung.

Eine Form ist deriv. bzw. intuit., wenn es wenigstens ein Reduktionssystem gibt, dessen sämtliche Abschlußformeln deriv. affirmativ bzw. intuit. affirmativ sind.

Nachweis für Regel 2 (unter Verwendung einer Negativfolge).

Gegeben $\mathfrak{a}\rightarrow\mathfrak{b} \longrightarrow \ulcorner\mathfrak{p}\rightarrow\ddot{\mathfrak{e}}$, wo $\mathfrak{a} \equiv: \ulcorner\mathfrak{q}\rightarrow\ddot{\mathfrak{r}}$.

1. Form bei $\rightarrow$-Red. hierzu: $\mathfrak{a}\rightarrow\mathfrak{b} \longrightarrow \ulcorner\mathfrak{p}\rightarrow\ulcorner\mathfrak{q}\rightarrow\ddot{\mathfrak{r}}$.

Nachfolgende Simplikation: $\mathfrak{a}\rightarrow\mathfrak{b} \longrightarrow \ulcorner\mathfrak{p}\rightarrow\ulcorner\mathfrak{q}^\circ\rightarrow\ddot{\mathfrak{r}}$, wo $\ulcorner\mathfrak{q}^\circ\rightarrow$ aus $\ulcorner\mathfrak{q}\rightarrow$ durch eventuelle Weglassung von Gliedern hervorgeht.

1. Form bei $\rightarrow$-Red. hierzu: $\mathfrak{a}\rightarrow\mathfrak{b} \longrightarrow \ulcorner\mathfrak{p}\rightarrow\ulcorner\mathfrak{q}^\circ\rightarrow\ulcorner\mathfrak{q}\rightarrow\ddot{\mathfrak{r}}$.

Nachfolgende Simplikation: $\mathfrak{a}\rightarrow\mathfrak{b} \longrightarrow \ulcorner\mathfrak{p}\rightarrow\ulcorner\mathfrak{q}^\circ\rightarrow\ddot{\mathfrak{r}}$.

Diese Form ist negative Abschlußformel gemäß Abs. VII 1 des § 156 (Zirkelfall).

3). — *Inversionsregel.* Eine Form der Gestalt

(*) $\mathfrak{a}_1\rightarrow\mathfrak{b}_1 \longrightarrow \cdot\cdot \longrightarrow \mathfrak{a}_n\rightarrow\mathfrak{b}_n \longrightarrow \mathfrak{c}$

ist jedenfalls *nur* dann derivativ bzw. intuitionistisch, wenn $\mathfrak{b}_1\rightarrow\cdot\cdot\rightarrow\mathfrak{b}_n\rightarrow\mathfrak{c}$ derivativ bzw. intuitionistisch ist.

Die Inversionsregel ergibt sich durch n-malige Anwendung aus ihrem Spezialfall $n=1$; dieser gilt nach dem Inversionssatz 147 (2).

Für die derivative Logik ergibt sich mit der oben angegebenen Regel III° zusammen: Eine Form der Gestalt

(**) $\mathfrak{a}_1\rightarrow\mathfrak{b}_1 \longrightarrow \cdot\cdot \longrightarrow \mathfrak{a}_n\rightarrow\mathfrak{b}_n \longrightarrow \neg\mathfrak{d}_1 \longrightarrow \cdot\cdot \longrightarrow \neg\mathfrak{d}_m \longrightarrow \mathfrak{c}$

(wo zwar n, nicht aber m auch 0 sein darf) ist *nur* dann derivativ, wenn $\mathfrak{b}_1\rightarrow\cdot\cdot\rightarrow\mathfrak{b}_n\rightarrow\lambda\rightarrow\mathfrak{c}$ derivativ ist.

Zur Beachtung. Bei negativer Entscheidung ersetzt der Übergang von einer Form (*) bzw. (**) zu der ihr in der Inversionsregel zugeordneten Form *ihre sämtlichen Reduktionsreihen.*

Einführendes Anwendungsbeispiel zur Inversionsregel.
$a\rightarrow b \longrightarrow \neg a\rightarrow a$ ist nicht derivativ, da $b\rightarrow\lambda\rightarrow a$ nicht derivativ ist. —

Mit der Angabe der Regeln III° und 1) bis 3) ist das (auf S. 418 noch ohne diese Regeln und ohne die Erweiterung auf $\wedge$ vorläufig beschriebene) Entscheidungsverfahren abgeschlossen. Man findet eine gedrängte einheitliche Darstellung des gesamten Verfahrens in der Übersichtstabelle der vorigen Seite.

Anmerkung. Eine Modifikation des Entscheidungsverfahrens.

Die dem Reduktionsverfahren vorausgehende Elimination des $\wedge$ (Absatz A der Tabelle von S. 423) läßt sich entbehren, wenn man statt dessen einige auf $\wedge$ bezügliche Reduktionsschritte zu Absatz B hinzufügt. Absatz B der Tabelle ändert sich wie folgt:

Präparation und Reduktionsvorschrift I (Simplikation) wie in der Tabelle.

IIa („$\wedge$-hinten-Reduktion"). Gegeben $\mathfrak{a}\rightarrow\mathfrak{b}\wedge\mathfrak{c}$ im großen simplex.
Einzige Reduktionsreihe: $\mathfrak{a}\rightarrow\mathfrak{b}$, $\mathfrak{a}\rightarrow\mathfrak{c}$.

IIb („$\wedge$-vorne-Reduktion"). Gegeben $\mathfrak{a} \wedge \mathfrak{b} \rightarrow \mathfrak{c}$ im großen simplex; das Haupthinterglied sei nicht konjunktiv (d.h. die gegebene Form sei nicht von der Gestalt I oder IIa). $\mathfrak{a} \wedge \mathfrak{b}$ sei das *erste* konjunktive Hauptvorderglied (nichtkonjunktive Hauptvorderglieder dürfen wie üblich — S. 410 — als hinter diesem Glied stehend angesehen werden).

Einzige Reduktionsreihe $\mathfrak{a} \rightarrow \mathfrak{b} \rightarrow \mathfrak{c}$.

Voraussetzung $\mathfrak{V}1$ für IIc, III und IV: Gegebene Form im großen simplex und ohne konjunktives Hauptvorder- oder -hinterglied (d.h. nicht von der Gestalt I, IIa oder IIb).

Sodann weiter wie in der Tabelle von S. 423.

IIc („$\vee$-vorne-Reduktion"): wie Reduktionsvorschrift II der Tabelle.

Voraussetzung $\mathfrak{V}2$ für III und IV (für die also beide Voraussetzungen $\mathfrak{V}1$ und $\mathfrak{V}2$ gelten): wie Voraussetzung $\mathfrak{V}$ der Tabelle.

Die bereits in $\mathfrak{V}1$ aufgeführte Forderung der Simplikation im großen kann hier in $\mathfrak{V}2$ gestrichen werden.

Reduktionsvorschriften IIIa, IIIb und IV sowie Abs. *C* bis *E* wie in der Tabelle.

Diese Modifikation hebt offenbar noch ein wenig die äußere Einheitlichkeit des Verfahrens. Die Zusatzüberlegungen, die zu ihrem Nachweis einzufügen sind — s. die unten folgende Zusatzaufgabe —, sind zwar sämtlich zwangsläufig, jedoch erfordern sie einige Längen in der Darstellung, die zum Ertrage in keinem einleuchtenden Verhältnis stehen, weshalb hier auf die genauere Darstellung verzichtet werden möge. In der Anwendung führen nämlich die modifizierte und die unmodifizierte Gestalt des Verfahrens in der Regel gleich rasch zum Ziele.

Zusatzaufgabe. Die Berechtigung der oben angegebenen Modifikation nachzuweisen. Man geht dazu statt von einem bloßen $\rightarrow\vee$-Kodifikat von dem entsprechenden aufschichtenden $\rightarrow\wedge\vee$-Kodifikat aus, modifiziert d i e s e s Kodifikat hinsichtlich der $\rightarrow$-Schlußregel (vgl. §152), der Kürzungen (vgl. §§153, 154) und der $\vee$-Schlußregel (vgl. §155) und ergänzt die Nachweise der zugehörigen Sätze einschließlich der Inversionssätze (Satz 147, 1—3) durch Einbeziehung der $\wedge$-Verknüpfung; der Begriff des Hauptranges (S. 398) ist hierzu ebenfalls — durch Einbeziehung der $\wedge$-Schlußregeln — zu modifizieren. Sodann zeigt man die auf die $\wedge$-Reduktionen IIa und IIb (s. oben) bezüglichen Inversionssätze (einschließlich der Invarianz des Hauptranges). Endlich lassen sich die Abschätzungen des §157 für die Anzahl der Formeln eines Beweises und für die Anzahl möglicher Beweise einer gegebenen Form unschwer übertragen.

§160. Anwendungsbeispiele zum Entscheidungsverfahren.

Vorbemerkung. §139 war der Mittelstellung gewidmet, die die intuitionistische Aussagenlogik zwischen der derivativen und der alternären Aussagenlogik einnimmt. Die meisten der folgenden Anwendungsbeispiele für das Entscheidungsverfahren holen den Nachweis des intuitionistischen bzw. des nichtintuitionistischen Charakters von dort aufgeführten Formen nach, wie dies in der Schlußbemerkung jenes Paragraphen „zur Begründung“ in Aussicht gestellt wurde (s. hierzu später die Bemerkung am Ende des vorliegenden Paragraphen).

Erster Teil. Beweis einiger intuitionistischer Formen durch intuitionistische Entscheidung.

$J17.$ $(a \to b) \to a \longrightarrow \neg\neg a$ (vgl. die obige Vorbemerkung).

Präparation: $(a \to b) \to a \longrightarrow \neg a \to \curlywedge$,

$\to$-Reduktion:

$(a \to b) \to a \longrightarrow \neg a \to a \to b$ (affirmativ nach $J3$ und $D1$),

$a \to \neg a \to \curlywedge$ (affirmativ nach $J4$).

$J15.$ $\neg a \to \neg b \longrightarrow \neg\neg(b \to a)$ (zweiter Beweis; vgl. § 134).

Präparation: $\underbrace{\neg a \to \neg b}_{1} \longrightarrow \underbrace{\neg(b \to a)}_{2} \to \curlywedge$,

$\to$-Reduktion (mit Präparation des Haupthintergliedes):

(α) $1 \to 2 \to a \to \curlywedge$, ($\beta$) $\neg b \to 2 \to \curlywedge$,

$\neg$-Reduktion der Form (α):

$1 \to 2 \to a \to b \to a$ (affirmativ),

$\neg$-Reduktion der Form (β) nach dem Glied 2:

$\neg b \to 2 \to b \to a$ (affirmativ nach $J3$).

$J18.$ $\neg(a \wedge \neg b) \to \neg\neg(a \to b)$ (zweiter Beweis; vgl. § 139, Abs. VI β).

Elimination des $\wedge$ und Präparation:

$\underbrace{a \to \neg\neg b}_{1} \longrightarrow \underbrace{\neg(a \to b)}_{2} \to \curlywedge$.

$\neg$-Reduktion nach Glied 2:

$1 \to 2 \to a \to b$,

$\to$-Reduktion dieser Form (nach Glied 1):

(α) $1 \to 2 \to a \to a$ (affirmativ), (β) $\neg\neg b \to 2 \to a \to b$,

$\neg$-Reduktion der Form (β) nach $\neg\neg b$ (mit Präparation):

$\neg\neg b \to 2 \to a \to b \to \curlywedge$,

$\neg$-Reduktion der letzten Form nach Glied 2:

$\neg\neg b \to 2 \to a \to b \to a \to b$ (affirmativ).

Textaufgabe. Man führe die Entscheidung ohne die vorbereitende $\wedge$-Elimination gemäß dem modifizierten Verfahren von S. 424 durch.

Zweiter Teil. Derivative Entscheidung für $D$76.

$D$76. $\underline{\neg(\neg a \vee \neg b) \rightarrow \neg\neg(a \wedge b)}$ ist derivativ.

Anmerkung. Der naheliegende Rückgang auf die Form $\neg(a \wedge b) \rightarrow \neg a \vee \neg b$, aus der $D$76 durch schwache Kontraposition (gemäß $D$14) hervorgeht, leistet nicht den gewünschten Nachweis, da die letztere Form — $A$16 (2) — in der am Ende dieses Paragraphen gestellten Textaufgabe als nicht intuitionistisch charakterisiert werden wird.

Affirmative Entscheidung für $D$76.

Elimination des $\wedge$ und Präparation:

$$\underbrace{\neg(\neg a \vee \neg b)}_{1} \longrightarrow \underbrace{a \rightarrow \neg b}_{2} \longrightarrow \curlywedge,$$

$\neg$-Reduktion:

(α) $1 \rightarrow 2 \rightarrow \neg a \vee \neg b$, ($\beta$) $\underline{\curlywedge} \rightarrow 2 \rightarrow \underline{\curlywedge}$ (affirm.),

$\vee$-hinten-Reduktion von (α) mit nachfolgender Präparation:

$1 \rightarrow 2 \rightarrow a \rightarrow \curlywedge$,

$\neg$-Reduktion:

(γ) $1 \rightarrow 2 \rightarrow a \rightarrow \neg a \vee \neg b$, ($\delta$) $\underline{\curlywedge} \rightarrow 2 \rightarrow a \rightarrow \underline{\curlywedge}$ (affirm.),

zweite $\vee$-hinten-Reduktion von (γ) mit nachfolgender Präparation:

$1 \rightarrow 2 \rightarrow a \rightarrow b \rightarrow \curlywedge$,

$\rightarrow$-Reduktion:

(ε) $1 \rightarrow 2 \rightarrow \underline{a} \rightarrow b \rightarrow \underline{a}$ (affirm.), (ζ) $1 \rightarrow \neg b \rightarrow a \rightarrow b \rightarrow \curlywedge$,

$\neg$-Reduktion von (ζ) nach $\neg b$:

$1 \rightarrow \neg b \rightarrow a \rightarrow \underline{b} \rightarrow \underline{b}$ (affirm.), $1 \rightarrow \underline{\curlywedge} \rightarrow a \rightarrow b \rightarrow \underline{\curlywedge}$ (affirm.).

Dritter Teil. Nachweis des nichtintuitionistischen Charakters einiger A-Formen des § 139.

Bei jeder zu untersuchenden Form sind für *alle möglichen* Reduktionssysteme Negativfolgen anzugeben.

$A$12. $\underline{b \rightarrow a \longrightarrow \neg b \rightarrow a \longrightarrow a}$ (die Form zum Alternativschluß) ist nichtintuitionistisch.

Es sind lediglich die $\rightarrow$-Reduktionen nach den beiden Hauptvordergliedern möglich.

Erstens: Reduktion nach dem ersten Hauptvorderglied; erste Form der Reduktionsreihe:

$b \rightarrow a \longrightarrow \neg b \rightarrow a \longrightarrow b$, diese Form ist nicht einmal Wahrform, also sicherlich negative Abschlußformel (§ 156 Abs. V3).

Zweitens: Reduktion nach dem zweiten Hauptvorderglied; erste Form der Reduktionsreihe:

$b \rightarrow a \longrightarrow \neg b \rightarrow a \longrightarrow \neg b$: nicht einmal Wahrform.

A 13. $\underline{\neg a \vee \neg\neg a}$ ist nichtintuitionistisch.

Die beiden (allein möglichen) $\vee$-hinten-Reduktionen führen auf $\neg a$ bzw. auf $\neg\neg a$ (vgl. auch den Inversionssatz 141). Beide Formen sind nicht einmal Wahrformen, also sicherlich negative Abschlußformeln.

Folgerung. — *A* 1. $a \vee \neg a$ ist nichtintuitionistisch (dies wurde bereits in Satz 120 ausgesprochen).

A 14. $\underline{\neg(\neg a \vee \neg b) \rightarrow a \wedge b}$ ist nichtintuitionistisch.

Die erste bei der $\wedge$-Beseitigung hervorgehende Form ist
$\neg(\neg a \vee \neg b) \rightarrow a$.

$\neg$-Reduktion dieser Form:
$\neg(\neg a \vee \neg b) \rightarrow \neg a \vee \neg b$ nicht einmal Wahrform.

A 15 (1). $\underline{c \rightarrow a \vee b \longrightarrow (c \rightarrow a) \vee (c \rightarrow b)}$ ist nichtintuitionistisch.

I. Erste $\vee$-hinten-Reduktion: $c \rightarrow a \vee b \longrightarrow c \rightarrow a$ nicht Wahrform.

II. Zweite $\vee$-hinten-Reduktion: $c \rightarrow a \vee b \longrightarrow c \rightarrow b$ nicht Wahrform.

III. $\rightarrow$-Reduktion; es braucht nur die erste Form der Reduktionsreihe angeführt zu werden, da sie bereits negativ ausfällt:

$c \rightarrow a \vee b \longrightarrow c$ nicht Wahrform. —

Es liegt hier ein wichtiger Typus bezüglich der Entscheidung vor: die gegebene Form besitzt ein disjunktives Hinterglied und *genau ein* reduzierbares Hauptvorderglied, und man sieht der Form unmittelbar an: 1). Beide möglichen $\vee$-hinten-Reduktionen ergeben eine Form, die nicht einmal Wahrform ist. 2). Bei der einzigen möglichen $\rightarrow$- bzw. $\neg$- bzw. $\vee$-vorne-Reduktion wird die erste Form der Reduktionsreihe nicht einmal Wahrform.

Von diesem Typus sind viele wichtige Formen (s. die nachfolgende Textaufgabe 1).

Textaufgaben. 1. Die Formen *A* 15 (2) bis (4), *A* 16 (1) bis (2) und *A* 17 (1) bis (2) — § 139 — sowie (nach Lösung der 2. Textaufgabe) auch *A* 9 — S. 354 — nach dem obigen Rezept als nichtintuitionistisch zu erkennen.

Hierzu einige Erinnerungen: Beim Nachweis, daß eine Form nicht Wahrform ist, kann eine in ihr auftretende doppelte Negation (Inabsurdität) $\neg\neg$ vernachlässigt werden; eine Form der Gestalt $\neg\mathfrak{a} \rightarrow \mathfrak{a}$, bei der $\mathfrak{a}$ nicht Wahrform ist, ist selbst nicht Wahrform.

2. Die Formen zur Reductio inabsurdi (*A* 2) und zur Reductio ex absurdo (*A* 18) unmittelbar als nichtintuitionistisch zu erkennen.

3. Von den faktischen Äquivalenzen *A* 10, 11 (S. 355 f.) jeweils eine Implikation als nichtintuitionistisch zu erweisen.

Abschließende Bemerkung. Die in § 139 durch ein „*A*" ohne beigefügte Numerierung als nichtintuitionistisch gekennzeichneten Aussagenformen lassen sich ebenfalls ohne jede Schwierigkeit entscheiden (Zusatzaufgabe).

10. Abschnitt.

Strikte Aussagenlogik.

§ 161. Einführendes zur strikten Logik.

Die strikte Logik sieht die Implikation in einem engen Zusammenhang mit der Modalität der Möglichkeit. Ein deduktives Kodifikat, in dem außer rein logischen Verknüpfungen auch sogenannte Modalitäten — insbesondere „möglich" bzw. „notwendig" — als einstellige *undefinierte* Verknüpfungen, d.h. als Basisverknüpfungen auftreten, pflegt man als *Modalitätenlogik* zu bezeichnen. Die strikte Logik wurde gemäß ihrem oben genannten Leitgedanken von LEWIS ursprünglich als Modalitätenlogik entwickelt. Die Verknüpfungsbasis (§ 37) der sechs ursprünglich für sie gegebenen (stufenweise aufeinander aufbauenden) Kodifikate besteht aus den Verknüpfungen „und", „nicht", „äquivalent" und „möglich". Neben der Verknüpfung „oder" wird unter anderem die Verknüpfung „impliziert strikt" *definiert,* und zwar durch die Definition: „$\mathfrak{a}$ impliziert strikt $\mathfrak{b}$" definitionsäquivalent „unmöglich: $\mathfrak{a}$ und nicht $\mathfrak{b}$" („unmöglich" steht hier für „nicht möglich").

Die oben gegebene Erklärung der Modalitätenlogik macht deutlich, daß eine Modalitätenlogik den rein aussagenlogischen Rahmen überschreitet. Auf eigenständige Modalitätenlogik soll daher in diesem Bande nicht eingegangen werden. Trotzdem läßt sich die strikte Logik bereits in ihm einordnen. Es wird nämlich im folgenden zunächst (in zwei Stufen) ein rein aussagenlogisches Kodifikat aufgestellt werden; seine Basis wird von den Verknüpfungen „und", „nicht" und „impliziert strikt" gebildet. Erst nachdem die Reichweite dieses Kodifikats in allen wesentlichen Punkten dargelegt ist, werden Möglichkeit und Notwendigkeit als zusammengesetzte *aussagenlogische Verknüpfungen definiert,* und zwar — im Sinne zweier in den ursprünglichen Kodifikaten der strikten Logik *beweisbarer* Äquivalenzen — die strikt logische Notwendigkeit von $\mathfrak{a}$ durch „$\neg\mathfrak{a}$ impliziert strikt $\mathfrak{a}$" und die strikt logische Möglichkeit von $\mathfrak{a}$ durch „$\mathfrak{a}$ impliziert nicht strikt $\neg\mathfrak{a}$". Diese Definitionen der Modalitäten Möglichkeit und Notwendigkeit sollen selbstverständlich keineswegs den Anspruch erheben, jeder denkbaren oder auch nur jeder relevanten Interpretation der Modalitäten gerecht zu werden; sie bringen jedoch in einer einleuchtenden Weise eine rein logische Interpretation zum Ausdruck.

Die Einschränkungen, denen in der derivativen und der intuitionistischen Logik die Negation unterworfen war (und deren volle Bedeutsamkeit erst im nächsten Bande dem Leser nahegebracht werden kann), spielen in die strikte Logik üblicherweise gar nicht hinein; diese geht vielmehr von der völlig unbekümmerten Auffassung der Negation aus, für die die reductio inabsurdi selbstverständlich ist.

Die strikte Logik bietet in der Aufeinanderfolge ihrer Axiome nicht das Bild vollendeter deduktionstechnischer Systematik wie die derivative und die intuitionistische Logik (weder in der ursprünglichen noch in den hier folgenden Kodifikationen). Nach ihrer Verschärfung durch einige strukturell naheliegende (wenn auch in der Interpretation nicht unproblematische) Modalitätenaxiome erreicht sie aber einen hohen Grad von struktureller Geschlossenheit. In diesem Buche sollten Fragen der Interpretation nicht näher behandelt werden (vgl. hierzu S. 429); doch wird die Geschlossenheit und Durchsichtigkeit der verschärften strikten Logik zum eingehenderen Nachdenken über ihre leitende Idee anregen.

Kapitel XXIX.

Engere strikte Aussagenlogik.

§ 162. Das Kodifikat der strikten Aussagenlogik.

I. Das Begriffsnetz.

Als Grundverknüpfungen werden benutzt:

zweistellige Verknüpfung $\wedge$: „und" (Konjunktion)
zweistellige Verknüpfung $\prec$: „bedingt", ausführlicher „bedingt strikt" (strikte Implikation)
einstellige Verknüpfung $\neg$: „nicht" (Negation).

Die einschlägigen Formen [§ 62] der strikten Aussagenlogik sind zunächst die aus diesen Verknüpfungen gemäß den Aufschichtungsvorschriften von S. 159 zusammengesetzten Aussagenformen, kurz: die $\prec\wedge\neg$-Formen.

Weitere Verknüpfungen werden später *definiert:* $\succ\prec$ „strikt äquivalent", s. später Def. S. 431; $\vee$ „oder", s. später Def. S. 440; $\rightarrow$ „bedingt alternär", s. später Def. S. 446; $\Diamond$ „möglich", N „notwendig", s. später Def. S. 466 [sowie auch $\circ$ „verträglich", s. später S. 450, O „offen", s. später S. 517, Z „zufällig", s. später S. 523].

Zur *Klammerersparnis* werden die früheren Verabredungen übernommen bzw. auf die *strikte* Implikation ($\prec$) und Äquivalenz ($\succ\prec$) sinngemäß übertragen, insbesondere die Verabredung betreffs des Gebrauchs *langer* Zeichen ($\longprec$ und $\succ\!\!\longprec$) und diejenige betreffs der Unterdrückung solcher Klammerungen bezüglich $\prec$, die bis zum Ende der Formel reichen würden.

Anstelle einer modifizierten Wiederholung aller jener Verabredungen mögen einige *Beispiele* genügen:

$\mathfrak{a}\prec\mathfrak{b}\prec\mathfrak{c}\prec\mathfrak{d}$ steht für $\mathfrak{a}\prec(\mathfrak{b}\prec(\mathfrak{c}\prec\mathfrak{d}))$
$\mathfrak{a}\prec\mathfrak{b} \longprec \mathfrak{c}$ steht für $(\mathfrak{a}\prec\mathfrak{b})\prec\mathfrak{c}$, $\mathfrak{a}\succ\prec\mathfrak{b} \longprec \mathfrak{c}$ steht für $(\mathfrak{a}\succ\prec\mathfrak{b})\prec\mathfrak{c}$
$\mathfrak{a}\wedge\mathfrak{b}\prec\mathfrak{c}$ steht für $(\mathfrak{a}\wedge\mathfrak{b})\prec\mathfrak{c}$
$\neg\mathfrak{a}\wedge\mathfrak{b}$ steht für $\neg(\mathfrak{a})\wedge\mathfrak{b}$.

Gelegentlich wird übrigens auch an einer Stelle, an der ein Kurzzeichen genügen würde, das zugehörige Langzeichen verwendet werden, wenn die Mitteilung dadurch übersichtlicher wird.

II. Das Deduktionsgerüst.

Die *Axiome* sind:

St1.	$a \wedge b \prec b \wedge a$	Kommutativität des $\wedge$.
St2.	$(a \wedge b) \wedge c \prec a \wedge (b \wedge c)$	rechte Assoziativität des $\wedge$.
St3.	$a \wedge b \prec a$	Verjüngbarkeit des $\wedge$.
St4.	$a \prec a \wedge a$	Idempotenz des $\wedge$.
St5.	$a \wedge (a \prec b) \prec b$	Form zum strikten Grundschluß.
St6.	$(a \prec b) \wedge (b \prec c) \prec a \prec c$	Form zum strikten Kettenschluß.
St7.	$a \prec b \;\prec\; \neg b \prec \neg a$	Form zur strikten schwachen Kontraposition.
St8.	$a \wedge b \prec c \;\prec\; a \wedge \neg c \prec \neg b$	Eine konjunktive Erweiterung von *St*7.
St9.	$a \prec \neg\neg a$	Form zur strikten Introductio inabsurdi.
St10.	$\neg\neg a \prec a$	Form zur strikten Reductio inabsurdi.

Anmerkung. Als ein letztes Axiom wird in § 170 die Form *St*60: $a \prec b \wedge c \;\prec\; a \prec b$ hinzutreten. Die Einbeziehung dieses Axioms soll hier noch verschoben werden, damit deutlich hervortritt, welche weittragenden Folgerungen sich bereits ohne dieses letzte Axiom ziehen lassen.

Einige Erläuterungen zu den vorstehenden Axiomen folgen nach Angabe der Schlußregeln.

Es ist nützlich, gleich hier eine Definition zuzufügen:

Definition. $\mathfrak{a} \succ\!\prec \mathfrak{b} \approx: (\mathfrak{a} \prec \mathfrak{b}) \wedge (\mathfrak{b} \prec \mathfrak{a})$ „$\mathfrak{a}$ strikt äquivalent $\mathfrak{b}$“.
Als elementare *Schlußregeln* werden zugrunde gelegt:

*R*1. Die *Einsetzungsregel* wie üblich (vgl. etwa § 64).

*R*2. $\dfrac{\mathfrak{a} \quad \mathfrak{a} \prec \mathfrak{b}}{\mathfrak{b}}$ Regel des „*strikten Grundschlusses*“: mit $\mathfrak{a}$ und $\mathfrak{a} \prec \mathfrak{b}$ ist $\mathfrak{b}$ beweisbar.

*R*3. $\dfrac{\mathfrak{a} \quad \mathfrak{b}}{\mathfrak{a} \wedge \mathfrak{b}}$ Regel des „*Konjugationsschlusses*“: mit $\mathfrak{a}$ und $\mathfrak{b}$ ist $\mathfrak{a} \wedge \mathfrak{b}$ beweisbar.

$\underline{R4}$. *Umsetzungsregel:* Wenn $\mathfrak{a} \succ\!\!\prec \mathfrak{b}$, d.h. $(\mathfrak{a} \prec \mathfrak{b}) \wedge (\mathfrak{b} \prec \mathfrak{a})$ bewiesen ist, so darf in irgendeiner bewiesenen Form eine Teilform der Gestalt $\mathfrak{a}$ durch $\mathfrak{b}$ ersetzt werden, d.h. die entstehende Form heißt wieder beweisbar.

Die Umsetzungsregel ist hier zunächst in ihrer „3. Gestalt" (von § 58) vorgebracht; auf die beiden anderen Gestalten wird weiter unten (im nächsten Paragraphen) einzugehen sein.

Anmerkungen zu den Axiomen und Schlußregeln:

1. Wenn man eine Teilform $\mathfrak{t}$ hätte, für die $a \succ\!\!\prec \mathfrak{t} \prec a$ — ohne Benutzung von $St5$ — beweisbar wäre, so würde $St5$ leicht aus seiner implikativen Erweiterung $St6$ folgen; man hätte nur in $St6$ das $\mathfrak{t}$ für a (sowie a für b und b für c) einzusetzen und die Umsetzungsregel anzuwenden. Jedoch wird sich später — in der Textaufgabe von S. 464 — zeigen, daß es eine solche Form in der strikten Logik nicht gibt. Entsprechend würde mit Heranziehung einer Form $\mathfrak{s}$, für die $a \succ\!\!\prec \mathfrak{s} \wedge a$ gälte, leicht $St7$ aus seiner konjunktiven Erweiterung $St8$ folgen. Tatsächlich wird sich — in § 166 — $\mathfrak{s} \equiv\!\!=: b \vee \neg b$ als eine solche Form erweisen; jedoch wird zu diesem Nachweis neben $St7$ bereits $St8$ gebraucht.

2. Wie das Axiom zur Reductio inabsurdi zeigt, wird die *Negation* ganz ohne die Skrupel der derivativen oder der intuitionistischen Logik eingeführt. Da mit $St9$ und $St10$, Regel $R3$ und Def. des $\succ\!\!\prec$ ja $a \succ\!\!\prec \neg\neg a$ gilt, ergeben sich aus $St7$ sämtliche Kontrapositionen, auch die stärkste (vgl. weiter unten $St26$). — Man kann die beiden Axiome $St7$, $St10$ offenbar durch *ein* Axiom ersetzen, das die „zweite starke Kontraposition" ausdrückt: $\neg a \prec b \prec \neg b \prec a$; der Beweis sei als Textaufgabe gestellt. Die obige Einführung der Axiome $St7$, $St10$ scheint jedoch deutlicher die unbedenkliche Art der Verwendung der Negation zu analysieren.

3. Die Regel $R3$ zum Konjugationsschluß ist für die strikte Logik als elementare Schlußregel einzuführen, da die zugehörige Form $a \prec b \prec a \wedge b$ — sogar in der *verschärften* strikten Logik der Kap. XXXII f. — nicht beweisbar sein wird.

Abschließende Bemerkung. Allgemein sei hier schon vorausgeschickt: Die Regel zur Vorschaltung eines Vordergliedes $\frac{\mathfrak{a}}{\mathfrak{b} \prec \mathfrak{a}}$ wird in der strikten Aussagenlogik des 10. Abschnittes nicht allgemein abhängig sein, und damit wird *das Deduktionstheorem in ihr nicht gelten.* Daher wird in der strikten Logik dieses Abschnittes auch bei explizit (und ohne Einsetzung) ableitbaren Schlußregeln scharf zwischen diesen Schlußregeln und den zugehörigen strikt-implikativen Formen zu unterscheiden sein; man wird eine Reihe ableitbarer Schlußregeln finden, deren zugehörige strikt-implikative Formen nicht beweisbar sind.

Erst in der „verschärften strikten Aussagen- und Modalitätenlogik" des 11. Abschnitts wird das Deduktionstheorem wieder zur Geltung gelangen. Auch in ihr wird jedoch die Form zur Vorschaltung $a\prec b\prec a$ nicht strikt sein.

Als eine von der alternären Logik her vertraute *Schlußregel*, die auch in dem verschärften strikten Kodifikat nicht abhängig sein wird, sei die Exportationsregel $\dfrac{\mathfrak{a}\wedge\mathfrak{b}\prec\mathfrak{c}}{\mathfrak{a}\prec\mathfrak{b}\prec\mathfrak{c}}$ angeführt.

Näheres hierzu wird man später in § 187 (Folgerung zum 2. Anwendungsbeispiel) finden.

§ 163. Erste Herleitungen aus den $\wedge\prec$-Axiomen St 1—6 allein.

Unmittelbar ergeben sich die folgenden *abgeleiteten Schlußregeln*, die wir vielfach benutzen werden.

<u>*R*5.</u> $\dfrac{\mathfrak{a} \quad \mathfrak{b} \quad \mathfrak{a}\wedge\mathfrak{b}\prec\mathfrak{c}}{\mathfrak{c}}$ Regel des „konjunktiven Grundschlusses".

Ableitung. $\dfrac{\dfrac{\mathfrak{a} \quad \mathfrak{b}}{\mathfrak{a}\wedge\mathfrak{b}}\text{ gemäß } R3 \qquad \mathfrak{a}\wedge\mathfrak{b}\prec\mathfrak{c}}{\mathfrak{c}\text{ gemäß } R2}$.

<u>*R*6.</u> $\dfrac{\mathfrak{a}\prec\mathfrak{b} \quad \mathfrak{b}\prec\mathfrak{c}}{\mathfrak{a}\prec\mathfrak{c}}$ Regel des „strikten Kettenschlusses" (Transitivität der strikten Implikation).

Ableitung aus Axiom *St*6 durch konjunktiven Grundschluß *R*5.

<u>*R*7.</u> $\dfrac{\mathfrak{a}\succ\!\prec\mathfrak{b} \quad \mathfrak{b}\succ\!\prec\mathfrak{c}}{\mathfrak{a}\succ\!\prec\mathfrak{c}}$ Regel des „strikten Äquivalenzkettenschlusses". (Transitivität der strikten Äquivalenz).

Ableitung. In $\mathfrak{a}\succ\!\prec\mathfrak{b}$ läßt sich (wegen $\mathfrak{b}\succ\!\prec\mathfrak{c}$) gemäß *R*4 das $\mathfrak{b}$ in $\mathfrak{c}$ umsetzen.

<u>*R*8.</u> $\dfrac{\mathfrak{a}\prec\mathfrak{b} \quad \mathfrak{b}\prec\mathfrak{a}}{\mathfrak{a}\succ\!\prec\mathfrak{b}}$ Regel der „Äquivalenzbildung".

Ableitung. $\dfrac{\mathfrak{a}\prec\mathfrak{b} \quad \mathfrak{b}\prec\mathfrak{a}}{(\mathfrak{a}\prec\mathfrak{b})\wedge(\mathfrak{b}\prec\mathfrak{a})}$ vorausgesetzt durch Konjugationsschluß *R*3.

Nun Ersetzung gemäß der Def. des $\succ\!\prec$, S. 431.

(Wir werden sehr bald die zu *R*7 und *R*8 gehörigen Formen kennenlernen.)

Vorbemerkung zu den nachfolgenden Beweisen. Auch im Abschnitt der strikten Logik halten sich die Übergangsbegründungen hinter den Formelzeilen eines Beweises an die Verabredungen des § 73. Insbesondere gilt weiterhin (in stichwortartiger Zusammenfassung):

„*nach Formel x*" teilt eine *Einsetzung* in x (oder x selbst) mit,

„*gemäß Formel x*" drückt einen *Grundschluß* mit einer Beiform zu x aus,

„*durch Formel x* (im Vorder- bzw. Hinterglied)" weist auf einen *Kettenschluß* (s. $R6$) oder auf eine *Umsetzung* (s. $R4$) mit einer Beiform zu x hin.

Weiter steht „*gemäß Rx*" für eine Anwendung der Schlußregel Rx.

$St11.\quad a \prec a.$

Beweis. $a \prec a \wedge a$ nach $St4$.

$a \wedge a \prec a$ nach $St3$.

Nun strikter Kettenschluß gemäß $R6$.

$St12.\quad a \succ\!\prec a.$

Beweis. $a \prec a \quad a \prec a$ nach $St11$.

Nun Konjunktionsbildung gemäß $R3$ und Anwendung der Def. des $\succ\!\prec$, S. 431.

An $St12$ schließen sich die folgenden ableitbaren Schlußregeln an:

$R9.\quad \dfrac{\mathfrak{a} \approx: \mathfrak{b}}{\mathfrak{a} \succ\!\prec \mathfrak{b}}$ Regel zur Definition.

„Wenn $\mathfrak{a} \approx: \mathfrak{b}$ Definition ist, so ist $\mathfrak{a} \succ\!\prec \mathfrak{b}$ beweisbar."

Anmerkung. Die Formulierung der Regel 9 setzt offenbar voraus, daß im Definiens (d.h. auf der rechten Seite) einer Definition nur solche Variablen auftreten, die auch im Definiendum (d.h. auf der linken Seite) vorkommen. Diese Voraussetzung wird für alle Definitionen der strikten Kodifikate erfüllt sein. Man vgl. die Bemerkung zu den Definitionen auf S. 135.

Ableitung der Regel $R9$. $\mathfrak{a} \succ\!\prec \mathfrak{a}$ nach $St12$.

Nun auf der rechten Seite Ersetzung des definierten $\mathfrak{a}$ durch das Definiens $\mathfrak{b}$.

Es liegen nunmehr für das betrachtete Kodifikat alle Mittel bereit, die von der „3. Fassung" der Umsetzungsregel R4 (S. 432, vgl. auch die dortige Anmerkung) zu den anderen Fassungen überzugehen gestatten; die letzteren werden durch die nachfolgende Aufgabe und die Regel 10 dargestellt.

Aufgabe. Die Umsetzungsregel $R4$ ist, wie später (in §116) gezeigt werden wird, gleichbedeutend mit den Schlußregeln

$$\frac{\mathfrak{a} \succ\!\prec \mathfrak{b}}{\mathfrak{a} \wedge \mathfrak{c} \succ\!\prec \mathfrak{b} \wedge \mathfrak{c}} \qquad \frac{\mathfrak{a} \succ\!\prec \mathfrak{b}}{\mathfrak{c} \wedge \mathfrak{a} \succ\!\prec \mathfrak{c} \wedge \mathfrak{b}}$$

$$\frac{\mathfrak{a} \succ\!\prec \mathfrak{b}}{\mathfrak{c} \prec \mathfrak{a} \succ\!\prec \mathfrak{c} \prec \mathfrak{b}} \qquad \frac{\mathfrak{a} \succ\!\prec \mathfrak{b}}{\mathfrak{a} \prec \mathfrak{c} \succ\!\prec \mathfrak{b} \prec \mathfrak{c}}$$

$$\frac{\mathfrak{a} \succ\!\prec \mathfrak{b}}{\neg \mathfrak{a} \succ\!\prec \neg \mathfrak{b}}.$$

Welche dieser fünf Regeln sind hierbei mit Heranziehung der übrigen ohne Benutzung von $R4$ ableitbar?

$R$10. Regel der „Äquivalenzübertragung".

„Wenn $\mathfrak{c}$ durch Umsetzung einer Teilform gemäß $R$4 in $\mathfrak{d}$ übergeht, so ist $\mathfrak{c} \succ\!\!\prec \mathfrak{d}$."

Ableitung. $\mathfrak{c} \succ\!\!\prec \mathfrak{c}$ nach St12.

Nun auf der rechten Seite die Umsetzung ($R$4) der betreffenden Teilform.

St13. $a \succ\!\!\prec b \ \succ\!\!\prec\ (a \prec b) \wedge (b \prec a)$.

Aus der Def. des $\succ\!\!\prec$ mit der Definitionsregel $R$9.

St14. $a \wedge b \succ\!\!\prec b \wedge a$. Kommutativität des $\wedge$.

Beweis. $\left.\begin{array}{l} a \wedge b \prec b \wedge a \\ b \wedge a \prec a \wedge b \end{array}\right\}$ nach St1.

Nun Äquivalenzbildung gemäß $R$8.

St15. $a \succ\!\!\prec b \ \succ\!\!\prec\ b \succ\!\!\prec a$. Kommutativität des $\succ\!\!\prec$.

Beweis. $(a \prec b) \wedge (b \prec a) \ \succ\!\!\prec\ (b \prec a) \wedge (a \prec b)$ nach St14.

Nun auf beiden Seiten Def. des $\succ\!\!\prec$, genauer: Umsetzung mit St13.

Anmerkung. Nach St15 darf man die Umsetzungsregel $R$4 (S. 432) auch anwenden, wenn nicht $\mathfrak{a} \succ\!\!\prec \mathfrak{b}$ (in der dortigen Bezeichnungsweise), sondern $\mathfrak{b} \succ\!\!\prec \mathfrak{a}$ bewiesen ist. — Wir werden im folgenden auch dann bloß von einer Umsetzung gemäß $R$4 sprechen, ohne die Heranziehung des St15 jedesmal ausdrücklich zu erwähnen.

St16. $a \wedge b \prec b$.

Beweis. $b \wedge a \prec b$ nach St3.

Nun St1 im Vorderglied.

St17. $\left\{\begin{array}{l} a \succ\!\!\prec b \ \prec\ a \prec b \\ \hline a \succ\!\!\prec b \ \prec\ b \prec a \end{array}\right.$ Formen zur Äquivalenzverjüngung.

Beweis der ersten Form:

$(a \prec b) \wedge (b \prec a) \prec a \prec b$ nach St3.

Nun St13 (Def. des $\succ\!\!\prec$) im Vorderglied.

Beweis der zweiten Form entsprechend aus St16.

Aufgabe. Aus St13 und St17 die Form zur Regel $R$8:
$(a \prec b) \wedge (b \prec a) \ \prec\ a \succ\!\!\prec b$ herzuleiten.

St18. $a \wedge a \succ\!\!\prec a$. Strikte Idempotenz des $\wedge$.

Anmerkung. Auf S. 431 wurde bereits für die Implikation St4 in *vorläufiger* Weise die Bezeichnung „Idempotenz" vorweggenommen, die endgültig erst der Äquivalenz St18 vorbehalten ist.

Beweis für St18. $a \wedge a \prec a$ nach St3.
$a \prec a \wedge a$ nach St4.

Nun Äquivalenzbildung gemäß $R$8.

$St19.\ \ a\wedge(b\wedge c)\succ\!\prec(a\wedge b)\wedge c.$ Assoziativität des $\wedge$.

Beweis. 1. $(c\wedge b)\wedge a\prec c\wedge(b\wedge a)$ nach $St2$.

$\therefore\ (b\wedge c)\wedge a\prec c\wedge(a\wedge b)$
$\therefore\ a\wedge(b\wedge c)\prec(a\wedge b)\wedge c$ } durch Kommutierungen (Umsetzungen mit $St14$).

2. $(a\wedge b)\wedge c\prec a\wedge(b\wedge c)$ nach $St2$.

Nun Äquivalenzbildung gemäß $R8$.

$St20.\ \ (a\wedge b)\wedge c\succ\!\prec(a\wedge c)\wedge b.$ Das „koassoziative" Gesetz.

Beweis. $c\wedge(a\wedge b)\succ\!\prec(c\wedge a)\wedge b$ nach $St19$.
Nun Kommutierungen (Umsetzungen mit $St14$).

§ 164. Einige Herleitungen aus den $\wedge\prec\neg$-Axiomen St 1—10.

$St21.\ \ \neg\neg a\succ\!\prec a.$ Form zur Inabsurditätsreduktion (kurz: zur $\neg\neg$-Beseitigung).

Vgl. auch Anm. 2 von S. 432.

Beweis für $St21$. $\neg\neg a\prec a$ nach $St10$.
$a\prec\neg\neg a$ nach $St9$.

Nun Äquivalenzbildung gemäß $R8$.

$St22.$ $\begin{cases} a\prec b \succ\!\prec \neg b\prec\neg a \\ a\prec\neg b \succ\!\prec b\prec\neg a \\ \neg a\prec b \succ\!\prec \neg b\prec a \end{cases}$ Formen zur strikten Kontraposition.

Beweis der ersten Form.

$\neg b\prec\neg a \prec \neg\neg a\prec\neg\neg b$ nach $St7$.

$\therefore\ \neg b\prec\neg a \prec a\prec b$ durch $\neg\neg$-Beseitigung (Umsetzung mit $St21$).

$a\prec b \prec \neg b\prec\neg a$ nach $St7$.

$\therefore\therefore\ a\prec b \succ\!\prec \neg b\prec\neg a$ durch Äquivalenzbildung gemäß $R8$ aus den beiden letzten Zeilen. —

Die beiden anderen zu beweisenden Formen ergeben sich aus der ersten durch bloße Einsetzungen und $\neg\neg$-Umsetzungen (mit $St21$).

Als Anwendung der Kontraposition möge (unter Heranziehung des bereits früher verwendeten Zeichens $\approx$ für „deduktionsgleich") nachgewiesen werden:

Satz 160. $a\prec b\prec a \approx \neg a\prec a\prec b,$

d.h. die strikt-implikativen Formen zum „verum ex quolibet" und zum „ex falso quodlibet" (die, wie später gezeigt werden wird, nicht einmal in der verschärften strikten Logik des § 180 gelten) sind einander deduktionsgleich.

Nachweis.

1. $a \prec b \prec a$ vorausgesetzt.

$\therefore$ $\neg a \prec \neg b \prec \neg a$ durch Einsetzung.

$\therefore$ $\neg a \prec a \prec b$ durch *St*22 im Hinterglied.

2. $\neg a \prec a \prec b$ vorausgesetzt.

$\therefore$ $\neg\neg a \prec \neg a \prec \neg b$ durch Einsetzung.

$\therefore$ $a \prec \neg a \prec \neg b$ durch *St*21 im Vorderglied.

$\therefore$ $a \prec b \prec a$ durch *St*22 im Hinterglied.

<u>*St*23.</u>
$$\begin{cases} a \wedge b \prec c \succ\!\prec a \wedge \neg c \prec \neg b \\ a \wedge \neg b \prec c \succ\!\prec a \wedge \neg c \prec b \\ a \wedge b \prec \neg c \succ\!\prec a \wedge c \prec \neg b \end{cases}$$
Formen zur „konjunktiven Kontraposition“.

Beweis der ersten Form.

$a \wedge \neg c \prec \neg b \prec a \wedge \neg\neg b \prec \neg\neg c$ nach *St*8.

$\therefore$ $a \wedge \neg c \prec \neg b \prec a \wedge b \prec c$ durch $\neg\neg$-Beseitigungen mit *St*21.

$a \wedge b \prec c \prec a \wedge \neg c \prec \neg b$ nach *St*8.

$\therefore\therefore$ $a \wedge b \prec c \succ\!\prec a \wedge \neg c \prec \neg b$ durch Äquivalenzbildung gemäß *R*8 aus den letzten beiden Formen.

Die beiden anderen zu beweisenden Formen ergeben sich aus der ersten durch bloße Einsetzungen und $\neg\neg$-Umsetzungen (mit *St*21).

<u>*St*24. $(a \prec b) \wedge (b \wedge c \prec d) \prec a \wedge c \prec d$</u> Form zum Kettenschluß mit Nebenglied.

Beweis. $(c \wedge \neg d \prec \neg b) \wedge (\neg b \prec \neg a) \prec c \wedge \neg d \prec \neg a$ nach *St*6.

$\therefore$ $(c \wedge b \prec d) \wedge (\neg b \prec \neg a) \prec c \wedge a \prec d$ durch zwei konjunktive Kontrapositionen (gemäß *St*23).

$\therefore$ $(c \wedge b \prec d) \wedge (a \prec b) \prec c \wedge a \prec d$ durch kontraponierende Umsetzung (mit *St*22).

Nun Vordergliedtausch (mit *St*14).

*St*24 gestattet die Ableitung von einigen weiteren wichtigen Schlußregeln:

<u>*R*11.</u>
$$\begin{cases} (1)\ \dfrac{\mathfrak{a} \prec \mathfrak{b}}{\mathfrak{a} \wedge \mathfrak{c} \prec \mathfrak{b} \wedge \mathfrak{c}} \\[2ex] (2)\ \dfrac{\mathfrak{a} \prec \mathfrak{b}}{\mathfrak{c} \wedge \mathfrak{a} \prec \mathfrak{c} \wedge \mathfrak{b}} \end{cases}$$
Regeln der $\wedge$-Adjunktion ($\wedge$-Nach- bzw. Vorsetzung).

Ableitung von (1). $\mathfrak{a} \prec \mathfrak{b}$ vorausgesetzt.

$\mathfrak{b} \wedge \mathfrak{c} \prec \mathfrak{b} \wedge \mathfrak{c}$ nach *St* 11.

$\therefore\therefore$ $\mathfrak{a} \wedge \mathfrak{c} \prec \mathfrak{b} \wedge \mathfrak{c}$ durch konjunktiven Grundschluß gemäß *R* 5 mit *St* 24 (m.a.W. durch Kettenschluß mit Nebenglied gemäß *St* 24).

Ableitung von (2). Aus der letzten in Abs. (1) hergeleiteten Form ergibt sich $\mathfrak{c} \wedge \mathfrak{a} \prec \mathfrak{c} \wedge \mathfrak{b}$ durch Umsetzungen mit *St* 14.

R 12. $\dfrac{\mathfrak{a} \prec \mathfrak{b} \quad \mathfrak{a} \prec \mathfrak{c}}{\mathfrak{a} \prec \mathfrak{b} \wedge \mathfrak{c}}$ Regel der strikten Hinterglied-Konjugation.

Ableitung. $\mathfrak{a} \prec \mathfrak{c}$ vorausgesetzt.

$\therefore$ $\mathfrak{b} \wedge \mathfrak{a} \prec \mathfrak{b} \wedge \mathfrak{c}$ durch $\wedge$-Adjunktion gemäß *R* 11.

$\mathfrak{a} \prec \mathfrak{b}$ vorausgesetzt.

$\therefore\therefore$ $\mathfrak{a} \wedge \mathfrak{a} \prec \mathfrak{b} \wedge \mathfrak{c}$ durch konjunktiven Grundschluß gemäß *R* 5 mit *St* 24 (d.i. durch Kettenschluß mit Nebenglied).

Nun Idempotenz-Umsetzung des Vordergliedes (mit *St* 18).

R 13. $\dfrac{\mathfrak{a} \prec \mathfrak{b} \prec \mathfrak{c}}{\mathfrak{a} \wedge \mathfrak{b} \prec \mathfrak{c}}$ Regel der strikten Importation.

Ableitung. $\mathfrak{a} \prec \mathfrak{b} \prec \mathfrak{c}$ vorausgesetzt.

$(\mathfrak{b} \prec \mathfrak{c}) \wedge \mathfrak{b} \prec \mathfrak{c}$ aus *St* 5 durch Tausch der Vorderglieder, d.i. durch Umsetzung mit *St* 14.

Nun Kettenschluß mit Nebenglied (d.i. konjunktiver Grundschluß *R* 5 mit *St* 24).

R 14. $\dfrac{\mathfrak{c} \prec \mathfrak{a} \quad \mathfrak{c} \prec \mathfrak{a} \prec \mathfrak{b}}{\mathfrak{c} \prec \mathfrak{b}}$ Regel des FREGEschen Dreierschlusses.

Ableitung. $\mathfrak{c} \prec \mathfrak{a}$ vorausgesetzt.

$\mathfrak{c} \prec \mathfrak{c}$ nach *St* 11.

$\therefore\therefore$ (*) $\mathfrak{c} \prec \mathfrak{c} \wedge \mathfrak{a}$ durch Hintergliedkonjugation gemäß *R* 12.

$\mathfrak{c} \prec \mathfrak{a} \prec \mathfrak{b}$ vorausgesetzt.

$\therefore$ $\mathfrak{c} \wedge \mathfrak{a} \prec \mathfrak{b}$ durch Importation gemäß *R* 13.

Nun strikter Kettenschluß (gemäß *R* 6) mit (*).

Anmerkung. 1. Den an früherer Stelle abgeleiteten Schlußregeln — soweit sie nicht das Definitionszeichen $\approx:$ enthalten oder von Umsetzung handeln, also *R* 5 bis *R* 8 — entsprechen implikative Formen. Es wurde bereits hervorgehoben (§ 162), daß dies nicht allgemein der Fall zu sein braucht, da das Deduktionstheorem nicht gilt. Die implikativen Formen zu *R* 11 bis *R* 13 werden wir erst nach Einführung eines weiteren Axioms erhalten.

Aufgaben. — 1. Man leite ab:

$$\frac{\mathfrak{a}\prec\mathfrak{b}\wedge\mathfrak{c}}{\mathfrak{a}\prec\mathfrak{b}},\quad \frac{\mathfrak{a}\prec\mathfrak{b}}{\mathfrak{a}\wedge\mathfrak{c}\prec\mathfrak{b}},\quad \frac{\mathfrak{a}\prec\mathfrak{c}\quad \mathfrak{b}\prec\mathfrak{d}}{\mathfrak{a}\wedge\mathfrak{b}\prec\mathfrak{c}\wedge\mathfrak{d}}.$$

2. Man beweise die Distributionsregel

$\mathfrak{a}\prec\mathfrak{b}\wedge\mathfrak{c} \approx (\mathfrak{a}\prec\mathfrak{b})\wedge(\mathfrak{a}\prec\mathfrak{c})$.

Satz 161 (Hilfsatz). $\mathfrak{a}\prec\mathfrak{b}$ ist mit $\mathfrak{a}\succ\!\prec\mathfrak{a}\wedge\mathfrak{b}$ deduktionsgleich: $\mathfrak{a}\prec\mathfrak{b} \approx \mathfrak{a}\succ\!\prec\mathfrak{a}\wedge\mathfrak{b}$.

Nachweis. 1. $\mathfrak{a}\prec\mathfrak{a}$ nach *St* 11.

$\mathfrak{a}\prec\mathfrak{b}$ vorausgesetzt.

$\therefore\therefore$ $\mathfrak{a}\prec\mathfrak{a}\wedge\mathfrak{b}$ durch Hintergliedkonjugation gemäß *R* 12.

$\mathfrak{a}\wedge\mathfrak{b}\prec\mathfrak{a}$ nach *St* 3.

Nun Äquivalenzbildung gemäß *R* 8 aus den beiden letzten Formen.

2. $\mathfrak{a}\succ\!\prec\mathfrak{a}\wedge\mathfrak{b}$ vorausgesetzt.

$\therefore$ $\mathfrak{a}\prec\mathfrak{a}\wedge\mathfrak{b}$ durch Äquivalenzverjüngung gemäß *St* 17.

$\therefore$ $\mathfrak{a}\prec\mathfrak{b}$ durch *St* 16 im Hinterglied.

Anmerkung. Die zur Behauptung des Hilfsatzes gehörige Äquivalenzform wird sich erst mit Hilfe eines weiteren Axioms ergeben (S. 458).

<u>*St* 25. $(a\succ\!\prec b)\wedge(b\succ\!\prec c) \prec a\succ\!\prec c$</u> Transitivität der Äquivalenz.

Beweis. $a\succ\!\prec b \prec a\prec b$ nach *St* 17

$\therefore$ (*) $(a\succ\!\prec b)\wedge(b\succ\!\prec c) \prec (a\prec b)\wedge(b\succ\!\prec c)$ durch $\wedge$-Nachsetzen gemäß *R* 11.

$b\succ\!\prec c \prec b\prec c$ nach *St* 17.

$\therefore$ $(a\prec b)\wedge(b\succ\!\prec c) \prec (a\prec b)\wedge(b\prec c)$ durch $\wedge$-Vorsetzen gemäß *R* 11.

$(a\prec b)\wedge(b\succ\!\prec c) \prec a\prec c$ durch *St* 6 im Hinterglied.

$\therefore\therefore$ (**) $(a\succ\!\prec b)\wedge(b\succ\!\prec c) \prec a\prec c$ durch Kettenschluß (gem. *R* 6) mit (*).

$\therefore$ $(c\succ\!\prec b)\wedge(b\succ\!\prec a) \prec c\prec a$ durch Einsetzungen.

$\therefore$ $(a\succ\!\prec b)\wedge(b\succ\!\prec c) \prec c\prec a$ durch *St* 14 und *St* 15 im Vorderglied.

$\therefore\therefore$ $(a\succ\!\prec b)\wedge(b\succ\!\prec c) \prec (a\prec c)\wedge(c\prec a)$ aus (**) und aus der letzten Zeile durch Hintergliedkonjugation gemäß *R* 12.

Nun *St* 13 (Def. des $\succ\!\prec$) im Hinterglied.

<u>*St* 26.</u> $\begin{cases} a\succ\!\prec b \succ\!\prec \neg a\succ\!\prec\neg b. \\ a\succ\!\prec\neg b \succ\!\prec \neg a\succ\!\prec b. \end{cases}$

Beweis der ersten Form.

$a \succ\!\prec b \;\succ\!\prec\; (a \prec b) \wedge (b \prec a)$ nach *St*13.

$\therefore\;$ $a \succ\!\prec b \;\succ\!\prec\; (\neg b \prec \neg a) \wedge (\neg a \prec \neg b)$ durch Kontrapositionen (gemäß *St*22) im Hinterglied.

$\therefore\;$ $a \succ\!\prec b \;\succ\!\prec\; \neg b \succ\!\prec \neg a$ durch *St*13 im Hinterglied.

Nun *St*15 im Hinterglied. —

Die zweite Form folgt aus der ersten durch Einsetzung und Umsetzung mit *St*21 ($\neg\neg$-Beseitigung).

*St*27. $\begin{cases} (1) & a \wedge b \prec \neg(a \prec \neg b). \\ (2) & a \prec b \;\prec\; \neg(a \wedge \neg b). \end{cases}$

Beweis zu (1). $a \wedge (a \prec \neg b) \prec \neg b$ nach *St*5.

Nun konjunktive Kontraposition gemäß *St*23.

Beweis zu (2). $a \wedge \neg b \prec \neg(a \prec \neg\neg b)$ nach *St*27 (1).

$\therefore\;$ $a \prec \neg\neg b \;\prec\; \neg(a \wedge \neg b)$ durch Kontraposition gemäß *St*22.

Nun $\neg\neg$-Beseitigung, d.h. Umsetzung mit *St*21.

Anmerkung. Die Umkehrungen zu *St*27:

$\neg(a \prec \neg b) \prec a \wedge b, \quad \neg(a \wedge \neg b) \prec a \prec b$

sind in der strikten Logik nicht gültig. In der Tat würde z.B. $a \prec b \;\succ\!\prec\; \neg(a \wedge \neg b)$ die strikte Implikation $\prec$ äquivalent mit der gewöhnlichen alternären Implikation $\rightarrow$ machen [da sich auch $a \rightarrow b \;\succ\!\prec\; \neg(a \wedge \neg b)$ beweisen lassen wird — s. später Satz 165 (1)], entgegen den Leitmotiven der strikten Logik. Wir werden den Sätzen 164, 179 (3) entnehmen, daß dies nicht der Fall ist.

*St*28. $\begin{cases} a \prec \neg a \;\prec\; \neg a. & \text{Form zum strikten Schluß in contrarium.} \\ \neg a \prec a \;\prec\; a & \text{Form zum strikten Schluß ex contrario.} \end{cases}$

Beweis der ersten Form.

$a \wedge a \prec \neg(a \prec \neg a)$ nach *St*27 (1).

$\therefore\;$ $a \prec \neg(a \prec \neg a)$ durch *St*18 im Vorderglied.

$\therefore\;$ $a \prec \neg a \;\prec\; \neg a$ durch Kontraposition gemäß *St*22.

Die Form zum Schluß ex contrario ergibt sich aus derjenigen in contrarium durch bloße Einsetzung und $\neg\neg$-Beseitigungen (mit *St*21).

§ 165. Einbeziehung der Disjunktion. — Dualität.

Wir definieren nun $\vee$ aus $\wedge$ und $\neg$ an Hand des Verneinungsgesetzes.

Definition: $\mathfrak{a} \vee \mathfrak{b} \approx: \neg(\neg\mathfrak{a} \wedge \neg\mathfrak{b})$.

Anmerkung. In dieser Definition zeigt sich wiederum der unbekümmerte Standpunkt, den die strikte Logik gegenüber der intuitionistischen Negationsproblematik einnimmt. —

Aus der Definition entfließt gemäß Regel $R9$ die erste der nachfolgenden Äquivalenzen:

$$\underline{St29.}\quad \begin{cases} \underline{a \vee b \succ\!\!\prec \neg(\neg a \wedge \neg b)} \\ \underline{\neg a \vee b \succ\!\!\prec \neg(a \wedge \neg b)} \\ \underline{a \vee \neg b \succ\!\!\prec \neg(\neg a \wedge b)} \\ \underline{\neg a \vee \neg b \succ\!\!\prec \neg(a \wedge b)} \end{cases}$$

Verneinungsgesetze der Konjunktion.

Die letzten drei Formen folgen aus der ersten durch $\neg\neg$-Umsetzungen (mit $St21$).

$$\underline{St30.}\quad \begin{cases} \underline{a \wedge b \succ\!\!\prec \neg(\neg a \vee \neg b)} \\ \underline{\neg a \wedge b \succ\!\!\prec \neg(a \vee \neg b)} \\ \underline{a \wedge \neg b \succ\!\!\prec \neg(\neg a \vee b)} \\ \underline{\neg a \wedge \neg b \succ\!\!\prec \neg(a \vee b)} \end{cases}$$

Verneinungsgesetze der Disjunktion.

Die erste dieser Formen ergibt sich aus der letzten der Formen $St29$ durch Kontraposition gemäß $St26$. Die übrigen folgen dann wiederum durch $\neg\neg$-Umsetzungen.

Wir verwenden nun die bereits von der alternären Logik her vertraute

Erklärung. Zwei $\wedge\vee\neg$-Formen heißen zueinander dual, wenn sie bei Vertauschung der plazierten $\wedge$- und $\vee$-Verknüpfungen auseinander hervorgehen.

Satz 162 (Dualitätssatz der strikten Logik). — (1) Eine beweisbare strikte Äquivalenz $\mathfrak{a} \succ\!\!\prec \mathfrak{b}$ (wo $\mathfrak{a}$, $\mathfrak{b}$ bloße $\wedge\vee\neg$-Formen sind) geht wieder in eine beweisbare Äquivalenz über, wenn die beiden beteiligten Teilformen $\mathfrak{a}$, $\mathfrak{b}$ dualisiert werden. — (2) Eine beweisbare strikte Implikation $\mathfrak{a} \prec \mathfrak{b}$ (wo $\mathfrak{a}$, $\mathfrak{b}$ bloße $\wedge\vee\neg$-Formen sind) geht wieder in eine beweisbare Implikation $\mathfrak{b}^\circ \prec \mathfrak{a}^\circ$ über, wenn Vorder- und Hinterglied dualisiert und miteinander vertauscht werden.

Der *Nachweis* für (1) wird ganz wie in der Algebra der Logik Kap. I §§ 8, 11 (Satz 4—6) geführt:

Mit $\mathfrak{a} \succ\!\!\prec \mathfrak{b}$ gilt nach der Äquivalenzübertragungsregel $R10$ auch $\neg\mathfrak{a} \succ\!\!\prec \neg\mathfrak{b}$. In $\neg\mathfrak{a}$ und $\neg\mathfrak{b}$ können nun nach $R1$ alle Variablen durch ihre Negate ersetzt werden. Die beiden so entstandenen Teilformen lassen sich an Hand der drei „Verneinungsgesetze“ $St29.$ $a \vee b \succ\!\!\prec \neg(\neg a \wedge \neg b)$, $St30.$ $a \wedge b \succ\!\!\prec \neg(\neg a \vee \neg b)$, $St21.$ $a \succ\!\!\prec \neg\neg a$ in die zu $\mathfrak{a}$ bzw. $\mathfrak{b}$ dualen

Formen umsetzen. Da die Äquivalenz $\succ\!\prec$ der Umsetzungsregel *R*4 genügt, ist der Nachweis von S. 37f. wörtlich übertragbar.

Nachweis für (2). Mit $\mathfrak{a}\prec\mathfrak{b}$ ist $\neg\mathfrak{b}\prec\neg\mathfrak{a}$ gemäß Axiom *St*7 gültig. Die weitere Umformung verläuft nun wie unter (1).

Anwendungen des Dualitätssatzes:

*St*31. $a\vee b\succ\!\prec b\vee a$ (aus *St*14).

*St*32. $\begin{cases} a\prec a\vee b & \text{(aus } St3\text{)}. \\ b\prec a\vee b & \text{(aus } St16\text{)}. \end{cases}$

*St*33. $a\vee a\succ\!\prec a$ (aus *St*18).

*St*34. $a\vee(b\vee c)\succ\!\prec(a\vee b)\vee c$ (aus *St*19).

Textaufgabe. Man zeige: wenn eine Form der Gestalt $\mathfrak{a}\prec\mathfrak{b}\succ\!\prec\mathfrak{c}\prec\mathfrak{d}$ beweisbar ist (wo $\mathfrak{a}, \mathfrak{b}, \mathfrak{c}, \mathfrak{d}$ bloße $\wedge\vee\neg$-Formen sind), so ist auch $\mathfrak{b}^\circ\prec\mathfrak{a}^\circ\succ\!\prec\mathfrak{d}^\circ\prec\mathfrak{c}^\circ$ beweisbar, wenn — wie schon weiter oben — die zu einer Form $\mathfrak{e}$ duale Form mit $\mathfrak{e}^\circ$ bezeichnet wird. — Anwendungsbeispiel:

*St*35. $c\prec a\vee b\succ\!\prec\neg b\prec a\vee\neg c$ (Kontraposition mit disjunktivem Nebenglied), dual zur ersten Form *St*23.

Anmerkung. Ohne hier auch für *Regeln* den Dualitätssatz allgemein zu formulieren, bemerkt man, daß sie ebenfalls einer Dualisierung fähig sind. — Beispiel: Zu *R*12 dual ist die Regel

*R*15. $\dfrac{\mathfrak{a}\prec\mathfrak{c}\quad\mathfrak{b}\prec\mathfrak{c}}{\mathfrak{a}\vee\mathfrak{b}\prec\mathfrak{c}}$ Regel der strikten Vorderglied-Disjugation.

Ableitung. $\neg\mathfrak{c}\prec\neg\mathfrak{a}\quad\neg\mathfrak{c}\prec\neg\mathfrak{b}$ aus den Voraussetzungen durch Kontraposition gemäß *St*22.

$\therefore\ \neg\mathfrak{c}\prec\neg\mathfrak{a}\wedge\neg\mathfrak{b}$ durch Hinterglied-Konjugation gemäß *R*12.

$\therefore\ \neg\mathfrak{c}\prec\neg(\mathfrak{a}\vee\mathfrak{b})$ durch Verneinungs-Umsetzung (mit *St*30) im Hinterglied.

Nun wieder Kontraposition gemäß *St*22.

Aufgabe. Man leite die zu *R*11 dualen Regeln her:

*R*16. $\dfrac{\mathfrak{a}\prec\mathfrak{b}}{\mathfrak{c}\vee\mathfrak{a}\prec\mathfrak{c}\vee\mathfrak{b}}\qquad\dfrac{\mathfrak{a}\prec\mathfrak{b}}{\mathfrak{a}\vee\mathfrak{c}\prec\mathfrak{b}\vee\mathfrak{c}}$ „Regeln der $\vee$-Adjunktion".

§ 166. Fortsetzung der Herleitungen für die Disjunktion. Die strikte Logik als Booleescher Verband.

Es läßt sich eine ganze Reihe prägnanter strikter Beziehungen zwischen $\wedge$ und $\vee$ herleiten. Wir wollen uns jedoch zunächst auf die Herleitung der *Verband*eigenschaften einstellen. Dadurch werden wir methodische Hilfsmittel gewinnen, kraft deren die wichtigsten der darüber hinausgehenden Beziehungen sich dann ohne weiteres ergeben.

<u>*St* 36.</u> $\begin{cases} \underline{a \wedge b \prec c \succ\!\prec a \prec \neg b \vee c} \\ \underline{a \wedge \neg b \prec c \succ\!\prec a \prec b \vee c} \end{cases}$ Formen zur Überstellung eines Nebengliedes.

Beweis der ersten Form.

$a \wedge b \succ\!\prec b \wedge a$ ist *St* 14.

$\therefore$ $a \wedge b \prec c \succ\!\prec b \wedge a \prec c$ Äquivalenzübertragung gemäß *R* 10.

$\therefore$ $a \wedge b \prec c \succ\!\prec b \wedge \neg c \prec \neg a$ durch *St* 23 im Hinterglied.

$\therefore$ $a \wedge b \prec c \succ\!\prec a \prec \neg(b \wedge \neg c)$ durch *St* 22 im Hinterglied.

Nun *St* 29 ($\vee$-Einführung) im Hinterglied.

Die zweite Form ergibt sich aus der ersten durch Einsetzung mit nachfolgender $\neg\neg$-Beseitigung gemäß *St* 21.

<u>*St* 37. $a \wedge (b \vee \neg b) \succ\!\prec a$.</u>

Beweis. 1. $a \wedge (b \vee \neg b) \prec a$ nach *St* 3.

2. $a \wedge b \prec b$ nach *St* 16.

$\therefore$ $a \prec \neg b \vee b$ durch Überstellung gemäß *St* 36.

$\therefore$ $a \prec b \vee \neg b$ durch *St* 31 im Hinterglied.

$a \prec a$ ist *St* 11.

$\therefore\therefore$ $a \prec a \wedge (b \vee \neg b)$ durch Hintergliedkonjugation gemäß *R* 12.

3. Nun Äquivalenzbildung gemäß *R* 8 aus 1. und 2.

Anmerkung. Aus *St* 37 ergibt sich — durch Kommutierungen gemäß *St* 14 und *St* 15 und durch Einsetzung *R* 1 — für ein beliebiges einschlägiges $\mathfrak{a}$:

$\mathfrak{a} \succ\!\prec (b \vee \neg b) \wedge \mathfrak{a}$.

Diese Äquivalenz lehrt, daß die ‚Tertium-non-datur-Teilform' $b \vee \neg b$ ein $\mathfrak{s}$ der in der 1. Anmerkung von S. 432 gesuchten Art darstellt.

<u>*St* 38. $a \vee (b \wedge \neg b) \succ\!\prec a$.</u>

Diese Form ergibt sich unmittelbar aus *St* 37 durch Dualisierung gemäß Satz 162.

<u>*St* 39. $a \wedge (b \vee c) \succ\!\prec (a \wedge b) \vee (a \wedge c)$</u> Distributives Gesetz für $\wedge$.

Beweis. 1. $c \wedge a \prec (c \wedge a) \vee (b \wedge a)$ nach *St* 32.

$\therefore$ (*) $c \prec \neg a \vee ((c \wedge a) \vee (b \wedge a))$ durch Überstellung gemäß *St* 36.

$\therefore$ $c \prec \neg a \vee ((b \wedge a) \vee (c \wedge a))$ durch $\vee$-Kommutierung gemäß *St* 31 im Hinterglied.

$b \prec \neg a \vee ((b \wedge a) \vee (c \wedge a))$ aus (*) durch Einsetzung gemäß *R* 1.

$\therefore\therefore$	$b\vee c \prec \neg a\vee((b\wedge a)\vee(c\wedge a))$	durch Vordergliedisjugation gemäß *R*15.
$\therefore$	$(b\vee c)\wedge a \prec (b\wedge a)\vee(c\wedge a)$	durch Überstellung gemäß *St*36.
	$a\wedge(b\vee c) \prec (a\wedge b)\vee(a\wedge c)$	durch $\wedge$-Kommutierungen gemäß *St*14.

2. $b \prec b\vee c$ nach *St*32.

$\therefore$ (*) $a\wedge b \prec a\wedge(b\vee c)$ durch $\wedge$-Adjunktion gemäß *R*11.

$c \prec b\vee c$ nach *St*32.

$\therefore$ (*) $a\wedge c \prec a\wedge(b\vee c)$ durch $\wedge$-Adjunktion gemäß *R*11.

$\therefore\therefore$ $(a\wedge b)\vee(a\wedge c) \prec a\wedge(b\vee c)$ durch Vordergliedisjugation gemäß *R*15 aus den beiden mit (*) gekennzeichneten Formen.

3. Nun Äquivalenzbildung aus 1. und 2. —

Als unmittelbare Folgerung aus *St*39, die man durch Dualisierung gemäß Satz 162 erhält, sei gleich hier angeschlossen:

*St*40. $a\vee(b\wedge c) \succ\!\prec (a\vee b)\wedge(a\vee c)$ Distributives Gesetz für $\vee$.

Wir haben nun bereits das zu Eingang dieses Paragraphen gesteckte Ziel, die für einen Verband charakteristischen Formeln herzuleiten, erreicht.

Satz 163. Die strikte Logik der Axiome *St*1—10 und der Regeln *R*1—4 bildet einen Booleschen Verband bei Interpretation der strikten Äquivalenz $\succ\!\prec$ als Umformungsgleichheit $\equiv$.

Nachweis. In der Tat haben wir sämtliche sieben Gesetze $V\beta$ von S. 27 erhalten, die nach Satz 7 einen Booleschen Verband aufspannen. Man vergleiche:

$V8\beta$ ist *St*18		$V7\beta$ ist *St*37	
$V2\beta$ ist *St*14		$V12\beta$ ist *St*29	(vierte Form), bis auf Vertauschung der Seiten gemäß *St*15
$V3\beta$ ist *St*19		$V13$ ist *St*21.	
$V5\beta$ ist *St*39			

Daß die drei Umformungsgesetze des Verbandes (§ 10) ebenfalls von der Verknüpfung $\succ\!\prec$ der strikten Logik erfüllt werden, erkennt man wie folgt:

Zu *U*1.

1. $\mathfrak{a} \succ\!\prec \mathfrak{a}$ nach *St*12.
2. Mit $\mathfrak{a} \succ\!\prec \mathfrak{b}$ ist $\mathfrak{b} \succ\!\prec \mathfrak{a}$.

Dies wurde weiter oben bereits benutzt; es folgt hier die *ausführliche*

Herleitung. $\mathfrak{a} \succ\!\prec \mathfrak{b} \succ\!\prec \mathfrak{b} \succ\!\prec \mathfrak{a}$ nach *St* 15.

$\therefore \quad \mathfrak{a} \succ\!\prec \mathfrak{b} \prec \mathfrak{b} \succ\!\prec \mathfrak{a}$ gemäß *St* 17.

Nun strikter Grundschluß gemäß *R* 2.

3. Mit $\mathfrak{a} \succ\!\prec \mathfrak{b}$ und $\mathfrak{b} \succ\!\prec \mathfrak{c}$ ist $\mathfrak{a} \succ\!\prec \mathfrak{c}$ gemäß *R* 7.

Zu *U* 2. Die Einsetzungsregel gilt für die strikte Logik ebenso wie für den BOOLEschen Verband.

Zu *U* 3. Die Gültigkeit der Umsetzungsregel in ihrer in § 10 zunächst angegebenen 1. Fassung ist durch die Umsetzungsregel *R* 4 (anzuwenden auf eine strikte Äquivalenzform, die $\mathfrak{a}$ als Teilform enthält) gewährleistet. — Man kann auch explizit so schließen: Die verbandstheoretische Umsetzungsregel (d.i. die Umsetzungsregel für $\wedge\vee\neg$-Formen mit $\succ\!\prec$ anstelle von $=\!=$) läßt sich — in Analogie zu der Aufgabe von S. 170 — in ihrer zweiten Fassung $U3°$ von S. 33 (vgl. auch die ‚4. Fassung' aus § 64) durch die folgenden Schlußregeln ausdrücken:

$$\alpha.\quad \frac{\mathfrak{a} \succ\!\prec \mathfrak{b}}{\mathfrak{a} \wedge \mathfrak{c} \succ\!\prec \mathfrak{b} \wedge \mathfrak{c}}, \qquad \frac{\mathfrak{a} \succ\!\prec \mathfrak{b}}{\mathfrak{c} \wedge \mathfrak{a} \succ\!\prec \mathfrak{c} \wedge \mathfrak{b}}.$$

$$\beta.\quad \frac{\mathfrak{a} \succ\!\prec \mathfrak{b}}{\mathfrak{a} \vee \mathfrak{c} \succ\!\prec \mathfrak{b} \vee \mathfrak{c}}, \qquad \frac{\mathfrak{a} \succ\!\prec \mathfrak{b}}{\mathfrak{c} \vee \mathfrak{a} \succ\!\prec \mathfrak{c} \vee \mathfrak{b}}.$$

$$\gamma.\quad \frac{\mathfrak{a} \succ\!\prec \mathfrak{b}}{\neg \mathfrak{a} \succ\!\prec \neg \mathfrak{b}}.$$

Die Regeln α bzw. β führen sich mit *St* 13 zurück auf die Regel der $\wedge$-Adjunktion *R* 11 bzw. auf die Regel der $\vee$-Adjunktion *R* 16. Die Regel γ führt sich mit *St* 13 zurück auf die Form zur Kontraposition *St* 22.

Folgerung aus Satz 163. Alle für BOOLEsche Verbände gültigen Gleichheiten sind in Gestalt strikter Äquivalenzen beweisbar.

Beispiele.

St 41. $a \vee \neg a \succ\!\prec b \vee \neg b.$

St 42. $a \wedge \neg a \succ\!\prec b \wedge \neg b.$

Anmerkung. Die letzten Formen *St* 41 und *St* 42 gestatten, in die strikte Logik die Zeichen $\curlyvee$ und $\curlywedge$ einzuführen, vgl. § 6. Für sie gelten die Äquivalenzen $a \wedge \curlywedge \succ\!\prec \curlywedge$, $a \vee \curlywedge \succ\!\prec a$, $a \wedge \curlyvee \succ\!\prec a$, $a \vee \curlyvee \succ\!\prec \curlyvee$, $\neg \curlywedge \succ\!\prec \curlyvee$, $\neg \curlyvee \succ\!\prec \curlywedge$.

Aufgaben. 1. Als weiteres Beispiel für die obige Folgerung aus Satz 163 zu zeigen: $a \wedge (\neg a \vee b) \succ\!\prec a \wedge b$.

2. Zu beweisen: $(a \vee c) \wedge (b \vee \neg c) \prec a \vee b$, $a \wedge b \prec (a \wedge c) \vee (b \wedge \neg c)$.

§ 167. Einbeziehung der alternären Implikation. Einige Sätze über die strikte Beweisbarkeit.

Bevor wir zu weiteren Folgerungen übergehen, wollen wir die alternäre Implikation und Äquivalenz durch ihre in der alternären Logik üblichen Definitionen einbeziehen:

Definitionen: $\mathfrak{a} \twoheadrightarrow \mathfrak{b} \;\approx\!:\; \neg\mathfrak{a} \vee \mathfrak{b}.$

$\mathfrak{a} \leftrightarrow \mathfrak{b} \;\approx\!:\; (\mathfrak{a} \twoheadrightarrow \mathfrak{b}) \wedge (\mathfrak{b} \twoheadrightarrow \mathfrak{a}).$

$\twoheadrightarrow$ und $\leftrightarrow$ sind innerhalb der strikten Logik bloße Abkürzungen ohne zentrale Bedeutung. Sie werden jedoch in syntaktischen Betrachtungen *über* die strikte Logik von größerem Nutzen sein.

Die Verabredung zur *Klammerersparnis* wird sinngemäß auf die Verknüpfung $\twoheadrightarrow$ ausgedehnt: 1. Bezüglich $\twoheadrightarrow$, $\wedge$, $\vee$, $\neg$ gelten die Klammerersparnisregeln der alternären Logik. 2. $\prec$ herrscht (wo keine Klammerung oder sonstige Verabredung dem entgegensteht) über $\twoheadrightarrow$. Beispiel: $\mathfrak{a} \twoheadrightarrow \mathfrak{b} \prec \mathfrak{c}$ steht für $(\mathfrak{a} \twoheadrightarrow \mathfrak{b}) \prec \mathfrak{c}$.

Mit der Definitionsäquivalenzregel $R9$ hat man:

*St*43. $a \twoheadrightarrow b \succ\!\prec \neg a \vee b.$

*St*44. $a \leftrightarrow b \succ\!\prec (a \twoheadrightarrow b) \wedge (b \twoheadrightarrow a).$

Es sei hier zunächst lediglich e i n e $\twoheadrightarrow\prec$-Form angeführt:

*St*45. $a \prec b \prec a \twoheadrightarrow b.$

Beweis. $a \wedge (a \prec b) \prec b$ nach *St*5.

$\therefore\; (a \prec b) \wedge a \prec b$ durch *St*14 im Vorderglied.

$\therefore\; a \prec b \prec \neg a \vee b$ durch Überstellung gemäß *St*36.

Nun Umsetzung im Hinterglied mit *St*43.

Hilfsatz. (1) Jede strikt beweisbare $\wedge\vee\neg\twoheadrightarrow\leftrightarrow\prec\succ\!\prec$-Form geht bei Ersetzung des $\prec$ durch $\twoheadrightarrow$ und des $\succ\!\prec$ durch $\leftrightarrow$ in eine Wahrform über; (2) insbesondere ist jede strikt beweisbare $\wedge\vee\neg\twoheadrightarrow\leftrightarrow$-Form eine Wahrform.

Zum *Nachweis* von (1) ersetzt man im strikten Beweise B einer Form $\mathfrak{e}$ überall das Zeichen $\prec$ durch $\twoheadrightarrow$ und das Zeichen $\succ\!\prec$ durch $\leftrightarrow$. Bei dieser Ersetzung, die — als neue Interpretation der implikativen Verknüpfung angesehen — den Unterschied zwischen $\prec$ und $\twoheadrightarrow$ verwischt, geht jedes strikte Axiom — und auch jede zu einer Definition gehörige Äquivalenz — in eine Wahrform und jede der Schlußregeln $R1$—4 des § 162 in eine ableitbare Regel der alternären Aussagenlogik über. Der Beweis B besteht also nach dieser Ersetzung nur aus Wahrformen; insbesondere ist die Endformel $\mathfrak{e}$ in eine Wahrform übergegangen.

Abs. (2) des Hilfsatzes ist Spezialfall von (1). —

Im Gegensatz zu der Form $a \prec b \twoheadrightarrow a$ (s. später *St*47) ist die Form $a \prec b \prec a$, wie in § 187 gezeigt werden wird, nicht einmal in dem dort behandelten, *verschärften* strikten Kodifikat beweisbar. — Schon hier läßt sich erkennen:

Satz 164. Die Zufügung der Form zur Vordergliedvorschaltung $a \prec b \prec a$ zu den Axiomen *St* 1—10 erweitert das Kodifikat des § 162 bereits zur *alternären* Aussagenlogik, wobei $\prec$ die Rolle der alternären Implikation übernimmt.

Nachweis. $a \prec b \prec a$ sei beweisbar.

$\therefore$	$\neg a \prec a \prec b$	nach Satz 160.
	$b \prec a \prec b$	aus der vorausgesetzten Form durch Einsetzung.
$\therefore\ \therefore$	$\neg a \vee b \prec a \prec b$	durch Vorderglieddisjugation gemäß *R* 15.
$\therefore$	$a \rightarrow b \prec a \prec b$	durch *St* 43 im Vorderglied.
$\therefore$	$a \rightarrow b \succ\!\prec a \prec b$	aus der letzten Form und aus *St* 45 durch Äquivalenzbildung gemäß *R* 8. —

Diese Form gestattet, gemäß *R* 4 jede strikte Implikation $\prec$ in die alternäre umzusetzen und umgekehrt. Wegen *St* 13, 44 gilt dasselbe für die Äquivalenz. — Nun der unten — ohne Benutzung des Satzes 164 — nachgewiesene Satz 165 (3) und der Nachweis zu Hilfsatz (1) [Textaufgabe].

Aufgaben (jetzt wieder *ohne* die Annahme des Satzes 164).

1. Herzuleiten: $a \leftrightarrow b \succ\!\prec (a \wedge b) \vee (\neg a \wedge \neg b)$.

2. Abzuleiten: $\dfrac{\mathfrak{a} \prec \mathfrak{b}}{\mathfrak{c} \rightarrow \mathfrak{a} \prec \mathfrak{c} \rightarrow \mathfrak{b}}$, $\dfrac{\mathfrak{a} \prec \mathfrak{b}}{\mathfrak{b} \rightarrow \mathfrak{c} \prec \mathfrak{a} \rightarrow \mathfrak{c}}$.

3. Abzuleiten: $\dfrac{\mathfrak{a} \rightarrow \mathfrak{b} \prec \mathfrak{c}}{\mathfrak{a} \prec \mathfrak{b} \prec \mathfrak{c}}$.

Anmerkung zur letzten Regel: Die inverse Regel ist nicht ableitbar.

Satz 165 (1). Für zwei $\wedge\vee\neg\rightarrow\leftrightarrow$-Formen (d.h. von den Verknüpfungszeichen $\prec$, $\succ\!\prec$ freie Formen) $\mathfrak{a}$, $\mathfrak{b}$ ist die strikte Äquivalenz $\mathfrak{a} \succ\!\prec \mathfrak{b}$ *dann und nur dann* beweisbar, wenn die alternäre Äquivalenz $\mathfrak{a} \leftrightarrow \mathfrak{b}$ Wahrform ist.

Nachweis. Erstens: Wenn $\mathfrak{a} \leftrightarrow \mathfrak{b}$ Wahrform ist, so ist $\mathfrak{a} \succ\!\prec \mathfrak{b}$ strikt beweisbar. — Wenn nämlich $\mathfrak{a} \leftrightarrow \mathfrak{b}$ Wahrform ist, so sind $\mathfrak{a}$ und $\mathfrak{b}$, wie die Wahrheitstafel für $\leftrightarrow$ (S. 89) lehrt, „wertverlaufsgleich". Die Verbandsgesetze führen dann auf $\mathfrak{a} = \mathfrak{b}$ (Satz 24). Nun die Folgerung aus Satz 163.

Zweitens: Daß umgekehrt $\mathfrak{a} \leftrightarrow \mathfrak{b}$ Wahrform ist, sobald $\mathfrak{a} \succ\!\prec \mathfrak{b}$ strikt beweisbar ist, sagt der Teil (1) des vorangegangenen Hilfsatzes aus. —

Satz 165 (2). Für zwei $\wedge\vee\neg\rightarrow\leftrightarrow$-Formen $\mathfrak{a}$, $\mathfrak{b}$ ist die strikte Implikation $\mathfrak{a} \prec \mathfrak{b}$ dann und nur dann beweisbar, wenn die alternäre Implikation $\mathfrak{a} \rightarrow \mathfrak{b}$ Wahrform ist.

Nachweis. Nach Satz 161 ist $\mathfrak{a} \prec \mathfrak{b}$ mit $\mathfrak{a} \succ\!\prec \mathfrak{a} \wedge \mathfrak{b}$ deduktionsgleich. Andererseits ist $\mathfrak{a} \to \mathfrak{b}$ dann und nur dann Wahrform, wenn $\mathfrak{a} \leftrightarrow \mathfrak{a} \wedge \mathfrak{b}$ Wahrform ist (Bestätigung als Textaufgabe. Die Formen haben gleiche Wertverläufe, s. § 32.) Nun führt Satz 165 (1) auf die Behauptung.

Anwendungsbeispiele.

St46. $a \prec b \vee \neg b, \quad b \wedge \neg b \prec a.$

St47. $a \prec b \to a, \quad \neg a \prec a \to b.$

Betreffs der ersten Form St47 vgl. auch die dem Satz 164 vorangestellte Bemerkung.

Weitere Beispiele:

$a \to b \prec a \wedge c \to b \wedge c, \qquad a \to b \prec a \vee c \to b \vee c$

$a \to b \prec c \to a \longrightarrow c \to b, \qquad a \to b \prec b \to c \longrightarrow a \to c.$

Satz 165 (3). Eine $\wedge\vee\neg\to\leftrightarrow$-Form (d.i. eine von den Verknüpfungszeichen $\prec$ und $\succ\!\prec$ freie Form) ist dann und nur dann beweisbar, wenn sie Wahrform ist.

Nachweis. 1) Die $\wedge\vee\neg\to\leftrightarrow$-Form $\mathfrak{c}$ sei Wahrform. Dann ist auch $a \to a \longrightarrow \mathfrak{c}$ Wahrform. Daher hat man

$a \to a \prec \mathfrak{c}$ nach Satz 165 (2).

$\therefore$ $a \prec a \prec \mathfrak{c}$ durch St45 im Vorderglied.

$\therefore$ $\mathfrak{c}$ durch strikten Grundschluß (gemäß $R$2) mit St11.

2) Der Umkehrungsteil des Satzes ist der Teil (2) des weiter oben nachgewiesenen Hilfsatzes.

Anwendungsbeispiele.

St48. $a \vee \neg a$, die aussagenlogische Form zum Tertium non datur.

St49. $\neg(a \wedge \neg a)$, die aussagenlogische Form zum Satz vom Widerspruch.

Aufgabe. St48, 49 direkt mit St11, 45, 43 und 29 zu beweisen.

Folgerungen aus den Sätzen 165 (2) und (3):

1. Folgerung. Für bloße $\wedge\vee\neg\to\leftrightarrow$-Formen $\mathfrak{a}, \mathfrak{b}$ gilt:
$\mathfrak{a} \prec \mathfrak{b} \approx \mathfrak{a} \to \mathfrak{b}$, d.h. $\mathfrak{a} \prec \mathfrak{b}$ ist mit $\mathfrak{a} \to \mathfrak{b}$ deduktionsgleich.

Nachweis aus den Sätzen 165 (2), (3) mit St45 und R 2; Textaufgabe.

2. Folgerung. Für bloße $\wedge\vee\neg\to\leftrightarrow$-Formen $\mathfrak{a}$ und $\mathfrak{b}$ des strikten Begriffsnetzes sind die Schlußregeln

$$\frac{\mathfrak{a}}{\mathfrak{b} \prec \mathfrak{a}} \quad \text{und} \quad \frac{\neg\mathfrak{a}}{\mathfrak{a} \prec \mathfrak{b}} \quad \text{abhängig.}$$

Nachweis für die erste Schlußregel: Mit $\mathfrak{a}$ und $\mathfrak{a} \prec \mathfrak{b} \to \mathfrak{a}$ (St47 erste Form) ergibt sich durch strikten Grundschluß: $\mathfrak{b} \to \mathfrak{a}$. Die 1. Folgerung führt nun auf $\mathfrak{b} \prec \mathfrak{a}$. — Der Nachweis für die zweite genannte Schlußregel verläuft ganz entsprechend. Man geht hier von der zweiten Form von St47 aus.

Satz 166. — (1) Wenn $\mathfrak{a}^*\leftrightarrow\mathfrak{b}^*$ Beiform einer $\wedge\vee\neg\rightarrow\leftrightarrow$-Wahrform $\mathfrak{a}\leftrightarrow\mathfrak{b}$ ist, so ist $\mathfrak{a}^*$ in $\mathfrak{b}^*$ umsetzbar. — (2) Wenn $\mathfrak{a}^*\rightarrow\mathfrak{b}^*$ Beiform einer $\wedge\vee\neg\rightarrow\leftrightarrow$-Wahrform $\mathfrak{a}\rightarrow\mathfrak{b}$ ist, so ist mit einer Form der Gestalt $\mathfrak{c}\prec\mathfrak{a}^*$ auch $\mathfrak{c}\prec\mathfrak{b}^*$ — und ebenso mit einer Form der Gestalt $\mathfrak{b}^*\prec\mathfrak{d}$ auch $\mathfrak{a}^*\prec\mathfrak{d}$ — beweisbar.

Nachweis zu (1) aus Satz 165 (1) mit $R1$ und $R4$; Nachweis zu (2) aus Satz 165 (2) mit $R1$ und $R6$. Beide Nachweise seien als Textaufgaben gestellt.

Aufgabe. Man beweise mit $St36$ die der (Im- und) Exportationsform ähnliche, jedoch wesentlich schwächere Form $a\wedge b\prec c \succ\!\prec a\prec(b\rightarrow c)$.

§ 168. Fundamentale Umformungen der strikten Implikation. — Verträglichkeit.

Zum Abschluß des engeren Teiles der strikten Aussagenlogik mögen noch einige Äquivalenzen bewiesen werden, auf deren linker Seite die strikte Implikation steht. Diese Aussagenformen werden uns an späterer Stelle gute Dienste leisten.

$St50.$ $\begin{cases} a\prec b \succ\!\prec a\wedge\neg b\prec\neg(a\wedge\neg b). \\ a\prec b \succ\!\prec \neg(a\rightarrow b)\prec a\rightarrow b. \end{cases}$

Beweis der ersten Form.

$b\succ\!\prec b\vee b$ nach $St33$ und 15.

$\therefore\ a\prec b \succ\!\prec a\prec b\vee b$ durch Äquivalenzübertragung gemäß $R10$ (oder auch mit der Regel aus der Aufgabe von S. 434).

$\therefore\ a\prec b \succ\!\prec a\wedge\neg b\prec b$ durch Überstellung rechterhand, d. h. Umsetzung mit $St36$.

$\therefore\ a\prec b \succ\!\prec (a\wedge a)\wedge\neg b\prec b$ durch $St18$ rechterhand.

$\therefore\ a\prec b \succ\!\prec a\wedge(a\wedge\neg b)\prec b$ durch $St19$ rechterhand.

$\therefore\ a\prec b \succ\!\prec (a\wedge\neg b)\wedge a\prec b$ durch $St14$ rechterhand.

$\therefore\ a\prec b \succ\!\prec a\wedge\neg b\prec\neg a\vee b$ durch Überstellung gemäß $St36$ rechterhand.

Nun Umsetzung des rechten Hintergliedes mit $St29$.

Die zweite Form folgt aus der ersten wieder durch aussagenlogische Umsetzung mit einer gemäß Satz 165 (1) beweisbaren Äquivalenz.

$St51.$ $\begin{cases} a\prec b \succ\!\prec a\prec a\wedge b. \\ a\prec b \prec a\prec a\wedge b. \\ a\prec a\wedge b \prec a\prec b. \end{cases}$

Beweis der ersten Form.

$a\prec b \succ\!\prec \neg(a\rightarrow b)\prec a\rightarrow b$ nach $St50$.

$a \prec b \succ\!\prec \neg(a \twoheadrightarrow a \wedge b) \prec a \twoheadrightarrow a \wedge b$ durch Umsetzungen rechterhand mit der Form $a \twoheadrightarrow b \succ\!\prec a \twoheadrightarrow a \wedge b$, die sich gemäß Satz 165 (1) aus einer $\wedge \twoheadrightarrow \leftrightarrow$-Wahrform ergibt.

Nun *St* 50 rechterhand.

Die beiden restlichen Formen *St* 51 ergeben sich aus der ersten durch Äquivalenzverjüngung gemäß *St* 17.

Aufgaben. Zu beweisen:

1. $a \prec b \succ\!\prec a \vee b \prec b$,
2. $(a \wedge b \prec c) \wedge (a \wedge \neg b \prec c) \prec a \prec c$,
3. $(\neg a \prec a) \wedge (a \wedge b \prec c) \prec b \prec c$. —

Eine wichtige, in der strikten Logik definierbare Verknüpfung ist *die Verträglichkeit:*

Definition: $\mathfrak{a} \circ \mathfrak{b} \approx: \neg(\mathfrak{a} \prec \neg \mathfrak{b})$.

$\mathfrak{a} \circ \mathfrak{b}$ ist zu lesen: „$\mathfrak{a}$ verträglich mit $\mathfrak{b}$".

Anmerkung. Die entsprechende, von der *alternären* Implikation ausgehende Aussagenform $\neg(\mathfrak{a} \twoheadrightarrow \neg \mathfrak{b})$ führt, wie man unmittelbar durch Ausrechnung der Wahrheitstafel erkennt, auf $\mathfrak{a} \wedge \mathfrak{b}$. — Die Negation führt also auf die Verknüpfung $\mathfrak{a} \overline{\wedge} \mathfrak{b}$ des § 38 — in anderer Symbolisierung: $\mathfrak{a}/\mathfrak{b}$ —, die in der Literatur vielfach als „Unverträglichkeit" bezeichnet wird, obwohl dieser Terminus im üblichen Sprachgebrauch mehr bedeutet als das bloße Nichtzugleichbestehen, vgl. hierzu die Anmerkung von S. 95. — In der strikten Logik fallen die Konjunktion $\mathfrak{a} \wedge \mathfrak{b}$ und die Verträglichkeit $\neg(\mathfrak{a} \prec \neg \mathfrak{b})$ völlig auseinander. —

Verabredung zur *Klammerersparnis.* $\prec$ herrscht (wo keine Klammerung oder sonstige Verabredung dem entgegensteht) über $\circ$; Beispiel: $\mathfrak{a} \circ \mathfrak{b} \prec \mathfrak{c}$ steht für $(\mathfrak{a} \circ \mathfrak{b}) \prec \mathfrak{c}$.

St 52. (1) $a \circ b \succ\!\prec \neg(a \prec \neg b)$.
(2) $a \circ b \succ\!\prec \neg(b \prec \neg a)$.

St 52 (1) entfließt aus der Definition des $\circ$ unmittelbar gemäß der Definitionsregel *R* 9. — (2) ergibt sich aus (1) durch Kontraposition (Umsetzung mit *St* 22) rechterhand.

St 53. $a \circ b \succ\!\prec b \circ a$ (Kommutativität des $\circ$).

Beweis. $a \circ b \succ\!\prec \neg(b \prec \neg a)$ nach *St* 52 (2).

Nun *St* 52 (1) rechterhand.

St 54. $a \prec b \succ\!\prec \neg(a \circ \neg b)$ (Zurückführung des $\prec$ auf $\neg$ und $\circ$).

Beweis. $a \circ \neg b \succ\!\prec \neg(a \prec \neg\neg b)$ nach *St* 52 (1).

$\therefore$ $\neg(a \circ \neg b) \succ\!\prec \neg\neg(a \prec \neg\neg b)$ durch Kontraposition gemäß *St* 22.

Nun $\neg\neg$-Beseitigungen gemäß *St* 21 und Äquivalenzkommutierung gemäß *St* 15.

*St*55. $\neg(a \circ \neg a)$.

Beweis. $a \prec a$ nach *St*11.
Nun Umsetzung mit *St*54.

*St*56. $a \wedge b \prec a \circ b$.

Beweis. $a \wedge b \prec \neg(a \prec \neg b)$ nach *St*27 (1).
Nun $\circ$-Einführung gemäß *St*52 (1).

*St*57. $a \prec a \circ a$.

Beweis. $a \wedge a \prec a \circ a$ nach *St*56.
Nun *St*4 im Vorderglied.

[Aufgabe. Man beweise *St*57 über *St*52 (1), 22, 28.]

Anmerkung. Betreffs der zu *St*57 inversen Implikation $a \circ a \prec a$, die mit *St*57 zusammen die strikte Äquivalenz $a \circ a \succ\prec a$ nach sich ziehen würde, vgl. später § 172.

*St*58. $(a \wedge b) \circ c \succ\prec (a \wedge c) \circ b$ koassoziatives Gesetz für $\wedge$ und $\circ$.

Beweis. $\neg(a \wedge b \prec \neg c) \succ\prec \neg(a \wedge c \prec \neg b)$ aus *St*23 durch Äquivalenzübertragung gemäß *R*10.
Nun beiderseits *St*52 (1).

Weitere fundamentale Aussagenformen zur „Verträglichkeit" werden sich nach Einbeziehung neuer Axiome ergeben, man vgl. später *St*71 bis *St*74 und *Sm*37 bis 41.

Textaufgabe. Man zeige:

*St*59. $(a \circ b) \wedge (a \prec c) \prec c \circ b$.

Abschließend sei bereits hier bemerkt: Die Verträglichkeit ist *nicht reflexiv* — d.h. im Gegensatz zu *St*57 gilt nicht $a \circ a$ —, *nicht assoziativ* — d.h. im Gegensatz zu *St*58 gilt nicht $a \circ (b \circ c) \succ\prec (a \circ b) \circ c$ (s. hierzu später § 187) — und *nicht transitiv* — d.h. es gilt nicht $(a \circ b) \wedge (b \circ c) \prec (a \circ c)$. Alle drei genannten Formen werden auch in der später behandelten „verschärften" strikten Logik nicht gelten.

Weitere *Aufgaben.* Man zeige auf Grund der Form zur $\circ$-Einführung, *St*52 (1):

1. Das (gemäß der obigen vorausgreifenden Bemerkung nicht gültige) assoziative Gesetz für $\circ$ ist deduktionsgleich der strikten Form zum Vordergliedtausch:

$(a \circ b) \circ c \succ\prec a \circ (b \circ c) \quad \approx \quad a \prec b \prec c \prec b \prec a \prec c$.

2. Jede der Formen $a \circ b \prec a$, $a \circ b \prec b$ ist deduktionsgleich der strikten Form zur Vordergliedvorschaltung:

$a \circ b \prec a \approx a \prec b \prec a, \quad a \circ b \prec b \approx a \prec b \prec a$.

Kapitel XXX.

Eine erste Erweiterung der strikten Logik.

§ 169. Unabhängige Formen von striktem Charakter.

Die strikte Logik war so angelegt, daß nicht zu jeder Schlußregel die zugehörige implikative Form beweisbar ist (vgl. die ‚abschließende Bemerkung' S. 432). In § 164 wurde vorausschauend angemerkt, daß die zu den Schlußregeln *R*11 bis *R*13 gehörigen implikativen Formen nicht ohne Erweiterung des bisherigen Axiomensystems der Formen *St*1—10 herleitbar seien. Dasselbe gilt auch für eine Reihe weiterer, inzwischen hergeleiteter Schlußregeln. Es seien hier zunächst einmal die implikativen Formen zu *R*11 und zu den ersten beiden in der Aufgabe von S. 439 angeführten Schlußregeln herausgegriffen. Diese implikativen Formen, deren Unabhängigkeit weiter unten gezeigt werden wird, lassen sich mit bloßer einmaliger Anwendung der folgenden Schlußregel erhalten

$$\frac{\mathfrak{z} \qquad \mathfrak{z} \wedge \mathfrak{a} \prec \mathfrak{b}}{\mathfrak{a} \prec \mathfrak{b}},$$

die wir als Regel zum „Abhängen eines bewiesenen Vorderkonjunktionsgliedes" bezeichnen können, m. a. W. *sie haben die Gestalt* $\mathfrak{a} \prec \mathfrak{b}$, *wobei für ein bereits hergeleitetes* $\mathfrak{z}$ *die Form* $\mathfrak{z} \wedge \mathfrak{a} \prec \mathfrak{b}$ *herleitbar ist.* (Manchmal ist es übrigens bequemer, die durch Umsetzung mit *St*14 hervorgehende Form $\mathfrak{a} \wedge \mathfrak{z} \prec \mathfrak{b}$ zu betrachten.)

Herleitung der in Rede stehenden implikativen Formen bei Heranziehung dieser Schlußregel:

1. $a \prec b \wedge c \prec a \prec b$ (Form zur ersten Regel der Aufgabe von S. 439).
Herleitbar ist
$(a \prec b \wedge c) \wedge (b \wedge c \prec b) \prec a \prec b$ nach *St*6;
hier ist $\mathfrak{z} \equiv: b \wedge c \prec b$ beweisbar nach *St*3.

2. $a \prec b \prec a \wedge c \prec b$ (Form zur zweiten Regel der Aufgabe von S. 439).
Herleitbar ist
$(a \wedge c \prec a) \wedge (a \prec b) \prec a \wedge c \prec b$ nach *St*6;
hier ist $\mathfrak{z} \equiv: a \wedge c \prec a$ beweisbar nach *St*3.

3. $a \prec b \prec a \wedge c \prec b \wedge c$ (Form zur $\wedge$-Adjunktion *R*11).
Herleitbar ist
$(a \prec b) \wedge (b \wedge c \prec b \wedge c) \prec a \wedge c \prec b \wedge c$ nach *St*24;
hier ist $\mathfrak{z} \equiv: b \wedge c \prec b \wedge c$ beweisbar nach *St*11.

Satz 167. Die drei oben genannten Formen 1., 2., 3. (die später mit *St*60, *St*62 und *St*64 bezeichnet werden) sind von den Axiomen *St*1—10 und den Schlußregeln *R*1—4 des § 162 unabhängig.

Dem Nachweis dieses Satzes seien einige unmittelbare Folgerungen vorausgeschickt.

Folgerungen. 1. Die oben angeführte Regel zum „Abhängen eines Vorderkonjunktionsgliedes" und die Exportationsregel (S. 433) sind (explizit und implizit) von den Axiomen *St*1—10 und den Regeln *R*1—4 *unabhängig*. Betreffs der erstgenannten Regel folgt das aus der dem Satz vorausgehenden Überlegung, und betreffs der Exportation erkennt man: aus ihr würde durch Grundschluß unmittelbar die Regel zum Abhängen eines Vorderkonjunktionsgliedes ableitbar werden (Textaufgabe). — 2. Die Regel der Vordergliedvorsetzung $\frac{\mathfrak{a} \prec \mathfrak{b}}{\mathfrak{c} \prec \mathfrak{a} \prec \mathfrak{c} \prec \mathfrak{b}}$ ist ebenfalls unabhängig, da die erste der erwähnten Formen, von denen Satz 167 handelt, von *St*3 aus mit dieser Regel unmittelbar beweisbar wird (Textaufgabe).

Der *Nachweis* des Satzes 167 läßt sich an Hand der folgenden Quasiwahrheitswertung (s. hierzu § 46) führen.

	$a \wedge b$: $b=0$	1	2	3	$\neg a$	$a \prec b$: $b=0$	1	2	3
$a=0$	0	1	2	3	3	1	3	2	3
1	1	1	3	3	2	1	1	2	2
2	2	3	2	3	1	1	3	1	3
3	3	3	3	3	0	1	1	1	1

Ausgezeichnete Werte: 0 und 1.

Neben den normaldeduktiven Schlußregeln *R*1 und *R*2 sind auch die elementaren Schlußregeln *R*3 und *R*4 als erfüllt nachzuweisen.

Zur Einsetzungsregel *R*1. Die Einsetzungsregel ist bei jeder Quasiwahrheitswertung trivialerweise erfüllt.

Zur Grundschlußregel *R*2. Das in der $\prec$-Tafel oben rechts abgegrenzte Viererfeld enthält nur die nichtausgezeichneten Werte 2 und 3. Daher erhält $0 \prec b$ bzw. $1 \prec b$ die Werte 0 oder 1 nur für $b = 0$ oder 1. (Die nichtkursiven Buchstaben bezeichnen wie früher Belegungswerte, vgl. hierzu die Verabredung zur Schreibweise von § 46, S. 118.) Die Grundschlußregel *R*2 ist also erfüllt.

Zur Regel der Konjunktionsbildung *R*3. Das in der $\wedge$-Tafel oben links abgegrenzte Viererfeld enthält nur ausgezeichnete Werte, daher ist für a und $b = 0$ oder 1 stets auch $a \wedge b = 0$ oder 1. Die Regel *R*3 zur Konjunktionsbildung ist also erfüllt.

Zur Umsetzungsregel *R*4. Die $\prec$-Tafel enthält außerhalb ihrer Hauptdiagonalen $\diagdown$ kein Paar ausgezeichneter Werte, die zur Hauptdiagonalen symmetrisch liegen, d.h. $a \prec b$ und $b \prec a$ werden beide ausgezeichnet nur für $a = b$.

Die $\wedge$-Tafel enthält ausgezeichnete Werte nur in dem oben links abgegrenzten Viererfeld, d.h. $\mathrm{a} \wedge \mathrm{b}$ wird ausgezeichnet *nur* wenn a und b ausgezeichnet sind.

Daher wird $(\mathrm{a} \prec \mathrm{b}) \wedge (\mathrm{b} \prec \mathrm{a})$ ausgezeichnet *nur* für $\mathrm{a} = \mathrm{b}$, m.a.W. (nach der Def. des $\succ\!\prec$): $\mathrm{a} \succ\!\prec \mathrm{b}$ wird ausgezeichnet nur für $\mathrm{a} = \mathrm{b}$. Somit ändert eine Umsetzung an den Wertbelegungen nichts. Die Umsetzungsregel $R4$ ist also erfüllt.

Die Axiome $St1$—10 sollen nicht in der Reihenfolge ihrer Numerierung untersucht werden, vielmehr mögen im nachfolgenden Absatz A zunächst diejenigen Überlegungen zusammengefaßt werden, auf die an späterer Stelle zurückzukommen sein wird.

A. Überlegungen, die auch später noch gebraucht werden.

Vorbemerkung. Da die $\prec$-Tafel in der Hauptdiagonale $\diagdown$ überall ausgezeichnete Werte hat, ist $\mathrm{x} \prec \mathrm{x}$ ausgezeichnet. Eine implikative Form $\mathfrak{a} \prec \mathfrak{b}$ wird also sicher Quasiwahrform sein, wenn gezeigt ist, daß für jede mögliche Wertbelegung $\mathrm{a} = \mathrm{b}$ wird.

Zu Axiom $St1$: $a \wedge b \prec b \wedge a$. — Die $\wedge$-Tafel ist zur Hauptdiagonale $\diagdown$ symmetrisch: $\mathrm{a} \wedge \mathrm{b} = \mathrm{b} \wedge \mathrm{a}$. Gemäß der Vorbemerkung zu Abs. A ist also Axiom $St1$ Quasiwahrform.

Zu Axiom $St2$: $(a \wedge b) \wedge c \prec a \wedge (b \wedge c)$.

Die folgende abgekürzte Wahrheitswertung geht von einer Unterteilung der Belegung des Vordergliedes aus:

$(a \wedge b) \wedge c$	a, b, c	$a \wedge (b \wedge c)$	$(a \wedge b) \wedge c \prec a \wedge (b \wedge c)$
0	sämtlich 0	0	1
1	sämtlich 0 oder 1	0 oder 1	1
2	sämtlich 0 oder 2	0 oder 2	1
3	—	—	1

Zu Axiom $St3$: $a \wedge b \prec a$. — Der Wert von $a \wedge b$ ist stets gleich oder größer als der Wert von a; wir schreiben kurz: $\mathrm{a} \wedge \mathrm{b} \geqq \mathrm{a}$.

Kürzen wir einen Augenblick den Wert von $a \wedge b$ mit k ab, so kann $\mathrm{k} \prec \mathrm{a}$ nur dort nicht ausgezeichnet belegt sein, wo in der $\prec$-Tafel für zwei Werte $\mathrm{k} \geqq \mathrm{a}$ — d.h. in der linken unteren Hälfte der Tafel — ein nicht ausgezeichneter Wert steht.

Dies ist lediglich bei $2 \prec 1$ der Fall. Für ein nicht ausgezeichnetes $\mathrm{a} \wedge \mathrm{b} \prec \mathrm{a}$ müßte also $\mathrm{a} \wedge \mathrm{b} = 2$, $\mathrm{a} = 1$ sein. Aber $1 \wedge \mathrm{b} \neq 2$. Daher ist Axiom $St3$ Quasiwahrform.

Zu Axiom $St4$: $a \prec a \wedge a$. — Die $\wedge$-Tafel führt in der Hauptdiagonale als Werte überall die Eingangswerte an: $\mathrm{x} \wedge \mathrm{x} = \mathrm{x}$. Gemäß der Vorbemerkung zu Abs. A ist also $St4$ Quasiwahrform.

Zu Axiom $St7$: $a \prec b \prec\!\!\prec \neg b \prec \neg a$. Die $\wedge$-Tafel zeigt: $0 \wedge \mathrm{x} = \mathrm{x}$. Daher stellt jede Belegung der Aussagenform $b \prec c \prec\!\!\prec \neg c \prec \neg b$ zugleich eine solche der Aussagenform $a \land b \prec c \;\prec\; a \land \lnot c \prec \lnot b$ (mit a = 0) dar. Axiom *St* 7 ist also Quasiwahrform, sobald Axiom *St* 8 Quasiwahrform ist. — Das letztere wird in Abs. B gezeigt werden.

Frage (als Anmerkung). Warum läßt sich nicht ohne weiteres eine entsprechende Reduktion von *St* 5 auf *St* 6 angeben?

Zu Axiom *St* 9: $a \prec \lnot\lnot a$ und *St* 10: $\lnot\lnot a \prec a$. — Die $\lnot$-Tafel vertauscht 0 mit 3 und 1 mit 2. Die Axiome *St* 9 und *St* 10 sind also gemäß der Vorbemerkung zu Abs. A Quasiwahrformen.

B. Die Quasiwahrform-Eigenschaft der restlichen Axiome *St* 5, 6, 8.

Zu Axiom *St* 5: $a \land (a \prec b) \prec b$.

a	b	$a \prec b$	$a \land (a \prec b)$	$a \land (a \prec b) \prec b$
—	0	—	—	1
3	—	—	3	1
0 oder 2	1 oder 3	3	3	1
0	2	2	2	1
1	2 oder 3	2	3	1
—	a	—	—	$a \land (a \prec b) \prec b = 1$ (nach *St* 3)

Zu *St* 6: $(a \prec b) \land (b \prec c) \;\prec\; a \prec c$.

a	b	c	$a \prec b$	$b \prec c$	$\mathfrak{v} \equiv:$ $(a \prec b) \land (b \prec c)$	$\mathfrak{h} \equiv:$ $a \prec c$	$\mathfrak{v} \prec \mathfrak{h}$
—	—	0	—	1	1 oder 3	1	1
—	0	$\neq 0$	1	2 od. 3	3	—	1
3	—	—	1	—	1 oder 3	1	1
$\neq 3$	3	—	2 od. 3	1	3	—	1
—	a	—	—	—	$1 \land (a \prec c)$	—	ausgez. n. *St* 3 u. *St* 1
0 od. 2	1	—	3	—	3	—	1
0 od. 1	2	—	2	1 od. 3	3	—	1

Zur Vollständigkeit der Fallunterscheidung. Nach Erledigung der ersten vier Fallgruppen bleiben von den 64 ursprünglich möglichen Belegungen für *a, b, c* nur noch 18 übrig, von denen je 6 durch eine der letzten drei Fallgruppen behandelt werden (Bestätigung als Textaufgabe).

Zu *St* 8: $a \land b \prec c \;\prec\; a \land \lnot c \prec \lnot b$.

a	b	c	$a \land b$	$\mathfrak{v} \equiv:$ $a \land b \prec c$	$\lnot c$	$a \land \lnot c$	$\lnot b$	$\mathfrak{h} \equiv:$ $a \land \lnot c \prec \lnot b$	$\mathfrak{v} \prec \mathfrak{h}$
—	—	0	—	1	3	3	—	1	1
3	—	—	3	1	—	3	—	1	1
—	3	—	3	1	—	—	0	1	1
—	$\lnot$a	—	3	1	—	—	—	1* **	1
—	—	a	—	1*	—	3	—	1	1
—	—	b	—	1*	—	—	—	1*	1
—	—	$\lnot$b	—	$a \land b \prec \lnot b$	—	—	—	$a \land b \prec \lnot b = \mathfrak{v}$**	1
0 od. 2	0 od. 2	1 od. 3	0 od. 2	3	—	—	—	—	1
0 od. 1	0	2	0 od. 1	2	1	1	3	2	1
0 od. 1	1	3	1	2	0	0 od. 1	2	2	1

* nach *St* 3 (und eventuell *St* 1). ** mit $\lnot\lnot x = x$.

(Textaufgabe: durch die zehn behandelten Fallgruppen sind alle 64 Fälle erfaßt.)

C. Nichtausgezeichnete Belegungen für die Formen 1.—3. aus Satz 167.

$a \prec b \wedge c \multimap a \prec b$ ist nicht erfüllt, denn:

$1 \prec 0 \wedge 2 \multimap 1 \prec 0 = 1 \prec 2 \multimap 1 = 2 \prec 1 = 3.$

$a \prec b \multimap a \wedge c \prec b$ ist nicht erfüllt, denn:

$1 \prec 2 \multimap 1 \wedge 2 \prec 2 = 2 \multimap 3 \prec 2 = 2 \prec 1 = 3.$

$a \prec b \multimap a \wedge c \prec b \wedge c$ ist nicht erfüllt, denn:

$1 \prec 2 \multimap 1 \wedge 2 \prec 2 \wedge 2 = 2 \multimap 3 \prec 2 = 2 \prec 1 = 3.$

Anmerkung. Die Wertung ist *nicht etwa adäquat;* die engere strikte Logik weist sich also nicht etwa durch diese Wertung als eine „vierwertige Logik“ im Sinne des § 49 aus. Zum Nachweis genügt es, eine nicht beweisbare Form anzugeben, die in der Wertung quasiwahr wird. Eine solche Form ist $\neg(\neg(a \prec a) \multimap a \prec a)$.

1. Diese Form ist quasiwahr, denn da stets $a \prec a = 1$ wird, hat man: $\neg(\neg(a \prec a) \multimap a \prec a) = \neg(\neg 1 \prec 1) = \neg(2 \prec 1) = \neg 3 = 0.$

2. Die Form ist nach dem Hilfsatz des § 167 nicht herleitbar, weil sie bei Ersetzung der strikten Implikation durch die alternäre nicht in eine Wahrform übergeht.

Aufgaben. 1. Die zu den Schlußregeln *R*11 und *R*13 gehörigen strikt-implikativen Formen sind nicht beweisbar. — 2. Im Gegensatz zu *St*51 ist die (später mit „*St*65“ benannte) Form $a \prec b \rightarrowtail a \rightarrowtail a \wedge b$ hier noch nicht beweisbar.

§ 170. Erweiterung durch ein zusätzliches Axiom.

Aus den drei im vorigen Paragraphen betrachteten Formen, die von den bisherigen Axiomen unabhängig waren, obwohl man ihnen einen strikten Charakter nicht absprechen wird, sei die erste Form, die zu der bereits ableitbaren Schlußregel $\dfrac{\mathfrak{a} \prec \mathfrak{b} \wedge \mathfrak{c}}{\mathfrak{a} \prec \mathfrak{b}}$ (S. 456) gehört, herausgegriffen und als zusätzliches Axiom eingeführt. Aus ihm lassen sich unmittelbar mehrere wichtige Folgerungen ziehen.

Anmerkung. Es sei jedoch bereits hier erwähnt, daß auch mit diesem Zusatzaxiom die Regel zum „Abhängen eines Vorderkonjunktionsgliedes“, von der die Überlegungen des vorigen Paragraphen ausgingen, nicht ableitbar wird [hierzu und zur Unabhängigkeit weiterer Regeln vgl. später Satz 169 (2)].

Zusatzaxiom.

*St*60. $\boxed{a \prec b \wedge c \multimap a \prec b}$ (erste Form zur Hintergliedverjüngung).

Anmerkung. Das Kodifikat, dessen Deduktionsgerüst von den Axiomen *St*1—10 *und* *St*60 (sowie den Definitionen für $\succ\!\!\prec$, $\vee$, $\circ$) mit den Regeln *R*1—4 aufgespannt wird, wird im folgenden kurz als „die strikte Aussagenlogik" bezeichnet werden. —

Erste Herleitungen mit Heranziehung des Zusatzaxioms *St*60.

*St*61. $a \prec b \mathrel{-\!\!\prec} a \prec b \vee c$ (zweite Form zur Hintergliedverjüngung).

Beweis. $a \prec (b \vee c) \wedge b \mathrel{-\!\!\prec} a \prec b \vee c$ nach *St*60.

Nun Umsetzung mit der Absorptionsform $(b \vee c) \wedge b \succ\!\!\prec b$, die sich gemäß Satz 165 (1) ergibt.

*St*62. $a \prec b \mathrel{-\!\!\prec} a \wedge c \prec b$

(d.i. die implikative Form zur zweiten Regel der Aufgabe S. 439).

Beweis. $a \prec b \mathrel{-\!\!\prec} a \prec b \vee \neg c$ nach *St*61.

$\therefore$ $a \prec b \mathrel{-\!\!\prec} a \prec \neg c \vee b$ durch Kommutierung im Hinterglied (mit *St*31).

Nun Überstellung im Hinterglied gemäß *St*36.

*St*63. $a \vee c \prec b \mathrel{-\!\!\prec} a \prec b$.

Beweis. $a \vee c \prec b \mathrel{-\!\!\prec} (a \vee c) \wedge a \prec b$ nach *St*62.

Nun Absorptions-Umsetzung wie im Beweis zu *St*61.

Textaufgabe. Man beweise: Im Rahmen des Kodifikats von § 162 sind die Formeln *St*60, 61, 62, 63 einander paarweise deduktionsgleich; man könnte also ebensogut *St*61, 62 oder 63 an Stelle von *St*60 als Zusatzaxiom wählen.

*St*64. $a \prec b \mathrel{-\!\!\prec} a \wedge c \prec b \wedge c$ Form zur $\wedge$-Adjunktionsregel *R*11.

$a \prec b \mathrel{-\!\!\prec} a \vee c \prec b \vee c$ Form zur $\vee$-Adjunktionsregel *R*16.

1. Der Beweis der ersten Form geht aus von den Wahrformen $b \leftrightarrow (b \wedge \neg c) \vee (b \wedge c)$ und $(a \wedge c) \wedge \neg (b \wedge \neg c) \leftrightarrow a \wedge c$.

(Bestätigung der Wahrform-Eigenschaft etwa durch Wahrheitswertung als Textaufgabe.)

Mit diesen Formen sind nach Satz 165 (1) beweisbar:

(*) $b \succ\!\!\prec (b \wedge \neg c) \vee (b \wedge c)$ bzw.

(**) $(a \wedge c) \wedge \neg (b \wedge \neg c) \succ\!\!\prec a \wedge c$.

$a \prec b \mathrel{-\!\!\prec} a \wedge c \prec b$ nach *St*62.

$\therefore$ $a \prec b \mathrel{-\!\!\prec} a \wedge c \prec (b \wedge \neg c) \vee (b \wedge c)$ durch Umsetzung rechterhand mit (*).

$\therefore$ $a \prec b \mathrel{-\!\!\prec} (a \wedge c) \wedge \neg (b \wedge \neg c) \prec b \wedge c$ durch Überstellung rechterhand mit *St*36.

Nun Umsetzung des letzten Vordergliedes mit (**).

2. Beweis der zweiten Form:

$\neg b \prec \neg a \;\prec\; \neg b \wedge \neg c \prec \neg a \wedge \neg c$ nach *St* 64 (1).

$\therefore\; a \prec b \;\prec\; \neg(\neg a \wedge \neg c) \prec \neg(\neg b \wedge \neg c)$ durch Kontrapositionen gemäß *St* 22 im Vorder- und im Hinterglied.

Nun Verneinungs-Umsetzungen mit *St* 29 rechterhand.

Aufgaben. 1. Man beweise mit *St* 64:

$a \prec b \;\prec\; c \rightarrow a \prec c \rightarrow b.$

$a \prec b \;\prec\; b \rightarrow c \prec a \rightarrow c.$

2. Man zeige: $a \wedge (a \wedge b \prec c) \prec b \rightarrow c.$

Anmerkung: die Form, die hieraus bei Ersetzung des $\rightarrow$ durch $\prec$ entsteht (m.a.W. die konjunktiv-implikative Form zu der Schlußregel aus dem ersten Absatz des § 169), ist — im Gegensatz zu *St* 24 — nicht beweisbar [vgl. hierzu später Satz 169 (2)].

§ 171. Weitere Herleitungen mit Heranziehung des neuen Axioms.

St 65. $a \prec b \;\succ\!\prec\; a \succ\!\prec a \wedge b,$

d.i. die Äquivalenzform, die zu der in Satz 161 ausgesprochenen Deduktionsgleichheit gehört.

Beweis.

1. (*) $a \prec b \;\prec\; a \prec a \wedge b$ aus *St* 51 durch Äquivalenzverjüngung (gemäß *St* 17).

$\therefore\; a \prec b \;\prec\; a \wedge b \prec a \wedge b$ durch *St* 62 im Hinterglied.

$a \wedge b \prec a \wedge b \;\prec\; a \wedge b \prec a$ nach *St* 60.

$\therefore\therefore\; a \prec b \;\prec\; a \wedge b \prec a$ durch strikten Kettenschluß gemäß *R* 6.

$\therefore\therefore\; a \prec b \;\prec\; (a \prec a \wedge b) \wedge (a \wedge b \prec a)$ mit (*) durch Hintergliedkonjugation gemäß *R* 12.

$\therefore\; a \prec b \;\prec\; a \succ\!\prec a \wedge b$ durch *St* 13 im Hinterglied.

2. $a \succ\!\prec a \wedge b \;\prec\; a \prec a \wedge b$ nach *St* 17.

$\therefore\; a \succ\!\prec a \wedge b \;\prec\; a \prec b$ durch *St* 51 rechterhand.

3. Äquivalenzbildung gemäß *R* 8 aus den unter 1. und 2. erhaltenen Formen.

Anmerkung. Die im Beweise zu 1. benutzte Form $a \prec b \;\prec\; a \wedge b \prec a$ leitet sich nicht ohne weiteres aus *St* 3 her, da der Schluß von $\mathfrak{a}$ auf $\mathfrak{b} \prec \mathfrak{a}$ nicht strikt ist [vgl. später Satz 169 (2)].

Aufgabe. Zu beweisen:

$a \prec b \;\succ\!\prec\; a \vee b \succ\!\prec b.$

St 66. $(a \prec b) \wedge (a \prec c) \;\succ\!\prec\; a \prec b \wedge c$

(d.i. die Äquivalenzform zur Hintergliedkonjugation *R* 12).

Beweis. 1. $a \prec b \mathrel{-\!\!\!\prec} a \wedge c \prec b \wedge c$ nach *St*64.

$(a \wedge c \prec b \wedge c) \wedge (a \prec a \wedge c) \prec a \prec b \wedge c$ aus *St*6 durch Vordergliedtausch (mit *St*14).

$\therefore\therefore$ $(a \prec b) \wedge (a \prec a \wedge c) \prec a \prec b \wedge c$ durch Schluß gemäß *St*24.

$\therefore$ $(a \prec b) \wedge (a \prec c) \prec a \prec b \wedge c$ durch Umsetzung mit *St*51.

2. $a \prec c \wedge b \mathrel{-\!\!\!\prec} a \prec c$ nach *St*60.

$\therefore$ $a \prec b \wedge c \mathrel{-\!\!\!\prec} a \prec c$ durch *St*14 im Vorderglied.

$a \prec b \wedge c \mathrel{-\!\!\!\prec} a \prec b$ nach *St*60.

$\therefore\therefore$ $a \prec b \wedge c \mathrel{-\!\!\!\prec} (a \prec b) \wedge (a \prec c)$ durch Hintergliedkonjugation gemäß *R*12.

3. Äquivalenzbildung gemäß *R*8 aus den unter 1. und 2. erhaltenen Formen.

*St*67. $(a \prec c) \wedge (b \prec c) \succ\!\!\!\prec a \vee b \prec c$

(d.i. die Äquivalenzform zur Vordergliedisjugation *R*15).

Beweis. $(\neg c \prec \neg a) \wedge (\neg c \prec \neg b) \succ\!\!\!\prec \neg c \prec \neg a \wedge \neg b$ nach *St*66.

$(a \prec c) \wedge (b \prec c) \succ\!\!\!\prec \neg(\neg a \wedge \neg b) \prec c$ durch Kontrapositionen mit *St*22.

Nun $\vee$-Einführung (d.h. Umsetzung mit *St*29).

*St*68. $(a \prec c) \vee (b \prec c) \mathrel{-\!\!\!\prec} a \wedge b \prec c.$

Beweis. $a \prec c \mathrel{-\!\!\!\prec} a \wedge b \prec c$ nach *St*62.

$b \prec c \mathrel{-\!\!\!\prec} a \wedge b \prec c$ aus *St*62 durch $\wedge$-Kommutierung mit *St*14.

Nun Vordergliedisjugation gemäß *R*15.

*St*69. $(a \prec b) \vee (a \prec c) \mathrel{-\!\!\!\prec} a \prec b \vee c.$

Beweis. $(\neg b \prec \neg a) \vee (\neg c \prec \neg a) \prec \neg b \wedge \neg c \prec \neg a$ nach *St*68.

$\therefore$ $(a \prec b) \vee (a \prec c) \prec a \prec \neg(\neg b \wedge \neg c)$ durch Kontrapositionen mit *St*22.

Nun Umsetzung des Haupthintergliedes mit *St*29 ($\vee$-Def.).

Aufgabe. Zu beweisen:

$(a \prec c) \wedge (b \prec d) \prec a \wedge b \prec c \wedge d.$

$(a \prec c) \wedge (b \prec d) \prec a \vee b \prec c \vee d.$

In § 169 war bereits die Rede davon, daß die wichtige Regel der Vordergliedvorsetzung dort nicht zur Verfügung stand. Nunmehr läßt sie sich — samt der Regel der Hintergliednachsetzung — ableiten:

*R*17 (1). $\dfrac{\mathfrak{a} \prec \mathfrak{b}}{\mathfrak{c} \prec \mathfrak{a} \mathrel{-\!\!\!\prec} \mathfrak{c} \prec \mathfrak{b}}$ Regel der Vordergliedvorsetzung,

*R*17 (2). $\dfrac{\mathfrak{a} \prec \mathfrak{b}}{\mathfrak{b} \prec \mathfrak{c} \mathrel{-\!\!\!\prec} \mathfrak{a} \prec \mathfrak{c}}$ Regel der Hintergliednachsetzung.

Es seien gleich zwei schärfere Behauptungen nachgewiesen, die die Ableitbarkeit der beiden Regeln in sich schließen:

Satz 168. (1) Die Schlußregeln 17 (1) und 17 (2) sind ohne Heranziehung des Zusatzaxioms *St*60 deduktionsgleich.

(2) Jede von ihnen ist deduktionsgleich dem Axiom *St*60 (und zu der zu *St*60 deduktionsgleichen Form *St*61).

Nachweis zu (1).

Ableitung von *R*17 (2) mit Heranziehung von *R*17 (1)

$\mathfrak{a} \prec \mathfrak{b}$

$\therefore$ $\neg\mathfrak{b} \prec \neg\mathfrak{a}$ durch Kontraposition gemäß *St*22.

$\therefore$ $\neg\mathfrak{c} \prec \neg\mathfrak{b} \;\prec\; \neg\mathfrak{c} \prec \neg\mathfrak{a}$ gemäß *R*17 (1).

$\therefore$ $\mathfrak{b} \prec \mathfrak{c} \;\prec\; \mathfrak{a} \prec \mathfrak{c}$ durch Kontrapositionen (mit *St*22).

Ableitung von *R*17 (1) mit Benutzung von *R*17 (2) ganz analog (Textaufgabe).

Nachweis zu (2).

Erster Teil: Ableitung von *R*17 (1) mit Benutzung von *St*60.

$\mathfrak{a} \prec \mathfrak{b} \;\prec\; \mathfrak{a} \succ\!\prec \mathfrak{a} \wedge \mathfrak{b}$ aus *St*65 durch Äquivalenzverjüngung gemäß *St*17.

$\therefore$ (*) $\mathfrak{a} \succ\!\prec \mathfrak{a} \wedge \mathfrak{b}$ durch Grundschluß mit dem vorausgesetzten $\mathfrak{a} \prec \mathfrak{b}$.

$\therefore$ $\mathfrak{c} \prec \mathfrak{a} \;\succ\!\prec\; \mathfrak{c} \prec \mathfrak{a} \wedge \mathfrak{b}$ durch Äquivalenzübertragung gemäß *R*10.

$\therefore$ $\mathfrak{c} \prec \mathfrak{a} \;\prec\; \mathfrak{c} \prec \mathfrak{a} \wedge \mathfrak{b}$ durch Äquivalenzverjüngung gemäß *St*17 (erste Form).

$\therefore$ $\mathfrak{c} \prec \mathfrak{a} \;\prec\; \mathfrak{c} \prec \mathfrak{b} \wedge \mathfrak{a}$ durch *St*14 im Hinterglied.

$\therefore$ $\mathfrak{c} \prec \mathfrak{a} \;\prec\; \mathfrak{c} \prec \mathfrak{b}$ durch *St*60 im Hinterglied.

Zweiter Teil: Ableitung von *St*60 aus *St*1—10 und *R*1—4 sowie *R*17 (1).

$b \wedge c \prec b$ nach *St*3.

$\therefore$ $a \prec b \wedge c \;\prec\; a \prec b$ durch Vordergliedvorsetzung gemäß *R*17 (1).

Dies ist *St*60. (Die im Satz erwähnte, nach der Textaufgabe von § 170 der Form *St*60 deduktionsgleiche Form *St*61 läßt sich übrigens ebenso *unmittelbar* aus *St*32 herleiten.) —

*St*70. $a \prec b \prec c \;\prec\; a \wedge b \prec c$

(d.i. die implikative Form zur strikten Importation *R*13).

Beweis. $b \wedge (b \prec c) \prec c$ nach *St*5.

$\therefore$ $(b \prec c) \wedge b \prec c$ durch *St*14 im Vorderglied.

$\therefore$ $a \wedge b \prec (b \prec c) \wedge b \;\prec\; a \wedge b \prec c$ gemäß *R*17.

Nun *St*64 im Vorderglied.

Es seien hier noch die strikten Formen zu den distributiven Gesetzen und einige weitere Formen für die in § 168 eingeführte *Verträglichkeit* $\circ$ angeschlossen.

St 71. $a\circ(b\wedge c)\prec(a\circ b)\wedge(a\circ c)$. Halbdistributives Gesetz für $\circ$ bezüglich $\wedge$.

Beweis. $(a\prec\neg b)\vee(a\prec\neg c)\prec a\prec\neg b\vee\neg c$ nach *St* 69.

$\therefore\ \neg(a\prec\neg b\vee\neg c)\prec\neg((a\prec\neg b)\vee(a\prec\neg c))$ durch Kontraposition gemäß *St* 22.

$\therefore\ \neg(a\prec\neg(b\wedge c))\prec\neg(a\prec\neg b)\wedge\neg(a\prec\neg c)$ durch Verneinungs-Umsetzungen mit *St* 29 im Vorderglied und mit *St* 30 im Hinterglied.

Nun Umsetzungen mit der Form zur $\circ$-Einführung *St* 52.

Anmerkung. Die zu *St* 71 konverse halbdistributive Form $(a\circ b)\wedge(a\circ c)\prec a\circ(b\wedge c)$ wird sich als *nicht strikt* (im Rahmen der bisher betrachteten strikten Axiome) erweisen (vgl. später die 3. Aufgabe von S. 464).

St 72. $a\circ(b\vee c)\succ\prec(a\circ b)\vee(a\circ c)$. Distributives Gesetz für $\circ$ und $\vee$.

Beweis. $a\prec\neg b\wedge\neg c\succ\prec(a\prec\neg b)\wedge(a\prec\neg c)$ aus *St* 66 durch Seitentausch gemäß *St* 15.

$\therefore\ \neg(a\prec\neg b\wedge\neg c)\succ\prec\neg((a\prec\neg b)\wedge(a\prec\neg c))$ durch Kontraposition gemäß *St* 26

$\therefore\ \neg(a\prec\neg(b\vee c))\succ\prec\neg(a\prec\neg b)\vee\neg(a\prec\neg c)$ durch Verneinungs-Umsetzungen mit *St* 30 linkerhand und mit *St* 29 rechterhand.

Nun $\circ$-Einführungen, d.h. Umsetzungen mit *St* 52.

St 73. $(a\wedge b)\circ c\prec a\circ c$.

Beweis. $a\prec\neg c\ \prec\ a\wedge b\prec\neg c$ nach *St* 62.

$\therefore\ \neg(a\wedge b\prec\neg c)\ \prec\ \neg(a\prec\neg c)$ durch Kontraposition (mit *St* 22).

Nun $\circ$-Einführungen gemäß *St* 52 (1).

St 74. $(a\wedge b)\circ c\prec a\circ b$.

„Wessen Konjunktion mit *irgendetwas* verträglich ist, das ist *miteinander* verträglich.“

Beweis. $(a\wedge c)\circ b\prec a\circ b$ nach *St* 73.

Nun *St* 58 im Vorderglied.

Aufgaben. Zu beweisen:

1. $a\circ c\prec(a\vee b)\circ c$. Inwiefern darf diese Form „dual“ zu *Sm* 73 genannt werden?
2. $\neg(a\rightarrow b)\prec(a\rightarrow b)\ \succ\prec\ a\prec b$.

§ 172. Unabhängige Formen und Regeln.

Satz 169. (1) In der strikten Aussagenlogik des Kap. XXX sind die Formen

(α) $a \prec a \prec a$, (β) $\neg a \prec a \prec a$, (γ) $a \prec \neg a \prec a$

nicht beweisbar; m.a.W. sie folgen nicht aus den Axiomen *St*1—10 (des § 162) und *St*60 (des § 170) an Hand der Schlußregeln *R*1—4 und der Definition des $\succ\!\prec$ (aus § 162).

(2) Die Regeln $\dfrac{\mathfrak{a}}{\mathfrak{b} \prec \mathfrak{a}}$ $\left(\text{auch bereits } \dfrac{\mathfrak{a}}{\neg \mathfrak{a} \prec \mathfrak{a}}\right)$, $\dfrac{\neg \mathfrak{a}}{\mathfrak{a} \prec \mathfrak{b}}$,

$\dfrac{\mathfrak{a} \quad \mathfrak{a} \wedge \mathfrak{b} \prec \mathfrak{c}}{\mathfrak{b} \prec \mathfrak{c}}$, $\dfrac{\mathfrak{a} \prec \mathfrak{b}}{\mathfrak{a} \prec \mathfrak{a} \prec \mathfrak{b}}$, $\dfrac{\mathfrak{a} \wedge \mathfrak{b} \prec \mathfrak{c}}{\mathfrak{a} \prec \mathfrak{b} \prec \mathfrak{c}}$, $\dfrac{\mathfrak{a} \prec \mathfrak{b} \prec \mathfrak{c}}{\mathfrak{b} \prec \mathfrak{a} \prec \mathfrak{c}}$

— und erst recht die zugehörigen implikativen Formen — sind sämtlich in der strikten Aussagenlogik (d.h. auch nach Einbeziehung des Axioms *St*60, s. die zweite Anmerkung von § 170) unabhängig.

(3) Das Deduktionstheorem ist nicht gültig.

Anmerkung. Zu den in der ersten Zeile von (2) genannten Regeln vgl. man die 2. Folgerung aus Satz 165 (2), (3).

Satz 169 läßt sich durch eine Quasiwahrheitswertung nachweisen, die auch später noch von Nutzen sein wird.

	$a \wedge b$				$\neg a$	$a \prec b$			
	b: 0	1	2	3		b: 0	1	2	3
a = 0	0	1	2	3	3	1	3	3	3
1	1	1	3	3	2	1	1	3	3
2	2	3	2	3	1	1	3	1	3
3	3	3	3	3	0	1	1	1	1

Ausgezeichnet: 0 und 1.

Diese Wertung stimmt mit derjenigen des § 169 in der $\wedge$-Tafel und in der $\neg$-Tafel überein; lediglich die $\prec$-Tafel ist eine andere. Die Überlegungen jenes Paragraphen lassen sich daher zu einem großen Teile übernehmen.

Der Nachweis für die Gültigkeit der Schlußregeln *R*1—4 sowie für die Quasiwahrform-Eigenschaft der Axiome *St*1—10 kann daher im Anschluß an die Nachweise jenes Paragraphen dem Leser als *Textaufgabe* überlassen werden. (Die Überlegungen zu den Schlußregeln und der Abs. A des § 169 läßt sich fast wörtlich übernehmen. Die Ermittlungen des Abs. B lassen sich leicht übertragen.)

Zu Axiom *St*60: $a \prec b \wedge c \prec a \prec b$.

Der Wert für $b \wedge c$ ist mindestens so groß wie derjenige für b. Indem man die Werte, die $a \prec b \wedge c$ bzw. $a \prec b$ bei einer Belegung erhalten, mit x bzw. y bezeichnet, ersieht man (da $x \prec x$ ausgezeichnet ist): Eine nicht ausgezeichnete Belegung von *St*60 kann höchstens in der Weise zustande kommen: für zwei Werte x, y aus *einer* Zeile der $\prec$-Tafel, von denen y links von x steht, wird die Implikation $x \prec y$ nicht ausgezeichnet. — Man findet nun in der $\prec$-Tafel nur eine Stelle dieser Art, nämlich

$$x = 2 \prec 2 = 1, \quad y = 2 \prec 1 = 3, \quad x \prec y = 1 \prec 3 = 3.$$

Damit diese Stelle ein Gegenbeispiel gegen *St*60 abgeben könnte, müßte (bei $a = 2$) $b \wedge c = 2$, $b = 1$ sein. Nun ist aber $1 \wedge c \neq 2$. — Daher ist *St*60 Quasiwahrform.

Nachdem man somit erkannt hat, daß jede beweisbare Form der strikten Aussagenlogik des Kap. XXX Quasiwahrform ist, bleibt zum Nachweis des Satzes 169 (1) zu zeigen:

Die dort aufgeführten Formen (α) bis (γ) sind keine Quasiwahrformen.

(α) Zu $a \prec a \prec a$: $2 \prec 2 \prec 2 = 2 \prec 1 = 3$.

(β) Zu $\neg a \prec a \prec a$: $\neg 3 \prec 3 \prec 3 = 0 \prec 1 = 3$.

(γ) Zu $a \prec \neg a \prec a$: $2 \prec \neg 2 \prec 2 = 2 \prec 1 \prec 2 = 2 \prec 3 = 3$.

Der Nachweis des Satzes 169 (2) gelingt so:

Für $\mathfrak{s} \equiv: a \prec a$ ist

1. $\mathfrak{s}$ beweisbar nach *St*11,
   $\neg\mathfrak{s} \prec \mathfrak{s}$ unbeweisbar, denn $\mathfrak{s}$ erhält stets den Wert 1, und
   $\neg 1 \prec 1 = 2 \prec 1 = 3$.
2. $\neg\neg\mathfrak{s}$ beweisbar nach *St*11 und 21,
   $\neg\mathfrak{s} \prec \mathfrak{s}$ unbeweisbar (s. oben).
3. $\mathfrak{s}$ beweisbar nach *St*11,
   $\mathfrak{s} \wedge \neg\mathfrak{s} \prec \mathfrak{s}$ beweisbar nach *St*3,
   $\neg\mathfrak{s} \prec \mathfrak{s}$ unbeweisbar (s. oben).
4. $a \prec a$ beweisbar nach *St*11,
   $a \prec a \prec a$ unbeweisbar nach Satz 169 (1α).
5. $a \wedge a \prec a$ beweisbar nach *St*3,
   $a \prec a \prec a$ unbeweisbar nach Satz 169 (1α).
6. $a \prec a \prec a \prec a$ beweisbar nach *St*11,
   $a \prec a \prec a \prec a$ unbeweisbar, denn:
   $2 \prec 2 \prec 2 \prec 2 = 2 \prec 1 \prec 2 = 2 \prec 3 = 3$.

Nachweis des Satzes 169 (3). Bei Gültigkeit des Deduktionstheorems würde die Regel $\dfrac{\mathfrak{a}}{\mathfrak{b} \prec \mathfrak{a}}$ abhängig sein.. Es wurde jedoch im Nachweis des Satzes 169 (2) bereits ein Spezialfall jener Regel, nämlich $\frac{\mathfrak{a}}{\neg\mathfrak{a}\prec\mathfrak{a}}$, als unabhängig erwiesen.

Textaufgabe. Man zeige an Hand der im letzten Nachweis eingeführten Quasiwahrheitswertung: Es gibt keine Aussagenform $\mathfrak{t}$, für die $a \succ\prec \mathfrak{t}\prec a$ wäre (vgl. hierzu die Anmerkung von S. 432).

Weitere *Aufgaben.* Man zeige die Unbeweisbarkeit der folgenden Formen: 1. $(a\prec b)\vee(a\prec\neg b)$. — 2. $a\circ a\prec a$. — 3. $(a\circ b)\wedge(a\circ c)\prec a\circ(b\wedge c)$.

Zu den beiden letztgenannten Formen vgl. die abschließende Bemerkung von § 168 sowie die Anmerkung zu *St* 71.

Abschließende Anmerkung. Der Satz 169 zeigt elementare Grenzen auf, die die strikte Logik von der alternären trennen. Weder die Schlußregeln des „ex falso quodlibet“ und des „verum ex quolibet“ noch die Exportation oder der Vordergliedtausch sind gültig. Auch die Regel zur „Abtrennung eines bewiesenen Vorderkonjunktionsgliedes“, deren Fehlen in § 169 und § 170 dazu veranlaßte, die Form $a\prec b\wedge c \prec a\prec b$ als neues „Axiom der Hintergliedverjüngung“ einzuführen, ist dadurch nicht beweisbar geworden.

Die Unabhängigkeit der genannten Regeln weist auf eine Einschränkung im Gebrauch der Implikation (vor allem: ihrer Iteration) hin. Demgegenüber offenbaren manche der anderen beweisbaren Regeln eine recht großzügige Handhabung der strikten Implikation. Die Schlüsse „ex falso quodlibet“ und „verum ex quolibet“, die allgemein unabhängig sind, sind für Formen, die von $\prec$ und $\succ\prec$ frei sind, nach der 2. Folgerung zu Satz 165 (2), (3) (sogar ohne das Axiom der Prämissenadjunktion) beweisbar. Gemäß der in der Einleitung ausgegebenen Devise soll hier der interpretative Standort der strikten Aussagenlogik nicht ausführlicher erörtert werden. Die obigen Andeutungen mögen genügen, um den Leser dazu anzuregen, durch eigene Überlegungen die Fragen eines solchen Standortes im einzelnen zu klären.

11. Abschnitt.

Strikte Aussagen- und Modalitätenlogik.

Kapitel XXXI.

Die Modalitäten „notwendig“ und „möglich“ in der strikten Logik.

§ 173. Strikt logische Möglichkeit und Notwendigkeit. Einführung.

Die Form zum Schluß „ex contrario“ $\neg a\rightarrow a \longrightarrow a$ (S. 366) läßt sich in der gewöhnlichen alternären Logik zu einer Äquivalenz $\neg a\rightarrow a \longleftrightarrow a$ ausweiten; in ihr ist also stets $\neg\mathfrak{a}\rightarrow\mathfrak{a}$ äquivalent mit $\mathfrak{a}$.

[Entsprechend läßt sich in der intuitionistischen Logik die abgeschwächte Implikation $\neg a \rightarrow a \longrightarrow \neg\neg a$ (*D* 20) mit *J* 2 zu der Äquivalenz $\neg a \rightarrow a \longleftrightarrow \neg\neg a$ ausweiten; und in der derivativen Logik ist jedenfalls noch *D* 19: $a \rightarrow \neg a \longrightarrow \neg a$ zur Äquivalenz $a \rightarrow \neg a \longleftrightarrow \neg a$ ausweitbar.]

In der strikten Logik gilt zwar auch noch die strikte Form zum Schluß ex contrario, *St* 28 (zweite Form); aus $\neg \mathfrak{a} \prec \mathfrak{a}$ folgt also strikt $\mathfrak{a}$. Jedoch ergibt sich *nicht umgekehrt* aus $\mathfrak{a}$ stets strikt $\neg \mathfrak{a} \prec \mathfrak{a}$, s. Satz 169 (2). [Die Form zur Vorschaltung eines Vordergliedes (S. 446), die dies unmittelbar herzuleiten gestatten würde, ist ja ebenfalls nicht strikt, s. Satz 169 (2).] Daß $\mathfrak{a}$ strikt aus seinem Gegenbeispiel $\neg \mathfrak{a}$ folgt, ist also eine *stärkere* Aussage als $\mathfrak{a}$. Es drängt sich hier verhältnismäßig zwanglos der Vergleich mit Überlegungen auf, die seit jeher in der Logik eine hervortretende Rolle spielten: mit den Überlegungen zum Unterschied des bloßen Zutreffens (eines aussagbaren $\mathfrak{a}$) schlechthin vom *notwendigen* Zutreffen.

Was rein logisch von seinem Gegenteil impliziert wird, wird sicher als *logisch notwendig* anzusprechen sein. Man wird sich nun einen Begriff von „logischer Notwendigkeit" bilden können, der durch dieses Kriterium fixiert ist: logisch notwendig im Sinne dieser Begriffsbildung ist, was strikt von seinem Gegenteil (genauer: von der bloßen Annahme seines Gegenteils) impliziert wird. Entsprechend wird man fixieren können: logisch unmöglich im Sinne der intendierten Begriffsbildung ist, was (genauer: wessen bloße Annahme) strikt sein Gegenteil impliziert. — Man erkennt auf Grund des oben Gesagten, daß in der strikten Aussagenlogik des Kap. XXX die Annahme bloßen Zutreffens nicht die logische Notwendigkeit (im gekennzeichneten „strikten" Sinne) impliziert, und entsprechend, daß die Annahme bloßen Nichtzutreffens nicht die logische Unmöglichkeit (im gekennzeichneten „strikten" Sinne) impliziert. In der strikten Logik wird, wie wir sahen, die Negation selbst unbeschwert benutzt, d.h. die doppelte Negation von $\mathfrak{a}$ ist zu $\mathfrak{a}$ strikt äquivalent. Daher führt die angegebene Interpretation der Unmöglichkeit unmittelbar auf die weitere: *logisch möglich* im Sinne der intendierten „strikten" Begriffsbildung ist, was (genauer: wessen Annahme) *nicht* sein Gegenteil impliziert. — Mit diesen Fixierungen — die selbstverständlich nicht jeden Deutungsanspruch, der sich irgendwie an „Möglichkeit" und „Notwendigkeit" stellen läßt, ausschöpfen — treten in unsere bisherige strikte bloße Aussagenlogik unversehends Modalitäten als reguläre Bestandteile ein. Hiermit sind wir an einem höchst bedeutsamen Punkte der aussagenlogischen Entwicklung angelangt.

Der Initiator der strikten Logik, Lewis, ging übrigens, wie bereits in § 161 erwähnt wurde, von der „Möglichkeit" als einer *Grund*verknüpfung aus; die durch die obigen Kriterien gestifteten Zusammenhänge stellen sich dabei erst im Laufe der Entwicklungen heraus. Bei der im vorliegenden Buche durchgeführten Entwicklung sollte demgegenüber ein rein aussagenlogisches striktes Kodifikat möglichst weit ohne modalen Einschlag verfolgt werden, worauf dann die Modalitäten explizit durch ihre strikten Kriterien fixiert werden sollen.

Zu den oben fixierten Modalitäten sei schon hier im voraus erwähnt: die logische Unmöglichkeit wird sich auch so interpretieren lassen: unmöglich (im Sinne der eingeführten Begriffsbildung) ist gerade das, was den „Widerspruch“ $a \wedge \neg a$ impliziert, und dual: notwendig (im Sinne der eingeführten Begriffsbildung) ist gerade das, was von der „Tertium non datur“-Form $a \vee \neg a$ impliziert wird (vgl. später die Textaufgabe von S. 475).

Wir wenden uns nun zunächst den Definitionen zu, die den eingangs betrachteten Kriterien entspringen.

§ 174. Erste Eigenschaften der strikt logischen Möglichkeit und Notwendigkeit.

Definition. $\mathsf{N}\mathfrak{a} \approx: \neg\mathfrak{a} \prec \mathfrak{a}$

($\mathsf{N}\mathfrak{a}$ wird gelesen: „*notwendig* $\mathfrak{a}$“; gemeint ist speziell: „strikt logisch notwendig $\mathfrak{a}$“).

Definition. $\Diamond\mathfrak{a} \approx: \neg(\mathfrak{a} \prec \neg\mathfrak{a})$

($\Diamond\mathfrak{a}$ wird gelesen: „*möglich* $\mathfrak{a}$“; gemeint ist speziell: „strikt logisch möglich $\mathfrak{a}$“).

Anmerkungen. N und $\Diamond$ nennen wir Grund-Modalitäten.

Dieser Paragraph enthält lediglich Herleitungen *ohne Hintergliedverjüngung*, d. h. solche, die sich ohne Benutzung des Axiom *St*60, allein auf Grund der Axiome *St*1—10, der Regeln *R*1—4 und der beiden obigen Definitionen durchführen lassen.

Auf Grund der Regel *R*9 hat man zunächst unmittelbar die beiden Äquivalenzen:

*Sm*1. $\mathsf{N}a \succ\!\prec \neg a \prec a.$

*Sm*2. $\Diamond a \succ\!\prec \neg(a \prec \neg a).$

Durch Äquivalenzübertragung gemäß *R*10 folgt aus *Sm*2 mit *St*21:

*Sm*3. $\neg\Diamond a \succ\!\prec a \prec \neg a$

($\neg\Diamond a$ wird gelesen: „*unmöglich* a“; gemeint ist speziell: „strikt logisch unmöglich a“).

Ebenso unmittelbar ergeben sich die folgenden grundlegenden Regeln über den Zusammenhang der Modalitäten $\Diamond$ und N.

*Sm*4. $\neg\Diamond a \succ\!\prec \mathsf{N}\neg a$, kurz $\neg\Diamond \succ\!\prec \mathsf{N}\neg$ (Verneinungsgesetz für $\Diamond$)

„Unmöglichkeit ist Notwendigkeit des Gegenteils“.

Anmerkung. Eine einzige, linkerhand und rechterhand auftretende Aussagenvariable werden wir wie oben gelegentlich fortlassen. Eine derartige variablenlose Schreibweise möge lediglich als eine prägnante Abkürzung aufgefaßt werden. Demgemäß soll sie nur in den zu beweisenden Formen, nicht in den ausführlichen Beweisen Verwendung finden.

Dem Mathematiker wird indessen nicht entgehen, daß mit dieser Schreibung zugleich Möglichkeiten einer modalen Operatorenrechnung angedeutet sind. Vgl. hierzu später auch die ‚Erinnerung' auf S. 481.

Beweis von *Sm*4. $\neg\Diamond a \asymp a \prec \neg a$ nach *Sm*3.

$a \prec \neg a \asymp \neg\neg a \prec \neg a$ nach *St*22.

$\neg\neg a \prec \neg a \asymp \mathsf{N}\neg a$ aus *Sm*1 durch Einsetzung und Seitentausch gemäß *St*15.

Nun zwei Äquivalenzkettenschlüsse gemäß *R*7.

*Sm*5. $\neg\mathsf{N}a \asymp \Diamond\neg a$, kurz: $\neg\mathsf{N} \asymp \Diamond\neg$ (Verneinungsgesetz für N)

„Nichtnotwendigkeit ist Möglichkeit des Gegenteils".

Beweis ganz analog dem vorigen (Textaufgabe) unter Benutzung der Formen

$\neg\mathsf{N}a \asymp \neg(\neg a \prec a)$

$\neg(\neg a \prec \neg\neg a) \asymp \Diamond\neg a$.

Aus *Sm*4 bzw. 5 ergeben sich durch Kontraposition gemäß *St*26 unmittelbar die Formen:

*Sm*6. $\Diamond a \asymp \neg\mathsf{N}\neg a$, kurz: $\Diamond \asymp \neg\mathsf{N}\neg$

„Möglichkeit ist Nichtnotwendigkeit des Gegenteils".

*Sm*7. $\mathsf{N}a \asymp \neg\Diamond\neg a$, kurz: $\mathsf{N} \asymp \neg\Diamond\neg$

„Notwendigkeit ist Unmöglichkeit des Gegenteils".

Wir können nun den Dualitätssatz von S. 441 erweitern:

Erweiterte *Erklärung der Dualität* (vgl. die Erklärung von S. 441). Zwei $\wedge\vee\neg\mathsf{N}\Diamond$-Formen heißen zueinander dual, wenn sie bei Vertauschung von $\wedge$ mit $\vee$ und von N mit $\Diamond$ auseinander hervorgehen.

Satz 170 (erweiterter Dualitätssatz der strikten Logik; vgl. Satz 162). (1) Eine beweisbare strikte Äquivalenz $\mathfrak{a} \asymp \mathfrak{b}$ (wo $\mathfrak{a}$, $\mathfrak{b}$ bloße $\wedge\vee\neg\mathsf{N}\Diamond$-Formen sind) geht wieder in eine beweisbare Äquivalenz über, wenn die beiden beteiligten Teilformen $\mathfrak{a}$, $\mathfrak{b}$ dualisiert werden. — (2) Eine beweisbare strikte Implikation $\mathfrak{a} \prec \mathfrak{b}$ (wo $\mathfrak{a}$, $\mathfrak{b}$ bloße $\wedge\vee\neg\mathsf{N}\Diamond$-Formen sind) geht wieder in eine beweisbare Implikation $\mathfrak{b}^\circ \prec \mathfrak{a}^\circ$ über, wenn Vorder- und Hinterglied dualisiert und miteinander vertauscht werden.

Zum *Nachweis* brauchen wir im Nachweise für den engeren Dualitätssatz 162 außer den dort benutzten Verneinungsgesetzen lediglich die Verneinungsgesetze der Modalitäten — *Sm*4 und *Sm*5 — heranzuziehen. (Genaue Ausführung als Textaufgabe.)

*Sm*8. $\mathsf{N}a \prec a$.

Beweis aus *St*28 durch Umsetzung mit der Def. des N.

*Sm*9. $a \prec \Diamond a$.

Aus *Sm*8 mit dem Dualitätssatz 170 (2).

*Sm*10. $\neg\Diamond a \prec \neg a$, kurz $\neg\Diamond \prec \neg$.

Aus *Sm*9 durch Kontraposition gemäß *St*22.

*Sm*11. $\mathsf{N}a \prec \Diamond a$, kurz $\mathsf{N} \prec \Diamond$.

Aus *Sm*8 und *Sm*9 durch Kettenschluß gemäß *R*6.

Anmerkung. Keine der letzten vier strikten Implikationen ist umkehrbar, vgl. die Ausführungen des § 173. —

Besonders bemerkenswert ist die Auffassung der strikten Implikation als Unmöglichkeit bzw. als Notwendigkeit, die in den folgenden drei Formen zum Ausdruck kommt:

*Sm*12. $a \prec b \;\succ\!\prec\; \neg\Diamond(a \wedge \neg b)$.

Beweis. $a \prec b \;\succ\!\prec\; a \wedge \neg b \prec \neg(a \wedge \neg b)$ nach *St*50.

$a \wedge \neg b \prec \neg(a \wedge \neg b) \;\succ\!\prec\; \neg\Diamond(a \wedge \neg b)$ aus *Sm*3 durch Seitentausch gemäß *St*15.

Nun Äquivalenzkettenschluß gemäß *R*7.

*Sm*13. $a \prec b \;\succ\!\prec\; \mathsf{N}(\neg a \vee b)$.

Beweis. $a \prec b \;\succ\!\prec\; \neg\Diamond(a \wedge \neg b)$ nach *Sm*12.

$\therefore\; a \prec b \;\succ\!\prec\; \mathsf{N}\neg(a \wedge \neg b)$ durch *Sm*4 rechterhand.

Nun Umsetzung mit einer gemäß Satz 165 (1) beweisbaren Äquivalenz rechterhand.

*Sm*14. $a \prec b \;\succ\!\prec\; \mathsf{N}(a \rightarrow b)$.

Diese Form drückt einen höchst bedeutsamen Zusammenhang der Implikationen aus: Die strikte Implikation ist die Notwendigkeit der alternären Implikation!

Beweis aus *Sm*13 durch Umsetzung mit einer gemäß Satz 165 (1) beweisbaren Äquivalenz.

*Sm*15. $\mathsf{N}(a \vee \neg a)$ Notwendigkeit des Tertium non datur.

Beweis. $\neg(a \vee \neg a) \prec a \vee \neg a$ nach Satz 165 (2).

Nun Def. des N.

$Sm16.$ $\neg\Diamond(a\wedge\neg a)$ Unmöglichkeit des Widerspruchs.

Beweis. $\neg\Diamond\neg(a\vee\neg a)$ aus $Sm15$ durch Umsetzung mit $Sm7$.
Nun Umsetzung mit einer gemäß Satz 165 (1) beweisbaren Äquivalenz.

$Sm17.$ $(a\prec b)\wedge\mathrm{N}a \prec \mathrm{N}b.$

Beweis. $(\neg a\prec a)\wedge(a\prec b)\prec\neg a\prec b$ nach $St6$.

$\therefore$ $(\neg b\prec\neg a)\wedge((\neg a\prec a)\wedge(a\prec b))\prec(\neg b\prec\neg a)\wedge(\neg a\prec b)$ durch $\wedge$-Vorsetzen gemäß $R11$.

$\therefore$ $(a\prec b)\wedge((\neg a\prec a)\wedge(a\prec b))\prec\neg b\prec b$ durch Umsetzung mit $St22$ im Vorderglied und durch $St6$ im Hinterglied.

$\therefore$ $(a\prec b)\wedge(\mathrm{N}a\wedge(a\prec b))\prec\mathrm{N}b$ durch N-Einführungen, d.h. Umsetzungen mit $Sm1$ in Vorder- und Hinterglied.

$\therefore$ $((a\prec b)\wedge(a\prec b))\wedge\mathrm{N}a\prec\mathrm{N}b$ durch assoziative und kommutative Umsetzungen (mit $St2$ und 14) im Vorderglied.

Nun Umsetzung mit $St18$ im Vorderglied.

$Sm18.$ $(a\prec b)\wedge\Diamond a \prec \Diamond b.$

Beweis. $(\neg b\prec\neg a)\wedge\mathrm{N}\neg b \prec \mathrm{N}\neg a$ nach $Sm17$.

$\therefore$ $(a\prec b)\wedge\mathrm{N}\neg b \prec \mathrm{N}\neg a$ durch $St22$ im Vorderglied.

$\therefore$ $a\prec b\wedge\neg\mathrm{N}\neg a \prec \neg\mathrm{N}\neg b$ durch konjunktive Kontraposition gemäß $St8$.

Nun Umsetzungen mit $Sm6$ in Vorder- und Hinterglied.

Nach Satz 169 (2) ist die Schlußregel $\dfrac{\mathfrak{a} \quad \mathfrak{a}\wedge\mathfrak{b}\prec\mathfrak{c}}{\mathfrak{b}\prec\mathfrak{c}}$ in den bisherigen strikten Kodifikaten nicht abhängig; m.a.W. die Abhängung eines bewiesenen Vorderkonjunktionsgliedes ist im allgemeinen nicht möglich. Anders steht es mit der Abhängung eines *notwendigen* Vorderkonjunktionsgliedes. Für sie gilt nicht nur die betreffende Regel, sondern sogar die zugehörige Form, die ein ebenso bedeutsames Licht wie die vorangegangenen Formen auf die strikte Implikation wirft:

$Sm19.$ $\mathrm{N}a\wedge(a\wedge b\prec c) \prec b\prec c.$

Beweis (vgl. auch die Aufgaben 2 und 3 vom Anfang des § 168).

$(\neg a\prec a)\wedge(a\wedge b\prec c)\prec\neg a\wedge b\prec c$ nach $St24$.

$\therefore$ $(b\wedge a\prec c)\wedge((\neg a\prec a)\wedge(a\wedge b\prec c))\prec(b\wedge a\prec c)\wedge(\neg a\wedge b\prec c)$ durch $\wedge$-Vorsetzen gemäß $R11$.

Indem man das Vorderglied durch $\mathfrak{v}$ mitteilt, hat man

$\mathfrak{v} \prec (b \wedge a \prec c) \wedge (\neg a \wedge b \prec c)$.

$\therefore$ $\mathfrak{v} \prec (b \wedge \neg c \prec \neg a) \wedge (\neg a \wedge b \prec c)$ durch konjunktive Kontraposition (Umsetzung mit *St* 23) im Hinterglied.

$\therefore$ $\mathfrak{v} \prec (b \wedge \neg c) \wedge b \prec c$ durch *St* 24 im Hinterglied.

$\therefore$ $\mathfrak{v} \prec (b \wedge b) \wedge \neg c \prec c$ durch koassoziative Umsetzung (mit *St* 20) im Hinterglied.

$\therefore$ $\mathfrak{v} \prec b \wedge b \prec c \vee c$ durch Überstellung gemäß *St* 36 im Hinterglied.

$\therefore$ $\mathfrak{v} \prec b \prec c$ durch $\wedge$- und $\vee$-Kürzung (d.h. Umsetzungen mit *St* 18 bzw. *St* 33),

d.i. $(b \wedge a \prec c) \wedge ((\neg a \prec a) \wedge (a \wedge b \prec c)) \prec b \prec c$.

$\therefore$ $(\neg a \prec a) \wedge ((a \wedge b \prec c) \wedge (a \wedge b \prec c)) \prec b \prec c$ durch koassoziative Umsetzung (mit *St* 20) im Vorderglied.

$\therefore$ $(\neg a \prec a) \wedge (a \wedge b \prec c) \prec b \prec c$ durch *St* 18 im Vorderglied.

Nun N-Einführung gemäß *Sm* 1 im Vorderglied.

§ 175. Ableitung einiger Schlußregeln mit Heranziehung des Zusatzaxioms zur Hintergliedverjüngung.

In den bisherigen Überlegungen betreffs der strikten Möglichkeit und Notwendigkeit haben wir uns lediglich auf die Axiome *St* 1—10, die Schlußregeln *R* 1—4 und die Definitionen von $\succ\!\prec$, $\vee$, $\twoheadrightarrow$, N und $\Diamond$ gestützt (vgl. die Anmerkung am Anfang von § 174). Wir ziehen nun wieder wie in Kap. XXX das Axiom der Hintergliedkürzung

St 60. $a \prec b \wedge c \;\prec\; a \prec b$ (S. 456)

heran. Mit seiner Hilfe wurden die Schlußregeln *R* 17 ableitbar, die nunmehr zunächst zur Ableitung einiger weiterer Schlußregeln benutzt werden mögen.

Am Ende des § 162 wurde bereits erwähnt, daß die strikte Logik die Exportation nicht allgemein gestattet; man wird demgemäß damit zu rechnen haben, daß sie eine deutliche Grenze zwischen der Form *Sm* 18 und der Form $a \prec b \;\prec\; \Diamond a \prec \Diamond b$ — und entsprechend zwischen *Sm* 17 und der Form $a \prec b \;\prec\; \mathrm{N}a \prec \mathrm{N}b$ — zieht. Die letzteren Formen werden wir erst später nach Einführung einer recht scharfen Zusatzforderung beweisen können [*Sm* 48 und *Sm* 49 (1)], die zugehörigen Schlußregeln jedoch lassen sich schon aus *St* 1—10 und *St* 60 allein (mit den Regeln *R* 1—4) ableiten.

<u>*R* 18.</u> $\dfrac{\mathfrak{a} \prec \mathfrak{b}}{\Diamond \mathfrak{a} \prec \Diamond \mathfrak{b}}$ Regel des Übergangs zu den Möglichkeiten.

Ableitung.

$\mathfrak{a} \prec \mathfrak{b}$ (Voraussetzung)

$\therefore\ \neg\mathfrak{b} \prec \neg\mathfrak{a}$ gemäß *St* 22 $\qquad$ $\mathfrak{a} \prec \mathfrak{b}$ (Voraussetzung)

$\therefore\ \mathfrak{b} \prec \neg\mathfrak{b} \prec \mathfrak{b} \prec \neg\mathfrak{a}$ gem. *R* 17 (1) $\quad \therefore\ \mathfrak{b} \prec \neg\mathfrak{a} \prec \mathfrak{a} \prec \neg\mathfrak{a}$ gem. *R* 17 (2)

$\therefore\therefore\ \mathfrak{b} \prec \neg\mathfrak{b} \prec \mathfrak{a} \prec \neg\mathfrak{a}$ durch Kettenschluß gemäß *R* 6.

$\therefore\ \neg\Diamond\mathfrak{b} \prec \neg\Diamond\mathfrak{a}$ durch Umsetzung mit *Sm* 3.

Nun Kontraposition gemäß *St* 22.

R 19. $\dfrac{\mathfrak{a} \prec \mathfrak{b}}{\mathrm{N}\mathfrak{a} \prec \mathrm{N}\mathfrak{b}}$ Regel des Übergangs zu den Notwendigkeiten.

Ableitung.

$\mathfrak{a} \prec \mathfrak{b}$ Voraussetzung.

$\therefore\ \neg\mathfrak{b} \prec \neg\mathfrak{a}$ durch Kontraposition gemäß *St* 22.

$\therefore\ \Diamond\neg\mathfrak{b} \prec \Diamond\neg\mathfrak{a}$ gemäß *R* 18.

$\therefore\ \neg\Diamond\neg\mathfrak{a} \prec \neg\Diamond\neg\mathfrak{b}$ durch Kontraposition (gemäß *St* 22).

Nun Umsetzungen mit *Sm* 7.

Anmerkung. *R* 18 bzw. *R* 19 erweitern sich mit *St* 17 und *R* 2, *R* 8 unmittelbar zu den Regeln

R 18° $\dfrac{\mathfrak{a} \succ\!\!\prec \mathfrak{b}}{\Diamond\mathfrak{a} \succ\!\!\prec \Diamond\mathfrak{b}}$, $\qquad$ *R* 19° $\dfrac{\mathfrak{a} \succ\!\!\prec \mathfrak{b}}{\mathrm{N}\mathfrak{a} \succ\!\!\prec \mathrm{N}\mathfrak{b}}$.

Die Form *Sm* 19 legt uns, wenn wir die zu ihr angestellte Vorüberlegung heranziehen, die Vermutung nahe, daß manche strikt-implikativen Formen, deren strikter Beweis nicht gelingt, in beweisbare Formen übergehen, wenn eine ihrer Prämissen zur „Notwendigkeit“ verstärkt wird. Das entsprechende läßt sich für Schlußschemata vermuten.

In der Tat: während z. B. die Exportation

$\dfrac{\mathfrak{a} \wedge \mathfrak{b} \prec \mathfrak{c}}{\mathfrak{a} \prec \mathfrak{b} \prec \mathfrak{c}}$ der strikten Auffassung ungemäß ist, können wir nun herleiten:

R 20. $\dfrac{\mathfrak{a} \wedge \mathfrak{b} \prec \mathfrak{c}}{\mathrm{N}\mathfrak{a} \prec \mathfrak{b} \prec \mathfrak{c}}$ „abgeschwächte strikte Exportation“.

(Die Abschwächung besteht in der Verstärkung der ersten Prämisse.)

Ableitung.

$\mathfrak{a} \wedge \mathfrak{b} \prec \mathfrak{c}$ Voraussetzung.

$\therefore\ \mathfrak{a} \prec \neg\mathfrak{b} \vee \mathfrak{c}$ durch Überstellung (gemäß *St* 36).

$\therefore\ \mathrm{N}\mathfrak{a} \prec \mathrm{N}(\neg\mathfrak{b} \vee \mathfrak{c})$ gemäß *R* 19.

$\therefore\ \mathrm{N}\mathfrak{a} \prec \mathfrak{b} \prec \mathfrak{c}$ durch Umsetzung mit *Sm* 13. —

Zwei Anwendungsbeispiele:

*Sm*20. $\mathsf{N}(a \prec b) \prec \mathsf{N}a \prec \mathsf{N}b$.

*Sm*21. $\mathsf{N}(a \prec b) \prec \Diamond a \prec \Diamond b$.

Beweis dieser beiden Formen aus *Sm*17 bzw. *Sm*18 durch „abgeschwächte Exportation" gemäß *R*20.

*Sm*22. $\mathsf{N}a \prec \neg a \prec b$. Erste Form zum „abgeschwächten Schluß ex absurdo" (vgl. mit *J*4).

Beweis. $a \wedge \neg a \prec b$ nach Satz 165 (2).
Nun abgeschwächte Exportation gemäß *R*20.

*Sm*23. $\neg\Diamond a \prec a \prec b$. Zweite Form zum „abgeschwächten Schluß ex absurdo" (vgl. mit *J*3).

Beweis. $\mathsf{N}\neg a \prec \neg\neg a \prec b$ nach *Sm*22.
Nun Umsetzungen mit *Sm*4 und *St*21.

*Sm*24. $\mathsf{N}a \prec b \prec a$. Form zur „abgeschwächten Vorderglied-Vorschaltung (vgl. mit *D*1).

Beweis. $\mathsf{N}a \prec \neg a \prec \neg b$ nach *Sm*22.
Nun Kontraposition im Hinterglied (mit *St*22).

Aufgaben. 1. Man beweise aus *St*11 mit *R*1 und *R*20: $\mathsf{N}a \prec b \prec a \wedge b$.

2. Man zeige an Hand der Quasiwahrheitswertung des § 169: Ohne das Zusatzaxiom *St*60 sind die Schlußregeln *R*18—20 nicht ableitbar und die Formen *Sm*20—24 nicht beweisbar.

§ 176. Weitere Herleitungen mit dem Zusatzaxiom der Hintergliedverjüngung.

*Sm*25. $\Diamond(a \wedge b) \prec \Diamond a$.

Beweis. $a \wedge b \prec a$ nach *St*3.
Nun Übergang zu den Möglichkeiten gemäß *R*18.

*Sm*26. $\Diamond a \prec \Diamond(a \vee b)$.

Beweis entsprechend aus *St*32 (Textaufgabe).

*Sm*27. $\mathsf{N}(a \wedge b) \prec \mathsf{N}a$.

*Sm*28. $\mathsf{N}a \prec \mathsf{N}(a \vee b)$.

Die beiden letzten Formen folgen aus *Sm*26 bzw. *Sm*25 an Hand des „erweiterten Dualitätssatzes" 170 (2).

$Sm29.$ $\Diamond(a\vee b)\succ\!\prec\Diamond a\vee\Diamond b$ (Distribuierbarkeit des $\Diamond$ gegen $\vee$).

Beweis. 1. $\Diamond a\prec\Diamond(a\vee b)$ nach $Sm26$.

$\Diamond b\prec\Diamond(a\vee b)$ aus $Sm26$ durch Einsetzung und Umsetzung mit $St31$ (Tausch der Disjunktionsglieder).

$\therefore$ $\Diamond a\vee\Diamond b\prec\Diamond(a\vee b)$ durch Vordergliedddisjugation gemäß $R15$.

2. Abkürzung: $\mathfrak{c} \equiv: \neg\Diamond a\wedge\neg\Diamond b$

$\mathfrak{c}\prec\neg\Diamond a$ nach $St3$.

Abkürzung: $\mathfrak{d}_1 \equiv: a\prec\neg(a\vee b)$

$\neg\Diamond a\prec\mathfrak{d}_1$ nach $Sm23$.

$\therefore\therefore$ (*) $\mathfrak{c}\prec\mathfrak{d}_1$ durch Kettenschluß gemäß $R6$. — Entsprechend:

$\mathfrak{c}\prec\neg\Diamond b$ nach $St16$.

Abkürzung: $\mathfrak{d}_2 \equiv: b\prec\neg(a\vee b)$

$\neg\Diamond b\prec\mathfrak{d}_2$ nach $Sm23$.

$\therefore\therefore$ $\mathfrak{c}\prec\mathfrak{d}_2$ durch Kettenschluß gemäß $R6$.

$\therefore\therefore$ (**) $\mathfrak{c}\prec\mathfrak{d}_1\wedge\mathfrak{d}_2$ durch Hintergliedkonjugation gemäß $R12$ aus der letzten Form und aus (*).

$\mathfrak{d}_1\wedge\mathfrak{d}_2\prec a\vee b\prec\neg(a\vee b)$ aus $St67$ (durch Äquivalenzverjüngung gemäß $St17$).

$\therefore$ $\mathfrak{d}_1\wedge\mathfrak{d}_2\prec\neg\Diamond(a\vee b)$ durch Umsetzung mit $Sm3$.

$\therefore\therefore$ $\mathfrak{c}\prec\neg\Diamond(a\vee b)$ durch Kettenschluß gemäß $R6$ mit (**).

$\mathfrak{c}\succ\!\prec\neg(\Diamond a\vee\Diamond b)$ nach $St30$.

$\therefore\therefore$ $\neg(\Diamond a\vee\Diamond b)\prec\neg\Diamond(a\vee b)$ durch Umsetzung des $\mathfrak{c}$ der vorletzten Form mit der letzten Form.

$\therefore$ $\Diamond(a\vee b)\prec\Diamond a\vee\Diamond b$ durch Kontraposition gemäß $St22$.

3. Nun Äquivalenzbildung gemäß $R8$.

$Sm30.$ $\mathsf{N}a\wedge\mathsf{N}b\succ\!\prec\mathsf{N}(a\wedge b)$ (Distribuierbarkeit des N gegen $\wedge$).

folgt aus $Sm29$ an Hand des „erweiterten Dualitätssatzes“ 170 (1).

Textaufgabe. Man beweise mit $St13$, 17, $Sm14$ und $Sm30$ die folgende Verallgemeinerung von $Sm14$:

$a\succ\!\prec b \succ\!\prec \mathsf{N}(a\leftrightarrow b)$,

wo $a\leftrightarrow b \approx: (a\rightarrow b)\wedge(b\rightarrow a)$ gemäß der Definition von S. 446.

Eine Eigenart der Form $Sm29$ wird durch die nachstehende unmittelbare Folgerung beleuchtet:

$Sm31.$ $\Diamond a\vee\Diamond\neg a$, kurz: $\Diamond\vee\Diamond\neg$ (Tertium non datur der Möglichkeit).

Zur variablenlosen Schreibung vgl. die Anmerkung von S. 467.

Beweis der Form. $a\vee\neg a$ nach $St48$.

$\therefore$ $\Diamond(a\vee\neg a)$ gemäß $Sm9$.

Nun Umsetzung mit $Sm29$.

Zusatzaufgabe. Man beweise die folgende interessante Erweiterung von *Sm*31:
$\Diamond b \prec \Diamond(a \wedge b) \vee \Diamond(\neg a \wedge b)$.

Zur Beachtung. Aus *Sm*25 folgt unmittelbar $\Diamond(a \wedge b) \prec \Diamond a \wedge \Diamond b$ (Textaufgabe). Diese Implikation ist indessen nicht umkehrbar; d.h. es gilt *nicht* $\Diamond a \wedge \Diamond b \prec \Diamond(a \wedge b)$, — in bemerkenswertem Gegensatz zu der aus *Sm*29 fließenden *Äquivalenz* $\Diamond a \vee \Diamond b \succ\!\prec \Diamond(a \vee b)$.

Entsprechend: Aus *Sm*28 folgt unmittelbar $\mathsf{N}a \vee \mathsf{N}b \prec \mathsf{N}(a \vee b)$ (Textaufgabe). Diese Implikation ist nicht umkehrbar, d.h. es gilt *nicht* $\mathsf{N}(a \vee b) \prec \mathsf{N}a \vee \mathsf{N}b$, — im Gegensatz zu der aus *Sm*30 fließenden Äquivalenz $\mathsf{N}(a \wedge b) \succ\!\prec \mathsf{N}a \wedge \mathsf{N}b$. Man macht sich das wie folgt plausibel:

Würde z.B. die Form $\mathsf{N}(a \vee b) \prec \mathsf{N}a \vee \mathsf{N}b$ gelten, so dürfte man schließen:

$\mathsf{N}(a \vee \neg a) \prec \mathsf{N}a \vee \mathsf{N}\neg a$ durch Einsetzung.

$\therefore$ $\mathsf{N}a \vee \mathsf{N}\neg a$ durch strikten Grundschluß mit *Sm*15.

$\therefore$ $\mathsf{N}a \vee \neg\Diamond a$ durch Umsetzung mit *Sm*4.

$\therefore$ $(\neg a \prec a) \vee (a \prec \neg a)$ durch Umsetzung mit *Sm*1, *Sm*2 und mit *St*21.

Es erscheint plausibel, daß die drei letztgenannten Formen (insbesondere $\mathsf{N} \vee \neg\Diamond$) den Unterschied zwischen der strikten Aussagen- und Modalitätenlogik und der alternären Aussagenlogik verwischen würden; es wird sich mit später einzuführenden Mitteln zeigen lassen, daß in der Tat alle diese Formen — auch nach Zufügung weiterer Axiome — nicht beweisbar sind (vgl. insbesondere später S. 507, Aufgabe 3).

*Sm*32. $\neg\Diamond a \;\succ\!\prec\; a \succ\!\prec b \wedge \neg b$.

„Unmöglich ist, was dem Widerspruch strikt äquivalent ist."

Beweis. $a \prec \neg a \;\succ\!\prec\; a \succ\!\prec a \wedge \neg a$ nach *St*65.

$\therefore$ $a \prec \neg a \;\succ\!\prec\; a \succ\!\prec b \wedge \neg b$ durch Umsetzung rechterhand mit *St*41.

Nun Umsetzung linkerhand mit *Sm*3.

Anmerkung. Wenn man die intuitionistische Implikation $\rightarrow$ zur strikten Implikation $\prec$ in Analogie setzt, so lehrt ein Vergleich von *Sm*32 mit der (leicht mit *J*13 zu beweisenden) intuitionistischen Form $\neg a \;\longleftrightarrow\; a \leftrightarrow b \wedge \neg b$, daß die strikte Unmöglichkeit der intuitionistischen Absurdität (S. 438) analog ist. Im Gegensatz zur intuitionistischen Logik geht in der strikten Logik die in diesem Sinne interpretierte Absurdität über die bloße Negation hinaus.

*Sm*33. $\mathsf{N}a \;\succ\!\prec\; b \vee \neg b \succ\!\prec a$.

„Notwendig ist, was der Form des tertium non datur strikt äquivalent ist."

Beweis. $\neg\Diamond\neg a \;\succ\!\prec\; b \wedge \neg b \succ\!\prec \neg a$ aus *Sm*32 durch Seitentausch rechterhand, d.h. Umsetzung mit *St*15.

$\therefore$ $\mathsf{N}a \;\succ\!\prec\; b \wedge \neg b \succ\!\prec \neg a$ durch *Sm*7 linkerhand.

$\therefore$ $\mathsf{N}a \;\succ\!\prec\; \neg(b \wedge \neg b) \succ\!\prec a$ durch *St*26 rechterhand.

Nun Umsetzung rechterhand mit einer gemäß Satz 165 (1) beweisbaren Äquivalenz.

Textaufgabe. Man beweise die folgenden Abschwächungen von *Sm*32 bzw. 33:

$\neg\Diamond a \succ\!\prec a\prec b\wedge\neg b$, $\mathrm{N}a \succ\!\prec b\vee\neg b\prec a$ (zu diesen Formen vgl. auch das Ende von § 173).

Zusatzaufgabe. Wie beweist sich die — zu der im Beweise für *Sm*32 auftretenden Form $a\prec\neg a \succ\!\prec a\succ\!\prec b\wedge\neg b$ duale — Form $\neg a\prec a \succ\!\prec b\vee\neg b\succ\!\prec a$ ohne Heranziehung der Modalitäten?

*Sm*34. $\neg\Diamond a\wedge\neg\Diamond b \prec a\succ\!\prec b.$

„Alles, was unmöglich ist, ist einander paarweise strikt äquivalent."

Beweis. $\neg\Diamond a\prec a\prec b$ nach *Sm*23.
$\therefore$ $\neg\Diamond a\wedge\neg\Diamond b\prec a\prec b$ durch *St*3 im Vorderglied.
$\neg\Diamond a\wedge\neg\Diamond b\prec b\prec a$ entsprechend aus *Sm*23 mit *St*16.
$\therefore\therefore$ $\neg\Diamond a\wedge\neg\Diamond b \prec (a\prec b)\wedge(b\prec a)$ gemäß *R*12.
Nun *St*13 im Hinterglied.

*Sm*35. $\mathrm{N}a\wedge\mathrm{N}b \prec a\succ\!\prec b.$

„Alles, was notwendig ist, ist einander paarweise strikt äquivalent."

Der Beweis verläuft völlig analog zu dem vorigen (Textaufgabe). —

Zum Abschluß wollen wir noch eine Formel betrachten, die uns den Übergang zu den Überlegungen des nächsten Paragraphen erleichtern soll.

*Sm*36. $\mathrm{NN}a \prec \mathrm{N}a\succ\!\prec a.$

Beweis. $\mathrm{NN}a\prec\mathrm{N}a$ nach *Sm*8.
$\therefore$ $\mathrm{NN}a\prec\mathrm{NN}a\wedge\mathrm{N}a$ nach *St*51.
$\mathrm{NN}a\wedge\mathrm{N}a \prec \mathrm{N}a\succ\!\prec a$ nach *Sm*35.
Nun Kettenschluß (gemäß *R*6) aus den beiden letzten Formen.

Nach der Einführung der Modi N und $\Diamond$ rückt auch die in § 168 eingeführte und weiter in § 171 betrachtete *Verträglichkeit* $\circ$ in ein neues Licht.

*Sm*37.
(1) $\Diamond a\succ\!\prec a\circ a.$
„*Möglichkeit ist Selbstverträglichkeit*".
(2) $\mathrm{N}a\succ\!\prec\neg(\neg a\circ\neg a).$
„*Notwendigkeit ist Selbstunverträglichkeit des Gegenteils*".

Anmerkung. Die obigen Formulierungen beziehen sich selbstverständlich wie stets speziell auf *strikt-logische* Möglichkeit, Notwendigkeit und Verträglichkeit. Dies wird im folgenden nicht jedesmal ausdrücklich angefügt werden.

Beweis für (1): $\Diamond a\succ\!\prec\neg(a\prec\neg a)$ nach *Sm*2.
Nun *St*52 (1) rechterhand. —

(2) folgt aus (1) unmittelbar mit *Sm*7: $\mathsf{N}a \succ\!\!\prec \neg\Diamond\neg a$ durch Kontraposition gemäß *St*26.

Anmerkung. Wenn die Verträglichkeit idempotent wäre: $a \circ a \succ\!\!\prec a$ (vgl. die Anmerkung von S. 451), so würde sich mit *Sm*37(1) unmittelbar gemäß *R*7 ergeben: $\Diamond a \succ\!\!\prec a$ (also auch $\neg\Diamond a \succ\!\!\prec \neg a$ und mit *Sm*3 weiter die Form zum Schluß in absurdum); wir werden in der vierten Folgerung auf S. 514 sehen, daß diese Formen unbeweisbar sind, vgl. auch S. 465.

*Sm*38. $a \circ b \succ\!\!\prec \Diamond(a \wedge b)$.

„*Verträglichkeit ist Möglichkeit der Konjunktion*".

Anmerkung. Die Formen *Sm*37 (1) und *Sm*38 kennzeichnen in eindrucksvoller Weise das Verhältnis von Möglichkeit und Verträglichkeit.

Beweis von *Sm*38. $a \prec \neg b \succ\!\!\prec \neg\Diamond(a \wedge \neg\neg b)$ nach *Sm*12.

$\therefore\ \neg(a \prec \neg b) \succ\!\!\prec \neg\neg\Diamond(a \wedge \neg\neg b)$ durch Äquivalenzübertragung gemäß *R*10.

$\therefore\ \neg(a \prec \neg b) \succ\!\!\prec \Diamond(a \wedge b)$ durch $\neg\neg$-Beseitigung rechterhand gemäß *St*21.

Nun *St*52 (1) linkerhand.

*Sm*39. $\neg(a \circ b) \succ\!\!\prec \mathsf{N}(\neg a \vee \neg b)$.

„Unverträglichkeit ist Notwendigkeit der Disjunktion der Gegenteile".

Beweis. $\neg(a \circ b) \succ\!\!\prec \neg\Diamond(a \wedge b)$ aus *Sm*38 dch. Kontraposition gem. *St*26.

$\therefore\ \neg(a \circ b) \succ\!\!\prec \neg\Diamond\neg(\neg a \vee \neg b)$ durch *St*30 rechterhand.

Nun *Sm*7 rechterhand.

*Sm*40. $a \circ b \prec \Diamond a$.

„Was mit irgendetwas verträglich ist, ist (strikt) logisch möglich".

Beweis. $\Diamond(a \wedge b) \prec \Diamond a$ nach *Sm*25.

Nun *Sm*38 linkerhand.

Unmittelbare *Folgerungen:*

*Sm*41.
(1) $\neg\Diamond a \prec \neg(a \circ b)$.
„Unmögliches ist mit nichts verträglich".
(2) $\mathsf{N}a \prec \neg(\neg a \circ b)$.
„Von Notwendigem ist das Gegenteil mit nichts verträglich".

(1) folgt aus *Sm*40 durch Kontraposition gemäß *St*22.

Beweis von (2): $\neg\Diamond\neg a \prec \neg(\neg a \circ b)$ nach (1). — Nun *Sm*7.

Frage: Welche der Formen *Sm*37—41 (zur Verträglichkeit) sind *ohne* das Zusatzaxiom *St*60 herleitbar?

Im Anschluß an die Zurückführung der Verträglichkeit $\circ$ auf $\Diamond$ und $\wedge$ (*Sm*38) liegt es nahe, die „*kollektive Verträglichkeit*" von *n*

Aussagen $\mathfrak{a}_1, .., \mathfrak{a}_n$ zu definieren (der bloße Übergang zur assoziaten Schreibweise für $\circ$ ist offenbar nicht erlaubt, da ja die Verträglichkeit *nicht* assoziativ ist, s. S. 451 sowie später die dritte Folgerung auf S. 514.

Definition:

„$\mathfrak{a}_1, .., \mathfrak{a}_n$ kollektiv verträglich“ $\rightleftharpoons$: $\Diamond \bigwedge_i \mathfrak{a}_i$ (wo i von 1 bis n läuft).

Es verdient der merkwürdige Umstand hervorgehoben zu werden, daß die „kollektive Verträglichkeit“ nicht etwa mit der „paarweisen Verträglichkeit“ zusammenfällt! Die Form

$$\bigwedge_{i \neq j} \Diamond(a_i \wedge a_j) \prec \Diamond \bigwedge_i a_i \quad (\text{wo } i, j = 1, .., n)$$

und mithin die Form

$$\bigwedge_{\substack{i \neq j \\ =1, .., n}} (a_i \circ a_j) \prec (a_1, .., a_n \text{ kollektivverträglich})$$

ist *nicht* strikt; für $n = 3$ wird dies im 5. Entscheidungsbeispiel des § 187 gezeigt werden.

Dieser auf den ersten Augenblick vielleicht verblüffende Tatbestand läßt sich bereits von einer ganz naiven Möglichkeitsvorstellung aus (die allerdings noch nicht der strikten Logik oder überhaupt irgendeiner exakten Fassung voll gerecht werden dürfte) plausibel machen. Da dem Leser auch bezüglich bloßer Plausibilitäten nichts vorenthalten werden soll, was zum ernsten Nachdenken anzuregen vermag, möge mit allem Vorbehalt und ohne an dieser Stelle auf Interpretationsfragen näher einzugehen, kurz eine Abwandlung eines bekannten Beispiels vorgeführt werden.

$\mathfrak{a}$ stehe für: „gestern herrschte in Marburg trockenes Wetter“

$\mathfrak{b}$ stehe für: „als Hans in Marburg war, regnete es dort“

$\mathfrak{c}$ stehe für: „Hans war gestern in Marburg“.

Man wird zwar (in einem ganz *naiven* Sinne!) zunächst zugeben, daß $\mathfrak{a}$ mit $\mathfrak{b}$, ebenso $\mathfrak{b}$ mit $\mathfrak{c}$ und ebenso $\mathfrak{a}$ mit $\mathfrak{c}$ verträglich ist (und erst recht, daß jede der Aussagen $\mathfrak{a}, \mathfrak{b}, \mathfrak{c}$ selbstverträglich, d.h. möglich ist), nicht jedoch, daß $\mathfrak{a}$ und $\mathfrak{b}$ und $\mathfrak{c}$ kollektiv verträglich sind. Man hat hier übrigens zugleich ein Beispiel für das Unzureichen des sprachlichen Ausdrucks „miteinander“ (= ein mit ander).

Kapitel XXXII.

Die Modalitätenaxiome. Verschärfte strikte Logik.

§ 177. Notwendig-notwendiges. Einleitung.

In den vorangegangenen Paragraphen sind wir mit der „Notwendigkeit“ nicht nur hypothetisch umgegangen, sondern haben tatsächlich *beweisbar notwendige Formen* kennengelernt. So gilt z.B. $\mathsf{N}(a \vee \neg a)$ (Sm 15). Weiterhin ist jede strikte Implikation nach Sm 14 einer Notwendigkeit äquivalent (nämlich derjenigen der entsprechenden alternären Implikation). Jede beweisbare strikte Implikation ist somit als eine beweisbare Notwendigkeit auffaßbar.

Es erhebt sich nun die Frage, ob sich in der strikten Logik die Modalität der Notwendigkeit sinnvollerweise iterieren lasse. Natürlich läßt das Begriffsnetz der strikten Logik die Bildung von Formen und Teilformen der Gestalt $\mathsf{NN}\mathfrak{c}$ zu und gestattet, mit ihnen umzugehen. Es bleibt aber die Frage, ob dies nicht vielleicht für das *Deduktionsgerüst* ein bloßer „Leerlauf" sei; man wird sich — genauer ausgedrückt — vorab zu vergewissern haben: einerseits, ob es überhaupt einschlägige Formen gibt, für die die Notwendigkeit der Notwendigkeit *beweisbar* ist, und andererseits, ob nicht vielleicht für *jede* Form, deren Notwendigkeit beweisbar ist, auch die Notwendigkeit der Notwendigkeit beweisbar wird. Der Beantwortung dieser Fragen mögen einige elementare Überlegungen und einige vorbereitende Sätze vorangestellt werden.

In einem logischen Kodifikat, in dem die Vordergliedvorschaltung $\frac{\mathfrak{a}}{\mathfrak{b} \prec \mathfrak{a}}$ erlaubt ist — erst recht also in einem Kodifikat, in dem das Deduktionstheorem gilt, ist mit $\mathfrak{a}$ stets $\neg\mathfrak{a} \prec \mathfrak{a}$, d.h. $\mathsf{N}\mathfrak{a}$, und damit weiter $\neg\mathsf{N}\mathfrak{a} \prec \mathsf{N}\mathfrak{a}$, d.i. $\mathsf{NN}\mathfrak{a}$, beweisbar. Aber es war ja gerade ein Hauptleitmotiv der strikten Logik, daß die Vordergliedvorschaltung nicht statthaft sein solle.

Satz 171. Für Aussagenformen, die von den strikten Verknüpfungen $\prec$, $\succ\!\prec$ (und von den mit ihrer Hilfe definierten Verknüpfungen) frei sind — d.h. für bloße $\wedge\vee\neg\rightarrow\leftrightarrow$-Formen $\mathfrak{a}$ — gilt: mit $\mathfrak{a}$ ist auch $\mathsf{N}\mathfrak{a}$ beweisbar, m.a.W.: für solche Formen ist die Schlußregel $\frac{\mathfrak{a}}{\mathsf{N}\mathfrak{a}}$ abhängig.

Nachweis. Wenn $\mathfrak{a}$ beweisbar ist, so ist $\mathfrak{a}$ nach Satz 165 (3) Wahrform. Dann ist auch $b\vee\neg b \leftrightarrow \mathfrak{a}$ Wahrform. Mithin ist nach Satz 165 (1) die Form $b\vee\neg b \succ\!\prec \mathfrak{a}$ beweisbar.

$b\vee\neg b \succ\!\prec \mathfrak{a} \prec \mathsf{N}\mathfrak{a}$ aus einer Beiform zu *Sm*33 durch Seitentausch (gemäß *St*15) und Äquivalenzverjüngung gemäß *St*17.

$\mathsf{N}\mathfrak{a}$ durch Grundschluß aus den letzten beiden Formen.

Als *Anwendung* dieses Satzes ergibt sich z.B. *Sm*15 nun ohne weiteres.

Die Schlußregel $\frac{\mathfrak{a}}{\mathsf{N}\mathfrak{a}}$ ist hiermit unter einer Einschränkung als abhängig erwiesen, die manche belangvollen Fälle nicht mitumfaßt. So ist z.B. die Schlußregel $\frac{\mathsf{N}\mathfrak{a}}{\mathsf{NN}\mathfrak{a}}$ nicht in ihr mitenthalten.

Es läßt sich aber zeigen:

Satz 172. Wenn es eine Form $\mathfrak{c}$ gibt, für die bewiesen werden kann, daß sie notwendigerweise notwendig ist — m.a.W. wenn es eine beweisbare Form der Gestalt $\mathsf{NN}\mathfrak{c}$ gibt —, so wird die Schlußregel

$$\frac{\mathsf{N}\mathfrak{a}}{\mathsf{NN}\mathfrak{a}}$$

ableitbar. Wenn also *eine* iterierte Notwendigkeit beweisbar ist, so läßt sich jede beweisbare Notwendigkeit beweisbar iterieren.

Anmerkung. Unter der Voraussetzung des Satzes 172 gilt (wegen *Sm* 8) offenbar $N\mathfrak{a} \approx NN\mathfrak{a}$.

Nachweis des Satzes 172 durch Ableitung der Schlußregel.

$N\mathfrak{c} \wedge N\mathfrak{a} \prec \mathfrak{c} \succ\!\prec \mathfrak{a}$ nach *Sm* 35.

$\therefore$ $NN\mathfrak{c} \prec N\mathfrak{a} \prec \mathfrak{c} \succ\!\prec \mathfrak{a}$ gemäß *R* 20.

$\therefore$ $N\mathfrak{a} \prec \mathfrak{c} \succ\!\prec \mathfrak{a}$ durch Grundschluß gemäß *R* 2 mit dem vorausges. $NN\mathfrak{c}$.

$\therefore$ $\mathfrak{c} \succ\!\prec \mathfrak{a}$ durch Grundschluß mit der vorausgesetzten Oberformel $N\mathfrak{a}$.

Nun $NN\mathfrak{a}$ aus dem vorausgesetzten $NN\mathfrak{c}$ durch Umsetzung mit der letzten Formelzeile.

Im Satz 172 wurde die Schlußregel $\dfrac{N\mathfrak{a}}{NN\mathfrak{a}}$ nur unter der Bedingung der Existenz eines beweisbaren $NN\mathfrak{c}$ abgeleitet. Hiermit ist ein besonders enger Zusammenhang zwischen den beiden weiter oben aufgeworfenen Fragen aufgedeckt. Für das bislang entwickelte strikt-logische Kodifikat gilt jedoch:

Satz 173. Bei Benutzung der Schlußregeln *R* 1—4 (§ 162) und der Definitionen für $\succ\!\prec$ (§ 162), für N und für $\Diamond$ (§ 174) ist von den Axiomen *St* 1—10 (§ 162) und *St* 60 (§ 170) die Schlußregel $\dfrac{N\mathfrak{a}}{NN\mathfrak{a}}$ — und somit erst recht die Schlußregel $\dfrac{\mathfrak{a}}{N\mathfrak{a}}$ — *unabhängig.*

Folgerungen. 1. Es gibt also (nach Satz 172) keine Form $\mathfrak{c}$, deren notwendige Notwendigkeit beweisbar wäre, m.a.W. *keine beweisbare Form der Gestalt* $NN\mathfrak{c}$. — 2. Die implikative Form $Na \prec NNa$ (die später mit dem zusätzlichen Axiom *Sm* 42 beweisbar werden wird) ist *unabhängig.*

Zum *Nachweis* des Satzes 173 genügt es, ein Gegenbeispiel anzugeben, d.h. ein $\mathfrak{r}$, für das $N\mathfrak{r}$ beweisbar, hingegen $NN\mathfrak{r}$ unbeweisbar ist. Ein solches ist $\mathfrak{r} \equiv: a \rightarrow a$. Nach *Sm* 14 ist $N\mathfrak{r} \succ\!\prec a \prec a$, und da $a \prec a$ nach *St* 11 beweisbar ist, ergibt sich $N\mathfrak{r}$ durch Umsetzung gemäß *R* 4. Andererseits ist $NN\mathfrak{r} \succ\!\prec \neg N\mathfrak{r} \prec N\mathfrak{r}$ nach *Sm* 1; daher würde mit $NN\mathfrak{r}$ auch $\neg N\mathfrak{r} \prec N\mathfrak{r}$ beweisbar sein, im Widerspruch zu dem Gegenbeispiel aus Abs. 1. des Nachweises für Satz 169 (2). (Die dort benutzte Quasiwahrheitswertung ist ohne weiteres auf die Voraussetzungen des Satzes 173 übertragbar, da zum Beweisgerüst lediglich zwei *Definitionen* — für N und $\Diamond$ — hinzugetreten sind. $N\mathfrak{r}$ ist das dort herangezogene $\mathfrak{z}$.)

Textaufgaben. Im Anschluß an die beiden Folgerungen, die aus Satz 173 gezogen wurden, gebe man in der Quasi-Wahrheitswertung des § 172 direkt eine nichtausgezeichnete Belegung an 1. für $N\mathfrak{r} \prec NN\mathfrak{r}$, 2. für $NN\mathfrak{c}$, wo $\mathfrak{c}$ eine beliebige Form des Begriffsnetzes ist. (Zusätzliche Frage: gibt es bei 1. und 2. auch ausgezeichnete Belegungen?)

§ 178. Erweiterung der strikten Modalitätenlogik durch das erste Modalitätenaxiom.

Die Schlußregel, die für eine beweisbar notwendige Form auch die beweisbar notwendige Notwendigkeit fordert, ist nach Satz 173 von den bisherigen strikten Axiomen und Regeln nicht abhängig; erst recht also ist die zugehörige implikative Form $\mathsf{N}a \prec \mathsf{NN}a$ unabhängig (vgl. die 2. Folgerung zu Satz 173). Selbst wenn man ein notwendig Notwendiges — etwa $\mathsf{NN}(a \rightarrow a)$, d.i. (nach *Sm* 14): $\mathsf{N}(a \prec a)$ — als Axiom zufügen würde, wäre zwar die Schlußregel ableitbar, jedoch würde man, da das Deduktionstheorem nach Satz 169 (3) in dem bisherigen strikten Kodifikat nicht gilt, hiermit noch nicht ohne weiteres der Form $\mathsf{N}a \prec \mathsf{NN}a$ versichert sein. Es erweist sich nun aber jedenfalls als von großem Reiz, die Folgerungen, die sich aus dieser — ein wenig problematischen, jedoch immerhin naheliegenden — Form ergeben, einer strukturellen Untersuchung zu unterwerfen.

Erstes Modalitätenaxiom:

Sm 42. $\boxed{\mathsf{N}a \prec \mathsf{NN}a}$, kurz: $\mathsf{N} \prec \mathsf{NN}$

„Was strikt-logisch notwendig ist, ist (strikt-logisch) notwendigerweise strikt-logisch notwendig", kurz:

„was notwendig ist, dessen Notwendigkeit ist notwendig."

Bei der Mitteilung der nachfolgenden drei Formen wollen wir uns von vorneherein der — bereits verschiedentlich nachträglich beigegebenen — Abkürzungen bedienen, d.h. wir wollen eine linkerhand und rechterhand stehende einzige Variable a kurzerhand auslassen, vgl. S. 467.

Die *Beweise* werden *ohne* Rückgriff auf diese Abkürzung durchgeführt.

Sm 43. $\mathsf{NN} \succ\!\prec \mathsf{N}$. Idempotenz der strikt logischen Notwendigkeit.

Diese ergibt sich aus *Sm* 8 und *Sm* 42 durch Äquivalenzbildung gemäß *R* 8.

Sm 44.
(1) $\Diamond\Diamond \prec \Diamond$

„Wessen strikt-logische Möglichkeit strikt-logisch möglich ist, das ist strikt-logisch möglich", kurz:

„Wessen Möglichkeit möglich ist, das ist möglich".

(2) $\Diamond\Diamond \succ\!\prec \Diamond$, Idempotenz der strikt logischen Möglichkeit.

Beweis der ersten Form:

$\mathsf{N}\neg a \prec \mathsf{NN}\neg a$ nach *Sm* 42.

$\therefore$ $\neg\mathsf{NN}\neg a \prec \neg\mathsf{N}\neg a$ durch Kontraposition gemäß *St* 22.

$\therefore$ $\neg\mathsf{N}\neg\neg\mathsf{N}\neg a \prec \neg\mathsf{N}\neg a$ durch *St* 21 im Vorderglied.

Nun Umsetzungen mit *Sm* 6.

Beweis der zweiten Form:

$\Diamond a \prec \Diamond\Diamond a$ nach *Sm* 9.

Nun Äquivalenzbildung (gemäß *R* 8) mit der *ersten* Form *Sm* 44.

Anmerkung. Der erweiterte Dualitätssatz 170 gilt auch noch nach Hinzufügung des Modalitätenaxiomes *Sm* 42. (Dies drückt sich unter anderem darin aus, daß die zu *Sm* 42 duale Form *Sm* 44 beweisbar wird.)

Sm 45.

$\Diamond(\neg \mathsf{N}) \succ\!\prec \neg \mathsf{N}$

„Strikt-logisch mögliche Nichtnotwendigkeit ist Nichtnotwendigkeit."

$\mathsf{N}(\neg \Diamond) \succ\!\prec \neg \Diamond$

d.h. mit Seitentausch gelesen: „strikt logische Unmöglichkeit ist strikt-logisch notwendige Unmöglichkeit".

Anmerkungen. 1. Die *Klammerung* dient hier wie auch weiterhin lediglich zur Verdeutlichung der Interpretation, m.a.W. zur Unterstützung des einsichtigen Lesens. 2. Betreffs der teilweise abgekürzten verbalen Umschreibungen vgl. weiterhin die Anmerkung von S. 475.

Erinnerung hierzu für den Mathematiker. Das Hintereinanderausführen von unären Verknüpfungen (Operatoren; vgl. den Zusatz zur Anmerkung von S. 467) unterliegt stets ursprünglich einer Rechtsklammerung (bei der sich alle Klammern am Ende der Kombination schließen). Jede Einführung eines zusammengesetzten Operators — die sich durch eine andere Klammerung [wie z.B. $(\neg\Diamond)$ für „unmöglich"] ausdrückt — geht definitorisch auf die Rechtsklammerung zurück. In diesem Sinne ist die „Assoziatheit" einer Operatorenkombination eine Selbstverständlichkeit.

Beweis der ersten Form.

$\Diamond\Diamond\neg a \succ\!\prec \Diamond\neg a$ nach *Sm* 44 (zweite Form).

$\therefore$ $\Diamond\neg\mathsf{N}\neg\neg a \succ\!\prec \neg\mathsf{N}\neg\neg a$ durch Umsetzungen mit *Sm* 6.

Nun Umsetzungen mit der Inabsurditätsform *St* 21.

Die zweite Form folgt aus der ersten mit dem erweiterten Dualitätssatz 170, vgl. hierzu die Anmerkung hinter *Sm* 44.

Sm 46.

$a \prec b \;\prec\; \mathsf{N}(a \prec b).$

$a \prec b \;\succ\!\prec\; \mathsf{N}(a \prec b).$

Diese Formen ergeben sich aus *Sm* 42 bzw. *Sm* 43 durch Einsetzung von $a \rightarrow b$ für a und nachf. Umsetzung mit *Sm* 14: $a \prec b \succ\!\prec \mathsf{N}(a \rightarrow b)$.

Anmerkung. Von *Sm* 46 läßt sich nicht etwa auf Grund des erweiterten *Dualitätssatzes 170* zu $\Diamond(a \prec b) \succ\!\prec a \prec b$ übergehen; denn dieser setzt ja voraus, daß zu beiden Seiten der herrschenden Äquivalenz bloße $\wedge\vee\neg\mathsf{N}\Diamond$-Formen stehen. — Die letztgenannte Form wird erst mit Heranziehung eines weiteren Axioms bewiesen werden (s. später die Textaufgabe hinter *Sm* 58).

*Sm*47. $\mathsf{N}(a \prec a)$.

Beweis. $a \prec a \;\prec\; \mathsf{N}(a \prec a)$ nach *Sm*46 (erste Form).
Nun Grundschluß mit *St*11.

Satz 174 (Idempotenzsatz). In dem strikten Kodifikat, dessen Deduktionsgerüst aus den Formen *St*1—10 (§ 162), *St*60 (§ 170), *Sm*42 (§ 178), den Definitionen für $\succ\!\prec$ (§ 162), für $\vee, \rightarrow, \leftrightarrow$ (§§ 165 und 167), für N und für $\Diamond$ (§ 174) sowie den Schlußregeln *R*1—4 (§ 162) besteht, braucht *keine der Modalitäten* N, $\Diamond$ *iteriert* zu werden, d.h. jede Form ist einer solchen äquivalent, in der die Modalitätenkombinationen NN und $\Diamond\Diamond$ nicht auftreten.

Der *Nachweis* besteht einfach darin, daß man in einer vorgegebenen Form, in der eine Teilform der Gestalt NNc oder $\Diamond\Diamond$c auftritt, diese Teilform mit den Idempotenzgesetzen *Sm*43 bzw. *Sm*44 umsetzt. Man führt dies so lange durch, bis kein NN oder $\Diamond\Diamond$ mehr auftritt.

*Sm*48. $a \prec b \;\prec\; \Diamond a \prec \Diamond b$.

Beweis. $(a \prec b) \wedge \Diamond a \prec \Diamond b$ nach *Sm*18.
$\therefore$ $\mathsf{N}(a \prec b) \prec \Diamond a \prec \Diamond b$ durch abgeschwächte Exportation gemäß *R*20.
Nun *Sm*46 im Vorderglied.

*Sm*49 (1). $a \prec b \;\prec\; \mathsf{N}a \prec \mathsf{N}b$.

Beweis ganz analog dem vorigen. Statt von *Sm*18 geht man jetzt von *Sm*17: $(a \prec b) \wedge \mathsf{N}a \prec \mathsf{N}b$ aus (Textaufgabe).

*Sm*49 (2). $\mathsf{N}a \prec b \;\prec\; \mathsf{N}a \prec \mathsf{N}b$.

Beweis. $\mathsf{N}a \prec b \;\prec\; \mathsf{NN}a \prec \mathsf{N}b$ nach *Sm*49 (1).
Nun *Sm*43 ($\mathsf{NN} \succ\!\prec \mathsf{N}$) im Hinterglied.

*Sm*50.
(1) $a \prec b \;\prec\; c \prec a \;\prec\; c \prec b$ Form zur Vordergliedvorsetzung,
(2) $a \prec b \;\prec\; b \prec c \;\prec\; a \prec c$ Form zur Hintergliednachsetzung,

d.s. die rein implikativen Formen zum strikten Kettenschluß.

Beweis für (1). — $(c \prec a) \wedge (a \prec b) \;\prec\; c \prec b$ nach *St*6.
$\therefore$ $(a \prec b) \wedge (c \prec a) \;\prec\; c \prec b$ durch Vordergliedtausch gemäß *St*14.
$\therefore$ $\mathsf{N}(a \prec b) \;\prec\; c \prec a \;\prec\; c \prec b$ durch abgeschwächte Exportation gemäß *R*20.
Nun *Sm*46 im Vorderglied. —

Beweis für (2). — $\neg b \prec \neg a \;\prec\; \neg c \prec \neg b \;\prec\; \neg c \prec \neg a$ nach (1).
Nun Kontrapositionen (mit *St*22).

$Sm\,51.$ $\begin{cases} (1)\ \Diamond\mathsf{N}\Diamond\mathsf{N} \rightarrowtail\!\!\!\prec \Diamond\mathsf{N} & \text{Idempotenzgesetz für } \Diamond\mathsf{N} \\ (2)\ \mathsf{N}\Diamond\mathsf{N}\Diamond \rightarrowtail\!\!\!\prec \mathsf{N}\Diamond & \text{Idempotenzgesetz für } \mathsf{N}\Diamond. \end{cases}$

Beweis für (1).

Erstens: $\mathsf{N}a \prec \Diamond\mathsf{N}a$ nach $Sm\,9$

∴ $\mathsf{NN}a \prec \mathsf{N}\Diamond\mathsf{N}a$ durch N-Vorsetzung gemäß $R\,19$

∴ $\mathsf{N}a \prec \mathsf{N}\Diamond\mathsf{N}a$ durch Umsetzung mit $Sm\,43$

∴ (∗) $\Diamond\mathsf{N}a \prec \Diamond\mathsf{N}\Diamond\mathsf{N}a$ durch ◇-Vorsetzung gemäß $R\,18$.

Zweitens: $\mathsf{N}\Diamond\mathsf{N}a \prec \Diamond\mathsf{N}a$ nach $Sm\,8$

∴ $\Diamond\mathsf{N}\Diamond\mathsf{N}a \prec \Diamond\Diamond\mathsf{N}a$ durch ◇-Vorsetzung gemäß $R\,18$

∴ (∗∗) $\Diamond\mathsf{N}\Diamond\mathsf{N}a \prec \Diamond\mathsf{N}a$ durch Umsetzung mit $Sm\,44$ (2).

Drittens: Äquivalenzbildung aus (∗) und (∗∗) gemäß $R\,8$. —

Die Form 51 (2) beweist sich dual (Textaufgabe).

§ 179. Die 14 Hauptmodalitäten. Die Irreduzibilität der Kombinationen N◇ und ◇N.

I.

Vorbemerkung. Den Sätzen und den Nachweisen des vorliegenden Paragraphen liegt die bereits mehrfach benutzte variablenfreie Schreibweise (s. z.B. S. 480) zugrunde.

Erklärung. Eine endliche Kombination der Modalitäten ◇, N und der Negation ¬ sei kurz als ein „◇N¬-*Tupel*" bezeichnet (in einem solchen ◇N¬-Tupel brauchen nicht alle genannten Verknüpfungen aufzutreten, so ist z.B. ¬ selbst bereits ein ◇N¬-Tupel).

Nach der im vorigen Paragraphen durchgeführten Erweiterung durch das erste Modalitätenaxiom $Sm\,42$ lassen sich alle endlichen Kombinationen von ◇, N und ¬, d.h. alle ◇N¬-Tupel, bereits auf vierzehn derartige Kombinationen reduzieren. Dem Nachweise werden zweckmäßigerweise einige abgekürzte Bezeichnungen für gewisse einfache Kombinationen vorausgeschickt.

Definitionen: $\mathsf{P}\mathfrak{a} \approx: \mathfrak{a}$

$\mathsf{S}\mathfrak{a} \approx: \Diamond\mathsf{N}\mathfrak{a}$	$\mathsf{U}\mathfrak{a} \approx: \mathsf{N}\Diamond\mathsf{N}\mathfrak{a}$
$\mathsf{W}\mathfrak{a} \approx: \mathsf{N}\Diamond\mathfrak{a}$	$\mathsf{V}\mathfrak{a} \approx: \Diamond\mathsf{N}\Diamond\mathfrak{a}.$

Anmerkung. Die Zeichen P, S, W mögen so gelesen werden:

$\mathsf{P}\mathfrak{a}$: „$\mathfrak{a}$ ist positiv"

$\mathsf{S}\mathfrak{a}$: „$\mathfrak{a}$ ist stringenzfähig"

$\mathsf{W}\mathfrak{a}$: „$\mathfrak{a}$ ist widerspruchsfrei";

für U und V sollen hier keine besonderen Eigenschaftswörter geprägt werden.

Unmittelbare *Folgerungen* aus den Definitionen (in der variablenfreien Mitteilungsweise von S. 467):

1. $\mathsf{XP} \succ\!\prec \mathsf{X}$ und $\mathsf{PX} \succ\!\prec \mathsf{X}$ für alle $\Diamond\mathsf{N}\neg$-Tupel X, insbesondere also z.B.: $\neg\mathsf{P} \succ\!\prec \neg$

2. $\neg\mathsf{S} \succ\!\prec \neg\Diamond\mathsf{N}$	3. $\neg\mathsf{W} \succ\!\prec \neg\mathsf{N}\Diamond$		
$\neg\mathsf{S} \succ\!\prec \mathsf{N}\Diamond\neg$	$\neg\mathsf{W} \succ\!\prec \Diamond\mathsf{N}\neg$	mit Heranziehung von *Sm* 4 und 5	
$\neg\mathsf{S} \succ\!\prec \mathsf{W}\neg$	$\neg\mathsf{W} \succ\!\prec \mathsf{S}\neg$		
4. $\mathsf{U} \succ\!\prec \mathsf{NS}$	5. $\mathsf{V} \succ\!\prec \Diamond\mathsf{W}$		
$\mathsf{U} \succ\!\prec \mathsf{WN}$	$\mathsf{V} \succ\!\prec \mathsf{S}\Diamond$		
6. $\neg\mathsf{U} \succ\!\prec \Diamond\mathsf{W}\neg$	7. $\neg\mathsf{V} \succ\!\prec \mathsf{NS}\neg$	mit Heranziehung von *Sm* 4, 5 und der obigen Absätze 2 bis 5	
$\neg\mathsf{U} \succ\!\prec \mathsf{V}\neg$	$\neg\mathsf{V} \succ\!\prec \mathsf{U}\neg$.		

Erklärung. Die vierzehn $\Diamond\mathsf{N}\neg$-Tupel

$$\mathsf{P},\quad \Diamond,\quad \mathsf{N},\quad \mathsf{S},\quad \mathsf{W},\quad \mathsf{U},\quad \mathsf{V},$$
$$\neg\mathsf{P},\quad \neg\Diamond,\quad \neg\mathsf{N},\quad \neg\mathsf{S},\quad \neg\mathsf{W},\quad \neg\mathsf{U},\quad \neg\mathsf{V}$$

mögen als die „*Hauptmodalitäten*" (in einem offenbar leicht erweiterten Sinne des Wortes „Modalitäten") bezeichnet werden, und zwar die sieben $\Diamond\mathsf{N}\neg$-Tupel der oberen Zeile als die *positiven* Hauptmodalitäten, die restlichen sieben als die *negativen* Hauptmodalitäten.

Den folgenden Nachweisen sei noch eine nur für sie bestimmte Erklärung vorangestellt:

Erklärung. Ein $\Diamond\mathsf{N}\neg$-Tupel, in dem k e i n $\neg$ a u f t r i t t und in dem $\Diamond$ und N nicht iteriert auftreten (m.a.W.: kein $\Diamond\Diamond$ und kein NN auftritt) sei als ein „*alternierendes* $\Diamond\mathsf{N}$-*Tupel*" bezeichnet.

Hilfsatz. (1) Jedes $\Diamond\mathsf{N}\neg$-Tupel ist entweder einem alternierenden $\Diamond\mathsf{N}$-Tupel oder dem Negat eines solchen oder aber der Hauptmodalität P (S. 484) strikt äquivalent. (2) Jedes alternierende $\Diamond\mathsf{N}$-Tupel ist einer positiven Hauptmodalität strikt äquivalent.

Nachweis für (1). Ein in dem gegebenen $\Diamond\mathsf{N}\neg$-Tupel $\mathfrak{K}$ auftretendes Gliederpaar der Gestalt $\Diamond\Diamond$ oder der Gestalt NN darf gemäß *Sm* 44 (2) bzw. *Sm* 43 in ein bloßes $\Diamond$ bzw. N umgesetzt werden. Nachdem man diese Umsetzung so oft durchgeführt hat, wie es möglich ist, hat man ein zu $\mathfrak{K}$ strikt äquivalentes $\Diamond\mathsf{N}\neg$-Tupel $\mathfrak{K}^\circ$, in dem $\Diamond$ und N nicht mehr iteriert auftreten. Falls in $\mathfrak{K}^\circ$ kein $\neg$ auftritt, ist $\mathfrak{K}^\circ$ ein alternierendes $\Diamond\mathsf{N}$-Tupel; die Behauptung trifft dann also auf $\mathfrak{K}$ zu. Der Fall, in dem $\mathfrak{K}^\circ$ ein $\neg$ enthält, läßt sich wie folgt weiterbehandeln.

Das *letzte* in $\mathfrak{K}^\circ$ auftretende $\neg$ stehe in $\mathfrak{K}^\circ$ an m-ter Stelle. Die Behauptung (1) wird für diesen Fall durch Induktion nach m geführt.

Erster Induktionsschritt: $m=1$. Dann ist $\mathfrak{K}^\circ$ das Negat eines alternierenden $\Diamond\mathsf{N}$-Tupels. Wegen $\mathfrak{K} \succ\!\prec \mathfrak{K}^\circ$ trifft die Behauptung auf $\mathfrak{K}$ zu.

Zweiter Induktionsschritt. Der Nachweis sei für alle solchen, von ◇- und N-Iterationen freien ◇N¬-Tupel geführt, die mindestens ein ¬ enthalten und deren letztes ¬ an einer *vor* der m-ten Stelle liegenden Stelle steht. In $\mathfrak{K}°$ trete das letzte ¬ an der m-ten Stelle (mit $m \neq 1$) auf. Da an der $m-1$-ten Stelle ◇, N oder ¬ stehen kann, hat das an $m-1$-ter und m-ter Stelle stehende Gliederpaar $\mathfrak{G}$ eine der Gestalten ◇¬, N¬ oder ¬¬.

α) Falls $\mathfrak{G}$ ≡ ◇¬, so wird innerhalb $\mathfrak{K}°$ das Gliederpaar $\mathfrak{G}$ gemäß *Sm* 5 in ¬N umgesetzt,

β) falls $\mathfrak{G}$ ≡ N¬, so wird innerhalb $\mathfrak{K}°$ das Gliederpaar $\mathfrak{G}$ gemäß *Sm* 4 in ¬◇ umgesetzt,

γ) falls $\mathfrak{G}$ ≡ ¬¬, so wird im n-Tupel $\mathfrak{K}°$ bei $n \neq 2$ das Gliederpaar $\mathfrak{G}$ gestrichen; diese Streichung stellt sich als eine Umsetzung gemäß *St* 21 dar. — Bei $n = 2$ ist $\mathfrak{K}°$ ≡ $\mathfrak{G}$ ≡ ¬¬. Nach *St* 21 ist ¬¬a ⤙ a; hier läßt sich a gemäß der Definition von S. 483 auch als Pa mitteilen. Es ist also in der variablenfreien Schreibweise ¬¬ ⤙ P, d.h. $\mathfrak{K}°$ ⤙ P.

In den beiden Fällen α) und β) hat man ein zu $\mathfrak{K}°$ strikt äquivalentes ◇N¬-Tupel ohne ◇- oder N-Iterationen, dessen letztes ¬ an der $m-1$-ten Stelle steht; auf dieses trifft nach Induktionsvoraussetzung die Behauptung (1) zu. Wegen der Transitivität der strikten Äquivalenz (*R* 7) trifft dann die Behauptung (1) auch auf $\mathfrak{K}$ zu.

Im ersten Unterfall des Falles γ) — in dem $n \neq 2$ ist — hat man nach der in γ) beschriebenen Umsetzung entweder bereits ein alternierendes ◇N-Tupel oder aber ein ◇N¬-Tupel, auf das die Induktionsvoraussetzung angewendet werden kann, vor sich; man ersieht also — gegebenenfalls wie bei Fall α), β) —, daß die Behauptung (1) auf $\mathfrak{K}$ zutrifft.

Im zweiten Unterfall des Falles γ) — in dem $n = 2$ ist — wurde bereits $\mathfrak{K}°$ ⤙ P hergeleitet. Ein Äquivalenzkettenschluß (gemäß *R* 7) mit $\mathfrak{K}$ ⤙ $\mathfrak{K}°$ führt unmittelbar auf $\mathfrak{K}$ ⤙ P; auch hier trifft also die Behauptung (1) auf $\mathfrak{K}$ zu.

Nachweis für Teil (2) des Hilfsatzes durch Induktion nach der Gliederanzahl n des gegebenen alternierenden ◇N-Tupels $\mathfrak{T}$.

Erster Induktionsschritt: n sei höchstens gleich 3. $\mathfrak{T}$ hat dann eine der sechs Gestalten ◇, N, ◇N, N◇, ◇N◇, N◇N. In jedem Falle hat man gemäß der Erklärung von S. 484 und der Bezeichnungen aus der Definition von S. 483 eine positive Hauptmodalität vor sich (nämlich ◇ bzw. N, S, W, V, U).

Zweiter Induktionsschritt: n sei mindestens gleich 4. Der Satz sei bewiesen für alle alternierenden ◇N-Tupel, deren Gliederzahl kleiner als n ist. Das alternierende ◇N-Tupel, das aus $\mathfrak{T}$ bei Streichung der letzten vier Glieder hervorgeht, möge mit $\mathfrak{T}^\circ$ bezeichnet werden ($\mathfrak{T}^\circ$ darf also auch leer sein).

1. Fall: $\mathfrak{T} \equiv \mathfrak{T}^\circ \Diamond \mathsf{N} \Diamond \mathsf{N}$,

2. Fall: $\mathfrak{T} \equiv \mathfrak{T}^\circ \mathsf{N} \Diamond \mathsf{N} \Diamond$.

Im 1. Falle ergibt sich aus *Sm* 51 (1) durch — null-, ein- oder mehrfache — Anwendung der Vorsetzungsregeln *R* 18, 19:

(*) $\mathfrak{T} \rightarrowtail\!\!\!\!\leftarrowtail \mathfrak{T}^\circ \Diamond \mathsf{N}$,

im 2. Falle ergibt sich entsprechend aus *Sm* 51 (2) durch Vorsetzungen gemäß *R* 18, 19:

(**) $\mathfrak{T} \rightarrowtail\!\!\!\!\leftarrowtail \mathfrak{T}^\circ \mathsf{N} \Diamond$.

In jedem Falle hat man rechterhand ein alternierendes $\Diamond\mathsf{N}$-Tupel aus $n-2$ Gliedern vor sich; dieses ist nach Induktionsvoraussetzung einer positiven Hauptmodalität $\mathfrak{P}$ strikt äquivalent. Von dieser Äquivalenz gelangt man mit (*) bzw. (**) durch strikten Äquivalenzkettenschluß (gemäß *R* 7) unmittelbar auf $\mathfrak{T} \rightarrowtail\!\!\!\!\leftarrowtail \mathfrak{P}$.

Satz 175 (1). Jede endliche, aus $\Diamond$, N und $\neg$ gebildete Kombination — kurz: jedes $\Diamond\mathsf{N}\neg$-Tupel (s. S. 483) — ist einer der vierzehn Hauptmodalitäten strikt äquivalent.

Nachweis. Gegeben sei ein $\Diamond\mathsf{N}\neg$-Tupel $\mathfrak{K}$. Nach Teil (1) des vorangegangenen Hilfsatzes ist entweder $\mathfrak{K} \rightarrowtail\!\!\!\!\leftarrowtail \mathsf{P}$, oder es gibt ein alternierendes $\Diamond\mathsf{N}$-Tupel $\mathfrak{A}$, für das $\mathfrak{K} \rightarrowtail\!\!\!\!\leftarrowtail \mathfrak{A}$ oder $\mathfrak{K} \rightarrowtail\!\!\!\!\leftarrowtail \neg\mathfrak{A}$ ist. Nach Teil (2) desselben Hilfsatzes gibt es zu $\mathfrak{A}$ eine positive Hauptmodalität $\mathfrak{P}$, für die $\mathfrak{A} \rightarrowtail\!\!\!\!\leftarrowtail \mathfrak{P}$ ist.

1. Fall: $\mathfrak{K} \rightarrowtail\!\!\!\!\leftarrowtail \mathsf{P}$. Dann trifft die Behauptung des Satzes auf $\mathfrak{K}$ zu.

2. Fall: $\mathfrak{K} \rightarrowtail\!\!\!\!\leftarrowtail \mathfrak{A}$ und $\mathfrak{A} \rightarrowtail\!\!\!\!\leftarrowtail \mathfrak{P}$. Durch Äquivalenzkettenschluß (gemäß *R* 7) ergibt sich $\mathfrak{K} \rightarrowtail\!\!\!\!\leftarrowtail \mathfrak{P}$.

3. Fall: $\mathfrak{K} \rightarrowtail\!\!\!\!\leftarrowtail \neg\mathfrak{A}$ und $\mathfrak{A} \rightarrowtail\!\!\!\!\leftarrowtail \mathfrak{P}$. Durch Äquivalenzübertragung (gemäß *R* 10) ergibt sich zunächst $\neg\mathfrak{A} \rightarrowtail\!\!\!\!\leftarrowtail \neg\mathfrak{P}$; ein Äquivalenzkettenschluß führt auf $\mathfrak{K} \rightarrowtail\!\!\!\!\leftarrowtail \neg\mathfrak{P}$. Gemäß der Erklärung von S. 484 ist $\neg\mathfrak{P}$ eine negative Hauptmodalität (man zieht hier gegebenenfalls das Beispiel aus der 1. „Folgerung“ von S. 484 heran).

Anmerkung. Zum Nachweis des Satzes 175 (1) — einschließlich des ihm vorangehenden Hilfsatzes — wurden nur wenige der Hilfsmittel, die in der bisher vorgeführten strikten Aussagen- und Modalitätenlogik (S. 431 zuzüglich der Definitionsäquivalenzen *Sm* 1, *Sm* 2 und der Axiome *St* 60, *Sm* 42) zur Verfügung stehen, herangezogen. Diese Hilfsmittel lassen sich in einem weit schwächeren Kodifikat zusammenfassen, in dessen Begriffsnetz als Satzgebilde (S. 131) lediglich strikte Implikationen und Äquivalenzen von $\Diamond\mathsf{N}\neg$-Tupeln (einschließlich des leeren Tupels, das sich dort durch P mitteilen läßt) fungieren. Neben den Äquivalenzeigenschaften (S. 34) der strikten Äquivalenz (vgl. *St* 12, *R* 7, Regel zu *St* 15) und den Halbordnungseigenschaften (S. 60) der strikten Implikation (vgl. *St* 11, *R* 6, 8) werden im Deduktionsgerüst nur die abgekürzten Formen

$Sm4$: $\neg\Diamond \succ\!\prec \mathsf{N}\neg$, $Sm5$: $\neg\mathsf{N} \succ\!\prec \Diamond\neg$, $Sm44(1)$: $\Diamond\Diamond \prec \Diamond$

sowie die drei Vorsetzungsregeln

$(R18)\ \dfrac{\mathfrak{a} \prec \mathfrak{b}}{\Diamond\mathfrak{a} \prec \Diamond\mathfrak{b}}$ $(R19)\ \dfrac{\mathfrak{a} \prec \mathfrak{b}}{\mathsf{N}\mathfrak{a} \prec \mathsf{N}\mathfrak{b}}$ $\left(\begin{matrix}\text{Regel zu}\\ St22\end{matrix}\right)\ \dfrac{\mathfrak{a} \prec \mathfrak{b}}{\neg\mathfrak{b} \prec \neg\mathfrak{a}}$

herangezogen (das Beweisgerüst läßt sich übrigens ein wenig reduzieren). Eine Menge von Implikationen und Äquivalenzen zwischen $\Diamond\mathsf{N}\neg$-Tupeln, die 1. die Axiome dieses Kodifikats enthält, 2. gegen seine Schlußregeln abgeschlossen ist und außerdem 3. weder die Implikation $\Diamond \prec \mathsf{N}$ noch die Implikation $\mathsf{N} \prec \neg\mathsf{N}$ enthält, möge kurz als eine „idempotente implikative Modalitätenlogik" bezeichnet werden. An Hand des auch für das hier skizzierte Kodifikat nachweisbaren Satzes 175 (1) erkennt man, daß es genau sieben idempotente implikative Modalitätenlogiken gibt. Obwohl dem Umstand, daß bereits ein so eng gewählter kodifikativer Kern den Bereich der Modelle derartig einschränkt, offenbar eine grundlegende Bedeutung für die Kodifizierung der Modelitäten zukommt, soll auf die Darstellung dieser — wie auch der für nichtidempotente Modalitätenlogiken geltenden — Zusammenhänge in diesem Bande verzichtet werden, da das angegebene Kodifikat, in dem die Modalitäten als Grundbegriffe fungieren, den im vorliegenden 11. Abschnitt gezogenen aussagenlogischen Rahmen überschreitet.

II.

Nachdem mit dem ersten Modalitätenaxiom die beiden zweigliedrigen Kombinationen $\Diamond\Diamond$ und NN als reduzibel — nämlich als strikt äquivalent mit $\Diamond$ bzw. N — eingeführt worden sind [$Sm44$ (2) bzw. 43], liegt die Frage der Reduzibilität der beiden restlichen zweigliedrigen Modalitätenkombinationen $\Diamond\mathsf{N}$ und $\mathsf{N}\Diamond$ — d.h. der strikten Äquivalenz mit $\Diamond$, N oder P [wo $\mathsf{P}a \approx: a$, S. 483] nahe. Diese Frage ist, wie der nachfolgende Satz 175 (2) lehrt, im Rahmen des bisherigen Kodifikats zu verneinen.

Anmerkung. Die Irreduzibilität von $\Diamond\mathsf{N}$ und $\mathsf{N}\Diamond$ stellt den wichtigsten Teil des folgenden allgemeineren Tatbestandes dar: Die vierzehn Hauptmodalitäten von S. 484 sind im Rahmen des bisherigen Kodifikats irreduzibel, d.h. paarweise nicht strikt-äquivalent.

Zusatzaufgabe im Anschluß an die zum Nachweis des folgenden Satzes benutzte Quasiwahrheitswertung (die bereits die Nichtäquivalenz einer beliebigen positiven und einer beliebigen negativen Hauptmodalität zu erkennen gestattet): An Hand weiterer Quasiwahrheitswertungen die in der Anmerkung angegebene Irreduzibilität der Hauptmodalitäten nachzuweisen.

Satz 175 (2). Bei Zugrundelegung der Schlußregeln $R1$—4 (§ 162) sind von den Axiomen $St1$—10 (§ 162), $St60$ (§ 170) und $Sm42$ (§ 178) und den Definitionen für $\succ\!\prec$ (§ 162), für N und für $\Diamond$ (§ 174)

1. die Implikationsform $a \prec \neg\Diamond\neg\Diamond a$ [„a bedingt strikt: unmöglich unmöglich a", später mit $Sm52$ bezeichnet] sowie

2. die Äquivalenzformen

$\Diamond \succ\!\!\prec \mathsf{N}\Diamond$, $\quad \mathsf{N} \succ\!\!\prec \mathsf{N}\Diamond$, $\quad a \succ\!\!\prec \mathsf{N}\Diamond a$,

$\Diamond \succ\!\!\prec \Diamond\mathsf{N}$, $\quad \mathsf{N} \succ\!\!\prec \Diamond\mathsf{N}$, $\quad a \succ\!\!\prec \Diamond\mathsf{N}a$

unabhängig.

Erster Teil des Nachweises. Zurückführung der Behauptung auf die Unabhängigkeit der Implikationsformen $a \prec \mathsf{N}\Diamond a$ [später mit *Sm* 53 (1) bezeichnet] und $\mathsf{N}\Diamond a \prec a$.

(Im folgenden werden die *R*-Schlußregeln, insbesondere *R* 9, ohne besondere Erwähnung benutzt.)

α. Die Form $a \prec \neg\Diamond\neg\Diamond a$ ist gemäß *Sm* 7 deduktionsgleich $a \prec \mathsf{N}\Diamond a$.

β. Mit $\Diamond \succ\!\!\prec \mathsf{N}\Diamond$ ist $\Diamond \prec \mathsf{N}\Diamond$, also mit *Sm* 9 auch $a \prec \mathsf{N}\Diamond a$ beweisbar.

γ. Mit $\mathsf{N} \succ\!\!\prec \mathsf{N}\Diamond$ ist $\mathsf{N}\Diamond \prec \mathsf{N}$, also mit *Sm* 8 auch $\mathsf{N}\Diamond a \prec a$ beweisbar.

δ. Mit $a \succ\!\!\prec \mathsf{N}\Diamond a$ ist $\mathsf{N}\Diamond a \prec a$ beweisbar.

ε. Mit $\Diamond \succ\!\!\prec \Diamond\mathsf{N}$ ist gemäß *St* 26 (1) auch $\neg\Diamond \succ\!\!\prec \neg\Diamond\mathsf{N}$, also mit *Sm* 4 und *Sm* 5 auch $\mathsf{N}\neg \succ\!\!\prec \mathsf{N}\Diamond\neg$ und somit weiter mit *St* 21 auch $\mathsf{N} \succ\!\!\prec \mathsf{N}\Diamond$ beweisbar. Durch dieses Dualisierungsverfahren ist Fall ε auf Fall γ zurückgeführt worden.

Entsprechend führt man durch Dualisierung den Fall

ζ. $\mathsf{N} \succ\!\!\prec \Diamond\mathsf{N}$ auf den Fall β und ebenso den Fall

η. $a \succ\!\!\prec \Diamond\mathsf{N}a$ auf den Fall δ zurück (Textaufgabe).

Im *zweiten Teil des Nachweises* für Satz 175 (2) bleibt (gemäß dem ersten Teil des Nachweises) die Unabhängigkeit der beiden Formen $a \prec \mathsf{N}\Diamond a$ und $\mathsf{N}\Diamond a \prec a$ zu zeigen. Dies leistet die folgende Quasiwahrheitswertung.

	$a \wedge b$				$\neg a$	$a \prec b$			
	b					b			
	0	1	2	3		0	1	2	3
a 0	0	1	2	3	3	0	3	2	3
a 1	1	1	3	3	2	0	0	2	2
a 2	2	3	2	3	1	0	3	0	3
a 3	3	3	3	3	0	0	0	0	0

Ausgezeichnet: 0 und 1.

Diese Wertung stimmt mit den Wertungen aus § 169 und aus § 172 in der $\wedge$-Tafel und in der $\neg$-Tafel überein; lediglich die $\prec$-Tafel ist eine andere. Die Überlegungen des § 169 lassen sich wiederum zu einem großen Teile übernehmen.

Es mag daher auch hier der Nachweis für die Gültigkeit der Schlußregeln *R* 1—4 sowie für die Quasiwahrform-Eigenschaft der Formen

*St*1—10 dem Leser als Textaufgabe überlassen werden (wobei das an entsprechender Stelle in § 172 Angemerkte zu beachten ist).

Zu Axiom *St*60: $a \prec b \wedge c \;\prec\; a \prec b$.

Wie auf S. 463 kommt es (da $z \prec z$ sowie $z \prec 0$ und $3 \prec z$ ausgezeichnet sind) lediglich auf diejenigen Stellen der $\prec$-Tafel an, an denen für zwei Werte x, y einer Zeile, wobei y links von x steht, die Implikation $x \prec y$ nicht ausgezeichnet wird. Dies kommt nur an zwei Stellen vor:

1) für $x = 0 \prec 2 = 2, \quad y = 0 \prec 1 = 3$ wird $x \prec y = 2 \prec 3 = 3$,

2) für $x = 2 \prec 2 = 0, \quad y = 2 \prec 1 = 3$ wird $x \prec y = 0 \prec 3 = 3$.

In beiden Fällen müßte, damit ein Gegenbeispiel gegen *St*60 zustande kommt, $2 = 1 \wedge c$ sein; aber $1 \wedge c \neq 2$. Daher ist *St*60 Quasiwahrform.

Zu *Sm*42: $\mathsf{N}a \prec \mathsf{NN}a$.

Gemäß der Definition des N erhält $\mathsf{N}a$ denselben Wert wie $\neg a \prec a$; wie die $\prec$-Tafel zeigt, ist also $\mathsf{N}a$ nicht des Wertes 1 fähig.

Für die Form $\mathsf{N}a \prec \neg \mathsf{N}a \prec \mathsf{N}a$ (die gemäß der Definition des N wie *Sm*42 zu bewerten ist) kommen also nur drei Belegungen in Betracht:

$0 \prec \neg 0 \prec 0 = 0 \prec 3 \prec 0 = 0 \prec 0 = 0,$

$2 \prec \neg 2 \prec 2 = 2 \prec 1 \prec 2 = 2 \prec 2 = 0.$

$3 \prec \neg 3 \prec 3 = 3 \prec 0 \prec 0 = 3 \prec 3 = 0,$

Daher ist diese Form — und zugleich *Sm*42 — Quasiwahrform.

Es bleibt nun zu zeigen, daß die Formen $a \prec \mathsf{N}\Diamond a$, $\mathsf{N}\Diamond a \prec a$ *nicht* Quasiwahrformen sind:

1. $a \prec \mathsf{N}\Diamond a$ reduziert sich mit den Definitionen für N und $\Diamond$ auf $a \prec \neg\neg(a \prec \neg a) \prec \neg(a \prec \neg a)$.

Da $\neg(1 \prec \neg 1) = \neg(1 \prec 2) = \neg 2 = 1$ ist, führt die Belegung des a mit 1 auf die Gesamtbelegung $1 \prec \neg 1 \prec 1 = 1 \prec 2 \prec 1 = 1 \prec 3 = 2$. $a \prec \mathsf{N}\Diamond a$ ist also nicht Quasiwahrform.

2. $\mathsf{N}\Diamond a \prec a$ reduziert sich auf

$\neg\neg(a \prec \neg a) \prec \neg(a \prec \neg a) \;\prec\; a.$

Da $\neg(2 \prec \neg 2) = \neg(2 \prec 1) = \neg 3 = 0$ ist, führt die Belegung des a mit 2 auf die Gesamtbelegung $\neg 0 \prec 0 \;\prec\; 2 = 3 \prec 0 \;\prec\; 2 = 0 \prec 2 = 2$.

$\mathsf{N}\Diamond a \prec a$ ist also nicht Quasiwahrform.

§ 180. Das zweite Modalitätenaxiom. „Verschärfte" strikte Modalitätenlogik.

Nachdem man sich durch das erste Modalitätenaxiom bereits auf die ein wenig problematische Reduktion der iterierten Modalitäten eingelassen hat, mag man, auf diesem Wege fortfahrend, auch die im

Teil II des vorigen Paragraphen betrachteten zweigliedrigen Kombinationen $\Diamond\mathsf{N}$ und $\mathsf{N}\Diamond$ durch Zufügung eines interpretativ nicht abwegigen Axioms über Modalitätenkombinationen reduzieren. Hierzu genügt es, etwa die erste der in Satz 175 (2) als unabhängig erkannten Formen als — problematisches, jedoch nicht ganz unplausibles — Axiom zuzufügen:

Zweites striktes Modalitätenaxiom:

Sm 52. $\boxed{a \prec \neg\Diamond\neg\Diamond a}$.

„Was zutrifft, ist unmöglich (strikt-logisch) unmöglich."

Anmerkung. Betreffs der Ausdrücke „möglich", „unmöglich" und „notwendig" vgl. weiterhin die in der Anmerkung von S. 475 getroffene Verabredung.

Das Axiom ist auf Grund der Umsetzung von $\neg\Diamond\neg$ in N (gemäß *Sm* 7) unmittelbar deduktionsgleich mit

Sm 53 (1). $a \prec \mathsf{N}\Diamond a$.

„Was zutrifft, ist notwendigerweise (strikt-logisch) möglich."

Anmerkung. Nach Elimination der N und $\Diamond$ auf Grund ihrer Definitionen (und nach Beseitigung der doppelten Negation $\neg\neg$ gemäß *St* 21) gehen beide Formen *Sm* 52, 53 (1) über in

Sm 52°. $a \prec a \prec \neg a \prec \neg(a \prec \neg a)$ (vgl. auch S. 489).

Sm 53 (2). $\Diamond\mathsf{N}a \prec a$.

Beweis. $\neg a \prec \neg\Diamond\neg\Diamond\neg a$ nach *Sm* 52.

$\Diamond\neg\Diamond\neg a \prec a$ durch Kontraposition gemäß *St* 22.

Nun Umsetzung mit *Sm* 7. —

Anmerkung. Man kann *Sm* 53 (2) auch unmittelbar auf Grund der Dualität (S. 467 und S. 481) aus *Sm* 53 (1) entnehmen.

Es seien hier gleich noch eine Verschärfung von *Sm* 52 und die entsprechende Verschärfung von bzw. *Sm* 53 (1) angeschlossen (wobei wir wieder die bereits bei *Sm* 4—7 und später benutzte abkürzende Mitteilungsweise und auch die bei *Sm* 45 in § 178 eingeführte Klammerung verwenden wollen; vgl. hierzu die Anmerkungen aus § 178 und § 174).

Sm 54. $\Diamond \prec (\neg\Diamond)(\neg\Diamond)$.

„Was (strikt-logisch) möglich ist, ist *unmöglich* (strikt-logisch) unmöglich" (also nicht etwa bloß: *nicht* unmöglich).

Anmerkung. Die Implikation *Sm* 54 — und ebenso die ihr nachfolgenden Implikationen *Sm* 55, 56 — lassen sich, wie man unschwer erkennt, zu Äquivalenzen erweitern; jedoch möge diese Erweiterung dem nächsten Paragraphen vorbehalten bleiben, weil zunächst eine axiomatische Folgerung allein aus den *Implikationen* gezogen werden soll.

$Sm55$. $\Diamond \prec \mathsf{N}\Diamond$.

„Was (strikt-logisch) möglich ist, ist (strikt-logisch) notwendigerweise möglich.“

Beweis für $Sm55$.

$\Diamond a \prec \mathsf{N}\Diamond\Diamond a$ nach $Sm53$ (1).

Nun Umsetzung gemäß der Idempotenz-Form $Sm44$.

Beweis für $Sm54$ entsprechend aus $Sm52$.

Anmerkung. Nach Elimination der N und $\Diamond$ auf Grund ihrer Definitionen (und gegebenenfalls nach Beseitigung der doppelten Negation $\neg\neg$ gemäß $St21$) gehen beide Formen $Sm54$, 55 über in

$Sm55°$. $\neg(a \prec \neg a) \prec a \prec \neg a \prec \neg(a \prec \neg a)$.

$Sm56$.

(1) $\Diamond(\neg\Diamond) \prec (\neg\Diamond)$.

„Wessen Unmöglichkeit strikt-logisch möglich ist, das ist unmöglich“.

(2) $\Diamond\mathsf{N} \prec \mathsf{N}$.

„Wessen Notwendigkeit strikt-logisch möglich ist, das ist notwendig“.

Beweis der ersten Form:

$\neg\mathsf{N}\Diamond a \prec \neg\Diamond a$ aus $Sm55$ durch Kontraposition gemäß $St22$.

Nun $Sm5$ im Vorderglied.

Beweis der zweiten Form:

$\Diamond\neg\Diamond\neg a \prec \neg\Diamond\neg a$ nach der *ersten* Form.

Nun Umsetzung mit $Sm7$.

Anmerkung. Es wird sich als wichtig erweisen, daß dieser Beweis nur die Formen $Sm55$, $St22$, $Sm5$, 7 benutzt.

Satz 176. Im Rahmen der strikten Logik, wie sie vor Einführung der strikten Modalitätenaxiome entwickelt wurde (Axiom $St1$—10, 60, Definitionen für $\succ\!\prec$, $\vee$, $\rightarrow$, $\leftrightarrow$, N, $\Diamond$, Regeln $R1$—4) ist das Paar der Modalitätenaxiome $Sm42$, $Sm52$ mit der Form $Sm55$ deduktionsgleich. [Statt $Sm52$ darf hierbei auch $Sm53$ (1) stehen; ebenso $Sm55$ statt $Sm54$.]

Zunächst zum eingeklammerten Zusatz. $Sm52$ und $Sm53$ (1) oder (2) waren als deduktionsgleich erkannt; $Sm54$ und $Sm55$ sind offenbar ebenfalls deduktionsgleich.

Nachweis des Satzes 176. Oben wurde bereits $Sm55$ mit $Sm53$ (1) und mit $Sm44$, das seinerseits aus $Sm42$ folgte, bewiesen. Es bleibt also lediglich zu zeigen:

Behauptung. Aus den Axiomen *St* 1—10, 60 und der Form *Sm* 55 folgen mit den Regeln *R* 1—4 und den Definitionen für N und ◇ (S. 66) die Formen *Sm* 42 und *Sm* 52.

Vorbemerkung zu den nachfolgenden Beweisen. Mit Ausnahme von *Sm* 55 sind alle dort benutzten Formen, Regeln und Sätze ohne die beiden Modalitätenaxiome hergeleitet worden.

1. Beweis von *Sm* 52.

$\Diamond a \prec \mathrm{N}\Diamond a$ nach *Sm* 55.

$a \prec \Diamond a$ nach *Sm* 9.

$\therefore\ \therefore$ $a \prec \mathrm{N}\Diamond a$ — d.i. *Sm* 53 (1) — durch Kettenschluß gemäß *R* 6.

Nun Umsetzung rechterhand mit *Sm* 7 $(\mathrm{N} \succ\!\prec \neg\Diamond\neg)$.

2. Beweis von *Sm* 42.

$\Diamond\mathrm{N}a \prec \mathrm{N}a$ nach *Sm* 56 (2), dessen Beweis die Form *Sm* 42 nicht benutzte, s. Anmerkung zum Beweise von *Sm* 56.

$\therefore$ $\mathrm{N}\Diamond\mathrm{N}a \prec \mathrm{NN}a$ durch Notwendigkeitsschluß gemäß *R* 19.

$\mathrm{N}a \prec \mathrm{N}\Diamond\mathrm{N}a$ nach *Sm* 53 (1) (das in Abs. 1 hergeleitet wurde).

Nun Kettenschluß gemäß *R* 6.

Erklärung. Das hier erlangte, in mehreren Schritten aufgebaute Kodifikat, dessen besondere Reize sich noch zeigen werden, möge als die *verschärfte strikte Aussagen- und Modalitätenlogik* — kurz: verschärfte strikte Logik — bezeichnet werden. (Bei solchen Überlegungen, die von den Modalitäten, d.h. von den durch bloße Definitionen eingeführten einstelligen Verknüpfungen ◇ und N, keinen Gebrauch machen, wollen wir demgemäß von der *verschärften strikten Aussagenlogik* sprechen.)

Für die folgenden Überlegungen wird die nebenstehende einheitliche Zusammenstellung dieses Kodifikates dienlich sein.

Dieses „verschärfte" Kodifikat unterscheidet sich von dem seinerzeit durch *St* 60 erweiterten Kodifikat der strikten Logik nur durch die Hinzufügung des Axioms *Sm* 55° (mit den Definitionen für N und ◇).

Das Axiom *Sm* 55° — bzw. *Sm* 55 — läßt sich im obigen Kodifikat ersetzen durch das Axiomenpaar

Sm 42.	$\mathrm{N}a \prec \mathrm{NN}a$
Sm 53 (1).	$a \prec \mathrm{N}\Diamond a$.

Satz 177. Der erweiterte Dualitätssatz 170 gilt auch in der verschärften strikten Logik.

Verschärfte strikte [Aussagen- und Modalitäten-] Logik

Begriffsnetz. Die $\prec\wedge\neg$-Formen (d.s. die gemäß den Vorschriften von § 62 mit den Verknüpfungen $\prec$, $\wedge$, $\neg$ aufgeschichteten Formen); dazu die definierten Verknüpfungen $\succ\!\prec$, $\vee$, N, $\Diamond$ (sowie gelegentlich auch $\rightarrow$, $\leftrightarrow$, $\circ$).

Deduktionsgerüst:

Axiome:

*St*1. $a\wedge b\prec b\wedge a$.

*St*2. $(a\wedge b)\wedge c\prec a\wedge(b\wedge c)$.

*St*3. $a\wedge b\prec a$.

*St*4. $a\prec a\wedge a$.

*St*5. $a\wedge(a\prec b)\prec b$.

*St*6. $(a\prec b)\wedge(b\prec c)\prec a\prec c$.

*St*7. $a\prec b \;\prec\; \neg b\prec\neg a$.

*St*8. $a\wedge b\prec c \;\prec\; a\wedge\neg c\prec\neg b$.

*St*9. $a\prec\neg\neg a$.

*St*10. $\neg\neg a\prec a$.

*St*60. $a\prec b\wedge c \;\prec\; a\prec b$.

*Sm*55°. $\neg(a\prec\neg a) \;\prec\; a\prec\neg a \;\prec\; \neg(a\prec\neg a)$.

Abkürzende *Definitionen:*

	Gelegentlich auch:
$\mathfrak{a}\succ\!\prec\mathfrak{b} \;\approx:\; (\mathfrak{a}\prec\mathfrak{b})\wedge(\mathfrak{b}\prec\mathfrak{a})$.	$\mathfrak{a}\rightarrow\mathfrak{b} \;\approx:\; \mathfrak{a}\vee\mathfrak{b}\;[\approx\; \neg(\mathfrak{a}\wedge\neg\mathfrak{b})]$.
$\mathfrak{a}\vee\mathfrak{b} \;\approx:\; \neg(\neg\mathfrak{a}\wedge\neg\mathfrak{b})$.	$\mathfrak{a}\leftrightarrow\mathfrak{b} \;\approx:\; (\mathfrak{a}\rightarrow\mathfrak{b})\wedge(\mathfrak{b}\rightarrow\mathfrak{a})$.
$\mathrm{N}\mathfrak{a} \;\approx:\; \neg\mathfrak{a}\prec\mathfrak{a}$.	$\mathfrak{a}\circ\mathfrak{b} \;\approx:\; \neg(\mathfrak{a}\prec\neg\mathfrak{b})$.
$\Diamond\mathfrak{a} \;\approx:\; \neg(\mathfrak{a}\prec\neg\mathfrak{a})$.	

Auf Grund der Abkürzungen geht *Sm*55° über in

*Sm*55. $\Diamond a\prec\mathrm{N}\Diamond a$.

Regeln:

*R*1. Einsetzungsregel.

*R*2. Regel zum strikten Grundschluß: $\dfrac{\mathfrak{a}\quad\mathfrak{a}\prec\mathfrak{b}}{\mathfrak{b}}$.

*R*3. Regel zum Konjugationsschluß: $\dfrac{\mathfrak{a}\quad\mathfrak{b}}{\mathfrak{a}\wedge\mathfrak{b}}$.

*R*4. Umsetzungsregel bezüglich $\succ\!\prec$, d.h. bei $\mathfrak{a}\succ\!\prec\mathfrak{b}$ ist eine Teilform der Gestalt $\mathfrak{a}$ umsetzbar in $\mathfrak{b}$.

Zum *Nachweis* dieses Satzes genügt es, auf den (als Textaufgabe gestellten) Nachweis des Satzes 170 zu verweisen. Im Einklang mit der Dualität ist übrigens die zur Form *Sm* 55 (die dem Axiom *Sm* 55° deduktionsgleich ist) duale Form *Sm* 56 (2) bereits bewiesen.

§ 181. Die Einstufigkeit der verschärften strikten Logik.

Wir gehen nun auf die Fragestellung zurück, die uns zu Eingang des § 180 auf das „zweite Modalitätenaxiom" führte, d.h. wir suchen nach Gesetzen, die eine beliebige Kombination von Modalitäten zu reduzieren gestatten. Neben den schon früher erhaltenen Gesetzen

Sm 43: $\mathsf{NN}a \succ\!\prec \mathsf{N}a$

Sm 44 (2): $\Diamond\Diamond a \succ\!\prec \Diamond a$

Sm 51 (1): $\Diamond\mathsf{N}\Diamond\mathsf{N} \succ\!\prec \Diamond\mathsf{N}$

Sm 51 (2): $\mathsf{N}\Diamond\mathsf{N}\Diamond \succ\!\prec \mathsf{N}\Diamond$

gewinnen wir nun im vollen „verschärften" Kodifikat die folgenden weiteren Gesetze (bei denen wir wiederum in abgekürzter Mitteilung die Variable *a* links und rechts auslassen wollen):

Sm 57. $\mathsf{N}\Diamond \succ\!\prec \Diamond$ (Reduktionsgesetz für $\mathsf{N}\Diamond$)

mit Seitentausch gelesen: „strikt-logische Möglichkeit ist notwendige strikt-logische Möglichkeit".

Beweis. $\Diamond a \prec \mathsf{N}\Diamond a$ nach *Sm* 55.

$\mathsf{N}\Diamond a \prec \Diamond a$ nach *Sm* 8.

$\therefore\therefore$ $\mathsf{N}\Diamond a \succ\!\prec \Diamond a$ durch Äquivalenzbildung gemäß *R* 8.

Sm 58. $\Diamond\mathsf{N} \succ\!\prec \mathsf{N}$ (Reduktionsgesetz für $\Diamond\mathsf{N}$)

„strikt-logisch mögliche Notwendigkeit ist Notwendigkeit".

Dies folgt aus *Sm* 57 unmittelbar an Hand des „erweiterten" Dualitätssatzes, der nach Satz 177 in der verschärften strikten Logik gültig ist.

Textaufgabe. Aus *Sm* 58 ergibt sich mit *Sm* 14 unmittelbar: $\Diamond(a \prec b) \succ\!\prec a \prec b$ (vgl. hierzu S. 481).

Anmerkung. Auch das Gesetz *Sm* 58 erscheint (wie insbesondere die in der Textaufgabe angegebene Folgerung deutlich werden läßt) ein wenig problematisch.

Sm 59.
- $\Diamond(\neg\Diamond) \succ\!\prec (\neg\Diamond)$
  „strikt-logisch mögliche Unmöglichkeit ist Unmöglichkeit".
- $\Diamond \succ\!\prec (\neg\Diamond)\,(\neg\Diamond)$
  „strikt-logische Möglichkeit ist zugleich Unmöglichkeit der Unmöglichkeit".

(Die Klammern dienen hier wie schon früher lediglich zur Verdeutlichung der Interpretation.)

Die erste Form folgt unmittelbar aus *Sm*56 (1) und aus einer Beiform zu *Sm*9 durch Äquivalenzbildung gemäß *R*8.

Die zweite Form ergibt sich aus der ersten durch Kontraposition gemäß *St*26 (mit *St*15).

*Sm*60.

$\mathsf{N}(\neg\mathsf{N})\succ\!\!\prec(\neg\mathsf{N})$

mit Seitentausch gelesen: „strikt logische Nichtnotwendigkeit ist notwendige strikt logische Nichtnotwendigkeit".

$\mathsf{N}\succ\!\!\prec(\neg\mathsf{N})\,(\neg\mathsf{N})$

mit Seitentausch gelesen: „strikt logische Nichtnotwendigkeit der strikt logischen Nichtnotwendigkeit ist bereits Notwendigkeit".

Die beiden Formen *Sm*60 ergeben sich aus *Sm*59 durch Dualisierung gemäß Satz 177.

Satz 178 (Einstufigkeitssatz). Die verschärfte strikte Logik ist als Modalitätenlogik *einstufig*, das soll heißen: Jede Form ist einer solchen äquivalent, in der keine unmittelbare Kombination zweier Modalitäten — bzw. einer Modalität mit einer negierten Modalität — vorkommt, m.a.W.: in der die Zeichenpaare NN, ◇◇, N◇, ◇N sowie die Zeichentripel N¬N, ◇¬◇, N¬◇, ◇¬N nicht auftreten.

Anmerkung. Durch die Forderung der Einstufigkeit wird offenbar noch nicht jede Überlagerung von Modalitäten ausgeschlossen, z.B. wird in ihr noch nicht die Reduzierbarkeit von $\mathsf{N}(a\vee\mathsf{N}b)$ mitgefordert.

Der Einstufigkeitssatz wird mit der folgenden speziellen Reduktionsregel *nachgewiesen* sein:

Reduktionsregel der verschärften strikten Logik: Eine Modalität (◇ oder N), die — ohne dazwischentretende Klammerung — einer Modalität oder einer negierten Modalität (◇, N, ¬◇ oder ¬N) voransteht, darf gestrichen werden; das soll besagen: die durch die Streichung entstehende Form ist der gegebenen strikt äquivalent; sie ist also in die gegebene Form umsetzbar.

Nachweis. Die Eliminationsregel ergibt sich gemäß *R*4 aus den folgenden bewiesenen Umsetzbarkeiten:

1. NN umsetzbar in N gemäß *Sm*43.
2. ◇◇ umsetzbar in ◇ gemäß *Sm*44 (2).
3. N◇ umsetzbar in ◇ gemäß *Sm*57.
4. ◇N umsetzbar in N gemäß *Sm*58.

5. $\mathsf{N}\neg\mathsf{N}$ umsetzbar in $\neg\mathsf{N}$ gemäß *Sm* 60 (erste Form).
6. $\Diamond\neg\Diamond$ umsetzbar in $\neg\Diamond$ gemäß *Sm* 59 (erste Form).
7. $\mathsf{N}\neg\Diamond$ umsetzbar in $\neg\Diamond$ gemäß *Sm* 45 (zweite Form).
8. $\Diamond\neg\mathsf{N}$ umsetzbar in $\neg\mathsf{N}$ gemäß *Sm* 45 (erste Form).

Es seien hier abschließend noch einige Äquivalenzen angeführt, in denen *die strikt logische Möglichkeit eines* $\mathfrak{a}$ *bereits die strikt logische Notwendigkeit des* $\mathfrak{a}$ *nach sich zieht.* (Die den vorangegangenen Formeln beigegebene verbale Formulierung sei für diese Äquivalenzen als Textaufgabe gestellt.)

Sm 61. $\begin{cases} \Diamond\Diamond \succ\!\!\prec \mathsf{N}\Diamond. \\ \Diamond(\neg\mathsf{N}) \succ\!\!\prec \mathsf{N}(\neg\mathsf{N}). \end{cases}$

Beweis der ersten Form:

$\Diamond\Diamond a \succ\!\!\prec \Diamond a$ nach *Sm* 44 (2).

$\Diamond a \succ\!\!\prec \mathsf{N}\Diamond a$ aus *Sm* 57 durch Seitentausch gemäß *St* 15.

Nun Äquivalenzkettenschluß gemäß *R* 7.

Beweis der zweiten Form:

$\Diamond\Diamond\neg a \succ\!\!\prec \mathsf{N}\Diamond\neg a$ nach *Sm* 61 (1).

Nun Umsetzungen mit dem Verneinungsgesetz *Sm* 5 für N.

Sm 62. $\begin{cases} \Diamond\mathsf{N} \succ\!\!\prec \mathsf{N}\mathsf{N}. \\ \Diamond(\neg\Diamond) \succ\!\!\prec \mathsf{N}(\neg\Diamond). \end{cases}$

Sm 62 folgt aus *Sm* 61 durch Dualisierung gemäß Satz 177 und nachfolgenden Seitentausch gemäß *St* 15.

Sm 63. $\begin{cases} \Diamond(a \prec b) \succ\!\!\prec \mathsf{N}(a \prec b). \\ \Diamond(a \succ\!\!\prec b) \succ\!\!\prec \mathsf{N}(a \succ\!\!\prec b). \end{cases}$

Beweis der ersten Form:

$\Diamond\mathsf{N}(a \rightarrow b) \succ\!\!\prec \mathsf{N}\mathsf{N}(a \rightarrow b)$ nach *Sm* 62 (1).

Nun Umsetzungen mit *Sm* 14: $a \prec b \succ\!\!\prec \mathsf{N}(a \rightarrow b)$.

Beweis der zweiten Form entsprechend mit Heranziehung der in der Textaufgabe hinter *Sm* 30 aufgeführten Form. —

Den Abschluß der hier betrachteten Formen mögen einige Äquivalenzen bilden, die später beim Entscheidungsverfahren eine wichtige Rolle spielen werden.

Sm 64. $\mathsf{N}(\neg \mathsf{N}a \vee b) \succ\!\prec \neg \mathsf{N}a \vee \mathsf{N}b$.

Beweis. 1. $\mathsf{N}a \prec b \prec \mathsf{N}a \prec \mathsf{N}b$ nach *Sm* 49 (2).

$\therefore$ $\mathsf{N}(\neg \mathsf{N}a \vee b) \prec \mathsf{N}a \prec \mathsf{N}b$ durch *Sm* 13 im Vorderglied.

$\therefore$ $\mathsf{N}(\neg \mathsf{N}a \vee b) \prec \mathsf{N}a \rightarrow \mathsf{N}b$ durch *St* 45 im Hinterglied.

$\therefore$ $\mathsf{N}(\neg \mathsf{N}a \vee b) \prec \neg \mathsf{N}a \vee \mathsf{N}b$ durch *St* 43 im Hinterglied

2. $\neg \mathsf{N}a \prec \neg \mathsf{N}a \vee b$ nach *St* 32.

$\therefore$ $\mathsf{N}\neg \mathsf{N}a \prec \mathsf{N}(\neg \mathsf{N}a \vee b)$ durch Notwendigkeitsschluß gemäß *R* 19.

$\therefore$ (*) $\neg \mathsf{N}a \prec \mathsf{N}(\neg \mathsf{N}a \vee b)$ durch Umsetzung mit *Sm* 60 (1).

$b \prec \neg \mathsf{N}a \vee b$ nach *St* 32.

$\therefore$ $\mathsf{N}b \prec \mathsf{N}(\neg \mathsf{N}a \vee b)$ gemäß *R* 19.

$\therefore\;\therefore$ $\neg \mathsf{N}a \vee \mathsf{N}b \prec \mathsf{N}(\neg \mathsf{N}a \vee b)$ aus der letzten Form und (*) durch Vordergliedmdisjugation gemäß *R* 15.

3. Nun Äquivalenzbildung gemäß *R* 8.

Sm 65. $\mathsf{N}(\mathsf{N}a \vee b) \succ\!\prec \mathsf{N}a \vee \mathsf{N}b$.

Beweis. $\mathsf{N}(\neg \mathsf{N}\neg \mathsf{N}a \vee b) \succ\!\prec \neg \mathsf{N}\neg \mathsf{N}a \vee \mathsf{N}b$ nach *Sm* 64.
Nun *Sm* 60 (2) beiderseits.

Wir werden später eine Verallgemeinerung der beiden letzten Formen gebrauchen:

Sm 66. $\begin{cases} \mathsf{N}(\mathsf{N}c_1 \vee \cdot\cdot \vee \mathsf{N}c_l \vee \neg \mathsf{N}c_{l+1} \vee \cdot\cdot \vee \neg \mathsf{N}c_m \vee d) \\ \qquad \succ\!\prec \mathsf{N}c_1 \vee \cdot\cdot \vee \mathsf{N}c_l \vee \neg \mathsf{N}c_{l+1} \vee \cdot\cdot \vee \neg \mathsf{N}c_m \vee \mathsf{N}d. \end{cases}$

(Die Anzahl m darf hier auch 0 sein.)

Anmerkung. Es wird hier — auch im Beweise — die gemäß *St* 34 gestattete assoziate Schreibweise herangezogen.

Herleitung von *Sm* 66 durch Induktion nach der Anzahl m.

I. Schritt der Induktion.

Für $m = 0$ hat man $\mathsf{N}d \succ\!\prec \mathsf{N}d$; diese Äquivalenz ist beweisbar nach *St* 12.

II. Schritt der Induktion. Die Äquivalenz sei bereits hergeleitet für ein m (bei beliebigem $l = 0$ oder $= 1$ oder ... oder $= m$). Gegeben sei nun eine Form $\mathfrak{g}$, die die Gestalt der linken Seite von *Sm* 66 mit $m+1$ Gliedern hat:

$\mathfrak{g} \equiv: \mathsf{N}(\mathsf{N}c_1 \vee \cdot\cdot \vee \mathsf{N}c_l \vee \neg \mathsf{N}c_{l+1} \vee \cdot\cdot \vee \neg \mathsf{N}c_{m+1} \vee d)$,

(hier darf wieder auch $l = 0$ oder $l = m+1$ sein).

1\. Fall. $l \neq 0$. Dann ist

$$\mathfrak{g} \equiv \mathsf{N}\left(\mathsf{N}c_1 \vee \left\{\begin{matrix} \mathsf{N}c_2 \text{ oder} \\ \neg\mathsf{N}c_2 \end{matrix}\right\} \vee \cdots \vee \left\{\begin{matrix} \mathsf{N}c_{m+1} \text{ oder} \\ \neg\mathsf{N}c_{m+1} \end{matrix}\right\} \vee d\right),$$

$$\mathfrak{g} \succ\!\prec \mathsf{N}c_1 \vee \mathsf{N}\left(\left\{\begin{matrix} \mathsf{N}c_2 \text{ oder} \\ \neg\mathsf{N}c_2 \end{matrix}\right\} \vee \cdots \vee \left\{\begin{matrix} \mathsf{N}c_{m+1} \text{ oder} \\ \neg\mathsf{N}c_{m+1} \end{matrix}\right\} \vee d\right) \quad \text{nach } Sm65.$$

Im zweiten Disjunktionsglied der rechten Seite läuft der Index von $\underline{2}$ bis $m+1$. Daher ist hier die Induktionsannahme anwendbar. Die nach dieser Annahme erlaubte Umsetzung ergibt (durch Äquivalenzübertragung gemäß $R$10) die behauptete Äquivalenz für $\mathfrak{g}$.

2\. Fall. $l = 0$. Dann ist

$$\mathfrak{g} \equiv \mathsf{N}(\neg\mathsf{N}c_1 \vee \neg\mathsf{N}c_2 \vee \cdots \vee \neg\mathsf{N}c_{m+1} \vee d).$$

Man behandelt diesen Fall genau wie den vorigen mit Sm 64 an Stelle von Sm65. (Ausführung als Textaufgabe.)

§ 182. Die strikte Logik keine „mehrwertige" Logik.

Aus irgendwelchen n gestaltlich verschiedenen Variablen, die wir (ähnlich wie in § 141) mit $a_1, a_2, a_3, \ldots, a_n$ bezeichnen wollen, bilden wir die disjunktive Form

$$\mathfrak{d}_n \equiv: \bigvee_{\substack{i<j \\ i,j = 1 \text{ bis } n}} (a_i \prec a_j).$$

Diese Form gehört zum Begriffsnetz der verschärften strikten Logik ($\bigvee$ steht zur Mitteilung für eine Folge von $\vee$. Die assoziate Schreibweise ist nach St34 erlaubt; wir denken uns jedoch hinter jedem Disjunktionsglied eine ganz nach links erstreckte Klammerung).

Die unter dem $\bigvee$-Zeichen stehende Bedingung besagt, daß nur Paare natürlicher Zahlen i, j, für die i kleiner als j und j höchstens gleich n ist, in Betracht kommen.

Beispiel: $\mathfrak{d}_3 \equiv (a_1 \prec a_2) \vee (a_1 \prec a_3) \vee (a_2 \prec a_3)$.

Hilfsatz. In der verschärften strikten Logik des § 180 ist für keinen natürlichen Index n die Disjunktion $\mathfrak{d}_n$ beweisbar.

Dieser Hilfsatz wird in § 185 als Anwendungsbeispiel für den speziellen Entscheidungssatz der strikten Logik bewiesen werden. Da sich der unten folgende Satz 179 methodisch bereits hier einordnet, möge es gestattet sein, hier auf den Nachweis des Hilfsatzes, der auf den vorliegenden Paragraphen nicht zurückgreift, vorzuverweisen.

Satz 179. (1). Die „verschärfte strikte Logik" des § 180 ist keine mehrwertige Logik, m.a.W. zu ihr ist keine endliche Quasiwahrheitswertung — auch keine nichtnormale im Sinne von S. 370 — adäquat. (2). Dasselbe gilt auch für jedes der vorangegangenen engeren Kodifikate der strikten Logik. —

Anmerkung. Der Nachweis für diesen Satz ist dem in § 141 für Satz 128 geführten Nachweis weitgehend analog.

Nachweis des Satzes 179.

1. In der strikten Logik ist — für $p=0$ und für jede natürliche Zahl p — die Aussagenform $(b \vee (a \prec a)) \vee c_1 \vee \cdot\cdot \vee c_p$ (bei der hinter jedem c eine ganz nach links erstreckte Klammerung zu denken ist) beweisbar.

Beweis mit $St11$ und $St32$ (Textaufgabe).

2. Es sei eine beliebige nicht notwendig normale Quasiwahrheitswertung (s. S. 370) vorgelegt, in der jede strikte Form Quasiwahrform wird. Die Anzahl der Wahrheitswerte sei mit n bezeichnet. Für irgendwelche $p+2$ Werte $k, l_1, \ldots, l_p$ und m aus der vorgelegten Wertung (d. h. für irgendwelche natürlichen Zahlen $k, l_1, .., l_p, m$, die höchstens gleich n sind) muß die Belegung $(k \vee (m \prec m)) \vee l_1 \vee \cdot\cdot \vee l_p$ als Belegung der in Abs. 1 betrachteten Form einen *ausgezeichneten* Wert ergeben.

3. In der Form

$$\mathfrak{d}_{n+1} =: \bigvee_{\substack{i<j \\ j=2 \text{ bis } n+1}} (a_i \prec a_j)$$

treten $n+1$ verschiedene Aussagenvariablen auf. Jede Belegung von $\mathfrak{d}_{n+1}$ mit den gegebenen n Werten muß daher notwendigerweise mindestens zwei verschiedene Variablen a_i, a_j (wo $i<j$) mit demselben Wert — nennen wir ihn m — belegen. $\mathfrak{d}_{n+1}$ läßt sich nun in der Gestalt $(\mathfrak{g} \vee (a_i \prec a_j)) \vee \mathfrak{h}_1, .., \mathfrak{h}_p$ mitteilen (wobei wieder nach links zu klammern ist). Das Glied $a_i \prec a_j$ dieser Form ist nun mit $m \prec m$ belegt; und für die gesamte Belegung erhalten wir die Gestalt $(k \vee (m \prec m)) \vee l_1, .., l_p$, wo $k, l_1, .., l_p$ irgendwelche nicht näher interessierenden Werte sind. Nach Abs. 2 dieses Nachweises ist also die betrachtete Belegung ausgezeichnet, und da es sich um eine *beliebige* Belegung von $\mathfrak{d}_{n+1}$ handelt, ist $\mathfrak{d}_{n+1}$ Quasiwahrform.

4. $\mathfrak{d}_{n+1}$ ist nach dem obigen Hilfsatz nicht beweisbar und trotzdem nach Abs. 3 dieses Nachweises Quasiwahrform. Die vorgelegte beliebige Quasiwahrheitswertung der verschärften strikten Logik mit n Wahrheitswerten ist also nicht adäquat.

5. Der obige Nachweis (Abs. 1—4) benutzt lediglich die Einsetzungsregel $R1$, die Grundschlußregel $R2$, die Formen $St11$, 32 und die Unbeweisbarkeit von $\mathfrak{d}_n$ für beliebiges n. Er ist mithin für jedes der betrachteten ‚strikten' Kodifikate gültig.

Satz 179 (3). Die verschärfte strikte Aussagen- und Modalitätenlogik geht bei Ersetzung des $\prec$ durch $\rightarrow$ (die auch auf die Definitionen für $\succ\!\prec$, N, $\Diamond$ zu erstrecken ist) in einen echten Teil der alternären Logik über. — (4). Die verschärfte strikte Logik ist widerspruchsfrei.

Nachweis für (3) durch Erweiterung des Hilfsatzes (1) von S. 446 auf das Axiom $Sm55°$ unter Heranziehung von Satz 179 (1) [Textaufgabe]. — Die Definitionen von S. 177f. führen nun auf (4).

Kapitel XXXIII.

Entscheidungsverfahren für die verschärfte strikte Logik.

§ 183. Modalprimitive Formen. Einführung.

Die in Satz 178 gezeigte Einstufigkeit der Modalitäten besagt lediglich, daß man zwei Modalitäten reduzieren kann, die sich *unmittelbar* oder bloß mit zwischengeschalteten Negationszeichen überlagern. Es wird *nicht* behauptet, daß jede Form einer solchen äquivalent sei, in der sich überhaupt keine zwei Modalitätszeichenüberlagern (vgl. die dem Satz 178 beigegebene Erklärung). So ist z. B. bislang kein Verfahren zur Reduktion von Überlagerungen wie $\mathsf{N}(\neg\neg a \vee \mathsf{N}b)$ oder $\mathsf{N}(\Diamond a \wedge \mathsf{N}b \rightarrow c)$ gegeben worden.

Erklärung. Wir wollen eine Form *modalprimitiv* nennen, wenn in ihr kein Moduszeichen über ein anderes herrscht, m. a. W. wenn für eine beliebige Teilform der Gestalt $\mathsf{N}\mathfrak{c}$ oder $\Diamond\mathfrak{c}$ das $\mathfrak{c}$ kein N und kein $\Diamond$ mehr enthält.

Unser nächstes Ziel soll sein, zu zeigen, daß sich in der verschärften strikten Logik jede einschlägige Form „auf modalprimitive Form reduzieren" läßt. Hierzu sind einige Erklärungen und Hilfsüberlegungen erforderlich.

Erklärung. Gegeben sei eine assoziate modalprimitive $\wedge\vee\neg\mathsf{N}$-Form $\mathfrak{g}$. Man ersetze in $\mathfrak{g}$ alle von einem N beherrschten Teilformen (S. 163) unter Beibehaltung der gestaltlichen Gleichheiten und Ungleichheiten durch Variablen, die nicht in $\mathfrak{g}$ auftraten.

Beispiel: $\neg[(a \vee \mathsf{N}\mathfrak{p}) \wedge (\mathsf{N}\mathfrak{q} \vee \mathsf{N}\mathfrak{p}) \wedge (\neg a \vee b)]$,

wo die $\mathfrak{p}$, $\mathfrak{q}$ *beliebige* $\wedge\vee\neg$-Formen sein dürfen, geht über in

$\neg[(a \vee v) \wedge (w \vee v) \wedge (\neg a \vee b)]$.

Die gegebene modalprimitive Form $\mathfrak{g}$ möge nun eine *konjunktive modale Normalform* heißen, wenn die durch diesen Ersetzungsprozeß entstehende $\wedge\vee\neg$-Form eine konjunktive Normalform (§ 13) ist.

Im obigen Beispiel ist zwar nicht die Gesamtform, wohl aber die von den eckigen Klammern umrahmte Teilform eine konjunktive modale Normalform, wie auch immer die $\wedge\vee\neg$-Formen $\mathfrak{p}$ und $\mathfrak{q}$ gestaltet sein mögen.

Satz 180. In der verschärften strikten Logik (des § 180) ist (1) jede modalprimitive $\wedge\vee\neg\mathsf{N}$-Form $\mathfrak{c}$ und (2) auch jede von einem N beherrschte $\wedge\vee\neg\mathsf{N}$-Form $\mathsf{N}\mathfrak{c}$ mit modalprimitivem $\mathfrak{c}$ einer konjunktiven modalen Normalform strikt äquivalent; m. a. W. sie läßt sich „auf konjunktive modale Normalform bringen".

Anmerkung. Es sei hierzu daran erinnert, daß eine konjunktive modale Normalform gemäß ihrer Erklärung stets modalprimitiv ist.

Nachweis zu (1). Man nimmt zunächst in $\mathfrak{c}$ die in der Erklärung der konjunktiven modalen Normalform beschriebene Ersetzung der von N beherrschten Teilformen durch Variablen vor. Die so aus $\mathfrak{c}$ entstehende $\wedge\vee\neg$-Form sei $\mathfrak{c}^\circ$.

Der Satz 163 bezog sich auf ein Teilkodifikat der verschärften strikten Logik; daher stellt auch die verschärfte strikte Logik einen Verband (mit $\rightarrowtail\!\!\!\!\!\!\leftarrowtail$ als Verbandsgleichheit) dar. Mithin läßt sich nach Satz 8 zu $\mathfrak{c}^\circ$ eine strikt äquivalente konjunktive Normalform $\tilde{\mathfrak{c}}^\circ$ finden. In $\tilde{\mathfrak{c}}^\circ$ werden nun für die Variablen, die durch die Ersetzung des $\mathfrak{c}$ durch $\mathfrak{c}^\circ$ hereingekommen sind, rückwärts wieder die zugehörigen von N beherrschten Teilformen eingesetzt. Die so entstehende Form $\tilde{\mathfrak{c}}$ ist eine konjunktive modale Normalform. Man hat:

$\mathfrak{c}^\circ \rightarrowtail\!\!\!\!\leftarrowtail \tilde{\mathfrak{c}}^\circ$	gemäß der Erklärung der Formen $\mathfrak{c}^\circ$ und $\tilde{\mathfrak{c}}^\circ$.
$\therefore\ \mathfrak{c} \rightarrowtail\!\!\!\!\leftarrowtail \tilde{\mathfrak{c}}$	durch Einsetzung der von N beherrschten Teilformen für die neuen Variablen. —

Dem Nachweis zu (2) sei eine spezielle Erklärung vorausgeschickt:

Erklärung. Unter einer *modalen Konstituente* wollen wir eine solche Disjunktion $\mathfrak{a}_1 \vee \cdot\cdot \vee \mathfrak{a}_h$ verstehen, bei der jedes der Disjunktionsglieder $\mathfrak{a}_1, \ldots, \mathfrak{a}_h$

α. entweder eine Variable bzw. ein Variablennegat

β. oder eine von einem N beherrschte Form $\mathsf{N}\mathfrak{q}$ bzw. das Negat einer solchen ist, wobei $\mathfrak{q}$ eine bloße $\wedge\vee\neg$-Form sein soll.

(Die Anzahl h der Disjunktionsglieder darf auch 1 sein.)

Folgerung. Eine konjunktive modale Normalform ist eine Konjunktion von modalen Konstituenten.

Beispiele. 1. $\neg b \vee \mathsf{N}((a \wedge \neg b) \vee c) \vee c \vee \neg \mathsf{N} \neg (a \wedge c)$ ist eine modale Konstituente. 2. $\mathsf{N}((a \vee b) \wedge c)$ ist eine modale Konstituente. —

Nachweis zu Satz 180 (2). Bei gegebenem $\mathsf{N}\mathfrak{c}$, in dem $\mathfrak{c}$ eine modalprimitive $\wedge\vee\neg\mathsf{N}$-Form ist, gibt es zu $\mathfrak{c}$ eine konjunktive modale Normalform $\tilde{\mathfrak{c}}$ mit

$$\mathfrak{c} \rightarrowtail\!\!\!\!\leftarrowtail \tilde{\mathfrak{c}}.$$

$\therefore\ (*)\ \mathsf{N}\mathfrak{c} \rightarrowtail\!\!\!\!\leftarrowtail \mathsf{N}\tilde{\mathfrak{c}}$	durch erweiterten Notwendigkeitsschluß gemäß 19° (S. 471).

Hierbei hat $\mathsf{N}\tilde{\mathfrak{c}}$ gemäß der „Folgerung“ aus der letzten Erklärung die Gestalt $\mathsf{N}(\mathfrak{a} \wedge \mathfrak{b} \wedge \cdot\cdot \wedge \mathfrak{e})$, wo die $\mathfrak{a}, \mathfrak{b}, \ldots, \mathfrak{e}$ modale Konstituenten sind. Nun gilt:

$\mathsf{N}(\mathfrak{a} \wedge \mathfrak{b} \wedge \cdot\cdot \wedge \mathfrak{e}) \rightarrowtail\!\!\!\!\leftarrowtail \mathsf{N}\mathfrak{a} \wedge \mathsf{N}\mathfrak{b} \wedge \cdot\cdot \wedge \mathsf{N}\mathfrak{e}$	nach *Sm*30 mit Seitentausch gemäß *St*15 (gegebenenfalls mehrmalige Anwendung).
$\therefore\ \mathsf{N}\mathfrak{c} \rightarrowtail\!\!\!\!\leftarrowtail \mathsf{N}\mathfrak{a} \wedge \mathsf{N}\mathfrak{b} \wedge \cdot\cdot \wedge \mathsf{N}\mathfrak{e}$	durch Äquivalenz-Kettenschluß (gemäß *R*7) mit (*).

Daher genügt es, den behaupteten Satz 180 (2) für solche Formen $\mathsf{N}\mathfrak{k}$ nachzuweisen, bei denen $\mathfrak{k}$ eine modale Konstituente ist.

Vorgelegt sei demgemäß eine Form $\mathsf{N}\mathfrak{k} \equiv \mathsf{N}(\mathfrak{a}_1 \vee \cdot\cdot \vee \mathfrak{a}_h)$, bei der jedes der Disjunktionsglieder $\mathfrak{a}_1, \ldots, \mathfrak{a}_h$ eine der Bedingungen α, β von S. 501 erfüllt. Man ordne dann die Disjunktion (unter Benutzung von *St* 31, 34) so um, daß sie die folgende Gestalt annimmt: $\mathsf{N}\mathfrak{k} \succ\!\prec \mathsf{N}(\mathsf{N}\mathfrak{c}_1 \vee \cdot\cdot \vee \mathsf{N}\mathfrak{c}_l \vee \neg \mathsf{N}\mathfrak{c}_{l+1} \vee \cdot\cdot \vee \neg \mathsf{N}\mathfrak{c}_m \vee \mathfrak{d})$, wo $\mathfrak{d}$ und die $\mathfrak{c}$ bloße $\wedge\vee\neg$-Formen sind (rechts dürfen alle Glieder bis auf eines fehlen). Nach *Sm* 66 ist $\mathsf{N}\mathfrak{k} \succ\!\prec \mathsf{N}\mathfrak{c}_1 \vee \cdot\cdot \vee \mathsf{N}\mathfrak{c}_l \vee \neg \mathsf{N}\mathfrak{c}_{l+1} \vee \cdot\cdot \vee \neg \mathsf{N}\mathfrak{c}_m \vee \mathsf{N}\mathfrak{d}$. Die rechts stehende Disjunktion, die mit $\mathsf{N}\mathfrak{k}^p$ abgekürzt werden möge, ist modalprimitiv.

In der — in Abs. 2 dieses Nachweises betrachteten — Äquivalenz $\mathsf{N}\mathfrak{c} \succ\!\prec \mathsf{N}\mathfrak{a} \wedge \mathsf{N}\mathfrak{b} \wedge \cdot\cdot \wedge \mathsf{N}\mathfrak{e}$, bei der die rechterhand auftretenden $\mathfrak{a}, \mathfrak{b}, \ldots, \mathfrak{e}$ modale Konstituenten waren, setze man gemäß der im vorangegangenen Absatz erhaltenen Äquivalenz um: $\mathsf{N}\mathfrak{c} \succ\!\prec \mathsf{N}\mathfrak{a}^p \wedge \mathsf{N}\mathfrak{b}^p \wedge \cdot\cdot \wedge \mathsf{N}\mathfrak{e}^p$. Man erkennt unmittelbar, daß die rechterhand entstehende Form eine konjunktive modale Normalform ist. —

Für die nachfolgenden Überlegungen ist es zweckmäßig, im voraus einige elementare Reduktionen zu fixieren:

Erklärung. In einer $\wedge\vee\neg\prec\succ\!\prec\mathsf{N}\Diamond$-Form $\mathfrak{f}$ seien folgende Umsetzungen durchgeführt: Zunächst mögen die $\Diamond$ und $\succ\!\prec$ durch Umsetzung beseitigt werden, genauer: jede Teilform

$\mathfrak{a} \succ\!\prec \mathfrak{b}$ werde umgesetzt in $(\mathfrak{a} \prec \mathfrak{b}) \wedge (\mathfrak{b} \prec \mathfrak{a})$ (gemäß *St* 13),

$\Diamond\mathfrak{a}$ werde umgesetzt in $\neg\mathsf{N}\neg\mathfrak{a}$ (gemäß *Sm* 6).

Sodann möge noch eine der beiden folgenden Umsetzungsvorschriften durchgeführt werden.

Erste Art der weiteren Umsetzung:

$\mathfrak{a} \prec \mathfrak{b}$ werde umgesetzt in $\mathsf{N}(\neg\mathfrak{a} \vee \mathfrak{b})$ (gemäß *Sm* 13).

Die entstehende Form heiße $\prec$-*Reduzierte* von $\mathfrak{f}$.

Anmerkung. Es gibt *genau eine* solche Reduzierte; diese ist der gegebenen Form äquivalent. Der Nachweis sei als Textaufgabe gestellt; zur ersten Behauptung vgl. die Textaufgabe von S. 280.

Zweite Art der weiteren Umsetzung:

$\mathsf{N}\mathfrak{a}$ werde umgesetzt in $\neg\mathfrak{a} \prec \mathfrak{a}$ (gemäß *Sm* 1).

Die entstehende Form heiße N-*Reduzierte* von $\mathfrak{f}$. (Anmerkung wie oben. Die N-Reduzierte wird erst an späterer Stelle eine Rolle spielen.)

Satz 181. In der verschärften strikten Logik ist jede einschlägige Form $\mathfrak{g}$ einer konjunktiven modalen Normalform strikt äquivalent.

Nachweis. Zunächst geht man von der gegebenen Form $\mathfrak{g}$ zur $\prec$-Reduzierten $\tilde{\mathfrak{g}}$ über (s. hierzu die Anmerkung zur Erklärung der $\prec$-Reduzierten); diese ist eine bloße $\wedge\vee\neg$N-Form. Es genügt daher, den Nachweis für solche Formen zu führen.

1. Fall. $\tilde{\mathfrak{g}}$ sei modalprimitiv. Dann ist nach Satz 180 (1) die Behauptung des Satzes 181 für $\tilde{\mathfrak{g}}$ — und mithin auch für $\mathfrak{g}$ — erfüllt.

2. Fall. $\tilde{\mathfrak{g}}$ sei nicht modalprimitiv. Dann läßt sich aus $\tilde{\mathfrak{g}}$ eine plazierte Teilform N$\mathfrak{c}$ der in Satz 180 (2) beschriebenen Art herausgreifen und gemäß Satz 180 (2) in eine modalprimitive Form $\mathfrak{m}$ umsetzen. Während in N$\mathfrak{c}$ noch ein N über ein anderes herrscht, ist dies in $\mathfrak{m}$ nicht mehr der Fall.

Man übt diesen Umsetzungsprozeß so oft aus, wie noch ein plaziertes N über ein anderes herrscht. Die Folge dieser Umsetzungen kommt zu einem Abschluß, da jede Umsetzung mindestens ein derartiges Herrschaftsverhältnis zweier N auflöst, ohne ein neues zu stiften. [Zur präzisen Ausführung dieser Überlegung wird man zunächst in evidenter Weise eine „relative Netzordnung der N" erklären und sodann zeigen, daß die Summe dieser Netzordnungen bei jedem Umsetzungsschritt, der gemäß *Sm*66 durchgeführt wird, abnimmt (vgl. auch S. 502). Eine vollständige Induktion führt dann auf die Behauptung. [Die Ausführung dieser Nachweisskizze kann, da ähnliche Nachweise schon verschiedentlich geführt wurden, dem Leser als Textaufgabe überlassen bleiben.]

Hiermit hat man eine modalprimitive Form $\mathfrak{g}^\circ$ erhalten, die zu $\tilde{\mathfrak{g}}$ — und mithin zum vorgegebenen $\mathfrak{g}$ — äquivalent ist. Nach Satz 180 (1) gibt es eine konjunktive modale Normalform, die zu $\mathfrak{g}^\circ$ — und mithin auch zu $\mathfrak{g}$ — äquivalent ist. —

Beispiele für die beschriebene Reduktion auf konjunktive modale Normalform werden in § 187 folgen. —

Bei der Umsetzung einer gegebenen einschlägigen Form der strikten Aussagen- und Modalitätenlogik in ihre $\prec$-Reduzierte und weiter in ihre konjunktive modale Normalform gemäß Satz 181 sind nun die folgenden Abkürzungen des Verfahrens von Nutzen.

Abkürzungsregeln M zur Gewinnung der modalen Normalform.

<u>*M*1.</u> $\mathfrak{a}_1 \prec \cdots \prec \mathfrak{a}_n \prec \mathfrak{a}_{n+1} \prec \mathfrak{b}$ ist umsetzbar in

$\mathrm{N}\neg\mathfrak{a}_1 \vee \cdots \vee \mathrm{N}\neg\mathfrak{a}_n \vee \mathrm{N}(\neg\mathfrak{a}_{n+1} \vee \mathfrak{b})$, insbesondere also:

*M*1°. $\mathfrak{a} \prec \mathfrak{b}$ ist umsetzbar in $\mathrm{N}(\neg\mathfrak{a} \vee \mathfrak{b})$. —

Nachweis durch vollständige Induktion nach der Anzahl n.

I. Schritt: $n = 0$. $\mathfrak{a} \prec \mathfrak{b} \succ\!\prec \mathrm{N}(\neg\mathfrak{a} \vee \mathfrak{b})$ nach *Sm*13.

II. Induktionsschritt. Die Umsetzbarkeit sei bereits für ein n bewiesen. Vorgelegt sei eine Form der Gestalt

$\mathfrak{g} \equiv: \mathfrak{a}_1 \prec \mathfrak{a}_2 \prec \cdots \prec \mathfrak{a}_{n+1} \prec \mathfrak{a}_{n+2} \prec \mathfrak{b}$.

$\therefore$ $\mathfrak{g} \succ\!\prec \mathrm{N}[\neg\mathfrak{a}_1 \vee (\mathfrak{a}_2 \prec \cdots \prec \mathfrak{a}_{n+2} \prec \mathfrak{b})]$ durch Äquivalenzübertragung gemäß *R*10 mit *Sm*13.

Die in runden Klammern stehende Teilform besitzt nur $n+1$ mitgeteilte Vorderglieder $\mathfrak{a}$; sie ist also im Sinne der Induktionsvoraussetzung umsetzbar, und man erhält bei dieser Umsetzung:

$\mathfrak{g} \succ\!\prec \mathsf{N}[\neg\mathfrak{a}_1 \vee \mathsf{N}\neg\mathfrak{a}_2 \vee \cdot\cdot \vee \mathsf{N}\neg\mathfrak{a}_{n+1} \vee \mathsf{N}(\neg\mathfrak{a}_{n+2} \vee \mathfrak{b})]$.

Nun Umsetzung rechterhand gemäß *Sm* 66.

<u>*M* 2.</u> $\mathfrak{a} \prec \mathfrak{b} \prec \mathfrak{c}$ ist umsetzbar in $\neg\mathsf{N}(\neg\mathfrak{a} \vee \mathfrak{b}) \vee \mathsf{N}\mathfrak{c}$.

Nachweis.

$(\mathfrak{a} \prec \mathfrak{b} \prec \mathfrak{c}) \succ\!\prec \mathsf{N}(\neg\mathsf{N}(\neg\mathfrak{a} \vee \mathfrak{b}) \vee \mathfrak{c})$ durch zweimalige Äquivalenzübertragung (gemäß *R* 10) aus *Sm* 13.

Nun Umsetzung rechterhand mit *Sm* 64.

<u>*M* 3.</u> $(\mathfrak{a} \prec \mathfrak{b} \prec \mathfrak{c}) \rightarrow \mathfrak{d}$ ist umsetzbar in die Konjunktion der Formen $\neg\mathsf{N}\neg\mathfrak{a} \vee \mathfrak{d}$, $\neg\mathsf{N}(\neg\mathfrak{b} \vee \mathfrak{c}) \vee \mathfrak{d}$.

Nachweis. Die gegebene Form sei durch $\mathfrak{g}$ mitgeteilt.

$\mathfrak{g} \succ\!\prec \mathsf{N}\neg\mathfrak{a} \vee \mathsf{N}(\neg\mathfrak{b} \vee \mathfrak{c}) \rightarrow \mathfrak{d}$ nach der Abkürzungsregel *M* 1.

$\therefore$ $\mathfrak{g} \succ\!\prec \{\neg\mathsf{N}\neg\mathfrak{a} \wedge \neg\mathsf{N}(\neg\mathfrak{b} \vee \mathfrak{c})\} \vee \mathfrak{d}$ durch aussagenlogische Umsetzung gemäß Satz 166 (1).

$\therefore$ $\mathfrak{g} \succ\!\prec (\neg\mathsf{N}\neg\mathfrak{a} \vee \mathfrak{d}) \wedge (\neg\mathsf{N}(\neg\mathfrak{b} \vee \mathfrak{c}) \vee \mathfrak{d})$ ebenso.

Aufgabe. Man zeige im Anschluß an die Abkürzungsregel *M* 3 (mit Heranziehung der Schlußregel *R* 12):

Eine Form der Gestalt $\mathfrak{a} \prec \mathfrak{b} \prec \mathfrak{c} \prec \mathfrak{d}$ ist deduktionsgleich dem Formenpaar $\mathsf{N}\neg\mathfrak{a} \prec \mathfrak{d}$, $\mathfrak{b} \prec \mathfrak{c} \prec \mathfrak{d}$. —

Beispiele für die Anwendung der Abkürzungsregeln werden in § 187 folgen.

§ 184. Eine Erweiterung der „spezifischen Quasiwahrheitswertung".

In § 47 sind für eine „spezifische Quasiwahrheitswertung" (deren Werte Zahlen-Tupel waren) die Wertungsvorschriften gegeben worden:

$\mathsf{a} \wedge \mathsf{b}$ = Durchschnitt der Werte a, b

$\mathsf{a} \vee \mathsf{b}$ = Vereinigung der Werte a, b

$\neg\mathsf{a}$ = Komplement des Wertes a.

Der einzige Quasiwahr-Wert war mit $\mathfrak{m}$ bezeichnet worden; $\mathfrak{m} \;\equiv\!\!\!\equiv:\; (1, .., n)$. Er sei hier als Wert durch m mitgeteilt (eine Verwechslung ist durch diese Mitteilungsweise nicht zu befürchten). Wir fügen nun hinzu:

$$\mathsf{Na} \begin{cases} = \mathrm{m}, \text{ wenn } \mathrm{a} = \mathrm{m} \\ = 0, \text{ wenn } \mathrm{a} \neq \mathrm{m}. \end{cases}$$

Eine $\wedge\vee\neg\prec\succ\!\prec\mathsf{N}\Diamond$-Form soll so bewertet werden wie ihre $\prec$-Reduzierte.

Ein im folgenden gelegentlich benutztes $\rightarrow$ möge gemäß seiner Definition bewertet werden, d.h. $\mathfrak{a} \rightarrow \mathfrak{b} = \neg\mathfrak{a} \vee \mathfrak{b}$.

Bei Einbeziehung dieser Zufügungen möge von einer *erweiterten* spezifischen Quasiwahrheitswertung gesprochen werden.

Beispiel einer erweiterten spezifischen Wertung:

Die Kontrapositionsform *St*7: $a \prec b \prec \neg b \prec \neg a$ ist Quasiwahrform.

Nachweis. Die $\prec$-Reduzierte von *St*7 ist

$\mathfrak{r} \equiv: \mathsf{N}(\neg\mathsf{N}(\neg a \vee b) \vee \mathsf{N}(\neg\neg b \vee \neg a))$.

Nach Satz 37 macht eine Belegung, die $\neg\neg b \vee \neg a$ zu m macht, auch $\neg a \vee b$ zu m und umgekehrt.

1. Eine Belegung, die $\neg\neg b \vee \neg a$ zu m macht, macht auch $\mathsf{N}(\neg\neg b \vee \neg a)$ zu m, mithin die Disjunktion zu m, mithin $\mathfrak{r}$ zu m.

2. Eine Belegung, die $\neg\neg b \vee \neg a$ *nicht* zu m macht, macht auch $\neg a \vee b$ nicht zu m, also $\mathsf{N}(\neg a \vee b)$ zu 0, also $\neg\mathsf{N}(\neg a \vee b)$ zu m, mithin die Disjunktion zu m, mithin $\mathfrak{r}$ zu m.

Satz 182. Gegeben sei irgendeine erweiterte spezifische Quasiwahrheitswertung $\mathfrak{M}_n$. Die $\prec$-Reduzierte (s. S. 502) einer strikten Form (d.h. einer in der verschärften strikten Logik beweisbaren Form) ist in dieser Wertung stets Quasiwahrform.

Nachweis. Wir führen den Nachweis durch Gerüstinduktion.

I. Für Formen, deren Beweis nur eine Formel erfordert, d.h. für die Axiome ist der Satz erfüllt, d.h.: Die $\prec$-Reduzierten der strikten Axiome *St*1—10, *St*60 und *Sm*55° sind Quasiwahrformen. Der Nachweis sei als Textaufgabe gestellt; für *St*7 ist er im obigen Beispiel durchgeführt.

II. Der Satz sei erfüllt für jede Form, deren Beweis höchstens k Formeln erfordert. Sei $\mathfrak{g}$ eine Form, deren Beweis genau $k+1$ Formeln erfordert. Wir haben zu zeigen, daß der Satz auch für $\mathfrak{g}$ erfüllt ist. Dazu genügt es nachzuweisen, daß die Schlußregeln *R*1—4 des § 162 die Quasiwahrformeigenschaft der zugehörigen $\prec$-Reduzierten erhalten. Wir überlegen vorab:

Hilfsatz. Wenn $\mathfrak{a}^*$ Beiform von $\mathfrak{a}$ ist, so ist die $\prec$-Reduzierte von $\mathfrak{a}^*$ Beiform der $\prec$-Reduzierten von $\mathfrak{a}$.

Dieser Hilfsatz folgt unmittelbar aus der Eindeutigkeit der $\prec$-Reduzierten, da die $\prec$-Reduktion sich auf die einzelnen Verknüpfungen bezieht (die genaue Ausführung dieser Überlegung sei als Textaufgabe gestellt). — Die geforderte Eigenschaft der Schlußregeln ergibt sich nun wie folgt.

Zu *R*1. — Die Einsetzung überträgt die Quasiwahrformeigenschaft. Nach dem Hilfsatz überträgt sie also auch die Quasiwahrformeigenschaft der $\prec$-Reduzierten.

Zu $R2$. — Das Grundschlußschema besitzt die $\prec$-reduzierte Gestalt $\frac{\mathfrak{a} \quad \mathsf{N}(\neg\mathfrak{a}\vee\mathfrak{b})}{\mathfrak{b}}$ (wobei die Mitteilungszeichen $\mathfrak{a}$ und $\mathfrak{b}$ bereits $\prec$-Reduzierte bezeichnen).

Nach Voraussetzung hat $\mathfrak{a}$ stets den Wert m, also $\neg\mathfrak{a}$ stets den Wert 0. Andererseits hat $\mathsf{N}(\neg\mathfrak{a}\vee\mathfrak{b})$ bei jeder Belegung den Wert m, also hat auch $\neg\mathfrak{a}\vee\mathfrak{b}$ stets den Wert m. Das ist, weil stets $\neg \mathrm{a} = 0$ ist, nur möglich, wenn $\mathfrak{b}$ stets den Wert m hat.

Zu $R3$. — Die $\prec$-reduzierte Gestalt der Regel zum Konjugationsschluß ist nicht von der ursprünglichen verschieden. Wenn nun aber für eine Belegung a und $\mathrm{b} = \mathrm{m}$ sind, so ist auch $\mathrm{a}\wedge\mathrm{b} = \mathrm{m}$.

Zu $R4$. — Bei Anwendung der Umsetzungsregel entsteht $\mathfrak{g}$ aus einer Form $\mathfrak{f}$, deren $\prec$-Reduzierte $\mathfrak{f}'$ nach Induktionsvoraussetzung eine Quasiwahrform ist, an Hand der Ersetzung einer Teilform $\mathfrak{s}$ durch eine Teilform $\mathfrak{t}$. Dabei gehört zum vorgelegten Beweise der vorgängige Beweis für $\mathfrak{s}\succ\!\prec\mathfrak{t}$. Der Beweis für $\mathfrak{s}\succ\!\prec\mathfrak{t}$ hat also weniger als $k+1$ Formeln erfordert. Wir dürfen daher auf ihn die Induktionsvoraussetzung anwenden: die $\prec$-Reduzierte $\mathfrak{q}$ der Äquivalenz $\mathfrak{s}\succ\!\prec\mathfrak{t}$ ist Quasiwahrform. Wenn wir die $\prec$-Reduzierten von $\mathfrak{s}$ und $\mathfrak{t}$ mit $\mathfrak{s}'$ bzw $\mathfrak{t}'$ bezeichnen, so nimmt diese Quasiwahrform die Gestalt an: $\mathfrak{q} \equiv \mathsf{N}(\neg\mathfrak{s}'\vee\mathfrak{t}')\wedge\mathsf{N}(\neg\mathfrak{t}'\vee\mathfrak{s}')$.

Annahme: $\mathfrak{s}'$ und $\mathfrak{t}'$ erhalten bei einer Belegung verschiedene Werte s bzw. t. Dann gibt es entweder eine Zahl, die weder im Tupel s noch im Komplement des Tupels t enthalten ist, oder eine Zahl, die weder in t noch im Komplement von s enthalten ist. Daher erteilt die Belegung einer der beiden Disjunktionen $\neg\mathfrak{s}'\vee\mathfrak{t}'$, $\neg\mathfrak{t}'\vee\mathfrak{s}'$ einen von m verschiedenen Wert und somit der Form $\mathfrak{q}$ den Wert 0, im Widerspruch zur Quasiwahrformeigenschaft von $\mathfrak{q}$. — $\mathfrak{s}'$ und $\mathfrak{t}'$ erhalten also bei jeder Belegung denselben Wert.

Die $\prec$-Reduzierte $\mathfrak{g}'$ der betrachteten Form $\mathfrak{g}$ geht aus der $\prec$-Reduzierten $\mathfrak{f}'$ an Hand der Ersetzung von $\mathfrak{s}'$ durch $\mathfrak{t}'$ hervor. Der Wert, der für eine beliebige Belegung erhalten wird, ändert sich bei dieser Ersetzung nicht. Mit $\mathfrak{f}'$ ist also auch $\mathfrak{g}'$ Quasiwahrform.

§ 185. Das Entscheidungsverfahren.

Es möge nun das Entscheidungsverfahren der verschärften strikten Logik zunächst für modale Konstituenten (S. 501) durchgeführt werden. Eine solche nimmt, wie wir wissen (S. 503), nach eventueller Umordnung der Disjunktionsglieder die Gestalt an:

$$\mathfrak{s} \equiv: \neg\mathsf{N}\mathfrak{c}_1\vee\cdots\vee\neg\mathsf{N}\mathfrak{c}_h\vee\mathsf{N}\mathfrak{d}_1\vee\cdots\vee\mathsf{N}\mathfrak{d}_k\vee\mathfrak{d}_{k+1},$$

wobei die $\mathfrak{c}_1$ bis $\mathfrak{c}_h$, die $\mathfrak{d}_1$ bis $\mathfrak{d}_k$ und auch noch das $\mathfrak{d}_{k+1}$ bloße $\wedge\vee\neg$-Formen sind.

Für die Abkürzung $\mathfrak{f} \equiv: \mathfrak{c}_1 \wedge \cdot\cdot \wedge \mathfrak{c}_h$ wird

$\neg N\mathfrak{f} \equiv \neg N(\mathfrak{c}_1 \wedge \cdot\cdot \wedge \mathfrak{c}_h)$.

$\therefore \quad \neg N\mathfrak{f} \succ\!\prec \neg(N\mathfrak{c}_1 \wedge \cdot\cdot \wedge N\mathfrak{c}_h)$ durch Umsetzung rechterhand gemäß *Sm* 30 [gegebenenfalls mehrmalige Anwendung (zusammen mit *St* 19)].

$\therefore \quad \neg N\mathfrak{f} \succ\!\prec \neg N\mathfrak{c}_1 \vee \cdot\cdot \vee \neg N\mathfrak{c}_h$ durch Umsetzung rechterhand mit *St* 29 (mehrfach wie oben).

$\therefore \quad \mathfrak{s} \succ\!\prec \neg N\mathfrak{f} \vee N\mathfrak{d}_1 \vee \cdot\cdot \vee N\mathfrak{d}_k \vee \mathfrak{d}_{k+1}$,

wobei außer den $\mathfrak{d}_1, \ldots, \mathfrak{d}_{k+1}$ auch $\mathfrak{f}$ eine bloße $\wedge\vee\neg$-Form ist.

Es genügt daher, das Entscheidungsverfahren für Formen dieser Gestalt weiter zu entwickeln. Dazu sei noch vorausgeschickt: aus *St* 37 folgt durch Dualisierung gemäß Satz 177: $a \vee (b \wedge \neg b) \succ\!\prec a$. Dies gestattet die

Vorbemerkung. Wenn eine vorgelegte Form der Gestalt $\mathfrak{s}$ nur aus dem ersten Gliede $\neg N\mathfrak{f}$ besteht, so wollen wir vor der Entscheidung von $\mathfrak{s}$ zu der Form $\mathfrak{s} \vee (b \wedge \neg b)$ übergehen, die gemäß der angegebenen Äquivalenz zu $\mathfrak{s}$ deduktionsgleich ist.

Wir dürfen also nun voraussetzen, daß in der gegebenen Form mindestens ein $\mathfrak{d}$ auftritt. Nach *St* 43 darf man, wenn das Glied $\neg N\mathfrak{f}$ nicht fehlt, von dieser Form übergehen zu der deduktionsgleichen Form $\mathfrak{t} \equiv: N\mathfrak{f} \rightarrow N\mathfrak{d}_1 \vee \cdot\cdot \vee N\mathfrak{d}_k \vee \mathfrak{d}_{k+1}$ (wenn $\neg N\mathfrak{f}$ fehlt, so ist auch bei $\mathfrak{t}$ das Vorderglied $N\mathfrak{f}$ wegzulassen).

Satz 183 (spezieller Entscheidungssatz der verschärften strikten Logik). Gegeben sei eine Form der Gestalt

$\mathfrak{t} \equiv: N\mathfrak{f} \rightarrow N\mathfrak{d}_1 \vee \cdot\cdot \vee N\mathfrak{d}_k \vee \mathfrak{d}_{k+1}$,

wo $\mathfrak{f}$ und die $\mathfrak{d}$ sämtlich bloße $\wedge\vee\neg$-Formen sind. (Hier darf das Vorderglied auch fehlen; ebenso dürfen alle Disjunktionsglieder des Hintergliedes bis auf eins fehlen.) Diese Form ist dann und nur dann in der verschärften strikten Logik beweisbar, wenn mindestens eine der Aussagenformen $\mathfrak{f} \rightarrow \mathfrak{d}_i$ (bei $i = 1, \ldots, k+1$) Wahrform ist.

Zusatzerklärung. Die Aussagenformen $\mathfrak{f} \rightarrow \mathfrak{d}_i$ seien als die kritischen Formen zu $\mathfrak{t}$ (oder auch zu der modalen Konstituente, die in $\mathfrak{t}$ umgeformt wurde) bezeichnet.

Nachweis des Satzes. — I. Teil: Nachweis für „dann".

1. Fall. Es sei $\mathfrak{f} \rightarrow \mathfrak{d}_i$ für eines der $i = 1, \ldots, k$ Wahrform (die erste derartige Implikation möge dann betrachtet werden).

Unterfall a). Zunächst möge hierbei das Vorderglied $\mathfrak{f}$ *nicht* fehlen.

$\therefore$ $\mathfrak{f} \prec \mathfrak{d}_i$ nach Satz 165 (2).

$\therefore$ $N\mathfrak{f} \prec N\mathfrak{d}_i$ durch Notwendigkeitsschluß gemäß *R*19.

$\therefore$ $N\mathfrak{f} \prec N\mathfrak{d}_1 \vee \cdots \vee N\mathfrak{d}_k \vee \mathfrak{d}_{k+1}$ durch *St*32 im Hinterglied (zusammen mit *St*34).

$\therefore$ $\mathfrak{t}$ gemäß *St*45.

Unterfall b). Wenn das $\mathfrak{f}$ fehlt, so geht man von der nach Satz 165 (3) beweisbaren Wahrform $\mathfrak{d}_i$ mit Satz 171 zu $N\mathfrak{d}_i$ über. Nun folgt $\mathfrak{t}$ gemäß *St*32.

2. Fall. $\mathfrak{f} \rightarrow \mathfrak{d}_{k+1}$ sei Wahrform.

Unterfall a). Zunächst möge hierbei das Vorderglied $\mathfrak{f}$ nicht fehlen.

$\therefore$ $\mathfrak{f} \prec \mathfrak{d}_{k+1}$ nach Satz 165 (2).

$\therefore$ $N\mathfrak{f} \prec \mathfrak{d}_{k+1}$ durch *Sm*8 im Vorderglied (mit Kettenschluß gemäß *R*6).

$\therefore$ $N\mathfrak{f} \prec N\mathfrak{d}_1 \vee \cdots \vee N\mathfrak{d}_k \vee \mathfrak{d}_{k+1}$ durch *St*32 (zusammen mit *St*34) im Hinterglied.

$\therefore$ $\mathfrak{t}$ gemäß *St*45.

Unterfall b). Wenn das Vorderglied $\mathfrak{f}$ fehlt, so gelangt man zu $\mathfrak{t}$ unmittelbar wie im Unterfall 1b (wobei der Notwendigkeitsschluß nicht einmal nötig ist).

II. Teil des Nachweises: Behauptung „nur dann ..“.

Keine der Formen $\mathfrak{f} \rightarrow \mathfrak{d}_1, \ldots, \mathfrak{f} \rightarrow \mathfrak{d}_{k+1}$, sei Wahrform. Dann gibt es nach Satz 39 eine „spezifische“ Quasiwahrheitswertung, bei der für eine geeignete Belegung zwar $\mathfrak{f}$, jedoch keines der $\mathfrak{d}_i$ einen ausgezeichneten Wert erhält (der Wert, den $\mathfrak{d}_{k+1}$ erhält, sei mit p bezeichnet). In der im Sinne des § 184 „erweiterten“ Quasiwahrheitswertung erteilt die betreffende Belegung gemäß der Wertetafel für N allen Formen $N\mathfrak{d}_i$ mit ($i = 1, .., k$) den Wert 0, dagegen der Form $N\mathfrak{f}$ den ausgezeichneten Wert m. Die Disjunktion $N\mathfrak{d}_1 \vee \cdots \vee N\mathfrak{d}_k \vee \mathfrak{d}_{k+1}$ erhält den Wert p, und $\mathfrak{t}$ wird zu m $\rightarrow$ p, d.i. $\neg m \vee$ p, also p. Da p nicht ausgezeichnet ist, ist $\mathfrak{t}$ keine Quasiwahrform der Wertung. Nach Satz 182 ist daher $\mathfrak{t}$ in der verschärften strikten Logik nicht beweisbar. (Der Fall eines $\mathfrak{t}$, bei dem das Vorderglied $N\mathfrak{f}$ fehlt, ordnet sich hier in evidenter Weise als Spezialfall ein; anstelle des Satzes 39 hat man dabei Satz 38 heranzuziehen). —

Anwendungsbeispiel für den speziellen Entscheidungssatz 183.

$$\mathfrak{d}_n \equiv: \bigvee_{\substack{i<j \\ i,j=1 \text{ bis } n}} (a_i \prec a_j)$$

(wo a_i, a_j bei $i \neq j$ gestaltlich verschiedene Variablen mitteilen) ist für keinen natürlichen Index n strikt, auch nicht im Sinne der verschärften strikten Logik.

Anmerkung. Dies ist der in § 182 herangezogene Hilfsatz. Die Überlegungen jenes Paragraphen sind nicht zur Entwicklung des Entscheidungsverfahrens herangezogen worden.

Nachweis für die Behauptung des Beispiels. Eine zu $\mathfrak{d}_n$ äquivalente konjunktive modale Normalform ist nach *Sm* 13:

$$\bigvee_{\substack{i<j \\ i,j=1 \text{ bis } n}} \mathsf{N}(\neg a_i \vee a_j).$$

Diese Form wäre nach dem speziellen Entscheidungssatz 183 nur dann strikt, wenn mindestens eine der $\neg\vee$-Formen $\neg a_i \vee a_j$ (mit $i < j$) Wahrform wäre. Das ist aber offenbar unzutreffend.

Satz 184 (allgemeiner Entscheidungssatz der verschärften strikten Logik). Für eine beliebige einschlägige Form $\mathfrak{e}$ der verschärften strikten Logik läßt sich entscheiden, ob sie „strikt" — das soll von nun ab heißen: in der verschärften strikten Logik beweisbar — ist oder nicht, und zwar in den folgenden beiden Schritten: 1. Man bringt die vorgelegte Form $\mathfrak{e}$ durch das Verfahren, das den Satz 181 begründet, auf konjunktive modale Normalform. Diese ist eine Konjunktion aus modalen Konstituenten. $\mathfrak{e}$ ist strikt (gemäß *R* 3 und *St* 3 und 16) dann und nur dann, wenn sämtliche Konstituenten strikt sind. 2. Man setzt jede Konstituente

$$\neg \mathsf{N}\mathfrak{c}_1 \vee \cdot\cdot \vee \neg \mathsf{N}\mathfrak{c}_k \vee \mathsf{N}\mathfrak{d}_1 \vee \cdot\cdot \vee \mathsf{N}\mathfrak{d}_k \vee \mathfrak{d}_{k+1},$$

in der auf S. 507 beschriebenen einfachen Weise um in eine Form der Gestalt $\mathsf{N}\mathfrak{f} \rightarrow \mathsf{N}\mathfrak{d}_1 \vee \cdot\cdot \vee \mathsf{N}\mathfrak{d}_k \vee \mathfrak{d}_{k+1}$ und wendet auf diese Form das Kriterium des speziellen Entscheidungssatzes 183 an. —

Der *Nachweis* dieses Satzes ist durch den Hinweis auf die beiden früheren Sätze, die in ihm angeführt sind, gegeben.

§ 186. Beweisbares als beweisbar-notwendiges.

Als erste Anwendung des Entscheidungssatzes mögen einige implizite Abhängigkeiten nachgewiesen werden, die zum Teil weitere Entscheidungen abzukürzen gestatten.

Satz 185. In der verschärften strikten Logik sind die Schlußregeln

$$\underline{R21}: \frac{\mathfrak{a}}{\mathsf{N}\mathfrak{a}}, \qquad \underline{R22}: \frac{\neg\mathfrak{a}}{\neg\Diamond\mathfrak{a}}$$

implizit abhängig, m.a.W.: Beweisbares ist beweisbarerweise notwendig widerlegbares ist beweisbarerweise unmöglich.

Anmerkung. Die Schlußregel *R* 21 wurde bereits in Satz 171 für bloße $\wedge\vee\neg$-Formen abgeleitet; der Satz 173 wies jedoch daraufhin, daß die Regel in dem dort zugrunde liegenden Kodifikat nicht allgemein gelte. Nach Zufügung des Axioms *Sm* 42 wurde sodann mit *Sm* 43: $\mathsf{N}a \succ\!\!\prec \mathsf{NN}a$ die spezielle Schlußregel $\frac{\mathsf{N}\mathfrak{a}}{\mathsf{NN}\mathfrak{a}}$ (ohne Einschränkung für die Verknüpfungen, mit denen $\mathfrak{a}$ aufgeschichtet ist) explizit ableitbar. Der allgemeineren Regel $\frac{\mathfrak{a}}{\mathsf{N}\mathfrak{a}}$ kommt demgegenüber eine weit größere Bedeutung zu; sie besagt, daß bezüglich *beliebiger bewiesener* Formen $\mathfrak{a}$ der für die strikte Logik fundamentale Unterschied zwischen $\mathfrak{a}$ und $\mathsf{N}\mathfrak{a}$ entfällt. — Würde man die zu der Regel gehörige implikative Form $a \prec \mathsf{N}a$ beweisen können, so würde man durch Kettenschluß (gemäß *R* 6) mit *Sm* 24 zu $a \prec b \prec a$ gelangen; die strikte Logik würde mithin nach Satz 164 auf die alternäre zurückfallen. Satz 179 lehrt, daß dies nicht der Fall ist.

Nachweis des Satzes 185. Erster Teil: Abhängigkeitsnachweis für *R* 21.

I. Spezialfall. $\mathfrak{a}$ sei modale Konstituente. Eine solche läßt sich nach § 185 auf die Gestalt bringen:

$$[\mathfrak{a} \succ\!\!\prec]\quad \neg\mathsf{N}\mathfrak{f} \vee \mathsf{N}\mathfrak{d}_1 \vee \cdots \vee \mathsf{N}\mathfrak{d}_k \vee \mathfrak{d}_{k+1},$$

wo $\mathfrak{f}$ und die $\mathfrak{d}_i$ bloße $\wedge\vee\neg$-Formen sind; man darf hierbei (nach eventueller Heranziehung der „Vorbemerkung" von S. 507) annehmen, daß nicht alle $\mathfrak{d}$-Glieder fehlen. Da $\mathfrak{a}$ beweisbar ist, ist nach dem speziellen Entscheidungssatz 183 mindestens eine der Formen $\mathfrak{f} \rightarrow \mathfrak{d}_l$ (wo der Index l eine der Zahlen $1, .., k+1$ ist) Wahrform. Dann ist nach demselben Satze auch $\neg\mathsf{N}\mathfrak{f} \vee \mathsf{N}\mathfrak{d}_1 \vee \cdots \vee \mathsf{N}\mathfrak{d}_{k+1}$ beweisbar. Andererseits gilt:

$$\mathsf{N}\mathfrak{a} \succ\!\!\prec \neg\mathsf{N}\mathfrak{f} \vee \mathsf{N}\mathfrak{d}_1 \vee \cdots \vee \mathsf{N}\mathfrak{d}_{k+1} \quad \text{nach } Sm\,66.$$

Daher ist (gemäß *R* 4) auch $\mathsf{N}\mathfrak{a}$ beweisbar.

II. Allgemeiner Fall.

Nach Satz 181 ist $\mathfrak{a}$ umsetzbar in eine konjunktive modale Normalform, d.i. in eine Konjunktion $\mathfrak{a}_1 \wedge \cdots \wedge \mathfrak{a}_n$ von modalen Konstituenten (S. 501) $\mathfrak{a}_1, .., \mathfrak{a}_n$. Man hat $\mathfrak{a} \succ\!\!\prec \mathfrak{a}_1 \wedge \cdots \wedge \mathfrak{a}_n$. Mit $\mathfrak{a}$ sind (gemäß *St* 16, 3) alle $\mathfrak{a}_1, .., \mathfrak{a}_n$ beweisbar. Nach Abs. 1 des vorliegenden Nachweises sind also auch alle $\mathsf{N}\mathfrak{a}_1, .., \mathsf{N}\mathfrak{a}_n$ beweisbar. Man gelangt nun durch Konjugationsschlüsse gemäß *R* 3 zu $\mathsf{N}\mathfrak{a}_1 \wedge \cdots \wedge \mathsf{N}\mathfrak{a}_n$, weiter gemäß *Sm* 30 zu $\mathsf{N}(\mathfrak{a}_1 \wedge \cdots \wedge \mathfrak{a}_n)$, sodann durch Umsetzung mit der obenstehenden Äquivalenz zu $\mathsf{N}\mathfrak{a}$.

Zweiter Teil. Die Regel *R* 22 ergibt sich aus *R* 21 unmittelbar durch den Übergang von $\mathsf{N}\neg$ zu $\neg\Diamond$ gemäß *Sm* 4. —

Als eine erste Folgerung aus der Gültigkeit der Schlußregel $\frac{\mathfrak{a}}{\mathsf{N}\mathfrak{a}}$ gewinnt man den

Satz 186. Die folgenden Schlußregeln sind in der verschärften strikten Logik abhängig:

$$\underline{R23.}\quad \frac{\mathfrak{a} \qquad \mathfrak{a}\wedge\mathfrak{b}\prec\mathfrak{c}}{\mathfrak{b}\prec\mathfrak{c}} \qquad\qquad \underline{R23^\circ.}\quad \frac{\mathfrak{a} \qquad \mathfrak{a}\wedge\mathfrak{b}\succ\!\prec\mathfrak{c}}{\mathfrak{b}\succ\!\prec\mathfrak{c}}$$

Regeln zum *Abhängen* eines bewiesenen Konjunktionsgliedes (im Vorderglied einer Implikation bzw. auf einer Seite einer Äquivalenz),

$$\underline{R24.}\quad \frac{\neg\mathfrak{a} \qquad \mathfrak{a}\vee\mathfrak{b}\prec\mathfrak{c}}{\mathfrak{b}\prec\mathfrak{c}} \qquad\qquad \underline{R24^\circ.}\quad \frac{\neg\mathfrak{a} \qquad \mathfrak{a}\vee\mathfrak{b}\succ\!\prec\mathfrak{c}}{\mathfrak{b}\succ\!\prec\mathfrak{c}}$$

Regeln zum *Abhängen* eines widerlegten Disjunktionsgliedes (im Vorderglied einer Implikation bzw. auf einer Seite einer Äquivalenz)

sowie weiter auch:

$$(1)\ \frac{\mathfrak{a}}{\mathfrak{b}\prec\mathfrak{a}}, \qquad (2)\ \frac{\mathfrak{a}}{\neg\mathfrak{a}\prec\mathfrak{b}}, \qquad (3)\ \frac{\mathfrak{a}}{\mathfrak{b}\prec\mathfrak{a}\wedge\mathfrak{b}}, \qquad (4)\ \frac{\mathfrak{a}}{\mathfrak{a}\prec\mathfrak{b}\prec\mathfrak{b}}.$$

Anmerkung. Die Regel (1) wurde in der „2. Folgerung" aus Satz 165 (3) für bloße $\wedge\vee\neg\rightarrow\leftrightarrow$-Formen $\mathfrak{a}, \mathfrak{b}$ nachgewiesen. Die Regel (2) ergibt sich aus einer ebenfalls dort nachgewiesenen Regel durch Einsetzung und nachfolgende Umsetzung mit *St*21 in der Unterformel. (Ganz entsprechend könnte an jener Stelle z.B. auch die oben angeführte Regel (3) unter derselben Einschränkung hergeleitet werden.) Wie bedeutsam diese Einschränkung jedoch ist, lehrte ein wenig später die Gegenüberstellung der Sätze 171 und 173.

Herleitung der in Satz 186 aufgeführten Regeln.

I. Die Abhängungsregel $R23$ ergibt sich unmittelbar mit *Sm*19 und $R21$.

Die zugehörige Abhängungsregel $R23^\circ$ erhält man nun so: Mit $\mathfrak{a}\wedge\mathfrak{b}\succ\!\prec\mathfrak{c}$ hat man nach *St*17: $\mathfrak{a}\wedge\mathfrak{b}\prec\mathfrak{c}$ und $\mathfrak{c}\prec\mathfrak{a}\wedge\mathfrak{b}$. Die erste dieser Implikationen führt mit dem vorausgesetzten $\mathfrak{a}$ gemäß $R23$ auf $\mathfrak{b}\prec\mathfrak{c}$; die zweite führt mit *St*1 und *St*60 (Form zur Hintergliedverjüngung) auf $\mathfrak{c}\prec\mathfrak{b}$. Nun Äquivalenzbildung gemäß $R8$.

Ableitung der Abhängungsregel $R24$:

$\mathfrak{a}\vee\mathfrak{b}\prec\mathfrak{c}$ vorausgesetzt.

$\therefore\ \neg\mathfrak{a}\wedge(\mathfrak{a}\vee\mathfrak{b})\prec\mathfrak{c}$ gemäß *St*62.

$\therefore\ \neg\mathfrak{a}\wedge\mathfrak{b}\prec\mathfrak{c}$ durch aussagenlogische Umsetzung gemäß Satz 166 (1).

$\therefore\ \mathfrak{b}\prec\mathfrak{c}$ mit dem vorausgesetzten $\neg\mathfrak{a}$ durch Abhängen gemäß $R23$.

Ableitung von $R24^\circ$ ähnlich derjenigen von $R23^\circ$ (Textaufgabe).

II. Ableitung der restlichen Schlußregeln (1) bis (4) des Satzes 186.

Regel (1) ergibt sich unmittelbar mit $R21$ und *Sm*24.

Regel (2) ergibt sich ebenso mit $R21$ und *Sm*22.

Zur Herleitung der Regel (3):

$a \wedge b \prec a \wedge b$ nach St11.

$\therefore$ $\mathsf{N} a \prec b \prec a \wedge b$ gemäß $R$20.

Hieraus ergibt sich die gewünschte Regel unmittelbar mit $R$21.

Herleitung der Regel (4):

$\mathfrak{a}$ vorausgesetzt.

$\mathfrak{a} \wedge (\mathfrak{a} \prec \mathfrak{b}) \prec \mathfrak{b}$ nach St5.

$\therefore\therefore$ $\mathfrak{a} \prec \mathfrak{b} \prec \mathfrak{b}$ durch Abhängen gemäß $R$23.

In der verschärften strikten Logik gilt das (auf die strikte Implikation $\prec$ bezogene) zu Satz 45 analoge Deduktionstheorem:

Satz 187 (Deduktionstheorem der verschärften strikten Logik). Wenn in der verschärften strikten Logik nach Zufügung der einschlägigen Form $\mathfrak{c}$ die Form $\mathfrak{d}$ „ohne Einsetzung für $\mathfrak{c}$“ (s. Erklärung des § 69) beweisbar wird, so ist die strikt implikative Form $\mathfrak{c} \prec \mathfrak{d}$ in der verschärften Logik ohne Zufügungen beweisbar.

Der *Nachweis* ist demjenigen des aussagenlogischen Deduktionstheorems (Satz 45, § 69) analog. Es genügt daher, hier nur den Kern des Nachweises im Rahmen der strikten Logik zu skizzieren.

Gemäß der Voraussetzung, daß $\mathfrak{d}$ bei Benutzung von $\mathfrak{c}$ „ohne Einsetzung für $\mathfrak{c}$“ herleitbar sein solle, hat man eine Beweisfigur B mit der Endformel $\mathfrak{d}$ von folgender Art: (α) die Schlüsse erfolgen gemäß den strikten Schlußregeln $R$2—4 des § 162; die Einsetzungsregel $R$1 wird nicht benutzt, (β) als Ausgangsformeln kommen lediglich die Form $\mathfrak{c}$ und Einsatzformen zu den Axiomen der verschärften strikten Logik in Betracht.

Man ersetzt nun jede Formel $\mathfrak{p}$ der Beweisfigur durch $\mathfrak{c} \prec \mathfrak{p}$.

1. Ein Grundschluß (gemäß $R$2) $\dfrac{\mathfrak{a} \quad \mathfrak{a} \prec \mathfrak{b}}{\mathfrak{b}}$ geht hierbei über in einen (gemäß $R$14 zugelassenen) Dreierschluß $\dfrac{\mathfrak{c} \prec \mathfrak{a} \quad \mathfrak{c} \prec \mathfrak{a} \prec \mathfrak{b}}{\mathfrak{c} \prec \mathfrak{b}}$.

2. Ein Konjugationsschluß (gemäß $R$3) $\dfrac{\mathfrak{a} \quad \mathfrak{b}}{\mathfrak{a} \wedge \mathfrak{b}}$ geht über in eine (gemäß $R$12 zugelassene) Hintergliedkonjugation $\dfrac{\mathfrak{c} \prec \mathfrak{a} \quad \mathfrak{c} \prec \mathfrak{b}}{\mathfrak{c} \prec \mathfrak{a} \wedge \mathfrak{b}}$.

3. Eine Umsetzung (gemäß $R$4) bleibt eine Umsetzung.

Für die Ausgangsformeln gilt:

4. Eine Ausgangsformel der Gestalt $\mathfrak{c}$ geht über in $\mathfrak{c} \prec \mathfrak{c}$; diese Form ist nach St11 beweisbar.

5. Eine Ausgangsformel $\mathfrak{s}$, die Einsatzform eines Axioms ist, geht über in $\mathfrak{c} \prec \mathfrak{s}$. Da die Regel zur Vordergliedvorschaltung, $\frac{\mathfrak{a}}{\mathfrak{b} \prec \mathfrak{a}}$, in der verschärften strikten Logik abhängig ist (S. 511), ist mit $\mathfrak{s}$ auch $\mathfrak{c} \prec \mathfrak{s}$ beweisbar.

6. Stellt man also der Formelnfigur, die aus der Figur B durch die Vorschaltung des $\mathfrak{c}$ in allen Formeln hervorging, an allen Ausgangsformelstellen die in Abs. 4. und 5. erwähnten Beweisstücke voran, so hat man einen Beweis für $\mathfrak{c} \prec \mathfrak{d}$ im verschärften strikten Kodifikat.

Anmerkung. Der vorstehende Nachweis läßt sich nicht zum Nachweis eines „verallgemeinerten Deduktionstheorems" mit mehreren $\mathfrak{c}$ (das dem Satz 47 entspräche) ausbauen. Der Nachweis für den Hilfssatz vom Eingang des § 70 läßt sich nämlich nicht auf die strikte Logik übertragen.

Zur Beachtung. Das Deduktionstheorem zieht, wie bereits bei § 70 in der „Folgerung" ausgeführt wurde, *nicht* etwa nach sich, daß zu jeder abhängigen Schlußregel mit einziger Oberformel die zugehörige strikt-implikative Form beweisbar sei. Vielmehr ist dies nur für solche *explizit* abhängigen Schlußregeln der Fall, bei deren Ableitung die Einsetzung vermeidbar ist. — Zur Verdeutlichung sei ein instruktives negatives Beispiel angeführt: Während die *Schlußregel* zur Vordergliedvorschaltung $\frac{\mathfrak{a}}{\mathfrak{b} \prec \mathfrak{a}}$ abhängig ist [Satz 186 (1)], wird sich die *Form* zur Vordergliedvorschaltung $a \prec b \prec a$ im nächsten Paragraphen als *unbeweisbar* herausstellen! Unter der plausiblen Hypothese, daß, wenn die genannte Schlußregel explizit abhängig, (d.h. ableitbar) wäre, der von a auf $b \prec a$ führende Anwendungsfall (auf die Variablen a, b) sich wohl *ohne Einsetzung* für a ableiten ließe, gelangt man zu der Vermutung, daß diese Schlußregel *nur implizit* abhängig ist.

§ 187. Weitere Anwendungsbeispiele für das Entscheidungsverfahren.

1. Anwendungsbeispiel. $a \prec \neg a \prec a$ ist *nicht* strikt.

Nachweis. Nach Regel $R$21 ist dieser Form deduktionsgleich die Form

$$a \rightarrow (\neg a \prec a).$$

Modale Konstituente: $\neg a \vee \mathsf{N}(\neg\neg a \vee a)$,

kritische Aussagenformen: $\neg a$, $\neg\neg a \vee a$.

Keine dieser beiden Formen ist Wahrform.

Folgerungen aus dem 1. Anwendungsbeispiel:

Erstens: die zu den Schlußregeln (1) und (2) des Satzes 186 gehörigen implikativen Formen $a \prec b \prec a$ und $\neg a \prec a \prec b$ sind nicht strikt.

Mit der letzten Form wäre nämlich, wie man unmittelbar mit St 21 erkennt (Textaufgabe), auch $a \prec \neg a \prec b$ strikt.

Zweitens: Die Regel des Vordergliedtausches $\frac{\mathfrak{a} \prec \mathfrak{b} \prec \mathfrak{c}}{\mathfrak{b} \prec \mathfrak{a} \prec \mathfrak{c}}$ ist auch in der verschärften strikten Logik *nicht* abhängig. — Mit ihr würde nämlich so geschlossen werden können:

$a \prec a$ nach *St* 11.

$\therefore\ b \prec a \prec a$ gemäß der Regel (1) des Satzes 186.

$\therefore\ a \prec b \prec a$ durch Vordergliedtausch gemäß der betrachteten Regel.

Dieses Ergebnis steht im Widerspruch zum obigen Anwendungsbeispiel.

Drittens: Gemäß der Aufgabe 1 von S. 451 ergibt sich aus der Nichtstriktheit des Vordergliedtausches die bereits hinter *St* 59 ausgesprochene Behauptung von S. 451: *die Verträglichkeit* $\circ$ *ist nicht assoziativ.*

Viertens: $a \prec \mathrm{N}a$ und mithin erst recht $\mathrm{N}a \succ\!\prec a$, ebenso (dual hierzu, s. S. 481 Anmerkung) $\Diamond a \prec a$ und mithin $\Diamond a \succ\!\prec a$ sind nicht strikt. Auch die Form zum Schluß in absurdum, $a \prec \neg a \prec \neg a$, ist nicht strikt.

Fünftens: Die Form $a \prec b \vee \neg b \prec a$ ist nicht strikt. Aus ihr würde nämlich (durch *St* 63 rechterhand) folgen: $a \prec b \prec a$. — Erst recht ist also die Äquivalenz $a \succ\!\prec b \vee \neg b \prec a$ nicht strikt. Vgl. hierzu die Textaufgabe von S. 475.

Aufgaben im Anschluß an das 1. Anwendungsbeispiel und seine Folgerungen. Man zeige (durch direkten Beweis oder durch Entscheidung): die Formen $a \prec a \prec a$, $a \prec b \wedge \neg b \prec a$, $b \vee \neg b \prec a \prec a$ sind strikt.

2. Anwendungsbeispiel. Die [zur Schlußregel (3) des Satzes 186 gehörige] implikative Form $a \prec b \prec a \wedge b$ ist *nicht* strikt.

Nachweis. Nach Regel *R* 21 ist dieser Form deduktionsgleich die Form:

$$a \rightarrow (b \prec a \wedge b).$$

Modale Konstituente: $\neg a \vee \mathrm{N}(\neg b \vee (a \wedge b))$,

kritische Formen: $\neg a$, $\neg b \vee (a \wedge b)$.

Keine dieser beiden Formen ist Wahrform.

Folgerung aus dem 2. Anwendungsbeispiel:

Die Exportationsregel $\frac{\mathfrak{a} \wedge \mathfrak{b} \prec \mathfrak{c}}{\mathfrak{a} \prec \mathfrak{b} \prec \mathfrak{c}}$ ist auch in der verschärften strikten Logik *nicht* abhängig. — Mit ihr würde nämlich aus der Form $a \wedge b \prec a \wedge b$ (die nach *St* 11 gilt) folgen: $a \prec b \prec a \wedge b$.

3. Anwendungsbeispiel. Die [zur Schlußregel (4) des Satzes 186 gehörige] implikative Form $a \prec a \prec b \prec b$ ist *nicht* strikt.

Nachweis. Nach Regel 21 ist dieser Form deduktionsgleich die Form:

$$a \rightarrow (a \prec b \prec b).$$

Modale Konstituente (mit Abkürzungsregel *M* 2 von S. 504):

$$\neg a \vee \neg \mathrm{N}(\neg a \vee b) \vee \mathrm{N} b,$$

kritische Formen: $\neg a \vee b \rightarrow \neg a, \quad \neg a \vee b \rightarrow b.$

Keine dieser beiden Formen ist Wahrform.

4. Anwendungsbeispiel. Die (zur Regel *R* 23 des Satzes 186 gehörige) implikative Form $a \wedge (a \wedge b \prec c) \prec b \prec c$ ist nicht strikt.

Nachweis. Nach Regel 21 genügt die Betrachtung von

$\mathfrak{a} \equiv: a \wedge (a \wedge b \prec c) \rightarrow (b \prec c).$

$\mathfrak{a} \succ\!\prec \neg a \vee \neg (a \wedge b \prec c) \vee (b \prec c)$ durch aussagenlogische Umsetzungen gemäß Satz 166 (1).

$\mathfrak{a} \succ\!\prec \neg a \vee \neg \mathrm{N}(\neg a \vee \neg b \vee c) \vee \mathrm{N}(\neg b \vee c).$

Die kritischen Formen der rechten Seite sind:

$\neg a \vee \neg b \vee c \rightarrow \neg a, \quad \neg a \vee \neg b \vee c \rightarrow \neg b \vee c.$

Keine dieser beiden Formen ist Wahrform.

5. Anwendungsbeispiel. Die (bereits am Ende des § 176 erörterte) modale Form

$\Diamond(a \wedge b) \wedge \Diamond(b \wedge c) \wedge \Diamond(a \wedge c) \prec \Diamond(a \wedge b \wedge c)$

ist *nicht* strikt.

Nachweis. Abkürzungen: $\mathfrak{l} \equiv: \Diamond(a \wedge b) \wedge \Diamond(b \wedge c) \wedge \Diamond(a \wedge c)$, $\mathfrak{r} \equiv: \Diamond(a \wedge b \wedge c)$. Die erfragte Form ist $\mathfrak{l} \prec \mathfrak{r}$. Nach Regel *R* 21 genügt es, $\mathfrak{l} \rightarrow \mathfrak{r}$, d.h. (nach aussagenlogischer Umformung gemäß *St* 43 und *St* 31) $\mathfrak{r} \vee \neg \mathfrak{l}$ zu betrachten.

Modale Konstituente von $\mathfrak{r} \vee \neg \mathfrak{l}$:

$$\overbrace{\neg \mathrm{N}(\neg a \vee \neg b \vee \neg c)}^{\mathfrak{r}} \vee \overbrace{\mathrm{N}(\neg a \vee \neg b) \vee \mathrm{N}(\neg b \vee \neg c) \vee \mathrm{N}(\neg a \vee \neg c)}^{\neg \mathfrak{l}}.$$

Die kritischen Formen sind:

$\neg a \vee \neg b \vee \neg c \rightarrow \neg a \vee \neg b, \quad \neg a \vee \neg b \vee \neg c \rightarrow \neg b \vee \neg c, \quad \neg a \vee \neg b \vee \neg c \rightarrow \neg a \vee \neg c.$

Keine dieser drei Formen ist Wahrform.

Es mögen noch drei Beispiele für positive Entscheidung folgen.

6. Anwendungsbeispiel.

Sm 67. $a \prec a \prec b \prec a \prec b$ ist strikt.

Diese Form ist gemäß der Aufgabe von S. 504 deduktionsgleich mit dem Formenpaar $\mathrm{N}\neg a \prec a \prec b,\ a \prec b \prec a \prec b$. Die erste der beiden Formen gilt nach *Sm* 22 (mit *St* 21), die zweite nach *St* 11. Da die herangezogene Aufgabe nicht bewiesen wurde, möge hier so geschlossen werden:

Nachweis. Nach *R* 21 genügt es zu betrachten:

(*) $(a \prec a \prec b) \rightarrow (a \prec b).$

Die Form (*) ist nach Abkürzungsregel *M*3 von S. 504 in die Konjunktion der Formen (1) $\neg N \neg a \vee (a \prec b)$, (2) $\neg N(\neg a \vee b) \vee (a \prec b)$ umsetzbar.

Modale Konstituente zu (1): $\neg N \neg a \vee N(\neg a \vee b)$.

Die zugehörige kritische Form $\neg a \rightarrow \neg a \vee b$ ist Wahrform.

Modale Konstituente zu (2): $\neg N(\neg a \vee b) \vee N(\neg a \vee b)$ — diese Form ist bereits selbst nach *St*48, 31 beweisbar.

7. *Anwendungsbeispiel.*

*Sm*68. $Na \prec \neg a \prec Na \prec b$ ist strikt.

Nachweis. Es genügt nach *R*21 zu betrachten:

$\mathfrak{g} \equiv: (Na \prec \neg a) \rightarrow (Na \prec b)$.

$\therefore\ \mathfrak{g} \rightarrowtail\!\prec \neg N(\neg Na \vee \neg a) \vee N(\neg Na \vee b)$ mit *St*43 und *Sm*13.

$\therefore\ \mathfrak{g} \rightarrowtail\!\prec \neg(\neg Na \vee N \neg a) \vee (\neg Na \vee Nb)$ durch *Sm*64 rechterhand.

$\therefore\ \mathfrak{g} \rightarrowtail\!\prec (Na \wedge \neg N \neg a) \vee (\neg Na \vee Nb)$ durch aussagenlogische Umsetzung gemäß Satz 166 (1).

$\therefore$ (*) $\mathfrak{g} \rightarrowtail\!\prec (Na \vee \neg Na \vee Nb) \wedge (\neg N \neg a \vee \neg Na \vee Nb)$.

Erste modale Konstituente von $\mathfrak{g}$: $Na \vee \neg Na \vee Nb$.

Eine kritische Form, nämlich $a \rightarrow a$, ist Wahrform.

Umformung des zweiten Konjunktionsgliedes, das rechterhand in (*) steht (dieses Glied möge durch $\mathfrak{z}$ mitgeteilt werden):

$\mathfrak{z} \rightarrowtail\!\prec \neg(N \neg a \wedge Na) \vee Nb$ durch aussagenlogische Umsetzung gemäß Satz 166 (1).

$\mathfrak{z} \rightarrowtail\!\prec \neg N(\neg a \wedge a) \vee Nb$ gemäß *Sm*30.

Daher: zweite modale Konstituente von $\mathfrak{g}$: $\neg N(\neg a \wedge a) \vee Nb$.

Die kritische Form, $\neg a \wedge a \rightarrow b$, ist Wahrform.

8. *Anwendungsbeispiel.* Die strikte implikative Form zum FREGEschen Dreierschluß

*Sm*69. $a \prec b \prec c \prec a \prec b \prec a \prec c$ ist strikt.

Nachweis. Abkürzungen: $\mathfrak{l} \equiv: a \prec b \prec c$; $\mathfrak{r} \equiv: a \prec b \prec a \prec c$. Nach *R*21 und *St*43 genügt es, statt der gegebenen Form $\mathfrak{l} \prec \mathfrak{r}$ die Form $\neg \mathfrak{l} \vee \mathfrak{r}$ zu betrachten.

$\neg \mathfrak{l} \rightarrowtail\!\prec \neg(a \prec b \prec c)$.

$\therefore\ \neg \mathfrak{l} \rightarrowtail\!\prec \neg N(\neg a \vee N(\neg b \vee c))$ durch *Sm*13 rechterhand.

$\therefore\ \neg \mathfrak{l} \rightarrowtail\!\prec \neg(N \neg a \vee N(\neg b \vee c))$ durch *Sm*65 (mit *St*31) rechterhand.

$\therefore\ \neg \mathfrak{l} \rightarrowtail\!\prec \neg N \neg a \wedge \neg N(\neg b \vee c)$ durch *St*30 rechterhand.

$\therefore\ \neg \mathfrak{l} \vee \mathfrak{r} \rightarrowtail\!\prec (\neg N \neg a \wedge \neg N(\neg b \vee c)) \vee \mathfrak{r}$ durch Äquivalenzübertragung gemäß *R*10.

$\therefore\ \neg \mathfrak{l} \vee \mathfrak{r} \rightarrowtail\!\prec \underbrace{(\neg N \neg a \vee \mathfrak{r})}_{\text{Abkürzung: } \mathfrak{m}_1} \wedge \underbrace{(\neg N(\neg b \vee c) \vee \mathfrak{r})}_{\text{Abkürzung: } \mathfrak{m}_2}$ gemäß Satz 166 (1).

$\mathfrak{r} \succ\!\!\prec \mathsf{N}(\neg\mathsf{N}(\neg a \vee b) \vee \mathsf{N}(\neg a \vee c))$ gemäß *R*10 mit *Sm*13.

$\therefore$ (*) $\mathfrak{r} \succ\!\!\prec \neg\mathsf{N}(\neg a \vee b) \vee \mathsf{N}(\neg a \vee c)$ gemäß *Sm*66.

1. — $\mathfrak{m}_1 \succ\!\!\prec \neg\mathsf{N}\neg a \vee \neg\mathsf{N}(\neg a \vee b) \vee \mathsf{N}(\neg a \vee c)$ gemäß (*).

$\therefore$ $\mathfrak{m}_1 \succ\!\!\prec \neg\mathsf{N}(\neg a \wedge (\neg a \vee b)) \vee \mathsf{N}(\neg a \vee c)$ gemäß *St*29 und *Sm*30 rechterhand.

$\therefore$ $\mathfrak{m}_1 \succ\!\!\prec \neg\mathsf{N}\neg a \vee \mathsf{N}(\neg a \vee c)$ durch aussagenlogische Umsetzung mit einer gemäß Satz 165 (1) beweisbaren Form.

Dies ist die erste modale Konstituente der gegebenen Form.

Ihre kritische Form ist $\neg a \rightarrow \neg a \vee c$; dies ist eine Wahrform.

2. — $\mathfrak{m}_2 \succ\!\!\prec \neg\mathsf{N}(\neg b \vee c) \vee \neg\mathsf{N}(\neg a \vee b) \vee \mathsf{N}(\neg a \vee c)$ gemäß (*).

$\therefore$ $\mathfrak{m}_2 \succ\!\!\prec \neg\mathsf{N}((\neg b \vee c) \wedge (\neg a \vee b)) \vee \mathsf{N}(\neg a \vee c)$ gemäß *St*29 und *Sm*30.

Dies ist die zweite modale Konstituente der gegebenen Form. Ihre kritische Form ist $(\neg b \vee c) \wedge (\neg a \vee b) \rightarrow \neg a \vee c$; dies ist eine Wahrform.

Aufgaben. — 1. Im Gegensatz zum letzten Anwendungsbeispiel ist die zur FREGEschen Dreierschluß-Regel inverse Regel $\dfrac{\mathfrak{a} \prec \mathfrak{b} \quad \mathfrak{a} \prec \mathfrak{c}}{\mathfrak{a} \prec \mathfrak{b} \prec \mathfrak{c}}$ *nicht* abhängig. Als Gegenbeispiel kann dienen: $\mathfrak{a} \equiv: a$, $\mathfrak{b} \equiv: a \vee b$, $\mathfrak{c} \equiv: a$ (die zugehörige Unterformel $a \prec a \vee b \prec a$ ist als nicht strikt nachzuweisen).

2. Die Verträglichkeit $\circ$ ist nicht transitiv (vgl. S. 451), d.h. $(a \circ b) \wedge (b \circ c) \prec a \circ c$ ist nicht strikt.

3. Die Form $\mathsf{N}a \vee \neg\Diamond a$ ist nicht strikt (vgl. S. 474).

Kapitel XXXIV.

Die Modalitäten „offen“ und „zufällig“ in der strikten Logik.

§ 188. Die Offenheit. Grundsätzliches.

Wir nennen eine einschlägige Aussagenform der strikten Logik offen, wenn weder sie noch ihr Gegenteil notwendig ist:

Definition: $\mathsf{O}\mathfrak{a} \approx: \neg\mathsf{N}\mathfrak{a} \wedge \neg\mathsf{N}\neg\mathfrak{a}$.

Wie bei jeder Definition folgt mit der Äquivalenzregel *R*9 die entsprechende Äquivalenz; mit *Sm*6 ($\neg\mathsf{N}\neg \succ\!\!\prec \Diamond$), *Sm*5 und *St*14 folgen unmittelbar einige weitere Äquivalenzen:

*Sm*70.
- (1) $\mathsf{O}a \succ\!\!\prec \neg\mathsf{N}a \wedge \neg\mathsf{N}\neg a$ (weder a noch $\neg a$ notwendig).
- (2) $\mathsf{O}a \succ\!\!\prec \Diamond a \wedge \neg\mathsf{N}a$ (a möglich, jedoch nicht notwendig).
- (3) $\mathsf{O}a \succ\!\!\prec \Diamond a \wedge \Diamond\neg a$ (sowohl a als auch $\neg a$ möglich).

Der Modus der Offenheit O dürfte in seiner Bedeutsamkeit den Modalitäten N und $\Diamond$ kaum nachstehen.

Anmerkung. In der abgekürzten Schreibweise von S. 467 hat man:

Sm 70.
(1) $\mathsf{O} \succ\!\prec \neg\mathsf{N} \wedge \neg\mathsf{N}\neg$
(2) $\mathsf{O} \succ\!\prec \Diamond \wedge \neg\mathsf{N}$
(3) $\mathsf{O} \succ\!\prec \Diamond \wedge \Diamond\neg$

Es empfiehlt sich, auch die (gemäß *St* 29) zugehörigen Negat-Äquivalenzen zu lesen (die in den Formeln eingesparte Variable ist in den beigegebenen Interpretationen wieder eingefügt):

Sm 70.
(4) $\neg\mathsf{O} \succ\!\prec \mathsf{N} \vee \mathsf{N}\neg$ (a oder $\neg a$ notwendig)
(5) $\neg\mathsf{O} \succ\!\prec \neg\Diamond \vee \mathsf{N}$ (a unmöglich oder notwendig).
(6) $\neg\mathsf{O} \succ\!\prec \neg\Diamond \vee (\neg\Diamond)\neg$. ($a$ oder $\neg a$ unmöglich).

Bevor wir nach offenen Aussagenformen fragen, wollen wir die wichtigsten Herleitungen betreffs O kennenlernen.

Sm 71.
(1) $\mathsf{N}a \prec \neg\mathsf{O}a$, kurz: $\mathsf{N} \prec \neg\mathsf{O}$
„Notwendiges ist nicht offen“.
(2) $\mathsf{O}a \prec \Diamond a$, kurz: $\mathsf{O} \prec \Diamond$
„Offenes ist möglich“.
(3) $(\neg\Diamond)a \prec \neg\mathsf{O}a$, kurz: $\neg\Diamond \prec \neg\mathsf{O}$
„Unmögliches ist nicht offen“.

Beweis für (1). — $\mathsf{N}a \prec \mathsf{N}a \vee \mathsf{N}\neg a$ nach *St* 32.
Nun Umsetzung rechterhand mit *Sm* 70 (4).
Beweis für 71 (3) entsprechend mit *Sm* 70 (6); Textaufgabe.
71 (2) ergibt sich aus 71 (3) unmittelbar durch strikte Kontraposition gemäß *St* 22.

Sm 71.
(4) $\neg\Diamond(\mathsf{N} \wedge \mathsf{O})$
(5) $\neg\Diamond(\neg\Diamond \wedge \mathsf{O})$.

Diese beiden Formen ergeben sich aus *Sm* 71 (1) bzw. (2) unmittelbar mit *Sm* 12 und *St* 21; Textaufgabe.

Sm 72. $\mathsf{N} \vee \neg\Diamond \vee \mathsf{O}$.

Beweis. $(\mathsf{N}a \vee \neg\Diamond a) \vee \neg(\mathsf{N}a \vee \neg\Diamond a)$ nach *St* 48.
$\therefore$ $\mathsf{N}a \vee \neg\Diamond a \vee (\neg\mathsf{N}a \wedge \Diamond a)$ durch $\vee$-Verneinung gemäß *St* 30 und Übergang zur assoziativen Schreibweise gemäß *St* 34.

Nun Umsetzung mit *Sm* 70 (2) und *St* 14.

Anmerkung. Für irgend drei Prädikate $\mathfrak{P}_1, \mathfrak{P}_2, \mathfrak{P}_3$ drücken die Formen $\mathfrak{P}_1 a \vee \mathfrak{P}_2 a \vee \mathfrak{P}_3 a$, $\neg(\mathfrak{P}_1 a \wedge \mathfrak{P}_2 a)$, $\neg(\mathfrak{P}_2 a \wedge \mathfrak{P}_3 a)$, $\neg(\mathfrak{P}_1 a \wedge \mathfrak{P}_3 a)$ aus, daß auf ein Ding des Dingbereiches *genau eines* der Prädikate zutrifft; man nennt diesen Sachverhalt die *Trichotomie* der betreffenden Prädikate.

Beispiel: für die reellen Zahlen erfüllen die Prädikate „positiv", „negativ", „gleich 0" die Trichotomie-Behauptung.

Ein weiteres Beispiel bilden die Modalitäten N, $\neg\lozenge$, $\bigcirc$ in der verschärften strikten Logik. *Sm* 72 drückt den ersten Teil der Trichotomie aus, *Sm* 71 in modifizierter Gestalt zwei der drei restlichen Teile.

Aufgaben. 1. Wie lauten die restlichen Formeln unmodifiziert, und wie sind sie zu beweisen?

2. Allgemein gilt die Trichotomie in einer *alternären* Theorie für drei Prädikate $\mathfrak{P}_1, \mathfrak{P}_2, \mathfrak{P}_3$ mit $\mathfrak{P}_3 \equiv: \neg\mathfrak{P}_1 \wedge \neg\mathfrak{P}_2$, sobald nur $\neg\mathfrak{P}_1 a \vee \neg\mathfrak{P}_2 a$ gilt.

Sm 73. $\bigcirc(a \wedge b) \prec \bigcirc a \vee \bigcirc b$.

Beweis. (*) $\lozenge(a \wedge b) \prec \lozenge a \wedge \lozenge b$ aus *Sm* 25 mit *St* 14 und *R* 12 (s. Absatz ‚Zur Beachtung' von S. 474).

$\therefore$ $\lozenge(a \wedge b) \wedge \lozenge\neg(a \wedge b) \prec (\lozenge a \wedge \lozenge b) \wedge \lozenge\neg(a \wedge b)$ durch $\wedge$-Nachsetzen gemäß *R* 11.

$\bigcirc(a \wedge b) \prec \lozenge(a \wedge b) \wedge \lozenge\neg(a \wedge b)$ nach *Sm* 70 (3) mit *St* 17.

$\therefore\therefore$ $\bigcirc(a \wedge b) \prec (\lozenge a \wedge \lozenge b) \wedge \lozenge\neg(a \wedge b)$ aus den letzten beiden Zeilen durch Kettenschluß gemäß *R* 6.

$\therefore$ $\bigcirc(a \wedge b) \prec (\lozenge a \wedge \lozenge b) \wedge \lozenge(\neg a \vee \neg b)$ durch aussagenlogische Umsetzung mit einer gemäß Satz 165 (1) beweisbaren Form.

$\therefore$ $\bigcirc(a \wedge b) \prec (\lozenge a \wedge \lozenge b) \wedge (\lozenge\neg a \vee \lozenge\neg b)$ durch *Sm* 29 rechterhand.

$\therefore$ $\bigcirc(a \wedge b) \prec \big((\lozenge a \wedge \lozenge b) \wedge \lozenge\neg a\big) \vee \big((\lozenge a \wedge \lozenge b) \wedge \lozenge\neg b\big)$ durch Distribution des Hintergliedes gemäß *St* 39.

$\therefore$ $\bigcirc(a \wedge b) \prec (\lozenge a \wedge \lozenge\neg a) \vee (\lozenge b \wedge \lozenge\neg b)$ gemäß Satz 166 (2).

Nun Umsetzungen rechterhand mit *Sm* 70 (3).

Sm 74. $\bigcirc(a \vee b) \prec \bigcirc a \vee \bigcirc b$ (eine distributive Implikation).

Beweis. $\bigcirc(a \vee b) \prec \lozenge(a \vee b) \wedge \lozenge\neg(a \vee b)$ aus *Sm* 70 (3) durch Verjüngung gemäß *St* 17.

Die weiteren Umformungen entsprechen denjenigen des vorigen Beweises (Textaufgabe).

Wichtige *Aufgabe.* Man zeige an Hand des Entscheidungsverfahrens von § 185, daß die folgenden distributiven und verwandten Formen *nicht* strikt sind.

nicht:	$\mathsf{O}(a\wedge b)\prec\mathsf{O}(a\vee b)$,	nicht:	$\mathsf{O}(a\vee b)\prec\mathsf{O}(a\wedge b)$,
nicht:	$\mathsf{O}(a\wedge b)\prec\mathsf{O}a$,	nicht:	$\mathsf{O}a\prec\mathsf{O}(a\vee b)$,
nicht:	$\mathsf{O}a\wedge\mathsf{O}b\prec\mathsf{O}(a\wedge b)$,	nicht:	$\mathsf{O}(a\vee b)\prec\mathsf{O}a$.

§ 189. Weitere Eigenschaften der Offenheit.

Vorbemerkung. Bei der Mitteilung der nachfolgenden Gesetze bedienen wir uns wiederum der Abkürzung von S. 467, d. h. wir lassen eine Variable, die als einzige in einer Form auftritt, weg. — In den *Beweisen* werden wir dagegen weiterhin auf die Abkürzung verzichten.

Sm 75. $\mathsf{O}\succ\!\prec\mathsf{O}\neg$.

„Offenheit ist zugleich Offenheit des Gegenteils.“

Beweis. $\mathsf{O}a\succ\!\prec\Diamond a\wedge\Diamond\neg a$ nach *Sm* 70 (3).

$\therefore$ $\mathsf{O}a\succ\!\prec\Diamond\neg\neg a\wedge\Diamond\neg a$ durch Umsetzung mit *St* 21 rechterhand.

$\therefore$ $\mathsf{O}a\succ\!\prec\Diamond\neg a\wedge\Diamond\neg\neg a$ durch Kommutierung gemäß *St* 14 rechterhand.

$\therefore$ $\mathsf{O}a\succ\!\prec\mathsf{O}\neg a$ durch *Sm* 70 (3) rechterhand.

Sm 76. $\mathsf{NO}\succ\!\prec\mathsf{O}$

konvers gelesen: „Offenheit ist (strikt-logisch) notwendige Offenheit“.

Beweis. $\mathsf{NO}a\succ\!\prec\mathsf{N}(\Diamond a\wedge\neg\mathsf{N}a)$ aus *Sm* 70 (2) durch Äquivalenzübertragung gemäß *R* 10.

$\therefore$ $\mathsf{NO}a\succ\!\prec\mathsf{N}\Diamond a\wedge\mathsf{N}\neg\mathsf{N}a$ durch *Sm* 30 rechterhand.

$\therefore$ $\mathsf{NO}a\succ\!\prec\Diamond a\wedge\neg\mathsf{N}a$ durch *Sm* 57 und *Sm* 60 (1) rechterhand.

Nun *Sm* 70 (2) rechterhand.

Sm 77. $\Diamond\mathsf{O}\succ\!\prec\mathsf{O}$

„strikt-logisch mögliche Offenheit ist Offenheit“.

Der Beweis verläuft dual zum vorigen (Textaufgabe).

Sm 78. $\Diamond\mathsf{O}\succ\!\prec\mathsf{NO}$

„strikt-logisch mögliche Offenheit ist notwendige Offenheit“.

Aus *Sm* 76 und *Sm* 77 durch Äquivalenzkettenschluß gemäß *R* 7.

Anmerkung. Die Form *Sm* 78 ist von dem auf S. 496 betrachteten Typus.

$$Sm\,79.\quad \begin{cases} (1)\quad \mathsf{NO}\vee(\neg\Diamond)\mathsf{O}, \\ (2)\quad \mathsf{NN}\vee(\neg\Diamond)\mathsf{N}, \\ (3)\quad \mathsf{N}\Diamond\vee(\neg\Diamond)\Diamond. \end{cases}$$

Beweis für (1). $\mathsf{O}a\vee\neg\mathsf{O}a$ nach $St\,48$.

$\therefore$ $\mathsf{NO}a\vee\neg\mathsf{O}a$ durch $Sm\,76$ im linken Disjunktionsglied.

$\therefore$ $\mathsf{NO}a\vee\neg\Diamond\mathsf{O}a$ durch $Sm\,77$ im rechten Disjunktionsglied.

Die analogen Beweise für 79 (2) und (3) seien als Textaufgabe gestellt (Benutzung von $Sm\,43$, 44, 57, 58).

$$Sm\,80.\quad \begin{cases} (1)\quad (\neg\Diamond)\mathsf{OO}, \\ (2)\quad (\neg\Diamond)\mathsf{ON}, \\ (3)\quad (\neg\Diamond)\mathsf{O}\Diamond, \end{cases}$$

„Offenheit ebenso wie (strikt-logische) Notwendigkeit und Möglichkeit sind unmöglich offen".

Beweis für (1).

$(\neg\Diamond)\mathsf{O}a\vee\mathsf{NO}a$ aus $Sm\,79$ (1) durch Kommutieren gemäß $St\,31$.

$\therefore$ $\neg\mathsf{OO}a$ gemäß $Sm\,70$ (5).

Nun $R\,22$.

Die analogen Beweise für 80 (2) und (3) seien als Textaufgabe gestellt.

Weitere *Aufgaben*. 1. Man beweise mit $Sm\,70$ (2) die scheinbar paradoxe Form

(*) $\mathsf{OO}\succ\!\prec\mathsf{O}\wedge\neg\mathsf{O}$.

2. Man beweise aus (*) und $Sm\,16$ unmittelbar die Form 80 (1).

3. Man beweise 80 (2) und (3) entsprechend. —

Die strikte Modalitätenlogik bleibt auch bei Einbeziehung der Modalität O *einstufig* im Sinne des Satzes 178; es gilt nämlich

Satz 188. Sei X irgendeine der Modalitäten N, $\Diamond$, O oder eine der negierten Modalitäten $\neg\mathsf{N}$, $\neg\Diamond$, $\neg\mathsf{O}$. Es gilt

(1) $\mathsf{NX}\succ\!\prec\mathsf{X}$, (2) $\Diamond\mathsf{X}\succ\!\prec\mathsf{X}$,

(3) $(\neg\Diamond)\mathsf{OX}$, also (nach $Sm\,32$): $\mathsf{OX}a\succ\!\prec a\wedge\neg a$.

Zum *Nachweis* des Satzes brauchen bei den Modalitäten N, $\Diamond$, O lediglich die Sm-Formen aufgesucht zu werden, welche die behaupteten Äquivalenzen ausdrücken. Bei den negierten Modalitäten $\neg\mathsf{N}$, $\neg\Diamond$, $\neg\mathsf{O}$ sind bezüglich (2) und (3) außerdem in zwangsläufiger Weise die Äquivalenzen

$Sm\,5$: $\neg\mathsf{N}\succ\!\prec\Diamond\neg$, $Sm\,4$: $\neg\Diamond\succ\!\prec\mathsf{N}\neg$ bzw. $Sm\,75$ (kommutiert): $\mathsf{O}\neg\succ\!\prec\mathsf{O}$ heranzuziehen (Textaufgabe).

$Sm81.\ \neg(a\prec b)\wedge\neg(a\prec\neg b)\prec \mathsf{O}b.$

Beweis. $\mathsf{N}b\prec a\prec b$ nach $Sm24$.

$\therefore$ (*) $\neg(a\prec b)\prec\neg\mathsf{N}b$ durch Kontraposition gemäß $St22$.

$\therefore$ (**) $\neg(a\prec b)\wedge\neg(a\prec\neg b)\prec\neg\mathsf{N}b$ durch $St3$ im Vorderglied.

$\neg(a\prec\neg b)\prec\neg\mathsf{N}\neg b$ aus (*) durch Einsetzung.

$\therefore$ $\neg(a\prec b)\wedge\neg(a\prec\neg b)\prec\neg\mathsf{N}\neg b$ durch $St16$ im Vorderglied.

$\therefore\therefore$ $\neg(a\prec b)\wedge\neg(a\prec\neg b)\prec\neg\mathsf{N}b\wedge\neg\mathsf{N}\neg b$ aus der letzten Form und aus (**) durch Hintergliedkonjugation gemäß $R12$.

Nun $Sm70$ (1) im Hinterglied.

Aufgabe. Die konverse Implikation ist nicht strikt. —

$Sm82.\ \neg(a\vee\neg a\prec b)\wedge\neg(a\vee\neg a\prec\neg b)\ \succ\!\prec\ \mathsf{O}b.$

Beweis. $b\prec a\vee\neg a$ nach $St46$.

$\therefore$ $a\vee\neg a\prec b\ \succ\!\prec\ (b\prec a\vee\neg a)\wedge(a\vee\neg a\prec b)$ gemäß $R23°$ (mit $St12$).

$\therefore$ $a\vee\neg a\prec b\ \succ\!\prec\ a\vee\neg a\succ\!\prec b$ durch $St13$, 15 rechterhand.

$\therefore$ (*) $a\vee\neg a\prec b\ \succ\!\prec\ \mathsf{N}b$ durch $Sm33$ rechterhand.

$\neg\mathsf{N}b\wedge\neg\mathsf{N}\neg b\succ\!\prec\mathsf{O}b$ aus $Sm70$ (1) durch Äquivalenzkommutierung gemäß $St15$.

Nun zweimal (*) linkerhand.

Die Form $\neg\mathsf{O}a$ ist erwartungsgemäß unbeweisbar, denn sie ist nach $Sm70$ (4) umsetzbar in $\mathsf{N}a\vee\mathsf{N}\neg a$; das Entscheidungsverfahren des § 185 zeigt unmittelbar, daß diese Form unbeweisbar ist.

Daß auch $\mathsf{O}a$ unbeweisbar ist, stellt sich (da ja mit $\mathsf{O}a$ erst recht $\mathsf{O}\mathfrak{a}$ für beliebiges beweisbares $\mathfrak{a}$ wäre) mit Satz 179 (4) als eine erste Folgerung aus dem folgenden Satz dar.

Satz 189. Eine beweisbare oder widerlegbare Form ist beweisbarerweise *nicht offen;* m.a.W. die Schlußregeln

$$\frac{\mathfrak{a}}{\neg\mathsf{O}\mathfrak{a}}\quad\text{und}\quad\frac{\neg\mathfrak{a}}{\neg\mathsf{O}\mathfrak{a}}$$

sind implizit abhängig.

Nachweis für die Abhängigkeit der ersten Regel.

$\mathfrak{a}$ vorausgesetzt,

$\therefore$ $\mathsf{N}\mathfrak{a}$ gemäß $R21$,

$\therefore$ $\neg\mathsf{O}\mathfrak{a}$ gemäß $Sm71$ (1). —

Der Nachweis für die Abhängigkeit der zweiten Regel aus demjenigen für die Abhängigkeit der ersten Regel mit $Sm75$ sei als Textaufgabe gestellt. —

Ob es überhaupt offene Aussagenformen gibt, ist hiermit noch nicht entschieden. Eine hieran anschließende Frage wird uns im übernächsten Paragraphen beschäftigen.

§ 190. Die Zufälligkeit. Grundsätzliches.

Von der Offenheit ist die stärkere „Zufälligkeit" zu unterscheiden. Zufälliges wird zwar gelten, nicht aber notwendig sein, d.h. strikt von seinem Gegenteil impliziert werden.

Definition: $\mathcal{Z}a \approx: a \wedge \neg \mathrm{N}a$.

Mit Hilfe der Definitionsäquivalenzregel $R9$ und mit $Sm5$ erhält man unmittelbar

*Sm*83. (1) $\mathcal{Z}a \succ\!\prec a \wedge \neg \mathrm{N}a$ (a, wenn auch nicht notwendig)
(2) $\mathcal{Z}a \succ\!\prec a \wedge \Diamond \neg a$ (a, obwohl $\neg a$ strikt logisch möglich)

Anmerkung zur Bezeichnung. Man findet in der Literatur wohl auch, daß das, was in diesem Buche als „offen" bezeichnet ist, als „zufällig" bezeichnet wird. Die obige Terminologie dürfte dem Sprachgebrauch näher kommen, bei dem z. B. die Aussage „auf mein Los entfällt zufällig ein Gewinn" in sich schließt: „auf mein Los entfällt ein Gewinn".

*Sm*84. $\mathcal{Z}a \succ\!\prec a \wedge \mathrm{O}a$.

Beweis. $a \prec \Diamond a$ nach $Sm9$.
∴ $a \prec a \wedge \Diamond a$ mit $St11$ durch Hintergliedkonjugation gemäß $R12$.
$a \wedge \Diamond a \prec a$ nach $St3$.
∴∴ $a \succ\!\prec a \wedge \Diamond a$ aus den beiden letzten Zeilen gemäß $St13$ und $R3$.
∴ $a \wedge \neg \mathrm{N}a \succ\!\prec (a \wedge \Diamond a) \wedge \neg \mathrm{N}a$ durch $\wedge$-Nachsetzen gemäß $R11$.
∴ $a \wedge \neg \mathrm{N}a \succ\!\prec a \wedge (\Diamond a \wedge \neg \mathrm{N}a)$ durch aussagenlogische Umsetzung gemäß Satz 166 (1) rechterhand.

Nun $Sm83$ (1) linkerhand und $Sm70$ (2) rechterhand.

Textaufgabe. Man beweise:

$$\mathcal{Z}a \prec a, \quad \mathcal{Z}a \prec \Diamond a, \quad \mathcal{Z}a \prec \neg \mathrm{N}a, \quad \mathcal{Z}a \prec \mathrm{O}a.$$

*Sm*85. $\mathcal{Z}(a \wedge b) \prec \mathcal{Z}a \vee \mathcal{Z}b$.

Beweis. $\mathcal{Z}(a \wedge b) \succ\!\prec a \wedge b \wedge \neg \mathrm{N}(a \wedge b)$ nach $Sm83$ (1)
∴ (*) $\mathcal{Z}(a \wedge b) \succ\!\prec a \wedge b \wedge (\neg \mathrm{N}a \vee \neg \mathrm{N}b)$ durch $Sm30$ und $St29$ im Hinterglied
∴ $\mathcal{Z}(a \wedge b) \succ\!\prec (a \wedge b \wedge \neg \mathrm{N}a) \vee (a \wedge b \wedge \neg \mathrm{N}b)$ durch $St39$ im Hinterglied
∴ $\mathcal{Z}(a \wedge b) \prec (a \wedge \neg \mathrm{N}a) \vee (b \wedge \neg \mathrm{N}b)$ gemäß Satz 166 (2).

Nun $Sm83$ (1) rechterhand.

Anmerkung. Dieser Beweis benutzt — wie auch einige folgende — die $\wedge$-Assoziativität *St*19, indem er sich der assoziaten Schreibung bedient.

*Sm*86. $a\wedge \mathrm{Z}b \prec \mathrm{Z}(a\wedge b)$.

Beweis. $\mathrm{Z}b \succ\!\prec b\wedge\neg \mathrm{N}b$ nach *Sm*83 (1).

$\therefore$ (**) $a\wedge \mathrm{Z}b \succ\!\prec a\wedge b\wedge\neg \mathrm{N}b$ durch Äquivalenzübertragung gemäß *R*10.

$\neg \mathrm{N}b \prec \neg \mathrm{N}a\vee\neg \mathrm{N}b$ nach *St*32.

$\therefore$ $a\wedge b\wedge\neg \mathrm{N}b \prec a\wedge b\wedge(\neg \mathrm{N}a\vee\neg \mathrm{N}b)$ durch $\wedge$-Vorsetzen gemäß *R*11.

$\therefore$ $a\wedge b\wedge\neg \mathrm{N}b \prec \mathrm{Z}(a\wedge b)$ durch Umsetzung rechterhand mit der Form (*) des vorigen Beweises.

Nun Umsetzung linkerhand mit (**).

Aufgabe. Man beweise die folgende Verallgemeinerung der zu *Sm*86 konversen (und nicht beweisbaren) Implikation:

$$\mathrm{Z}(a\wedge b)\prec(a\wedge \mathrm{Z}b)\vee(b\wedge \mathrm{Z}a).$$

*Sm*87. $\mathrm{Z}a\wedge \mathrm{Z}b \prec \mathrm{Z}(a\wedge b)$ (eine distributive Implikation).

Beweis. $\mathrm{Z}a\prec a$ aus *Sm*83 (1) gemäß *St*3.

$\mathrm{Z}a\wedge \mathrm{Z}b\prec a\wedge \mathrm{Z}b$ durch $\wedge$-Nachsetzen gemäß *R*11.

Nun *Sm*86 im Hinterglied.

*Sm*88. $\mathrm{Z}(a\vee b)\prec \mathrm{Z}a\vee \mathrm{Z}b$ (eine weitere distributive Implikation).

Beweis. $\mathrm{Z}(a\vee b)\succ\!\prec(a\vee b)\wedge\Diamond\neg(a\vee b)$ nach *Sm*83 (2).

$\therefore$ $\mathrm{Z}(a\vee b)\succ\!\prec(a\vee b)\wedge\Diamond(\neg a\wedge\neg b)$ durch Umsetzung rechterhand mit einer gemäß Satz 165 (1) beweisbaren Form.

$\therefore$ $\mathrm{Z}(a\vee b)\prec(a\vee b)\wedge(\Diamond\neg a\wedge\Diamond\neg b)$ nach Form (*) aus dem Beweise für *Sm*73 mit *R*6 und *St*17).

$\therefore$ $\mathrm{Z}(a\vee b)\prec\big(a\wedge(\Diamond\neg a\wedge\Diamond\neg b)\big)\vee\big(b\wedge(\Diamond\neg a\wedge\Diamond\neg b)\big)$ durch Umsetzung rechterhand gemäß Satz 166 (1).

$\therefore$ $\mathrm{Z}(a\vee b)\prec(a\wedge\Diamond\neg a)\vee(b\wedge\Diamond\neg b)$ gemäß Satz 166 (2).

Nun zweimal *Sm*83 (2) im Hinterglied.

Keine der beiden Formen *Sm*85, *Sm*88 folgt jedoch in trivialer Weise aus der anderen, wie die nachfolgende Aufgabe (1) lehrt:

Aufgaben. Man zeige durch Entscheidung:

(1) $\mathrm{Z}(a\wedge b)\prec \mathrm{Z}(a\vee b)$ und $\mathrm{Z}(a\vee b)\prec \mathrm{Z}(a\wedge b)$ sind *nicht* strikt;

(2) $\mathrm{Z}(a\wedge b)\prec \mathrm{Z}a$ und $\mathrm{Z}a\wedge \mathrm{Z}b\prec \mathrm{Z}(a\vee b)$ sind *nicht* strikt.

§ 191. Weitere Eigenschaften der Zufälligkeit.

Sm 89.
(1) $(\neg\Diamond)\mathsf{ZO}$,
(2) $(\neg\Diamond)\mathsf{ZN}$,
(3) $(\neg\Diamond)\mathsf{Z}\Diamond$.

„Offenheit ebenso wie (strikt logische) Notwendigkeit und Möglichkeit sind unmöglich zufällig“.

Beweis. $\mathsf{Z}\prec\mathsf{O}$ nach der vierten Form aus der Textaufgabe von S. 523.

∴ $\Diamond\mathsf{Z}\prec\Diamond\mathsf{O}$ durch Möglichkeitsschluß gemäß *R* 18.

∴ $\neg\Diamond\mathsf{O}\prec\neg\Diamond\mathsf{Z}$ durch Kontraposition gemäß *St* 22.

Nun strikte Grundschlüsse (gemäß *R* 2) mit *Sm* 80 (1) bis (3).

Sm 90.
(1) $(\neg\Diamond)\mathsf{NZ}$
„Zufälligkeit ist unmöglich notwendig“,
erst recht also:
(2) $\neg\mathsf{NZ}$.

Beweis für (1). $\mathsf{NZ}a\succ\!\prec\mathsf{N}(a\wedge\neg\mathsf{N}a)$ nach *Sm* 83 (1) mit *R* 19.

∴ $\mathsf{NZ}a\succ\!\prec\mathsf{N}a\wedge\mathsf{N}\neg\mathsf{N}a$ durch *Sm* 30 rechterhand.

∴ $\mathsf{NZ}a\succ\!\prec\mathsf{N}a\wedge\neg\mathsf{N}a$ durch *Sm* 60 (1) rechterhand.

∴ $(\neg\Diamond)\mathsf{NZ}a$ gemäß *Sm* 32.

Erinnerung: Die Klammern um $\neg\Diamond$ dienen lediglich der Verdeutlichung. —

(2) ergibt sich aus (1) unmittelbar gemäß *Sm* 10.

Sm 91. $\Diamond\mathsf{Z}\succ\!\prec\mathsf{O}$

„(strikt logische) Möglichkeit der Zufälligkeit ist Offenheit“.

Beweis. $\Diamond(\Diamond a\wedge b)\succ\!\prec\Diamond a\wedge\Diamond b$ aus *Sm* 65 durch Dualisierung gemäß Satz 170 (1).

∴ $\Diamond(\Diamond\neg a\wedge a)\succ\!\prec\Diamond\neg a\wedge\Diamond a$ durch Einsetzung.

∴ $\Diamond(a\wedge\Diamond\neg a)\succ\!\prec\Diamond a\wedge\Diamond\neg a$ durch *St* 14 beiderseits.

Nun *Sm* 83 (2) linkerhand, *Sm* 70 (3) rechterhand.

Sm 92. $\mathsf{OZ}\succ\!\prec\mathsf{O}$

„Offenheit der Zufälligkeit ist Offenheit“.

Beweis. $\mathsf{OZ}a\succ\!\prec\Diamond\mathsf{Z}a\wedge\neg\mathsf{NZ}a$ nach *Sm* 70 (2).

∴ $\neg\mathsf{NZ}a\wedge\Diamond\mathsf{Z}a\succ\!\prec\mathsf{OZ}a$ durch Kommutierungen gemäß *St* 14 und 15.

∴ $\Diamond\mathsf{Z}a\succ\!\prec\mathsf{OZ}a$ durch Abhängen (gemäß *R* 23°) mit *Sm* 90 (2).

∴ $\mathsf{O}a\succ\!\prec\mathsf{OZ}a$ durch *Sm* 91 linkerhand.

Nun Äquivalenzkommutierung gemäß *St* 15.

*Sm*93. $ZZ \succ\!\prec Z$ (Idempotenz der Zufälligkeit).

Beweis. $ZZa \succ\!\prec Za \wedge \neg NZa$ nach *Sm*83 (1).

∴ $\neg NZa \wedge Za \succ\!\prec ZZa$ durch Kommutierungen gemäß *St*14 und 15.

∴ $Za \succ\!\prec ZZa$ durch Abhängen (gemäß *R*23°) mit *Sm*90 (2).

Nun wieder Äquivalenzkommutierung gemäß *St*15.

*Sm*94. $\neg Z \wedge O \succ\!\prec Z\neg$

„Nichtzufälligkeit bei Offenheit ist Zufälligkeit des Gegenteils".

Beweis. $\neg Za \succ\!\prec \neg(a \wedge \neg Na)$ aus *Sm*83 (1) durch Äquivalenzübertragung gemäß *R*10.

∴ $\neg Za \succ\!\prec \neg a \vee Na$ durch *St*29 rechterhand.

∴ $\neg Za \wedge Oa \succ\!\prec (\neg a \vee Na) \wedge Oa$ durch $\wedge$-Nachsetzen gemäß *R*11.

∴ $\neg Za \wedge Oa \succ\!\prec (\neg a \wedge Oa) \vee (Na \wedge Oa)$ durch aussagenlogische Umsetzung rechterhand gemäß Satz 166 (1).

∴ $(Na \wedge Oa) \vee (\neg a \wedge Oa) \succ\!\prec \neg Za \wedge Oa$ durch Kommutierungen gemäß *St*14, 15.

∴ $\neg a \wedge Oa \succ\!\prec \neg Za \wedge Oa$ durch Abhängen (gemäß *R*24°) mit *Sm*71 (3).

∴ $\neg a \wedge O\neg a \succ\!\prec \neg Za \wedge Oa$ durch *Sm*75 linkerhand.

Nun *Sm*84 linkerhand.

*Sm*95. $Z\neg Z \succ\!\prec Z\neg$.

Beweis. $Z\neg Za \succ\!\prec \neg Za \wedge \Diamond\neg\neg Za$ nach *Sm*83 (2).

∴ $Z\neg Za \succ\!\prec \neg Za \wedge \Diamond Za$ durch *St*21 rechterhand.

∴ $Z\neg Za \succ\!\prec \neg Za \wedge Oa$ durch *Sm*91 rechterhand.

Nun *Sm*94 rechterhand.

*Sm*96. $(\neg\Diamond) Z\neg O$

„Nichtoffenheit ist unmöglich zufällig".

Beweis. $Z\neg Oa \succ\!\prec \neg Oa \wedge \neg N\neg Oa$ nach *Sm*83 (1).

∴ $Z\neg Oa \succ\!\prec \neg Oa \wedge \Diamond Oa$ durch *Sm*6 rechterhand.

∴ $Z\neg Oa \succ\!\prec \neg Oa \wedge Oa$ durch *Sm*77 rechterhand.

∴ $Z\neg Oa \succ\!\prec Oa \wedge \neg Oa$ durch Kommutierung gemäß *St*14.

Nun Schluß gemäß *Sm*32.

Satz 190. Die strikte Modalitätenlogik bleibt auch bei Einbeziehung der Modalitäten O, Z *einstufig* (im Sinne der Sätze 178 und 188); d.h.

auch wenn man die einstelligen Verknüpfungen ◇, N, O, Z als „Modalitäten" zusammenfaßt, gilt:

Zu jeder Kombination zweier Modalitäten — bzw. einer Modalität mit einer negierten Modalität — gibt es eine äquivalente Modalität, falls die Kombination nicht überhaupt stets unmöglich (also äquivalent $a \wedge \neg a$) oder notwendig (also äquivalent $a \vee \neg a$) ist.

Zum *Nachweis* genügt es, die Formelnliste des Satzes 188 um diejenigen Kombinationen zu ergänzen, die ein Z enthalten.

Man hat bereits: (¬◇)ZX für X ≡ N, ◇, O, ¬N, ¬◇, ¬O; weiter wurden schon die Kombinationen ◇Z, OZ, ZZ und Z¬Z reduziert und die Kombination NZ als unmöglich erwiesen. Die restlichen Kombinationen N¬Z, ◇¬Z und O¬Z werden auf die am Schluß des Beweises für Satz 188 angegebene Weise behandelt (Textaufgabe). Die Ergebnisse betreffs der mit Z endenden Kombinationen lassen sich in der folgenden kleinen Tabelle zusammenfassen:

	Z	¬Z
N	unmöglich	¬O
◇	O	notwendig
O	O	O
Z	Z	Z¬

§ 192. Vorläufiges Beispiel einer aussagenlogisch fundierten Theorie.

Bei der Behandlung irgendeines unvollständigen logischen Kodifikats 𝔏 trifft man nicht selten auf eine einschlägige Form 𝔤 von folgender Art: das Negat ¬𝔤 ist unbeweisbar; während jedoch die Interpretation nahelegen würde, daß es eine gültige Einsatzform 𝔤* gäbe, sind alle Einsatzformen 𝔤* nicht nur nicht beweisbar, sondern nicht einmal widerspruchsfrei zufügbar. In diesem Falle wird es angezeigt sein, das logische Kodifikat 𝔏 zu einer logisch *in* 𝔏 *fundierten* Theorie — im Sinne des § 53 — zu erweitern. Dies möge abschließend für die „verschärfte strikte Logik" des § 180 bezüglich der Form Za kurz skizziert werden.

Satz 191. (1) ¬Za ist nicht beweisbar. (2) Für kein einschlägiges 𝔞 ist Z𝔞 beweisbar. (3) Darüber hinaus würde die Zufügung eines Z𝔞 zu den Axiomen der verschärften strikten Logik auf einen Widerspruch führen.

Anmerkung. Nach Satz 179(4) — S. 499 — ist die verschärfte strikte Logik *widerspruchsfrei.* Daher zieht (3) unmittelbar (2) nach sich.

(2) wurde hier besonders herausgehoben, weil (1) und (2) zusammen gerade eine *Unvollständigkeitsstelle* der verschärften strikten Logik im Sinne der Definition 2c′ des § 67 aufweisen; (3) geht hierüber hinaus. — Übrigens geht bereits Satz 191 (2) hinsichtlich Z weit über das hinaus, was die Vorbemerkung zu Satz 189 über O aussagte; dort blieb durchaus offen, ob irgendeine Form der Gestalt O𝔞 beweisbar sei.

Nachweis für (1) durch Entscheidung. ¬Z*a* läßt sich [mit *Sm* 83 (1), *St* 29] in die modale Konstituente ¬*a*∨N*a* umsetzen. Da weder ¬*a* noch *a* Wahrformen sind, ist diese Form unabhängig.

Nachweis für (3).

Z𝔞 vorausgesetzt.

∴ NZ𝔞 gemäß Regel 21.

¬NZ𝔞 nach *Sm* 90(2).

Die letzten beiden Formen enthalten den verlangten Widerspruch. Mit (3) ist nach der letzten Anmerkung auch (2) bewiesen. —

Der Satz 191 zeigt, daß in der verschärften strikten Logik die Form Z*a* von der zu Eingang des Paragraphen geschilderten Art 𝔤 ist: zwar ist ¬Z*a* unbeweisbar, und man ist geneigt anzunehmen, daß es Zufälliges gebe; trotzdem läßt sich keine Einsatzform von Z*a* widerspruchsfrei den Axiomen zufügen. Es hindert uns nun nichts, in Betracht zu ziehen, daß es ein *spezielles* Zufälliges gebe; es läßt sich demgemäß die folgende „strikt logisch fundierte Theorie" kodifizieren:

I. Begriffsnetz.

Das Begriffsnetz der strikten Aussagenlogik (∧¬≺-Aussagenformen; definiertes ∨ und ⥽) wird erweitert durch ein „Ding", bezeichnet durch das griechische α („Eigenzeichen"). Das Eigending wird im Begriffsnetz genau wie eine Aussagenvariable behandelt.

II. Deduktionsgerüst.

Zunächst liegen die Axiome und Schlußregeln der verschärften strikten Aussagenlogik" von S. 493 zugrunde.

Das Eigending fungiert bei den Schlußregeln wie eine Aussagenvariable, ausgenommen bezüglich der Einsetzbarkeit, d. h. für ein α darf nicht gemäß der Einsetzungsregel *R* 1 etwas eingesetzt werden.

Sodann wird das Axiomensystem erweitert durch ein „Eigenaxiom der Theorie":

Axiom: Zα.

In dieser — noch recht kargen — strikt logisch fundierten Theorie lassen sich mancherlei neue Formen herleiten, so erhält man z. B. ohne

Umstände:

$$O\alpha \wedge O\neg\alpha$$

$$\neg(a \vee \neg a \prec \alpha) \wedge \neg(a \vee \neg a \prec \neg\alpha)$$

und ähnliches.

Die Regel $R$21: $\frac{\mathfrak{a}}{\mathsf{N}\mathfrak{a}}$ wurde lediglich als abhängig, nicht als ableitbar (d.h. nicht als *explizit* abhängig) erkannt; daher braucht sie nach § 58 in einem erweiterten Kodifikat nicht zu gelten. In der Tat ist sie in der neuen Theorie nicht in Kraft; man kann insbesondere nicht mit ihr von $Z\alpha$ auf $NZ\alpha$ schließen [so daß ein trivialer Widerspruch zu Sm90 (2) vermieden wird]; auch kann man nicht von $Z\alpha$ über α auf $N\alpha$ schließen.

Es möge hier genügen, die Rolle einer Theorie an einem ersten vorläufigen Beispiel andeutungsweise umrissen zu haben (da die strikte Logik nach Elimination der Modi N und $\diamond$ mittels Sm1, 2 in eine Aussagenlogik übergeht, handelt es sich um eine aussagenlogisch fundierte Theorie). Der geübte Leser mag durch Hinzufügung weiterer Axiome — so etwa zunächst der beiden Axiome $Z\beta$ und $\neg(\alpha \succ\!\prec \beta)$ — zu ein wenig reicheren Theorien übergehen und diese ein Stück weit verfolgen.

Übersicht über die logischen Zeichen.

I. Allgemeine aussagenlogische Zeichen (für Verknüpfungen, spezielle Aussagenformen, Wahrheitswerte).

Kursive Antiqualettern: (im allgemeinen) Aussagenvariablen.
Nicht kursive Antiqualettern: (im allgemeinen) Wahrheitswerte.

∧	∨	→, ⟶	¬
und	oder	bedingt	nicht
⋀	⋁	⌈	
mehrfache Konjunktion (mehrfaches „und“)	mehrfache Disjunktion (mehrfaches „oder“)	Präjunktion (mehrfaches „bedingt“)	
↔, ⟷	⊔	$\overline{\wedge}$	
äquivalent	ausschließendes „oder“	nicht zugleich	

w	f	Υ	⅄	⩕
wahr	falsch	wahr	falsch (Widerspruch)	Widerspruch über einem Negat
Wahrheitswerte		spez. Aussagenformen		

✱ ≍	•	*
allgemeine ein- bzw. zweistellige Verknüpfung	leere Aussage	(i. allg.) Beiform

II. Verknüpfungszeichen der strikten Aussagen- und Modalitätenlogik.

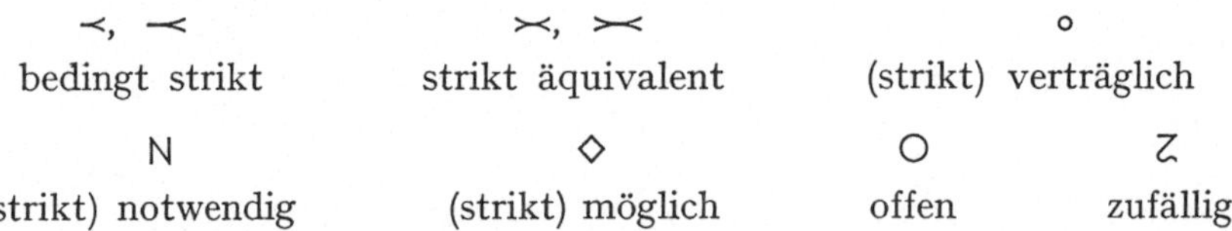

III. Syntaktische Mitteilungszeichen.

Frakturlettern: Mitteilung von Aussagenformen.

∼	≈	=
faktisch äquivalent	deduktionsgleich	gleich

≈:	=:
definitorisch äquivalent	definitorisch gleich

$\therefore$	$\therefore\;\therefore$
hieraus	aus den beiden (letzten) Zeilen
$==:$	$==$
teilt mit	gestaltlich übereinstimmend

Verzeichnis der wichtigsten numerierten Formen und Regeln,

soweit sie nicht bereits im Text an einer Stelle zusammengefaßt sind, zum Nachschlagen beim Lesen der Beweise.

BOOLE*scher Verband (1. Abschnitt, Kap. I).*

$V1\alpha$. Zu a, b genau ein $a\vee b$	$V1\beta$. Zu a, b genau ein $a\wedge b$
$V2\alpha$. $a\vee b == b\vee a$	$V2\beta$. $a\wedge b == b\wedge a$
$V3\alpha$. $a\vee(b\vee c) == (a\vee b)\vee c$	$V3\beta$. $a\wedge(b\wedge c) == (a\wedge b)\wedge c$
$V4\alpha$. $a\vee(a\wedge b) == a$	$V4\beta$. $a\wedge(a\vee b) == a$
$V5\alpha$. $a\vee(b\wedge c) == (a\vee b)\wedge(a\vee c)$	$V5\beta$. $a\wedge(b\vee c) == (a\wedge b)\vee(a\wedge c)$

$V6$. Zu a genau ein $\neg a$

$V7\alpha$. $a\vee(b\wedge\neg b) == a$	$V7\beta$. $a\wedge(b\vee\neg b) == a$
$V8\alpha$. $a\vee a == a$	$V8\beta$. $a\wedge a == a$
$V9\alpha$. $a\vee\neg a == b\vee\neg b$	$V9\beta$. $a\wedge\neg a == b\wedge\neg b$
$V9\alpha^\circ$. $b\vee\neg b == \curlyvee$	$V9\beta^\circ$. $b\wedge\neg b == \curlywedge$
$V10\alpha$. $a\vee\curlyvee == \curlyvee,\quad a\vee\curlywedge == a$	$V10\beta$. $a\wedge\curlywedge == \curlywedge,\quad a\wedge\curlyvee == a$
$V11\alpha$. $\neg\curlyvee == \curlywedge$	$V11\beta$. $\neg\curlywedge == \curlyvee$
$V12\alpha$. $\neg(a\vee b) == \neg a\wedge\neg b$	$V12\beta$. $\neg(a\wedge b) == \neg a\vee\neg b$

$V13$. $\neg\neg a == a$

$V14\alpha$. $(a\wedge b)\vee(\neg a\wedge\neg b) ==$	$V14\beta$. $(a\vee b)\wedge(\neg a\vee\neg b) ==$
$== (a\vee\neg b)\wedge(\neg a\vee b)$	$== (a\wedge\neg b)\vee(\neg a\wedge b)$
[d.i. $a\leftrightarrow b$]	[d.i. $a\sqcup b$]

$U1$. Gleichheitsregeln:

$U1\alpha$. $\mathfrak{a} == \mathfrak{a}$

$U1\beta$. Mit $\mathfrak{a} == \mathfrak{b}$ ist $\mathfrak{b} == \mathfrak{a}$

$U1\gamma$. Mit $\mathfrak{a} == \mathfrak{b}$ und $\mathfrak{b} == \mathfrak{c}$ ist $\mathfrak{a} == \mathfrak{c}$

U 2. Einsetzungsregel.
U 3. Umsetzungsregel.
[Fassung *U* 3°. Mit $\mathfrak{a} == \mathfrak{b}$ ist $\neg\mathfrak{a} == \neg\mathfrak{b}$, $\mathfrak{a}\vee\mathfrak{c} == \mathfrak{b}\vee\mathfrak{c}$, $\mathfrak{a}\wedge\mathfrak{c} == \mathfrak{b}\wedge\mathfrak{c}$].

Normaldeduktive alternäre $\vee\neg$- *und* $\rightarrow\neg$-*Aussagenlogik* (4. Abschnitt, Kap. XIII u. XIV).

Grundschlußregel: $\dfrac{\mathfrak{a} \quad \mathfrak{a}\rightarrow\mathfrak{b}}{\mathfrak{b}}$

Einsetzungsregel.

Formeln WR 1—WR 32 s. S. 188—197
Formeln FL 1—FL 10 s. S. 204, 208f., 212.

Natürliche alternäre aufschichtende Aussagenlogik (5. Abschnitt, Kap. XV).

Axiomenanweisung, Umstellungsverabredung, aufschichtende Regeln für $\wedge$, $\vee$, $\neg$, $\rightarrow$ jeweils vorne und hinten: s. S. 223.

Derivative Aussagenlogik (6. Abschnitt).

D 1. (Ax.) $a\rightarrow b\rightarrow a$
D 2. (Ax.) $a\rightarrow b\rightarrow c \longrightarrow a\rightarrow b \longrightarrow a\rightarrow c$
D 3. $a\rightarrow b \longrightarrow c\rightarrow a \longrightarrow c\rightarrow b$
D 4. $a\rightarrow b\rightarrow c \longrightarrow b\rightarrow a\rightarrow c$
D 5. $a\rightarrow b \longrightarrow b\rightarrow c \longrightarrow a\rightarrow c$
D 6. $a\rightarrow a$
D 7. $a\rightarrow a\rightarrow b \longrightarrow a\rightarrow b$
D 8. $a \longrightarrow a\rightarrow b \longrightarrow b$
D 9. $a\rightarrow b \longrightarrow c\rightarrow d\rightarrow a \longrightarrow c\rightarrow d\rightarrow b$
D 10. $a\rightarrow b\rightarrow c \longrightarrow d\rightarrow a \longrightarrow d\rightarrow b \longrightarrow d\rightarrow c$
D 11. $(a\rightarrow a)\rightarrow b \longrightarrow b$
D 12. $(a\rightarrow b)\rightarrow a\rightarrow c \sim a\rightarrow b\rightarrow c$ (vgl. *D* 2)
D 13. $a\rightarrow(a\rightarrow b)\rightarrow c \sim a\rightarrow b\rightarrow c$
D 14. $a\rightarrow b \longrightarrow \neg b\rightarrow\neg a$
D 15. (Ax.) $a\rightarrow\neg b \longrightarrow b\rightarrow\neg a$
D 16. $a\rightarrow\neg\neg a$
D 17. $\neg\neg\neg a\rightarrow\neg a$
D 18. $a\rightarrow b \longrightarrow a\rightarrow\neg b \longrightarrow \neg a$
D 19. $a\rightarrow\neg a \longrightarrow \neg a$
D 20. $\neg a\rightarrow a \longrightarrow \neg\neg a$
D 21. $\neg a\rightarrow a\rightarrow\neg b$

D 22. $\neg a \sim a \to \neg (b \to b)$

D 23. (Ax.) $a \wedge b \to a$

D 24. (Ax.) $a \wedge b \to b$

D 25. (Ax.) $a \to b \to a \wedge b$

D 26. $a \wedge b \to c \sim a \to b \to c$

D 27. $a \to b \longrightarrow a \to c \longrightarrow a \to b \wedge c$

D 28 (1). $a \to b \longrightarrow a \wedge c \to b \wedge c$

D 28 (2). $a \to b \longrightarrow c \wedge a \to c \wedge b$

D 29. $a \wedge a \sim a$

D 30. $a \wedge b \sim b \wedge a$

D 31. $(a \wedge b) \wedge c \sim a \wedge (b \wedge c)$

D 32. $\neg (a \wedge \neg a)$

D 32°. $\neg \curlywedge$

D 33. $a \to \neg b \sim \neg (a \wedge b)$

D 34 (1). $a \to b \longrightarrow \neg (a \wedge \neg b)$

D 34 (2). $a \wedge \neg b \longrightarrow \neg (a \to b)$

D 35. $a \to b \wedge c \sim (a \to b) \wedge (a \to c)$

D 36. $a \wedge \neg a \to \neg b$

D 36°. $\curlywedge \to \neg b$

D 37. $a \to b \wedge \neg b \longrightarrow \neg a$

D 38. $a \wedge b \to c \longrightarrow a \wedge \neg c \to \neg b$

D 39. $\neg a \wedge \neg\neg a \sim \neg b \wedge \neg\neg b$

D 40. $\neg a \sim a \to \neg b \wedge \neg\neg b$

D 40°. $\neg a \sim a \to \curlywedge$

D 41 (1). $\neg\neg a \to b \longrightarrow \neg\neg (a \to b)$

D 41 (2). $\neg\neg (a \to b) \longrightarrow \neg\neg a \to \neg\neg b$

D 42. $\neg (\neg\neg a \wedge b) \sim \neg (a \wedge b)$

D 43. $\neg\neg (a \wedge b) \sim \neg\neg a \wedge \neg\neg b$

D 44. $\neg\neg a \to \neg\neg b \sim \neg b \to \neg a$

D 45. $a \to \neg b \sim \neg\neg a \to \neg b$

D 46. (Ax.) $a \to a \vee b$

D 47. (Ax.) $b \to a \vee b$

D 48. (Ax.) $a \to c \longrightarrow b \to c \longrightarrow a \vee b \to c$

D 49. $a \vee b \to b \sim a \to b$

D 50. $a \vee a \sim a$

D 51. $a \vee b \sim b \vee a$

D 52. $(a \vee b) \vee c \sim a \vee (b \vee c)$

D 53 (1). $a \to b \longrightarrow a \vee c \to b \vee c$

D 53 (2). $a \to b \longrightarrow c \vee a \to c \vee b$

D 54. $a \vee b \longrightarrow a \to c \longrightarrow b \to d \longrightarrow c \vee d$

D 55. $(a \vee b) \wedge c \sim (a \wedge c) \vee (b \wedge c)$

D 56. $(a \wedge b) \vee c \sim (a \vee c) \wedge (b \vee c)$

D 57. $a \vee b \to c \sim (a \to c) \wedge (b \to c)$

$D$58.	$(a \to c) \vee (b \to c) \to a \wedge b \to c$
$D$59.	$(c \to a) \vee (c \to b) \to c \to a \vee b$
$D$60.	$(a \wedge \neg a) \vee \neg b \to \neg b$
$D$61.	$a \vee b \to \neg a \to \neg\neg b$
$D$62.	$\neg a \vee b \to a \to \neg\neg b$
$D$63.	$\neg(a \vee b) \sim \neg a \wedge \neg b$
$D$64.	$\neg a \vee \neg b \to \neg(a \wedge b)$
$D$65.	$\neg(a \wedge b) \wedge (a \vee \neg a) \to \neg a \vee \neg b$
$D$66.	$a \vee b \to \neg(\neg a \wedge \neg b)$
$D$67.	$a \wedge b \to \neg(\neg a \vee \neg b)$
$D$68 (1).	$a \to \neg b \vee c \longrightarrow a \wedge \neg c \to \neg b$
$D$68 (2).	$a \to \neg b \vee \neg c \longrightarrow a \wedge c \to \neg b$
$D$69.	$\neg\neg a \vee \neg\neg b \to \neg\neg(a \vee b)$
$D$70.	$\neg\neg(a \vee b) \wedge (a \vee \neg a) \to \neg\neg a \vee \neg\neg b$
$D$71.	$\neg(\neg\neg a \vee b) \sim \neg(a \vee b)$
$D$72.	$\neg\neg(a \vee \neg a)$
$D$73.	$a \vee \neg a \to b \longrightarrow \neg\neg b$
$D$74.	$a \vee \neg a \to \neg b \sim \neg b$
$D$75.	$(a \to b) \wedge (a \vee \neg a) \to \neg a \vee b$
$D$76.	$\neg(\neg a \vee \neg b) \to \neg\neg(a \wedge b)$

Intuitionistische Aussagenlogik (7. Abschnitt).

$J$1. (Ax.)	$\neg a \to \neg\neg a \to a$	$J$10 (1).	$a \to b \vee c \longrightarrow a \wedge \neg c \to b$
$J$2.	$\neg\neg a \to \neg a \to a$	$J$10 (2).	$a \to b \vee \neg c \longrightarrow a \wedge c \to b$
$J$3.	$\neg a \to a \to b$	$J$11.	$\neg(a \to b) \sim \neg\neg a \wedge \neg b$
$J$4.	$a \to \neg a \to b$	$J$12.	$\neg\neg(\neg\neg a \to a)$
$J$5.	$a \wedge \neg a \to b$	$J$13.	$\neg a \sim a \to b \wedge \neg b$
$J$5°.	$\curlywedge \to a$	$J$13°.	$\neg a \sim a \to \curlywedge$
$J$6.	$a \vee \neg a \to \neg\neg a \to a$	$J$14.	$a \wedge \neg a \sim b \wedge \neg b$
$J$7 (1).	$a \vee b \to \neg a \to b$	$J$15.	$\neg a \to \neg b \longrightarrow \neg\neg(b \to a)$
$J$7 (2).	$\neg a \vee b \to a \to b$	$J$16 (1).	$a \to \neg\neg b \longrightarrow \neg\neg(a \to b)$
$J$8 (1).	$a \wedge (\neg a \vee b) \to b$	$J$16 (2).	$\neg\neg a \to \neg\neg b \longrightarrow \neg\neg(a \to b)$
$J$8 (2).	$\neg a \wedge (a \vee b) \to b$	$J$17.	$(a \to b) \to a \longrightarrow \neg\neg a$
$J$9.	$a \vee (b \wedge \neg b) \sim a$	$J$18.	$\neg(a \to \neg b) \longrightarrow \neg\neg(a \to b)$
$J$9°.	$a \vee \curlywedge \sim a$		

Nichtintuitionistische Wahrformen $A$1—$A$17 s. S. 353, 428.

Aufschichtende derivative und intuitionistische Aussagenlogik (8. Abschnitt, Kap. XXV).

Axiomenanweisungen, Umstellungsregel, Kürzungsregel, aufschichtende Schlußregeln für $\vee$, $\wedge$, $\to$ jeweils vorne und hinten: s. S. 377f.

Strikte Aussagenlogik (10. Abschnitt).

(Axiome):

St 1. $a \wedge b \prec b \wedge a$

St 2. $(a \wedge b) \wedge c \prec a \wedge (b \wedge c)$

St 3. $a \wedge b \prec a$

St 4. $a \prec a \wedge a$

St 5. $a \wedge (a \prec b) \prec b$

St 6. $(a \prec b) \wedge (b \prec c) \prec a \prec c$

St 7. $a \prec b \;\prec\; \neg b \prec \neg a$

St 8. $a \wedge b \prec c \;\prec\; a \wedge \neg c \prec \neg b$

St 9. $a \prec \neg\neg a$

St 10. $\neg\neg a \prec a$

St 11. $a \prec a$

St 12. $a \succ\!\prec a$

St 13. $a \succ\!\prec b \;\succ\!\prec\; (a \prec b) \wedge (b \prec a)$

St 14. $a \wedge b \succ\!\prec b \wedge a$

St 15. $a \succ\!\prec b \;\succ\!\prec\; b \succ\!\prec a$

St 16. $a \wedge b \prec b$

St 17. $a \succ\!\prec b \;\prec\; a \prec b, \quad a \succ\!\prec b \;\prec\; b \prec a$

St 18. $a \wedge a \succ\!\prec a$

St 19. $a \wedge (b \wedge c) \succ\!\prec (a \wedge b) \wedge c$

St 20. $(a \wedge b) \wedge c \succ\!\prec (a \wedge c) \wedge b$

St 21. $\neg\neg a \succ\!\prec a$

Formen zur Kontraposition:

St 22. $\begin{cases} a \prec b \;\succ\!\prec\; \neg b \prec \neg a \\ a \prec \neg b \;\succ\!\prec\; b \prec \neg a \\ \neg a \prec b \;\succ\!\prec\; \neg b \prec a \end{cases}$

St 23. $\begin{cases} a \wedge b \prec c \;\succ\!\prec\; a \wedge \neg c \prec \neg b \\ a \wedge \neg b \prec c \;\succ\!\prec\; a \wedge \neg c \prec b \\ a \wedge b \prec \neg c \;\succ\!\prec\; a \wedge c \prec \neg b \end{cases}$

St 24. $(a \prec b) \wedge (b \wedge c \prec d) \prec a \wedge c \prec d$

St 25. $(a \succ\!\prec b) \wedge (b \succ\!\prec c) \;\prec\; a \succ\!\prec c$

St 26. $\begin{cases} a \succ\!\prec b \;\succ\!\prec\; \neg a \succ\!\prec \neg b \\ a \succ\!\prec \neg b \;\succ\!\prec\; \neg a \succ\!\prec b \end{cases}$

St 27. $\begin{cases} a \wedge b \prec \neg(a \prec \neg b) \\ a \prec b \;\prec\; \neg(a \wedge \neg b) \end{cases}$

St 28. $\begin{cases} a \prec \neg a \;\prec\; \neg a \\ \neg a \prec a \;\prec\; a \end{cases}$ Formen zum Schluß in und ex contrar.

Formen zur Verneinung:

St 29. $\begin{cases} a \vee b \succ\!\prec \neg(\neg a \wedge \neg b) \\ \neg a \vee b \succ\!\prec \neg(a \wedge \neg b) \\ a \vee \neg b \succ\!\prec \neg(\neg a \wedge b) \\ \neg a \vee \neg b \succ\!\prec \neg(a \wedge b) \end{cases}$

St 30. $\begin{cases} a \wedge b \succ\!\prec \neg(\neg a \vee \neg b) \\ \neg a \wedge b \succ\!\prec \neg(a \vee \neg b) \\ a \wedge \neg b \succ\!\prec \neg(\neg a \vee b) \\ \neg a \wedge \neg b \succ\!\prec \neg(a \vee b) \end{cases}$

St 31. $a \vee b \succ\!\prec b \vee a$

St 32. $a \prec a \vee b, \quad b \prec a \vee b$

St 33. $a \vee a \succ\!\prec a$

St 34. $a \vee (b \vee c) \succ\!\prec (a \vee b) \vee c$

St 35. $c \prec a \vee b \succ\!\prec \neg b \prec a \vee \neg c$ Formen zur erweiterten Kontraposition

St 36. $\left\{\begin{array}{l} a \wedge b \prec c \succ\!\prec a \prec \neg b \vee c \\ a \wedge \neg b \prec c \succ\!\prec a \prec b \vee c \end{array}\right\}$ Formen zur Überstellung

St 37. $a \wedge (b \vee \neg b) \succ\!\prec a$

St 38. $a \vee (b \wedge \neg b) \succ\!\prec a$

St 39. $a \wedge (b \vee c) \succ\!\prec (a \wedge b) \vee (a \wedge c)$ } distributive Gesetze

St 40. $a \vee (b \wedge c) \succ\!\prec (a \vee b) \wedge (a \vee c)$ }

St 41. $a \vee \neg a \succ\!\prec b \vee \neg b$

St 42. $a \wedge \neg a \succ\!\prec b \wedge \neg b$

Aufg. $a \wedge (\neg a \vee b) \succ\!\prec a \wedge b$

Aufg. $\left\{\begin{array}{l} (a \vee c) \wedge (b \vee \neg c) \prec a \vee b \\ a \wedge b \prec (a \wedge c) \vee (b \wedge \neg c) \end{array}\right.$

St 43. $a \rightarrow b \succ\!\prec \neg a \vee b$

St 44. $a \leftrightarrow b \succ\!\prec (a \rightarrow b) \wedge (b \rightarrow a)$

St 45. $a \prec b \prec a \rightarrow b$

St 46. $a \prec b \vee \neg b, \quad b \wedge \neg b \prec a$

St 47. $a \prec b \rightarrow a, \quad \neg a \prec a \rightarrow b$

St 48. $a \vee \neg a$

St 49. $\neg (a \wedge \neg a)$

St 50. $\left\{\begin{array}{l} a \prec b \succ\!\prec a \wedge \neg b \prec \neg (a \wedge \neg b) \\ a \prec b \succ\!\prec \neg (a \rightarrow b) \prec a \rightarrow b \end{array}\right.$

St 51. $a \prec b \succ\!\prec a \prec a \wedge b$

Def. $\mathfrak{a} \circ \mathfrak{b} \approx: \neg (\mathfrak{a} \prec \neg \mathfrak{b})$

St 52. $\left\{\begin{array}{l} a \circ b \succ\!\prec \neg (a \prec \neg b) \\ a \circ b \succ\!\prec \neg (b \prec \neg a) \end{array}\right.$

St 53. $a \circ b \succ\!\prec b \circ a$

St 54. $a \prec b \succ\!\prec \neg (a \circ \neg b)$

St 55. $\neg (a \circ \neg a)$

St 56. $a \wedge b \prec a \circ b$

St 57. $a \prec a \circ a$

St 58. $(a \wedge b) \circ c \succ\!\prec (a \wedge c) \circ b$

St 59. $(a \circ b) \wedge (a \prec c) \prec c \circ b$

St 60. (Ax.) $a \prec b \wedge c \prec a \prec b$

St 61. $a \prec b \prec a \prec b \vee c$

St 62. $a \prec b \prec a \wedge c \prec b$

St 63. $a \vee c \prec b \prec a \prec b$

St 64. $\left\{\begin{array}{l} a \prec b \prec a \wedge c \prec b \wedge c \\ a \prec b \prec a \vee c \prec b \vee c \end{array}\right.$

St 65. $a \prec b \succ\!\prec a \succ\!\prec a \wedge b$ (vgl. *St.* 51)

*St*66. $(a \prec b) \wedge (a \prec c) \;\succ\!\prec\; a \prec b \wedge c$
*St*67. $(a \prec c) \wedge (b \prec c) \;\succ\!\prec\; a \vee b \prec c$
*St*68. $(a \prec c) \vee (b \prec c) \prec a \wedge b \prec c$
*St*69. $(a \prec b) \vee (a \prec c) \prec a \prec b \vee c$
*St*70. $a \prec b \prec c \;\prec\; a \wedge b \prec c$
*St*71. $a \circ (b \wedge c) \prec (a \circ b) \wedge (a \circ c)$
*St*72. $a \circ (b \vee c) \succ\!\prec (a \circ b) \vee (a \circ c)$
*St*73. $(a \wedge b) \circ c \prec a \circ c$
*St*74. $(a \wedge b) \circ c \prec a \circ b$

*R*1. Einsetzungsregel
*R*2. $\dfrac{\mathfrak{a} \quad \mathfrak{a} \prec \mathfrak{b}}{\mathfrak{b}}$
*R*3. $\dfrac{\mathfrak{a} \quad \mathfrak{b}}{\mathfrak{a} \wedge \mathfrak{b}}$
*R*4. Umsetzungsregel

(*R*1–*R*4: elementare Schlußregeln des Deduktionsgerüstes)

*R*5. $\dfrac{\mathfrak{a} \quad \mathfrak{b} \quad \mathfrak{a} \wedge \mathfrak{b} \prec \mathfrak{c}}{\mathfrak{c}}$

*R*6. $\dfrac{\mathfrak{a} \prec \mathfrak{b} \quad \mathfrak{b} \prec \mathfrak{c}}{\mathfrak{a} \prec \mathfrak{c}}$

*R*7. $\dfrac{\mathfrak{a} \succ\!\prec \mathfrak{b} \quad \mathfrak{b} \succ\!\prec \mathfrak{c}}{\mathfrak{a} \succ\!\prec \mathfrak{c}}$

*R*8. $\dfrac{\mathfrak{a} \prec \mathfrak{b} \quad \mathfrak{b} \prec \mathfrak{a}}{\mathfrak{a} \succ\!\prec \mathfrak{b}}$

*R*9. $\genfrac{}{}{0pt}{}{\mathfrak{a} \approx: \mathfrak{b}}{\mathfrak{a} \succ\!\prec \mathfrak{b}}$

*R*10. Regel der Äquivalenzübertragung: Wenn $\mathfrak{c}$ umsetzbar in $\mathfrak{d}$, so $\mathfrak{c} \succ\!\prec \mathfrak{d}$

*R*11. $\genfrac{}{}{0pt}{}{\mathfrak{a} \prec \mathfrak{b}}{\mathfrak{c} \wedge \mathfrak{a} \prec \mathfrak{c} \wedge \mathfrak{b}}$, $\genfrac{}{}{0pt}{}{\mathfrak{a} \prec \mathfrak{b}}{\mathfrak{a} \wedge \mathfrak{c} \prec \mathfrak{b} \wedge \mathfrak{c}}$

*R*12. $\dfrac{\mathfrak{a} \prec \mathfrak{b} \quad \mathfrak{a} \prec \mathfrak{c}}{\mathfrak{a} \prec \mathfrak{b} \wedge \mathfrak{c}}$

*R*13. $\genfrac{}{}{0pt}{}{\mathfrak{a} \prec \mathfrak{b} \prec \mathfrak{c}}{\mathfrak{a} \wedge \mathfrak{b} \prec \mathfrak{c}}$

*R*14. $\dfrac{\mathfrak{c} \prec \mathfrak{a} \quad \mathfrak{c} \prec \mathfrak{a} \prec \mathfrak{b}}{\mathfrak{c} \prec \mathfrak{b}}$

*R*15. $\dfrac{\mathfrak{a} \prec \mathfrak{c} \quad \mathfrak{b} \prec \mathfrak{c}}{\mathfrak{a} \vee \mathfrak{b} \prec \mathfrak{c}}$

*R*16. $\dfrac{\mathfrak{a}\prec\mathfrak{b}}{\mathfrak{c}\vee\mathfrak{a}\prec\mathfrak{c}\vee\mathfrak{b}}$, $\dfrac{\mathfrak{a}\prec\mathfrak{b}}{\mathfrak{a}\vee\mathfrak{c}\prec\mathfrak{b}\vee\mathfrak{c}}$

*R*17 (1). $\dfrac{\mathfrak{a}\prec\mathfrak{b}}{\mathfrak{c}\prec\mathfrak{a}\prec\mathfrak{c}\prec\mathfrak{b}}$, *R*17 (2). $\dfrac{\mathfrak{a}\prec\mathfrak{b}}{\mathfrak{b}\prec\mathfrak{c}\prec\mathfrak{a}\prec\mathfrak{c}}$

Weitere Schlußregeln (S. 439):

$\dfrac{\mathfrak{a}\prec\mathfrak{b}\wedge\mathfrak{c}}{\mathfrak{a}\prec\mathfrak{b}}$, $\dfrac{\mathfrak{a}\prec\mathfrak{b}}{\mathfrak{a}\prec\mathfrak{b}\vee\mathfrak{c}}$, $\dfrac{\mathfrak{a}\prec\mathfrak{b}}{\mathfrak{a}\wedge\mathfrak{c}\prec\mathfrak{b}}$

$\dfrac{\mathfrak{a}\prec\mathfrak{c}\quad \mathfrak{b}\prec\mathfrak{d}}{\mathfrak{a}\wedge\mathfrak{b}\prec\mathfrak{c}\wedge\mathfrak{d}}$

*Strikte (ab Sm*52*: verschärfte strikte) Aussagen- und Modalitätenlogik* (11. Abschnitt).

Def. $\mathsf{N}\mathfrak{a} \approx: \neg\mathfrak{a}\prec\mathfrak{a}$
Def. $\Diamond\mathfrak{a} \approx: \neg(\mathfrak{a}\prec\neg\mathfrak{a})$

*Aus den Axiomen St*1—10 *mit den Regeln R*1—4:

*Sm*1. $\mathsf{N}a \succ\!\!\prec \neg a\prec a$
*Sm*2. $\Diamond a\succ\!\!\prec\neg(a\prec\neg a)$
*Sm*3. $\neg\Diamond a \succ\!\!\prec a\prec\neg a$
*Sm*4. $\neg\Diamond \succ\!\!\prec\mathsf{N}\neg$
*Sm*5. $\neg\mathsf{N}\succ\!\!\prec\Diamond\neg$
*Sm*6. $\Diamond \succ\!\!\prec\neg\mathsf{N}\neg$
*Sm*7. $\mathsf{N}\succ\!\!\prec\neg\Diamond\neg$
*Sm*8. $\mathsf{N}a\prec a$
*Sm*9. $a\prec\Diamond a$
*Sm*10. $\neg\Diamond\prec\neg$
*Sm*11. $\mathsf{N}\prec\Diamond$
*Sm*12. $a\prec b \succ\!\!\prec \neg\Diamond(a\wedge\neg b)$
*Sm*13. $a\prec b \succ\!\!\prec \mathsf{N}(\neg a\vee b)$
*Sm*14. $a\prec b \succ\!\!\prec \mathsf{N}(a\rightarrow b)$
*Sm*15. $\mathsf{N}(a\vee\neg a)$
*Sm*16. $\neg\Diamond(a\wedge\neg a)$
*Sm*17. $(a\prec b)\wedge\mathsf{N}a\prec\mathsf{N}b$
*Sm*18. $(a\prec b)\wedge\Diamond a\prec\Diamond b$
*Sm*19. $\mathsf{N}a\wedge(a\wedge b\prec c)\prec b\prec c$

*Mit Zusatzaxiom St*60:

*Sm*20. $\mathsf{N}(a\prec b)\prec\mathsf{N}a\prec\mathsf{N}b$
*Sm*21. $\mathsf{N}(a\prec b)\prec\Diamond a\prec\Diamond b$
*Sm*22. $\mathsf{N}a\prec\neg a\prec b$

Sm 23. $\neg\Diamond a \prec a \prec b$

Sm 24. $\mathsf{N}a \prec b \prec a$

Sm 25. $\Diamond(a \wedge b) \prec \Diamond a$

Sm 26. $\Diamond a \prec \Diamond(a \vee b)$

Sm 27. $\mathsf{N}(a \wedge b) \prec \mathsf{N}a$

Sm 28. $\mathsf{N}a \prec \mathsf{N}(a \vee b)$

Sm 29. $\Diamond(a \vee b) \succ\!\prec \Diamond a \vee \Diamond b$

Sm 30. $\mathsf{N}a \wedge \mathsf{N}b \succ\!\prec \mathsf{N}(a \wedge b)$

Sm 31. $\Diamond \vee \Diamond \neg$

Sm 32. $\neg\Diamond a \;\succ\!\prec\; a \succ\!\prec b \wedge \neg b$

Sm 33. $\mathsf{N}a \;\succ\!\prec\; b \vee \neg b \succ\!\prec a$

Sm 34. $\neg\Diamond a \wedge \neg\Diamond b \;\prec\; a \succ\!\prec b$

Sm 35. $\mathsf{N}a \wedge \mathsf{N}b \;\prec\; a \succ\!\prec b$

Sm 36. $\mathsf{NN}a \;\prec\; \mathsf{N}a \succ\!\prec a$

Sm 37. $\left\{\begin{array}{ll} (1) & \Diamond a \succ\!\prec a \circ a \\ (2) & \mathsf{N}a \succ\!\prec \neg(\neg a \circ \neg a) \end{array}\right.$

Sm 38. $a \circ b \succ\!\prec \Diamond(a \wedge b)$

Sm 39. $\neg(a \circ b) \succ\!\prec \mathsf{N}(\neg a \vee \neg b)$

Sm 40. $a \circ b \prec \Diamond a$

Sm 41. $\left\{\begin{array}{ll} (1) & \neg\Diamond a \prec \neg(a \circ b) \\ (2) & \mathsf{N}a \prec \neg(\neg a \circ b) \end{array}\right.$

Sm 42. (Ax.) $\mathsf{N} \prec \mathsf{NN}$

Sm 43. $\mathsf{NN} \succ\!\prec \mathsf{N}$

Sm 44. $\left\{\begin{array}{ll} (1) & \Diamond\Diamond \prec \Diamond \\ (2) & \Diamond\Diamond \succ\!\prec \Diamond \end{array}\right.$

Sm 45. $\left\{\begin{array}{ll} (1) & \Diamond(\neg\mathsf{N}) \succ\!\prec \neg\mathsf{N} \\ (2) & \mathsf{N}(\neg\Diamond) \succ\!\prec \neg\Diamond \end{array}\right.$

Sm 46. $\left\{\begin{array}{l} a \prec b \;\prec\; \mathsf{N}(a \prec b) \\ a \prec b \;\succ\!\prec\; \mathsf{N}(a \prec b) \end{array}\right.$

Sm 47. $\mathsf{N}(a \prec a)$

Sm 48. $a \prec b \;\prec\; \Diamond a \prec \Diamond b$

Sm 49. $\left\{\begin{array}{ll} (1) & a \prec b \;\prec\; \mathsf{N}a \prec \mathsf{N}b \\ (2) & \mathsf{N}a \prec b \;\prec\; \mathsf{N}a \prec \mathsf{N}b \end{array}\right.$

Sm 50. $\left\{\begin{array}{ll} (1) & a \prec b \;\prec\; c \prec a \;\prec\; c \prec b \\ (2) & a \prec b \;\prec\; b \prec c \;\prec\; a \prec c \end{array}\right.$

Sm 51. $\left\{\begin{array}{ll} (1) & (\Diamond\mathsf{N})\,(\Diamond\mathsf{N}) \succ\!\prec \Diamond\mathsf{N} \\ (2) & (\mathsf{N}\Diamond)\,(\mathsf{N}\Diamond) \succ\!\prec \mathsf{N}\Diamond \end{array}\right.$

Def. $\mathfrak{S}a \approx: \Diamond\mathsf{N}a$ Def. $\mathfrak{U}a \approx: \mathsf{N}\Diamond\mathsf{N}a$

Def. $\mathfrak{W}a \approx: \mathsf{N}\Diamond a$ Def. $\mathfrak{V}a \approx: \Diamond\mathsf{N}\Diamond a$

$\neg \mathsf{S} \succ\!\!\prec \mathsf{W} \neg$, $\quad \neg \mathsf{W} \succ\!\!\prec \mathsf{S} \neg$

$\neg \mathsf{U} \succ\!\!\prec \mathsf{V} \neg$, $\quad \neg \mathsf{V} \succ\!\!\prec \mathsf{U} \neg$

Sm 52. (Ax.) $a \prec (\neg \Diamond)(\neg \Diamond)\, a$

Sm 53. (1) $a \prec \mathsf{N} \Diamond a$
(2) $\Diamond \mathsf{N} a \prec a$

Sm 54. $\Diamond \prec (\neg \Diamond)(\neg \Diamond)$

Sm 55. $\Diamond \prec \mathsf{N} \Diamond$

Sm 55°. (gemeins. Axiom): $\neg(a \prec \neg a) \prec a \prec \neg a \prec \neg(a \prec \neg a)$

Sm 56. (1) $\Diamond(\neg \Diamond) \prec \neg \Diamond$
(2) $\Diamond \mathsf{N} \prec \mathsf{N}$

Sm 57. $\mathsf{N} \Diamond \succ\!\!\prec \Diamond$

Sm 58. $\Diamond \mathsf{N} \succ\!\!\prec \mathsf{N}$

Sm 59. (1) $\Diamond(\neg \Diamond) \succ\!\!\prec \neg \Diamond$ [vgl. *Sm* 56 (1)]
(2) $\Diamond \succ\!\!\prec (\neg \Diamond)(\neg \Diamond)$ (vgl. *Sm* 54)

Sm 60. (1) $\mathsf{N}(\neg \mathsf{N}) \succ\!\!\prec \neg \mathsf{N}$
(2) $\mathsf{N} \succ\!\!\prec (\neg \mathsf{N})(\neg \mathsf{N})$

Sm 61. (1) $\Diamond \Diamond \succ\!\!\prec \mathsf{N} \Diamond$
(2) $\Diamond(\neg \mathsf{N}) \succ\!\!\prec \mathsf{N}(\neg \mathsf{N})$

Sm 62. (1) $\Diamond \mathsf{N} \succ\!\!\prec \mathsf{N}\mathsf{N}$
(2) $\Diamond(\neg \Diamond) \succ\!\!\prec \mathsf{N}(\neg \Diamond)$

Sm 63. (1) $\Diamond(a \prec b) \succ\!\!\prec \mathsf{N}(a \prec b)$
(2) $\Diamond(a \succ\!\!\prec b) \succ\!\!\prec \mathsf{N}(a \succ\!\!\prec b)$

Sm 64. $\mathsf{N}(\neg \mathsf{N} a \vee b) \succ\!\!\prec \neg \mathsf{N} a \vee \mathsf{N} b$

Sm 65. $\mathsf{N}(\mathsf{N} a \vee b) \succ\!\!\prec \mathsf{N} a \vee \mathsf{N} b$

Sm 66. $\mathsf{N}(\mathsf{N} c_1 \vee \cdot\cdot \vee \mathsf{N} c_l \vee \neg \mathsf{N} c_{l+1} \vee \cdot\cdot \vee \neg \mathsf{N} c_m \vee d)$
$\succ\!\!\prec \mathsf{N} c_1 \vee \cdot\cdot \vee \mathsf{N} c_l \vee \neg \mathsf{N} c_{l+1} \vee \cdot\cdot \vee \neg \mathsf{N} c_m \vee \mathsf{N} d$

Sm 67. $a \prec a \prec b \prec a \prec b$

Sm 68. $\mathsf{N} a \prec \neg a \prec \mathsf{N} a \prec b$

Sm 69. $a \prec b \prec c \prec a \prec b \prec a \prec c$

Def. $\mathsf{O} a \approx: \neg \mathsf{N} a \wedge \neg \mathsf{N} \neg a$

Sm 70. (1) $\mathsf{O} \succ\!\!\prec \neg \mathsf{N} \wedge \neg \mathsf{N} \neg$
(2) $\mathsf{O} \succ\!\!\prec \Diamond \wedge \neg \mathsf{N}$
(3) $\mathsf{O} \succ\!\!\prec \Diamond \wedge \Diamond \neg$
(4) $\neg \mathsf{O} \succ\!\!\prec \mathsf{N} \vee \mathsf{N} \neg$
(5) $\neg \mathsf{O} \succ\!\!\prec \neg \Diamond \vee \mathsf{N}$
(6) $\neg \mathsf{O} \succ\!\!\prec \neg \Diamond \vee (\neg \Diamond) \neg$

Sm 71. (1) $\mathsf{N} \prec \neg \mathsf{O}$
(2) $\mathsf{O} \prec \Diamond$
(3) $\neg \Diamond \prec \neg \mathsf{O}$
(4) $\neg \Diamond(\mathsf{N} \wedge \mathsf{O})$
(5) $\neg \Diamond(\neg \Diamond \wedge \mathsf{O})$

Sm 72. $\mathrm{N} \vee \neg\Diamond \vee \mathrm{O}$

Sm 73. $\mathrm{O}(a \wedge b) \prec \mathrm{O}a \vee \mathrm{O}b$

Sm 74. $\mathrm{O}(a \vee b) \prec \mathrm{O}a \vee \mathrm{O}b$

Sm 75. $\mathrm{O} \succ\!\!\prec \mathrm{O}\neg$

Sm 76. $\mathrm{NO} \succ\!\!\prec \mathrm{O}$

Sm 77. $\Diamond\mathrm{O} \succ\!\!\prec \mathrm{O}$

Sm 78. $\Diamond\mathrm{O} \succ\!\!\prec \mathrm{NO}$

Sm 79. $\begin{cases} (1) & \mathrm{NO} \vee (\neg\Diamond)\mathrm{O} \\ (2) & \mathrm{NN} \vee (\neg\Diamond)\mathrm{N} \\ (3) & \mathrm{N}\Diamond \vee (\neg\Diamond)\Diamond \end{cases}$

Sm 80. $\begin{cases} (1) & (\neg\Diamond)\mathrm{OO} \\ (2) & (\neg\Diamond)\mathrm{ON} \\ (3) & (\neg\Diamond)\mathrm{O}\Diamond \end{cases}$

Sm 81. $\neg(a \prec b) \wedge \neg(a \prec \neg b) \prec \mathrm{O}b$

Sm 82. $\neg(a \vee \neg a \prec b) \wedge \neg(a \vee \neg a \prec \neg b) \succ\!\!\prec \mathrm{O}b$

Def. $\mathrm{Z}\mathfrak{a} \approx: \mathfrak{a} \wedge \neg\mathrm{N}\mathfrak{a}$

Sm 83. $\begin{cases} (1) & \mathrm{Z}a \succ\!\!\prec a \wedge \neg\mathrm{N}a \\ (2) & \mathrm{Z}a \succ\!\!\prec a \wedge \Diamond\neg a \end{cases}$

Sm 84. $\mathrm{Z}a \succ\!\!\prec a \wedge \mathrm{O}a$

Sm 85. $\mathrm{Z}(a \wedge b) \prec \mathrm{Z}a \vee \mathrm{Z}b$

Sm 86. $a \wedge \mathrm{Z}b \prec \mathrm{Z}(a \wedge b)$

Sm 87. $\mathrm{Z}a \wedge \mathrm{Z}b \prec \mathrm{Z}(a \wedge b)$

Sm 88. $\mathrm{Z}(a \vee b) \prec \mathrm{Z}a \vee \mathrm{Z}b$

Sm 89. $\begin{cases} (1) & (\neg\Diamond)\mathrm{ZO} \\ (2) & (\neg\Diamond)\mathrm{ZN} \\ (3) & (\neg\Diamond)\mathrm{Z}\Diamond \end{cases}$

Sm 90. $\begin{cases} (1) & (\neg\Diamond)\mathrm{NZ} \\ (2) & \neg\mathrm{NZ} \end{cases}$

Sm 91. $\Diamond\mathrm{Z} \succ\!\!\prec \mathrm{O}$

Sm 92. $\mathrm{OZ} \succ\!\!\prec \mathrm{O}$

Sm 93. $\mathrm{ZZ} \succ\!\!\prec \mathrm{Z}$

Sm 94. $\neg\mathrm{Z} \wedge \mathrm{O} \succ\!\!\prec \mathrm{Z}\neg$

Sm 95. $\mathrm{Z}\neg\mathrm{Z} \succ\!\!\prec \mathrm{Z}\neg$

Sm 96. $(\neg\Diamond)\mathrm{Z}\neg\mathrm{O}$

R 18. $\dfrac{\mathfrak{a} \prec \mathfrak{b}}{\Diamond\mathfrak{a} \prec \Diamond\mathfrak{b}}$

R 18°. $\dfrac{\mathfrak{a} \succ\!\!\prec \mathfrak{b}}{\Diamond\mathfrak{a} \succ\!\!\prec \Diamond\mathfrak{b}}$

R 19. $\dfrac{\mathfrak{a} \prec \mathfrak{b}}{\mathrm{N}\mathfrak{a} \prec \mathrm{N}\mathfrak{b}}$

R 19°. $\dfrac{\mathfrak{a} \succ\!\!\prec \mathfrak{b}}{\mathrm{N}\mathfrak{a} \succ\!\!\prec \mathrm{N}\mathfrak{b}}$

R 20. $\dfrac{\mathfrak{a} \wedge \mathfrak{b} \prec \mathfrak{c}}{\mathrm{N}\mathfrak{a} \prec \mathfrak{b} \prec \mathfrak{c}}$

$R21.\quad \dfrac{\mathfrak{a}}{N\mathfrak{a}}$

$R22.\quad \dfrac{\neg\mathfrak{a}}{\neg\Diamond\mathfrak{a}}$

$R23.\quad \dfrac{\mathfrak{a}\qquad \mathfrak{a}\wedge\mathfrak{b}\prec\mathfrak{c}}{\mathfrak{b}\prec\mathfrak{c}}$ $\qquad R23°.\quad \dfrac{\mathfrak{a}\qquad \mathfrak{a}\wedge\mathfrak{b}\succ\!\prec\mathfrak{c}}{\mathfrak{b}\succ\!\prec\mathfrak{c}}$

$R24.\quad \dfrac{\neg\mathfrak{a}\qquad \mathfrak{a}\vee\mathfrak{b}\prec\mathfrak{c}}{\mathfrak{b}\prec\mathfrak{c}}$ $\qquad R24°.\quad \dfrac{\neg\mathfrak{a}\qquad \mathfrak{a}\vee\mathfrak{b}\succ\!\prec\mathfrak{c}}{\mathfrak{b}\succ\!\prec\mathfrak{c}}$

Weitere Schlußregeln (S. 511, 522):

$\dfrac{\mathfrak{a}}{\mathfrak{b}\prec\mathfrak{a}}, \qquad \dfrac{\mathfrak{a}}{\neg\mathfrak{a}\prec\mathfrak{b}}$

$\dfrac{\mathfrak{a}}{\mathfrak{b}\prec\mathfrak{a}\wedge\mathfrak{b}}$

$\dfrac{\mathfrak{a}}{\mathfrak{a}\prec\mathfrak{b} \prec \mathfrak{b}}$

$\dfrac{\mathfrak{a}}{\neg O\mathfrak{a}}, \qquad \dfrac{\neg\mathfrak{a}}{\neg O\mathfrak{a}}$

Literatur.

Gemäß der im Vorwort angekündigten Zielsetzung des Buches (vgl. auch Abteilung A des Vorwortes) wurde von der Aufstellung eines umfassenden Literaturverzeichnisses zur mathematischen Aussagenlogik bzw. zu den hier vorgeführten Problemkreisen Abstand genommen. Das folgende Verzeichnis enthält — bis auf einige Ausnahmen von allgemeinem Charakter — zweierlei Abhandlungen:

1. solche Abhandlungen, die — ganz oder teilweise — dem Verfasser bei der Abfassung seiner Vorlesungen und mithin des vorliegenden Buches unmittelbar als Quellen gedient haben. In solchen Fällen, in denen nur eine sehr spezielle Stelle oder ein spezielles Teilthema der betreffenden Abhandlung bzw. des betreffenden Buches herangezogen ist, verweist der Zusatz „hiervon ..." bzw. „hierzu ..." auf diese Stelle oder auf dieses Thema; die angefügte Bemerkung „z. vorl. B." gibt das Kapitel oder den Paragraphen des vorliegenden Buches an, innerhalb dessen die Stelle als Quelle benutzt wurde.

2. Abhandlungen solcher Autoren, deren Namen als Bestandteil eines im Buche verwendeten Terminus auftreten (z. B. ‚Fregescher Dreierschluß', ‚Johanssonscher Minimalkalkül'); in einem derartigen Falle ist diejenige Abhandlung, aus der sich

die Einbürgerung des betreffenden Terminus in erster Linie herleitet, aufgeführt. — Solche Angaben, die nicht unter Abs. 1 (unmittelbare Quellen) fallen, sind durch einen vorangestellten Kreis ○ gekennzeichnet.

Die in eckigen Klammern stehenden Ziffern beziehen sich auf das Vorwort (vgl. hierzu auch das Ende der Abteilung B des Vorwortes).

[1] BECKER, O.: Zur Logik der Modalitäten. Jb. Philos. phänom. Forschg. **11**, 496—548 (1930). — Hiervon S. 508 Formel 1.9 z. vorl. B. § 180 Formel *Sm* 54.

[2] BERNAYS, P.: Axiomatische Untersuchung des Aussagenkalküls der „Principia Mathematica". Math. Z. **25**, 305—320 (1926). — Z. vorl. B. §§ 72, 78, 46.

[3] ○BOOLE, G.: The Mathematical Analysis of Logic. Cambridge 1847. — Hierzu: ‚Boolesche Algebra' z. vorl. B. § 4, s. auch Vorwort S. X.

[4] ○BROUWER, L. E. J.: Zur Begründung der intuitionistischen Mathematik I. Math. Ann. **93**, u. and. Publ. — Vgl. hiervon: intuitionistische Überlegungen zur Aussagenlogik z. vorl. B. §§ 132, 136.

[5] ○CARNAP, R.: Logische Syntax der Sprache. Wien 1934. — Vgl. einige Paragraphen z. vorl. B. Kap. IX u. § 64.

[6] ○CURRY, H. B.: Outlines of a formalist philosophy of mathematics. — Vgl. hiervon Kap. IV z. vorl. B. Kap. IX.

[7] ○FREGE, G.: Grundgesetze der Arithmetik I. Jena 1893. — Hiervon §§ 21—23 z. vorl. B. Kap. XIV.

[8] GENTZEN, G.: Untersuchungen über das logische Schließen. Math. Z. **39**, 176—210, 405—431 (1934). — Z. vorl. B. Kap. XV bis XVII, XXVf.

[9] GLIVENKO, V.: Sur quelques points de la logique de M. Brouwer. Bull. Acad. Sci. Belg. **15**, 183—188 (1929). — Z. vorl. B. Kap. XXIIIf.

[10] GÖDEL, K.: Zum intuitionistischen Aussagenkalkül. Ergebn. math. Kolloqu. **4**, 40 (37. Koll.), Wien (1932). — Z. vorl. B. §§ 141, 182.

[11] HERMES, H., u. H. SCHOLZ: Ein neuer Vollständigkeitsbeweis für das reduzierte Fregesche Axiomensystem des Aussagenkalküls. Forschgn. Log. u. Grdl. ex. Wiss., n. Flg. H. 1. Leipzig 1937. — Z. vorl. B. Kap. V u. § 84.

[12] HEYTING, A.: Die formalen Regeln der intuitionistischen Logik. S.-B. preuß. Akad. Wiss., phys.-math. Kl., 42—56, Berlin 1930. — Z. vorl. B. Kap. XXIII.

[13a] ○HILBERT, D., Die Grundlagen der Mathematik (Vortrag 1927), Abh. Math. Sem. Hamburg. Univ. **6**, 65—85 (1928). — Hiervon S. 66f. z. vorl. B. S. 356.

[13b] HILBERT, D., u. W. ACKERMANN: Grundzüge der theoretischen Logik, Berlin (Grdl. math. Wiss. Bd. XXVII), 1. Aufl. 1928 (inzwischen erschienen 4. Aufl.). — Hiervon 1. Kap.: Aussagenlogik.

[14] HILBERT, D., u. P. BERNAYS: Grundlagen der Mathematik, Bd. I. (Grdl. math. Wiss. XL). Berlin 1934. — Hiervon § 3 Aussagenlogik. — Bd. II (Grdl. math. Wiss. L). 1939. — Hiervon Suppl. III z. vorl. B. Kap. XIXf., XXII.

[15] ○JOHANSSON, J.: Der Minimalkalkül, ein reduzierter intuitionistischer Formalismus. Compos. Math. **4**, 119—136 (1936). — Z. vorl. B. S. 324.

[16] KOLMOGOROFF, A.: Zur Deutung der intuitionistischen Logik. Math. Z. **35**, 58—65 (1932). — Hiervon § 1 z. vorl. B. §§ 130, 138.

[17] — Sur le principe de tertium non datur, Recueil Math. Soc. Moscou **32**, 646—667 (1924). — Z. vorl. B. § 131.

[18] Lewis, J. C., u. C. H. Langford: Symbolic Logic. New York 1932. — Hiervon Kap. VI und Appendix II z. vorl. B. Kap. XXXI—XXXIII.

[19] Łukasiewicz, J., u. A. Tarski: Untersuchungen über den Aussagenkalkül. C. R. Soc. Sc. Lettr. Warschau **24**, 1—21 (1930). — Hiervon S. 6 Anm. 9 z. vorl. B. §§ 79, 81 (sowie auch: ○S. 6 Anm. 13 z. vorl. B. Kap. VIII).

[20] ○Morgan, A. de: Formal logic: or, the calculus of inference, necessary and probable. London 1847. — Hierzu: ‚Morgansche Verneinungssätze' z. vorl. B. S. 21.

[21] Parry, W. T.: Zum Lewisschen Aussagenkalkül. Ergebn. math. Kolloqu. **5**, 15f. (42. Koll. Wien) (1932). — Z. vorl. B. §§ 47f., 184f.

[22] ○Peirce, S. C.: On the algebra of logic. Amer. J. Math. **3**, 15—57 (1880). — Hierzu: ‚Peircesche Wahrform' z. vorl. B. S. 109.

[23] ○Post, E. L.: Introduction to a General Theory of Elementary Propositions. Amer. J. Math. **43**, 163 (1921). — Hiervon: Fassung der Vollständigkeitsforderung z. vorl. B. § 55 u. S. 177.

[24] Schmidt, H. Arnold: Mathematische Grundlagenforschung. Enzyklop. der math. Wissensch., neue Aufl., I/1, Heft 1, Teil II. 1948. — Hiervon insbes. Nr. 2 u. 3 z. vorl. B. 3. Abschnitt (sowie auch Nr. 17 z. vorl. B. §§ 130, 139).

[25] — Systematische Basisreduktion der Modalitäten bei Idempotenz der positiven Grundmodalitäten. Math. Ann. **122**, 71—89 (1950). — Z. vorl. B. § 179.

[26] — Ein rein aussagenlogischer Zugang zu den Modalitäten der strikten Logik. Proc. Int. Math. Congr. Amsterdam, 1954. — Z. vorl. B. 10. u. 11. Abschnitt.

[27] — Idempotente implikative Modalitätenstrukturen. J. Symb. Log. **20** (1955). — Z. vorl. B. § 179 u. Kap. XXXIV.

[28] — Un procès maniable de décision pour la logique intuitionniste des propositions (Vortrag 1955) Coll. Int. du Centre Nat. d. l. Recherche Sci. **25**, 57—64, Paris 1958. — Z. vorl. B. 9. Abschnitt.

[29] — Die Gesamtheit der idempotenten implikativen Modalitätenstrukturen. Arch. math. Log. Grdl. Forsch. **2**, 33—54 (1957) sowie auch

[30] — Über einige neuere Untersuchungen zur Modalitätenlogik. Dicalectica Zürich **12**, 408—420 (1958). — Z. vorl. B. § 179.

[31] Schütte, K.: Über einen Teilbereich des Aussagenkalküls. C. R. Soc. Sci. Warschau III **26**, 30—32 (1933). — Z. vorl. B. § 86.

[32] — Schlußweisenkalküle der Prädikatenlogik. Math. Ann. **122**, 47—65 (1950). — Hiervon §§ 1, 2 ($\vee\neg$-Logik) z. vorl. B. Kap. XVIII.

[33] Tarski, A.: Zur Grundlegung der Booleschen Algebra I. Fundam. Mat. **24**, 177—198 (1935). — Hiervon § 1 z. vorl. B. Kap. IV.

[34] Wajsberg, M.: Ein erweiterter Klassenkalkül. Mh. Math. Phys. **40**, 114—126 (1932). — Z. vorl. B. §§ 181, 183.

[35] — Untersuchungen über den Aussagenkalkül von A. Heyting. Wiad. Mat. Warschau **46**, 45—101 (1938). — Hiervon: § 8 z. vorl. B. Kap. XXI.

[36] ○Whitehead, A. N., u. B. Russell: Principia Mathematica, I. Cambridge (Engl.) 1925. — Hiervon aussagenlogische Axiome („primitive propositions") z. vorl. B. Kap. XIII.

Sachverzeichnis.

Zu einem Terminus werden keineswegs alle Stellen angegeben, an denen er auftritt, sondern lediglich solche Stellen, die für den bezeichneten Begriff relevant sind. Diejenigen Stellen, an denen der betrachtete Terminus definiert wird, sind durch Fettdruck herausgehoben.

Die Ziffern beziehen sich auf die Seiten des Buches. Römische Ziffern verweisen auf das Vorwort. Das Zeichen „f." steht für: „und folgende Seite", das Zeichen „ff." für: „und die beiden folgenden Seiten" (seltener für: „und weiter folgende Seiten").

Im folgenden Verzeichnis sind nur solche Namen aufgeführt, die im Text des Buches als Bestandteile von Sachbezeichnungen auftreten. Betreffs der in der Inhaltsübersicht des Vorwortes genannten Namen vgl. man das Literaturverzeichnis.